滇版精品出版工程专项资金资助项目

云南树木图志

西南林业大学
云南省林业和草原局　编著

上

云南出版集团
YNK 云南科技出版社
·昆明·

图书在版编目（CIP）数据

云南树木图志：上、中、下 / 西南林业大学, 云南省林业和草原局编著. -- 昆明：云南科技出版社, 2023.10

ISBN 978-7-5587-3409-0

Ⅰ.①云… Ⅱ.①西… ②云… Ⅲ.①树木—植物志—云南—图集 Ⅳ.①S717.274-64

中国版本图书馆CIP数据核字(2021)第031787号

云南树木图志（上）

YUNNAN SHUMU TUZHI (SHANG)

西南林业大学　云南省林业和草原局　编著

出 版 人：温　翔

策　　划：李　非

责任编辑：李凌雁　杨志能　杨梦月　陈桂华

封面设计：长策文化

责任校对：秦永红

责任印制：蒋丽芬

书　　号：ISBN 978-7-5587-3409-0

印　　刷：昆明瑆煜印务有限公司

开　　本：787mm×1092mm　1/16

印　　张：217.75

字　　数：5500千字

版　　次：2023年10月第1版

印　　次：2023年10月第1次印刷

定　　价：960.00元（上、中、下）

出版发行：云南出版集团　云南科技出版社

地　　址：昆明市环城西路609号

电　　话：0871-64190973

编写领导小组

组　长　王春林　吴广勋

副组长　徐永椿　伍聚奎

成　员（按姓氏笔画排序）

李文政　李廷辉　张宗福　陈　介　周宝康

薛纪如

编写委员会

主　编　徐永椿

副主编（按姓氏笔画排序）

毛品一　伍聚奎　吴广勋　陈　介

编　委（按姓氏笔画排序）

王春林　李文政　李廷辉

何丕绪　张宗福　周宝康

本册整编人员（按姓氏笔画排序）

毛品一　李乡旺　李文政　徐永椿

编写办公室主任　李文政

编写办公室成员　毛品一　李乡旺　薛嘉榕　孙茂盛

审稿校订　曾觉民　邓莉兰　杜　凡　孙茂盛　李文政

李双智　柴　勇　马长乐　石　明

编写说明

　　云南处于东亚植物区系与喜马拉雅植物区系的交汇地区，又是泛北极植物区系与古热带植物区系的交错地带，生态环境极为复杂，是全球罕见的众多植物区系的荟萃之地。全国木本植物8000余种，云南就有5300余种，组成云南森林的乔木种类多达800余种，云南特有的珍稀树种数量在全国亦居首位，素有"植物王国"之称。如此丰富的木本植物资源，在整治国土、繁荣经济、振兴中华、改善生态环境等方面，有开发利用的广阔前景。

　　一、本图志记载云南野生和栽培有成效的乔木树种，经济价值较大的灌木和藤本植物适当列入。

　　上册收集蕨类植物、裸子植物及双子叶植物33科，117属，667种，2亚种，60变种，5变型，1栽培型。

　　二、本书裸子植物的科号顺序采用郑万钧系统，被子植物则采用哈钦松系统；各科按原系统科号，后来另立的科并为我们采用的，均列于原科之后，其科号后加a、b、c……表示。但各册收载的科未按系统顺序连续排列。

　　三、属和种的检索表采用定距（二歧）式检索表。检索特征明确，简单易懂，便于查阅。

　　四、形态术语采用《中国高等植物图鉴》的术语。特殊的术语，均加注解。

　　五、科、属名称不列别名、异名。种的名称仅列重要的别名。拉丁学名有发表年代。

　　六、门、纲、目等分类等级不列，不描述；族、亚属、组等不列，不描述。

　　本图志荟萃省内外同行专家、学者编写。编入的种类除有形态描述、地理分布外，还有生境简介、繁殖方法、材性用途等。除单种属外，均有分属、分种检索表。本图志每种均配有线描图，图文并茂，易于识别、鉴定。可作为林业教育、科学研究、生产建设等方面的参考书及工具书。后附有拉丁学名及中文索引，便于查阅。

　　本书在编写过程中，承蒙中国科学院昆明植物研究所、中国科学院西双版纳热带植物园、云南省林业和草原科学院的支持和帮助，西南林业大学木材科学研究室、森林培育研究室提供了资料和帮助，谨此致谢！

《云南树木图志》编委会

云·南·树·木·图·志

目 录

绘图人员： 李锡畴 范国才 吴锡林 肖　溶 王红兵 曾孝濂 李　楠
刘　泗 方云斌

云南森林类型及主要树种

云南地处我国西南边陲，由于在云岭山脉之南，故称"云南"。其地理位置在东经97°39'—106°12'，北纬21°9'—29°15'，北回归线横过滇中南地区。东西宽885千米，南北长910千米，面积39万多平方千米。云南的西部至南部与缅甸、老挝、越南相邻，北部和东部与西藏、四川、贵州、广西接壤。

由于云南地处低纬度至中纬度的热量带，故全省以亚热带为主，北回归线以南的滇南河谷地区属于北热带。云南高原的夏天（5月之后）受来自赤道地区的海洋性西南风的影响，直到10月，降雨较多，称之"雨季"；但在冬春（11月至翌年5月）受来自中亚大陆的干暖气流控制，温暖而干燥，称之"旱季"。因而，云南的气候具有"四季无寒暑、干湿季分明"的特点。同时由于云南的立体地形，形成了立体气候，产生了复杂的小气候环境。

云南是一个高原多山的省份，山地面积达到94%，山间坝子（即盆地）仅占6%。全省地势西北高、东南低。最高处是滇西北梅里雪山的卡瓦格博峰，海拔6740米；最低处是河口县南溪河与红河交汇处，海拔76.4米。从滇西北到滇南大致呈现出三级阶梯状倾斜的高原面，即滇西北高山峡谷、滇中高原、滇南丘陵和山地。其中，高原是主体。因而，地面起伏不平，大小河流纵横切割，地形错综复杂，生态环境极为多样。

山地的海拔高度变化，引起温度和水分条件的规律性变化，不同林木的生长也呈垂直带分布。在滇西和滇西北相对海拔达到2000米以上的深切割山地较为多见，所以从山麓的季风常绿阔叶林到高寒植被的较完整的森林植被垂直带谱比较普遍。另外，由于金沙江、怒江、澜沧江、红河、南盘江等河流的切割，加之河谷两岸山峦对峙，产生河谷焚风效应，沿河谷出现了特有的河谷植被，生长发育着各种耐干热的植物和树种。

由于山地地貌和热带季风的影响，云南自然景观的立体性很强，森林类型复杂，植物种类丰富。共有种子植物约300科，14000余种。其中，木本植物约有170科，5000余种，组成森林的树种约有2000种。树种资源之丰富，区系之复杂，居全国各省区之首。

以滇中高原为代表，生长着我国西部半湿润亚热带亚区域的常绿阔叶林。森林树种的组成多属稍耐旱的壳斗科常绿栎类种属。如滇青冈*Cyclobalanopsis glaucoides*、元江栲*Castanopsis orthacantha*、高山栲*C.delavayi*、滇石栎*Lithocarpus dealbatus*、光叶石栎*L. mairei*；在次生阔叶林和松栎混交林内常有大量的壳斗科的落叶栎类。常绿阔叶林中除栎类之外还有山茶科的厚皮香*Ternstroemia*、木荷*Schima*、山茶*Camellia*、樟科的樟*Cinnamomum*、红果树*Lindera*、润楠*Machilus*、楠木*Phoebe*等，木兰科的玉兰*Magnolia*，冬青科的冬青*Ilex*，蔷薇科的石楠*Photinia*，山茱萸科的四照花*Dendrobenthamia*，含羞草科的合欢*Albizia*等属的多种树种混交。由于多种因素的干扰，在滇中高原现存的森林植被大量的是以云南松*Pinus yunnanensis*、滇油杉*Keteleeria evelyniana*、华山松*Pinus armandi*组成的纯林或为优势的松栎混交林。

云南西部横断山区是地史上第三纪末，第四纪初冰川南侵时林木的避难所。保存了不少的孑遗树种，除有名的秃杉*Taiwania flousiana*、光叶珙桐*Davidia involucraia* var.

*vilmoriniana*外，还有大量古老的裸子植物，许多松科、杉科、紫杉科、柏科的种类。云南的西北属青藏高原部分，生长着特殊的高山和亚高山针叶林树种，如落叶松属*Larix*、云杉属*Picea*、冷杉属*Abies*的多个种类。

云南东北部，由于与四川盆地相涵，受盆地的影响，也是盆地向云南高原过渡的地区。森林以江南的湿性常绿阔叶林为代表，植物和树种具有长江中下游的特点，如马尾松*Pinus massoniana*、锥栗*Castanea henryi*、茅栗*C.sequinii*、鹅掌楸*Liriodendron chinense*、七叶树*Aesculus wilsonii*、筇竹*Qionyzhuea tumidinoda*等许多本区特有的树木。

滇南热性常绿阔叶林的树种最为复杂。有代表性的热带雨林、季节性雨林的林木科属如龙脑香科的望天树*Parashorea*、婆罗双*Shorea*、龙脑香*Dipterocarpus*，桑科的大药树*Antiaris*、榕树*Ficus*，棟科的麻栋*Chukrasia*、葱臭木*Dysoxylon*，无患子科的番龙眼*Pometia*、细子龙*Amesiodendron*，大戟科的闭花木*Cleistanthus*、木奶果*Baccaurea*，肉豆蔻科的红光树*Knema*，玉蕊科的金刀木*Barringtonia*，使君子科的千果榄仁树*Terminalia*，四数木科的四数木*Tetrameles*，马鞭草科的石梓*Gmelina*，海桑科的八宝树*Duabanga*等各属的树种，以及苏木科、含羞草科、桃金娘科、茜草科、梧桐科、棕榈科等。其中多数是高大、常绿、速生的乔木。

从滇南向滇中高原过渡的滇中南山地有着区系组成和森林结构相当复杂的湿润的南亚热带季风阔叶林。其组成树种既保留了一些热带科属植物，又有亚热带常绿阔叶林的种类。但以亚热带常绿阔叶林树木居于上层。它们以壳斗科的栲属*Castanopsis*、石栎属*Lithocarpus*、樟科的润楠属*Machilus*、楠木属*Phoebe*、琼楠属*Beilschmiedia*、厚壳桂属*Cryptocarya*，木兰科的假含笑属*Paramichelia*、木莲属*Manglietia*，山茶科的木荷属*Schima*、红淡属*Adinandra*、茶梨属*Anneslea*等树种为主。在河谷或次生林区有大面积的阳性耐旱的思茅松*Pinus kesiya* var. *langbianensis*。滇东南的东段岩溶地区，由于植物区系起源的关系和自然条件的影响，反映出树种区系的特殊性。特有和古老的树种，如鸡毛松*Podocarpus imbricatus*、福建柏*Fokienia hodginsii*、鹅掌楸、马尾树*Rhoiptelea chiliantha*，是这种特殊性的反映。

根据云南的地貌变化，水热状况，树种区系的特点，我们将云南区划为七个森林分布区。分别介绍各林区的自然特点，主要的树种资源，组成的森林类型，以及对树种的利用和经营作出评价，为云南的林业生产和林业规划提供科学依据。

一、滇中高原林区

本区位于云南的中部和东部，包括经大理点苍山沿哀牢山一线以东的丽江、大理、楚雄、玉溪、昆明、曲靖等地，地理位置东经100°—104°50′，北纬24°—27°。本区地貌类型主要是高原与湖盆，大部分高原面起伏和缓，保存较完整。在区内中部镶嵌着一系列南北向构造的湖泊盆地，海拔高度一般在1500—2500米，坝子多在1800米上下。全区基本上属于气候温和，四季如春，雨量适中，干湿季分明的亚热带气候。但有夏温不足，春旱严重的缺陷。平均气温多在14—16℃，虽无霜期达8—10个月，但由于夏温不高，最热月难以超过22℃；年雨量有800—1000毫米，但干湿季分明，湿季（5—11月）降雨占年雨量的85%。土壤以山地红壤为主，部分是山地红棕壤、黑色石灰土、紫色土等。母岩多系石灰岩、页岩、砂岩、玄武岩。

本区是全省开发历史悠久，人类活动频繁，城镇工矿集中的地区。因此，原始森林已不复存在，大面积的是较为耐旱和阳性的云南松林、松栎混交林。只有在偏僻的山顶、沟箐，或庙宇、风景点还残留小面积的具有原生特点的常绿阔叶林。除了高大的森林外，常绿阔叶林也可能退变为栎类灌丛。在多风的山脊或土壤浅薄的阳坡还会出现云南特有的地盘松*Pinus yunnanensis* var. *pygmea*灌丛。在本区北部因受金沙江切割，沿江河谷地区干热，已无茂密森林，自然植被为干热稀树草坡。本区有十七个主要树种及其组成的森林类型。

1. 滇青冈林 Cyclobalanopsis glaucoides Forest

滇青冈是一种生态适应幅度较广的树种，并适宜于石灰岩山地生长。在我国西部半湿润亚热带亚区域内均有分布，垂直分布范围1300—2500米。它是滇中高原常绿阔叶林中的优势树种，与其混交的最常见的树种有滇石栎、元江栲、高山栲、光叶石栎、黄毛青冈 *C.delavayi*、滇樟*Cinnamomum glanduliferum*、红果树*Lindrea communis*、山玉兰*Magnolia delavayi*、银木荷*Schima argentea*、山枇杷*Eriobotrya bengalensis*、细齿石楠*Photinia serrulata*等。林下灌木、草类较为丰富。最常见的灌木是杜鹃*Rhododendron* spp.、云南含笑*Michelia yunnanensis*、滇白珠*Gaultheria yunnanensis*、云南泡花树*Meliosma yunnanensis*、南烛*Lyonia ovalifolia*、马醉木*Pieris formosa*、华灰木*Symplocos chinensis*、珊瑚冬青*Ilex corallina*、滇木樨榄*Olea yunnanensis*等。以硬叶常绿栎类占优势的滇青冈林是半湿润亚热带常绿阔叶林的一种典型的森林。

这类森林属于硬材林，但近年来视为"杂木"作薪炭，破坏严重。保留的林地面积很小，仅于庙宇、风景区、水源处残存。从重视其社会效益出发应严加保护。

2. 云南润楠林 Machilus yunnanensis Forest

在滇中高原水湿条件优厚，土壤深厚肥沃的海拔1600—2000米的沟箐地段发育着以樟科的滇润楠、长梗润楠*M.langipedicellata*、滇樟、红果树为主的楠木林。这是由于常绿阔叶林生长在水湿条件优越处的变化，所以林内也常有习见的常绿栎类树种混交。另外还有大花野茉莉*Styrax grandiflorus*、仿栗*Sloanea hemsleyana*、鸡嗉子果*Dendrobenthamia capitata*、肋果茶*Sladenia celastrifolia*、大型木质藤本植物昆明鸡血藤*Milletia bonatiana*及昆明山海棠*Tripterygium hypoglaucum*等。由于樟木名贵遭滥伐，此类森林保存很少。

3. 元江栲林 Castanopsis orthacantha Forest

元江栲要求比滇青冈偏凉润的环境，生长在海拔较高的沟箐、半阴坡、土层深厚的地方。因此，它是滇中高原海拔较高处分布较广的森林类型，分布海拔从1900米延续到2800米，同样是我国西部半湿润亚热带亚区域的代表树种。它可以构成纯林，但更多的还是和滇青冈、滇石栎等混交，林下有野八角*Illicium simonsii*、野山茶*Camellia pitardii* var. *yunnanensis*、米饭花*Vaccinium mandarinorum*等高大灌木。林况基本同于滇青冈林。

与元江栲同属的高山栲，是一种适应性较强的树种，在我国西南三省和广西，以及东南亚的缅甸、泰国、越南均有分布，适应900—2800米的海拔。在较干燥的环境中，高山栲与云南松、滇油杉长在一起。因此它在滇中高原海拔1700—2200米的低中山地普遍分布，有时组成纯林。同时，还和常见的滇青冈、光叶高山栎、滇石栎，以及次生的栓皮栎、麻栎、旱冬瓜等混交。现存的高山栲林面积很小，而且多数是萌生灌丛，若能加以抚育还可以恢复成林，充分发挥其社会效益。

4. 多变石栎林 Lithocarpus variolosus Forest

在滇中高原的北部和东北部，如禄劝、寻甸、东川海拔2500—2900米的中山山地广泛分布着多变石栎组成的单优林。它是随着海拔升高到较潮润带上出现的常绿阔叶林类型，仍为云南特有。多变石栎有时与滇青冈、元江栲混交。由于海拔升高，还有灰背高山栎 *Quercus senescens*、丽江铁杉 *Tsuga forrestii* 和槭 *Acer*、桦 *Betula*、杨 *Populus* 等属的小叶落叶树混交。林下常有箭竹 *Sinarundinaria* sp.、野八角、杜鹃 *Rhododendron* spp.、云南野山茶等。多变石栎属硬材树种，是用材和烧炭的优质树木，故遭砍伐严重，仅在山顶平台及箐沟处可以找到大量萌生灌丛，成材林分稀少。此类灌丛经抚育后可以成林。

5. 黄背栎林 Quercus pannosa Forest

黄背栎喜好温凉湿润的亚高山环境，在云南高原北部的亚高山和中山上部的海拔2600—3700处米常有分布，尤其在金沙江两侧的山地。它常生长在石灰岩区，即使岩石露头达50%仍能长成纯林，故适应力很强。但在条件优厚时，随着海拔上升，与多种针叶树，如华山松、铁杉、云杉、冷杉等混交。由于空气潮湿，林木枝干常覆满苔藓和长茎松萝。黄背栎林是一种较稳定的森林，一经破坏很难恢复，尤其是在岩石裸露较多的林地上，必须严格控制采伐。

6. 黄毛青冈林 Cyclobalanopsis delavayi Forest

黄毛青冈为一耐旱、耐瘠、适应性强的树种，以滇中高原为中心向滇南、滇西、金沙江沿江等地分布。其分布下可以到海拔1600米左右的地带，上至海拔2500米的中山。常成单优林，或者与云南松、思茅松、滇油杉混交；有时也和滇青冈、滇石栎、川西栎 *Quercus gilliana*、锥连栎 *Q. franchetii* 混交。黄毛青冈为硬重优质用材树种，多经砍伐和再度萌生。现在常见的是矮林和灌丛类型，但也偶有高达25米的乔木。与黄毛青冈混交的锥连栎在干热的金沙江及其支流的1600—2000米垂直带上可以形成纯林。

7. 栓皮栎林 Quercus variabilis Forest

栓皮栎是一种阳性、耐旱、萌生旺盛、适应力很强的树种，在我国南北都有分布。在云南全省的1200—2600米的垂直带上均有生长，构成次生的森林。生长在滇中高原的栓皮栎林常混交有麻栎 *Q. acutissima*、槲栎 *Q. aliena*、锐齿槲栎 *Q. aliena* var. *acuteserrata*，有时也混交有常绿的黄毛青冈、锥连栎、滇青冈、云南松、滇油杉等。随着环境的改变，有时又出现以麻栎或槲栎占优势的森林。

栓皮栎、麻栎等都具有种子大，易繁殖；主根深，耐干旱；冬季落叶，抗寒冷和萌生力强等特点。所以它们都是良好的荒山绿化造林树种，能在经济和生态多方面产生效益。

8. 旱冬瓜林 Alnus nepalensis Forest

旱冬瓜适宜温凉湿润气候，要求土层深厚，但耐贫瘠土壤。在滇中、滇西、滇南和滇东北广泛分布。往往在森林火烧迹地、丢荒地或林间空地常有旱冬瓜形成相当单纯的次生林。有时与云南松、滇油杉、锐齿槲栎、栓皮栎、西南桦 *Betula alnoides*、高山栲等混交。由于旱冬瓜种子小，易传播，萌发力强，生长迅速，要求较强的光照，所以迹地更新快，容易恢复成林。再加之木材良好，有多种用途；根系生有固氮根瘤，可改良土壤；软阔叶是优良的有机肥源，等等。群众早有利用旱冬瓜林生产绿肥促进农业增产的良好作法。

9. 野核桃林 Juglans sigillata Forest

核桃树在全省分布较广，尤以滇中高原至滇西更为常见。因其喜温湿，所以多集中生长于沟箐两侧的土厚潮润且排水良好的地方。成林林相整齐的单层纯林，称之为核桃箐。有时混交旱冬瓜、云南樟、石栎、华山松、云南松等。雨季时林内相当阴暗，草本和灌木数量均少。野核桃林经人工嫁接改造后，可发展为木本油料林。云南已有300多年的栽培历史，创造出200多个品种。核桃是果、药、材多用树种，宜于大力发展。

10. 云南松林 Pinus yunnanensis Forest

云南松林属于暖性针叶林，在云南高原上是现存面积最大的森林类型，分布区虽然以滇中高原为中心，实际的分布北界到达川西石棉，东界到黔西，南界抵滇南，西界至滇西横断山区。在垂直带上海拔900—3200米处都有可能分布成林，在滇中常分布在海拔1500—2400米的范围内。云南松是本省的乡土树种，适于云南高原的水热条件，具有阳生、抗旱、耐瘠的习性；还有生长快、易更新、材质好等特点。近年来已作为全省荒山绿化和用材广为选用的造林树种。

自然更新的云南松林由于森林的演替和生态原因，除常见的纯林外，有可能构成混交林。如与华山松、滇油杉、旱冬瓜、麻栎、栓皮栎等混交。这种针阔叶混交林在云南松林立地条件较优厚处出现，而且随着生态环境的改善，混交率及树种数量不断增加。云南松林下常见的灌木多为杜鹃科与越橘科的种类，如爆仗花杜鹃 *Rhododendron spinuliferum*、碎米花杜鹃 *Rh. spiciferum*、米饭花、小铁子 *Myrsine africana*、矮杨梅 *Myrica nana*、厚皮香 *Ternstroemia gymnanthera*、云南含笑、水红木 *Viburnum cylindricum*、老鸦泡 *Vaccinium fragile*，以及常绿栎类灌丛等。由于松林的疏密度一般不过0.6，所以林内光亮，除灌丛外，旱生性的禾草类较发达。

11. 云南油杉林 Keteleeria evelyniana Forest

云南油杉是云南高原上又一种较常见的，能构成纯林的暖性针叶树种，其分布较集中在海拔1500—2300米处。云南油杉生长要求的立地条件较云南松为高，喜欢气候温湿，土壤深厚。自然分布多在半阴至阴面的平缓坡地和山麓平台处。云南油杉也是云南高原的乡土树种，具有耐旱力强，更新良好，生长中庸，材轻质细，硬度适中，涨缩性小，抗腐耐久等优点，是受欢迎的用材树种。

云南油杉还常与其他树种组成混交林，除云南松、华山松外，常有滇青冈、高山栲、黄毛青冈、栓皮栎、槲栎、旱冬瓜等阔叶树种。云南油杉林的疏密度可达0.8，一般也为0.6。林内较阴湿，林下灌木既有松林的种类，如水红木、小铁子、矮杨梅等，又有常绿阔叶林下的种类，如云南含笑、厚皮香、华灰木等。从乔木、灌木的混交种类看，油杉林可视为一种森林演替中的从云南松林到常绿阔叶林的过渡类型。

12. 华山松林 Pinus armandi Forest

华山松是云南高原上的一种喜温凉湿润的松林，适宜的高度较云南松、油杉偏高，常分布在海拔2000—2700米处。要求的土壤条件优于云南松，近于云南油杉。因此，在云南松林和云南油杉林的沟箐、阴坡林分中可能有较大比例的华山松与之混交，以致成小面积的华山松林。天然的华山松纯林较少，大量的是人工营造的纯林。立地条件优厚的人工林生长较快，30年生便可获得大径材。华山松的材、果、皮、松针等均是重要的原材料，所以是一种优良的经济用材树种。

在与华山松林的同等立地条件下可以种植柳杉*Cryptomeria fortunei*，滇中的许多庙宇、风景点内常有巨大的柳杉古树，在海拔2200米的宜良竺山有造林成功的典范，30年生平均年高生长1米，径生长1厘米多的速生记录。

13. 翠柏林 Calocedrus macrolepis Forest

翠柏是国家二类保护树种。云南高原的翠柏主要分布在滇中的安宁、禄丰、易门、墨江、石屏、昆明等地，而且可以长成小片纯林。多生长在海拔1800—2200米的缓坡、台地处，对于成土母岩选择不严，但要求土层深厚，水湿条件较好。翠柏树姿优美、冠浓干直、材黄耐腐、质细光亮，但生长偏慢，虽有人们栽培、却不广泛。林内混交的树种不多，有华山松、滇油杉、滇青冈等。林下的灌木，如厚皮香、珊瑚冬青、柄果海桐*Pittosporum podocarpum*等都是喜湿润和中生的树种。

14. 黄杉林 Pseudotsuga sinensis Forest

黄杉是国家三类保护树种。其模式标本采自滇东北的东川，现在主要分布于滇中高原东北角的禄劝、武定、东川、宣威等地的偏远山区，生长于1900—2500米地段。黄杉原与常绿阔叶树种滇青冈、光叶石栎、滇石栎、元江栲、云南樟、红果树、银木荷、山玉兰等混交。因为人为破坏，这些常绿阔叶树几乎都退变成为萌生灌丛，而黄杉因其适应性强，阳性、耐旱、耐瘠，更新快，生长迅速，成为鹤立鸡群的高大通直乔木。在黄杉林内除有常绿阔叶树外也渗入相当数量的云南松和滇油杉乔木。黄杉材直质细，坚韧耐久，是被采伐的主要对象。因此，黄杉目前处于濒危状态，须要认真保护和发展。由于容易更新，适应力强，可作为滇中高原及其附近地区的造林树种。

15. 松栎混交林 Pine,Oak Mixed Forest

在滇中高原，除述阔叶林和针叶林外还有相当面积的针阔叶混交林。这类森林在演替系列中居于针叶林和常绿阔叶林之间。有的处于复兴演替，有的处于消退演替，要作具体分析。在混交林中的阔叶林以壳斗科树种为主，如滇青冈、高山栲、滇石栎、光叶石栎、锥连栎、黄毛青冈，以及落叶的槲栎、栓皮栎、麻栎等。混交的针叶树种以云南松为主，其次为华山松，有时有少量的滇油杉。林下灌木也是常绿阔叶树和针叶树两类林下灌木的混交。这类森林若加以抚育和改造，很容易成为常绿阔叶林。如遭反复破坏则可能退化为松林或常绿栎类灌丛，以致成为多刺、落叶、小叶的稀疏灌丛。其种类有棠梨*Pyrus pashia*、青刺尖*rinsepia utilis*、火把果*Pyracantha fortuneana*、白刺花*Sophora davidii*、薄叶鼠李*Rhamnus leptophyllus*、滇雀梅藤*Sageretia compacta*等。

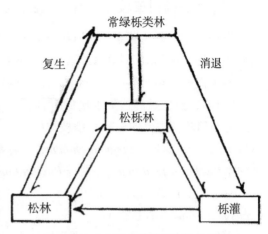

图 I 滇中高原森林群落演替关系图

滇中高原上的木本植物群落，常绿阔叶林、松栎混交林、松林、灌丛之间存在着明显的演替变化关系。就现状而言，主要是随着人为影响而发生变化。这种变化关系可用图 I 示意。

16. 急尖长苞冷杉林 Abies georegi var. smithii Forest

滇中高原面上的高山很少，仅在滇东北的昆明市禄劝县和东川区境内有4000米以上的高山，属于乌蒙山系的西段。在禄劝县境内的乌蒙、雪山、马鹿、皎西等区的3700米以上的高山上保存着成片的急尖长苞冷杉林。林相整齐，林高8—10米，林内伴生乔木状的洁净红棕杜鹃*Rhododendron rubiginosum* var. *leclerei*，林下有冷箭竹*Sinarundinaria* sp.和地表覆盖厚达20厘米、十分松软的苔藓层。如乌蒙山保存有大片的急尖长苞冷杉林，非常珍贵，加之离昆明较近，从科研、教学、旅游考虑，如何保存发展是十分紧迫的问题。

在急尖长苞冷杉分布线之下，海拔2400—3000米处有与元江栲、多变石栎混交的丽江铁杉*Tsuga forrestii*、云南铁杉*T.dumosa*，沟箐处有高山三尖杉*Cephalotaxus fortunei* var. *alpina*组成的森林。它们都是材质坚重细致的树种，历经长期的盗伐、滥伐，已处于濒灭状态，应该严格保护。

在急尖长苞冷杉林分布区的同一海拔高度上有呈疏林生长的滇藏方枝柏*Sabina wallichiana*，树高10米以上。同时还有铺地而生的高山柏*S.squamata*和滇藏方枝柏。它们占据向阳陡坡以至悬崖石缝中。茎干丛生，高5—6米，枝叶浓密碧绿，是园林造型的优美树种。

与急尖长苞冷杉相伴而生的洁净红棕杜鹃也常组成单种矮林，高6—8米。有时也呈大灌丛态大片生长，其间散生急尖长苞冷杉，这是急尖长苞冷杉林遭严重砍伐后的结果。以上几种矮林和急尖长苞冷杉林相伴出现在禄劝县乌蒙山区，形成滇中地区特有的亚高山、高山森林景观。

17. 河谷稀树草坡 Valley Savanna

滇中高原河谷的河床一般海拔高800—1400米，两岸山地相对高度1200—3000米，产生明显的河谷焚风效应。其中以金沙江中下游及其支流龙川江、普渡河、小江、牛栏江等的中下游为代表，热量高、蒸发强、水分不足。如金沙江边的元谋年平均温度约22℃，年雨量660毫米，蒸发量高达降水量的6倍以上。这里生长着特别耐干热的河谷植被，树木种类少且分布稀疏。主要的树种有攀枝花Bombax malabaricum、罗望子Tamarindus indica、黄葛树Ficus lacor、黄连木Pistacia chinensis、清香木P. weinmannifolia、山黄麻Trema orientalis、重阳木Bischofia javanica、余甘子Phyllanthus emblica、膏桐Jatropha curcas、坡柳Dodonea viscosa、毛野柿Diospyros mollifolia等。在普渡河谷还有小面积处于濒灭的攀枝花苏铁林Cycas panzhihuaensis Forest。

河谷树木好似沙漠绿洲，最明显地表现出森林植被的生态效益。这些树木本身还是多种经营的资源，如纤维、油料、香料、药用、饮料、水果的源泉。但是河谷植被长期遭受严重破坏，呈现在消退演替之中。虽经有关部门做了大量的植被复生和造林工作，但成效仍然不大。

在金沙江河谷到两岸的山顶，海拔由1000米上升到4000米以上，如巧家县药山，禄劝县大雪山，禄劝和东川之间的轿顶山等。联系起来构成了一个完整的森林垂直带系列（图Ⅱ）。

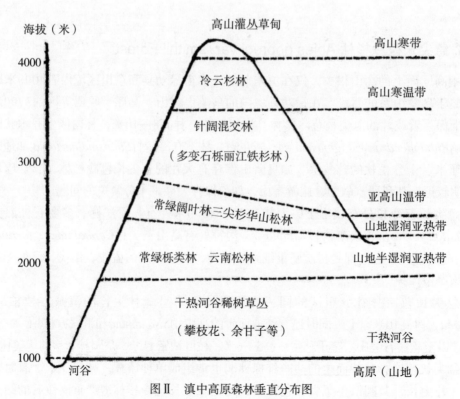

图Ⅱ 滇中高原森林垂直分布图

但因人为活动的破坏，现存的各垂直带上仅有零碎的片段。

上述是滇中高原林区的主要树种和森林类型，有大量可供选用的绿化造林树种。材用树种主要有云南松、华山松、柳杉、翠柏、冲天柏*Cupressus duclouxiana*、柏木*C. funebris*、西藏柏*C. torulosa*、旱冬瓜、西南桦、滇楸*Catalpa fargesii* var. *duclouxii*、泡桐*Paulownia fortunei*、滇朴*Celtis kunmingensis*、银木荷、栓皮栎、麻栎、慈竹*Sinocalamus affinis*、刚竹*Phyllostachys bambusoides*、金竹*Ph. henonii*等。在东部边缘地区能发展杉木*Cunninghamia lanceolata*，同时全区内可推广黄杉。四旁植树主要有银杏*Ginkgo biloba*、雪松*Cedrus deodara*、柳杉、山玉兰、银桦*Grevillea robusta*、悬铃木*Platanus orientalis*、女贞*Ligustrum lucidum*、云南山茶*Camellia reticulata*、滇杨*Populus yunnanensis*、垂柳*Salix babylonica*、大叶柳*S. cavaleriei*、香椿*Toona sinensis*、无患子*Sapindus delavayi*、苦楝*Melia azedarach*、黄连木、清香木、云南梧桐*Firmiana major*、棕榈*Trachycarpus fortunei*、竹类等。从澳洲引种广为栽植的蓝桉*Eucalyptus globulus*、直干桉*E. maidenii*、赤桉*E. camaldulensis*、大叶桉*E. robusta*等兼有材用、绿化和其他经济用途的树种。经济林木以木本油料和水果为主，可发展核桃、油桐*Vernicia fordii*、乌桕*Sapium sebiferum*、油橄榄*Olea europaea*、膏桐、板栗*Castanea mollissima*、柿树*Diospyros kaki*、枣树*Zizyphus sativa*、梨树*Pyrus* spp.、苹果树*Malus pumila*、桃树*Prunus percica*等。

二、滇西北高山峡谷林区

位于云南省西北角，属青藏高原的南延部分，是全省纬度最北（北纬27°—29°30′）和海拔最高的一区，包括德钦、香格里拉两地以及贡山、维西、丽江的北部。

由于地处横断山脉的北段，境内有金沙江、澜沧江、怒江三大水系纵贯全区，河流切割强烈，两岸峰峦重叠，山高谷深，地形崎岖。河谷海拔1600—2100米，峰岭相对高差2000—3500米。分水岭海拔常常高达5000米以上，如甲午雪山5404米，哈巴雪山6140米，梅里雪山主峰6740米。这些高山受强烈的冰川活动影响。

气候寒冷，冬长夏短是本区绝大部分山区的特点。如德钦、香格里拉两地，海拔分别为3593米、3276米，平均温6℃，≥10℃的活动年积温不到2000℃，霜期长达8个多月，积雪期达半年左右。降雨不多，年降雨量600—700毫米，同时也有干湿季之分。但因蒸发量小，所以降水的有效性较高。在河谷地区海拔较低，气温升高，呈现出明显的垂直变化。

土壤以森林棕壤的暗棕壤为主，在低海拔

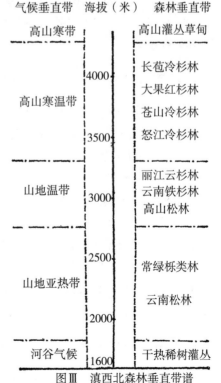

图Ⅲ 滇西北森林垂直带谱

处有山地红壤和河谷幼年土。海拔、土壤和植被的垂直带有明显的关系（如图Ⅲ）。在海拔1600—1800米的河谷地带发育着河谷幼年土和干热河谷植被；在海拔1600—2700米处，土壤是红壤及其变型的红黄壤、棕红壤等。相应的植被是常绿阔叶林和云南松林；在海拔2700—3500米处是森林棕壤，相应的有针阔叶混交林和温凉性针叶林；在海拔3500—4100米处是森林暗棕壤，发育着寒温性暗针叶林；在海拔4000或4100米以上已为无林地带，仅有高山灌丛或高山草甸。现将本林区的森林类型和树种状况分述如下：

1. 长苞冷杉林 Abies georgei Forest

这是滇西北，也是云南的一种主要的寒温性针叶林。在滇西北的三江地区和相邻的川西南的海拔3300—4000米处均有分布。上接高山灌丛，下至丽江云杉*Picea likiangensis*或高山松*Pinus densata*组成的纯林。长苞冷杉是一种喜冷凉、耐阴湿的树种，现存林分都是天然林。种类单纯，多数构成多世代的异龄林和复层林。与之伴生的树种常有急尖长苞冷杉、中甸冷杉*A. forreana*、川滇冷杉*A. forrestii*、苍山冷杉*A. delavayi*、丽江云杉、大果红杉*Larix potaninii* var. *macrocarpa*、高山栎类*Quercus* spp.等。虽然长苞冷杉林郁闭度较大，但下木仍较发达，多度最大的种类是杜鹃，如短柱杜鹃*Rhododendron brachyanthum*、翘首杜鹃*Rh.protistum*、蜡叶杜鹃*Rh. lukiangense*、优秀杜鹃*Rh. praestans*、马缨花*Rh. delavayi*、大白花*Rh.decorum*。在阴坡和半阴坡的林下常有密集的箭竹*Sinarundinaria* spp.，当森林遭到破坏之后，生长更为密集。林下草本植物不多，但苔藓植物却非常发达，覆盖度达80%，厚达3—5厘米。

长苞冷杉林大多是原始林，优良的大径材用材林，皮还含树脂。但因它具有涵水、保土的防护效能，以及更新困难，生长缓慢等因素，故采伐时需谨慎。

本区的冷杉林除本种之外，还有苍山冷杉林和怒江冷杉林*Abies nukiangensis*，它们也为寒温性喜阴湿树种，主要分布区是滇西横断山区。

2. 丽江云杉林 Picea likiangensis Forest

这是本区另一类重要的寒温性针叶林，主要分布在丽江、宁蒗以北的香格里拉、维西、德钦及川西南等地。最低在海拔2300米的阴坡，最高达海拔4000余米的阳坡，主要在海拔2800—3500米的垂直带上。往往上接冷杉林、大果红杉林，下涵云南铁杉林、高山松林。丽江云杉林不如冷杉耐阴湿，属中性偏阴的树种。在阴坡上多呈纯林，在阳坡上则为混交林。混交的树种除多种高山栎类外，还有林芝云杉*Picea likiangensis* var. *linzhiensis*、油麦吊云杉*P.brachytylla* var. *complanata*、川滇冷杉、长苞冷杉、云南铁杉、大果红杉，以及小叶落叶阔叶树桦、槭等。林下的箭竹可成片生长。

云杉林下更新困难，生长缓慢。但其寿命较长，一般200年生后才进入衰老期。云杉材质优良，是建筑和工业用材。但从发挥涵养水源和水土保持作用看，必须禁止大面积和过量采伐。

3. 大果红杉林 Larix potaninii var. macrocarpa Forest

大果红杉是川、藏、滇三省交接的高山峡谷区特有的耐寒落叶针叶树种。生长在丽江、宁蒗以北的德钦、香格里拉、维西的3200—4200米山地的阳坡、山脊、分水岭上。其习性喜阳、耐瘠、耐寒，加之更新力强，生长迅速，是亚高山针叶林区迹地更新和荒山造林的"先锋"树种。现存的大果红杉林以复层异龄混交林为主，很少有纯林。混交的树种包括高山的长苞冷杉、滇藏方枝柏，亚高山的丽江云杉、川滇冷杉、高山松等。由于大果红杉经常出现在迹地更新的次生林中，所以还常和小叶落叶阔叶树种清溪杨*Populus bonatii*、光叶高山栎*Quercus rehderiana*、红桦*Betula albo-sinensis*、华椴*Tilia chinensis*、槭树*Acer* spp.等混交。并且很快成长为上层树种，构成复层混交林。由于红杉林郁闭度多在0.5以内，加之冬季落叶，所以林下光亮，下木种类丰富，以箭竹、杜鹃、忍冬*Lonicera* spp.等耐寒种类较多，但草本苔藓甚少。

大果红杉林在亚高山和高山带呈块状零星分布，是由于其阳性幼苗在采伐迹地、火烧迹地、林间空地及林缘等处的向阳坡面上成片生长，发育成林的结果。红杉林在中幼林期生长较快，后期缓慢。红杉幼树的生长使冷、云杉林易于复生（如图Ⅳ）。如此看来，保护和发展大果红杉林具有多种效益。

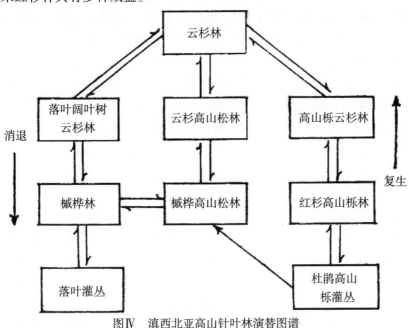

图Ⅳ 滇西北亚高山针叶林演替图谱

4. 干香柏林 Cupressus duclouxiana Forest

干香柏是滇西北至滇西南的特有树种。在丽江北部海拔1700—2400米的河谷石灰岩山地常见。天然林仅见于丽江，昆明有半野生的小片成熟林。天然干香柏与小乔木状的长穗高山栎*Quercus longispica*混交构成复层林。林内干燥，灌草稀少，且多有耐旱习性。干香柏的优良习性很多，如根系发达，耐旱阳生，抗污染力强，性喜钙质，具有萌蘖力，更新容易，生长较快等。除用作石灰岩造林绿化外，也适作厂矿用材、城镇绿化、护堤护岸等树种。

5. 高山松林 Pinus densata Forest

高山松是滇、川、藏三省相衔的横断山系的亚高山地带的特有树种。具有喜光、耐寒、深根性、天然更新力强等特点，所以能连片集中分布。在滇西北，滇西和滇中北部的海拔2700—3600米地段都有成片分布。分布地段常常上与冷、云杉林，下与云南松林相衔交错。林分单纯，且为单层林。只在与其他森林类型交错的地段有少量的黄背栎、桦木、华山松、大果红杉、丽江云杉等树木混交。高山松林内明亮、干燥，下木和草类均属半旱生或耐旱种类。如：大白花、头花杜鹃*Rhododendron cephalanthum*、珍珠花*Lyonia villosa*、马桑*Coriaria nepalensis*、老鸦泡等。

高山松林更新容易，耐寒性强，是小叶落叶林演替到冷、云杉林的中间过渡类型。高山松亦为"先锋"造林树种，可用于大面积荒山绿化飞播造林。

6. 川滇高山栎林 Quercus aquifolioides Forest

川滇高山栎是丽江、香格里拉以北的滇西北地区从河谷到亚高山（至海拔2800米）较普遍分布的常绿硬叶栎林。常生长在石灰岩山地的阴坡。林冠深绿，结构简单。在立地条件差时，成为单层纯林，高度不超过10米。但在立地优厚时，则有多种树种，如冷杉、云杉、大果红杉、铁杉、华山松及帽斗栎*Q. guayavaefolia*、长穗高山栎、光叶高山栎等混交构成单优复层林。林下灌木种类简单，以箭竹、杜鹃为优势。若在干热河谷，林相变为简单，林下多为耐干热种类，如西南栒子*Cotoneaster franchetii*等。

川滇高山栎是强阳性树种，在混交林中不易更新。混交林将发育成冷、云杉林（见图Ⅳ）。川滇高山栎具有旺盛的萌发力，如被砍伐后，常萌成灌丛，若经抚育，可培育成萌生林。由于川滇高山栎常生长在陡峭贫瘠的石灰岩上，起到了重要的水土保持和水源涵养作用。

7. 红桦林 Betula albo-sinensis Forest

红桦广布于西南山区，是我国特有树种。在滇西北海拔2700—3800米的亚高山和高山地带常构成次生的落叶阔叶纯林。由于阳生，喜温凉、抗风力差，所以多出现在山地的中下部半阳坡和阳坡面上。同时，常常是在冷云杉林遭采伐、火烧等破坏的迹地上生长。红桦林内就常混生多种针叶树，如丽江云杉、中甸冷杉、川滇冷杉、苍山冷杉、云南铁杉和落叶阔叶树种的清溪杨、白桦*B. platyphylla*、青榨槭*Acer davidii*、丽江槭*A. forrestii*等。在河谷地段还会有珍稀的水青树*Tetracentron sinense*、光叶珙桐*Davidia involucrata* var. *vilmoriniana*等混交。红桦林下的状况近于川滇高山栎林，下木种类也基本一样。

红桦是迹地更新的"先锋"树种，其生长发育为冷云杉林的自然演替和恢复创造了有利的条件。

白桦林*Betula platyphylla* Forest是滇西北海拔2500—3800米的山地上又一常见的落叶阔叶林。白桦喜阳、好温凉、适应性强。常形成次生林，小片分布于山脊。林分结构简单，混交树种与红桦林相似。

白桦和红桦结实多，种子小而轻，果实具翅，易飞翔传播，在高山地区同为良好的"先锋"树种。

8. 清溪杨林 Populus rotundifolia var. duclouxiana Forest

清溪杨在云南分布于滇西北、滇西、滇中和滇西南的海拔2000—4000米的山地。其中以滇西北为主。是适应性极强的阳性树种，喜温凉，抗干旱，耐瘠薄。原有的冷杉、云杉林、松林遭破坏后，清溪杨极易在迹地上成林。林分结构单调，多为纯林。有时与大果红杉、白桦、高山松、云南松、滇石栎等混交。林木高在10米以下，直径几厘米，成材的很少。但在恢复迹地环境，保持水土，促进冷杉、云杉林的复生等方面具有重要的作用。

9. 槭树林 Acer spp. Forest

由槭树成为优势树种的森林不多，更无大面积的分布。在滇西北云、冷杉林分布下限的水湿条件较好的局部地段，如箐沟边，缓坡地常见数种槭树组成的纯林或混交林。这些槭树如丽江槭、五裂槭*A.olivierianum*、毛果槭*A. franchetii*、四数槭*A. tetramerum*、青榨槭等。也会有少量冷杉、云杉以及其他落叶乔木，如桦木、野樱*Prunus conradinae*、西南花楸*Sorbus rehderiana*、云南枫杨*Pterocarya delavayi*等。林相整齐，单层林木。林木有时高达20米，林下灌木仍以箭竹、多种杜鹃为主。

槭树林仍属冷云杉林遭破坏，消退产生的森林。但其更新力差，生长缓慢。因多出现在水源丰富处，应保护作为水源涵养林。

滇西北林区除了以上主要的森林类型和树种外，当云、冷杉林遭到破坏，林下箭竹密集成片，生长成箭竹林*Sinarundinaria* spp. Forest。在河谷海拔2500—2700米以下地带尚有常绿阔叶林、干热河谷植被及它们各自的灌丛类型。它们不是本区大面积分布类型，同时和滇中、滇西的类型相同，所以不在本区内重复叙述。

总之，滇西北高山峡谷林区是云南主要的原始林区，保存着较大面积的冷、云杉林和林内丰富的动、植物资源。同时，本区是金沙江中上游区，水源涵蓄和水土保持的好坏关系到长江的水量和水质问题。加之历年来重采轻造，或者只采不造，形成资源损失，生态失调，水土流失等严重恶果。今后对本区的采伐应严格控制。

本区的造林树种主要针对高山和亚高山地区的迹地更新，营造水源林和用材林。选用大果红杉、高山松、云杉、冷杉、华山松、铁杉、云南松、红桦、白桦、清溪杨、高山栎类等。在中山河谷区以经济林木为主，如选用核桃、漆树*Toxicodendron vernicifluum*、板栗、苹果、花红*Malus asistica*、梨、桃等。

三、滇西横断山林区

本区位于滇中高原之西，以云岭—哀牢山为界，其东部与滇中高原林区相接。沿横断山向北伸达怒江州的贡山，南以六库、云县、景东为界，西部截至中缅边界。跨越东经98° 10′—100° 25′，北纬24° 30′—28° 20′。其间高黎贡山—怒江—怒山—澜沧江—云岭，南北并列相间。高山海拔4000余米，河谷海拔约1000米，相对高差达3000米，属深切割中山—高山地貌。由于山脉南北走向，对于来自孟加拉湾的季风起到正面阻截的作用。所以这里的气候不止有干湿季之分，而且西坡比东坡潮湿。西、东坡间年雨量分别为

1600毫米左右和1000毫米以下。热量则随着地势北高南低，呈南高北低的变化，滇西海拔一般比滇西北为低，加之水湿条件较好，山地土壤东坡以红壤为主，西坡以黄壤或黄棕壤为主。在河谷山地有明显的垂直带气候变化，出现了山地寒温带、山地温带、山地亚热带和干热河谷气候。并且森林类型也随之呈现垂直带的交替（如图 V）。主要中山区的亚热带常绿阔叶林和暖性针叶林，其次在亚高山和高山带上有温性针叶林（或混交林）和寒温性针叶林。局部河谷地段出现潮湿的南亚热带季风林和季节性雨林。下面就本区内各垂直带上出现的森林和树种加以叙述。

1. 苍山冷杉林 Abies delavayi Forest

在滇西分布较广，而且延伸到滇中高原的西北。苍山冷杉是一种喜湿、耐阴的树种，分布地带海拔在3000—4000米，有时达4200米。多与长苞冷杉、川滇冷杉、大果红杉、丽江云杉混交。下界还和云南铁杉一起生长，组成复层异龄混交林。在阴湿肥沃的沟箐处常有小片落叶阔叶树，如桦、槭、椴及高山栎等生于林内。林下优势的灌木是箭竹、多种杜鹃。草被不发达，苔藓植物较丰富。

苍山冷杉结实多、更新力强，要求较好的立地条件。在遭到破坏之后，逐渐被矮高山栎 *Quercus monimotricha* 和杜鹃灌丛所替代。苍山冷杉林历经严重采伐，所剩无几，现在要特别加以保护和繁殖造林。

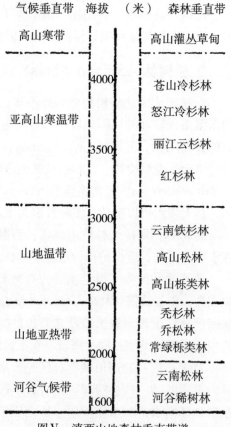

图 V   滇西山地森林垂直带谱

2. 怒江冷杉林 Abies nukiangensis Forest

滇西横断山脉特有的寒温性针叶树种。主要分布在怒江流域的贡山、福贡、泸水等山地上部。在本区的澜沧江流域也有分布。生长地带海拔3000—3200米，少数达到3500米，下限与铁杉林相衔接。

林分完整的怒江冷杉林多为单层同龄纯林，结构简单，林相整齐，林高25米以上。山脊处的怒江冷杉林可与怒江红杉 *Larix specioa* 混交，在山腰则与云南铁杉混交。同时有云南黄果冷杉 *Abies ernestii. var. salouenensis*、云南红豆杉 *Taxus yunnanensis* 等伴生。林下草本植物不多，灌木以箭竹、多种杜鹃为主。由于林内阴湿，树干布满了附生的苔藓。

3. 云南铁杉林 Tsuga dumosa Forest

主要分布于本区的兰坪、维西、云龙、泸水、贡山、福贡等县（市）海拔2400—3200米的山地，向外延至滇中北部、川西、藏东等地。云南铁杉是喜温湿的半荫蔽树种，生长条件要求较高，常在山地中下部水湿条件优厚地段和常绿栎类的多变石栎、光叶高山栎、黄背栎及落叶阔叶树的槭、桦等构成针阔复层混交林。其分布上限常混交亚高山针叶树种，如丽江云杉、丽江铁杉、黄果冷杉、华山松、长苞冷杉等。林下灌木仍以多种杜鹃和箭竹为主。

云南铁杉属于慢生且材质坚细的大径材树。生长于云龙3180米山地的一株铁杉，胸径270厘米，高34米。铁杉林历来被砍伐严重，未曾造林，造成林地荒废，水土流失，必须制止采伐。

此外，在云龙、贡山、丽江等地的铁杉分布带的阳坡面上，保存着少见的、处于濒灭边缘的小果垂枝柏林*Sabina recurva* var. *coxii* Forest。

4. 乔松林 Pinus griffithii Forest

主要分布在喜马拉雅山迎风的南坡。在我国的西藏东部喜马拉雅南翼延至云南的贡山、福贡、泸水等县（市）海拔1700—2400米的山体上部和山脊有小片分布。喜好光照，要求湿润。乔松以优势态与阔叶树混交构成单层次针阔混交林，林相整齐。这些阔叶树种包括薄片青冈*Cyclobalanopsis lamellosa*、青冈*C.glauca*、木荷、木兰等。在其分布上限与云南铁杉，高山松混生。林冠郁闭度常达0.6以上，林内较阴湿，林下灌木发达，以耐阴湿种类为主，如箭竹、柏那参*Brassaiopsis*、楤木*Aralia*、五加*Acan thopanax*、青荚叶*Helwingia*等。

乔松种子有翅、扩散力强，在光照充分时更新很好。乔松生长缓慢，40年后生长加速，故适合培养大径材。材质优良，材脂兼用。但森林面积有限，且于交通不便之处。今后除保护外，更应培育发展。

5. 秃杉林 Taiwania flousiana Forest

秃杉是国家一级保护树种，主要分布于本省西部横断山区，在湘西南、黔南也有生长。在滇西怒江和澜沧江的北部贡山、昌宁、兰坪、云龙、腾冲都有分布。它们生长于河谷山地的中下部，海拔1700—2700米，集中在2000—2400米处，属湿润的亚热带气候类型。自然生长的秃杉和阔叶树混交组成多层次异龄混交林。秃杉耐阴，散生或呈小片状生长，成为优势树种。混交的树种有当地特有的乔松、云南铁杉，以及常绿阔叶的青冈、多变石栎、云南樟、贡山润楠*Machilus gongshanensis*、红木荷*Schima wallichii*、贡山木兰*Magnolia campelia*、马蹄荷*Symingtonia populnea*等。秃杉林下相当荫蔽，下木有多种杜鹃、箭竹、半齿铁仔*Myrsine semiserrata*、紫金牛*Ardisia japonica*等常绿阔叶林下的种类。林地草被不多，但附生植物发达，还有大型藤本崖角藤*Rhaphidophora* sp.等。

秃杉是一种速生树种，30—40年生便成大径材，而且材质优良。但结实晚，种子发芽率低（不到30%），造林除种子育苗外，还可用扦插繁殖。

华山松在本区分布也相当广泛，主要生长在海拔2000—2400米处，值得大力推广造林。

6. 青冈林 Cyclobalanopsis spp. Forest

青冈是云南亚热带山地的重要森林树种之一，滇中高原有滇青冈、黄毛青冈。但在滇西，种类较为复杂。在怒山以西，包括独龙江、怒江流域海拔2000米以下，气候温暖多雨，常年湿润，建群树种有毛蔓青冈*Cy. gambleana*、薄片青冈、青冈、独龙青冈*Cy. kiukiangensis*等，与绿叶润楠*Machilus viridis*、粗壮润楠*M. robusta*、红花木莲*Manglietia insignis*、光叶珙桐、水青树、滇木莲*Manglietia yunnanensis*等混交而成湿性常绿阔叶林。林下种类丰富，以方竹*Chimonobambusa* spp.为代表。怒江以东海拔2600米以下的中山生长着滇青冈林。

怒山山脉以西海拔2000—2600米的山地，也分布着青冈林，建群树种为曼青冈*Cyclobalanopsis oxyodon*、青冈。有时和长梗润楠、落叶的红桦等构成混交林。林分上限衔接铁杉林，林内也混生针叶树，如上坡混生华山松，箐沟中散见云南榧子*Torreya yunnanensis*和秃杉，林下有成片密生的箭竹。横断山系现存的青冈松林相完整的已不多见，仅有少量幸存于沟箐及边远之处。

横断山的几个海拔1800米以下河谷区为干热河谷区，发育着稀树灌丛植被。其状况同于滇中的同种类型，这里不再赘述。

综上所述，对于本林区的营林方向应是植树造林，开展多层次经营。区内现有一定数量的亚高山针叶林资源，但因过去乱砍滥伐、毁林开荒、森林火灾相当严重，造成资源浪费，水土流失，滑坡山崩等恶劣后果。今后首要的任务是加强森林保护，加速迹地更新。选用的用材树种有云南松、华山松、滇楸、旱冬瓜、干香柏、桉树、喜树*Camptotheca acuminata*、青冈、元江栲、滇杨、苦楝等；西坡可采用秃杉、华山松等；北部地段考虑乔松、铁杉等。选用的经济林木有红花油茶、漆树、核桃、乌桕、柯子*Terminalia chebula*、梨、苹果等；河谷地区可发展紫胶寄主树及乌桕、攀枝花、罗望子、柑橘*Citrus reticulata*、油橄榄等。薪炭林树种可选用麻栎、栓皮栎、黑荆树*Acacia mearnsii*、桉树等。

四、滇中南中山宽谷林区

位于云南西南部，是横断山脉的南延部分。在六库—云龙—景东—线以南，芒市—沧源—澜沧—江城—线以北，东起哀牢山脉，西至中缅边界，跨越东经97°40′—101°40′北纬22°20′—25°30′。整个地势由北向南倾斜，向东南逐渐开阔。山川相隔，构成中山和盆地相间的地貌。盆地海拔1000—1300米，山体海拔多在2000米以下，个别超过3000米，河谷常为700—800米。

尽管北回归线横过本区，受中山地貌影响，热量属亚热带，年均温18—21℃，≥10℃年活动积温5500—7500℃。同时，受西南季风控制，多数地区年雨量超过1000毫米，西部的腾冲市达到1400毫米以上，但干湿季分明。热量和降雨均优于滇中高原，具有湿润温暖的气候特征。土壤以砖红壤性红壤和山地红壤为主，在其西段还有山地红壤的黄化现象。

本区的森林和树种受暖湿气候和地形影响较为复杂，在海拔1000—1300米以下的河谷低地为热性阔叶林；其上，延至海拔2000—2200米处为南亚热带季风常绿阔叶林；再以上是以石栎为主的亚热带常绿阔叶林。区内几座海拔3000米以上的亚高山，于海拔2500—3100米地带上有山地暖温带针阔叶混交林。此外，在海拔1850米以下的中山河谷有大面积次生的思茅松林。而在其上，至海拔2900米的中山，有大面积的云南松林（如图Ⅵ）。

1. 刺斗石栎林 Lithocarpus echinotholus Forest

是滇中南至西南中山特有的且分布最广的森林，成为本区常绿阔叶林的典型。其分布高度在东段较高，如永德大雪山、临沧邦马山海拔2000—2600米处；在西段较低，如高黎贡山的西坡海拔1400—2200米处。立地气候温凉湿润，混交树种随地形变化而异。在阴坡山脊以刺斗石栎为优势，伴生红花木莲，缅甸木莲*Manglietia hookeri*；在沟谷伴生红木荷，以致后者反为优势。林分随海拔高度变化，在1900—2300米处，林木以刺斗石栎、云南金叶子*Craibiodendron yunnanense*、滇印杜英*Elaeocarpus rarunua*占优势。混有少数落叶树种，如水青树、槭、樱等。在海拔2300—2400米处，伴生树种为红花木莲、森林榕*Ficus neriifolia* var. *nemoralis*。林下方竹*Chimonobumbusa* sp. 形成优势。在海拔2400—2800米处，刺斗石栎和云南铁杉混交并伴有落叶的齿叶锡金槭*Acer sikkimense* var. *serrulatum*。

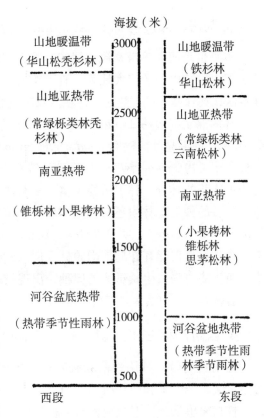

图Ⅵ 滇中南山地森林垂直带谱

林下的优势种类是方竹和苦竹*Pleioblastus* sp. 海拔高度再上升，将过渡到云南铁杉林，在西段山地还出现华山松林。最高的垂直带于3000米以上，为亚高山落叶灌丛，因此，刺斗石栎林是本区分布海拔最高，较为稳定的常绿阔叶林类型。

在区内海拔2100—2300米的半阳坡上尚有小面积分布的滇青冈–乌饭树林*Cyclobalanopsis glaucoides-Vaccinium bracteatum* Forest；在海拔2200—2800米处有白穗石栎*Lithocarpus craibianas*成林；同时，还有滇木荷*Schima noronhae*、旱冬瓜、麻栎、栓皮栎、野核桃等成林。但在中山带上部仍广泛分布云南松林。

2. 小果栲林 Castanopsis fleuryi Forest

是南亚热带常绿阔叶林，在本区无量山、哀牢山一带海拔偏低的1300—1900米地带广泛分布。林相简单，常成为单层林。优势树种是小果栲，有时混生截果石栎*Lithocarpus truncatus*。在暖湿地段有刺栲*Castanopsis hystrix*、云南润楠、四棱蒲桃*Syzygium tetragonum*、短穗蒲桃*S. brachyanthum*等；在阳坡偏旱处有红木荷、毛枝青冈*Cyclobalanopsis kerrii*、黄毛青冈等；海拔接近2000米处有元江栲，银木荷等渗入林内。发育较好的林分盖度较大，林下灌木不多，以热区种类为代表，如围涎树*Pithecellobium clypearia*、野牡丹*Melastoma polyanthum*、酸藤子*Embelia* spp.等。

本类森林的原始林分少见，多为萌生灌丛，混交阳性灌木。有的疏灌中侵入思茅松，并发育成思茅松林。

3. 刺栲、印度栲林 Castanopsis hystrix，Castanopsis indica Forest

本类也是南亚热带季风常绿阔叶林，在滇中南海拔1000—1500米范围内广泛分布，包括哀牢山山脉以西的广大地区，直到梁河、盈江、芒市等地，延至滇南普洱和西双版纳。在本区该类森林下接干热河谷，在西双版纳等热带地区则向热带雨林过渡。

林内混交屏边栲*C. ouonbiensis*、红木荷、黄心树*Machilus bombycina*、滨木患*Aryterα littoralis*、硬毛亮叶杨桐*Adinandra glischroloma* var. *hirta*、假含笑*Paramichelia baillonii*、滇石栎、湄公栲*Castanopsis mekongensis*等数十种。随地段不同而有变化，有时还会出现以屏边栲占优势的林分。林下植物丰富，多系热带林内的成分，如茜草科、芸香科、大戟科、紫金牛科的种类。林内还有大型木质藤本植物和众多的附生种类。包括热带的大球油麻藤*Mucuna macrobotrys*、买麻藤*Gnetum montanum*、多苞瓜馥木*Fissistigma bracteolatum*等。本类森林目前仅保存在局部沟箐处。但因刺栲、印度栲、屏边栲、红木荷等都是种子更新快、萌生能力强、生长迅速的树种，出现较多的灌木林、萌生林。表现出森林的稳定性，若不遭破坏，会向滇南热带次生森林区扩展。

4. 西南桦林 Betula alnoides Forest

是南亚热带一种阳性落叶阔叶林，主要分布在滇中南的普洱、景谷、临沧、梁河、德宏、文山、金平和西双版纳。当季风常绿阔叶林遭到破坏后形成以其占优势的单层混交林。林相简单整齐，混交树种有多种栲树，红木荷以及落叶阔叶树。有时和思茅松混交，甚至在河谷地区和山黄麻、白头树*Garuga forrestii*混交，在温凉湿润区和旱冬瓜等组成混交林，可见西南桦的适应力强。同时，它的种子多而小，易于飞散，天然更新好，萌芽力强，而且速生，是一种造林的先锋树种。

5. 思茅松林 Pinus kesiya var. langbianensis Forest

是云南南亚热带的一种特有的暖热性针叶林。主要分布在哀牢山的西坡以西，到澜沧江以东的范围。同时向西分布到芒市、梁河，向南延伸到勐海、景洪、勐腊，在滇中的双柏、新平也有分布。其主要分布区的海拔为700—1850米。其上衔接山地常绿阔叶林或云南松林，下接干热河谷稀树灌丛。实际上分布区和南亚热带季风区相符合。林相整齐、单纯。但较云南松林复杂，常有两个灌木层次，而且会出现一个乔木亚层。与思茅松伴生的树种多数是次生性树种，如红木荷、旱冬瓜、黄毛青冈、毛叶青冈、高山栲、麻栎、槲栎、西南桦等。也有常绿树种，如刺栲、截果石栎、润楠等。林下灌丛多是特有的，如密花树*Rapanea neriifolia*、大叶千斤拔*Flemingia macrophylla*、黑面神*Breynia patens*等。

思茅松具有广泛的适应能力和旺盛的更新能力，使之成为本林区十分重要的大面积分布的次生林。并作为从滇中南到滇南、滇西南等地区的主要造林树种。

6. 高山榕、毛麻楝林 Ficus altissima，Chukrasia tabularis var. velutina Forest

广布于滇中南，文山、红河等河谷地区，直到滇南热带。在滇中南1000米以下的开阔河谷，阳面缓坡常有分布，北至景东、新平、施甸等的河谷。林分具有一定的次生性，种类组成较单纯，以常绿树种为主。如高山榕、毛麻楝、红木荷、樟叶朴*Celtis cinnamomea*、八宝树*Duabanga grandiflora*、翅子树*Pterospermum lanceaefolium*、空管榕*Ficus fistulosa*、滇龙眼*Dimocarpus yunnanensis*、重阳木等。落叶树种有楹树*Albizia chinensis*、攀枝花、多花白头树*Garuga floribunda*、千张纸*Oroxylum indicum*等。

7. 攀枝花、楹树林 Bombax malabaricum，Albizia chinensis Forest

它属于低热河谷森林，在我国北热带分布广泛。云南的典型地段在本区澜沧江、怒江、把边江、阿墨江及哀牢山东边的红河等低海拔河谷沿岸，以海拔1000米以下地带沿河100—150米的坡面内生长最好。攀枝花和楹树都为阳性喜温的落叶树种，分别有各自的耐旱特点。和它们混交的树种也多为耐干热的落叶树，如朴叶扁担杆*Grewia celtidifolia*、山黄麻、粗糠柴*Mallotus philippinensis*、香须树*Albizia odoratissima*、余甘子等。在水湿条件较好处有八宝树、毛麻楝、红椿等高大乔木混交。

攀枝花、楹树、香须树等是河谷地区较好的用材树种。同时，对于河谷两岸的水土流失起到重要的防护作用。

8. 滇楸林 Catalpa fargesii var. duclouxii Forest

在本区的西段腾冲、龙陵等地广为种植，是较优良的乡土树种。在滇中、滇东北也有种植。其分布地带海拔1500—2500米，属于中性偏阳的树种，性喜温暖湿润气候；尤其要求土层深厚肥沃，排水良好。滇楸抗寒力强，生长迅速，材质优良，可广为四旁植树和缓坡山地造林。

9. 红花油茶林 Camellia reticulata f. simplex Forest

是腾冲的乡土树种，分布在海拔1700—2500米的山地上，要求温暖湿润的条件，但有较强的耐旱性。除人工造林外，还有野生的天然林。林分中常混交华山松、云南松、酸杨梅*Myritca esculenta*。红花油茶林不仅是油料林，而且因其花大，自然分化类型丰富，还是培育新的观赏茶花品种的资源。

根据滇中南林区的情况，今后应以保护森林为主，让采伐迹地尽快地更新恢复成林。在发展用材林和经济林的同时，注意保护和营建水源林与水土保护林。本区的主要用材树种无疑以思茅松为主；宽谷区发展杉木、秃杉；上部山坡种植云南松、旱冬瓜等。结合水源防护作用可选用红木荷、西南桦、楸木、旱冬瓜、竹林等。薪炭林可选用麻栎、桉树、铁刀木、黑荆树、旱冬瓜等。经济林应以紫胶寄主林为主；在山区可发展木本油料红花油茶、核桃；河谷盆地发展热带水果杧果、龙眼、柑橘等。

五、滇东北山原林区

本区位于云南省的东北角，在昭通、鲁甸之东北。属滇中高原的北缘，与四川盆地衔接。地理位置东经103° 35 ' —105° 20 '，北纬27° 20 ' —28° 38 '。乌蒙山从滇中高原东北向本区延伸，形成全区西南高东北低的倾斜地势。金沙江在本区西缘，从西南向东北流入四川盆地。本区内河流均属其支流，从南至北注入江中。中山和峡谷相间是本区的地貌特征。海拔一般在1600米左右，较高山峰在巧家县内的药山，高达4030米。但在盐津县的横江口低到海拔350米，因此，区内不乏深切割地形。

全区受四川盆地气候影响。故受东南季风控制比西南季风更明显。同时，冬季还受北下冷气团作用。因此，虽属亚热带气候，但不同于滇中高原，而终年较潮湿、四季较分明。在海拔2000米上下的中山，年平均气温10℃左右，年降水量1000—1300毫米。反映出本区气候的特殊性。由于湿润气候的影响，全区的典型土壤都具有黄化性，以黄壤和黄棕壤为代表，红壤反而成为次要类型。在中山峡谷地貌的影响下，气候仍有显著的垂直带变化（如图Ⅶ）。海拔1000米以下的河谷地区，人类活动频繁，加之气候干热，以稀树灌丛为主；从河谷至海拔1400米地带属温暖湿润区，原有的湿润亚热带森林已被破坏，成为农业生产的主要地带；海拔1400米以上地区具有冬冷夏热，终年湿润的特点，发育着几种典型的暖性阔叶林。本区典型的树种和森林代表了我国东部亚热带湿润亚区域的常绿阔叶林的特征。

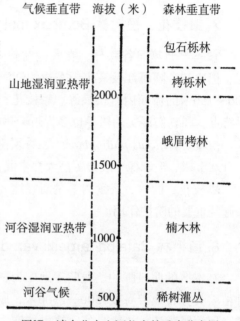

图Ⅶ 滇东北中山河谷森林垂直分布图

1. 包石栎林 Lithocarpus cleistocarpus Forest

反映了我国东西两个亚热带亚区域的过渡特点，主要分布于乌蒙山区北部的镇雄、彝良、大关、永善等县海拔2000米以上的中山地段。以包石栎占优势，混交有多个树种，包括滇青冈、粗穗石栎 *L.elegans*、栲树 *Castanopsis fargesii*、红果树 *Lindera communis*、三桠乌药 *Litsea obtusiloba*、杨叶木姜子 *L. populifolia* 等。还有一些落叶树种散生林内或林缘，如野茉莉 *Styrax japonica*、鹅耳枥 *Carpinus turczaninowii*、刺楸 *Kalopanax septemlobus*、亮叶桦 *Betula luminifera*、美脉花楸 *Sobus caloneura* 等，林下以箭竹、峨马杜鹃 *Rhododendron ochraceum* 等为常见。这类常绿栎林林相整齐，在三江口处，现存原始林分。从其建群树种分析，可认为是云贵高原与四川盆地气候交汇的结果。

2. 峨眉栲林 Castanopsis platyacantha Forest

是本区与四川盆地边缘共有的类型。当海拔下降到2200米时，峨眉栲逐渐增多，并在海拔2000—2200米一带与包石栎构成混交林。再下降，峨眉栲的比例增大，此时混交树种变为更加复杂，有的属于我国东部亚热带的森林树种。混交树种有细叶青冈 *Cyclobalanopsis gracilis*、大叶石栎 *Lithocarpus megalophyllus*、栲树、巴东栎 *Quercus englriana*、凹叶厚朴*Magnolia biloba*、木莲*Manglietia fordiana*、宜昌润楠*Machilus ichangensis*、三脉水丝梨*Sycopsis triplinervis*、圆齿木荷*Schima crenata*、四川大头茶*Gordonia szechuanensis*、木瓜红*Rehderodendron macrocapum*等。林内或阴湿处还有珍稀树种，如鹅掌楸、珙桐*Davidia involucrata*、水青树、交让木*Daphniphyllum macropodum*、红豆杉*Taxus chinensis*等。林分结构简单，常为单层林。林内空旷，林下灌木层发达，以筇竹占优势，同时伴有方竹*Chimonobambusa* sp.，稀疏林地有成片的金竹 *Phyllostachys* sp.、箭竹等。

本类森林是云南少有的类型。但挖瓢、摘笋、砍竹、采药等人为破坏十分频繁，林况日趋恶化，面积不断减少，应严加保护。

在上述两类森林的分布区范围内，人工种植杉木林、檫木林*Sassafras tzumu* Forest、樟木林、华山松林均收到良好的效果。

3. 楠木林 Phoebe sp. Forest

在河谷地区水湿条件较好的沟箐，或海拔1400米以下水湿优厚处，出现复杂的树种和林相。除楠木外，还有树种伊桐*Itoa orientalise*、鸭脚罗伞*Brassoiopsis glomerulata*、梾木*Cornus* sp.、银鹊树*Tapiscia sinensis*、野鸦椿*Euscaphis japonica*、滇红皮*Styrax suberifolia* var. *caloneura*、木瓜红、毛野桐*Mallotus tenuifolius*，还有大型热带草本植物观音座莲*Angiopteris petiolata*等。这类林木对科研和生产都是很可贵的，应于严加保护。

4. 毛竹林 Phyllostachys pubescens Forest

在长江中下游广泛栽植，但在云南仅分布在彝良、盐津两县海拔600—1350米的沟箐和山麓。毛竹性喜温暖潮湿，土壤深厚、土质肥沃。天然竹林常和少数阔叶林伴生，伴生种类，如华木荷 *Schima sinensis*、水青树、木瓜红等。林内阴湿，灌草种类不多。

毛竹是经济价值很高的竹类，在本区的绥江、大关、永善也属适生范围。

本区除上述林木类型之外，传统发展的经济林木有：①油桐林*Vernicia fordii* Forest，通常在海拔1700米以下的山地阳坡上栽植。②乌桕林*Sapium sebiferum* Forest，在海拔1800米以下的河岸、四旁栽植。③漆树林*Toxicodendron verniciflum* Forest，本区的镇雄、彝良、大关等县为省内重要的产漆区，漆树林多营造在海拔800—2000米的背风阳坡，排水良好的山地。④杜仲林*Eucommia ulmoides* Forest，常种植于水湿条件优厚的低山阳坡之上。⑤白蜡树林*Fraxinus chinensis* Forest，常在田边地角或山脚种植。

六、滇东南岩溶丘原林区

位于云南东南，哀牢山分水岭以东部分。东缘与广西相连，北接广南、砚山、石屏一线，南至江城、屏边、马关、麻栗坡，延至中越边界。地理位置跨东经101°30′—106°10′，北纬22°30′—23°55′。北回归线东西穿过全区。

本区为中山岩溶地貌，东部是浅切割丘原岩溶类型，西部是中切割岩溶中山。高原面海拔1100—1400米，仅有个别山脊超过2000米。地势从西北向东南稍有倾斜。气候受东南季风控制，也受西南季风的一定影响，热量和水湿都较滇中优厚。冬暖夏热、雨量充沛，年平均气温18℃左右，≥10℃的活动积温6000℃，年雨量1000—1200毫米。土壤以山地红壤和砖红壤性红壤为主，其次是山地黄红壤和黑色石灰土。不少地段因岩溶地貌的渗漏，地表缺水干旱。

南亚热带季风常绿阔叶林是本区的地带性森林类型。在山地还有亚热带常绿阔叶林，针叶林和竹类。干热河谷为稀树草坡，局部水湿条件好的地段出现热带季节性雨林和季雨林。如在马关老君山上有明显的垂直带系列（如图Ⅷ）。由于处于亚热带和热带的交错地带，生境变化较大，导致林木种类及其组合的一定的特殊性。

1. 高山杜鹃林 Alpine Rhododendron spp. Forest

以杜鹃属的小乔木组成的纯林，树体覆满多种苔藓。这是南亚热带和热带山地于一定海拔高度之上出现的特有温凉性潮湿森林。在本省的高黎贡山西坡、永德大雪山、新平哀牢山、景东无量山，以及本区的金平分水老岭、文山老君山等海拔2400（—2700）—2900（—3000）米的地带都有分布。同时，还出现南烛林*Lyonia ovalifolia* Forest、八角林*Illicium yunnanensis* Forest等。伴生有杜鹃花科、山茶科、越橘科、忍冬科的树种。

这类矮林处于风大多雾的环境下，是长期历史发展的结果。若经破坏，难于恢复，应严加管护。

2. 红花荷、石栎林 Rhodoleia parvipetala，Lithocarpus spp. Forest

在文山老君山，海拔2150米左右处，气候温凉湿润，土壤为棕壤，发育着茂盛的红花荷、石栎林。林内还有硬斗石栎*Lithocarpus hancei*、滇石栎、滇青冈、刺栲、大果楠*Phoebe macrocarpa*、毛果猴欢喜*Sloanea desycarpa*、红木荷、长蕊木兰*Alcimandra cathcartii*、红花木莲、尖叶木瓜红*Rehderodendron fengii*等，还渗有若干落叶树种，如川西稠李*Prunus wilsonii*、槭树*Acer* sp.、红木荷等。林下灌木散生方竹，同时见云南柃*Eurya obliquifolia*、文山茶*Camellia wenshanensis*、灰木*Symplocos* spp.等。本类森林也见于金平分水老岭海拔2300米地带上。

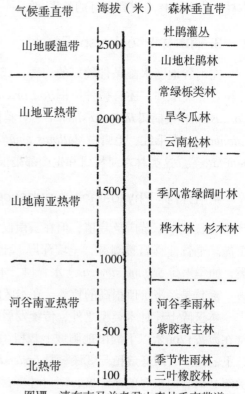

气候垂直带	海拔（米）	森林垂直带
山地暖温带	2500	杜鹃灌丛
		山地杜鹃林
		常绿栎类林
山地亚热带	2000	旱冬瓜林
		云南松林
山地南亚热带	1500	季风常绿阔叶林
		桦木林　杉木林
	1000	
河谷南亚热带		河谷季雨林
	500	紫胶寄主林
北热带		季节性雨林
	100	三叶橡胶林

图Ⅷ　滇东南马关老君山森林垂直带谱

3. 罗浮栲、杯状栲林 Castanopsis fabri，Castanopsis calathiformis Forest

代表了我国东、西部两个亚热带亚区域的过渡森林类型。罗浮栲是我国江南常绿阔叶树种，杯状栲则向南分布到滇南和东南亚各地。在本区主要分布于西畴、马关、麻栗坡等县海拔1300—1500米范围内。林木种类丰富，林分结构复杂，为复层混交林。树种除杯状栲、罗浮栲外，还有截果石栎，红毛栲*C. rufotomentosa*、栲树、红花荷、马蹄荷、润楠、云南柿*Diospyros yunnanensis*等。林下的小乔木和灌木也十分复杂，如鹿角栲*Castanopsis lamontii*、粗壮润楠、夹叶杜英*Elaeocarpus lanceaefolius*、朱砂根*Ardisia crenata*，还有粗大的木质藤本，如买麻藤等。

这类森林代表了滇东南的地带性森林，在垂直带上，上接常绿栎类林，下衔河谷植被。本类型也是砍伐破坏严重的类型，由于栎类萌生性强，若经认真管护即可恢复成林。

4. 瓦山栲、西畴润楠 Castanopsis ceratacantha，Machilus sichounensis Forest

是南亚热带季风常绿阔叶林，出现在哀牢山以东石灰岩山地海拔1000—1600米范围内，以海拔1200—1500米地带为典型。林冠浓绿，林相整齐、林高达30米。常见的种类是瓦山栲、刺斗石栎、滇石栎、滇青冈、刀把木*Cinnamomum pittosporoides*、西畴润楠、网叶山胡椒*Lindera metcalfiana* var. *dictyophylla*、檫木、木莲*Manglietia fordiana*、云南阿丁枫*Altingia yunnanensis*、马蹄荷、桃叶杜英*Elaeocarpus prumfolium*、猴欢喜*Sloanea decycarpa*等。还有珍贵的马尾树、福建柏。林下的小乔木和灌木种类很多，如柳叶润楠*Machilus salicina*、假苹婆*Sterculia lanceolata*、马槟榔*Capparis masaikai*等。另外，还有桫椤*Alsophila spinulosa*和大型热带木质藤本植物。

5. 滇木花生、云南阿丁枫林 Madhuca pasquieri，Altingia yunnanensis Forest

本类是一种具有较多热带成分的季风常绿阔叶林。在哀牢山以东的绿春、元阳、金平、屏边等县海拔600—1300米的低山或坝子边缘。气候温暖潮湿，土壤为砖红壤性红壤或砖红壤。组成树种复杂，林相整齐，外貌浓绿。主要树种是滇木花生、云南阿丁枫、阿丁枫*Altingia excelsa*、肉托果*Semecarpus reticulata*、琼楠*Beilschmiedia* sp.、刺栲、截果石栎、亮叶含笑*Michelia foveolata*等。林内还有珍贵的福建柏、鸡毛松。林下有热带植物露兜树*Pandanus tectorius*、桫椤、鱼尾葵*Caryota ochlandra*等。

本类森林具有较高的经济意义和多种珍稀树种，现存面积又十分狭小，是属于严加保护和发展的类型。

6. 河谷低山的热带森林 Low Mountain Valley Tropical Forest

本区南缘因海拔降低而向北热带气候过渡，树种和森林发生相应的变化。在河谷和低地出现面积不大的热带森林。常见的树种有刺桐*Erythrina lithosperma*、千果榄仁树*Terminalia myriocarpa*生长在富宁、马关、麻栗坡等县海拔1000米以下的河谷水湿优厚处；攀枝花、楹树分布在富宁、马关、麻栗坡等县海拔1000米左右的河谷沿岸；蚬木*Burretiodendron hsienmu*出现在金平、西畴、麻栗坡等县海拔700米以下的石灰岩山区。

7. 枫香林 Liquidambar formosana Forest

枫香树是一种性喜湿热的阳性树种，分布在长江流域各省。云南仅富宁县有分布，生长普遍但零散，多出现在海拔1200—2000米的丘陵或山地。枫香常和攀枝花、楹树、糙叶树*Aphananthe aspera.*、榕树、假苹婆、柴桂*Cinnamomum tamala*等混生一起，以其为优势种。林下多旱生灌木，如灰毛浆果楝*Cipadessa cinerascens*、粗糠柴、大叶紫珠*Callicarpa macrophylla*等。草类和藤本很少。

在本区同一高度上还广泛分布次生的西南桦和旱冬瓜。有时与杯状栲、红木荷、麻栎等混交。

本区人工营造多种经济林和用材林，主要的有；①八角林*Illicium verum* Forest，是本地栽培多年的经济林。在文山州各县都有栽培，一般栽培在海拔800—1200米的低山地带，以广南、富宁两县栽培较多。②油茶林*Camellia oleifera* Forest，是由外地引进的，栽培时间不长，以富宁栽培较多，建立有油茶林场。③杉木林*Cunninghamia lanceolata* Forest，是50年代开始引种的用材树种，在马关、麻栗坡两县栽培较多，并建有林场。此外，还有油桐林、乌桕林、漆树林和用材的龙竹林*Dendrocalamus giganteus*等，栽培分散不成片。

七、滇南中山低山宽谷盆地林区

位于云南南部沿国境线的边缘地区。南以国界为线，北界东起麻栗坡，沿屏边、江城、澜沧、镇康、芒市、盈江一线。地理位置东经97° 30 '—104° 50 '，北纬21° 9 '—24° 40 '。全区以西双版纳州和德宏州面积较大。西双版纳属低山盆地，德宏是中山地形。多数为海拔900米以下的河谷盆地（500—800米）和山间盆地［750—900（1100）米］，山地海拔大多在1500米左右，只有少数山峰超过2000米。由于纬度偏南，分别临近西南的印度洋和东南的南海，所以同时受来自两方的季风影响。表现出一定的干湿季变化，夏热多雨，冬暖干燥。在海拔1000米以下的坝子，年均温度高于21℃，终年无霜，≥10℃的年活动积温7500℃以上。年降水量为1200—1800毫米。降水最多的在两股季风汇合的江城，年雨量达到2000毫米以上。相对湿度最大的是河口，年平均为86%；即使较干的芒市在旱季时的相对湿度仍保持在75%左右。所以，水热条件优于其他各区。在区内，由于东部受来自北方的寒潮影响，使得雨林的上限比西部的低。土壤类型以热带砖红壤为典型，在山地有砖红壤性红壤、黄壤和棕壤等。

本区以热带森林为其特点。森林类型和树种均很丰富。其主要树种以热带成分为主体，有龙脑香科、楝科、桑科、无患子科、樟科、肉豆蔻科、番荔枝科、隐翼科、使君子科、玉蕊科、山榄科、橄榄科、马鞭草科、壳斗科、茜草科等。到达一定海拔的山地仍可看出森林的垂直带（图Ⅸ）变化。

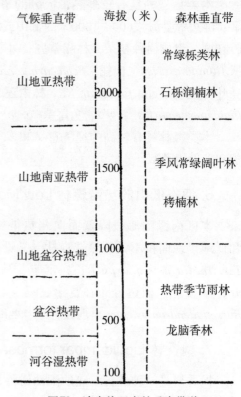

图Ⅸ 滇南热区森林垂直带谱

1. 龙脑香林 Dipterocarpus retusus Forest

龙脑香科是亚洲热带雨林的代表科，它们组成较为典型的热带雨林。在本区江城以东至金平海拔500米以下的深切割沟谷中，水热土壤条件都较优厚，发育着以龙脑香、毛坡垒Hopea mollissima为标志的热带雨林。林分结构复杂，层次多而不清，林木种类繁多，优势树种不明显。高大的林木种类还有麻楝、隐翼Crypteronia paniculata、仪花树Lysidice rhodostegia、人面子Dracontomenlon duperreanum、云南玉蕊Barringtonia macrostachya、番龙眼Pometia tomentosa、无忧花Saraca thaipingensis、细子龙Amesiodendron chinense、大叶白颜树Gironniera subaequalis、橄榄Canarium album、大叶山楝Aphanamixis grandifolia、红光树Knema spp.、野波罗蜜Artocarpus chaplasha、榕树Ficus spp.等。林下的灌草植物种类较复杂，灌木有九节木Psychotria spp.、云南龙船花Ixora yunnanensis、紫金牛Ardisia spp.、火筒树Leea indica、鱼尾葵Caryota sp.、分叉露兜树Pandanus furcatus等。草本种类以热带巨型植物最显眼，如莲座蕨Angiopteris sp.、大野芋Colocasis gigantea等。

2. 望天树林 Parashorea chinensis Forest

以龙脑香科望天树为标志的热带雨林，仅存于勐腊县海拔700—1600米地带沟箐两侧。亦为多层次混交林，望天树组成上层，高可达60米，超过次层20余米。次层乔木也是热带典型树种，如玉蕊、人面子、云南肉豆蔻Myristica yunnanensis、红光树、胭脂木Artocarpus tonkinensis、山韶子Nephelium chryseum、滑桃树Trewia nudiflora、滇南银钩花Mitrephora wangii、傣柿Diospyros kerrii、割舌树Walsura robusta、假海桐Pittosporopsis kerrii等。林内灌草植物和藤本、附生种类均为热带雨林所特有。

望天树是一种阳性、速生的高大乔木，材质优良。应在保护好现有林地和物种的基础上尽快地营造和发展这类树种。

3. 版纳青梅林 Vatica xishuangbannaensis Forest

这也是在勐腊县新发现的龙脑香科的森林类型。生长于南沙河海拔750—1000米的沟谷两侧。青梅树居于优势的主林层，构成复杂混交林。混交的树种除在望天树林中所见的外，还有华南石栎Lithocarpus fenestratus、栲树、樟树，以至鸡毛松等亚热带季风阔叶林的树种，尤其在青梅林分布上限的林分中。

青梅树是一种材质优良的树种，但它更是珍稀树种，应列为重点保护树种之列。

4. 婆罗双林 Shorea assamica Forest

这主要分布在本区西段盈江的羯羊河和南奔河，海拔600米以下的低地河谷。婆罗双林仍为复层混交林，优势树种和层次结构较明显。婆罗双树在立木中占40%，与其混交的树种有榕树Ficus spp.、红椿、高大含笑Michelia excelsa、常绿臭椿Ailanthus fordii、大药树Antiaris toxicaria、羯布罗香Dipterocarpus turbinatus等雨林树种。但在山体上部，由于水湿条件变差，乔木层中渗入刺栲、印度栲等栎类树木。下层植物在区系和习性上均反映出雨林的特点。

5. 番龙眼林 Pometia tomentosa Forest

番龙眼是滇南各地常见的高大常绿乔木，分布于海拔130—1500米处，多见于西双版纳以东海拔500—1000米的滇南热带雨林上层，成为重要的优势树种。番龙眼多出现在低山、阶地、沿河丘陵，水湿和土壤条件均较优厚。森林结构和植物组成十分复杂多样，常有7—8个层次，数十种乔木。代表树种有番龙眼，翅子树、小叶藤黄*Garcinia* cowa、老挝天料木*Homalium laoticum*、大药树、大叶白颜树、大叶红光树*Knema purpuracea*、橄榄、泰国黄叶树*Xanthophyllum siamense*、金刀木*Barringtonia macrostachya*、龙果*Pouteria grandifolia*、林生杧果*Mangifera sylvatica*、红椿、木奶果*Baccaurea ramiflora*、榕树等。林下灌木也分为2—3层，种类都是典型的热带成分。同时还有类型多样的大型木质藤本和附生植物。根据番龙眼林的林木组成和立地条件可以分为几种型类，如番龙眼、龙果林，番龙眼、千果榄仁林，番龙眼、大叶白颜树林，番龙眼、大药树林，番龙眼、八宝树林等。

6. 千果榄仁树林 Terminalia myriocarpa Forest

这是滇南各地最常见的热带林之一，适生范围很广，分布于海拔500—1500米地带，尤其在湿热河谷的冲积地上。以它为代表的森林是多层次的混交热带雨林。千果榄仁树有时成为林分的上层优势树种，与其混交的树种有番龙眼、老挝天料木、小叶红光树*Knema globu- laria*大叶红光树、木奶果、轮叶戟*Lasiococca comberi* var. *pseudoverticillata*、滇南银钩花、龙果、山韶子、翅子树、长裂藤黄*Garcinia lancilimba*、大叶藤黄*G.xanthochymus*、毛叶紫薇*Lagerstroemia tomentosa*、榕树等。在西双版纳和河口还有云南石梓*Gmelina arborea*。在局部偏僻山谷有较多的高大木莲、蒲桃混生；在较开阔的台地、坝区，出现石果刺桐、攀枝花、八宝树、四数木*Tetrameles nudiflora*等与千果榄仁树混交，呈现出明显的旱季落叶现象。根据林木组成和立地的水热条件不同，千果榄仁林可组成下列几种类型，千果榄仁、番龙眼林，千果榄仁、云南石梓林，千果榄仁、木莲林，千果榄仁、刺桐林等。

7. 多花白头树林 Garuga floribunda Forest

多花白头树是一种高大落叶乔木，它生长在滇南西双版纳以东的海拔500—1000米的热带石灰岩山地，是石灰岩热带雨林的标志种之一。有多种落叶树种与其混交，如勐仑自然保护区石灰岩热带雨林的主要树种有多花白头树、四数木、番龙眼、大叶葱臭木*Dysoxylum gobara*、翅子树、常绿榆*Ulmus lanceifolia*、油朴*Celtis wightii*、九层皮*Sterculia pexa*、毛麻楝*Chukrasia tabularis* var. *velutina*、云南石梓、云南玉蕊、大叶红光树、天料木、鱼尾葵*Caryota ochlandra*、榕树、缅桐*Sumbaviopsis albicans*、闭花木*Cleistanthus sumatranus*等。

根据林分的立地条件和树种变化可以分为两个常见类型，多花白头树、番龙眼林，分布在狭谷坡脚，以常绿林木为主；多花的白头树、四数木林，生长在平缓山坡，落叶林木显著。

8. 大药树林 Antiaris taxicaria Forest

在西双版纳坝区，有小面积的旱性大药树林存在，以旱季落叶的大药树居乔木上层，同层还有假含笑*Paramichelia baillonii*、毛叶紫薇、毛麻楝、常绿榆、天料木、橄榄。但上层盖度不大，主林层是上Ⅱ、Ⅲ层。主要树种是王氏银钩花、小叶红光树、黄叶树、大叶藤黄、小叶藤黄、薄叶青冈、大叶白颜树、亨利木兰*Magnolia henryi*、红光树、木奶果等。这类森林受人为干扰和破坏甚重，当前已是少见的偏干性的珍贵热带雨林。

9. 龙血树林 Dracaena spp. Forest

龙血树是龙舌兰科、耐旱、喜钙的乔木树种，组成热带石灰岩山地特有的森林类型。其中，剑叶龙血树*D.cochinchinensis*在孟连县城附近海拔1100—1200米的石灰岩山地构成森林，树高15—20米，郁闭度0.5—0.7，树冠深绿，生长旺盛。其中伴生树种有常绿榆、糙叶树*Aphananthe aspera*、樟叶朴、长叶柞木*Xylosma lonaefolium*、山菊子*Flacourtia montana*及榕树等。林下灌木有白蜡树*Fraxinus* sp.、馒头果*Glochidion* sp.、扁担杆*Grewia* sp.、榕树等。剑叶龙血树在普洱、镇康也有分布。

另外在孟定附近的南汀河两岸的石庆岩山地，海拔950—1100米处也有生长，树高约14米，伴生树种有油朴、清香树、灰莉木*Fagraea ceilanica*、弯花雀梅藤*Sageretia pauciflora*、瘿袋花*Agapetes burmanica*及榕树等。

小花龙血树*Dracaena cambodiana*叶片比剑叶龙树宽，不分枝，生长于普洱、镇康等地。

10. 铁力木林 Mesua ferrea Forest

铁力木产于亚洲热带，滇南已是分布区的北缘。在西双版纳的勐腊、景洪以西直到瑞丽有单株散生或呈丛生长。分布于海拔550—1200米处，要求静风、高温、高湿、土肥的条件。能长成热带雨林的上层优势树种。在孟定四方井有一片5公顷的纯林，林分结构简单，为单种单层林。共有乔木434株，其中铁力木403株，平均年龄150年，平均胸径34厘米，最大86厘米。因常遭采伐，林内空地和林窗的出现，有次生林木印度栲、高山榕*Ficus altissima*、西南猫尾木*Dolichandrone stipulata*、番龙眼、红光树、围涎树等渗入。铁力木材质特硬，价值很高，是应保护和发展的珍稀树种。

11. 云南石梓林 Gmelina arborea Forest

云南石梓是云南特产的落叶大乔木，在优越的高温、高湿、静风条件下能长高达40米。常生于海拔400—1300米的疏林中，成为上层树种。伴生树种常有假含笑、红木荷、红锥、西南紫薇、帽柱木*Mitragyme brunonis*、布渣叶*Microcos paniculata*、印度栲等。云南石梓是一种易繁殖、抗病虫、生长迅速的树种，可在热区大力推广造林。

12. 三棱栎林 Trigonobalanus doichangensis Forest

三棱栎是近年在滇南新发现的壳斗科一属，在孟连县城附近的海拔1050—1250米的山地有一片以三棱栎为优势的森林，树高约12米，树冠稀疏，郁闭度约0.6，伴生乔木有小果栲、短刺栲*C. echidnocarpa*、茶梨*Anneslea fragrans*。林下灌木有密花树、厚皮香、南烛、馒头果、大叶斑鸠菊*Vernonia valkameriaefolia*等。在澜沧县城附近海拔1200—1300米的常绿阔叶混交林中也有三棱栎生长，林冠高达18米，伴生树种有华南石栎、杯状栲、红木荷、毛叶青冈等。下木有乌饭树、馒头果、余甘子、水锦树*Wendlandia* sp.等。

在本区湿热的自然条件下繁生着多种竹类，有些是大型竹类，并能成片生长。如薗劳竹*Schizostachyum fonghomii*、黄竹*Dendrocalamus membranaceus*是西双版纳、河口等地区典型的大型丛生竹类，并能分别沿河谷、低山、山麓等构成大面积竹林。又如中华大节竹*Indosasa sinica*是西双版纳至河口的散生竹类，也构成大面积竹林。

此外，在本区还有多种人工营造的林木。有代表性的如：①铁刀木林*Cassia siamea* Forest，是滇南傣族地区四旁栽培的薪炭林。生长迅速，萌生力强。②柚木林*Tectona grandis* Forest，木材是名贵的商品材，在勐腊、景洪以及德宏州都有成片栽培。要求生长在海拔850米以下，热量丰富、干湿季明显的条件中。③轻木林*Ochroma lagopus* Forest，从20世纪50年代后期就在勐腊、景洪等地建立轻木林场，但未很好管理。④龙竹林*Dendrocalamus giganteus* Forest，是本区村庄路旁，田边地角广泛栽培的一种大型丛生竹类。材、笋都用，经济价值很高。此外，还栽培了大面积的橡胶树*Hevea brasiliensis*、咖啡*Coffee arabica*、金鸡纳*Cinchona succirubra*、槟榔*Areca cathecu*、油棕*Elaeis guineensis*、腰果*Anacardium occidentalis*、依兰香*Cananga odorata*、美登木*Maytenus hookeri*、萝芙木*Rauvolfia verticillata*以及多种热带水果。种类繁多，不胜枚举。

滇南热区，树种丰富，森林类型复杂，被称为"植物王国"桂冠上的明珠。虽然上面介绍了一些森林类型，但往往落脚在一个具体林区时，由于树种繁多，看不出哪一种或哪几种是优势树种，以至影响对森林的进一步认识。

近年来，各方面的人为破坏十分严重，有不少的树种处于濒灭的边缘。虽然发展经济林木、发展农业是必要的，但还需在提高单位面积的产量上多下功夫，共同珍惜和保护滇南这片最珍贵的热带森林资源。

P1. 桫椤科 CYATHEACEAE

常绿大型蕨类植物多为棕榈树状，具圆柱状的地上茎干，顶端丛生开展的大形羽状复叶，茎干表面密布大型叶痕，叶痕呈菱形、六角形或倒卵形，维管束排列成倒八字形，茎干下部常被覆交织的不定根，少数种类具粗短而横卧地面下的根状茎，茎的内部具有复杂的网状中柱。叶片通常2—3回羽状；叶脉分离，单一、二叉或少有三叉，偶有联结。叶柄粗壮，被鳞片，多数种类基部以上的鳞片早落，有些种类同时被鳞片和毛。孢子囊群球形，生于小脉背面隆起的囊托上；囊群盖球形、钵形或下位鳞片状，或者无囊群盖，球形的囊群盖顶端或侧面开裂；孢子囊卵球形，环带斜绕，不为囊柄所中断；孢子囊之间常有隔丝，其长短因种而异；孢子四面体型，有三条裂缝。

本科共有9属，约650种，广布热带和亚热带地区。在南半球，少数种类可分布到南纬约50度的寒冷地带。中国有3属，约20种；云南3属均产，现知9种。

本科多数种类呈乔木状，体态优美，可供观赏；有些种类，茎干上的叶痕呈美丽图案，可加工成笔筒等工艺品；有些种类在我国民间作药用，药效有待研究。

本科植物起源比较古老，对科学研究有重要价值，在我国分布范围有限，多数种类已属濒危植物，应及时给予重视和保护。

分 属 检 索 表

1. 叶柄和叶轴暗黄白色；叶柄基部的鳞片苍白色，蓬松而柔软，常卷曲，由同形的狭长薄壁细胞构成，边缘有整齐而斜向上的黑色或同色短刺毛；叶片下面灰白色或灰绿色；孢子囊群无盖 ··· 1. 白桫椤属 Sphaeropteris
1. 叶柄和叶轴深暗黄白色、红棕色，或者深棕色至栗黑色；叶柄基部的鳞片厚，中部棕色或棕黑色，由狭长的厚壁细胞构成，两侧由较短的薄壁细胞构成易擦落的浅色薄边，有时边缘由厚壁细胞形成少数长刺毛；叶片下面绿色或深绿色。
  2. 叶柄和叶轴红棕色或深暗黄白色，背面及两侧有棘手的硬皮刺；孢子囊群有盖（常被成熟的孢子囊群隐没）············· 2.桫椤属 Alsophila
  2. 叶柄和叶轴栗黑色或红棕色，平滑或有疣状突起，无硬皮刺；孢子囊群无盖 ··· 3.黑桫椤属 Gymnosphaera

1. 白桫椤属 Sphaeropteris（Bernh.）Holttum

乔木状。叶2回羽状或近3回羽状，背面灰白色或灰绿色；叶脉分离，2—3叉；叶柄基部的鳞片无特化边缘，细胞一式，质薄，边缘有同色或深色的刺毛。孢子囊群无盖。

本属约120种，广布于世界热带、亚热带地区；中国有3种，云南仅产白桫椤1种。

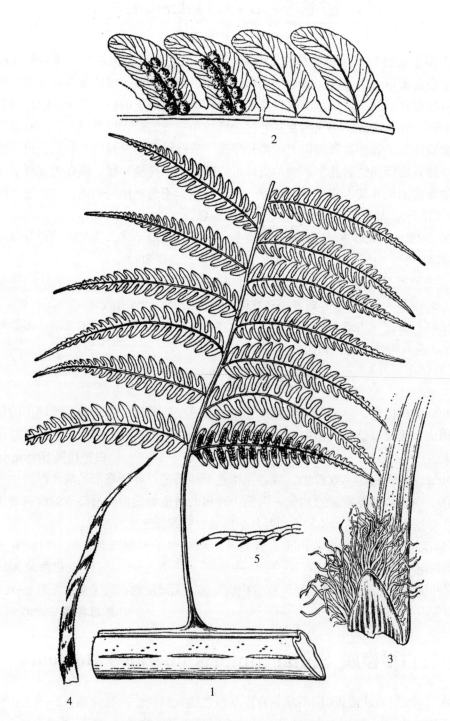

图1 白桫椤 *Sphaeropteris brunoniana*（Hook.）Tryon
1.叶片（部分）　　2.羽片（部分）　　3.叶柄基部及鳞片
4.叶柄基部的鳞片　　5.叶柄基部鳞片边缘

白桫椤（西藏植物志）图1

Sphaeropteris brunoniana（Hook.）Tryon（1970）

Alsophila brunoniana Hook.（1844）

Cyathea brunoniana（Hook.）C.B. Clarke et Bak.（1888）

茎干高达10余米，上部直径达15厘米。叶柄暗黄白色，常被白粉，基部有小疣状突起，向上变平滑，气囊体在两侧几连成灰白色的斑纹线，延伸至叶轴渐稀疏。鳞片薄，苍白色，蓬松而柔软，常卷曲，通体由同形的狭长薄壁细胞构成，边缘有整齐而斜向上的同色或深色的刺毛。叶片长圆形，长达3米，宽达1.6米，2回羽状（小羽片深羽裂），下面灰白色；叶轴平滑，浅暗黄白色，被白粉。羽片开披针形，长达90厘米，宽达25厘米，基部1对柄长达7厘米；羽轴浅暗黄白色，平滑。小羽片线状披针形或略呈倒披针形，有短柄，先端长渐尖，两侧羽状深裂至近全裂，基部1—2对裂片几分离；中肋腹面无毛或有疏毛，背面无毛；裂片略呈镰刀形，钝头，近全缘或略有波状齿，偶为浅裂；小脉2—3叉。孢子囊群球形，无盖，隔丝发达。

产滇南、西藏和海南岛；孟加拉国、印度、不丹、缅甸和越南北部也有分布。

2. 桫椤属 Alsophila R. Br.

乔木状，少数灌木状（具横卧地面下的粗短根状茎）。叶柄红棕色或深暗黄白色，有皮刺或疣状突起，或较平滑；鳞片厚，中部深棕色，由狭长厚壁细胞构成，两侧由较短的薄壁细胞构成浅色、易擦落的薄边。叶片2回羽状（小羽片羽裂），下面绿色；叶轴腹面常被短毛。叶脉分离，单一或2叉。孢子囊群球形，有囊群盖，并常有隔丝；囊群盖球形或下位鳞片状。

本属约200种，广布于世界热带、亚热带地区。中国有4种，云南产3种。

分 种 检 索 表

1.叶柄有疣状突起，略粗糙，无棘手的硬皮刺；小羽片中肋及裂片主脉背面疏被明显泡状的小鳞片·······································1.阴生桫椤 A.latebrosa
1.叶柄有棘手的硬皮刺，叶轴也有较短小的硬皮刺；小羽片中肋及裂片主脉背面无泡状鳞片。
  2.羽轴及小羽片中肋背面无毛·······································2.桫椤 A. spinulosa
  2.羽轴及小羽片中肋背面有毛·······································3.中华桫椤 A. costularis

1.阴生桫椤（海南植物志）图2

Alsophila latebrosa Wall. ex Hook.（1844）

Cyathea latebrosa（Wall. ex Hook.）Copel.（1909）

茎干高达5米，较细瘦，上部直径约8毫米。叶柄深暗黄白色至浅棕色，密生小疣状突起，基部有少数宿存鳞片；鳞片线形，棕色，有光泽，长达1.5厘米，宽1毫米。叶片长圆形，长达2米，宽达1米；叶轴与叶柄同色，背面疏生小疣状突起。羽片阔披针形，或基部

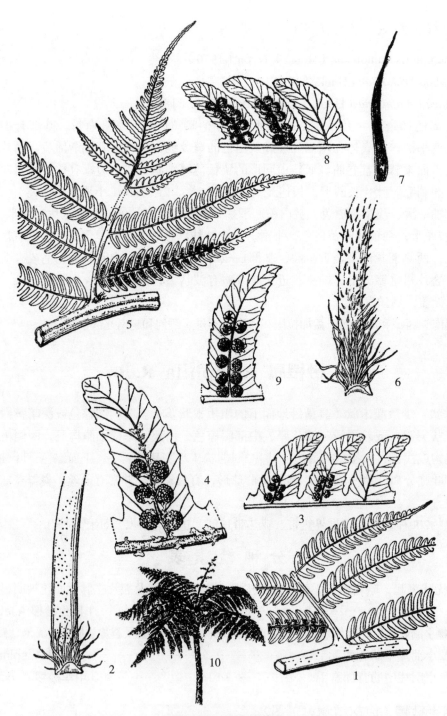

图2 阴生桫椤及桫椤

1—4.阴生桫椤 *Alsophila latebrosa* Wall. ex Hook.

1.叶片（部分） 2.叶柄基部及鳞片 3.羽片（部分） 4.裂片

5—9.桫椤 *A. spinulosa*（Wall. ex Hook.）Tryon

5.叶片（部分） 6.叶柄基部及鳞片 7.鳞片 8.羽片 9.裂片 10.植株全株

略缩狭而呈长圆状阔披针形，长达50厘米，宽达15厘米，有短柄；羽轴与叶轴同色，背面疏生小疣状突起。小羽片披针形，长6—11厘米，宽1.4—3厘米，略有短柄或无柄，先端渐尖至长渐尖，两侧羽状深裂几达中肋，薄纸质。裂片略呈镰刀形，钝头，边缘有疏钝锯齿；侧脉达10（12）对，大多2叉，上部的单一，偶有3叉。小羽片中肋及裂片主脉背面疏被灰白色的小泡状薄鳞片，不育小羽片泡状鳞片较多，中肋下部还混生少数卵状披针形的扁平鳞片。孢子囊群球形，靠近中肋；囊群盖小，通常是两裂的鳞片状，着生于囊托靠近中肋的一侧，成熟时常被囊群覆盖；隔丝长于孢子囊。

产云南东南部，海南岛；柬埔寨、泰国、马来半岛、苏门答腊和加里曼丹也有分布。

2.桫椤（中国高等植物图鉴）图2

Alsophila spinulosa（Wall. ex Hook.）Tryon（1970）

Cyathea spinulosa Wall. ex Hook.（1844）

茎干高可达10米，上部直径达15厘米。叶柄深暗黄白色至红棕色，有发达的棘手硬皮刺；基部的鳞片深棕色，有光泽，线状披针形，长达3厘米，宽达1.5毫米。叶片长圆形，长达2米，宽达1米；叶轴疏生较短的棘手硬皮刺。羽片长圆状阔披针形，长达60厘米，中部宽达20厘米；羽轴腹面疏生棕色卷曲毛，背面无毛，下部疏生短皮刺，上部近平滑。小羽片线状披针形，通常长8—10厘米，宽1.5—2厘米，具短柄，羽裂几达中肋，先端长渐尖；中肋腹面疏生棕色卷曲毛，背面疏被苍白色、扁平至突起的小形阔鳞片。裂片略呈镰刀形，边缘有疏钝锯齿；侧脉8—12（14）对，大多分叉。孢子囊群球形，紧靠裂片中肋；囊群盖球形，外侧开裂，成熟时常反折覆盖中肋。

产云南西部、西南部、东南部及东北部，四川、贵州、广西、广东、福建及台湾；尼泊尔、不丹、印度、缅甸、泰国及日本南部也有分布。

该种已被列为国家重点保护植物。

3.中华桫椤（中国高等植物图鉴）　毛肋桫椤（中国树木志）图3

Alsophila costularis Bak.（1906）

Cyathea chinensis Copel.（1909）

茎干高可达15米，上部直径达15厘米。叶柄红棕色，具棘手的硬皮刺及疣状突起，两侧各有一条不连续的气囊线（达叶轴上部），并被两种鳞片；基部鳞片厚而平直，线状狭披针形，长达3厘米，宽达1.5毫米，深棕色，有光泽；另有细小头垢状鳞片，灰白色或浅棕色，向上疏生达叶轴。叶片长圆形，长达2米，宽达1米；叶轴下部红棕色，上部棕黄色，疏生疣状突起。羽片阔披针形，长达60厘米，宽达20厘米，有短柄；羽轴背面下部疏生疣状突起，上部有灰白色卷曲毛，腹面密生红棕色短毛。小羽片线状披针形，长6—10厘米，宽1.5—2厘米，具短柄，羽状深裂几达中肋，先端长渐尖，中肋背面疏生短毛，腹面有密毛。裂片略呈镰刀形，边缘有疏钝锯齿；侧脉10对，2叉，少数3叉或单一。孢子囊群球形，紧靠裂片中肋；囊群盖球形，仅在中肋一侧附着，成熟时反折，形如一棕色阔鳞片，覆盖中肋；隔丝不长于孢子囊。不育小羽片背面疏生略突起的苍白色小鳞片。

产云南南部至东南部；尼泊尔、不丹、印度、缅甸、老挝和越南也有分布。

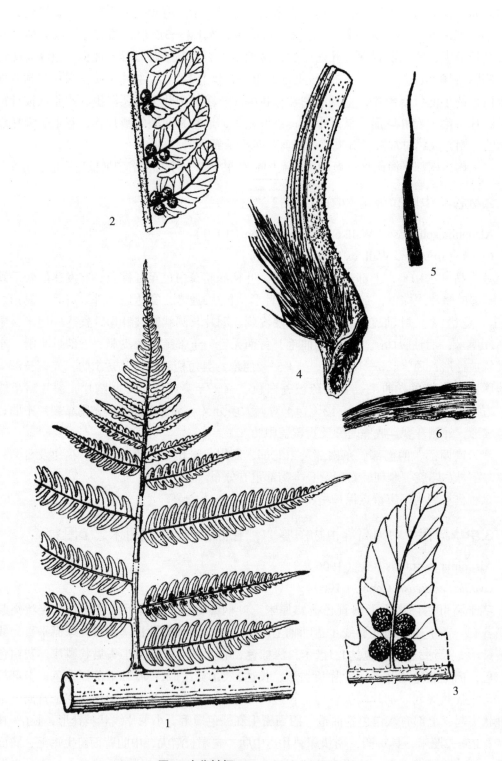

图3　中华桫椤 *Alsophila costularis* Bak.

1.叶片（部分）　　2.羽片（部分）　　3.裂片　　4.叶柄及基部之鳞片

5.叶柄基部的鳞片　　6.鳞片局部

本种形态与桫椤 *A.spinulosa*（Wall. ex Hook.）Tryon 十分相似，常易混淆，但其羽轴及小羽片中肋背面有毛，可以区别。

3. 黑桫椤属 Gymnosphaera Bl.

本属与桫椤属 *Alsophila* R. Br.的区别，在于叶柄、叶轴栗黑色或棕色，叶脉通常单一，孢子囊群无盖，大多数种类不具高大的地上茎干。

本属约30种，主产亚洲热带。中国约有8种，云南现知5种，其中长成树状的仅3种。

分 种 检 索 表

1.叶柄红棕色，疏被常略卷曲的鳞片；叶1—2回羽状；小羽片边缘浅波状或有疏浅锯齿，至多浅羽裂；叶脉两面均隆起，斜向上，相邻两组叶脉的基部1对或几对小脉联结·······································**1.结脉黑桫椤 G. podophylla**
1.叶柄栗黑色，通常密被开展而平直（有时先端略弯曲）的大鳞片；叶片2回羽状，小羽片深羽裂；叶脉全部分离，腹面不明显。
  2.叶草质；羽片两面均有甚多灰白色长毛·····················**2.毛叶黑桫椤 G.andersonii**
  2.叶纸质；羽片无灰白色长毛，仅羽轴、小羽片中肋及裂片主脉腹面有浅棕色毛·····································**3.大叶黑桫椤 G. gigantea**

1.结脉黑桫椤（中国树木志）　黑桫椤（中国主要植物图说，蕨类植物门）图4

Gymnosphaera podophylla（Hook.）Copel.（1947）

Alsophila podophylla Hook.（1857）

茎干高可达3米，上部直径达10厘米，但成熟早期几无地上茎干。叶柄长达1米余，红棕色，略有光泽，基部稍膨大，有疣状突起或小尖刺，并被鳞片；鳞片栗黑色或深棕色，有光泽，狭长披针形，常卷曲，有易擦落的膜质狭边，有时边缘有不规则的棕色或黑色刺毛。叶片长可达2米，1—2回羽状；叶轴红棕色，背面粗糙，腹面疏被较小的棕色鳞片。羽片长圆状披针形，长达60厘米，中部宽达18厘米，顶端长渐尖，柄长可达3厘米；羽轴为较浅的红棕色，平滑无毛。小羽片线状披针形，长达11厘米，宽达2厘米，边缘浅波状或有疏浅锯齿，有时浅羽裂，顶端长渐尖，基部有短柄；中肋背面基部有栗黑色小鳞片。叶脉两面均隆起，侧脉斜向上，小脉3—4对，相邻两组叶脉的基部1对或几对小脉靠合或联结成网状，有时同侧下部的两条小脉联结。孢子囊群球形，生于小脉下部，较接近主脉；隔丝短。

产云南南部至东南部，广西、广东、福建、浙江、台湾；越南、柬埔寨、老挝、泰国和日本南部也有分布。

2.毛叶黑桫椤（中国树木志）　毛叶桫椤（西藏植物志）图5

Gymnosphaera andersonii（Scott ex Bedd.）Ching et S. K. Wu.（1983）

Alsophila andersonii Scott ex Bedd.（1869）

Cyathea andersonii（Scott ex Bedd.）Copel.（1909）

　　茎干高达2米以上，上部直径达10厘米。叶草质；叶柄栗黑色，有光泽，疏生小疣状突起，通常密被开展的大鳞片，并有头垢状的小鳞片和毛；大鳞片长达2厘米以上深棕色，有光泽，厚而平直，披针形，先端极长渐尖，并常向上弯曲，两侧有浅棕色、不整齐的薄边。叶片阔三角形，长达1.5米，宽达1.4米，2回羽状（小羽片羽状半裂至深裂）；叶轴下部与叶柄同色，向上呈红棕色，略粗糙，腹面密被浅棕色柔毛，两侧有披针形鳞片（形态与叶柄的鳞片相同而较短小），背面密被浅棕色头垢状的细小鳞片及毛，后渐脱落。羽片阔披针形或基部略缩狭，长达70厘米，宽达25厘米；羽轴浅棕色，上部棕黄色至暗黄白色，背面疏被灰白色长柔毛，下部还有深棕色的披针形小鳞片，腹面密被灰白色长柔毛。小羽片披针形，长达13厘米，宽达3厘米，长渐尖，下部的略有短柄；中肋两面被灰白色长柔毛，背面下部还有深棕色、披针形小鳞片。裂片略呈镰刀形，下部近全缘，上部有疏浅锯齿：侧脉达12对，单一，偶为2叉；主脉及侧脉两面均疏生灰白色长毛。孢子囊群较小，圆球形，中生或略接近裂片主脉；隔丝苍白色，细长，成熟时长于孢子囊。

　　产云南西部、西藏东南部；不丹与印度也有分布。

3.大叶黑桫椤　大黑桫椤（中国树木志）图5

Gymnospbaera gigantea（Wall. ex Hook.）J. Sm.（1842）

Alsophila gigantea Wall. ex Hook.（1846）

Cyathea gigantea（Wall. ex Hook.）Holttum（1935）

　　茎干高可达2米以上，上部直径可达15厘米。叶纸质，巨大，长可达4米，宽达 1.8米。叶柄长达1.5米，栗黑色，有光泽，疏生疣状突起，背面密被头垢状毛，基部及腹面密生开展的大鳞片；大鳞片长达2厘米以上，深棕色，有光泽，厚而平直，披针形，先端极长渐尖，两侧有浅棕色、不整齐的薄边。叶片长圆形，2回羽状（小羽片羽状半裂至深裂），长达2.5米，宽达1.5米；叶轴下部栗黑色，粗糙，向上渐成深棕色至红棕色而平滑，有光泽，腹面被深棕色短毛，两侧常有开展的残存大鳞片，背面被头垢状毛。羽片长圆形或阔披针形，无柄略有短柄，长达80厘米，宽达30厘米；羽轴栗黑色或深棕色，上部棕黄色至暗黄白色，腹面被棕色或浅棕色短毛，背面近光滑。小羽片线状披针形或长圆披针形，长可达15厘米，宽可达3厘米，羽状半裂至深裂，顶端渐尖，背面疏被小鳞片。裂片近三角形，或成长圆形而略向上弯，圆钝头，有浅钝锯齿。叶脉腹面不明显，背面可见；侧脉可达10对，单一，偶有分叉。孢子囊群球形，中生；隔丝与孢子囊近等长。

　　产云南西南部至东南部，广西和广东；越南、老挝、泰国、缅甸、孟加拉国、尼泊尔、印度及斯里兰卡也有分布。

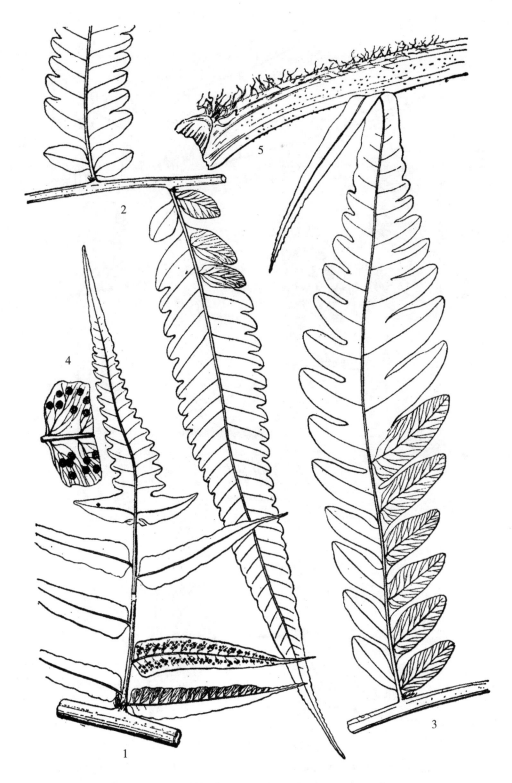

图 4　结脉黑桫椤 *Gymnosphaera podophylla*（Hook.）Copel.
1.一回羽状叶片（部分）　　2.二回羽状叶片（部分）　　3.三回羽状叶片（部分）
4.羽片（部分）　5.叶柄

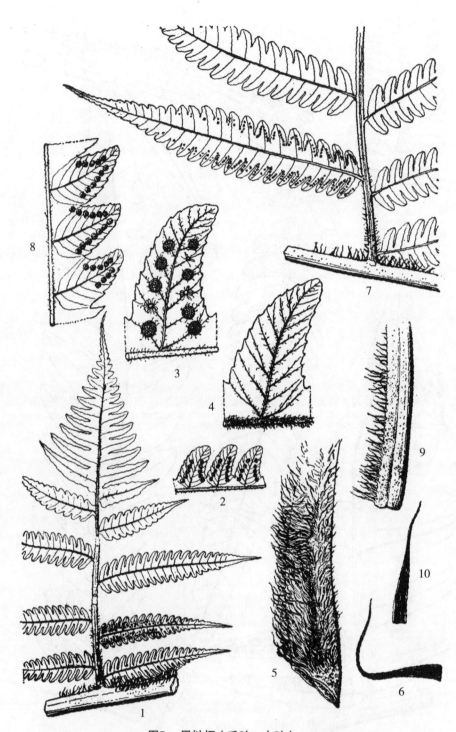

图5　黑桫椤（毛叶、大叶）

1—6.毛叶黑桫椤 *Gymnosphaera andersonii*（Scott ex Bedd.）Ching et S. K.Wu.

1. 叶片（部分）　　2. 羽片（部分）　　3—4.裂片背腹面　　5. 叶柄基部　　6.鳞片

7—10. 大叶黑桫椤 *Gymnosphaera gigontea*（Wall. ex Hook.）J. Sm.

7. 叶片（部分）　　8.羽片（部分）　　9. 叶柄　　10. 鳞片

G1.苏铁科 CYCADACEAE

常绿木本植物，树干圆柱形，不分枝，稀在顶端呈二叉状分枝，或者成块茎状，髓部大，木质部和韧皮部较窄。叶螺旋状排列，有鳞叶及营养叶，二者相互成环着生；鳞叶小，密被褐色毡毛；营养叶大，羽状全裂，稀二回羽状深裂，集生于干顶或块状茎上。花单性，雌雄异株；球花生树干顶端，小孢子叶扁平鳞状或盾形，螺旋状排列，背面具多数散生的小孢子囊，小孢子萌发时产生两个有纤毛的游动精子；大孢子叶扁平，上部羽状分裂或不分裂，生于干顶羽状叶（营养叶）及鳞叶之间，胚珠2—10，生于大孢子叶柄的两侧。种子核果状，具三层种皮，胚乳丰富，子叶2。

本科10属约110种，分布于南北两半球的热带、亚热带地区。我国1属9种，云南（包括栽培）有1属5种。

苏铁属 Cycas L.

树干粗壮，直立，常密被宿存的木质叶基。营养叶的羽状裂片革质，窄条形或条状披针形，中脉显著，无侧脉。小孢子叶形成长卵圆形或圆柱形的雄球花，花药无柄，常 3—5 个聚生；大孢子叶形成疏松的宽卵形雌球花，或不形成雌球花，胚珠2—10，着生于大孢子叶柄两侧。种子的外种皮肉质，中种皮木质，常具2（3）棱，内种皮膜质；子叶2，发芽时不出土。

本属约17种，分布于亚洲、大洋洲及马达加斯加等热带、亚热带地区。我国有9种，产台湾、福建、广东、广西、云南、四川、贵州。云南有5种。

分 种 检 索 表

1.大孢子叶上部的顶片显著扩大，长卵形至宽圆形，边缘深条裂。
　2.叶上面中脉的中央无凹槽；大孢子叶上部的顶片长大于宽或近相等。
　　3.叶的羽状裂片之边缘不反卷或微反卷，下面无毛；胚珠光滑无毛。
　　　4.叶柄长约为羽片的1/3；羽状裂片宽0.8—1.7（2.2）厘米；大孢子叶柄长5—7厘米······················1.云南苏铁C. siamensis
　　　4.叶柄长度不超过羽片的1/4；羽状裂片宽4—7毫米；大孢子叶柄长8—14厘米······················2.攀枝花苏铁 C. panzhihuaensis
　　3.叶的羽状裂片之边缘向下面显著反卷，下面通常有毛；胚珠密被淡黄色或淡黄灰色绒毛······················3.苏铁 C. revoluta
　2.叶上面中脉的中央有一条凹槽；大孢子叶上部的顶片宽大于长···4.篦齿苏铁 C. pectinata
1.大孢子叶上部的顶片微扩大，三角状窄匙形，边缘具细短的三角状裂齿······················
·······················5.华南苏铁 C. rumphii

1.云南苏铁　孔雀抱蛋（西双版纳）、暹罗苏铁　图6

Cycas siamensis Miq.（1863）

树干高可达3米，径10—60厘米，下部间或分枝。羽状叶长120—150厘米，或者更长，幼嫩时下面被柔毛，羽状裂片40—120对或更多，中部的羽状裂片间距约1.5厘米，革质，披针状条形，长15—33厘米，宽0.8—1.7（2.2）厘米，边缘稍厚，微向下反卷，基部两侧近对称，常不下延；叶柄长40—100厘米，两侧具刺，刺圆锥形，长2—4毫米，略向下斜展。雄球花卵状圆柱形，长达30厘米，径6—10厘米。雌球花扁卵形，大孢子叶密生红褐色绒毛，后渐脱落，顶片卵状菱形，长4—6厘米，边缘深裂，裂片约10对，柄长5—7厘米；胚珠2—4，无毛，生于大孢子叶柄中上部之两侧。种子卵圆形或宽倒卵圆形，长2—3厘米，黄褐色或浅褐色，有光泽。

产芒市、澜沧、普洱、景洪、勐腊、河口，生于海拔500—1300（1500）米的季雨林下。缅甸、泰国、越南也有分布。

可栽培作庭园观赏树；髓含淀粉可食用；种子、茎、叶入药。

2.攀枝花苏铁（植物分类学报）图6

Cycas panzhihuaensis L. Zhou et S.Y.Yang（1981）

C. baguanheensis L.K.Fu et S.Z.Cheng（1981）

树干圆柱形，上端略粗，高达4米，径可达40厘米。羽状叶长70—150厘米，羽状裂片通常70—105对，条形，长6—23厘米，宽4—7毫米，先端渐尖，两面光滑无毛，中脉在上面微凸，下面显著隆起；叶柄两侧有短刺。雄球花纺锤状圆柱形或长椭圆状圆柱形，通常微弯，两端渐窄，长25—50厘米，径6—10厘米；小孢子叶通常长4—6厘米，宽1.8—2.8厘米，顶部两侧圆或三角状，腹面无毛、黄棕色、有光泽，背面密生锈褐色绒毛，花药2—5个聚生；雌球花成疏松的扁卵形，大孢子叶柄密被黄褐色或锈褐色绒毛，长8—14厘米，中上部着生1—5（通常4）枚胚珠，胚珠四方状圆形，光滑无毛，金黄色，顶端红褐色；顶片宽卵形或菱状卵形，宽5—7厘米。种子近球形或倒卵状球形，微扁，橘红色，径约2.5厘米，外种皮具薄纸质、分离而易碎的外层。

产地从渡口沿金沙江直到禄劝县的普渡河，断断续续均有生长。普渡河谷海拔1100—1250米处有一片攀枝花苏铁林，约400亩，普遍开花结实，有小树苗及根蘖苗，常见伴生树种有铁橡栎、清香木、臭椿、余甘子、雀梅藤、迎春柳、车桑子等。可栽培作庭园观赏树。

3.苏铁　凤尾蕉（植物名实图考）、千岁子（本草纲目拾遗）、番蕉（本草纲目）、铁树

Cycas revoluta Thunb.（1784）

产福建、台湾、广东，云南省庭园常见栽培。日本南部、菲律宾、印度尼西亚亦有分布。

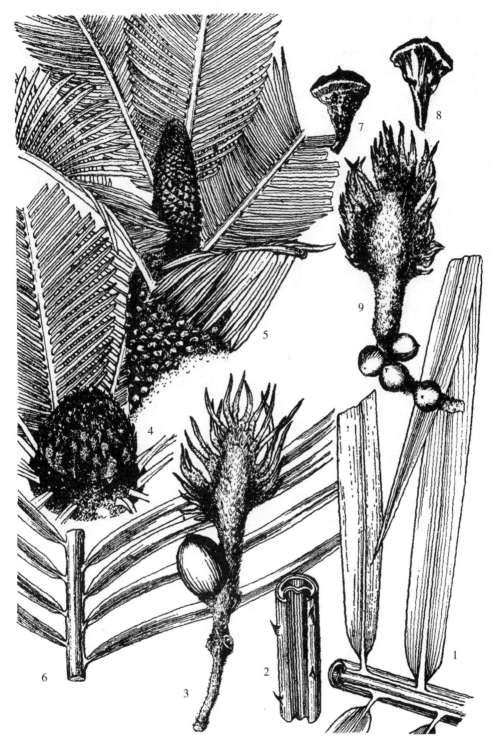

图6 云南苏铁及攀枝花苏铁

1—3. 云南苏铁 Cycas *siamensis* Miq：

1.羽状叶之一段 2.叶柄上部一段 3.大孢子叶及种子

4—9.攀枝花苏铁 *C. panzhihuaensis* L. zhou et S.Y.Yang： 4.部分雌球花植株

5.部分雄球花植株 6.羽状叶一段 7—8.小孢子叶腹背面 9.大孢子叶及种子

4.篦齿苏铁（植物分类学报） 凤尾蕉（本草纲目拾遗）、凤凰蛋

Cycas pectinata Griff.（1854）

产盈江、景洪，生于海拔800—1200米的次生林或竹林下；昆明有栽培。尼泊尔、印度、缅甸、泰国、老挝、越南、柬埔寨也有分布。

5.华南苏铁（中国树木学） 刺叶苏铁（中国树木分类学），龙尾苏铁（海南植物志）

Cycas rumphii Miq.（1839）

产景洪，分布于印度、缅甸、越南、印度尼西亚、澳大利亚、马达加斯加。

G2.银杏科 GINKGOACEAE

落叶乔木，树干端直。有长枝和短枝。叶在长枝上螺旋状排列，在短枝上簇生状，扇形，叶脉二叉状。雌雄异株，稀同株，雌雄球花生于短枝顶端；雄球花有梗，柔荑花序状，雄蕊多数，螺旋状着生，每雄蕊有2花药，雄精细胞有纤毛，花丝短；雌球花有长梗，顶端通常有2珠座，每珠座着生1直立胚珠。种子核果状，外种皮肉质，中种皮骨质，内种皮膜质。胚乳丰富，胚有2子叶，发芽时不出土。

本科植物发生于古生代石炭纪末期，至中生代三叠纪、侏罗纪种类繁盛。中生代早期的银杏为现代银杏的远祖。新生代第三纪早期的银杏 *Ginkgo adiantoides*（Vnger）Heer之叶与现代银杏无大区别。为第四纪冰期后孑遗植物。云南引种栽培。

银杏属 Ginkgo L.

银杏（本草纲目）　白果（植物名实图考）、公孙树（汝南圃史）、鸭脚子（本草纲目）、鸭掌树（北京）图7

Ginkgo biloba L.（1771）

乔木，高达40米，胸径达4米；幼树树皮淡灰褐色，浅纵裂，老树树皮则为灰褐色，深纵裂；幼树及壮年树的树冠圆锥形，老树树冠广卵形，大枝斜上伸展。一年生长枝淡褐黄色，两年生以上变为灰色，有细纵裂纹；短枝色深，黑灰色。叶扇形，顶部宽5—8厘米，在短枝上具波状缺刻，在长枝上常2裂；幼树及萌生枝的叶常大而深裂，长达13厘米，宽可达15厘米，基部楔形，淡绿色或绿色，秋季落叶前变为黄色，有长柄，短枝之叶3—5簇生。雄球花4—6生于短枝顶端叶腋或鳞状叶腋，长圆形，下垂，淡黄色；雌球花数个生于短枝顶端叶丛中，淡绿色。种子核果状，椭圆形，倒卵圆形或近球形，长2.5—3.5厘米，径约2厘米，外种皮肉质，熟时黄色或橙色，具臭味，外被白粉，中种皮白色，具2—3纵脊，内种皮膜质淡黄褐色；胚乳肉质丰富，味甜略苦。花期3月下旬至4月中旬，种子9—10月成熟。

本树种适应性较强。在云南海拔1400—2200米的地区常见栽培，名胜寺院处较多。有数百年至几千年的大树，腾冲市界头区白果村有明代洪武年间栽培的古树，高30米，胸径7.2米，至今仍葆青春，结果不衰。昆明西山有500年的古树。浙江天目山有野生的树木，生于海拔500—1000米的天然林中。栽培历史悠久，地区宽广，北起辽宁，南达广州，东起江苏，西至甘肃均有栽培。朝鲜、日本及欧美各国也有栽培。

种子及嫁接繁殖，从健壮母树上采种、育苗栽培，春播或冬播均可。一般20年的实生树可结实，30—40年进入结果盛期。通过嫁接可保持优良品种种性，以及提前结果。

银杏的木材质地优良，边材淡黄色，心材黄褐色，结构细，质轻软，富弹性，有光泽，收缩性小，纹理直，易加工，不翘不裂，可做翻砂模型、印染滚筒、雕刻及室内装饰

图7 银杏 *Ginkgo biloba* Linn.

1.长短枝及种子 2.雄球花枝 3.雄蕊 4.雌球花枝 5.雌球花上部
6.去外种皮的种子 7.去外、中种皮的种子纵切面（示胚乳与子叶）

等用材。种子供食用，熟食有滋阴补肾、补肺、止咳、利尿等功效，但含氢氰酸，多食易中毒。外种皮含银杏酸、银杏醇和银杏二酚，有毒，可用叶制杀虫剂，还可提制冠心酮，治心血管病。

树姿挺拔，形态优美，可作庭园树及行道树种。

G4.松科 PINACEAE

常绿或落叶乔木，稀为灌木。叶条形或针形，基部不下延；条形叶扁平，稀呈四棱形，在长枝上螺旋状散生，在短枝上簇生；针形叶2—5针一束，着生于极度退化的短枝顶端，基部包有叶鞘。雌雄同株异花；雄球花有多数螺旋状排列的雄蕊，每雄蕊有2个花药；雌球花有多数螺旋状排列的珠鳞和苞鳞，每个珠鳞有2枚倒生胚珠，苞鳞与珠鳞分离。球果成熟时种鳞张开，稀不张开；种鳞背腹面扁平，木质或革质，宿存或成熟后脱落；发育的种鳞腹面基部有2粒种子，种子通常上端有一膜质翅，稀无翅或几无翅，胚有2—6枚子叶，发芽时出土或不出土。

本科有10属约230种，多分布于北半球。我国有10属约100种，云南有7属21种9变种。

分 属 检 索 表

1.叶条形，螺旋状排列或在短枝上端簇生，均不成束，球果当年成熟。
　2.常绿，叶条形扁平或具四棱，质硬；无长短枝之分。
　　3.球果成熟后（或干后）种鳞自宿存的中轴上脱落，直立；叶扁平，上面中脉凹陷；枝具圆形，微凹的叶痕···2.冷杉属Abies
　　3.球果成熟后（或干后）种鳞宿存。
　　　4.球果直立，形大，种子连同种翅几乎与种鳞等长；叶扁平，上面中脉隆起，雄球花簇生枝顶···1.油杉属Keteleeria
　　　4.球果通常下垂，很少直立，形小；种子连同种翅较种鳞为短；叶扁平，上面中脉凹下或微凹下，稀平或微凸起，有时四棱状条形或扁棱状条形；雄球花单生叶腋。
　　　　5.小枝有微隆起的叶枕或叶枕不明显；叶扁平，有短柄，上面中脉凹下或微凹，稀平或微隆起，反下面有气孔线，或者上面稀有气孔线。
　　　　　6.球果较大，苞鳞伸出于种鳞外，先端3裂；叶较长，通常2厘米以上，短柄不为屈膝状，叶内具有2个树脂道·····················3.黄杉属Pseudotsuga
　　　　　6.球果较小，苞鳞不露出，稀微露出，先端不裂或2裂；叶较短，通常2厘米以下，短柄屈膝状，叶内维管束下有1个树脂道·····················4.铁杉属 Tsuga
　　　　5.小叶有显著隆起的叶枕；叶四棱状或扁菱状条形，或条形扁平，无柄，四面有气孔线，或仅上面有气孔线 ·································5.云杉属Picea
　2.落叶性，叶扁平，柔软，倒披针状条形，枝有长短枝之分，叶在长枝上螺旋状排列，在短枝上簇生状，雄球花单生于短枝顶端；种鳞革质，成熟后（或干后）不脱落 ·········
　　···6.落叶松属Larix
1.叶针形，球果二年成熟。
　7.叶通常2针、3针或5针一束，生于苞片状鳞叶的腋部，基部包有叶鞘，种鳞宿存，背部上方具鳞盾与鳞脐 ···7.松属Pinus
　7.叶不成束，针叶坚硬，常具三棱形，球果成熟时种鳞自宿存中轴上脱落 ·············
　　···8.雪松属 Cedrus

1. 油杉属 Keteleeria Carr.

常绿乔木，树皮片状纵裂、粗糙。小枝基部有宿存芽鳞，叶脱落后枝上留有近圆形或卵形的叶痕，冬芽无树脂。叶条形或条状披针形，扁平，螺旋状着生，在侧枝上常排成两列，两面中脉隆起，上面无气孔线或有气孔线，下面有2条气孔带；叶柄短，常扭转，基部微膨大。叶内有1—2个维管束，横切面两端的下侧各有一个边生树脂道。雄球花4—8个簇生于侧枝顶端或叶腋，有短梗；雌球花单生于侧枝顶端，直立。球果当年成熟，直立，圆柱形，幼时紫褐色，成熟前淡绿色或绿色，熟时种鳞张开；种鳞木质，宿存，上部边缘内曲或向外反曲，苞鳞长及种鳞的1/2—3/5，不外露，或者球果基部的苞鳞先端微露出，先端通常3裂，中裂片窄长，两侧裂片较短，外缘薄，常有细缺齿；种子上端具宽大的厚膜翅；子叶2—4，发芽时不出土。

本属约12种，产亚洲东南部（中国、越南）。我国有10种，分布于秦岭以南温暖山区，云南有4种。

分 种 检 索 表

1.叶较窄长，长达6.5厘米，宽2—3毫米，较厚，先端有凸起的钝尖头或微凸，上面沿中脉两侧常有2—10条气孔线。
  2.球果长9—20厘米；种鳞卵状斜方形或斜方状卵形，长大于宽，边缘有明显的细锯齿，种翅较种子为长 ················1.云南油杉K. evelyniana
  2.球果长7—13厘米；种鳞斜方状圆形，长宽近相等，边缘无齿，种翅与种子近等长或稍长 ················2.旱地油杉 K. xerophila
1.叶较短，长1.5—4厘米，通常较薄，先端钝圆或微凹，上面无气孔线。
  3.种鳞卵形或斜方状卵形，上部边缘向外反曲 ················3.铁坚油杉K. davidiana
  3.种鳞斜方状或斜方状圆形，上部边缘向内反曲 ················4.江南油杉K.cyclolepis

1.云南油杉　杉松、云南杉松（中国树木学）图8

Keteleeria evelyniana Mast.（1903）

乔木，高达40米，胸径可达1米；树皮粗糙，暗灰褐色，不规则深纵裂，成块状脱落。枝条较粗，开展，一年生枝干后呈粉红色或淡褐红色，通常有毛，二、三年生枝无毛，呈灰褐色黄褐色或褐色，枝皮裂成薄片。叶条形，在侧枝上排成两列，长2—6.5厘米，宽2—3毫米，先端通常有微凸起的钝尖头，中脉两侧每边有2—10条气孔线，稀无气孔线，下面沿中脉两侧每边有14—19条气孔线。球果圆柱形，长9—20厘米，径4—6.5厘米；中部种鳞卵状斜方形或斜方状卵形，长3—4厘米，宽2.5—3厘米，上部向外反曲，边缘有明显的细小缺齿，鳞背露出部分常有毛；苞鳞中部窄，下部逐渐增宽，上部近圆形；种翅较种子为长。花期4—5月，种子10月成熟。

产丽江、永胜、鹤庆、邓川、漾濞、大理、大姚、楚雄、易门、昆明、普洱、文山等地，生于海拔1100—2300米的地带，常与云南松、华山松、翠柏、滇青冈、滇石栎、高山栲、元江栲、麻栎、槲栎等伴生，有时组成小片纯林。模式标本采自元江。四川西南部、贵州西部及西南部、广西北部均有分布。

喜温暖气候，不耐阴，深根性，主根发达，抗旱力较强，适生于酸性土壤。种子繁殖。每千克种子可达14400—14600粒，发芽率49%。种子含油脂，不耐贮藏，宜随采随播或混沙贮藏至次年3—4月间播种，播前用温水浸种催芽。条播或撒播，每亩用量16千克，盖土厚1厘米，3年生苗可出圃。因主根发达，须根少，最好用营养袋育苗，也可天然更新。

木材黄褐色或淡褐色，有光泽，纹理直，材质软，耐水湿，抗腐性强；可作建筑、桥梁、坑木、枕木及家具等用材。种子含油30%，用于制皂。树干富含树脂，可以采割。

2.旱地油杉　图9

Keteleeria xerophila Hsueh et S.H.Huo（1981）

乔木，高达20米，胸径达80厘米；树皮灰褐色至灰色，不规则厚块状开裂。小枝通常无毛，淡褐色。叶条形，质地较薄，长2—5厘米，宽3—4毫米，上面中脉两侧有2—4（6）条气孔线，微被白粉，边缘外卷，先端微凸或具钝尖。球果圆柱形，长7—13厘米，中部种鳞斜方状圆形，边缘无细齿或不明显，鳞背拱凸，上部圆，先端反曲。种翅与种子近等长。

产新平，生于海拔800—1000米的干热河谷地带，常与伊桐、杨梅、野八角、水锦树、余甘子、石栎、算盘子等伴生。模式标本采自新平水塘。

喜温暖湿热气候及深厚肥沃的黄壤、红黄壤和山地棕褐土。较耐干旱。种子繁殖，随采随播或混沙贮藏。为干热河谷地带造林树种之一。

3.铁坚油杉　图10

Keteleeria davidiana（Bertr.）Beissn.（1891）

乔木，高达50米；树皮暗深灰色，深纵裂；树冠广圆形。老枝粗，一年生枝淡黄灰色或淡黄色，二、三年生枝呈灰色或淡褐色，常有裂纹或裂成薄片；冬芽卵圆形。叶条形，螺旋状着生，生侧枝上排成两列，长2—5厘米，先端圆钝或微凹，上面无气孔线或中上部有极少的气孔线，下面中脉两侧各有气孔线10—16条，微被白粉。球果圆柱形，长8—21厘米，径3.5—6厘米，中部种鳞卵形或斜方状卵形，上部边缘向外反曲，有细齿，鳞背露出部分无毛。

产威信，生长于海拔1170米地带；甘肃东南部、陕西南部、湖北西部、湖南北部、贵州北部也有。

喜温暖气候，不耐阴，适生于砂岩、页岩或石灰岩山地。种子繁殖，为分布区内优良造林树种。

木材淡黄褐色，具树脂，纹理直，结构粗而不均，质轻软，干缩及强度中等，能耐腐，可作建筑、桥梁、矿柱、枕木、家具等一般用材。民间常用其根提取汁液作土法造纸的填料。种子含油率高达52.5%，可供制作肥皂、油墨，也可作润滑油原料。

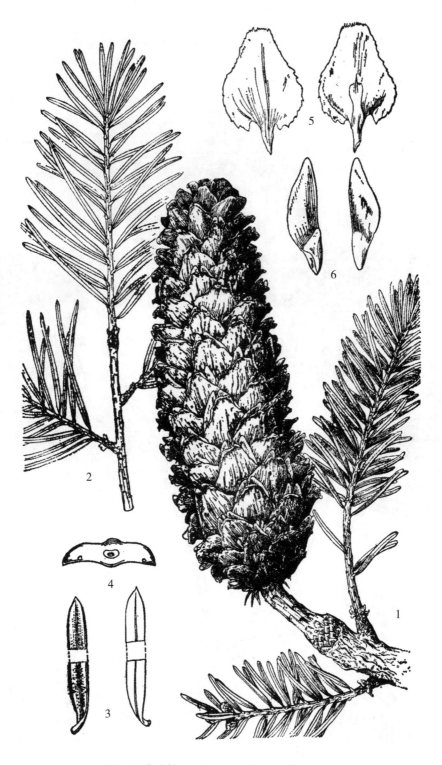

图8 云南油杉 *Keteleeria evelyniana* Mast.

1.球果枝　　2.枝条　　3.叶之背腹面　　4.叶横切面

5.种鳞背面苞鳞及种鳞腹面　　6.种子背腹面

图9 旱地油杉 *Keteleeria xerophila* Hsueh et S.H.Huo
1.球果枝 2.种鳞背腹面 3.种子 4.叶上下面 5.叶横切面

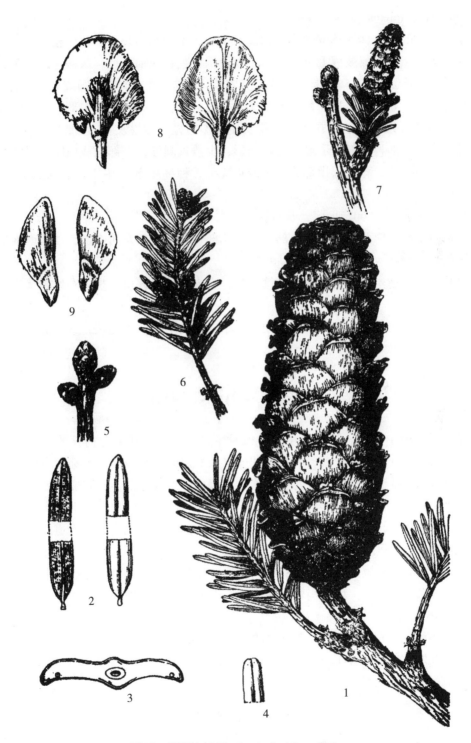

图10 铁坚油杉 *Keteleeria davidiana* Beissn.

1.球果枝　　2.叶背腹面　　3.叶横切面　　4.叶上端　　5.枝及冬芽　　6.雄花枝

7.雌花枝　　8.种鳞背、腹面　　9.种子背腹面

4.江南油杉　浙江油杉（中国树木学）图11

Keteleeria cyclolepis Flous（1936）

乔木，高达20米，胸径达60厘米；树皮灰褐色，不规则纵裂。一年生枝干后红褐色、褐色或淡紫褐色，有时疏被绒毛，2—3年生枝淡褐黄色，淡褐灰色，灰褐色或灰色；冬芽球形或卵形。叶条形，长1.5—4厘米，宽2—4毫米，先端圆钝或微凹，间或有微凸的尖头，边缘多少外卷或不卷，上面光绿色，通常无气孔线，或者仅先端或中上部有少数气孔线，下面中脉两侧各有10—20条气孔线，白粉明显或不明显。球果长7—15厘米，径3.5—6厘米，上部渐窄；中部种鳞斜方形或斜方状圆形，少数近圆形，上部圆或微窄，稀宽圆而中央微凹，边缘微内曲，背面露出部分无毛或近无毛；种翅中部或中下部较宽。球果10月成熟。

产富宁，生于海拔700米地区，常与枫香、木荷、杨梅、马尾松、油杉、栲树等组成混交林。贵州西南部、广西西北部及东部、广东北部、湖南南部及西南部、江西西南部、浙江南部均有。

喜温暖气候，适生于酸性红壤和黄壤地带，喜光。种子繁殖，是分布区内优良的荒山造林树种。

木材黄褐色，纹理直、结构细致、硬度适中、坚韧耐用；为建筑，家具等用材。木材中富含树脂。

2. 冷杉属 Abies Mill.

常绿乔木、树干端直。枝条轮生，小枝对生，稀轮生，基部有宿存的芽鳞，叶脱落后枝上留有圆形或近圆形的叶痕，叶枕不明显，彼此之间常具浅槽；冬芽常具树脂，少数无树脂，顶芽三个排成一平面。叶螺旋状着生，辐射伸展或基部扭转列成两列，或者枝条下面之叶列成两列，上面之叶斜展，直伸或向后反曲，叶条形、扁平，上面中脉凹下，稀微隆起，下面中脉隆起，每边有一条气孔带；叶内具2（稀4—12）个树脂道。雄球花单生于小枝下部的叶腋；雌球花则1—2个，生于小枝上部的叶腋。球果当年成熟、直立，卵状圆柱形至矩圆柱形，有短梗或几无梗；种鳞木质，排列紧密，熟时或干后自中轴脱落；苞鳞露出，微露出或不露出。种翅稍较种鳞为短，下端边缘包卷种子；子叶3—12（多为4—8），发芽时出土。

本属约50种，分布于各大洲（除澳洲外）的高山地带。我国有21种3变种，分布于东北、华北、西北、西南及浙江、台湾等省区的高山地带，云南产5种2变种，以滇西北为分布的主要地区。

分 种 检 索 表

1.球果的苞鳞上端露出或仅先端露出。

　2.叶的树脂道中生；一年生枝呈红褐色或暗褐色，主枝和侧枝均有毛；球果不被白粉，苞鳞露出部分通常反曲 ……………………………………………… 1.中甸冷杉A. ferreana

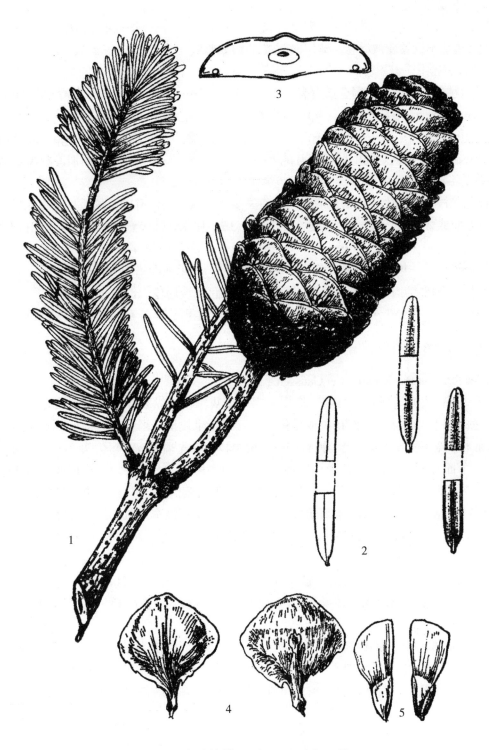

图11 江南油杉 *Keteleeria cyclolepis* Flous
1.球果枝 2.叶之背腹面 3.叶的横切面
4.种鳞背面苞鳞及种鳞腹面 5.种子背腹面

    2.叶的树脂道边生。

        3.叶之边缘向下反卷，横切面两端急尖或尖 ················· **2.苍山冷杉A. delavayi**

        3.叶之边缘不反卷或微反卷，横切面两端钝圆或钝尖。

            4.小枝有密毛。

                5.苞鳞较种鳞长，先端有长尖头 ················· **5.长苞冷杉A. georgei**

                5.苞鳞与种鳞等长或稍长，先端圆而微凹，中央有急尖头 ·········

                    ··············· **5a.急尖长苞冷杉 A. georgei var. smithii**

            4.小枝无毛或叶枕之间的凹槽内有疏毛··············· **3.川滇冷杉A.forrestii**

1.球果苞鳞不露出。

    6.小枝色较浅，一年生枝红褐色或褐色，有密生短毛或凹槽内有较密的毛；叶边缘显著地
        向下卷曲或微卷曲，叶长1.2—4.3（多为1.8—3.2）厘米；球果熟时黑色，长7—10厘米
        ··············· **4.怒江冷杉A.nukiangensis**

    6.小枝色较深，一年生枝淡褐黄色、黄色或灰黄色，无毛或凹槽中有疏生短柔毛；叶边缘
        不卷曲，果枝之叶长4—7厘米；球果熟时淡褐黄色或淡褐色，长10—14厘米 ·········

        ··············· **6.云南黄果冷杉 A. ernestii var. salouenensis**

1.中甸冷杉　图12

Abies ferreana Borderes-Rey et Gaussen（1947）

乔木，高达20米，胸径达1米；树皮灰褐色或灰黑色；纵裂成鳞状。大枝开展，小枝有锈褐色的密毛，一年生枝红褐色或暗褐，二、三年生枝呈暗褐色或黑褐色。叶条形，长1—2.3厘米，宽2—2.5毫米，先端钝有凹缺，稀主枝的叶先端钝或有短尖头，上面深绿色，有光泽，下面有2条粉白色气孔带；横切面有2个中生树脂道。球果短圆柱形或圆柱状卵圆形，长约7厘米，径3.5—4厘米，无梗，熟时紫黑色或蓝黑色。中部种鳞扇状四边形，长1.6—2厘米，宽1.6—2.2厘米。苞鳞露出，上部较宽，下部渐窄或收缩后再增宽，两侧边缘有细缺齿，中央有急尖或微急尖的尖头，外露部分常向外反曲。种子长7—10毫米，种翅淡紫褐色。

产香格里拉、维西及澜沧江、怒江分水岭，生于海拔3300—3800米高山地带。模式标本采自香格里拉。常组成纯林或与苍山冷杉、长苞冷杉、川滇冷杉、丽江云杉、云南铁杉、大果红杉组成混交林。

喜温凉湿润气候，耐阴耐寒，生长较慢。种子繁殖，育苗造林或人工抚育天然更新。

木材淡黄色，心边材区别不明显，无气味，质轻软，结构细密，易加工，耐腐性较差，为建筑、家具、器具等用材。树皮可提取冷杉胶，供胶接各种光学仪器。皮及叶含干性油。

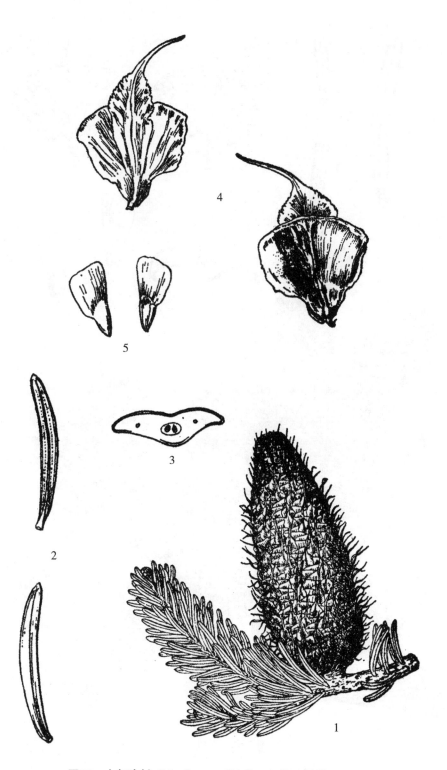

图12 中甸冷杉 *Abies ferreana* Borderes-Rey et Gaussen
1.球果枝 2.叶背腹面 3.叶横切面
4.种鳞、苞鳞背腹面 5.种子背腹面

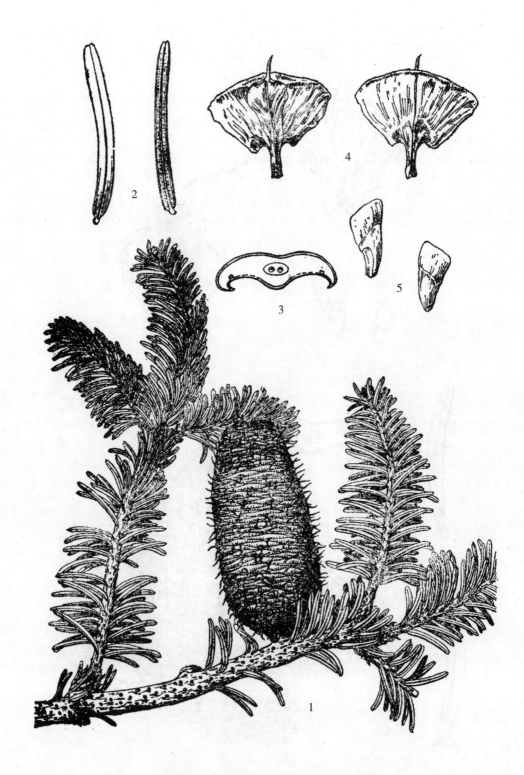

图13　苍山冷杉 *Abies delavayi* Franch.

1.球果枝　　2.叶的背腹面　　3.叶的横切面

4.种鳞腹面及种鳞背面与苞鳞　　5.种子背腹面

2.苍山冷杉 图13

Abies delavayi Franch.（1899）

乔木，高达25米，胸径达1米；树皮粗糙，纵裂，灰褐色；树冠尖塔形。大枝平展，小枝无毛，稀嫩枝有毛，叶枕之间微有凹槽，一年生枝红褐色或褐色，二、三年生枝暗褐色、褐色或暗灰褐色。叶密生，叶缘向下反卷，长0.8—3.2（多为1.5—2）厘米，宽1.7—2.5毫米，先端有凹缺，上面光绿色，下面中脉两侧各有一条粉白色气孔带，白粉带常被反曲的叶缘遮盖，横切面两侧外卷，有2个边生树脂道。球果圆柱形或卵状圆柱形，熟时黑色，被白粉，长6—11厘米，径3—4厘米，有短梗，中部种鳞扇状四方形，长1.3—1.5厘米，宽1.4—1.8厘米。苞鳞露出，先端有凸尖的长3—5毫米的尖头，通常向外反曲。种子常较种翅为长，花期5月，球果10月成熟。

分布大理、宾川、云龙、剑川、鹤庆、泸水、香格里拉、贡山，生于海拔3000—4000米地带，西藏东南部也产。模式标本采自大理苍山。

喜温凉湿润气候，耐寒、耐阴。种子繁殖，天然更新或人工促进天然更新。若以育苗造林为主，要从健壮母树上采集球果并晒干，待种鳞脱落后除去种翅，放于通风干燥处贮存。千粒重为18—19克。选择接近水源、较平坦与造林地较近的林间空地建立苗圃地。圃地以阳坡、半阳地段为佳。播前用温水浸种催芽2天，取出后用"八八九"与多菌灵消毒，也可用稀福尔马林液或赛力散消毒。条播，每亩播种量50—60千克。播后苗床覆盖消毒山草、松针或塑料薄膜，待出苗时分次揭去覆盖物并设荫棚遮阴，透光度以30%—50%为宜。出圃苗高以25厘米以上为好。塑料大棚育苗可增快生长速度，提高苗木质量。

木材纹理直，结构细至中，质轻软，干缩性中，强度中，易干燥，不易翘裂，不耐腐；为建筑、乐器、车工、木模、家具、包装、造纸等用材。树皮可提取栲胶。

3.川滇冷杉 图14

Abies forrestii C. C. Rogers（1919）

乔木，高达20米；树皮暗灰色，裂成块片状。一年生枝红褐色或褐色，仅凹槽内有疏生短毛或无毛，二、三年生枝暗褐色或暗灰色。叶长1.5—4（常为2—3）厘米，宽2—2.5毫米，先端有凹缺，稀钝或尖，边缘微向外卷，上面光绿色，下面沿中脉两侧各有一条白色气孔带；横切面有两个边生树脂道。球果卵状圆柱形或长圆形，长7—12厘米，径3.5—6厘米，无梗，熟时深褐紫色或黑褐色；中部种鳞扇状四边形，长1.3—2厘米，宽1.3—2.3厘米，上部宽厚，边缘内曲；苞鳞外露，先端有急尖的尖头，尖头长4—7毫米，直伸或向后反曲；种子长约1厘米，种翅宽大楔形。花期5月，球果10—11月成熟。

产德钦、维西、贡山、香格里拉、丽江及禄劝、巧家，生于海拔3800—4000米地带，多与丽江云杉、长苞冷杉、苍山冷杉、怒江冷杉、急尖长苞冷杉、大果红杉等组成混交林；四川西北部和西藏东南部也产。模式标本采自丽江。

喜温冷湿润气候，适生于山地黄棕壤、棕壤地带。种子繁殖，育苗造林，天然更新不良，造林时带土移植，宜挖大坑、栽大苗。

心、边材区别不明显，结构细密，纹理直、材质轻、易加工；是良好的建筑用材。树皮可提取栲胶。

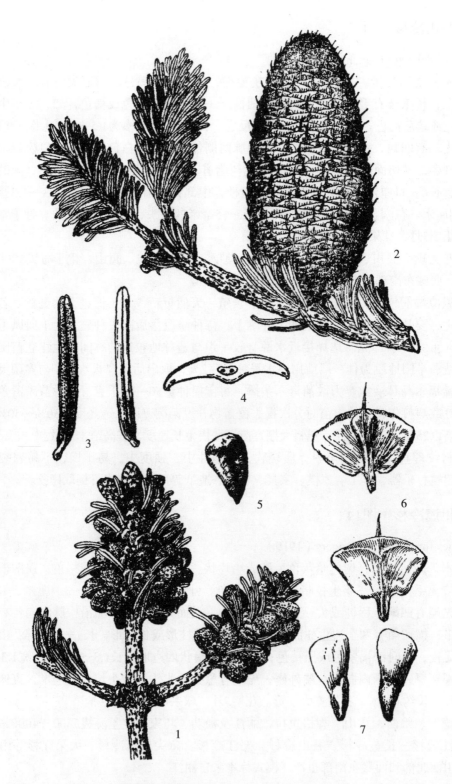

图14　川滇冷杉 *Abies forrestii* C. G. Rogers

1.雄球花枝　　2.球果枝　　3.叶的背腹面　　4.叶横切面　　5.雄蕊
6.种鳞背面、苞鳞及种鳞腹面　　7.种子背腹面

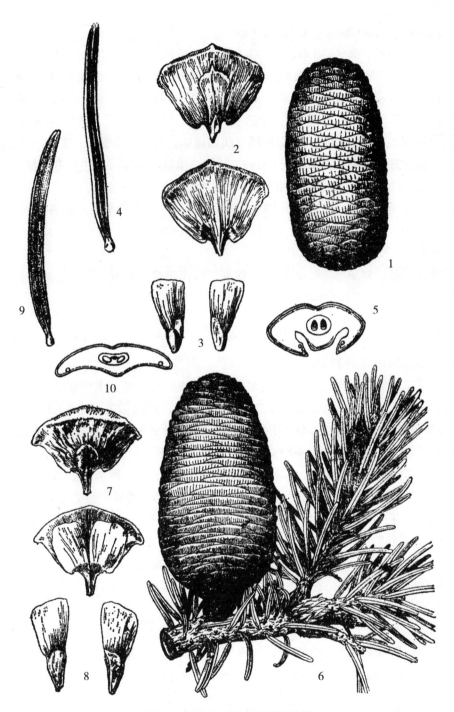

图15 怒江冷杉及云南黄果冷杉

1—5.怒江冷杉 *Abies nukiangensis* Cheng et L. K. Fu.：

1.球果 2.种鳞背面、苞鳞和种鳞腹面 3.种子背腹面 4.叶片腹面 5.叶横切面

6—10.云南黄果冷杉 *A. ernestii* var. *salouensis* Cheng et L. K. Fu.：

6.球果枝 7.种鳞背面、苞鳞和种鳞腹面 8.种子背腹面 9.叶片腹面 10.叶片横断面

4.怒江冷杉　图15

Abies nukiangensis Cheng et L. K. Fu（1975）

乔木，高达20米，胸径达1米。一年生枝红褐色或褐色，有密生短毛或凹槽内有较密的短毛，二、三年生枝暗褐色。叶长1.2—4.3（多为1.8—3.2）厘米，宽1.5—2.5毫米；边缘显著地向下卷曲或微卷曲，先端有凹缺，基部微窄，上面深绿色，下面中脉两侧各有一条白粉气孔带；横切面两端尖，外卷，有2个边生树脂道。球果圆柱形，长7—10厘米，径3.7—4.5厘米，熟时黑色，微被白粉；中部种鳞扇状四边形，长1.7—2厘米，宽1.8—2.2厘米，上部较厚，边缘内曲；苞鳞不露出，长1.3—1.7厘米，顶端圆或宽圆，边缘有细缺齿，中央有急尖头，尖头长约2毫米；种子较种翅为长，连同种子长1.6—1.9厘米。

产怒江、澜沧江流域，生于海拔2500—3100米地带。模式标本采自贡山。

喜温凉气候，适生于结构良好、质地适中、腐殖质层较厚、呈酸性反应的暗棕色森林土壤。种子繁殖，技术措施同苍山冷杉。

木材淡黄白色、材质细密、轻软、纹理直，可作建筑、板材、家具、火柴杆及造纸等用材。树皮可提栲胶。

5.长苞冷杉　西康冷杉（中国树木分类学）图16

Abies georgei Orr.（1933）

乔木，高达30米，胸径达1米；树皮暗灰色，裂成块片脱落。大枝开展，小枝密被褐色或锈褐色毛；一年生枝红褐色或褐色，二、三年生枝褐色或暗褐色。叶长1.5—2.5厘米，宽2—2.5毫米，边缘微向外卷，先端有凹缺，稀尖或钝，上面绿色，有光泽，下面有2条白色气孔带；横切面上可见两个边生树脂道。球果卵状圆柱形，长7—11厘米，径4—5.5厘米，熟时黑色；中部种鳞扇状四边形，长1.9—2.1厘米，宽1.8—2.3厘米，上部宽圆较厚，边缘内曲；苞鳞狭长，明显露出，长2.3—3厘米，宽4—5毫米，外露部分三角状，直伸，边缘有细缺齿，先端有长约6毫米的尖头，直伸或微反曲；种子长1—1.2厘米，种翅连同种子长1.7—1.9厘米。花期5月，球果10月成熟。

产丽江、香格里拉、兰坪，生于海拔2900—4450米的地带，常与川滇冷杉、急尖长苞冷杉、中甸冷杉、丽江云杉、苍山冷杉等组成混交林。模式标本采自兰坪。

要求温凉湿润气候。种子繁殖，人工更新效果较好，条播育苗，注意种子催芽，土壤消毒，遮阴及防寒等。

木材白色，质较轻软，结构细密，纹理直，易加工，耐腐力较弱；可供建筑、器具、板料等用材。皮含树脂，叶含干性油，是轻工业的好原料。

5a.急尖长苞冷杉（变种）　乌蒙冷杉（中国树木学）图16

var. smithii（Viguie et Caussen）Cheng et L. K. Fu（1961）

乔木、高达32米，胸径达1米；树皮块状脱落。一至三年生枝密被褐色或锈褐色毛；冬芽有树脂。叶条形，长1.5—2.5厘米，先端凹缺，下面有两条白色气孔，边缘微向外卷，具光泽，横切面有两个边生树脂道。球果卵状圆柱形，无梗，长7—9厘米，径3.5—4.5厘米，

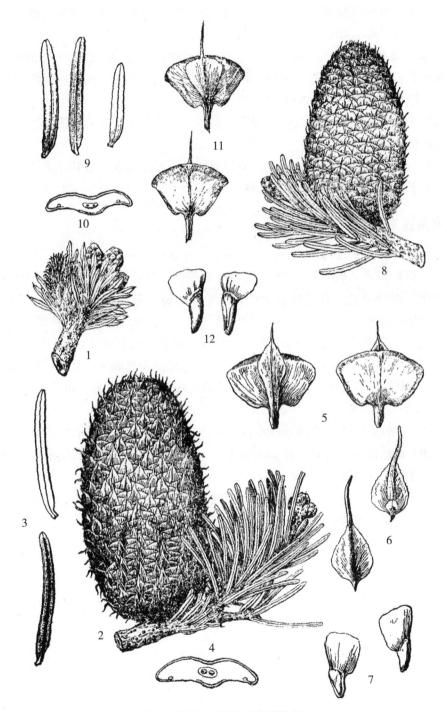

图16 长苞冷杉及急尖长苞冷杉

1—7. 长苞冷杉 *Abies georgei* Orr:

1. 雌球花枝　　2.球果枝　　3.叶的背腹面　　4.叶的横切面

5.种鳞背面及苞鳞与种鳞腹面　　6.苞鳞背腹面　　7.种子背腹面

8—12.急尖长苞冷杉 *Abies georgei* Orr.var.*smithii*（Viguie et Gaussen）Cheng et L. K. Fu:

8.球果枝　　9.叶的背腹面　　10.叶的横切面　　11.种鳞及苞鳞背腹面　　12.种子背腹面

熟时黑色；中部种鳞扇状四边形；苞鳞匙形或倒卵形，与种鳞等长或稍较种鳞为长，边缘有细锯齿，先端圆而常微凹，中央有长约4毫米的尖头。

产德钦、维西、云龙、贡山、鹤庆、丽江、景东，生于海拔2800—3300米的高山地带，常与长苞冷杉、川滇冷杉、中甸冷杉等针叶树组成混交林；四川西南部和西藏东南部也有。模式标本采自丽江玉龙雪山。

要求潮湿、较温凉的山地气候。种子繁殖，可作为分布区内森林更新树种。技术措施参阅苍山冷杉、川滇冷杉。

材质较轻软、结构细密、纹理直，易切削加工；可作建筑、家具及木纤维工业原料等用材。叶含干性油，是轻工业上的好原料。

6.云南黄果冷杉　图15

Abies ernestii Rehd var. salouensis（Borderes Rey et Gaussen）Cheng et L. K. Fu（1978）

乔木、高达55米，胸径达1.7米；树皮暗灰色，纵裂成薄块状；树冠尖塔形。大枝开展，一年生枝淡褐黄色，黄色或黄灰色，无毛或凹槽中有疏生短毛，二、三年生枝黄灰色。果枝之叶长达4—7厘米，先端有凹缺或微钝尖，上面光绿色，无气孔线，下面有2淡绿色或灰白色的气孔带，横切面具2个边生树脂道。球果圆柱形或卵状圆柱形，长10—14厘米，径5厘米；中部种鳞宽倒三角状扇形，上部边缘极薄，基部窄成短柄，鳞背露出部分密生短柔毛，苞鳞短，不外露，上部圆或平，边缘有细齿缺。种子斜三角形，长7—11毫米，连同种翅长1.7—2.7厘米。

产丽江、德钦、维西、六库及澜沧江与怒江之间的分水岭，生于海拔2600—3300米高山地带，常与怒江冷杉、长苞冷杉、川滇冷杉、丽江云杉混生；在西藏东南部也有分布。模式标本采自怒江与澜沧江之间。

要求温凉湿润气候，适生于棕色森林土的山地。种子繁殖。在分布区内可作为森林更新树种，但生长较慢，宜育苗造林。

木材色浅，心边材区别不明显，纹理直、结构细致、轻软、易加工。可作一般建筑和造纸等用材。

3. 黄杉属 Pseudotsuga Carr.

常绿乔木，树干端直。大枝不规则轮生，小枝具微凸起的叶枕，基部无宿存的芽鳞或有少数向外反曲的残存芽鳞，叶脱落后枝上有近圆形的叶痕；冬芽卵圆形或纺锤形，无树脂。叶条形、扁平、螺旋状着生，基部窄而扭转排成两列，具短柄，上面中脉凹下，下面中脉隆起，有2条白色或灰绿色气孔带。新鲜之叶质地软、叶内有一个维管束和四个边生树脂道。雄球花圆柱形，单生叶腋；雌球花单生于侧枝顶端、下垂，卵球形，苞鳞显著，先端二裂，珠鳞小，生于苞鳞基部、其上着生2枚胚珠。球果卵球形、长卵球形或圆锥状卵球形，下垂，有柄，种鳞木质、坚硬、蚌壳状、宿存；苞鳞显著露出，先端三裂，中裂片窄长渐尖，侧裂片较短。子叶6—8（12），发芽时出土。

本属约18种，分布于亚洲东部及北美洲。我国产5种，分布于华东、中南、西南等省区；云南产2种。

分 种 检 索 表

1. 叶长3—5.5厘米；球果中部种鳞近圆形或斜方状圆形，鳞背露出部分无毛；苞鳞的中裂片长达6—12毫米 ·· **1. 澜沧黄杉 P. forrestii**

1. 叶长1.3—3厘米；球果中部种鳞扇状斜方形，基部两侧有凹缺，鳞背露出部分密生褐色短毛，苞鳞的中裂片长约3毫米 ·· **2. 黄杉 P. sinensis**

1. 澜沧黄杉　长片花旗松（中国裸子植物志），湄公黄杉（中国树木分类）图17

Pseudotsuga forrestii Craib（1919）

乔木，高达40米，胸径达80厘米；树皮暗褐灰色，粗糙，深纵裂。大枝近平展；一年生枝淡黄色或黄绿色（干时红褐色），通常主枝无毛或近无毛，侧枝多少有短柔毛，二、三年生枝淡褐色或褐灰色。叶条形，长3（稀2.5）—5.5厘米，宽1.5—2毫米，先端钝有凹缺，基部楔形，扭转，近无柄。球果卵球形或长卵球形，长约5.8厘米，径4—5.5厘米；中部种鳞近圆形或楔圆形，鳞背露出部分无毛；苞鳞露出部分反曲，中裂窄长而渐尖，长6—12毫米，上面无毛，下面有不规则的细小斑纹，种翅长约为种鳞的一半或稍长。球果10月成熟。

产德钦，生于海拔2400—3300米的山地针叶林内，常与云南黄果冷杉、急尖长苞冷杉、丽江云杉等混生；四川西南部和西藏东南部也有分布。模式标本采自澜沧江流域。

种子繁殖。球果开裂前采种，晒干去翅，收藏于通风干燥处，种子千粒重约20克。条播，温水浸种催芽24小时。注意土壤，种子消毒。育苗遮阴，透光度保持30%—50%，苗高20—30厘米后可出圃造林。

木材坚韧，材质细致，有弹性，为建筑、桥梁、车辆、家具等用材。

2. 黄杉　短片花旗松（中国裸子植物志）、罗汉松（嵩明）图17

Pseudotsuga sinensis Dode（1912）

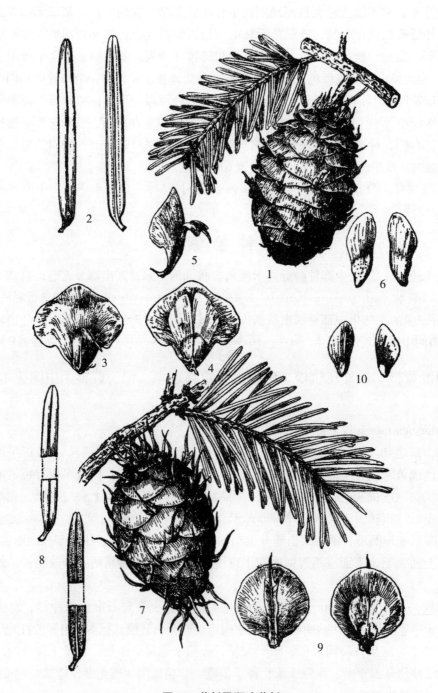

图17 黄杉及澜沧黄杉

1—6.黄杉 *Pseudotsuga sinensis* Dode.：

1.球果枝 2.叶背腹面 3.种鳞背面和苞鳞 4.种鳞腹面 5.种鳞和苞鳞侧面

6.种子背腹面 7—10.澜沧黄杉 *Pseudotsuga forrestii* Craib：

7.球果枝 8.叶背腹面 9.种鳞背面及苞鳞种鳞腹面 10.种子背腹面

乔木，高达50米，胸径达1米；幼树树皮淡灰色，老则灰色或深灰色，裂成不规则厚块片。一年生枝淡黄色或深黄灰色（干时褐色），二年生枝灰色，通常主枝无毛，侧枝被灰褐色短毛。叶条形，长1.3—3（多为2—2.5）厘米，宽约2毫米，先端钝圆有凹缺，基部宽楔形，横切面两端尖。球果卵圆形或椭圆状卵圆形，近中部宽，两端微渐窄，长4.5—8厘米，径3.5—4.5厘米，成熟前微被白粉，中部种鳞近扇形或扇状斜方形，上部宽圆，基部宽楔形，两侧有凹缺，长约2.5厘米，宽约3厘米，鳞背露出部分密生褐色短毛，下面具不规则的褐色斑纹；种翅较种子为长，先端圆，种子连翅稍短于种鳞。花期4月，球果10—11月成熟。

产嵩明、宣威、东川、禄劝，生于海拔1800—2800米地带（禄劝团街海拔2200米处，有一株高33米，胸径2.03米的大树），常与黄毛青冈、滇石栎、元江栲、滇青冈、山玉兰、银木荷等树种伴生；湖北、湖南、四川、贵州均有。模式标本采自东川。

喜温暖、湿润、夏季多雨、冬春较干的气候环境。种子繁殖；育苗措施，参阅澜沧黄杉。

边材淡褐色，心材红褐色，纹理直，结构细致，坚韧；可作建筑、桥梁、电杆、板材、家具、文具及人造纤维原料用材。

4. 铁杉属 Tsuga Carr.

常绿乔木。小枝有隆起的叶枕，基部具宿存芽鳞；冬芽无树脂。叶条形、扁平，螺旋状着生，辐射伸长或基部扭转排成两列，有短柄，上面中脉凹下，平或微隆起，无气孔线或有气孔线，下面中脉隆起，每边有一条灰白色或灰绿色气孔带，横切面有一个树脂道，位于维管束鞘的下方。雄球花单生叶腋；雌球花单生于去年的侧枝顶端，具多数螺旋状着生的珠鳞及苞鳞，珠鳞较苞鳞为大或较小，珠鳞的腹面基部具2枚胚珠。球果当年成熟，直立或下垂，或初直立后下垂，卵圆形、长卵圆形或圆柱形，有短梗或无梗；种鳞薄木质，成熟后张开，不脱落；苞鳞短小不露出，稀较长而露出；种子上部有膜质翅，种翅连同种子较种鳞为短，种子腹面有油点。子叶3—6，发芽时出土。

本属约14种，分布于亚洲东部及北美洲。我国有5种3变种，分布于秦岭、长江一线以南；云南有2种1变种，产西北部、东北部、西部及东南部。

分种检索表

1.叶先端尖或钝，稀微凹，通常中上部边缘有细锯齿；种鳞质地较薄，上部边缘微反曲 …
··· 1.云南铁杉 T. dumosa
1.叶先端钝，有凹缺，通常全缘，稀中上部有细锯齿；种鳞质地较厚，上部边缘内曲。
  2.球果中部的种鳞长方圆形，方圆形或扁方圆形；种鳞靠近上部边缘微增厚，成熟后沿边
    缘常有微隆起的弧状脊；叶背气孔带灰白色或粉白色 …………… 2.丽江铁杉 T. forrestii
  2.球果中部的种鳞常呈圆楔形，方楔形，楔状短长圆形；种鳞靠近上部边缘不增厚，成熟
    后无隆起的弧状脊；叶背气孔带有白粉 … 3.南方铁杉 T. chinensis var. tchekiangensis

1.云南铁杉　狗尾松（维西）、水子树（丽江）图18

Tsuga dumosa（D. Don）Eichler（1887）

乔木，高达40米，胸径达2.7米；树皮厚，粗糙，灰褐色或暗褐灰色，纵裂成片状脱落；树冠浓密，尖塔形。大枝开展或微下垂，枝梢下垂，一年生枝黄褐色，淡红褐色或淡褐色，凹槽中有毛或密被短毛，二、三年生枝淡褐色，浅灰褐色或深灰色。叶条形，长1—2.4厘米，稀达3.5厘米，宽1.5—3毫米，先端钝尖或钝，稀微凹，边缘有细锯齿或全缘，细齿通常位于叶缘中上部，稀达中下部，上部光绿色，下面有2条白色气孔带。球果卵圆形或长卵圆形，长1.5—3厘米，径1—2厘米，熟时淡褐色；中部种鳞长圆形或长卵形，长1—1.4厘米，宽0.7—1.2厘米，上部边缘薄，微反曲，基部两侧耳状；苞鳞斜方形或近楔形，上部边缘有细锯齿，先端二裂；种子卵圆形或长卵圆形，下表面有油点，连翅长6—12毫米。花期4—5月，球果10—11月成熟。

产鹤庆、大理、德钦、腾冲、贡山、兰坪、泸水、云龙、临沧、景东，生于海拔2600—3650米的高山地带，常与黄果冷杉、丽江云杉、糙皮桦、高山松、光叶高山栎、南方红豆杉、细叶青冈、旱冬瓜、红木荷、银木荷等伴生。分布在我国四川西南部、西藏南部，印度、尼泊尔、缅甸、不丹等国也有。

喜温凉气候，要求雨量充沛，云雾多，排水良好的高山地带。种子繁殖，是分布区内重要的天然更新树种。

木材纹理直，结构细致、均匀、材质坚实，耐水湿。可作建筑、飞机、家具、船只、车辆、矿柱及纤维工业原料等用材。树皮可提取栲胶，树干可割取松脂，提炼松香和松节油。树根、树干及枝叶可提取芳香油。

2.丽江铁杉　图18

Tsuga forrestii Downie（1923）

乔木，高达30米，胸径达1米；树皮粗糙，灰褐色，深纵裂；树冠塔形。小枝有毛，稀几无毛，一、二年生枝红褐色，三、四年生枝淡褐色，灰褐色或淡黄灰色，裂成片状；冬芽圆形，芽鳞背部具纵脊。叶条形，长1—3厘米，宽约2毫米，排成二列，先端钝有凹缺，全缘，稀上部边缘有细齿，上面光绿色，下面淡绿色，气孔带灰白色或粉白色。球果较大，圆锥状卵圆形或长卵圆形，长2—4厘米，径1.5—3厘米，有短梗；种鳞靠近上部边缘微加厚，常有微隆起的弧状脊，边缘薄，微向内曲，鳞背露出部分具细条槽，光滑无毛，中部种鳞长方圆形，方圆形或扁方圆形，长1.3—1.5厘米，宽1—1.3厘米，先端宽圆，基部耳形；苞鳞倒三角状斜方形，上部边缘有不规则的细缺齿，先端二裂；种子下面有小油点，连种翅长0.9—1.2厘米。花期4—5月，球果10月成熟。

产香格里拉、丽江、维西，多生于海拔2000—3000米的山谷中，常与云南铁杉、油麦吊云杉、华山松及高山栎类组成混交林，很少成小片纯林；四川西南部的木里地区也有分布。模式标本采自丽江。

喜温凉气候，要求生境温和而潮湿且有云雾聚集的山地，适生于酸性棕色森林土。种子繁殖，天然更新或育苗造林，应注意苗期的遮阴、防寒。

木材黄白至浅黄褐色微红，生长轮甚明显，宽度不均匀，晚材几占生长轮宽度的1/2；纹理直，结构较细而均匀，重量及强度中等，材质及干缩性中；可作建筑、飞机、家具、器具、舟车及木材工业原料等用材。树皮可提栲胶，树干可割取松脂提炼松香和松节油。

3.南方铁杉　图19

Tsuga chinensis（Franch.）Pritz. var. tchekiangensis（Flous）Cheng et L. K. Fu（1978）

乔木，高达30米；树皮暗深灰色，纵裂，成块状脱落。大枝开展，枝梢下垂；一年生枝细，叶枕凹槽内有短毛。叶条形，排成二列，通常较短，0.8—1.7厘米，下面具白色气孔带。球果卵圆形或长卵圆形，具短梗；中部种鳞圆楔形，方楔形或楔状短矩圆形，稀近圆形或近方形，鳞背露出部分无毛。

产马关、麻栗坡，生于海拔600—2100米的地带；浙江昌化、安徽黄山、福建武夷山、江西武功山、湖南莽山、广东乳源、广西兴安均有分布。

要求温凉湿润气候，适生于酸性、肥沃的深厚土壤。种子繁殖，幼苗需遮阴，苗期生长缓慢，随着年龄的生长，需光量应增强。

木材纹理直、材质坚实，耐水湿，为建筑、航空、造船、家具等用材。树皮含单宁，可制栲胶。种子可榨油。树形通直高大、枝叶浓密，树姿优美，也为珍贵的观赏树种。

5.云杉属 Picea Dietr.

常绿乔木。枝条轮生，小枝上有显著的下延叶枕，彼此间有凹槽，顶端突起成木钉状，叶生于叶枕之上，脱落后，枝条粗糙；芽鳞覆瓦状排列，小枝基部有宿存芽鳞。叶螺旋状着生，辐射伸展或枝条上面之叶向上或向前伸展，下面及两侧之叶向上弯曲或向两侧伸展，四棱状条形或条形无柄；横切面四方形或菱形，四面的气孔线条数相等或近于相等或下（背）面的气孔线较上（腹）面少，稀下面无气孔线，或横切面扁平；上下两面中脉隆起，仅上面中脉两侧有气孔线，下面无气孔线，树脂道通常2个，边生。雄球花单生叶腋，稀单生枝顶；雌球花单生枝顶。球果下垂，卵状圆柱形或圆柱形，稀卵球形，当年秋季成熟；种鳞宿存，薄木质或接近革质，上部边缘全缘或有细缺齿，苞鳞短小，不露出。种子倒卵圆形或卵圆形，种翅长、倒卵形，膜质；子叶4—9（15），发芽时出土。

本属约40种，分布于北半球。我国有16种9变种，产于东北、华北、西北、西南及台湾等地。云南1种2变种，分布于西北部。

分 种 检 索 表

1.叶横切面近方形、菱形或扁平，叶上面每边的气孔线条数较下面多一倍，稀下面无气孔线。

　　2.叶下面每边有1—2条气孔线，或者个别之叶无气孔线或有3—4条不完整的气孔线；球果长7—12厘米，成熟前种鳞红褐色或黑紫色，熟时褐色，淡红褐色，紫褐色或黑褐色
　　·················· 1.丽江云杉 P. likiangensis

　　2.叶下面无气孔线，或者个别之叶有1—2条不完整的气孔线，球果长5—10厘米，成熟时

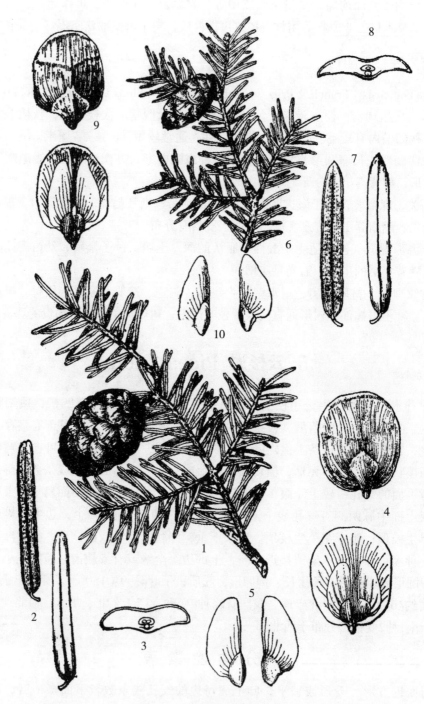

图18　丽江铁杉及云南铁杉

1—5.丽江铁杉 *Tsuga forrestii* Downie：

1.球果枝　2.叶片背腹面　3.叶的横切面　4.种鳞、苞鳞背面及种鳞腹面　5.种子背腹面

6—10.云南铁杉 *T. dumosa*（D. Don）Eichler：

6.球果枝　7.叶片背腹面　8.叶横切面　9.种鳞、苞鳞背面及种鳞腹面　10.种子背腹面

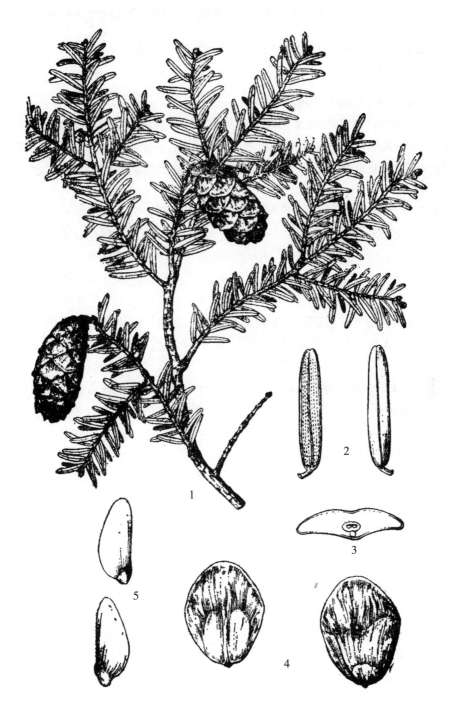

图19 南方铁杉 *Tsuga chinensis*（Franch.）Pritz. var. *tchekiangensis*
（Flous）Cheng et L. K. Fu

1.球果枝 2.叶片腹背面 3.叶横剖面 4.种鳞及苞鳞背面及种鳞腹面 5.种子背腹面

淡紫红色或红褐色，或者种鳞背部绿色，边缘淡紫红色 ……………………………
…………………………………………1a.林芝云杉 P. likiangensis var. linzhiensis
1.叶横切面扁平，下面无气孔线，上面有2条白粉气孔带；球果成熟前红褐色，紫褐色或深
褐色；树皮淡灰色，裂成薄块片状脱落 …… 2.油麦吊云杉 P. brachytyla var. complanata

1.丽江云杉（中国树木分类学） 丽江杉（中国裸子植物志）、铁皮子树、忍子（丽江）图20

Picea likiangensis（Franch.）Pritz.（1901）

乔木，高达50米，胸径达2.6米；树皮深灰色或暗褐灰色，深裂成不规则的厚块片。大枝平展，小枝节间较细长，有疏生或密生短毛或近无毛，1年生枝淡黄色或淡褐黄色，2—3年生枝灰色或微带黄色，冬芽圆锥形或卵状圆锥形，卵状球形或球形，有树脂。叶扁四棱状条形，直或微弯，长0.6—1.5厘米，宽1—1.5毫米，先端尖或钝尖，横切面菱形或微扁四棱形，上两面各有气孔线4—7条，下两面各有1—2条，稀无气孔线或有3—4条不完整的气孔线。球果卵状长圆形或圆柱形，长7—12厘米，径3.5—5厘米，熟前红褐色或黑紫色，熟时褐色、淡红褐色、紫褐色或黑紫色。中部种鳞斜方状卵形或菱状卵形，中上部窄成三角状或钝三角状，间或微圆，边缘有细齿，间或微波状。种子近卵圆形，连翅长约1.4厘米。花期4—5月，球果9—10月成熟。

产维西、德钦、永胜、丽江，生于海拔2750—3900米的高山地带，常组成纯林，或与高山松、华山松、大果红杉、川滇冷杉等组成针叶混交林；四川西南部有分布。模式标本采自丽江。

要求温凉湿润、冬季积雪的气候，适生于山地黄壤和山地棕色森林土。种子繁殖。球果采后暴晒，脱翅净种。播前用温水浸泡，消毒后条播于苗床。苗期注意遮阴、防冻。

木材纹理直、结构致密、易加工、耐用、为建筑、桥梁、家具、舟车、航空器材、乐器等的良好用材。树姿雄伟，适于园林栽培。

1a. 林芝云杉（变种）

var. linzhiensis Cheng et L. K. Fu（1975）

产德钦、香格里拉、丽江，生于海拔2600—3700米的高山地带，西藏东南和四川西南部亦有分布。

2.油麦吊云杉（变种） 米条云杉（中甸）、狗尾松（丽江）图21

Picea brachytyla（Franch）Pritz. var.complanata（Mast）Cheng ex Rehd.（1940）

乔木，高达30米，胸径达70厘米；树皮淡灰色或灰色薄鳞状块片脱落。小枝下垂，1年生枝淡褐黄色，疏生毛，2—3年生枝褐黄色或褐色，渐呈灰色。芽卵圆形，稀圆锥状卵形。叶条形，扁平，长1—2.5厘米，先端尖或微尖，上面有两条白粉带，各有5—7条气孔线。下面无气孔线。球果卵状圆柱形，成熟前红褐色、紫褐色、或深褐色，长7—10厘米；种鳞倒卵形，倒三角状倒卵形，顶部宽圆，排列紧密，或者钝三角状，排列微疏松。

产丽江、鹤庆、维西、贡山，生于海拔2000—3000米的山地，常组成小片纯林或与云

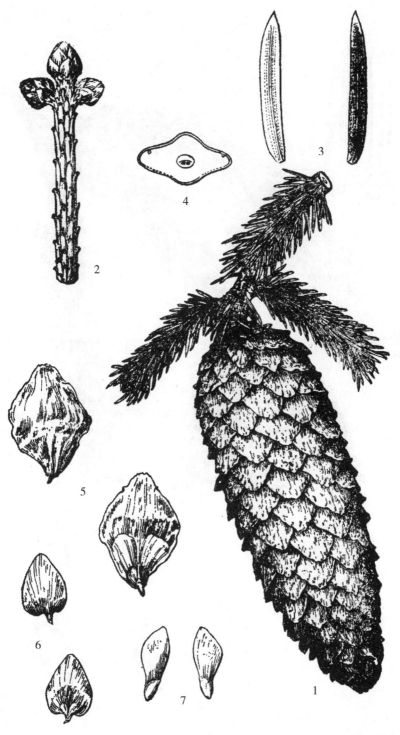

图20 丽江云杉 *Picea likiangensis*（Franch.）Pritz.

1.球果枝　　2.无叶小枝　　3.叶的背腹面　　4.叶的横切面

5.种鳞背腹面　　6.苞鳞背腹面　　7.种子背腹面

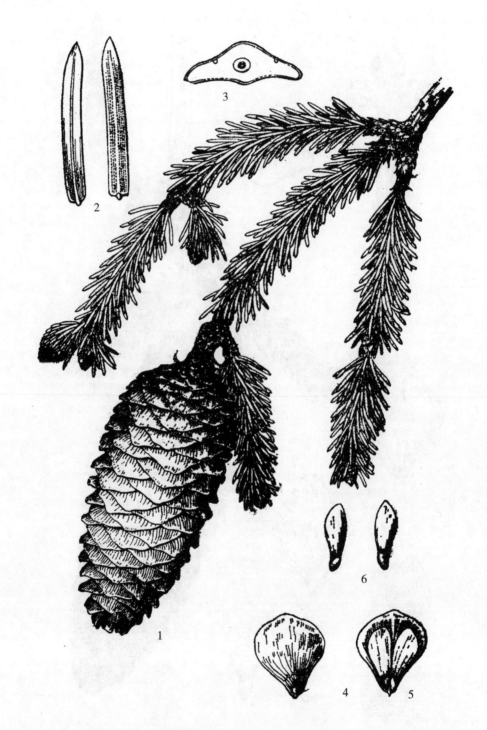

图21 油麦吊云杉 *Picea brachytyla*（Franch）Pritz. var.*complanata*（Mast）Cheng ex Rehd.
1.球果枝　2.叶背腹面　3.叶横切面　4.种鳞背面及苞鳞
5.种鳞腹面及种子　6.种子背腹面

南铁杉、丽江云杉等混生；四川西部及西南部和西藏东南部也有分布。

喜光，浅根性树种，要求温凉、湿润气候，适生于土层深厚，排水良好的酸性黄壤或棕色山地森林土地带。种子繁殖，人工更新、天然更新均可。

木材坚韧、纹理直、致密；为航空器材、建筑、车辆、家具及木纤维工业原料用材。也可作庭园观赏树种。

6. 落叶松属 Larix Mill.

落叶乔木。小枝下垂或不下垂，枝条二型；冬芽小，近球形，芽鳞排列紧密，先端钝。叶在长枝上螺旋状排列，在短枝上簇生状，条形或倒披针状窄条形，扁平、柔软、淡绿色，上面平或中脉隆起，下面中脉隆起，两侧各有数条气孔线，树脂道2，边生，稀中生。雄球花和雌球花均单生于短枝顶端，春季与叶同时开放。球果当年成熟，直立，具短梗，幼嫩球果通常紫红色或淡红紫色，稀为绿色，成熟前绿色或红褐色，熟时球果的种鳞张开；种鳞革质，宿存；苞鳞短小，不露出或微露出，或者显著露出。种子三角状倒卵形，上部有膜质长翅，子叶6—8，发芽时出土。

本属约18种，分布于北半球的亚洲、欧洲及北美洲的温带高山与寒温带、寒带地区。我国约10种及1变种，分布于东北、华北、西北、西南等地区。云南1种1变种，分布于滇西北。

分 种 检 索 表

1.雌球花与球果的苞鳞斜展并向外弯曲；球果长7—9厘米，梗长5—7毫米，种鳞约100枚 ·· 1.怒江落叶松 L. speciosa
1.雌球花与球果的苞鳞直伸或上端微向外曲；球果长5—7.5厘米，种鳞约75枚 ············· ·· 2.大果红杉 L. potaninii var. macrocarpa

1.怒江落叶松　图22

Larix speciosa Cheng et Law（1975）

乔木，高达25米；树皮暗红褐色，鳞片状开裂。小枝下垂，一至二年生长枝淡紫褐色，红色或淡褐色，无毛，间或微具白粉，短枝粗，色深，径6—8毫米，有1至数环反卷的宿存芽鳞。叶倒披针状窄条形，长2.5—5.5厘米，宽1—1.8毫米，先端钝或尖，上面平或仅中脉的基部隆起，下面中脉两侧各有白色气孔线2—5条。球果圆柱形，长7—9厘米，径2—3厘米，熟时红褐色；中部种鳞倒卵状长方形或近长方形，先端平而微凹，背面密生短毛或细小瘤状突起；苞鳞显著外露，披针形，向外弯曲，长2—2.4厘米，最宽处宽3.5—4.5毫米，先端具渐尖或微急尖的长尖头。种子斜倒卵形，长约5毫米，白色或灰白色，连翅长1—1.2厘米。花期4—5月，球果9—10月成熟。

产剑川、丽江、维西、兰坪、德钦、云龙、泸水、贡山，生于海拔2600—4000米高山地带，常组成纯林或与怒江冷杉、长苞冷杉、大果红杉、高山松、高山栎、油麦吊云杉等混生。西藏东南部的2600—4000米高山地带有分布，缅甸北部亦有。模式标本采自维西。

要求温凉湿润的气候。在土层深厚，排水良好的酸性棕色森林土上生长良好。种子繁殖，能全光照下育苗，可作为分布区内的森林更新和造林树种。

木材纹理直，结构细，坚实耐用。可作建筑、电杆、桥梁及木纤维工业原料等用材。

2.大果红杉　图22

L. potaninii Batalin var. macrocarpa Law（1975）

乔木，高达32米，胸径达65厘米；树皮灰色或灰褐色，纵裂粗糙。大枝平展，小枝下垂，幼枝有毛，后渐脱落，一、二年生枝红褐色或紫褐色，老枝和短枝灰黑色，短枝径4—8毫米，顶端叶枕间通常无毛或近无毛，稀具密毛，着生雌球花的短枝上无正常叶。叶倒披针状窄条形，长1.2—3.5厘米，上面中脉隆起，每边有1—3条气孔线，下面沿中脉两侧具3—5条气孔线，表皮有乳头状突起。球果卵状圆柱形或圆柱形，长5—7.5厘米，径2.5—3.5厘米；种鳞多而宽大，约75枚，长1.4—1.6厘米，质地通常较厚；苞鳞长1.7—2.2厘米，宽4—5毫米，露出部分直或反曲。种子长约5毫米，径3毫米，连同种翅长1.2—1.4厘米，种翅宽约5毫米。花期4—5月，球果10月成熟。

产丽江、维西、香格里拉、德钦，生于海拔2700—4000米高山地带，常与丽江云杉、川滇冷杉、云南黄果冷杉、高山松、华山松等混交。在上部，则为长苞冷杉、苍山冷杉、方枝柏等混生；四川西南部和西藏东南部也有分布。

喜高山温凉气候、湿润排水良好的土壤。种子繁殖，能天然更新。育苗可在全光照下进行，为分布区内森林更新的优良速生先锋树种。

边材淡黄色，心材红褐色，纹理直，结构细，材质较轻软，耐水湿；为建筑、电杆、桥梁、器具及木纤维工业等用材。树干可割取树脂，树皮可提取栲胶。树姿优美、叶丛生，可作园林观赏树种。

7. 松属 Pinus L.

常绿乔木，稀为灌木。大枝轮生，每年生长1轮或2至多轮；冬芽显著，芽鳞多数，覆瓦状排列。叶二型，芽鳞螺旋状着生，幼苗期扁平条形，后逐渐退化成膜质苞片状，针叶常2针、3针或5针一束，稀1针（中国不产）生于苞片状鳞叶的腋部，着生于不发育的短枝顶端，每束针叶基部为8—12枚芽鳞组成的叶鞘所包，叶鞘脱落或宿存；针叶横切面具1—2个维管束和2至数个树脂道。雄球花生于新枝下部的苞腋，多数集生或成穗状花序状；雌球花1—4个生于新枝近顶端处。球果两年成熟，熟时种鳞张开，稀不张开；种鳞木质，宿存，上面露出的肥厚部分为鳞盾，有横脊或无，鳞盾的先端或中央多具瘤状凸起的鳞脐，有刺或无刺，发育的种鳞具2粒种子；种子上部具窄翅、短翅或无翅；子叶3—18，发芽时出土。

本属约80种，广布于北半球，北自北极圈，南至北非、中美、中南半岛至苏门答腊赤道以南地区。我国22种10变种，分布区几遍全国。云南7种3变种，除南部边缘外全省各地均有分布。

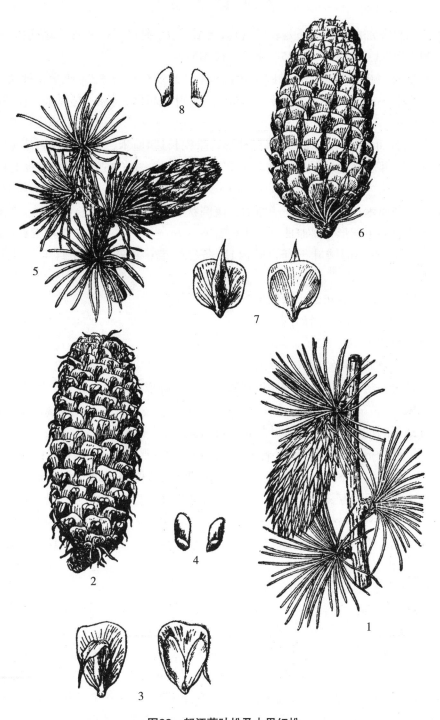

图22 怒江落叶松及大果红松

1—4.怒江落叶松 *Larix speciosa* Cheng et Law：

1.雌球花枝　　2.球果　　3.种鳞及苞鳞背腹面　　4.种子背腹面

5—8.大果红杉 *L. potaninii* Batalin var. *macrocarpa* Law：

5.雌球花枝　　6.球果　　7.种鳞及苞鳞背腹面　　8.种子背腹面

分 种 检 索 表

1.叶鞘早落，针叶基部的鳞叶不下延，叶内具1条维管束，针叶5针一束；鳞脐顶生。

  2.针叶长8厘米以上，球果长8—25厘米，小枝无毛。

    3.种子无翅或有极短的翅；球果圆锥状长卵形，果梗长1—2（3）厘米，种鳞上端宽三角形，鳞脐不凸出，一年生枝干后呈褐色；针叶较粗硬，长8—15厘米，径约1.5毫米 ·····························1.华山松 P. armandi

    3.种子具结合而生长的长翅；球果圆柱形，果梗长达4厘米，种鳞上端圆或宽圆形，鳞脐突出；一年生枝干后呈红褐色；针叶细长，长10—20（26）厘米，直径约1毫米 ··························2.乔松 P. griffithii

  2.针叶长2.5—6厘米；球果长4.5—9厘米，矩圆状椭圆形或圆柱状长卵圆形，梗长1.5—2厘米；中部种鳞近卵形，鳞脐凹下，小枝有毛 ···············3.毛枝五针松P.wangii

1.叶鞘宿存，针叶基部的鳞叶下延，叶内具2条维管束；种鳞的鳞脐背生，种子上部具长翅。

  4.枝条每年生长一轮，一年生小球果生于近枝顶。

    5.针叶3针一束，稀3针、2针并存。

      6.鳞脐具短刺。

        7.球果成熟后，种鳞张开，乔木。

          8.球果卵状圆形，稀长卵圆形或圆锥状长卵圆形；叶通常较短，最长不超过15厘米 ···························4.高山松 P.densata

          8.球果圆锥状卵圆形，针叶较长，可达30厘米。

            9.针叶稍粗，径略大于1毫米，不下垂或微下垂 ······5.云南松 P. yunnanensis

            9.针叶细柔下垂，径1毫米以内 5a.细叶云南松 P. yunnanensis var. tenuifolia

        7.球果成熟后宿存树上，种鳞不张开，针叶粗壮，长5—10厘米；灌木状 ············5b.地盘松 P. yunnanesis var. pygmaea

      6.鳞脐无刺，鳞盾平或微隆起，针叶细柔，径约1毫米 ······6.马尾松 P. massoniana

    5.针叶2针一束，稀3针一束。

      10.乔木，球果成熟后，种鳞张开。

        11.鳞脐具短刺，叶较粗短，长5—15厘米。

          12.球果长5—6厘米，熟后脱落，具果梗，鳞盾肥厚隆起 ··· 4.高山松 P .densata

          12.球果长3—5厘米，熟后宿存，果几无梗，鳞盾微肥厚隆起 ································7.黄山松 P. taiwanensis

        11.鳞脐微凹，无刺，针叶细柔，长10—20厘米 ······6.马尾松 P. massoniana

      10.灌木状，高0.4—2米，球果成熟后宿存，种鳞不张开，针叶较粗短，长5—10厘米 ························5b.地盘松 P. yunnanensis var. pygmaea

  4.枝条每年生长二至多轮，一年生小球果生于小枝侧面；针叶3针一束，稀3针、2针并存，细柔，长10—22厘米，径0.7—1毫米；球果卵圆形，具短梗 ································8.思茅松P.kesiya var. langbianensis

1.华山松　果松　图23

Pinus armandi Franch.（1884）

乔木，高达25米，胸径达1米；幼树树皮绿色或淡灰色，平滑，老则呈灰色，裂成方形或长方形厚块片固着于树干，或脱落。枝条平展，形成圆锥形或柱状塔形树冠，一年生枝绿色或灰绿色（干后褐色），无毛，微被白粉；冬芽近圆柱形，褐色，微具树脂，芽鳞排列疏松。针叶5针一束，稀6—7针一束，长8—15厘米，径1—1.5厘米，边缘具细锯齿，横切面具3个树脂道，中生或背面2个边生，腹面一个中生，稀具4—7个树脂道；如具4—7个，则中生与边生兼有。叶鞘早落。球果圆锥状长卵圆形，长10—20厘米，径5—8厘米，幼时绿色，成熟时黄色或褐黄色；种鳞张开，种子脱落，果梗长 2—3厘米；中部种鳞近斜方状倒卵形，长3—4厘米，宽2.5—3厘米，鳞盾斜方形或宽三角状斜方形，不具纵脊，先端钝圆或微尖，不反曲或微反曲，鳞脐不明显；种子黄褐色，暗褐色或黑色，倒卵圆形，长1—1.5厘米，径6—10毫米，无翅或两侧及顶端具棱脊，稀具极短的木质翅。子叶10—15枚。花期4—5月，球果第二年9—10月成熟。

产昆明、大理、丽江、香格里拉、贡山、永宁、蒙自、文山、会泽等地，生于海拔1700—3300米的山地；甘肃南部、陕西南部、河南西南部、山西南部、西藏、四川、贵州、湖北西部均有分布。

种子繁殖，直播造林或育苗造林，天然更新均可。直播造林用温水浸种42小时后改用冷水浸种48小时；经过混沙贮藏的种子出苗更好。穴状点播或混荞撒播。育苗时以条播为好，注意保持苗床湿润，百日苗即可出圃，也可用一年生苗造林。营养袋育苗可提高苗木质量，对提高造林成活率，加快生长速度有利。

木材边心材区别明显，抗弯强度较低，冲击韧度低，但木材软而易加工，旋切和其他工艺性能良好。适宜作建筑、家具、细木工、枕木、桥梁、电杆等用材。木材纤维长，含量高，为造纸和纤维加工的优良原料；树皮含单宁12%—23%，可提取栲胶；针叶可提制芳香油；种子食用，出油率约22.24%，食用或工业用。树冠呈广圆锥形，挺拔苍翠，适于庭园、公园内栽植。

2.乔松　图24

Pinus griffithii McClelland（1854）

乔木，高达70米，胸径1米以上；树皮暗灰褐色，裂成小块片脱落。枝条广展，一年生枝绿色（干后呈红褐色），无毛，有光泽，微被白粉；冬芽圆柱状倒卵圆形或圆柱状圆锥形，顶端尖，微有树脂，芽鳞红褐色。针叶5针一束，细柔下垂，长10—20厘米，径约1毫米，先端渐尖，边缘具细锯齿，横截面有树脂道3个，边生，稀腹面一个中生。球果圆柱形，长15—25厘米，果梗长2.5—4厘米，种鳞张开前径3—4厘米，张开后5—9厘米；中部种鳞长3—5厘米，宽2—3厘米，鳞盾淡褐色，菱形，微成蚌壳状隆起，有光泽，常有白粉；鳞脐暗褐色，薄，微隆起，先端钝，显著内曲；种子褐色或黑褐色，椭圆状倒卵形，长7—8毫米，上端具结合而生的翅。花期4—5月，球果第二年秋季成熟。

产贡山，生于海拔1600—2400米的针阔叶混交林中；西藏南部及东南部也有；缅甸、

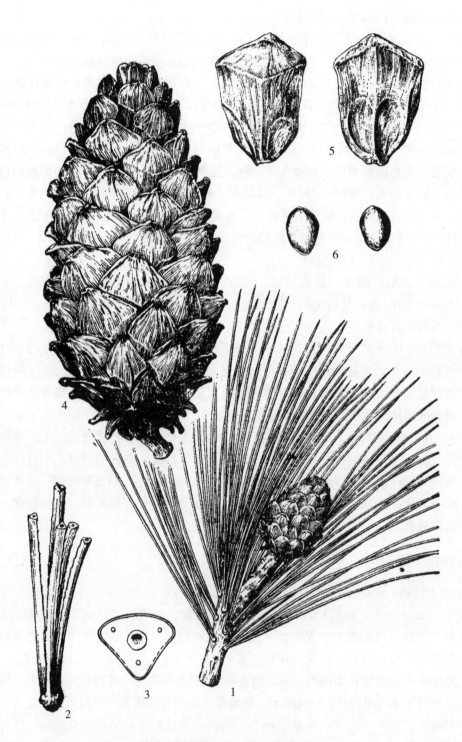

图23 华山松 *Pinus armandi* Franch

1.幼果枝　2.针叶（局部）　3.针叶横切面　4.球果

5.种鳞背腹面　6.种子背腹面

不丹、尼泊尔、印度、巴基斯坦、阿富汗均有分布。

要求温暖、湿润的气候，适应性较强，是一个耐旱耐瘠薄的阳性树种。生长快，是分布区内的天然森林更新和重要造林树种。种子繁殖，育苗造林措施同华山松。

木材淡黄褐色，纹理直，结构细，较轻软，有韧性，易加工，耐久用，为建筑、桥梁、家具、枕木等用材。还可提取树脂制松节油。也可用作庭园观赏树种。

3.毛枝五针松　云南五针松（中国树木分类学）、滇南松（经济植物手册）
图25

Pinus wangii Hu et Cheng（1948）

乔木，高达20米，胸径达60厘米。一年主枝暗红褐色，较细，密被褐色柔毛，二、三年生枝呈暗灰褐色，毛渐脱落；冬芽褐色或淡褐色，无树脂，芽鳞排列疏松。针叶五针一束，粗硬，微内弯，长2.6—6厘米，径1—1.5毫米，先端急尖，边缘有细锯齿，背面深绿色，仅腹面两侧各有5—8条气孔线；横切面有树脂道3，中生，叶鞘早落。球果单生或2—3集生，微具树脂或无树脂，熟时淡黄褐色或褐色，或暗灰褐色，长圆状椭圆形或圆柱状长卵圆形，长4.5—9厘米，径2—4.5厘米，梗长1.5—2厘米；中部种鳞近倒卵形，长2—3厘米，宽1.5—2厘米，鳞盾扁菱状，边缘薄，微内曲，鳞脐不肥大，凹下；种子淡褐色，椭圆状卵形，两端微尖，长8—10毫米，径约6毫米，种翅偏斜，长约1.6厘米，宽约7毫米。

产麻栗坡、西畴，生于海拔500—1800米的山地；广西大苗山也有。模式标本采自西畴。

种子繁殖，天然更新不良，种群稀少，宜人工更新。

木材质地较轻软，结构较细密，可作建筑、造纸和家具等用材。珍稀树种，属二级保护植物，可供园林栽培。

4.高山松　西康油松（中国树木分类学），西康赤松（中国裸子植物志）
图26

Pinus densata Mast.（1906）

乔木，高达30米，胸径达1.3米；树干下部树皮暗灰褐色，深裂成厚块片，上部树皮红褐色，裂成薄片脱落。一年生枝粗壮，黄褐色，有光泽，无毛，二、三年生枝皮逐渐脱落，内皮红色；冬芽卵状圆锥形或圆柱形，芽鳞栗褐色。针叶2针一束，稀3针或2针3针并存，粗硬，长6—15厘米，径1.2—1.5毫米，微扭曲，边缘锯齿锐利；树脂道3—7（10）个，边生，稀角部的树脂道中生。球果卵圆形，长5—6厘米，径约4厘米，有短梗，熟时栗褐色，常向下弯曲；中部种鳞卵状长圆形，长约2.5厘米，宽约1.3厘米，鳞盾肥厚隆起，微反曲或不曲，横脊显著，由鳞脐四周辐射状的纵横纹亦较明显，鳞脐突起，多有明显的刺状尖头；种子淡褐色，椭圆状卵圆形，长4—6毫米，宽3—4毫米。花期5月，球果第二年成熟。

产香格里拉、丽江、永宁、德钦、贡山、富民、宾川，生于海拔2600—3500米的高山地带，常组成纯林或在森林的下段与云南松、华山松混生。它的上限可与大果红杉、云杉、冷杉、高山栎混生；青海南部、西藏东部、四川西部等高山地带均有分布。

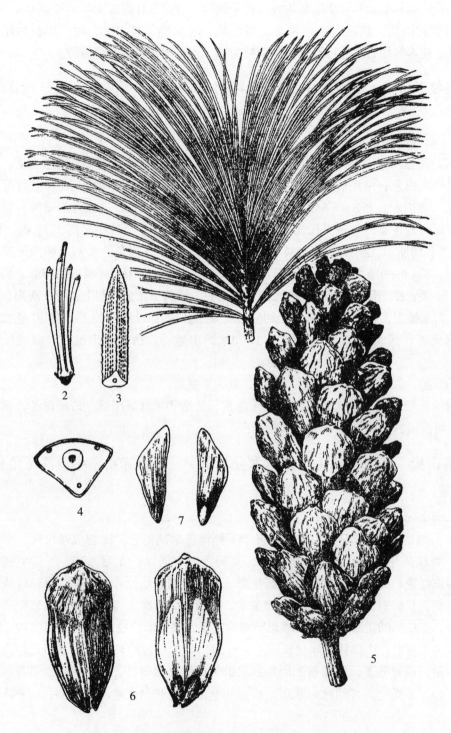

图24 乔松 *Pinus griffithii* McClelland

1.枝叶　2.针叶（局部）　3.针叶上部　4.针叶横截面

5.球果　6.种鳞背腹面　7.种子背腹面

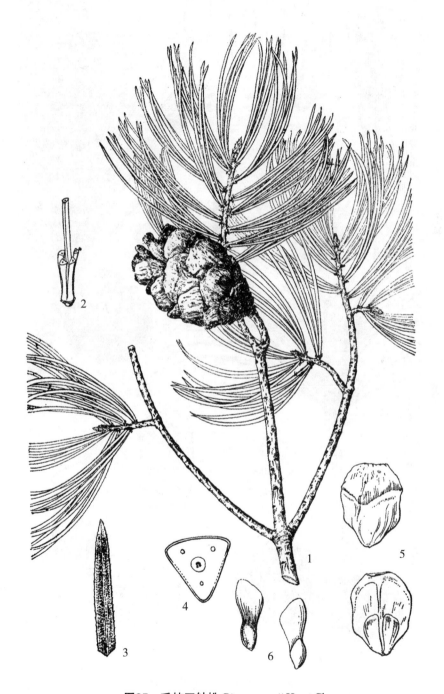

图25 毛枝五针松 *Pinus wangii* Hu et Cheng

1.果枝　　2.3.针叶（部分）　　4.针叶横切面　　5.种鳞背腹面　　6.种子背腹面

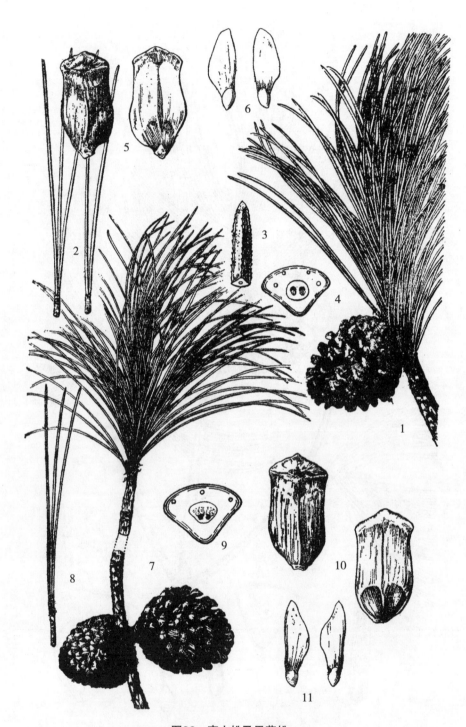

图26　高山松及思茅松

1—6.高山松 *Pinus densata* Mast.：

1.球果枝　2.两种针叶　3.针叶上部　4.针叶横切面　5.种鳞背腹面　6.种子背腹面

7—11.思茅松 *P. kesiya* Royle ex Gord. var. *langbianensis*（Λ. Chev.）Gaussen：

7.球果枝　8.叶　9.针叶横切面　10.种鳞背腹面　11.种子背腹面

种子繁殖。天然更新良好，易于成林，是云南西北部森林更新和荒山造林的重要树种。

木材较坚韧，质较细，富含油脂，为建筑、家具等用材。树干可割取松脂。

5.云南松　飞松、青松、长毛松（云南）图27

Pinus yunnanensis Franch.（1899*）

乔木，高达30米，胸径达1米；树皮褐灰色，深纵裂，裂片厚或裂片不规则的鳞状块片脱落。枝开展，稍下垂，一年生枝粗壮，淡红褐色；冬芽圆锥状卵圆形，粗大，红褐色，无树脂。针叶通常3针一束，稀2针一束，长10—30厘米，径略大于1毫米，微下垂，边缘有细齿，树脂道4—5个，中生与边生并存。球果成熟前绿色，熟时褐色或栗褐色，圆锥状卵圆形，长5—11厘米，有短梗，长约5毫米，中部种鳞长圆状椭圆形，长约3厘米，宽约1.5厘米，鳞盾通常肥厚，隆起，稀反曲，有横脊，鳞脐微凹或微隆起，有短刺；种子褐色，卵圆形或倒卵形，长4—5毫米，连翅长1.6—2厘米。花期4—5个月，球果翌年10月成熟。

产墨江、个旧、文山、开远、广南、腾冲、龙陵，东部南盘江流域，西北部怒江流域，金沙江流域；生于海拔800—3000米的山地，常组成大面积纯林或与华山松、云南油杉、高山松、旱冬瓜、栎类等组成不同类型的混交林。模式标本采自鹤庆。

要求冬春干旱无严寒，夏季多雨无酷热，干湿季分明的气候，是西南季风区的一个代表树种，深根性，适应能力强。种子繁殖，天然更新良好。直播造林应注意防止鼠害及鸟兽害，撒播造林宜在杂草高度30厘米以下，盖度30%—70%的地方进行。

木材淡黄色。心、边材区别明显，边材宽，黄褐色，心材黄褐微红或红褐色。生长轮明显，宽度不均匀。木材有光泽，松脂气味较浓，早晚材区别明显。木材纹理直或斜，结构中至粗，不均匀，重量、硬度及强度中等，木材干缩性大，易变形开裂；为建筑、桥梁、家具、造纸、胶合板等用材。立木可割取松脂；针叶可提取针叶油，粉碎后作饲料，制作松叶粉；根可培养茯苓；球果可制作活性炭，花粉可入药。亦适于营造风景林及作庭园观赏树种。

5a. 细叶云南松（变种）

var. tenuifolia Cheng et Law（1975）

产富宁、屏边，生于海拔400—1200米的地带；贵州南部、广西西北部也有分布。

5b.地盘松（变种）

var. pygmaea（Hsueh）Hsueh（1978）

产安宁、永胜、香格里拉、宾川，生于海拔2200—3100米的山地，常在干燥瘠薄的阳坡或山脊形成灌丛；四川西部木里、昭觉有分布。模式标本采自宾川。

6.马尾松　青松、山松、枞松（广东、广西）图28

Pinus massoniana Lamb.（1803）

乔木，高达45米，胸径达1.5米；树皮红褐色，下部灰褐色，裂成不规则的鳞状块片。枝平展或斜展；冬芽卵状圆柱形或圆柱形，褐色，顶端尖。针叶2针一束，稀3针一束，长

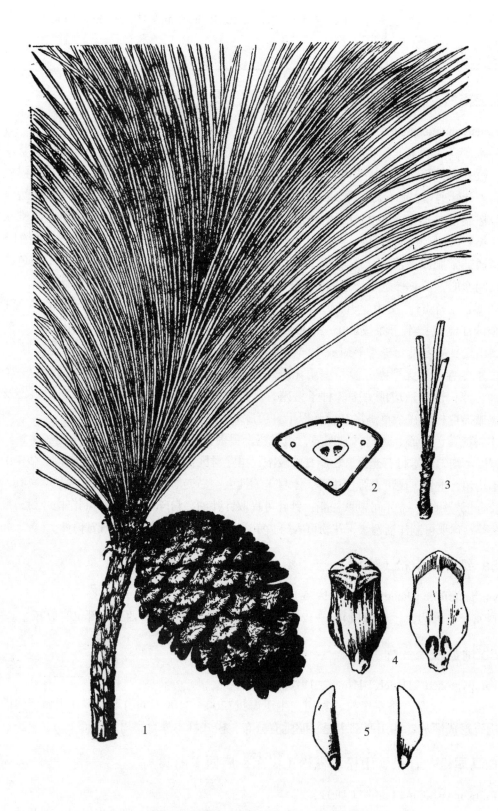

图27 云南松 *Pinus yunnanensis* Franch.

1.球果枝　　2.针叶横切面　　3.一束针叶（局部）　　4.种鳞背腹面　　5.种子背腹面

10—20厘米，细柔，微扭曲，两面有气孔线，边缘有细锯齿，树脂道4—8个，在背面边生，或腹部也有2个边生。球果卵圆形或圆锥状卵圆形，长4—7厘米，径2.5—4厘米，有短梗，下垂，成熟前绿色，熟时栗褐色，陆续脱落；中部种鳞近长圆状倒卵形，或近长方形，长约3厘米；鳞盾菱形，微隆起或平，横脊微明显，鳞脐微凹，无刺，生于干燥环境中者常具极短的刺；种子长卵圆形，长4—6毫米，连翅长2—2.7厘米；子叶5—8枚。花期4—5月，球果第二年成熟。

产富宁，生于海拔600米的地带；分布于江苏、安徽、河南西部、陕西、福建、广东、台湾、四川、贵州。

要求温暖湿润气候，对土壤要求不严，耐干旱瘠薄，黏土、沙土、石栎土、山脊及岩石裸露的石缝里均能生长。种子繁殖，能天然更新，人工辅助天然更新或育苗栽植成林较快。

木材淡褐色，纹理直，结构粗，富松脂；为建筑、枕木、矿柱、电杆等用材。它也是重要的采脂树种，树干及根可培养茯苓；树皮提取栲胶；花粉入药。

7.黄山松　台湾松（经济植物手册）、长穗松（中国裸子植物志）、台湾二针松（植物分类学报）图29

Pinus taiwanensis Hayata（1911）

乔木，高达30米，胸径达80厘米；树皮深灰褐色，裂成不规则鳞片状厚块或薄片。枝平展，一年生枝淡黄褐色或暗红褐色，无毛；冬芽深褐色，卵圆形或长卵圆形，顶端尖，微有树脂，芽鳞先端尖，边缘薄，有细缺裂。针叶2针一束，稍硬直，长5—13厘米，多为7—10厘米，边缘有细锯齿，两面有气孔线；树脂道3—7（9）个，中生，有时边生与中生并存。球果卵圆形，长3—5厘米，径3—4厘米，几无梗，向下弯垂，成熟前绿色，熟时褐色或暗褐色，常宿存树上6—7年；中部种鳞近长圆形，长2厘米，宽1—1.2厘米，近鳞盾下部稍窄，基部楔形，鳞盾稍肥厚隆起，近扁菱形，横脊显著，鳞脐具短刺。种子倒卵状椭圆形，长4—6毫米，连翅长1.4—1.8厘米；子叶6—7枚。花期4—5月，球果第二年10月成熟。

产马关，生于海拔1600米的石山疏林中；台湾、河南、福建、浙江、安徽、江西、湖南、湖北、广西大明山和贵州梵净山均有分布。

阳性树种。适应温凉、湿润的山地气候，耐瘠薄土壤、悬崖陡壁的岩缝里也能生长。种子繁殖，天然更新良好，是分布区内重要的森林更新和荒山造林树种。

材质较细致，均匀、坚实、耐久用，为建筑、桥梁、家具等用材。树干可割取松脂。黄山松又名迎客松，姿态优美，庭园中假山或草坪上均适于栽植。

在编写本图志的过程中，我们将模式产地的大明松（*P.taiwanensis* var. *damingshanensis*）和本种的针叶作了横切面比较观察，两者的树脂道均有中生及中生与边生并存现象，所以我们认为大明松与黄山松之间的差异属于种内变异。前者应归并为后者。

8. 思茅松（变种）图26

Pinus kesiya Royle ex Gord. var. langbianensis（A. Chev.）Gaussen（1960）

乔木，高达30米，胸径达60厘米；树皮褐色，裂成龟甲状薄片脱落。一年生枝条常两

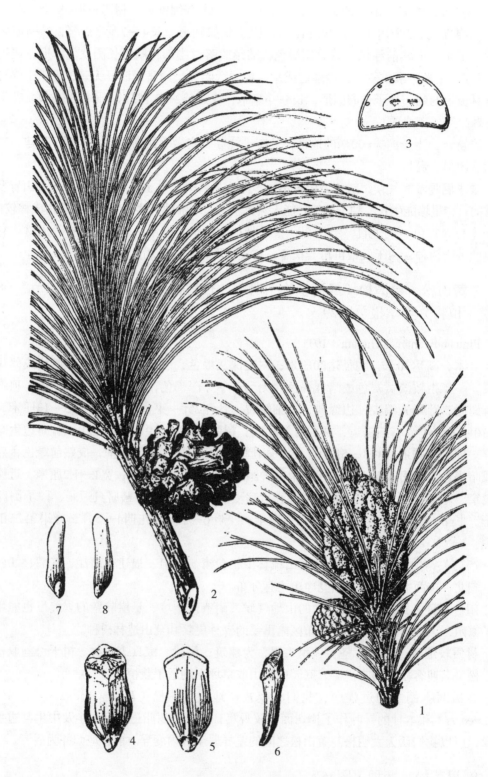

图28 马尾松 *Pinus massoniana* Lamb.

1.雄球花枝及幼果　　2.球果枝　　3.针叶横切面

4—6.种鳞背腹面及侧面　　7—8.种子背腹面

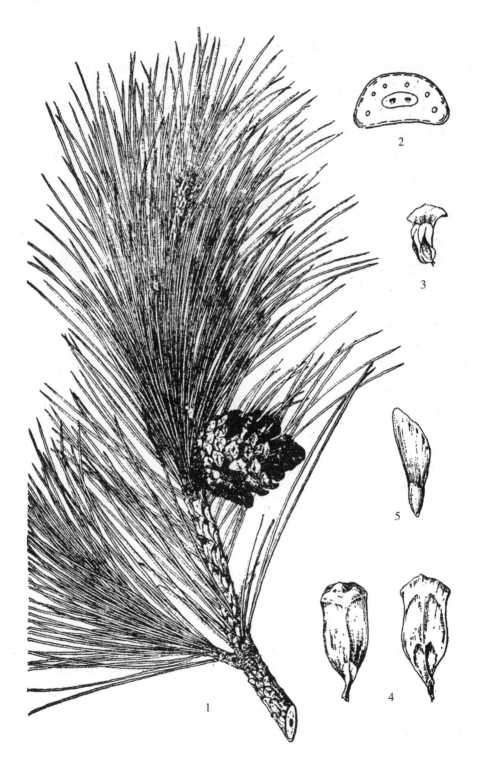

图29 黄山松 *Pinus taiwanensis* Hayata

1.球果枝　2.针叶横切面　3.雄蕊　4.种鳞背腹面　5.种子

轮至多轮，淡褐色或淡褐黄色，有光泽；芽红褐色，圆锥形，先端尖，稍有树脂。针叶3针一束，细长柔软，长10—22厘米，径0.7—1毫米，先端细有长尖头，叶鞘长1—2厘米，横切面树脂道3—6个，边生。球果卵圆形，基部稍偏斜，长5—6厘米，径约3.5厘米，通常单生或2个聚生，宿存数年不脱落，中部种鳞近窄短圆形，先端厚而钝，长2.5—3厘米，宽1—1.5厘米，鳞盾斜方形，稍肥厚隆起，或显著隆起呈圆锥形，横脊显著，稀有纵脊，鳞脐小，椭圆形，稀凸起，顶端常有向后紧贴的短刺；种子椭圆形，黑褐色，稍扁，长5—6毫米，径3—4毫米。

产麻栗坡、临沧、景谷、普洱、普洱、普文、西双版纳、景洪、蒙自、元江、芒市、泸水等地，生于海拔700—1200米的地带，常组成大面积纯林或针阔叶混交林，伴生树种有印度栲、红木荷、截头石栎、茶梨、滇楠、西南桦、三棱栎、栓皮栎、红刺栲、银叶栲等。越南中部、北部，老挝、缅甸、印度也有分布。

喜南亚热带季风气候，是我国亚热带西南部山地的代表种，适生于山地红壤。种子繁殖，在土壤深厚、光照充足的林下天然更新良好，生长迅速，思茅松1年生苗高可达30—50厘米，2年生苗可达1米以上，不易受杂草影响。引种时注意选择与分布地气候接近的地方。直播造林或用容器育苗。具体方法参阅云南松。

树干端直，心边材区别明显，边材黄色或浅红褐色，心材红褐色；木材纹理直，结构中至粗，不均匀，重量和硬度中等；可供建筑、家具、胶合板、桥梁、枕木、坑木、电杆等用材。树皮可提取栲胶，立木树干可采割松脂。

8. 雪松属 Cedrus Trew

常绿乔木。枝有长枝和短枝，叶脱落后有隆起的叶枕。叶针形，三棱形，坚硬，在长枝上呈螺旋状散生，在短枝上簇生。雌球花和雄球花分别单生于短枝顶端，直立。球果直立，第二年成熟；种鳞木质，宽大，扇状倒三角形，排列紧密，熟时自中轴脱落；苞鳞小，不露出，与种鳞一同脱落。种子上部有宽大膜质的翅；子叶通常8—10，发芽时出土。

本属有4种，分布于北非、亚洲西部及喜马拉雅山西部。我国有1种，引种栽培1种，云南引种栽培1种。

雪松 图30

Cerdus deodara（Roxb.）G. Don

乔木，高达75米，胸径达4.3米；树皮深灰色，裂成不规则的鳞片块状；主干通直圆满；大枝不规则轮生，平展，枝梢微下垂，树冠塔形。小枝细长，微下垂，1年生枝淡灰黄色，密生短柔毛，微有白粉，2—3年生枝灰色、浅褐色或深灰色。针叶长2.5—5厘米，宽1—1.5毫米，先端尖锐，常呈三棱形，幼时有白粉。球果直立，卵圆形、宽椭圆形或近球形，长7—12厘米，径5—9厘米，具很短的柄，熟前淡绿色，微被白粉，熟时褐色或栗褐色；中部的种鳞长2.5—4厘米，宽4—6厘米，上部宽圆或平，边缘微内曲，背部密生短绒毛。种子近三角形，连翅长2.2—3.7厘米，翅红色。花期10—11月，球果第二年10月成熟。

原产喜马拉雅山西部及喀喇昆仑山海拔1200—3300米地带，西藏西南部海拔1200—

3000米地带有天然林。

　　喜温和、凉润气候，抗寒性较强，大苗能耐—25℃低温，对湿热气候适应能力较差，对土壤要求不严，不耐水涝，较耐干旱瘠薄。生长较快，但1—4年生时，生长较慢。4年生以后，生长增快，据在昆明小片14年生纯林调查，平均树高12.8米，平均胸径16厘米。孤立木侧枝发达，高生长较慢，直径生长较快。昆明20年生孤立木，平均高 16.7米，胸径52厘米。

　　扦插或种子繁殖。种子宜随采随播，播前用清水浸泡24小时。扦插繁殖选取5年生以下幼龄树的一年生健壮枝条作插穗，以早春芽未萌动前为宜；插穗可用药剂处理，以增加生根能力，宜随剪随处理随扦插。用2—3年生苗造林。

　　边材白色，心材淡褐色，纹理直，结构细，比重0.56，有树脂，具香气，很少翘裂，抗腐性很强，经久耐用，是作桥梁、枕木、造船、家具的优良用材。树姿雄伟，挺拔苍翠，为庭园、街道常用的绿化树种。

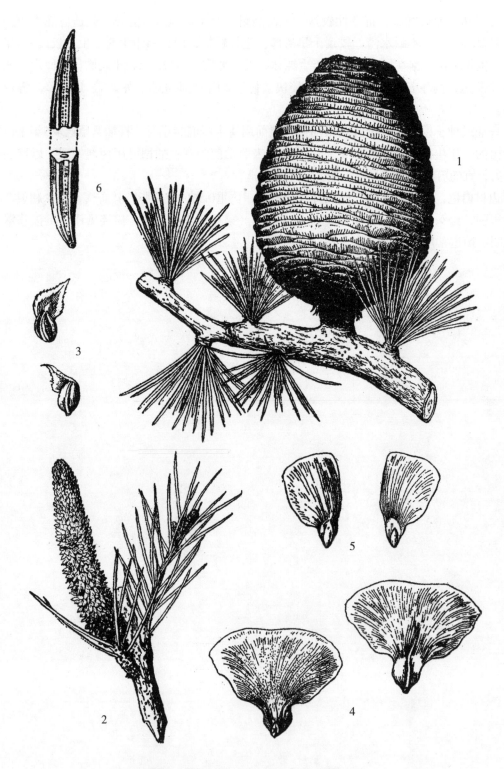

图30 雪松 *Cedrus deodara*（Roxb.）G.Don.

1.球果枝 　2.雄球花枝 　3.雄蕊背腹面 　4.种鳞背面及苞鳞，种鳞腹面

5.种子背腹面 　6.针叶

G5.杉科 TAXODIACEAE

常绿或落叶乔木，树干通直；树皮富含长纤维，常呈条片状开裂脱落；树冠尖塔形或圆锥形。大枝轮生或近轮生。叶互生，螺旋状排列，稀交叉对生（水杉属），披针形、钻形、鳞形或条形，同一树上的叶同型或异型。花单性，雌雄同株。雄球花的雄蕊和雌球花的珠鳞均螺旋状排列，稀交叉对生（水杉属）。雄球花雄蕊多数，每雄蕊具2—9（常3—4）个花药，花粉无气囊；雌球花珠鳞多数，珠鳞和苞鳞合生或仅于顶端分离，或者珠鳞甚小（杉木属）或苞鳞退化、（台湾杉属），每珠鳞具2—9个倒生或直立胚珠。球果当年成熟，熟时种鳞张开，种鳞、苞鳞扁平或盾形，木质或革质，宿存或脱落。能育种鳞（或苞鳞）的腹面具2—9粒种子。种子周围或两侧有窄翅，或者下部具长翅；子叶2—9，发芽时出土。

本科有10属16种，主要分布于北温带。我国有5属7种，另有引入栽培的4属7种。云南有4属4种，1个栽培变种，另有引入栽培的5属6种，本书记载了6属6种，1栽培种。

分 属 检 索 表

1.叶和种鳞螺旋状排列。
  2.球果的种鳞（或苞鳞）扁平。
    3.常绿，种鳞或苞鳞革质，种子两侧有翅。
      4.叶条状披针形，有锯齿；球果的苞鳞大，边缘有锯齿，种鳞小，能育种鳞有3个种子 ·· **1.杉木属 Cunninghamia**
      4.叶钻形或鳞状钻形，全缘；球果的苞鳞甚小，种鳞近全缘，能育种鳞有2个种子 ·· **2.台湾杉属 Taiwania**
    3.半常绿；有条形叶的侧生小枝冬季脱落，有鳞形叶的小枝不脱落，种鳞木质，先端有6—10裂齿，能育种鳞具有2个种子，种子下端有长翅 ········ **4.水松属 Glyptostrobus**
  2.球果的种鳞盾形，木质。
    5.常绿；小枝冬季不落，叶钻形；能育种鳞2—5个种子，种鳞上部有3—7个齿，种子微扁，周围有窄翅 ······························ **3.柳杉属Cryptomeria**
    5.落叶或半常绿，侧生小枝冬季与叶俱落，叶条形或钻形，能育种鳞有2种子，种子三棱状，棱脊上有厚翅 ······················· **5.落羽杉属Taxodium**
1.叶和种鳞均对生；叶条形，排成二列，侧生小枝冬季与叶俱落；球果的种鳞盾形，木质，能育种鳞有5—9种子，种子扁平，周围有翅 ······················· **6.水杉属Metasequoia**

1.杉木属 Cunninghamia R. Br.

常绿乔木。枝轮生或不规则轮生。叶螺旋状排列，侧枝之叶基部扭转排成二列，基部下延，披针形或条状披针形，边缘有细锯齿，上下面中脉两侧都有气孔线。雄球花簇生枝顶，多数，螺旋状着生；每雄蕊具3个花药，纵裂；雌球花单生或2—3个簇生枝顶，苞鳞和珠鳞的下部合生，螺旋状排列；苞鳞大，边缘有不规则的细锯齿，先端长尖；珠鳞形小，先端3浅裂，腹面基部着生3枚倒生胚珠。球果近圆球形或卵圆形；种子扁平，两侧有窄翅。子叶2，发芽时出土。

本属2种，2栽培变种，产于我国秦岭、长江以南温暖地区及台湾山区，为重要的用材树种。云南有1种，2栽培变种。越南亦有分布。

1.杉木 图31

Cunninghamia lanceolata（Lamb.）Hook.（1827）

乔木，高达30米以上，胸径可达3米；树干端直，树冠圆锥形；树皮灰褐色，呈长条片状开裂脱落，内皮淡红色。大枝平展，小枝近对生或轮生。叶在主枝上辐射伸展，在侧枝上排成二列，披针形或条状披针形，坚硬，长5—6厘米，边缘有细齿，先端锐尖，上面深绿色，有光泽，微具白粉或白粉不明显，下面淡绿色，沿中脉两侧各具一条白色气孔带。雄球花簇生枝顶；雌球花单生枝顶或簇生枝顶，卵圆形；苞鳞和珠鳞结合而生，苞鳞大，珠鳞先端3裂，腹面具3胚珠。球果卵圆形，长2.5—5厘米，径3—4厘米，熟时棕黄色；苞鳞革质，长约1.7厘米，先端具坚硬的刺状尖头，边缘有不规则的锯齿，向外反卷或不反卷；种鳞形小，腹面着生3个种子。种子扁平，长6—8毫米，褐色，两侧有窄翅。子叶2枚，发芽时出土。花期4月，果实10月下旬成熟。

在广南、麻栗坡、西畴、屏边、富宁、蒙自、景东、金平、镇雄、会泽、大理等地均有大面积栽培，栽培地区海拔可达2500米；我国淮河、秦岭以南16省区栽培甚广。

为我国特有树种，栽培有1000多年的历史，由于历史悠久，千百年来，劳动人民积累了宝贵的丰产经验，创造了许多速生丰产技术。用种子或插条繁殖。种子千粒重5.9—9.7克，发芽率30%—40%，每亩播种量如条播5—6千克，撒播6—7千克。用1年生苗造林。萌芽性强，也可以用萌芽更新或插条造林。

木材质地轻软细致，纹理直，有香气，不翘不裂，耐腐力强，不受白蚁蛀食，为我国重要的商品材；可作建筑、桥梁、造船、矿柱、木桩、电杆等用材。树皮及根、叶入药，有祛风湿及收敛止血之效；种子含油20%，供制肥皂。树形整齐、树冠尖塔形，颇为美观，可供园林观赏。

1a.软叶杉木（中国植物志） 柔叶杉木（植物分类学报）图32

cv. Mollifolia

叶质地薄、柔软、先端不尖。

在玉溪、安宁八街有成片栽培。稍耐寒、适宜在滇中地区、滇东北地区栽培发展。大理苍山无为寺（海拔2200米）门口有一株古老的软叶杉，树高27.1米，胸径2.48米，树龄约900年。湖南也有，南京有栽培。

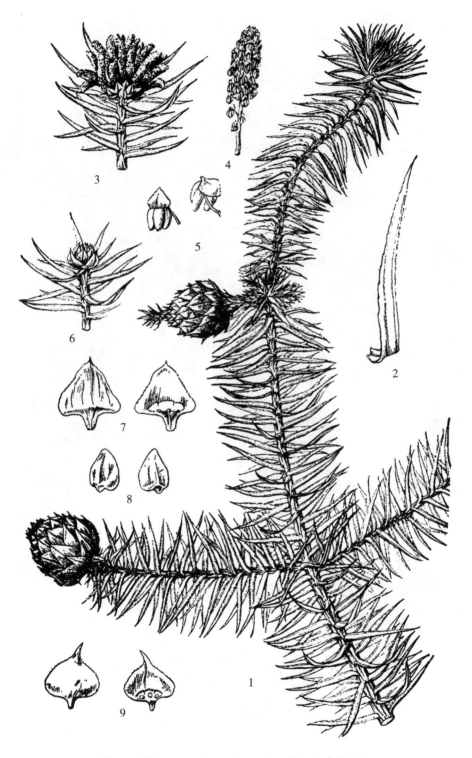

图31 杉木 *Cunninghamia lanceolate*（Lamb.）Hook.
1.球果枝　2.叶　3.雄球花枝　4.雄球花一段　5.雄蕊　6.雌球花枝
7.苞鳞背腹面及种鳞　8.种子背腹面　9.苞鳞背面腹面及珠鳞胚珠

图32　软叶杉木 *Cunninghamia lanceolata* (Lamb.) Hook. cv. Mollifolia
1.球果枝　　2.叶　　3.苞鳞背面　　4.苞鳞腹面

2. 台湾杉属 Taiwania Hayata

常绿乔木；大枝平展，小枝细长下垂。叶螺旋状排列，叶基下延，大树之叶鳞状钻形，排列紧密，上弯，先端尖，横切面三角形或四棱形，背腹面都有气孔线；幼树及萌枝之叶钻形，较大，先端尖，稍向上弯曲，镰状，两侧扁平。雄球花数个簇生枝顶，每雄蕊有2—4个花药；雌球花单生枝顶，发育珠鳞具2胚珠，苞鳞退化。球果形小，椭圆形和长圆柱形；种鳞革质扁平，倒卵形，基部楔形，发育种鳞具2种子。种子长圆状卵形，扁平，两侧具窄翅，上、下两端有缺口，子叶2枚。

本属有2种，星散分布于我国台湾、湖北、贵州、云南，缅甸北部也有分布。

秃杉（云南） 楛杉（中国树木学）图33

Taiwania flousiana Gaussen（1939）

大乔木，高达75米，胸径达2米，树冠圆锥形。树皮褐灰色，呈不规则的长条片状。大树之叶鳞状钻形，横切面四棱形，高宽近相等，幼树及萌枝之叶镰状钻形，长 0.6—1.5厘米，直伸或微向内弯，两面扁平。雄球花2—7个簇生枝顶，雄蕊19—36 枚，有2—3个花药。球果长椭圆形或圆柱形，直立，长1—2厘米，径约1厘米，褐色。种鳞21—39片，长6—8毫米。种子长椭圆形至倒卵形，连翅长4—7毫米，宽3—4毫米。球果10—11月成熟。

产贡山、泸水、腾冲、龙陵、昌宁、兰坪、云龙，生于海拔1700—2700米的针阔叶混交林中；湖北西部、贵州南部也有零星分布。缅甸北部也产。

适于气候温凉，夏秋多雨潮湿，冬春较干的红壤、山地黄壤和棕色森林土地带。滇西有一千多年的古树，为国家重点保护树种。

种子或扦插繁殖。种子发芽力贮藏二年后，第二年已显著下降。千粒重1.34克。

边材黄白色，心材淡红褐色，材质轻软，结构细，纹理直，易加工。作建筑、家具、器具、造纸等用材。为分布区内营造用材林，风景林、水源林的优良树种。

3. 柳杉属 Cryptomeria D. Don

常绿乔木；树皮呈长条片状脱落。树冠尖塔形或卵圆形。枝近轮生，平展或向上斜展。冬芽形小。叶螺旋状排列，略成5行，钻形，两侧扁，先端尖，基部下延。雄球花无梗，单生于小枝上部的叶腋，常密集成穗状，长圆形，花药3—6；雌球花无梗，近球形，单生枝顶，稀数个集生。珠鳞螺旋状排列，与苞鳞结合而生，仅先端分离，每珠鳞具2—5枚胚珠。球果近圆球形，当年成熟；种鳞宿存，木质、盾形，上部肥大，先端有3—7个裂齿，背面中部或中下部有一个三角状分离的苞鳞尖头。种子微扁，边微具窄翅。子叶2—3，发芽时出土。

本科有2种，产于我国和日本。我国产1种，从日本引入栽培1种，分布秦岭及长江以南温暖地区。云南1种。

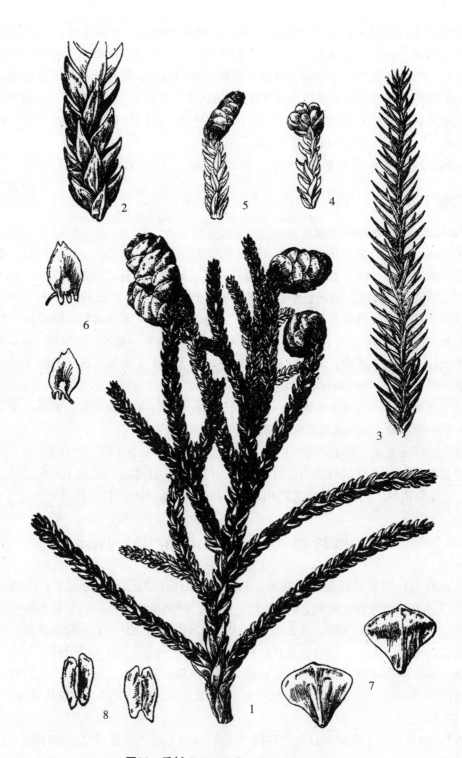

图33 秃杉 *Taiwania flousiana* Gaussen

1.球果枝 2.枝叶一部分 3.幼树枝条 4.雄球花枝 5.雌球花枝

6.雄蕊背腹面 7.种鳞背腹面 8.种子背腹面

柳杉 泡杉（文山）、长叶孔雀松（中国植物志）图34

Cryptomeria fortunei Hooibrenk ex Otto et Dietr.（1858）

乔木，高达40米，胸径2米；树皮红棕色，呈长条片状脱落纵裂。大枝近轮生，小枝细长，常下垂，绿色。叶长1—1.5厘米，先端微向内弯曲，幼树及萌芽枝之叶长达2.4厘米。雄球花单生叶腋，集中于小枝上部而成短穗状花序状。球果圆球形或扁球形，径1.2—2厘米；种鳞约20片，上部有4—5（很少6—7）枚短三角形裂齿，长2—4毫米，背部的苞鳞尖头长3—5毫米；发育种鳞具有2粒种子。种子近椭圆形，长4—6.5毫米。花期4月，果期10—11月。

栽培于云南中部、东南部和西北部，昆明黑龙潭、筇竹寺和武定狮子山、通海秀山有数百年生的大树，江苏、浙江、福建、安徽、河南、湖北、湖南、四川、贵州、广西、广东均有栽培。

柳杉是喜光树种，幼龄稍能耐阴。喜温暖湿润的气候和酸性、肥沃、排水良好的土壤。用扦插及种子繁殖。

材质轻软，纹理直，结构细，耐腐力强。边材淡红褐色，强度中等，不易受白蚁蛀食；可作家具、建筑、船舶、机械等用材。树皮含鞣质，可提取树胶，入药治癣疮。枝叶、根部及木材均含有芳香油，经精制处理后可作调味剂。还可提取杉木脑。树姿挺拔雄伟，且能吸收二氧化硫等有害气体，是优良的园林绿化树种。

4. 水松属 Glyptostrobus Endl.

半常绿性乔木。冬芽形小。叶螺旋状排列，基部下延，有三种类型：鳞形叶较厚，在1—3年生主枝上贴枝生长；条形叶扁平，薄，生于幼树1年生枝或大树萌生枝上，常排成二列；条状钻形叶，生于1年生的短枝上，辐射伸展或三列状；条形叶与条状钻形叶均于秋后连同侧生短枝一同脱落。球花单生枝顶，雄球花的每一雄蕊有2—9（多为5—7）个花药；雌球花卵状椭圆形，有20—22枚珠鳞；苞鳞略大于珠鳞。球果直立，倒卵状球形；种鳞木质，倒卵形，大小不等，上部边缘有6—10枚微向外反的三角状尖齿，发育的种鳞有2个种子。种子椭圆形，微扁，具一向下生长的长翅。子叶4—5，发芽时出土。

本属仅有1种，分布于华南、西南地区，为第四纪冰期后的孑遗树种。

水松 图35

Glyptostrobus pensilis（Staunt.）Koch（1873）

乔木，高达10米，稀达25米。生于潮湿沼泽地的树干基部膨大成柱槽状，柱槽高达70余厘米，并有伸出水面或土面的膝状呼吸根。干基直径达60—120厘米，树干有扭纹；树皮褐色或淡灰褐色，裂成不规则的长裂片。条形叶，先端尖，基部渐窄，长1—3厘米，宽1.5—4毫米，淡绿色，背面中脉两侧有气孔带；条状钻形叶曲侧扁，背面隆起，先端渐尖或尖钝，微向外弯，长4—11毫米；鳞形叶长约2毫米。球果长2—2.5厘米，径1.3—1.5厘米，有长梗。种子长5—7毫米，种翅长4—7毫米。花期1—2月，果期10—11月。

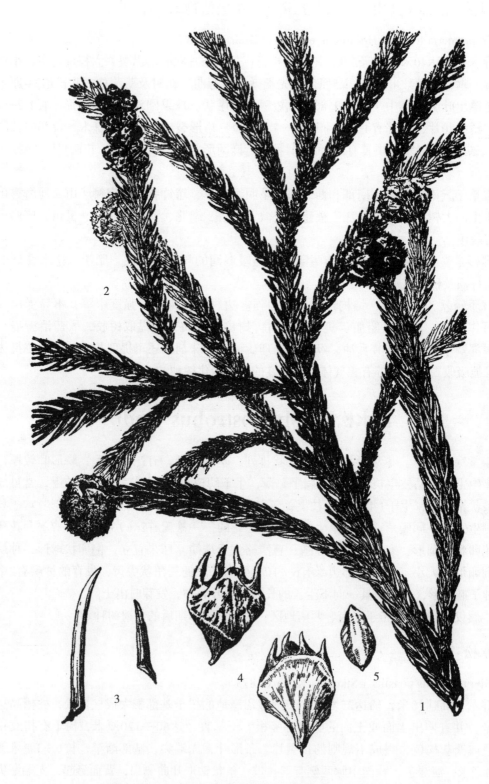

图34 柳杉 *Cryptomeria fortunei* Hooibrenk ex Otto et Dietr.
1.球果枝 2.雄球花枝 3.叶 4.种鳞背腹面 5.种子

图35 水松 *Glyptostrobus pensilis*（Staunt.）Koch
1.球果枝　2.着生条状锥形叶和鳞叶的枝　3.雄球花枝
4.雌球花枝　5.珠鳞及胚珠　6.种鳞背腹面　7.种子背腹面

产屏边大围山，生于海拔1000米的杂木林中，富宁有栽培；江西东部、四川南部、广东、广西等省区也有，南京、上海、武汉、杭州等地有栽培。

喜温暖湿润气候，耐水湿，不耐低温。对土壤的适应性较强，除盐碱土外，在其他各种土壤上均能生长，而以水分较多的冲渍土上生长较好。种子或扦插繁殖。种子发芽率可达85%。于2—3月份播种，条播或撒播均可。因幼苗易受日灼及早霜之害，届时应分别搭棚防护，秋后停施追肥，以免秋梢生长，遭受冻害。插条繁殖，四季均可。春插于2月下旬至3月中旬，夏插于5月下旬至6月上旬，秋插于8月下旬至9月上旬。以上这三个时期较好。

木材淡红黄色，材质轻软、纹理细，比重0.37—0.42。作建筑、桥梁、家具等用材。根部的木质松，比重0.12，浮力大，可代替木栓，广泛应用于加工瓶塞和救生圈。种鳞、树皮、鳞叶富含单宁，可提取栲胶。鲜球果可作染料，浸染渔网等用。根系发达，多栽于河边，堤旁，作防风固堤用。树姿优美，可为庭园观赏树种。

5. 落羽杉属（落羽松属） Taxodium Rich.

落叶或半常绿乔木。小枝有两种，主枝宿存，侧生短枝冬季脱落；冬芽形小，球形。叶螺旋状着生，基部下延，二型，钻形叶在主枝上斜上伸展，条形叶在侧生小枝上排成二列，冬季与侧生短枝一起脱落。雄球花卵圆形，排成总状或圆锥状花序，生于枝顶，每个雄蕊有4—9个花药；雌球花单生于二年生枝顶；珠鳞螺旋状排列，每个珠鳞的腹面基部有2个胚珠，苞鳞和珠鳞几乎全部合生。球果球形或卵状球形，种鳞木质，盾形，顶部呈不规则的四边形，苞鳞和种鳞合生，仅先端分离，向外突起成三角状小尖头；发育的种鳞具有2个种子。种子呈不规则的三角形，具有3个锐棱脊。子叶4—9，发芽时出土。

本属共有3种，原产北美，我国均有引种，昆明引种栽培2种。

池杉（植物分类学报） 池柏（中国树木分类学），沼落羽松（经济植物手册）图36

Taxodium ascendens Brongn.（1833）

乔木，在原产地高达25米；树皮纵裂，呈长条片状脱落；树干基部膨大，通常有屈膝状的呼吸根；树冠较窄，呈尖塔形。枝条向上伸展，当年生小枝绿色，细长，通常微向下弯垂，二年生小枝呈褐红色。叶钻形，长4—10毫米，前伸、紧贴小枝。球果圆球形或长圆状球形，长2—4厘米，径1.8—3厘米，熟时黄褐色，有短梗。种子不规则三角形，微扁，红褐色，长1.3—1.8厘米，宽0.5—1.1厘米；边缘有锐脊。花期3—4月，球果10月成熟。

池杉原产北美东南部沼泽地带，昆明、下关引种栽培，江苏、浙江、河南、广东、湖北等地也有引种，在低洼潮湿的地方造林，生长良好。

适应性较广，能耐—17℃的低温，在短时间内不受冻害。喜生于平原湖沼地带，在土壤酸性，中性而湿润的潜育土或沼泽土上生长良好，但不耐盐碱土。土壤pH7以上则树叶黄化，生长不良。

用种子繁殖或扦插繁殖。10月下旬采种，采后摊放室内通风处晾干，揉搓脱粒，取净干藏。种子千粒重70—100克，发芽率35%—60%。苗圃地应选择排灌方便，疏松肥沃的微酸性土壤，并施足基肥。播种育苗以冬播为佳，春播则宜早播。播前用清水浸种4—5日，或者用3%硫酸铜或1%尿素溶液浸种，采用宽幅条播。播后覆盖细土，并盖草保温。幼苗出土后及时揭草、苗期勤浇水、松土，追肥在8月份进行，第二年春可出圃造林。

边材淡黄白色，心材淡黄褐色，微带红色，区别明显。纹理通直，材质轻软，结构较粗，硬度适中，耐腐力较强，不易翘裂，韧性较强，可作建筑、枕木、桥梁、船舶、家具及车辆用材。

球果可分离出具有抑制肿瘤活性的两种萜类醌甲基化合物。树形高大挺秀，适作庭园观赏树种。

另外一种落羽松[*Taxodium distichum*（Linn.）Rich.]其外形极似池杉，惟树冠开展，树皮赤褐色；叶线形、扁平、排成羽状二列，可以区别。

6. 水杉属 Metasequoia Miki ex Hu et Cheng.

落叶乔木。大枝不规则轮生，小枝对生或近对生；冬芽显著，芽鳞6—8对，交叉对生。叶基部扭转，排成羽状二列，交叉对生，冬季与侧生小枝一同脱落。叶条形、扁平、柔软，无柄或几无柄，上面中脉凹下，下面中脉隆起。雌雄同株，雄球花单生于叶腋或枝顶，有短梗，排成总状或圆锥花序状；雌球花单生于二年枝顶或近枝顶，有短梗，珠鳞多数，交叉对生，每珠鳞具有5—9枚胚珠。球果近圆球形或长圆形，当年成熟，微具四棱，有长梗；种鳞木质，盾形，交叉对生，基部楔形，宿存，发育种鳞有5—9粒种子。种子扁平，倒卵形，稀长圆形，周围有窄翅，先端有凹缺；子叶2枚，发芽时出土。

本属在中生代白垩纪及新生代约有10种，曾广布于北半球，达北纬82度。第四纪冰期后，几乎全部灭绝，现仅存一种即水杉，被称为活化石。产于四川东部及湖北西南部、湖南西北部山区，昆明有栽培。

水杉（湖北利川）图37

Metasequoia glyptostroboides Hu et Cheng（1948）

乔木，高达35米，胸径达2.5米；树皮灰色或灰褐色，浅裂成窄长条片脱落。树干基部常膨大。大枝斜展，小枝下垂，枝叶稀疏。幼树树冠尖塔形，老树冠广圆形。1年生小枝淡褐色，2—3年生小枝淡褐灰色或灰褐色。叶长0.8—3.5（常为1.3—2）厘米，宽1—2.5（常为1.5—2）毫米。球果近四棱状球形或长圆状球形，成熟前绿色，熟时深褐色，长1.8—2.5厘米，径1.6—2.5厘米，梗长2—4厘米。种子长约5毫米，宽4毫米。花期2—3月，球果10—11月成熟。

昆明等地有栽培，生长良好。自然分布仅见于四川石柱县，湖北利川市磨刀溪、水杉坝一带及湖南西北部龙山桑植等地，现在我国各地普遍栽培。国外已有52个国家和地区引种栽培，在圣彼德堡也能在室外越冬。

水杉适应性强，但在土壤缺乏水分的土地上生长不良，在降雨量充沛，土壤深厚、湿润、肥沃的沟谷中生长迅速。种子和扦插繁殖。成熟球果出种率为6%—8%，种子千粒重1.75—2.85克，每千克种子有43万—56万粒，发芽率5%—8%，种子生命力虽可保存两年，

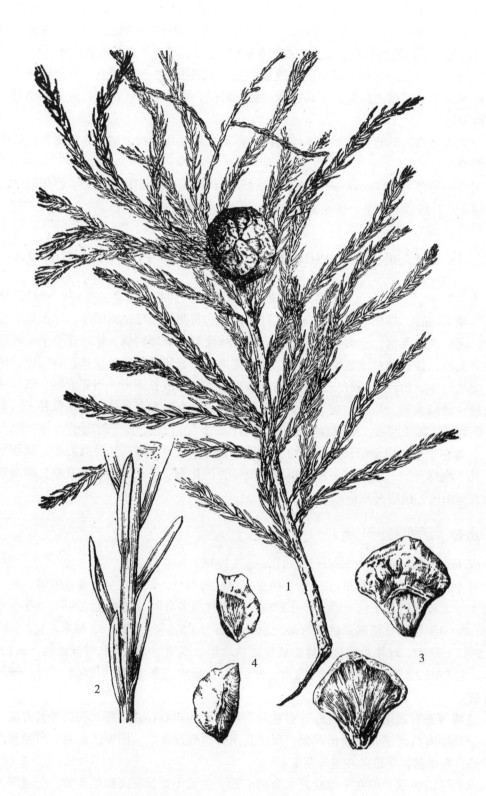

图36 池杉 *Taxodium ascendens* Brongn.
1.球果枝　　2.小枝及叶（放大）　　3.种鳞背腹面　　4.种子背腹面

图37　水杉 *Metaseguoia glyptostroboides* Hu et Cheng
1.球果枝　　2.球花枝　　3.雌球花　　4.球鳞及胚珠
5.雄球花　　6.雄蕊背腹面　　7.种子

但发芽率已显著下降。每亩播种量约1千克，播种期以"春分"至"清明"为宜，播种后约15天可发芽出土。如果管理得好，一年生苗可高达40厘米以上，地径粗可达8毫米。扦插用1—3年生幼树枝条作插穗，成活率高；春插2—3月，夏插5—6月，秋插9—10月均可。

木材轻软，纹理直，边材白色，心材褐红色，干缩差异小；可作建筑、家具、桥梁、造船、车辆、体育文化用品等用材。叶可提取芳香油；树皮可提取栲胶。树姿优美，适作园林绿化、庭园观赏树种。

G6.柏科 CUPRESSACEAE

常绿乔木或灌木。叶交叉对生或3—4片轮生，稀螺旋状着生，鳞形或刺形，或者同一株树上兼有两型叶。球花单性，雌雄同株或异株，单生枝顶或叶腋；雄球花具3—8对交叉对生的雄蕊，花药2—6，花粉无气囊；雌球花具有3—16枚交叉对生或3—4枚轮生的珠鳞，全部或部分珠鳞的腹面基部有一至多数直立胚珠，稀胚珠单生于两珠鳞之间，苞鳞与珠鳞完全合生。球果球形，卵圆形或圆柱形，种鳞薄或厚，扁平或盾形，木质或近革质，熟时张开，或者种鳞肉质合生呈浆果状，不裂或仅顶端微开裂，发育种鳞有1至多粒种子。种子周围有窄翅或无翅，或者上端有一长一短之翅。

本科约22属150种，中国产8属29种7变种，分布几乎遍及全国，另外引入栽培1属15种。云南有6属16种，另外引入3属6种和1变种8栽培变种。

分 属 检 索 表

1.球果的种鳞木质或近革质，熟时张开，种子通常有翅，稀无翅。生鳞叶的小枝排成一平面（除Cupressus属的多数种外）。

  2.种鳞扁平成鳞背隆起，不为盾形；球果当年成熟。

    3.鳞叶长1—2毫米，节不明显；种鳞4对，背部有一弯曲的钩状尖头；中间2对种鳞发育，各具2粒种子；种子无翅 ···
··· **1.侧柏属 Platycladus**

    3.鳞叶长2—4毫米，明显成节，种鳞3对，背部有一短尖头；仅中间的1对种鳞发育，各具2粒种子；种子上部具两个不等长的翅 ··············· **2.翠柏属 Calocedrus**

  2.种鳞盾形；球果第二年成熟。

    4.鳞叶小，长2毫米以内；生鳞叶小枝不排成平面（柏木C. funebris除外），球果具4—8对种鳞，发育种鳞具5至多粒种子；种子两侧具窄翅 ·························
··· **3.柏木属 Cupressus**

    4.鳞叶较大，两侧的鳞叶长3—6（10）毫米；生鳞叶小枝排成一平面；球果具6—8对种鳞，发育种鳞具2粒种子，种子上部具两个大小不等的翅 ·····················
··· **4.福建柏属 Fokienia**

1.球果肉质，球形或卵球形，由3—8片种鳞结合而成，呈浆果状，熟时不张开，或者仅顶端微张开，每球果具1—12（国产种1—6）粒无翅的种子。

  5.叶全为刺形或鳞形，或者二者兼有，刺叶基部无关节，下延；冬芽不显著；球花单生枝顶，雌球花具3—8片轮生或交叉对生的珠鳞，胚珠生于珠鳞腹面的基部 ······
··· **5.圆柏属 Sabina**

  5.叶全为刺形，基部有关节，不下延；冬芽显著；球花单生叶腋；雌球花具3片轮生的珠鳞，胚珠生于两珠鳞之间 ··············· **6.刺柏属 Juniperus**

1. 侧柏属 Platycladus Spach.

常绿乔木。生鳞叶的小枝直展或斜展，排成一平面，两面同型。鳞叶，二型，交叉对生，排成4裂，基部下延生长，背面有腺点。雌雄同株，球花单生于小枝顶端；雄球花有6对交叉对生的雄蕊；雌球花有4对交叉对生的珠鳞，仅中间2对珠鳞各有1—2枚直立胚珠，最下一对珠鳞短小，有时退化而不显著。球果当年成熟，开裂；种鳞4对，木质，厚，近扁平，背部顶端的下方有一弯曲的钩状尖头，中部的种鳞发育，各有1—2粒种子。种子无翅，稀有极窄之翅；子叶2枚，发芽时出土。

本属仅1种，分布于东亚（中国、朝鲜），我国分布几遍全国。滇西北有野生纯林，云南省普遍栽培。

侧柏　扁竹叶（滇南本草）、千头柏（丽江）图38

Platycladus orientalis（L.）Franco（1949）

常绿乔木，高达20余米，胸径达1米。鳞叶长1—3毫米，先端微钝，小枝中央的叶露出部分呈倒卵状菱形或斜方形，背面中间有条状腺槽，两侧的叶先端微内曲，背部有钝脊，尖头的下方有腺点。球果长1.5—2（2.5）厘米。种子稍有棱脊；无翅，稀有极窄之翅；子叶2枚，稀3枚，发芽时出土。花期3—4月，球果10月成熟。

维西、德钦所属澜沧江沿岸、石灰岩上有野生纯林，其他各地多为栽培；内蒙古、东北、华北、广东、广西、陕西、甘肃、四川、贵州均有分布。朝鲜也有。

喜光，幼苗和幼树稍耐阴，对于冷凉及暖湿气候均能适应。微酸性、碱性土壤均能生长，石灰性土壤生长良好。能耐干旱瘠薄，排水不良的低洼地易烂根死亡。在深厚肥沃的土壤上生长较快。浅根性，侧根、须根发达，抗风力强。种子繁殖。雨季造林效果较好。萌芽力强，还可进行根蘖或插条繁殖。

木材淡黄色，材质坚重，不翘裂，有香气，耐腐朽；可供建筑、桥梁、枕木、家具、农具、细木工等用材。枝、叶可提芳香油；种子供药用；小枝、叶及果实亦为优良的杀虫剂。树姿优美，耐修剪，常栽培作观赏树种。在庭园中尚有千头柏、金黄球柏、金塔柏、窄冠侧柏等栽培变种。

2. 翠柏属 Calocedrus Kurz.

常绿乔木。生鳞叶的小枝直展，扁平，排成一平面，两面异形，下面的鳞叶微凹，有气孔点；鳞叶二型，交叉对生，明显成节，小枝上下两面中央的鳞叶扁平，两侧的鳞叶对折，互覆于中央叶的侧边及下部，背部有脊。雌雄同株，球花单生枝顶，雄球花具6—8对交叉对生的雄蕊，花药2—6，下垂，药隔盾形，顶端尖；雌球花具3对交叉对生的球鳞，其腹面基部具2枚胚珠。球果长圆形，椭圆柱形或长卵状圆柱形，种鳞3对，木质扁平，外部顶端下方有短尖头，熟时张开。最下面1对小，微向外反曲；最上面1对结合而生，均不具种子，仅中间1对具2粒种子。种子上部具一长一短之翅；子叶2枚，发芽时出土。

本属约2种1变种，分布于北美和我国。我国1种1变种，分布西南、华南和台湾；云南

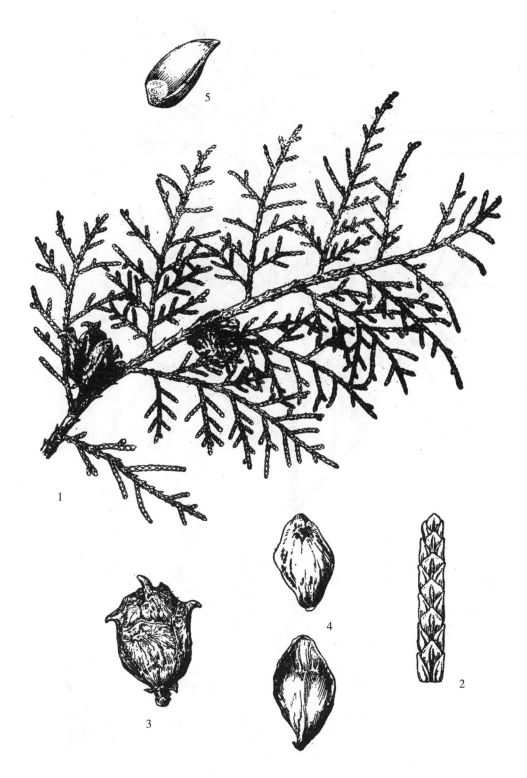

图38 侧柏 *Platycladus orientalis*（L.）Franco
1.球果枝　　2.鳞叶小枝　　3.球果　　4.种鳞背腹面　　5.种子

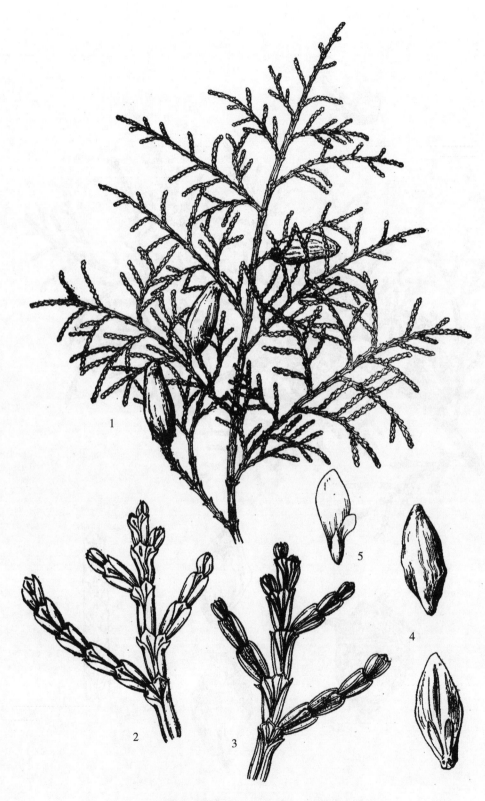

图39 翠柏 *Calocedrus macrolepis* Kurz

1.果枝　2.鳞叶小枝背面　3.鳞叶小枝腹面　4.种鳞背腹面　5.种子

产1种。

翠柏（中国树木学）　长柄翠柏（中国高等植物图鉴）图39

Calocedrus macrolepis Kurz（1873）

常绿乔木，高达35米，胸径达2米；树皮红褐色、灰褐色或褐灰色，老时薄片状脱落。枝斜展；幼树树冠尖塔形，老树广圆形。小枝互生，两列状；生鳞叶的小枝直展，扁平，着生雌球花及球果的小枝圆柱形或四棱形，或下部圆上部四棱形，长3—17毫米，其上着生6—24对交叉对生的鳞叶。鳞叶长2—4毫米，背部拱圆或具纵脊。球果红褐色，长圆形或长卵状圆柱形，长1—2厘米。种子卵圆形或椭圆形，微扁，暗褐色。花期3月，球果10月成熟。

产昆明、易门、龙陵、禄丰、石屏、元江、墨江、普洱、临沧等地，生于海拔1000—2000米的阔叶林中。在禄丰市土官区"68公里"处，有两株翠柏古树，胸径约两米，树高约20米，树龄200余年，至今生长旺盛。贵州、广西、海南岛亦产。

喜光，宜在温暖气候、较湿润的土壤条件下生长。幼林耐阴。种子或扦插繁殖，生长较快。可在滇中以南海拔1000—2000米地带作为造林树种。

边材淡黄褐色，心材黄褐色，纹理直，结构细密，有香气，刨面有光泽；质稍脆，易开裂，可作建筑、桥梁、家具等用材。种子榨油，供制漆、蜡及硬化油等，并可入药。树形优美，可作庭园观赏树种。

3. 柏木属 Cupressus Linn.

常绿乔木，稀灌木。小枝斜上伸展，稀下垂，生鳞叶的小枝四棱形或圆柱形，不排成一平面，稀扁平而排成极一平面。叶鳞形，交叉对生，排列成四行，同型或二型。叶背有明显或不明显的腺点，边缘具极细的齿毛；幼苗或萌生枝上之叶为刺形。雌雄同株，球花单生枝顶；雄球花雄蕊多数，每雄蕊具花药2—6；雌球花近球形，具4—8对盾形珠鳞，部分珠鳞的基部着生五至多枚直立胚珠，排成一行或数行。球果第二年成熟，球形或近球形；种鳞4—8对，熟时张开，木质，盾形，顶端中部常具凸起的短尖头，能育种鳞具5至多枚种子。种子稍扁，有棱角，两侧具窄翅；子叶2—5。

本属约20种，分布于北美南部、亚洲东部、喜马拉雅山区及地中海等温带及亚热带地区。我国有5种，分布于秦岭及长江流域以南，另外引入栽培5种。云南产2种，从西藏引入1种。

分 种 检 索 表

1.生鳞叶的小枝圆或四棱形；球果通常较大，径1.2—3厘米，每种鳞具多数种子。
　2.生鳞叶的小枝四棱形，不下垂，排列较密，末端径约1毫米；球果大，径1.6—3厘米，种鳞4—5对 ································ 1. 干香柏C. duclouxiana
　2.生鳞叶的小枝圆柱形，细长，下垂，排列疏松，末端径大于1毫米；球果1.2—1.6厘米，种鳞5—6对 ································ 2.西藏柏木C. torulosa
1.生鳞叶的小枝扁，排成平面，下垂；球果小，径0.8—1.2厘米，每种鳞具5—6粒

种子 ·· 3.柏木C. funebris

1.干香柏（云南）　冲天柏（云南）图40

Cupressus duclouxiana Hickel（1914）

常绿乔木，高达25米，胸径约80厘米，有香气；树干端直，树皮灰褐色，老时长条片脱落；枝密集，树冠近球形或广球形。生鳞叶的小枝不排成平面，不下垂；一年生枝四棱形，径约1毫米，绿色。叶密生，同型，长约1.5毫米，先端微钝或稍尖，背面有纵脊，蓝绿色，微被蜡质白粉，无明显的腺点。球果第二年成熟，球形，径1.6—3.0厘米，果梗长2—3毫米。种鳞4—5对，熟时暗褐色或紫褐色，被白粉，顶部五角形近方形，具不规则向四周放射的皱纹，中央平或稍凹，有短尖头，发育种鳞具多数种子。种子长3—4.5毫米，褐色或紫褐色，两侧具窄翅。

产个旧、蒙自、石屏、西畴、马关、丽江、德钦、大理、昆明、楚雄、曲靖等地，在丽江石鼓有小片天然纯林；四川西南部，贵州西部也产。

适生于干湿季明显，夏凉而冬暖，无盛暑和酷寒的气候条件，能适应酸性及石灰性土壤，尤以石灰性土壤生长为好，是喜钙树种。喜光，稍耐阴，侧根发达，较耐干旱。人工植苗或天然更新均可，但对于人工更新困难的地方可实行伐根萌芽更新。

木材淡褐黄色或淡褐色，纹理直，结构细，材质坚硬，刨面光净，不易翘裂，耐久用，可作建筑、桥梁、车厢、造船、电杆、枕木及家具等用材。

2. 西藏柏木　图40

Cupressus torulosa D. Don（1825）

乔木，高约20米。生鳞叶的小枝不排成平面，圆柱形，末端的鳞叶枝细长，径约1.2毫米，微下垂或下垂，排列较疏，2—3年生枝灰棕色，枝皮裂成块状薄片。鳞叶紧密，长1—1.5毫米，先端通常微钝，背部平，中部有短腺槽。球果生于长约4毫米的短枝顶端，宽卵形或近球形，径1.2—1.6厘米，熟时深灰褐色，种鳞5—6对，有放射状条纹，中央具短尖头或不明显，发育种鳞具多数种子。种子两侧具窄翅。花期2—3月，果翌年10—11月成熟。

产德钦，昆明、陆良等地引种栽培；西藏东南波密、野贡、通麦等地，海拔1800—2800米地区石灰岩山地有分布。印度、尼泊尔、不丹也产。

种子繁殖。造林宜在6—8月，阴雨天较好。

木材淡褐黄色或淡褐色，纹理细密，结构均匀，材质坚硬，收缩变形小，不易翘裂，有香气，耐久用，易加工。为建筑、桥梁、车厢、造纸、电杆、家具等用材。树形优美，可园林栽培。

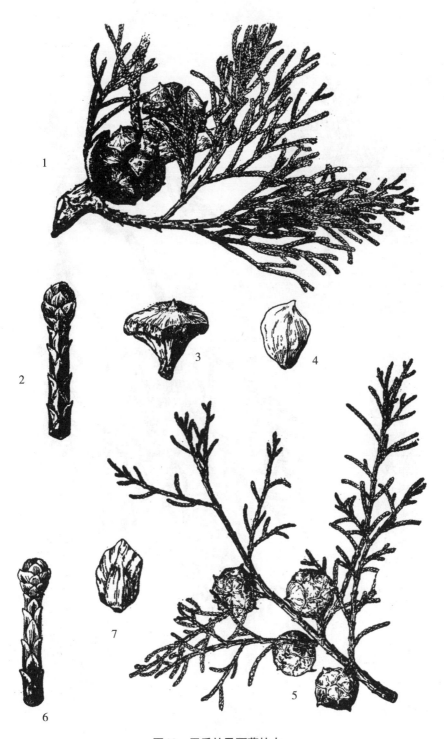

图40 干香柏及西藏柏木

1—4.干香柏 *Cupressus duclouxiana* Hickel：

1.球果枝 2.鳞叶枝 3.种鳞 4.种子

5—7.西藏柏木 *Cupressus torulosa* D.Don.：

5.球果枝 6.鳞叶枝 7.种子

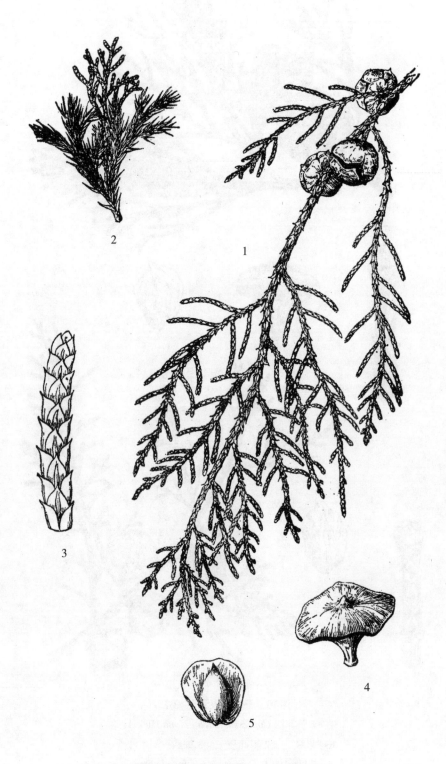

图41 柏木 *Cupressus funebris* Endl.

1.球果枝　2.幼枝　3.鳞叶小枝　4.种鳞　5.种子

3.柏木　宋柏（昆明）、香柏（威信）图41

Cupressus funebris Endl.（1847）

乔木，高达35米，胸径达2米；树皮淡褐灰色，裂成窄长条片。大枝开展，小枝细长下垂，生鳞叶的小枝扁平，排成一平面，两面同形，绿色，宽约1毫米，较老的小枝圆柱形，暗褐紫色。鳞叶长1—1.5毫米，先端锐尖，中央的叶背部有条状腺点。球果球形，径0.8—1.2厘米，熟时张开，暗褐色；种鳞4对，顶部为不规则的五边形或方形，中央有尖头或无，发育种鳞具5—6种子。种子近圆形，长约2.5毫米。花期3—5月，球果翌年5—6月成熟。

产昆明、砚山、西畴、广南、昭通，生于海拔1550—2000米的地区；浙江、福建、江西、湖南、湖北、四川、贵州、广东、广西也有分布。

要求温暖、湿润的气候条件，对土壤适应性强，中性，微酸性及钙质土均能生长，耐干旱瘠薄，较喜光，也较耐寒；主根浅细，侧根发达。天然更新能力较强；在云南、四川、贵州和长江以南的石灰岩地是理想的造林树种。

边材淡黄色，心材黄褐色，纹理直，结构细，耐水湿，为建筑、车船、家具、水桶、文具及细木工等优良用材。种子可榨油；球果、根、枝叶皆可入药；枝叶、根部又可提炼柏干油，供工业或医药用。树冠浓紧，枝叶下垂，树姿优美，可作庭园、风景区的观赏树。

4.福建柏属 Fokienia Henry et Thomas.

常绿乔木。生鳞叶的小枝扁平，三出羽状分枝，排成一平面。鳞叶交叉对生，二型，小枝上下中央的叶紧贴，两侧之叶对生，互覆于中央叶的边缘，小枝下面中央叶及两侧叶的背面有粉白色气孔带。雌雄同株，球花单生于小枝顶端；雌球花有6—8对交叉对生的珠鳞，胚珠2。球果翌年成熟，近球形，种鳞6—8对，熟时张开，木质，盾形，基部渐窄，顶部中央微凹，有一凸起的小尖头，能育种鳞具种子2粒。种子卵形，具明显的种脐，上部有两个大小不等的薄翅；子叶2，发芽时出土。

本属仅1种，产我国华东、华中、华南、西南等部分地区；云南产南部及东南部。越南北部也有分布。

福建柏　阴沉木（西畴）、红花树（文山）图42

Fokienia hodginsii（Dunn）Henry et Thomas

常绿乔木，高达17米。树皮紫褐色，二、三年生枝褐色，光滑、圆柱形。鳞叶长4—7毫米，宽1—1.2毫米，幼树及萌芽枝的鳞叶可长达10毫米，先端尖或钝尖。球果径 2—2.5厘米，熟时褐色，种鳞基部渐窄，顶部多角形，表面皱缩，中央凹陷，具凸起的小尖头。种子卵形，具3—4棱，上部有两个大小不等的翅，大翅近卵形，长约5毫米，小翅窄小，长约1.5毫米。花期3—4月，球果第二年10—11月成熟。

产马关、屏边、金平等地，生于海拔800—1800米的杂木林中；江西南部、福建东部、湖南南部、广东北部、贵州、四川均有。越南北部也有分布。

喜温暖气候，喜光，幼树耐阴，浅根性，主根不明显，侧根较发达，适生于肥沃、湿

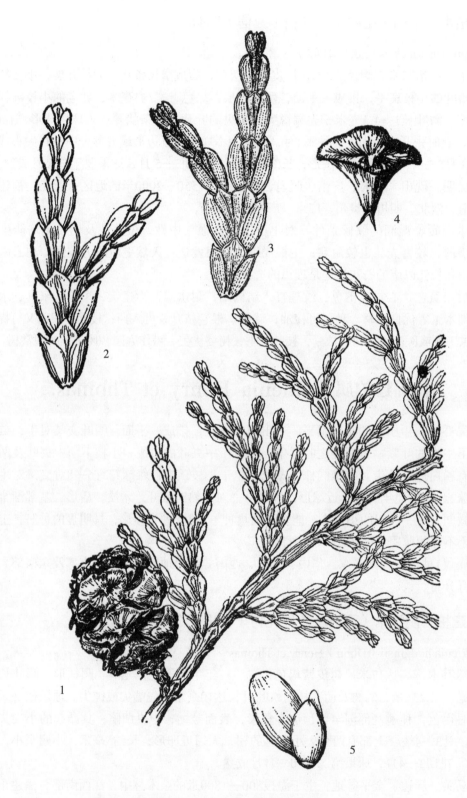

图42　福建柏 *Fokienia hodginsii*（Dunn）Henry et Thomas

1.球果枝　　2.鳞叶枝背面　　3.鳞叶枝腹面　　4.种鳞　　5.种子

润的酸性黄壤、红壤地带，较耐干旱瘠薄。

种子繁殖。造林季节以早春为宜。最好在阴雨天栽植。

心材黄褐色，边材淡黄褐色，木材轻软，强度中等。纹理直，结构细，加工容易，切面光滑，油漆及胶结性良好，握钉力中等，易干燥，干后材质稳定，耐久性良好，是裸子植物中较好的木材树种。为建筑、家具、农具、细木工雕刻的良好用材。树形美观，可作庭园绿化树种。

5. 圆柏属 Sabina Mill.

直立乔木、灌木或匍匐灌木。冬芽不显著，有叶的小枝不排成一平面。叶刺形或鳞形，幼树之叶均为刺形，大树之叶全为刺形或鳞形，或同一树上二者兼有；刺叶常三枚轮生，基部无关节，下延，上面有气孔带；鳞叶交互对生，间或三叶轮生，背面常有腺体。雌雄异株或同株，球花单生枝顶；雄球花具4—8对雄蕊；雌球花具4—8枚交互对生或3枚轮生的珠鳞，胚珠1—2，生于珠鳞腹面基部。球果肉质，浆果状，球形或卵形，通常翌年成熟，稀当年或第三年成熟；种鳞合生，肉质，背部苞鳞仅顶端尖头与种鳞分离。种子1—6，无翅，坚硬骨质，常有树脂槽或棱脊；子叶2—6。

本属约50种，分布于北半球，北达北极圈，南至亚热带高山。我国15种5变种，主产西北，西部和西南高山地区，少数产东北、东部、中部和南部，另引入栽培2种。云南产8种2变种，主要分布于滇西北高山地带。

分 种 检 索 表

1.叶全为刺形。
  2.叶脊面拱圆，无纵棱脊，沿脊有细纵槽 ················1.小果垂枝柏 S. recurva var. coxii
  2.叶脊面具明显纵棱脊，沿脊无纵槽 ·····················2.垂枝香柏 S. pingii
1.叶全为鳞形或兼有刺叶。
  3.腺点位于鳞叶背面中部；球果具2—4种子 ·····················3.圆柏 S. chinensis
  3.腺点位于鳞叶背面中下部或近基部；球果具1种子 ··············4.方枝柏 S. saltuaria

1.小果垂枝柏　香刺柏（维西）、曲枝柏　图43

Sabina recurva（Buch.-Hamit.）Ant. var. coxii（A. B. Jacks.）Cheng et L. K. Fu（1978）

Juniperus coxii A. B. Jack.（1932）

乔木或灌木，高可达20米。枝条斜伸至平展，枝梢与小枝弯曲下垂，树冠圆锥形或宽塔形。刺叶3枚交叉轮生，排列疏松，近直伸，微内曲，上部渐窄，先端锐尖，长3—6（12）毫米，宽约1毫米，上面有两条淡绿白色气孔带，绿色中脉明显，下面凹，中下部沿中脉有纵槽。球果卵圆形，长6—8毫米，径约5毫米，常具3条纵脊。

产香格里拉、贡山、大理、禄劝等地，生于海拔2400—4400米的冷杉林、云杉林、针阔叶混交林中或灌丛裸露岩石上；昆明金殿、妙高寺、黑龙潭、温泉等寺庙、公园内有栽培。缅甸北部也有。

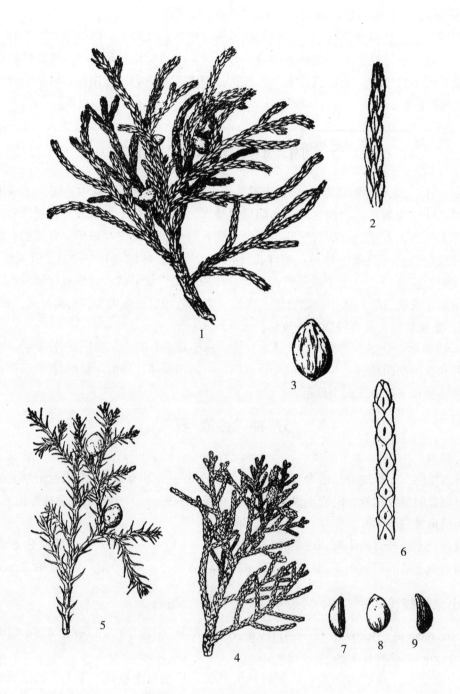

图43　小果垂枝柏和圆柏

1—3.小果垂枝柏 *Sabina recurva*（Buch.-Hamit.）Ant.var. *coxii*（A.B.Jack）Cheng et L.K.Fu.：

1.果枝　　2.刺叶小枝　　3.种子

4—9.圆柏 *S. chinensis*（Linn.）Ant.：

4.雄花枝　　5.球果枝　　6.生鳞叶小枝　　7—9种子

种子繁殖，也可插条繁殖。

木材坚硬，耐腐性强；为建筑、桥梁、模具、农具等用材。树姿优美，适于庭园栽培。

2.垂枝香柏 图44

Sabina pingii（Cheng ex Ferre）Cheng et.W.T.Wang（1978）

Juniperus pingii Cheng ex Ferre

乔木，高达30米，胸径可达1米。树皮灰褐色，呈长条状开裂剥落；大枝平展或斜伸，小枝直或弯曲；嫩枝稍下垂，二、三年生枝的树皮呈薄片状剥落。刺叶3枚，交互轮生，长2.5—4毫米，三角状披针形或三角状卵形，排列较密，基部下延生长，为下面叶片先端所覆盖，先端尖锐，背部有显著隆起的纵脊，无条状细槽，腹面，有白色气孔带。球果卵圆形或卵状圆锥形，长7—10毫米，径6—8毫米，成熟时黑色，微具光泽，基部着生数枚苞片，内有一粒种子。种子卵圆形，长5—7毫米，基部圆，顶端尖，有明显的树脂槽。

产香格里拉、丽江，生于海拔2800—4400米地带，常与云杉，落叶松等针叶树混生成林；四川西南部也有。

通常种子繁殖。播种前作催芽处理可提高发芽力。

材质优良，坚硬，耐腐，干直；为理想的农具、模具及建筑用材。树形优美，可作庭园观赏树种。

3.圆柏 桧（诗经）、珍珠柏（云南）图43

Sabina chinensis（L.）Ant.（1957）

Juniperus chinensis L.（1767）

乔木，高达20米，胸径达3.5米。树皮灰褐色，纵裂，呈不规则薄片剥落；幼树枝条向上斜展，树冠尖塔形或圆锥形。叶二型，随树龄增长刺形叶逐渐被鳞形叶所代替；鳞叶先端尖，背面近中部有一椭圆形微凹的腺体；刺叶三枚交互轮生，长6—12毫米，上面微凹，有两条白粉带。花期4月，球果翌年11月至第三年1月成熟，熟时褐色有白粉。种子卵圆形，有棱脊及少数树脂槽。

产滇西北、滇中，生于海拔2100—3900米的地带。我国大部分地区均有分布，朝鲜，日本也有。

喜光树种，幼时能耐阴，抗寒耐旱，喜温凉气候，肥沃湿润土壤，亦能生长于干燥环境。

常用种子繁殖，播种前需进行催芽处理。亦可扦插。为苹果锈病及梨树锈病原菌的越冬寄主，所以在果园或梨园附近应避免种植。

木材纹理直，结构细致，坚韧，色泽美观，具香气，耐腐，抗拉力强；可作建筑、造船、桥梁、家具、实验台、雕刻、装饰及其他细木工用材。根、干、枝含芳香油，可提取配制化妆及皂用的香精原料；种子富含油脂，供润滑油及药用；叶入药，有止血作用。为优良庭园绿化观赏树种，亦可用于石灰山绿化造林。

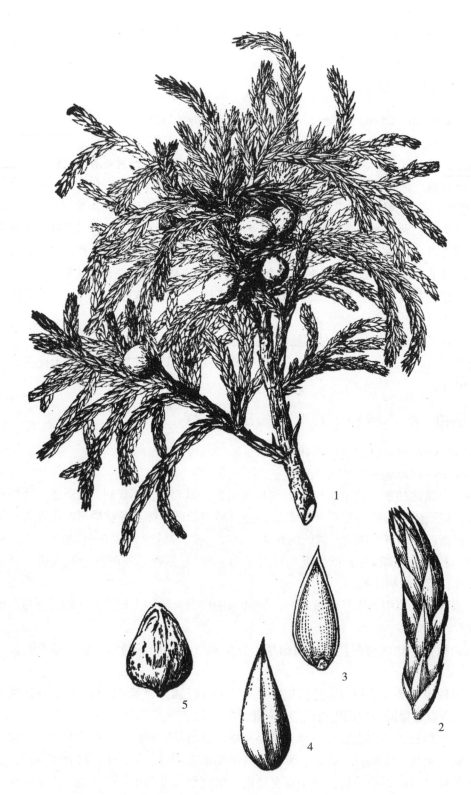

图44　垂枝香柏 *Sabina pingii*（Cheng et Ferré）Cheng et W.T.Wang.
1.球果枝　　2.鳞叶小枝　　3.鳞叶腹面　　4.鳞叶背面　　5.种子

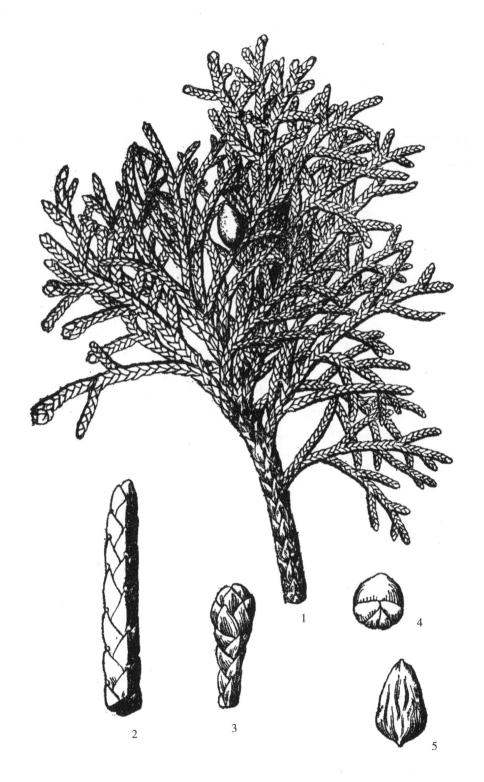

图45 方枝柏 *Sabina saltuaria*（Rehd. et Wils）Cheng et W.T.Wang

1.球果枝　　2.鳞叶枝　　3.雄球花　　4.雄蕊　　5.种子

4.方枝柏　方香柏（四川）、方枝桧（经济植物手册）图45

Sabina saltuaria（Rehd. et Wils.）Cheng et W. T. Wang（1961）

Jvniperus saltuaria（Rehd. et Wils.）Cheng et W. T. Wang（1934）

乔木或灌木，高可达20米，树冠塔形。枝条平展或斜展；生鳞叶小枝四棱形，通常稍成弧状弯曲，径1—1.2毫米。鳞叶交叉对生，排成四列，菱状卵形，深绿色，长1—2毫米，先端微内曲，背面拱凸或上部有钝脊，中下部或近基部有圆形或卵形而微凹的腺体，但腺体常不明显；刺叶三叶轮生，仅在幼树上出现。雌雄同株，球果卵圆形或近球形，长5—8毫米，熟时黑色或蓝黑色，无白粉，内含1粒种子。种子卵圆形，上部稍扁，两端锐尖或基部圆形，长4—6毫米。

产德钦、香格里拉、维西，生于海拔3300—4200米的地带；分布于甘肃南部，四川北部、西部及西南部，青海南部及西藏东部。

种子繁殖或插条繁殖，种子需作催芽处理后播种。

材质坚硬、耐腐，为制造模具、农具的优良用材。唯树干尖削度大，成材率低。可用作高山造林、水土保持树种。

6. 刺柏属 Juniperus L.

乔木或灌木；冬芽显著。叶刺形，三叶轮生，基部有关节，不下延，披针形或近条形。雌雄异株或同株，球花单生叶腋，雄球花约具5对雄蕊；雌球花具珠鳞3，胚珠3枚生于珠鳞之间。球果近球形，2—3年成熟，种鳞3，合生，肉质，苞鳞与种鳞合生，仅顶端尖头分离，熟时不张开或仅球果顶端微张开。种子通常3，有棱脊及树脂槽。

本属10余种，分布亚洲、欧洲及北美。我国有3种，引种栽培1种；云南产1种。

刺柏　山刺柏（中国树木分类学）、台桧（中国裸子植志）图46

Juniperus formosana Hayata

乔木，高达12米；树皮褐色，纵裂成长条薄片状脱落；树冠塔形或圆柱状塔形。枝斜展或直展，小枝下垂，三棱形。叶三枚轮生，条状披针形或条形，长1.2—2厘米，稀长达3.2厘米，宽1—2毫米，先端渐尖，具锐尖头，上面微凹，中脉微隆起，绿色，两边各有一条白色、稀紫色或绿色的气孔带，气孔带较绿色边带稍宽，在叶先端汇合为1条，下面绿色，有光泽，具纵钝脊，横切面新月形。雌雄同株，球花单生叶腋；雄球花圆球形或椭圆形，长4—6毫米，雄蕊约5对，交互对生；雌球花近圆球形，有3枚轮生的珠鳞，胚珠3枚，生于珠鳞之间。球果近球形或宽卵形，长6—10毫米，径6—9毫米，秋末成熟，熟时淡红褐色，被白粉或白粉脱落，间或顶部微张开。种子通常3，半月形，具3—4棱脊，顶端尖，近基部有3—4个树脂槽。

产丽江、楚雄、安宁、会泽、宣威、腾冲、耿马等地，生于海拔1800—3600米的疏林中。北起秦岭，南达长江流域，东至台湾，西到西藏均有分布。

喜光，耐干旱瘠薄，喜生于石灰岩地区荒坡或疏林灌丛中。直播造林或育苗繁殖。播

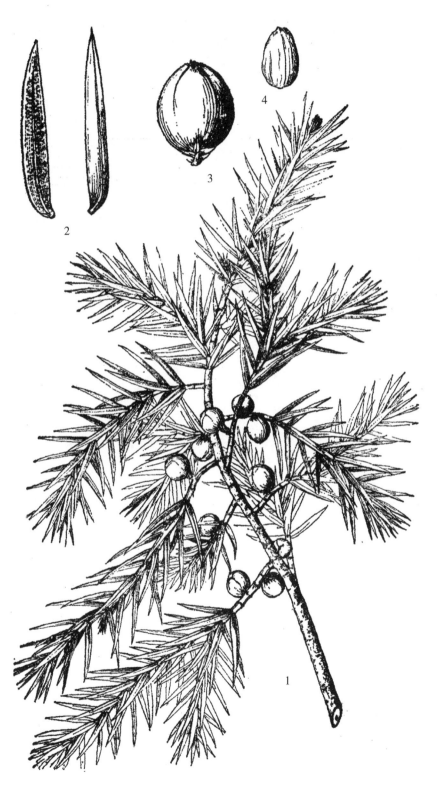

图46 刺柏 *Juniperus formosana* Hayata

1.球果枝　　2.叶的腹背面　　3.球果　　4.种子

种育苗时，种子应进行催芽处理。

木材纹理直，结构细密，耐水湿，可作桥桩、文具、工艺品等用材。树形美观，适庭园及道旁栽植，亦可选作水土保持树种，用于石灰山造林。

G7.罗汉松科 PODOCARPACEAE

常绿乔木或灌木。叶螺旋状排列，近对生或交叉对生。球花单性，雌雄异株，稀同株；雄球花穗状，单生或簇生叶腋，或者着生枝顶，雄蕊多数，螺旋状排列，花药2，斜向或横向开裂，花粉有明显而发达的2（6）个气囊；雌球花单生叶腋或苞腋，或者生枝顶，稀穗状，有多数或少数螺旋状着生的苞片，部分或全部，或者仅顶端的苞腋着生1 胚珠，胚珠由辐射对称或近辐射对称的囊状或杯状套被所包围，稀无套被，有梗或无梗。种子核果状或坚果状，全部或部分为肉质或较薄而干的假种皮所包，苞片与轴愈合成肉质种托或不发育，有梗或无梗，有胚乳；子叶2枚。

本科有7属130余种，产热带、亚热带及南温带，多数属种分布在南半球，为热带重要用材树种之一。中国有2属14种3变种，分布于长江以南各省区。云南产1属。

罗汉松属 Podocarpus L. Her. ex Persoon

常绿乔木或灌木。叶条形、披针形、椭圆状卵形或鳞形，螺旋状排列，近对生或交叉对生。雌雄异株，雄球花穗状，单生或簇生叶腋，稀有顶生；雄蕊多数，螺旋状排列，花药2，花粉有2个大而比较薄的气囊；雌球花常单生叶腋或苞腋，稀顶生。种子当年成熟，核果状，有梗或无梗，全部为肉质假种皮所包，生于肉质或非肉质的种托上。

本属约有100种，产热带、亚热带及南温带，多产于南半球。我国有13种3变种，分布于长江以南各省区及台湾；云南有8种。

分 种 检 索 表

1.种子顶生，无梗，种托稍肥厚肉质；叶小，异型，鳞形，钻形或钻状条形，经常生于同一树上，叶两面有气孔线 ·················1.鸡毛松 P. imbricatus
1.种子腋生，有梗，种托肥厚肉质或不发育；叶大，同型，不为鳞形、钻形或钻状条形。
  2.叶无中脉，有多数并行细脉，对生或近对生；种托肥厚肉质或不发育。
    3.种托肥厚肉质；叶卵形或披针状卵形，先端尾状渐尖，两面有气孔线，长9—14厘米，宽2.5—4.5厘米 ····················2.肉托竹柏 P. wallichiana
    3.种托不发育，不肥厚或稍粗；叶先端渐尖，仅下面有气孔线。
      4.叶革质，长5—9厘米，宽1.5—2.5厘米；种子径1.2—1.5厘米；雄球花穗状，圆柱形，单生或常成分枝状 ····················3.竹柏 P. nagi
      4.叶厚革质，通常长8—18厘米，宽2.2—4.2厘米；种子径1.5—1.8厘米；雄球花3—6个簇生于一短梗上 ····················4.长叶竹柏 P.fleuryi
  2.叶具明显中脉，螺旋状排列，稀近对生，窄长，仅下面有气孔线；种托肉质。
    5.叶长2—17厘米。
      6.叶先端渐尖或钝尖，雄球花长2—5厘米，种子卵圆形。

7.叶先端有渐尖的长尖头，叶披针形，宽9—13毫米，质地较薄；树皮呈薄片状剥离 ·· 5.百日青 P.neriifolius
7.叶先端微窄成短尖头或钝尖，质地较厚，树皮片状纵裂脱落。
  8.叶长6—10厘米，宽7—12毫米 ····················· 6.罗汉松 P. macrophyllus
  8.叶长2.5—7厘米，宽3—7毫米 ····· 6a.短叶罗汉松 P. macrophyllus var. maki
6.叶先端钝或微圆（稀幼叶先端尖），常在枝顶集生，叶有白粉，下面灰绿色；雄球花3个簇生，长1.5—2厘米，种子圆球形··············· 7.大理罗汉松P.foresstii
5.叶小，长1.3—4厘米，宽3—8毫米 ····························· 8.小叶罗汉松P. brevifolius

1.鸡毛松（海南植物志）　假柏木（屏边）、酸柏木（马关）图47

Podocarpus imbricatus Bl.（1827）

乔木，高达30米，胸径达2米；树干通直，树皮灰褐色，粗糙，呈鳞片状开裂。枝条开展；小枝密生，纤细，下垂或向上伸展。叶异型，两种类型的叶常生于同一树上，老枝和果枝上的叶呈鳞形或锥状鳞形，形小，长2—3毫米，先端向上弯曲；生于幼树、萌生枝或小枝顶端的叶呈钻状条形，质软，排成两列，长6—12毫米，两面有气孔线，上部微渐窄，先端向上微弯。雄球花穗状，生于小枝顶端，长约1厘米；雌球花单生或成对生于小枝顶端，通常仅1个发育。种子无梗，卵圆形长5—6毫米，有光泽，熟时肉质假种皮红色，着生于肉质种托上。花期4月，种子10—11月成熟。

产景洪、勐腊、金平、屏边、文山、马关、麻栗坡等地，生于海拔400—1500米的常绿阔叶混交林中；广西、广东有分布。柬埔寨、越南、菲律宾、印度尼西亚也有。

喜生于气候温暖湿热、雨量多、土层深厚的生境。种子繁殖，宜随采随播。苗圃要遮阴，用1—2年生苗造林。

木材淡黄或黄褐色，心边材区别不明显，不翘曲，纹理直，加工容易，可作文具、胶合板及一般家具用材。

2.肉托竹柏（植物分类学报）　大叶竹柏（中国树木分类学）图48

Podocarpus wallichiana Presl（1844）

乔木，高达20米，胸径达50厘米；树皮褐色，常浅裂成条片状。叶对生或近对生，厚革质，披针状卵形或卵形，长9—14厘米，宽2.5—4.5厘米，先端尾状渐尖，基部宽楔形，渐窄成短柄状，上面光绿色，下面灰绿色，两面有气孔线，平行直脉多数。雄球花穗状，腋生，常3—5个簇生于总梗的上部或顶部，长0.5—1.0厘米，总梗长而明显，长1.2—1.7厘米；雌球花单生叶腋，梗长约1.0厘米，其上有数枚苞片，梗端通常着生2个胚珠，仅1个发育。种子近球形，熟时假种皮蓝紫色或紫红色，径约1.7厘米，着生于肥厚肉质的种托上。种托绿色，熟时紫红色，长约2厘米，粗约1厘米，有梗。

产景洪、勐腊，生于海拔450—800米的沟谷雨林中；也分布于印度、缅甸、越南。

用种子或扦插繁殖。枝、叶、根入药治关节红肿、水肿等症。

图47 鸡毛松 *Podocarpus imbricatus* Bl.

1.种子及枝叶　　2.种子及鳞叶枝　　3.鳞形叶的上下面　　4.条形叶　　5.叶放大

3.竹柏（本草纲目）图49

Podocarpus nagi（Thunb.）Zoll. et Mor. ex Zoll.（1854）

乔木，高达25米，胸径达80厘米；树冠广圆锥形。树皮近于平滑，红褐色或暗紫红色，成小块薄片状脱落；叶对生，排成两列，革质，长卵形、卵状披针形或披针状椭圆形，长3.5—9厘米，宽1.5—2.5厘米，上面深绿色，有光泽，下面浅绿色，基部楔形或宽楔形，有多数并列的细脉，无中脉；叶柄短，扁平。雄球花分枝状，单生叶腋；雌球花单生叶腋，花后基部的苞片不肥大成肉质种托。种子球形，径1.2—1.5厘米，熟时假种皮暗紫色，有白粉，种梗长7—13毫米，其上有苞片脱落的痕迹；骨质外种皮黄褐色，顶端圆，基部尖，其上密被细小的凹点，内种皮膜质。花期3—5月，种子9—10月成熟。

云南无自然分布，西双版纳引种栽培，生长良好；浙江、福建、江西、湖南、广东、广西、四川等省区均有分布；日本也有。

种子或扦插繁殖。种子宜随采随播，二月为宜。幼苗期要遮阴，用2年生苗造林。扦插繁殖取幼龄母树枝条作插穗。

木材浅黄褐色，边心材区别明显；纹理直，结构细，材质较轻软，硬度适中，加工性能良好，经久耐用；干后不裂，不变形，油漆性好，不易受虫、蚁为害，为优良的建筑及细木工用材。种子含油率达30%，种仁含油率50%—55%，属非干性油，工业上用途广泛。树皮可提取染料。树冠秀丽，为优美的绿化和观赏树种。

4.长叶竹柏（植物分类学报）图50

Podocarpus fleuryi Hickel（1930）

乔木，高达25米，胸径达80厘米；树皮平滑，黑色。叶交叉对生，宽披针形，厚革质，长8—18厘米，宽2.2—5厘米，上部渐窄，先端渐尖，基部楔形，仅下面有气孔线，无中脉，有多数并列的细脉。雄球花腋生，常3—6个簇生于总梗上，长1.5—6.5厘米；雌球花单生叶腋，有梗。种子球形，熟时假种皮蓝紫色，径1.5—1.8厘米，梗长约2厘米，苞片不会发育成肉质种托。

产勐腊、蒙自、屏边、河口等地，生于海拔1000米的石灰岩雨林中；广西、广东有分布；柬埔寨、越南也有。

用种子繁殖，宜随采随播，不耐久藏。育苗时要搭荫棚，并注意保持苗圃湿润。

木材性质同竹柏。

5.百日青（江苏植物名录） 紫柏（西畴）、水柏木（澜沧）图51

Podocarpus neriifolius D. Don（1824）

乔木，高达25米，胸径达50厘米；树皮灰褐色，薄纤维质，片状剥离。枝条开展或斜展，散生。叶螺旋状着生，披针形，厚革质，常微弯，长7—15厘米，宽9—13毫米，上部渐窄，先端有渐尖的长尖头，上面深绿色，中脉隆起，下面淡绿色，中脉微隆起或近平，干后有凹槽。雄球花单生或2—3个簇生叶腋，长2.5—5厘米；雌球花单生叶腋或枝端。种子卵圆形，长8—16毫米，顶端钝圆，熟时肉质假种皮紫红色，肉质种托由黄绿变橙红色，长

图48 肉托竹柏 *Podocarpus wallichiana* Presl
1.叶枝　2.种子

图49 竹柏 *Podocarpus nagi*（Thunb.）Zoll. et Mor. ex Zoll.
1.种子枝　2.雄球花　3.雄蕊　4.雄球花枝

图50　长叶竹柏 *Podocarpus fleuryi* Hickel

1.雄球花枝　　2—4.雄蕊　　5.雌球花枝　　6.雌球花　　7.种子枝

约11毫米，径约9毫米，梗长9—22毫米。花期4—6月，种子10—11月成熟。

产双江、澜沧、勐海、景洪、勐腊、金平、河口、屏边、麻栗坡、西畴、富宁等地，生于海拔540—1500米地带，常与藤黄、木莲、杜英等常绿阔叶树混生；浙江、福建、台湾、江西、湖南、广东、广西、贵州、四川、西藏均有分布；尼泊尔、印度、不丹、缅甸、越南、老挝、印度尼西亚及马来西亚也有分布。

育苗造林，宜随采随播。

木材淡黄褐色，纹理直，结构细，均匀，强度中等，耐腐力强，干缩小，易加工；为上等家具、乐器、文具、雕刻、机械、车辆等用材。种仁出油率30%，供制肥皂等用。枝叶可入药。树姿优美，为优良的庭园绿化树种。

6.罗汉松（植物名实图考）图52

Podocarpus macrophyllus（Thunb.）D. Don（1824）

乔木，高达20米，胸径达60厘米；树皮灰色或灰褐色，呈薄片状纵裂脱落；树冠广卵形或卵状圆柱形。叶螺旋状着生，条状披针形，微弯，长7—12厘米，宽7—10毫米，先端尖，基部楔形，上面深绿色，有光泽，中脉显著隆起，下面带白粉，灰绿色或淡绿色，侧脉微隆起。雄球花常3—5簇生叶腋，长3—5厘米；雌球花单生叶腋，有梗。种子卵圆形，径1—1.2厘米，顶端圆，熟时肉质假种皮紫黑色，被白粉，着生于肥厚肉质种托上。种托红色或紫红色，几与种子等长或稍长。种柄长1—1.5厘米。花期4—5月，种子8—11月成熟。

产麻栗坡，生于海拔1300—1500米地带；现广泛栽培于长江以南；日本亦有。

用种子及插条繁殖。种子宜随采随播。苗期搭棚遮阴，一年生苗出圃定植。插条繁殖分春、秋两季进行。

材质优良、细致均匀，易加工，耐水湿，干后少开裂，抵抗白蚁性能强；可作家具、器具、文具及细木工等用材。树皮入药治癣疥，种子入药治胃气痛，能益气补中，活血散瘀，杀虫；叶可提取植物蜕皮素。

6a.短叶罗汉松（中国树木学）

var. maki（Sieb.）Endl.

原产日本；云南东南地区有栽培，我国江苏、浙江、福建、江西、湖南、湖北、陕西、四川、贵州、广东、广西等省区均有栽培。

7.大理罗汉松（中国树木分类学）　　罗汉松（滇南）图53

Podocarpus forrestii Craib et W. W. Smith（1920）

小乔木或灌木，高达5米。小枝粗壮。叶密生或疏生，窄矩圆形或矩圆状条形，稀椭圆状披针形，厚革质，长5—8厘米，宽9—13毫米，先端钝或微圆，稀尖，基部窄，上面深绿色，中脉隆起，下面微具白粉，呈灰绿色，中脉微隆起或平；叶柄短，长约2毫米。雄球花3个簇生，长1.5—2厘米，径约2毫米；雌球花单生。种子球形，被白粉，径7—8毫米。种托肉质，圆柱形，较细，上部略窄，长约8毫米。梗长约1厘米。

产大理海拔2500—3000米地带，昆明、大理、楚雄等地常栽培。模式标本采自大理苍山。

图51 百日青 *Podocarpus neriifolius* D.Don
1.种子枝 2.种子

图52 罗汉松 *Podocarpus macrophyllus* （Thunb.）D. Don
1.种子枝　　2.雄球花枝　　3.雄球花序　　4—5.雄蕊

　　宜用扦插繁殖，取2年生健壮枝条于春、秋两季进行。插条长10—15厘米，下半部修去叶片插于苗床中，搭棚遮阴，保持土壤湿润，2年后可出圃栽植。

8.小叶罗汉松（植物分类学报）　　短叶罗汉松（经济植物手册）图53

Podocarpus brevifolius（Stapf）Foxw.（1911）

　　乔木，高达15米，胸径达30厘米；树皮赭黄微带白色或褐色，不规则纵裂。枝条密生，小枝无毛或具毛，向上斜展，淡褐色，有棱状隆起的叶枕。叶螺旋状排列，常密集于小枝上部，叶间距离极短，革质或薄革质，窄椭圆形、窄长圆形或披针状椭圆形，长 1.5—2.5厘米，宽3—8毫米，上面亮绿色；中脉隆起，下面淡绿色，干后淡褐色，中脉微隆起，边缘外卷；先端微尖或钝，基部渐窄；叶柄极短，不长于4毫米。雄球花单生或2—3个簇生叶腋，圆柱状，长1—1.5厘米，径1.5—2毫米，近于无梗；雌球花单生叶腋，有短梗。种子椭圆状球形或卵圆形，长7—8毫米或稍长，先端钝圆，着生于宽圆柱状的肉质种托上。种托长达8毫米，径3—4毫米。种梗长约5毫米。花期4—6月，种子秋季或秋后成熟。

　　产文山、麻栗坡、西畴、富宁，生于海拔1000—2000米地带的阔叶林内或岩缝中；广西、广东有分布。菲律宾、印度尼西亚也有。

　　种子繁殖，宜随采随播。幼苗需搭棚遮阴，1年生苗可达20厘米，2年生可出圃栽植。

　　木材结构细致、均匀、纹理直、强度大，干后不开裂，易加工，刨面光滑，油漆性能好；可作家具、文具、雕刻及细木工等用材。

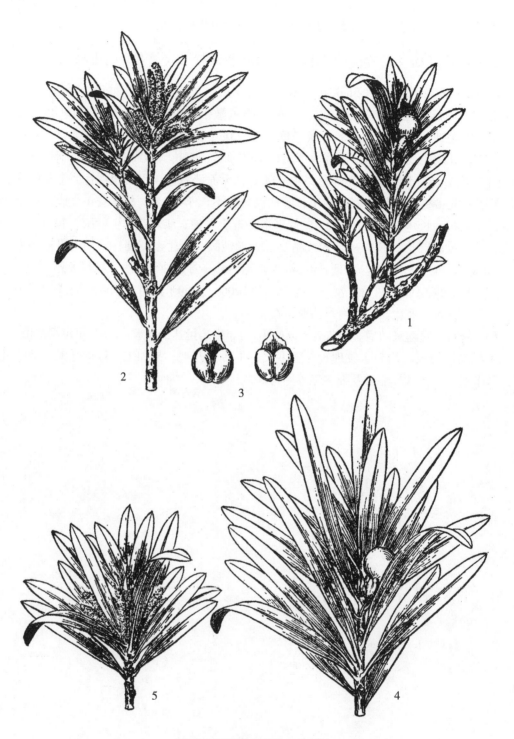

图53 罗汉松（小叶、大理）

1—3.小叶罗汉松 *Podocarpus brevifolius*（Stapf）Foxw.：

1.种子枝　　2.雄球花枝　　3.雄蕊

4—5.大理罗汉松：*Podocarpus forrestii* Craib et W. W. Smith：

4.种子枝　　5.雄球花枝

G8.三尖杉科 CEPHALOTAXACEAE

常绿乔木或灌木，髓心中部具树脂道。小枝对生或不对生，基部具宿存芽鳞。叶条形或披针状条形，稀披针形，交叉对生或近对生，基部扭转排列成两列，在叶的横切面上维管束的下方有一个树脂道。球花单性，雌雄异株，稀有同株；雄球花单生叶腋，有梗或近无梗，基部有多数螺旋着生的苞片，雄蕊4—16，花丝短，各具2—4枚背、腹面排列的花药，药隔三角形，药室纵裂，花粉无气囊；雌球花有长梗，生于小枝基部或近顶端的苞腋，花轴上有数对交叉对生的苞片，每苞片腋部有2直立的胚珠，胚珠生于珠托上。种子第二年成熟，核果状，全部包于珠托发育成的肉质假种皮中，常数个生于轴上，卵状椭圆形，或者倒卵状椭圆形，其顶端具突起的小尖头，外种皮质硬，内种皮薄膜质，有胚乳。子叶2。

本科仅1属，分布于秦岭至山东鲁山以南各省区和台湾。

三尖杉属 Cephalotaxus Sieb.et Zucc.ex Endl.

属的形态同科。

本属共9种，我国有7种3变种，云南有6种2变种。

分 种 检 索 表

1.叶长4—13厘米，先端渐尖成长尖头。

  2.叶披针形，宽4—7毫米，下面中脉绿色常与绿色边带近等宽，基部圆形；种子倒卵状椭圆形 ······1.贡山三尖杉 C. lanceolata

  2.叶披针状条形或条形，宽3—4.5毫米，下面中脉绿色带宽于绿色边带，基部楔形或宽楔形；种子椭圆形或卵状椭圆形。

    3.叶下面气孔带的白粉明显。

      4.叶宽3.5—4.5毫米；雄球花有明显的总梗，梗长6—8毫米 ················
·························2.三尖杉 C.fortunei

      4.叶宽不到3.5毫米，雄球花几无总梗，梗长1—2毫米，稀达4毫米 ··················
·······················2a.高山三尖杉 C. fortunei var. alpina

    3.叶下面的气孔带白粉不明显或无 ············· 2b.绿背三尖杉 C. fortunei var. concolor

1.叶长1.5—5厘米，先端急尖，微急尖或渐尖。

  5.叶排列较稀疏，上面平，中脉全部明显或凸起。

    6.叶下面的气孔带有明显的白粉；雄球花总梗长约3毫米。

      7.叶先端通常渐尖，基部近圆形，边缘平展；种子卵状或卵状椭圆形 ············
·························3.粗榧 C. sinensis

      7.叶先端通常急尖，基部圆形或近圆形，边缘向下反卷；种子倒卵状椭圆形或倒

卵形 ……………………………………………………… **4.海南粗榧 C. hainanensis**

6.叶下面的气孔带白粉不明显，干后脱落；雄球花的总梗长4—5毫米 ……………………

……………………………………………………… **5.西双版纳粗榧 C.mannii**

5.叶排列紧密，上面拱圆，中脉仅中下部明显，上部平，不明显，先端急尖，基部截形或微

呈心形 ……………………………………………… **6.篦子三尖杉C. oliveri**

1.贡山三尖杉（植物分类学报）图54

Cephalotaxus lanceolata K. M. Feng（1975）

乔木，高达20米，胸径达40厘米；树皮紫色，平滑。枝下垂。叶对生或近对生，排成2列，披针形，微弯或直，长4.5—8厘米，少数达10厘米，宽4—7毫米，通常5—6毫米，从基部向上渐窄，先端成渐尖的长尖头，基部圆形，上面深绿色，中脉凸起，下面气孔带白色，绿色中脉带和绿色边带近等宽，有短梗。雌球花生于小枝基部，果期总梗长约1.5厘米，少数达2厘米。种子倒卵状椭圆形，通常长3.5厘米，少数达4.5厘米，假种皮熟时绿褐色。种子9—11月成熟。

产贡山，生于海拔1900米的阔叶林中；缅甸北部也有。模式标本采自贡山县独龙江边。

种子或扦插繁殖。种子采收后搓去肉质假种皮，洗净去杂，晾干，混于湿沙中贮藏。经过湿藏的种子不仅保持了发芽率，而且播种育苗后种子发芽快，出苗整齐。一般用条播，两年后可出圃造林；也可用嫩枝扦插，但扦插前应用生长激素处理，方可提高成活率。

木材黄褐色，心边材明显，纹理直，结构细，质坚而有弹性，易加工，为建筑、桥梁、船舶、车辆、家具、细木工等用材。假种皮含油率38%，种仁含油55%—70%，可榨油；油供制皂，油漆及工业等用。植物体各部可提取多种生物碱，对治白血病、淋巴肉瘤有一定疗效。果实入药有润肺、止咳、消积食之效。

2. 三尖杉　杪松（石屏）、水油子果（大姚）、硬头松（彝良）、岩松（镇雄）、头形杉（中国裸子植物志）图55

Cephalotaxus fortunei Hook.f.（1850）

乔木，高可达20米；树皮褐色或红褐色，片状开裂；树冠圆形。枝条较细长，稍下垂。叶螺旋状着生，基部扭转排成二列，披针状条形，通常微弯，长4—13厘米，通常多为9厘米，宽3.5—4.5毫米，上部稍窄，先端有渐尖的长尖头，基部楔形或宽楔形，上面深绿色，中脉凸起，下面气孔带白色，绿色中脉带宽于绿色边带。雄球花8—10聚生成头状花序，由小枝中部向上着生，径约1厘米，总梗长约6毫米，基部及总梗上有18—24枚苞片，每一雄球花有6—16枚雄蕊，花丝短，花药3。雌球花着生于小枝先端，果期总梗长0.5—2厘米，每2个胚珠着生于苞片腹部，每个雌球花有3—8枚发育成种子。种子椭圆形，椭圆状卵形或近圆形，长约2.5厘米，成熟时假种皮紫色或紫红色，顶端有小尖头。花期4月，种子8—10月成熟。

产昆明、富民、寻甸、禄劝、丽江、维西、大理、祥云、鹤庆、云龙、凤庆、景东、蒙自、镇雄、彝良，生于海拔2000—3000米的针阔叶混交林或次生灌丛中。陕西南部、甘肃南部、安徽南部、浙江、福建、河南、湖北、湖南、广东、广西、四川、贵州等省区均

图54 贡山三尖杉 *Cephalotaxus lanceolata* K. M. Feng
1.果枝　2.种子　3.种子横切面　4.叶下面　5.叶上面

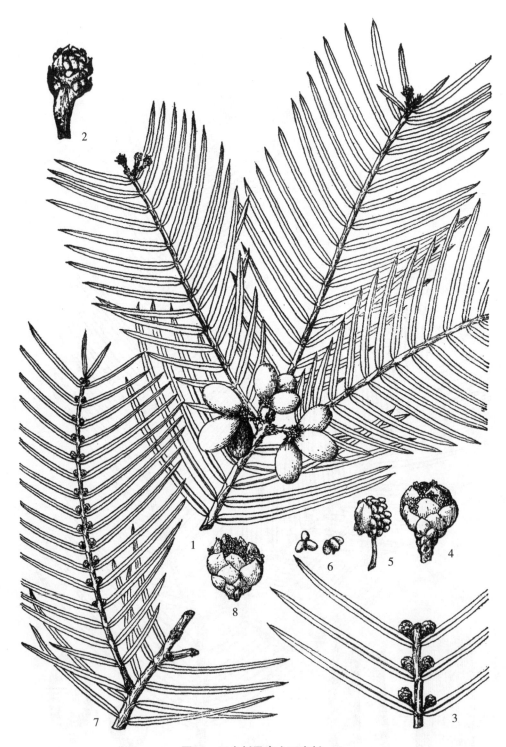

图55 三尖杉及高山三尖杉

1—6.三尖杉 *Cephalotaxus fortunei* Hook.f.：

1.果枝　2.雌球花　3.雄球花枝　4.聚生雄球花（示有总梗）　5.雄球花　6.花药

7—8.高山三尖杉 *Cephalotaxus fortunei* Hook.f. var. *alpina* Li：

7.雄球花枝　8.聚生雄球花（示无总梗）

有分布。

种子繁殖。种子在深秋采收后，除去假种皮，用湿藏法贮藏，下年春季播种育苗。育苗前要浸种催芽，将种子倒入30—35℃的温水中，浸泡一昼夜，然后捞出，盖上湿麻袋，放在室内进行催芽，室内温度保持18—25℃。有条件的地方，也可放在温箱内恒温催芽。待种子冒芽破裂时取出播种，两年后，出圃造林。此外，也可用萌条繁殖或扦插繁殖造林。

木材黄褐色，纹理直，结构细致，材质坚实，且有弹性，加工性能良好，稍硬，稍重，比重为0.77—0.95，易干燥，切面光滑，作建筑、桥梁、车辆、家具、舟船、雕刻及细木工等用材。假种皮含油量38%，种仁含油率达55%—77%，可榨油供制油漆、肥皂及工业等用。树皮、树干、枝叶及根可提取多种生物碱，对治疗白血病、淋巴肉瘤等有一定的疗效；果实也可入药，有止咳、润肺、消食等疗效；树姿优美，叶排列整齐；果熟时，假种皮紫色或红紫色，是理想的庭园绿化树种。

2a.高山三尖杉（变种）（植物分类学报）图55

var. alpina Li（1953）

本变种与原种的区别在于叶较短窄，长4—9厘米，宽3—3.5毫米，下面白色气孔带较白；雄球花几无总梗或较短，长不及2毫米，有时后期增长达4—6毫米。

产维西，生于海拔2200—2600米的沟谷针阔叶混交林中。甘肃南部，四川南部也有，模式标本采自维西。

2b.绿背三尖杉（植物分类学报） 悬头松、观音杉（禄劝）、小叶三尖杉（中国树木分类学）

var. concolor Franch.（1899）

产禄劝、镇雄；生于海拔2800—2860米的林中，江西、四川、贵州也有分布。

3.粗榧（浙江） 鄂西粗榧（中国树木分类学）、中华粗榧杉、粗榧杉（中国裸子植物志）、中国粗榧（中国树木学）图56

Cephalotaxus sinensis（Rehd. et Wils.）Li（1953）.

C. drupacea Sieb. et Zucc. var. *sinensis* Rehd. et Wils.（1914）

灌木或乔木，高达15米，有时可达25米，胸径达60厘米；树皮灰色或灰褐色，薄片状开裂脱落。叶螺旋状着生，基部扭转，排成二列，条形，通常直，稀微弯，长2—5厘米，宽约3毫米；上部与中下部等宽或略窄，先端渐尖至突尖，基部近圆形，上面绿色，中脉明显，两侧微下凹，下面白色气孔带，较绿色边带宽2—4倍。雄球花6—7聚生成头状，由小枝中下部向上着生，径约6毫米，总梗长约3毫米，基部及总梗上有多数苞片，每个雄球花基部有1枚苞片，有4—11枚雄蕊，花丝短，花药2—4，多数为3；雌球花着生于小枝中部或先端，果期总梗长约8毫米，胚珠约16，通常2—5枚发育成种子。种子倒卵状椭圆形或椭圆状卵形，长1.8—2.8厘米，顶端中央有1小尖头。花期2—4月，种子6—10月成熟。

产东川、云龙、龙陵、临沧、新平、普洱、景东、麻栗坡、广南、富宁，生于海拔

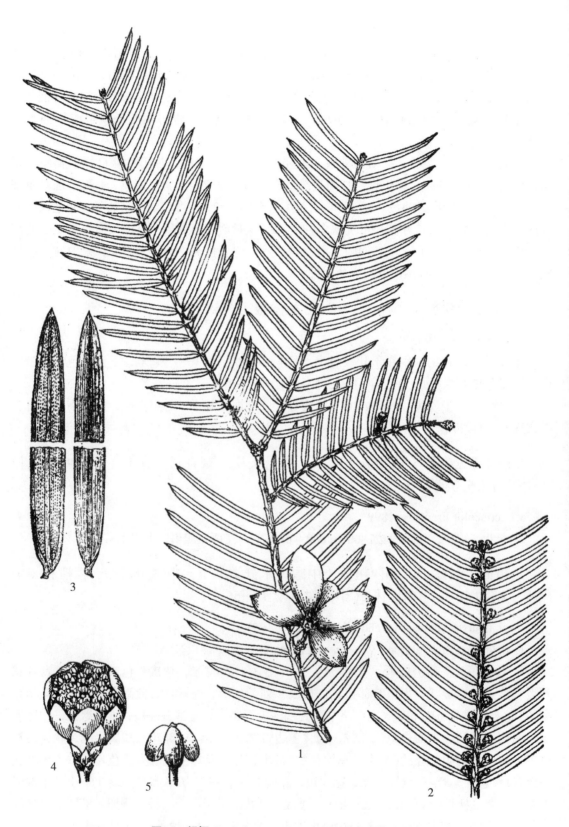

图56 粗榧 *Cephalotaxus sinensis* (Rehd. et Wils.) Li

1.果枝　　2.雄花枝　　3.叶的上、下面（放大）　　4.雄花　　5.雄蕊

图57 粗榧（西双版纳、海南）

1—4.西双版纳粗榧 *Cephalotaxus mannii* Hook. f.：

1.雄球花枝 2.聚生雄球花 3.小雄球花 4.雄蕊

5—6.海南粗榧 *Cephalotaxus hainanensis* Li：

5.种子枝 6.叶上、下面

1200—2500米的干燥山坡或杂木林中。陕西南部、甘肃南部、广东西南部、广西、四川、贵州东北部均有分布。

种子繁殖，在深秋种子采收后，除去假种皮，晾干，湿沙贮藏。播种时，先浸种催芽，然后用0.5%的高锰酸钾溶液消毒，浸泡时间2—5分钟，也可将种子浸入在0.15%—0.2%的福尔马林溶液中消毒20分钟左右。取出的种子要盖严密，经过2小时以上才有消毒效果。播前用清水冲洗种皮上的残液，播种两年后可出圃造林。

木材坚实，纹理细致，可作家具，舟车、建筑、细木工等用材。枝、叶、根、种子可提取生物碱，对治疗白血病及淋巴肉瘤有一定疗效。树皮可提取栲胶。树姿优美，可作园林观赏树种。

4.海南粗榧 薄叶三尖杉（麻栗坡、富宁）、红壳松（海南岛）、薄叶篦子杉（海南植物志）图57

Cephalotaxus hainanensis Li（1953）

乔木，通常高10—20米，胸径20—50厘米；树皮通常浅褐色或褐色，稀有黄褐色或红紫色，呈片状分裂脱落。叶条形，螺旋状着生，基部扭转排成2列，向上微弯或直，长2—3厘米，稀达4厘米，宽2.5—3.5毫米，少数达4毫米，先端急尖或微急尖，有锐尖头，基部楔形或近圆形，边缘外卷，上面绿色，中脉凸起，下面白色气孔带明显，绿色中脉带与绿色边带近等宽。雄球花的总梗长约4毫米。种子通常微扁，倒卵状椭圆形或倒卵状圆形，长2.2—2.8厘米，顶端有凸起的小尖头，成熟后假种皮呈红色。

产麻栗坡、广南、富宁及龙陵，生于海拔1000—1500米的杂木林中；西藏东南部也有分布。

种子繁殖，采种后用湿沙埋藏，育苗时要遮阴。一年生苗高30—40厘米即可出圃定植。本种耐荫，有萌芽性，也可用根蘗和扦插繁殖。

木材纹理直，结构细密，坚实，不翘不裂，加工性能良好，为上等家具及细木工用材。树皮、枝、叶、种子含多种生物碱，对肿瘤有一定疗效，特别对恶性淋巴瘤、急性粒细胞白血病等疗效尤为显著。种仁含油率达28%—32%，供食用或制皂。树姿矫健，是较好的园林绿化树种。

5.西双版纳粗榧（植物分类学报） 印度三尖杉（中国树木分类学）、藏杉（中国裸子植物志）"南芒多刺""埋粘"（勐海）图57

Cephalotaxus mannii Hook.f.（1886）

小乔木至乔木，高8—30米，胸径可达40厘米；树皮薄，深褐色。叶排成两列，条状微披针形，通常直，稀微弯，长3—4厘米，宽2.5—4毫米；下部稍宽，上部渐窄，先端渐尖，基部近圆形，上面深绿色，中脉凸起，下面白色气孔带不明显，干时白粉易脱落，中脉绿色带与绿色边带微明显。雄球花6—8聚生成球状，从中部向上着生于叶腋，径6—8毫米，总梗长约5毫米，每雄球花有1枚三角状卵形苞片，雄蕊7—13，花丝短，花药3—4。种子倒卵圆形，长约3厘米。花期1—3月，果10—12月成熟。

产勐海，生于海拔1350米的阴湿疏林中；越南、缅甸、印度也有分布。

种子繁殖,用湿藏法贮藏种子。播种时,浸种催芽并进行种子消毒,一般条播。育苗后,加强苗期管理,一年生苗即可出圃造林。

材质优良,为室内装修、车辆船舶、家具、建筑、细木工等用材。种子、枝、叶、根可提取生物碱,对白血病及淋巴肉瘤均有疗效。树姿矫健,可作园林观赏树种。

6.篦子三尖杉(中国树木学) 阿里杉(中国树木分类学)、梳叶圆头杉(峨眉植物志)、花枝杉(中国裸子植物志)图58

Cephalotaxus oliveri Mast.(1898)

灌木,高4米;树皮灰褐色。叶条形,排列紧密,平展成两列,通常向上微弯,稀直,长1.7—2.5厘米,少数达3.5厘米,宽3—4毫米,少数达5毫米;先端突尖或急尖,基部楔形或微呈心形,上面深绿色,略拱圆,中脉2/3以下凸起,上部平,不明显,下面气孔带白色,绿色中脉带窄于绿色边带;无柄或近无柄。雄球花6—7聚生成头状,径约9毫米,总梗长约4毫米,基部及总梗上有10余枚苞片,每雄球花基部有1枚广卵形苞片,雄蕊6—10,花丝短,花药3—4;雌球花的胚珠通常1—2枚发育成种子。种子倒卵圆形或椭圆状近球形,长约2.7厘米,顶端有小凸头,有长梗。花期3—4月,种子8—10月成熟。

产禄劝、屏边,生于海拔1000—1700米的阔叶或针叶林中;江西东部、湖北西北部、湖南、广东北部、四川西南部、贵州均有分布。

喜欢温暖湿润气候,宜生于酸性山地黄壤。种子繁殖,采用湿藏法贮藏种子。播种时要浸种催芽,条播。育苗宜早春进行,覆土厚度约8厘米,宜采用凉棚遮阴,并适时喷灌,中耕除草,加强苗期管理。

木材纹理直、结构细,易加工;为家具、细木工等用材。种子可榨油、供工业用。树姿优美,可作庭园观赏树种。

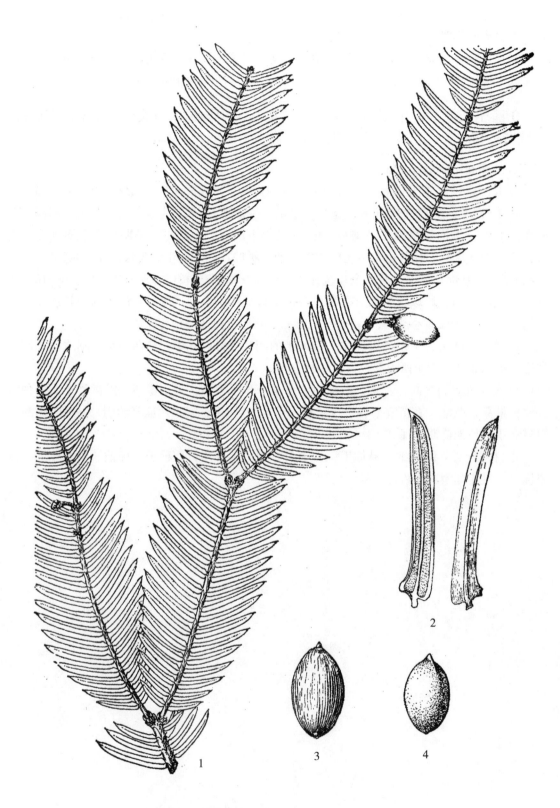

图58 篦子三尖杉 *Cephalotaxus oliveri* Mast.
1.种子枝　2.叶的上、下面　3.种子　4.种核

G9.红豆杉科 TAXACEAE

常绿乔木或灌木。叶条形或披针形，螺旋状排列或交叉对生，常基部扭转排成二列，下面沿中脉两侧各有一条气孔带。雌雄异株，稀有同株。雄球花单生叶腋或苞腋，或组成穗状花序集生于枝顶，雄蕊多数，每雄蕊有3—9枚花药，花粉无气囊；雌球花单生或成对生于叶腋或苞片腋部，具多数覆瓦状排列或交叉对生的苞片，顶部苞片发育为杯状、盘状或囊状的珠托，内有一枚直生胚珠，珠托发育成肉质假种皮。种子当年或翌年成熟，核果状或坚果状，全部或部分为肉质假种皮所包；胚乳丰富；子叶2枚，发芽时出土（仅榧属留土）。

本科5属约23种，我国4属12种1变种；云南4属7种，其中白豆杉和香榧为从浙江引种栽培，本书记载3属5种。

分 属 检 索 表

1.叶上面有明显的中脉；雌球花单生叶腋或苞腋，种子生于杯状或囊状假种皮中，上部或顶端尖头露出。

  2.叶螺旋状着生；雄球花单生叶腋；雌球花有短梗或几无梗，假种皮杯状，种子上部露出 ·· 1.红豆杉属 Taxus

  2.叶交叉对生；雄球花多数组成穗状花序集生枝顶；雌球花有长梗，假种皮囊状，肉质，种子仅顶端尖头露出 ···················· 2.穗花杉属 Amentotaxus

1.叶上面中脉不明显或微明显；雌球花成对生于叶腋且无梗，种子全部包于肉质假种皮中 ·· 3.榧树属 Torreya

1.红豆杉属 Taxus L.

乔木或灌木。小枝不规则互生，基部有或多或少的宿存芽鳞。叶螺旋状排列，条形，基部扭转排成二列，直伸或呈镰状，上面中脉隆起，下面中脉两侧各有一条淡灰绿色或淡黄色气孔带。雌雄异株，球花单生叶腋；雄球花圆球形，有梗；雌球花几无梗，珠托圆盘状。种子当年成熟，种皮硬革质，微具钝脊，种脐显著，着生于红色肉质杯状假种皮中。

本属约11种，分布于北半球。我国有4种1变种，云南有3种。

分 种 检 索 表

1.叶的质地较薄，边缘外曲，叶长2—3.5厘米，宽2—3毫米；芽鳞较窄，先端渐尖，背部多有纵脊 ······································ 1.云南红豆杉 Taxus yunnanensis

1.叶的质地较厚，边缘不外卷或微外卷；芽鳞宽卵形，先端微尖，背部圆，稀微有纵脊。

  2.边缘微外卷，下面绿色边带较窄，长1.5—3.2厘米，宽2—4毫米，先端微突尖，稀渐尖 ·· 2.红豆杉 T. chinensis

2.叶边缘不外卷，稀微外卷，下面绿色边带较宽，叶长2—3.5厘米，宽3—4.5毫米，先端通常渐尖 ·· **3.南方红豆杉T. mairei**

1.云南红豆杉（中国树木学）图59

Taxus yunnanensis Cheng et L. K. Fu（1979）

乔木，高达20米，胸径可达1米。一年生枝绿色，秋后逐渐变成黄绿色，二至三年生枝褐色；冬芽黄色，芽鳞窄，先端渐尖，背部有纵脊，脱落或部分宿存于小枝基部。叶排成二列，质地较薄，线形，通常呈镰状，长1.5—4.7（通常2.5—3）厘米，宽2—3毫米，上面深绿色或绿色，有光泽，下面色较浅，中脉两侧各有一条淡黄色气孔带，中脉带及气孔带上密生均匀的微小角质乳头状突起。雄球花淡褐黄色，长5—6毫米，径约3毫米，雄蕊9—11，每枚雄蕊有5个花药。种子当年成熟，呈扁圆柱状卵形，长约5毫米，径4毫米，两侧微具钝脊，顶端窄，有小尖头，种脐椭圆形，着生于红色肉质杯状假种皮中。

产镇康、景东、云龙、鹤庆、丽江、香格里拉、维西、德钦、贡山，生于海拔2000—3500米的高山地带，常与丽江云杉、云南黄果冷杉、华山松、糙皮桦、光叶高山栎、三桠乌药等混生；缅甸、印度也有分布。

在分布区可选作高山造林树种，一般用种子繁殖，随采随播为宜。

木材优良，心材与边材区别明显，纹理结构均匀细致，硬度大，韧性强。可作建筑、桥梁、家具等用材；枝叶优美、假种皮红色，结果时红果满枝，是优良的观赏树种。

2.红豆杉　图59

Taxus chinensis（Pilger）Rehd，（1919）

乔木，高达30米，胸径可达1米。一年生小枝绿色，秋季为黄绿色或淡红褐色，二至三年生枝黄褐色、淡红褐色或褐色；冬芽黄褐色或红褐色，有光泽，芽鳞较宽，三角状卵形，背部圆或有钝纵脊，脱落或部分宿存于小枝基部。叶的质地较厚，排成二列，条形，微弯，长1—3厘米，宽2—4厘米，上部通常较窄，先端渐尖，边缘微反曲，上面深绿色，下面淡黄绿色，有两条淡黄绿色的气孔带，中脉上密生均匀的微小乳点。雄球花淡黄色，雄蕊8—14枚，花药4—8（多为5—6）。种子卵圆形，生于红色杯状肉质的假种皮中，长5—7毫米，径3.5—5毫米，先端具2脊，种脐卵圆形或椭圆状卵形，通常10月成熟。

产滇东北及滇东南，生于海拔1000—1200米地带，常与壳斗科的青冈属、栲属、石栎属，樟科的樟属、润楠属、楠木属，以及山茶科、冬青科、杜英科、木兰科、蔷薇科、槭树科、椴树科等树种混生；甘肃、陕西、安徽、湖北、湖南、四川、贵州均有分布。

一般用种子繁殖，以随采随种为宜，若待种子干后播种，则会延至翌年才能发芽；也可用插条、压条繁殖。

心材橘红色，边材淡黄褐色。纹理直，结构细，坚实，少开裂，比重0.55—0.76。可作建筑、桥梁、船舶、家具、车辆及文具等用材。种子含油达67%，供制肥皂及润滑油，入药有驱蛔虫、消积食之效。种子具红色假种皮、色泽绚丽，为优良园林观赏树种。

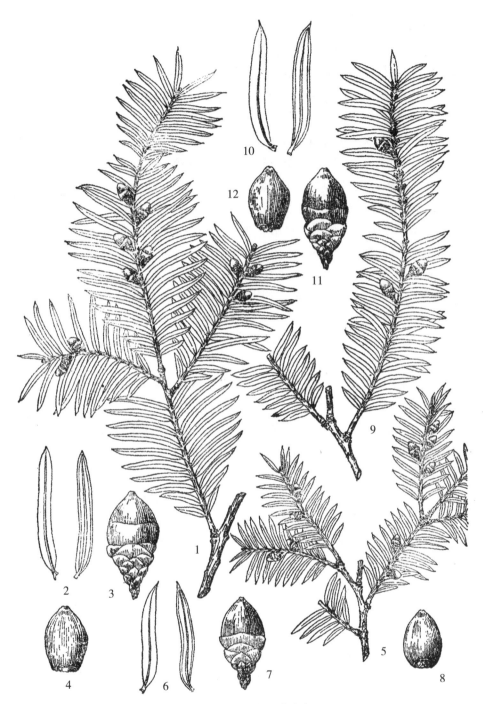

图59 红豆杉（云南、南方）

1—4.云南红豆杉 *Taxus yunnanensis* Cheng et L. K. Fu：

1.种子枝　　2.叶上下面　　3.具假种皮种子　　4.去假种皮种子

5—8.红豆杉 *T. chinensis*（Pilger）Rehd：

5.种子枝　　6.叶上下面　　7.具假种皮种子　　8.去假种皮种子

9—12.南方红豆杉 *T. mairei*（Lemeé et Lévl）S.Y.Hu ex Liu：

9.种子枝　　10.叶上下面　　11.具假种皮种子　　12.去假种皮种子

3.南方红豆杉（中国树木学）图59

Taxus mairei（Lemeé et Lévl.）S. Y. Hu ex Liu（1960）

T. chinensis（Pilger）Rehd. var. *mairei*（Lemee et Levl.）Cheng et L.K.Fu（1978）

乔木，高达16米，胸径达1米。一年生小枝绿色或淡黄褐色，二至三年生小枝黄褐色、淡红褐色或褐色；芽鳞先端钝或微尖，背部圆或微具纵脊。叶较长，质地较厚，多呈弯镰状，通常2—3.5厘米，宽3—4毫米，上部常渐窄，先端渐尖，下面具两条黄绿色气孔带，中脉带明显可见，其色泽与气孔带相异，呈淡绿色或绿色，局部有成片或零星分布的角质乳头状突起或无此种突起。种子微扁，多呈倒卵圆形，稀柱状矩圆形，长7—8毫米，径4—5毫米，种脐常呈椭圆形或近三角形。

产景东、永宁、维西、德钦、贡山、西畴、云龙、昭通、东川等地，常生于海拔1500米以下山地，常与栲属、石栎属、青冈属、枪属、冬青属、紫金牛属、楠木属、杜鹃属的一些种类，以及云南松、油杉等树种混生；陕西、甘肃、安徽、浙江、江西、福建、台湾、河南、湖北、湖南、广东、广西、四川、贵州等省区均有分布。模式标本采自东川。

一般用种子繁殖，11月上中旬采种，直播或育苗繁殖均可。宜随采随播。春播需用经过低温层积催芽或隔年埋藏的种子，否则出苗不齐，2—3年内陆续发芽。种子如在低温下沙藏，其发芽力可保存4年。育苗时可在苗床条播，行距20—25厘米，株距4—6厘米，覆土厚1厘米。幼苗出土后需搭设荫棚，秋分时拆除；留床2—3年后可出圃造林。幼苗主根细长，须根少，因此移栽时需要多带土。此外，也可用嫩枝扦插或压条繁殖。

木材为显心材，边材黄白色或淡黄色，心材橘红至玫瑰红色，有光泽；结构细而均匀，强度中等，干缩性小，耐腐性强。适于作车工制品、工艺美术、文具、高级家具、木桩、水底工程等用材。树皮含单宁，种子榨油可供制皂及作润滑油用。种子也可入药，能消积食、驱虫等；叶能清热解毒。它也是优良的园林观赏树种。

2.穗花杉属 Amentotaxus Pilger

小乔木或灌木。小枝对生或近对生，基部无宿存之芽鳞；冬芽四棱状卵圆形，先端尖，芽鳞3—5轮，每轮4枚，交叉对生，背部有纵脊。叶交叉对生，基部扭转排成二列，厚革质，无柄或近于无柄，上面中脉明显，下面有两条白色、淡黄白色或淡褐色的气孔带。雌雄异株，雄球花对生于穗上，多数排成穗状花序，通常2—6穗生于靠近枝顶的苞片腋部，柄较长，稍下垂；雌球花单生于新枝之苞腋，柄较长，扁四棱形或上部扁四棱形，胚珠单生，直立，为一漏斗状珠托所托，基部有6—10对交叉对生的苞片。种子当年成熟，形大，有长柄，下垂，除顶端尖头露出外，几乎全部为红色肉质假种皮所包。

本属有3种，分布于我国南部，云南有1种。

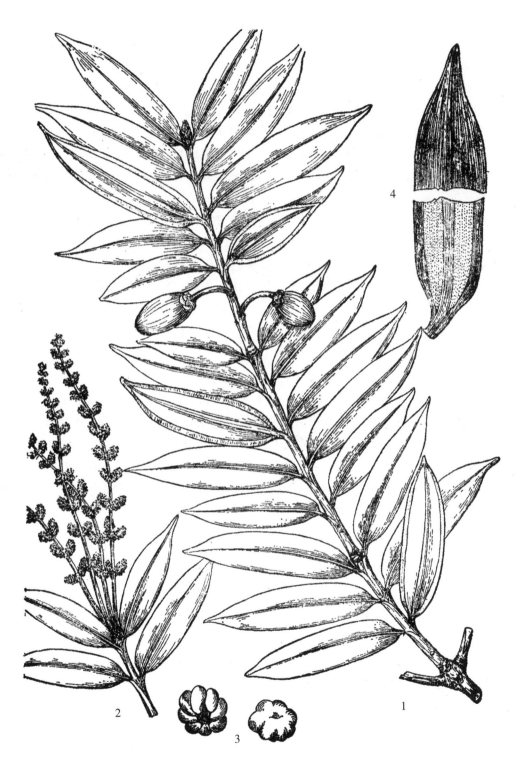

图60　云南穗花杉 *Amentotaxus yunnanensis* Li.
1.种子枝　　2.雄球花穗枝　　3.雄蕊　　4.叶上下面

云南穗花杉（中国树木志）图60

Amentotaxus yunnanensis Li（1952）

乔木，高可达15米。小枝对生或近对生，微具棱脊，一年生枝绿色或淡绿色，二、三年生枝淡黄色，黄色或淡黄褐色；冬芽四棱状卵圆形，芽鳞交互对生。叶交叉对生，叶条形、椭圆状条形或披针状条形，长3.5—10厘米或更长，宽8—15毫米，基部宽楔形或近圆形，先端钝或渐尖，边缘微外卷；上面绿色，中脉显著隆起、下面淡绿色，中脉平坦或微隆起，两侧有两条白色气孔带，宽3—4毫米。种子椭圆形，长2.2—3厘米，径约1.4厘米，假种皮成熟时红紫色，微被白粉，种梗长约1.5厘米。花期4月，种子10月成熟。

产麻栗坡、屏边、富宁、西畴、马关，生于海拔900—1800米的石灰岩山地。越南北部也有。模式标本采自马关。

一般用种子繁殖，宜随采随播，或者采种后及时除去肉质假种皮，阴干后混沙贮藏，也可用无性繁殖。

木材纹理均匀，结构细致，易加工，耐腐朽，作雕刻及小工艺品等用材。种子可榨油，工业上供制皂、润滑油等用。叶翠绿，果红紫，树姿优雅，为优良园林观赏树种。

3. 榧树属 Torreya Arn.

乔木，树皮纵裂。枝轮生，小枝近对生或近轮生；冬芽有数对交叉对生的芽鳞。叶交叉对生或近于对生，基部扭转排成二列，条形或条状披针形，坚硬，先端刺尖，上面微拱圆，中脉不明显或微明显，下面有两条较窄的微白色或微褐色的气孔带。雌雄异株，稀有同株。雄球花单生叶腋，有短梗；雌球花无梗，成对生于叶腋，通常只有一个发育，胚珠1枚，直生于漏斗状的珠托上。种子第二年秋季成熟，核果状，卵圆形、圆形、倒卵形或长椭圆形，全部包于肉质假种皮中，基部有宿存的苞片。子叶2片，发芽时不出土。

本属有7种，我国有4种，云南有1种，昆明引种栽培1种，即香榧Torreya grandis Fort ex Lindl.

云南榧树（中国树木学）图61

Torreya yunnanensis Cheng et L. K. Fu（1975）

乔木，高达20米，胸径达1.5米。小枝无毛，一至二年生枝绿色至黄色或淡褐黄色，三年生枝黄色或淡褐黄色；冬芽四棱状长圆锥形或四棱状卵圆形，芽鳞淡褐黄色或黄色，交叉对生，排成4列，具明显的背脊。叶线形或线状披针形，质地较坚硬，长2—3.6厘米，宽3—4毫米，上部通常微向上弯，先端渐尖，有刺状长尖头，基部宽楔形，上面绿色，中脉不明显，下面中脉平或下凹，两侧各有一条与中脉带等宽或较窄的气孔带。雄球花卵圆形，具8—12对交叉对生的苞片，雄蕊多数，花丝粗短；每一雌球花有两对交叉对生的苞片和一枚侧生的小苞片，苞片背部有纵脊。种子近圆球形，径约2厘米，顶端有凸起的短尖头，种皮木质或革质，外部平滑；胚乳倒卵圆形，周围向内深皱。

产维西、贡山、云龙、香格里拉、鹤庆、丽江等地，生于海拔2000—3400米处；丽江

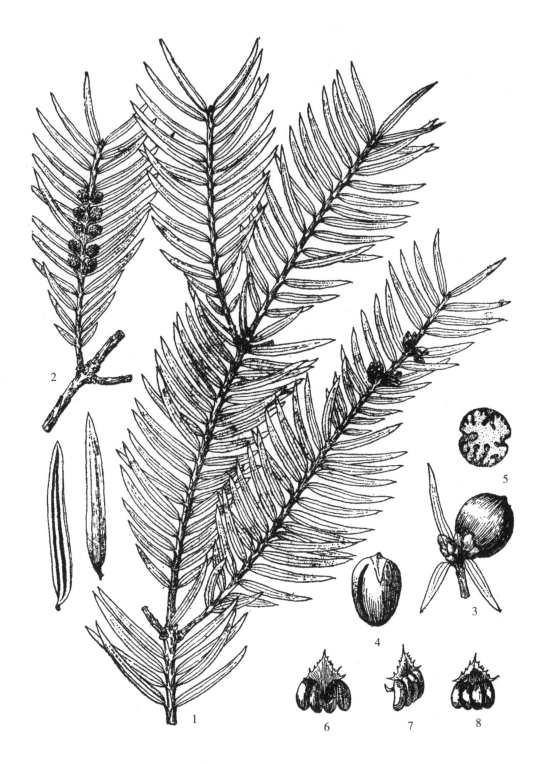

图 61 云南榧树 *Torreya yunnanensis* Cheng et L. K. Fu.

1.雌球花枝 2.雄球花枝 3.种子枝 4.去假种皮及外种皮种子 5.种仁横切面 6—8.雄蕊

鲁甸小碗豆有一株大树，胸径1.5米，高约20米。模式标本采自丽江。

播种或插条繁殖。在分布区可选作森林更新或荒山造林树种，也是较好的园林观赏树种。

木材坚实，纹理直，结构细，硬度适中，经久耐用，是建筑、造船、家具等优良用材。种子榨油可供食用或工业用，种仁入药。

1. 木兰科 MAGNOLIACEAE

常绿或落叶，乔木或灌木，植物体有油细胞。单叶互生，全缘，稀分裂；有叶柄，托叶大，包住幼芽，脱落后在小枝上留有环状托叶痕。花大，通常两性，单生枝顶或腋生；花被片二至多轮，每轮3（4）片，分离，覆瓦状排列；有时外轮较小，呈萼片状；雄蕊多数，分离，螺旋状排列在隆起花托的下部；花药条形，花丝短；心皮多数，螺旋状排列在花托上部，1室，胚珠二至多数，成二列着生在腹缝线上。聚合果多由蓇葖组成，成熟时纵裂或横裂，很少木质连生；种子大，一至数枚，常悬挂于一丝状珠柄上，伸出蓇葖之外；稀为翅状小坚果，熟时脱落；胚极小，胚乳丰富，富油质。

本科约有15属，250余种，产于亚洲东部和南部。北美东南部、大小安的列斯群岛至巴西东部。我国约有11属，90余种，主产东南部至西南部。云南有10属，约54种，以滇东南和滇西南较多。

分 属 检 索 表

1.聚合蓇葖果；叶全缘，稀先端二裂（1.木兰亚科Subfam. Magnolioideae）。
　2.花单生枝顶。
　　3.花两性（拟单性木兰属具单性雄花）。
　　　4.雌蕊群无柄，稀具短柄。
　　　　5.每心皮有4个以上胚珠 ………………………………………… 1.木莲属Manglietia
　　　　5.每心皮有2胚珠（稀在下部心皮有3—4胚珠）。
　　　　　6.托叶与叶柄多少结合，叶柄上有托叶痕 ……………………2.木兰属Magnolia
　　　　　6.托叶不与叶柄合生，叶柄上无托叶痕 ………… 5.拟单性木兰属 Parakmeria
　　　4.雌蕊群具明显的柄。
　　　　　7.全株各部无毛；蓇葖木质，厚，沿腹缝线开裂 …3.华盖木属Manglietiastrum
　　　　　7.嫩枝及顶芽被毛；蓇葖革质，薄，沿背缝线开裂 …4.长蕊木兰属Alcimandra
　　3.花杂性，有单性雄花及两性花 ……………………………5.拟单性木兰属Parakmeria
　2.花单生叶腋，雌蕊群有柄。
　　8.心皮全部发育，合生或部分合生，结果时形成带肉质或厚木质的聚合果。
　　　9.花被片12—18片；心皮多数；聚合果带肉质，熟时横裂，与肉质外果皮不规则脱落；中轴及背面的中脉宿存 …………………………6.假含笑属Paramichelia
　　　9.花被片9枚；心皮10—12；聚合果厚木质，干后单独或数个自中轴脱落；种子悬垂于宿存中轴上 ………………………………7.观光木属Tsoongiodendron
　　8.心皮部分发育，分离，小果熟时沿背缝线或同时沿腹缝线2瓣裂 … 8.含笑属 Michelia
1.聚合翅状坚果；叶4—6裂（2.鹅掌楸亚科Subfam. Lirodendroideae）………………
………………………………………………… 9.鹅掌楸属Liriodendron

1.木兰亚科 Magnolioideae

常绿或落叶，乔木或灌木。叶全缘不裂，稀先端二裂。花药药室内向或侧向开裂。聚合蓇葖果，沿腹缝线或背缝线开裂或周裂，少数不规则开裂；种皮似假种皮，与内果皮分离。

本亚科约有14属，250余种。云南有9属52种。

1.木莲属 Manglietia Blume

常绿乔木。叶全缘。花两性，单生于枝顶；花被片9—13，通常为9，排成3轮，大小近相等；雄蕊多数，花药条形，内向纵裂，药隔延伸成短或长尖头；雌蕊群无柄，心皮多数，分离，每心皮有胚珠4或更多。聚合果形状多样，蓇葖木质，宿存，沿背缝线开裂，稀沿腹缝线开裂（香木莲），顶端通常有喙。种子一至多枚，外种皮红色或褐色。

本属有30余种，产于亚洲东南部至印度尼西亚。我国有20余种，产长江流域以南，为亚热带常绿阔叶林的组成树种。云南约有13种。

分 种 检 索 表

1.蓇葖果成熟时沿腹缝线开裂；叶倒披针形或披针状矩圆形，长15—22厘米；全株各部有香气 ···1.香木莲 M. aromatica

1.蓇葖果成熟时沿背缝线开裂。

  2 叶两面无毛。

    3.花梗细长，长4—5（7）厘米，向下弯垂；叶倒披针形或倒卵状披针形，长8—18厘米，宽3—5厘米，网脉在叶背面不明显 ······················2.牛耳南 M.chingii

    3.花梗粗短，长不超过2厘米。

      4.聚合果小，长3.5厘米以下，网脉在叶背面不明显。

        5.叶薄革质；心皮被长柔毛；花被片紫色或红色 ···········3.小叶木莲 M. duclouxii

        5.叶革质；心皮无毛；花被片白色 ···········4.木莲 M. fordiana

      4.聚合果大，长7—16厘米；网脉在叶背面明显。

        6.聚合果矩圆状卵形，长12—16厘米；叶长15—30（35.5）厘米，宽4.5—13厘米 ··5.大果木莲 M. grandis

        6.聚合果近圆柱形、卵球形或近球形，长5—10厘米，径3.5—6厘米。

          7.聚合果卵球形或近球形，长5—7厘米，径4—6厘米；叶长15—30厘米；花被片白色 ······································6.缅甸木莲 M. hookeri

          7.聚合果近圆柱形，长7—10厘米，径3.5—5.5厘米，叶长10—20厘米；花被片外轮3片褐色（腹面带红色），中内轮白色 ···········7.红花木莲 M. insignis

  2.叶背面被毛。

    8.叶长25—40（50）厘米，宽15—20厘米，倒卵形；聚合果卵球形或矩圆状卵形，长

6.5—11厘米；小枝、芽、叶柄、托叶、叶下面、果梗均密生锈褐色长绒毛…………
……………………………………………………………… **8.大毛叶木莲 M. megaphylla**

8.叶长12—20厘米，宽3.5—7厘米。

9.叶革质，矩圆形或矩圆状倒卵形；药隔圆钝；雌蕊群卵状球形，心皮无毛………
…………………………………………………………………… **9.锈枝木莲 M. forrestii**

9.叶薄革质，倒披针形或倒卵形；药隔三角状；雌蕊群卵形，心皮被绒毛…………
……………………………………………………………… **10.四川木莲 M. szechuanica**

1.香木莲（中国树木分类学） 假木莲（云南种子植物名录）图62

Manglietia aromatica Dandy（1931）

Paramanglietia aromatica（Dandy）Hu et Cheng（1951）

乔木，高达30米，胸径达60厘米；树皮灰色，光滑。小枝粗壮，无毛；芽被白色平伏柔毛。叶无毛，薄革质，倒披针形或倒披针状长圆形，长15—22厘米；宽5.5—8厘米，先端渐尖或锐尖，基部楔形，稍下延至柄，上面深绿色，下面干时暗黄色，中脉在上面凹下，下面凸起，侧脉12—16对，网脉干时两面明显；叶柄无毛，长2—3厘米。花被片12，白色或黄绿色，4轮，每轮3片。聚合果卵球形或近球形，径5—6（8）厘米；果梗粗，长约2厘米，径8—10毫米；蓇葖紫红色，厚木质，长2—2.5厘米，成熟时沿腹缝线开裂。种子球形，稍扁平，外种皮红色。花期5—6月，果期9—10月。

产广南、西畴、麻栗坡、富宁，生于海拔1400—1600米的山地阔叶林中，与酸枣、大叶五加、滇野茉莉、猴欢喜，以及樟科、壳斗科等树种混生；我国广西西部有分布；越南也有。

采种后宜随采随播或泥沙贮藏。浸种后搓去红色假种皮即可播种。生长较快，金平54年生的天然林木平均高20.4米，胸径40厘米，单株材积1.25立方米。

材质轻软，纹理直，结构细，容易加工，作建筑、家具、细木工等用材。植物体全株具香气，花艳丽，可作园林观赏树种。

2.牛耳南（云南种子植物名录） 桂南木莲（中国树木志）、野包谷（富宁）图63

Manglietia chingii Dandy（1931）

乔木，高达30米，胸径达50厘米；树皮灰色，光滑。芽、幼枝有红褐色毛。叶革质，倒披针形或倒卵状披针形，长8—18厘米，宽3—5厘米，先端锐尖或短渐尖，基部楔形或宽楔形，上面深绿色，有光泽，下面绿色，稍被白粉，两面无毛，侧脉12—14对，网脉不明显；叶柄长1.5—2.5厘米，上面有窄沟。花梗细，向下弯曲，长4—5（7）厘米；花被片9—11，外轮椭圆形，长4—5厘米，内两轮倒卵状椭圆形，长3.8—4厘米，宽约2厘米；雄蕊长约1.3厘米，药隔伸出成三角状尖头；雌蕊群卵形，长1.5—2厘米。聚合果卵形，长4—5厘米；蓇葖紫红色，沿背缝线开裂，具明显的疣状突起，先端具短喙；每蓇葖有种子4颗。种子卵形。花期5—6月，果期10月。

产富宁，生于海拔800—1300米的常绿阔叶林中，常与木莲、深山含笑和壳斗科树种混

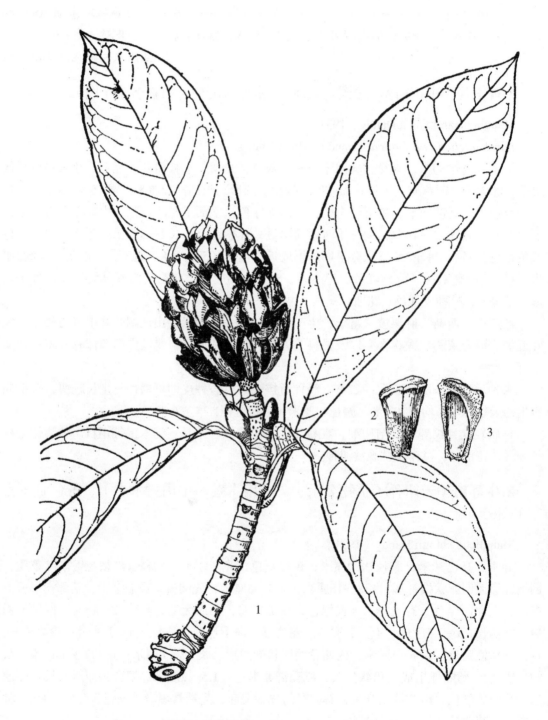

图62 香木莲 *Manglietia aromatica* Dandy
1.果枝　　2.菁葖背面　　3.菁葖腹面

图63　牛耳南 *Manglietia chingii* Dandy

生，多见于沟谷潮湿处；广东、广西也有。

喜温暖气候及肥沃深厚的酸性黄壤和红黄壤。种子繁殖，随采随播或沙藏到次年春天播种育苗，一年生苗出圃造林。

木材可作建筑、家具、细木工等用材。花大美丽，可作庭园观赏树种。

3.小叶木莲（云南种子植物名录）　川滇木莲（中国树木志）、古蔺厚朴（四川）、盐津木莲　图64

Manglietia duclouxii Finet et Gagnep.（1905）

Magnolia duclouxii（Finet et Gagnep.）Hu（1929）

乔木，高达15米，胸径达30厘米。小枝黄绿色，无毛。叶薄革质，窄倒卵状椭圆形或倒披针形，长10—13厘米，宽3—4厘米，先端渐尖或尾状渐尖，基部楔形，两面无毛，上面深绿色，下面灰绿色，侧脉9—13对，网脉不明显；叶柄长1—1.2厘米，上面有窄沟。花被片9，紫色或红色，倒卵形；雄蕊长1—1.2厘米，花丝短，药隔伸出，成长约2毫米的三角状尖头；雌蕊群卵形，长1.5厘米，心皮被长柔毛，胚珠5。聚合果卵状椭圆形，长约3.5厘米。花期5—6月，果期9—10月。

产大关、文山、金平、河口，生于海拔1400—2000米的阔叶混交林中；四川东南部有分布。

喜阴湿环境。种子育苗，随采随播或混沙贮藏。采集成熟果实后摊晒于场坝，蓇葖开裂后取出种子。播前温水浸种洗去红色假种皮，条播或点播均可。播后适当遮阴，苗圃管理注意除草、施肥、浇水。

木材结构细而匀，纹理直，材质轻软，胀缩性小，加工性质优良，作体育用具、文具、细木工等用材。

4.木莲（酉阳杂俎）图65

Manglietia fordiana Oliv.（1891）

乔木，高达20米；树皮灰色，平滑。小枝灰褐色，幼枝和芽有褐色绢毛。叶革质，倒披针形、窄倒卵形或长椭圆状倒卵形，长8—18厘米，宽3—5厘米，先端急尖或短渐尖，基部楔形，稍下延，上面绿色，有光泽，下面苍绿色或被白粉；叶柄红褐色，长1.5—2.5厘米。花梗长1—2厘米；花被片9，白色，外轮长圆状椭圆形，长5—7厘米，宽3—4厘米，内两轮较小，倒卵形；雄蕊长约1厘米，药隔伸出成短钝三角形；雌蕊群长约1.5厘米。聚合果卵形，长约3厘米，径约2厘米，果梗短而粗；蓇葖成熟时木质，紫红色，沿背缝线开裂，露出面有瘤点，先端具长1—2毫米的短喙。花期5月，果期10月。

产广南、富宁等地，生于海拔1500—2100米的常绿阔叶林内；贵州、广西、广东、福建、江西、浙江、安徽也有。

喜温暖湿润气候和肥沃的酸性土壤。种子繁殖。苗木根系发达，侧根多，造林容易成活。生长较快，速生时期为15—30龄。在低海拔干热地方生长不良。

材质优良，作建筑、板料、家具、细木工等用材；果及树皮入药，治便秘和干咳。

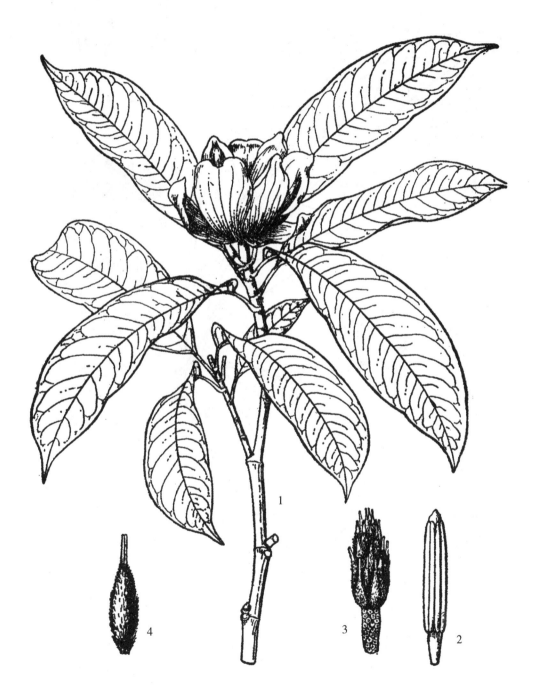

图64 小叶木莲 *Manglietia duclouxii* Finet et Gagnlp
1.花枝 2.雄蕊 3.雌蕊群 4.雌蕊

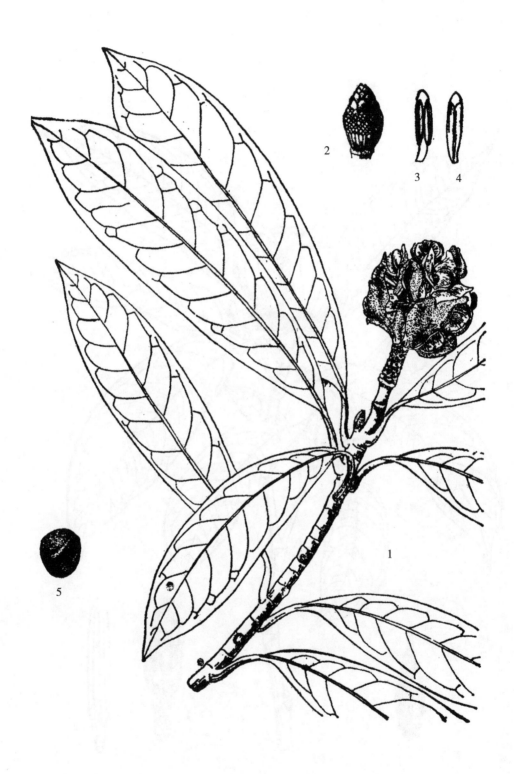

图65 木莲 *Manglietia fordiana* Oliv.
1.果枝   2.雄蕊群及雌蕊群   3—4.雄蕊   5.种子

5.大果木莲（植物分类学报） 黄心绿豆（西畴）图66

Manglietia grandis Hu et cheng.（1951）

乔木，高达20米，胸径达50厘米。小枝淡灰色，无毛。叶革质，椭圆状长圆形或倒卵状长圆形，长15—30（35.5）厘米，宽4.5—13厘米，先端钝尖或短急尖，基部宽楔形，两面均无毛，上面有光泽，下面灰白色，有乳头状突起，侧脉17—26对，显著，网脉干时两面明显，叶柄无毛，长2.6—4厘米。聚合果长圆状卵形，长12—16厘米，径达9厘米；果梗长约1.5厘米，径1.3厘米；蓇葖长3—4厘米，成熟时沿背缝线开裂，先端具微内曲的短喙。果期9—10月。

产西畴、麻栗坡，生于海拔1200—1800米的常绿阔叶密林中。

种子繁殖。育苗造林注意保持土壤湿润。

木材结构细，作建筑及家具用材。

6.缅甸木莲（云南种子植物名录） 中缅木莲（中国树木志）图67

Manglietia hookeri Cubitt et W. W. Smith（1911）

乔木，高达25米。小枝黄绿色，无毛。叶薄革质，窄披针形、窄倒卵形或长椭圆形，长15—30厘米，宽5—7（10）厘米，先端尖或短渐尖，基部楔形，两面无毛，上面绿色，下面干时淡黄色或灰白色，侧脉16—20对，网脉干时两面凸起；叶柄无毛，长2—4厘米。花梗被毛，花蕾卵形；花大，径约10厘米，花被片9—12，外轮基部稍绿色，上部乳白色，倒卵状长圆形，长5—7厘米，内两轮白色，匙形或倒卵形，基部窄长。聚合果卵球形或近球形，长5—7厘米，径4—6厘米；蓇葖沿背缝线开裂，有瘤状突起，先端具短喙。种子1—4。花期4—5月，果期9—10月。

产腾冲、盈江、凤庆、景东、镇康、沧源，生于海拔1100—2500米的常绿阔叶林中；缅甸也有分布。

种子繁殖，育苗造林。假种皮含油脂，应在播前用草木灰或温水浸泡后搓去。造林地宜选山坡中下部较阴湿的沟谷地。

木材生长轮明晰，材质中等，加工性能好，作室内装修、家具等用材。

7.红花木莲（中国树木志） 木莲花（沧源）图68

Manglietia insignis（Wall）Blume（1828）

Magnolia insignis Wall.

乔木，高达25米，胸径达80厘米；树皮灰黑色。小枝无毛。叶革质，长圆状椭圆形、长圆形或倒披针形，长10—20厘米，宽4—7厘米，先端尾状渐尖，三分之二以下渐狭，基部宽楔形，老叶两面无毛，上面绿色，中脉在上面凹下，侧脉12—24对，网脉稀疏，干时在背面凸起；叶柄长2—3厘米。花梗长约2厘米，径5—7毫米；花蕾长圆状卵形；花被片9—12，外轮3片，褐色，腹面带红色，倒卵状长圆形，中内轮6—9片，白色稍带乳黄色，倒卵状匙形，基部渐窄成爪。聚合果近圆柱形，长7—10厘米，径3.5—5.5厘米；蓇葖沿背缝线开裂；具明显的瘤状突起，先端有长1—2毫米的短喙；每心皮有种子4枚。花期5—6

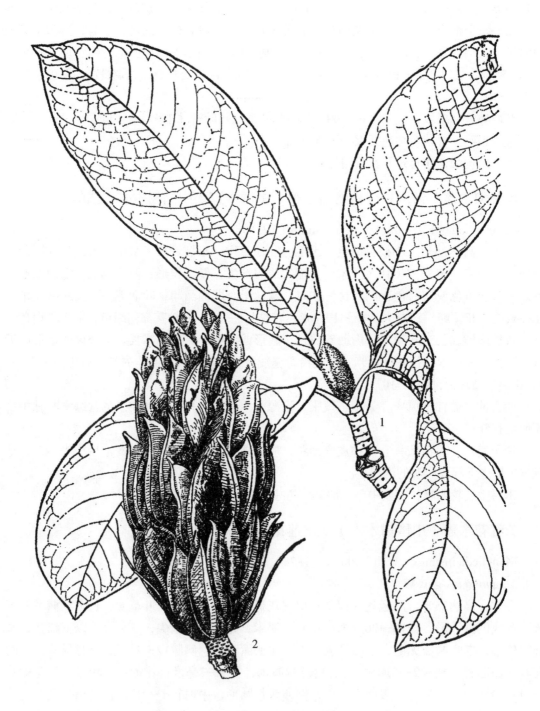

图66 大果木莲 *Manglietia grandis* Hu et Cheng
1.叶枝 2.聚合果

图67　缅甸木莲 *Manglietia hookeri* Cubitt et W.W. Smith

月，果期9—10月。

产腾冲、龙陵、沧源、景东、新平、石屏、金平、屏边、文山、麻栗坡，生于海拔1700—2500米的山地阔叶林中，常与鹿角栲、大叶五加、蒙自猴欢喜、亮叶含笑、瑞丽山龙眼、木瓜红、木莲等混生；西藏东南部、贵州、广西、湖南均产；印度东北部、缅甸北部也有。

耐阴，喜湿润、肥沃的土壤。种子繁殖、育苗造林。

材质优良，作家具用材。花艳丽，可作庭园观赏树种。

8.大毛叶木莲（云南种子植物名录） 大叶木莲（植物分类学报）、绿豆树（西畴）图69

Manglietia megaphylla Hu et Cheng（1951）

乔木，高达30米，胸径达80厘米。小枝、芽、叶柄、托叶、叶下面、果梗均密被锈褐色长绒毛。叶薄革质，常4—6枚聚生于枝顶，倒卵形，长25—40（50）厘米，宽15—20厘米，先端短急尖，三分之二以下渐窄，基部宽楔形，侧脉19—22对，网脉稀疏，干时两面凸起；叶柄长1.5—3厘米。花被片白色；花丝紫色。聚合果卵球形或长圆状卵形，长6.5—11厘米；果梗粗，长1—3厘米，径1—1.2厘米；蓇葖成熟时，长2.5—3厘米，沿背缝线二瓣裂，先端尖，微向外反曲。花期5月，果期9—10月。

产西畴、麻栗坡，生于海拔1100—1800米的山地常绿阔叶林中，常与刺栲、蒙自猴欢喜、亮叶含笑、白克木等混生成林；广西西部也有。

喜阴湿环境及深厚肥沃的土壤。种子繁殖，宜随采随播。种子发芽率50%—60%。1年生苗高50—60厘米。

木材纹理细致，材质轻软，作建筑、家具用材。

2.木兰属 Magnolia L.

乔木或大灌木，常绿或落叶。叶通常全缘；托叶膜质。花两性，大而美丽，单生枝顶；花被片9—21，近相等或有时外轮花被片较小，绿色，呈萼片状；雄蕊多数，花药扁平条形，内向或侧向纵裂；雌蕊群无柄，稀具极短的柄，心皮多数，分离，每心皮具2胚珠，稀下部的心皮具3—4胚珠。聚合果形状多样；蓇葖沿背缝线开裂；种子悬挂于丝状种柄（珠柄）上，外种皮鲜红色。

本属约90种，产于中国、日本、尼泊尔、不丹、印度北部、中南半岛、马来群岛、北美洲东北部至南美洲的委内瑞拉。我国约有30种，产南北各省，云南包括栽培种约有16种。

分 种 检 索 表

1.花药内向；花被片外轮与内轮相近似，不为萼片状；常绿或落叶；若为落叶树，则花与叶同时开放（贡山厚朴花后于叶开放）。

　2.常绿树；叶革质。

图68　红花木莲 *Manglietia insignis* (Wall.) Blume
1.花蕾枝　　2.聚合蓇葖　　3.蓇葖

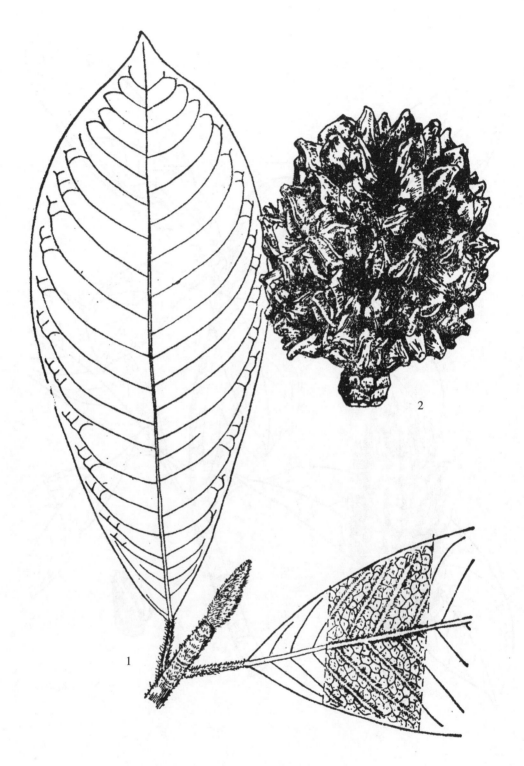

图69　大毛叶木莲 *Manglietia megaphylla* Hu et Cheng
1.叶枝　　2.聚合果

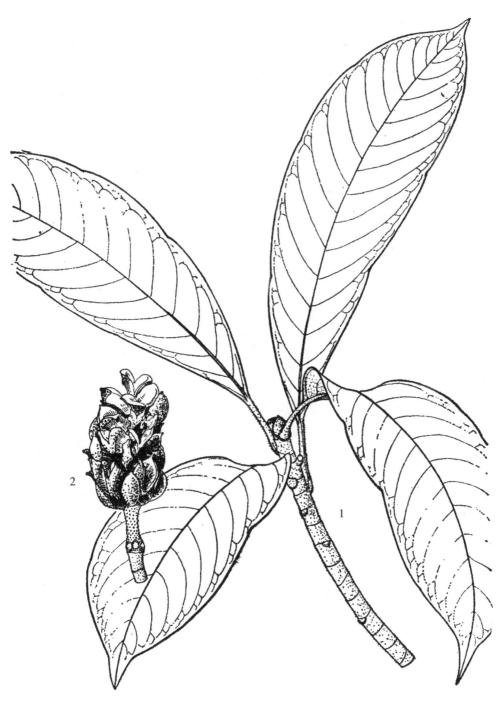

图70　锈枝木莲 *Manglietia forrestii* W. W. Smith ex Dandy
1.叶枝　　2.聚合果

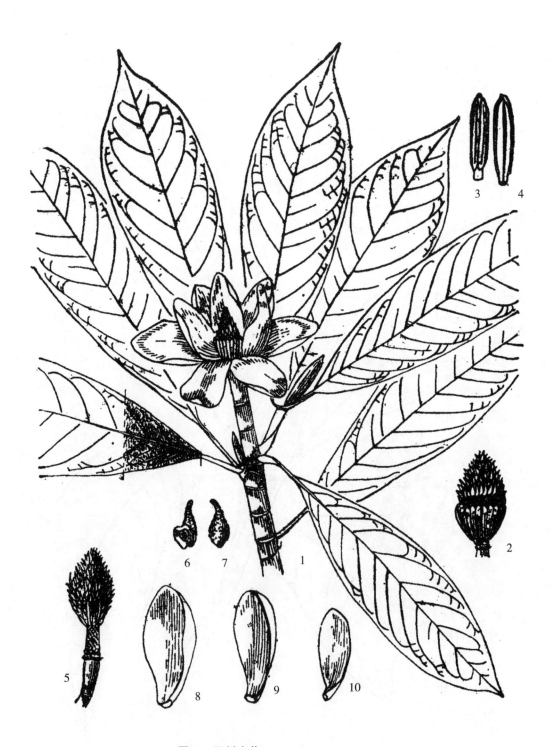

图71 四川木莲 *Manglietia szechuanica* Hu

1.花枝　　2.雄蕊群　　3—4.雄蕊　　5.雌蕊群

6—7.心皮及其纵剖　　8—10.三轮花被片

3.成年叶下面密被锈褐色绒毛 ································· 1.荷花玉兰M.grandiflora
3.成年叶下面无毛或疏被柔毛。
  4.叶大，长17厘米以上，叶柄长3厘米以上；花直径15厘米以上。
    5.叶长圆形或倒卵状长圆形，下面无毛或疏被平伏柔毛；花梗长约7厘米，向
      下弯垂 ···2.思茅玉兰 M.henryi
    5.叶卵形，阔卵形或长圆状卵形，幼叶下面密被长毛，成年叶下面有白粉，仅脉上
      疏被柔毛；花梗长3厘米以下，直立 ·············3.山玉兰M. delavayi
  4.叶较小，长通常在17厘米以下，叶柄长在1厘米以下；花直径3—4厘米 ··········
    ··· 4.夜合花 M. coco
 2.落叶树；叶膜质、厚纸质或近革质。
  6.叶聚生于枝端呈假轮生状，倒卵形。
    7.蓇葖具较短的喙，长3毫米以下；叶基部宽楔形 ············· 5.厚朴M. officinalis
    7.蓇葖具较长的喙，长6—8毫米；叶基部圆形 ···················6.贡山厚朴M. rostrata
  6.叶不聚生于枝端，不为倒卵形。
    8.叶长5—12厘米，下面被银灰色平伏毛；花梗向下弯垂 ····· 7.天女花 M. wilsonii
    8.叶长10—24厘米，下面被锈褐色皱曲柔毛；花梗直立或近直立 ···················
    ··· 8.锈毛天女花M. globosa
1.花药侧向或近侧向；花被片外轮呈萼片状或较小不呈萼片状；落叶树；花先叶开放（木兰
  花与叶同时开放）。
 9.花被片大小近相等。
  10.叶椭圆形或卵形，长10—25厘米；花被片12—16，深红色、淡红色或白色 ·········
    ···9.滇藏木兰 M. campbellii
  10.叶倒卵形或宽倒卵形；花被片9—12。
    11.叶先端凹缺，下面密被银灰色弯曲长柔毛，网脉不明显；花直径15厘米以上，花
      被片10—12，淡红色或紫红色 ·····················10.应春花M.sargentiana
    11.叶先端宽圆或平截，下面被极疏的平伏毛或无毛，网脉明显；花直径通常在12厘
      米以下，花被片9，白色 ························· 11.玉兰 M. denudata
 9.花被片大小极不相等。
  12.花与叶同时开放；外轮花被片绿色、萼片状；灌木 ·····················
    ··· 12.木兰 M. liliiflora
  12.花先叶开放；外轮花被片不为萼片状；小乔木 ·······················
    ··· 13.朱砂玉兰 M. soulangeana

1.荷花玉兰　洋玉兰（南京）、广玉兰（上海）图72

Magnolia grandiflora L.（1759）

常绿乔木，在原产地高达30米，胸径达1米。树皮灰色或淡褐色，薄鳞片状开裂；芽和幼枝密被灰黄色绒毛。叶厚革质，椭圆形或倒卵状椭圆形，长8—15（20）厘米、宽4—7厘米，先端短钝尖，基部宽楔形，上面无毛，深绿色，有光泽，下面密被锈色绒毛（幼树叶下面无毛）；叶柄长1—3（4）厘米，被锈褐色短绒毛。花大，直径15—20厘米，荷花状，芳香；花被片9—12（15），白色，倒卵形，长7—9厘米，宽5—7厘米；雄蕊长2厘米，花丝紫色，药隔伸出成短尖头；雌蕊群椭圆形，心皮多数，密被灰黄色绒毛。聚合果圆柱形或长卵形，长7—9厘米，径3.5—5厘米；蓇葖外面密被锈色绒毛，背面圆，先端具长喙。种子椭圆形或卵形，长约1.4厘米，宽约6毫米。花期5—7月，果期10—11月。

原产北美洲东南部，我国长江以南各省区均有栽培，云南各地庭园常见栽培。

喜光，适生于肥沃湿润的土壤。用种子、高枝压条或嫁接繁殖。选健壮母树采集果实后摊晒，待蓇葖裂开后取出种子，混沙或木炭屑贮藏，经常保持适当湿度。播前将种子浸泡于水中，洗去红色假种皮即可播种。苗高70厘米可出圃造林。高枝压条时选健壮枝条，割切伤口，包上肥土，用塑料袋或竹箩装好，待枝条生根后，割离母株，然后定植。嫁接繁殖用黄兰、木兰、山玉兰作砧木，选长10—15厘米具2—3个侧芽的健壮枝条作接穗，切接、劈接均可。

木材坚重，结构细致，黄白色，可作家具、室内装修、文具等用材。叶、幼枝、花可提取芳香油；花制浸膏用；叶可作药，降血压；树姿优美，绿荫浓密，花大洁白，且对氯气、二氧化硫、氟化氢等毒气有较强的抗性，是美化环境、点缀园林、净化空气的良好树种。

2.思茅玉兰（中国树木分类学）　"萨冬歹""傻东化"（傣语）、大叶玉兰（中国树木志）图73

Magnolia henryi Dunn（1903）

常绿乔木，高达20米；树皮灰白色，平滑。小枝幼时有绒毛，后脱落无毛。叶革质，长圆形或倒卵状长圆形，长20—70厘米，宽7—20厘米，先端圆或钝尖，基部宽楔形，上面无毛，中脉显著凸起，下面无毛或疏被平伏柔毛，侧脉12—16（20）对，网脉稀疏，干时两面凸起；叶柄长3—5厘米，无毛。花梗长约7厘米，向下弯垂；花蕾卵形，苞片无毛；花被片9，外轮3片绿色，长圆形，先端圆，长5—7厘米，宽3—4厘米，中、内轮白色，厚肉质，倒卵状匙形，内轮稍窄；雄蕊长1.2—1.5厘米，药隔伸出成钝尖头；雌蕊群窄椭圆形，长3.5—4厘米，无毛。聚合果卵状椭圆形，长10—15厘米，径3—5厘米；蓇葖先端具短喙。花期5月，果期8—9月。

产镇沅、普洱、澜沧、孟连、勐海、景洪、勐腊，生于海拔540—1500米的沟谷常绿阔叶林中。缅甸、泰国也有。

种子繁殖，采收后混沙贮藏，播前浸泡洗去假种皮，育苗造林。

木材纹理直，结构细，材质好，可作体育器材、文具、家具及细木工用材；花大，可

图72 荷花玉兰 *M. grandiflora* L.
1.花枝　　2.聚合果　　3.种子

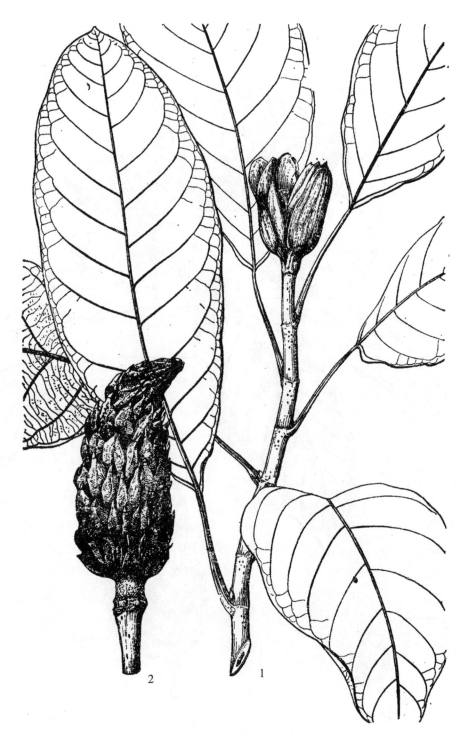

图73 思茅玉兰 *Magnolia henryi* Dunn
1.花枝　　2.聚合果

图74　山玉兰 *Magnolia delavayi* Franch.

1.花枝　　2.聚合果　　3.蓇葖　　4.种子

为园林观赏树种。

3.山玉兰（中国树木分类学） 优昙花、山波罗、波罗树、波罗花（植物名实图考）、土厚朴（洱源）、野玉兰、大波罗叶（昆明）、云南玉兰、大棚棚叶（文山）图74

Magnolia delavayi Franch.（1889）

常绿乔木，高达12米，胸径达80厘米；树皮灰绿色或灰黑色，粗糙，开裂。小枝具白色、圆形皮孔，幼枝被灰黄色平伏柔毛。叶革质，卵形、阔卵形或卵状椭圆形，长17—24（32）厘米，宽10—14厘米，先端圆钝，基部圆形，上面无毛，绿色，光亮，中脉平或凹下，幼叶下面密被交织长柔毛，成年叶下面被白粉，仅脉上疏被长柔毛，侧脉11—16对，网脉细密，干时两面凸起；叶柄长3—7厘米，被灰黄色长柔毛，后脱落无毛。花梗直立；花芳香，直径达20厘米；花被片9（10），外轮3片，淡绿色，长圆形，长6—8厘米，宽2—3厘米，向外反曲，中、内轮乳白色，倒卵状匙形，中轮与外轮等大，内轮稍小；雄蕊长2—2.5厘米，药隔伸出成锐尖头；雌蕊群卵状长圆形，被细柔毛。聚合果卵形、卵状圆柱形，长6—10（15）厘米，径4—6厘米；蓇葖窄椭圆形，先端具外弯的喙。花期4—6月，果期9—10月。

产丽江、永仁、腾冲、洱源、宾川、牟定、武定、禄劝、禄丰、昆明、安宁、嵩明、宜良、师宗、罗平、双柏、易门、元江、石屏、蒙自、屏边、文山，生于海拔1600—2850米的阔叶林中；四川南部、贵州西南部也产。

种子繁殖。混沙贮藏或随采随播。播前用温水浸种24小时，搓去红色假种皮。种子千粒重143.5克，条播。苗床注意保持湿润，但不可浇水过多以免种子霉烂变质。

树皮入药，有温中理气、止痛、健脾胃等疗效；主治慢性胃炎、消化不良、呕吐、腹痛、腹胀、腹泻等疾病。花大，芳香，初夏盛开，为园林优良观赏树种。

4.夜合花（植物名实图考） 夜香木兰（昆明）图75

Magnolia coco（Lour.）DC.（1818）

Liriodendron coco Lour.（1790）

Magnolia pumila Andr.（1802）

常绿灌木，高2—4米；全株各部无毛；树皮灰色，平滑。小枝绿色，平滑或稍具棱。叶革质，椭圆形、窄椭圆形或倒卵状椭圆形，长7—14（18）厘米，宽3—5（6.5）厘米，先端渐尖或尾状渐尖，基部楔形，边缘稍反卷，上面深绿色，有光泽，中脉下凹，背面苍绿色，侧脉8—10对，弯曲，至叶缘处分叉上弯会合，网脉稀疏，干时两面凸起；叶柄长5—10毫米。花梗长1.5—2.5厘米，向下弯垂；花直径3—4厘米，夜间极香；花被片9，倒卵形，外轮3片背面淡绿色，长约2厘米，内两轮白色，长3厘米，宽约1厘米；雄蕊长4—6毫米，药隔伸出成短尖头；心皮窄卵形，长5—6毫米。聚合果长约3厘米；蓇葖近木质。花期夏季，果期秋季。

产于浙江、福建、台湾、广东、广西，云南有栽培。

嫁接、扦插和高枝压条繁殖。嫁接常以紫玉兰、火力楠、木莲等为砧木；高枝压条宜

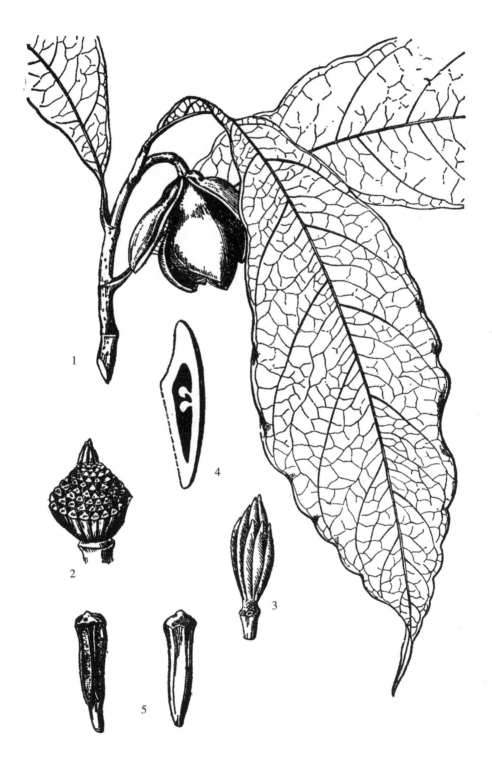

图75 夜合花 *Magnolia coco* (Lour.) DC.

1.花枝　　2.雌雄蕊群　　3.雌蕊群　　4.心皮纵剖　　5.雄蕊背腹面

在春季或秋季进行，生根后移入圃地，育成大苗后才能定植。

这是名贵的观赏树种；花香，可熏茶，也可制浸膏或提取香精，入药治淋浊带下；根皮可治风湿、跌打损伤等。

5.厚朴（神农本草经） 重皮（广雅）、赤朴（名医别录）、淡伯（新本草纲目）图76

Magnolia officinalis Rehd. et Wils. （1913）

落叶乔木，高达20米，胸径达1米；树皮灰色，厚，不开裂。幼枝有绢毛，后脱落无毛，小枝粗壮，淡黄色或灰黄色。叶大，聚生枝顶呈假轮生状，厚纸质或薄革质，倒卵形或椭圆状倒卵形，长22—40（45）厘米，宽15—24厘米，先端短急尖或圆钝，基部宽楔形，上面绿色，无毛，下面被明显的白粉和灰黄色柔毛，侧脉20—30对；叶柄长2—3（4）厘米。花梗粗短，被长柔毛；花与叶同时开放，芳香，径10—15厘米；花被片9—12，近等大，长8—10厘米，宽4—5厘米，外轮3片淡绿色，长圆状倒卵形，盛开时常向外反卷，内两轮白色，倒卵状匙形，直立；雄蕊长2—3厘米，花丝红色；雌蕊群长圆状卵形，长2.5—3.5厘米。聚合果近圆柱形，长7—15厘米，基部圆；蓇葖先端具长2—3毫米的短喙。花期5—6月，果期9—10月。

产镇雄、彝良、昭通、鲁甸、宣威、富源，但野生者已不多见，多为栽培；陕西、四川、湖北、贵州、江西等省均产。

喜光、适宜温凉、湿润的气候及肥沃、疏松的微酸性土壤。种子繁殖为主。种子每千克3000—3200粒，发芽率70%—80%，当年生苗可长至30厘米。亦可压条、分蘖繁殖或萌芽更新。5年后生长加快，在立地条件好的地方，15—20年生，高达10米，胸径达20厘米。

木材淡黄褐色，质轻软，纹理直，结构细密，不易开裂，作细木工、雕刻、乐器、文具、家具等用材。又为著名中药，以树皮为主，一般8年生即可剥皮，老树的皮药效最高，主治伤寒，行气平喘、祛风镇痛；种子有明目益气功效，也可榨油，含油量35%，出油率25%，油供制肥皂等用。花色美丽，是园林的优良观赏树种。

6.贡山厚朴（云南种子植物名录） 长喙厚朴（中国树木志）、大叶玉兰图77

Magnolia rostrata W. W. Smith（1920）

落叶乔木，高达20米。小枝粗壮，径1—1.3厘米，幼时绿色，后为褐色；芽圆柱形，无毛。叶聚生枝顶，呈假轮生状，厚纸质，倒卵形或宽倒卵形，长20—40（50）厘米，宽15—20厘米，先端宽圆，具短尖头，稀凹缺，基部圆形，上面绿色，有光泽，下面被白粉，沿中脉及侧脉被黄褐色毛，侧脉26—30对，网脉干时两面凸起；叶柄长3—7厘米。花后于叶开放，花被片10—11，外轮3片背面绿色，腹面粉红色，长圆状椭圆形，长7—12厘米，向外反卷，内两轮白色，倒卵状匙形，较外轮稍大，直立；雄蕊群紫红色，雌蕊群圆柱形。聚合果狭圆柱形，长11—14（18）厘米，基部圆；蓇葖先端具向外弯曲，长6—8毫米的长喙。种子扁圆形，长6毫米，宽4毫米。花期4—5月，果期9—10月。

产贡山县，生于海拔2100—2800米的山地阔叶林中；缅甸也有。

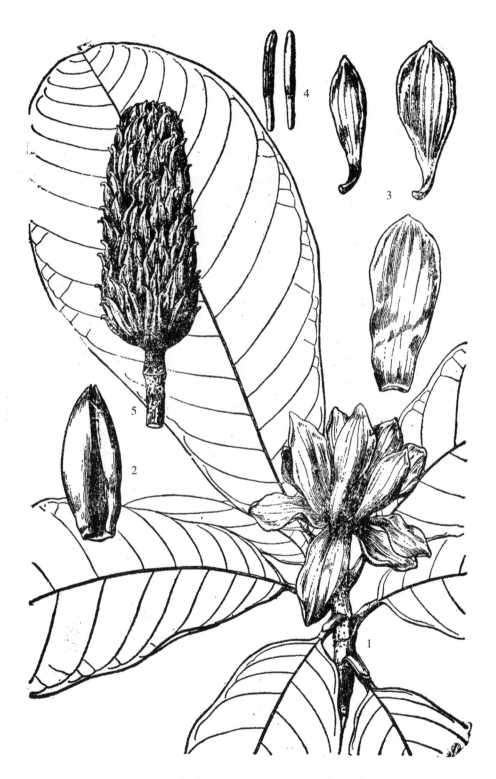

图76 厚朴 *Magnolia officinalis* Rehd. et Wils.

1.花枝　　2.花芽苞片　　3.三轮花被片　　4.雄蕊　　5.聚合果

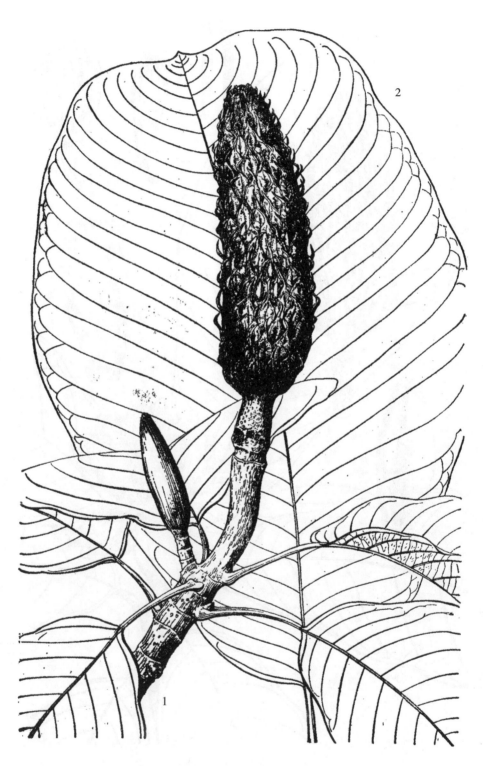

图77 贡山厚朴 *Magnolia rostrata* W.W.Smith

1.果枝　　2.叶片

种子繁殖。随采随播或混沙贮藏。播前温水浸种48小时，搓去假种皮，条播育苗。注意保持土壤湿润。

木材作家具、建筑、文具等用材。树皮入药，治胸腹胀痛、呕吐、腹泻等症。

7. 天女花（云南种子植物名录） 西康玉兰（中国树木分类学）、鸡蛋花（禄劝）图78

Magnolia wilsonii（Finet et Gagnep.）Rehd.（1913）

Magnolia parviflora Sieb. et Zucc. var. *wilsonii* Finet et Gagnep.（1905）

落叶小乔木，高3—8米。小枝紫红色，具皮孔，初被褐色柔毛，后脱落无毛，老枝灰色。叶纸质，椭圆形或卵状椭圆形，长5—15厘米，宽2.5—6厘米，先端钝尖或短渐尖，基部圆，稀微心形，上面无毛，下面密被银灰色平伏长柔毛，沿脉具褐色长柔毛；叶柄长1—4厘米，初密被褐色长柔毛，后渐脱落无毛。花梗细，长1.5—5厘米，被褐色长柔毛，向下弯垂；花与叶同时开放，花香；花被片9（12），白色，近同形与等大，宽匙形或倒卵形，长4—7厘米，宽3—5.5厘米，先端圆形；雄蕊长10—12毫米，紫红色，药隔顶端圆或微凹；雌蕊群绿色，卵状圆柱形，长1.5—2厘米。聚合果下垂，圆柱形或长卵形，长5—7（10）厘米，径1.5—3厘米，熟时紫褐色；蓇葖背部有疣状瘤点，先端具尖而外弯的喙。种子长5—6毫米。花期5—6月，果期8—9月。

产丽江、剑川、鹤庆、大理、宾川、景东、大姚、禄劝、巧家、会泽、东川，生于海拔2600—3500米的山地森林中；四川也有。

种子繁殖，育苗造林。混沙贮藏种子，播前搓去假种皮。

树皮药用，为厚朴代用品；又可作庭园观赏树种。

8. 锈毛天女花（云南种子植物名录） 毛叶玉兰（中国树木分类学）、锈毛玉兰 图79

Magnolia globosa Hook. f. et Thoms.（1855）

落叶小乔木，高达10米。小枝幼时密被褐色长柔毛，后脱落；芽长椭圆形，密生锈褐色毛。叶膜质，宽卵形、长圆状卵形或宽椭圆形，长10—22（26）厘米，宽5—14厘米，先端钝或急尖，基部圆形，有时近心形，上面深绿色，无毛或初时沿脉被褐色毛，下面密被锈褐色卷曲长柔毛。花梗长5—6.5厘米，密被锈褐色长柔毛，直立或近直立；花与叶同时开放，芳香；花被片9（10），白色或乳白色，倒卵形或椭圆形，等大，长4—7厘米，宽2—3厘米，先端圆；雄蕊长1.2—1.7厘米，紫红色；雌蕊群绿色，长3.5厘米。聚合果长椭圆形，长6—8厘米；蓇葖先端具弯曲的喙。花期5—7月，果期8—9月。

产贡山、维西，生于海拔2300—3000米的山地林中。西藏东南部、四川西南部均产；缅甸北部也有。

种子繁殖，育苗造林、技术措施可参阅山玉兰。

种子及叶可提取芳香油，作配制香精原料用；又可为庭园观赏树种。

图78 天女花 *Magnolia wilsonii* (Finet et Gagnep.) Rehd.
1.果枝　　2.菁葖果　　3.种子

图79　锈毛天女花 *Magnolia globosa* Hook. f. et Thoms.
1.花蕾枝　　2.聚合果　　3.叶下面部分放大（示毛被）

9.滇藏木兰（中国树木分类学） 夜合、土厚朴（丽江）、厚朴（维西）
图80

Magnolia campbellii Hook. f. et Thoms.（1855）

落叶乔木，高达30米，胸径达40厘米；树皮灰褐色。小枝黄绿色，老枝红褐色，
无毛。顶芽卵形，被淡黄色绢毛。叶纸质，椭圆形或卵形，长10—25（33）厘米，宽
5—15厘米，先端急尖，基部圆形，有时微心形，上面绿色，无毛，下面密被灰白色绒
毛或有时近无毛；叶柄长2—3.5（5）厘米。花梗粗，径1.2—1.4厘米，被柔毛；花大，
径15—25厘米，先叶开放，稍芳香；花被片12—16，深红色、淡红色或白色，外轮平展
或向外反卷，内轮直立3、雄蕊长1—3厘米，花丝紫红色；雌蕊群长2—3厘米，绿色，
柱头红色。聚合果初直立后下垂，圆柱形，长16—21厘米；果梗密被灰黄色长柔毛；成
熟蓇葖褐色，有明显的圆形皮孔。种子红色，卵形，长约1厘米。花期3—5月，果期9—10月。

产德钦、贡山、维西、丽江、泸水、腾冲、龙陵，生于海拔2400—3300米的山地阔叶
混交林中；西藏东南部也有；尼泊尔、不丹、印度北部、缅甸东北部均产。

种子繁殖，育苗造林。

当地群众用其皮代厚朴入药，也可作庭园观赏树种。

10.应春花（云南种子植物名录） 二月花（绥江）、花树子、包谷树（镇
雄）、厚皮（四川）、凹叶木兰 图81

Magnolia sargentiana Rehd. et Wils.（1913）

落叶乔木，高达20米，胸径达1米，树皮黄绿色，光滑。小枝黄绿色，无毛。芽卵形，
密被灰黄色柔毛。叶近革质，倒卵形，稀长圆状倒卵形，长11—15（17）厘米，宽6—10厘
米，先端圆形、凹缺，稀具短尖头，基部楔形或宽楔形，上面绿色，无毛，有光泽，下面
密被银灰色弯曲长柔毛，侧脉8—12对，网脉由于毛被覆盖而很不明显；叶柄细，长2—4厘
米，初被毛，后脱落无毛。花蕾卵形，被灰黄色长柔毛；花先叶开放，稍芳香，径15—20
厘米；花被片10—12，淡红色或淡紫红色，倒卵形或矩圆状倒卵形，长8—12厘米，宽2—
4厘米，先端圆形或微凹；雄蕊长1—1.5厘米，花丝紫色，药隔伸出成短尖头；雌蕊群圆柱
形，绿色。聚合果圆柱形，长8—15厘米，径2—3厘米，果梗粗，径7—11毫米；蓇葖黑紫
色，近圆形，密生细疣点，先端具短喙。花期4—5月，果期9月。

产盐津、绥江、大关、彝良、镇雄，生于海拔1550—2000米的阔叶林中，与峨眉栲、
方竹等混生成林；四川也有。

种子繁殖，条播育苗。

树皮入药，作厚朴的代用品。

11.玉兰（群芳谱） 玉兰花（滇南本草）、白玉兰（河南）图82

Magnolia denudata Desr.（1791）

Magnolia heptapeta（Buc'hoz）Bandy（1934）

落叶乔木，高达20米，胸径达60厘米；树皮深灰色，老时开裂。小枝灰褐色，无毛；

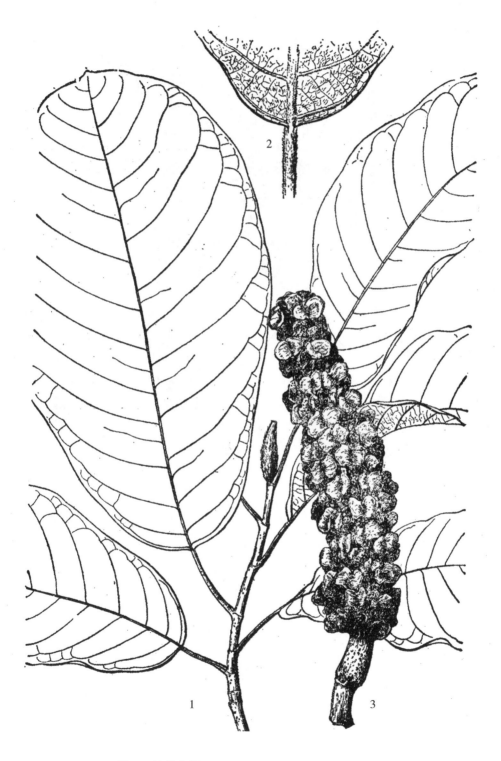

图80 滇藏木兰 *Magnolia campbellii* Hook.f. et Thoms.
1.叶枝　　2.叶背一部分　　3.聚合果

图81 应春花 *Magnolia sargentiana* Rehd. et Wils.
1.叶枝　　2.雄蕊群及雌蕊群　　3.果枝　　4.花枝

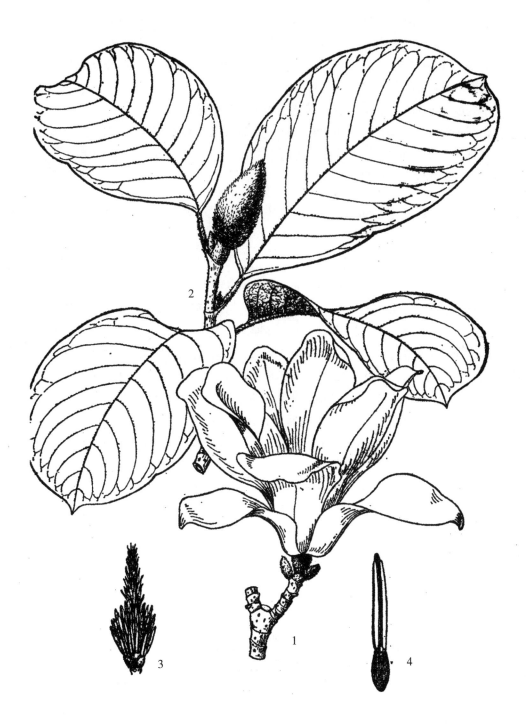

图82 玉兰 *Magnolia denudata* Desr.
1.花枝　2.叶枝　3.雌雄蕊群　4.雄蕊

顶芽卵形，密被灰黄色长绢毛。叶纸质，宽倒卵形或倒卵状圆形，长7—14（18）厘米，宽4—12厘米，先端宽圆或平截，具突尖的小尖头，基部楔形或近圆形，上面幼时被柔毛，后仅沿叶脉有毛，下面叶脉被毛，余被极疏的平伏毛或无毛，侧脉8—10对，网脉明显；叶柄长1.5—2.5厘米，被柔毛。花梗显著膨大；花先叶开放，芳香，径10—12（15）厘米；花被片9，白色，稀基部带淡红色纵纹，倒卵形或匙状倒卵形，长5—10厘米，宽3—5厘米；雄蕊长0.8—1.2厘米，药隔伸出成短尖头；雌蕊群圆柱形，长2—2.5厘米。聚合果圆柱形，长13—15厘米，径3—5厘米；蓇葖木质，褐色，具白色皮孔，种子卵形或宽卵形。花期2—3月（云南可早至1月下旬），果期8—9月。

产于安徽、湖南、江西、浙江；云南各地庭园有栽培。

喜光，稍耐寒，适宜肥沃湿润的酸性土。播种或嫁接繁殖。嫁接以紫玉兰为砧木。

花艳丽芳香，为名贵观赏树种；花可提制浸膏；花被片可食用；花蕾入药，功效与"辛夷"同；材质优良，纹理直，结构细。

12. 木兰 紫玉兰（丽江）、辛夷（植物名实图考）、辛夷花、房木（本草纲目）、二季紫玉兰（腾冲）图83

Magnolia liliiflora Desr.（1791）

Lassonia quinquepeta（Buc'hoz）Dandy（1934）

落叶灌木，高达5米，常丛生。小枝紫褐色，具圆形或椭圆形皮孔；顶芽卵形，被淡黄色绢毛。叶纸质，椭圆状倒卵形，长8—18厘米，宽3—10厘米，先端急渐尖或渐尖，基部宽楔形，幼叶上面疏生短柔毛，成长叶上面无毛，下面沿脉有柔毛，侧脉7—10对；叶柄初被柔毛，后脱落无毛，长8—12（20）毫米。花梗显著膨大，长约1厘米，被灰黄色长柔毛；花与叶同时开放；花被片9，外轮3片紫绿色、萼片状，披针形，长约3厘米，内两轮外面紫色或紫红色，内面白色，长圆状倒卵形，长8—10厘米；雄蕊紫红色，长8—10毫米，药隔伸出成短尖头；心皮窄卵形或窄椭圆形，长3—4毫米。聚合果圆柱形，长7—10厘米，淡褐色。花期3—4月，果期8—9月。

长江流域各地和河南、山东等地广泛栽培。云南各地有栽培。

幼年稍耐阴，成年喜光；抗寒力较白玉兰强。分株或压条繁殖，也可播种育苗。

花色艳丽，为著名的庭园观赏树种；树皮、花蕾均入药，花蕾入药称为"辛夷"；树皮、叶、花均可提制芳香浸膏。

13. 朱砂玉兰（昆明） 二乔木兰（中国树木志）图84

Magnolia soulangeana Soul.（1826）

落叶小乔木，高可达10米。叶纸质，倒卵形，长6—15厘米，宽4—7.5厘米，先端短急尖，基部楔形，上面绿色，中脉基部常有毛，下面多少被柔毛，侧脉7—10对，干时网脉两面凸起；叶柄长1—1.5厘米，被柔毛。花先叶开放，花被片6—9，淡红色或紫色，基部比上部颜色较深，外轮3片较短或与内两轮近等长；雄蕊长约1厘米，药隔伸出成短尖头；雌蕊群圆柱形，长约1.5厘米。聚合果长约8厘米；蓇葖卵形或倒卵形，熟时黑色，具白色皮孔。种子倒卵形，微扁。花期2—3月，果期9—10月。

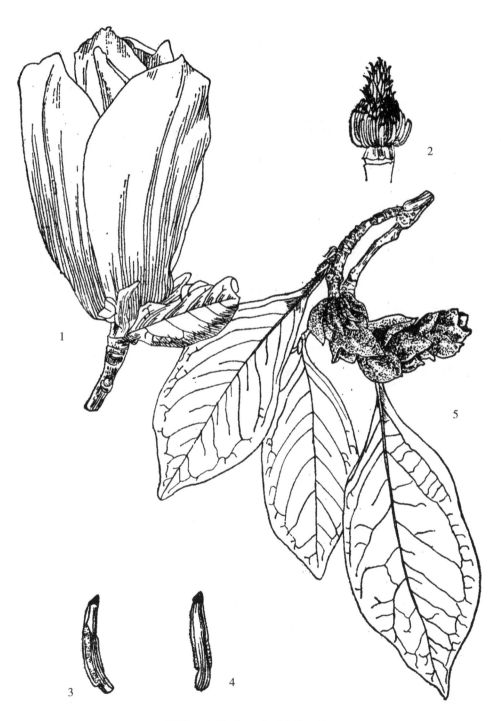

图83　木兰 *Magnolia liliiflora* Desr.

1.花枝　　2.雄蕊群及雌蕊群　　3—4.雄蕊　　5.果枝

图84 朱砂玉兰 *Magnolia soulangeana* Soul.
1.花 2.叶枝

昆明有栽培。压条、嫁接、种子繁殖均可。

花先于叶开放，色泽绚丽，为著名园林观赏树种。

3. 华盖木属 Manglietiastrum Law

常绿乔木。叶全缘。花两性，单生枝顶；花被片9，排成3轮，外轮最大；雄蕊多数，花药条形，内向纵裂，药隔伸出成长尖头；雌蕊群具粗短的柄，心皮多数，离生，每心皮具胚珠3—5枚。聚合果倒卵形、卵球形或长圆状卵形；蓇葖厚木质，沿腹缝线全裂或顶端2浅裂，宿存。种子1—3，悬垂于丝状种柄上，种皮呈假种皮状。

本属仅1种，产于我省东南部。

华盖木（植物分类学报）　缎子绿豆树（西畴）图85

Manglietiastrum sinicum Law（1979）

常绿乔木，高达40米，胸径达1.2米；树干基部稍具板根。树皮灰白色，小枝深绿色，老枝褐色；全株各部无毛。叶革质，窄倒卵状椭圆形或窄倒卵形，长12—26（30）厘米，宽4—8（9.5）厘米，先端短钝尖，基部宽楔形，渐窄下延，两面绿色，边缘稍外卷，侧脉12—16对，近边缘处网结，网脉稀疏，干时两面凸起；叶柄长1.5—2厘米，上面宽平，基部稍膨大。花被片9；雄蕊约65枚；心皮13—16厘米，雌蕊群柄，果长约1厘米，径约1.3厘米。聚合果倒卵形、卵球形或长圆状卵形，将熟时绿色，干时暗褐色，长5—8.5厘米，径3.5—6.5厘米；蓇葖厚木质，窄长圆状椭圆形或倒卵状椭圆形，长2.5—4厘米，径1.5—2.5厘米，背面具粗皮孔。种子横椭圆形，宽1—1.3厘米，高约7毫米，腹孔凹入，中央有凸点，背棱稍凸。

产西畴，生于海拔1300—1700米的常绿阔叶林中。云南特有珍稀树种，为国家二级保护植物。

种子繁殖。采种后混沙贮藏或随采随播。播种时搓去假种皮，温水浸种催芽，注意保持苗床湿润，苗床过湿会引起种子霉烂。造林时注意保护须根，并剪去部分叶片。如用营养袋育苗可节省种子，提高苗木质量，保证造林成活率。

4. 长蕊木兰属 Alcimandra Dandy

常绿乔木。叶全缘。花两性，单生枝顶；花被片9，3轮，近相等；雄蕊多数，花丝短，花药极长，线形，内向纵裂，药隔伸出成舌状；雌蕊群具柄，不伸出雄蕊群，心皮多数，离生，每心皮具胚珠2—5枚。聚合果圆柱形；蓇葖沿背缝线开裂。种子1—4，悬挂于丝状种柄上，外种皮红色。

本属仅1种，产于印度东北部、印度、不丹、缅甸北部和越南北部；我国西藏和云南也有。

图85 华盖木 *Manglietiastrum sinicum* Law

1.叶枝　　2.聚合果　　3.种子　　4—5.菁葖腹、背面

长蕊木兰（植物分类学报）　黄心树、黄泡心（广南）、团叶黄心（金平）、黑心树（双江）图86

Alcimandra cathcartii（Hook. f. et Thoms.）Dandy（1927）

常绿乔木，高达30米，胸径达50厘米；树皮淡褐色。幼枝密被灰黄色绒毛或无毛；顶芽长圆锥形，被白色长毛。叶革质，椭圆形、卵形或宽卵形，长6—12厘米，宽3.5—6厘米，先端尾状渐尖或短尖，基部圆形或宽楔形，上面有光泽或两面有光泽，侧脉11—15对，纤细，不明显，网脉细密，干时两面凸起，叶柄长0.5—1.5厘米，有毛或无毛，无托叶痕。花梗长约1.5厘米；花被片白色，外轮长圆形，长5.5—6厘米，宽2—3厘米，内两轮倒卵状椭圆形，与外轮近等大；雄蕊长约3.5厘米；雌蕊群圆柱形，长2—2.5厘米，雌蕊群柄长约1厘米。聚合果长3.5—5厘米；蓇葖扁球形，径8—9毫米，密生白色皮孔。花期5月，果期9—10月。

产龙陵、双江、景东、澜沧、金平、屏边、西畴、广南，生于海拔1600—2500米的常绿阔叶苔藓林中，常和壳斗科、樟科等树种混交，为林中上层树种之一；西藏东南部也有。印度、不丹、缅甸、越南亦产。

种子繁殖。播前温水浸种并搓去假种皮。条播。其他措施可参阅华盖木。

木材黄白色或浅黄褐色，有光泽；幼树心边材不明显。散孔材，管孔小，大小不一，分布较均匀。生长轮明显，木射线，中至细。木材纹理直，结构细而均匀，硬度及强度适中。适于作室内装修、车厢、门窗、雕刻、建筑等用材。花大，白色，可作园林观赏树种。

5. 拟单性木兰属 Parakmeria Hu et Cheng

常绿乔木，全株各部无毛。花单生枝顶，雄花及两性花异株，花被片约12，形状相似，大小近相等或内轮的稍小；雄花的雄蕊10—30（60），花丝短，花药条形，内向开裂；两性花的雄蕊群与雄花相同，雌蕊10—20，雌蕊群有柄，心皮发育时完全愈合。聚合果椭圆形或倒卵形；蓇葖木质，沿背缝线及顶端开裂。种子2，悬垂于有弹性的丝状珠柄上。

本属约6种，我国约有5种，产于西南部及东南部，云南有2种。

分 种 检 索 表

1.叶厚革质，卵状椭圆形或卵形；花乳黄色 …………1.光叶拟单性木兰 Parakmeria nitida
1.叶薄革质，卵状长圆形或卵状椭圆形；花白色 …………2.云南拟单性木兰 P. yunnanensis

1.光叶拟单性木兰

Parakmeria nitida（W. W. Smith）Law.

Magnolia nitida W. W. Smith（1920）

产贡山、福贡、维西、泸水等地，海拔1800—2500米的常绿阔叶林中，常与木莲属、

图86　长蕊木兰 *Alcimandra cathcartii* (Hook. f. et Thoms.) Dandy
1.花枝　　2.聚合果　　3.雄蕊

含笑属、栲属、青冈属等树种伴生；广西、西藏均有。缅甸也产。

2.云南拟单性木兰　缎子绿豆树（西畴）、缎子木兰（麻栗坡）、黄心树（屏边）图87

Parakmeria yunnanensis Hu（1951）

常绿乔木，高达28米。叶薄革质，窄椭圆形或窄卵状椭圆形，长6.5—15厘米，宽2—5厘米，先端短渐尖或渐尖，基部宽楔形或楔形，渐窄下延至柄，叶上面有光泽，侧脉7—15对，网脉在下面明显；叶柄长1—2.5厘米。两性花及雄花异株，花芳香，白色，雄花花被片12—14，外轮的较大，倒卵形，先端圆，基部渐窄，长约4厘米，宽约2厘米，内三轮肉质，窄倒卵形或匙形，基部渐窄，长3—3.5厘米；雄蕊长约2.5厘米，药隔伸出成长1毫米的短尖头。聚合果长圆状卵形，长约6厘米；蓇葖菱形。种子扁，长6—7毫米，宽约1厘米。花期5月，果期9—10月。

产西畴、麻栗坡、金平、屏边，生于海拔1200—1500米的山谷密林中。

种子繁殖。果实成熟后采集晾晒，待蓇葖开裂后种子脱出，除去杂质，用湿草木灰搓去红色假种皮，洗净晾干，混沙藏于通风处。但不宜久藏，最好随采随播。

木材纹理直，结构细而均匀，强度、硬度适中，材质较好，作家具、建筑等用材。

6.假含笑属 Paramichelia Hu

常绿乔木。托叶与叶柄贴生。花单生叶腋，两性，花被片12—18，4—6出数，大小近相等；花药侧向或近侧向开裂，药隔伸出成尖头；雌蕊群具柄，心皮多数，完全结合，每心皮胚珠2—6。聚合果肉质，蓇葖不裂或不规则晚裂，中轴木质，宿存，果皮中脉钩状。

本属约有3种，产亚洲东南部的热带及亚热带，从我国西南部、印度北部，经中南半岛至苏门答腊一带。我国约有2种，云南有1种。

假含笑（中国高等植物图鉴）　合果木（中国树木志）、山缅桂（西双版纳）、大果白兰、黑心树（金平）、"埋章巴""埋洪"（傣语）、"扑郎"（爱伲族语）图88

Paramichelia baillonii（Pierre）Hu（1940）
Magnolia baillonii Pierre（1879）

大乔木，高达50米，胸径达1米；树皮粉白色，老时浅褐色，纵裂呈小片状剥落，具有香樟气味。幼枝、叶柄被淡褐色平伏长毛，老枝黑色，有明显的白色皮孔，髓心白色，具较密的淡褐色片状分隔。叶椭圆形、卵状椭圆形或披针形，长6—22（25）厘米，宽4—7厘米，先端渐尖，基部楔形或宽楔形，上面初被褐色平伏长毛，中脉凹下，下面被白色平伏长毛，侧脉9—15对，网脉细密，干时两面凸起；叶柄长1.5—3厘米。花芳香，黄白色；花被片18（20），3轮，每轮6片，外两轮倒披针形，内轮披针形；雄蕊长6—7毫米，花丝线形；雌蕊群窄卵形，长约5毫米，心皮密被黄色柔毛，花柱红色，雌蕊群具柄，长约3毫米，密被淡黄色柔毛；花梗长1—1.5厘米，密被淡黄色平伏柔毛。聚合果肉质，长6—10厘

图87 云南拟单性木兰 *Parakmeria yunnanensis* Hu
1.花枝 2.果序

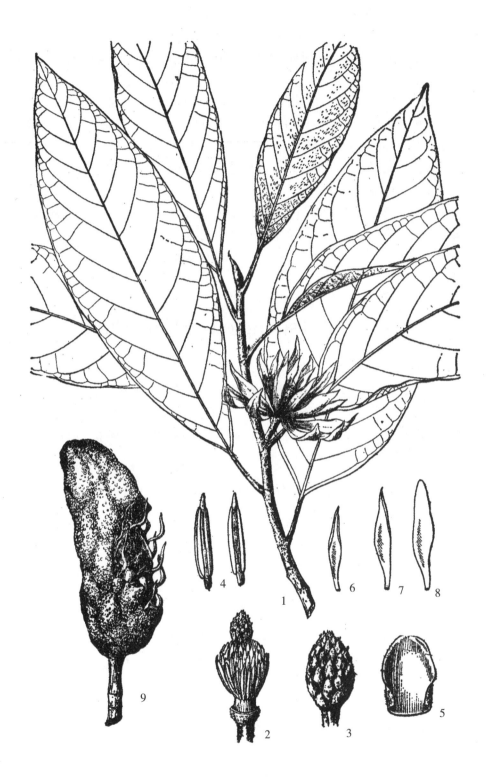

图88　假含笑 *Paramichelia baillonii* (Pierre) Hu
1.花枝　　2.雌雄蕊群　　3.雌蕊群　　4.雄蕊　　5.苞片
6—8.三轮花被片　　9.聚合果

米，径约4厘米，倒卵形或椭圆状圆柱形；小果合生，具凸起的皮孔，干后不规则小块状脱落，中脉木质化，扁平，弯钩状，长约2厘米，宿存于中轴上。花期2—3月，果期8—9月。

产景洪、勐腊、勐海、普洱、澜沧、普洱、临沧、耿马、金平、绿春等地，海拔 550—1700米；越南也有。

喜温暖湿润气候，多生于热带季雨林、沟谷季雨林和南亚热带季雨林中，常与红木荷、黄樟、普文楠、云南樟、红锥、山韶子、云南石梓、黄牛木等混生，在普洱则与思茅松混生。要求肥沃、排水良好的疏松壤土或沙壤土。用种子繁殖。生长较快，野生树木20年生，树高达20米，胸径达34厘米。人工造林易成活，但需沙藏催芽。种子千粒重60—70克，发芽率40%—70%。苗木侧根发达。

木材气干容重0.629克/立方厘米；体积干缩系数0.485%，散孔材，边材灰黄褐色，心材浅绿黄褐色；管孔略少；木射线少至中。木材有光泽；无特殊气味，生长轮略明显，绞理直，结构细，耐腐性强，作建筑、家具、室内装饰及桥梁等用材。根尖和树皮入药，消炎，治风湿。

7. 观光木属 Tsoongiodendron Chun

常绿乔木。叶全缘，花两性，单生叶腋，具短柄，花被片9，3轮，同形，外轮大，向内渐小；雄蕊多数，花药条形，侧向开裂，花丝短，圆柱状；雌蕊群不伸出雄蕊群，雌蕊群具柄，心皮少数，部分连合且基部与中轴愈合，受精后全部合生。聚合果大，果皮厚木质，小果裂成2瓣。种子红色，外种皮肉质，悬垂于丝状具弹性的珠柄上，内种皮脆壳质。

我国特有属，仅1种，云南也产。

观光木　观光木兰、香花木（中国树木学）图89

Tsoongiodendron odorum Chun（1963）

乔木，高达25米，胸径达2米；树皮灰褐色，有深皱纹。新枝、芽、叶柄、叶下面密被锈褐色绒毛。叶厚膜质，椭圆形或长圆形，长8—17厘米，宽3.5—7厘米，顶端尖或钝，基部楔形，上面有光泽，绿色，中脉凹下且微被柔毛，下面网脉明显隆起；叶柄长1.2—2.5厘米。花淡红色，芳香；花被片9，3轮，长椭圆形，外轮的最大，长1.7—2厘米，内轮渐小，长1.5—1.6厘米；雄蕊多数，长7.5—8.5毫米；雌蕊群柄粗，长约2毫米，具槽，密被绒毛，心皮10—12，结果时完全合生，形成近肉质，表面弯拱起伏的聚合果。聚合果长椭圆形，下垂，长10—18厘米，径约9厘米；蓇葖大，厚木质。种子三角状倒卵形或椭圆形，垂悬于丝状有弹性的珠柄上。花期3—4月，果期9—10月。

产富宁剥隘，海拔850米的林内，常与米老排、拟赤杨、阿丁枫、红锥、山杜英、马蹄荷、山枇杷、枫香等组成常绿阔叶林，局部地区可成优势树种。广东、海南、广西、福建、湖南等省也有。

幼龄时耐阴，长大后喜光；喜温暖湿润气候，深厚肥沃的土壤。生长快，天然林中，23年生，树高12米，胸径17.5厘米。用种子繁殖，宜随采随播或沙藏催芽至翌年春季播种，每千克种子约2350粒，发芽率50%—70%，一年生苗高60—80厘米，根系发达，造林成活率

图89 观光木 *Tsoongiodendron odorum* Chun

1.花枝　　2—4.三轮花被片　　5.雄蕊（部分）及雌蕊群

6.雄蕊　　7.聚合果　　8.种子

可达90%以上。

　　木材气干容重0.468克/立方厘米，体积干缩系数0.427%；边材灰黄褐色，心材绿黄褐色，年轮略明显，管孔略多，散孔材，木射线数目中等；纹理直，结构细，质轻软，有香气，耐腐。为板料、家具、乐器及胶合板等用材。花大美丽，树干挺拔，又为优良的庭园观赏和绿化树种。

8. 含笑属 Michelia L.

　　常绿乔木或灌木。树皮通常灰色，不开裂。叶全缘。花两性，单生叶腋，芳香；花被片6—21，3或6片1轮，近相等，稀外轮较小；雌蕊群与雄蕊群之间有间隔，雌蕊群具柄，超出雄蕊群之上，每心皮具2个以上胚珠。聚合果通常部分心皮不发育，背缝线开裂或2瓣裂。种子2至数粒，红色或褐色。

　　本属约有60种，产于亚洲热带、亚热带及温带。我国有35种，主要产西南部至东部；云南约有14种。

分 种 检 索 表

1.托叶多少与叶柄贴生。
　2.叶柄较长，长达5毫米以上；花被片9—13，排成3—4轮。
　　3.幼嫩部分密被灰色长绒毛；叶上面中脉，小枝、果梗及蓇葖均疏生长毛 …………… …………………………………………………………… 1.绒叶含笑 M.velutina
　　3.幼嫩部分被柔毛，后残留有柔毛、平伏短毛或无毛。
　　　4.叶薄革质，网脉稀疏。
　　　　5.花黄色；叶下面被平伏长柔毛 ………………………… 2.黄缅桂M. champaca
　　　　5.花白色；叶下面被微柔毛 ………………………………… 3.缅桂 M. alba
　　　4.叶革质，网脉细密。
　　　　6.叶椭圆形或长圆状椭圆形，长10—20厘米，宽5—7厘米，边缘波状，先端短尖或尖 ………………………………………………… 4.南亚含笑 M. doltsopa
　　　　6.叶窄卵状椭圆形、披针形、窄倒卵状椭圆形或窄椭圆形，长7—12厘米，宽2—4厘米，边缘不呈波状，先端尾状渐尖 ……………5.多花含笑 M. floribunda
　2.叶柄较短，长5毫米以下，花被片6—12（17）…………… 6.云南含笑 M. yunnanensis
1.托叶与叶柄离生。
　7.花被片6，稀8，2轮 ………………………………… 7.苦梓含笑 M. balansae
　7.花被片9—12，3—4轮。
　　8.叶网脉两面明显突起，形成蜂窝状。
　　　9.叶在中部或中部以上最宽，例卵形或倒卵状椭圆形，侧脉10—15对；聚合果长2—7厘米 …………………………………… 8.醉香含笑 M. macclurei
　　　9.叶中部以下最宽，长圆状椭圆形，椭圆状卵形或宽披针形，侧脉14—26对，聚合果长7—20厘米。

10.叶基部两侧对称；花被片椭圆形或倒卵状椭圆形，长约3厘米，雄蕊药隔不伸出 ························· **9.亮叶含笑 M. fulgens**

10.叶基部两侧不对称，花被片倒卵形，长6—7厘米；雄蕊药隔凸出 ·················
·· **10.金叶含笑 M. foveolata**

8.叶网脉两面不凸起或不明显凸起，不形成蜂窝状 ············ **11.平伐含笑 M. cavaleriei**

1.绒叶含笑（植物分类学报）图90

Michelia velutina DC.（1818）

Michelia lanuginosa Wall.（1824）

乔木，高达20米；树皮暗褐色。小枝髓心具横隔，海绵状，幼嫩部分密被灰色长绒毛；叶上面中脉、果柄、雌蕊群柄及蓇葖均残留稀疏长毛。叶薄革质，窄椭圆形或椭圆形，长11.5—18.5厘米、宽4—6厘米，先端有凸尖头，基部钝，侧脉细密，10—12对；叶柄长1—2厘米，密被灰色长绒毛。花被片10—12，淡黄色，窄倒披针形，外轮的被绢毛，内轮的较窄小；雌蕊群柄及心皮被长绒毛。聚合果长10—13厘米，果梗长1—1.5厘米；蓇葖疏离，或集生上部，倒卵形，皮孔明显，下部收缩成柄。种子橘黄色。花期5—6月，果期8—9月。

产泸水、龙陵、麻栗坡、楚雄、曲靖等地海拔1950—2300米的常绿阔叶林中，常与壳斗科树种组成混交林；西藏南部也有。

种子繁殖。混沙贮藏种子于通风干燥处，经常翻动检查清除霉烂种子，并保持湿润。条播育苗，提前温水浸泡两天催芽，播后覆土1.5厘米，再覆草，注意保持土壤湿润，出苗后除去覆盖物。造林密度2米×2米较宜。定植前适当修剪枝叶和根系，栽植不宜过深。

木材纹理直，结构细，均匀，不重不硬，切削性能好，是胶合板、家具、室内装修的良好用材。树冠浓密，花淡黄色，可作园林观赏树种。

2.黄缅桂　黄兰（海南植物志）图91

Michelia champaca L.（1753）

常绿乔木，高达40米。叶和叶柄均被淡黄色平伏柔毛。叶薄革质，披针状卵形或披针状长圆形，长10—25厘米，宽4—9厘米，先端长渐尖或近尾尖，基部楔形或宽楔形，全缘。花橙黄色，极香，花被片15—20，披针形，长3—4厘米，宽4—5毫米；雌蕊群有毛，柄长约3毫米。聚合果长7—15厘米；蓇葖倒卵状长圆形，长1—1.5厘米。种子2—4粒，具皱纹。花期6—7月，果期9—10月。

产普洱、景洪、勐腊、勐海、盈江、瑞丽、腾冲、芒市等地；广东、广西、福建、台湾、四川、江苏有栽培；印度、缅甸、越南也产。

用种子繁殖。因种子在两周内即丧失发芽力，适宜随采随播。也可用嫁接或高枝压条繁殖，生长较快。

木材浅黄色，纹理通直，材质优良，为造船和家具及室内装修的珍贵用材。花含芳香油0.16%—0.2%，可提取香精；根入药，能祛风湿，润喉，止痛。花芳香浓郁，树形优美，为著名的庭园绿化观赏树种。

图90 绒叶含笑 *Michelia velutina* DC

1.花枝　　2.雌雄蕊群（部分）　　3.雄蕊　　4—5.花被片　　6.聚合果

3.缅桂　白兰花（中国高等植物图鉴）、白兰（海南植物志）图91

Michelia alba DC.（1818）

常绿乔木，高达17米，胸径达30厘米。幼枝及芽密被淡黄白色微柔毛，后渐脱落。叶薄革质，长椭圆形至椭圆状披针形，长10—27厘米，宽4—9.5厘米，先端长渐尖或尾状渐尖，基部楔形，上面无毛，下面沿脉疏生微柔毛；叶柄长1.5—2厘米，密被微柔毛。花白色，极香；花被片10以上，披针形，长3—4厘米，宽3—5毫米；雌蕊群有长约4毫米的柄，具微毛，心皮多数（通常部分不发育），成熟时稀疏。聚合果蓇葖革质。花期4—9月，夏季盛开。

云南大部分地区都有栽培，尤以昆明市东川区栽培最多，有缅桂城之称；福建、广东、广西及长江流域各省均有栽培。原产印度尼西亚。

喜光树种，适于温暖湿润气候，疏松肥沃的土壤，不耐干旱，也不耐水涝，忌霜冻，零度以下遭冻害。对氯气、二氧化硫等有毒气体反应敏感，抗性差，故对环境有监测作用。结实少，多用嫁接或高枝压条繁殖。种子繁殖，宜随采随播，以免种子储藏时间长，发芽率降低。苗圃要选在透气通风、阳光中等、土壤肥沃的沙壤上；待苗长到70厘米左右时，即可出圃栽植。嫁接繁殖，常以紫玉兰或黄缅桂作砧木进行靠接，常在5月进行。

木材坚硬中等，结构细致均匀，纹理直，抗腐性差，可作细木工和室内装修用材。又是优良的园林树种，花洁白清香，除供妇女装饰佩戴外，还可提取香精或薰香茶，也可提制浸膏药用，有行气化浊、止咳等效果。鲜叶可提取芳香油，称"白兰叶油"，为调配香精原料。根皮入药治便秘。

4.南亚含笑（中国树木志）　宽瓣含笑（云南种子植物名录）图92

Michelia doltsopa Buch.–Ham. ex DC.（1818）

乔木，高达30米。幼枝、芽、叶柄被平伏短毛。叶椭圆形、长圆状椭圆形或窄卵状椭圆形，长10—22厘米，宽5—7厘米，叶先端短尖或长尖，基部楔形或宽圆形，边缘稍内卷，呈微波形，侧脉10—14对，网脉细密，上面凸起，下面呈灰色，幼时密被平伏细柔毛；叶柄长1—2.5厘米。花梗密被平伏细柔毛；花被片窄倒卵状匙形，长约6厘米，宽约2厘米，先端圆；雄蕊长1.2—1.7厘米；雌蕊群卵形，密被平伏微柔毛。蓇葖近倒卵形，长1.5厘米，先端具凸尖的喙，有平伏细柔毛。

产镇康、耿马，龙陵、腾冲、泸水等地海拔1600—2700米的山地，常与云南松混交成林；西藏南部察隅、聂拉木也有。

种子繁殖，育苗造林，宜随采随播。若至翌年春季育苗，需用湿沙贮藏种子，播前用温水（30—40℃）浸种2—3天，播后盖草，适时浇灌，注意除草、施肥，第二年春季或夏季出圃种植。嫁接与压条繁殖亦可，嫁接一般采用靠接法。

木材黄灰色，有光泽，心材黄褐色，髓心分隔状；年轮明显，宽度略均匀；环孔材，管孔略多，且大小一致、分布均匀；薄壁组织在肉眼下可见。纹理直或斜，结构细，加工性能好；可作建筑，室内装修、家具、雕刻、工艺品及胶合板用材。也可作园林观赏树种。

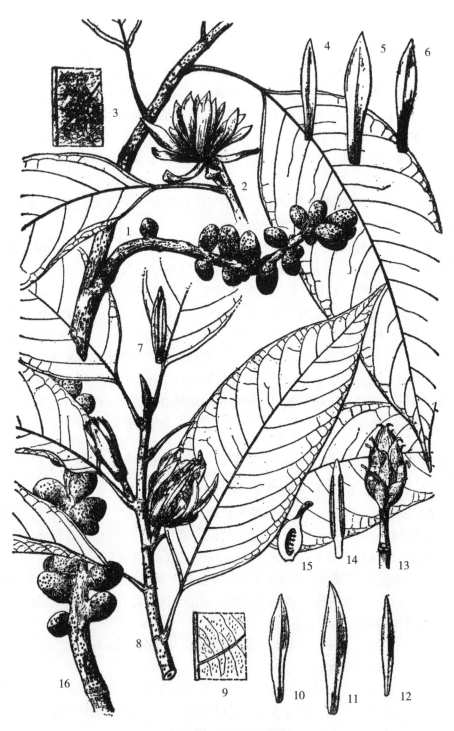

图91 黄缅桂及缅桂

1—7.黄缅桂 *Michelia champaca* L.：

1.果枝　　2.花枝　　3.叶下面之一部　　4—6.三轮花被片　　7.雄蕊

8—16.缅桂 *Michelia alba* DC.：

8.花枝　9.叶下面之一部　10—12.三轮花被片　13.雌蕊群　14.雄蕊　15.心皮纵剖面　16.果序

5.多花含笑 图92

Michelia floribunda Finet et Gagnep.（1906）

乔木，高达20米；树皮灰色，平滑，小枝被灰白色柔毛。叶革质，窄卵状椭圆形、窄倒卵状椭圆形、披针形或窄椭圆形，长7—12（14）厘米，宽2—4厘米，先端渐尖或尾状渐尖，基部宽楔形或圆形，上面有光泽，深绿色，中脉凹下，常被白色毛，下面苍白色，被白色平伏长毛，侧脉细，8—12对，网脉细密，两面微凸起；叶柄长0.5—1.5（2.5）厘米，被白色柔毛。花蕾窄椭圆形或窄卵状椭圆形，稍弯曲，被金黄色平伏柔毛；花梗长3—7毫米，密被银灰色平伏状柔毛；花被片11—13，匙形或倒披针形，长 2.5—3.5厘米，宽4—7毫米，先端常有小突尖；雄蕊长1—1.4厘米；雌蕊长约1厘米；密被银灰色微毛。聚合果长2—6厘米，扭曲；蓇葖扁球形或长圆形，长6—15毫米，先端微尖，有白色皮孔。花期2—4月，果期9—10月。

产保山、普洱、文山及滇中各地，生于海拔1300—2700米的林中；四川西南部、中部也有；缅甸亦产。

种子繁殖，育苗造林。注意随采随播，不能及时播种时则用湿沙贮藏于通风处，注意清除霉烂种子。播前温水浸泡2天，消毒后即可播种。

散孔材；管孔数多而小，在放大镜下可见；心边材区别不明显，木材浅黄绿色，有光泽；生长轮略明显，宽度略均匀；纹理直、结构细、均匀，重量、硬度、强度中等；干燥容易，开裂少；加工容易；可作家具、门窗及室内装修、雕刻、胶合板等用材。宜在庭园中种植，有较高的观赏价值。

6.云南含笑（中国高等植物图鉴补编） 十里香（丽江）、皮袋香（图考）、山栀子（图考）图93

Michelia yunnanensis Franch. ex Finet et Gagnep.（1906）

M. dandyi Hu（1937）

常绿灌木，高2—4米。芽、幼枝、幼叶下面、叶柄、花梗均密被深红色平伏毛。叶革质，卵形或倒卵状椭圆形，长4—10厘米，宽1.5—3.5厘米，先端急尖或钝圆，基部楔形，上面深绿色，有光泽，下面具棕色茸毛，后渐脱落，中脉在下面隆起；叶柄长4—5毫米。花白色，芳香；花被片6—12（17），倒卵形，排成2轮；雄蕊多数，长1厘米；雌蕊群、雌蕊群柄及雄蕊群均被红褐色平伏细毛，雌蕊群卵形或长圆状卵形，长1—1.3厘米；花梗粗短，长3—7毫米。聚合果通常短，仅5—8蓇葖发育，蓇葖褐色。种子1—2粒，有假种皮，成熟时悬挂于丝状种柄上，不脱落。花期3—4月，果期8—9月。

产大理、蒙自、保山、腾冲、文山、楚雄、曲靖、昆明、丽江等地，生于海拔1600—2800米的山地云南油杉、云南松、华山松、旱冬瓜、栓皮栎、麻栎、滇青冈、高山栲林下。

用种子和根蘗分株繁殖。用本属其他种或紫玉兰作砧木，于2月进行枝接，也很容易成活。用种子育苗，播种前，种子先置于水中擦洗，洗去外层的红色肉质假种皮，选好育苗地于3月中旬播种，苗高20厘米左右即可出圃。

花可制浸膏；叶有香味，可磨成粉作香面，花蕾及幼果入药，清热消炎，挤汁治中耳

图92 南亚含笑及多花含笑

1—4.南亚含笑 *Michelia doltsopa* Huch.–Ham. ex DC.：

1.果枝 2.花（去掉部分花被片） 3.4.花被片

5—10.多花含笑 *Michelia floribunda* Finet et Gagnep.：

5.花枝 6.叶背一部分 7.雌蕊群与雄蕊群（部分） 8.雄蕊 9.10.花被片

图93 云南含笑 *Michelia yunnanensis* Franch. ex Finet et Gagnep.

1.果枝　　2.叶背一部分　　3.花　　4.雄蕊群（部分）与雌蕊群　　5—6.花被片　　7.雄蕊

炎。花芳香为优良的观赏树种。

7.苦梓含笑（海南植物志） 苦梓（云南种子植物名录）、大黄叶子树、马耳朵黄心、厚皮树（屏边）图94

Michelia balansae（A. DC.）Dandy（1927）

Magnolia balansae A. DC.（1904）

常绿乔木，高达18米，胸径达60厘米。芽、幼枝、叶柄、花梗及花蕾均密被褐色绒毛。叶厚革质，矩圆状椭圆形或倒卵状椭圆形，长10—20（28）厘米，宽5—10（12）厘米，先端渐尖，基部宽楔形，上面近无毛，下面被褐色绒毛，侧脉12—15对；叶柄长1.5—4厘米，基部膨大。花被片6，芳香，白色带淡绿色，倒卵状椭圆形，最内一片较窄小，倒披针形；雄蕊长1—1.5厘米；雌蕊群卵形，柄长4—6毫米，被暗黄褐色绒毛。聚合果长9—10厘米，果柄长4.5—7厘米；蓇葖椭圆状卵形、倒卵形或圆筒形，喙外弯。种子椭圆状，外种皮鲜红色。花期4—6月，果期9—10月。

产文山、澜沧等地海拔600—1100米的山坡、沟谷密林中；福建、广东、广西也产。

喜湿润、深厚、酸性的土壤。为热带、南亚热带山地常绿阔叶林的常见树种。用种子繁殖，宜随采随播，从采到播一般不宜超过10天，发芽率可达70%—80%。

散孔材；边材淡黄棕色，心材褐黄色；纹理直，结构细、均匀；材质稍重，花纹美观，加工容易，不开裂，耐腐；宜作上等家具、文具、细木工、胶合板、建筑及造船等用材。花芳香，可作庭园绿化树种。

8.醉香含笑 火力兰、火力楠 图95

Michelia macclurei Dandy（1928）

乔木，树干通直，高达35米，胸径达1米以上；树皮灰白色，有棕褐色斑点。芽、幼枝、幼叶、叶柄、托叶及花梗密被锈色绢毛。叶厚革质，倒卵形或椭圆形，长7—14厘米，宽3—7厘米，先端短尖或渐尖，基部楔形或宽楔形，上面初被短柔毛，后渐脱落无毛，下面密被灰色或淡褐色细毛，侧脉10—15对，细，在上面不明显，网脉细，蜂窝状；叶柄长2.5—4厘米，上面具窄纵沟。花被片9—12，匙状倒卵形或披针形，白色，内轮的较窄小；雄蕊长2—2.5厘米；雌蕊群长2—2.5厘米，雌蕊柄长约2厘米，密被褐色短毛。聚合果长3—7厘米；蓇葖2—10，长1—3厘米，基部宽阔，疏生白色皮孔，沿背、腹缝2瓣开裂。种子1—3，扁卵形，长8—10毫米。花期3—4月，果期9—11月。

昆明有栽培。产于广东、广西500—600米的山谷，在华南常与橄榄、红锥、马尾松、格木混生成林，或组成小片纯林。越南北部亦产。

喜湿润气候，耐寒性较强。以土层深厚湿润、肥沃疏松、微酸性的沙质土上生长最好。用种子繁殖，宜随采随播或沙藏至翌年2月，以1月播种较为适宜。萌芽更新能力强，可萌芽更新成林，成林有一定的抗火性能，可用火力楠营造防火林带。

木材结构细，纹理宜，易干燥，少开裂，有香气，不受虫蛀；为优良家具和建筑等用材。树形美观，枝叶茂密，花芳香，也是很好的庭园观赏和四旁绿化树种。在云南栽培颇有希望，昆明能室外栽培。

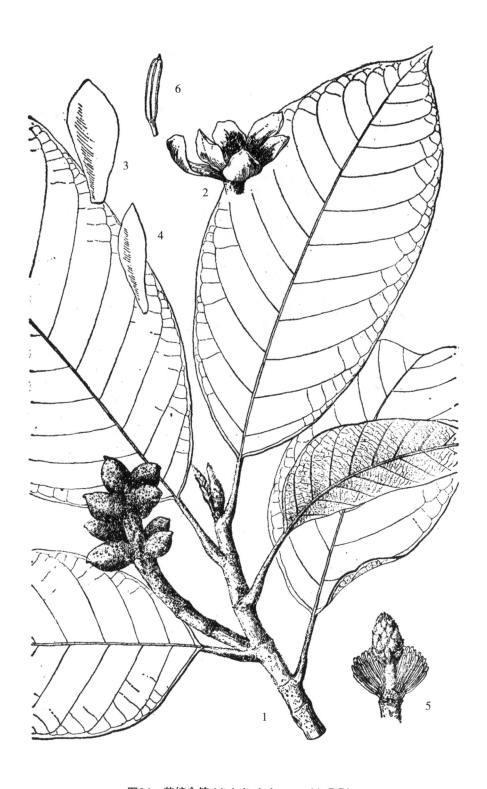

图94　苦梓含笑 *Michelia balansae* （A. DC.）

1.果枝　　2.花　　3—4.两轮花被片　　5.雌蕊群和雄蕊群（部分）　　6.雄蕊

图95 醉香含笑 *Michelia macclurei* Dandy

1.花枝　　2.雄蕊群与雌蕊群　　3.花被片　　4.果序

9.亮叶含笑（植物分类学报）　黄心子（屏边）图96

Michelia fulgens Dandy（1930）

常绿乔木，高达25米，胸径达50厘米。嫩枝、叶柄和花梗密被银灰色有光泽的短绒毛。叶革质，窄卵形，窄椭圆状卵形或披针形，长10—20厘米，宽3.5—6.5厘米，通常中部以上渐窄，基部宽楔形，两侧常对称，幼时上面被红褐色毛，下面被银灰色杂有褐色的短绒毛，侧脉14—20对，网脉细密，结成蜂窝状；叶柄长2—4厘米。花被片9—12，近相似，外轮长约3厘米，弯凹，椭圆形或倒卵状椭圆形，内两轮较小；雄蕊长1.5—1.7厘米，药隔顶端不伸出；雌蕊群圆柱形，长约1.5厘米，柄长1.3—1.5厘米，被银灰色平伏状细毛。聚合果长7—10厘米；蓇葖长圆形、倒卵状球形或扁球形，长1—2厘米，先端圆或具短尖的喙，基部宽阔，紧贴。种子扁球形或扁卵形，长6—7毫米。花期3—4月，果期9—11月。

产西畴、屏边、金平、麻栗坡等地，生于海拔1200—1700米的沟谷常绿阔叶林中，常与壳斗科、樟科、金缕梅科植物混生。广西、海南也有；越南北部亦产。

种子繁殖。宜随采随播或湿沙贮藏。

木材纹理直，结构细，材质优良；可供家具、建筑及胶合板等用。亦可作庭园观赏树种。

10. 金叶含笑（中国高等植物图鉴补编）图97

Michelia foveolata Merr. ex Dandy（1928）

常绿乔木，高达30米；树皮灰色。芽、幼枝、叶柄、叶下面，花梗密被红褐色短绒毛。叶厚革质，长椭圆状椭圆形，椭圆状卵形或宽披针形，长17—23厘米，宽6—11厘米，先端渐尖或短渐尖，基部宽楔形、圆钝或近心形，常偏斜，上面深绿色，有光泽，侧脉16—26对，网脉致密，结成蜂窝状；叶柄长1.5—3厘米。花梗粗；花淡黄绿色，花被片9—12，基部略带紫色，外轮宽倒卵形，长6—7厘米，中、内轮倒卵形，较窄小，雄蕊长2—2.5厘米；雌蕊群长约3厘米，被银灰色短绒毛。聚合果长7—10厘米；蓇葖长圆状椭圆形。花期3—5月，果期9—10月。

产金平、屏边、西畴及麻栗坡等地海拔1000—1700米处。湖南、广西、广东、贵州也有。为常绿阔叶林的主要组成树种，常与阿丁枫、拟赤杨、猴欢喜、红苞荷、红锥等树种混生。

种子繁殖。耐阴，生长较快。随采随播，或混沙贮藏至翌年春季2月下旬至3月上旬条播，苗床需遮阴并适时浇水，除草、松土、施肥。第二年春季出圃。

木材结构细，纹理直，材质坚韧，花纹美观；导管具螺旋纹，射线具油脂细胞；可作家具，建筑用材。

11.平伐含笑（中国高等植物图鉴补编）图98

Michelia cavaleriei Finet et Gagnep.（1906）

常绿乔木，高达10米，树皮灰白色，不裂。叶薄革质，窄长圆形或倒披针状长圆形，长（10）12—20（24）厘米，宽3.5—6.5厘米，先端渐尖或短尖，基部楔形或宽楔形，上面中脉凹下，常有残留柔毛，下面苍白色，侧脉11—15对，网脉细密，两面凸起；叶柄长

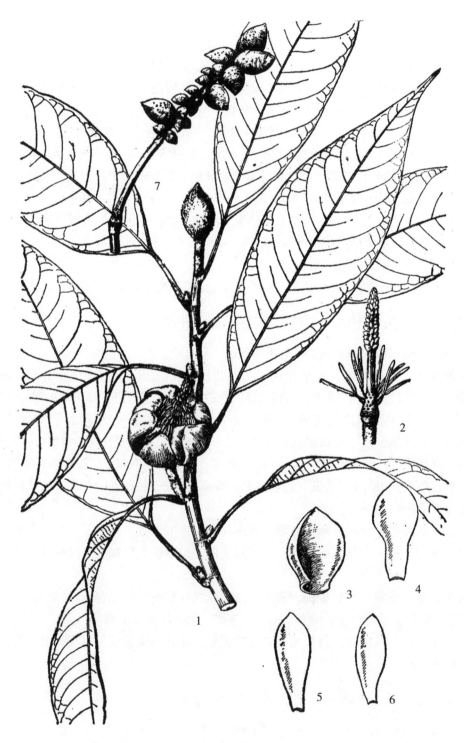

图96 亮叶含笑 *Michelia fulgens* Dandy

1.花枝　　2.雄蕊群（部分）和雌蕊群　　3—6.三轮花被片　　7.聚合果

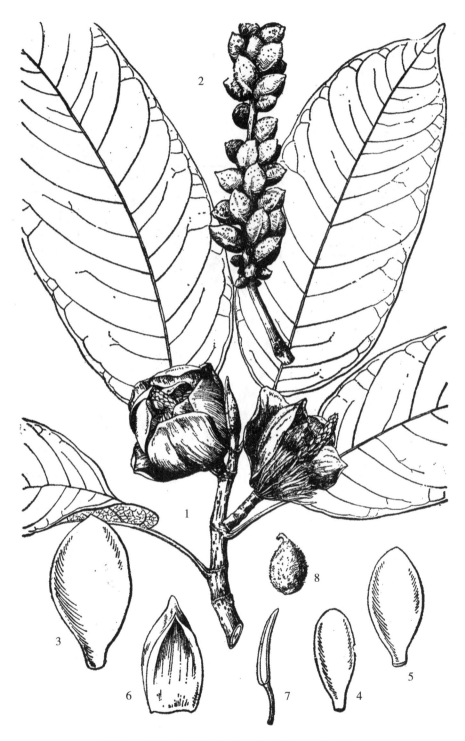

图97　金叶含笑 *Michelia foveolata* Merr. ex Dandy

1.花枝　　2.果序　　3—5.三轮花被片　　6.苞片　　7.雄蕊　　8.心皮

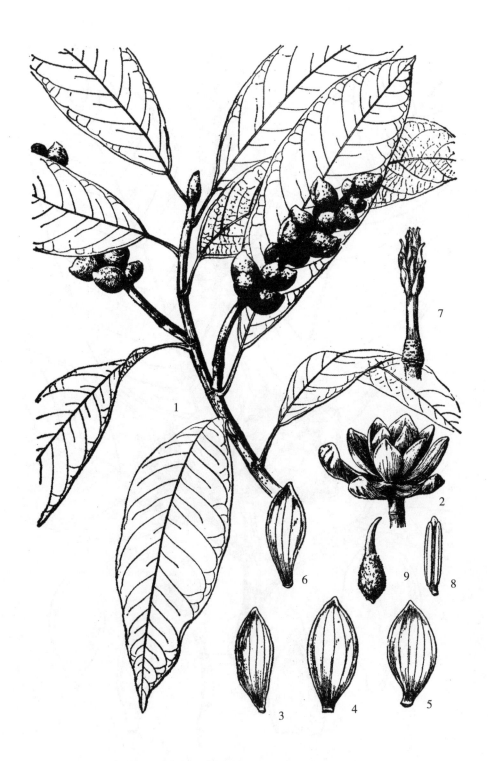

图98 平伐含笑 *Michelia cavaleriei* Finet et Gagnep.

1.果枝　2.花　3—6.四轮花被片　7.雌蕊群　8.雄蕊　9.心皮

1.5—3厘米。花梗长1.5—2.5厘米，被银灰色毛；花被片约12，纸质，具透明腺点，外轮倒卵状椭圆形，长2.5—4厘米，内轮逐渐窄小；雄蕊长1.2—1.4厘米；雌蕊群窄卵形，长约1厘米，柄长约4毫米，密被绒毛，雌雄蕊群均被灰黄色柔毛。聚合果长5—10厘米；蓇葖倒卵形或长圆形，长1.5—2厘米，具白色皮孔，背腹2瓣裂，先端圆或稍有短尖头。花期3月，果期9—10月。

产滇东南，四川、贵州、广西均有；生于海拔800—1500米的亚热带常绿阔叶林中。喜温暖湿润气候及酸性土壤。用种子、压条、嫁接繁殖。

木材纹理直，结构细，质轻软，有香气，耐腐，作家具、建筑、细木工等用材。

2.鹅掌楸亚科 Liriodendroideae（Bark.）Law'

落叶乔木。叶通常4—6（10）裂，先端近平截或成浅宽凹缺。花药药室外向开裂。聚合果，小果为翅状坚果，不开裂，全部自中轴脱落。种皮附着于内果皮。

本亚科1属2种。我国1种，从北美引入1种。云南产1种，引入栽培1种。

9.鹅掌楸属 Liriodendron L.

落叶乔木。叶具长柄，2—10裂（通常4—6裂）先端近平截或浅宽微凹，近基部具1对或2对侧裂片，叶质地较薄；托叶与叶柄离生。花单生枝顶，两性；花被片9，3片一轮，近相等；药室外向开裂，药隔延伸成短尖头；雌蕊群无柄，心皮多数，分离。聚合果纺锤形，由具翅的小坚果组成。小坚果木质，成熟时自中轴脱落，中轴宿存。种子1—2，具薄而干燥的种皮；胚藏于胚乳中。

本属在新生代有10种，分布广，到第四纪冰期后大部分绝灭，现仅残存鹅掌楸和北美鹅掌楸2种。本属为木兰科最进化的类群。

分 种 检 索 表

1.小枝灰色或灰褐色；叶近基部通常有一对裂片，下面被乳头状的白粉点；花瓣长2—4厘米，绿色，具黄色纵条纹，花丝长5毫米；翅状小坚果先端钝或钝尖 ……………………
…………………………………………………………………… **1.鹅掌楸 L. chinense**
1.小枝褐色或紫褐色；叶近基部通常有2—3对裂片，下面无白粉；花瓣长4—5厘米，花丝长1—1.2厘米；翅状小坚果先端尖 …………………… **2.北美鹅掌楸 L. tulipifera**

1.鹅掌楸 马褂木（中国高等植物图鉴）图99

Liriodendron chinense（Hemsl.）Sarg.（1903）

大乔木，高达40米，胸径达1米以上。小枝灰色或灰褐色。叶先端平截或浅宽凹缺，长（4）6—12（18）厘米，近基部具1对侧裂片，下面苍白色，常具乳头状的白粉点；叶柄长4—8（16）厘米。花杯状，直径5—6厘米，花被片3轮，外轮3片，绿色，萼片状，向外开展，内两轮6片直立，倒卵形，长3—4厘米，花瓣状，外面绿色，具黄色纵条纹；花药长

1—1.6厘米，花丝长5毫米；开花时雌蕊群伸出花被片之上。聚合果纺锤形，长7—9厘米，由具翅的小坚果组成，每一小坚果内有种子1—2粒。花期5月，果期9—10月。

产麻栗坡、金平、彝良、大关、嵩明等地，生于海拔1100—1600米的常绿和落叶阔叶林内。浙江、安徽、湖南、湖北、四川、贵州、广西均有；越南北部亦产。在北纬21°—32°，东经103°—120°，均有自然分布。

中性偏阴树，喜温凉湿润气候，避风的环境。土层深厚、排水良好的酸性或微酸性的沙质壤土上生长良好。由于树体高大，易受暴风、雪压而折断。不耐干旱和水湿，耐阴，对二氧化硫有一定的抗性。有孤雌生殖现象，雌蕊不受精可以发育。用种子繁殖，育苗造林。种子发芽率低，故条播每亩用量达8—10千克，一年生苗高达60—80厘米，即可定植，如用作行道树则需培育2—3年大苗。萌芽力强。定植后，最好连续抚育4—5年，进行中耕除草、追肥，培土。为使树干通直粗壮，可于秋末冬初进行整枝。受日灼病、卷叶蛾、大袋蛾、凤蝶的危害，需及时进行防治。

木材淡红色，纹理直，结构细，可作建筑、家具和细木工用材。种子可食；叶和树皮可药用，有祛风除湿，强筋壮骨之效。叶形奇特，为世界珍贵观赏树种。

2.北美鹅掌楸（中国高等植物图鉴）图100

Liriodendron tulipifera L.（1753）

大乔木，高达60米，胸径达3.5米；树皮深纵裂。小枝褐色或紫褐色。叶长7—12厘米，宽与长相等，近基部有1—2对侧裂片，上部2浅裂，下面苍白色，幼时有白色细毛；叶柄长5—10厘米。花杯状；花被片9，外轮三片萼片状，绿色，向外开展，内两轮6片，花瓣状，绿黄色，直立，卵形，长4—6厘米，内面中部以下有橙黄色蜜腺；花药长1.5—2.5厘米，花丝长1—1.5厘米、雌蕊群黄绿色，花时不伸出花被片之上。聚合果纺锤形，长约7厘米，翅状小坚果淡褐色，长约5毫米，先端尖，下部的小坚果常宿存。花期5月，果期9—10月。

原产北美南部。南京、庐山、青岛、杭州、上海、昆明等地栽培，生长良好。昆明植物所50年代初栽培的，现高达30米，胸径68厘米。

种子繁殖、插条育苗均可。插条育苗时选1—2年生健壮枝条，于冬、春树液流动前剪成长15—20厘米，有2—3个饱满芽的插条插入苗床，经常浇水、松土，适时施肥，成活率较高。

木材纹理直，结构细，均匀，强度适中；可作建筑、家具、胶合板、纸浆等用材。也适于用作城市绿化树种。

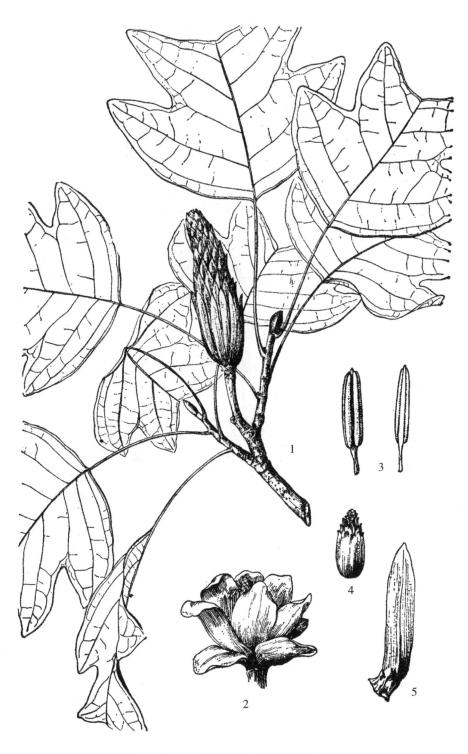

图99 鹅掌楸 *Liriodendron chinense* Sarg.
1.果枝　　2.花　　3.雄蕊　　4.雌蕊群　　5.小坚果

图100　北美鹅掌楸 *Liriodendron tulipifera* L.

1.花枝　　2.果枝

2a.八角茴香科 ILLICIACEAE

常绿乔木或灌木，全株无毛，具油细胞。叶革质或纸质，互生，通常聚生或假轮生于小枝顶部，全缘，羽状脉，无托叶。花两性，辐射对称，单生或2—3朵集生于叶腋或叶腋之上，绿黄色、绿白色、粉红色、红色或紫红色；花梗有时具1—2小苞片，花被片7—21，稀39，常有腺点，通常成数轮，无花萼和花瓣之分，最外的较小，有时苞片状，内面的较大，舌状，膜质，或卵形至近圆形，肉质；雄蕊多数至4，1至数轮，直立或多少开展，花丝近圆柱状或舌状，药室内侧向纵裂，药隔有时具腺体；心皮通常7—15，分离，单轮排列，侧面压扁，直立或多少开展，花柱短，钻形，子房1室，1胚珠。聚合蓇葖单轮排列，腹缝线开裂，种子坚硬，黄色或褐色，椭圆形或卵形，侧向压扁，有光泽，胚乳丰富，含油，胚微小。

本科仅1属。

八角属 Illicium L.

属的特征与科同。

本属约有50种，分布于亚洲东南部和北美东南部。我国约30种，产于南部，西南部至东部；云南约有13种。

分 种 检 索 表

1.花淡黄色、淡绿色，幼时绿白色或黄色，后为红色或橘红色。
  2.果梗长5—16毫米 ·· 1.野八角 I. simonsii
  2.果梗长20—28毫米。
    3.雄蕊12，心皮7—8 ···································· 2.小花八角 I. micranthum
    3.雄蕊24，心皮12—14 ································ 3.大花八角 I. macranthum
1.花粉红色、红色或紫红色。
  4.雄蕊22—30，花被片10—14 ············ 4.厚皮香八角 I. ternstroemioides
  4.雄蕊11—21，花被片10—21。
    5.心皮常为8，蓇葖多为8 ································· 5.八角 I. verum
    5.心皮11—14，蓇葖为10—14 ····················· 6.大八角 I. majus

1.野八角（云南经济植物） 川茴香（峨眉植物图志）、断肠草（贵州）
图101

Illicium simonsii Maxim（1888）
Illicium yunnanensis Franch et Finet et Gagnep（1905）
常绿小乔木，高可达10米，枝条幼时棕色，后灰棕色。叶革质，互生或近对生，稀3—

图101　野八角 Illicium simonsii Maxim.
1.果枝　　2.花　　3.雌蕊群　　4.雌雄蕊群　　5.雄蕊之背腹面

5集生，椭圆形、长圆状椭圆形至披针形，长5—10厘米，宽1.5—3厘米，先端短渐尖，基部楔形，下延至叶柄成窄翅，干时上面黄绿色至灰绿色，下面黄褐色，中脉在上面下凹，在下面突起。花淡黄色，腋生，常在枝顶集生，花梗极短，长2—8毫米，花被片18—23；雄蕊16—28，长2.5—4.2毫米，花丝舌状，心皮8—13，长3—4.5毫米，花柱钻形。果梗长5—13毫米，蓇葖8—13，先端具长尖头；种子灰棕色。花期4—7月，果期7—10月。

产鲁甸、东川、禄劝、富民、大理、维西等地，生于海拔1300—4000米的沟湿润谷常绿阔叶林中；四川西南部有分布；缅甸北部、印度东北部亦产。

种子繁殖。选择健壮母树采种，宜随采随播，也可混沙贮藏。条播，2年生苗可出圃造林。

花、果、叶均含有芳香油，果有剧毒，作农药杀虫剂；叶果入药，有生肌，接骨、治痈疮等药效。木材作家具、建筑等用。

2.小花八角　图102

Illicium micranthum Dunn（1901）

常绿灌木或小乔木，高可达10米。枝条幼时带棕色，老时常为灰棕色。叶薄革质或革质，不规则互生，近对生或3—5集生，倒卵状椭圆形，椭圆形或窄矩圆形，长4—12厘米，宽1.3—4厘米，先端尾状渐尖，基部楔形，边缘微外卷，干时上面暗绿色或橄榄色，中脉下凹，下面带淡棕色，叶柄长4—12毫米，具不明显的窄翅。花很小，单生叶腋或在近顶端集生，幼时绿白色或淡黄色，后为红色或橘红色，花被片17—20，具不明显的透明腺点；花梗纤细，长7—28毫米；雄蕊10—12，长2.5—4毫米，药室近下凹，心皮7—8，长2.3—3.2毫米，花柱粗，长1—1.5毫米。果梗长可达2.8厘米；蓇葖6—8；种子浅棕色。花期4—5月，果期7—9月。

产元江、普洱、勐海、澜沧、临沧，常生于海拔1360—2700米的丛林或混交林中；四川峨眉山也产。

种子繁殖。种子不耐久藏，宜随采随播或混湿沙贮藏。播后注意保持苗床湿润。荫棚遮阴。

木材供家具、农具等用。花、果、叶可提取芳香油。也是园林观赏树种。

3.大花八角　恨叶树（腾冲）、野八角　图103

Illicium macranthum A. C. Smith（1947）

常绿乔木，高10—20米。小枝灰棕色，微具棱。叶革质，3—5集生枝顶，长圆状倒卵形或长椭圆状倒披针形，长7—12厘米，宽2.5—3.5厘米，先端短尾状渐尖或渐尖，基部楔形，边缘稍外卷，干时上面淡绿色，下面黄绿色；叶柄长1.5—2厘米。花较大，淡绿色，腋生，常在枝顶集生；花梗粗，长7—1.2毫米；花被片约20；雄蕊24，长2.2—4毫米；心皮12—14。果梗长1.5—2.5厘米；聚合果径3—4厘米，蓇葖12—14；种子浅棕色。花期10—11月，果期9月。

产马关、麻栗坡、金平、蒙自、普洱、景东等地，生于海拔1800—2300米的杂木林中。

种子繁殖，措施同野八角。

可提芳香油；又为农药杀虫剂。药用可生肌、接骨，治疮疽等。木材供建筑、家具等用。

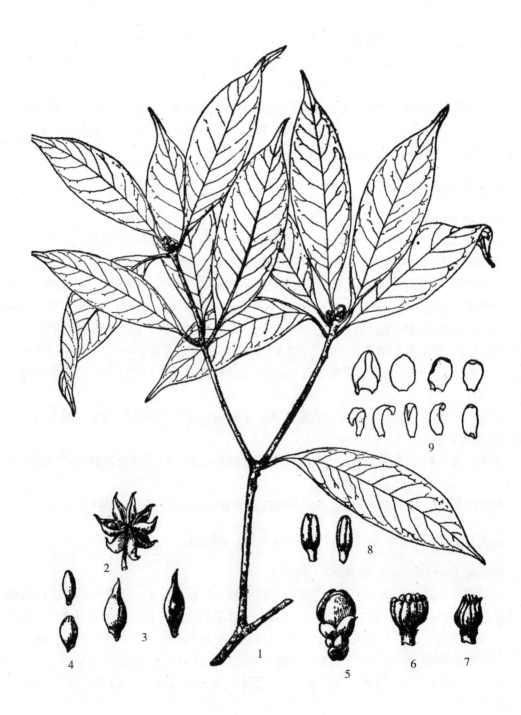

图102 小花八角 *Illicium micranthum* Dunn.

1.花枝　2.果　3.蓇葖　4.种子　5.花　6.雌雄蕊群
7.雌蕊群　8.雄蕊背腹面　9.花被片

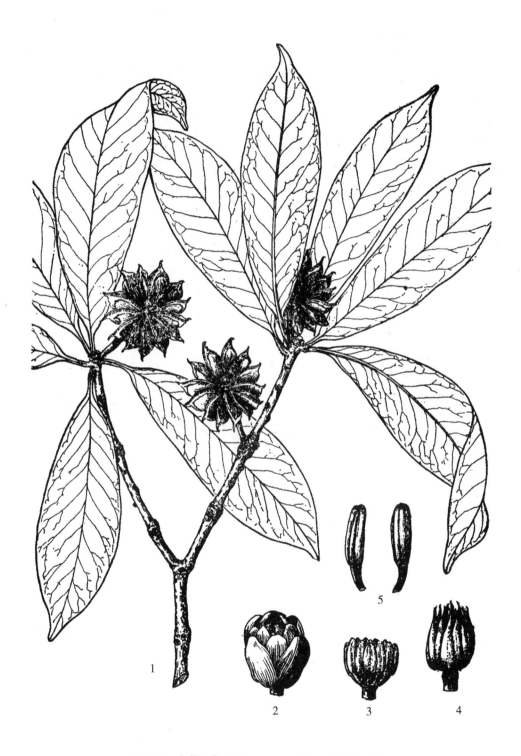

图103 大花八角 *Illicium macranthum* A. C. Smith
1.果枝　2.花　3.雌雄蕊群　4.雄蕊群　5.雄蕊背腹面

4.厚皮香八角　图104

Illicium ternstroemioides A. C. Smith（1947）

常绿乔木，高5—12米。小枝灰色，稍具棱。叶革质，常3—5聚生，矩圆状椭圆形或披针形，长8—13厘米，先端渐尖或长渐尖，基部宽楔形，下延成窄翅，干时上面褐绿色，下面红褐色，全缘，稍内卷。花红色；近顶生或腋生，单生或2—3集生；花梗长7—30毫米，基部有时有宿存的芽鳞，中部有时有小苞片；花被片10—14，有透明的小腺点，雄蕊22—30，长1.8—3.4毫米，药隔截形或微凹，药室突起；心皮12—14，长2.5—4毫米，花柱钻形。果梗长2.5—4.5厘米；蓇葖12—14，先端渐窄短尖；种子坚硬，淡褐色，有光泽。花期11—12月，果期1—2月。

产河口、双江等县，常生于海拔300—2250米的峡谷和溪边林中；广东、海南亦产。

种子繁殖，宜随采随播。造林时注意浆根。

果有毒，不可食，误食会引起呕吐、发冷、瞳孔散大等症状。

5.八角　八角茴香（本草纲目）、大茴香（中国药学大辞典）图105

Lllicium verum Hook. f.（1888）

常绿乔木，高达20米，树皮灰色至红褐色。叶革质，不规则互生或集生，倒卵状椭圆形，椭圆形或椭圆状披针形，长5—14厘米，宽2—5厘米，顶端急尖或短渐尖，基部狭楔形，上面有光泽，下面淡绿色，有透明油点。花粉红色至深红色，单生叶腋或近顶生；花被片7—12（多为10—11）；雄蕊11—20；心皮常为8，有时7或9。聚合果径3.5—4厘米，蓇葖多为8，呈八角形；种子褐色，有光泽。每年开花结果两次，4—5月开花，9—10月果熟；9—10月开花，翌年3—4月果熟。

产文山、西畴、马关、广南、富宁、麻栗坡、屏边、墨江、玉溪，昆明有少量栽培。广西、福建、广东均产，生于海拔180—1500米，温暖、湿润的背风阴坡。

种子繁殖，选健壮母树，在果实大量成熟时采摘，摊开晾干至蓇葖开裂后取出种子，宜随采随播，若需贮藏则要混沙或拌黄土窖藏，经常检查，保持沙或土的湿润。条播，播后覆土 2—3厘米，并盖草、浇水保持苗床湿润。2年生苗可出圃造林。

叶、花、果均含茴香油，用作健胃剂、兴奋剂，有祛风、祛痰、调中、镇痛之效；种子可榨油，果为调味香料。木材纹理直，结构细，质轻软，可作家具、建筑、室内装修等用材。

6.大八角　神仙果（河口）图106

Illicium majus Hook. f. et Thoms（1972）.

常绿乔木，高可达20米；树皮皮孔明显。小枝灰色，具棱。叶革质，3—6集生，长圆状披针形或倒披针形，长10—20厘米，宽2.5—7厘米，先端渐尖，基部楔形，中脉下凹；叶柄粗，长1—2.5厘米。花粉红色或红色，芳香，近顶生或腋生，单生或2—4聚生，花被片15—21，外轮纸质或近膜质，内轮肉质；雄蕊12—21，长2.3—4.3毫米，药隔截平或微凹，药室凸起；心皮11—14，长4—4.5毫米，花柱细长钻形；蓇葖10—14钻形尖头；种子淡棕

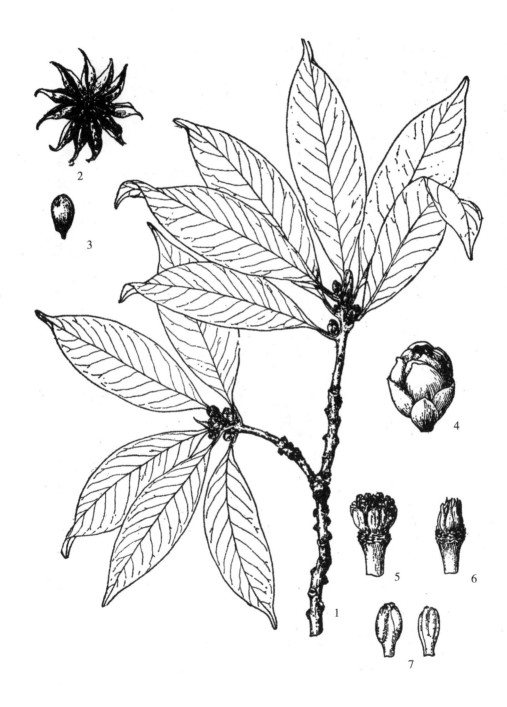

图104 厚皮香八角 *Illicium ternstroemioides* A. C. Smith

1.花枝　2.果　3.种子　4.花　5.雌雄蕊群　6.雌蕊群　7.雄蕊背腹面

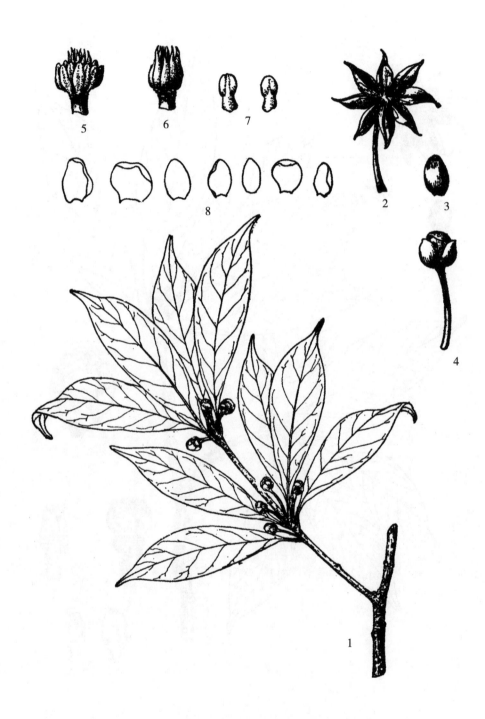

图105 八角*Illicium verum* Hook. f.

1.花枝　　2.果　　3.种子　　4.花　　5.雌雄蕊群

6.雌蕊群　　7.雄蕊背腹面　　8.花被片

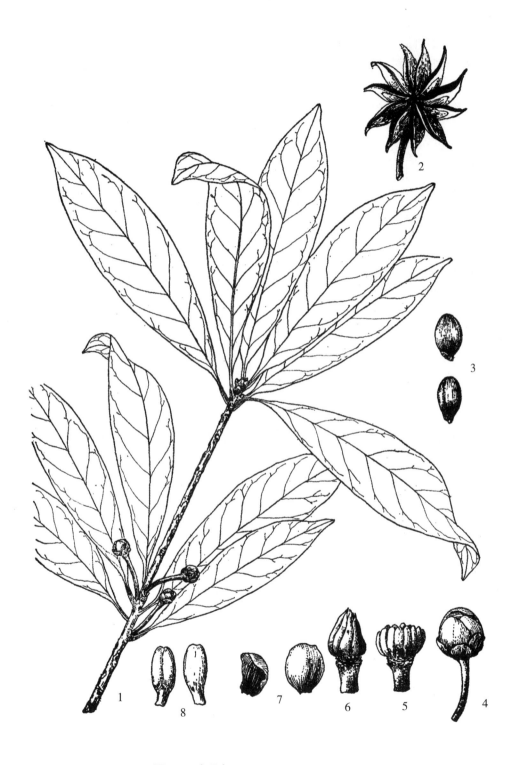

图106　大八角 *Illicium majus* Hook. f. et Thoms.
1.花枝　　2.果　　3.种子　　4.花　　5.雌雄蕊群
6.雌蕊群　　7.花被片　　8.雄蕊背腹面

色。花期4—6月，果期7—10月。

产河口、屏边等地，生于海拔1000—2000米的林中。

叶、花、果均含茴香油，用作健胃剂、兴奋剂，有祛风、祛痰、调中、镇痛之效；种子可榨油，果为调味香料。木材纹理直，结构细，质轻软，可作家具、建筑、室内装修等用材。

6a.领春木科 EUPTELEACEAE

落叶灌木或乔木。无顶芽，芽鳞多数，硬革质，亮褐色。单叶互生，有锯齿，羽状叶脉，叶柄较长，无托叶。花两性，整齐，形小，先叶开放，簇生于叶腋，无花被；雄蕊6—18，花药线形，红色，药隔凸出；心皮8—18，离生于一扁平的花托上，排成1轮；子房偏斜，扁平，有长柄，柱头生于腹面近顶部，胚珠1—5，生于心皮腹缝线上。聚合翅果，小果两边不对称，边缘具膜质翅；种子1—4，微小，椭圆形，胚小，胚乳丰富。

本科有1属2种，分布于印度、我国和日本。我国有1种1变型；云南产1种。

领春木属 Euptelea Sieb. et Zucc.

形态特征与科同。

领春木（中国高等植物图鉴） 大果领春木（中国树木分类学）、多子领春木、岩虱子 图107

Euptelea pleiosperma Hook. f. et Thoms（1864）

乔木，高达15米；树皮紫黑色或棕灰色。小枝无毛。叶纸质，卵形、宽卵形、椭圆状卵形或菱状卵形，长4—13厘米，宽3—9厘米，先端突尖或尾尖，基部宽楔形或楔形，稀圆形，边缘具粗锯齿或缺齿，近基部全缘，下面灰白，被白粉，叶脉有白色簇生毛，沿中脉有疏毛。聚合果6—12簇生，柄细长，长10—17毫米；小翅果长5—10毫米，斜倒卵形，先端圆，一边凹缺。种子通常（2）3—4，卵形、椭圆形，长约2毫米，紫黑色。花期4—5月，果期7—10月。

产香格里拉、丽江、洱源、漾濞、维西、贡山，生于海拔2000—3400米的河谷地带；四川、贵州、甘肃、西藏、湖北均有分布；缅甸、印度亦有。

种子育苗或直播造林。9—10月采种，种子微小，易丧失发芽率，采后宜在弱光下薄摊半日再阴干，去杂取净，湿沙层积或袋装干藏。2月下旬播前，用30℃温水浸种2—3天，条播，行距20—25厘米，覆土厚约2厘米，盖草。幼苗期忌旱怕涝，要适时灌溉、排水、松土、锄草，适当施肥。第二年可出圃植树造林。造林地宜选择湿润、肥沃、深厚的中性或石灰性土壤，采用带状或穴状整地。造林后前几年，每年要进行2—3次除草松土，加强抚育。

木材淡黄色，为家具、农具、一般建筑用材。树皮可提取栲胶。可作园林观赏树种。

图107 领春木 *Euptelea pleiosperma* Hook. f. et Thoms.

1.果枝 2.果

6b.水青树科 TETRACENTRACEAE

落叶乔木。长枝顶生，细长，短枝，侧生，距状，具1叶与1花序。单叶，基生脉 5—7条；托叶与叶柄合生。穗状花序，下垂；花两性，形小，无柄，生于苞片腋内，花萼4裂，宿存，无花瓣；雄蕊4，与萼片对生；心皮4，与雄蕊互生沿腹缝线合生，子房上位，每室4—10胚珠，花柱4，初靠合，后侧生弯曲，最后由于心皮腹面的伸长而成基生。蒴果4深裂；花柱宿存下弯；多种子形小，线状矩形，具棱脊，胚乳油质。

本科仅1属1种，为我国特产，云南普遍分布。

水青树属 Tetracentron Oliv.

形态特征与科同。

水青树　图108

Tetracentron sinense Oliv.（1889）

大乔木，高达40米，胸径达1米。短枝密生叶痕及芽鳞痕。叶心形、卵形、宽卵形、椭圆状卵形或矩圆状卵形，长7—14厘米，宽4—11厘米，先端渐尖，基部心形，叶缘密生腺锯齿，两面无毛，下面微有白粉；叶柄长2—3厘米。蒴果矩圆形，4深裂，长2—4毫米。种子4—6。

云南西北部、西南部、东北部、东南部均有分布，生于海拔1500—2600米的常绿阔叶林内、林缘或溪边，常与七叶树、连香树、大果械树等混生；陕西、甘肃、湖南、湖北、四川、贵州亦产。

喜光，深根性，常生于气候凉润、土壤潮湿、排水良好的山地。

种子繁殖。育苗造林或直播造林均可。

木材白色，结构细致、美观，可作家具等用材。树姿美丽，体形高大，可栽培为行道树和庭园观赏树。

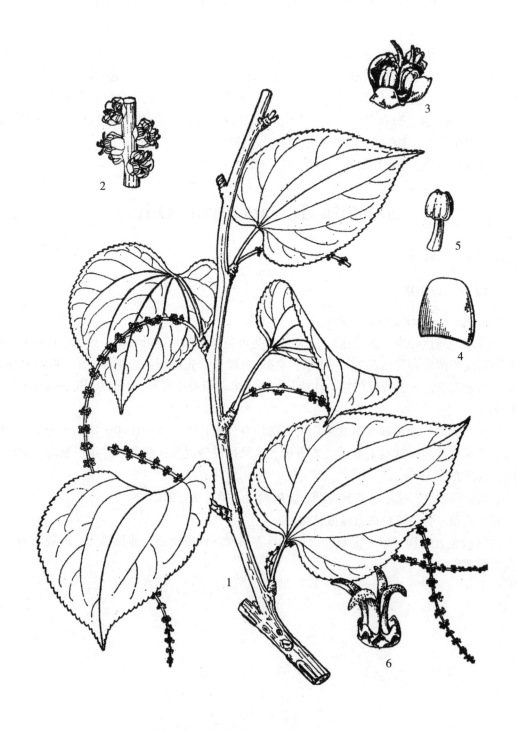

图108　水青树 *Tetracentron sinense* Oliv.

1.花枝　　2.果　　3.花外形　　4.花瓣　　5.雄蕊　　6.雌蕊

7.连香树科 CERCIDIPHYLLACEAE

落叶乔木。无顶芽，枝有长枝和距状短枝之分，芽鳞2。单叶，在长枝上对生或近对生，在短枝上单生，托叶与叶柄连生，早落。花单性，雌雄异株，单生或簇生，花萼4裂、膜质，无花瓣；雄花近无梗，雄蕊15—20，花丝纤细，花药红色，2室，纵裂；雌花具短梗，心皮2—6，离生，每心皮具胚株多数，排成2列，花柱线形、宿存。聚合蓇葖果2—6，沿腹缝线开裂。种子多数，有翅；胚乳丰富，子叶扁平。

本科1属仅1种和1变种。产日本和我国。

连香树属 Cercidiphyllum Sieb. et Zucc.

形态特征与科同。

我国有1种1变种，云南产1变种。

毛叶连香树（中国树木志）　银叶连香树（中国树木分类学），圆檀（四川峨眉）、中华连香树（云南种子植物名录）图109

Cercidiphyllum japonicum Sieb.et Zucc. var. sinense Rehd. et Wils.（1913）

大乔木，高达30米，胸径达1米；通常有1主干，树皮灰色或灰褐色，纵裂，呈片状剥落。小枝灰褐色，皮孔细小；芽卵圆形，腋生。叶纸质，近圆形、肾形或卵圆形，长4—7.5厘米，上面深绿色，下面粉绿色，先端圆或钝尖，短枝之叶基部心形，长枝之叶基部圆形或宽楔形，边缘具钝锯齿，掌状脉5—7，叶下面中部以下沿叶脉密被向两侧开展的毛，毛有时伸延至叶柄上端；叶柄长1—3.5厘米。花先叶开放或与叶同放。蓇葖果2—4，圆柱形，长0.8—1.8厘米，暗紫褐色，微被白粉，上部渐尖，微弯，花柱残存。

产镇雄、大关，生于海拔1700—1800米的阳坡杂木林中，四川、湖北、陕西、江西等地均有分布。

种子繁殖，亦可用压条或插条繁殖。由于萌蘗能力较强，也可萌蘗繁殖，伐根常萌生多枝，可从中选择比较健壮的一枝培育。

木材纹理直，结构细，淡褐色，心边材区别明显；可作家具、绘图、细木工等用材。树皮和叶可提取栲胶。

图109　毛叶连香树 *Cercidiphyllum japonicum* Sieb. et Zucc. var. *sinense* Rehd. et Wils.

1.枝叶　　2.果枝　　3.果　　4.雄花　　5.雄蕊

8.番荔枝科 ANNONACEAE

乔木，灌木或攀援灌木；木质部通常有香气。叶为单叶互生，全缘；羽状脉；有叶柄，无托叶。花下位，通常两性，少数单性，辐射对称，绿色、黄色、黄白色或红色，单生或簇生，有时几朵至多朵组成顶生，与叶对生、腋生、腋外生或生于老枝上的团伞花序、圆锥花序、聚伞花序，通常有苞片或小苞片；萼片3，稀2（我国不产），离生或基部合生，裂片镊合状或覆瓦状排列，宿存或凋落；花瓣通常6，2轮，每轮3片，少数4片（我国不产）组成1轮，覆瓦状或镊合状排列，少数外轮镊合状排列，内轮覆瓦状排列；雄蕊多数，螺旋状着生，药隔凸出成长圆形、三角形、线状披针形、偏斜或宽三角形，顶端截形、尖或圆形，花药2室，纵裂，药室毗连，外向，横隔膜有时明显，花丝短；心皮一至多个，离生，少数合生，花柱短，柱头头状至长圆状，顶端全缘或2裂，每心皮有胚珠1至多数，1—2排，基生或侧生；花托通常凸起呈圆柱状或圆锥状，少数为平坦或凹陷；成熟心皮离生，少数合生成一肉质的聚合浆果，通常不开裂，少数呈蓇葖状开裂，有果柄，稀无果柄；种子通常有假种皮，有丰富而嚼烂状的胚乳和微小的胚。

本科约有120属，2100余种，广泛分布于热带和亚热带地区，尤以东半球为多。我国产24属，约有103种和6变种，分布于浙江、江西、福建、台湾、广东、广西、云南、贵州、西藏和湖南；云南有16属，70余种，主要分布于滇东南、滇南，少数产滇西南和滇西。这里记载12属26种和1个变种。

分 属 检 索 表

1.外轮花瓣比内轮花瓣小，与萼片相似，不易区别。
　2.药隔膨大而宽，顶端截形或平头状 ························· **1.亮花木属 Phaeanthus**
　2.药隔尖，顶端不成截形。
　　3.内轮花瓣无爪 ································· **2.蚁花属 Mezzettiopsis**
　　3.内轮花瓣有爪 ································· **3.野独活属 Miliusa**
1.外轮花瓣与内轮花瓣等大或较大（如外轮花瓣比内轮花瓣小则为单性花），与萼片有明显区别，有时内轮花瓣退化，仅存外轮花瓣3片。
　4.成熟心皮离生。
　　5.乔木或直立灌木；总花梗或总果柄不成钩状。
　　　6.花瓣6片，2轮；果不成念珠状。
　　　　7.内轮花瓣基部有爪或有柄，上部内弯而边缘粘合成帽状体或圆锥状。
　　　　　8.雄蕊艇形；内轮花瓣基部的爪或柄很长。
　　　　　　9.花大；外轮花瓣大于内轮花瓣 ············· **4.银钩花属 Mitrephora**
　　　　　　9.花小；外轮花瓣小于内轮花瓣 ············· **5.金钩花属 Pseuduvaria**
　　　　　8.雄蕊线状长圆形；内轮花瓣基部的爪或柄极短 ·············
　　　　　　 ························· **6.哥纳香属 Goniothalamus**

7.内轮花瓣基部无爪或无柄，上部张开或边缘靠合成三棱形。

　　10.药隔顶端截形或宽三角形，几乎将药室隐藏 ……………………………………

　　…………………………………………………………………… 7.暗罗属 Polyalthia

10.药隔顶端尖。

　　11.雄蕊卵圆形或长圆状楔形；花瓣卵状三角形或卵状长圆形，基部通常囊状

　　而内弯 …………………………………………………… 8.藤春属 Alphonsea

　　11.雄蕊和花瓣均为线形或线状披针形 ………………………9.依兰属Cananga

6.花瓣3片，1轮，果成念珠状 ……………… 11.皂帽花属 Dasymaschalon

5.攀援灌木，总花梗和总果柄弯曲成钩状 ……………… 10.鹰爪花属 Artabotrys

4.成熟心皮合生成一肉质的聚合果 ……………… 12.番荔枝属 Annona

1.亮花木属 Phaeanthus Hk. f. et Thoms.

乔木、灌木或攀援状灌木。叶互生，羽状脉。花单生枝顶或簇生花序腋外生；萼片3，镊合状排列；花瓣6，2轮，镊合状排列，外轮花瓣小，似萼片状，内轮花瓣大，扁平，通常革质；雄蕊多数，药隔膨大，顶端平截；心皮多数，分离，胚珠1—2，稀5—8。小果椭圆形或球形，具子房柄。种子通常1。

本属约20种，分布于南亚及东南亚。云南产1种。

囊瓣亮花木（中国植物志）

Phaeanthus saccopetaloides W. T. Wang（1957）

产凤庆、镇康、勐腊，生于海拔800—1800米的山地常绿阔叶林中。

2.蚁花属 Mezzettiopsis Ridl.

乔木。叶互生，羽状脉，具短柄。花小，密伞花序，腋生，被粗毛；萼片3，卵形，基部合生；花瓣6，2轮，有透明腺点，外轮短于内轮，与萼片相似，卵形或宽卵形，内轮厚而长，镰形，中部以下渐狭，先端外卷，基部无瓣爪，内弯成穹窿状，覆盖雌、雄蕊；雄蕊多数，椭圆形，药室宽，毗连，外向，药隔顶端具小尖头；心皮多数，分离，长卵形，胚株1—4，基生或侧生。小果多数，球形，具子房柄。

本属1种，产印度尼西亚和我国云南。

蚁花（中国植物学杂志）图110

Mezzettiopsis creaghii Ridl.（1912）

乔木，高达12米。枝条灰黑色。叶近革质，椭圆形至长圆形，长9—15厘米，宽3—6厘米，先端短渐尖或钝，基部宽楔形或钝，两面无毛，或仅下面中脉上疏被粗毛，侧脉7—10对，上面平，背面微隆起；叶柄长3—7毫米。花小，径3—5毫米；花梗、苞片、萼片及外

图110　蚁花 *Mezzettiopsis creaghii* Ridl

1.花枝　2.果枝　3.花　4.雌雄蕊群和花托　5—6.雄蕊背腹面

7.内轮花瓣的侧面　8.外轮花瓣的里面　9—10.心皮和心皮纵剖面（示胚珠着生部位）

轮花瓣均被粗毛；萼片卵形，长约1.5毫米；外轮花瓣宽卵形，长 3—4毫米，宽约4毫米，内轮花瓣长约9毫米；心皮无毛或几无毛，胚珠2—4，侧生，小果径1—2厘米。花期3—6月，果期6—12月。

产景洪、勐腊，生于海拔550—1200米的山坡或沟谷密林中；海南也有，印度尼西亚也有分布。

种子繁殖，育苗造林。

树姿优美，绿荫如盖，庭园草坪成丛点缀，颇为相宜。

3.野独活属 Miliusa Lesch. ex DC.

乔木或灌木。叶互生，羽状脉，具叶柄。花两性或单性（我国不产），腋生或腋上生，单生，簇生或密伞花序；花梗通常纤细，伸长；萼片3，镊合状排列，基部合生；花瓣6，2轮，镊合状排列，外轮的较小，萼片状，内轮的较大，卵状长圆形，先端通常反曲，幼时边缘黏合，后分离，基部囊状，具短瓣爪；花柱圆状凸起，通常被长柔毛，雄蕊多数，花药卵状，药室毗连，外向，药隔顶端尖或具小尖头；心皮多数，分离，条状长圆形，胚株1—5，生于腹缝线上或基生，1排。小果球形或圆柱形，具子房柄。种子一至多数。

本属约30种，分布于亚洲热带和亚热带地区。我国有4种，产华南和西南。云南4种全产。

分 种 检 索 表

1.叶下面、花梗、果梗均被短柔毛。

　2.花梗长3.5—7.5厘米；胚株2，侧生；果梗长5—9.5厘米………………………………………………………………………………………… 1.中华野独活 M. sinensis

　2.花梗长约1.4厘米；胚株1，基生；果梗长1.5—3.5厘米…………………………………………………………………………………………2.云南野独活 M. tenuistipitata

1.叶下面、花梗、果梗均无毛或仅叶脉上被疏柔毛，后渐无毛……………………………………………………………………………………………… 3.野独活 M. chunii

1.中华野独活（植物分类学报）图111

Miliusa sinensis Finet et Gagnep.（1906）

小乔木，高达6米，胸径达26厘米。小枝、叶下面、叶柄、苞片，花梗、萼片两面及花瓣两面均被黄色柔毛，幼时毛被更密。叶薄纸质或膜质，椭圆形或长椭圆形，稀长圆形，长5—12.5厘米，宽2—5厘米，先端渐尖，锐尖或钝，基部钝或圆形，稍偏斜，上面深绿色，除中脉外其余无毛，具小瘤状凸起，下面密被柔毛，侧脉9—11对；叶柄长2—3毫米。花单生叶腋，径1—1.5厘米；花梗细长，丝状，长3.5—7.5厘米，近基部具2—4被柔毛的小苞片；萼片披针形，长约3毫米，外轮花瓣与萼片相似，等大，内轮花瓣紫红色，卵圆形，长1—1.5厘米，宽6—8毫米，先端钝；心皮卵形，被长柔毛，胚珠2，侧生。小果球形或倒卵形，长7—10毫米；径7—8毫米，无毛；子房柄长1.3—2.1厘米；果梗长5—9.5厘米，下弯。种子1—2。花期4—9月，果期7—12月。

产富宁，生于海拔500—1000米的山地密林或山谷灌丛中。贵州、广西、广东也有。

种子繁殖，以随采随播为好。

可作庭园观赏树种。

2.云南野独活（植物分类学报）图111

Miliusa tenuistipitata W. T. Wang（1957）

小乔木，高达6米，胸径达30厘米。叶膜质，倒卵状椭圆形或倒卵状长圆形，长7.5—14.5厘米，宽2.8—4.5厘米，先端渐尖或短渐尖，基部圆形或宽楔形，有时不对称，上面除中脉外无毛，下面被黄色短柔毛，侧脉7—9对，弯曲，两面均不明显；叶柄长1—1.5厘米，密被短柔毛。外轮花瓣卵状椭圆形，较萼片短，长约2.5毫米，内轮花瓣近革质，卵形，长约9毫米，宽约5毫米，外面被微柔毛，里面近无毛；心皮4—8，长圆形，子房被短柔毛，胚株1，基生。小果球形，径约7毫米，无毛；子房柄长9—21毫米，无毛；果梗长1.7—3.5厘米，被短柔毛。种子1。花期5月，果期7月。

产勐海、澜沧，生于海拔730—1300米的山地混交林或山谷灌丛中。

种子繁殖。播前用温水浸种，高锰酸钾消毒。

树冠浑圆，枝叶繁茂，作庭园下层树种或成丛配置均宜。

3.野独活（广西）图111

Miliusa chunii W.T.Wang（1957）

小乔木，高5米。小枝微被短柔毛。叶膜质，椭圆形或椭圆状长圆形，长7—15厘米，宽2.5—4.5厘米，先端渐尖或短渐尖，基部宽楔形或近圆形，不对称，无毛或仅叶脉上被微柔毛，侧脉10—12对；叶柄长2—3毫米。花红色，单生叶腋，径1.3—1.6厘米；花梗细长，丝状，长4—6.5厘米，无毛；萼片卵形，长约2毫米，外面被短柔毛，外轮花瓣远比内轮花瓣小，与萼片相似而稍长，内轮花瓣卵圆形，长达1.8厘米，宽8—12毫米，中部以下黏合，仅裂片边缘有柔毛；心皮弯月形，微被紧贴柔毛，胚珠2—3。小果球形，径7—8毫米，无毛；子房柄纤细，长1—2厘米；果梗细长，长4—7.5厘米，无毛。种子1—3。花期4—7月，果期7月至翌年春季。

产西畴、富宁、麻栗坡及勐腊，生于海拔1000—1800米的山地密林中或疏林灌丛中。广东和广西有分布；越南也有。

种子繁殖，及时采集种子，除净果肉阴干，催芽后即可播种。可用作庭园的观赏树。

图111 野独活（中华、云南）

1—8.中华野独活 *Miliusa sinensis* Finet et Gagnep.：

1.花枝　　2.花　　3.内轮花瓣的里面　　4.雄蕊的腹面　　5.雄蕊的背面

6—7.心皮及其纵剖面（示胚珠着生部位）　　8.果枝

9—12.野独活 *M. chunii* W. T. Wang.：

9.营养枝　　10.除去内轮花瓣的花　　11—12.心皮及其纵剖面（示胚珠着生部位）

13—15.云南野独活 *M. tenuistipitata* W. T. Wacg.：

13.花　　14.雌雄蕊群和花托　　15.果枝

4. 银钩花属 Mitrephora（Bl.）Hk. f. et Thoms.

乔木。叶互生，羽状脉，具叶柄。花单生或总状花序，腋生或与叶对生；萼片3，圆形或宽卵形；花瓣6，2轮，镊合状排列，外轮大于内轮，外轮花瓣卵形或倒卵形，薄膜质，具脉纹，内轮花瓣箭头形或铁铲形，具长瓣爪，上部卵形或披针形，向内弯拱，边缘稍黏合，整个花冠成一球形的帽状体；雄蕊多数，长圆状楔形，药室外向，分离，药隔顶端平截；心皮常多数，分离，长圆形，花柱长圆形或棒形，稀花柱极短或不明显，腹部有槽纹，胚珠四至多数，1—2排。小果不裂，球形、卵球形或长圆状椭圆形，有子房柄或近无柄。

本属约40种，分布于南亚和东南亚的热带及亚热带地区，以及大洋洲。我国有3种，云南均产，广东、广西和贵州也有分布。

分 种 检 索 表

1.叶下面、叶柄被锈色长柔毛，沿叶脉尤密，侧脉在叶上面凹陷 ………………………………………………………………………… 1.银钩花 M. thorelii
1.叶下面、叶柄无毛或几无毛，侧脉在叶上面凸起。
  2.花两性 ……………………………………………… 2.山蕉 M. maingayi
  2.花单性 ……………………………………… 3.云南银钩花 M. wangii

1.银钩花（中国植物志）图112

Mitrephora thorelii Pierre

乔木，高达25米，胸径达50厘米；树皮灰黑色或深灰黑色，韧皮部淡褐色，略有香气。小枝密被锈色绒毛，后渐无毛，灰黑色。叶近革质，卵形或长圆状椭圆形，长达15厘米，宽7—10.5厘米，先端短渐尖，基部圆形，上面除中脉外无毛，有光泽，下面被锈色长柔毛，沿叶脉尤密，中脉在上面凹陷，侧脉8—14对，在上面下陷，下面凸起，网脉平；叶柄粗，长约7毫米，密被锈色绒毛。花淡黄色，径1—1.5厘米，单生或总状花序；花序总梗、花梗、花萼、花瓣均密被锈色柔毛，花序梗短，有芽鳞及小苞片痕迹；萼片卵状三角形，长约3毫米，里面无毛；外轮花瓣卵形，长约为萼片的3倍，两面被柔毛，内轮花瓣长于萼片，菱形，具瓣爪，两面被柔毛；雄蕊楔形，药隔盘状；心皮被毛，胚珠8—10，2排。小果卵球形或近球形，长1.6—2厘米，径1.4—1.6厘米，成熟时具环纹，密被褐色绒毛；子房柄细长，长于小果2—3倍，密被锈色绒毛。花期3—4月，果期5—8月。

产景洪、勐腊，海南也有；多生于海拔500—650米的山坡或沟谷密林中。分布至越南、老挝、柬埔寨、泰国等地。

喜热带季风气候，高温多湿；深厚肥沃、排水良好的沙壤土，在山地阴湿的立地条件下生长良好，干燥瘠薄的无林地带极少生长。较耐阴，在中等郁闭度林分中，多为优势立木；天然更新良好。用种子繁殖，1年生苗木于翌年秋季可出圃定植。

散孔材，淡橙黄色而稍带灰色，年轮明显，纹理通直，结构细致而均匀，材质硬重，容易加工，干后少开裂，不变形；为建筑、家具、车辆、器具、农具等优良用材。

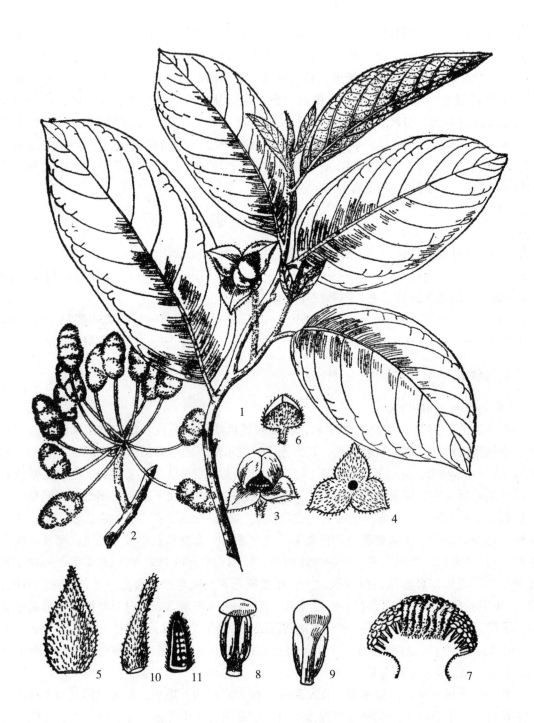

图112 银钩花 *Mitrephora thorelii* W. T. Wang

1.花枝　2.果枝　3.花　4.花萼外面　5.外轮花瓣外面
6.内轮花瓣里面　7.雌雄蕊群和花托的纵剖面　8.雄蕊背面
9.雄蕊腹面　10.心皮　11.子房纵剖面（示胚珠着生部位）

2.山蕉（海南）图113

Mitrephora maingayi Hk. f. et Thoms.（1872）

乔木，高达12米，胸径达35厘米；树皮灰黑色。小枝被锈色疏柔毛，后渐无毛。叶革质，长圆形，长圆状椭圆形或椭圆形，长7—16厘米，宽3—6厘米，先端钝或短渐尖，基部钝或宽楔形，有时圆形，上面除中脉外无毛，下面无毛或几无毛，中脉在上面凹陷，被疏柔毛，后渐无毛，侧脉和网脉明显，两面隆起；叶柄长5—10毫米，被疏柔毛，后渐无毛。花大，径约2.5厘米，初期白色，后为黄色，有红色斑点；总花梗被锈色绒毛，萼片宽卵形，长约3毫米，急尖，外面被锈色绒毛；花瓣两面均被柔毛，外轮倒卵状长圆形，长约2.5厘米，边缘浅波状，基部具短而宽的爪，内轮较小，上部心形，边缘黏合，下部具条形的长瓣爪；心皮被柔毛，胚珠6—8。小果卵形或短圆柱形，长2—4.5厘米，径1.5—3厘米，被锈色短柔毛，先端圆形，子房柄粗壮，长1.5—2厘米，径3—5毫米。花期2—8月，果期6—12月。

产景洪、富宁，生于海拔600—1500米的山坡或沟谷密林中。印度、越南、老挝、柬埔寨、马来半岛、印度尼西亚等地有分布。

种子繁殖，育苗造林。

木材坚硬，适于作建筑等用材。花大美丽，可作庭园观赏树种。

3.云南银钩花（植物分类学报）图114

Mitrephora wangii Hu（1940）

本种形态特征与山蕉极相似，不同点本种的花为单性。

产勐腊、景洪、勐海、澜沧，生于海拔600—1600米的山坡或沟谷密林中。

种子繁殖。一年生苗可上山造林。

木材为建筑、家具等用材。花的颜色，由白变黄，大而美丽，可作园林观赏树种。

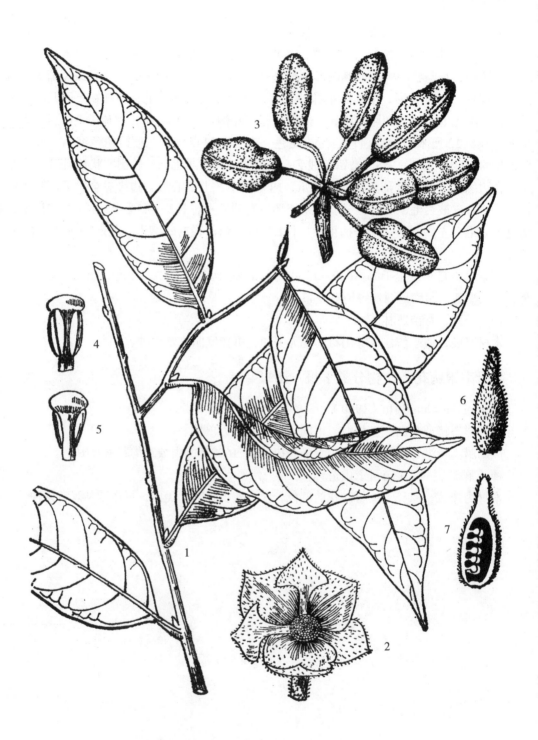

图113　山蕉 *Mitrephora maingayi* Hook.f.et Thoms.
1.营养枝　　2.花　　3.果枝　　4—5.雄蕊背腹面
6—7.心皮和心皮纵剖面（示胚珠着生部位）

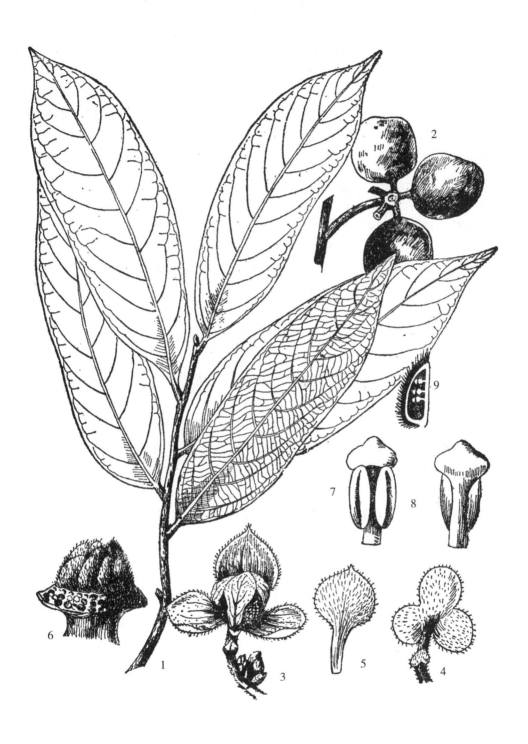

图114　云南银钩花 *Mitrephora wangii* Hu

1.营养枝　2.果枝　3.花　4.花萼苞片和花梗　5.内轮花瓣的里面
6.雌蕊群和花托　7.雄蕊背面　8.雄蕊腹面　9.心皮纵剖面（示胚珠着生部位）

5. 金钩花属 Pseuduvaria Miq.

乔木或灌木。叶互生，羽状脉，具叶柄。花小，单性，单生或簇生叶腋；萼片3，膜质，镊合状排列；花瓣6，2轮，镊合状排列，膜质，外轮短于内轮，外轮几与萼片相似，但稍大，内轮具窄长的瓣爪，上部卵状三角形，花蕾时向内弯拱，边缘黏合成帽状；雄蕊多数，楔形，内向，药隔顶端平截或微凹；雌花有时具退化雄蕊；心皮3至多数，分离、胚2—5。小果球形，种子一至数枚。

本属约17种，分布于南亚或东南亚。我国有1种，产于云南。

金钩花（植物分类学报）图115

Pseuduvaria indochinensis Merr.（1938）

常绿乔木，高达20米，胸径达35厘米。小枝被短柔毛，后渐无毛，灰白色，具纵条纹。叶纸质，长圆形，长10—23厘米，宽3.5—8.5厘米，先端渐尖，基部宽楔形或近圆形，仅沿叶脉初被短柔毛，后渐无毛，侧脉10—12对；叶柄长约1厘米，被短柔毛、花黄色，单生或簇生叶腋；花梗细长，长约1—2.5厘米，被短柔毛，中部具小苞片；萼片圆形，长和宽同为1.5—2毫米，外被短柔毛；外轮花瓣肾状卵圆形或近圆形，长2毫米，宽3毫米，外面被短柔毛，内轮花瓣有长瓣爪，爪长4毫米，上部卵状三角形，长2毫米，被短柔毛。胚珠4，2排。小果径1.5—2厘米，具多数凸起的小瘤突；子房柄长约1.5厘米，被短柔毛；果梗长约2厘米。花期3—7月，果期7—10月。

产勐腊、景洪，生于500—1200米的阴湿山坡或沟谷密林中；越南也有分布。

种子繁殖、育苗造林。种子以随采随播为好，混沙贮藏也可。

木材为室内装修、房屋建筑、家具等用材。

6. 哥纳香属 Goniothalamus（Bl.）Hk. f. et Thoms.

小乔木或灌木。叶互生，上面有光泽，侧脉疏离，近叶缘向内弯拱而连接。花单生或簇生于叶腋或腋外；总花梗基部有2排小苞片；萼片3，镊合状排列；花瓣6，2轮，镊合状排列，外轮花瓣较厚，扁平，内轮花瓣比外轮小，具短瓣爪，上部粘合成帽状体；雄蕊多数，条状长圆形，药室外向，药隔长圆形或棍棒状，顶端平截或圆形；心皮多数，分离，花柱伸长，柱头全缘或2裂，胚珠1—2，稀4—10，侧生或近基生，1—2排。小果不裂，长椭圆形或卵圆形。种子1—10。

本属约50种，分布于南亚和东南亚。我国有10种，分布于西南、华南和台湾；云南有6种，分布于滇南和滇东南。

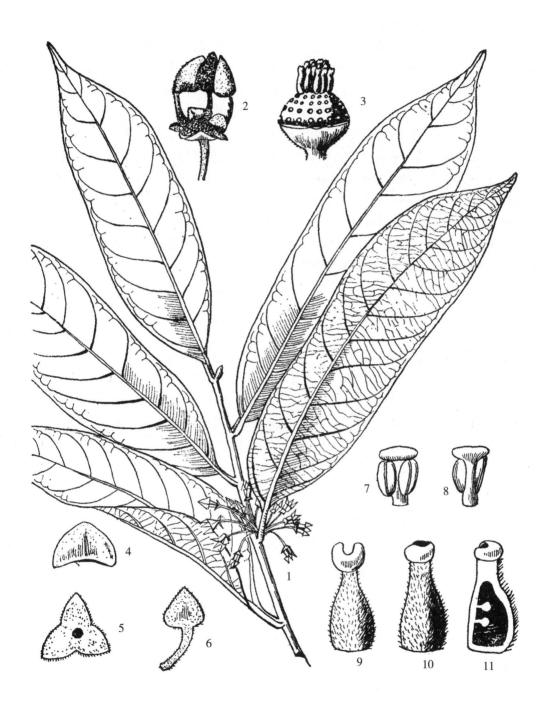

图115 金钩花 *Pseuduvaria indochinensis* Merr.
1.花枝   2.花   3.雌蕊群和花托   4.外轮花瓣里面   5.花萼外面
6.内轮花瓣里面   7—8.雄蕊背腹面   9.心皮正面   10.心皮侧面
11.心皮纵剖面（示胚珠着生部位）

大花哥纳香（植物分类学报）图116

Goniothalamus griffithii Hk. f. et Thonre.（1855）

乔木，高3—8米。幼枝被短柔毛，老渐无毛。叶纸质，长圆状披针形至长圆形，长20—32厘米，宽5.5—8.5厘米，先端短渐尖或钝，基部宽楔形或圆形，两面无毛；中脉粗壮，上面凹陷，下面凸起，侧脉14—20对，两面稍凸起；叶柄粗壮，长7—15毫米。花单朵腋生或腋外生；花梗长1—2.5厘米，无毛，基部着生很多小苞片；萼片宽卵形，长2—2.5厘米，无毛；外轮花瓣长圆状披针形，长达6.5厘米，宽1.5厘米，被微毛，内轮花瓣长卵形，长达2厘米，宽8毫米，被短微毛；雄蕊长圆形，药隔三角形，心皮长圆形，被微毛，花柱伸长，柱头顶端2裂，每心皮有胚珠2枚。小果卵球形，长约1.5厘米，直径约8毫米，聚生，几无柄，被微毛。花期5—7月，果期9—11月。

产西双版纳景洪，生于海拔800—1500米的山坡或沟谷密林中。印度、泰国、缅甸有分布。种子繁殖，育苗造林。播前温水浸种24小时，消毒后即可播种；一年生苗可出圃造林。木材可作家具、建筑、胶合板等用材。亦为园林观赏树种。

7. 暗罗属 Polyalthia Bl.

灌木或乔木。叶互生，具柄；羽状脉。花两性，少数单性，腋生或与叶对生，单生或数朵丛生，有时生于老干上；萼片3，通常小形，镊合状或近覆瓦状排列；花瓣6，2轮，每轮3片，镊合状排列，少数近覆瓦状排列，内外轮几等大，少数内轮比外轮长，扁平或内轮内面凹陷；雄蕊多数，楔形，药室外向，药隔扩大，顶端截形或近圆形；心皮多数，稀少数，柱头通常长圆形，每心皮有胚珠1—2，基生或近基生。成熟心皮浆果状，圆球形、卵球形或长圆形，有柄，内有种子1粒，少数为2粒。

本属约有120余种，分布于东半球的热带和亚热带地区。我国有17种，分布于台湾、广东、广西、云南和西藏等省区；云南有9种，主要产南部和东南部。

分 种 检 索 表

1.幼枝、叶背和叶柄无毛或几无毛。
　2.叶具透明腺点。
　　3.叶长圆形至椭圆形。
　　　4.叶具疣状突起，叶基部楔形，侧脉纤细，果柄长约1厘米 ………………………………………………………………1.疣叶暗罗 P. verrucipes
　　　4.叶无疣状突起，叶基部圆形，侧脉粗状凸起，果柄长约3.5厘米…………………………………………………………2.腺叶暗罗 P.simiarum
　　3.叶倒披针形 ………………………………………3.景洪暗罗 P.cheliensis

图116 大花哥纳香 *Goniothalamus griffithii* Hook. f. et Thoms.
1.花枝　2.雌雄蕊群和花托　3.萼片里面　4.外轮花瓣里面　5.内轮花瓣三片黏合
6—8.雄蕊背面、侧面和腹面　9—10.心皮和心皮纵剖面（示胚珠着生部位）

2.叶无透明腺点。

  5.叶长圆形、长圆状披轮形或长圆状椭圆形，无乳头状凸起。

    6.侧脉25—28对 ······························ **4.多脉暗罗 P.pingpienensis**

    6.侧脉14—18对 ······························· **5.毛脉暗罗 P. viridis**

  5.叶椭圆形至宽椭圆形，两面密生褐色乳头状凸起 ············ **6.木姜叶暗罗 P.litseifolia**

1.幼枝、叶背和叶柄明显被柔毛 ······························ **7.细基丸 P.cerasoides**

1.疣叶暗罗（植物分类学报）

Polyalthia verrucipes C. Y. Wu ex P. T. Li（1976）

产勐海、景洪，生于海拔1000—1900米的山地密林中。

2.腺叶暗罗（植物分类学报）图117

Polyalthia simiarum（Ham.ex Hk.f.et Thoms.）Benth. ex Hk. f. et. Thoms.（1872）

乔木，高达25米；树皮灰白色。老枝被稀疏皮孔。叶膜质至薄纸质，卵状长圆形或椭圆状长圆形，稀为披针形，长10—28厘米，宽5—12.5厘米，先端钝或渐尖，基部圆形，有时两侧不对称，两面无毛，或仅脉上有微毛，中脉在上面略下陷，下面，隆起侧脉13—17对，与网脉一样两面隆起；叶柄长5—7毫米，粗壮，有横纹。花1—数朵腋生或生于老枝上，绿黄色，花梗长2.5—3厘米，被微毛，基部有小苞片；萼片卵状三角形，外面被微毛；花瓣2轮，内外几等长，张开，线状披针形，长2.5—3.5厘米，外面被微毛，里面无毛；药隔顶端截形；心皮长圆形，无毛，每心皮有基生胚珠1枚。果卵圆形或卵状椭圆形，长约2.5厘米，直径约1.5厘米，无毛，有种子1；果柄长3—3.5厘米；果托直径约2厘米；总果柄长1.5—2厘米，粗壮，直径达5毫米。花期春季，果期夏秋季。

产勐腊和瑞丽等地，生于海拔540—1070米的山地密林中。越南、老挝、柬埔寨、泰国、印度、缅甸也有分布。

育苗造林或直播造林，如育苗造林，一年生苗可出圃移栽。

木材可为农具、建筑、器具等用材。

3.景洪暗罗（植物分类学报）图117

Polyalthia cheliensis Hu（1940）

乔木，高达20米，胸径达30厘米。枝条无毛，灰白色。叶纸质，倒披针形，长9—20厘米，宽3.5—7厘米，先端短渐尖，基部楔形至圆形，除中脉被微毛外无毛，侧脉16—20对，两面凸起；叶柄长约1厘米，被微毛。花绿黄色，2—4丛生于粗壮的短枝上；花梗长约4厘米，被黄褐色绒毛，中部有1个被绒毛的小苞片，卵圆形，钝头；萼片宽三角形，长5毫米，外面被绒毛，里面无毛，内外轮花瓣匙形或线形，外轮长2.5厘米，宽3.5毫米，外面被微毛，里面几无毛，内轮长1.5厘米，宽约3毫米，外面被微毛，里面几无毛；药隔顶端截形；心皮被粗毛，柱头头状，被毡毛，每心皮有基生胚珠1枚。

产景洪、勐腊，生于海拔500—1060米的山地或沟谷密林中。

育苗造林或直播造林均可，播前需温水浸种催芽。

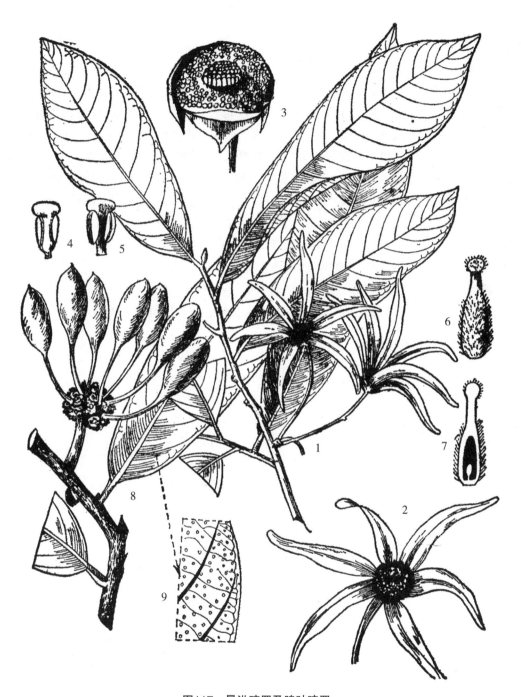

图117 景洪暗罗及腺叶暗罗

1—7.景洪暗罗 *Polyalthia cheliensis* Hu：

1.花枝 2.花 3.除去花瓣的花 4—5.雄蕊的背腹面

6—7.心皮和心皮纵剖面（示胚珠着生部位）

8—9.腺叶暗罗 P. *simiarum*（Buch.-Ham. ex Hook.f.et Thoms.）Benth.ex Hook.f.et Thoms.：

8.果枝 9.叶片一部分放大（示透明腺点）

散孔材，年轮不明显，纹理不很通直。可作建筑、农具、器具等用材。

4.多脉暗罗（植物分类学报）图118

Polyalthia pingpienensis P. T. Li（1976）

乔木，高约8米；树皮灰黑色，无毛。叶革质，长圆形，长10—18厘米，宽3—5.5厘米，先端短尖，基部钝，叶上面除中脉被柔毛外无毛，下面被疏长柔毛，在脉上较密，中脉在上面凹陷，下面凸起，侧脉25—28对，两面凸起，网脉明显；叶柄长1—1.5厘米，密被柔毛。花1—2腋生或顶生，直径约3厘米；花梗长2.5厘米，被微毛，后渐无毛；萼片宽卵形，长约1.3厘米，宽约1.5厘米，外面被微毛，里面无毛；外轮花瓣比内轮花瓣略短小，长圆形，长约2.2厘米，宽约9毫米，外面被微毛，里面无毛，内轮花瓣椭圆形或卵圆形，长约2.5厘米，宽约1.6厘米，外面被微毛，里面无毛；药隔顶端圆形，被短柔毛；心皮圆形，长约2.5毫米，被长柔毛，柱头头状，被短柔毛，每心皮有基生胚珠1枚。花期5月。

产屏边，生于海拔1100—1500米的山地密林中。

种子繁殖，一年生苗可出圃造林。

木材为一般建筑、家具、器具等用材。花大美丽，可作园林栽培树种。

5.毛脉暗罗（植物分类学报）

Polyalthia viridis Craib（1914）

产景洪、勐腊和耿马，生于海拔600—680米的山地密林中；泰国也有分布。

6.木姜叶暗罗（植物分类学报）

Polyalthia litseifolia C. Y. Wu ex P. T. Li（1976）

产景洪，生于海拔600米的低山坡或沟谷水边密林中。

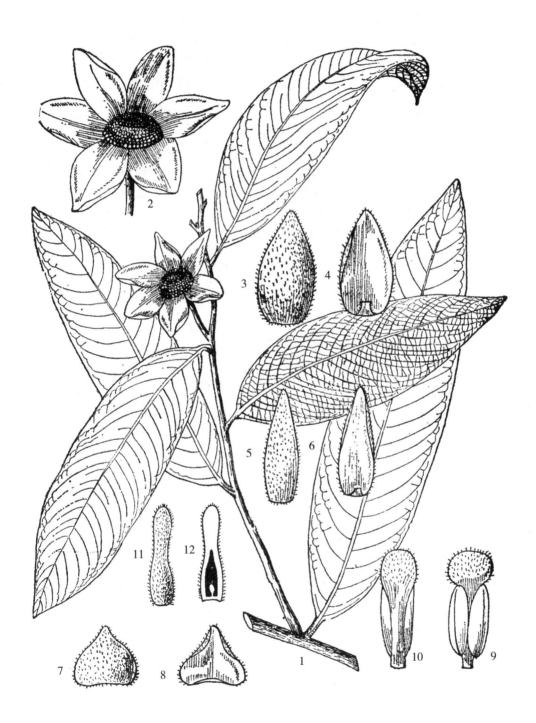

图118 多脉暗罗 *Polyalthia pingpienensis* P. T. Li

1.花枝　　2.花　　3—4.外轮花瓣　　5—6.内轮花瓣　　7—8.萼片

9—10.雄蕊背腹面　　11—12.心皮和心皮纵剖面（示胚珠着生部位）

7.细基丸（中国植物志）图119

Polyalthia cerasoides（Roxb.）Benth.et Hk.f.ex Bedd.（1869）

乔木，高达20米，胸径达40厘米；树皮暗灰黑色，粗糙。小枝密被褐色长柔毛，老枝无毛，具皮孔。叶纸质，长圆形至长圆状披针形，稀椭圆形，长6—19厘米，宽2.5—6厘米，先端钝或短渐尖，基部宽楔形至圆形，上面除中脉被微毛外无毛，下面密被淡黄色柔毛，侧脉7—8对，纤细，网脉明显；叶柄长2—3毫米，被疏粗毛。花单生叶腋，绿色，径1—2厘米，花梗长1—2厘米，被疏柔毛，中部以下有叶状小苞片1—2个；萼片长圆状卵形，长8—9毫米，外面被疏柔毛；花瓣内外轮近等长，或内轮的稍短，长卵形，被微毛，长8—9毫米，干后黑色；药隔顶端截形；心皮长圆形，被柔毛，每心皮有基生胚珠1枚。果近球形或卵球形，直径约6毫米，成熟时红色，干后黑色，无毛；果柄长1.5—2厘米。花期3—5月，果期4—10月。

产景洪、勐腊、蒙自、河口及元江、新平等地，广东也有；生于海拔120—1100米的低丘或山地疏林中；分布至越南、老挝、柬埔寨、缅甸、泰国和印度。

喜暖热干湿季分明的季风气候，耐干旱、在干燥的荒地上，生长仍较旺盛。树皮厚、萌生性强，常为火烧迹地的残余树种。用种子繁殖，幼苗生长较慢，5年后生长迅速，1年生苗木可出圃定植，也可直播造林。

散孔材，淡黄带灰色，年轮不明显，纹理欠通直，部分略弯曲，结构细致，材质硬重，加工稍难，干后开裂，略翘曲和变形；可作建筑、家具、器具等用材；树皮含单宁，纤维坚韧，可编制麻袋和绳索等。

8.藤春属 Alphonsea Hook. f. et Thoms.

乔木。叶互生，羽状脉，具叶柄。花单生或密伞花序，与叶对生，稀腋上生；萼片3，较小，镊合状排列；花瓣6，2轮，镊合状排列，等大或内轮略小，但均比萼片大，通常基部囊状而内弯；花托圆柱状或半圆球形凸起；雄蕊多数，药室外向，毗连，药隔顶端短尖；心皮一至数枚，分离，胚珠8—24，2排，花柱长圆形或压缩，柱头球形或近球形。小果球形，有子房柄或近无柄。

本属约20种，分布于亚洲热带或亚热带地区。中国有6种，云南全产。

分 种 检 索 表

1.心皮3—5，每心皮有胚珠4—6。
  2.心皮3，叶背密被长柔毛 ⋯⋯⋯⋯⋯⋯⋯⋯⋯⋯⋯⋯⋯⋯⋯⋯ 1.石密A. mollis
  2.心皮4—5，叶背无毛 ⋯⋯⋯⋯⋯⋯⋯⋯⋯⋯⋯⋯⋯ 3.多脉藤春A. tsangyuanensis
1.心皮1，有胚珠22—24 ⋯⋯⋯⋯⋯⋯⋯⋯⋯⋯⋯⋯⋯⋯⋯ 2.藤春A. monogyna

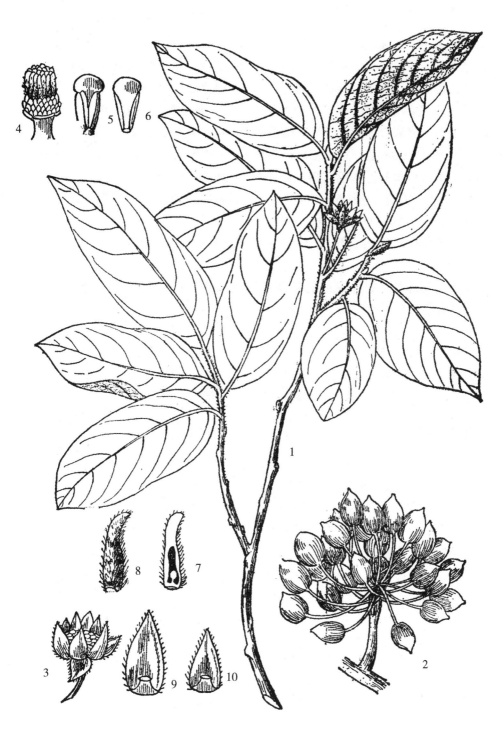

图119　细基丸 *Polyalthia cerasoides* (Roxb.) Benth.et Hook.f.ex Bedd.

1.花枝　　2.果枝　　3.花　　4.雌雄蕊群和托花　　5—6.雄蕊的背面和腹面

7—8.心皮和心皮的纵剖面（示胚珠着生部位）　　9.外轮花瓣的里面

10.内轮花瓣的里面

1.石密（植物分类学报） 毛阿芳（海南植物志）图120

Alphonsea mollis Dunn（1903）

常绿乔木，高达20米，胸径达40厘米；树干通直；树皮暗灰褐色，韧皮部棕色，纤维坚韧；分枝密集。幼枝密被棕黄色绒毛。叶纸质椭圆形或卵状长圆形，长6—12厘米，宽2.5—4.5厘米，先端短渐尖，钝头，基部钝或圆，上面除中脉被微毛外，余无毛，下面密被棕黄色长柔毛，侧脉约10对，纤细，两面明显；叶柄长2—3毫米，被毛。花单生或双生；花梗长1—2厘米，被柔毛，具小苞片；萼片小，三角形；外轮花瓣黄白色，先端外弯，外面被绒毛，里面几无毛，内轮花瓣与外轮相似，稍短；心皮3，被绒毛。小果1—2，卵形或椭圆形，长2—4厘米，径1.5—2.5厘米，被黄褐色绒毛。种子近圆形，扁平，径1—1.5厘米，淡灰褐色。花期1—2月，果期6—8月。

产景洪、勐腊，生于海拔640—1000米的山谷或石灰岩山热带杂木林中；海南和广西南部也有。

适生于土壤疏松、排水良好的多腐殖质的沙壤土，在疏荫至中等郁闭的林中生长良好，在母树荫蔽下天然更新的幼苗、幼树生长正常，速度中等。

用种子殖繁，一年生苗木高达40—50厘米，可出圃定植。

散孔材，淡黄色微带青色，年轮明显，呈不规则的微波浪形，纹理不很通直，结构细致均匀，材质坚硬，略具韧性，干后少开裂，不变形；可作建筑、家具、车辆、器具等用材，使用时应防止变色菌侵染。果成熟时黄色，可食。

2.藤春（海南） 阿芳（海南植物志）图120

Alphonsea monogyna Merr. et Chun（1934）

乔木，高达12米。小枝被疏柔毛。叶近革质或纸质，椭圆形或长圆形，长7—14厘米，宽3—6厘米，先端渐尖，基部宽楔形或稍钝，两面无毛，干时苍白色，侧脉9—11对，纤细，在叶缘网结，两面稍隆起；叶柄长约5毫米。花黄色，1—2（稀数朵）生于被平伏短柔毛的短总花梗上，花梗长5—8毫米，被锈色短柔毛，小苞片1—2，卵形；萼片宽卵形，长约2毫米，被平伏短柔毛；外轮花瓣长圆状卵形或卵形，长约1厘米，先端尖，内轮花瓣稍小，外面被短柔毛；雄蕊长约1毫米，心皮1，圆柱状，被微柔毛，胚珠22—24，2排。小果近球形或椭圆形，长2—3.5厘米，径1.7—2.5厘米，密被暗色短粗毛，成熟时具不明显的小瘤突。花期1—9月，果期9月至翌年春季。

产金平、景洪，生于海拔400—1200米的山坡常绿阔叶林中；广东南部、海南及广西西南部也有。

喜湿热气候和深厚肥沃的土壤。80年生树高约15米，胸径约50厘米。用种子繁殖，2年生苗可出圃定植。

木材淡黄褐色，材质坚硬，适于建筑用材。果成熟后可食：树形美观，可作庭园绿化树种。

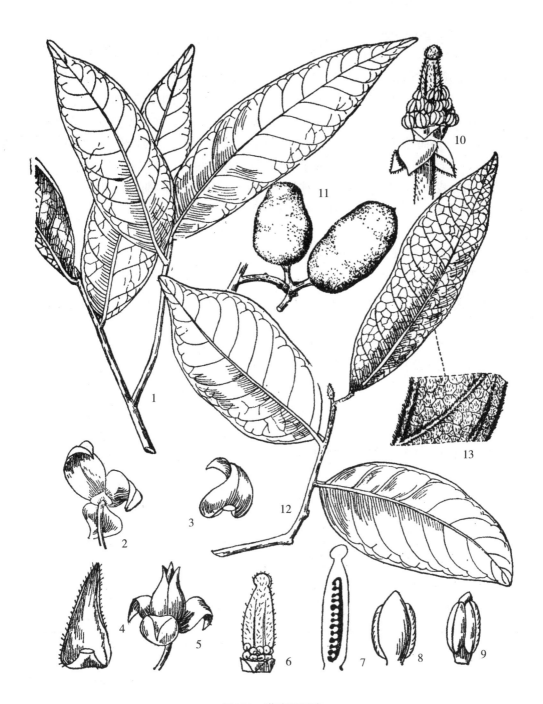

图120 藤春及石密

1—11.藤春 *Alphonsea monogyna* Merr. et Chun：

1.营养枝 2.花萼 3.外轮花瓣 4.内轮花瓣里面 5.花 6.雌蕊和花托

7.子房纵剖面（示胚珠着生部位） 8—9.雄蕊的背腹面 10.除去花瓣的花 11.部分果枝

12—13.石密 *A.mollis* Dunn：

12.营养枝 13.叶背部分放大（示毛被）

3.多脉藤春（植物分类学报）图121

Alphonsea tsangyuanensis P. T. Li（1976）

乔木，高约12米；除花外，全株各部无毛。叶纸质，长圆形，长6—11厘米，宽2.5—3.5厘米，先端尾状渐尖，尾尖长1—1.7厘米，基部楔形或钝，中脉在上面凹陷，下面隆起，侧脉15—19对，上面扁平，下面微隆起。花单生，与叶对生，花梗长约3毫米，被微柔毛；花蕾圆锥状，长约1厘米，直径约8毫米；萼片三角形，外面被短绒毛，里面无毛；花瓣卵状三角形，外面被短绒毛，里面无毛，外轮花瓣长1厘米，宽6毫米，内轮花瓣长9毫米；宽5毫米；雄蕊多数，3排，长1.5毫米，药隔顶端具短尖；心皮4—5，微扁，长圆形，被长硬毛，每心皮有胚珠5枚，2排，花柱极短，柱头顶端2裂。花期4月。

特产云南沧源，生于海拔1450米的山地密林中。

种子繁殖，一年生苗可出圃造林。

木材可作家具、建筑、农具等用材。

9.依兰属 Cananga（DC.）Hook. f. et Thoms.

乔木或灌木。叶互生，大形，羽状脉；具叶柄。花大，单生或数朵丛生叶腋或腋外的总花梗上；萼片3，镊合状排列；花瓣薄，6片，2轮，每轮3片，镊合状排列，内外轮近相等或内轮的较小，绿色或黄色，长而扁平，极张开；雄蕊多数，线形或线状披针形，药室外向，药隔延伸为披针形的尖头；心皮多数，每心皮有胚珠多枚，2排，柱头近头状。成熟心皮浆果状，有柄或无柄。种子多数，灰黑色有斑点；胚乳具针状凸体。

本属约有4种，分布于亚洲热带地区至大洋洲。我国华南和西南栽培1种及1变种。

依兰（云南种子植物名称）　　"锅啦剁版哦"（西双版纳傣语）图122

Cananga odorata（Lamk.）Hk.f. et Thoms.（1855）

常绿乔木，高达20余米，胸径达60厘米；树干通直，树皮灰色。小枝无毛，具小皮孔。叶大，膜质至薄纸质，卵状长圆形或长椭圆形，长10—23厘米，宽4—14厘米，顶端渐尖至急尖，基部圆形，表面无毛，背面仅在脉上被疏短柔毛，侧脉9—12对，上面扁平，下面隆起；叶柄长1—1.5厘米。花序单生于叶腋内或叶腋外，有花2—5朵；花大，长约8厘米，黄绿色，芳香，倒垂；总花梗长2—5毫米，被短柔毛；花梗长1—4厘米，被短柔毛，具鳞片状苞片；萼片卵圆形，外反，绿色，两面被短柔毛；花瓣内外轮近等大，线形或线状披针形，长5—8厘米，宽8—16毫米，初时两面被短柔毛，后渐无毛；雄蕊线状倒披针形，基部窄，上部宽，药隔顶端急尖，被短柔毛；心皮长圆形，被疏微毛，老渐无毛，柱头近头状羽裂。成熟心皮10—12，具长柄，无毛，成熟果近圆球状或卵状，长约1.5厘米，直径约1厘米，黑色。花期4—8月，果期12月至翌年3月。

原产缅甸、印度尼西亚、菲律宾和马来西亚，现世界各热带地区均有栽培；我国栽培于台湾、福建、广东、广西、云南和四川等省区。云南省勐腊县引种栽培时间最早，20世纪60年代已有开花的成龄树50余株，其次是景洪勐罕也有少量栽培的成龄植株，通常栽

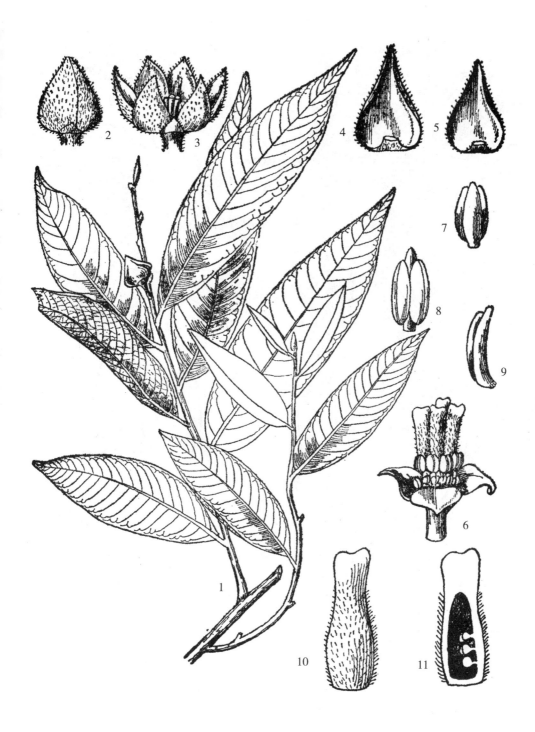

图121 多脉藤春 *Alphonsea tsangyuanensis* P. T. Li
1.花枝　　2.花蕾　　3.花　　4.外轮花瓣的里面　　5.内轮花瓣的里面
6.除去花瓣的花　　7.雄蕊腹面　　8.雄蕊背面　　9.雄蕊侧面
10—11.心皮和心皮纵剖面（示胚珠着生部位）

图122 依兰 *Cananga odorata* (Lamk.) Hook. f. et Thoms.

1.果枝　2.花　3.花萼　4.除去花被的花　5.雄蕊背面　6.雄蕊腹面
7.雌蕊　8.子房纵剖面（示胚珠着生部位）

植于傣族村寨的竹楼附近，海拔550—750米的园圃之中，少数也栽植于河边；分布区年平均温度20—22℃，绝对最低温度不低于3—5℃，年降雨量为1500—2000毫米，土壤多为肥沃的冲积沙壤土或热带砖红性红壤，在高温多雨的气候条件下生长最好。西双版纳栽培植株，两年生植株高2.69米，直径4.1厘米、7年生株高达10米，直径29.1厘米，5—20年间生长最快，以后生长速度逐渐缓慢。宜播种育苗，用新鲜种子以40℃温水浸种24小时后，每天再用30℃温水换洗浸泡5—8天即可播种，25天后开始发芽，发芽率达90%以上，当幼苗出现3对真叶时，苗高达15—20厘米，即可移植，6个月的苗木平均高度37厘米，径0.65厘米，可出圃定植；株行距以6米×6米，每亩栽植不超过20株为宜。

依兰的花具浓郁的香气，可提取高级香精油，国际市场上称"依兰、依兰"油或"卡南加"油，是一种用途很广而极其重要的日用化工原料，过去我国没有生产，全靠进口，近年来西双版纳在局部地区发展种植，土法蒸馏，出油率为1.22%，最高达2.5%，在我省南部地区适于发展种植，但应在解决品种和采花问题的研究时方可扩大生产。

小依兰（变种）

var. fruticosa（Craib）Sincl.（1951）
这一变种的性状为灌木，植株矮小，高1—2米，花的香气较淡而不同。花期5—8月。我国仅广东和云南有栽培，作观赏用。

10. 鹰爪花属 Artabotrys R. Br. ex Ker

攀援灌木，常以钩状的总花梗攀援于它物上。叶互生，羽状脉，具叶柄。花两性，通常单生于钩状的总花梗上，芳香；萼片3，镊合状排列，基部合生；花瓣6，2轮，镊合状排列，扩展或稍向内弯，下部凹陷，上部收缩，外轮花瓣与内轮花瓣等大或较大；花托平或凹陷；雄蕊多数，紧贴，长圆形或楔形，药隔顶端凸起或平截，有时外围有退化雄蕊；心皮4—多数，分离，胚珠2，基生。小果浆果状，椭圆状倒卵形或近球形；果托坚硬。

本属约100种，分布于热带和亚热带地区。我国有6种，产华南和西南；云南有4种，产东南部和南部。

鹰爪花（广群芳谱）图123

Artabotrys hexapetalus（L.f.）Bhandari（1964）
攀援灌木，高达4米，无毛或近无毛。叶纸质，长圆形或宽披针形，长6—16厘米，宽2.5—6厘米，先端渐尖或急尖，基部楔形，上面无毛，下面沿中脉被稀疏柔毛或无毛。花1—2，生于钩状的总花梗上，淡绿色或淡黄色，芳香；萼片卵形，长约8毫米，绿色，两面被稀疏柔毛；花瓣长圆状披针形，长3—4.5厘米，外面基部密被柔毛，其余近无毛或略被微柔毛，近基部收缩；雄蕊长圆形，药隔三角形，无毛；心皮长圆形，柱头条状长椭圆形，小浆果卵圆形，长2.5—4厘米，径约2.5厘米，先端尖。花果期5—12月。

产景洪、勐腊及麻栗坡；浙江南部、台湾、福建、江西、广东（包括海南）、广西也有，多为栽培；少数野生。印度、泰国、斯里兰卡、越南、柬埔寨、菲律宾、马来西亚和

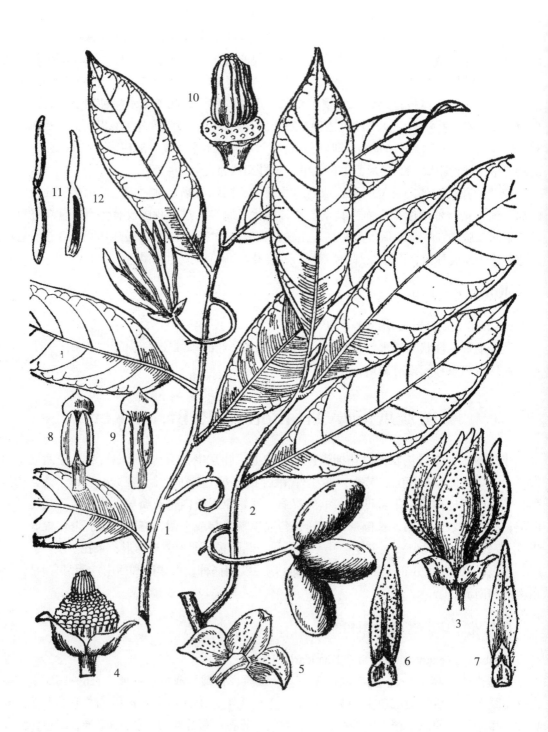

图123　鹰爪花 *Artabotrys hexapetals*（Linn.f.）Bhandarl

1.花枝　　2.果枝　　3.花　　4.除去花瓣的花　　5.花萼外面　　6.外轮花瓣的里面

7.内轮花瓣的里面　　8.雄蕊的背面　　9.雄蕊的腹面　　10.雄蕊群和花托

11—12.心皮和心皮的纵剖面（示胚珠着生部位）

印度尼西亚等国有栽培和野生。

种子繁殖。花极香，含芳香油0.75%—1.0%，可提鹰爪花浸膏，用于高级香水和皂用香精原料。常栽培作庭园观赏植物。

11. 皂帽花属 Dasymaschalon（Hook. f. et Thoms.）

Dalle Torre et Harma

灌木或小乔木。单叶，互生，羽状脉。花单生叶腋或与叶对生，有时顶生；萼片3，镊合状排列；花瓣3，1轮，镊合状排列，边缘粘合成尖帽状；雄蕊多数，药室外向，纵裂，药隔顶端盘状或稍突起，有时锥尖状；心皮多数，被粗毛，柱头圆柱形或倒卵状楔形，每心皮有胚珠2至数枚，1—2排，着生于侧膜胎座上。成熟心皮多数，念珠状。

本属约16种，分布于亚洲热带和亚热带地区。我国有3种，产华南、西南；云南产2种。

分 种 检 索 表

1. 叶背苍白色；花暗红色，直径1—1.5厘米，花瓣披针形；药隔顶端截形 ………………………………………………………………… **1. 喙果皂帽花 D. rostratum**
1. 叶背灰绿色；花黄色，直径约3厘米，花瓣长椭圆形或卵圆形；药隔顶端宽三角形 …………………………………………………………… **2. 黄花皂帽花 D. sootepense**

1. 喙果皂帽花（中国植物学杂志）图124

Dasymaschalon rostratum Merr. et Chun（1934）

乔木，高达8米。幼枝被微柔毛，老枝无毛。叶纸质，长圆形，长12—19厘米，宽3.5—6厘米，先端渐尖，基部圆形，叶背面苍白色，被稀疏紧贴的柔毛或无毛，侧脉8—12对，上面扁平，下面隆起；叶柄长5—7毫米，幼时被短柔毛，后渐无毛。花暗红色，单生叶腋，尖帽状，向上渐尖，长约4.5厘米或更长，直径1—1.5厘米；花梗长 1—2厘米，萼片外面、花瓣外面和心皮均被柔毛；萼片阔卵圆形，长2.5—3毫米；花瓣披针形，长约4.5厘米，基部宽约8毫米，里面无毛；药隔顶端截形；心皮长圆形，柱头近头状。果念珠状，长5—6厘米，被疏柔毛，有2—5节，每节长椭圆形，长约1.8厘米，直径5—7毫米，顶端有喙。花、果期7月至翌年1月。

产金平、屏边、麻栗坡、西畴、富宁，生于海拔500—1300米的山地密林或山谷溪旁疏林中；广东、广西、西藏均产；越南也有。

种子繁殖，以随采随播为好。

木材为建筑、家具，胶合板等用材。果念珠状，可作园林观赏树种。

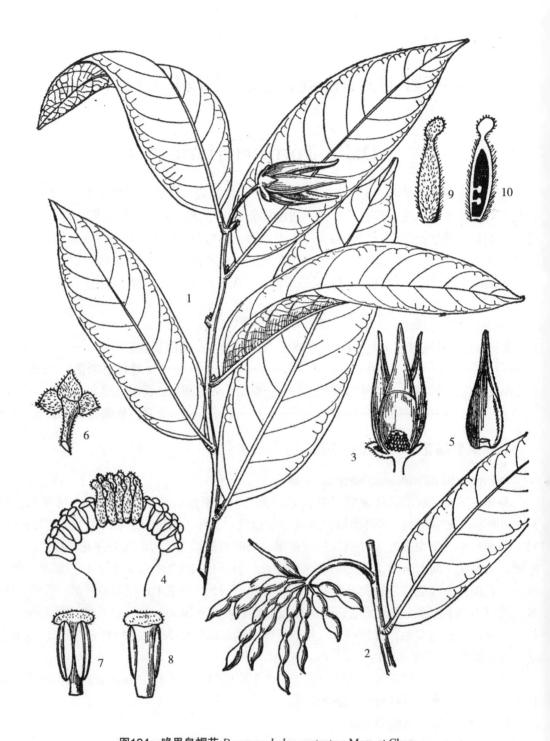

图124 喙果皂帽花 *Dasymaschalon rostratum* Merr. et Chun
1.花枝　　2.果枝　　3.花（切去一部分，示雌雄蕊群）
4.雌雄蕊群和花托纵剖面　5.花瓣里面　6.花萼外面
7—8.雄蕊的背腹面　9—10.心皮和心皮纵剖面（示胚珠着生部位）

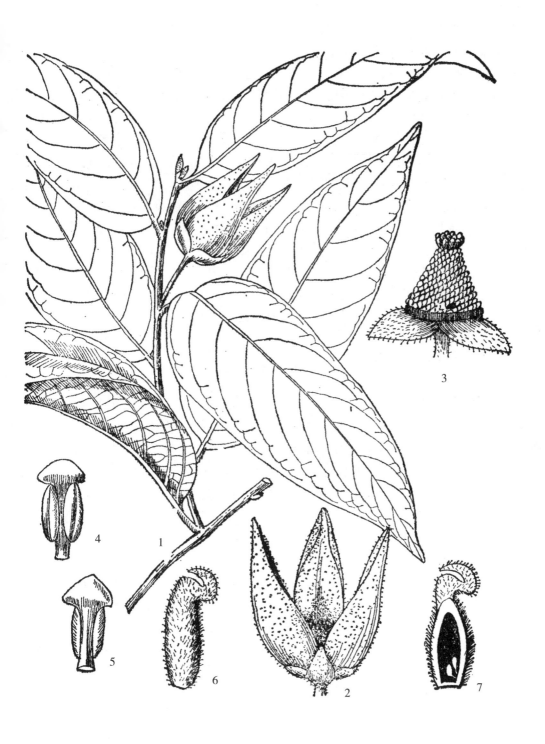

图125　黄花皂帽花 *Dasymaschalon sootepense* Craib
1.花枝　　2.花　　3.除去花瓣的花　　4—5.雄蕊背腹面
6—7.心皮和心皮纵剖面（示胚珠着生部位）

2.黄花皂帽花（植物分类学报）图125

Dasymaschalon sootepense Craib（1912）

乔木，高约7米。幼枝被疏柔毛，老枝无毛或近无毛，灰褐色，具纵条纹。叶薄纸质，长圆形，长10—17.5厘米，宽5.5—7厘米。顶端短渐尖，基部圆形，背面被疏而紧贴的小刚毛，苍白色或粉白色，侧脉9—10对，上面扁平或微凹，下面隆起，弯拱斜生；叶柄长5—8毫米，被疏柔毛，上面有沟槽。花黄色，单生叶腋，长4厘米，直径2.5厘米；花梗长1.7厘米，被疏柔毛，基部具小苞片；萼片宽卵形，长和宽约3毫米，两面被微柔毛，结果时萼片脱落；花瓣长椭圆形或卵状长圆形，长4厘米，宽约2厘米，两面被紧贴的疏柔毛；雄蕊长2.5毫米，药隔宽三角形，顶端钝；心皮长圆形，长3毫米，密被长柔毛，柱头外弯，2裂，被柔毛，每心皮有胚珠2—7枚，近基生或侧膜胎座上着生。果念珠状，长约6厘米，柄长约1厘米，果每节直径约5毫米，被紧贴的疏柔毛；总果柄长1.8厘米。花期4月。

产景洪、勐腊，生于海拔600米的山地或沟谷溪旁疏林中；泰国、越南、柬埔寨也有。

种子繁殖，以随采随播为好，或除去果肉洗净阴干贮藏。

枝繁、叶茂、花大黄色、果念珠状，可作园林观赏树种。

12.番荔枝属 Annona L.

灌木或乔木，被单毛或星状毛。叶互生，羽状脉。花单生或集生，顶生或与叶对生，萼片3，镊合状排列；花瓣通常6，2轮，外轮花瓣镊合状排列，内轮花瓣覆瓦状排列，形状与外轮花瓣明显不同，或内轮花瓣退化为鳞片状或无；雄蕊多数，药隔膨大，顶端平截，稀凸尖；心皮多数，通常合生，胚珠1，基生，直立。聚合浆果大，肉质。

本属约120种，分布于美洲和非洲的热带地区；亚洲热带地区有栽培。我国引入栽培5种；云南常见2种。

分 种 检 索 表

1.叶下面绿白色；总花梗有花1—4，与叶对生或顶生，成熟心皮微相连，易于分开 ……… ……………………………………………………………………1.番枝荔 A. squamosa
1.叶下面绿色；总花梗有花2—10，与叶对生或互生；成熟心皮连合成一整体，不分开 … ……………………………………………………………………… 2.牛心果 A. reticulata

1.番荔枝（岭南杂记）图126

Annona squamosa L.（1753）

落叶小乔木，高达5米；树皮薄，灰白色。多分枝。叶薄纸质，排成二列，椭圆状披针形或长圆形，长6—17.5厘米，宽2—75厘米，先端急尖或钝，基部宽楔形或圆形，下面绿白色，幼时被微毛，后无毛，侧脉8—15对，上面平，下面明显隆起；叶柄长8—15毫米。花单生或2—4聚生枝顶或与叶对生，长约2厘米，青黄色，下垂，花蕾披针形；萼片小，三角形，被微毛；外轮花瓣肉质，长圆形，先端急尖，被微毛，内轮花瓣退化成鳞片状，被微毛。聚合浆果球形或心状圆锥形，径5—10厘米，成熟时黄绿色，外面被白粉，由多数球形或椭圆形小果微相连而成，易于分开。花期5—6月，果期6—11月。

原产热带美洲，现亚洲热带地区多有栽培。我国福建南部、广东南部、广西南部、台湾和云南南部、西南部都有栽培。

喜暖热湿润气候，在土层深厚、肥沃、排水良好的园圃沙壤土上生长良好。用种子繁殖，随采随播，20天后可以发芽，出芽率60%—70%，1年生苗高70厘米，可出圃定植，5年左右可开花结实。

果供食用，为著名热带果树；树皮纤维可造纸；根药用，治急性痢疾、精神抑郁、脊髓骨痛等症；种子含油率达20%，叶治小儿脱肛；果实治恶疮肿痛，也可补脾。并为紫胶虫寄生树。

2.牛心果（经济植物手册）图126

Annona reticulata L.（1753）

乔木，高约6米。枝有瘤状突起。叶纸质，长圆状披针形，长9—30厘米，宽3.5—7厘米，先端渐尖，基部急尖或钝，两面无毛，侧脉15对以上，上面平，下面隆起；叶柄长1—1.5厘米。总花梗与叶对生或互生，有花2—10，花蕾披针形，钝头；萼片卵圆形，外面被短柔毛，里面无毛；外轮花瓣长圆形，肉质，外面被疏短柔毛，边有缘毛，内轮花瓣退化成鳞片状。果实由多数成熟心皮连合成近圆球状心形的肉质聚合浆果，不分开，直径5—12.5厘米，平滑无毛，有网状纹。花期冬末至早春，果期翌年3—6月。

原产热带美洲，亚洲热带地区均有栽培；我国台湾、福建、广东、广西和云南等省区有栽培。

用种子繁殖，方法与番荔枝相同。

果供食用，为热带著名水果，含蛋白质1.60%，脂肪0.26%，糖类16.84%。也可做紫胶虫寄主树。

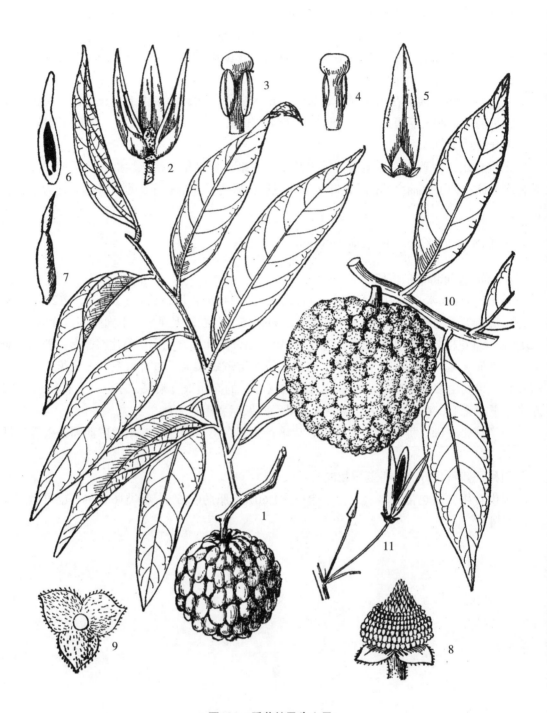

图126 番荔枝及牛心果

1—9.番荔枝 *Annona squamosa* Lian.：

1.果枝　2.花　3.雄蕊背面　4.雄蕊腹面　5.花瓣的内面

6—7.心皮和心皮的纵剖面（示胚珠着生部位）　8.除去花瓣的花　9.花萼的外面

10—11.牛心果 *A. reticulata* Linn.：

10.果枝　11.部分花枝

11.樟科 LAURACEAE

常绿或落叶，乔木或灌木，稀为缠绕寄生草本（无根藤属Cassytha）；具有含芳香油或黏液的细胞，有香气。叶互生、对生、近对生或轮生，具柄，通常革质，全缘，稀分离，羽状脉，三出脉或离基三出脉；无托叶。圆锥、总状、伞形或团伞形花序，稀单生；腋生或近顶生；苞片小或大，开花时脱落或宿存；花小，两性或单性，辐射对称，3基数，稀2基数；花被基部合生成花被筒，花被裂片6或4，2轮，大小相等或外轮较小，果时脱落或不同程度宿存；雄蕊数目一定，稀数目近于不定，通常排列呈4轮，每轮3或2，稀4，花丝基部有2腺体或无，最内轮为退化雄蕊或无，稀第一、二轮为败育或无，花药4室或2室，瓣裂，内向或外向，稀侧向；子房上位，稀下位，1室，胚珠1，倒生，悬垂，花柱，柱头盘状或头状，有时不明显。浆果或核果，有时花被筒增大形成杯状或盘状果托，稀花被筒全包果实。种皮薄，无胚乳，子叶厚，肉质。

本科约45属，2000—2500种，产于热带及亚热带地区，分布中心在东南亚及巴西。我国约有24属，400余种，大多数种产于长江以南各地，少数落叶种类分布较北，如其中的三桠乌药（*Lindera obtusiloba* Bl.）北达辽宁千山（北纬41°）。云南有22属（包括草本的无根藤属），约200种，分布于全省各地，种数最多在滇东南。本书未加描述的种，仅列名称和产地。

分 属 检 索 表

1.花单性，稀两性；伞形花序或总状花序，稀单花；苞片大，形成总苞。
  2.花部2基数；花被裂片4。
    3.雄花具12雄蕊，排成3轮，全部或第2、3轮雄蕊具腺体，花药2室；雌花具4退化雄蕊 ·· **1.月桂属 Laurus**
    3.雄花具6雄蕊，排成3轮，仅第3轮雄蕊具腺体，花药4室；雌花具6退化雄蕊 ········ ·· **2.新木姜子属 Neolitsea**
  2.花部3基数；花被裂片6。
    4.总苞具交互对生的苞片，迟落。
      5.花约4室。
        6.花单性；伞形花序具多花 ················· **3.木姜子属 Litsea**
        6.花两性；伞形花序仅具1花 ········· **4.单花木姜子属 Dodecadenia**
      5.花药2室。
        7.花单性；伞形花序具多花 ················· **5.山胡椒属 Lindera**
        7.花单性或杂性；伞形花序仅具1花 ········· **6.单花山胡椒属 Iteadaphne**
    4.总苞具覆瓦状排列的苞片，早落或迟落。
      8.落叶性；叶互生，常3浅裂；总状花序 ················· **7.檫木属 Sassafras**
      8.常绿性；叶轮生，稀对生或互生，全缘；伞形花序 ·················

    ………………………………………………… 8.黄肉楠属 Actinodaphne

1.花两性，稀单性；圆锥花序或短缩成团伞花序，稀伞形花序；苞片小，不形成总苞。

  9.花药4室。

    10.果时花被筒形成果托。

      11.伞形花序 …………………………………… 9.拟檫木属 Parasassafras

      11.圆锥花序或团伞花序。

        12.圆锥花序；花药4室，上下各2室，果时花被裂片脱落，或宿存但不肥厚；叶互生，具羽状脉，或近对生，具三出脉或离基三出脉 …………………………………………………………… 10.樟属 Cinnamomum

        12.团伞花序或排成圆锥状；花药4室横排成一行，或上下各2室，下2室较大，侧向；果时花被裂片宿存且肥厚，花被筒肥厚，叶互生，具离基三出脉………… …………………………………………… 11.新樟属 Neocinnamomum

    10.果时花被筒不形成果托。

      13.果时花被裂片宿存。

        14.宿存花被裂片较硬、较短，直立或开展，紧贴果实基部。

          15.花被裂片等大或外轮3枚略小；花丝长……………… 12.楠属Phoebe

          15.花被裂片不等大，外轮3枚显著较小；花丝极短………… …………………………………………… 13.赛楠属 Nothaphoebe

        14.宿存花被裂片较软、较长，反曲或开展，不紧贴果实基部 ……………… …………………………………………… 14.润楠属 Machilus

      13.果时花被裂片脱落。

        16.叶对生，三出脉或离基三出脉；花被裂片不等大，外轮3枚小……………… …………………………………………… 15.檬果樟属Caryodaphnopsis

        16.叶互生，羽状脉；花被裂片近等大。

          17.花被大；果肉质，大型，长8—18厘米（栽培种）……………… …………………………………………… 16.鳄梨属Persea

          17.花被较小；果稍肉质，小至中型 ……………… 17.油丹属Alseodaphne

  9.花药2室，稀融合为1室。

    18.果不为花被筒所包被。

      19.花部3基数；花被裂片6。

        20.花单性；伞形花序 ……………… 18.黄脉檫木属Sinosassafras

        20.花两性；圆锥花序 ……………… 19.琼楠属Beilschmiedia

      19.花部2基数，花被裂片4；发育雄蕊4……………… 20.油果樟属Syndiclis

    18.果全部为增大的花被筒所包被 ……………… 21.厚壳桂属 Cryptocarya

1. 月桂属 Laurus Linn.

常绿小乔木。叶互生，革质，羽状脉。花雌雄异株或两性；伞形花序在开花前呈球形，具梗，腋生，通常成对，偶有1或3个呈簇或短总状排列；苞片大，4枚，交互对生。花被筒短，花被裂片4，近等大。雄花有雄蕊8—14，通常12，排成3轮，第1轮花丝无腺体，第2、3轮花丝中部有2无柄肾形腺体，花药2室，向内；子房不育。雌花有退化雄蕊4，与花被裂片互生，花丝顶端有2无柄腺体，其间延伸有一披针形的舌状体；子房1室，花柱短，柱头稍增大，钝三棱形；胚珠1。浆果卵形，花被筒不增大或稍增大，完整或撕裂。

本属2种，产大西洋的加那利群岛、马德拉群岛及地中海沿岸地区。我国引种栽培有下述1种。

月桂　图127

Laurus nobilis Linn.（1753）

小乔木，高达12米；树皮黑褐色。小枝圆柱形，具纵向细条纹，幼时略被微柔毛或近无毛。叶长圆形或长圆状披针形，长5.5—12厘米，宽1.8—3.2厘米，先端锐尖或渐尖，基部楔形，边缘细波状，革质，上面暗绿色，下面稍淡，两面无毛，羽状脉，中脉及侧脉两面凸起，侧脉10—12对，网脉两面明显；叶柄长0.7—1厘米，鲜时紫红色，略被微柔毛或近无毛，腹面具槽。花单性，雌雄异株；苞片近圆形，外面无毛，内面被绢毛；总梗长达7毫米，略被微柔毛或近无毛；每一雄伞形花序有花5朵，花小，黄绿色，花梗长约2毫米，被疏柔毛，花被筒外面密被疏柔毛，花被裂片宽倒卵形或近圆形，两面被贴生柔毛。果熟时暗紫色。花期3—5月，果期6—9月。

昆明及德钦茨中见有引种栽培。原产于地中海一带，我国浙江、江苏、福建、台湾及四川等省广为引种栽培。

喜温暖湿润气候。可用扦插繁殖，成活率高。

叶、果含芳香油，叶含油0.3%—0.5%，但亦有高达1%—3%，果含油约1%，芳香油的比重（15℃）0.910—0.944，折光率（20℃）1.460—1.477，旋光度 - 4°40′ — - 21°40′。主要成分是芳樟醇、丁香酚、香叶醇及桉叶油素，用作食品、皂用及化妆品香精；叶可作调味香料或作罐头矫味剂；种子含植物油约30%，供工业用。

这是很有发展前途的芳香油树种，可推广种植。

2. 新木姜子属 Neolitsea（Benth.）Merr.

常绿乔木或灌木。叶互生或近轮生，稀近对生，常聚集于枝梢，革质或近革质，离基三出脉，稀羽状脉或三出脉。花单性，雌雄异株；伞形花序单生或簇生，无总梗或有短总梗，通常有花5朵；苞片大，宿存，交互对生，迟落；花被裂片4，2轮。雄花有能育雄蕊6，排成3轮，每轮2枚，花药4室，内向瓣裂，第1、2轮花丝无腺体，第3轮花丝基部有2个具柄腺体，退化雌蕊有或无。雌花有退化雄蕊6，棍棒状，第1、2轮无腺体，第3轮基部有2个具柄腺体；子房上位，花柱明显，柱头盾状。果为浆果状核果；果托盘状、碟状或陀螺

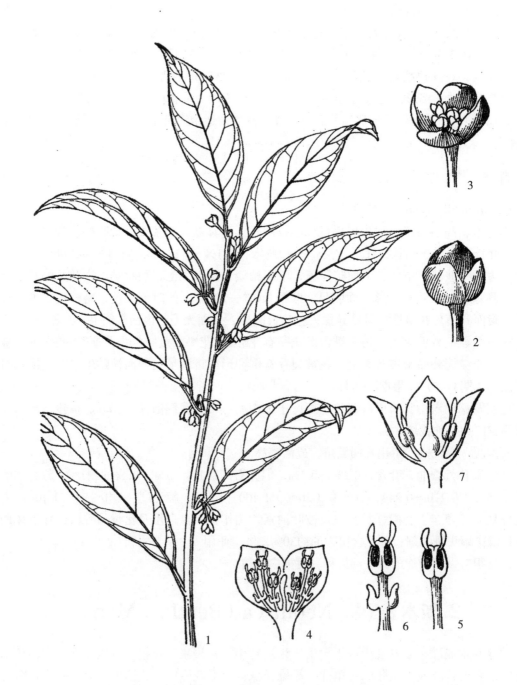

图127　月桂 *Laurus nobilis* Linn.

1.雄花花枝　2.伞形花序，示开花前由总苞片所包裹而呈球形
3.伞形花序，示总苞片开展后，内含5朵小花　4.雄花纵剖面
5.第一轮雄蕊　6.第二、三轮雄蕊　7.雌花纵剖面

状；果梗通常略增粗。

本属约85种，分布于印度、马来西亚至日本。我国有45种8变种，产西南、南部至东部。云南有15种2变种。

分 种 检 索 表

1.叶具羽状脉，侧脉12—15对；果托陀螺状，高约4毫米，顶端具圆齿，宽达6毫米…………
……………………………………………… 1.波叶新木姜子 N. undulatifolia

1.叶具离基三出脉或三出脉，侧脉通常较少。

  2.叶为三出脉，侧脉3—4对，第1对侧脉自叶基部发出，靠叶缘一侧有6—8条弧曲状小支脉 …………………………………… 2.勐腊新木姜子 N. menglaensis

  2.叶为离基三出脉。

    3.叶片下面被有肉眼下可见的明显毛被，至少幼时如此。

      4.叶片下面被金黄色或淡黄色绢状毛。

        5.叶片下面被或疏或密的金黄色绢状微柔毛，有时近无毛，叶先端长渐尖或尾状渐尖，尖头长达1.5厘米……………………………… 3.新木姜子 N. aurata

        5.叶片下面密被贴伏淡黄色但常变黑褐色的绢状长柔毛，叶先端短渐尖，尖头长约1厘米 ……………………………… 4.龙陵新木姜子 N. lunglingensis

      4.叶片下面被柔毛或绒毛，非绢状毛。

        6.幼枝无毛；叶片椭圆形或椭圆状长圆形，长6.5—12.5厘米，宽2.5—6厘米，下面密被贴伏黄褐色柔毛，老时常不脱落 …………………………………
……………… 15a.贡山新木姜子 N.sutchuanensis var.gongshanensis

        6.幼枝有毛。

          7.中脉和侧脉在叶片上面显著下陷；叶片椭圆形至宽倒卵形，长（2）4—7.7厘米，宽（1.5）1.8—3.5厘米，下面密被锈色绒毛 …………………………
……………………………………………… 5.毛叶新木姜子 N. velutina

          7.中脉和侧脉在叶片上面凸起。

            8.侧脉仅1对，离叶基3—8毫米处发出，直达叶端，靠叶缘一侧有6—9条弧曲状支脉；叶片椭圆状披针形或倒披针形，长7.5—13.5厘米，宽2.5—4.5厘米，小枝、叶片下面均有金黄色长柔毛 ………………………
……………………………………………… 6.金毛新木姜子 N. chrysotricha

            8.侧脉2—6对，最下1对离叶基部发出，不达叶端即行消失。

              9.叶片大，多数长在12厘米以上，最长者长达28厘米。

                10.叶片通常为椭圆形，长通常为宽的2—2.5倍；幼枝略被微柔毛后变无毛；叶片下面及叶柄被淡黄褐色微柔毛 …………………………
……………………………………… 7.下龙新木姜子 N. alongensis

                10.叶片非椭圆形状，长通常为宽的3倍或3倍以上。

                  11.叶先端尾状渐尖，基部宽楔形或近圆形，叶片下面被黄褐色绒毛，老时仍较密，白粉极少或无白粉 ……………………………

　　　　　　　……………………………… 8.绒毛新木姜子 N. tomentosa
　　11.叶先端短渐尖，尖头常偏斜，基部锐尖，叶片下面被贴伏疏柔毛，
　　　　老时毛极稀疏而渐变无毛，被厚白粉 ………………………………
　　　　　　　……………………………… 9.大叶新木姜子 N. levinei
9.叶片小，多数长在10厘米以下，最长者亦不超过13厘米。
　　12.果近球形，较小，径约6毫米；叶片上面不甚光亮，下面无白粉，被贴伏小柔
　　　　毛，毛被迟迟脱落至老熟时渐变无毛；果梗短，长3—5毫米 ……………
　　　　　　　…………………………… 10.短梗新木姜子 N. brevipes
　　12.果卵圆形，较大，长约10毫米，径8毫米；叶片上面稍光亮，下面具白粉或无白
　　　　粉，老熟时全然无毛；果梗较长，长7—8（10）毫米 …………………
　　　　　　　…………………………… 11.多果新木姜子 N. polycarpa
3.叶片下面幼时无毛或近无毛（只团花新木姜子一种叶片下面被有仅在放大镜下可见的极细
　贴伏绢状微柔毛）。
　　13.叶片两面具明显的蜂窝状小穴 ………………………………………
　　　　　　　………………………12.毛柄新木姜子 N. ovatifolia var. puberula
　　13.叶片两面通常无蜂窝状小穴，或若有时则仅在放大镜下可见。
　　　　14.叶柄伸长，长（1.5）2—3.5厘米；叶片椭圆形至长圆状椭圆形，长5.5—12.5厘米，
　　　　　宽2.7—5.3厘米 ………………………………… 13.鸭公树 N. chuii
　　　　14.叶柄较短，长0.8—1.6（2）厘米。
　　　　　15.叶先端近尾尖；幼枝、叶片下面及叶柄被有仅在放大镜下可见的极细贴伏绢状微
　　　　　　柔毛………………………………… 14.团花新木姜子 N. homilantha
　　　　　15.叶先端急尖或渐尖，叶片下面无毛，幼枝及叶柄或无毛或略被毛，若被毛时不为
　　　　　　贴伏细绢毛。
　　　　　　16.叶片通常较大，长7.5—13厘米，宽2.5—4.5厘米，下面支脉不明显…………
　　　　　　　…………………………… 15.四川新木姜子 N.sutchuanensis
　　　　　　16.叶片通常较小，长5—9厘米，宽2.2—4厘米，下面支脉稍明显突起…………
　　　　　　　…………………………… 16.屏边新木姜子 N. pingbienensis

1.波叶新木姜子　图128

Neolitsea undulatifolia（Levl.）Allen（1936）

Liisea undulatifolia Levi.（1914）

小乔木，高达7米。小枝灰褐色，幼时被平伏黄褐色短柔毛，后渐脱落无毛，基部有
密集呈环状的芽鳞痕。叶2—4片聚生于枝端，长圆形或长圆状倒披针形，长6—10厘米，
宽1.5—3厘米，先端短渐尖或近锐尖，基部楔形至宽楔形，边缘背卷，干时常呈波状，近
革质，上面仅沿中脉有微柔毛，有光泽，下面淡褐绿色，晦暗，初时略被微柔毛，后全然
无毛，羽状脉，侧脉12—15对，两面微凸起或下面不甚明显；叶柄长0.5—1.3厘米，略被黄
褐色短柔毛。伞形花序2—3簇生，无总梗，每一花序约具10花；苞片外被锈色短柔毛；花
梗长1—2毫米；花被裂片4（5或6），卵形，黄白色；能育雄蕊6（8—9），花丝无毛。果

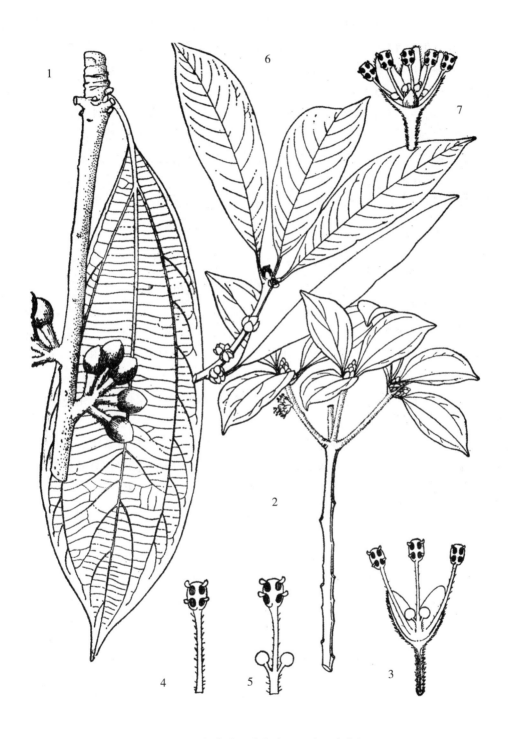

图128　新木姜子（大叶、毛叶、波叶）

1.大叶新木姜子*Neolitea levinei* Merr. 果枝

2—5.毛叶新木姜子 *N. velutina* W.T.Wang.：

2.雄花枝　　3.雄花纵剖面　　4.第一、二轮雄蕊　　5.第三轮雄蕊

6—7.波叶新木姜子*N. undulatifolia*（levl.）Allen：　　6.雄花枝　　7.雄花纵剖面

卵圆形，长10—12毫米，宽6—8毫米，顶端具小尖突，果托陀螺状，高约4毫米，顶端具圆齿，宽达6毫米，外被微柔毛；果梗长0.8—1厘米，顶端增粗。花期11月，果期翌年1—2月。

产屏边，常生于开旷地灌丛或桢楠、栲树为优势的林中，石灰岩山上尤为常见，海拔1400—2000米。广西西南部及贵州也有。

种子繁殖，育苗造林。从健壮母树上采集成熟果实，搓去果皮，清水漂净，室内混沙贮藏；保持沙子湿润及通风。宜条播。用45℃温水浸种，草木灰水去蜡，0.5%高锰酸钾液消毒2小时。苗床盖草，待出苗后分次揭去。加强对苗圃地松土，除苗、施肥及病虫害的防治。用1—2年生苗造林，以营造混交林为好。

木材褐色，材质一般，生长轮明显。种子榨油，供工业用。

2.勐腊新木姜子　图132

Neolitsea menglaensis Yang et P. H. Huang（1978）

大乔木，高达30米，胸径达35厘米。小枝粗壮，黑褐色，无毛。叶互生，常3—5片聚生枝顶，薄革质，椭圆形或卵状椭圆形，长（4.5）6—10.5厘米，宽（1.2）2—4.3厘米，先端渐尖，基部近圆形或宽楔形，下面淡绿色，略有白粉，两面均无毛，三出脉，侧脉3—4对，第1对侧脉自叶基发出，直伸或略弯曲，至叶片五分之四处消失，靠叶缘一侧有6—8条弧状小支脉，其余侧脉发自叶片中部以上，所有脉在两面均凸起；叶柄长1—2厘米，略扁平，无毛。伞形花序一至多个生于一年生枝的叶腋或枝侧，总梗粗短，长约2毫米；苞片外面有灰黄色丝状小柔毛，内面无毛。雌花于每一花序中有5朵，花梗长3—4毫米，密被灰黄色丝状短柔毛；花被裂片卵形或卵圆形，外面仅中脉被灰黄色丝状短柔毛，内面仅基部有毛，黄色；退化雄蕊6（8），有短柔毛，第三轮基部有2个具柄的圆形腺体；子房椭圆形，无毛，花柱细长，常弯曲，有灰黄色丝状短柔毛，柱头2裂。花期1月。

产勐腊，生于石灰岩山麓疏林中。常与四数木、白头树、常绿榆、槟榔青、毛紫薇等伴生。模式标本采自勐腊。

种子繁殖。种子处理须及时。条播。

心边材区别不明显。木材淡褐色，无特殊气味，可作建筑、家具、车船、桥梁等用材；种子榨油供工业用。

3.新木姜子　新木姜（植物学名词审查本）、金叶新木姜（广东），野玉桂（湖南宜章）图129

Neolitsea aurata（Hayata）Koidz.（1918）

Litsea aurata Hayata（1911）

乔木，高达14米，胸径18厘米；树皮绿灰色。幼枝黄褐色或红褐色，密被金黄色或锈色微柔毛，基部有少数芽鳞痕。叶互生或聚生枝顶成轮生状，革质，长圆形或长圆状披针形，长6—11厘米，宽2—4厘米，先端长渐尖或近尾状渐尖，尖头钝，长达1.5厘米，基部宽楔形或近圆形，上面无毛，下面被或疏或密的金黄色绢状微柔毛，有时近无毛，离基三出脉，第1对侧脉离叶基部3—5毫米处生出，中脉、侧脉两面凸起，横脉与小脉两面几不可见；叶柄长0.6—1.5厘米，被锈色微柔毛。伞形花序3—5簇生，总梗短；花被裂片椭圆形，花丝基部有柔毛。果卵圆形，长7毫米，径5毫米，无毛；果托浅盘状；果梗长0.6—1（1.4）厘米，略被微柔毛，顶端略增粗。花期2—3月，果期8—9月。

产盐津，生于山坡常绿阔叶林中，海拔1450—2000米；台湾、福建、江苏、江西、湖南、湖北、广东、广西、四川、贵州也有；日本有分布。

种子繁殖，育苗造林。造林技术可参阅波叶新木姜子。

根供药用，可治气痛、水肿及胃胀痛。

4.龙陵新木姜子　狗头骨、三股筋（龙陵）、大香果（腾冲）图130

Neolitsea lunglingensis H. W. Li（1978）

小乔木，高约5米。小枝纤细，褐色，幼时密被黄褐色微柔毛，后渐脱落无毛。叶互生，多聚生枝顶，革质，椭圆形或椭圆状长圆形，长4.5—9厘米，宽1.7—3.5厘米，先端短渐尖，尖头长约1厘米，钝头，基部锐尖，上面干时绿褐或黄褐色，有光泽，无毛或有时沿中脉略被微柔毛，下面干时呈苍白色，密被贴伏淡黄色但常变黑褐色的绢状长柔毛，离基三出脉，侧脉约4对，第1对离叶基2—5毫米处生出，中脉、侧脉两面均凸起，横脉及小脉两面几不可见；叶柄长1—2.2厘米，密被微柔毛。伞形花序1—3簇生叶腋；无总梗；苞片卵圆形，长6毫米，外面除边缘无毛外密被金黄色小柔毛。雄花花梗长4毫米，密被金黄色小绒毛；花被裂片宽卵形，长4毫米，外被黄金色小柔毛，内面无毛；花丝被小柔毛；退化子房椭圆形，密被小柔毛。果卵圆形，长约1厘米，径约8毫米，无毛；果梗长0.8—1厘米，顶端增粗，被微柔毛。花期12月，果期翌年9月。

产龙陵，生于海拔1740—2000米山坡常绿阔叶林中，常与疏齿栲、银木荷等伴生。模式标本采自龙陵。

种子繁殖，育苗造林。宜随采随播或混沙贮藏。一年生苗出圃。

种子榨油，供制皂和润滑用。

图129 新木姜子（短梗、多果）

1—5.短梗新木姜子*Neolitseabrevipes* H.W.Li.：

1.雌花枝 2.雌花纵剖面 3.第一、二轮退化雄蕊 4.第三轮退化雄蕊 5.雌蕊

6.多果新木姜子*N. polycarpa* Liou Ho.果枝

7—8.新木姜子*N. aurata*（Hayata）Koidz.：7.果枝 8.叶背一部分（示毛被）

图130 新木姜子（龙陵、金毛）

1—2.龙陵新木姜子 *Neolitsealunglin gensis* H.W.Li：

1.花枝　　2.雄花外观图

3—4.金毛新木姜子 *N. chrysotricha*：

3.果枝　　4.叶背面一部分，（示毛被着生情况）

5.毛叶新木姜子　图128

Neolitsea velutina W. T. Wang（1957）

小乔木，高约4米。小枝近轮生，幼时密被锈色短绒毛。叶2—3（4）片聚生枝顶，近革质，椭圆形或宽倒卵形，长（2）4—7.5（15）厘米，宽（1.5）1.8—3.5（5.5）厘米，先端钝或短渐尖，基部钝或宽楔形，上面无毛，下面被锈色绒毛，沿脉尤密，离基三出脉，侧脉2—3对，第1对侧脉稍离叶基1—2毫米处生出，中脉、侧脉在叶上面下陷，下面凸起；叶柄长3—7毫米，被锈色短绒毛。伞形花序4—5簇生叶腋，总梗短，有花4—5朵；苞片宽卵形或近圆形，外被短柔毛，内面无毛。雄花小；花梗长2—3毫米，密被黄色绒毛；花被裂片卵形或卵状椭圆形，长3毫米，宽1.2—1.5毫米，外面仅脊上被短柔毛，内面无毛，边缘具缘毛；花丝无毛，腺体长圆形或卵圆形，有长柄；无退化雌蕊；雌花子房卵形，花柱细长，无毛。花期11—12月。

产西畴、富宁，生于海拔750—1400米的山坡常绿阔叶林中；广东鼎湖山、广西也有。模式标本采自西畴。

种子繁殖，育苗造林。种子榨油，供工业用。

6.金毛新木姜子　图130

Neolitsea chrysotricha H. W. Li（1978）

小乔木，高达6米，胸径达20厘米。幼枝密被微柔毛，小枝黄褐色，密被金黄色长柔毛。叶互生或3—5聚生枝顶，革质，椭圆状披针形或倒披针形，长7.5—13.5厘米，宽2.5—4.5厘米，先端尾状渐尖，尖头长约1.5厘米，钝头，基部楔形，上面无毛或仅沿中脉及侧脉被金黄色长柔毛，下面苍白色，密被金黄色长柔毛，离基三出脉，侧脉仅1对，离叶基3—8毫米处发出，直达叶端，靠叶缘一侧有6—9条弧曲状支脉，中脉及侧脉两面凸起；叶柄长1—2厘米，被微柔毛。果序伞形，腋生，有果（3）6—8；果卵圆形，长9毫米，径5毫米；果梗长达7毫米，顶端略增粗，密被金黄色长柔毛。果期6月。

产腾冲，生于海拔2500—3100米的山谷常绿阔叶林中。模式标本采自腾冲。

种子繁殖，育苗造林。宜及时处理种子，播时温水浸种，0.5%高锰酸钾消毒，草木灰去蜡。

种子可榨油，种仁含油50%以上，供润滑油和制肥皂等用。

7.下龙新木姜子（云南植物志）

Neolitsea alongensis Lecomte（1914）

产麻栗坡，生于海拔1100—1400米的石灰山常绿阔叶林中；广西也有；越南北部有分布。

8.绒毛新木姜子　图131

Neolitsea tomentosea H. W. Li（1978）

小乔木，高3—5米。幼枝密被黄褐色绒毛。叶互生，常3—5聚生枝顶，革质，长圆形或长圆状倒披针形，长16.5—28厘米，宽5—7.5厘米，先端尾状渐尖，尖头锐尖，基部宽楔形或近圆形，上面绿褐色，有光泽，沿中脉及侧脉略黄褐色绒毛，下面色较淡，密被黄褐色绒毛，沿中脉及侧脉上尤甚，离基三出脉，侧脉4对，第1对侧脉对生，离叶基3—15毫米处生出，靠叶缘一侧有多数明显的支脉，中脉及侧脉在上面略凸起，横脉多数平行；叶柄长1—2厘米，密被黄褐色绒毛。伞形花序4—6簇生叶腋，约具5花；苞片宽卵圆形，长5—6毫米，外面密被黄色绒毛，内面无毛。雄花花梗长约1毫米，密被黄褐色小柔毛；花被裂片卵形，长2毫米，黄色，外面密被小柔毛，具腺点；花丝被柔毛，腺体圆状心形，具短柄；子房椭圆形，长1毫米，花柱长1毫米，柱头头状。果卵圆形，长1厘米，径8毫米；果梗粗，长5—6毫米，密被黄褐色绒毛。果期9月。

产屏边，生于海拔1400—1700米的沟谷或山坡密林中。模式标本采自屏边。种子繁殖，育苗造林。注意圃地选择，宜在近水源，土壤深厚肥沃的地方。

叶可蒸馏芳香油，种子榨油，供制肥皂及润滑油等用。

9.大叶新木姜子　原壳桂、土玉桂（广东）、假玉桂（广西植物名录）、来氏新木姜子（植物分类学报）图128

Neolitsea levinei Merr，（1918）

Neolitsea chinensis（Gamble）Chun（1925）

N. lanuginosa Gamble var. *chinensis* Gamble（1914）

乔木，高达22米；树皮灰褐色至深褐色，平滑。小枝幼时密被黄褐色微柔毛，后渐脱落。叶3—6近轮生，革质，长圆状披针形或长圆状倒披针形，长14—27厘米，宽（2）3—7.6厘米，先端短渐尖，尖头常偏斜，基部锐尖，上面灰绿色或褐绿色，有光泽，无毛，下面色较淡，被厚白粉，晦暗，被贴伏疏柔毛或渐变无毛，离基三出脉，侧脉3—4对，第1对侧脉对生，离叶基1.5—2厘米生出，靠叶缘一侧有支脉8—10条，中脉、侧脉上面稍凸起，下面凸起，横脉明显；叶柄长1.5—2厘米，密被黄褐色微柔毛。伞形花序6—7簇生，约具5朵花；苞片卵圆形或近圆形，长3.5—5毫米，外面密被锈色短柔毛；内面无毛。雄花花梗长1.5—2.5毫米，密被锈色小柔毛；花被裂片卵形，长4.5毫米，两面无毛；花丝无毛，腺体心形，具短柄。雌花花梗长2.5—3.5毫米，被锈色小柔毛，花被裂片宽卵形，长2.2—2.5毫米，两面无毛；子房椭圆形，长1.5毫米，无毛，花柱长1.5毫米，柱头头状，略增大。果椭圆形或球形，长1.2—1.8厘米，径0.8—1.5厘米，黑色；果梗长0.7—1厘米，顶端略增粗。花期3—4月，果期8—10月。

图131 新木姜子（绒毛、屏边、勐腊）

1.绒毛新木姜子 *Neolitsea tomentosa* H.W.Li 幼枝

2—3.屏边新木姜子 *N. pingbienensis* Yang et P.H.Huang：2.花枝 3.雌花

4—5.勐腊新木姜子 *N. menglamsis* Yang et P.H.Huang：4.花枝 5.雌花

产西畴、麻栗坡，生于海拔1300—1600米山坡或山谷的常绿阔叶林中；广东、广西、湖南、湖北、江西、福建、四川及贵州也有。

阳性树种，喜酸性土。种子繁殖，育苗造林。播前用温水浸种，0.5%高锰酸钾消毒。一年生苗即可出圃造林。

材质中等，结构略细，均匀，管孔小，硬度适中。可作室内装修、房屋建筑、胶合板、农具等用材。种子榨油，供工业用；根入药，治妇女白带。

10. 短梗新木姜子　"姊"（屏边哈尼语）、大叶叶柴（屏边）图129

Neolitsea brevipes H. W. Li（1978）

乔木，高达10米；树皮灰色或褐灰色。小枝纤细，褐色或黄褐色，幼时密被黄褐色微柔毛，后渐脱落无毛。叶互生或3—5聚生枝顶，薄革质，椭圆形或长圆状披针形，稀倒卵状椭圆形，长7—12.5厘米，宽2.3—4.7厘米，先端尾状渐尖，尖头钝，基部宽楔形至近圆形，干时边缘常呈波状，上面干时黄褐色，不甚光亮，仅中脉略被微柔毛，下面淡黄褐色，无白粉，密被贴伏黄褐小柔毛，毛被慢慢脱落，到老熟时渐变无毛，离基三出脉，侧脉3—4对，第1对侧脉离叶基2—6毫米处生出，靠叶缘一侧约有6条支脉，中脉与第1对侧脉在上面明显，微凸起，其余侧脉在上面不甚明显；叶柄长0.8—1.3厘米，密被黄褐色微柔毛。伞形花序约具5花，单生或簇生，无总梗；苞片宽卵圆形，长3毫米，外密被黄褐色微柔毛，内面无毛。雌花花梗长1—1.5毫米，密被淡黄色短柔毛；花被裂片卵形，长约2毫米，外被淡黄色柔毛，内面无毛；退化雄蕊6（7—8），长1—1.5毫米；子房卵圆形，长约1毫米，花柱长1.5毫米，柱头盾状，3裂。果近球形，径约6毫米：果托扁平盘状：果梗细，长3—5毫米。花期12月至翌年1月，果期9—11月。

产屏边，生于海拔1300—1680米灌丛或常绿阔叶林中，福建、湖南、广东、广西、四川也有。模式标本采自屏边。

种子繁殖。种子采后混沙贮藏，注意保持沙子湿度。其他造林技术可参阅波叶新木姜子。

木材生长轮明显，宽窄均匀。重量及强度中，结构略细，为农具、车工、木刻等用材。

11. 多果新木姜子　香桂叶（西畴）、野桂皮、土桂皮（文山）图129

Neolitsea polycarpa Liou（1932）

Neolitsea chuii Merr. var. brevipes Yang（1945）

乔木，高6—10（25）米，胸径30—45厘米；树皮灰白色。小枝近轮生，幼时有微柔毛，后脱落近无毛。叶互生或聚生枝顶成轮生状，革质，椭圆形或长圆状椭圆形，长5.5—12厘米，宽3—4.2厘米，先端长渐尖，基部楔形，上面无毛，稍光亮，下面晦暗，具白粉或全无白粉，幼时被柔毛，老熟时全然无毛，离基三出脉，侧脉3—4对，第1对侧脉离叶基约5毫米处生出，中脉、侧脉两面均凸起，横脉与小脉两面不明显；叶柄长0.8—1.5厘米，幼时被微柔毛，后脱落无毛。伞形花序5—6簇生，总梗短；苞片近圆形，径3—4毫米，外被贴伏微柔毛，内面无毛。雄花花梗长2.5—3.5毫米，密被小柔毛；花被裂片卵形或近圆形，长3毫米，外面被短柔毛，内面无毛：花丝基部被疏柔毛。雌花较小，花梗长约2.5毫米，密被短柔毛；花被裂片卵形，长2毫米，外面被小柔毛；退化雄蕊基部略被小柔毛；子房椭圆形，长1毫米，花柱长约2毫米，柱头盘状。果卵圆形，长约10毫米，径8毫米，熟时红色；果托浅盘状；果梗长7—8（10）毫米，近无毛。花期2—4月，果期5—10月。

产文山、西畴、屏边、金平，生于海拔1200—2400米山坡、山顶或沟谷的常绿阔叶林中，为热带苔藓林中常见树种。越南北部有分布。

种子繁殖，育苗造林。注意及时覆草及遮盖。

种子含油率约40%，用于制肥皂及机器润滑等。

12.毛柄新木姜子　图132

Neolitsea ovatifolia Yang et P. H. Huang var. puberula Yang et P. H. Huang（1978）

乔木，高达15米。幼枝略被淡黄褐色微柔毛。叶互生，常聚生枝顶，薄革质，椭圆形，长4.5—5.5厘米，宽1.5—2.3厘米，先端长渐尖，尖头钝，基部宽楔形或近圆形，上面光亮，沿中脉略被微柔毛，下面无毛，离基三出脉，侧脉3—4对，第1对侧脉离叶基4—5毫米处生出，中脉、侧脉两面凸起，细脉和小脉两面呈明显的蜂窝状小穴；叶柄长5—7毫米，略被微柔毛。果序具3—8果，簇生叶腋；总梗长1—2毫米。果近球形；果托盘状，具圆齿；果梗长5—7毫米，被锈色微柔毛。果期4月。

产屏边；生于海拔1250米的密林中湿润处。模式标本采自屏边。

正种产于广东及广西。本变种与正种不同处在于叶基部宽楔或近圆形，叶柄幼时略被微柔毛，果梗也较长。

种子繁殖，技术同波叶新木姜子。

木材淡褐色，材质中等，强度、硬度适中，抗腐性较差；可做家具用材。种仁含油约50%，用于润滑及制肥皂等。

13.鸭公树（中国高等植物图鉴）　大香籽（富宁）、青胶木、大叶樟（广东）、假桂皮、大叶樟、大新木姜（广西）图132

Neolitsea chuii Merr.（1929）

乔木，高6—10米，胸径达20厘米；树皮灰青色或灰褐色。小枝绿黄色。除花序外，其他各部均无毛。叶互生或聚生枝顶成轮生状，革质或薄革质，椭圆形至长圆状椭圆形，有时亦间有卵状椭圆形，长5.5—12.5厘米，宽2.7—5.3厘米，先端明显渐尖，基部锐尖，上面深绿色，光亮，下面色较淡，常无白粉，离基三出脉，侧脉3—5对，第1对侧脉离叶基2—5毫米处生出，中脉与侧脉在两面凸起，横脉与小脉两面隐约可见；叶柄长（1.5）2—3.5厘米。伞形花序2—3簇生叶腋，总梗极短或无；苞片近圆形，径3—5毫米，外面于脊部被贴伏微柔毛，具腺点，内面无毛。雄花花丝基部有柔毛，腺体肾形；退化子房卵圆形。雌花花梗长2毫米，被白色小柔毛；花被裂片卵形，长2毫米，外面于背部被小柔毛；子房卵圆形，长1毫米，无毛，花柱粗壮，长达2毫米，有稀疏柔毛。果卵圆形或近球形，长1.2—1.3厘米，径约1厘米，熟时红色；果梗长8—10毫米，顶端增大，宽达4毫米。花期9—10月，果期12月。

产文山、富宁、麻栗坡，生于海拔1000—1400米山坡常绿阔叶林或油茶、香油果混交林中；福建、湖北、湖南、广东、广西也有。

繁殖时用种子育苗，选粒大饱满、无病虫害的成熟种子；随采随播或混沙贮藏。用温水催芽、福尔马林消毒。苗床应用赛力散等农药消毒。可一年出圃，雨季造林。

种子含油率60%左右，用于制肥皂和润滑油等。

14.团花新木姜子　图132

Neolitsea homilantha Allen（1938）

小乔木或乔木，高（1）2—10（20）米，胸径可达35厘米；树皮黄绿色，带黑斑。小枝褐色，纤细，初时被极细的微柔毛，后变无毛。叶聚生枝顶成轮生状或互生，薄革质，椭圆形，长4.5—9.5厘米，宽2—4.3厘米，先端近尾尖，基部锐尖或近圆形，上面绿色，稍光亮，下面粉绿色，具白粉，在放大镜下可见全面被极细的绢状微柔毛，离基三出脉，侧脉4—6对，第1对侧脉离叶基2—10毫米处生出，其余侧脉在中脉中部或中下部发出，较细，叶上面中脉凸起，侧脉微凹，叶下面中脉，侧脉微凸或略平；叶柄长1—1.6厘米，被极细贴伏绢状微柔毛。伞形花序5—7簇生，无总梗或总梗极短；苞片宽卵圆形，长3—3.5（5）毫米。雄花花梗长2.5—3.5毫米，被小柔毛；花被裂片长圆状卵形，长3毫米，外被小柔毛，内面无毛；花丝基部被柔毛，腺体圆状心形，具柄。雌花花梗长1.5—2毫米；花被裂片卵形，长1.3毫米；子房卵圆形，长1.2毫米；花柱长1.3毫米，柱头盘状增大。果卵圆形，长9毫米，径8毫米，熟时黑色；果梗长7—9毫米，顶端略增粗。花期9—10月或1—3月，果期10—11月。

产腾冲、贡山、西畴、德钦、香格里拉、丽江、新平、片马、广南、彝良、昆明、砚山等地，为分布较广的一树种；生于海拔1100—2000（2700）米山坡或沟边常绿阔叶林中，石灰岩山上也常见。常与团香果、滇青冈、旱冬瓜、滇新樟、佛氏石楠、清香木姜子、鹧鸪花、香面叶、滇朴、滇油杉等伴生。广西、贵州、西藏东南部有分布。模式标本采自云南。

鲜叶含芳香油0.7%。

15.四川新木姜子

Neolitsea sutchuanensis Yang（1949）

产镇雄，生于海拔1200—1800米的山坡密林中；四川、贵州也有。

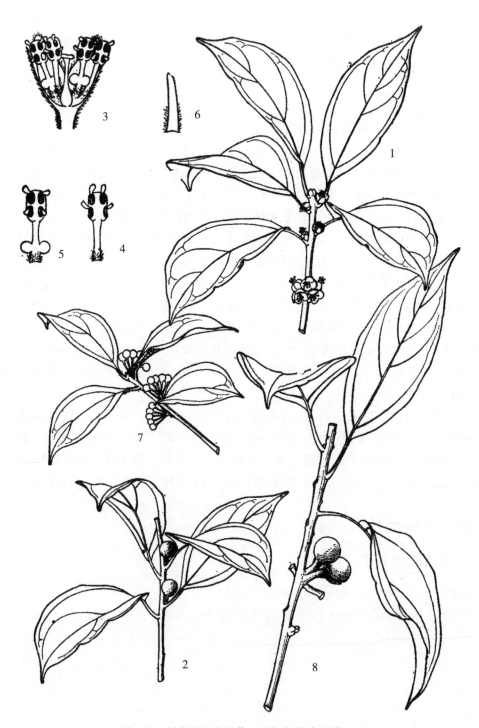

图132　新木姜子（团花、毛柄）及鸭公树

1—6.团花新木姜子 *Neolitsea homilantha* Allen.：

1.雄花枝　2.果枝　3.雄花纵剖面　4.一、二轮雄蕊　5.第三轮雄蕊　6.退化雄蕊

7.毛柄新木姜子 *N. ovatifolia* Yang et P.H.Huang var. *puberula* Yang et P.H.Huang. 幼果枝

8.鸭公树 *N.chuii* Merr. 果枝

15a.贡山新木姜子

var. gongshanensis H. W. Li（1978）

产贡山、泸水，生于海拔1900—2700米的山坡或沟边常绿阔叶林中。

16.屏边新木姜子图131

Neolitsea pingbienensis Yang et P. H. Huang（1978）

灌木，高1—2米。小枝近轮生，黄褐色或棕褐色，无毛。叶互生或聚生枝顶成轮生状、革质，椭圆形或卵状椭圆形，长5—9厘米，宽2.2—4厘米，先端渐尖或急尖，基部略圆钝，上面绿色，下面浅绿色，老时稍带白粉，除上面中脉基部有毛外，其余均无毛，离基三出脉，侧脉4—5对，第1对侧脉离叶基部5毫米处生出，其余多在中脉中部以上生出，两面均凸起，支脉在叶下面稍明显凸起；叶柄长8—12毫米，上面有短柔毛，下面无毛。伞形花序单生或2个并生叶腋，总梗无或极短；花梗长2—3毫米，被灰黄色丝状柔毛；花被裂片椭圆形，长1.5毫米，外面背部被灰黄色丝状柔毛；内面无毛；退化雄蕊花丝被丝状柔毛；子房卵圆形，花柱与子房上部密被灰黄色丝状毛，柱头头状。花期4—5月。

产屏边，生于海拔1800—1880米湿润的密林中。模式标本采自屏边。

种子繁殖。种仁含油50%以上，可榨油，作润滑油和制肥皂等用。

3.木姜子属 Litsea Lam.

常绿或落叶，乔木或灌木。叶互生，稀对生或轮生，羽状脉，稀离基三出脉。花单性，雌雄异株；花序伞形或由伞形花序组成圆锥、总状花序，单生或簇生叶腋；苞片4—6，交互对生，开花时宿存。花被筒长或短，裂片通常6，排成2轮，每轮3，相等或不相等，早落，稀为8或缺；雄花具能育雄蕊9或12，稀更多，最外2轮通常无腺体，第3轮和最内轮有2腺体，花药4室，内向，瓣裂，退化雌蕊有或无；雌花中退化雄蕊与雄花中雄蕊数相同，子房上位，花柱显著，柱头盾状。果为浆果状核果；果托杯状，盘状或扁平。

本属约200种，分布于亚洲热带和亚热带、北美及南美洲亚热带。我国有72种18变种和3变型；是我国樟科中种类较多、分布较广的属之一，自海南岛的北纬18°至长江以北的河南的北纬33°之间均有分布，但主产南方和西南温暖地区，为该地区森林中习见的小乔木或灌木。云南有41种7变种1变型。

木材为散孔材，心边材区别不明显，纹理直，结构中至细，材质轻软至中等，干燥后开裂或少开裂，有些种类的木材可作家具及建筑等用材；一些种类的果实、枝、叶可提取芳香油，不少种类种子富含脂肪，可提取工业用的油脂。

分 种 检 索 表

1.落叶，叶片纸质或膜质；花被裂片6，花被筒在果时不增大，无杯状果托（1.落叶组 Sect. Tomingodaphne）。

　2.叶片圆形至倒卵状圆形；叶柄长2—3厘米 ……………………………………………

···································1.杨叶木姜子 L. populifolia

2.叶片不为圆形或倒卵状圆形；叶柄通常长在2厘米以下。

  3.小枝无毛或仅在嫩时有毛，随即脱落至无毛。

    4.叶片下面无毛。

      5.小枝绿色，干后黑绿色；叶片披针形或椭圆形；每一伞形花序有花4—6朵。

        6.叶披针形或长圆状披针形，先端渐尖，侧脉8—12对，叶柄长1.5—2厘米；伞形花序多数聚生成短伞房状，总梗长2—6毫米，直伸··········

························2.山鸡椒 L. cubeba

        6.叶椭圆形，先端锐尖，侧脉11—16对，叶柄长0.9—1.2厘米；伞形花序单生或簇生，总梗长6—10毫米，强烈反折··········

························3.北山鸡椒 L. kingii

      5.小枝黄绿色，常带红色，干后为褐色；叶片椭圆形、披针状椭圆形或圆状椭圆形；每一伞形花序有花10—18朵。

        7.叶片椭圆形或披针状椭圆形；每一伞形花序有花10—12朵··········

·······················4.红叶木姜子 L. rubescens

        7.叶片圆状椭圆形；每一伞形花序有花15—18朵··········

·················4a.滇木姜子 L. rubescens var.yunnanensis

    4.叶片下面在脉腋内有白色柔毛或黄色柔毛。

        8.叶片上面网脉不显著，质不粗糙，先端短尖，下面脉腋内簇生白色柔毛；叶柄上面被白色柔毛··········5.高山木姜子 L. chunii

        8.叶片上面网脉显著凸起，质较粗糙，先端钝，下面脉腋内有黄色长柔毛；叶柄全面被毛··········5a.丽江高山木姜子 L. chunii var. likiangensis

  3.小枝有毛。

9.小枝、叶下面具柔毛或绒毛；嫩枝的毛不甚脱落，二年生枝仍有较多的毛；顶芽鳞片外面被短柔毛。

  10.叶片下面密被淡黄褐色或灰黄色短绒毛；每一伞形花序有花8—16朵。

    11.中脉、侧脉在叶上面凸起，叶形变化较大，卵形、菱状卵形或长圆形；伞形花序单生··········6.宝兴姜木子 L. moupinensis

    11.中脉、侧脉在叶上面下陷，叶片椭圆形或长圆形；伞形花序成对生于长约3毫米的短枝上··········7.独龙木姜子 L. taronensis

  10.叶片下面被白色柔毛或疏柔毛；每一伞形花序有花4—6朵。

    12.叶片通常为卵状椭圆形，先端渐尖，基部楔形，下面毛被较稀，伞形花序常2—4个簇生··········8.清香木姜子 L.euosma

    12.叶片通常为长圆形，先端短尖，基部楔形，下面毛被较密；伞形花序通常2—3个簇生··········9.毛叶木美子 L. mollis

9.小枝、叶下面具绢毛；嫩枝的毛脱落较快，二年生枝多已秃净；顶芽鳞片外面通常无毛或仅于上部有少数毛。

  13.幼枝、叶下面被灰色或白色短绢状毛；叶片披针形或倒披针形 ··········

·· 10.木姜子 L.pungens

13.幼枝、叶下面被黄色或锈黄色长绢毛；叶片长圆状披针形、倒卵形或倒卵状长圆形。

14.叶片长圆状披针形，先端渐尖，叶下面脉上绢毛的颜色较深；花序总梗无毛 ····· ··· 11.绢毛木姜子 L.sericea

14.叶片倒卵形或倒卵状长圆形，先端急尖或钝，叶下面绢毛同色；花序总梗有毛 ·· 12.钝叶木姜子 L. veitchiana

1.常绿，叶片革质或薄革质。

15.花被片不完全或缺；花被筒在果时不增大或稍增大；雄蕊通常15—30；叶倒卵形，倒卵状长圆形或椭圆状披针形，长6.5—10（26）厘米，宽（3）5—8.5（11）厘米；果球形，径约7毫米，果梗长5—6毫米（2.木姜子组Sect. Litsea）············· ·· 13.潺槁木姜子 L. glutinosa

15.花被片6—8，雄蕊通常9—12。

16.花被筒在果时不增大或稍增大；果托扁平或呈浅小碟状，不为盘状或杯状（3.平托组 Sect. Conodaphne）。

17.叶片轮生，通常4—6片一轮；幼枝、叶柄密被黄色或黄褐色长硬毛；伞形花序常集生于小枝近顶端 ··············· 14.轮叶木姜子 L. verticillata

17.叶片对生或互生。

18.叶片对生或近对生（在同株中有时也兼有互生者）。

19.叶片下面无毛或近无毛；叶、芽秋后常带红色；叶片披针形至长椭圆状披针形，长13—22.5厘米，宽2—4.5厘米，侧脉每边5—17条 ············· ·· 15.雄鸡树 L. variabilis f. chinensis

19.叶片下面被绒毛或贴伏柔毛或短柔毛；叶、芽秋后不带红色。

20.果球形，径5—8毫米。

21.幼枝、叶片下面被贴伏黄色柔毛或短柔毛；花序总梗长3—7毫米；叶柄长5—10毫米。

22.叶片椭圆形或长圆形，侧脉较粗，叶下面毛被长而密，不易脱落 ··· ·········15a.毛黄椿木姜子 L. variabilis var. oblonga

22.叶片长圆形或披针形，侧脉纤细，叶下面毛被短，易脱落 ········· ·············· 16a.有梗剑叶木姜子 L. lancifolia var. pediceliata

21.幼枝、叶片下面密被锈色绒毛；花序总梗短或几无；叶柄通常短，长约3毫米 ·· 16.剑叶木姜子L. lancifolia

20.果椭圆形，有时为卵状椭圆形，长15毫米，径约7毫米 ····················· ······················16b.椭圆果剑叶木姜子 L. lancifolia var.ellipsoidea

18.叶片全互生。

23.果梗顶端宿存有花被片；果球形或近球形。

24.树皮呈小鳞片状剥落，内皮亦褐色、黄褐色或紫褐色，形如鹿斑；花序无总梗；果梗粗壮；宿存花被裂片6，整齐，通常直立；幼枝有柔毛，幼叶下

面全面被灰黄色长柔毛 ············ 17.毛豹皮樟 L. coreana var. lanuginosa

24.树皮不呈鳞片状剥落，无鹿斑痕；花序具总梗；果梗通常较细或稍粗，宿存花被裂片2—4，不整齐，常反曲。

25.小枝、叶下面、叶柄均无毛或仅叶下面沿脉有毛；果较大，径2—3厘米······ 18.红河木姜子 L. honghoensis

25.小枝、叶下面、叶柄均密被锈色绒毛；果较小，径6毫米 ··················· 19.伞花木姜子 L. umbellata

23.果梗顶端不宿存花被裂片；果长椭圆形、长卵形或圆球形。

26.叶片披针形或长圆形，较小，长4—9（11）厘米，宽1.5—3.5厘米，叶柄较短，长3—6毫米；每一伞形花序有花3—5朵；果长椭圆形，长7—10毫米，径3—5毫米，顶端具尖头 ··········· 20.假辣子L. balansae

26.叶片椭圆形、长椭圆形、宽卵形、倒卵形至卵状长圆形，较大，长8—20厘米，宽3.5—12厘米，叶柄较长，长10—30毫米；每一伞形花序有花4—6朵或更多；果球形、长卵形或长椭圆形，若为长椭圆形时则较大，长10—11毫米，径5—6毫米。

27.叶片先端尾状渐尖，呈镰刀状弯曲，两面网脉呈蜂窝状小穴；果圆球形，径约1.5厘米 ··············· 21.琼楠叶木姜子L. beilschmiediifolia

27.叶片先端渐尖、急尖或圆钝，两面网脉不呈蜂窝状小穴；果长椭圆形或长卵形。

28.小枝、叶柄无毛，叶先端渐尖或急尖，叶下面有黄褐色微柔毛，叶片中部以上侧脉先端拱形连接 ·················· 22.黑木美子L. atrata

28.小枝、叶柄、叶片下面均被锈色短柔毛，叶先端钝或圆形，侧脉较直，先端不连接 ················ 23.假柿木姜子L. monopetala

16.花被筒在果时增大，成盘状或杯状果托（4.杯托组 Sect. Cylicodaphne）。

29.伞形花序或果序多个生于长的或多少伸长的花序轴或果序轴上，呈圆锥状、总状或近伞房状。

30.幼枝无毛；叶片下面无毛。

31.叶片大，长21—50（60）厘米，宽11—14.5厘米，侧脉15—22对；幼枝明显具棱角 ··············· 24.五桠果叶木姜子 L. dilleniifolia

31.叶片较小，长10—22厘米，宽3—8厘米，侧脉7—12对。

32.叶片上面中脉凸起，侧脉10—12对，叶柄长1.5—2厘米；圆锥花序轴长3—4厘米；能育雄蕊26—32，花丝粗短 ··································· ·················· 25.圆锥木姜子L. liyuyingi

32.叶片上面中脉下陷，侧脉7—9对，叶柄长2—3厘米；总状花序序轴长2—3厘米；能育雄蕊9，花丝较长，外露 ·································· ············· 26.思茅木姜子 L. pierrei var. szemaois

30.幼枝有毛；叶片下面有毛（仅香花木姜子叶下面幼时有短柔毛后变无毛）。

33.叶片老时下面、叶柄均无毛；叶片长圆形或披针形，长（8）10—18厘米，宽3—

3.5（5.5）厘米；果扁球形；果托杯状 ……………………………………………

………………………………………… 27.香花木姜子 L. pannamonja

33.叶片下面、叶柄均被黄褐色或锈色微柔毛、短柔毛或绒毛；叶非上述形状；果长
　圆形或扁球形；果托盘状或杯状。

　34.叶柄长2—4.5厘米；花被裂片8；能育雄蕊12—14；果扁球形，长1.2厘米，径
　　1.6厘米；果托盘状；叶椭圆形、倒卵状椭圆形至倒卵形 ……………………

………………………………………… 28.玉兰叶木姜子 L. magnoliifolia

　34.叶柄长1—2厘米；花被裂片6；能育雄蕊9；果长圆形，长1—1.7厘米，径0.5—
　　0.8厘米；果托杯状或盘状。

　　35.叶片长椭圆形，长8—13（16）厘米，宽3—5（6）厘米，先端长渐尖、渐
　　　尖或略为镰刀状渐尖；伞形花序组成的总状花序，序轴较细长，长1.5—4厘
　　　米；花梗亦较长，长6—8毫米；果托杯状，深约3毫米，径6毫米 …………

…………………………………… 29.滇南木姜子 L. garrettii

　　35.叶片倒卵形至倒卵状长圆形，长10—25厘米，宽4.6—11.5厘米，先端圆而具
　　　突尖头或渐尖；伞形花序组成的总状花序，序轴较粗短，长1.5—2.5厘米；花
　　　梗亦较短，长2.5—3毫米；果托盘状，径3—4毫米………………………

……………………………… 30.长蕊木姜子 L. longistaminata

29.伞形花序或果序单生或簇生。

　36.叶片互生。

　　37.幼枝无毛或近无毛；叶柄幼时通常无毛。

　　　38.叶片较小，长圆状披针形或椭圆形，长3.5—7厘米，宽1.5—3厘米，中脉在上面
　　　　凸起；果长圆形，长6—7毫米，径4—4.5毫米…………………………………

………………………………………… 31.红皮木姜子 L. pedunculata

　　　38.叶片较大，披针形或椭圆状披针形，长多在10厘米以上，中脉在上面凸起或下
　　　　陷；果长圆形或椭圆形，长15—25毫米，径8—14毫米。

　　　　39.中脉在叶片两面显著凸起：果长圆形，较大，长15—25毫米，径10—14毫
　　　　　米；果托盘状，径约10毫米；果梗粗壮 ………………………………

………………………………………… 32.大果木姜子 L. lancilimba

　　　　39.中脉在上面下陷，下面凸起；果椭圆形，较小，长约15毫米，径8毫米；果托
　　　　　杯状，径5—6毫米 …………… 33.桂北木姜子 L. subcoriacea

　　37.幼枝有毛；叶柄幼时通常也有毛。

　　　40.幼枝、叶柄的毛被为微柔毛或短柔毛，脱落较快，二年生枝多已秃净。

　　　　41.顶芽具多数覆瓦状鳞片；果椭圆形，较小，长1.5厘米以下，径不超过1厘
　　　　　米；果序总梗及果梗较细短；叶片通常略小。

　　　　　42.叶片下面无毛；椭圆形或近倒披针形，长4—13.5厘米，宽2—3.5厘米 …

………………………………………… 34.华南木姜子 L. greenmaniana

　　　　　42.叶片下面被灰黄色微柔毛或沿脉上有稀疏柔毛。

　　　　　　43.叶披针形，倒披针形或长圆形，通常较窄，宽1.4—2.7（4）厘米，先端短渐

尖，叶下面沿脉有稀疏柔毛；花丝有稀疏灰黄色丝状柔毛；退化雌蕊棍棒状

·· 35.贡山木姜子 L. gongshanensis

　43.叶椭圆形或倒卵状椭圆形，通常较宽，宽2.5—4.5厘米，先端渐尖，叶下面被灰
黄色微柔毛；花丝无毛；雄花中无退化雌蕊 ················· 36.干香柴 L. viridis

41.顶芽裸生；果椭圆形，较大，长2—2.5厘米，径1.3—1.5厘米；果序总梗及果梗通
常均粗长（大萼木姜子果序总梗及果梗粗短）；叶片通常也较大。

　44.花序梗及果序梗较长，果序梗长5—15毫米，果梗亦较长，长10—25毫米。

　　45.叶片下面有灰色微柔毛或沿脉有短柔毛，果序轴长5—7毫米；果托杯状，径
1.3厘米，深5—8毫米，不开裂 ················· 37.云南木姜子 L. yunnanensis

　　45.叶片下面无毛；果序轴长10—15毫米；果托盘状或杯状，杯状者开裂。

　　　46.叶披针形或窄椭圆形，长8—17厘米，宽2.2—4.2厘米，侧脉7—11对；果托
盘状，深2毫米，径约10毫米，无齿裂；果梗长1.6—2.5厘米 ··········

··38.金平木姜子 L. cbinpingensis

　　　46.叶椭圆形，长11.5—17厘米，通常较宽，宽4—6厘米，侧脉5—7对；果托
深杯状，深15—20毫米，径20—25毫米，边缘3—4裂，裂片大而不规则

··39.沧源木姜子 L. vang var. lobata

　44.花序梗及果序梗较短，果序梗长2—3毫米，果梗长约3毫米；果托杯状，大型，
厚木质，状如壳斗，深约2厘米，径达3厘米，外面有疣状突起 ··········

··· 40.大萼木姜子 L.baviensis

40.幼枝、叶柄毛被为短柔毛或绒毛，脱落较晚，二年生枝仍有较多的毛。

　47.叶柄较短，长在8毫米以下，小枝、叶柄密被灰黄色短柔毛 ··········

·············31a.毛红皮木姜子 L. pedunculata var. pubescens

　47.叶柄较长，长在10毫米以上；小枝、叶柄密被褐色绒毛。

　　48.叶先端短渐尖，叶形变化较大，通常为椭圆状披针形，稀有倒卵形或倒披针
形，长12—23厘米，宽3—5厘米，中脉及侧脉在上面稍平坦或稍下陷；花序总
梗粗短，长2—5毫米 ·········· 41.黄丹木姜子L. elongata

　　48.叶先端尾尖或长尾尖，叶形较均一，长圆状披针形或窄披针形，长5—16厘米，
宽1.2—3.6厘米，中脉及侧脉在上面下陷；花序总梗细长，长5—10毫米 ······

··41a.石木姜子 L. elongata var. faberi

36.叶片近轮生，薄革质或近膜质，上面不光亮，干后常为黑绿色，长圆状披针形或长圆状
倒披针形，长6—14.5厘米，宽2—4厘米，叶柄长2—5毫米；果托质薄，边缘无粗齿 …

··· 41b.近轮叶木姜子 L. elongata var. subverticillata

1.杨叶木姜子（中国高等植物图鉴）　老鸦皮（滇东北各地、四川）图133

Litsea populifolia（Hemsl.）Gamble（1914）

Lindera populifolia Hemsl.（1891）

落叶小乔木，高3—5米。幼枝光滑，黑褐色。叶互生，坚纸质，圆形至倒卵状圆形，长5—9厘米，宽4—8厘米，先端圆形，基部楔形或近圆形，嫩叶紫红绿色，老叶上面深绿色，下面粉绿色，两面均无毛，羽状脉，侧脉5—6对，中脉、侧脉两面凸起；叶柄长2—3厘米，无毛。伞形花序4—6簇生，每一伞形花序有花6—12朵；总梗长5—8毫米，粗壮，径约2毫米；花梗长4—6毫米，密被黄色长柔毛；花被裂片5，长卵形，两面无毛；雄花中能育雄蕊9，花丝无毛，第三轮雄蕊基部的腺体大，近无柄，退化雌蕊无毛。果球形，径约5毫米；果托小，盘状，径约2.5毫米；果梗长1.5—2.2厘米，先端略增粗。花期4—5月，果期8—9月。

产镇雄、彝良、大关、盐津等地，生于海拔1400—2000米的阳坡灌丛或疏林中；四川、西藏东部也有。

为中性偏阴树种。喜湿润气候，在微酸性土壤上生长良好。种子繁殖，播种前催芽、消毒、去蜡。

叶、果可提芳香油，鲜叶含芳香油0.54%，供作化妆品及皂用香精。据分析；果的芳香油比重（14℃）0.9036，折光率（20℃）1.4675，旋光度（20℃）95°3′，酸值0.8，皂化值24.84，乙酰化后皂化值74.35，醛酮含量（亚硫酸氢钠法）8.8%，主要成分为柠檬烯、水芹烯、a—蒎烯、崁烯、桉油素、芳樟醇、松节醇等。叶油比重（20℃）0.8982，折光率（20℃）1.4706，旋光度（24℃）—17°30′，酸值0.6011，皂化值18.06，乙酰化后皂化值101.55，醛酮含量4.63%。此外种子含脂肪36%，油脂可供工业及照明用。

2.山鸡椒　木香子（镇沅，思茅）、木姜子（屏边、思茅、文山、曲靖）、山苍子（曲靖、思茅）、青皮树（耿马）、山苍树、过山香（文山）、山胡椒（思茅、大理、保山）、野胡椒（大理）、大筑子皮（思茅）、澄茄子（文山）、荜澄茄（商品名误用）、沙海藤、"雪白"（傣语）图133

Litsea cubeba（Lour.）Pers.（1807）

Laurus cubeba Lour.（1790）

落叶小乔木，高3—8（10）米；幼树树皮黄绿色，光滑，老树树皮灰褐色。顶芽裸生，幼叶有白色细绢毛。幼枝纤细，绿色，嫩时略有细绢毛，随即脱落至无毛。叶互生，纸质，通常披针形或长圆状披针形，长5—13厘米，宽1.5—4厘米，先端渐尖，基部楔形，上面绿色，下面灰绿色，被薄的白粉，两面无毛，羽状脉，侧脉8—12对，中脉、侧脉两面均凸起；叶柄长1.5—2厘米，无毛。伞形花序多数聚生成短伞房状；总梗长2—6毫米，直伸；苞片边缘有睫毛，内面密被白色绒毛；每一伞形花序有花4—6朵，与叶同时开放；花梗长约1.5毫米，密被绒毛；花被裂片6，宽卵形；雄花中能育雄蕊9，花丝中下部有毛，第三轮雄蕊基部的腺体具短柄，退化雌蕊无毛；雌花中退化雄蕊中下部具柔毛，子房卵形，花柱短，柱头头状。果近球形，径4—5毫米，无毛，幼时绿色，成熟时黑色；果托小，浅盘状，径约2.5毫米；果梗长2—4毫米。花期11月至翌年4月，果期5—9月。

　　我省大部分地区均有分布，南部地区常见；生于向阳丘陵和山地的灌丛或疏林中，海拔100—1800米。常与银叶栲、滇石栎、元江栲、西南木荷、银木荷、截头石栎、刺栲等伴生。我国长江以南各省区西南直至西藏均有分布。东南亚及南亚各国也产。

　　喜光或稍耐阴，浅根性，常生于荒山、荒地、灌丛或疏林中，路边及林缘也常见。对土壤、气候的适应性较强，但在土壤pH为5—6的地区生长较为旺盛。萌发性强。

　　种子或萌蘖繁殖。但以种子繁殖为好。在生长健壮干形好的母树上采集成熟果实，及时搓去种皮洗净晾干混含水量30%的湿沙贮藏于通风干燥的室内，随时检查翻动，并除去霉烂种子。播前用草木灰或碱水浸泡，或用30%—50%泥沙与种子混合反复搓去蜡质。用45℃温水浸种2小时催芽。0.5%高锰酸钾液浸泡2小时，或者0.3%—1%的硫酸铜水浸泡4—6小时消毒。条播，条距20—25厘米。覆土后要及时覆盖山草或稻草，苗出齐后分2—3次揭去覆草。造林时选土层深厚的土壤。可与常绿落叶、阔叶或松、杉类混交。株行距2米×3米，也可用1.5米×1.5米的株行距，待郁闭后又伐去过密的幼树。

　　木材材质中等，耐湿不蛀，但易劈裂，可作普通家具和建筑等用材。花、叶和果皮可提取山苍子油。油中含柠檬醛约70%，供医药制品和配制香精等用。柠檬醛又可合成紫罗兰酮和维生素A；种子含油约40%，为工业用油。全株可入药，有祛风、散寒、理气、止痛之效，主治感冒或预防感冒，果实入药，称"荜澄茄"，可治胃寒痛和血吸虫病。果及花蕾可直接作腌菜的原料。此外，山鸡椒树与油茶树混植，可防治油茶树的煤黑病（烟煤病）。是重要的芳香油和蜜源树种。

3.北山鸡椒　印滇木姜子（云南种子植物名录）

Litsea kingii Hook. f. (1886)
产云南省南北各地。

4.红叶木姜子（中国高等植物图鉴）

Litsea rubescens Lecomte (1913)
除高海拔地区外，云南各地均有分布，生于海拔1300—3100米的山地阔叶林中空隙处或林缘；四川、贵州、西藏、陕西南部、湖北、湖南也有。越南有分布。

图133　杨叶木姜子与山鸡椒

1.杨叶木姜子 *Litsea populifolia*（Hemsl）Gamble 花枝

2—6.山鸡椒 *L. cubeba*（Lour）Pers.:

2.雄枝花　　3.雄花纵剖面　　4.第一、二轮雄蕊　　5.第三轮雄蕊　　6.果

4a.滇木姜子（中国高等植物图鉴）

var. yunnanensis Lecomte（1913）
产盐津、丽江等地，贵州、西藏也有。

5.高山木姜子

Litsea chunii Cheng（1934）
产丽江、香格里拉、德钦，四川西部也有。

5a.丽江高山木姜子

var. likiangensis Yang et P. H. Huang（1978）
产丽江、香格里拉、德钦。

6.宝兴木姜子　吃木姜（四川雅安）

Litsea moupinensis Lec.（1913）
产绥江、大关、威信等地，四川也有。

7.独龙木姜子　图134

Litsea taronensis H. W. Li（1978）
落叶乔木，高15米。小枝黑褐色，较粗壮，被灰黄色微柔毛。顶芽长圆锥形，鳞片外被灰黄色微柔毛。叶互生，坚纸质或薄革质，椭圆形或长圆形，长11—13.5厘米，宽3.2—4.5厘米，先端渐尖，基部楔形，上面绿色且光亮，初时有微柔毛，后渐无毛，下面淡绿色，密被灰黄色短绒毛，沿脉有稀疏短柔毛，羽状脉，侧脉5—6对，中脉、侧脉在上面下陷，下面凸起，横脉近于平行，网结，在下面明显凸起；叶柄长1—1.5厘米，被灰黄色微柔毛，老时近无毛。伞形花序成对生于长约3毫米的短枝上；苞片近圆形，两面密被灰黄色微柔毛；总梗长5—7毫米，密被灰黄色丝状短柔毛；每一伞形花序有雄花12—16朵；花梗长3—4毫米，密被灰黄色丝状柔毛；花被裂片6，卵形或宽卵形，外面基部及中肋有黄色丝状柔毛，内面基部有毛；雄花中能育雄蕊9，花丝有灰黄色柔毛，第三轮雄蕊基部腺体圆状心形，近无柄，退化雌蕊无。

产贡山独龙江西岸，生于海拔2200米的山坡常绿阔叶林中。模式标本采自贡山。
种子繁殖，宜随采随播。叶可提取芳香油；种子榨油，供工业用。

图134 木姜子（贡山、独龙）

1—2.贡山木姜子 *Litsea gongshanensis* H. W. Li：

1.花枝 2.雄花上面观

3—5.独龙木姜子 *L. taronensis* H.W. Li：

3.花枝 4.雄花外面观 5.雄花纵剖面

8.清香木美子（中国高等植物图鉴）

Litsea euosma W. W. Smith（1921）

产腾冲、盈江、景东、双江、景洪、勐仑、绿春、河口、金平、屏边、广南、文山、西畴等县，四川、贵州、湖南、江西、广东、广西及台湾也有；中南半岛各国均有分布。

9.毛叶木姜子（中国高等植物图鉴）

Litsea mollis Hemsl.（1918）
产滇东南及滇东北；西藏、四川、贵州、湖南、湖北、广西、广东也有。

10.木姜子（湖北宜昌）　香桂子（云南）

Litsea pungens Hemsl.（1918）
产丽江、大姚、禄劝等地，西藏、四川、贵州、甘肃、陕西、山西南部、河南南部、浙江南部、湖北、湖南、广东北部及广西也有。

11.绢毛木姜子（中国高等植物图鉴）

Litsea sericea（Nees）Hook. f.（1886）
产丽江、昭通一带，四川西部、西藏东部也有；印度、尼泊尔有分布。

12.钝叶木姜子

Litsea veitchiana Gamble（1914）
产镇雄、大关、永善等地，四川、贵州、湖北也有。

13.潺槁木姜子（海南植物志）　大香樟（勐腊）、香皮树（云县）、树杜仲、树仲、牛膀皮（施甸）、粘香树（潞西）、豆腐渣（临沧）、潺树、油槁、胶樟、青野槁（广东）、潺槁树（岭南采药录）图135

Litsea glutinosa（Lour.）C. B. Rob.（1911）
Sebifora glutinosa Lour.（1790）
常绿乔木，高达15米；树皮灰色或灰褐色，纵裂，内皮有黏性。小枝灰褐，幼时密被污黄色绒毛。顶芽卵圆形，鳞片外面被灰黄色绒毛。叶互生，革质，倒卵形、倒卵状长圆形或椭圆状披针形，长6.5—10（26）厘米，宽（3）5—8.5（11）厘米，先端钝或圆，基部楔形、钝或近圆形，上面绿色，沿中脉密被灰黄色绒毛，余部疏被毛或变无毛，下面密被灰黄色绒毛或近于无毛，幼时两面均密被毛，羽状脉，侧脉8—12对，直伸，中脉、侧脉在上面微凸，下面明显凸起，叶柄长1—2.6厘米，密被灰黄色绒毛。伞形花序生于枝端叶腋，单生或多个组成伞房状圆锥花序；总轴或序轴长1—6厘米或更长，密被灰黄色绒毛；苞片近圆形，两面被短柔毛；伞形花序通常有12朵花，花梗密被灰黄色绒毛，花被不完全或缺；雄花中能育雄蕊15—30，花丝基部有长柔毛，腺体具柄，柄有毛，退化雌蕊椭圆形，无毛；雌花中子房近于圆形，无毛，花柱粗大，柱头漏斗形。果球形，径约7毫米；果托浅

盘状；果梗长5—6毫米，先端略增大。花期5—6月；果期9—10月。

产普洱、景洪、勐腊、勐海、双江、芒市、龙陵、镇康、云县、凤庆、临沧、贡山，生于海拔500—1900米的山地林缘、疏林或灌丛中，常与银叶栲、勐海石栎、截头石栎、华南石栎、齿叶黄杞、爪哇黄杞等伴生；广东、广西、福建也有；越南、菲律宾、印度有分布。

喜温湿气候，在排水良好的酸性土上生长良好。用种子繁殖，圃地应选在较阴湿的坡地。雨季或春季造林。技术措施可参阅山鸡椒。

木材黄褐色，稍坚硬，耐磨，为家具优良用材。树皮和木材含胶质，可作粘合剂及助凝剂。种子含油率50.3%，可供制皂及作硬化油。民间以茎皮和叶入药，清湿热，消肿毒，驱瘀散血，止血生肌，治腹泻，外敷治疮痈。

14.轮叶木姜子（中国高等植物图鉴）

Litsea verticillata Hance（1883）
产屏边、西畴、麻栗坡，广东、广西也有，越南、柬埔寨等国有分布。

15.雄鸡树

Litsea variabilis Hemsl. f. chinensis（Allen）Yang et P.H.Huang（1978）
产金平，广东海南、广西南部也有。

15a.毛黄椿木姜子

var. oblonga Lec.（1913）
产富宁，广西西南部也有；越南有分布。

16.剑叶木姜子

Litsea lancifolia（Roxb. ex Nees）Benth. et Hook. f. ex F. Vill（1880）
产滇南，广东、海南、广西西南部也有；印度、不丹、越南至菲律宾及印度尼西亚有分布。

16a.有梗剑叶木姜子

var. pedicellata Hook. f.（1886）

产景东、景洪、勐腊、勐海、屏边、金平、河口、马关；印度也有。

16b.椭圆果剑叶木姜子

var. ellipsoidea Yang et P. H. Huang（1978）

产屏边、金平、景东、勐养、勐海、龙陵。

17.毛豹皮樟

Litsea coreana Levi. var. lanuginosa（Migo）Yang et P. H. Huang（1978）

产嵩明、富民、绥江、江苏、浙江、安徽、福建、江西、河南南部、湖北、湖南、广东北部、广西东北部、四川东南部、贵州南部。

18.红河木姜子　文山木姜子（中国高等植物图谱）图136

Litsea honghoensis H.Liou（1933）

Litsea wenshanensis Hu（1934）

常绿乔木，高达10米，胸径30厘米；树皮黑灰色，或黄绿带棕褐色斑块。小枝无毛，干后黄褐色或紫红褐色。顶芽卵圆形，先端钝，鳞片外面被丝状短柔毛。叶互生或聚生枝顶，革质，长椭圆形至倒卵状披针形，长10—19厘米，宽2—6厘米，先端渐尖至突尖，基部楔形，上面无毛，下面粉绿色，无毛或沿脉上有毛，羽状脉，中脉两面凸起，较粗壮，侧脉7—10对，直展或近叶缘处弯曲；叶柄长1—1.5厘米，无毛。伞形花序簇生或单生叶腋，每一花序有花3—5朵；总梗8—12毫米，无毛；苞片圆形；花梗长2毫米，有柔毛；雄花中花被圆形，花丝无毛，第3轮雄蕊腺体长圆形，大而无柄，退化雌蕊无毛；雌花中花被片卵形，退化雄蕊无毛，雌蕊长约3毫米，花柱短，柱头盘状。果球形，径2—3厘米；果梗长约3毫米，先端稍粗壮，常有宿存花被裂片。花期2—3月，果期8—9月。

产金平、文山、西畴、广南，生于海拔1300—2200米的山谷常绿阔叶林中，模式标本采自红河。

种子繁殖。圃地宜选择较阴湿的地方。

枝、叶提取芳香油；种子榨油，供工业用。

19.伞花木姜子　毛叶子山胡椒（河口）、米打东（广西）图136

Litsea umbellata（Lour.）Merr.（1919）

Hexanthus umbellatus Lour.（1790）

常绿小乔木，高达10米，胸径达20厘米；树皮灰褐色。幼枝褐色，极密被锈色绒毛。顶芽卵圆形，鳞片外面被锈色绒毛。叶互生，薄革质，椭圆形或长圆状卵形，长5—12厘米，宽（2）3—4.5厘米，先端渐尖，基部宽楔形或钝，常不对称，上面深绿色，有光泽，下面浅绿色或黄绿色，被锈色绒毛，羽状脉，侧脉8—15对，中脉、侧脉在上面微陷或侧脉微凸，下面均凸起；叶柄长5—8（12）毫米，密被锈色绒毛。伞形花序通常3—6个簇生叶腋，稀单生，每1花序有4朵花；总梗粗短，长2—3毫米，密被锈色绒毛；苞片卵形，外面被锈色绒毛；花梗长1—1.5毫米，有锈色长柔毛；花被裂片披针形或卵形，长1.5毫米，宽0.5—0.8毫米，外面被锈色长绒毛；雄花中花丝有长毛，第3轮雄蕊基部腺体肾形，无柄，无退化雌蕊。果球形或卵圆形，径约6毫米；果托浅碟状，边缘常有宿存花被裂片；果梗长3毫米，先端增粗，被锈色绒毛。花期12月至翌年3月，果期4—6月。

产河口、景洪、勐腊，生于海拔130—1200米的山谷密林或山坡及路旁的疏林中，广西西南部也有；越南、老挝、柬埔寨、经马来西亚至印度尼西亚有分布。

喜暖湿气候，幼年耐阴，以后对光的要求逐渐增加。种子繁殖。播前温水浸种，草木灰水去蜡，播后覆草，出苗后揭去。

种仁含油约50%，油供机械润滑和制肥皂。

20.假辣子

Litsea balansae Lecomte（1914）

产金平、河口、西畴；越南也有分布。

21.琼楠叶木姜子（植物分类学报）图135

Litsea beilschmiediifolia H. W. Li（1978）

常绿乔木，高15—25米，胸径达40厘米。幼枝黄褐色，被黄褐色丝状柔毛，老枝黑褐色，无毛。顶芽小，圆锥形，鳞片外面被黄褐色丝状短柔毛。叶互生，坚纸质，椭圆形，长10.5—14.5厘米，宽3.5—5厘米，先端尾状渐尖，呈镰刀状弯曲，尖头长1.5—2.5厘米，基部宽楔形或近圆形，上面亮绿色，下面白绿色，两面均无毛，羽状脉，侧脉6—8对，中脉、侧脉两面凸起，网脉两面呈蜂窝状小穴；叶柄长1.5—2.5厘米，初时被灰黄色微柔毛，老时变无毛。伞形花序2—4个生于腋生的短枝上；总梗长5—10毫米，密被浅黄色绒毛；苞片披针形，外面密被灰黄色短柔毛，内面无毛；每1花序有雄花4—6朵，花梗长2毫米，被黄褐色微柔毛；花被片卵圆形，外面被灰黄色微柔毛；雄花中花丝被灰黄色短柔毛，第3轮雄蕊基部腺体圆形，具柄，无退化雌蕊。果圆球形，径约1.5厘米，成熟时黑色，有白斑；果梗长1厘米，顶部粗达3毫米。花期3月，果期5—9月。

产屏边、金平，生于海拔1700—1900米的山地疏林润湿处。模式标本采自金平。

喜暖湿环境，对光照有一定要求。种子繁殖。

22.黑木姜子（植物分类学报）图137

Litsea atrata S. Lee（1963）

常绿乔木，高达10米；树皮灰褐色或黑褐色。小枝黑褐色，无毛。顶芽裸生，被柔毛。叶互生，薄革质，长椭圆形，长9—19（26）厘米，宽3—6（9）厘米，先端渐尖或急尖，基部急尖，有时两侧略不对称，上面深绿色，光亮，干时带黑褐色，下面粉绿色，干时带深栗褐色，初时有黄褐色微柔毛，羽状脉，侧脉10—15对，中部以上的侧脉先端作拱形连接，中脉、侧脉在上面明显下陷，下面凸起，横脉在下面明显；叶柄长1—1.5厘米，无

图135　木姜子〔潺槁、琼楠〕

1—3.潺槁木姜子 *Litsea glutinosa*（Lour.）C.E. Rob：

1.花枝　　2.雄花　　3.果序

4—9.琼楠叶木姜子 *L. Beilschmiediifolia* H. W. Li：

4.果枝　　5.花枝　　6.雄花外面观　　7.第一、二轮雄蕊

8.第三轮雄蕊　　9.叶面部分放大（示蜂窝状小穴）

图136 木姜子(红河、伞花)

1—2.红河木姜子 *Litsea honghoensis* H.Liou: 　　1.果枝　　2.果

3—4.伞花木姜子 *L. umbellata*(Lour)Merr.: 　　3.果枝　　4.果

毛。伞形花序2—6簇生叶腋；总梗长3—7毫米，无毛或近无毛；苞片卵形；每一花序有花4—6朵，花梗长1毫米，有柔毛；花被裂片卵形或披针形；雄花中花丝基部有柔毛，第3轮雄蕊基部腺体球形，有柄，无退化雌蕊；雌花中花柱丝状，长2—2.5毫米，柱头浅2裂。果长圆形，长10—11毫米，径5—6毫米；果托与果梗相连呈倒圆锥状，长4—7毫米，无毛。花期4—5月，果期6—8月。

产屏边，生于海拔1000—1200米的山谷疏林中；广东南部、广西西南部、贵州南部及西南部也有。

种子繁殖。果实成熟后立即采集，搓去果肉洗净晾干，混沙贮藏或随采随播。

种仁含油约45%，供工业用。

23.假柿木姜子（海南植物志） 毛腊树（泸水）、葫芦水（屏边）、大叶楠木（龙陵）、毛黄木、水冬瓜、木浆子（河口）、假柿树、假沙梨、山菠萝树、山口羊、纳槁、猪母槁（广东）图137

Litsea monopetala（Roxb.）Pers.（1807）

Tetranthera monopetala Roxb.（1798）

常绿乔木，高达18米，胸径15厘米；树皮灰色或灰褐色。小枝淡绿色，密被锈色短柔毛。顶芽圆锥形，外面密被锈色短柔毛。叶互生，薄革质，宽卵形、倒卵形至卵状长圆形，长8—20厘米，宽4—12厘米，先端钝或圆形，偶有急尖，基部圆或急尖，上面幼时沿中脉有锈色短柔毛，老时变无毛，下面密被锈色短柔毛，羽状脉，侧脉8—12对，较直而整齐，与中脉在上面均下陷，下面凸起，横脉近平行；叶柄长1—3厘米，密被锈色短柔毛。伞形花序2至多个簇生叶腋短枝上，短枝长1.5—4毫米，密被锈色柔毛；苞片宽卵形，外面被锈色柔毛，内面无毛；每1伞形花序有花4—6朵或更多，花梗长约1毫米，密被锈色柔毛；雄花花被裂片5—6，披针形，黄白色，花丝密被锈色柔毛，第3轮雄蕊基部腺体有柄；雌花花被裂片长圆形，退化雄蕊有柔毛，子房卵形，无毛。果长卵形，长约7毫米，径5毫米；果托浅碟状；果梗长1厘米。花期11月至翌年5—6月，果期6—8月。

产富宁、西畴、麻栗坡、屏边、河口、金平、景东、勐养、景洪、勐腊、澜沧、勐海、泸水及龙陵，生于海拔200—1500米的山坡灌丛或疏林中；广东、广西、贵州南部也有；东南亚及印度有分布。

喜光，适生于酸性土壤。种子繁殖，宜育苗造林。

木材纹理直，结构细匀，质轻软，可作机模、包装、胶合板等用材。种仁含油率30.33%，供工业用。叶入药，外敷治关节脱白。又为紫胶虫寄主树种。

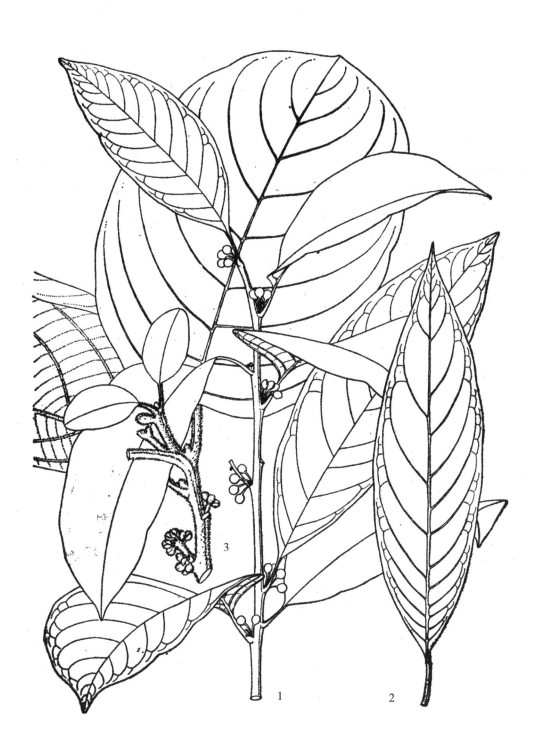

图137 木姜子（黑、假柿）

1—2.黑木姜子 *Litsea atrata* S. Lee： 　1.花枝　　2.叶片（示叶脉）

3.假柿木姜子*L.monopetala*（Roxb.）Pers.花枝

24.五桠果叶木姜子（植物分类学报）图138

Litsea dilleniifolia P. Y. Pai et P. H. Huang（1978）

常绿乔木，高20—26米，胸径达30厘米，树干通直；树皮灰色或灰褐色。小枝粗壮，绿褐色，具明显棱角，无毛，常中空，髓心褐色，皮孔显著。顶芽圆锥形，裸生，外被灰黄色短柔毛。叶互生，革质，长圆形或倒卵状长圆形，长21—50（60）厘米，宽11—14.5厘米，先端短渐尖或近圆形；基部楔形或两侧不对称，上面绿色，下面灰绿色，两面无毛，羽状脉，中脉粗壮，近叶基处宽达3毫米，侧脉15—22对，直伸，中脉与侧脉在上面平或微下陷，横脉在两面明显，叶柄长2.5—3厘米，无毛。伞形花序6—8个生于腋生短枝上排成总状花序，短枝长2厘米，密被锈色柔毛；总梗短，长2毫米，密被锈色柔毛；苞片外面密被锈色柔毛；每1伞形花序有雄花5朵，花梗长3—4毫米，密被锈色柔毛；雄花花被裂片8，长卵形，外面基部及脊部被柔毛，边缘有睫毛，能育雄蕊16—17，花丝中部以下有黄色柔毛，腺体圆状心形，具短柄，退化子房卵形，柱头2浅裂，均无毛。果扁球形，径2—2.3厘米，长1.5厘米，成熟时紫红色；果托杯状，紧包果和基部，深3—5毫米，径约2厘米，全缘或波状，果梗粗，径5—6毫米，长约4毫米。花期4—5月，果期7月。

产勐腊、沧源、耿马，常生于海拔500—600米的沟谷雨林中或河岸湿润处。模式标本采自勐腊。

喜暖湿环境。种子繁殖。宜选择较阴湿的肥沃土壤育苗。

种仁含油45%，供工业和制皂等用。

25.圆锥木姜子

Litsea liyuyingi H.Liou（1933）
产西双版纳。

26.思茅木姜子

Litsea pierrei Lecomte var. szemaois H.Liou（1932）
产普洱、勐海、景洪、勐腊。

27.香花木姜子　图138

Litsea panamonja（Nees）Hook. f.（1886）

Tetranthera panamonja Nees（1830）

常绿乔木，高达25米，胸径达60厘米；树皮灰褐色。小枝初时有柔毛，后变无毛。顶芽裸生，外面密被褐色短柔毛。叶互生，革质，长圆形或披针形，长（8）10—18厘米，宽3—3.5（5.5）厘米，先端渐尖或短尖，基部楔形，上面亮绿色，无毛，下面淡绿色，幼时有短柔毛，后变无毛，羽状脉，侧脉7—11对，中脉、侧脉在上面平坦，下面凸起；叶柄长1—1.5（2）厘米，无毛。伞形花序多数组成腋生总状花序，雄的总状花序长3—5片厘米，雌的长1.5—2厘米；苞片外面有淡褐色短柔毛，内面无毛；每1伞形花序总梗长3—5毫米，被褐色短柔毛，有花5朵，花梗长1.5毫米，密被黄褐色柔毛；花被裂片长圆形或卵形，外面基部有淡黄色丝状短柔毛，内面无毛；花丝无毛，腺体具短柄；雌花子房、花柱无毛，柱头膨大。果扁球形，长约6毫米，径1厘米；果托杯状，深2毫米，径7毫米；果梗长8—10毫米，顶端增粗达3毫米。花期6—9月，果期10月至翌年3月。

产景洪、勐腊、勐海、耿马等地；生于海拔800—1600米的密林或疏林中；广西南部也有，印度、越南北部有分布。

喜暖湿气候环境。种子繁殖。注意圃地遮阴。

木材为散孔材，材质中等，为胶合板等用材。

28.玉兰叶木姜子（植物分类学报）图139

Litsea magnoliifolia Yang et P. H. Huang（1978）

常绿乔木，高达30米，胸径达70厘米。小枝粗，褐色，幼时密被锈褐色短柔毛。顶芽裸生，三角状卵形，外面密生黄褐色短柔毛。叶互生，革质，椭圆形、倒卵状椭圆形至倒卵形，长11—20厘米，宽5—10厘米，先端圆钝或短尖，基部楔形或近圆形，幼时上面仅沿中脉有锈色短柔毛，下面密被褐色微柔毛，老时毛被渐稀疏，羽状脉，侧脉9—12对，直伸，向上弯曲，中脉、侧脉在下面凸起，横脉在下面较显著；叶柄粗，长2—4.5厘米，幼时密被黄褐色短柔毛。伞形花序8—12个组成总状花序，后者序轴长3—6厘米，密被锈色短柔毛；苞片外面密被黄色短柔毛，边缘有睫毛；每1伞形花序有雄花6朵，总梗长2.5—5毫米，花梗长2毫米，两者均被黄色短柔毛；花被裂片8，披针形或倒披针形，外面被黄色丝状柔毛，边缘有睫毛；能育雄蕊12—14，花丝长，被黄色柔毛；腺体倒卵形，近无柄；花柱无毛。果扁球形，长1.2厘米，径1.6厘米，先端有尖头，黑色；果托盘状，径约1.5厘米；果梗长1—1.8厘米，有短柔毛。花期11月，果期翌年9—10月。

产景洪、耿马等地，生于海拔600—1400米的常绿阔叶林中或稀树高草地，常与印度栲、刺栲、木荷、高山榕等伴生。模式标本采自耿马。

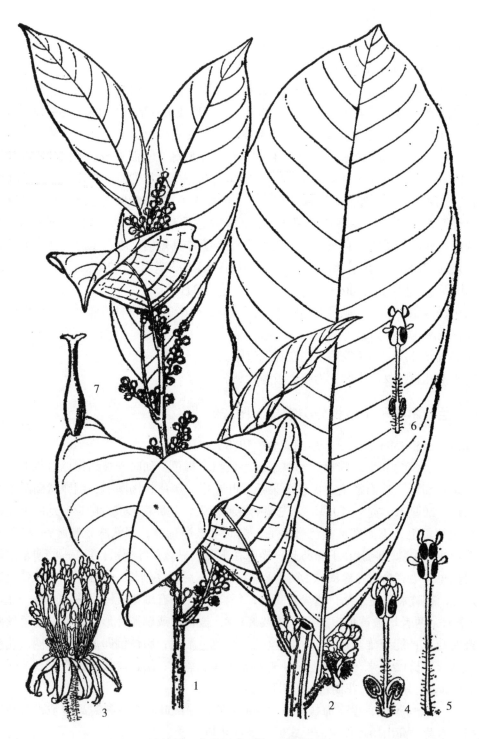

图138　木姜子（香花、五桠果叶）

1.香花木姜子 *Litsea panamonja*（Nees）Hook .f 花枝

2—7.五桠果叶木姜子 *L. dilleniifolia* P.Y. Pai et P.H.Huang：

2.花枝　　3.雄花外面观　　4.第一、二轮雄蕊　　5.第三轮雄蕊　　6.内轮雄蕊　　7.退化雌蕊

图139　玉兰叶木姜子 *Litsea magnollifolia* Yang et P.H.Huang
1.花枝　　2.雄花外面观

种子繁殖。条播育苗，并适当遮阴。

种子榨油，供工业用。叶大而秀丽，可作园林观赏树种。

29.滇南木姜子　图140

Litsea garrettii Gamble（1913）

常绿乔木，高达12米。小枝褐色，初时被淡黄色柔毛，后渐变无毛。顶芽卵圆形，外被黄褐色短柔毛。叶互生，革质，长椭圆形，长8—13（16）厘米，宽3—5（6）厘米，先端长渐尖、渐尖，或略为镰刀状渐尖，基部楔形，上面深绿色，有光泽，下面淡绿色或黄绿色，被黄色绒毛，羽状脉，中脉在上面下陷，下面凸起，侧脉6—8对，近叶缘处呈弧形弯曲连接，网脉在下面明显；叶柄长1—2厘米，被黄色绒毛。伞形花序4—8个排列成腋生总状花序，后者序轴长1.5—4厘米，被黄色绒毛；伞形花序总梗长8—10毫米，被黄色绒毛；苞片卵形；每1伞形花序有雄花5朵；雄花花梗长6—8毫米，花被裂片长圆形，黄色，两面被贴生短柔毛，花丝有疏柔毛，第3轮雄蕊基部腺体肾形，细小，近无柄，退化雌蕊细小，无毛；雌花较雄花小，退化雄蕊9—12，有毛，子房卵圆形，无毛，花柱粗而弯曲，柱头盾状。果长圆形，长1—1.5厘米，径5—6毫米，先端有小尖头，成熟时黑色；果托杯状，深约3毫米，径6毫米；果梗长6—8（13）毫米，稍增粗。花期10—11月，果期翌年6—7月。

产镇康、普洱及西双版纳，生于海拔750—2000米的灌丛或阔叶林中；西藏东南部也有；泰国、缅甸有分布。

种子繁殖，随采随播或混沙贮藏。播前用温水催芽，草木灰水去蜡。夏季注意遮阴。

散孔材，边心材区别不明显，纹理直，为房屋建筑、胶合板、农具等用材。枝、叶可提取芳香油；种子榨油，供工业用。

30.长蕊木姜子　图140

Litsea longistaminata（H.Liou）Kosterm.（1969）

Litsea garrettii Gamble var. *longistaminata* H.Liou（1932）

常绿乔木，高达10米，胸径达20厘米；树皮灰色。小枝被黄褐色或锈色绒毛。顶芽卵圆形，外被黄褐色或锈色绒毛。叶互生，薄革质，倒卵形或倒卵状长圆形，长10—25厘米，宽4.6—11.5厘米，先端圆而具突尖头或渐尖，基部楔形或钝，上面黄绿色，有光泽，下面浅绿色，初时密被短柔毛，后渐变无毛，羽状脉，侧脉7—9对，中脉较粗壮，在上面下陷，下面凸起，侧脉近叶缘处呈弧形弯曲连接，在上面下陷或略平坦，下面凸起，网脉下面凸起；叶柄粗，长0.7—1.5（2）厘米，初时密被锈色绒毛。伞形花序4—6个排列成腋生总状花序，后者序轴长1.5—2.5厘米，密被锈色绒毛；每1雄伞形花序有花5—6朵，总梗长约1厘米，有锈色绒毛；苞片近圆形，外面密被灰色绒毛，内面仅基部密被绒毛；雄花花梗长2.5—3毫米，被灰黄色柔毛，花被裂片长圆形或卵形，外面基部及脊部有灰黄色柔毛，内面近于无毛，花丝有柔毛，腺体小，近无柄，退化雌蕊细小，无毛；雌花中退化雄蕊有柔毛，子房卵圆形，长1.8毫米，花柱长1毫米，柱头盾状，2裂。果长圆形，长1.7厘米，径约8毫米，先端有小尖头；果托盘状，径3—4毫米；果梗粗，长3—4毫米，密被锈色柔毛

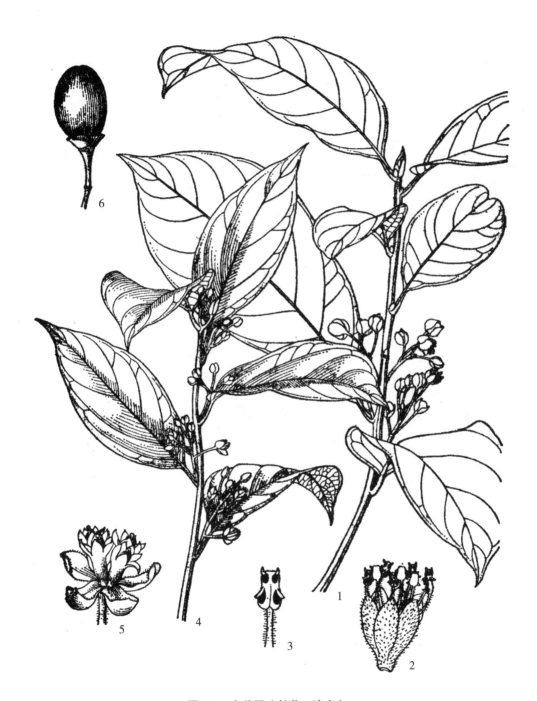

图140 木姜子（长蕊、滇南）

1—3.长蕊木姜子 *Litsea longistaminata*（H.Liou H.）Kosterm：

1.雄花枝　　2.雄花外面观　　3.雄蕊（放大）

4—6.滇南木姜子 *L. garrettii* Gamble：

4.雌花枝　　5.雌伞形花序　　6.果

花期12月至翌年1月，果期6—7月。

产蒙自、屏边、景洪、双江、盈江、芒市、龙陵，生于海拔800—2000米的开旷山坡、山谷、灌丛或混交林中；越南有分布。

种子繁殖。宜随采随播。

枝、叶、果含芳香油3种子富含脂肪，可提取工业用油。

31.红皮木姜子

Litsea pedunculata（Diels）Yang et P. H. Huang（1978）
产文山、马关，湖北、四川、湖南、江西、广西、贵州也有。

31a.毛红皮木姜子

var. pubescens Yang et P. H. Huang（1978）
产屏边。

32.大果木姜子

Litsea lancilimba Merr.（1923）
产屏边，广东、广西、福建南部也有；越南、老挝有分布。

33.桂北木姜子

Litsea subcoriacea Yang et P.H. Huang（1978）
产景东、临沧等地，广西、广东、贵州、湖南也有。

34.华南木姜子

Litsea greenmaniana Allen（1938）
产金平、屏边、勐海、贡山等地。

35.贡山木姜子（植物分类学报）图134

Litsea gongshanensis H. W. Li（1978）
常绿小乔木，高达6米；树皮灰棕黄色。小枝黄褐色或灰褐色，有极细微柔毛或近无毛。顶芽圆锥形，外面被黄褐色短柔毛。叶互生，薄革质，披针形、倒披针形或长圆形，长5—11（14.5）厘米，宽1.4—2.7（4）厘米，先端短渐尖，基部楔形，上面绿色，无毛，下面灰绿色，幼时仅沿脉有稀疏柔毛，羽状脉，侧脉8—10对，弧曲状，至近叶缘处网结，中脉、侧脉在上面下陷，下面凸起，横脉在上面略显著或不显著，下面显著；叶柄长5—8毫米，初时略被微柔毛，很快变无毛。伞形花序生于近枝顶叶腋，单生或2—3个簇生；雄花序总梗长5—10毫米，雌花序的长约3毫米，均被稀疏微柔毛；每1雄花序有花3—4朵，花梗长1.5—2毫米，密被灰黄色丝状短柔毛，花被裂片卵形，长2毫米，外面基部及脊部有丝状短柔毛，花丝有稀疏灰黄色丝状柔毛，腺体圆形，具长柄，退化雌蕊棒状，无毛；雌花中子房卵圆形，长约1毫米，无毛，花柱长1.2毫米，柱头头状，退化雄蕊有灰黄色丝状短柔毛。果椭圆形，长1.5厘米，径约8毫米； 果托盘状；果梗长4—5毫米。花期11月，果期翌年6—7月。

产贡山，生于海拔1300—1350米的山坡疏林或江边阔叶林下。模式标本采自贡山。

种子繁殖。宜育苗造林。

种子含油脂约40%，供制皂和工业用。

36.干香柴

Litsea viridis H.Liou（1932）

产屏边。

37.云南木姜子

Litsea yunnanensis Yang et P. H. Huang（1978）

产富宁、西畴、麻栗坡、金平、景东、勐海，广西西部有分布；越南也有。

38.金平木姜子（植物分类学报）图141

Litsea chinpingensis Yang et P. H. Huang（1978）

常绿乔木，高10—20米，胸径达20厘米。幼枝黑褐色，被褐色微柔毛，老枝灰褐色，无毛。顶芽裸生，圆锥形，外被黄褐色短柔毛。叶互生，薄革质，披针形或窄椭圆形，长8—17厘米，宽2.2—4.2厘米，先端渐尖或短尖，间或钝头，基部楔形，两面无毛，羽状脉，侧脉7—11对，弧曲而靠叶缘处渐消失，两面微凸，中脉上面微凹或近于平坦，下面凸起，网脉两面明显；叶柄长1—1.8厘米，无毛。伞形花序3—4个簇生于腋生短枝上，短枝长0.2毫米；总梗长约8毫米，疏生褐色短柔毛；每1雌花序有花4—5；雌花花被裂片卵形或卵状圆形，外面有柔毛，退化雄蕊9—12，基部有柔毛，腺体大，三角形，近于无柄，子房卵圆形，花柱粗短，柱头大，盾状，无毛。果椭圆形，长约2.2厘米，径约1.5厘米；果托盘状，深约2毫米，径10毫米；果梗长1.6—2.5厘米，粗约3毫米，先端粗4毫米。果期8—9月。

产屏边、金平、景东、景洪、勐海、临沧、贡山，生于海拔1500—2100米潮湿的常绿阔叶混交林中。模式标本采自金平。

种子繁殖，宜育苗造林。

种子榨油，供工业用。

39.沧源木姜子

Litsea vang Lecomte var. lobata Lecomte（1913）

产沧源。柬埔寨有分布。

40.大萼木姜子（海南植物志） 托壳果、白面槁、白肚槁、香椒槁、黄槁（广东海南）图141

Litsea baviensis Lecomte（1913）

常绿乔木，高达20米，胸径达60厘米；树皮灰白色或灰黑色。幼枝灰褐色，有柔毛。顶芽裸生，卵圆形，外被黄褐色短柔毛。叶互生，革质，椭圆形或长圆形，长10—19厘米，宽3—3.5厘米，先端短尖，基部楔形，上面绿色，下面白绿色，有绿柔毛，羽状脉，侧脉6—8对，在上面略下陷，下面凸起，中脉在上面平坦或微凸，小脉不甚明显；叶柄长1—1.6厘米，稍粗。伞形花序常数个簇生叶腋；总梗短，长2—3毫米，有柔毛，苞片卵形，外有黄褐色微柔毛；每1雄花序有花4—5朵；花被裂片宽卵形，边有睫毛，花丝有稀疏柔毛或近无毛。果椭圆形，长2.5—3厘米，径1.5—2厘米；顶端平，中间有1小尖突，熟时紫黑色；果托杯状，厚木革质，状如壳斗，深2厘米，径达3厘米，顶端截平，带灰色，外面有疣状凸起；果梗粗，长约3毫米。花期12月，果期2—3月。

产勐腊，生于海拔600—800米季雨林中，广东、海南，广西西南部也有；越南有分布。

较耐阴，对土壤要求不密，在土层肥沃深厚或有岩石露头的地方均有生长。生长中速，高生长在早年较快，21年后下降。种子繁殖，宜育苗造林。

木材纹理直，结构细、均匀，心、边材区别显著，心材黄绿色，材质轻软，易干燥，不变形。可作机模、家具、胶合板、细木工、木琴等用材。种子可榨油制皂。

41.黄丹木姜子 见风黄、臭树楠（金平）

Litsea elongata（Wall，ex Nees）Benth.（1880）

产富宁、金平、西畴、麻栗坡、砚山、屏边、泸水，长江以南各省区及西藏也有；尼泊尔、印度有分布。

41a.石木姜子（中国高等植物图鉴）

var. faberi（Hemsl.）Yang et P. H. Huang（1978）

产彝良、镇雄、大关，四川、贵州也有。

图141 木姜子（金平、大萼）

1.金平木姜子 *Litsea chinpingensis* Yang et P. H. Huang 果枝

2—4.大萼木姜子 *L. baviensis* Lecomte：

2.叶枝　　3.果枝　　4.果

41b.近轮叶木姜子

var. subverticillata（Yang）Yang et P. H. Huang（1978）

产富宁、西畴、麻栗坡、文山、砚山，湖北、湖南、广西、四川、贵州有分布。

4. 单花木姜子属 Dodecadenia Nees

常绿乔木。叶互生，羽状脉。伞形花序单生或数个簇生叶腋；总梗无或近无；苞片4—5，覆瓦状排列。每1伞形花序仅含1花，花两性；花被筒短，花被裂片6—9，近等大，开展；能育雄蕊12，每轮3，第1、2轮无腺体，第3、4轮有2腺体，花药4室，内向，瓣裂；子房上位，花柱伸长，柱头十分增大。果为浆果状核果；果托盘状；果梗粗短。

1种，产尼泊尔、不丹、印度、缅甸等国，也产我国云南、西藏和四川等地。

单花木姜子（植物分类学报）图142

Dodecadenia grandiflora Nees（1831）

Litsea monantha Yang et P. H. Huang（1978）

常绿乔木，高达15米，胸径30厘米。小枝密被褐色柔毛，2年生枝仍被毛。顶芽卵形，较大，外面密被褐色柔毛。叶互生，薄革质，长圆状披针形或长圆状倒披针形，长 5—10厘米，宽2—3厘米，先端尖或渐尖，基部楔形，上面绿色，仅沿中脉被柔毛，下面淡绿色，无毛，羽状脉，侧脉8—12对，中脉、侧脉两面均凸起，网脉两面明显；叶柄长8—10毫米，被柔毛。伞形花序1—3簇生，每1花序仅具1花；花被裂片6—9，外轮较宽，内轮稍窄，外被短柔毛，能育雄蕊12，花丝有柔毛；子房有毛。果椭圆形，长1—1.2厘米，径7—9毫米；果托盘状；果梗粗，长约5毫米。果期7—9月。

产景东、凤庆、大姚、耿马、贡山，生于海拔2000—2600米河谷杂木林、针阔叶混交林或铁杉林中；我国西藏东南部、四川西部也有，印度、不丹、尼泊尔及缅甸等国也产。

种子繁殖，宜育苗造林。

木材材质中等，质轻软，耐水湿，易加工，为包装、机械模型、胶合板、农具等用材；枝、叶可提取芳香油，供轻工业用，种子富含油脂，油可制皂及机械润滑等。

无毛单花木姜子

var. griffithii（Hook.f.）Long（1984）

Dodecadenia griffithii Hook. f.（1886）

与正种差别在于枝条无毛，子房也无毛。

产景东、凤庆、贡山独龙，生于海拔2000—2600米河谷杂木林、针阔叶混交林或铁杉林中，印度、不丹也有。

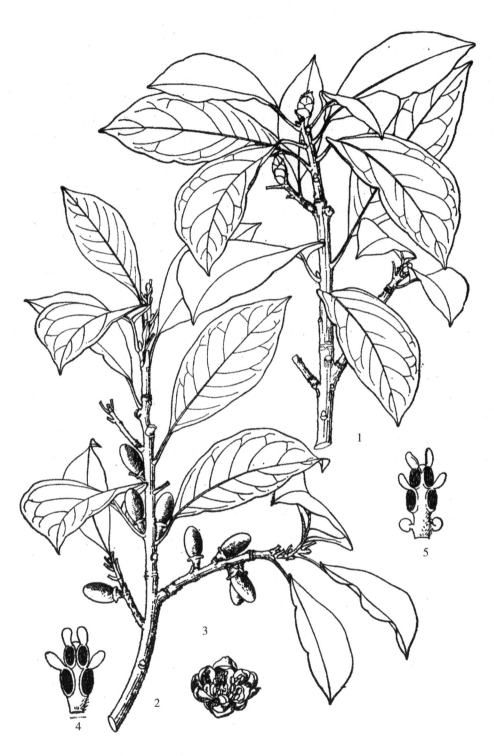

图142　单花木姜子 *Dodecadenia grandiflora* Nees

1.花枝（花未开放）　　2.果枝　　3.花（上面观）

4.第一、二轮雄蕊　　5.第三轮雄蕊

5. 山胡椒属 Lindera Thunb.

常绿或落叶，乔木或灌木。叶互生，全缘，稀3裂，羽状脉、三出脉或离基三出脉。花单性，雌雄异株；伞形花序在叶腋内单生，或生于腋芽两侧，或在短枝上簇生；苞片4；花被裂片6，稀7—9，近等大，通常脱落，稀宿存；雄花中能育雄蕊通常 9，3轮，每轮3，花药2室，内向瓣裂，第1、2轮雄蕊通常无腺体，第3轮花丝基部有2具柄腺体，退化雄蕊细小；雌花通常具退化雄蕊9，线形或条片状，第1、2轮通常无腺体，第3轮花丝基部有2腺体，子房上位，柱头通常盘状。果为浆果状核果；果托浅杯状、盘状或较果梗稍膨大。

本属约100种，分布于亚洲、北美温带及亚热带地区。我国有40余种，主产长江流域以南各地。云南有19种7变种和2变型。

分 种 检 索 表

1.常绿灌木或乔木。

  2.叶为羽状脉；伞形花序无总梗或具总梗；着生花序的短枝发育或不发育；果球形或卵球形。

   3.果托扩展为杯状（1.杯托组Sect. Cupuliformes），长约8毫米，径达1.5厘米，顶端全缘或略成微波状，叶为倒披针形或倒卵状长圆形，有时长卵形，长10—23厘米。

    4.枝、叶无毛 ·············· 1.黑壳楠 L. megaphylla

    4.枝、叶多少被毛 ·············· 1a.毛黑壳楠 L. megaphylla f. trichoclada

   3.果托不扩展，通常为浅盘状，仅包被果实基部略上方。

    5.伞形花序具总梗；着生花序的短枝多发育（2.长梗组 Sect. Aperula）。

     6.雌、雄花序总梗长（2）2.5—3厘米，果时总梗尤为伸长，长达4厘米；果为卵球形，较大，长达1.3厘米，径1厘米 ·············· 2.纤梗山胡椒 L. gracilipes

     6.雌花序总梗较短，长1—1.5厘米，果时长在1.5厘米以下，雄花序总梗伸长，通常长在2厘米以下，偶有达2.5厘米；果为球形，较小。

      7.老叶下面脉上无毛或近无毛。

       8.叶长椭圆形至长圆形，通常长在13厘米以上，干时两面常带红色，坚纸质或革质；雄花序总梗较纤细，长（1）1.5—2（2.5）厘米，雌花序总梗花时长不及1厘米，果时长1—1.5厘米·············· 3.山柿子果 L. longipedunculata

       8.叶椭圆形或长椭圆形至披针形，长在13厘米以下，干时两面不带红色，但为黑褐、红褐、绿褐或灰褐色；雌、雄花序总梗均较短，长0.6—0.8厘米。

        9.叶薄纸质，通常椭圆形或长椭圆形，干时上面绿褐色下面灰褐色，侧脉8—10对；伞形花序具花4—8朵 ·············· 4.滇粤山胡椒 L. metcalfiana

        9.叶薄革质至革质，通常为披针形，干时上面变黑褐色或红褐色下面色较淡或灰褐色，侧脉5—8对；伞形花序具花10—15朵 ·············· 4a.网叶山胡椒 L. metcalfiana var. dictyophylla

      7.老叶下面脉上密被各式毛。

10.枝及叶下面被极密灰白或淡黄褐色绒毛；叶为坚纸质，倒卵形、长圆形或宽倒披针形，长（5）7.5—15厘米，宽（3.5）4—8厘米 ……………………………………………………………………… **5.团香果 L. latifolia**

10.枝及叶下面密被锈色绒毛或柔毛；叶坚纸质或薄革质，长椭圆形或卵状椭圆形。

　11.叶上面网脉凸起成明显蜂房状，侧脉5—7对，叶下面脉上密被锈色微柔毛；幼枝圆柱形 …………………………… **6.蜂房叶山胡椒 L.foveolata**

　11.叶上面网脉不凸起成明显蜂房状，侧脉9—10对，叶下面脉上密被锈色柔毛；幼枝具棱角 …………………………… **7.勐海山胡椒 L. monghaiensis**

5.伞形花序无总梗或具甚短的总梗；着生花序的短枝多不发育（3.多蕊组Sect. Poly—adenia）。

　12.幼枝及叶下面密被黄褐色长柔毛或柔毛，老时仍有残存长柔毛在枝条上或叶脉上。

　　13.叶宽卵形、椭圆形至长圆形，长6—11厘米，宽（3）3.5—6（7.5）厘米 ……………………………………………………………… **8.绒毛山胡板L. nacusua**

　　13.叶椭圆状披针形或披针形，长约12厘米，宽3厘米 ……………………………………**8a.勐仑山胡椒 L. nacusua var. monglunensis**

　12.幼枝及叶下面不密被黄褐色长柔毛或柔毛，但被或疏或密的黄白色短柔毛，老时脱落成无毛或残存稀疏微柔毛；叶形变化很大，通常披针形、卵形或椭圆形，长（3.5）4—9（12.5）厘米，宽（1）1.5—3（4.5）厘米 …………………………………………………………………… **9.香叶树 L. communis**

2.叶为三出脉；伞形花序无总梗或具总梗；着生花序的短枝通常不发育；果椭圆形（4.三出脉组 Sect. Daphnidium）。

　14.最基部1对侧脉直达叶端，与第2对侧脉相连处向内折曲；叶薄纸质，干后呈黄绿色。

　　15.幼枝、叶片及叶柄均被锈褐色微柔毛；伞形花序明显具总梗，总梗长0.5—1.2厘米 …………………………… **10.假桂钓樟 L. tonkinensis**

　　15.幼枝、叶片及叶柄均无毛；伞形花序近无梗 ……………………………………………… **10a.无梗假桂钓樟 L.tonkinensis var. subsesillis**

　14.最基部1对侧脉不直达叶端，与第2对侧脉相连处不向内折曲；叶坚纸质或薄革质，干时不呈黄绿色。

　　16.幼枝、叶柄及叶下面毛被厚而密，脱落较慢，在二年生枝及老叶上仍有较密的毛被，至少在枝丫处或叶脉上如此。

　　　17.枝、叶密被淡棕黄色长柔毛；二年生枝黄褐色，多皮孔，甚粗糙；幼果被锈色柔毛 …………………………… **11.毛柄钓樟 L. villipes**

　　　17.枝、叶被白、淡黄或淡褐色绢状柔毛或绒毛；二年生枝不为黄褐色，散布皮孔，光滑；幼果通常无毛。

　　　　18.叶下面初时密被贴伏白色绢状柔毛，老时则毛被渐脱落成较稀疏的灰色或黑色残存毛片，叶为狭卵形至披针形，先端具长尾尖，常镰形弯曲 ………………………………… **14a.长尾钓樟 L. thomsonii var. vernayana**

　　　　18.叶下面初时密被绢质长柔毛，老时仍密被淡褐色绒毛，叶卵形至长卵形，先

端短渐尖，尖头长约1厘米，常偏斜 ……………………**12.绒毛钓樟** L. floribunda

16.幼枝、叶柄及叶下面无厚而密的毛被，或仅在幼时有或疏或密的毛，老时则渐变无毛或近无毛。

　19.叶脉在上面较在下面凸出，至少两面相等，叶为薄革质，两面无毛；花丝、子房及花柱无毛 ……………………………………………… **13.菱叶钓樟** L.supracostata

　19.叶脉在下面较在上面凸出，叶为坚纸质或薄革质，幼时两面被毛，老时毛被渐脱落至无毛；花丝、子房或花柱被毛。

　　20.果较大，长达1.4厘米，径1厘米；叶为卵形或长卵形，长7—11厘米，宽2.5—4.5厘米，先端长尾尖，尖头长可达3.5厘米 ……………… **14.三股筋香** L. thomsonii

　　20.果较小，长达1厘米，径0.7厘米；叶椭圆形至长圆形或披针形，先端不为长尾尖。

　　　21.枝条幼时无毛或被白色长柔毛，老时无毛；叶较小，椭圆状长圆形、椭圆状卵形或卵圆状披针形至披针形，长（7）9—11（15）厘米，宽（1.5）2—4（5）厘米，先端尾状渐尖，尖头长达2—2.5厘米……………………………………… **15.川钓樟** L. pulcherrima var. hemsleyana

　　　21.枝条粗壮，密被锈色绒毛，老时毛被逐渐脱落但常变黑而残存；叶宽大，通常椭圆形至长圆形，长10—25厘米，宽5—12.5厘米，先端急尖或短渐尖 …………………………………………………………………… **16.大叶钓樟** L. prattii

1.落叶灌木或乔木。

　22.叶为羽状脉；伞形花序无总梗或具总梗，着生花序短枝发育（5.山胡椒组Sect. Lindera）；叶椭圆形、倒卵形至倒披针形，长（3）5.5—6.5（9.5）厘米，宽（1.5）3—3.5（4.5）厘米，先端通常浑圆。

　　23.叶两面尤其是沿中脉和侧脉被小柔毛 ……………… **17.更里山胡椒** L. kariensis

　　23.叶两面极无毛或初时上面略被微柔毛而下面无毛，后两面全然无毛 …………………………………………………… **17a.无毛更里山胡椒** L. kariensis f. glabrescens

　22.叶为三出脉或离基三出脉，偶也有五出脉，伞形花序无总梗或具总梗；着生花序的短枝发育或不发育。

　　24.叶为三出脉，偶有五出脉，常3裂，偶有5裂；伞形花序无总梗，着生花序短枝发育（6.类擦木组 Sect. Palminerviae）。

　　　25.叶近圆形或扁圆形，先端急尖，并常成明显3裂，基部近圆形或心形，有时为宽楔形；幼枝黄绿 ……………………… **18.三桠乌药** L. obtusiloba

　　　25.叶椭圆形，偶有扁圆形，先端圆或急尖，不分裂或不规则浅裂，基部近圆形或浅心形；幼枝灰白或灰黄 ……… **18a.滇藏钓樟** L. obtusiloba var. heterophyila

　　24.叶为三出脉或离基三出脉，全缘，伞形花序具总梗；着生花序的短枝发育（7.圆果组Sect. Pedunculares）。叶纸质，侧脉3—4对；伞形花序单生或少数簇生于腋短枝上；总梗通常长约4毫米，无毛 ……………… **19.绿叶甘檀** L. fruticosa

1.黑壳楠（四川）八角兰、花兰（四川）、猪屎楠、鸡屎楠、大楠木、枇杷楠（湖北）图143

Lindera megaphylla Hemsl.（1891）

常绿乔木，高达25米，胸径达35厘米以上；树皮灰黑色。小枝较粗，无毛，皮孔近圆形，凸起。顶芽大，卵形，芽鳞外被白色微柔毛。叶互生，革质，倒披针形或倒卵状长圆形，有时长卵形，长10—23厘米，宽3.5—7.5厘米，先端急尖或渐尖，基部渐狭，上面深绿色，有光泽，下面淡绿苍白色，两面无毛，羽状脉，侧脉15—21对，中脉、侧脉上面明显，下面十分凸起，网脉两面明显；叶柄长1.5—3厘米，无毛。伞形花序常成对着生于腋生短枝上，短枝长3—5毫米，具顶芽；雄花序总梗长1—1.5厘米，雌的长约0.6厘米，两者均密被黄褐或有时近锈色微柔毛；苞片宽卵形或近圆形，外面密被黄褐色微柔毛，内面无毛；每1伞形花序雄的有多达16朵花，雌的多达12朵花；雄花花梗长约6毫米，雌的长1.5—3毫米，密被黄褐色小柔毛；花被裂片椭圆形或线状匙形，黄绿色，外面仅下部或沿脊部被黄褐色小柔毛，内面无毛；花丝的基部有毛，腺体三角状漏斗形，具柄；子房卵球形，长1.5毫米，无毛，花柱长4.5毫米，柱头盾形。果椭圆形至卵球形，长约1.8厘米，径1.3厘米，成熟时紫黑色；果托杯状，深约8毫米，径达1.5厘米，全缘或略呈波状；果梗长达1.5厘米。花期2—4月；果期9—12月。

产漾濞、云龙、文山、广南、麻栗坡及元江，生于海拔1600—2200米山坡或谷地的湿润常绿阔叶林或灌丛中；甘肃南部、陕西、四川、贵州、湖北、湖南、安徽、江西、福建、台湾、广东、广西也有。

喜温暖湿润气候，耐荫树种。

木材黄褐色，纹理直，结构致密，坚实耐用，比重约0.41，为建筑、造船、优良家具等用材。叶、果含芳香油，可作调香原料。果实可榨油，含油率47.5%，为制香皂的优质原料。

la.毛黑壳楠

f. trichoclada（Rehd.）Cheng（1934）

Benzoin touyunense（Levi.）Rehd. f. *trichocladum* Rehd.（1930）

与正种不同在于幼枝、叶柄及叶片下面或疏或密被毛，后毛被渐脱落，但至少在叶脉上或多或少残存。

产地、生境、分布及用途同正种。

图143　黑壳楠 *Lindera megaphylla* Hemsl.

1.果枝　2.果实　3.种子　4.5.雄蕊　6.雌蕊　7.花被片

黑壳楠果实具肉质内果皮，含水量较高，易于发酵霉烂，降低种子发芽率。因而应随采随播或混沙贮藏于通风、干燥处。无论贮藏或随播都要在采后及时搓去果皮，清水漂净阴干。播前用45℃温水浸种，草木灰水去蜡，0.5%高锰酸钾液消毒。播后覆土覆草。待出苗1/2后分次揭去覆草。苗期加强松土、除草及病虫害防治，一年生苗即可出圃造林。造林地宜选避风、排水良好土壤深厚的地方。带状或穴状整地均可。

2.纤梗山胡椒（植物分类学报）图144

Lindera gracilipes H. W. Li（1978）

常绿灌木或小乔木，高2—3米。枝条细，幼时多少具棱角，被黄褐色微柔毛。顶芽小，芽鳞密被黄褐色微柔毛。叶互生，坚纸质，长圆形，长12—20厘米，宽3.5—7厘米，先端短渐尖，基部宽楔形至近圆形，干时上面绿褐色，初时疏被黄褐色微柔毛，后很快变无毛，下面灰褐色，全面但尤其沿脉上密被黄褐色微柔毛，羽状脉，侧脉约8对，中脉、侧脉在上面下陷，下面凸起，网脉下面明显；叶柄长0.5—0.8厘米，密被黄褐色微柔毛。伞形花序1—5（6）个着生有黄褐色微柔毛的腋生短枝上，雄花序有花约10朵，雌的有花约8朵；总梗长（2）2.5—3厘米，果时尤为伸长，长达4厘米，密被黄褐色微柔毛；苞片外面被黄褐色微柔毛；花梗长1—2.5毫米，密被黄褐色短柔毛；雄花花被裂片卵形至长圆形，雌花的长圆形至线形，长2—3.5毫米，两面无毛；花丝被柔毛，腺体肾形；子房卵球形，长约1.2毫米，被柔毛，花柱长达3.8毫米，被柔毛，柱头盘状，具裂片。果卵球形，长达1.3厘米，径1厘米，熟时红色。花期4月，果期10—11月。

产屏边等地，生于海拔700—1820米山谷潮湿密林或干燥的灌丛中。越南北部也有。模式标本采自屏边。

种子繁殖，技术措施同黑壳楠。

叶、果可提芳香油，供轻工业用。

3.山柿子果 图144

Lindera longipedunculata Allen（1941）

常绿小乔木，高3—6米。幼枝有纵棱和条纹，变红或淡褐，无毛。顶芽细锥形，芽鳞密被金黄色短柔毛。叶互生，坚纸质或近革质，长椭圆形至长圆形，长（8）13—15厘米，宽3—5厘米，先端急尖或骤然渐尖，基部宽楔形或近圆形，上面绿褐色，下面苍白色，干时两面常带红色，幼时两面略被淡黄色短柔毛，老时渐变无毛，羽状脉，侧脉8—10对，上面微凸，下面明显凸起，中脉在上面明显下陷，下面凸起，网脉两面明显；叶柄长1—1.2（1.5）厘米，无毛。伞形花序单生叶腋，雄的约具10花，总梗纤细，长（1）1.5—2（2.5）厘米，雌的约具8花，总梗在开花时长不及1厘米，但果时长1—1.5厘米；苞片近圆形，有3脉，具红色腺点；花梗长2—3毫米，被淡黄色短柔毛；花被裂片长圆形，长1.5—3毫米，有红色腺点；能育雄蕊9—11，花丝密被淡黄色短柔毛，腺体圆状肾形，近无柄；子房卵球形，长约1.2毫米，花柱长1.8毫米，具棱，柱头盾形。果球形，径5—6毫米，黑色；花托盘状，深1.5毫米，径3—4毫米，果梗长1—1.2厘米，略增粗。花期10—11月，果期翌年6—8月。

图144 纤梗山胡椒及山柿子果

1—7.纤梗山胡椒*Lindera gracilipes* H.W.Li： 1.花枝 2.雄花纵剖面
3.第一、二轮雄蕊 4.第三轮雄蕊 5.雌花的第一、二轮雄蕊 6.第三轮雄蕊 7.雌蕊
8—9.山柿子果 *L. longipedunculata* Allen： 8.花枝 9.果枝

产腾冲、贡山，生于海拔2100—2900米山坡松林或常绿阔叶林中，西藏东部也有。模式标本采自贡山。

种子繁殖，条播育苗。播前注意浸种催芽，播后加强管理，一年出圃造林。

种子榨油，用于照明和机械润滑等。

4.滇粤山胡椒　山钓樟（海南植物志）图145

Lindera metcalfiana Allen（1941）

常绿乔木，高达12米，胸径达20厘米；树皮灰黑或淡褐色。小枝细，幼时略具棱脊，有纵纹，被黄褐色或棕褐色微柔毛，后渐变无毛。顶芽长角锥形，长约3毫米，芽鳞外面密被黄褐色绢状微柔毛。叶互生，薄纸质，椭圆形或长圆形，长5—13厘米，宽2—4.5厘米，先端渐尖或尾尖，常呈镰刀状，基部宽楔形，鲜时上面黄绿色，下面灰绿色，干时上面绿褐色，下面灰褐色，两面沿脉略被黄褐色微柔毛，后渐变无毛，羽状脉，侧脉8—10对，中脉、侧脉在上面凹陷，下面凸起，均带红褐色或紫褐色，网脉下面明显；叶柄长5—8（10）毫米，被黄褐色微柔毛。伞形花序1—2（3）个着生有黄褐色微柔毛的短枝上，每1花序有花4—8朵；雄花序总梗长1—1.6厘米，雌花的长0.6—0.8厘米，略被黄梗色微柔毛；苞片宽卵形，有纵脉7条，密布红褐色腺点，外面略被黄褐色微柔毛，内面无毛，花梗长2—3毫米；有黄褐色小柔毛；花被裂片宽卵形或卵形，长1.5—2毫米，两面疏被黄褐色小柔毛，具腺点；花丝略被小柔毛，腺体圆状肾形，具短柄；子房卵球形，长约1毫米，花柱粗壮，柱头盾形。果球形，径6毫米，成熟时紫黑色；果托宽3—4毫米，边缘具浅齿和缘毛；果梗长约6毫米，粗壮，略被黄褐色微柔毛。花期3—5月，果期6—10月。

产麻栗坡、金平、文山、屏边、富宁、广南，生于海拔1200—2000米山坡常绿阔叶林、灌丛或林缘路旁等处。

种子繁殖，育苗造林。

散孔材、心边材区别不明显，纹理直，结构细，可作一般家具、门窗用材。叶、果含芳香油，种仁含脂肪油。

4a.网叶山胡椒　山香果、化楠木（腾冲）、连杆果（芒市）图145

var. **dictyophylla**（Allen）H. P. Tsui（1978）

Lindera dictyophylla Allen（1941）

与正种不同在于叶薄革质或革质，常为披针形，干时上面常变黑褐色或红褐色，下面色较淡或灰褐色，侧脉5—8对；伞形花序具花10—15朵。

产蒙自、普洱、勐海、凤庆、瑞丽；生于海拔（550）700—2000（2200）米山坡或沟边林缘或疏林及灌丛中；广西也有。越南北部亦分布。模式标本采自凤庆。

图145　山胡椒（网叶、滇粤）

1—4.网叶山胡椒 *Lindera meicalfiana* Allen var. *dictyophvlla*（Allen）H.P.Ttui：

1.花枝　　2.第一、二轮雄蕊　　3.第三轮雄蕊　　4.退化雄蕊

5—13.滇粤山胡椒 *L. meicalfiana* Allen：

5.花枝　　6.果枝　　7.雄花纵剖　　8.第一、二轮雄蕊　　9.第三轮雄蕊

10.退化雄蕊　　11.雌花第一、二轮退化雄蕊　　12.第三轮退化雄蕊　　13.雌蕊

5.团香果（中国高等植物图鉴） 牛石兰果（屏边）、大毛叶楠（腾冲）、毛香果（芒市）、"辛木赛儿"（页山独龙语）图146

Lindera latifolia Hook. f.（1886）

常绿乔木，高达25米，胸径达50厘米；树皮灰绿或灰黑色。小枝有棱脊和纵纹，密被灰色或淡黄褐色绒毛；老枝毛渐脱落。顶芽长卵圆形，长达7毫米，芽鳞外极密被黄褐色绒毛。叶互生，坚纸质，倒卵形、长圆形或宽倒披针形，长（5）7.5—15厘米，宽（3.5）4—8厘米，先端骤然急尖、近急尖或渐尖，基部宽楔形至近圆形，上面鲜时绿色，干时呈黑褐色，有光泽，幼时密被淡黄褐色绒毛，但老时全面无毛或仅沿中脉略被微柔毛，下面鲜时苍白色，干时略呈灰褐色，幼时极密被但老时仍密被灰白或淡黄褐色绒毛，羽状脉，侧脉6—8对，中脉、侧脉及横脉在上面下陷，下面凸起；叶柄长1—1.5厘米，密被灰黄或黄褐色绒毛。伞形花序1—3个生于腋生具顶芽的小短枝上；雄花序总梗长约1.5厘米，雌花的长0.5—0.9厘米，均密被黄褐色微柔毛；苞片近圆形，外面密被黄褐色微柔毛，内面无毛；雄花花梗长3.5—5毫米，雌花的长1.5—3.5毫米，均密被黄褐色微柔毛；雄花花被裂片长圆形，长3.5—4毫米，雌花线状披针形，长2毫米；能育雄蕊8—10，花丝被疏柔毛，腺体圆状肾形，近无柄；子房卵球形，长1.4毫米，花柱长1.6毫米，均无毛，柱头盾形。果球形，径约6毫米，成熟时紫红色；果托深1.5毫米，径3毫米；果梗长6—9毫米。花期2—4月，果期5—11月。

产滇西、滇西北至滇东南，生于海拔1500—2300（2900）米山坡或沟边常绿阔叶林及灌丛中，西藏东南部也有。印度、孟加拉国及越南北部有分布。

种子繁殖，育苗造林。

果含芳香油0.36%。种子可榨油，供制皂及润滑油用。

6.蜂房叶山胡椒（植物分类学报）图147

Lindera foveolata H. W. Li（1978）

常绿乔木，高达25米；树皮棕褐色。小枝密被锈色绒毛，后毛渐脱落；皮孔浅褐色凸起。顶芽大，卵球形，长达7毫米，芽鳞外面尤其是脊上密被锈色柔毛。叶互生，坚纸质，上面深绿色，干时带红褐色，沿脉被微柔毛，下面淡绿色，干时灰褐色，沿脉网密被锈色微柔毛，羽状脉，侧脉5—7对，中脉、侧脉在上面稍凸起，下面十分凸起，横脉和小脉网结，两面明显呈蜂房状；叶柄长1.2—2厘米，密被锈色绒毛。伞形花序1—3个着生于腋生小枝上，小枝长0.5—1.2厘米，密被锈色绒毛；总梗长达1.5厘米或以上，密被锈色绒毛；苞片背面略被绢状微柔毛，具缘毛；每1雄伞形花序有花约12朵，花梗长1—3毫米，密被锈色柔毛；花被裂片宽卵形，长3毫米，两面被长柔毛；花丝有长柔毛；腺体肾形，近无柄；退化雌蕊卵球形，长约1.5毫米，无毛。果近球形。花期11—12月，果期翌年5月。

产西畴、麻栗坡，生于海拔1400—2100米山坡常绿阔叶林中。模式标本采自西畴。种子繁殖，育苗造林。

散孔材，纹理宜，结构细，材质中等，可作家具、建筑等用材。

图146 团香果及三股筋香

1—8.团香果 *Lindera latifolia* Hook.f.：

1.雄花枝　　2.果枝　　3.雄花纵剖　　4.第一、二轮雄蕊　　5.第三轮雄蕊

6.雌花中第一、二轮退化雄蕊　　7.第三轮退化雄蕊　　8.雌蕊

9—12.三股筋香 *Lindera thomsonii* Allen：

9.花枝　10.雌花中第一、二轮退化雄蕊　11.第三轮退化雄蕊　12.雌蕊　13.长尾钓樟叶背面

图147 蜂房叶山胡椒及假桂钓樟

1.假桂钓樟*Lindera tonkinensis* Lecomte 未开放的花枝

2—5.无梗假桂钓樟 *L. tonkinensis* Lecomete var. *subsenssilis* H.W.Li：

2.花枝 3.第一、二轮雄蕊 4.第三轮雄蕊 5.雌蕊

6—10.蜂房叶山胡椒 *L. foveolata* H.W.Li：

6.花枝（花未开放） 7.雄花花蕾 8.雄花第一，二轮雄蕊 9.第三轮雄蕊 10.雌蕊

7.勐海山胡椒

Lindera monghaiensis H. W. Li（1978）
产勐海。

8.绒毛山胡椒 绒钓樟（海南植物志）、大石楠树（广东）图148

Lindera nacusua（D.Don）Merr.（1936）

常绿乔木，高达15米，胸径15厘米；树皮灰色，有纵裂纹。小枝褐色，幼时密被黄褐色长柔毛，后毛渐脱落。顶芽宽卵球形，长达7毫米，芽鳞外密被黄褐色柔毛。叶互生，革质，宽卵形、椭圆形至长圆形，长6—11（15）厘米，宽（3）3.5—6（7.5）厘米，先端通常急尖，基部锐尖或楔形，有时近圆形，两侧常不相等，上面干时黄褐色，光亮，沿中脉有时略被黄褐色柔毛，下面黄色，晦暗，密被黄褐色长柔毛，羽状脉，侧脉6—8对，中脉、侧脉在上面下陷，下面凸起，小脉下面明显，叶柄粗，长5—7（10）毫米，密被黄褐色柔毛。伞形花序单生或2—4个簇生叶腋；总梗长2—3毫米，密被黄褐色柔毛；苞片圆形，径5—6毫米，两面多少被黄褐色柔毛；每1雄花序有花约8朵，雌花序有花（2）3—6朵；花梗长3—5.5毫米，密被黄褐色柔毛；雄花花被裂片卵形，长约3.5毫米，雌花的宽卵形，长仅2毫米，外面仅脊部有黄褐色微柔毛，或无毛；花丝无毛，腺体圆状肾形；子房倒卵形，长2毫米，花柱粗，长约1毫米，均无毛，柱头盘状。果近球形，径7—8毫米，成熟时红色；果梗粗，长5—7毫米。花期5—6月，果期7—10月。

产澜沧江、怒江、贡山、维西、龙陵、富宁、西畴、麻栗坡，生于海拔700—2500米谷地或山坡常绿阔叶林中；广东、广西、福建、江西、四川、西藏东南部也有；尼泊尔、印度、缅甸及越南亦有分布。

种子繁殖，育苗造林。

木材材质中等，为一般家具、建筑用材。

8a.勐仑山胡椒

var. monglunensis H. P. Tsui（1978）

与正种不同在于叶椭圆状披针形或披针形，长约12厘米，宽3厘米。
产勐仑，生于海拔500—820米石灰山林中。模式标本采自勐仑。

9.香叶树（四川）　香果树（云南经济植物）、大香果树（腾冲）、臭果树（凤庆、潞西）、红果树（文山、蒙自、双柏）、黄木姜子（金平）、红油果（思茅）、山八角树（元江）、糯叶树（砚山）、山胡椒、乌头树（景东）、小红果（文山、西畴）、香油果（西畴）、红香籽油果（广南）图148

Lindera communis Hemsl.（1891）

常绿乔木，高达13米，胸径达25厘米；树皮淡褐色。小枝细，绿色，被黄白色短柔毛。顶芽卵球形，长约5毫米，芽鳞外略被金黄色小柔毛。叶互生，薄革质至厚革质，通常披针形、卵形或椭圆形，长（3.5）4—9（2.5）厘米，宽（1）1.5—3（4.5）厘米，先端锐尖、骤渐尖或近尾尖，基部宽楔形或近圆形，上面绿色，光亮，无毛，下面灰绿或浅黄色，被或疏或密的黄白色短柔毛，老时脱落成无毛或残存稀疏微柔毛，羽状脉，侧脉5—7对，中脉、侧脉在上面下陷，下面凸起，网脉上面略呈蜂窝状小窝穴，下面不明显；叶柄长5—8毫米，被黄褐色微柔毛或近于无毛。伞形花序单生或成对生于叶腋；总梗长1—1.5毫米，略被黄褐色微柔毛；苞片宽卵形或近圆形，两面略被金黄色微柔毛；每1伞形花序有花5—8朵；花梗长2—2.5毫米，略被金黄色柔毛；花被裂片卵形，长2—3毫米，外被微柔毛；花丝略被微柔毛或近无毛，腺体圆状肾形；子房椭圆形，长1.5毫米，无毛，花柱长2毫米，柱头盾形。果球形，长约1厘米，径7—8毫米，成熟时红色；果托盘状，径3—3.5毫米，边缘具浅齿及缘毛；果梗粗，长4—7毫米。花期3—4月，果期9—10月。

产滇中、滇东南及滇西南，为广布种，常生于海拔1600（2400）米的干燥沙质土上或常绿阔叶林中，不少地方在村旁由于人工加以抚育而形成纯林；陕西南部、甘肃南部、湖北、湖南、江西、浙江、福建、台湾、广东、广西、贵州、四川等省区也有。中南半岛各国有分布。

耐干旱瘠薄，在湿润肥沃土壤上生长较好。用种子繁殖，种子不耐久藏，宜随采随播，发芽率达85%以上。

木材淡红褐色，结构致密，为家具或细木工等用材。种子富含脂肪，含量达60%，油的理化性质：比重（40℃）0.928，折光率（40℃）1.460，酸值25.36，皂化值205.95，乙酰化后皂化值252.02，碘值52.5，不皂化物1.1882%，油脂的脂肪酸成分有油酸、肉豆蔻酸、月桂酸、癸酸、次亚麻酸，其中以月桂酸占半数以上。油脂为白色固体，为制皂、润滑油、油墨的优质原料，医药工业上可作栓剂基质，为可可豆酯的代用品，也可以少量食用，据腾冲群众说，食用可治肺病，但多食则会发生头晕中毒现象，若作食用时必需先行精炼。油粕可作肥料。果皮可提芳香油，供调制香料、香精用。枝、叶作熏香原料，又可用于治跌打、疮痈和外伤出血；叶或果可治牛马癣疥疮癞。

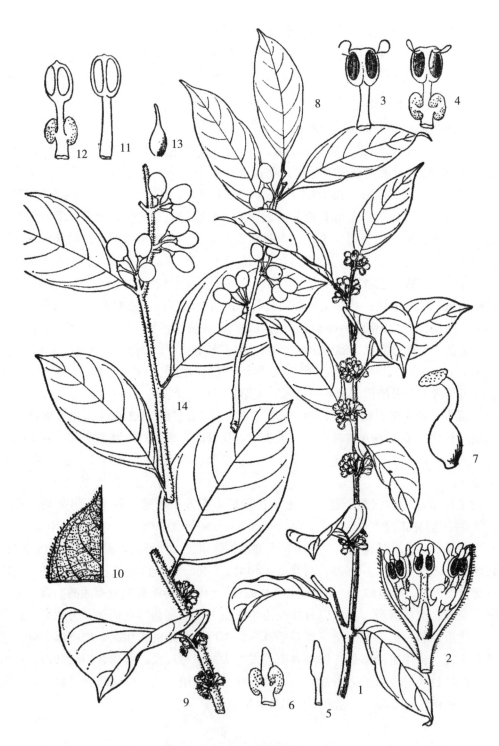

图148　香叶树及绒毛山胡椒

1—8.香叶树*Lindera communis* Hemsl：　1.雄花枝　2.雄花剖面　3.第一、二轮雄蕊
4.第三轮雄蕊　5.雌花第一、二轮雄蕊　6.第三轮退化雄蕊　7.雌蕊　8.果枝
9—14.绒毛山胡板*L. nacusua*（D.Don）Merr：　9.雄花枝　10.叶背一部分
11.雄花第一、二轮雄蕊　12.第三轮雄蕊　13.退化雄蕊　14.果枝

10.假桂钓樟（中国高等植物图鉴）　假桂（广西防城）、河内钓樟（海南植物志）图147

Lindera tonkinensis Lecomte（1913）

常绿乔木，高达12米，胸径达20厘米。小枝绿色，有细纵纹，幼时密被锈褐色微柔毛。叶互生，薄纸质，卵形或卵状长圆形，长8—14厘米，宽2.5—5厘米，先端渐尖，尖头钝，基部急尖、钝或近圆形，通常两侧不对称，上面绿色，干时呈绿褐色，下面淡绿色，干时黄绿色，幼时两面主要沿脉上密被锈色微柔毛，老时上面仅沿中脉被微柔毛或无毛，下面无毛，三出脉，最基部1对侧脉直达叶端，与第2对侧脉相连处向内折曲，中脉、侧脉在上面稍凹陷，下面明显凸出，细脉平行，两面稍明显；叶柄长10—15（20）毫米，略被微柔毛。伞形花序（1）2—5个着生于腋生短枝上，短枝长2—3毫米，密被锈色微柔毛；雄花序总梗长0.6—1.2厘米，雌的长仅0.5—0.6厘米，被锈色微柔毛；苞片宽卵形或近圆形，宽3.5—5毫米，两面无毛或外面略被微柔毛；雄花花梗长1毫米，雌花的长2—2.5毫米，密被锈小柔毛；花被裂片长圆形或长圆状卵形，长2.5—3毫米；花丝密被长柔毛，腺体卵形，具短柄；子房卵球形，长1.5毫米，花柱长达2毫米，均无毛，柱头盾形。果椭圆形，长9毫米，先端有细尖；果托盘状，深1—1.5毫米，径2—2.5毫米；果梗长约6毫米。花期10月至翌年3月，果期5—8月。

产建水、屏边、河口及普洱，生于海拔130—800米山坡疏林中或林缘等处；广西南部、广东海南也有；越南北方及老挝有分布。

种子繁殖，育苗造林。

果仁含脂肪，可供制皂及润滑油用。

10a.无梗假桂钓樟　图147

var. subsessilis H. W. Li（1978）

与正种不同在于幼枝、叶片及叶柄均无毛；雌、雄伞形花序均无梗。

产建水、双柏、峨山、新平、景东、墨江、普洱及西双版纳、临沧，生于海拔1100—2300米山坡疏林、混交林中或林缘路旁等处。广西北部也有。模式标本采自建水。

种子繁殖，育苗造林。

11.毛柄钓樟

Lindera villipes H. P. Tsui（1978）

产凤庆、腾冲、贡山等地；西藏也有。

12.绒毛钓樟（植物分类学报）图149

Lindera floribunda（Allen）H. P. Tsui（1978）

Lindera gambleana Allen var. *floribunda* Allen（1941）

常绿乔木，高达13米；树皮灰黑色，纵裂。小枝密被淡褐色丝状绒毛。顶芽长锥形，长1—1.5厘米，芽鳞外面沿脊部及基部极密被黄褐色丝状绒毛。叶互生，坚纸质，卵形至长卵形，长6.5—9厘米，宽2.5—4厘米，先端短渐尖，尖头长约1厘米，常偏斜，基部楔形，幼时两面尤其是下面密被绢质长柔毛，老时上面变无毛下面仍密被淡褐色绒毛，三出脉或近离基三出脉，中脉、侧脉两面略明显；叶柄长0.7—1.2厘米，密被淡褐色丝状绒毛。伞形花序常2—6个集生于腋生短枝上；总梗极短或近无；每1伞形花序有花4—8朵，雄花花梗长0.5毫米，雌花的长约2毫米，均密被绢质柔毛；花被裂片长圆形或倒卵状长圆形，长2—2.5毫米，外面仅脊部有柔毛；花丝被柔毛，腺体圆状肾形；子房椭圆形，长1毫米，花柱长1毫米，均密被绒毛。果椭圆形，长约8毫米，径6毫米；果托浅盘状，深约1毫米，径2毫米；果梗长5—8毫米。花期3—5月，果期6—9月。

产景东、腾冲、龙陵、泸水、贡山、临沧、广南，生于海拔1000—1500米石山山坡常绿阔叶林中、沟边或灌丛中；陕西、四川、贵州、广西、广东也有。模式标本采自云南西部。

种子繁殖，育苗造林。及时处理种子后混沙贮藏或随采随播。播前浸种、消毒，播后覆草，待出苗后揭草。

木材为散孔材，色深，质轻，抗腐性好，结构细，为家具和建筑等用材。叶、果可提取芳香油。

13.菱叶钓樟山香桂（昭通）、铁桂皮（四川）、川滇三股筋香（中国高等植物图鉴）图149

Lindera supracostata Lecomte（1913）

Lindera supracostata Lecomte var. *attenuata* Allen（1941）

常绿乔木，高达25米，胸径达20厘米；树皮褐色。小枝有细纵纹，无毛，灰褐色。顶芽宽卵球形，芽鳞外面密被灰白色绢状微柔毛。叶互生，薄革质，长圆形，长圆状卵形至宽卵形或披针形，长5—10厘米，宽2.3—4厘米，先端渐尖或长渐尖，基部楔形或宽楔形，常倾向于菱形，上面绿色，下面苍白色，两面无毛，三出脉或近离基三出脉，斜展，延伸至叶片中部或以上，向叶缘一侧无或有少数支脉，其余侧脉3—4对，脉网在上面较下面更为凸出而明显；叶柄长约1厘米，无毛。伞形花序1—2个生于小枝上部叶腋，几无总梗；苞片宽卵形，外面多少被绢状微柔毛；每1花序有3—8花；花梗密被柔毛；花被裂片长圆形，外面被柔毛；花丝被柔毛，腺体圆球形，具短柄；子房椭圆球形，长2毫米，花柱长1.5毫米；连同子房上部密被柔毛，柱头盘状，具圆裂。果卵球形，长8—9毫米，成熟时紫黑色，果托盘状，径3—5毫米；果梗长7—11毫米。花期3—5月，果期7—9月。

产昭通、宾川、鹤庆、丽江等地，多生于海拔2400—2800米谷地或山地密林中；四川西部、贵州西部也有。模式标本采自云南。

种子可榨油，含油率62%，供制肥皂。树皮、叶、果可作盘香原料，并可提取芳香油。

图149　钓樟（菱叶、川、绒毛）

1—6.菱叶钓樟 *Lindera Supracostata* Lec：　　1.花枝　　2.果枝

3.雄花内第一、二轮雄蕊　　4.雄花内第三轮雄蕊　　5.雌蕊纵剖　　6.子房

7.川钓樟 *L. Pulcherrima*（Wall）Benth var. *hemsleyana*（Diels）H.P.Tsui.花枝

8.绒毛钓樟 *L. floribunda*（Allen）H.P.Tsui 叶枝

14.三股筋香（龙陵） 大香果（腾冲）、香桂子、白香叶、野香油果（西畴）、"郎白达松洗"（贡山独龙语）图146

Lindera thomsonii Allen（1941）

常绿乔木，高达25米，胸径达25厘米；树皮褐色。小枝有纵纹，幼时密被绢毛，皮孔明显。顶芽卵球形，芽鳞外密被绢状微柔毛。叶互生，坚纸质，卵形或长卵形，长7—11厘米，宽2.5—4.5厘米，先端长尾尖，尖头长可达3.5厘米，基部急尖或近圆形，上面绿色，多少光亮，下面苍白色，晦暗，幼时两面密被贴伏白色或淡黄色绢状柔毛，但老时两面毛被脱落变无毛或下面残存稀疏黑毛片，三出脉或离基三出脉，最基部1对侧脉对生，自叶基5—9毫米处生出，其余2—3对侧脉自中脉中部以上生出，中脉、侧脉两面凸出，网脉两面明显；叶柄长7—15毫米，无毛。伞形花序腋生，雄的有花3—10朵，雌的有花4—12朵；总梗长2—3毫米，被灰色微柔毛；苞片近圆形，具纵脉，外面无毛；花梗长3—5毫米；花被裂片卵状披针形或长圆形，长3.5—4毫米，外面背部被灰色微柔毛，花丝被疏柔毛；子房椭圆形，长约2毫米，与近等长的花柱被灰色微柔毛，柱头盾形。果椭圆球形，长1—1.4厘米，径0.7—1厘米，成熟时紫黑色；果托盘状，径约2毫米；果梗长1—1.5厘米，稍粗。

产腾冲、龙陵、镇康、屏边、西畴，生于海拔1100—2500（3000）米山地疏林中，广西、贵州西部也有；印度、缅甸、越南北部有分布。花模式标本采自腾冲。

用种子繁殖。种子不耐贮藏，宜随采随播。

枝叶及果皮可提芳香油。种子含油率50.56%，供制皂。

14a.长尾钓樟 香面叶（元江）图146

var. vernayana（Allen）H. P. Tsui（1978）

与正种不同在于叶狭卵形至披针形，先端具长尾尖，常镰形弯曲，叶上面有时被稀疏绢状柔毛，下面密被贴伏白色绢状柔毛，毛被至老时渐脱落成较稀疏的灰色或黑色残存毛片。

产滇中至滇西，生于海拔1500—3000米山坡常绿阔叶林中。

15. 川钓樟 山香桂、官桂（镇雄）、香叶、香叶树、乌药苗、山叶树（湖南）、假桂皮、尖叶樟（广西）、铁健子、三条筋、响亮楠、关桂、香桂子、皮香树（四川）图149

Lindera pulcherrima（Wall.）Benth.var. hemsleyana（Diels）H.P.Tsui（1978）

Lindera hemsleyana（Diels）Allen（1941）

常绿乔木，高达10米，胸径20厘米；树皮绿褐色。小枝有纵细纹，幼时无毛或被白色长柔毛。顶芽卵球形，芽鳞外面密被绢状微柔毛。叶互生，坚纸质至近革质，上面绿色，初被疏柔毛，后变无毛，下面苍白色，幼时被淡黄或白色柔毛或无毛，若被毛老时毛渐脱落成无毛或近无毛，三出脉，最基部1对侧脉几达叶缘先端，其余侧脉自中脉中部以上生出，中脉、侧脉两面十分凸起，支脉和横脉两面稍明显；叶柄长0.5—1.5厘米，初被柔毛，后变无毛或残存毛被。伞形花序常2—6个集生于腋生短枝上，短枝长约1毫米，无毛；总梗极短或无；苞片外面脊上密被柔毛，内面无毛；花梗长2.5—4毫米，密被白色柔毛；花被裂片长圆形或椭圆形，长2.5—4毫米；花丝被疏柔毛，腺体圆状肾形，具短柄；子房椭圆形，长1.5毫米，花柱长1毫米，柱头盘状，有时裂开。果椭圆形，长约1厘米，径约7毫米，先端具细尖，成熟时黑色；果梗长7—10毫米。花期3月，果期5—8月。

产镇雄及文山州，生于海拔1400—1900米山坡常绿阔叶林中；西藏、四川、贵州、湖北、湖南、广东、广西也有；印度、不丹、尼泊尔有分布。

种子繁殖，育苗造林。

木材为散孔材，生长轮明显，管孔小，胞壁厚，材质中等，可作枕木、车船、室内装修、房屋建筑等用材。种子富含油脂，供制肥皂及润滑油用；枝、叶可提取芳香油。

16. 大叶钓樟

Lindera prattii Gamble（1914）

产大关，四川、贵州、广东、广西、湖南也有。

17. 更里山胡椒 小香樟（维西）图150

Lindera kariensis W. W. Sm.（1921）

落叶小乔木，高达10米，胸径20厘米；树皮灰白色。小枝淡褐色或灰白色，幼时被黄褐色柔毛，后毛渐脱落。顶芽卵球形，长1.2厘米，芽鳞外面略被淡黄褐色微柔毛。叶在开花前发出，互生，坚纸质，椭圆形、倒卵形至倒披针形，长（3）5.5—6.5（9.5）厘米，宽（1.5）3—3.5（4.5）厘米，先端通常浑圆，基部宽楔形或近圆形，上面绿色，初沿脉上被棕褐色小疏柔毛，后渐变无毛，下面淡绿色，沿脉极密被余部疏被棕褐色小疏柔毛，羽状脉，侧脉4—5对，中脉、侧脉在下面稍明显，网脉下面隐约可见；叶柄长0.5—1.5厘米，幼时被棕褐色柔毛，后毛渐脱落。伞形花序有花（2）3—6朵，生于小枝近顶端落叶叶腋，无总梗；雄花花梗长（3）5—7毫米，雌花的长1.5—2.3厘米，被棕褐色疏柔毛；花被裂片卵形或宽卵形，长3.5—4毫米，外面仅脊部有黄褐色小疏柔毛；花丝无毛，腺体圆状肾形，近无柄；子房卵球形，长约2毫米，花柱与子房近等长，柱头盾形。果卵球形或近球形，长约

图150　更里山胡椒及滇藏钓樟

1—6.更里山胡椒 *Lindera kariensis* W. W. Sm.:

1.雌花枝　　2.雌花纵剖面　　3.第一、二轮退化雄蕊　　4.第三轮雄蕊

7—13.滇藏钓樟 *L.obtusilobd* Bl var. *heterophylla*（Meissn）H. P. Tsui:

7.雌花枝　　8.雌花中第一、二轮退化雄蕊　　9.第三轮退化雄蕊　　10.雌蕊

11.雄花中第三轮雄蕊　　12.退化雌蕊　　13.果枝

8毫米，径7毫米，顶端有细尖，无毛；果梗长2—3厘米。花期3—6月，果期7—10月。

产大理、维西、贡山、德钦，生于海拔（2750）3000—3700米山坡或沟边的杂木林、灌丛、高山竹林或林缘等处，西藏东南部（察瓦龙）也有。模式标本采自云南维西（更里）。

17a.无毛更里山胡椒

f. glabrescens H. W. Li（1978）

产滇西及滇西北，生于海拔2800—3700米灌丛、杜鹃林缘或杂木林中。模式标本采自腾冲。

18.三桠乌药（中国树木分类学） 甘檀、香丽木、猴楸树（河南）、山姜、假崂山棍、檀军（山东）、绿绿柴（浙江）、三钻风（陕西）、三角枫、大山胡椒（四川）、红叶甘檀（中国树木分类学、中国高等植物图鉴、秦岭植物志）

Lindera obtusiloba Blume（1851）

Lindera cercidifolia Hemsl.（1891）

落叶乔木，高达10米；树皮黑棕色。小枝黄绿色，平滑，有纵纹。顶芽卵形，先端渐尖，外鳞片革质，棕黄色，无毛，内鳞片被贴伏微柔毛。叶互生，纸质，近圆形或扁圆形，长5.5—10厘米，宽4.8—10.8厘米，先端急尖，3裂或全缘，基部近圆形或心形，有时为宽楔形，上面深绿色，下面灰绿色，有时带红色，被棕黄色柔毛或近无毛，三出脉，偶有五出脉，网脉明显；叶柄长1.5—2.8厘米，被黄白色柔毛。伞形花序5—6生于总苞内，无总梗；每1伞形花序有花5朵；花被裂片长椭圆形，外面被长柔毛，内面无毛；花丝无毛，腺体肾形，具长柄；子房椭圆形，长约2.2毫米，无毛，花柱长不及1毫米，柱头盘状。果宽椭圆形，长0.8厘米，径0.5—0.6厘米，暗红色或紫黑色。花期3—4月，果期8—9月。

产彝良、维西、香格里拉、贡山，生于海拔约2000米的杂木林中；辽宁南部、山东东南部、安徽、江苏、河南、陕西及甘肃南部、浙江、江西、湖南、湖北、四川、西藏等省也有。朝鲜、日本有分布。

种子繁殖，宜育苗造林。

木材致密，为小器具等用材。果含油量61%—64%，供制肥皂及润滑油等用。枝叶芳香油含量0.4%—0.6%。树皮药用，治跌打损伤、瘀血肿痛等。

18a.滇藏钓樟　图150

var. heterophylla（Meissn.）H. P. Tsui（1982）

Lindera heterophylla Meissn.（1864）

与正种不同在于叶常为椭圆形，不分裂或不规则稍浅裂，基部近圆形或浅心形，幼枝灰白或灰黄色。

产滇西北澜沧江流域；生于海拔（2100）2300—3300米山谷密林或灌丛中；西藏也有；不丹、尼泊尔有分布。

用途、繁殖同正种。

19.绿叶甘橿

Lindera fruttcosa Hemsl.（1891）

产龙陵、腾冲，河南、陕西、安徽、浙江、江西、湖北、湖南、贵州、四川及西藏有分布。

6.单花山胡椒属 Iteadaphne Bl.

常绿小乔木。叶互生，羽状脉。花单性或杂性，雌雄异株；伞形花序2至多个着生于腋生小短枝上呈总状排列，花序轴上有小苞片；每1伞形花序仅具1花，具梗，雄花序总梗短，雌及两性花序总梗较长；苞片2，组成小总苞。花被筒极短，裂片6，近等大；能育雄蕊6，有时7—9，第1或第1、2轮无腺体，第2或第3轮每1雄蕊有2腺体，腺体圆状肾形，近无柄，花药2室，内向瓣裂；子房上位，花柱柱状，柱头略增大，盾状或2裂。果为浆果状核果；果托盘状。

本属约2种，产马来西亚、印度、缅甸、泰国、老挝、越南及我国。我国云南南部及广西西南部产1种。

1.香面叶　白香叶、叶叶菜（屏边）、假桂皮（马关）、毛香叶（富宁）、三桠乌药（西畴）、香油树（新平）、香叶（元江）、细香叶（易武）、栏杆木、乳香树、三股筋（腾冲）、樟香树、狗骨头（龙陵）、干茎树（文山）、"黄腊"（河口哈尼语）图151

Iteadaphne caudata（Nees）H. W. Li

Lindera caudata（Nees）Hook. f.（1886）

常绿小乔木，高2—12（20）米，胸径7—15厘米；树皮灰黑色，光滑。枝条细，幼时密被黄褐色短柔毛，后毛被渐脱落而呈黑褐色；皮孔长圆形。顶芽卵球形，长2—4毫米，芽鳞外被黄褐色短柔毛。叶互生，薄革质，长卵形或椭圆状披针形，长（4.5）5—13厘米，宽（1.5）2—4厘米，先端尾状渐尖，基部宽楔形至圆形，干时上面褐色或绿褐色，下面近苍白色，幼时两面被黄褐色短柔毛，但下面比上面密，老时上面仅沿中脉有残毛，下面仍被毛，离基三出脉，基部侧脉离叶基1—3毫米处生出，中脉、侧脉在上面凹陷，下面凸起；叶柄长5—13毫米，被黄褐色短柔毛。伞形花序其下层有1小苞片，由2苞片所包裹；总梗极短；苞片宽卵形或近圆形，外密被黄褐色短柔毛，内面无毛，小苞片卵形，细小，毛被同苞片；花被裂片卵状长圆形，长2.8—3毫米，两面仅基部被短柔毛，有中肋，具腺点；雄蕊花丝下部被长柔毛，腺体圆状肾形，近无柄；子房卵球形或近球形，长约2毫米，花柱长约2毫米，柱头盾状。果近球形，径5—6（7）毫米，紫黑色；花托盘状，有宿存花被裂片。花期10月至翌年4月，果期翌年3—10月。

产临沧、普洱、西双版纳及蒙自等地，生于海拔700—2300米山坡灌丛、疏林中或路边及林缘等地；广西西南部也有。

种子繁殖，育苗造林。

种仁含脂肪油约45.46%，可用于制皂及润滑等；果皮及枝叶可提芳香油，叶含芳香油0.7%，果含芳香油3.13%。

7. 檫木属 Sassafras Trew

落叶乔木；顶芽大。叶互生，集生枝顶，坚纸质，羽状脉或离基三出脉，全缘或2—3浅裂。花通常单性，雌雄异株，或者形态上是两性但功能上仍为单性，具梗；总状花序顶生，少花，下垂，具梗，基部有迟迟脱落互生的苞片，小苞片线形或丝状；花黄色，花被筒短，花被裂片6，排成2轮，近相等，在基部以上脱落。雄花：能育雄蕊9，排成3轮，近相等，花丝丝状，被柔毛，长于花药，扁平，第1、2轮花丝无腺体，第3轮花丝基部有2个具短柄的腺体，花药卵状长圆形，先端钝但常为微凹，或全部为4室，上下2室相叠生，上方2室较小，或第1轮花药有时为3室而上方1室不育，但有时为2室而各室能育，第2、3轮花药全部为2室，药室均为内向或第3轮花药下2室侧向：退化雄蕊；或无，存在时位于最内轮，与第3轮雄蕊互生，三角状钻形，具柄；退化雌蕊有或无。雌花：退化雄蕊6，排成2轮，或为12，排成4轮，后种情况类似雄花的能育雄蕊及退化雄蕊；子房卵珠形，几无梗地着生于短花被筒中，花柱纤细，柱头盘状增大。果为浆果状核果，卵珠形，深蓝色，基部有浅杯状的果托；果梗伸长，上端渐增粗，无毛。

本属3种，分布于东亚、北美。我国有2种，产于长江以南及台湾。云南产1种。

檫木 花楸树（镇雄）、鹅脚板（威信）、檫树（浙江、江西）、南树、山檫、青檫（安徽）、桐梓树、梨火哄（福建）、梓木、黄楸树（湖北）、半风樟（广西）图152

Sassafras tzumu（Hemsl.）Hemsl.（1907）

Pseudosassafras laxiflora（Hemsl.）Nakai.（1940）

乔木，高达35米，胸径达2.5米；树皮幼时黄绿色，平滑，老时灰褐色，不规则纵裂。枝条粗，近圆柱形，多少具棱角，无毛，初时带红色，干后变黑色。顶芽椭圆形，长达1.3厘米，芽鳞外面密被黄色绢毛。叶坚纸质，卵形或倒卵形，长9—18厘米，宽 6—10厘米，先端渐尖，基部楔形，全缘或2—3浅裂，裂片先端略钝，上面绿色，晦暗或光亮，下面灰绿色，两面无毛或下面沿脉网疏被短硬毛，羽状脉或离基三出脉，中脉，侧脉及支脉在两

图152 檫木 *Sassafras tzumu*（Hemsl.）Hemsl.

1.花枝　　2.果枝　　3.花　　4.花纵剖面（示雄蕊及雌蕊）

5.第一、二轮雄蕊　　6.第三轮雄蕊　　7.退化雄蕊

面稍明显，最下方1对侧脉对生，十分发达，向叶缘一方生多数支脉，支脉向叶缘弧状网结；叶柄长（1）2—7厘米，鲜时常带红色，无毛或略被短硬毛。总状花序顶生，先叶开放，长4—5厘米，多花，具梗，梗长不及1厘米，与序轴密被棕褐色柔毛，基部承有迟迟脱落互生的苞片；小苞片线形至丝状，长1—8毫米。花黄色，长约4毫米，形态上虽是两性花但功能上开始有雌、雄分化为雌雄异株；花梗长4.5—6毫米，密被棕褐色柔毛；花被裂片披针形，先端稍钝，外被疏柔毛，内面近无毛；能育雄蕊9，3轮，花丝被柔毛，第1、2轮无腺体，第3轮各有2腺体，花药4室，上方2室较小，内向；退化雄蕊3，长1.5毫米，三角状钻形，具柄；子房卵球形，长约1毫米，无毛，花柱长约1.2毫米，柱头盘状。果近球形，径达8毫米，成熟时深蓝色，带白粉；果托浅杯状；果梗长1.5—2厘米，两端增粗。花期3—4月，果期5—9月。

产镇雄、威信、文山、西畴、麻栗坡，常生于海拔1100—1900米疏林或密林中，浙江、江苏、安徽、江西、福建、广东、广西、湖南、湖北、四川及贵州等省区有分布。

喜光、深根性。在气温高、阳光直射时，树皮易遭日灼伤害。温暖湿润、雨量充沛的气候条件及土层深厚肥沃、排水良好的酸性土壤生长良好。不耐旱，忌水湿。速生，云南西畴天然林中，73年生，树高30米，胸径37.5厘米。用种子繁殖。果肉具浆汁，果皮附有蜡质，易发热霉烂，采集要及时处理，出种率25%—35%，忌曝晒。种子千粒重51—62克，每千克约17000粒，种子休眠期长，发芽不整齐，播种前需浸种催芽，发芽率可达90%以上。条播每亩播种量3.5—4千克。可用萌芽更新及分根繁殖。经常有苗木茎腐病为害1—4年苗木和幼树；叶斑病为害叶片；紫纹羽病为害根系；檫白轮蚧为害嫩枝、枝条树干和叶片；象鼻虫为害嫩梢、叶芽、叶片、树皮；粉介壳虫为害树干、树枝及嫩梢，要加强防治。

木材浅黄色，坚硬细致，纹理美观，有香气，材质优良，不翘不裂，易加工，耐腐，耐水湿，可用于造船，水车，建筑及优良家具。果实含油率20%，用于制造油漆。根和树皮入药，能活血散瘀，祛风湿，治扭挫伤和腰肌劳伤。果，叶和根含芳香油，根含油率1%以上，油主要成分为黄樟油素。此外，树形挺拔，秋叶红艳，为良好的观赏树、行道树，或者在土层深厚的酸性土山坡营造混交林的树种。

8. 黄肉楠属 Actinodaphne Nees

常绿乔木或灌木。叶通常簇生或近轮生，稀互生或近对生，羽状脉，稀离基三出脉。花单性，雌雄异株，伞形花序单生、簇生或组成圆锥状、总状复花序；苞片覆瓦状排列，早落；花被筒短，裂片6，排成2轮，近相等，脱落，稀宿存。雄花通常具能育雄蕊9，排成3轮，每轮3，花药4室，内向瓣裂，第1、2轮花丝无腺体，第3轮花丝基部有2具柄或无柄腺体，退化雌蕊细小或无。雌花常具退化雄蕊9，排成3轮，每轮3，棍棒状，第1、2轮无腺体，第3轮基部有2腺体；子房上位，卵球形或近球形，花柱丝状，柱头盾状，略具圆裂片。果为浆果状核果；果托杯状或盘状。

本属约100种，分布于亚洲热带、亚热带地区。我国有18种，产于西南、南部至东部。云南有6种。

分 种 检 索 表

1.叶为离基三出脉；叶3—5簇生枝端成轮生状，倒卵形，倒卵状长圆形或椭圆状长圆形，长
　15—50厘米，宽5.5—22厘米，下面有锈色短柔毛或近于无毛，侧脉6—7对； 叶柄长（2）
　3.5—7厘米，被黄褐色短柔毛 ……………………………………………………………………
　……………………………………………………………1.倒卵叶黄肉楠 A. obovata
1.叶为羽状脉。
　2.小枝基部通常有宿存的芽鳞片。
　　3.叶片倒披针形或长椭圆形，长5—14厘米，宽1.4—3厘米，侧脉6—10对或更多；果密
　　　被贴伏黄褐色短绒毛；果托扁平浅碟状，常宿存有花被裂片 ………………………………
　　　……………………………………………………… 2.毛果黄肉楠 A.trichocarpa
　　3.叶片椭圆状披针形，长9—27厘米，宽（1.7）2—5厘米，侧脉11—15对；果无毛；果
　　　托杯状，深约6—10毫米，顶端全缘，无宿存花被裂片 ……………………………………
　　　…………………………………………………………… 3.毛尖树 A. forrestii
　2.小枝基部无芽鳞片。
　　4.花序或果序总状，较长，长2—4厘米；叶片披针形或椭圆形，长（17）30—40厘
　　　米，宽（3.7）7—13厘米 …………………………… 4.思茅黄肉楠 A. henryi
　　4.花序或果序伞形；叶均较小。
　　　5.叶片倒披针或倒卵状披针形，长（6.5）10—15厘米，宽（1.7）2—3厘米，纸
　　　　质；雄蕊花丝被疏柔毛………………………………… 5.马关黄肉楠 A. tsaii
　　　5.叶片长圆形至长圆状披针形，长5.5—13.5厘米，宽1.5—2.7厘米，革质；雄蕊花
　　　　丝无毛 …………………………………………… 6.红果黄肉楠 A. cupularis

1.倒卵叶黄肉楠　假蓑衣叶（屏边）、"莫苏"（屏边哈尼语）、"把漂"
（河口瑶语）、"恰嘎兴"（西藏墨脱门巴语）图153

Actinodaphne obovata（Nees）Bl.（1851）

Tetranthera obovata Nees（1831）

　乔木，高达18米，胸径达20厘米。小枝粗，多少具明显的沟槽，密被黄褐色微柔毛。
顶芽大，卵球形，长达2厘米，上部芽鳞外面密被黄褐色微柔毛。叶3—5簇生于枝端成轮
生状，薄革质，倒卵形、倒卵状长圆形或椭圆状长圆形，长15—50厘米，宽5.5—22厘米，
先端渐尖或钝尖，基部楔形或略圆形，幼叶两面被锈色短柔毛，老叶上面无毛或沿脉略被
短柔毛，下面粉绿色，有锈色短柔毛或近无毛，离基三出脉，中脉在上面略凸起，下面凸
起，侧脉6—7对，最下1对侧脉对生或近对生，离叶基部1—2厘米处发出，其余侧脉互生，
横脉平行，在上面略凹陷，下面明显；叶柄长（2）3.5—7厘米，较粗，被黄褐色短柔毛。
伞形花序多个排列于短枝上成总状，短枝长1.5—2.5厘米，密被黄褐色短柔毛；每1伞形花
序有花5朵；雄花花梗长3毫米，雌花的长1.8—2毫米，被黄褐色短柔毛；花被裂片黄色，卵
圆形，雄花的长4毫米，雌花的长2.8—3毫米，有3脉及腺点，外面被黄褐色短柔毛，内面基
部被柔毛；花丝短，基部有柔毛，腺体扁球形，无柄；子房卵球形，长1.5毫米，无毛或于

图153 黄肉楠（倒卵叶、红果）

1—7.倒卵叶黄肉楠 *Actinodaphne obovata*（Nees）Bl：
1.花枝　　2.幼果树　　3.雌花纵剖面　　4.第一、二轮退化雄蕊
5.第三轮退化雄蕊　　6.雌蕊　　7.果
8.红果黄肉楠 *A. cupularis*（Hemsl.）Gamble.果枝

一面略被长毛，花柱长1.2毫米，柱头盾状，径约0.8毫米，2浅裂。果长圆形或椭圆形，先端具尖头，长2.5—4.5厘米，径1—2厘米，紫红色或黑色；果托盘状，顶端全缘，径达1厘米；果梗粗，长5—6毫米。花期4—5月，果期7—11月。

产普洱、屏边、河口，生于海拔1000—1500米山谷溪旁或湿润的山地林中；西藏东南部也有；印度有分布。

种子繁殖，点播育苗，技术措施可参阅毛果黄肉楠。

材质中等，结构细致，纹理直，耐腐、易加工，耐水湿，可用作建筑、家具等。种子榨油，供工业用；树皮入药，外敷治骨折。

2.毛果黄肉楠　　图154

Actinodaphne trichocarpa Allen（1938）

小乔木，高达8米，胸径20厘米；树皮黑褐色。幼枝被平伏黄褐色微柔毛，小枝基部常有宿存芽鳞，芽鳞褐色，长3—8毫米，宽2—6毫米，排列紧密。顶芽卵球形。叶3—5集生于枝梢成轮生状，革质，倒披针形或长椭圆形，长5—14厘米，宽1.4—3厘米，先端渐尖至短尖，基部楔形或近圆形，边缘波状，上面深绿色，无毛，下面灰绿色，微具白粉，有贴伏灰色短绒毛，羽状脉，侧脉6—10对或更多，上面不明显，下面凸起，中脉在上面凹陷，下面凸起，横脉和小脉两面几不可见；叶柄长5—10毫米，被贴伏短绒毛。伞形花序单生或簇生，无总梗，每1花序有花4—5朵，苞片卵圆形，外密被黄褐色微柔毛；花梗长1—2毫米，密被黄褐色柔毛；花被裂片宽卵形，长4—4.5毫米，淡黄色：花丝无毛，腺体圆状肾形，具柄；子房近球形，密被黄褐色短绒毛，花柱有毛，柱头2浅裂。果球形，径1.2—1.6厘米，深褐色，密被贴伏黄褐色短绒毛；果托浅盘状，顶端有宿存花被裂片；果梗粗短，被灰白色长柔毛。花期3—4月，果期7—8月。

产滇东北及滇西，生于海拔1740—2600米沟谷或山坡的灌丛和常绿阔叶林中，四川也有。

种子繁殖。采集健壮母树上的成熟果实及时除去果肉，洗净阴干，随采随播或混沙贮藏。播前用温水浸种，草木灰水去蜡，覆土用火烧土或消毒过的腐殖土。播后覆草，待出苗时分次揭去。一年出圃，选排水好、土层深厚、湿度较大的地方造林。

木材可用作家具和箱柜等。枝、叶可提取芳香油。果可榨油，供制皂和作润滑油。

3.毛尖树（云南麻栗坡）图154

Actinodaphne forrestii（Allen）Kosterm.（1974）

Actinodaphne reticulata Meissn. var. *forrestii* Allen（1938）

乔木，高达20米，胸径30厘米；树皮灰白色。幼枝密被黄褐色绒毛，老枝黄褐或紫褐色，毛渐脱落，小枝基部有宿存芽鳞。顶芽卵球形，长达1.5厘米，芽鳞外面密被黄褐色或锈色绢状疏柔毛。叶（3）5—7（9）集生枝顶成轮生状，革质，椭圆状披针形，长9—27厘米，宽（1.7）2—5厘米，先端渐尖或长渐尖，基部渐狭或宽楔形，边缘背卷，上面绿色，无毛，下面灰绿色，密被贴伏的淡黄色短柔毛，羽状脉，中脉在上面凹陷，侧脉11—15对，在上面几不可见，下面明显，横脉与小脉仅在下面隐约可见；叶柄长0.5—2厘米，密被黄褐色短绒毛。伞形花序1—5个簇生，总梗短或无，每1花序有花5—6朵；苞片宽卵形或近圆形，外面被淡黄色或黄褐色绢状疏柔毛；雄花花梗长1.5毫米，雌花的长0.5—4毫米，被黄色柔毛；花被裂片卵圆形，雄花的长4—4.2毫米，雌花的长2.5毫米，外面仅脊部被淡黄色疏柔毛；花丝被柔毛，腺体三角状箭头形，具柄；子房近球形，径1.5毫米，无毛，花柱长3毫米，无毛，柱头盾状。果长圆形，长1.4—1.6厘米，径6—8毫米，成熟时黑色，无毛；果托杯状，深6—10毫米，径13毫米，顶端全缘；果梗长（1.2）1.5—2厘米，先端略增粗，被短柔毛。花期11月至翌年3月，果期5—10月。

产普洱、德钦、瑞丽及麻栗坡，生于海拔1000—1900（2400）米土山或石山的灌丛或混交林中；贵州西南部、广西西南部也有。模式标本采自云南。

种子繁殖，点播育苗，技术措施可参阅毛果黄肉楠。

木材可作建筑和家具等用材。

4.思茅黄肉楠　图155

Actinodaphne henryi Gamble（1913）

乔木，高达25米，胸径20厘米或以上；树干端直；树皮灰白色，光滑或有细裂纹。小枝粗，灰褐色，有浅灰色贴伏绒毛。顶芽卵球形，长达2厘米，鳞片紧密，外面密被黄褐色绢状短柔毛。叶4—6聚生于枝顶成轮生状，革质，披针形或椭圆形，长（17）30—40厘米，宽（3.7）7—13厘米，先端渐尖或长渐尖，基部楔形，上面深绿色，无毛，下面苍白而略带青蓝色，晦暗，常沿脉被柔软的短柔毛，羽状脉，中脉粗壮，两面凸起但在下面尤为明显，侧脉9—12对，斜展，两面凸起，横脉平行连接，下面明显；叶柄长（1.5）2—3（4）厘米，密被灰黄色绒毛。伞形花序多个生于腋生短枝上，排成总状，短枝长2—3.5厘米；总梗长1.5厘米；苞片倒卵形，长1厘米，密被淡黄褐色或近于白色的绢状短柔毛；花梗长2—3毫米，密被绢状短柔毛；花被裂片宽卵形，长约4毫米，具3脉，密被绢状短柔毛；花丝被柔毛，腺体圆状肾形；子房卵球形，无毛，长约1毫米，花柱纤细，膝曲状，长约2毫米，柱头盾状，十分增大，径达2毫米。果序长3—4厘米，具短梗或无梗，序轴密被黄褐色短柔毛。果近球形，径6—8毫米，先端有小突尖；果托浅杯状，深2—3毫米，顶端全缘或波状，径约5毫米；果梗长（5）6—10毫米，被黄褐色短柔毛。花期12月至翌年2月，果期7—8月。

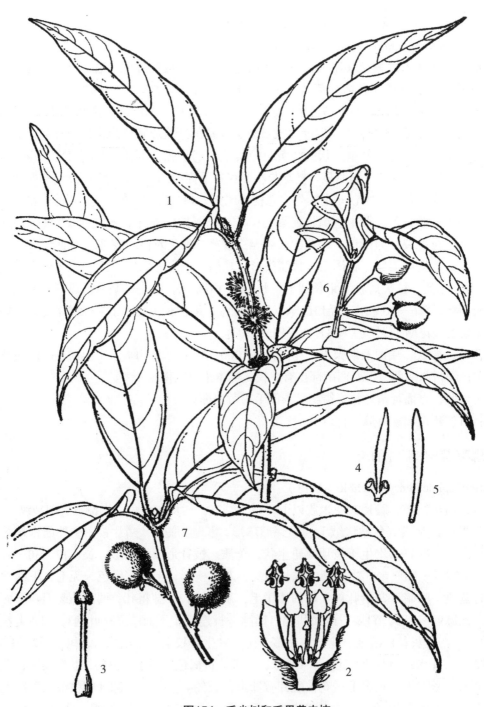

图154 毛尖树和毛果黄肉楠

1—6.毛尖树 *Actinodaphne forrestii*（Allen）Kosterm：

1.雄花枝　　2.雄花纵剖　　3.雌花子房　　4.雌花中第三轮退化雄蕊

5.雌花中第一、二轮退化雄蕊　　6.果枝一段

7.毛果黄肉楠 *A trichocarpa* Allen 果枝

产普洱、西双版纳，生于海拔600—1300米常绿阔叶林中，常与滇南榆、钝叶桂、普文楠、木莲等混生，为该地区森林中常见树种。模式标本采自云南南部。

种子繁殖，条播育苗。混沙贮藏种子经催芽、去蜡后可播种。一年出圃。造林地宜选气候湿润温暖、排水良好的地区。

木材材质优良，结构细致，纹理直，可作建筑、家具及工业用材。

5.马关黄肉楠　蔡氏六驳（中国植物图谱）

Actinodaphne tsaii Hu（1934）

产马关、普洱、临沧等地。

6.红果黄肉楠（中国高等植物图鉴）　红果楠（中国树木分类学）、红树（四川天全）图153

Actinodaphne cupularis（Hemsl.）Gamble（1914）

Litsea cupularis Hemsl.（1891）

小乔木，高达10米，胸径15厘米。小枝细，灰褐色，幼时被灰色或灰褐色微柔毛。顶芽卵圆形或圆锥形，芽鳞外面被锈色绢状短柔毛。叶通常5—6聚生枝顶成轮生状，革质，长圆形或长圆状披针形，长5.5—13.5厘米，宽1.5—2.7厘米，两端渐尖或急尖，上面绿色，有光泽，无毛，下面粉绿色，被灰色或灰褐色短柔毛，后毛渐脱落，羽状脉，侧脉8—13对，斜展，中脉、侧脉在上面凹陷，下面凸起，横脉不甚明显；叶柄长 3—8毫米，被灰色或灰褐色短柔毛。伞形花序单生或数个簇生于枝侧，无总梗；苞片外被锈色绢状短柔毛；每1雄伞形花序有花6—7朵，雌的有花5朵；花梗被黄褐色长柔毛；花被裂片6（—8），卵形，长约2毫米，外面脊上有柔毛；花丝无毛；子房椭圆形，无毛，花柱长1.5毫米，外露，柱头2裂。果卵形或卵圆形，长1.2—1.4厘米，径约1厘米，先端有短尖，无毛，成熟时红色；果托深约4—5毫米，全缘或波状；果梗长约5毫米。花期10月至翌年3月，果期翌年8—10月。

产富宁，生于海拔1300米山坡密林、溪旁及灌丛中；湖北、湖南、四川、广西也有。

种子繁殖，育苗造林。

果可榨油，供制肥皂或作润滑油；根、叶可洗脚癣，治烫伤及痔疮等。

9. 拟檫木属 Parasassafras Long

常绿乔木。枝条有明显的顶生及腋生叶芽。叶互生，不聚集，离基三出脉，幼叶有时顶端浅裂。花单性，雌雄异株；伞形花序着生于腋生小短枝上，小短枝具顶生叶芽，花后延伸成1叶枝；苞片小，互生，早落；花被筒短，花被裂片6，排列2轮，外轮较小。雄花有能育雄蕊9，3轮，每轮3，第1、2轮花丝无腺体，花药卵珠形，4室，内向瓣裂，第3轮花丝各有2腺体，腺体球形，近无柄，花药长圆形，近侧向瓣裂。雌花有多数退化雄蕊；子房球形，花柱粗，柱头盾形，浅裂。果为浆果状核果，近球形；果托浅盘大，全缘。

本属仅1种，分布于不丹、缅甸北部及我国云南西部。

拟檫木　密花黄肉楠（中国植物志）图155

Parasassafras confertiflora（Meissn.）Long（1984）

Actinodaphne confertiflora Meissn.（1864）

Neocinnamomum confertiflorum（Meissn.）Kosterm.（1969）

乔木，高3—15米；树皮灰黑色。小枝粗，鲜时黑绿色，干时灰褐色，有黑色斑点，初时略被微柔毛，后渐变无毛。顶芽狭卵球形，长达1.5厘米，芽鳞密被锈色绢状短柔毛。叶互生，薄革质，圆状卵形或圆状长圆形，长6.5—14.5厘米，宽4.8—10.5厘米，先端急尖或骤然短渐尖，幼叶有时顶端浅裂，基部宽楔形或阔楔形，上面深绿色，下面淡绿或绿白色，两面无毛，离基三出脉，侧脉3—5对，最下1对对生，自离叶基3—5毫米处发出，向上弧曲，延伸至叶中部以上的边缘，其余侧脉互生，弧曲，并延伸至叶端，中脉、侧脉在两面明显凸起，网脉两面明显，叶柄长2—3.5厘米，腹面略被微柔毛。伞形花序2—5个着生于腋生小短枝基部，小短枝具顶生叶第1花后延伸成1叶枝；总梗长0.5—1毫米，被微柔毛；苞片小，被锈色绢状短柔毛；花梗长4—5毫米，略被微柔毛或近无毛；花被裂片，宽卵形，长约2毫米，两面近无毛；花丝无毛，腺体球形，近无柄；子房球形，径约0.6毫米，无毛，花柱长约0.7毫米，柱头盾状，浅裂。果近球形，径6毫米，其下承有稍增大浅盘状果托。花期7—12月。

产镇康、临沧、瑞丽，生于海拔2300—2700米开旷丛林或杂木林中；不丹、缅甸北部有分布。

种子繁殖，宜育苗造林。

木材材质中等，纹理直、结构细，易加工，可作家具、建筑、桥梁、枕木等用材。叶、果可提炼芳香油。

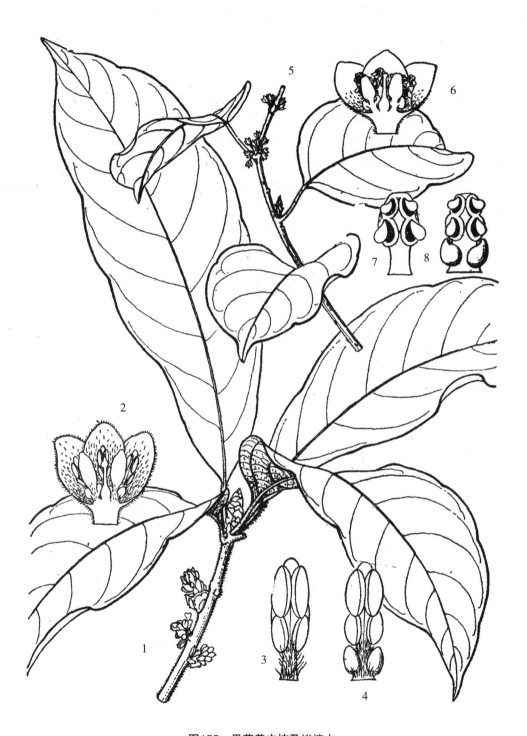

图155　思茅黄肉楠及拟檫木

1—4.思茅黄肉楠 *Actinodaphne henryi*（Hemsl.）Gamble：

1.雄花枝和花序正在展开　　2.雄花纵剖面　　3.第一、二轮雄蕊　　4.第三轮雄蕊

5—8.拟檫木 *Parasassafras confertiflora*（Meissn.）Long：

5.雄花枝　　6.雄花纵剖面　　7.第一、二轮雄蕊　　8.第三轮雄蕊

10. 樟属 Cinnamomum Trew

常绿乔木；树皮、小枝和叶极芳香。芽裸生或具鳞片。叶互生、近对生或对生，羽状脉、离基三出脉或三出脉。圆锥花序腋生或顶生、近顶生，由（1）三至多花的聚伞花序所组成。花两性，稀杂性；花被筒短，杯状或钟状，花被裂片6，近等大，花后脱落或下半部残留，稀宿存；能育雄蕊9，稀较少或较多，3轮，花药4室，第1、2轮雄蕊无腺体，花药内向，第3轮雄蕊有2腺体，花药外向；退化雄蕊3，位于最内轮，心形或箭头形，具短柄；花柱较细，与子房等长，柱头头状或盘状，有时具3浅裂。果为浆果状核果；果托盘状、杯状、钟状或倒圆锥状，边缘截平或波状，有时有不规则小齿，有时由花被裂片基部形成的平头裂片6枚。

本属约250种，分布于亚洲热带、亚热带、澳大利亚及太平洋岛屿和热带美洲。我国约有46种，主产于南方各省区，北达陕西及甘肃南部。云南有27种和1变型。

分 种 检 索 表

1.花被裂片果时完全脱落；芽鳞明显，覆瓦状；叶互生，羽状脉或近离基三出脉，侧脉脉腋通常在下面有腺窝，上面有明显或不明显的泡状隆起 ［1.樟组Sect. Camphora（Trew）Meissn.］。

  2.老叶两面或下面明显被毛，毛被各式。

    3.叶先端长尾状渐尖，尖头长达2.5厘米，叶为卵形或卵状长圆形，长9—15厘米，宽3—5.5厘米，幼时上面沿中脉及下面全面密被柔毛，老时上面无毛但下面被灰褐色柔毛 ······ **1.尾叶樟 C.caudiferum**

    3.叶先端不呈尾状渐尖。

      4.圆锥花序密被毛，毛被各式。

        5.圆锥花序腋生或顶生，长4.5—8.5（12）厘米，极密被灰色绒毛；叶倒卵形或近椭圆形，长7.5—13.5厘米，宽4.5—7厘米，上面初时密被小柔毛后渐变无毛，下面初时全面密被柔软绒毛，后毛被渐变稀疏 ······**2.细毛樟 C. tenuipilum**

        5.圆锥花序近顶生，长3—6厘米，密被褐色微柔毛；叶长圆形或有时卵状长圆形，长5—13厘米，宽2—5厘米，上面无毛，下面初时疏被微柔毛，老时极无毛 ······**3.岩樟 C. saxatile**

      4.圆锥花序无毛或近于无毛。

        6.叶上面幼时被稀疏小柔毛，但毛被很快全部脱落变为无毛，下面初时被极密黄色小柔毛，后毛被渐变稀疏，中脉及侧脉在上面凹陷下面凸起，叶下面无明显的侧脉脉腋腺窝；圆锥花序长7—11厘米，具12—16花，总梗、序轴与花梗初时被稀疏小柔毛后渐变无毛；花被裂片两面密被微柔毛 ······ **4.毛叶樟 C. *mollifolium***

        6.叶上面幼时被极细的微柔毛，其后变无毛，下面被极密的绢状微柔毛，中脉及侧脉两面近明显，叶下面有明显的脉腋腺窝；圆锥花序长（5）10—15厘米，

　　多花，总梗与各级序轴无毛，花梗被绢个微柔毛；花被裂片外面近无毛，内面
　　被白色绢毛 ··· 5.猴樟 C. bodinieri
2.老叶两面无毛或近无毛。
　7.圆锥花序多少被毛，毛被各式。
　　8.果托高脚杯状，长约1.2厘米，顶部盘状增大，径达1厘米，具圆齿，外被极细灰白
　　　微柔毛；果球形，径1.2—1.3厘米；叶卵形或卵状长圆形，长4.5—16厘米，宽2.5—
　　　7厘米，上面无毛，下面被极细的灰白微柔毛，叶柄长1.3—3厘米····················
　　　··· 6.米槁 C. migao
　　8.果托浅杯状，长宽约1.5厘米，全缘，外无毛；果卵球形，长约2厘米，径约1.7厘
　　　米；叶卵形，长7—12.5厘米，宽2.8—7.8厘米，两面无毛，叶柄长2—4厘米 ······
　　　··· 7.长柄樟 C. longipetiolatum
　7.圆锥花序无毛或近无毛。
　　9.叶卵形或卵状椭圆形，下面干时灰绿色，常带白粉，离基三出脉，侧脉及支脉脉腋
　　　下面有明显的腺窝 ································· 8.樟树 C. camphora
　　9.叶形多变，一般为椭圆状卵形或长椭圆状卵形，下面干时不或不明显带白色，通常
　　　羽状脉，仅侧脉脉腋下面有明显腺窝或无明显腺窝。
　　　10.叶下面侧脉脉腋腺窝不明显，上面相应处也不明显呈泡状隆起；芽小 ········
　　　　··· 9.黄樟 C. parthenoxylum
　　　10.叶下面侧脉脉腋腺窝不十分明显，上面相应处也有明显呈泡状的隆起；芽小或
　　　　大。
　　　　11.叶厚革质，干时两面呈黄绿色不为绿色，下面侧脉脉腋腺窝只有1个窝穴 ···
　　　　　··· 10.云南樟 C. glahduliferum
　　　　11.叶坚纸质，干时上面绿色且带红褐色，下面淡绿色，下面侧脉脉腋腺窝有2个
　　　　　窝穴 ···································· 11.坚叶樟 C. chartophyllum
1.花被裂片果时宿存，或上部脱落下部留存在花被筒的边缘上，少有完全脱落；芽裸露或芽
鳞不明显；叶对生或近对生，三出脉或离基三出脉，侧脉脉腋下面无腺窝，上面无明显的
泡状隆起（2.肉桂组 Sect. Cinnamoniuni）。
　12.叶两面尤其是下面幼时略被毛或无毛，老时明显无毛或变无毛。
　　13.花序少花，常呈伞房状，具3—5（7）花，通常短小，长2.5—5（6.5）厘米。
　　　14.成熟果较大，卵球形，长达2厘米，径1.4厘米；果托高达1厘米，顶端截形，无齿
　　　　裂，径达1.5厘米；果梗长约5毫米·····························
　　　　··· 12.卵叶桂 C. rigidissimum
　　　14.成熟果较小，椭圆形，长1.1厘米，径5—5.5毫米；果托长约3毫米，顶端具整齐的
　　　　截状圆齿，径达4毫米；果梗长达9毫米 ·····················
　　　　··· 13.少花桂 C. pauciflorum
　　13.花序多花，近总状或圆锥状，具分枝，分枝末端为1—3—5花的聚伞花序。
　　　15.果托边缘截平而全缘；叶卵状长圆形或卵状披针形至长圆形，长（6）8—12
　　　　（17）厘米，宽（2.5）3—5（5.5）厘米，上面干时褐色，下面白绿色具疏被极细

的微柔毛；圆锥花序短小，长2.5—6厘米，腋生或近顶生，但通常多数着生于远离枝端的叶腋内，被灰白绢状短柔毛 ……………… **14.假桂皮树** C. tonkinense

15.果托6齿裂，齿端截平、圆或锐尖。

  16.圆锥花序分枝末端通常为1—3花的聚伞花序。

    17.圆锥花序短小，长（2）3—6厘米，比叶短很多；叶卵形、长圆形、披针形至线状披针形或线形；果卵球形，长约8毫米，径5毫米。

      18.叶卵形、长圆形至披针形，长5.5—10.5厘米，宽2—5厘米；花梗长4—6毫米 …………………………………… **15.阴香** C. burmannii

      18.叶线形至线状披针形或披针形，长（3.8）4.5—12（15）厘米，宽（0.7）1—2（4）厘米；花梗长达1—1.2厘米 …………………………………… **15a.狭叶阴香** C. burmannii f. heyneanum

    17.圆锥花序较长大，长13—16厘米，常与叶等长；叶椭圆状长圆形，长12—30厘米，宽4—9厘米；果椭圆形，长1.3厘米，径8毫米…………………………………… **16.钝叶桂** C. bejolghota

  16.圆锥花序分枝末端通常为3—5花的聚伞花序。

    19.叶片长圆形或长圆状卵形，长12.5—24厘米，宽4.5—8.5（10.5）厘米，先端锐尖，基部宽楔形，幼时两面尤其是下面密被灰白色绢状微柔毛，老时两面变无毛，基生侧脉向叶缘一侧有附加小脉4—6条，附加小脉正如基生侧脉和中脉一样在上面明显凹陷下面十分凸起；圆锥花序长4.5—6.5厘米，着生于远离枝端的叶腋内，密被灰白色绢状微柔毛 ……………… **17.屏边桂** C. pingbienense

    19.叶片卵形、长圆形或披针形，长7.5—15厘米，宽（2.5）3—5.5厘米，先端长渐尖，基部锐尖或宽楔形，两面无毛，基生侧脉向叶缘一侧无附加小脉，与中脉在上面稍凸起下面十分凸起；圆锥花序长5—10厘米，顶生及腋生，疏被灰白色丝状微柔毛 …………………………………………………………… **18.柴桂** C. tamala

12.叶两面尤其是下面幼时明显被毛，毛被各式，老时毛被全然不脱落或渐变稀薄，极稀渐变无毛。

  20.雄蕊花药下方2室全为侧向；子房各处被硬毛；果卵球形，长达2.5厘米，径2厘米，先端具小尖头，基部渐狭，外皮粗糙，除顶端略被柔毛外余部无毛；圆锥花序长（2）3—4厘米，具1—7花，着生在幼枝近顶端叶腋内，常多数密集且彼此接近，近无梗或具短梗；乔木，各部被污黄色绒毛状短柔毛，叶椭圆形或披针状椭圆形，长9—13（16）厘米，宽3—5（7.5）厘米，叶柄长8—12（16）毫米……………… **19.刀把木** C. pittosporoides

  20.雄蕊花药下方2室非侧向；子房无毛；果较小，通常长在1厘米以下，先端不明显具小尖头，无毛；圆锥花序顶生或腋生，通常远离，明显具长梗。

    21.植株各部毛被为灰白至银色微柔毛或绢毛。

      22.叶大型，卵形或长圆形，长12—35厘米，宽5.5—8.5厘米，三出脉或离基三出脉，中脉及侧脉两面凸起；果时花被裂片宿存，稍增大而张开 ……………………

·························· 20.大叶桂 C. iners

22.叶较小；果时花被裂片多少脱落。

23.叶卵形至宽卵形，长9—14厘米，宽3.5—7.5厘米，先端渐尖，尖头钝，基部宽楔形至近圆形，离基三出脉，上面无毛，下面幼时明显被白色绢状短柔毛，最后变无毛；圆锥花序多花密集，腋生及顶生，腋生者短小，下部具分枝或近总状，顶生者十分伸长，分枝向上渐缩短，为具短梗或无梗的2—11花的伞形花序所组成；花黄绿色，花梗长2—4毫米 ···············21.聚花桂 C. contractum

23.叶非卵形或宽卵形，均较狭长，下面毛被老时仍多不脱落。

24.圆锥花序腋生及顶生，多花，长6—12厘米，自基部多分枝，分枝伸长，各级序轴多少呈四棱状压扁；叶长圆形至披针状长圆形，长7—17（22）厘宽2—4.5（6）厘米，上面无毛，下面略被贴伏灰白微柔毛 ···········

············· 22.野肉桂 C. austro-yunnanense

24.圆锥花序腋生，少花，长4—7（9）厘米，不自基部分枝，具梗，总梗纤细，长2—4厘米，序轴不呈四棱状压扁；叶披针形，较小，长6—11厘米，宽2.5—4厘米，下面被贴生绢质短绒毛 ·······

·························· 23.银叶桂 C. mairei

21.植株各部毛被为污黄、黄褐至锈色短柔毛或短绒毛至柔毛。

25.叶革质至硬革质，椭圆状卵形至长圆形，较大，老叶长在10厘米以上，宽5厘米以上。

26.叶下面横脉平行且明显凸起。

27.叶椭圆形或椭圆状卵形，长11—22厘米，宽5—6.5厘米，先端尾尖，基部近圆形，近离基三出脉，叶柄长1—1.2厘米；圆锥果序长10.5—14厘米，与叶下面及叶柄被黄褐色绒毛 ··········· 24.爪哇肉桂 C. javanicum

27.叶椭圆形椭圆状披针形至卵形或卵状椭圆形，长4.5—11厘米，宽1.5—4厘米，先端骤然短渐尖，基部楔形至近圆形，离基三出脉，叶柄长4—5（8）毫米；圆锥花序长4—6.5厘米，与叶下面及叶柄被污黄色硬毛状柔毛···········

·························· 25.毛桂 C. appelianum

26.叶下面横脉不明显，叶长椭圆形至近披针形，长8—16（34）厘米，宽4—5.5（9.5）厘米，先端稍急尖，中脉和侧脉在上面凹陷，叶下面和花序有黄色短绒毛；花序与叶近等长；栽培植物，枝、叶、树皮干时有浓烈的肉桂香气 ··········

·························· 26.肉桂 C. cassia

25.叶革质，椭圆形、卵状椭圆形至披针形，较小，老叶通常在10厘米以下，宽在5厘米以下；枝、叶下面及花序被黄色平伏绢状短柔毛，叶下面毛被老时渐脱落变稀薄，侧脉脉腋有时下面呈不明显囊状而上面略为泡状隆起 ·········

·························· 27.香桂 C. subavenium

1.尾叶樟

Cinnamomum caudiferum Kosterm.（1970）

产西畴，贵州南部也有。

2.细毛樟（植物分类学报）图156

Cinnamomum tenuipilum Kosterm.（1970）

乔木，高达25米，胸径达50厘米；树皮灰色。小枝细，幼时密被灰色绒毛，后渐变无毛。叶互生，坚纸质，倒卵形或近椭圆形，长7.5—13.5厘米，宽4.5—7厘米，先端圆、钝或短渐尖，基部宽楔形或近圆形，上面初时密被小柔毛，后渐变无毛，下面初时全面密被柔软绒毛，后毛被渐变稀疏，羽状脉，侧脉6—7对，弧曲上升，在叶缘之内消失，中脉、侧脉在上面凹陷，下面凸起，横脉在上面稍下陷，下面明显，细脉两面不明显；叶柄长1—1.5厘米，密被灰色绒毛。圆锥花序腋生或近顶生，长4.5—8.5（12）厘米，具12—20花，分枝短小，长1—1.5厘米，末端为3花的聚伞花序；总梗纤细，长约为花序全长2/3，与各级序轴极密被灰色绒毛。花长约3毫米，花梗长3—5毫米，密被灰色绒毛；花被裂片两面密被绢状微柔毛；花丝全部及花药背面被小柔毛，腺体圆形，具柄；子房卵球形，长约1.2毫米，无毛，花柱长约1.5毫米，柱头近棒柱。果近球形，径1.5厘米，成熟时红紫色；果托长达1.5厘米，顶端增大成浅杯状，径达8毫米，边缘截平或略具齿裂。花期2—4月，果期6—10月。

产瑞丽江与怒江分水岭及澜沧江流域，生于海拔580—2100米山谷或谷地的灌丛、疏林或密林中。模式标本采自云南西部。

种子繁殖，点播育苗。

材质中等，结构细，纹理直，耐腐，为家具、建筑等用材。

3.岩樟（植物分类学报）　香楠（云南）、米槁、米瓜、栲蚬、栲涩（广西壮语）图156

Cinnamomum saxatile H. W. Li（1975）

乔木，高达20米，胸径22厘米。幼枝被淡褐色微柔毛，老时无毛；顶芽卵珠形至长圆形，长2—5毫米，芽鳞极密被黄褐色绒毛。叶互生，或有时在枝条上部者近对生，近革质，长圆形或有时卵状长圆形，长5—13厘米，宽2—5厘米，先端短渐尖，尖头钝，有时急尖或不规则撕裂状，基部楔形至近圆形，两侧常不对称，上面绿色，光亮，无毛，下面淡绿色，初时疏被柔毛，老时极无毛，羽状脉，中脉直贯叶端，上面稍凸起，下面十分凸起，侧脉5—7对，弧曲状，在叶缘之内网结，无明显的侧脉脉腋腺窝，两面多少明显，网脉两面呈蜂窝状；叶柄长0.5—1.5厘米，幼时被黄褐色柔毛，老时无毛。圆锥花序近顶生，长3—6厘米，6—15花，分枝长约1.5厘米，末端通常为3花的聚伞花序；总梗长1—3厘米，与各级序轴被淡褐色微柔毛。花绿色，长达5毫米，花梗长3—5毫米，密被淡褐色微柔毛；花被裂片卵圆形，长约3毫米，外面疏被内面密被浅褐色微柔毛；花丝被柔毛，腺体肾形，无柄；子房卵球形，长1.5毫米，化柱长3.5毫米，柱头盘状。果卵球形，长1.5厘米，径9毫米；果托浅杯状，长5毫米，顶端径6.5毫米，全缘。花期4—5月，果期10月。

图156 细毛樟及岩樟

1—6.细毛樟 *Cinnamomum tenuipilum* Kosterm：

1.花枝　　2.果枝　　3.第一、二轮雄蕊　　4.第三轮雄蕊　　5.退化雄蕊　　6.雌蕊

7—11.岩樟 *C. saxatile* H.W.Li：

7.花枝　　8.第一、二轮雄蕊　　9.第三轮雄蕊　　10.退化雄蕊　　11.雌蕊

产西畴、麻栗坡、富宁，生于海拔600—1500米石灰岩山地灌丛、林中或溪边；广西西部、贵州西南部也有。为石灰岩山地常绿阔叶林中习见树种。生长速度中等，52年生树高20米，胸径22厘米。模式标本采自富宁。

材质优良，极耐腐，为建筑、家具，器具等用材。

4.毛叶樟（植物分类学报） 香茅樟、毛叶芳樟（云南经济植物）、罗木来、中沙海、中俄、中朗俄、中朗（西双版纳傣语）图157

Cinnamomum mollifolium H. W. Li（1975）

乔木；高达15米；树皮灰褐色，细纵裂。小枝细，幼时略被灰色小柔毛，后变无毛。顶芽卵球形，长达1厘米，芽鳞密被黄褐色短柔毛。叶互生，革质、卵形、长圆状卵形或倒卵形，长（4.5）7.5—12（16）厘米，宽3.5—5（8）厘米，先端锐尖或短渐尖，基部宽楔形至近圆形，两侧有时不对称，上面幼时被稀疏小柔毛，但毛被很快全部脱落变为无毛，下面初时被极密黄色小柔毛，后毛被渐变稀疏，羽状脉，侧脉4—6对，斜生，在叶缘之内消失，中脉、侧脉在上面凹陷，下面凸起，叶下面无明显的侧脉脉腋腺窝，横脉在上面不明显或略下陷，下面多少明显，细脉两面不明显；叶柄长1—2厘米，幼时密被小柔毛，老时无毛。圆锥花序腋生，自幼枝基部向上着生，最基部者常无叶，长7—11厘米，具12—16花，上部具分枝，分枝长0.6—1（1.5）厘米，末端为具3花的聚伞花序；总轴长4.5—6.5厘米，总轴、序轴、花梗初时被稀疏小柔毛，后渐变无毛。花淡黄色，长约2.5毫米，花梗长2.5—5毫米；花被裂片长圆形或长圆状卵形，长约1.5毫米，两面密被微柔毛；花丝全长及花药背面被柔毛，腺体圆形，具柄；子房近球形，径约1毫米，花柱长2.3毫米，柱头盘状，具圆裂片。果近球形，稍扁而歪，干时径9毫米；果托长达1厘米，外面具槽，先端骤然成盘状，径达9毫米，边缘截平。花期3—4月，果期9月。

产西双版纳，生于海拔1000—1300米路边，疏林中或樟茶混交林中。模式标本采自勐海。

种子繁殖或萌芽更新。

枝、叶含芳香油，按芳香油中主要化学成分可分为四个类型，即以含醛酮化学成分为主的香茅樟（傣语叫"沙海"），以含核油素化学成分为主的柔毛樟或毛叶芳樟（傣语"中俄"），以含菲兰烃化学成分为主的含油皱叶樟或革叶芳樟，亦称单萜烃樟（傣语"中朗俄"），以及油呈浅蓝绿色的皱叶樟或革叶樟，亦称蓝绿油樟（傣语"中朗"）。无论是哪一类型的芳香油，多少都含樟脑，而香茅樟这一类型醛酮含量高达42%。果仁含脂肪，可作工业用油。

图157 毛叶樟 *Cinnamomum mollifolium* H. W. Li
1.花枝   2.果枝   3.叶背面（示侧脉脉腋）   4.花纵部面
5.第一、二轮雄蕊   6.第三轮雄蕊   7.退化雄蕊

5.猴樟（湖南）　香樟、香树、楠木（四川）、猴挟木（湖南）、樟树（湖北）、大胡椒树（贵州）图158

Cipnamomum bodinieri Levi.（1912）

乔木，高达16米，胸径30—80厘米；树皮灰褐色。小枝紫褐色，无毛。顶芽小，卵圆形，芽鳞疏被绢毛。叶互生，坚纸质，卵形或椭圆状卵形，长8—17厘米，宽3—10厘米，先端短渐尖，基部锐尖、宽楔形至圆形，上面光亮，幼时被极细微柔毛，其后变无毛，下面苍白，被极密的绢状微柔毛，羽状脉，侧脉4—6对，最基部的1对近对生，其余的均互生，斜生，中脉、侧脉两面近明显，侧脉脉腋在下面有明显的腺窝，上面相应处明显呈泡状隆起，横脉及细脉网状，两面不明显；叶柄长2—3厘米，略被微柔毛。圆锥花序在幼枝上腋生或侧生，同时亦有近侧生，有时基部具苞叶，长（5）10—15厘米，多花，多分枝，分枝两歧状，具棱角；总梗长4—6厘米，与各级序轴均无毛。花绿白色，长约2.5毫米，花梗长2—4毫米，被绢状微柔毛；花被裂片卵圆形，长约1.2毫米，外面近无毛，内面被白色绢毛，反折，很快脱落；腺体大，肾形；子房卵球形，长1.2毫米，无毛，花柱长1毫米，柱头头状。果球形，径7—8毫米，无毛；果托浅杯状，顶端宽6毫米。花期5—6月，果期7—8月。

产威信、富宁，生于海拔1000—1500米山坡疏林或灌丛中。贵州、四川东部、湖北及湖南西部有分布。

喜光，喜湿，散生于常绿阔叶林中或组成小片纯林。要求土层深厚、湿润、肥沃的酸性土壤；常有樟叶蜂为害。种子繁殖或萌芽更新。播前温水浸种，草木灰水去蜡。

木材坚韧，耐腐，为优良的家具、纱锭、器具用材。种子可榨油，含油率20%，供制肥皂或作机器润滑油。根、干、枝、叶均含芳香油，以根部含油量最高，约2.9%，树干近根部处含油量高约1.7%，渐上渐减，枝含油量0.06%，叶含油量0.46%—0.6%。

6.米槁（富宁壮语）图160

Cinnamomum migao H. W. Li（1978）

乔木，高达20米；树皮灰黑色，开裂，具香味。顶芽小，卵球形，芽鳞外被灰白微柔毛。小枝淡褐色，幼时被灰白微柔毛，后变无毛。叶互生，坚纸质，卵形或卵状长圆形，长4.5—16厘米，宽2.5—7厘米，先端急尖至短渐尖，基部宽楔形，两侧近对称，干时上面黄绿色，稍光亮，无毛，下面灰绿色，晦暗，被极细的灰白微柔毛，边缘略内卷，羽状脉，中脉直贯叶端，两面凸起，侧脉4—5对，弧曲，近叶缘处消失，两面多少明显，侧脉脉腋上面不明显隆起，下面腺窝不明显，细脉网状，几不可见；叶柄长1.3—3厘米，近基部被极细的灰白微柔毛。果序圆锥状，腋生，着生在幼枝中下部，长3.5—7厘米；总梗长1—4厘米，以及各级序轴被极细的灰白微柔毛。果球形，径1.2—1.3厘米；果托高脚杯状，长约1.2厘米，顶部盘状增大，径达1厘米，具圆齿，下部突然收缩成柱状，基部径约1.5毫米，外面被极细灰白微柔毛。果期11月。

图158　猴樟和云南樟

1—3.猴樟 *Cinnamomum bodinieri* Levi.：　　1.花枝　　2.果枝　　3.叶下面一部分示毛被

4—9.云南樟 *C. glanduliferum*（Wall.）Nees：

4.花枝　　5.第一、二轮雄蕊　　6.第三轮雄蕊　　7.退化雄蕊　　8.雌蕊　　9.果枝

产富宁，生于海拔约500米林中；广西西南部也有。模式标本采自富宁。

种子繁殖，技术措施参阅樟树。

木材材质优良，结构细，纹理直，为家具、建筑等用材。

7.长柄樟

Cinnamomum longipetiolatum H. W. Li（1975）

产景东、金平等地。

8.樟树（本草纲目）　香樟（杭州），乌樟（四川），傜人柴（广西），小叶樟（湖南），栳樟、臭樟、乌樟、山乌樟（台湾）图159

Cinnamomum camphora（L.）Presl（1825）

Laurus camphora L.（1753）

乔木，高达30米，胸径达3—5米；树皮灰黄褐色，纵裂。小枝无毛。顶芽宽卵形或圆球形，鳞片外面略被绢状毛。叶互生，近革质，卵形或卵状椭圆形，长6—12厘米，宽2.5—5.5厘米，先端急尖，基部宽楔形至近圆形，边缘微波状，下面灰绿色，常带白粉，两面无毛或下面幼时略被微柔毛，离基三出脉，有时过渡到基部具不明显的5脉，中脉两面凸起，上部每边有侧脉1—3—5（7），基生侧脉向叶缘一侧有少数支脉，侧脉及支脉脉腋上面明显隆起，下面有明显腺窝，窝内常被毛；叶柄长2—3厘米，无毛。圆锥花序腋生，长3.5—7厘米，具梗，总梗长2.5—4.5厘米，与各级序轴均无毛或被灰白至黄褐色微柔毛，被毛时往往节上尤为明显。花绿白色或带黄色，长约3毫米，花梗长1—2毫米，无毛；花被裂片椭圆形，长约2毫米，外面无毛或略被微柔毛，内面密被短柔毛；花丝被短柔毛；子房球形，长约1毫米，无毛，花柱长1毫米。果卵球形或近球形，径6—8毫米，紫黑色；果托杯状，长约5毫米，顶端截平，径达4毫米。其花期4—5月，果期8—11月。

在昆明至河口铁路沿线广为栽培。广布于南方及西南各省区，野生或栽培。越南、朝鲜、日本有分布，其他各国也常有引种栽培。

为我国亚热带东部常绿阔叶林的重要树种。喜温暖湿润气候和肥沃、深厚的酸性或中性沙壤土，盐碱土含量在0.2%以内可生长，不耐干旱瘠薄。在亚热带西部干旱季分明的气候条件下，樟树生长不良好。

较喜光，孤立木树冠发达，分枝低，主干矮，在混交林中，树高可达30米以上，主干通直。寿命长，可达千年以上。在良好立地条件下，生长也快，5年生树高5米，胸径达12厘米。

种子育苗或宜播造林，也可萌芽更新。选择生长迅速、健壮、茎干明显、分枝高、树冠发达、无病虫害、结实多的40—60年生母树采种。樟树果实属浆果状核果，易发热、发霉变质，降低发芽率，要随采随处理。将鲜果浸水2—3天，除净果皮，再拌草木灰脱脂12—24小时，洗净阴干。每千克一般有7200—8000粒。发芽率一般达70%—90%。用湿度为30%的河沙与种子按2:1混合后贮藏。播种前精选种子，用0.5%高锰酸钾液浸种2小时杀菌，用50℃温水催芽。条播，条距20—25厘米，定苗距4—6厘米。当苗木发出2—5片真叶时，用铁铲以45°角切入5—6厘米，以利侧根生长。樟树苗一年生即可出圃造林。造林时要将苗

图159 樟树 *Cinnamomum camphora* Presl
1.果枝 2.果实 3.种子 4.花纵剖 5.雄蕊 6.退化雄蕊

木分级，弱苗、伤苗、病苗应作相应的处理。起苗后要随起随浆根，随运输，随栽植。林地宜选深厚肥沃的红、黄壤，并选当地的速生树种与之混交，可加速樟树的生长。造林株行距以2米×2米为好。对于移植苗可修剪枝、叶及离地30厘米以下的侧枝和过长的主干，或截去地上10厘米以上处的主干，则更易成活。幼林阶段要注意中耕除草，深翻扩穴，抹芽修枝。将树木离地面2/3以下的芽抹去，离地1/3以下的侧枝修掉。

樟树的萌芽力强，在冬季或早春近地面伐去主干，进行萌芽更新。

如以取枝、叶提樟脑油为主的樟树，可采用截枝或矮林作业。有白粉病、黑斑病、樟叶蜂、樟梢卷叶蛾、樟巢螟、樟天牛等病虫害为害。

为我国珍贵树种之一。木材有香气，纹理致密、美观，耐腐朽，防虫蛀，为造船、箱橱、家具、工艺美术品等优良用材；我国的樟木箱在国际市场上素有盛名。根、干、枝、叶可提取樟脑、樟油。樟脑供医药、塑料、炸药、防腐、杀虫等用，樟油可作香精、肥皂、选矿、农药等用。樟油按化学成分可分三类，即本樟（含樟脑为主），芳樟（含芳樟醇为主）和油樟（含松油醇为主），各个类型经济不同，应按不同品种进行综合利用。种子可榨油，含油率达65%，可作润滑油等用。叶含单宁，可提制栲胶，还能放养樟蚕，其蚕丝供制渔网及医疗外科手术缝合线。此外，根、果、枝和叶可入药，有祛风散寒、强心镇痉和杀虫等功能。

9.黄樟（中国树木分类学）　樟脑树（勐海）、蒲香树（龙陵）、香樟、臭樟（思茅）、冰片树（勐遮）、梅崇、中折旺、中亥、中火光、中广、中俄、中民（西双版纳傣语）、樟木、南安、香胡、香喉，黄槁、山椒、假樟（广东）、油樟、大叶樟（江西）图160

Cinnamomum parthenoxylum（Jack）Nees（1831）

L. porrecta Roxb.

Cinnamomum porrectum（Roxb.）Kosterm.（1952）

乔木，高20—25米，胸径达40厘米或以上；树皮暗灰褐色，纵裂。小枝具棱角，灰绿色，无毛。顶芽卵形，鳞片近圆形，外被绢状毛。叶互生，革质，通常为椭圆状卵形或长椭圆状卵形，长6—12厘米，宽3—6厘米，先端急尖或短渐尖，基部楔形或阔楔形，上面深绿，有光泽，下面带粉绿色，两面无毛，羽状脉，侧脉4—5对，与中脉两面明显，侧脉脉腋上面不明显凸，下面无明显的腺窝，细脉和小脉网状；叶柄长1.5—3厘米，无毛。圆锥花序于枝条上部腋生或近顶生，长4.5—8厘米；总梗长3—5.5厘米，与各级序轴及花梗均无毛。花长约3毫米，绿带黄色，花梗长4毫米；花被裂片宽长椭圆形，长约2毫米，外面无毛，内面被短柔毛；花丝被短柔毛，腺体近心形，具短柄；子房卵球形，长约1毫米，无毛，花柱弯曲，长约1毫米，柱头盘状，不明显3浅裂。果球形，径6—8毫米，黑色；果托狭长倒锥形，长约1厘米或稍短。其花期3—5月，果期7—10月。

产普洱、西双版纳，生于海拔1500米以下的常绿阔叶林或灌丛中，伴生树种有刺栲、木荷等，在西双版纳一带常利用野生乔木开辟为栽培的樟茶混交林；广东、广西、福建、江西、湖南及贵州等省区也有；巴基斯坦、印度经马来西亚至印度尼西亚均有分布。

喜温暖湿润气候和深厚、疏松山地土壤。较喜光，幼年耐阴，天然更新良好，壮年需较充分的光照，以中等郁闭度林分长势最旺盛，生长快，在密林中则生长缓慢。萌芽性强，在次生林中常见萌生幼树，可进行萌芽更新。用种子繁殖。种子千粒重80—150克，果实采收后，阴干不过半月即可播种，发芽率可达80%。

根、茎、枝、叶均可提取樟油和樟脑，出油率、出脑率因品种和部位而差异很大，枝叶出油率0.21%—4.30%，出油率2.5%—4.7%，可分为三个类型，即樟脑含量甚高的樟脑型，含有大量桉油素的桉油素樟脑型，以及主含黄樟油素的黄樟油素型。樟油是调配各种香精不可缺少的原料，樟脑则用于医药工业上。种子含油率达60%，供制肥皂用。叶含粗蛋白质3.1%，粗脂肪1.9%，可饲养天蚕。天蚕丝可制钓丝、琴弦、衣刷等，为海南万宁、陵水等地著名特产。木材纹理通直，结构细致，切面美观，有光泽，干燥后少开裂，不变形，易加工，颇耐腐，为造船、桥梁、建筑、高级家具等用材。

10. 云南樟（中国树木分类学） 香樟、臭樟、果东樟（嵩明）、大黑叶樟（昌宁）、樟叶树、红樟、樟脑树、樟木、青皮树 图158

Cinnamomum glanduliferum（Wall.）Nees（1831）

乔木，高达20米，胸径达30厘米；树皮灰褐色，深纵裂，内皮红褐色。小枝无毛，具棱角。顶芽卵球形，大，芽鳞外面密被绢毛。叶互生，厚革质，椭圆形、卵状椭圆形或椭圆状披针形，长6—15厘米，宽4—6.5厘米，先端急尖至短渐尖，基部楔形、宽楔形至近圆形，两侧有时不对称，上面深绿色，有光泽，下面粉绿色，干时两面呈黄绿色，幼时下面被微柔毛，后渐变无毛，或略被微柔毛，羽状脉，稀离基三出脉，侧脉4—5对，中脉、侧脉两面明显，侧脉脉腋在上面明显隆起，下面有明显的腺窝，窝穴内被毛或近无毛，网脉不明显；叶柄长1.5—3（3.5）厘米，近无毛。圆锥花序腋生，长4—10厘米；总梗长2—4厘米，与各级序轴均无毛。花长3毫米，淡黄色，花梗长1—2毫米，无毛；花被裂片宽卵形，长2毫米，外面疏被白色微柔毛，内面被短柔毛；花丝被短柔毛，腺体心形，具短柄；子房卵球形，长1.2毫米，无毛，花柱长1.2毫米，柱头盘状，不明显3圆裂。果球形，径达1厘米，黑色；果托狭长倒锥形，长约1厘米，顶端径达6毫米，边缘波状。花期3—5月，果期7—9月。

产昆明、大理、洱源、丽江、维西、文山等地，多生于海拔1500—2500（3000）米的山地常绿阔叶林中；西藏东南部、四川西南部及贵州南部也有。印度、尼泊尔、缅甸至马来西亚有分布。

喜温暖湿润气候，稍耐阴。用种子繁殖，应随采随播，不宜久藏，以免影响发芽力。速生，10年生幼树，胸径可达18厘米。萌芽性强，可进行萌芽更新；也可用分根繁殖。

枝叶可提樟油和樟脑，不同品种、不同部位樟油、樟脑含量差别很大，按其樟油化学成分差异，可分为2类型，即以含柠檬醛为主的类型和以含桉油素为主的类型。种子含油27%—30%，供制肥皂及作润滑油。木材材质优良，为家具、器具等用材。树皮及根可入药，有祛风、散寒之效。

11.坚叶樟（植物分类学报） 梅宋容（西双版纳傣语）图160

Cinnamomum chartophyllum H. W. Li（1975）

乔木，高达20米；树皮灰褐色。小枝无毛，具棱角。叶互生，坚纸质，宽卵形、卵状长圆形至长圆形或披针形，长6—14厘米，宽1.5—7.5厘米，先端钝、锐尖至短渐尖，基部宽楔形至近圆形，两侧常不对称，干时上面绿带红褐色，多少光亮，下面淡绿色，晦暗，两面极无毛，羽状脉，侧脉约5对，弧曲，在叶缘之内网结，中脉、侧脉两面凸起，侧脉脉腋在上面呈泡状凸起，下面有明显的1—2个腺窝窝穴，窝穴内无毛，网脉两面明显；叶柄长1—2厘米，无毛。圆锥花序腋生，长4—6厘米，具7—11花，分枝短小，末端为3花的聚伞花序；总梗长2—4厘米，总梗与序轴均无毛。花长约2毫米，花梗长2—3.5毫米，极无毛；花被裂片宽卵形，长约1.5毫米，外面极无毛，内面密被丝状柔毛；花丝被柔毛，腺体无柄；子房卵球形，长0.8毫米，无毛，花柱长0.7毫米，柱头不明显。果近球形，径约8毫米，顶端具小尖头；果托增大，长12毫米，顶端径7毫米。花期6—8月，果期8—10月。

产金平，生于海拔360—600米山坡疏林或沟谷密林中。模式标本采自勐腊、勐仑。种子繁殖、技术措施同前。

材质中等，为家具、建筑等用材。

12.卵叶桂 卵叶桂（海南植物志） 硬叶樟（中山大学学报）图161

Cinnamomum rigidissimum H. T. Chang（1959）

Cinnamomum brevipedunculatum C. E. Chang（1970）

乔木，高达22米，胸径达50厘米；树皮褐色。小枝无毛，幼枝略扁，被灰褐色绒毛。叶对生，革质或厚革质，卵形、宽卵形或椭圆形，长（3.5）4—7（8）厘米，宽（2.2）2.5—4（6）厘米，先端钝或急尖，基部宽楔形、钝至近圆形，上面绿色，光亮，下面淡绿色，晦暗，两面无毛，或下面幼时略被微柔毛，离基三出脉，中脉、侧脉两面凸起，侧脉离叶基1—5（7）毫米处生出，弧曲，向叶缘一侧有少数不明显支脉，网脉两面不明显；叶柄长0.8—2厘米，无毛。花序近伞形，腋生，长3—6（8.5）厘米，有花3—7（11）朵；总梗长2—4厘米，疏被贴伏短柔毛。果卵球形，长达2厘米，径1.4厘米，无毛；果托浅杯状，长1厘米，顶端截形，径1.5厘米；果梗长约5毫米。其果期8月。

产勐海，生于海拔约1700米常绿阔叶林中；广西、广东及台湾也有。

种子繁殖或萌芽更新，技术措施同樟树。

木材纹理直，结构细，可作家具、建筑等用材。

图160 黄樟、米槁及坚叶樟

1—6.黄樟 *Cinnamomum parthenoxylum*（Jack）Nees：

1.花枝　　2.果枝　　3.花纵剖面　　4.第一、二轮雄蕊　　5.第三轮雄蕊　　6.退化雄蕊

7.米槁 *C. migao* H. W.Li. 果枝

8—10.坚叶樟 *C. chartophyllum* H. W. Li：

8.花枝　　9.果枝　　10.花纵剖面　　11.第一、二轮雄蕊　　12.第三轮雄蕊　　13.退化雄蕊

13.少花桂 岩桂、香桂、三条筋、香叶子树、臭乌桂（四川）、臭樟（贵州）、土桂皮（广西）图162

Cinnamomum pauciflorum Nees（1831）

乔木，高达14米，胸径达30厘米；树皮黄褐色。小枝无毛，幼枝略带四棱形，近无毛或被细微柔毛。顶芽卵球形，长约2毫米，芽鳞外面略被微柔毛。叶互生，厚革质，卵形或卵状披针形，长（3.5）6.5—10.5厘米，宽（1.2）2.5—5厘米，先端短渐尖，基部宽楔形或近圆形，边缘内卷，上面绿色，多少光亮，无毛，下面粉绿色，晦暗，幼时被疏或密的灰白短绢毛，后渐脱落无毛，三出脉或离基三出脉，中脉、侧脉两面凸起，侧脉对生，自叶基0—10毫米处生出，向上弧升，近叶端处消失，有少数斜向至叶缘小脉，网脉稍明显；叶柄长1.2厘米，近无毛。圆锥花序腋生，长2.5—5（6.5）厘米，具3—5（7）花，常呈伞房状；总梗长1.5—4厘米，与序轴疏被灰白微柔毛。花黄白色，长4—5毫米，花梗长5—7毫米，被灰白微柔毛；花被裂片长圆形，长3—4毫米，两面被灰白短绢毛；花丝略被柔毛，腺体圆状肾形，具短柄；子房卵球形，长约1毫米，花柱弯曲，长约2毫米，柱头盘状。果椭圆形，长1.1厘米，径5—5.5毫米；果托浅杯状，长约3毫米，径达4毫米，边缘有整齐的截状圆齿；果梗长达9毫米。其花期3—8月，果期9—10月。

产镇雄，生于海拔1800—2200米石灰岩或砂岩上的山地或山谷疏林或密林中；湖南西部、湖北西部、四川东部、贵州、广西及广东北部也有。印度也有分布。

喜温暖湿润、年降水量1000毫米以上的亚热带气候。适生于石灰岩发育的山地土壤，在砂岩或紫色页岩发育的土壤生长良好。耐旱怕涝，喜光。花期长，果实成熟期极不一致，落花落果严重，故用种子繁殖较为困难，多进行萌芽更新和扦插繁殖。

树皮及根入药，有开胃健脾及散热之效，可治肠胃病和腹痛。枝叶芳香油含量高，约35%，油的主要成分是黄樟油素，其含量高达80%—95%，为有发展前途的芳香油树种。

14.假桂皮树（云南屏边）图161

Cinnamomum tonkinense（Lecomte）A. Chev.（1918）

乔木，高达30米，胸径达45厘米；树皮灰褐色。小枝红褐色，多少具棱角，幼时多少被微柔毛，后变无毛。叶互生或在枝条上部者近对生，革质，卵状长圆形或卵状披针形至长圆形，长（6）8—12（17）厘米，宽（2.5）3—5（5.5）厘米，先端短渐尖或钝形，基部宽楔形至近圆形，上面干时变褐色，无毛，下面白绿色，疏被极细的微柔毛，离基三出脉，中脉、侧脉在上面不明显，下面凸起，侧脉自叶基5—10（15）毫米处生出，向叶缘一侧有6—7条支脉，自叶基近叶缘处有时有附加的小侧脉，横脉波状，上面不明显，下面多少明显；叶柄长0.5—1.5厘米，无毛。圆锥花序短小，长2.5—6厘米，腋生或近顶生，通常着生在远离枝端的叶腋内，多花密集，分枝末端为3花的聚伞花序；总梗长0.5—2厘米，与各级序轴被灰白绢状短柔毛。花白色，长达5毫米，花梗长5—7毫米，被灰白绢状短柔毛；花被裂片卵圆形，长约6毫米，外面疏被内面密被微柔毛；花丝及花药背面被短柔毛，腺体肾形，近无柄；子房卵球形，长约1.5毫米，略被微柔毛，花柱长3.5毫米，柱头盘状。果卵球形，长1.3厘米，径9毫米；果托浅杯状，长6毫米，径9毫米，顶端截平而全缘。其花期

图161　假桂皮树及卵叶桂

1—7.假桂皮树 *Cinnamomum tonkinense*（Lecomte）A. Chev：

1.花枝　　2.花纵剖　　3.第一、二轮雄蕊　　4.第三轮雄蕊

5.退化雄蕊　　6.雌花　　7.果

8.卵叶桂 *C. rigidissimum* H. T. Chang 果枝

图162 少花桂 *Cinnamomum pauciflorum* Nees.
1.花枝　2.果枝　3.花纵剖　4.花被片外面观　5.花被片内面观
6.第一、二轮雄蕊　7.第三轮雄蕊　8.退化雄蕊　9.雌蕊

4—5月，果期10月。

产屏边、富宁、麻栗坡，生于海拔1000—1800米常绿阔叶林中；越南北方也有。

木材生长轮明显，并有光泽，纹理直，结构细而均匀，重量适中，耐腐。宜作家具、房建、胶合板等用材。枝、叶、根可提取樟油和樟脑，供医药和工业用。

15.阴香

Cinnamomum burmannii（C. G. et Th. Nees）Blume（1826）

产滇中至滇东南，广东、广西、福建也有；印度经缅甸和越南至印度尼西亚和菲律宾有分布。

16.钝叶桂　钝叶樟（海南植物志）、假桂皮、土桂皮、老母猪桂皮、青樟木、泡木（滇南）、"梅宗英龙"（西双版纳傣语）、山桂、山玉桂、山桂楠、鸭母桂、鸭母楠、老母楠、香桂楠、奉楠、大叶山桂（广东）图163

Cinnamomum bejolghota（Buch.-Ham.）Sweet（1827）

Laurus bejolghota Buch.-Ham.（1822）

Cinnamomum obtusifolium（Roxb.）Nees（1831）

乔木，高达25米，胸径达30厘米；树皮暗棕褐色或灰棕褐色，平滑。幼枝被微柔毛，后渐变无毛。顶芽小，卵球形，芽鳞密被绢状毛。叶近对生，厚革质，椭圆状长圆形，长12—30厘米，宽4—9厘米，先端钝，急尖或渐尖，基部近圆形或楔形，上面绿色，光亮，下面淡绿色或黄绿色，多少带白色，两面极无毛，三出脉或离基三出脉，侧脉离叶基0.5—1.5厘米处生出，斜伸，与中脉直贯叶端，在上面略凹陷或凸起，下面明显凸起，横脉及细脉在上面不明显，下面稍明显，呈网状；叶柄粗，长1—1.5厘米。圆锥花序生于枝条上部叶腋内，长13—16厘米，多花密集，多分枝，分枝长约3厘米；总梗长7—11厘米，与各级序轴略被灰色短柔毛。花黄色，长达6毫米，花梗长4—6毫米，被灰色短柔毛；花被裂片卵状长圆形，长5毫米，两面被灰色短柔毛但顶端近无毛；花药与花丝近等长，腺体圆状肾形，具长柄；子房长圆形，长1.5毫米，花柱长3毫米，柱头盘状。果椭圆形，长1.3厘米，径8毫米；果托倒圆锥形，顶端径7毫米，6齿裂，齿端截形；果梗略增粗。花期3—4月，果期5—7月。

产普洱及西双版纳，生于海拔600—1780米山坡、沟谷的疏林或密林中，分布于广东南部；印度、孟加拉国、缅甸、老挝及越南也有。

种子繁殖，育苗造林。果实由黄绿转为黄紫色时即可采收，新鲜的千粒重250克，发芽力保持期很短，贮藏时间不能超过半个月。

木材纹理通直，结构均匀细致，材质稍软，干后稍开裂，易变形，不耐腐，可作一般建筑、家具及农具等用材。叶、根及树皮可提取芳香油。树皮可捣碎作香料，并入药，有消肿、止血、接骨之效。

17.屏边桂（植物分类学报）图164

Cinnamomum pingbienense H. W. Li（1978）

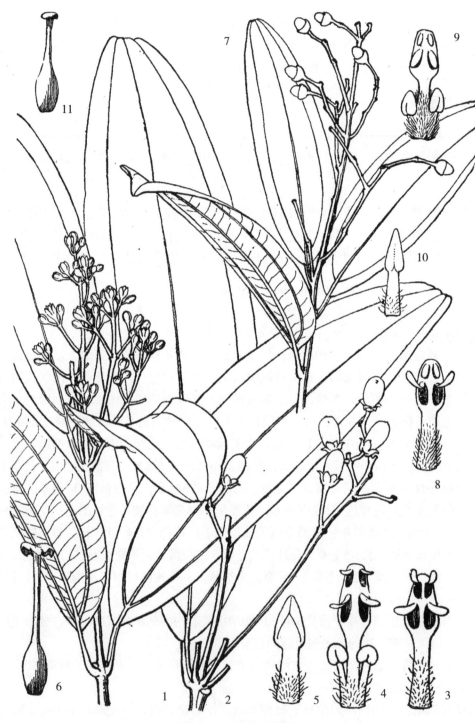

图163 钝叶桂和野肉桂

1—6.钝叶桂 *Cinnamomum bejolghota*（Buch.-Ham.）Sweet：

1.花枝　　2.果枝　　3.第一、二轮雄蕊　　4.第三轮雄蕊　　5.退化雄蕊　　6.雌蕊

7—11.野肉桂 *C. austro-yunnanense* H. W. Li：

7.果枝　　8.第一、二轮雄蕊　　9.第三轮雄蕊　　10.退化雄蕊　　11.雌蕊

乔木，高达10米，胸径达25厘米；树皮灰白色。幼枝密被灰白微柔毛，后脱落无毛。顶芽小，卵球形，芽鳞近无毛或略被灰白微柔毛。叶近对生或对生，薄革质，长圆形或长圆状卵形，长12.5—24厘米，宽4.5—8.5（10.5）厘米，先端锐尖，基部宽楔形，上面绿色，下面绿白色，晦暗，幼时两面尤其是下面密被灰白色绢状微柔毛，后上面无毛，下面仍被灰白色绢状毛，离基三出脉，中脉直贯叶端，侧脉离叶基（2）5—10（15）毫米处生出，斜向上升，在近叶端处消失，向叶缘一侧有附加小脉4—6，附加小脉正如基生侧脉和中脉一样在上面明显凹陷，下面十分凸起，横脉近平行，波状，上面隐可见，下面多少明显，其间由小脉连接；叶柄长1—1.5厘米，幼时密被灰白绢状微柔毛，老时无毛。圆锥花序长4.5—6.5（10.5）厘米，常着生于远离枝端的叶腋内，分枝末端为3—5花的聚伞花序；总梗长（1）1.5—3厘米，与各级序轴两侧压扁，被灰白绢状微柔毛。花淡绿色，长约4.5厘米，花梗长2.5—5毫米，被灰白绢状微柔毛；花被片长圆形，长约3毫米，外面疏被内面密被绢状微柔毛；花丝被柔毛，腺体圆状肾形，具短柄；子房卵球形，长约1毫米，近无毛，花柱与子房等长，柱头小，不明显。其花期4—5月。

产屏边及富宁，生于海拔550—1100米石灰岩山坡或谷地常绿阔叶林中或水边；贵州南部、广西西南部也有。模式标本采自屏边。

种子繁殖或萌芽更新。

木材结构细，纹理直，材质中等，为一般建筑、家具、农具等用材；叶、树皮、根、可提取芳香油。

18.柴桂（景东）　　辣皮树（景东）、桂皮、三股筋（瑞丽）、肉桂、桂皮（潞西）图164

Cinnamomum tamala（Buch.-Ham.）Nees et Eberm.（1831）

L.aurus tamala Buch.-Ham.（1822）

乔木，高达20米，胸径达20厘米；树皮灰褐色，有香气。老枝茶褐色，无毛，幼枝多少具棱角，初略被灰白微柔毛，后渐变无毛。叶互生或近对生，薄革质，卵形、长圆形或披针形，长7.5—15厘米，宽（2.5）3—5.5厘米，先端长渐尖，基部锐尖或宽楔形，上面绿色，下面绿白色，两面无毛，离基三出脉，中脉直贯叶端，侧脉离叶基5—10毫米处生出，斜向上弧曲，在叶端之下消失，与中脉在上面稍凸起，下面十分凸起，横脉波状，细脉网状，均在两面多少明显；叶柄长0.5—1.3厘米，无毛。圆锥花序腋生及顶生，长5—10厘米，多花，分枝末端为3—5花的聚伞花序；总梗长1—4厘米，与各级序轴疏被灰白细小微柔毛。花白绿色，长达6毫米，花梗长4—6毫米，被灰白细小微柔毛；花被裂片倒卵状长圆形，长约4毫米，外面疏被内面密被灰白短柔毛；花丝被灰白柔毛，腺体卵状心形，具细柄；子房卵球形，长1.2毫米，被柔毛，花柱长3.6毫米，柱头小，不明显。其花期4—5月。

产怒江、普洱、西双版纳，生于海拔1200—2000米的山坡或谷地的常绿阔叶林中或水边。西藏南部也有。尼泊尔、不丹、印度有分布。

造林技术同樟树。

材质好，结构细，纹理直，为家具、建筑等用材；树皮入药，作肉桂代用品。

图164 屏边桂与柴桂

1—5.屏边桂 *Cinnamomum pingbienense* H. W. Li：

1.花枝　2.花纵剖　3.第一、二轮雄蕊　4.第三轮雄蕊　5.退化雄蕊

6—10.柴桂 *C. tamala*（Buch.-Ham.）Nees et Eberm：

6.花枝　7.幼果枝　8.花纵剖面　9.第一、二轮雄蕊　10.第三轮雄蕊

19.刀把木（大姚） 大果香樟（大姚）、桂皮树（屏边）图165

Cinnamomum pittosporoides Hand.-Mazz.（1925）

乔木，高达25米。小枝细，幼枝稍具棱角，被污黄色绒毛状短柔毛。叶互生，薄革质，椭圆形或披针状椭圆形，长9—13（16）厘米，宽3—5（7.5）厘米，先端长渐尖，基部楔形，上面干时淡褐色，晦暗，沿叶脉被秕糠状小疏柔毛，下面带灰白色，被短柔毛，离基三出脉，基部1对侧脉近对生，离叶基2—6毫米处斜伸，向叶缘一侧有多条次级小脉，其余2—3对侧脉常互生，自中脉1/3或1/2以上弧曲生出，彼此平行而不连接，也不达到叶端，横脉密集而曲折，上面不明显，下面明显；叶柄长8—12（16）毫米，被污黄色绒毛。圆锥花序长（2）3—4厘米，具1—7花，着生在幼枝近顶部的叶腋内，被污黄色绒毛状短柔毛，常多数密集而彼此接近，短小，近无梗或具长1—1.5厘米的总梗；苞片及小苞片三角形或近钻形，长约1毫米，密被污黄色绒毛状短柔毛。花金黄色，长达5毫米，花梗长3—6毫米，有毛；花被裂片卵状长圆形，长约5毫米，外面密被污黄色短绒毛，内面被较多的绢毛；花药下方2室较大而伸长，全为侧向，上方2室内向或外向，花丝被柔毛，腺体肾形，具柄；子房卵圆形，向上渐狭成粗花柱，各处被硬毛，柱头盘状。果卵球形，长达2.5厘米，径2厘米，先端具小尖头，基部渐狭，外皮粗糙，仅顶端略被柔毛；果托木质，外略被污黄色微柔毛，浅盆状，长约0.5厘米，顶端径1.2—1.4厘米，具6齿裂，齿先端圆形；果梗长约1厘米，先端稍增粗。其花期2—5月，果期6—10月。

产大姚、屏边，生于海拔1800—2500米的常绿阔叶林中；四川南部也有。模式标本采自大姚。

喜温暖湿润环境，在酸性土壤上生长良好。

种子繁殖，条播，一年出圃。

材质中等，结构细，纹理直，耐腐，强度、硬度适中，为家具、室内装修、建筑等用材。枝、叶可提取芳香油。

20.大叶桂 图166

Cinnamomum iners Reinw. ex Blume（1826）

乔木，高达20米，胸径20厘米。小枝圆柱形或钝四棱形，幼时密被微柔毛，后渐变无毛。顶芽小，卵球形，密被绢状毛。叶近对生，厚革质，卵形或椭圆形，长12—35厘米，宽5.5—8.5厘米，先端钝或微凹，基部宽楔形或近圆形，上面绿色，光亮，无毛，下面黄绿色，初密被短柔毛，后渐较稀疏，三出脉或离基三出脉，侧脉离叶基0—10毫米处生出且直贯叶端，中脉及侧脉两面凸起，横脉及细脉两面稍明显，或上面不明显下面隐约可见；叶柄长1—3厘米，多少密被短柔毛。圆锥花序腋生或近顶生，1—3出，长6—26厘米，多分枝，分枝长1—2.5（6）厘米，末端为3—7花的聚伞花序，总梗长3—10（15）厘米，与各级序轴密被短柔毛。花淡绿色，长4—5（6）毫米，花梗长2.5—5毫米，密被灰色短柔毛；花被裂片卵状长圆形，长4毫米，两面密被灰色短柔毛；花丝被柔毛，腺体圆状肾形；子房卵球形，长1.5毫米，花柱细，长约3毫米，柱头盘状扁平，具圆裂片。果卵球形，长9—10（12）毫米，径约7毫米，先端具小突尖；果托倒圆锥形或碗形，稍增大，径达8毫米，顶端有稍增大而开张的宿存花被裂片；果梗略增粗。其花期3—4月，果期5—6月。

产普洱、蒙自，生于海拔140—1000米山谷、路旁、疏林或密林中；分布于广西西南部及西藏东南部；斯里兰卡、印度、缅甸、中南半岛、马来西亚、印度尼西亚也有。

种子繁殖，育苗造林。播种前用40℃左右的温水浸种，条播。一年生苗即可出圃定植。

木材黄褐色，有光泽，管孔斜裂或散生，木射线少至中；纹理略直，结构细，重量中等，干缩性小，强度适中，可作家具、车船、室内装修、胶合板、房建等用材。

21.聚花桂（植物分类学报） 柴桂（禄劝）、桂树（西藏）图165

Cinnamomum contractum H. W. Li（1978）

小乔木，高达8米，胸径达32厘米；树皮灰黑色，光滑。小枝无毛，皮孔多数。叶互生或近对生，革质，卵形至宽卵形，长9—14厘米，宽3.5—7.5厘米，先端渐尖，尖头钝，基部宽楔形至近圆形，边缘内卷，上面绿色，光亮，无毛，下面灰绿色，晦暗，幼时明显被白色绢状短柔毛，最后变无毛，离基三出脉，中脉与侧脉在上面明显，下面凸起，干时均呈淡黄色，中脉直贯叶端，侧脉近对生，自离叶基5—10毫米处生出，向上弧曲，至叶端渐消失，外侧有时无支脉，有时有3—5条支脉，支脉弧曲，在叶缘之内连接，横脉多数，弧曲，下面略明显；叶柄长1—2厘米，无毛。圆锥花序腋生及顶生，多花密集，腋生者短小，长4—8.5厘米，下部具短分枝或近总状，顶生者伸长，长达12厘米，分枝几自序轴基部生出，最下部分枝长达4厘米，向上分枝渐短，为具短梗或无梗的2—11花的伞形花序所组成；总梗长5—15毫米，与各级序轴密被灰色细微柔毛。花黄绿色，长达7毫米，花梗长2—4毫米，密被灰色细微柔毛；花被片卵形或长圆状卵形，长5毫米，两面被绢状微柔毛；花丝被柔毛，腺体肾形，具短柄；子房卵球形，长1.5毫米，无毛，花柱长3.5毫米，柱头增大，头状。其花期5月。

产绿劝、丽江、维西、香格里拉，生于海拔1800—2800米山坡或沟谷边的常绿叶林中。分布于西藏东南部。模式标本采自维西。

种子繁殖，育苗造林，随采随播或混沙贮藏种子。

材质中等，可作一般家具、胶合板等用材。

22.野肉桂（河口） 滇南桂（植物分类学报）图163

Cinnamomum austro-yunnanense H. W. Li（1978）

乔木，高达20米，胸径达25厘米；树干通直；树皮灰白色，平滑。小枝无毛，幼枝略四棱形，密被贴伏灰白微柔毛。顶芽小，长卵球形，长4毫米，芽鳞外密被灰白微柔毛。叶互生或近对生，薄革质，长圆形至披针状长圆形，长7—17（22）厘米，宽2—4.5（6）厘米，先端钝或锐尖，基部近圆形，上面绿色，光亮，下面淡绿色或灰绿色，晦暗，略被贴伏灰白微柔毛，三出脉或离基三出脉，中脉直贯叶端，侧脉离叶基0—6毫米处生出，弧曲上升，在叶端之下消失，与中脉两面凸起且呈黄褐色，横脉及细脉两面不明显；叶柄长0.5—1.2厘米，灰褐色，密被柔毛。圆锥花序腋生及顶生，多花，长6—12厘米，自基部多分枝，分枝伸长，各级序轴多少呈四棱状压扁，密被灰白绢状微柔毛。花淡黄褐色，长4毫米，花梗长3—4毫米，密被灰白微柔毛；花被裂片长卵形，长约3毫米，两面密被灰白绢状

图165　刀把木与聚花桂

1—5.刀把木 *Cirmamomum pittosporaides* Hand.-Mazz.:

1.幼果枝　　2.第一、二轮雄蕊　　3.第三轮雄蕊　　4.退化雄蕊　　5.雌蕊

6—11.聚花桂 *C. contradum* H. W. Lit:

6.花枝　7.花纵剖面　8.第一、二轮雄蕊　9.第三轮雄蕊　10.退化雄蕊　11.雌蕊

微柔毛；花丝被疏柔毛，腺体圆状肾形，具短柄；子房卵球形，长约1.2毫米，花柱长1.8毫米，柱头略呈盘状。果卵球形，长约6毫米，径5毫米，黑褐色，顶端浑圆，有小突尖头；果托帽状，径达6毫米，顶端截平或微波状。其花期4月，果期5—6月。

产河口、金屏、麻栗坡、景洪，生于海拔200—600（1500）米林中。模式标本采自景洪。

适生于土层深厚湿润的山地红壤，在有充足的光照条件下，生长旺盛，结实力强。天然林生长较缓慢，麻栗坡老君山海拔1500米。63年生树高20.3米，胸径29.3厘米。

种子繁殖或萌芽更新。用种子繁殖时应在果实成熟后及时采收种子，并搓去果肉，洗净阴干，随采随播或混沙贮藏。

木材淡黄褐色，心边材区别略明显，结构细，纹理直，强度适中。可作家具、建筑等用材，树皮可药用；叶、枝可提取芳香油。

23.银叶桂　银叶樟（中国树木志略），川桂皮（中国高等植物图鉴）

Cinnamomum mairei Levl.（1914），（1916），（1919）.

产河口、金平、麻栗坡及景洪等地。

24.爪哇肉桂　图166

Cinnamomum javanicum Blume（1826）

乔木，高达20米，胸径达25厘米。小枝近四棱形，幼时密被黄褐色绒毛。芽小，卵球形，密被黄褐色绒毛。叶对生，坚纸质或革质，椭圆形或椭圆状卵形，长11—22厘米，宽5—6.5厘米，先端尾尖，基部近圆形，上面深绿色，光亮，无毛或仅下部沿叶脉被黄褐色绒毛，下面黄绿色，晦暗，被极密淡黄褐色短柔毛，边缘内卷，近离基三出脉，侧脉离叶基0—6毫米处生出，弧曲上升，直贯叶端会合，向叶缘一侧有少数斜向支脉，与中脉在上面凹陷，下面凸起，横脉多数，上面幼时略凹陷但老时近平坦，下面明显凸起；叶柄粗，长1—1.2厘米，密被黄褐色绒毛。果序圆锥状，在枝条上部腋生，长10.5—14厘米多；总梗长5—9厘米，略具棱角，与各级序轴密被黄褐色绒毛。果椭圆形，长1.5厘米，径1.2厘米；果托倒圆锥状或碗状，高约6毫米，顶端截平，径达1.2厘米；果梗长约4毫米，密被黄褐绒毛。其果期10月。

产屏边，生于海拔1400米密林中。越南、马来西亚、印度尼西亚也有。

喜暖热气候。种子繁殖或萌芽更新。条播，出苗后给予适当遮阴。

木材材质好，结构细，纹理直，耐腐，可作室内装修、箱柜、房建等用材。树皮及枝、芽均含芳香油。

25.毛桂　假桂皮（西畴），山桂皮、香桂子（广西），香沾树、山桂枝（四川），土肉桂（江西）图167

Cinnamomum appeiianum Schewe（1925）

Cinnamomum taimoshanicum Chum ex H. T. Chang.（1959）

乔木，高达20米，胸径达80厘米；树皮灰褐色或暗绿色。小枝密被污黄色硬毛状柔毛，后渐变无毛。顶芽狭卵形，锐尖，芽鳞覆瓦状排列，密被污黄色硬毛状绒毛。叶互生

图166 爪哇肉桂与大叶桂

1.爪哇肉桂 *Cinnamomum javanicum* Blume 果枝

2—8.大叶桂 *C. iners* Reinw. ex. Blume：

2.花枝 3.叶 4.花纵剖 5.第一、二轮雄蕊 6.第三轮雄蕊 7.退化雄蕊 8.果

图167 毛桂与香桂

1—5.毛桂 *Cinnamomum appelianum* Schewe：

1.花枝 2.花纵剖面 3.第一、二轮雄蕊 4.第三轮雄蕊 5.退化雄蕊

6.香桂 *C. subcvenium* Miq 花枝

或近对生、革质，椭圆形、椭圆状披针形至卵形或卵状椭圆形，长4.5—11厘米，宽1.5—4厘米，先端骤然短渐尖，基部楔形至近圆形，上面幼时沿脉密被污黄色硬毛状柔毛，老时无毛，下面密被污黄色硬毛状柔毛，两面略呈牛皮状皱纹，离基三出脉，侧脉离叶基1—3毫米处生出，弧曲上伸，贯入叶端，近叶缘一侧有少数支脉，支脉在叶缘之内网结，横脉在下面凸起，细脉在下面略明显；叶柄长4—5（9）毫米，密被污黄色硬毛状柔毛。圆锥花序生于当年生枝条基部叶腋内，大多短于叶很多，长4—6.5厘米，具（3）5—7—11花，分枝长约0.5厘米；总梗长1—1.5（2.5—3.5）厘米，与各级序轴密被污黄色硬毛状柔毛。花白色，长3—5毫米，花梗长2—3毫米，密被污黄色硬毛状柔毛或微柔毛；花被裂片宽倒卵形至长圆状卵形，长3—3.5毫米；花丝被疏柔毛，腺体心状圆形，无柄；子房宽卵球形，长1.2毫米，无毛，花柱粗，柱头盾形或头状，全缘或略具3浅裂。果椭圆形，长6毫米，径4毫米；果托漏斗状，长达1厘米，顶端具齿裂，径7毫米。花期4—6月，果期6—8月。

产富宁、西畴，生于海拔（350）500—1400米山坡或谷地的灌丛和疏林中，常与樟科、木兰科、山茶科等树种组成常绿阔叶混交林；分布于湖南、江西、广东、广西北部及中部、贵州东部及南部以及四川等省区。

种子繁殖、育苗造林。

树皮可代肉桂入药。木材可作造船、家具、建筑等用材。

26.肉桂（唐本草）　桂（南方草本状）、筒桂（神农本草经）、桂皮、桂枝（广东）、玉桂（广东、广西）图168

Cinnamomum cassia Presl（1825）

乔木；树皮灰褐色，老树皮厚达13毫米。小枝略被短绒毛，幼枝稍四棱，密被灰黄色短绒毛。顶芽长约3毫米，芽鳞密被灰黄色短绒毛。叶互生或近对生，革质，长椭圆形至近披针形，长8—16（34）厘米，宽4—5.5（9.5）厘米，先端稍急尖，基部急尖或楔形，边缘内卷，上面绿色，有光泽，无毛，下面淡绿色，晦暗，疏被黄色短绒毛，离基三出脉，侧脉近对生，离叶基5—10毫米处生出，稍弯向上伸至叶端之下方渐消失，与中脉在上面凹陷，下面凸起，向叶缘一侧有多数支脉，支脉在叶缘之内网结，横脉波状，近平行，相距3—4毫米，下面不明显，小脉在下面几不可见；叶柄粗，长1.2—2厘米，被黄色短绒毛。圆锥花序腋生或近顶生，长8—16厘米，三级分枝，分枝末端为3花的聚伞花序，总梗长约为花序长之半，与各级序轴被黄色绒毛。花白色，长约4.5毫米，花梗长3—6毫米，被黄褐色短绒毛；花被裂片卵状长圆形，长约2.5毫米，两面密被黄褐色短绒毛；花丝被柔毛，腺体圆状肾形；子房卵球形，长约1.7毫米，无毛，花柱与子房等长，柱头小，不明显。果椭圆形，长约1厘米，径7—8（9）毫米，黑紫色，无毛；果托浅杯状，长4毫米，顶端径达7毫米，边缘截平或略具齿裂。其花期6—8月，果期10—12月。

产滇南，为一栽培种，原产我国，除云南外，现广东、广西、福建及台湾等省区热带及亚热带地区广为栽培，广西为栽培中心，多为人工纯林；印度、老挝、越南至印度尼西亚也有，但大都为人工栽培。

喜湿热气候，适生区年平均气温19—22.5℃，1月平均气温7—16℃，绝对最低气温-4.9℃，年降雨量1200—2000毫米，在日平均气温20℃以上，才开始萌芽生长。抗寒

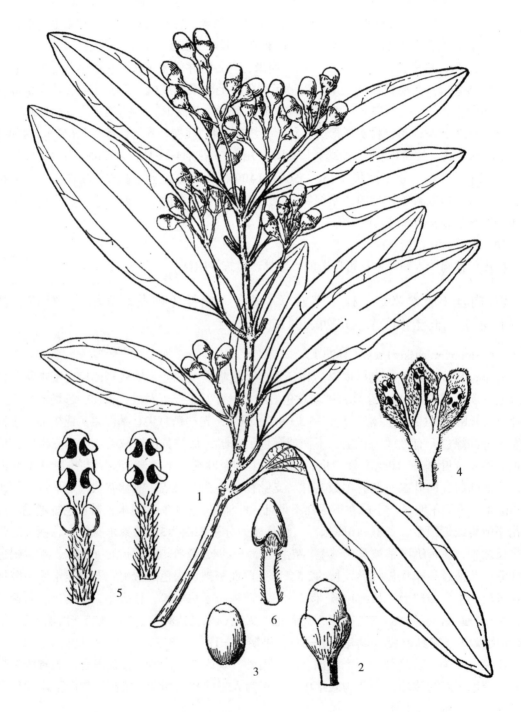

图168 肉桂 *Cinnamomum cassia* Presl

1.果枝　2.果实　3.种子　4.花　5.雄蕊　6.退化雄蕊

性弱，连续5天以上霜冻，即遭冻害，常使树皮冻裂，枝叶枯萎，小树甚至连根冻死。要求花岗岩、砾岩，沙岩母质上发育的酸性肥沃土壤，在干燥瘠薄土壤上生长不良，寿命缩短。在排水不良的低洼地，易患根腐病。耐阴，苗期需遮阴，3—5年生幼树在荫蔽条件下生长较快，成林后需较充足光照，可提高结实量和促进韧皮部形成油层。用种子繁殖，种子千粒重370—385克，应随采随播；种子贮藏两个月，发芽率降至50%以下，过8个月，则全部丧失发芽力。条播，每亩播种量12—16千克。1年生苗可高达20厘米，可上山定植。也可用萌蘗繁殖及高压法和扦插育苗。

萌芽性强，可经营矮林作业，造林3—5年后，平均每亩每年可采剥桂皮40—50千克，桂碎4—5千克，还可采收桂叶蒸油1.5—1.7千克。经营乔木林，以生产桂皮、"桂子"为目的，在10月下旬采收未成熟的果实，名为"桂子"。

有根腐病、桂叶褐斑病、草蟋蟀、卷叶虫、肉桂褐天牛、桂实象鼻虫等病虫为害；果实成熟时有桂米雀、八哥、高帽鹦等啄食为害，应加强预防。

树皮、枝叶、花果、根可制成多种药材，统称"桂品"；树皮称"桂皮"，枝条称"桂枝"，嫩枝称"桂尖"，叶柄称"桂梗"，果托称"桂盅"，果实称"桂子"，初结的果称"桂花"或"桂芽"。桂皮有温中补肾、散寒止痛功能，治腰膝冷痛，虚寒胃痛，慢性消化不良，腹痛吐泻，受寒经闭。桂枝有发汗解肌，温通经脉功能，治外感、风寒、肩臂肢节酸痛，桂枝煎剂对金黄色葡萄球菌、伤寒杆菌和人型结核杆菌有显著抗菌作用。桂子可治虚寒胃痛。枝、叶、果实、花梗等各部均可蒸制桂油，桂油为合成桂酸等重要香料的原料，用作化妆品原料，亦供巧克力及香烟配料，药用作矫臭剂，祛风剂、刺激性芳香剂等，并有防腐作用。桂皮、桂油为我国特产，占全世界总产量的80%，在国际市场上享有盛名。

27.香桂 细叶香桂（中国高等植物图鉴）、假桂皮、（西畴）、细叶月桂、香树皮、香桂皮、三条筋（浙江）、土肉桂、香槁树（江西）图167

Cinnamomum subavenium Miq.（1858）

Cinnamomum chingii Metc.（1931）

乔木，高达20米，胸经达50厘米；树皮灰色，平滑。小枝纤细，密被黄色平伏绢状短柔毛。叶互生或近对生，革质，椭圆形、卵状椭圆形至披针形，长4—10（13.5）厘米，宽2—5（6）厘米，先端渐尖或短尖，基部楔形至圆形，上面深绿色，光亮，幼时被黄色平伏绢状短柔毛，后毛被渐脱落至无毛，下面黄绿色，晦暗，密被黄色平伏绢状短柔毛，老时毛被较稀疏，三出脉或离基三出脉，中脉及侧脉在上面凹陷，下面显著凸起，侧脉离叶基0—4毫米处生出，斜上伸，直贯叶端，侧脉脉腋有时下面呈不明显囊状，上面略为泡状隆起，横脉及细脉两面不明显；叶柄长5—15毫米，密被黄色平伏绢状短柔毛。圆锥花序腋生或近顶生，长6—10厘米，分枝，分枝末端为3花的聚伞花序；总梗长约5.5厘米，与各级序轴密被黄色平伏绢状短柔毛。花淡黄色，长3—4毫米，花梗长2—3毫米，密被黄色平伏绢状短柔毛；花被裂片长圆状披针形或披针形，长3毫米，两面密被短柔毛；花丝全长及花药背面被柔毛，腺体圆状肾形，具短柄；子房球形，径约1毫米，无毛，花柱长2.5毫米，略弯曲，柱头增大，盘状。果椭圆形，长约7毫米，径5毫米，蓝黑色；果托杯状，全缘，径约5

毫米。其花期6—7月，果期8—10月。

产贡山、易武、金平、屏边、西畴，生于海拔2000米以下山坡或山谷的常绿阔叶林中；分布于贵州、四川、西藏、广西、广东、安徽、浙江、江西、福建及台湾；印度、缅甸、中南半岛、马来西亚、印度尼西亚也有。

喜温暖湿润气候和深厚肥沃土壤。种子繁殖、育苗造林。苗期适当遮阴。

叶、树皮可提取芳香油，称香桂叶油和香桂皮油，叶油主要成分是丁香酚，皮油主要成分是桂醛，故两者必须分别提取，不可混合加工。香桂叶油可作香料及医药杀菌剂，还可提炼丁香酚用作配制食品及烟用香精。香桂皮油可作化妆品及牙膏的香精原料。香桂叶也是罐头食品的重要配料，能增加食品香味和保持经久不腐。

11. 新樟属 Neocinnamomum Liou

常绿灌木或乔木。叶互生，三出脉。花小，由一至多花组成团伞花序；团伞花序具梗或近无梗，腋生，或多数疏离组成不分枝或有少数挺直分枝的腋生或顶生圆锥花序；花梗或长或短；花被筒短，花被裂片6，近等大，果时厚而稍带肉质；能育雄蕊9，均具花丝，第1、2轮花丝无腺体，第3轮花丝各有2腺体，花药4室，上2室内向或外向或全部侧向，下2室较大，侧向，但有时药室几乎水平向横排成1列；退化雄蕊具柄，略大；子房倒卵形，无柄，花柱短，柱头盘状。果为浆果状核果，椭圆形或球形；果托大而浅，肉质增厚，高脚杯状，花被裂片宿存，稍带肉质，略增大，直伸或开展；果梗较细，向上渐增粗。

本属约7种，分布于尼泊尔、印度、缅甸、越南及印度尼西亚的苏门答腊。我国有5种，产于华南及西南。云南有4种。

分 种 检 索 表

1.叶具多数水平排列的横脉，与细脉组成横向伸长的脉网；团伞花序多数疏离，组成序轴十分发育的腋生及顶生圆锥花序 ·················· 1.滇新樟 N.caudatum
1.叶脉网不横向伸长，呈规则细网状；团伞花序单生叶腋，不组成圆锥花序。
　2.幼枝和叶下面无毛；花被密被锈色细绢毛 ·········· 2.沧江新樟 N. mekongense
　2.幼枝和叶下面密被毛。
　　3.花序具短总梗；幼枝、叶下面密被锈色短柔毛 ················
　　············ 3.海南新樟 N.lecomtei
　　3.花序无总梗；幼枝、叶下面密被锈色或白色细绢毛 ········· 4.新樟 N. delavayi

1.滇新樟（中国高等植物图鉴） 羊角香（玉溪）、"梅根"（西双版纳傣语）、茶蚬、"加修"（广西壮语）图169

Neocinnamomum caudatum（Nees）Merr.（1934）

Neocinnamomum yunnanense H.Liou（1934）

N. poilanei H.Liou（1934）

乔木，高5—15（20）米，胸径达38厘米；树皮灰黑色。小枝有纵细纹，被微柔毛。顶

图169 滇新樟 *Neocinnamomum caudatum*（Nees）Merr.
1.花枝 2.果枝 3.花外面观 4.花纵剖面 5.第一、二轮雄蕊
6.第三轮雄蕊 7.退化雄蕊 8.叶（示网脉）

芽小，芽鳞厚而被毛。叶互生，坚纸质，卵形或卵状长圆形，长（4）5—12厘米，宽（2）3—4.5厘米，先端渐尖，尖头钝，基部楔形，宽楔形至近圆形，两面无毛，上面绿色，干时变褐色，下面淡绿色，干时浅褐色，三出脉，中脉及基生侧脉在上面平坦或稍凹陷，下面凸起，横脉多数，较细，近水平伸出，近平行，与细脉网结明显呈伸长的脉网；叶柄长8—12毫米，近无毛。团伞花序通常5—6花，总梗长0.5—1毫米，多数，疏离且组成圆锥花序，后者腋生及顶生，长达10厘米，挺直，不分枝或有少数挺直的分枝，分枝长（1.5）2—4厘米，序轴上被锈色微柔毛；苞片钻形，长不及1毫米，密被锈色微柔毛。花黄绿色，花梗长2—6毫米；花被裂片三角状卵形，长约1.2毫米，两面被锈色微柔毛；花丝被柔毛，花药与花丝近等长，4室，第1，2轮的花药下2室较大，内向或侧向，上2室小，内向，第3轮的下2室外向，上2室几与下2室横排成一列，侧向；子房椭圆状卵球形，长不及1毫米，花柱稍长，柱头盘状。果长椭圆形，长1.5—2厘米，径达1厘米，红色；果托高脚杯状，径6—8毫米，长0.5—1厘米，宿存花被片凋萎状。花期（6）8—10月，果期10月至翌年2月。

产腾冲、普洱、玉溪、景东、易武、临沧、双江，生于海拔500—1800米山谷、路旁、溪边疏林或密林中；分布于广西西南部、四川西南部；尼泊尔、印度、缅甸、越南也有。

种子繁殖、育苗造林。种子混沙贮藏或随采随播，播前进行温水催芽、去蜡处理。

材质中等、耐腐、硬度、强度中，为一般家具、农具等用材。枝、叶可提取芳香油，种子可榨油。

2.沧江新樟　图170

Neocinnamomum mekongense（Hand.-Mazz.）Kosterm（1974）

灌木或小乔木，高（1.5）2—5米，有时达10米；树皮黑棕色。小枝无毛。顶芽卵球形，芽鳞略肥厚，略被锈色细绢毛。叶互生，坚纸质或近革质，卵形至卵状椭圆形，长（4.5）5—10厘米，宽（1.7）2.5—4.5（5）厘米，先端尾状渐尖，尖头纤细，长1.5—2厘米，基部楔形，两面无毛，上面绿色，下面苍白色，三出脉，中脉及侧脉两面明显，基生侧脉达叶片长3/4，其余侧脉细小，小脉及细脉两面呈细网状；叶柄长1—1.5厘米，无毛。团伞花序腋生，被锈色细绢毛，有（1）2—5（6）花；苞片三角状钻形，长不及1毫米，被锈色细绢毛。花绿黄色，花梗长5—8（10）毫米，被锈色细绢毛；花被裂片三角状卵形，长2毫米，两面被锈色细绢毛；第1、2轮花药上2室小，内向，下2室大，外侧向，第3轮的上2室小，外向，下2室大，外侧向；子房卵球形，长1.2毫米，无毛，花柱短，柱头盘状。果卵球形，长约1.2厘米，径8.5—9毫米，先端具小尖突，红色；果托高脚杯状，顶端径达7毫米；果梗长约1.2厘米。花期6—8月，果期11月至翌年5月。

产景东、维西等地，生于海拔（1400）1700—2300（2700）米灌丛、林缘或疏林中；分布于西藏东南部。模式标本采自维西。

种子繁殖。果实应及时除去果肉，清水洗净阴干，混沙贮藏于通风干燥的室内。播前用草木灰去蜡，温水催芽。条播。覆土须消毒。一年生苗可出圃造林。

枝、叶含芳香油。种子可榨油、油供制皂用。

3.海南新樟

Neocinnamomum lecomtel H.Liou（1934）

产金平，广东海南、贵州西南部、广西南部有分布；越南北部也有。

4.新樟（中国高等植物图鉴） 肉桂树（丽江）、羊角香（鹤庆）、香叶树（楚雄、武定）、梅叶香（弥渡、楚雄、富民）、野香叶树（楚雄），荷花香（保山）、荷叶香（大姚）、香桂子、香叶子（四川）、云南桂（中国树木分类学）、少花新樟（中国高等植物图鉴）图170

Neocinnamomum delavayi（Lecomte）H.Liou（1934）

Neocinnamomum parvifolium（Lecomte）H.Liou（1934）

灌木或小乔木，高（1.5）2—5米，有时可达10米；树皮黑褐色。幼枝密被锈色或白色细绢毛，后毛被渐脱落。顶芽小，芽鳞厚，密被锈色或白色细绢毛。叶互生，近革质，椭圆状披针形至卵形或宽卵形，长（4）5—11厘米，宽（1.5）2—6厘米，先端渐尖，基部锐尖至楔形，两侧常不相等，幼时两面密被锈色或白色细绢毛，后上面近无毛，下面仍被毛，上面绿色，稍光亮，下面苍白色，晦暗，三出脉，中脉及侧脉在上面常凹陷，下面凸起，基生侧脉弧状上升至叶片1/2—3/4，脉腋有时在下面呈不明显的窝穴，在上面微隆起，其余侧脉均细小，与小脉呈细网状；叶柄长0.5—1厘米，初时密被平伏细绢毛，后毛被渐稀少。团伞花序腋生，具（1）4—6（10）花；苞片三角状钻形，长0.5毫米，密被锈色细绢毛。花黄绿色，花梗长5—8毫米，密被锈色细绢毛；花被裂片三角状卵形，长1.8—22毫米，两面密被锈色细绢毛；第1、2轮花药上2室内向，下2室侧外向，几横排成一列，第3轮花药上2室小，侧外向，下2室大，外向；子房椭圆状卵球形，长约1毫米，无毛，花柱短，柱头盘状。果卵球形，长1—1.5厘米，径0.7—1厘米，红色；果托高脚杯状，顶端径5—8毫米，宿存花被裂片略增大，凋萎状；果梗长0.7—2厘米，向上渐增大。其花期4—9，果期9月至翌年1月。

产富民、武定、楚雄、大姚、鹤庆、丽江、大理、保山、宾川等地，生于海拔1100—2300米沿河两岸、沟边或石灰岩山地的灌丛、林缘、疏林或密林中。分布于四川南部、西藏东南部。模式标本采自宾川。

种子繁殖，育苗造林。种子经混沙贮藏后于播前精选，温水催芽，草木灰去蜡。

枝、叶含芳香油，出油率0.8%—1.7%，油的比重（13.5℃）0.8564，折光率（11℃）1.4850，旋光度（12℃）±0°，酸值0.28，皂化值12.3，乙酰化后皂化值87.73，醛酮含量（亚硫酸氢钠法）6%，可用于香料及医药工业。果除果皮含芳香油外，果仁含油脂，可作工业用油。叶尚可入药，有祛风湿、舒筋活络之效。

12.楠属 Phoebe Nees

常绿乔木。叶互生，羽状脉。花两性；聚伞状圆锥花序，腋生，稀顶生；花被筒短，花被裂片6，近相等或外轮略小；能育雄蕊9，3轮，花药4室，第1、2轮雄蕊无腺体，花药

图170 新棒及沧江新樟

1—5.新樟 *Neocinnamomum delavavi*（Lecomte）H.Liou：

1.花枝　2.花纵剖　3.第一、二轮雄蕊　4.第三轮雄蕊　5.退化雄蕊

6—9.沧江新樟 *N. mekongense*（Hand.-Mazz.）Kosterm：

6.花枝　7.花外面观　8.花纵剖面　9.果

为向，第3轮基部或近基部有2腺体，花药外向，退化雄蕊3，位于最内轮，三角形或箭头形，具短柄；子房卵形或球形，花柱顶生，柱头盘状或头状。果为浆果状核果，卵球形、椭圆形或球形，花被裂片宿存，包被果实基部，革质或木质，直立，松散或先端外展，稀微反卷。

本属约94种，分布于亚洲、美洲热带和亚热带。我国约34种3变种，产于长江流域以南地区，主产西南、华南。云南有20种1变种。

多为高大乔木，树干通直，生长较快，木材坚实，结构细致，不易变形和开裂，为建筑、家具、船板等优良用材。

分 种 检 索 表

1.花被外面及花序无毛或被平伏微柔毛（1.光花组Sect. Phoebe）。
　2.中脉在上面凸起。
　　3.叶披针形或窄披针形，长10—25（27）厘米，宽1—2.5（3.5）厘米，侧脉10—16（20）对；叶柄长（0.5）1—2厘米；圆锥花序多数，长（6）8—18（20）厘米；果实先端无喙 ·· 1.沼楠 P. angustifolia
　　3.叶椭圆状披针形或披针形，长11—26厘米，宽（2.5）3—7厘米，侧脉7—13（15）对；叶柄长1—2.5厘米；圆锥花序少数，长12—15（20）厘米；果实先端常有短喙 ·· 2.披针叶楠 P. lanceolata
　2.中脉在上面全部凹陷或下半部明显凹陷。
　　4.花大，长约6毫米；圆锥花序长8—17厘米，粗壮；叶倒披针形，宽披针形或长圆状披针形，长11—17（20）厘米，宽3—5（5.5）厘米、叶柄粗，长2—3（4）厘米 ·· 3.山楠 P. chinensis
　　4.花较小，长在4毫米以下。
　　　5.花序短，果时长4.5—7厘米，少花；叶革质，卵状椭圆形或披针形，稀倒披针形，长4—6.5厘米，宽1.2—3.6厘米，下面被白粉，侧脉5—7对·················· ·· 4. 小叶楠 P. microphylla
　　　5.花序较长，通常长6—15厘米，花多而密集；叶革质或厚革质，长6—15厘米，侧脉较多，6—15对。
　　　　6.嫩叶下面密被灰白贴伏绢状短柔毛，老叶下面多为苍白色，侧脉12—15对；花梗稍长过于花 ····································· 5.竹叶楠 P. faberi
　　　　6.嫩叶下面无毛，老叶下面不为苍白色，侧脉6—10对；花梗长为花的2倍或以上 ·· 6.小花楠 P. minutiflora
1.花被外面及花序密被短柔毛、长柔毛或绒毛（2.毛花组Sect. Caniflorae）。
　7.中脉在上面凸起。
　　8.圆锥花序通常长10—15厘米；叶长圆形或长圆状披针形，长8.5—23厘米，宽2.5—6.3厘米，基部渐窄下延，侧脉10—15对 ·················· 7.乌心楠 P. tavoyana
　　8.圆锥花序长4.5—10厘米；叶较短，长3—12厘米，宽1.1—4厘米，基部楔形，稀为渐窄下延，侧脉6—8（12）对。

9.叶长圆形或椭圆状长圆形，长3—6厘米，宽1.1—2厘米，横脉及小脉下面隐约可见，叶柄长2—6毫米，花序果时长达4.5厘米；果梗略增粗·· **8.短序楠** P. brachythyrsa

9.叶披针形或倒披针形，稀倒卵形，长9—12厘米，宽3—3.5（4）厘米，横脉及小脉下面明显可见，叶柄长约1厘米；花序长6—10厘米；果梗明显增粗或略增粗·· **9.雅砻江楠** P.legendrei

7.中脉在上面全部凹陷，或下半部明显凹陷。

10.果近球形，长约1.3厘米，径约1厘米；叶狭披针形或倒狭披针形，长（4.5）8—18（20）厘米，宽（1）1.5—3（3.5）厘米，先端渐尖或尾状渐尖，基部渐狭，末端尖或钝，有时呈圆形；枝条、叶下面、叶柄及花序均密被黄褐色柔毛··· **10.长毛楠** P. forrestii

10.果形状与上述不同。

11.果大，长1.8厘米以上。

12.小枝无毛或略被微柔毛。

13.叶长圆形或披针状长圆形，长9.5—17厘米，宽2.5—6厘米，先端钝或急尖，下面无白粉，叶柄长1—2厘米；果序长7.5—18厘米，与果梗带紫红；果长卵形或椭圆形，长2—3.2厘米，径1.1—2厘米 ·········· **11.红梗楠** P. rufescens

13.叶倒卵状披针形或近长圆形，长5.5—18厘米，宽2.8—9.8厘米，先端圆钝或微具短尖头，稀短尖，下面通常有白粉，叶柄长1—2.3厘米；果序长7.5—20厘米，与果梗不带紫红色；果长卵圆形，长1.8厘米，径约1厘米·· **12.粉叶楠** P.glaucophylla

12.小枝明显被毛，毛被各式。

14.叶侧脉10—12对，叶倒卵状长圆形至卵形或长圆形，长10—22厘米，宽3.5—12厘米，叶柄长1.3—3.5厘米；果卵圆形，长2—2.2厘米，径1.3厘米·· **13.景东楠** P. yunnanensis

14.叶侧脉20对以上，叶和果均较长大。

15.叶基部圆形或浅心形，两侧不对称，叶长15—45厘米，宽4.5—11.5厘米；果倒卵状长圆形或倒卵圆形，长3.2厘米，径1.8厘米；宿存花被裂片极增厚，木质，长达1.5厘米，宽5—6毫米 ·· **14.大萼楠** P. megacalyx

15.叶基部渐狭下延，两侧对称，叶长18—30（38）厘米，宽4—7.5（9）厘米；果椭圆形或近长圆形，长3.5—3.8（4）厘米，径1.9—2.2厘米；宿存花被裂片不增厚，革质，长6.5厘米，宽4毫米·· **15.大果楠** P. macrocarpa

11.果小，长在1.3厘米以下。

16.小枝粗；叶倒卵状椭圆形或倒卵状宽披针形，长（8）12—23厘米，宽（4）5—9厘米，先端微突钝尖，侧脉12—20对；小枝、叶柄密被黄褐色绒毛；果卵圆形，长1.3厘米，径7毫米 ·· **16.普文楠** P. puwenensis

16.小枝细；叶小得多，长3—18厘米，宽1.5—6（19）厘米，侧脉5—12对；小枝、叶柄被黄褐色短柔毛或柔毛；果卵圆形或椭圆形，长0.9—1.4厘米，径6—9毫米。

17.侧脉纤细，在下面明显或略明显，横脉及小脉在下面近于消失或完全消失；叶下面密被平伏灰白小柔毛；叶椭圆形、椭圆状倒披针形或椭圆状披针形，长5—8（10）厘米，宽1.3—3厘米；圆锥序长4—8厘米；果椭圆形，长1.1—1.4厘米，径6—9毫米 ··· **17.细叶楠 P. hui**

17.侧脉较粗，与横脉及小脉在下面明显或十分明显，小脉绝不近于消失，叶下面毛不平伏。

18.老叶下面和果梗近于无毛或疏被短柔毛。

19.叶倒卵状披针形或长圆状倒披针形，长6—18厘米，宽（2）3.5—8（10）厘米，下面通常全面被黄褐色短柔毛；枝条幼时密被黄褐色短柔毛，后渐变无毛或有疏毛；花被裂片被黄褐色绢状短柔毛；圆锥花序长6—15厘米 ··· **18.滇楠 P.nanmu**

19.叶窄披针形、披针形或倒卵状披针形，稀为倒卵形，长3—16厘米，宽2—4（4.5）厘米，下面初时或疏或密被灰白色柔毛，后渐变为仅被散生的短柔毛或近于无毛；枝条幼时疏被短柔毛或密被长柔毛，后变无毛；花被裂片被白色短柔毛或长柔毛；圆锥花序通常较短。

20.叶革质或薄革质，先端渐尖或尾状渐尖，干时上面不发皱，通常为披针形或倒披针形，长8—16厘米，宽1.5—4.5厘米；圆锥花序长4—12厘米。

21.中脉在上面上半部明显凸起，侧脉7—8（12）对，叶基部楔形 ···················· ··· **9.雅砻江楠 P.legendrei**

21.中脉在上面完全凹陷，稀上半部微凸起，侧脉（5）7—10对，叶基部渐狭下延 ··· **19.白楠 P.neurantha**

20.叶厚革质，先端钝，干时上面发皱，倒卵形或倒卵状披针形，长3—11厘米，宽1.5—4厘米；圆锥花序长2—4厘米 ····················· ··· **19a.短叶白楠 P. neurantha var. brevifolia**

18.老叶下面（包括中脉）、小枝、花序及果梗通常密被长柔毛或绒毛；叶倒卵形、椭圆状倒卵形或倒卵状披针形，长（8）12—48（27）厘米，宽（3.5）4—7（9）厘米，侧脉8—13对 ··· **20.紫楠 P.sheareri**

1.沼楠（中国树木分类学）图171

Phoebe angustifolia Meissn.（1864）

小乔木。幼枝无毛或被灰褐色微柔毛；小枝无毛。顶芽小，卵球形，长约3毫米，芽鳞披针形，外被淡褐色微柔毛。叶革质，披针形或窄披针形，长10—25（27）厘米，宽1—2.5（3.5）厘米，先端渐尖至长渐尖，基部渐窄，下延，上面绿色，无毛或沿中脉疏生柔毛，下面淡绿色，初时疏被极细灰白微柔毛，不久变无毛，中脉两面凸起，侧脉10—16（20）对，上面不明显或稍明显，下面明显，小脉网状，两面稍明显；叶柄长（0.5）1—2厘米，无毛或近无毛。圆锥花序近顶生，多数，长（6）8—18（20）厘米，中部以上分枝，最下部分枝长1.7—6厘米，总梗长3—7厘米，与各级序轴均无毛；小苞片线形，长不及1毫米，无毛，早落。花带绿色，长约3毫米，花梗长2—6毫米，无毛；花被裂片卵形，外面无毛，内面略被短柔毛或变无毛；雄蕊长1.6毫米，花丝略被柔毛，腺体肾形，具短柄；子房卵球形，长1毫米，无毛，花柱长1毫米，柱头盘状。果卵圆形，长0.9—1.2（1.4）厘米，径5—7毫米；果梗细，长6—8毫米，宿存花被裂片革质，紧贴，麦秆色或褐色，光亮，无毛。其花期4月；果期5月。

产河口等地，生于海拔约350米沼泽地或水沟边。印度、缅甸、越南有分布。

种子繁殖，育苗造林。技术措施可参阅细叶楠。

常绿小乔木，葱翠秀丽，可种于游园中的池旁、溪边，配置于水杉、水松、池杉之下，颇有观赏价值。

2.披针叶楠　图171

Phoebe lanceolata（Wall, ex Nees）Nees（1836）

乔木，高达20米，胸径达20厘米或以上；树皮灰白色。小枝细，灰褐或褐色，幼时疏被柔毛，不久很快变无毛。顶芽外露，伸长，先出叶狭披针形，密被黄色绒毛。叶薄革质，披针形或椭圆状披针形，长11—26厘米，宽（2.5）3—7厘米，先端渐尖或细尾状渐尖，尖头常作镰形，基部渐窄下延，上面绿色或黄绿色，下面淡绿或绿白色，幼时两面常带紫红色，下面多少被短柔毛，老时两面极无毛，中脉两面凸起，侧脉7—13（15）对，弧曲，细，两面明显，近边缘网结，横脉和小脉两面不明显或下面略明显；叶柄长1—2.5厘米，无毛。圆锥花序数个，腋生，长短不一，长12—15（20）厘米，近顶部分枝，最下部分枝长达3.5厘米，总梗长达13厘米，与各级序轴无毛；苞片及小苞片钻状披针形，长不及1毫米，具缘毛，早落。花淡绿或黄绿色，长3.5—4毫米，花梗长2.5—6毫米，无毛；花被裂片宽卵形，长约3毫米，外面极无毛，内面被灰白短柔毛；雄蕊长约2.5毫米，花丝与花药背面被柔毛，腺体圆状肾形，具短柄；子房卵球形，长约1.5毫米，无毛，柱头盘状，具圆裂片。果卵圆形，长9—12毫米，径6—7毫米，先端常有短喙，无毛，光亮，黑色；果梗略增粗；宿存花被裂片革质，麦秆色，紧贴或松散。花期4—5月，果期7—10月。

产景谷、普洱、西双版纳，生于海拔1500米以下山地雨林及常绿阔叶林中，为该地森林主要树种之一。尼泊尔、印度、泰国、马来西亚、印度尼西亚也有分布。

喜潮湿环境；种子繁殖，育苗造林。

边材灰白色，心材绿带棕色，年轮明显，材质坚硬，结构细密，为建筑、家具等用材。

3.山楠（中国树木分类学）

Phoebe chinensis Chun（1921）

产盐津等地，甘肃南部、陕西南部、四川、贵州、湖北西部、西藏也有。

4.小叶楠　图173

Phoebe microphylla H. W. Li（1979）

乔木，高达10米，胸径达20厘米。小枝无毛，皮孔明显。顶芽细小，倒锥形，无毛。叶革质，疏离于枝端近聚集，卵状椭圆形或披针形，稀倒披针形，长4—6.5厘米，宽1.2—

图171　沼楠、长毛楠、披针叶楠

1—6.沼楠 *Phoebe angustifolia* Meissu：

1.花枝　　2.花纵剖　　3.第一、二轮雄蕊　　4.第三轮雄蕊　　5.退化雄蕊　　6.果

7—8.长毛楠 *P. forrestii* W. W. Sm：　　7.果枝　　8.叶

9—10.披针叶楠 *P. lanceolata* Nees：　　9.花枝　　10.果

3.6厘米，先端渐尖或骤然短渐尖，基部楔形或宽楔形，上面绿色，光亮，下面白绿色，有明显白粉，两面无毛，中脉在上面凹陷，下面凸起，侧脉5—7对，两面稍明显，横脉和小脉下面隐约可见；叶柄长1—1.5（2）厘米，无毛，黑褐色。果序生于新枝下部，长4.5—7厘米，在上部分枝，总梗长2.5—4.5厘米，果序轴与果梗无毛。果球形，径约9毫米，无毛；果梗不增粗，长达9毫米；宿存花被裂片略增厚，卵状长圆形，近等大，长4—5毫米，宽1.8毫米，外面无毛，内面被微柔毛，黄褐色，松散或紧贴，先端直展或微外展。果期5—6月。

产屏边、金平，生于海拔1400—1800米沟谷疏林中。模式标本采自屏边。

种子繁殖，随采随播或湿沙贮藏于通风、干燥处。播前温水浸种。条播，适当避阴，加强苗期管理。一年生苗即可出圃造林。

木材材质优良，生长轮一般明晰，结构细致，不易开裂和变形，为家具、建筑等用材。

5.竹叶楠（中国树木分类学）图172

Phoebe faberi（Hemsl.）Chun（1925）
Machilus faberi Hemsl.（1891）

乔木，高达15米。小枝粗，无毛。顶芽小，长卵圆形，长约1毫米，芽鳞披针状卵形，外面及边缘略被微柔毛。叶厚革质或革质，长圆状披针形或椭圆形，长7—12（15）厘米，宽2—4.5厘米，先端钝或短尖，稀短渐尖，基部楔形或近圆形，通常歪斜，边缘外卷，上面绿色，光亮，无毛，下面苍白色或苍绿色，幼时密被灰白贴伏绢状短柔毛，老时毛变稀疏或全然无毛，中脉上面凹陷，下面凸起，侧脉12—15对，弧曲状，不明显或近于消失，横脉和小脉两面呈不明显的细网状；叶柄长1—3厘米，无毛。圆锥花序多个，生于新枝下部叶腋，长7—9.5厘米，无毛，中部以上分枝，最末分枝为3—5花的聚伞花序，总梗长4—5厘米，与各级序轴均无毛，带红色。花黄绿色，长2.5—3毫米，花梗长4—5毫米；花被裂片宽卵形，长3毫米，外面极无毛，内面及边缘被短柔毛；花丝无毛或基部被柔毛，腺体圆状肾形，具柄；子房近球形，径约0.8毫米，无毛，花柱与子房近等长，柱头小，不明显。果球形，径7—9毫米；果梗长约8毫米，微增粗；宿存花被裂片革质，略紧贴或松散，先端外展。其花期4—5月，果期6—7月。

产禄劝、普洱、绥江，生于海拔1400—1600米阔叶林中。分布于陕西南部、四川、湖北西部、贵州。

种子繁殖。苗圃地宜选阴湿肥沃处，注意及时处理种子。
木材坚实，不翘不裂，耐腐，为建筑、家具等用材。

6.小花楠（植物分类学报）　红桂（玉溪）图172

Phoebe minutiflora H. W. Li（1979）

乔木，高达25米，胸径达35厘米。小枝无毛，皮孔长圆形。顶芽细小，倒卵形，芽鳞宽卵形，外面无毛或仅边缘被白色小缘毛。叶革质，长圆形或长圆状披针形，长6—14厘米，宽2—4.5厘米，先端渐尖，基部宽楔形或近圆形，两侧常不对称，边缘不外卷，上面绿色，稍光亮，下面淡绿色，两面自幼嫩时极无毛，中脉在上面凹陷，下面凸起，侧脉6—10

图172 小花楠、竹叶楠及短序楠

1—6.小花楠 *Phoebe minutiflora* H. W. Li：

1.花枝　2.花纵剖面　3.第一、二轮雄蕊　4.第三轮雄蕊　5.退化雄蕊　6.果

7.竹叶楠 *P. faberi*（Hemsl）Chun 果枝

8.短序楠 *P. brachythyrsa*. H. W. Li 果枝

对，弧曲，两面略明显，横脉和小脉两面呈网状，略明显、叶柄长0.7—1.5厘米，无毛。圆锥花序长（3.5）6—15厘米，单生叶腋，常多数聚生于幼枝近顶端，多花，上部分枝，最下部分枝长2.5—4厘米；总梗长（1.8）4—6.5厘米，与各级序轴无毛且常带红色；苞片及小苞片线形，长不及1毫米，被白色小缘毛，早落。花淡黄色或绿白色，长2—3毫米，花梗长超过于花，常达其2倍或以上，无毛；花被裂片卵状长圆形，长1.5—2毫米，外面无毛，内面被小柔毛，边缘有小缘毛；雄蕊长约1.8毫米，花丝基部略被黄色小柔毛，腺体圆状肾形，具柄；子房卵圆形，长约0.8毫米，无毛，花柱细，柱头小，不明显。果球形，径约8毫米，无毛，顶端具小突尖或近浑圆；果梗长约6毫米，不增粗，变红色；宿存花被裂片略增厚，松散，先端直展或略外展。花期1—3月，果期4月。

产玉溪、金平、绿春、普文、勐养、勐仑、勐腊、勐捧，生于海拔510—1450米山坡、沟谷疏林或密林中。模式标本采自勐仑。

种子繁殖，育苗造林。随采随播或混沙贮藏，适时播种。

木材坚实、耐腐，不易变形和开裂，为房屋建筑、室内装修、家具等用材。

7.乌心楠

Phoebe tavoyana（Meissn）Hook. f.（1886）

产瑞丽，广东、广西也有；印度、缅甸、老挝、泰国、越南、柬埔寨、马来西亚、印度尼西亚有分布。

8.短序楠（植物分类学报）图172

Phoebe brachythyrsa H. W. Li（1979）

灌木或小乔木，高约2米。小枝细，略被短柔毛，老枝无毛，散布栓质皮孔。顶芽小，长锥形，被贴伏短柔毛。叶革质，长圆形或椭圆状长圆形，长3—6厘米，宽1.1—2厘米，先端短渐尖，基部楔形，上面暗绿色，无毛，下面黄绿色，被极贴伏短柔毛，中脉两面凸起，侧脉6—8对，上面不明显，下面明显，弧曲，横脉及小脉模糊，上面几乎不见，下面隐约可见；叶柄长2—6毫米，被短柔毛。果序腋生，短小，长达4.5厘米，近总状，少果，总梗长达3厘米，与序轴被短柔毛。果卵圆形，长约1.1厘米，径0.7厘米，无毛；果梗长6毫米，略增粗，径约1.5毫米；宿存花被裂片坚硬，卵状长圆形，先端急尖，外轮较小，外被短柔毛，紧贴于果的基部。其果期9月。

产彝良，生于海拔约450米的山坡灌丛中。模式标本采自彝良。

种子繁殖，育苗造林。

9.雅砻江楠

Phoebe legendrei Lec.（1913）

Liou Ho（1932），（1934）

产腾冲、宾川、普洱、巧家，四川也有。

10.长毛楠　白苏木（峨山）、红楠木（西藏）图171

Phoebe forrestii W. W. Smith（1921）

乔木，高达15米，胸径达15厘米；树皮灰白色。小枝细，密被黄褐色长柔毛。顶芽卵圆形，长达5毫米，芽鳞狭披针形，外面密被黄褐色长柔毛。叶革质，狭披针形或倒狭披针形，长（4.5）8—18（20）厘米，宽（1）1.5—3（3.5）厘米，先端渐尖或末端尖或钝，有时呈圆形，上面深绿色，无毛或沿中脉有褐色柔毛，下面灰绿色，或疏或密被黄褐色柔毛，中脉上面凹陷，稀平，下面凸起，侧脉9—13对，下面明显；叶柄长7—15毫米，密被黄褐色柔毛。花序近总状，单生于枝条上部叶腋内，长4—9厘米，具4—8花；总梗长3—6.5厘米，细，与各级序轴密被黄褐色柔毛。花绿黄色，长约5毫米，花梗长4—7毫米，密被黄褐色柔毛；花被裂片宽卵形，长约4毫米，两面被黄褐色柔毛；花丝被柔毛，腺体圆状肾形，具短柄；子房近球形，径1.5毫米，与花柱近等长，柱头大，3裂。果近球形，长约1.3厘米，径1厘米，黑色，光亮，无毛；果梗略增粗；宿存花被裂片松散，先端略外展。其花期6—7月，果期10—11月。

产漾濞、玉溪、蒙自、景东等地，生于海拔1700—2500米山坡或山谷杂木林中，西藏东南部也有。模式标本采自云南西部。

种子繁殖。育苗造林。

木材可作建筑、家具等用材。

11.红梗楠　图178

Phoebe rufescens H. W. Li（1979）

产景东、勐海、芒市、孟定。

12.粉叶楠（植物分类学报）图173

Phoebe glaucophylla H.W.Li（1979）

乔木，高达20米。小枝无毛，灰褐色，皮孔大。顶芽小，倒卵形，芽鳞宽卵形，急尖，外面疏被灰白微柔毛。叶革质，倒卵状披针形或近长圆形，长5.5—18厘米，宽2.8—9.8厘米，先端圆钝或微具短尖头，稀短尖，基部渐狭或楔形，上面深绿色，光亮，无毛，下面绿白色，被白粉或无白粉，被平伏细柔毛，中脉上面凹陷，下面凸起，侧脉7—11对，斜展，上面微凹或平坦，下面凸起，横脉及小脉两面不明显或下面明显；叶柄长1—2.3厘米，无毛。圆锥花序长7.5—20厘米，粗壮，在上部分枝，最下部分枝长达7.5厘米，总梗长4.5—13厘米，与各级序轴被平伏细柔毛，多少扁平，带红色。花淡黄绿色，长4—5毫米，花梗长4—7毫米，被平伏细柔毛；花被裂片卵形，长3.5毫米，两面被黄褐色平伏细柔毛；花丝及花药背面被灰白细柔毛，腺体肾形，具短柄；子房卵圆形，上半部被灰白柔毛，花柱无毛，柱头微小。果长卵圆形，长1.8厘米，径约1厘米，黑色，无毛；宿存花被裂片硬，长达5毫米，紧贴，被毛。其花期6月，果期11月。

产麻栗坡；生于海拔900—1200米石灰岩山地阔叶林中。模式标本采自麻栗坡。

种子繁殖。苗圃注意遮阴及灌溉。

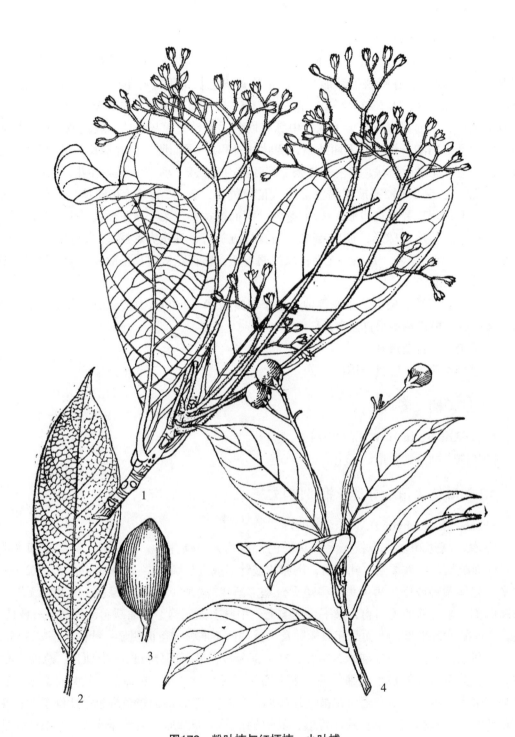

图173 粉叶楠与红梗楠、小叶楠

1.粉叶楠 *Phoebe glaucophylla* H. W. Li 花枝

2—3.红梗楠 *P. rufescens* H. W. Li：　　2.叶　　3.果

4.小叶楠 *P.microihvlla* H. W.Li 果枝

木材坚实，细致、耐腐，为建筑、车辆，家具等用材。

13.景东楠（植物分类学报）图174

Phoebe yunnanensis H. W. Li（1979）

乔木，高达14米，胸径20厘米；树皮灰黑色。小枝较粗，棕褐色，无毛，幼枝略被黄锈色绒毛。顶芽大，长圆形，长约8毫米，芽鳞宽卵形，外密被黄锈色绒毛。叶革质，倒卵状长圆形至卵形或长圆形，长10—22厘米，宽3.5—12厘米，先端短渐尖或钝形而骤然短尖，基部楔形或宽楔形，干时两面黄褐色，上面光亮，无毛，下面晦暗，或疏或密被黄色小柔毛及浅褐色小点，侧脉10—12对，斜展，近叶缘处网结，中脉、侧脉上面凹陷，下面凸起，横脉及小脉上面模糊，下面联结成方网格状；叶柄长1.3—3.5厘米，较粗，疏被黄色小柔毛或渐变无毛。果序长14—27厘米，果少，上部分枝，最下部分枝长达5厘米，总梗粗壮，多少压扁，长9—20厘米，与各级序轴被黄色疏柔毛。果卵圆形，长2—2.2厘米，径1.3厘米，无毛或仅顶端略被淡黄色疏柔毛；果梗增粗，极短，长3—5毫米，密被黄褐色绒毛；宿存花被裂片卵形，长6—8毫米，宽4—5毫米，先端急尖，两面被毛，紧贴。果期10月。

产景东、凤仪、漾濞、盈江，生于海拔约2200米山坡常绿阔叶林中。模式标本采自景东。

种子繁殖，育苗造林。技术措施同细叶楠。

木材坚实、细密，为家具、建筑等用材。

14.大萼楠（植物分类学报）图175

Phoebe megacalyx H. W. Li（1979）

小乔木，高约5米，胸径30厘米；树皮黑褐色。小枝较粗，密被黄褐色绒毛。顶芽伸长，裸生，先出叶披针形，密被黄褐色绒毛。叶薄革质，倒宽披针形或倒披针形，长15—45厘米，宽4.5—11.5厘米，先端短渐尖，偶有微缺，基部圆形或浅心形，两侧不对称，上面光亮，平滑或有不明显的蜂巢状浅窝穴，初被黄褐色短柔毛或仅沿脉上有毛，后渐变无毛，下面或密或疏被短柔毛，脉上被伸展长柔毛，中脉粗壮，上面凹陷，下面凸起，侧脉22—28对，上面稍凹陷，下面凸起，横脉平行，上面几乎不见，下面明显；叶柄粗壮，长1—2厘米，密被黄褐色绒毛。圆锥花序近顶生，长达21厘米，在顶部作简单分枝，分枝短小；总梗长达18厘米，具棱角及条纹，密被伸展的黄色柔毛；苞片狭披针形，长8毫米，小苞片线形，长5毫米，被黄色短柔毛。花梗被黄色短柔毛；花被裂片卵形，近等大，外面密被内面疏被黄色短柔毛；花丝被灰白微柔毛，腺体肾形，具短柄，子房倒卵圆形，顶部被黄色柔毛，花柱短小，柱头不明显。果倒卵状长圆形或倒卵圆形，长3.2厘米，径1.8厘米，先端具小尖头，基部近圆形，仅顶部被黄色短柔毛，淡黄色，果梗长达6毫米，径4毫米；宿存花被裂片增大，长圆状卵形，长达1.5厘米，宽5—6毫米，先端急尖，两面密被黄褐色短柔毛，木质，紧贴于果的基部。花期4—5月，果期6—7月。

产金平、河口，生于海拔约480米山区沟边杂木林中。模式标本采自金平。

种子繁殖，育苗造林。

木材材质好、细致，为小器具优良用材。

15.大果楠（植物分类学报） 楠木树（砚山、西畴）小蓑衣叶（屏边）图175

Phoebe macrocarpa C. Y. Wu（1957）

乔木，高达20米，胸径达60厘米；树皮黑褐色。小枝粗壮，密被黄色糙伏毛状短柔毛。顶芽卵圆形，长不及1厘米，外层芽鳞狭卵形，内层为宽卵形，密被毛。叶近革质，椭圆状倒披针形或倒披针形，长18—30（38）厘米，宽4—7.5（9）厘米，先端急尖或短渐尖，偶有圆形或微缺，基部渐狭下延，两侧对称，上面沿中脉有毛，光亮，平滑或有极细蜂巢状浅窝穴，下面疏被黄褐色短柔毛，脉上有开展的短硬毛，中脉在上面凹陷，下面凸起，侧脉23—34对，斜展，近平行，近叶缘处稍弯并网状联结，在上面稍凹陷，下面略凸起，横脉多数，平行，上面几乎不见，下面明显；叶柄粗壮，长1—1.5（2）厘米，被黄色糙伏毛状短柔毛。圆锥花序近顶生，长10—21厘米，在顶部分枝，分枝短小，最下部分枝长达2.5（4）厘米，总梗长6.5—14.5厘米，与各级序轴被开展的黄色短硬毛；苞片及小苞片披针形，被短柔毛，早落。花黄绿色，长达6毫米，花梗长约2毫米，被黄色短柔毛；花被片卵形，长约4毫米；花丝被柔毛，腺体肾形，具短柄；子房倒卵圆状，长1.5毫米，被柔毛，花柱长2毫米，柱头盘状，具裂片。果椭圆形或近长圆形，长3.5—3.8（4）厘米，径1.9—2.2厘米，无毛，紫黑色；果梗长约1厘米；宿存花被裂片革质，卵形或卵状椭圆形，长达6.5毫米，宽4毫米，紧贴，两面被毛。花期4—5月，果期10—12月。

产屏边、砚山、西畴等地，生于海拔1200—1800米阔叶林中；越南北部也有。模式标本采自砚山。

深根性，喜潮湿、深厚土壤。天然林木结实较差，生长较快，在天然林中，25年生树高21.3米，胸径45.5厘米，单株材积1.4113立方米。

种子繁殖，育苗造林。

木材黄色，美观，较轻，为家具、胶合板、装饰板等用材。

16.普文楠 黄心楠、细三合（云南）图174

Phoebe puwenensis Cheng（1961）

Phoebe sheareri（Hemsl.）Gamble var. *longepaniculata* Liou（1932）

大乔木，高达30米，胸径达1米；树皮淡黄灰色，呈薄片状脱落。小枝粗，密被黄褐色绒毛。叶薄革质，倒卵状椭圆形或倒卵状宽披针形，长（8）12—23厘米，宽（4）5—9厘米，先端微突钝尖，基部狭楔形，干时上面变褐色，沿中脉密生长柔毛，侧脉被疏毛，余部无毛，有蜂巢状小窝穴，下面无白粉，带绿褐黄色，密被浅黄色小点及淡色疏柔毛，中脉上面凹陷，下面凸起，侧脉12—20对，近直伸，上面微凹，下面明显，横脉及小脉细，下面明显；叶柄粗，长1—2.5厘米，密被黄色绒毛。圆锥花序生于新枝中、下部，长4.5—22厘米，近顶部分枝，最下部分枝长达5厘米，总梗长3—14厘米，与各级序轴密被黄色绒毛。花淡黄色，长约5毫米，花梗长（1.5）2—3毫米，被黄色绒毛；花被片卵形，近等大，长4毫米，两面被黄灰色绒毛；花丝被柔毛，腺体肾形，具短柄；子房卵圆形，长1.5毫米，上部被柔毛，花柱长1.5毫米，柱头盘状。果卵圆形，长1.3厘米，径7毫米，尤毛；果梗长3—5毫米；宿存花被裂片革质，紧贴。花期3—4月；果期6—7月。

图174 景东楠与普文楠

1.景东楠 *Phoebe vunnanensis* H. W.Li：幼果枝

2—7.普文楠 *Phoebe puwenensis* Cheng：

2.花枝　3.花纵剖　4.第一、二轮雄蕊　5.第三轮雄蕊　6.退化雄蕊　7.果

图175 大萼楠与大果楠

1.大萼楠 *Phoebe megacalyx* H. W. Li 花枝

2—4.大果楠 *P.macrocarpa* C. Y. Wu.：

2.花序 3.叶 4.果

产墨江、普洱、景洪、勐海，多生于海拔550—1750米的常绿阔叶林和雨林中，常与红木荷、合果含笑、红椎、毛叶油丹、酸枣、滇桂木莲等混生。模式标本采自普文。

对土壤适应性较强，在土层深厚、水湿条件较好的沟谷底部及缓坡上生长良好。喜光，也稍耐阴，林内天然更新不好；在阳光较充足的疏林内或林缘天然更新良好。生长速度中等，寿命长，在勐海曼稿海拔1240米南亚热带季雨密林中，54年生树高26.5米，胸径32.3厘米，单株材积1.07立方米。

种子繁殖。造林技术同细叶楠。

散孔材，心边材干后不明显，心材黄色有光泽，在空气中日久变黑色，稍有香气，结构细，纹理直，美观，干燥快，易加工，耐腐性强，油漆和胶粘性能良好，可作家具、建筑、室内筑修、胶合板等用材。

17.细叶楠

Phoebe hui Cheng et Yang（1945）
产绥江，陕西南部、四川有分布。

18.滇楠　图176

Phoebe nanmu（Oliv.）Gamble（1914）
Persea nanmu Oliv.（1880）
乔木，高达30米，胸径达1.5米。小枝较细，密被黄褐色短柔毛，后渐变无毛或有疏毛。顶芽小，卵形，长5毫米，芽鳞外面密被黄褐色短柔毛。叶薄革质，倒卵状披针形或长圆状倒披针形，长6—18厘米，宽（2）3.5—8（10）厘米，先端渐尖或短尖，基部楔形，不下延，上面绿色，光亮，初主要沿脉被黄褐色短柔毛，后全然无毛，下面淡绿色，晦暗，通常全面被黄褐色短柔毛，但有时脉上变无毛，侧脉6—8（10）对，弧曲，中脉、侧脉在上面凹陷，下面凸起，横脉和小脉下面明显；叶柄长0.7—2（2.4）厘米，密被黄褐色短柔毛。圆锥花序生于新枝下部，长6—15厘米，在上部分枝，最下部分枝长1—2.5厘米，总梗长3.5—8厘米，与各级序轴被黄褐色或灰白色柔毛，稀为绢毛。花黄绿或绿白色，长达5毫米，花梗与花等长，被黄褐色短柔毛；花被裂片外轮的较短，倒卵形长3.5毫米，内轮的长圆状倒卵形，长4毫米，两面被黄褐色绢状短柔毛；花丝及花药背面被白色小柔毛，腺体圆状肾形，具短柄；子房卵圆形，长约1.5毫米，无毛，花柱细，等长于子房，柱头小，不明显或稍明显。果卵圆形，长约9毫米，径6毫米，无毛；果梗略增粗；宿存花被裂片变硬，革质，略松散，两面被毛。花期3—5月，果期8—10月。

产滇南、滇西南及滇西，生于海拔900—1500米山地阔叶林中；西藏东南部也有。模式标本采自云南南部。

种子繁殖，育苗造林。

树干高大通直，材质优良，为良好的建筑、家具等用材。

图176 滇楠与白楠

1—6.滇楠 *Phoebe nanmu* （Olive）Gamble：

1.花枝　　2.花纵剖　　3.第一、二轮雄蕊　　4.第三轮雄蕊　　5.退化雄蕊　　6.果

7—8.白楠 *P. neurantha* （Hemsl）Gamble：　　7.花枝　　8.果

19.白楠（中国树木分类学）图176

Phoebe neurantha（Hemsl.）Gamble（1914）

Machilus neurantha Hemsl.（1891）

乔木，高3—13（20）米；树皮灰褐色或黑褐色。幼枝初被柔毛，后渐变无毛。叶革质，窄披针形、披针形或倒披针形，长8—16厘米，宽1—5—4（4.5）厘米，先端尾状渐尖或长渐尖，基部渐窄下延，上面深绿或绿色，无毛，光亮，下面淡绿或黄绿色，有时苍白色，初被灰白色柔毛，后渐变为疏生短柔毛或近无毛，中脉在上面凹陷稀上半部微凸起，下面凸起，侧脉（5）7—10对，上面略凹陷或近平坦，下面凸起，横脉及小脉下面略明显3叶柄长（0.7）1—2厘米，被短柔毛或近无毛。圆锥花序腋生，长4—8（12）厘米，通常长为叶长之半，少花，近顶部分枝，总花梗长为花序全长之半或以上，与各级序轴被短柔毛或近无毛。花绿黄色，长约5毫米，花梗与花近等长，被短柔毛；花被裂片卵状长圆形，长3.5—4毫米，内轮的略大，两面密被白色短柔毛；花丝被长柔毛，腺体圆状肾形，无柄；子房近球形，径约1毫米，无毛，花柱长2毫米，柱头宽大，盘状。果卵圆形，长约1厘米，径7毫米；果梗不增粗或略增粗；宿存花被裂片革质，松散，有时先端外展，具明显纵脉。花期5月，果期8—10月。

产富宁、临沧、景东、西畴、巧家、富民、双柏、玉溪，生于海拔（1000）1500—2400米常绿阔叶林中。甘肃南部、陕西南部、四川、湖北、湖南、贵州、广西、江西等省区也有。

种子繁殖，育苗造林。

木材为家具及建筑用材。

19a.短叶白楠

var. brevifolia H. W. Li（1979）

产砚山、广南。

20.紫楠

Phoebe sheareri（Hemsl.）Gamble（1914）

产富宁，长江以南各省区有分布。

13. 赛楠属 Nothaphoebe Blume ex Meissn.

灌木或乔木。叶互生，羽状脉。聚伞状圆锥花序，腋生或顶生，具总梗；小苞片小。花两性，具梗；花被筒短；花被裂片6，宿存，不等大，外轮3片小；能育雄蕊9，花药4室，花丝短，被柔毛，第1、2轮花丝无腺体，花药内向，第3轮花丝近基部有2具短柄的圆状肾形腺体，花药外向或侧外向；退化雄蕊3，三角状心形，具短柄；子房卵圆形，花柱细，柱头盾状。果为浆果状核果，椭圆形或球形；果梗稍增大。

本属约40种，分布于东南亚及北美洲。我国1种，产于西南。

赛楠 运蓝树、假桂皮（四川）、峨眉赛楠（中国树木分类学）、西南赛楠（中国高等植物图鉴）图177

Nothaphoebe cavaleriei（Lévi.）Yang（1945）

Lindera cavaleriei Lévl.（1912）

乔木，高达12米。幼枝略具棱角，近无毛，老枝密生长圆形皮孔。叶革质，互生或聚生枝顶，倒披针形或倒卵状披针形，长10—18厘米，宽2.5—5厘米，先端短渐尖，基部楔形，上面深绿色，无毛，下面绿白色，被极短柔毛，侧脉8—12对，上面中脉凹陷，侧脉平坦，下面中脉及侧脉凸起，横脉及小脉两面稍明显；叶柄长1.5—2厘米，无毛。聚伞状圆锥花序腋生，长9—16厘米，疏散，分枝，最末分枝为2—3花聚伞花序，总梗长（2.5）6—8厘米，与各级序轴近无毛；小苞片线形，长约1毫米。花淡黄色或黄白色，长约3毫米，花梗长3—5毫米；花被裂片宽卵形，内轮较大，长3毫米，外轮短于内轮1倍，外面均疏被短柔毛，内面中部密被柔毛；花丝疏被柔毛，腺体圆状肾形，具短柄；子房卵圆形，花柱细，柱头盾状。果球形，径1.2—1.4厘米，无毛，基部有宿存花被裂片。花期5—7月，果期8—9月。

产绥江、永善等地，常生于海拔900—1700米常绿阔叶林及疏林中。四川、贵州也有。

种子繁殖。采集成熟果实后及时搓去果肉并洗净阴干，混沙贮藏，播前去蜡。

木材材质中等，为一般家具，农具用材。

14. 润楠属 Machilus Nees

常绿乔木或灌木。通常芽大，芽鳞覆瓦状排列。叶互生，全缘，羽状脉。聚伞状圆锥花序，顶生或近顶生，后者于开花后由于新枝伸长而明显生于枝条下部，密花而近无总梗，或疏松而具长总梗。花两性，小或较大，具梗；花被筒短，花被裂片6，2轮，近相等或外轮的较小；能育雄蕊9，3轮，花药4室，第1、2轮无腺体，花药内向，第3轮雄蕊近基部有2具柄腺体，花药外向，有时下2室外向，上2室侧向；退化雄蕊3，位于最内轮，短小，有短柄，先端大都为箭头形；子房无柄，花柱伸长，柱头盘状或头状。果为浆果状核果，球形或椭圆形；宿存花被裂片常反折；果梗不增粗或略增粗。

本属约100种，分布于亚洲热带和亚热带地区。我国约70种，产于长江以南各地。云南有24种。

分 种 检 索 表

1.芽有芽鳞，花被裂片6，花药4室。

　2.花被裂片外面无毛。

　　3.果椭圆形（1.滇藏组Sect. Machilus）。叶倒卵形或倒卵状椭圆形，间或椭圆形，长（5）7—9（12）厘米，宽（2）3.5—4（5）厘米；果长约1.4厘米 ·························

　　·················· **1.滇润楠 M. yunnanensis**

　　3.果球形或近球形。

图177 赛楠 *Nothophoebe cavaleriei*（Lévl.）Yang
1.花枝　　2.果枝　　3.花　　4花纵剖面
5.第一、二轮雄蕊　　6.第三轮雄蕊　　7—8.退化雄蕊

　　4.果较小，径小于1.2厘米（2.光花组Sect. Glabriflorae）。叶厚革质，卵状披针形，长12—13厘米，宽4.3—6厘米，基部楔形或近圆形，常不对称，中脉在上面凸起，叶柄长2.3—5厘米 ……………………………………… 2.基脉润楠 M. decursinervis

　　4.果较大，径大于1.3厘米（3.滇黔桂组Sect. Multinerviae）。叶革质，长圆形至倒卵状椭圆形，长（6）9.5—20厘米，宽（1.5）1.8—5.5厘米，基部楔形，两侧对称，中脉上面凹陷；叶柄长1—2（3）厘米 ……………………………………………………………………………………………………… 3.贡山润楠 M. gongshanensis

2.花被裂片外面有毛。

　　5.花被裂片外面有绒毛（4.绒毛润楠组Sect. Tomentosae）。

　　　6.叶下面密被锈色绒毛，叶倒卵形至倒卵状长圆形，稀近长圆形或卵形或椭圆形，长12—20厘米，宽6—10厘米，先端钝或圆形 ………………… 4.灌丛润楠 M. dumicola

　　　6.叶下面密被污黄色柔毛，叶长圆形或椭圆形至倒披针状椭圆形，长8—12.5厘米，宽3—4厘米，先端骤然短渐尖 ……………………… 5.文山润楠M. wenshanensis

　　5.花被裂片外面有小柔毛或绢毛。

　　　7.果较小，径在1.2厘米以下（5.毛花组Sect. Pubiflorae）。

　　　　8.圆锥花序生于幼枝下部（a.黄心树亚组Subsect. Bombycinae）。

　　　　　9.叶下面有小柔毛、微柔毛或绢毛，毛被通常肉眼可见。

　　　　　　10.小枝或幼枝有毛。

　　　　　　　11.幼枝、花序各部分、幼叶被锈色贴生绢状微柔毛；叶倒卵形或倒披针形至长圆形，长（3—5）7—15厘米，宽（1.5）2—5.5厘米 ……………………………………………………………………………………………… 6.黄心树 M. gamblei

　　　　　　　11.幼枝，花序各部分、叶下面被金黄色绢状微柔毛或小柔毛。

　　　　　　　　12.叶椭圆形、长圆状椭圆形至椭圆状倒卵形或椭圆状倒披针形，长5.5—10厘米，宽1.8—4.5厘米，老时叶下面近无毛或略被金黄色绢状微柔毛；圆锥花序各部密被金黄色绢状微柔毛 ……………………………………………… 7.润楠 M. pingii

　　　　　　　　12.叶长圆形至倒卵状长圆形，长9—13厘米，宽3.2—4.5厘米，老时下面沿脉被金黄色柔毛；圆锥花序各部密被金黄色小柔毛 …………………………………………………… 8.黄毛润楠 M. chrysotricha

　　　　　　10.枝条无毛；叶长圆形至倒卵状长圆形，长7—16（21.5）厘米，宽2.3—5（6.8）厘米，先端长渐尖，基部楔形或宽楔形；果序长达12.5厘米 ……………………………………………………………… 9.西畴润楠M. sichourensis

　　　　　9.叶下面无毛或近无毛至被极短的绢状小柔毛，毛被仅在放大镜下隐约可见。

13.叶下面无毛；花梗果时长约5毫米；叶倒卵形或倒披针形至长圆形，长5—11厘米，宽1.8—3.6厘米，侧脉10—12对………………………………… 10.无毛润楠 M. kurzii

13.叶下面近无毛或被极短的绢状小柔毛；花梗伸长，长达7毫米，若连小序梗长达15毫米；叶椭圆形、长圆形或倒卵形至倒卵状长圆形，长6.5—15（20）厘米，宽2.5—5厘米，侧脉12—16对 ………………………………………… 11.长梗润楠 M. longipedicellata

8.圆锥花序顶生或近顶生（b.建润楠亚组Subsect. Oreophilae）。

　　14.开花时簇生的花序下承托有宿存密集且宽大的苞片；枝、叶各部分密被黄褐色微柔毛；花被裂片两面均被绢状微柔；圆锥花序短小，长1.5—3厘米，簇生于极短枝上；叶长6—15厘米，宽1.7—5（6.5）厘米，侧脉7—11对 ……………………………………………………………… **12.簇序润楠 M. fasciculata**

　　14.开花时花序下无宿存的宽大苞片。

　　　　15.圆锥花序无总梗，长5—8厘米，基部分枝最长，长3.5—4.5厘米，向上渐短，整体呈尖塔形，序轴、花梗及花被裂片被金黄色短柔毛；叶椭圆形至长圆形，长6—10厘米，宽2—4厘米，下面近无毛或沿中脉被金黄色微柔毛 ……………………………………………………… **13.塔序润楠 M. pyramidalis**

　　　　15.花序有总梗。

　　　　　　16.圆锥花序较大，长11—18厘米，分枝开张，最下部分枝长3—6厘米；叶椭圆形或椭圆状披针形，长（5）8.5—16（21.5）厘米，宽（1.5）2.5—5.5厘米，侧脉6—8对，老叶上面无毛，下面疏被黄褐色小柔毛 …………………………………………………………… **14.柔毛润楠 M. glaucescens**

　　　　　　16.圆锥花序较短小，通常长8厘米以下。

　　　　　　　　17.叶较狭长，倒披针形至线状披针形，间有长圆形，长（6.5）8—18厘米，宽（1）1.2—3厘米，先端通常短渐尖，间有近急尖，基部楔形，侧脉10—12对；圆锥花序长4—8厘米，少分枝；花被裂片外面被白色绢状微柔毛，内面密被长柔毛；果球形，径约7毫米，紫红色 ………… **15.柳叶润楠 M. salicina**

　　　　　　　　17.叶较宽，椭圆形至长圆形，长5.5—15厘米，宽2—4.5厘米，先端短渐尖，间或钝形或微凹，基部楔形，侧脉8—12对；圆锥花序长5.5—8（11）厘米，多分枝；花被裂片两面密被淡黄色微柔毛 …………… **16.细毛润楠 M. tenuipila**

7.果大或较大，径在1.3厘米以上（6.大果组 Sect. Megalocarpae）。

　　18.外轮花被裂片常较小；果卵球形（a.暗叶润楠亚组Subsect. Melanophyllae），长达2.2厘米，径1.8厘米；圆锥花序近顶生；各级序轴、花被裂片两面、果梗、叶下面都有微柔毛；叶椭圆形，长8—13厘米，宽2.5—5厘米，侧脉8—10对………………………………………………………………… **17.暗叶润楠 M. melanophylla**

　　18.花被裂片不等大、等大或近等大；果球形（b.枇杷叶润楠亚组Subsect. Globosae）。

　　　　19.花被裂片不等大。

　　　　　　20.老叶下面被柔毛或细绢毛。

　　　　　　　　21.叶较大，倒披针形或倒披针状长圆形，长18.5—22厘米，宽5.5—7.5厘米，下面略被黄褐色柔毛；圆锥花序近顶生，近总状，长4—10厘米；花被裂片外面密被、内面稍疏被黄褐色柔毛 …………………………**18.枇杷叶润楠M. bonii**

　　　　　　　　21.叶较狭而小，披针形，长7—17厘米，宽1.8—3.5厘米，下面被细绢毛；圆锥花序生于小枝基部，长（2）3—5厘米；花被裂片两面有绢毛，外面的毛较疏 …………………………………………… **19.绿叶润楠M. viridis**

　　　　　　20.老叶下面无毛。

22.圆锥花序集生枝顶和先端叶腋，长5.5—12（16）厘米，总梗、各级序轴和花梗被蛛丝状短柔毛；花被裂片长6—7（9）毫米，两面略被小柔毛至近无毛；叶较大，长10—20（26）厘米，宽（2.5）5.5—8.5厘米，侧脉（5）7—9对；果径2.5—3厘米·······························**20.粗壮润楠M. robusta**

22.圆锥花序生于小枝下部，长3.5—7厘米，总梗、各级序轴和花梗无毛或近无毛；花被裂片6—6.5毫米，两面被黄褐色长柔毛；叶长8.5—19.5厘米，宽1.5—4厘米，侧脉（15）16—22对；果径1.5—2（2.7）厘米 ···············
·······················**21.红梗润楠 M. rufipes**

19.花被裂片等大或近等大。

23.花序于开花时下承有多数密被绢毛覆瓦状排列的苞片；叶披针形或椭圆状披针形，长11—18厘米，宽2.5—6厘米，侧脉16—20对，叶柄长1.5—1.8厘米；果径约2.5厘米 ···
·····················**22.瑞丽润楠M. shweliensis**

23.花序于开花时下无苞片承托；叶椭圆形至长圆形，长6—15.5厘米，宽2—4.8厘米，侧脉9—11对，叶柄长1—1.5厘米；果径约1.5厘米 ···············
·····················**23.疣枝润楠 M. verruculosa**

1.芽无芽鳞；花被裂片6—7—8；花药4室或2室 ·····························
·····················**24.全腺润楠 M. holadena**

1.滇润楠　滇楠、云南楠木（云南）、白香樟、铁香樟、香桂子（四川）、滇桢楠（中国高等植物图鉴）图178

Machilus yunnanensis Lecomte（1913）

Machilus yunnanensis Lecomte var. *duclouxii* Lecomte（1913）；

M. bracteata Lecomte（1913）；　*Persea yunnanensis*（Lecomte）Kosterm（1962）；

P. bracteata（Lecomte）Kosterm（1962）

乔木，高达30米，胸径达80厘米。小枝幼时绿色，老时褐色，无毛。叶革质，倒卵形或倒卵状椭圆形，间或椭圆形，长（5）7—9（12）厘米，宽（2）3.5—4（5）厘米，先端短渐尖，尖头钝，基部楔形或宽楔形，两侧有时不对称，上面绿色或黄绿色，光亮，下面淡绿色或粉绿色，干时常带浅棕色，两面无毛，边缘背卷，中脉在上面下部略凹陷，上部近平坦，下面明显凸起，侧脉7—9对，弧曲，两面凸起，横脉及小脉网状，两面明显构成蜂巢状小窝穴；叶柄长1—1.8厘米，无毛。圆锥花序由1—3花聚伞花序组成，有时圆锥花序上部或全部的聚伞花序仅具1花，后种情况花序呈假总状花序，花序长（2）3.5—7（9）厘米，多数，生于短枝下部，总梗长（1）1.5—3（3.5）厘米，与各级序轴无毛；苞片宽卵形或近圆形，长5—8毫米，小苞片线形，长4毫米，两者外面被锈色柔毛，内面无毛或近无毛。花淡绿、黄绿或黄至白，长4—5毫米，花梗长4—10毫米，无毛；花被裂片长圆形，长3.5—4.5毫米，外面无毛，内面被柔毛；花丝基部被柔毛，腺体圆状肾形，具长柄；子房卵圆形，长1.5毫米，无毛，花柱与子房近等长，柱头小，头状。果卵圆形，长1.4厘米，径1厘米，先端具小尖头，蓝黑色，具白粉，无毛；宿存花被裂片不增大，反折；果梗不粗，顶端粗约1.2毫米。其花期4—5月，果期6—10月。

产昆明、宾川、保山、鹤庆、腾冲，生于海拔1650—2000米山地常绿阔叶林中；四川西南部也有。模式标本采自宾川。

喜湿润、肥沃土壤，深根性。种子繁殖，随采随播，20天可发芽，亦可混沙贮藏，翌年春天播种。2年生苗木可造林。

木材黄褐色，带红色，有光泽，材质优良，为建筑、家具等用材。叶，果可提取芳香油，叶含油率0.75%，果含油率0.38%。树皮和叶研粉可作熏香及蚊香的调合剂或饮水的净化剂。

2.基脉润楠　香皮树（广西）、基脉楠（植物分类学报）图178

Machilus decursinervis Chun（1953）

Persea decursinervis（Chun）Kosterm（1962）

乔木，高约10米，胸径20厘米；树皮褐色。小枝干时呈黄褐色，无毛。顶芽宽卵圆形，芽鳞外被微柔毛。叶厚革质，卵状披针形，长12—13厘米，宽4.3—6厘米，先端短渐尖，基部楔形或近圆形，两侧常不对称，上面深绿色，下面苍白色，两面无毛，中脉粗大，上面凸起，下面略凸起，侧脉8—10对，基部1对沿叶柄下延，两面略凸起，横脉平行，两面略明显，小脉网状，两面尤其是上面呈浅蜂巢状小窝穴；叶柄粗壮，长2.3—5厘米，无毛。圆锥花序近顶生，长6—11厘米，无毛，总梗扁，长2.3—5厘米，与序轴呈红色；花被裂片近等大，外面无毛，内面上部有小柔毛。果球形，径约1.2厘米，无毛；宿存花被裂片膜质，长约7毫米，宽2.5毫米，干时黄褐色，具脉，外折；果梗长0.6—1.2厘米，先端粗2.5毫米。其果期5月。

产金平，生于海拔1950米的山顶常绿阔叶林中；广西、湖南西部和南部、贵州东南部也有；越南北部有分布。

用种子繁殖，育苗造林。随采随播或混沙贮藏。1—2年出圃，圃地管理，注意遮阴及灌溉。

木材生长轮明显，轮界以胞壁较厚的木纤维，重量一般中等，结构细致、均匀，可作室内装修、建筑、家具等用材。枝、叶可提取芳香油。种子榨油，可供工业用。

3.贡山润楠（植物分类学报）图179

Machilus gongshanensis H. W. Li（1979）

乔木，高达10米，胸径达20厘米；树皮棕黑色。小枝棕褐色，无毛。顶芽卵圆形，长8毫米，芽鳞外面无毛，边缘有黄褐色小缘毛。叶革质，长圆形至倒卵状椭圆形，长（6）9.5—20厘米，宽（1.5）1.8—5.5厘米，先端渐尖，尖头近急尖，基部楔形，边缘背卷，上面绿色，下面淡绿或带褐色，两面无毛，中脉在上面凹陷，下面凸起，侧脉8—12（16）对，两面明显，斜展，横脉和小脉两面近明显，略呈蜂巢状小窝穴；叶柄长1—2（3）厘米，无毛。圆锥花序长（3.5）5.5—8厘米，由1—3聚伞花序组成，常近总状，分枝，最下部分枝长1.5厘米，花序多数生于新枝下端，总梗长（1.5）3—4.5厘米，与序轴近扁平，无毛。花黄绿色，长约5.5毫米，花梗长4—5毫米，无毛；花被裂片长圆形，长4.5—5毫米，外面无毛，内面仅两端及边缘被短柔毛；花丝基部被疏柔毛，腺体圆状肾形，具柄；子房

图178 润楠（滇、基脉）

1—7.滇润楠 *Machilus yunnanensis* Lecomte：

1.花枝　　2.花纵剖面　　3.第一、二轮雄蕊　　4.第三轮雄蕊

5.退化雄蕊　　6.叶　　7.果序

8.基脉润楠 *M. decursinervis* Chun 幼果枝

卵圆形，长1.3毫米，无毛，花柱细，柱头头状，略增大。果球形，径1.3—1.5厘米，无毛；宿存花被裂片反折；果梗略增粗，顶端径达2毫米。其花期5—6月，果期8—10月。

产丽江、贡山，生于海拔1650—2300米山坡或沟边杂木林中。模式标本采自贡山。

种子繁殖，育苗造林。

木材为建筑、家具、车辆等用材。

4.灌丛润楠

Machilus dumicola（W. W. Sm.）H. W. Li（1979）

产瑞丽、芒市。

5.文山润楠（植物分类学报）图179

Machilus wenshanensis H. W. Li（1979）

乔木，高达15米，胸径达30厘米。小枝幼时多少压扁，极密被污黄色绒毛，后渐变圆柱形，略被污黄色小柔毛。顶芽小，芽鳞密被污黄色或锈色绒毛。叶近革质，长圆形或椭圆形至倒披针状椭圆形，长8—12.5厘米，宽3—4厘米，先端骤然短渐尖，基部楔形或宽楔形，上面绿色，下面淡黄褐色，幼时两面极密被污黄色柔毛，老时上面无毛，下面沿脉密被余部疏被污黄色柔毛，侧脉10—12对，中脉、侧脉在上面凹陷，下面凸起，小脉网状，两面略呈蜂巢状；叶柄长1.5—2.3厘米，幼时密被污黄色小柔毛，老时毛较疏。圆锥花序生于腋生短枝上，长6—9厘米，多数，近伞房排列，多花；总梗长（2）3—6厘米，与各级序轴密被污黄色小柔毛；苞片及小苞片早落。花淡黄绿色，长约5.5毫米，花梗长约1.5毫米，密被污黄色小柔毛；花被裂片卵状长圆形，长4.2—4.5毫米，两面被污黄色绒毛；花丝被疏柔毛，腺体具柄；子房卵圆形，长1.5毫米，无毛，花柱长达2.6毫米，柱头小，头状。花期4月。

产文山，生于海拔约1800米山谷常绿阔叶林中。模式标本采自文山。

种子繁殖，育苗造林。

木材重量中等，管孔大小中等，木射线在扩大镜下可见，结构均匀、细至中，为室内装修、造船、家具等用材。

6.黄心树（屏边）　黄假樟（屏边）、小楠木（麻栗坡）、楠木（景东）图180

Machilus gamblei King ex Hook. f.（1890）

Machilus bombycina King ex Hook. f.（1890）

Persea bombycina

（King ex Hook. f.）Kosterm.（1962）

乔木，高达25米，胸径达40厘米；树皮褐色或黑褐色。枝条细，幼时密被细而贴生略带锈色的绢状微柔毛，后毛被渐稀疏或渐变无毛。叶近革质，倒卵形或倒披针形至长圆形，长（3—5）7—15厘米，宽（1.5）2—5.5厘米，先端骤然短尖至渐尖，基部楔形至渐狭，上面深绿色，下面淡绿或绿白色，幼时两面密被略带锈色的贴生绢状微柔毛，老时上

图179 润楠（贡山、文山）

1—7.贡山润楠 *Machilus gongshanensis* H.W.Li：

1.花枝　2.花纵剖面　3.第一、二轮雄蕊　4.第三轮雄蕊　5.退化雄蕊　6.雌蕊　7.果

8—12.文山润楠 *M. wenshanensis* H. W. Li：

8.花枝　9.第一、二轮雄蕊　10.第三轮雄蕊　11.退化雄蕊　12.雌蕊

面变无毛或无毛，下面仍疏被毛，中脉在上面凹陷，下面凸起，侧脉6—10对，两面略凸起，细脉网状，两面不明显；叶柄长0.5—1.5厘米，被极细的绢状微柔毛。圆锥花序生于幼枝下部，多数密集，长（4）5.5—13厘米，分枝，最下部分枝长达2厘米，总梗长（2）4—8.5厘米，与各级序轴被极细的绢状微柔毛。花绿白色或黄色，长达5毫米，花梗纤细，长4—5毫米，被极细的绢状微柔毛；花被裂片长圆形，长约4毫米，两面密被极细的绢状微柔毛；花丝略被小柔毛，腺圆状肾形，具柄；子房近球形，长1.2毫米，花柱长2.5毫米，柱头小，不明显。果球形，径7—8毫米，先端具小尖头，无毛，紫黑色；宿存花被裂片略增大，外折；果梗略增粗，顶端径1.5毫米。其花期3—4月，果期4—6月。

产普洱、景东、屏边、麻栗坡；生于海拔160—1300（1640）米山坡或谷地疏林或密林中；印度、尼泊尔至越南北部有分布。

种子繁殖，育苗造林。播前温水浸种催芽，播后苗床覆草，出苗后揭去。适当遮阴。

叶可饲蚕。木材可作家具、建筑等用材。

7.润楠

Machilus pingii Cheng et Yang（1945）

产麻栗坡，四川也有。

8.黄毛润楠（植物分类学报）图180

Machilus chrysotricha H. W. Li（1979）

乔木，高达15米。小枝幼时略被金黄色小柔毛，老时近无毛。叶革质，长圆形至倒卵状长圆形，长9—13厘米，宽3.2—4.5厘米，先端短渐尖，尖头钝，基部宽楔形，边缘背卷，上面绿色，无毛，下面淡绿色，沿脉被金黄色柔毛，中脉在上面凹陷，下面凸起，侧脉8—11对，斜展，近叶缘消失并网结，两面稍明显，横脉和小脉两面略呈浅蜂巢状小窝穴；叶柄长1.5—2厘米，略被金黄色小柔毛。圆锥花序生于当年生枝先端，多数，长4—7厘米，狭窄，由1—3聚伞花序组成，总梗长2—3.5厘米，与各级序轴密被金黄色小柔毛。花绿黄色至白色，长达5.5毫米，花梗与花等长，被金黄色小柔毛；花被裂片长圆形，长4—4.5毫米，两面密被金黄色小柔毛；花丝基部被长柔毛，腺体圆状肾形，具柄；子房卵球形，长1.2毫米，无毛，花柱长3毫米，柱头小，头状。其花期5—7月。

产晋宁、丽江；生于海拔1900—2200米干燥疏林中。模式标本采自晋宁。

种子繁殖技术措施同润楠。

木材结构细致、耐腐，为家具、建筑用材。

9.西畴润楠（植物分类学报）　假樟（屏边）图181

Machilus sichourensis H. W. Li（1979）

乔木，高7米。枝条初压扁，后为近圆柱形，无毛。顶芽小，卵圆形，长约3毫米，芽鳞外面略被黄褐色微柔毛。叶近革质，长圆形至倒卵状长圆形，长7—16（21.5）厘米，宽2.3—5（6.8）厘米，先端长渐尖，尖头钝，基部楔形或宽楔形，上面绿色，下面淡绿色，幼时上面近无毛，下面密被黄褐色绢状微柔毛，老时上面无毛，下面毛稀疏或近无毛，中

图180 黄心树和黄毛润楠、枇杷叶润楠

1—5.黄心树 *Machilus gamblei* King et Hook. f.：

1.花枝　　2.花外面观　　3.第一、二轮雄蕊　　4.第三轮雄蕊　　5.果序

6—9.黄毛润楠 *M. chrysotricha* H. W. Li.：

6.花枝　　7.花外观　　8.第一、二轮雄蕊　　9.第三轮雄蕊

10.枇杷叶润楠 *M. bonii* Lecomte 幼果枝

脉在上面凹陷，下面凸起，侧脉9—13对，弧曲，两面明显，横脉和小脉密网状，在上面略呈蜂巢状小窝穴，下面隐约可见；叶柄长0.5—1，5（2）厘米，无毛。果序圆锥状，长达12.5厘米，生于新枝基部，少果，在中部以上分枝，总梗长7—8厘米，与序轴及果梗略被黄褐色微柔毛，扁平且变红色；果球形，径不及1厘米，无毛；宿存花被裂片长圆形，先端急尖，长3—4毫米，宽2—3毫米，外轮较小，两面密被黄褐色微柔毛，反折；果梗粗约1.5毫米。其果期5月。

产西畴、屏边；生于海拔（800）1200—1350米路旁润湿处或常绿阔叶林内。模式标本采自西畴。

种子繁殖，育苗造林，幼苗管理以除草为主。

材质中等，耐腐，为家具、农具等用材。

10.无毛润楠

Machilus kurzii King ex Hook，f.（1890）
产楚雄紫金山。

11.长梗润楠　树八咱（武定）、臭樟树（四川）图181

Machilus longipedicellata Lecomte（1913）
Persea longipedicellata（Lecomte）Kosterm.（1962）
乔木，高达30米，胸径达50厘米。小枝有纵纹，无毛。顶芽卵圆形。叶薄革质，椭圆形、长圆形或倒卵形至倒卵状长圆形，长6.5—15（20）厘米，宽2.5—5厘米，先端渐尖，尖头钝或近急尖，基部楔形，上面绿色，光亮，无毛，下面淡绿或灰绿色，近无毛或有时被极短的绢状小柔毛，中脉在上面凹陷，下面凸起，侧脉12—16对，两面多少明显，横脉及小脉网状，两面略呈蜂巢状小窝穴；叶柄长1—2厘米，无毛。圆锥花序生于短枝下部，多数，长（3）5—12厘米，总梗长2—6厘米，与各级序轴被绢状短柔毛；苞片及小苞片被绢状短柔毛，早落。花淡绿黄、淡黄至白色，长达8毫米，花梗长达7毫米，若连小聚伞花序梗则长达15毫米，被绢状短柔毛；花被裂片长圆形，长达7毫米，外面近无毛或密被极短绢状小柔毛，内面被绢状小柔毛；花丝基部被柔毛，腺体圆状肾形，具柄；子房球形，径1.5毫米，花柱细，长3.5毫米，柱头小。果球形，径0.9—1.2厘米，无毛；宿存花被裂片反折；果梗红色，先端粗约1毫米。其花期5—6月，果期8—10月。

产昆明、武定、罗次、香格里拉，生于海拔2100—2800米沟谷杂木林中；四川西南部也有。模式标本采自香格里拉。

种子繁殖，育苗造林。注意适当遮阴。

木材结构细、纹理直、材质优良，为室内装修、建筑、家具等用材。枝、叶可提取芳香油。种子富含油脂、油供工业用。

图181 润楠（长梗、西畴、疣枝）

1—2.长梗润楠 *Machilus longipedicellata* Lecomte： 1.花枝 2.果枝

3.西畴润楠 *M. sichouerensis* H. W. Li. 果枝

4—5.疣枝润楠 *M. verruculosa* H. W. Li： 4.花枝 5.果枝

12.簇序润楠（植物分类学报）图182

Machilus fasciculata H. W. Li（1979）

乔木，高达10米。小枝略具棱，有细条纹，略被黄褐色微柔毛。叶近革质，卵形、椭圆形至长圆形或近披针形，长6—15厘米，宽1.7—5（6.5）厘米，先端短渐尖，间或急尖或钝形，基部楔形，上面绿色，无毛，下面带粉绿色，被黄褐色贴伏微柔毛，中脉在上面凹陷，下面十分凸起，侧脉7—11对，斜展，近叶缘消失，上面隐约可见，下面较为明显，横脉和小脉网状，隐约可见；叶柄长（0.5）1—1.5厘米，略被黄褐色贴伏微柔毛。圆锥花序簇生于顶生极短枝上，短小，长1.5—3厘米，由1—3花聚伞花序组成，序轴和花梗被黄褐色绢状微柔毛，通常初花时在花序基部仍有宿存且宽大的苞片；苞片自基部向上渐增大，宽卵形或近圆形，先端圆形，外面极密被黄褐色绢状微柔毛，边缘有棕色长缘毛。花淡绿色或黄色，花梗长3—4毫米；花被片卵状长圆形，长 4—4.5毫米，外面密被内面疏被黄褐色绢状微柔毛；花丝基部被黄褐色疏柔毛，腺体圆状肾形，具柄；子房卵圆形，长约1.5毫米，花柱长2毫米，柱头小。花期2月。

产麻栗坡，生于海拔约1000米常绿阔叶林中。模式标本采自麻栗坡。

种子繁殖，宜育苗造林。

13.塔序润楠（植物分类学报）图183

Machilus pyramidalis H. W. Li（1979）

小乔木，高3米。小枝初时略被微柔毛，后变无毛。顶芽小，卵圆形，长约5毫米，芽鳞外面密被金黄色微柔毛。叶硬革质，椭圆形至长圆形，长6—10厘米，宽2—4厘米，先端骤然短渐尖，基部楔形，边缘背卷，上面绿色，无毛，下面白绿色，仅沿中脉被金黄色微柔毛或近无毛，中脉在上面凹陷，下面凸起，侧脉6—8对，两面明显，横脉与小脉网状，两面呈蜂巢状小窝穴；叶柄长1—1.5厘米，略被微柔毛。圆锥花序近顶生，长5—8厘米，由1—3花的聚伞花序所组成，基部分枝最长，长3.5—4.5厘米，向上渐短，整体呈尖塔形，无总梗，序轴及花梗被金黄色短柔毛。花长近6毫米，花梗长约4毫米；花被裂片长圆形，长4.5—5毫米，两面被金黄色短柔毛；花丝仅在基部被疏柔毛，腺体圆状肾形；子房近球形，径1.5毫米，花柱与子房等长，柱头小，头状。果球形，径约5毫米；宿存花被裂片平展或反折；果梗增粗，先端径达2.5毫米。果期5—7月。

产西畴，生于山顶疏林中。模式标本采自西畴。

种子繁殖，育苗造林。

枝、叶可提取芳香油；种子榨油，为制皂、机械润滑等用油。

图182 润楠（柔毛、簇序）

1—7.柔毛润楠 *Machilus glaucescens*（Nees）H. W. Li：

1.花枝　　2.花纵剖面　　3.第一、二轮雄蕊　　4.第三轮雄蕊

5.退化雄蕊　　6.雌蕊　　7.果枝

8.簇序润楠 *M. fasciculata* H. W. Li 花枝

14.柔毛润楠　图182

Machilus glaucescens（Nees）H. W. Li，comb. nov.

Ocotea glaucescens Nees in Wallich，Pl. Asiat. Rar. 2：71. 1831；

Machilus villosa（Roxb.）Hook.f.（1886）

Persea villosa（Roxb.）Kosterm（1962）

乔木，高达22米，胸径达25厘米。幼枝密被污黄色小柔毛，后渐变无毛。叶革质，椭圆形或椭圆状披针形至倒披针形，长（5）8.5—16（21.5）厘米，宽（1.5）2.5—5.5厘米，先端钝至短渐尖，基部楔形或宽楔形，上面淡绿色，光亮，下面浅褐色，多少带苍白色，幼时上面疏被、下面密被黄褐色小柔毛，老时上面变无毛，下面被毛稀疏，侧脉6—8对，中脉、侧脉在上面凹陷，下面凸起，横脉和小脉网状，在上面不明显，下面略构成蜂巢状小窝穴；叶柄长0.5—2厘米，略被黄褐色小柔毛。圆锥花序多数，生于枝梢，近顶生，通常长超出叶，长11—18厘米，在上部分枝，分枝开张，最下部分枝长3—6厘米；总梗长4.5—6厘米，与各级序轴极密被黄褐色小柔毛。花黄色，长约4毫米，花梗长3—10毫米，密被黄褐色小柔毛；花被裂片倒卵形至宽倒卵形，长3—3.2毫米，两面被黄褐色小柔毛；花丝被柔毛，腺体圆状肾形，具柄；子房球形，径约1毫米，无毛，花柱长1.5毫米，柱头小，头状。果球形，径达9毫米，无毛；宿存花被裂片不增大，反折；果梗略增粗。其花期1—2月，果期3月。

产怒江、蒙自，生于海拔约500米山坡、沟谷疏林或密林中。尼泊尔、印度、孟加拉国、缅甸有分布。

种子繁殖，宜育苗造林。注意苗期管理。一年生苗可出圃植树造林。

木材生长轮明显，界以胞壁较厚的木纤维，管孔中等大小，木材为建筑、农具，家具等用材。种子富含油脂，油供工业用。

15.柳叶润楠　牛眼樟（景洪）、水边楠（广东、海南）、柳叶桢楠（海南植物志）图183

Machilus salicina Hance（1885）

Parsea salicina（Hance）Kosterm（1962）

小乔木，高达5米。小枝初时略被极细的绢状微柔毛，后渐变无毛。叶近革质，倒披针形至线状倒披针形，间有长圆形，长（6.5）8—18厘米，宽（1）1.2—3厘米，先端通常短渐尖，间有近急尖，基部楔形，边缘背卷，上面绿色，下面粉绿色，幼时上面无毛，下面密被白色绢状微柔毛，老时下面疏被毛或无毛，中脉在上面凹陷，下面凸起，侧脉10—12对，斜展，近叶缘消失，两面明显，横脉和小脉网状，两面呈明显的浅蜂巢状小窝穴；叶柄长（0.8）1—1.5厘米，无毛。圆锥花序多数，生于小枝上端，通常短小，长4—8厘米，少分枝，最下部分枝长仅达1.5厘米，总梗长2—5厘米，与各级序轴被绢状微柔毛。花黄色或淡黄色，长达6毫米，花梗长（1.5）2—4毫米，被绢状微柔毛；花被裂片长圆形，长4—4.5毫米，外面被白色绢状微柔毛，内面密被长柔毛；花丝尤其是基部密被疏柔毛，腺体圆状肾形，具柄；子房近球形，径约1毫米，无毛，花柱长达2毫米，柱头略宽大，偏头状。

果球形，径约7毫米，顶端具小突尖，紫红色；宿存花被裂片明显反折；果梗略增粗，顶端径1.5毫米。其花期2—3月，果期4—6月。

产新平、屏边、西畴、西双版纳、陇川、临沧、澜沧，生于海拔490—540米江边多石沙滩的灌丛或林中；广东、广西、贵州也有；越南有分布。

适生于水边，枝茂叶密，可作护岸防堤树种。

种子繁殖。育苗时注意浇水，可搭荫棚防止日灼及过强阳光。

枝、叶、果可提取芳香油。种子富含油脂，油可制肥皂和机械润滑等用。叶形似柳。四季翠绿，可在公园和植物园的水生植物，与水松、池杉、落羽松等配置，作园林观赏树种。

16.细毛润楠（植物分类学报）图183

Machilus tenuipila H. W. Li（1979）

乔木，高达20米。小枝疏被极细的微柔毛，老枝无毛。叶坚纸质，椭圆形至长圆形，长5.5—15厘米，宽2—4.5厘米，先端短渐尖，间有钝形或微凹，基部楔形，上面绿色，下面白绿色，两面无毛，边缘背卷，中脉在上面凹陷，下面凸起，侧脉8—12对，弧曲，在叶缘之内消失，两面不明显，横脉和小脉网状，两面几乎不可见；叶柄长0.5—1.5厘米，无毛。圆锥花序多数，近顶生，长5.5—8（11）厘米，多分枝，由1—3花的聚伞花序组成，总梗长2.5—3.5（7）厘米，与各级序轴被淡黄色微柔毛并变红色；苞片及小苞片线状披针形，长2—5毫米，两面被淡黄色微柔毛。花绿白色，长约4.5毫米，花梗长3—4毫米，被淡黄色微柔毛；花被裂片近等大，卵状长圆形，长2.8—3毫米，两面密被淡黄色微柔毛；花丝被白色疏柔毛，腺体圆状肾形，具柄；子房近球形，径1.5毫米，无毛，花柱长1毫米，柱头小，头状。果球形，径0.7—1厘米，无毛，蓝黑色；宿存花被裂片干膜质，黄褐色，反折；果梗粗约2毫米。其花期3—4月，果期8—9月。

产临沧、镇康、景洪、勐海，生于海拔1350—2350米山地阔叶林或灌丛中。模式标本采自勐海。

种子繁殖，宜育苗造林。

木材材质中等，不易开裂反翘，作室内装修、家具、农具等用材。根、枝、叶含芳香油。种子富含油脂，油供制肥皂和润滑机械等用。

17.暗叶润楠（植物分类学报）图184

Machilus melanophylla H. W. Li（1979）

乔木，高达15米。幼枝被黄褐色微柔毛，后渐变无毛。顶芽近圆锥形，被黄褐色绒毛。叶革质，椭圆形，长8—13厘米，宽2.5—5厘米，先端急尖或近短渐尖，尖头钝，基部楔形，边缘背卷，上面无毛，下面疏被黄色微柔毛，中脉在上面凹陷，下面凸起，侧脉8—10对，上面平坦，下面凸起，弧曲，横脉和小脉细，密网状，上面不明显，下面明显；叶柄长1—1.2厘米，略被黄褐色微柔毛。果序圆锥状，近顶生，长3.5—9厘米，自中部或中部以上分枝，总梗长2.5—4厘米，与各级序轴及果梗密被黄褐色微柔毛；苞片及小苞片早落。果卵球形，长达2.2厘米，径1.8厘米，无毛；宿存花被裂片长圆形，先端锐尖，不等大，外

图183 润楠（细毛、柳叶、塔序）

1—7.细毛润楠 *Machilus tenuipila* H. W. Li：

1.花枝　2.花外面观　3.第一、二轮雄蕊　4.第三轮雄蕊　5.退化雄蕊　6.子房　7.果

8.柳叶润楠 *M. salicina* Hance　果枝

9.塔序润楠 *M. pyramidalis* H. W.Li　果枝

轮长5毫米，宽2毫米，内轮长8毫米，宽2.8毫米，两面密被黄褐色微柔毛，反折；果梗增粗，径达2毫米。其果期7月。

产勐仑，生于海拔800米次生阔叶林中。模式标本采自勐仑。

种子繁殖，宜育苗造林。

木材可作家具和车辆、胶合板等用材。

18.枇杷叶润楠

Machilus bonii Lec.（1914）

产屏边，广西南部也有；越南北部有分布。

19.绿叶润楠　铁核桃（德钦）图185

Machilus viridis Hand.-Mazz.（1931）

Persea viridis（Hand.-Mazz.）Kosterm.（1962）

乔木，高达25米，胸径达20厘米或以上；有芳香气味；树皮黑灰色或黑灰褐色。幼枝有棱角，被极细绢毛，老枝无毛。顶芽长尖，芽鳞被污黄色绢毛。叶薄革质，披针形，长7—17厘米，宽1.8—3.5厘米，先端长渐尖，尖头钝，基部楔形，或枝条下部的叶先端钝，边缘略背卷，上面浅绿色，下面略呈粉绿色，幼时两面密被细绢毛，后上面毛被稀疏或变无毛，下面毛稀疏，中脉在上面稍凹陷，下面凸起，侧脉5—10对，斜展，先端弧曲且网结，细，下面比上面明显，小脉密网状，两面略呈蜂巢状小窝穴；叶柄长1—2厘米，被极细的绢毛。圆锥花序生于小枝基部，多数，长（2）3—5厘米，具3—6花，总梗长1.5—2.5（4.5）厘米，与序轴被极细绢毛；苞片和小苞片线形，长达2.5毫米，被绢毛。花淡黄色或黄绿色，长约5毫米，花梗与花等长，被极细的绢毛；花被裂片长圆形，不等大，外轮长4毫米，内轮长5毫米，两面被极短的绢毛，外面较疏；花丝无毛，腺体马蹄形，具长柄；子房卵圆形，长约1.5毫米，无毛，花柱长1.3毫米，柱头小，不明显。果球形，径（1.1）1.3—15厘米，黑色或紫黑色；宿存花被裂片略变硬，外反；果梗略增粗，先端径达2毫米。其花期5—6月，果期9—11月。

产德钦、贡山，生于海拔2500—2800（3000）米山坡或谷地的铁杉林、针阔叶混交林或阔叶林和灌丛中；四川西南部、西藏东南部也有。模式标本采自贡山。

种子繁殖，育苗植树造林。

木材优良，供家具、建筑、胶合板等用材。根、枝、叶可提取芳香油。种子富含油脂，油供制皂和机械滑润用。

20.粗壮润楠　两广楠（植物分类学报）图184

Machilus robusta W. W. Smith（1921）

Persea robusta（W. W. Smith）Kosterm.（1962）

Machilus liangkwangensis Chun（1953）

Persea liangkwangensis（Chun）Kosterm（1962）

乔木，高达20米，胸径达40厘米，树皮粗糙，黑灰色。小枝幼时多少压扁，略被微柔毛，老时变无毛。顶芽小，芽鳞卵形，外面密被微柔毛。叶厚革质，狭椭圆状卵形至倒卵状椭圆形或近长圆形，长10—20（26）厘米，宽（2.5）5.5—8.5厘米，先端近急尖，有时短渐尖，基部近圆形或宽楔形，上面绿色，下面粉绿色，两面无毛，中脉在上面凹陷，下面凸起，侧脉（5）7—9对，上面平坦，下面凸起；弧曲，小脉网状，两面明显，构成蜂巢状小窝穴；叶柄长2.5—5厘米，无毛。圆锥花序生于枝顶和先端叶腋，多数聚集，长5.5—12（16）厘米，多花；总梗长2.5—11.5厘米，粗，与各级序轴压扁且带红色，初时密被蛛丝状短柔毛，后毛被渐稀疏；苞片和小苞片线形或线状披针形，长约3毫米，密被蛛丝状短柔毛。花灰绿色、黄绿色或黄色，长7—8（10）毫米，花梗长5—8毫米，被蛛丝状短柔毛；花被裂片卵形至卵状披针形，不等大，长6—7（9）毫米，两面略被小柔毛至近无毛；花丝基部或脊上有微柔毛，腺体圆状肾形，具短柄；子房近球形，长2.5毫米，无毛，花柱长3.5毫米，柱头小，不明显。果球形，径2.5—3毫米；蓝黑色；宿存花被裂片不增大，外反折；果梗增粗，长1—1.5厘米，粗3毫米，深红色。花期1—4月，果期4—6月。

产怒江、瑞丽等地，生于海拔1000—1800（2100）米常绿阔叶林或开旷的灌丛中；贵州南部、广西、广东也有；缅甸北部有分布。模式标本采自云南西部。

种子繁殖，育苗造林。种子应及时处理，苗期勤除草。

木材结构均匀，纹理直，不变形，可作家具、建筑等用材。

21.红梗润楠　图185

Machilus rufipes H. W. Li（1979）

乔木，高达30米，胸径达40厘米；树皮棕褐色。小枝粗，无毛。顶芽球形，径约7毫米，芽鳞外面密被黄褐色小柔毛。叶近革质，聚生于新枝梢部，长圆形，长8.5—19.5厘米，宽1.5—4厘米，先端短或近长渐尖，基部楔形，上面绿色，无毛，下面淡绿色或粉绿色，幼时密被金黄色长柔毛，老时渐变无毛，中脉在上面凹陷，下面凸起，侧脉（15）16—22对，斜展，向叶缘处弯曲并消失，两面路明显，横脉和小脉在上面隐约可见，略呈蜂巢状浅小窝穴，下面却不可见；叶柄长0.5—1.5厘米，无毛。圆锥花序多数，生于顶生短枝下部，由1—3花聚伞花序组成；总梗长1.5—3.3厘米，与各级序轴均扁平、紫红红色几乎无毛或近无毛。花长达9毫米，花梗长达6毫米，扁平，无毛或近无毛；花被裂片长圆形，外轮较短小，长6—6.5毫米，内轮宽大，长7毫米，两面被黄褐色长柔毛；花丝被疏柔毛，腺体长卵状三角形，具柄；子房卵圆形，长2毫米，无毛，花柱细，长3毫米，柱头小。果球形，径1.5—2（2.7）厘米，无毛，紫黑色；宿存花被裂片变硬，开展或反折；果梗略增粗，粗达3毫米。花期3—4月，果期5—9月。

图184 润楠（粗壮、暗叶）

1—7.粗壮润楠 *Machilus robusta* W. W. Sm.

1.花枝 2.花纵剖面 3.第一、二轮雄蕊 4.第三轮雄蕊 5.退化雄蕊 6.雌蕊 7.果

8.暗叶润楠 *M. melanophylla* H. W.Li 果枝

图185 润楠（红梗、绿叶）

1—6.红梗润楠 *Machilus rufipes* H. W. Li：

1.花枝　　2.花纵剖面　　3.第一、二轮雄蕊　　4.第三轮雄蕊　　5.退化雄蕊　　6.果

7—12.绿叶润楠 *M. viridis* Hand.-Mazz：　　7.花枝　　8.花纵剖面

9.第一、二轮雄蕊　　10.第三轮雄蕊　　11.退化雄蕊　　12.果

产西畴、金平、屏边、勐海，生于海拔1200—2000米山地苔藓林或常绿阔叶林中。模式标本采自金平。

种子繁殖，宜育苗造林。应及时处理种子，以防影响发芽率。

木材为室内装修、房屋建筑，家具等用材。

22.瑞丽润楠

Machilus shweliensis W. W. Sm.（1921）

产瑞丽。

23.疣枝润楠（植物分类学报）图181

Machilus verruculosa H. W. Li（1979）

乔木，高达10米，胸径达15厘米。幼枝具纵棱，红褐色，略被黄褐色微柔毛；小枝近圆柱形，灰褐色，无毛，皮孔密生，凸起。叶坚纸质，常聚生于枝梢，椭圆形至长圆形，长6—15.5厘米，宽2—4.8厘米，先端短渐尖，尖头急尖，基部楔形，边缘背卷，上面无毛，下面略带苍白色，被极细淡黄色微柔毛，中脉在上面凹陷，下面凸起，侧脉9—11对，上面略凸起，下面凸起，弧曲，近叶缘处消失，横脉和小脉结成网状，两面显著；叶柄长1—1.5厘米，略被淡黄色微柔毛。圆锥花序近顶生，长2.5—5.5厘米，有（5）7—12朵花，在中部或中部以上分枝；总梗长0.9—4厘米，与各级序轴略被极细的淡黄色微柔毛；苞片及小苞片早落。花白色，长2.5—3.5毫米，花梗长2.5—4毫米，略被极细的淡黄色微柔毛；花被裂片卵形，近等大，长2.5—3毫米，两面密被淡黄色微柔毛；花丝被白色疏柔毛，腺体圆状肾形，具柄，柄被白色疏柔毛；子房卵圆形长1.5毫米，花柱长约0.5毫米，柱头小，不明显。果球形，径约1.5厘米，无毛；宿存花被裂片不增大，反折，果梗粗约1毫米。花期3月，果期5—6月。

产屏边、麻栗坡、马关，生于海拔1400—1800米山脊或沟边的常绿阔叶林中。模式标本采自屏边。

种子繁殖，宜育苗造林。

木材可作文具、胶合板、建筑等用材。

24.全腺润楠

Machilus holadena H.Liou（1932）

产盐津成凤山。

15. 檬果樟属 Caryodaphnopsis Airy-Shaw

灌木或乔木。叶对生或近对生，三出脉或离基三出脉。圆锥花序腋生或近顶生，横出，窄长；苞片及小苞片小。花两性；花被筒极短或近无，花被裂片6，脱落，外轮3片小，三角形、开张，内轮3片较大，宽三角状卵形，镊合状；能育雄蕊9，花药4室，稀2室或仅第1、2轮花药2室，第1、2轮花丝无腺体，花药内向，第3轮花丝基部有2近无柄腺体，花药外向或侧外向，退化雄蕊3，位于最内轮，微小，箭头形，具短柄；子房卵圆形，花柱短，柱头不明显，2—3裂。果大，倒卵圆形或椭圆球形，梨果状，亮绿色，外果皮膜质，中果皮肉质，常分解，内果皮软骨质；果梗多少增粗，顶端膨大。种子大，硬，形状与果同。

木属约7种，分布于中国、老挝，越南、马来西亚及菲律宾。我国4种，产于云南南部。

分 种 检 索 表

1.小枝、叶柄及叶下面密被黄褐色短柔毛 ···················· **1.巴围檬果樟 C. baviens′s**
1.小枝、叶柄及叶下面无毛或近无毛。
  2.花序及花被外面近无毛或幼时略被短柔毛；花小，径2—3毫米；内轮花被裂片内面略被短柔毛 ······································ **2.小花檬果樟 C. henryi**
  2.花序及花被外面被短柔毛或短绒毛；花较大，径3.5—5（6）毫米，内轮花被裂片内面密被短绒毛。
    3.叶卵状长圆形，长（10）15—19厘米；花序长（3）4—13厘米；内轮花被裂片长3—3.5毫米 ························ **3.檬果樟 C. tonkinensis**
    3.叶椭圆形或宽椭圆形，稀长圆形，长20—28.5（30）厘米；花序长14—25厘米；内轮花被裂片1.7—2.5毫米 ···················· **4.宽叶檬果樟 C. latifolia**

1.巴围檬果樟　巴围假檬果（植物分类学报）图186

Caryodaphnopsis baviensis（Lecomte）Airy-Shaw（1940）

Persea baviensis（Lecomte）Kosterm（1953）

乔木，高达10米。小枝无毛，幼枝细，密被短柔毛。叶坚纸质，卵状长圆形，长9—19（22）厘米，宽（4.5）5—10厘米，先端短渐尖或渐尖，基部宽楔形或近圆形，上面无毛，下面苍白色，密被短柔毛，边缘增厚，平坦或微内卷，三出脉或离基三出脉，中脉细，在上面凹陷，下面凸起，侧脉3—4对，最基部1对侧脉离叶基0—6毫米近于直伸；向上延至叶片中部以上，其余侧脉在叶片近中部或中部以上自中脉生出，弧曲，近叶缘消失，网脉在下面凸起；叶柄长0.8—2厘米，密被短柔毛。圆锥花序长（3）7—14厘米，密被锈色短柔毛，具分枝，分枝对生或近对生，横向，末端为近伞房状的3—7花聚伞花序；苞片及小苞片细小，钻形，长1—2毫米，密被锈色短柔毛。花淡黄色或黄色，开花时径约3毫米，花梗长1.5—2毫米，密被锈色短柔毛；外轮花被裂片三角形，长不及1毫米，外被微柔毛，内面无毛，内轮宽卵状三角形，长2—2.5毫米，近锐尖，稍厚，外密被贴生微柔毛，内密被锈色短绒毛；花丝被柔毛，花药药室4或2；子房近球形，无毛，花柱短，柱头不明显3裂。其花期4—5月。

产金平、屏边、河口，生于海拔300—1200米次生杂木林或路旁开旷灌丛中。越南北部也有。

种子繁殖。因果肉多汁，易于发热霉烂，需及时搓去洗净阴干后，混沙贮藏于通风干燥处。亦可随采随播。播前用温水催芽，草木灰去蜡，0.5%高锰酸钾消毒。苗圃地宜选深厚肥沃、日照较短、水源方便的地方。播后覆草，出苗时揭去。注意遮阴，灌溉除草等管理。一年出圃造林。

木材材质中等，作农具、家具等用材。

2.小花檬果樟　亨利假檬果（植物分类学报）图186

Caryodaphnopsis henryi Airy-Shaw（1940）

小乔木，高达4.5米。小枝灰褐色，几无毛。叶坚纸质，卵形或椭圆状长圆形，长9—15厘米，宽4.5—6.5厘米，先端短渐尖或锐尖，基部圆形，稀浅心形或近楔形，两面无毛，下面苍白色，边缘增厚，平坦或微内卷，离基三出脉，中脉上面近平坦，下面稍凸起，侧脉3—4对，最基部1对侧脉离叶基约5毫米处自中脉斜向直伸，并延伸至叶片一半以上，其余侧脉在叶片1/3或以上自中脉弧曲上升，在叶缘之内消失；叶柄长1—1.2厘米，几无毛。圆锥花序长4—7厘米，具分枝，分枝近对生，长0.5—6厘米，末端为6—8花的聚伞花序，序轴及分枝幼时疏被短柔毛；老时近无毛；苞片及小苞片三角状卵形，长约1.4毫米，疏被锈色短柔毛。花小，开花时径2—3毫米，花梗长2—3毫米，疏被锈色短柔毛；外轮花被裂片三角形，长不及0.4毫米，内轮宽三角状卵形，长2毫米，外被短柔毛，内面略被黄褐色短柔毛；花丝均被短柔毛，第1、2轮雄蕊长1毫米，第3轮长约1.5毫米；子房卵球形，无毛，连向上渐狭的花柱长1毫米，柱头小。花期5月。

产红河、马关等地，生于海拔2100米的山坡疏林中或林缘。模式标本采自红河（逢春岭）。

种子繁殖，宜育苗造林。

木材可作家具、胶合板、坑木等用材。

3. 檬果樟

Caryodaphnopsis tonkinensis（Lec.）Airy-Shaw（1940）

产河口、金平等地；越南北部、菲律宾、马来西亚也有分布。

4.宽叶檬果樟宽叶假檬果（植物分类学报）

Caryodaphnopsis latifolia W. T. Wang（1957）

产金平。

图186 檬果樟（巴围、小花）

1—9.巴围檬果樟 *Caryodaphenopsis baviensis*（Lecomte）Airy-Shaw：

1.花枝　　2.花（自下向上观示花被着生情况）　　3.内轮花被片　　4—5.第一、二轮雄蕊

（示药室具2室及4室的情况）　6.第三轮雄蕊　　7.茎一段　　8.退化雄蕊　　9.果

10—16.小花檬果樟 *C. henryi* Airy-Shaw：　　10.花枝　　11.花外面观

12.内轮花被片　　13.第一、二轮雄蕊　　14.第三轮雄蕊　　15.退化雄蕊　　16.子房

16. 鳄梨属 Persea Mill.

常绿灌木或乔木。叶互生，羽状脉，多少被短柔毛。圆锥花序腋生或近顶生，由具梗的聚伞花序或稀由近伞形花序组成，具苞片及小苞片。花两性，具梗；花被筒短，花被裂片6，近相等或外轮3片略小，被毛，花后增厚，早落或宿存；能育雄蕊9，3轮，每轮3，花丝丝状，扁平，被疏柔毛，花药4室，第1、2轮雄蕊花丝无腺体，花药内向，第3轮雄蕊花丝有2腺体，花药外向，或上2室侧向、下2室外向，退化雄蕊3，位于最内轮，箭头状心形，具柄，柄被疏柔毛；子房卵球形，花柱细，被毛，柱头盘状。果为肉质核果，球形、卵圆形或梨形；果梗多少增厚而呈肉质或为圆柱形。

本属约50种，大部分分布于南北美洲，少数种产于东南亚。

鳄梨（海南植物志） 油梨、樟梨 图187

Persea americana Mill.（1768）

乔木，高约10米；树皮灰绿色，纵裂。叶革质，长椭圆形、椭圆形、卵形或倒卵形，长8—20厘米，宽5—12厘米，先端急尖，基部楔形或近圆形，上面绿色，下面通常稍苍白色，幼时上面疏被、下面密被黄褐色短柔毛，老时上面近无毛，下面疏被微柔毛，中脉在上面下部凹陷，上部平，下面明显凸起，侧脉5—7对，在上面微凸起，下面甚凸起，网脉上面明显，下面凸起；叶柄长2—5厘米，略被短柔毛。圆锥花序长8—14厘米，多数生于小枝的下部，具梗，总梗长4.5—7厘米，与各级序轴被黄褐色短柔毛；苞片及小苞片线形，长2毫米，密被黄褐色短柔毛。花淡绿带黄色，长5—6毫米，花梗长达6毫米，密被黄褐色短柔毛；花被裂片长圆形，长4—5毫米，先端略钝，外轮略小，两面密被黄褐色短柔毛，花后增厚而早落；花丝密被疏柔毛，腺体卵形，橙色；子房长约1.5毫米，花柱长2.5毫米，均密被疏柔毛，柱头略增大，盘状。果通常梨形，有时卵形或球形，长8—18厘米，黄绿色或红棕色。花期2—3月，果期8—9月。

原产热带美洲，西双版纳、德宏有少量栽培；我国广东（广州、汕头、海口）、福建（福州、漳州）、台湾、四川（西昌）等地都有栽培。菲律宾和俄罗斯南部、欧洲中部等地亦有引种。

喜光，喜温，抗寒性因品种而异，墨西哥品系较耐寒，在短期0℃低温下，可不受冻害。用种子或嫁接繁殖，随采随播或沙藏至翌年春季播育苗。每千克种子40—60粒。

果实为一种营养价值很高的水果，含多种维生素及丰富的脂肪和蛋白质，钠、钾、镁、钙等含量也高，除作生果食用外，也可作菜肴和罐头。果仁含脂肪油，为非干性油，有香气，比重0.9132，皂化值192.6，碘值94.4，非皂化1.6%，为食用、医药和化妆工业用油。

17. 油丹属 Alseodaphne Nees

常绿乔木。叶互生，常聚生近枝顶，羽状脉。花序腋生，圆锥状或总状；苞片及小苞片脱落。花两性；花被筒短，花被裂片6，近相等或外轮较小，花后稍增大，脱落或不完全脱落，果时消失；能育雄蕊9，排成3轮，花药4室，药室成对叠生，第1、2轮雄蕊无腺

图187 鳄梨 *Persea americana* Mill

1.花枝　　2.花　　3.除去部分花被及雄蕊、退花雄蕊后的花　　4.第一、二轮雄蕊
5.第三轮雄蕊　　6.退化雄蕊　　7.雌蕊　　8.果

体，花药内向，第3轮花丝基部有2腺体，花药外向，或上2室侧向，下2室外向，退化雄蕊3，位于最内轮，小，箭头形；子房部分陷入花被筒中，花柱通常与子房等长，柱头小，不明显，盘状。果卵圆形、长圆形或近球形，黑色或紫黑色，有光泽，具白粉；果梗明显增粗，常呈倒锥形，有时近圆柱形，顶端截形，肉质，红色、绿色或黄色，常具疣点。

本属约50余种，分布于斯里兰卡、印度、缅甸、泰国、中南半岛、中国南部、马来西亚、印度尼西亚及菲律宾。我国约9种，产于西藏东南部、云南南部及广东海南。云南有7种。

分 种 检 索 表

1.花梗细长，长达1厘米；顶芽芽鳞边缘流苏状 ·················· **1.细梗油丹 A. gracilis**
1.花梗较短，长8毫米以下；顶芽芽鳞边缘不为流苏状。
  2.顶芽大，卵球形，长2.5厘米，芽鳞紧密覆瓦状排列，外面及边缘密被黄褐色短柔毛；果大，椭圆形，长达5厘米，宽3厘米 ·······························
  ···**2.西畴油丹 A. sichourensis**
  2.顶芽及果均较小。
    3.小枝明显呈灰色；叶长圆形，长11—19厘米，宽4.5—6厘米，先端急尖或渐尖，基部宽楔形；花序短小，长2—3（4）厘米，被褐色疏柔毛 ·························
    ···**3.云南油丹 A. yunnanensis**
    3.小枝不明显呈灰色。
      4.圆锥花序比叶片长很多；叶下面被毛。
        5.叶长圆形或披针状长圆形，长6—14厘米，宽2.2—3.8厘米，网脉两面不呈明显的蜂窝状，下面略被黄褐色微柔毛；果球形，径2.2厘米··················
        ···**4.麻栗坡油丹 A. marlipoensis**
        5.叶椭圆形，长12—24厘米，宽6—12厘米，网脉两面呈明显的蜂窝状，下面被锈色微柔毛；果长圆形，长达5厘米，宽2.8厘米 ·········· **5.毛叶油丹 A.andersonii**
      4.圆锥花序比叶片短或与其近等长；叶下面无毛。
        6.小枝、花序均无毛；叶椭圆形至长圆形，长10.5—17厘米，宽4—6.5厘米，下面不呈绿白色 ······························ **6.河口油丹 A. hokouensis**
        6.幼枝、花序被短绒毛；叶倒卵状长圆形或长圆形，长14—26厘米，宽6—15厘米，下面幼时常呈绿白色 ······················· **7.长柄油丹A. petiolaris**

1.细梗油丹

Alseodaphne gracilis Kosterm.（1973）
产东南部。

2.西畴油丹（植物分类学报）图189

Alseodaphne sichourensis H. W. Li（1979）
乔木，高达30米，胸径达60厘米。小枝圆柱形，红褐色，无毛。顶芽大，卵球形，长达2.5厘米，芽鳞宽卵形或近圆形，顶端具小突尖，基部的常无毛，其余的外面及边缘密被黄褐色短柔毛，均紧密覆瓦状排列。叶近革质，长圆形，长9—20厘米，宽2.5—5.7厘米，先端短渐尖，基部楔形或宽楔形，有时一侧略偏斜，边缘微内卷，上面绿色，下面淡绿色，两面无毛，中脉在上面下部略凹陷，上部近于平坦，下面甚凸起，侧脉约12对，弧曲，近叶缘处网结，两面明显，网脉在上面不明显，下面呈蜂巢状小窝穴；叶柄长（1.7）2—5厘米，无毛，干时带红色。果序圆锥形，短小，长5—8.5厘米，生于小枝近下部，仅1果发育，果轴带红色，无毛。果椭圆形长达5厘米，宽3厘米，红色，无毛；果梗粗短，肉质，长约5毫米，顶端径约4毫米，无毛。

产西畴，生于海拔1300—1450米石灰岩山上常绿阔叶林中。模式标本采自西畴。

种子繁殖，育苗造林。成熟果实采集后及时除去果肉，随采随播或混沙贮藏。用温水催芽，草木灰去蜡。条播，注意遮阴，随出圃随栽种。

木材生长轮不甚明显，散孔材，纹理交错，结构细，耐腐性强。可作车辆、船舶、家具、房建等用材。

3.云南油丹　图188

Alseodaphne yunnanensis Kosterm.（1973）

小乔木。小枝粗，灰白色，有光泽，皮层纵裂，有多数褐色椭圆形皮孔，幼枝细，有皮孔。叶坚纸质，聚生于枝梢，长圆形，长11—19厘米，宽4.5—6厘米，先端急尖或渐尖，基部宽楔形，渐狭成柄，两面无毛，略光亮，有细而密的蜂巢状小窝穴，中脉在上面凹陷，下面凸起，侧脉9—11对，上面不明显，下面凸起，斜伸，末端弧状网结；并柄长1—2厘米。圆锥花序长2—3（4）厘米，少花，被褐色疏柔毛，不分枝或有短分枝；总梗长1—3.5厘米；花梗长5—8毫米，无毛；花被裂片6，外轮的卵形，长3毫米，宽1.5毫米，内轮的宽卵形，长3.5毫米，宽2毫米，均先端急尖，外面无毛，内面密被淡褐色疏柔毛；第1、2轮雄蕊花药宽椭圆形，长3/4毫米，药室内向，花丝几与花药等长，被疏柔毛，第3轮雄蕊花药较狭，先端截平，药室侧向，花丝被疏柔毛，基部有2大腺体，退化雄蕊长1.3毫米，箭头形，具柄；子房近球形，长2.5毫米，无毛。花柱长仅0.5毫米，柱头盘状，不明显。花期4月。

产金平，生于海拔约800米山谷阴湿处岩石裸露山地上。模式标本采自金平。

种子繁殖，育苗造林。种子处理要及时，随采随播或混沙贮藏。一年出圃。造林地选阴湿处。

木材材质中等，可作家具、农具用材。

4.麻栗坡油丹（植物分类学报）图189

Alseodaphne marlipoensis（H. W. Li）H. W. Li（1979）

Cinnamomum marlipoensis H. W. Li（1975）

乔木，高12米，胸径达30厘米。小枝圆柱形，灰褐色，幼时略被黄褐色微柔毛，后渐变无毛。顶芽倒圆锥形，长不及2毫米，芽鳞紧密，外面略被黄褐色微柔毛。叶坚纸质，长圆形或披针状长圆形，长6—14厘米，宽2.2—3.8厘米，先端短渐尖，基部楔形或宽楔形，边缘背卷，上面绿色，无毛或有时仅中部下部略被黄褐色微柔毛，下面绿白色，略被黄褐色微柔毛，中脉在上面凹陷，下面凸起，侧脉（9）11—13对，弧曲，两面不甚明显，先端

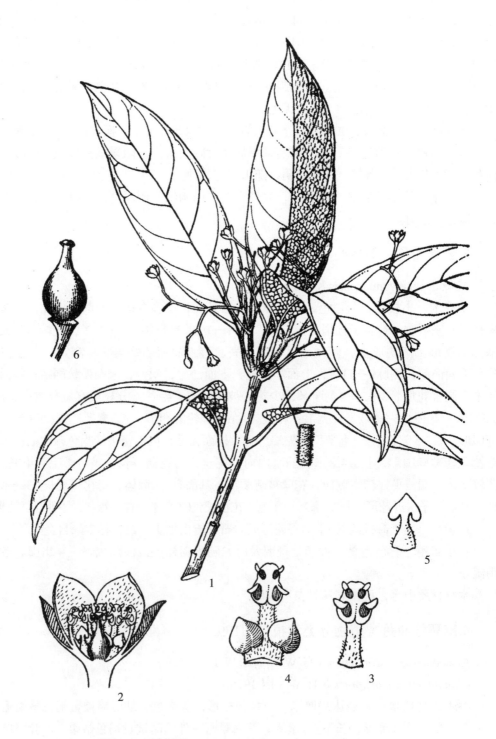

图188 云南油丹 *Alseodaphne yunnanensis* Kosterm

1.花枝　　2.花纵剖面　　3.第一、二轮雄蕊　　4.第三轮雄蕊　　5.退化雄蕊　　6.雌蕊

图189　油丹（麻栗坡、西畴）

1—3.麻栗坡油丹 *Alseodaphne marlipoensis* H. W. Li.：

1.果枝　　2.残存雄蕊　　3.果

4.西畴油丹 *A. sichourensis* H. W.Li；果枝

近叶缘处消失，网脉两面隐约可见；叶柄长0.5—2厘米，略被微柔毛。果序圆锥状，长于叶片很多，长（8）11—18厘米，均生于幼枝上部叶腋内，上部具少数分枝，分枝长达4.5厘米；总梗长（5）8—12厘米，与各级序轴及果梗略被黄褐色微柔毛。果球形，径2.2厘米；果梗肉质，增粗，长1厘米，顶端粗约3毫米，紫红色。其果期12月。

产麻栗坡，生于海拔1500米常绿阔叶林中。模式标本采自麻栗坡。

种子繁殖。

木材结构细，纹理直，可作家具，建筑等用材。

5.毛叶油丹　　"粗三合"（西双版纳傣语）图190

Alseodaphne andersonii（King ex Hook. f.）Kosterm（1962）

Cryptocaryaandersonii King ex Hook. f.（1886）

Alseodaphnekeenanii Gamble（1914）

乔木，高达33米，胸径达62厘米。小枝粗，幼时被锈色微柔毛，后渐变无毛。叶近革质，椭圆形，长12—24厘米，宽6—12厘米，先端骤短尖，基部楔形或宽楔形，上面无毛，下面绿白色，幼时被锈色微柔毛，老时毛被渐脱落，中脉在上面凹陷，下面凸起，侧脉9—11对，斜向上升，在上面凹陷或平坦，下面凸起，在叶缘之内消失，横脉远隔，明显，常分叉，细脉网结，两面有蜂巢状的浅窝穴；叶柄粗，长（2）4—5.5厘米，略被锈色微柔毛。圆锥花序生于枝条上部叶腋内，长20—35厘米，多分枝，最末端分枝具（3）5—6花；总梗长10—15厘米，与各级序轴密被锈色微柔毛。花梗长约2毫米，密被锈色微柔毛；花被裂片卵形，外轮略小，长（1.5）2—2.5厘米，密被锈色微柔毛；花丝被长柔毛，腺体大，近无柄；子房卵球形，花柱短而偏斜，柱头头状。果长圆形，长达5厘米，宽2.8厘米，紫黑色；果梗肉质，紫红色，长约1厘米，上端膨大，粗约4毫米。其花期约7月，果期10月至翌年3月。

产普洱、景谷、西双版纳、金平、河口等地，生于海拔（1000）1200—1600（1900）米潮湿沟谷或山顶常绿阔叶林中；常与羽叶楸、酸枣、西南木荷、普文楠、八角枫等树种混生；分布于西藏东南部；印度东北部、缅甸、泰国、老挝、越南也有。适生于土壤深厚的砖红壤上；在勐海海拔1200米常绿阔叶林中，85年生树高32.6米，胸径61.5厘米。

种子繁殖，育苗造林。

木材红色，结构细致，为高级家具、器具等用材。

6.河口油丹

Alseodaphne hokouensis H. W. Li（1979）

产河口。

7.长柄油丹　　石山掼槽树

Alseodaphne petiolaris（Meissn.）Hook. f.（1886）

产德宏、麻栗坡；印度、缅甸也有。

图190　毛叶油丹 *Alseodaphne andersonii*（King ex Hook. f.）Kosterm

1.花枝　　2.花外面观　　3.花纵剖面　　4.第一、二轮雄蕊

5.第三轮雄蕊　　6.退化雄蕊　　7.果

18. 黄脉檫木属 Sinosassafras H. W. Li

常绿乔木。叶互生，不聚集，离基三出脉，幼叶有时顶端分裂。伞形花序着生于腋生小短枝上，小短枝具顶生叶芽，花后顶生叶芽延伸成1叶枝；苞片小，互生，早落。花单性，雌雄异株；花被筒短，花被裂片6，排列成2轮，外轮较小。雄花：能育雄蕊9，排列成3轮，每轮3，花药2室，第1、2轮花丝无腺体，药室内向，第3轮花丝各有2腺体，药室侧向；退化雄蕊细小；退化雌蕊小。雌花：退化雄蕊9，外方3—4花丝无腺体，花药菱状宽卵形，内方5—6花丝近基部有2腺体，花药极退化，细小而呈棍棒状；子房球形，花柱粗，柱头盘状，具乳突。果近球形；果托浅杯状，全缘。

本属仅1种，产云南西部。

黄脉檫木（云南植物研究）　黄果树（龙陵）图191

Sinosassafras flavinervia（Allen）H. W. Li（1985）

Lindera flavinervia Allen（1941）

乔木，高达25米，胸径达30厘米；树皮灰褐色。小枝幼时具棱角，无毛。顶芽大，卵圆形至长圆形，长0.9—1.5厘米，芽鳞外面密被金黄色绢状微柔毛。叶薄革质，宽椭圆形至近圆形，长6—12厘米，宽3.5—6.5（10）厘米，先端急尖或短渐尖，基部楔形，边缘背卷，下面灰绿色，两面无毛，离基三出脉，侧脉约6对，最基部1对近对生，离叶基5—9毫米处弧曲分出，近叶缘处网结而消失，中脉与侧脉两面明显，干时多少呈黄色，网脉两面尤其是上面明显略凸起；叶柄长（1）1.5—2.5（3.5）厘米，无毛。伞形花序有花（3）5—6朵，多数着生于具顶芽的腋生小枝上，小枝长1—1.5厘米；总梗极短，长约0.5毫米，被淡黄色极细微柔毛；苞片小，互生，早落。花绿色或绿黄色，雄花花梗长（3）4—5毫米，雌花的长仅2毫米，均被淡黄色极细微柔毛；花被裂片外轮宽卵形，长约2.5毫米，内轮卵状椭圆形，长约3.5毫米，两面被淡黄色极细的微柔毛；雄花中能育雄蕊近等长，长2.2—2.5毫米，花柱长1.5毫米，柱头盾状，常偏斜；雌花中退化雄蕊长约1.5毫米，子房球形，径约1.2毫米，无毛，花柱长1.3毫米，柱头盘状，径达1.5毫米，具乳突。果近球形，径达8毫米，黑色，无毛；果托浅杯状，深2—3毫米，径约4毫米；果梗粗，长达8毫米。其花期6—8月，果期9—11月。

产临沧、镇康，生于海拔1900—2600米山坡或沟谷次生常绿阔叶林、灌丛中或林缘路旁等处。模式标本采自临沧。

种子繁殖。混沙贮藏或随采随播。条播。播前温水浸种、草木灰去蜡。一年出圃。

木材心边材区别明显，生长轮明晰，宽窄均匀，纹理直，结构适中，质软，易干燥。可作桥梁、船舶、胶合板等用材。果含脂肪，可榨油供制肥皂及作润滑油用。

19. 琼楠属 Beilschmiedia Nees

常绿乔木。顶芽通常明显。叶对生、近对生或互生，羽状脉，网脉通常明显。花序为聚伞状圆锥花序，有时呈簇生状、聚伞状或近总状花序，腋生或近顶生，稀顶生，较短，

图191　黄脉檫木 *Sinosassafras flavinervia*（Allen）H. W. Li
1.花枝　　2.果枝　　3.花　　4.第一、二轮雄蕊.
5.第三轮雄蕊　　6.退化雄蕊　　7.雌蕊

花序幼时由覆瓦状排列的苞片所包被；苞片早落。花小，两性；花被筒短，花被裂片6，相等或近相等；能育雄蕊通常9，稀6，3轮，稀2轮，花药2室，第1、2轮或外轮雄蕊无腺体，花药内向，第3轮雄蕊或内轮基部有2腺体，退化雄蕊3，位于最内轮，具极短的柄；子房无柄，顶端渐狭，花柱顶生。果为浆果状核果，椭圆形、圆柱形、椭圆状长圆形、卵状椭圆形、倒卵形或近球形；果梗增粗或不增粗；果时花被通常全脱落。

本属约200余种，分布于热带非洲、东南亚、大洋洲和美洲。我国约有35种，产于西南、华南至台湾，云南、广西、广东较多。云南有15种2变种。

分 种 检 索 表

1.顶芽明显被毛。

  2.叶上面中脉下凹。

    3.顶芽较小，密被黄褐绒毛或灰褐色柔毛。

      4.叶大，倒卵形、倒卵状长圆形或长椭圆形，长15—24厘米，宽7—11厘米，小脉疏网状；果圆柱形，长达5厘米，径约1.5厘米 ·························· **1.柱果琼楠 B. cylindrica**

      4.叶较小，椭圆形至长圆状椭圆形，长5.5—13.5厘米，宽2.2—5厘米，小脉密网状；果椭圆形，长1.5—2（2.3）厘米，径0.9—1.5厘米 ·························· **2.网脉琼楠 B. tsangii**

    3.顶芽较大，卵圆形，密被锈褐色糠状微柔毛；叶坚纸质，长圆形，长9—15厘米，宽2.5—5厘米，两面略被锈褐色秕糠状微柔毛；果椭圆形，长达3厘米，径2.3厘米 ··· ·························· **3.紫叶琼楠 B. purpurascens**

  2.叶上面中脉凸起或平坦。

    5.叶下面密布小腺点。

      6.顶芽密被锈色短柔毛或锈色微硬毛。

        7.顶芽、幼枝、叶中脉及侧脉、幼叶柄及花序均密被锈色微硬毛；叶椭圆形至长圆形，长11—23厘米，宽3.6—10.2厘米；圆锥花序长1.8—3厘米 ················· ·························· **4.红毛琼楠 B. rufohirtella**

        7.顶芽，花序密被锈色短柔毛；叶椭圆形、宽椭圆形或椭圆状披针形，长9—14厘米，宽3.5—7厘米；圆锥花序长4—8厘米 ·························· ·························· **5.海南琼楠 B. wangii**

      6.顶芽被黄褐色或灰褐色短柔毛。

        8.叶近膜质、纸质至坚纸质，干后常变黑色或黑褐色；能育雄蕊9。

          9.叶下面腺点白色，叶近膜质，长圆形至椭圆形，先端渐尖，常偏斜，基部楔形至宽楔形，叶柄长5—13毫米；小枝灰褐色；果卵圆形，长3.3厘米，径2.7厘米，黄褐色 ·························· **6.点叶琼楠 B. punctilimba**

          9.叶下面腺点不为白色，叶纸质或坚纸质，椭圆形、长椭圆形或椭圆状披针形，先端钝、短渐尖、急尖或近圆形，基部宽楔形或近圆形，叶柄长1.5—2厘米；小枝黑褐色；果椭圆形，长4—5厘米，径2—3厘米，黑褐色 ········

              ··· **7.桐琼楠 B. roxburghiana**

    8.叶薄革质，干后灰褐色或绿褐色，长圆形、椭圆形至倒卵形，先端钝、圆形或微缺，有时急尖至短渐尖，基部楔形而常渐狭；能育雄蕊6 ·····················

          ··· **8.少花琼楠 B. pauciflora**

5.叶下面无腺点。

    10.小脉密网状，干后两面呈蜂巢状小窝穴，叶长圆形至椭圆形或宽椭圆形，稀为椭圆状披针形；圆锥花序长2—6厘米，序轴及花梗密被锈褐色绒毛；果宽椭圆形或近球形，长2—4厘米，径1.5—2.7厘米，平滑 ····················· **9.滇琼楠 B. yunnanensis**

    10.小脉疏网状，干后两面不呈细小的蜂巢状小窝穴，叶椭圆形或长圆形，聚伞状花序长1.2—1.5厘米，序轴及花梗被黄褐色微柔毛；果椭圆形，长约3厘米，径1.3厘米，密被细小瘤点 ······························ **10.勐仑琼楠 B. brachythyrsa**

1.顶芽无毛。

  11.叶下面密被小腺点。

    12.叶大，近革质，卵形或卵状长圆形，长12.5—40厘米，宽7—21厘米，基部两侧常不对称，干后两面呈黑褐色或红褐色；顶芽粗大 ·····························

          ··· **11.白柴果 B. fasciata**

    12.叶较小，坚纸质或革质，长13厘米以下，宽5厘米以下，基部两侧相等；顶芽细小或大。

      13.叶坚纸质，窄椭圆形或长椭圆形，先端短渐尖，干时上面黄褐色，下面黑褐色；顶芽细小；花序腋生，长3—4厘米；果椭圆形，长约5.5厘米，径2.5—3厘米 ········

          ··· **12.纸叶琼楠 B. pergamentacea**

      13.叶革质，披针形、椭圆形或长圆形，先端钝或短渐尖，干时上面绿褐色或灰褐色，下面暗褐色或黑紫色；顶芽大，卵形，长约8毫米；花序腋生或近顶生，长达6厘米；果倒卵形或陀螺状，长约3厘米，径2.5厘米·····················

          ··· **13.粗壮琼楠 B. robusta**

11.叶下面无小腺点。

  14.中脉在上面凸起，叶卵形至卵状披针形，长7—10厘米，宽4—5.3厘米，下面粉绿或绿褐色，网脉细密，两面呈细密的蜂巢状；圆锥花序在幼枝上顶生，长达10厘米，多花，疏被短柔毛 ···

          ···················· **14.顶序琼楠 B. glauca var. glaucoides**

14.中脉在上面凹陷，叶下面不为粉绿或褐色，网脉疏散，两面不呈细密的蜂巢状。

  15.叶侧脉6—8对。

    16.叶革质，卵形至长圆形，长10.5—18厘米，宽4.5—7.2厘米，上面平滑，网脉模糊，干时上面黄褐色，下面变褐色或紫褐色；果椭圆形，长3.2厘米，径1.8厘米，具瘤 ······························ **15.西畴琼楠 B. sichourensis**

    16.叶厚革质，长椭圆形或椭圆形，长7.5—15.5厘米，宽3.3—6厘米，上面网脉明显，干时上面褐色或深褐色，下面淡褐色；果椭圆形，长约4厘米，径1.4厘米，常歪斜，平滑 ···

          ·············· **16.缘毛琼楠 B. percoriacea var. ciliata**

15.叶侧脉8—10对，叶厚革质，椭圆形至长圆形，长9—21厘米，宽（3）3.5—6厘米，干时上面绿褐色，下面淡绿色；果椭圆形，长3.3—3.7厘米，径1.5—2.3厘米 ……
·· **17.李榄琼楠 B. linocieroides**

1.柱果琼楠

Beilschmiedia cylindrica S. Lee et Y. T. Wei（1979）
产屏边大围山。

2.网脉琼楠（广西植物名录） 牛奶奶果（威信）、怀德琼楠（海南植物志）图192

Beilschmiedia tsangii Merr.（1934）
Beilschmiedia formosana Chang（1970）
乔木，高达25米，胸径达60厘米；树皮灰褐色或灰黑色。幼枝密被黄褐色绒毛或短柔毛，老枝无毛。顶芽小，卵圆形，长约4毫米，外面被黄褐色短柔毛。叶互生或有时近对生，革质，椭圆形至长圆状椭圆形，长5.5—13.5厘米，宽2.2—5厘米，先端急尖或短渐尖，尖头钝，有时圆或有缺刻，基部楔形或近圆形，干时上面灰褐色或绿褐色，光亮，无毛或近无毛，下面褐色，晦暗，初时被短柔毛，后渐变无毛，中脉在上面凹陷，下面凸起，侧脉7—9对，上面不显著，下面凸起，小脉密网状，两面稍凸起略构成蜂巢状小窝穴；叶柄长0.5—1.4厘米，密被黄褐色短柔毛或绒毛。圆锥花序长3—8厘米，略被短柔毛，少花，少分枝，总梗长1.2—3.5厘米。花白色或黄绿色，花梗长约1毫米，被短柔毛；花被裂片近椭圆形，等大，长约2毫米，外面被微柔毛；花丝略被短柔毛，腺体无柄，子房无毛。果椭圆形，长1.5—2（2.3）厘米，径0.9—1.5厘米，紫黑色，有小瘤点；果梗长5—7毫米，粗1.5—3.5毫米。花期5—8月，果期7—12月。

产威信、文山、麻栗坡，生于海拔1200—1300米山坡湿润常绿阔叶林内或灌丛中；广东、广西、贵州、台湾也有；越南北部有分布。

种子繁殖，宜育苗造林。应及时处理种子，以防发热霉烂及失水过多而失去发芽力。苗期适当遮阴。

木材重量中等，材质一般，可作农具、胶合材等用材。

3.紫叶琼楠

Beilschmiedia purpurascens H. W. Li（1979）
产耿马、西盟、景洪。

4.红毛琼楠 图192

Beilschmiedia rufohirtella H. W. Li（1979）
乔木，高达30米。幼枝略扁，具棱角和细纵条纹，多少被锈色微硬毛。顶芽密被锈色微硬毛。叶互生或近对生，坚纸质，椭圆形至长圆形，长11—23厘米，宽3.6—10.2厘米，先端短渐尖至渐尖，有时急尖、钝或微缺，常偏斜，基部宽楔形至近圆形，干时上面黑褐

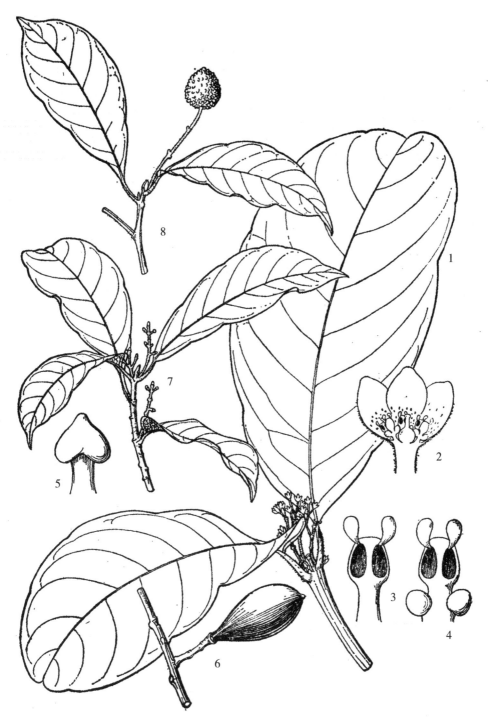

图192 琼楠（红毛、网脉）

1—6.红毛琼楠 *Beilschmiedia rufohirtella* H. W. Li：

1.花枝　　2.花纵剖面　　3.第一、二轮雄蕊　　4.第三轮雄蕊　　5.退化雄蕊　　6.果

7—8.网脉琼楠 *B. tsangii* Merr：　　7.幼果枝　　8.成熟果枝

色，下面茶褐色，密被小腺点，幼时两面密被锈色微硬毛，老时上面沿脉上被锈色微硬毛或渐无毛，下面多少被锈色微硬毛，侧脉10—12对，中脉、侧脉在上面微凸起或平坦，下面明显凸起，小脉网状，两面明显；叶柄长1—2.5厘米，幼时密被锈色微硬毛，后渐变无毛。圆锥花序腋生或近顶生，长1.8—3厘米，总梗长0.5—1厘米，与各级序轴密被锈色微硬毛；苞片及小苞片倒卵形，长达3毫米，两面被锈色微硬毛；花黄色，长约3.5毫米，花梗长2—5毫米，密被锈色微硬毛；花被裂片宽卵形，长约2.5毫米，外面仅下部密被锈色微硬毛，内面略被短柔毛；花丝无毛，腺体圆形，无柄；子房近球形，直径约1毫米，无毛，花柱长约1毫米，无毛。果椭圆状长圆形，长4.5—5.5厘米，径2.5—2.7厘米，两端渐狭，顶端具小尖头，紫黑色，无毛；果梗粗短，长约5毫米，顶端粗4—5毫米。花、果期12月至翌年3月。

产屏边、西畴、麻栗坡，生于海拔1100—1700米沟边灌丛或阔叶林中。模式标本采自屏边。

种子繁殖，宜育苗造林。

木材生长轮界以明晰的木薄壁组织，木射线异形，木纤维具甚小的重纹孔，材质坚实，可作建筑和家具等用材。

5.海南琼楠

Beilschmiedia wangii Allen（1942）
产滇东南。

6.点叶琼楠

Beilschmiedia punctilimba H. W. Li（1979）
产屏边。

7.椆琼楠　　图193

Beilschmiedia roxburghiana Nees（1831）
乔木，高达15米。小枝被稀疏短柔毛或近无毛，略扁，具明显棱角，黑褐色。顶芽细小，密被灰褐色短柔毛。叶对生或互生，纸质或坚纸质，椭圆形、长椭圆形或椭圆状披针形，长9—14厘米，宽3.5—5厘米，先端钝、短渐尖、急尖或近圆形，基部宽楔形或近圆形，两面多少被极微小的小腺点，中脉在上面略凸起，下面甚凸起，侧脉10—15对，在叶缘处联结，下面凸起，小脉网状，纤细，常不明显；叶柄长1.5—2厘米。花序圆锥状或总状，近顶生或腋生，长5—15厘米，各部密被灰黄色短柔毛；花梗长约1毫米；花被裂片卵形，长约1.5毫米。果椭圆形，长4—5厘米，径2—3厘米，两端近圆形，顶端有小凸点，干后黑褐色，平滑；果梗长0.5—2厘米，径达7毫米，常有褐斑。其花、果期8月。

产屏边，常生于山坡常绿阔叶林中；西藏东南部也有，印度、缅甸有分布。

喜温暖湿润气候，稍耐阴。种子繁殖，宜育苗造林。随采随播或混沙贮藏。播前温水催芽。

木材可作室内装修、农具、家具等用材。

8.少花琼楠

Beilschmidia pauciflora H. W. Li（1979）
产景洪。

9.滇琼楠（海南植物志）滇拜士密木　图195

Beilschmiedia yunnanensis Hu（1934）

乔木，高达18米，胸径达1米；树皮灰黑色。小枝较粗，常有棱脊、纵条纹和明显皮孔；幼枝多少压扁，略被黄褐色短柔毛或近无毛。顶芽较小，密被锈褐色绒毛。叶互生，稀近对生或对生，薄革质，长圆形至椭圆形或宽椭圆形，稀为椭圆状披针形，常偏斜，长8—16（18）厘米，宽（3.5）4—6（7.5）厘米，先端渐尖，尖头钝，微弯，基部宽楔形，沿叶柄略下延，两面无毛，中脉在上面平坦或凸起，下面甚凸起，侧脉8—12对，斜上弯，小脉密网状，干后两面呈蜂巢状小巢穴；叶柄长1—1.5厘米，粗，无毛。圆锥花序近顶生及腋生，长2—6厘米，稀更长，总梗长1—3厘米，与各级序轴密被锈褐色绒毛；苞片宽卵形，长达5毫米，两面密被锈色短柔毛。花黄绿色，长约7毫米，花梗长2—6毫米，密被锈褐色绒毛；花被裂片椭圆形，长约5.5毫米，两面被黄褐色短柔毛，外面毛较密；花丝被柔毛，腺体长圆形，具长柄；子房卵球形，长约1.5毫米，无毛，花柱长2.5毫米，柱头小，不明显。果宽椭圆形或近球形，长2—4厘米，径1.5—2.7厘米，熟时黑色平滑；果梗长3—4毫米，粗2—4毫米。花期1—2月；果期5—12月。

产文山，生于海拔1500—1900米山地溪旁密林中。广东、广西也有。模式标本采自文山。

种子繁殖，宜育苗造林。

木材具甚小的重纹孔，年轮可见。重量中等至略重，无气味，材质一般。可作家具、农具、桥梁、胶合板等用材。

10.勐仑琼楠

Beilschmiedia brachythyrsa H. W. Li（1979）
产景洪、勐海。

11.白柴果（屏边）　大果果柴、泡黄心（屏边）图193

Beilschmiedia fasciata H. W. Li（1979）

乔木，高达25米，胸径达50厘米。幼枝略扁，具条纹，无毛；老枝圆柱形。顶芽长卵形。较大，长达1.5厘米，无毛。叶大，对生或近对生，近革质，卵形或卵状长圆形，长12.5—40厘米，宽7—21厘米，先端短渐尖，常偏斜，基部宽楔形或近圆形，两侧常不对称，边缘背卷，干时两面呈黑褐色或红褐色，无毛，下面密被小腺点，中脉在上面平坦或微凹陷，下面凸起，侧脉10—12对，上面不明显，下面明显，网脉两面明显；叶柄长1—2厘米，无毛。聚伞状圆锥花序腋生，长（2.5）5—10.5厘米，疏散，少花，总梗长1—1.5厘米，与各级序轴略扁，且被黄褐色微柔毛。花黄绿色，长约3.5毫米，花梗长3—4毫米，被

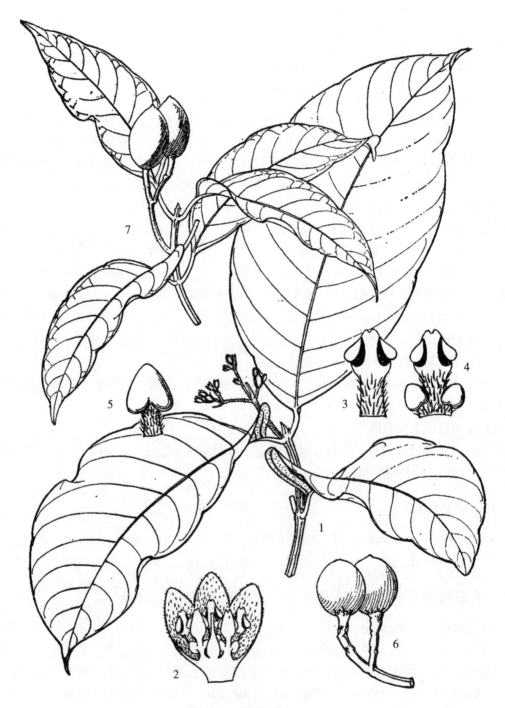

图193 白柴果及椆琼楠

1—6.白柴果 *Beilschmiedia fasciata* H. W. Li：

1.花枝　2.花纵剖面　3.第一、二轮雄蕊　4.第三轮雄蕊　5.退化雄蕊　6.果

7.椆琼楠 *B. roxburghiana* Nees：果枝

黄褐色微柔毛；花被裂片卵形，长近3毫米，外面近无毛，内面被黄褐色短柔毛；花药比花丝稍短，腺体近无柄；子房梨形，连花柱长约1毫米，花柱不十分伸长，柱头小。果近球形，径达4厘米，干时锈褐色，无毛；果梗较粗，顶端粗达6毫米。花期3—4月，果期5—11月。

产屏边、金平、西畴、麻栗坡，生于海拔1100—1600米沟边水旁疏林或密林中。模式标本采自屏边。

种子繁殖，宜育苗造林。

木材材质优良、坚实，纹理直，结构细，为家具、建筑、车辆、梁柱、胶合板等用材。

12. 纸叶琼楠（海南植物志）黑叶琼楠　图194

Beilschmiedia pergamentacea Allen（1942）

乔木，高达20米，胸径达45厘米；树皮灰白色。小枝有条纹，被微小腺点；顶芽细小，无毛。叶对生或近对生，坚纸质，窄椭圆形或长椭圆形，长8—12.5厘米，宽2.8—4.8厘米，先端短渐尖，尖头钝，基部楔形，两面无毛，干时上面黄褐色，下面黑褐色，密被小腺点，中脉、侧脉在上面稍凸起，下面甚凸起，侧脉8—12对，小脉网状，下面稍凸起；叶柄长1—1.5厘米，无毛，常有小腺点。花序总状或圆锥状，腋生，长3—4厘米，近无毛，总梗长1厘米；花梗长5毫米；花被裂片近圆形，长1.5毫米，有灰白色毛；花丝有短柔毛。果序粗壮，无毛。果椭圆形，长约5.5厘米，径2.5—3厘米，两端圆形，顶端有细尖头，干时黑色或黑紫色，光滑，无毛，常有细小瘤点；果梗棒状，长约2厘米，基部粗约4毫米，顶端粗达6毫米，灰褐色，有皱纹，无毛。花期8月，果期10—11月。

产屏边，常生于海拔约1400米山谷疏林或密林中；广东、海南、广西也有。

种子繁殖，宜育苗造林。

木材为建筑、室内装修、家具等用材。

13. 粗壮琼楠　狗吃果（潞西）、"赛乃卡"（勐海傣语）图194

Beilschmiedia robusta Allen（1942）

乔木，高达25米；树皮灰白色，平滑。幼枝红褐色，老枝灰褐色，无毛。顶芽大，卵形，长约8毫米，无毛。叶对生或近对生，革质，披针形、椭圆形或长圆形，微偏斜，长（4.5）7—13厘米，宽（2）2.5—5厘米，先端钝或短渐尖，尖头钝，基部楔形，两面无毛，干时上面绿褐色或灰褐色，稍光亮，下面暗褐色或黑紫色，常密被细小腺点，中脉在上面下陷，至少在中部以下下陷，下面凸起，侧脉9—12对，上面不明显，下面稍明显，网脉两面凸起；叶柄长2.5厘米，无毛。圆锥花序腋生或近顶生，长达6厘米，少花，无毛，总梗长2.5—3厘米；花绿色，长达3毫米，无毛；花被裂片卵形，长1.9毫米，有腺点。果倒卵形或陀螺状，长约3厘米，径2.5厘米，成熟时紫黑色，无毛；果梗粗5—6毫米，黄褐色，无毛。花期4—5月，果期8—11月。

产普洱、景洪、勐海、澜沧，生于海拔1540—2400米的灌丛、疏林或密林中，常与四数木、白头树、常绿榆、槟榔青、尖叶楠木等伴生；贵州、广西及西藏东南部也有。

种子繁殖，宜育苗造林。随采随播或混沙贮藏。播前催芽，播后覆草。

木材生长轮狭至略宽，界以明晰的木薄壁组织。材质优良，结构细，纹理直，可作室内装修用材。

14.顶序琼楠（植物分类学报）图195

Beilschmiedia glauca S. Lee et L. F. Lau var. glauoides H. W. Li（1979）

小乔木，高约4米；树皮红褐色，细片状。枝条细，圆柱形，干时红褐色，无毛。叶互生，坚纸质，卵形至卵状披针形，长7—10厘米，宽4—5.3厘米，先端短渐尖，常偏斜，基部宽楔形或近圆形，两侧常不对称，上面绿色，有光泽，下面粉绿色或绿褐色，两面无毛，中脉和侧脉两面凸起，侧脉6—8对，网脉两面多少明显，呈细密的蜂巢状；叶柄长0.8—1.3厘米，无毛。圆锥花序生于幼枝顶端，庞大，长达10厘米，疏散，多分枝，极开展，多花，总梗长0.5厘米，与各级序轴疏被短柔毛，且呈红褐色。花黄白色，长2.5毫米，花梗长2—3毫米，疏被短柔毛。花被裂片宽卵形，长2毫米，外面无毛，内面及边缘被微柔毛；花丝被短柔毛，腺体具短柄；子房扁球形，长约1毫米，径达1.5毫米，花柱极短，柱头细小。花期4—5月。

产西畴，生于海拔约1350米石灰岩山林下。模式标本采自西畴。

正种的特征是：圆锥花序为腋生，长2—6厘米，无毛，少花。产广东、海南，云南未见分布。

种子繁殖，宜育苗造林。

木材为工具、小农具用材。

15.西畴琼楠（植物分类学报）图194

Beilschmiedia sichourensis H. W. Li（1979）

乔木，高约7米。小枝略扁，具棱角，下部红褐色，上部淡褐色，无毛。顶芽大，卵圆形，长达10毫米，无毛。叶对生，革质，卵形至长圆形，长10.5—18厘米，宽4.5—7.2厘米，先端急尖或短渐尖，基部楔形，干时上面黄褐色，下面变褐色或紫褐色，两面无毛，中脉在上面凹陷，下面甚凸起，侧脉约8对，最下方1对近叶缘，斜展，均与网脉在上面模糊，下面明显；叶柄长1—1.5厘米，无毛。果序腋生，长约4厘米，序轴粗达4毫米，干时红褐色，无毛。果椭圆形，长3.2厘米，径1.8厘米，两端渐狭，顶端具细小尖头，基部不收缩成柄，干时红褐色，具瘤，无毛；果梗红褐色，无毛。果期10月。

产西畴，生于海拔1300—1500米的混交林中。模式标本采自西畴。

种子繁殖，育苗造林。苗期注意遮阴。

木材为农具、胶合板等用材。

16.缘毛琼楠（植物分类学报）图196

Beilschmiedia percoriacea Allen var. ciliata H. W. Li（1979）

乔木，高达10米；树皮灰色。幼枝多少压扁，干时呈绿褐色，无毛。顶芽卵圆形，无毛。叶近对生，厚革质，长椭圆形或椭圆形，长7.5—15.5厘米，宽3.3—6厘米，先端短渐尖，基部楔形，边缘背卷，干时上面褐色或深褐色，下面淡褐色，两面无毛，中脉在上面稍凹陷，下面明显凸起，侧脉6—8对，两面凸起，小脉疏网状，两面明显，下面尤甚；叶

图194 琼楠（粗壮、西畴、纸叶）

1.粗壮琼楠 *Beilschmiedia robusta* Allen 果枝

2—3.西畴琼楠 *B.sichourensis* H. W.Li：　　2.枝条　　3.果

4—5.纸叶琼楠 *B. pergamentacea* Allen：　　4.枝条　　5.果

图195 琼楠（顶序、滇）

1—5.顶序琼楠 *Beilsckmiedia glauca* S. Lee et L.F. Lau var. *glaucoides* H. W. Li：

1.花枝　　2.花纵剖面　　3.第一、二轮雄蕊　　4.第三轮雄蕊　　5.退化雄蕊

6—10.滇琼楠 *B. yunnanensis* Hu：

6.花枝　　7.花纵剖面　　8.第一、二轮雄蕊　　9.第三轮雄蕊　　10.退化雄蕊

柄长1.2—2.5厘米，粗，无毛。圆锥花序长1.2—2.5厘米，少花，无毛，总梗长5—8毫米；花长约3毫米，花梗长达3.5毫米，无毛；花被裂片长卵形，长约2毫米，外面无毛，内面略被短柔毛，边缘有白色小缘毛，有腺点；花丝无毛，腺体圆状肾形；子房卵球形，长约1毫米，花柱短，柱头头状。果椭圆形，常歪斜，长约4厘米，径1.4厘米，先端具小喙，基部渐狭成长达5毫米的柄；果梗长约1厘米，粗约4毫米，顶端略膨大。花期5—6月，果期7—8月。

产金平、屏边，生于海拔约1000米山地疏林中。模式标本采自金平。

正种的特征是花被裂片边缘无缘毛。产广东及广西，云南未见分布。

种子繁殖，育苗造林。苗期适当遮阴。

木材为室内装修、农具、胶合板等用材。

17.李榄琼楠（植物分类学报）图196

Beilschmiedia linocieroides H. W. Li（1979）

乔木，高达24米，胸径达45厘米。小枝圆柱形，幼时略扁，具纵条纹，无毛。顶芽卵形，长达1厘米，无毛。叶近对生或互生，常聚生于枝梢，厚革质，椭圆形至长圆形，长9—21厘米，宽（3）3.5—6厘米，先端急尖或短渐尖，基部楔形或宽楔形，干时上面绿褐色，光亮，下面淡绿色，晦暗，两面无毛，边缘背卷，中脉在上面凹陷，下面凸起，侧脉8—10对，最下方1对近叶缘，均斜展，末端拱形连接，上面甚凸起，下面略凸起，网脉疏散，上面甚凸起，下面略凸起；叶柄长1—2厘米，无毛。果序长（3）5.5—7.5厘米，序轴粗，径达4毫米，具皱纹，无毛。果椭圆形，长3.3—3.7厘米，径1.5—2.3厘米，两端渐窄或略近圆形，无明显的细尖头，基部不收缩成柄，熟时黑褐色，平滑，无毛；果梗较粗，长约1厘米，粗3—5毫米。果期3—4月。

产勐仑、勐养、勐海、西畴，生于海拔680—1400米沟谷密林中。模式标本采自勐仑。

20. 油果樟属 Syndiclis Hook. f.

常绿乔木。叶近对生或互生，或集生枝顶，羽状脉。圆锥花序腋生，具总梗；苞片和小苞片钻形，微小，早落。花小，两性，具梗；花被筒倒圆锥形，花被裂片通常4，稀5或6，宽卵状三角形或横向长圆形，短小，果时脱落，能育雄蕊通常4，稀5或6，2轮，与花被裂片对生，被毛及腺点，花丝短，外轮有2腺体，花药宽卵形，肥厚，2室或融合为1室，内向；退化雄蕊4，微小，线形或披针形，密被毛，花蕾时呈穹形包住子房；子房卵状圆锥形，无毛，向上渐狭成花柱，柱头小。果大，陀螺形、扁球形或球形；果梗与果序梗增粗，不易区别。

本属约10种，1种产不丹，其余均产中国云南东南部、贵州西南部、广西南部及广东海南。云南有5种。

分 种 检 索 表

1.幼枝、叶下面、叶柄被短柔毛或疏柔毛。

　2.果干时具皱纹，密被锈褐色鳞秕状毛 ·························· **1.鳞秕油果樟** S. furfuracea

图196 琼楠（缘毛、李榄）

1—5.缘毛琼楠 *Beilschmiedia percoriacea* Allen var. *ciliata* H. W. Li：

1.花　　2.花纵剖面　　3.第一、二轮雄蕊　　4.第三轮雄蕊　　5.退化雄蕊

6.李榄琼楠 *B. linocieroides* H.W.Li. 果枝

2.果干时光滑，无鳞秕状毛。

   3.叶大，椭圆形至长圆形，长13—16.5厘米，宽5.5—8.8厘米，中脉、侧脉和横脉在上面明显凹陷，下面甚凸起，侧脉5—7对；圆锥花序长约2.5厘米⋯⋯⋯⋯⋯⋯⋯⋯⋯⋯⋯⋯⋯⋯⋯⋯⋯⋯⋯⋯⋯⋯⋯⋯⋯**2.麻栗坡油果樟** S. marlipoensis

   3.叶较小，卵形或椭圆形，长5.5—10厘米，宽2.5—5厘米，中脉、侧脉在上面凹陷，下面明显凸起，但横脉在上面模糊，侧脉3—6对；圆锥花序十分短小，长0.9—1.2厘米⋯⋯⋯⋯⋯⋯⋯⋯⋯⋯⋯⋯⋯⋯⋯⋯⋯⋯⋯⋯⋯⋯⋯**3.富宁油果樟** S. fooningensis

1.幼枝、叶下面、叶柄无毛。

   4.圆锥花序明显具苞叶，整个花序呈花枝状，长1.5—4厘米；花梗短小，长1—2毫米 ⋯⋯⋯⋯⋯⋯⋯⋯⋯⋯⋯⋯⋯⋯⋯⋯⋯⋯⋯⋯⋯⋯**4.西畴油果樟** S. sichourensis

   4.圆锥花序无苞叶，不呈花枝状，长2—4厘米；花梗纤细，长2—5毫米⋯⋯⋯⋯⋯⋯⋯⋯⋯⋯⋯⋯⋯⋯⋯⋯⋯⋯⋯⋯⋯⋯ **5.屏边油果樟** S. pingbienensis

1.鳞秕油果樟

Syndiclis furfuracea H. W. Li（1979）
产屏边。

2.麻栗坡油果樟（植物分类学报）图197

Syndiclis marlipoensis H. W. Li（1979）
   灌木，高约2.5米。幼枝略扁，密被锈色短柔毛；小枝近圆柱形，紫褐色，密生皮孔，近无毛。顶芽小，卵球形，长约1.5毫米，密被锈色短柔毛。叶近对生或互生，坚纸质，椭圆形至长圆形，长13—16.5厘米，宽5.5—8.3厘米，先端短渐尖或有时钝形，基部宽楔形，边缘略背卷，干时淡黄褐色，光亮，无毛，下面淡紫褐色，晦暗，主要沿中脉被锈色疏柔毛，侧脉5—7对，弧曲，末端拱形连接，最下方1条常极近叶缘，中脉、侧脉和横脉在上面明显凹陷，下面甚凸起，网脉在上面模糊，下面略呈蜂窝状；叶柄长0.8—1.5厘米，红褐色，密被锈色短柔毛。圆锥花序腋生，长约2.5厘米，少花，总梗长1.3厘米，与各级序轴密被锈色短柔毛；花梗长1.5毫米，略被短柔毛；花被裂片4（5），宽卵形，长0.5毫米，外面无毛，内面密被黄褐色短柔毛；子房线形，长达5毫米，无毛。果期11月。
   产麻栗坡，生于海拔1300—1600米常绿阔叶林中。模式标本采自麻栗坡。
   种子繁殖，育苗造林。
   种子榨油，油供工业用。

3.富宁油果樟（植物分类学报）图197

Syndiclis fooningensis H. W. Li（1979）
   小乔木，高达8米。幼枝略扁，红褐色，密被锈色短柔毛，小枝圆柱形，褐色，有皮孔。顶芽卵珠形，长约3毫米，芽鳞外面极密被黄褐色短柔毛。叶近对生或互生，近革质，卵形或椭圆形，长5.5—10厘米，宽2.5—5厘米，先端锐尖至短渐尖，常偏斜，基部宽楔形，边缘背卷，干时上面黄褐色，下面淡黄褐色或变褐色，幼时两面被锈色短柔毛，下面沿脉上尤密，后上面近无毛，下面多少被毛，侧脉3—6对，最下方1对近叶缘，末端拱形连接，中脉、侧脉在上面凹陷，下面明显凸起，横脉上面模糊，下面多少明显；叶柄长0.8—1.5厘米，幼时密被锈色短柔毛，后渐无毛。圆锥花序少花，长0.9—1.2厘米，总梗长1—5毫米，与各级序轴被锈色疏柔毛；小苞片钻形，长不及1毫米，被锈色短柔毛。花绿色，小，花蕾时长不及1毫米，花梗长达1.5毫米，密被锈色短柔毛；花被裂片宽三角形，极短小，外面无毛，内面被短柔毛；花丝被短柔毛，腺体无柄，退化雄蕊密被柔毛；子房卵形，花柱渐狭。果近扁球形，高约3厘米，径3.3厘米，顶端近截平，无毛，干时呈黄褐色。花期4—5月。

产富宁，生于海拔800—1000米石灰岩山或沟谷密林中。模式标本采自富宁。

种子繁殖，宜育苗造林。

种子富含油脂，油供制皂和机械润滑用。

4.西畴油果樟

Syndiclis sichourensis H. W. Li（1979）

产西畴。

5.屏边油果樟

Syndiclis pingbienensis H. W. Li（1979）

产屏边。

21.厚壳桂属 Cryptocarya R. Br.

常绿乔木或灌木。叶互生，稀近对生，羽状脉，稀离基三出脉。圆锥花序腋生、近顶生或顶生。花两性，花被筒陀螺形或卵形，花后顶端收缩；花被裂片6，近相等，早落；能育雄蕊9、6或3，花药2室，第1、2轮雄蕊花丝基部无腺体，花药内向，第3轮雄蕊花丝基部有2腺体，花药外向，最内轮为退化雄蕊，具短柄；子房无柄，为被筒所包被，花柱近线形，柱头小，不明显，稀盾状。果为核果状，增大的花被筒全包果实，顶端有1小开口，球形、卵球形、扁球形、椭圆形或长圆形，平滑或有纵棱。

本属约200—250种，分布于热带及亚热带地区，但未见于中非，中心分布在马来西亚、澳大利亚及中美洲的智利。我国有19种。产于东南部、南部及西南部。云南有8种。

分 种 检 索 表

1.叶具离基三出脉，叶片长椭圆形或椭圆状卵形，长10—15厘米，宽5—8.5厘米；小枝、叶柄、叶片下面有锈色绒毛；果扁球形，长1.2—4.8厘米，径1.2—2—5厘米，有不明显的纵棱 ·· 1.丛花厚壳桂 C. densiflora

1.叶具羽状脉。

　2.果具栓质斑点，椭圆状卵形，长3—3.2厘米，径1.5- 1.6厘米，干时黑褐色 ···············
··· 2.斑果厚壳桂 C. maculata

图197 油果樟（富宁、麻栗坡）

1—7.富宁油果樟 *Syndiclis fooningensis* H. W. Li：

1.花枝　　2.花　　3.花纵剖　　4.外轮雄蕊　　5.内轮雄蕊　　6.退化雄蕊　　7.果

8—9.麻栗坡油果樟 *S. marlipoensis* H. W. Li：

8.幼果枝　　9.叶背放大一部分（示网脉突出）

2.果无栓质斑点。

  3.果十分平滑，纵棱全然不明显，卵球形，长1.5—1.8厘米，径1.1—1.3厘米；圆锥花序短小，长2—2.5（3.5—4）厘米，少花，少分枝；叶片长圆形或长圆状椭圆形，长8—26厘米，宽2.5—7.5厘米 ……………………………………………………………………………………………………… **3.短序厚壳桂** C. brachythyrsa

  3.果不平滑，具不明显或多少明显的纵棱。

    4.果扁球形或近球形。

      5.果扁球形，长约2.1厘米，径2.3厘米；圆锥花序短小，长3—5.5厘米，少花，分枝长不及1.5厘米………………………… **4.贫花厚壳桂** C. depauperata

      5.果近球形，长约1.3厘米，径1—1.1厘米；圆锥花序长5.5—14厘米，通常腋生者，少分枝，近穗状，顶生、近顶生者多分枝，疏散，下部分长达4厘米 …………………………………………………………………………… **5.岩生厚壳桂** C. calcicola

    4.果椭圆形或卵圆形。

      6.果长在2.5厘米以上。

        7.果卵圆形，长2.5—3厘米，径1.5—2厘米，有皱纹和疣点，纵棱不明显；叶片披针形或长圆状披针形，长9—13厘米，宽2.5—4.5厘米；圆锥花序穗状式，长3—8厘米，少花 ………………………… **6.海南厚壳桂** C. hainanensis

        7.果椭圆形，长3.4厘米，径2厘米，无皱纹和疣点，纵棱多少明显；叶片长椭圆形，较大，长（9）15—28厘米，宽（2.5）5.5—14厘米；圆锥花序呈塔状分枝式，腋生者长（5）7.5—15厘米，顶生者长达19厘米，多花 …………………………………………………………………………… **7.尖叶厚壳桂** C. acutifolia

      6.果为卵圆形，长1.6厘米，径1.2厘米，纵棱不明显；圆锥花序变异很大，有时少花，短于叶很多，长仅2—4厘米，有时多花密集，长近叶片之半或以上，长5.5—12厘米，后者多分枝，分枝长达4厘米 …………………………………………………………………………… **8.云南厚壳桂** C. yunnanensis

1.丛花厚壳桂

Cryptocarya densiflora Bl.（1826）

产普洱、勐腊、景洪、文山、麻栗坡等地；广东、广西、福建也有。老挝、越南、马来西亚、印度尼西亚及菲律宾均有分布。

2.斑果厚壳桂（植物分类学报）图198

Cryptocarya maculata H. W. Li（1979）

乔木，高10米。小枝圆柱形，具纵纹，无毛。叶革质，长圆形，长9.5—18厘米，宽3—5厘米，先端钝或急尖，基部宽楔形，上面绿色，光亮，下面淡绿色，无毛，羽状脉，中脉在上面凹陷，下面凸起，侧脉6—9对，上面平坦或稍凹陷，下面凸起，横脉两面不明显，细脉网状，两面不明显；叶柄长0.5—1.3厘米，无毛。果椭圆状卵形，长3—3.2厘米，径1.5—1.6厘米，干时黑褐色，有栓质斑点，无毛，有不明显的纵棱12条。果期8月。

产屏边，生于海拔920米密林中。模式标本采自屏边。

种子繁殖，一年生苗，可出圃造林。

木材生长轮略狭、明晰，导管底壁具单穿孔，相互间纹孔互列、密接。结构细，重量中等。为家具、车船、胶合板、房屋建筑等用材。

3.短序厚壳桂（植物分类学报）图198

Cryptocarya brachythyrsa H. W. Li（1979）

乔木，高达30米，胸径达40厘米。幼枝略扁，密被黄褐色微柔毛；小枝较粗，多少具棱角，有纵纹，无毛。叶薄革质，长圆形或长圆状椭圆形，长8—26厘米，宽2.5—7.5厘米，先端钝、急尖或有时具缺刻，基部楔形或宽楔形，两侧常不对称，干时上面黄绿色，光亮，下面紫绿带白色，上面幼时沿中脉微柔毛，后渐无毛，下面幼时疏被短柔毛，后渐无毛，羽状脉，中脉及侧脉在上面凹陷，下面凸起，侧脉6—9对，斜伸，横脉两面多少明显；叶柄长1—1.5厘米，密被黄褐色微柔毛。圆锥花序腋生，短小，长2—2.5（3.5—4）厘米，少花，少分枝，最下部分枝长0.8—1.5厘米，总梗长1—1.5厘米，与序轴密被黄褐色微柔毛；苞片及小苞片卵状钻形，细小。花淡绿色，长为4毫米，花梗长1—2毫米，密被黄褐色微柔毛；花被裂片倒卵形，长2毫米，外面被黄褐色微柔毛；花丝被柔毛，腺体肾形，具柄；子房棍棒状，长约2.5毫米，花柱长约1毫米，柱头头状。果卵球形，长1.5—1.8厘米，径1.1—1.3厘米，无毛，纵棱不明显。花期4—5月，果期6—11月。

产西双版纳，生于海拔1000—1780米山谷常绿阔叶林中。模式标本采自勐养。

种子繁殖，宜育苗造林。

木材为建筑、家具、农具、船舶等用材。

4.贫花厚壳桂（植物分类学报）图199

Cryptocarya depauperata H. W. Li（1979）

乔木，高达20米。幼枝有细纵条纹，密被黄褐色微柔毛。叶互生，薄革质，长圆形成卵状长圆形，长8—9.5厘米，宽3.3—8厘米，先端长渐尖或有时而与急尖，基部宽楔形，两侧常不对称，上面绿色，下面淡绿色，两面无毛或仅上面沿中脉略被微柔毛，羽状脉，侧脉（4）5—7对，弧曲，与中脉在上面稍明显，下面凸起，横脉及细脉两面多少明显，叶柄长0.8—1.2厘米，被黄褐色微柔毛。圆锥花序腋生及顶生，短小，长3—5.5厘米，少花，少分枝，分枝长不及1.5厘米；总梗长0.8—1.5（2.5）厘米，与序轴密被黄褐色微柔毛；苞片及小苞片钻形，长不及1毫米，密被黄褐色微柔毛。花绿黄色，长3.5毫米，花梗长约1毫米，密被黄褐色微柔毛；花被裂片卵形，长约2毫米，外面密被、内面疏被黄褐色微柔毛；花丝被柔毛，腺体近圆形，具长柄；子房棍棒状，连花柱长约3毫米，花柱线形，柱头不明显。果扁球形，长约2.1厘米，径2.3厘米，黑色，近平滑，有不明显的纵棱。花期4—5月，果期6—12月。

产屏边、麻栗坡，生于海拔1300—1400米常绿阔叶林中。模式标本采自屏边。

种子繁殖，育苗造林。种子随采随播或混沙贮藏。

木材纹理直，结构细密，为家具、建筑等用材。

图198 厚壳桂（短序、斑果）

1—8.短序厚壳桂 *Cryptocarya brachythyrsa* H. W. Li：

1.花枝　2.叶　3.花纵剖面　4.第一、二轮雄蕊　5.第三轮雄蕊

6.退化雄蕊　7.果枝　8.果

9—10.斑果厚壳桂 *C. maculata* H. W. Li：

9.果枝　10.果

5.岩生厚壳桂（植物分类学报）图199

Cryptocarya calcicola H. W. Li（1979）

乔木，高达15米，胸径达30厘米。幼枝多少具棱角，有细纵条纹，密被黄褐色短柔毛。叶互生，薄革质，长圆形或椭圆状长圆形至卵形，长（6.5）10.5—19厘米，宽（3.5）4.2—8.5厘米，先端钝、急尖或短渐尖，有时具缺刻，基部宽楔形至近圆形，两侧多少不对称，上面仅中脉被黄褐色短柔毛，下面被黄褐色短柔毛，沿叶脉较密，羽状脉，中脉及侧脉在上面凹陷，下面凸起，横脉及细脉呈网结状，上面不明显，下面明显；叶柄长0.5—1厘米，密被黄褐色短柔毛。圆锥花序腋生、近顶生及顶生，长5.5—14厘米，腋生者少分枝，近穗状，顶生、近顶生者多分枝，疏散，下部分枝长达4厘米，总梗长1.5—4.5厘米，与序轴密被黄褐色短柔毛；苞片及小苞片线状钻形，长约2毫米，密被黄褐色短柔毛。花淡绿色，长约5毫米，花梗长1—2毫米，密被黄褐色短柔毛；花被裂片长圆状卵形，长2.5毫米，两面被黄褐色短柔毛，外面毛较密；花丝被柔毛，腺体近圆形，具长柄；子房棍棒状，连花柱长约3.5毫米，花柱线形，柱头不明显。果近球形，长约1.3厘米，径1—1.1厘米，紫黑色，无毛或两端疏被柔毛，有不明显的纵棱12条。花期4—5月，果期5—10月。

产富宁、麻栗坡、勐仑，生于海拔（500）700—1000米石山或溪边常绿阔叶林中。贵州南部、广西西部也有。模式标本采自富宁。

种子繁殖，宜育苗造林。苗期加强管理，注意适当遮阴。

木材结构细致，纹理通直，材质中等，易加工。为建筑、家具等用材。

6.海南厚壳桂

Cryptocarya hainanensis Merr.（1922）

产屏边、金平、麻栗坡，广西、广东也有；越南有分布。

7.尖叶厚壳桂（植物分类学报）图200

Cryptocarya acutifolia H. W. Li（1979）

乔木，高达25米，胸径达30厘米。小枝细，有细纵条纹，幼时密被锈色短柔毛，后毛被渐脱落。叶革质，长椭圆形，长（9）15—28厘米，宽（2.5）5.5—14厘米，先端圆形而具骤短尖头，或有时具缺刻，但常为急尖，基部宽楔形、钝或近圆形，上面仅沿中脉及侧脉被锈色短柔毛，下面粉绿色，被短柔毛，羽状脉，侧脉（7）9—11对，中脉、侧脉在上面常凹陷，下面甚凸起，横脉在上面多少凹陷，下面明显，细脉疏网状，下面凸起；叶柄粗，长1—1.5厘米，极密被锈色短柔毛。圆锥花序腋生及顶生，腋生者长（5）7.5—15厘米，顶生者长达19厘米，塔形分枝，总梗长（2）2.5—4.5厘米，与各级序轴密被锈色短柔毛；苞片及小苞片卵形，长3毫米，两面密被锈色短柔毛。花淡黄色，长约5毫米，花梗长不及1毫米，被锈色短柔毛；花被裂片长圆状卵形，长约2.5毫米，两面被短柔毛；花丝被柔毛，腺体肾形，具短柄；子房棍棒状，连花柱长4毫米，上部渐狭成花柱，柱头不明显。果椭圆形，长3.4厘米，径2厘米，顶端钝，基部骤然收缩成短柄，黑紫色，近无毛或顶端略被短柔毛，有多少明显的纵棱12条。花期3—5月，果期6—12月。

图199 厚壳桂（岩生、贫花）

1—6.岩生厚壳桂 *Cryptocarya calcicola* H. W. Li：

1.幼果枝　　2.花纵剖　　3.第一、二轮雄蕊　　4.第三轮雄蕊　　5.退化雄蕊　　6.果

7—8.贫花厚壳桂 *C. depauperata* H. W. Li：　　7.花枝　　8.果

产勐养、勐海、勐仑、金平、景洪、勐腊，生于海拔500—700米低丘或河边潮湿地上的常绿阔叶林中或山坡干燥次生疏林内。模式标本采自勐养。

种子繁殖，宜育苗造林。种子随采随播或混沙贮藏。

木材生长轮明晰。为家具、建筑等用材。

8.云南厚壳桂　图200

Cryptocarya yunnanensis H. W. Li（1979）

乔木，高达28米，胸径70厘米；树皮灰白色。小枝具纵向条纹，近枝梢处被黄褐色微柔毛。老枝无毛。叶薄革质，通常长圆形，偶有卵形或卵状长圆形，长7—19厘米，宽3.2—10厘米，先端短渐尖，基部宽楔形至圆形，两面无光泽，无毛，羽状脉，侧脉5—7对，中脉、侧脉在上面平坦，下面多少显著，横脉及细脉网状，两面多少明显；叶柄长1.5—2.5厘米，无毛。圆锥花序腋生及顶生，有时少花，短于叶片很多，长2—4厘米，有时多花密集，长近于叶片之半或以上，长5.5—12厘米，多分枝，分枝长达4厘米；总梗长1—5.5厘米，与各级序轴密被极细的微柔毛。花淡绿白色，长约3毫米，花梗长1—2毫米，密被极细微柔毛；花被裂片长圆状卵形，长1.5毫米，内外两面被微柔毛；花丝被柔毛，腺体圆状肾形，具长柄；子房棍棒形，连花柱长近3毫米，柱头头状，不明显。果卵圆形，长1.6厘米，径1.2厘米，先端近圆形，基部狭，黑紫色，无毛，有不明显的纵棱12条。花期3—4个月，果期5—6月。

产普文、勐养、景洪、勐仑，生于海拔550—1100米山谷常绿阔叶林或次生疏林中。模式标本采自勐养。

种子繁殖，育苗造林。

木材为建筑、家具、胶合板等用材。

图200　厚壳桂（尖叶、云南）

1—6.尖叶厚壳桂 *Cryptocarya acutifolia* H. W. Li：

1.花枝　　2.果枝　　3.第一、二轮雄蕊　　4.第三轮雄蕊　　5.退化雄蕊　　6.雌蕊

7—12.云南厚壳桂 *C. yunnanensis* H. W. Li：

7.花枝　　8.果枝　　9.第一、二轮雄蕊　　10.第三轮雄蕊　　11.退化雄蕊　　12.雌蕊

14.肉豆蔻科 MYRISTICACEAE

常绿乔木或灌木，各部有香气（细胞中含挥发油）；树皮和髓心周围具黄褐色或肉红色浆汁。单叶互生，全缘，羽状脉，通常具透明腺点，螺旋状排列或微二列开展；无托叶。花序腋生，通常为圆锥花序或总状花序，稀头状花序或聚伞花序；小花簇生或成各式的总状排列或聚合成团；苞片早落；小苞片着生于花梗或花被基部；花小，单性，通常异株，无花瓣，花被通常3裂，稀2—5裂，镊合状；雄蕊2—40（国产种通常16—18），花丝合生成雄蕊柱，柱顶在有些属中成盘状或球形体，花药2室，外向，纵裂，常互相紧密合生在一起，背面贴生于雄蕊柱上或分离成星芒状；花粉通常具细网纹；子房上位，无柄，1室，有近基生的倒生胚珠1，花柱短或缺，柱头合生成具2浅裂或边缘具齿状或撕裂状的圆盘。果皮革质状肉质，或近木质，常开裂为2果瓣；种子具肉质、完整或多少撕裂状的假种皮；种皮3或4层，外层脆壳状肉质，中层通常木质，较厚，内层膜质，通常透入胚乳内，并含挥发油从而使胚乳成嚼烂状或皱褶状，胚乳含以14碳脂肪酸为主的固体油和少量淀粉；胚通常近基生。

本科约有16属，380余种，按热带亚洲至大洋洲，非洲和热带美洲分为3个分布区，其中热带亚洲至大洋洲（包括印度、斯里兰卡、中南半岛、马来半岛、印度尼西亚、菲律宾、波利尼西亚西部直至大洋洲）分布区有4属，约300余种。中国有3属，约15种，分布于台湾、广东、海南、广西南部和云南南部热带地区；云南有3属、约10余种，约占全国种类的80%以上；多生于海拔1000米以下的热带河谷、沟谷、盆地边缘、低丘的热带森林中。

分 属 检 索 表

1.雄花直径大于3毫米；花梗先端或中部具小苞片，脱落后留有疤痕；花序为密集的总状或假伞形花序。

  2.花序不分枝或分叉；花丝合生成盾状的盘（雄蕊盘），花药短，8—20，在盘的边缘成齿状分离；花柱肥壮，柱头合生成具齿或条裂状的盘；叶第三次小脉平行，两面隆起；假种皮完整或顶端微撕裂状 ·············· **1.红光树属 Knema**

  2.花序分枝，成2歧或3歧式；花丝合生成柱状（雄蕊柱），花药细长，7—30，互相紧密联合，并与雄蕊柱合生，不分离；花柱几缺，柱头合生成2浅裂的沟槽；叶第三次小脉不平行，不隆起，上面通常下陷；假种皮撕裂至基部或成条裂状 ·············· **2.肉豆蔻属 Myristica**

1.雄花直径小于3毫米；花梗通常不具小苞片；花序疏散，常为一复合的圆锥状花序 ·············· **3.风吹楠属 Horsfieldia**

1.红光树属 Knema Lour

　　常绿乔木。叶坚纸质至革质，下面通常被白粉或被锈色绒毛，侧脉近平行，互相网结。花单性，异株；花序腋生或落叶的叶痕腋生，不分枝或分叉；总花梗粗壮，由多数疤痕集结而成瘤状体，花密总状或假伞形排列；苞片早落小苞片着生于花梗的上部或中部，脱落后留有疤痕；花通常较大，近球形或椭圆形（多为雄花），碟形或壶形（国产有些种的雌花），具花梗；花丝合生成盾状的盘，花药8—20，分离，基部贴生在盘的边缘，成齿状分离或星芒状分叉，不直立；花柱短而肥厚，柱头合生成具2浅裂或边缘牙齿状或撕裂状的盘。果皮肥厚，通常被绒毛；假种皮先端撕裂，稀完整；胚乳皱褶状，含固体油和淀粉。

　　本属约有70余种，分布于南亚，从印度东部至中南半岛、菲律宾及巴布亚新几内亚。我国有5种和1变种，主要产云南南部和西南部。

分 种 检 索 表

1.叶较大，最宽处通常在7厘米以上，先端渐尖或长渐尖，基部圆形或心形。

　　2.叶宽披针形或长圆状披针形或倒披针形，长30—55（15—70）厘米，宽7—15厘米，先端渐尖或长渐尖，基部圆形或心形，侧脉24—35对；果密被短的锈色树枝状绒毛 …… ……………………………………………………………… 1.红光树 K. furfuracea

　　2.叶倒卵状披针形，长15—40厘米，宽7—13厘米，两端渐狭，中部最宽，先端渐尖，基部圆形，侧脉20—25对；果密被锈色绒毛 ……………… 2.大叶红光树 K. linifolia

1.叶较小，最宽处通常在7厘米以下，先端锐尖、短渐尖，稀长渐尖，基部宽楔形、近圆形，稀近截形。

　　3.花药无柄；果密被锈色近颗粒状微柔毛或树枝状绒毛，后渐脱落。

　　　　4.叶通常披针形、条状披针形或倒披针形，稀长圆状披针形，两侧边缘通常不平行，下面通常无毛；花柱长约1.5毫米，柱头2裂；果小，长在2厘米以下，被锈色近颗粒状微柔毛 …………………………………………… 3.小叶红光树 K. globularia

　　　　4.叶通常长方状披针形或卵状披针形，稀长圆形或窄椭圆形，两侧边缘近平行，下面通常密被锈色或灰褐色有柄的星状毛，后渐脱落，甚至无毛，毛被常成小片状脱落；花柱极短，柱头2裂，每裂片2浅裂；果大，长2—3厘米，被锈色树枝状绒毛 ………… ……………………………………………………………………… 4.假广子 K. erratica

　　3.花药具柄；果密被锈色绒毛或锈色星状微柔毛，不甚脱落。

　　　　5.叶通常长圆状披针形或窄椭圆形，先端锐尖或突尖，下面通常被毛，后渐脱落，或沿中脉或侧脉被小的星状秕糠状绒毛；花柱近于无，柱头3裂；果长3厘米以上 ……… ……………………………………………………………… 5.密花红光树 K. conferta

　　　　5.叶通常长方状披针形或条状披针形，先端渐尖或长渐尖，下面通常苍白色，中脉或侧脉被颗粒状或粉末状的星状微柔毛；花柱短，柱头2裂，每裂片2—3浅裂；果长3厘米以下 ……………………………………………… 6.狭叶红光树 K. cinerea var. glauca

1.红光树（云南植物志） "埋好迈"（西双版纳傣语）、"叭佳"（西双版纳哈尼语）、"梭勒啪莫"（西双版纳基诺语）图201

Knema furfuracea（Hk. et Thoms.）Warbg.（1897）

常绿乔木，高达25米，胸径达35厘米；树皮灰白色，片状脱落；分枝下垂。幼枝密被锈色糠秕状微柔毛，后变无毛。叶近革质，宽披针形，长圆状披针形或倒披针形，长（15）30—55（70）厘米，宽7—15厘米，先端渐尖或长渐尖，基部圆形或心形，除幼叶下面被毛外，老叶两面无毛，侧脉24—35对，两面隆起；叶柄长1.5—2.5厘米，密被锈色微柔毛，稀无毛。雄花扁倒卵形或近倒圆锥形，长6—7毫米，宽4—6毫米，花梗长0.7—1厘米，总梗粗，长约1—1.5厘米，花和花梗被锈色绒毛，近花梗上部具小苞片；花被裂片3，稀4；雄蕊盘几不下陷，花药10—13，无柄；雌花无梗或具极短的梗，密被微柔毛，花被管长1厘米，圆柱形，基部稍膨大，宽约4毫米；子房卵球形，被锈色绒毛，柱头顶端分裂为多数浅裂片或浅齿，中间下陷。果序短，具果1—2，果梗长约3.5毫米，椭圆形或卵球形，长3.5—4.5厘米，密被树枝状锈色短绒毛，果皮厚4—5毫米。假种皮深红色，顶端微撕裂；种子椭圆形或卵状椭圆形，长2—3厘米，种皮脆壳质，干时淡黄褐色，密被不规则的细沟纹。花期11月至翌年2月，果期7—9月。

产勐腊、景洪、盈江、金平等地，生于海拔500—1000米山坡或沟谷阴湿的密林中。泰国、中南半岛、马来半岛、印度尼西亚及伊里安岛北部也有分布。

种子繁殖，宜随采随播。

木材白色，含水量大，颇重，干燥后浅黄带灰色，心材和边材不明显，结构略细，纤维较粗，易加工，刨面光滑，有径向裂纹，抗腐性不强，易受虫蛀食；通常作板材，如加工防腐可作一般建筑用材。树皮受伤部位和髓心分泌深红色树脂。种子含油量约24%，为重要工业用油。

2.大叶红光树（云南植物志）图204

Knema linifolia（Roxb.）Warbg.（1897）

乔木，高达20米，胸径达35厘米；树皮灰色；粗糙，细鳞片状；分枝集生树干顶端，先端稍下垂。幼枝密被锈色微柔毛。叶坚纸质或近革质，倒卵状披针形，长15—40厘米，宽7—13厘米，中部最宽，先端渐尖或长渐尖，基部圆形，两面无毛，侧脉20—25对，两面隆起，叶柄长1—2厘米，被锈色颗粒状或粉末状微柔毛。雄花序长0.8—1厘米，花2—5簇生于瘤状总梗，花蕾卵球形或倒卵球形，长0.7—1厘米，密被暗褐色绒毛，花梗长1.2—1.5厘米，中部以下具小苞片，花被裂片3，雄蕊盘下陷，花药13—18，无柄。雌花长约6毫米，2—4簇生于瘤状总梗，密被微柔毛，圆柱形，基部稍膨大子房宽卵球形，密被锈色绒毛，柱头2裂，每裂片2浅裂。果序短，通常着果1个。果具极短的柄或无柄，椭圆形或卵球形，长2.5—4厘米，密被锈色绒毛，果皮厚2—3毫米。假种皮深红色，顶端撕裂。花期8—9月。

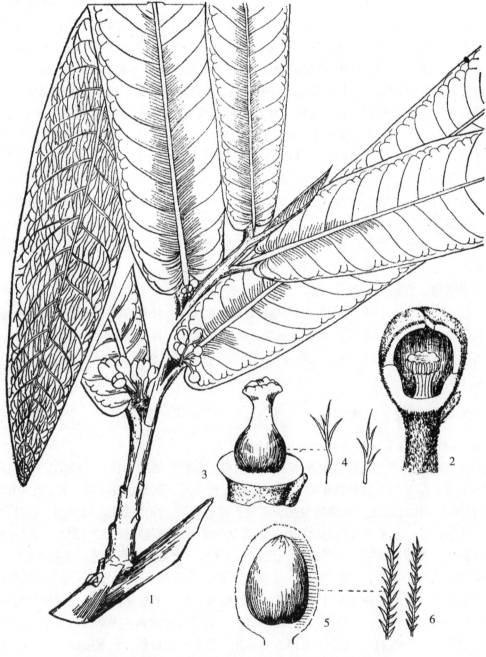

图201　红光树 *Knema furfuracea*（Hook. f. et Thoms.）Warbg
1.雄花枝　　2.雄花纵剖面　　3.雌蕊放大　　4.子房外面的毛放大
5.果实纵剖面　　6.果实外面的毛放大

产沧源，生于海拔800—900米沟谷、潮湿的密林中；印度东北部经孟加拉国至中南半岛也有分布。

种子繁殖，宜随采随播。育苗造林或直播造林。

木材纹理直，质轻；为室内装修、一般家具、包装箱、农具等用材。树姿优美、枝叶浓密，四季常青，假种皮深红色，可作庭园观赏树种。

3.小叶红光树（云南植物志）图202

Knema globularia（Lam.）Warbg.（1897）

小乔木，高达15米，胸径达25厘米；树皮灰褐色，鳞片状开裂、脱落；分枝集生于树干顶端，平展而稍下垂。幼枝密被锈色短柔毛或近颗粒状微柔毛，后渐脱落无毛，黄褐色或暗黑色，具纵条纹。叶膜质或坚纸质，长圆形，倒披针形或条状披针形，长10—28厘米，宽2—7厘米，先端锐尖或渐尖，基部宽楔形或近圆形，上面灰绿色，具光泽，下面苍白色，无毛，有时沿中脉和侧脉被细小的星状或秕糠状微柔毛，侧脉12—18对。雄花2—9，簇生于长3—6毫米的瘤状总梗上，成假伞形花序，花梗细长，长约为总梗的2倍，中部以上近先端具小苞片；花被裂片3；雌花序假伞形，总梗长0.5—1厘米，花梗密被锈色短柔毛。果单生，卵球形或近球形，长1.8—3.2厘米。假种皮深红色，包被种子或顶端撕裂，种子卵球形或近球形，长1.6—2.6厘米，种皮薄，脆壳质。花期在低海拔地区为12月至翌年3月，果期为7—9月，在较高海拔地区花期为7—9月，花果同时并存。

产西双版纳、屏边、河口、盈江、沧源等地，生于海拔200—1000米阴湿的山坡、平坝和丘陵地杂木林内；广西偶见；马来半岛至中南半岛有分布。

种子繁殖，宜随采随播。沙床催芽，营养袋育苗最好。

种子含油26.7%，其油为重要工业用油。

4.假广子（云南植物志）   "埋好来"（西双版纳傣语）、"梭勒啪谜"（西双版纳基诺语）图203

Knema erratica（Hk. f. et Thoms.）J. Sincl.（1961）

乔木，高达20米，胸径达35厘米；树皮灰褐色，分枝集生于树干顶端，平展，先端稍下垂。幼枝、幼叶密被锈色或灰褐色微柔毛，后渐脱落无毛。叶坚纸质或近革质，长方状披针形、卵形披针形或条状披针形，稀长圆形或狭椭圆形，两侧边缘近平行，长12—32厘米，宽3—8厘米，先端锐尖或短渐尖，基部宽楔形或近圆形，稀近截形，上面无毛，下面密被锈色或灰褐色星状微柔毛，后渐脱落无毛，有时毛被成小片状脱落，侧脉15—36对，叶柄长0.6—1.7厘米，密被锈色或灰褐色微柔毛。雄花序有花4—8，被灰色或锈色微柔毛；花被裂片3，稀4，倒卵形，密被锈色短绒毛；雌花3—10朵簇生于极短的瘤状总梗上，密被锈色星状绒毛。果序着果1—2，果卵球形或椭圆形，长2.5—3.2厘米，盘状花被管基部宿存，果柄长0.8—1厘米，密被锈色绒毛或微柔毛，后渐脱落无毛。假种皮橙红色或深红色，种子卵状椭圆形，长2—2.8厘米，干时暗紫红色或灰黑色。花期8—9月，果期翌年4—5月。

产勐腊、景洪、瑞丽、沧源等地，生于海拔500—1700米山坡、低丘、沟谷边缘的疏林或密林中；印度、孟加拉国、泰国及缅甸也有分布。

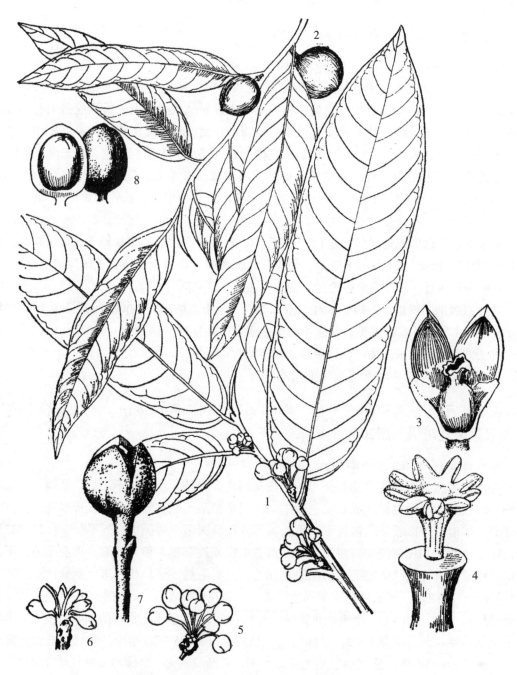

图202 小叶红光树 *Knema globularia* (Lam.) Warbg

1.雄花枝　　2.果枝　　3.雌花　　4.雄蕊盘　　5.雄花序

6.雌花序　　7.雄花　　8.果实和果实纵剖面

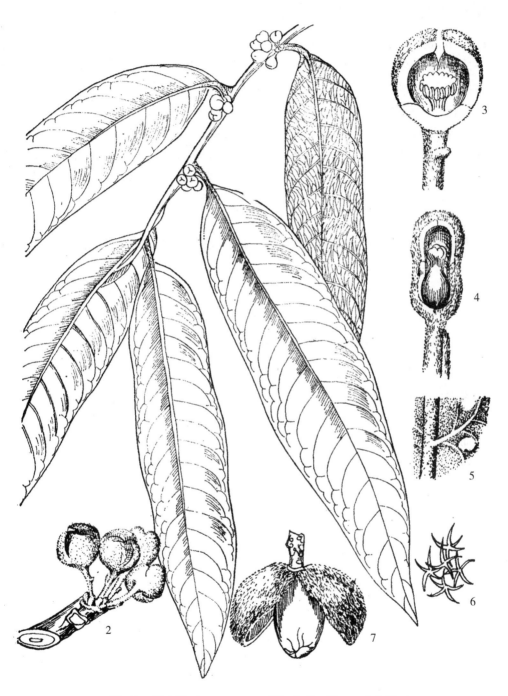

图203 假广子 *Knema erratica*（Hook. f. ct Thoms.）J. Sincl
1.雄花枝 2.雄花序放大 3.雄花纵剖面 4.雌花纵剖面
5.叶背一部分放大（示毛被片状脱落） 6.叶背面的毛放大 7.成熟果实

种子繁殖，宜随采随播。

树干通直，尖削度小，适于做箱板材。种子含油20%—29%，为重要工业用油。

5.密花红光树（中国植物志）图204

Knema conferta（Lam.）Warbg.（1897）

小乔木，高达12米，胸径达25厘米；分枝集生于树干顶端，平展，稍下垂。幼枝圆柱形，被微柔毛，后脱落无毛，灰褐色，具纵条纹。叶坚纸质或近革质，长圆状披针形或狭椭圆形，长13—24厘米，宽4—6.5厘米，先端锐尖或短渐尖，稀渐尖，基部宽楔形或近圆形，上面灰绿色，微有光泽，下面灰白色，密被短的灰褐色星状绒毛，后渐脱落或近无毛，侧脉18—25对；叶柄长1.2—1.5厘米，幼时被短的锈色星状绒毛，后脱落无毛。果单生或2—3个聚生于无瘤的总梗上，总梗长约3—4毫米，果椭圆形，长3.5—4厘米，顶端具微小的突尖，环状花被管基部宿存，密被锈色长绒毛，后渐脱落，果皮干时厚约1毫米。假种皮暗红色，先端撕裂。果期5—6月。

产沧源，生于海拔1100—1200米的沟谷、斜坡及潮湿的竹林中，马来半岛至中南半岛有分布。

种子繁殖。采后除去假种皮，宜随采随播，用营养袋育苗更好，苗期注意适当遮阴。

木材为一般用材。种子可榨油，油供工业用。

6.狭叶红光树（云南植物志）图205

Knema cinerea（Poir.）Warbg. var. glauca（Bl.）Y. H. Li.（1979）

乔木，高达20米，胸径达35厘米。幼枝密被灰褐色星状毛，后渐脱落无毛。叶纸质或坚纸质，长方状披针形或条状披针形，长12—25厘米，宽3—5厘米，先端渐尖、长渐尖或锐尖，基部楔形至近圆形，上面无毛，下面被白粉，中脉和侧脉被星状微柔毛，侧脉20—25对；叶柄长1.2—1.5厘米，密被锈褐色微柔毛。雄花4—8，假伞形花序，瘤状总梗长3—5毫米，密被锈色绒毛，花梗长4—5毫米，雄蕊盘无毛，花药10—12，雌花序具瘤状总梗，花2—3，花被管长约5毫米；子房卵球形，密被锈色长绒毛，柱头2裂，每裂片具3—4齿。果序总梗粗壮，长约1.5厘米，有疤痕，着果1—3；果椭圆形，长2.5—2.8厘米，果柄长3—4毫米，环状花被管基部宿存，密被锈色星状微柔毛。假种皮红色，种子椭圆形或卵圆形，长2—2.2厘米，种皮光滑，暗紫色。花期10月，果期4—5月。

产勐腊、瑞丽，生于海拔500—1200米的山坡次生阔叶林或沟谷杂木林中。印度东北部、印度、孟加拉国、中南半岛及安达曼岛有分布。

种子繁殖，宜用营养袋育苗。注意遮阴。

木材为一般家具、包袋箱等用材。种子可榨油，供工业用。

2.肉豆蔻属 Myristica Gronov

常绿乔木，有时树干基部具少量气根。叶坚纸质，下面通常带白色或被锈色毛，中脉在上面通常下陷，侧脉不平行，至边缘弯曲连合，第三次小脉构成网状，在上面下陷。花

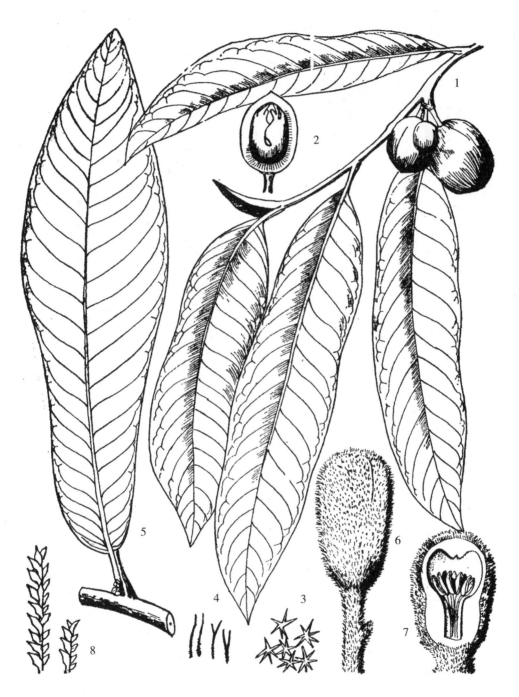

图204　红光树（密花、大叶）

1—4.密花光红树 *Knetna conferta*（Lam.）Warb：

1.果枝　　2.果实纵剖面（示假种皮）　　3.叶背面毛放大　　4.果实外面毛放大

5—8.大叶红光树 *Knema linifolia*（Roxb.）Warb：

5.叶片　　6.雄花　　7.雄花纵剖面　　8.叶柄上的毛放大

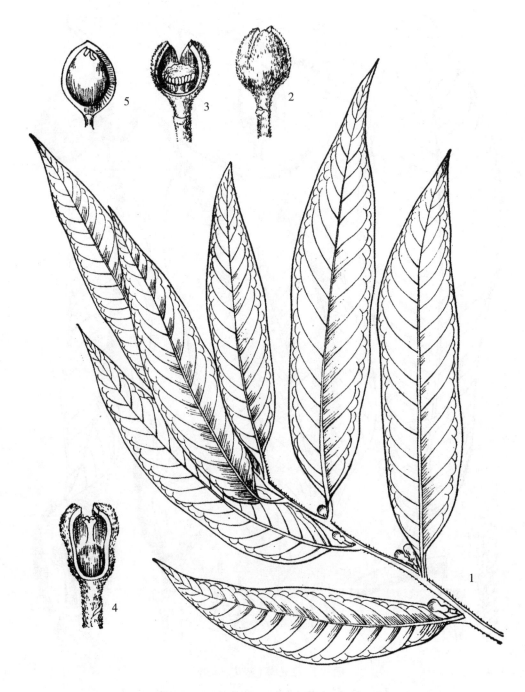

图205 狭叶红光树 *Knema cinerea*（Poir.）Warbg. var. *glauca*（Bl.）Y. H. Li
1.雌花枝　　2.雌花纵剖面　　3.雄花　　4.雄花纵剖面　　5.果实纵剖面（示假种皮）

序总花梗通常为2歧或3歧式，花在总梗或其分枝顶端成假伞形或总状花序；无苞片，小苞片发达、着生在花梗顶端，稀脱落；花被壶形或钟形，稀管状，2—3裂，花丝合生成雄蕊柱，花药细长，7—30，背面贴生于雄蕊柱；无花柱，柱头成2浅裂的沟槽。果皮厚，肉质状脆壳质，通常被毛。假种皮撕裂至基部或成条裂状；胚乳嚼烂状，含油和淀粉。

本属约120余种，分布于南亚，从波利尼西亚西部、热带澳洲、印度东部至菲律宾群岛。我国有4种，分布于台湾南部和云南南部；云南产1种，是我国大陆唯一的种。

云南肉豆蔻（植物分类学报）图206

Myristica yunnanensis Y. H. Li.（1977）

乔木，高达30米，胸径达70厘米；树干基部有少量气根；树皮灰褐色。幼枝和芽密被锈色微柔毛，后渐脱落。叶坚纸质，长圆状披针形或长圆状倒披针形，长24—45厘米，宽8—18厘米，先端短渐尖，基部楔形、宽楔形或近圆形，上面无毛，下面密被锈色树枝状毛，侧脉20—32对，第三次小脉不明显；叶柄长2.2—4厘米，无毛。雄花序长2.5—4厘米，每小花序有3—5朵花；花被壶形，裂片3，密被锈色短绒毛，暗紫色；雄蕊7—10，合生成柱状，花药细长，线形，外向，紧贴于雄蕊柱，基部被毛、果序轴密被锈色绒毛，着果1—2。果椭圆形，长4—5.5厘米，密被锈色绵毛，果柄长约6毫米，果皮厚。假种皮深红色，成条裂状，种子卵状椭圆形，长3.5—4.2厘米，具浅沟槽，种皮易裂。花期12月至翌年1月，果期3—6月。

产景洪、勐腊、金平等地，生于海拔540—600米的山坡或沟谷密林中。

种子繁殖，育苗造林，宜随采随播。播前沙床催芽，播后保持湿润，并搭荫棚遮阴。低温季节采取防寒措施。

种子含油约6.33%，木材经加工防腐后可作建筑用材。

3. 风吹楠属 Horsfieldia Willd.

常绿乔木。叶坚纸质或薄革质，通常无毛，下面无白粉，第三次小脉网状，几不明显。花序常为复合圆锥状，疏散，花有时聚合成团；苞片通常早落，小苞片无；花小，球形，稀无花梗，花被3（2—4）裂；花丝连合成球形、棒形或有时顶端凹入的雄蕊柱，花药12—30（国产种有时为10），由背面贴生，通常包被雄蕊柱；雌蕊无花柱，柱头微合生，子房无毛。果皮通常较厚，光滑，花被裂片早落或有时宿存。假种皮完整，稀顶端微撕裂状；种皮木质，薄而脆，胚乳嚼烂状，含油，子叶基部合生，多少成贝壳状。

本属约90余种，分布于南亚，从印度至伊里安岛。我国有5种，分布于海南、广西、云南；其中4种产云南。

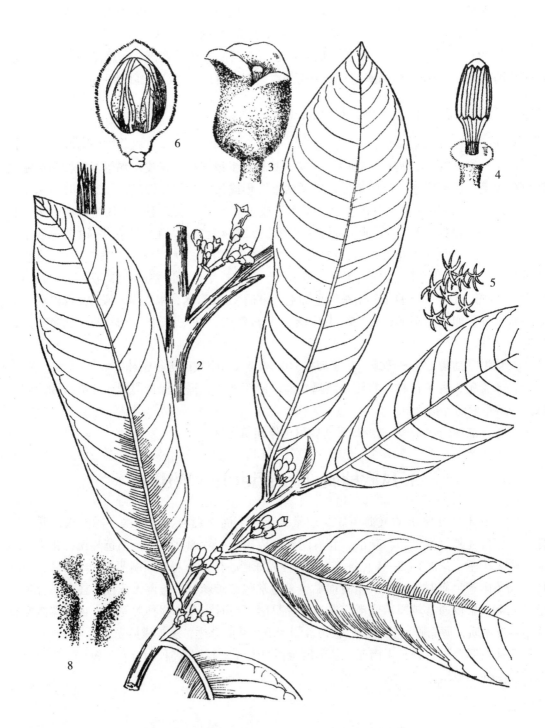

图206 云南肉豆蔻 *Myrisiica yunnanensis* Y. H. Li

1.雄花枝　　2.雄花序　　3.雄花　　4.雄蕊柱　　5.花被外面的毛放大

6.果实纵剖面（示假种皮）　　7.果实外面的毛放大　　8.叶背的一部分放大（示毛被）

分 种 检 索 表

1.叶长20—45厘米，宽5—22厘米，侧脉12对以上。

  2.叶倒卵状长圆形或提琴形；花被裂片早落；果较小，长3—4.5厘米，皮薄，厚约1.8毫米；种子顶端具小突尖 ·· **1.琴叶风吹楠 H. pandurifolia**

  2.叶长圆形、长圆状披针形或长圆状倒披针形；花被裂片宿存；果较大，长4.5—5厘米，皮较厚，约3—4毫米；种子顶端钝圆。

    3.小枝皮孔显著；叶长圆形或长圆状披针形，侧脉14—22对；果序轴长6—12厘米 ···
·· **2.滇南风吹楠 H. tetratepala**

    3.小枝皮孔不显著；叶长圆状倒披针形，侧脉18—14对；果序轴长4—6厘米··········
·· **3.大叶风吹楠 K. kingii**

1.叶长10—20厘米，宽5.5厘米以下，侧脉不超过12对（稀达16对）················
·· **4.风吹楠 H. glabra**

1.琴叶风吹楠（云南植物志）　"埋张布"（西双版纳傣语）、"播穴"（西双版纳哈尼语）、"多勒啦咪"（西双版纳基诺语）图207

    Horsfieldia pandurifolia Hu（1963）

    乔木，高达24米，胸径达45厘米；树皮灰褐色，纵裂。小枝粗壮，几无毛。叶坚纸质、倒卵状长圆形或提琴形，长（10）16—34厘米，宽6—9.5厘米，先端短渐尖或突尖，基部楔形或宽楔形，稀圆形，无毛，侧脉（9）12—22对；叶柄粗壮，长2.2—3厘米。圆锥花序疏散，长12—15（30）厘米，无毛，花序轴紫红色，小花卵球形，花被裂片 4，稀3；雄蕊10，合生成球形。果序长10—18厘米，着果1—3，果卵状椭圆形，长3—4.5厘米，先端尖，具短柄，黄褐色，果皮木壳质，光滑。假种皮鲜红色，先端微撕裂状；种子卵球形或卵球状椭圆形，径1.6—1.8厘米，顶端突尖，种皮硬壳质，灰白色，光滑，具脉纹和淡褐色斑块，基部偏生卵形疤痕。花期5—7月，果期翌年4—6月。

    产景洪、勐腊、双江、盈江等地，生于海拔500—800米的沟谷密林或山坡密林中。

    生长较快，定植后5年，树高4—6米，胸径约10厘米；苗期侧根和须根较少，移植成活率不高，宜用营养钵育苗，带土定植，以保证较高的成活率；5年生植株即可开花。

    木材略轻柔，刨面光滑，可做箱柜材，如加防腐处理后，可作建筑板材。种子含油量57.39%，为重要工业用油。

2.滇南风吹楠（云南植物志）　"埋扎伞"（西双版纳傣语）、"播穴黑"（西双版纳哈尼语）、"多勒啪莫"（西双版纳基诺语）图208

    Horsfieldia tetratepala C. Y. Wu（1957）

    乔木，高达25米，胸径达40厘米；树皮灰白色，分枝通常集生树干顶端，先端稍下垂。叶薄革质，长圆形或倒卵状长圆形，长20—35厘米，宽7—13厘米，先端短渐尖，基部宽楔形，无毛、侧脉（12）14—22对，叶柄长2—2.5厘米。雄花序圆锥状，长8—15（22）厘米；花序轴、花梗和花蕾均密被锈色树枝状毛，后渐脱落，雄花3—6，近簇生，球形。

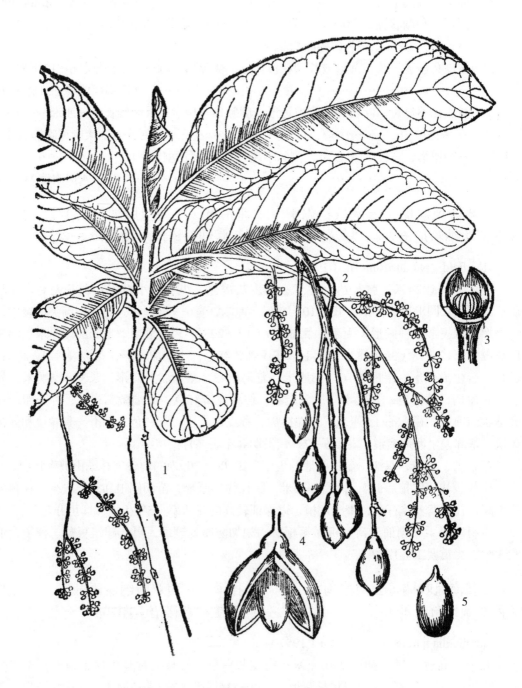

图207 琴叶风吹楠 *Horsfieldia pandurifolia* Hu
1.花枝　　2.果序　　3.雄花纵剖面　　4.成熟果实　　5.种子

果序长6—12厘米，着果12，稀3，橙黄色，椭圆形，长4.5—5厘米，基部偏斜，下延成粗柄，盘状花被裂片宿存，果皮近木质。假种皮近橙红色，种子卵状椭圆形，长3.5—4厘米，种皮淡黄褐色，疏生脉纹，疤痕长。花期4—6月，果期11月至翌年4月。

产勐腊、金平、河口等地，生于海拔300—650米的沟谷坡地密林中。

生长迅速，定植后5年开始开花，树高达4—5.5米，胸径约8厘米，苗期根系发达，移植成活率达95%以上。

木材结构中等，可作箱板用材或建筑的板材等。种子含油33.6%，为重要的工业用油。

3.大叶风吹楠（云南植物志）图209

Horsfieldia kingii（Hk.f.）Warbg.（1897）

乔木，高达10米。小枝干后髓心中空，具纵条纹，无毛，皮孔疏生，长椭圆形。叶坚纸质，倒卵形或长圆状倒披针形，长28—55厘米，宽15—22厘米，先端锐尖，有时钝，基部渐狭宽楔形，除中脉有时被微柔毛外，其余无毛，侧脉14—18对，中脉在上面下陷，下面微隆起，侧脉至近边缘处多数分叉网结；叶柄长2.5—4厘米，具沟槽，无毛。雄花序长9—15厘米，疏生微柔毛，花近簇生，球形，花梗细，与花近等长；花被2—3裂，裂片宽卵形，先端锐尖；花药12，合生成球形；雌花序长3—7厘米，分枝多，花近球形，疏散；花被2—3深裂；子房倒卵球形，被绒毛，无花柱。果长圆形，长4—4.5厘米，两端渐狭，盘状花被片肥厚，宿存，果皮厚革质，毛无；假种皮薄，完全包被种子，有时顶端微撕裂，种子长圆状卵球形，顶端微尖，种皮厚，黄褐色，无毛。果期10—12月。

产盈江、瑞丽、龙陵、沧源、景洪等地，生于海拔800—1200米的沟谷密林中；印度东北部、孟加拉国也有分布。

种子繁殖，宜随采随播，沙床催芽，营养袋育苗。注意遮阴。

木材结构中等，可作箱板、农具及其他用材等。种子榨油，为工业用油。

4.风吹楠（云南植物志） "埋央孃"（西双版纳傣语）、"枯牛"（西盟佤语）、"丝迷啰"（澜沧拉祜语）图210

Horsfieldia glabra（Bl.）Warbg（1897）

乔木，高达25米，胸径达40厘米；树皮灰白色，分枝平展。小枝褐色，近无毛，皮孔卵形，淡褐色。叶坚纸质，椭圆状披针形或长圆状椭圆形，长12—18厘米，宽3.5—7.5厘米，先端锐尖或渐尖，基部楔形，两面无毛，侧脉8—12对；叶柄长1.2—1.8厘米，无毛。雄花序圆锥状，长8—15厘米，近无毛；苞片披针形，被微柔毛，后脱落，花近簇生，无毛；花被2—3（4）裂；雌花序长3—6厘米，无毛，花梗及总梗粗壮，雌花球形，花被裂片2，无花柱，柱头近盘壮，子房无柄，无毛。果序长达10厘米，果橙黄色或橙红色，卵球形或椭圆形，长3—4厘米，先端具短喙，花被裂片脱落，果皮肉质。假种皮橙红色；种子卵球形。花期8—10月，果期翌年3—5月。

产富宁、麻栗坡、屏边、河口、勐海，生于海拔140—1200米的平坝疏林或山坡、沟谷密林中；海南、广西南部也有；越南、缅甸、安达曼群岛至印度东北部均有分布。

适应性较强，喜光，速生，定植后五年，树高可达7.5米，胸径15—16厘米，栽培3年便

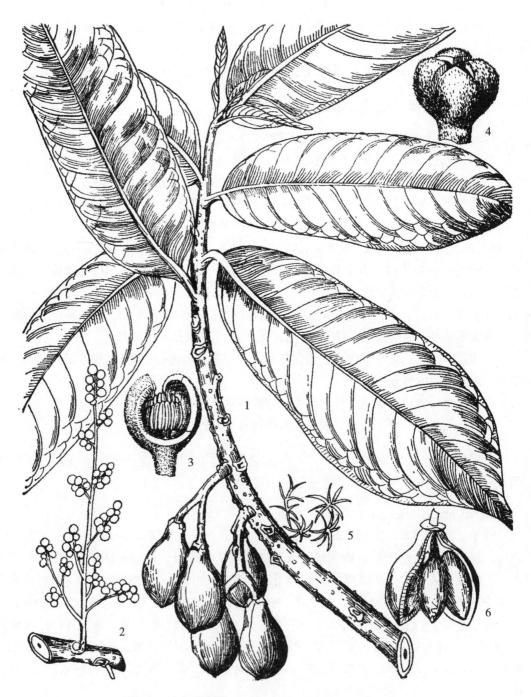

图208 滇南风吹楠 *Horsfieldia tetratepala* C. Y. Wu

1.果枝 2.雄花枝 3.雄花纵剖面 4.雄花

5.雄花被外面的毛被放大 6.成熟果实

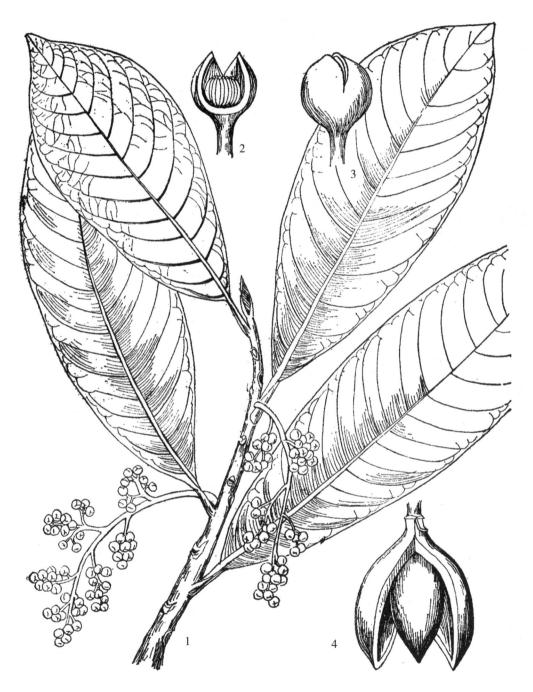

图209 大叶风吹楠 *Horsfieldia kingii*（Hook.f.）Warbg.

1.雄花枝　　2.雄花纵剖面　　3.雄花　　4.成熟果实

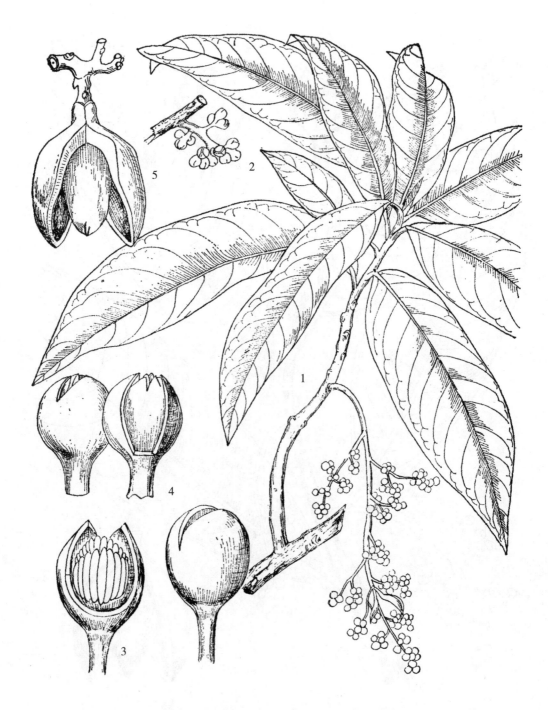

图210 风吹楠 *Horsfieldia glabra*（Bl.）Warbg.

1.雄花枝　　2.雌花序　　3.雄花和雄花纵剖面　　4.雌花和雌花纵剖面　　5.成熟果实

可开花结实，第五年每株平均可产种子1700多粒。种子休眠期极短，贮藏15天有50%丧失发芽力，贮藏1月全部丧失发芽力，因而宜随采随播。沙床催芽，营养袋育苗。

　　木材结构中等，无心、边材之分，可作建筑用材或箱板材。种子含油29%—33%，为工业用油。

19.小檗科 BERBERIDACEAE

多年生草本：灌木，偶有小乔木。叶互生，稀对生或基生，单叶或羽状复叶；托叶存在或缺。花两性，单生、簇生或为聚伞花序，总状花序、聚伞圆锥花序，整齐；萼片与花瓣均离生，（1）2—3轮，覆瓦状排列；萼片与花瓣同数或为其2—3倍；花瓣基部有或无蜜腺、或变为蜜腺状距；雄蕊与花瓣同数，对生，稀为其2倍，花药2室，瓣状开裂或纵裂；子房上位，1室，胚珠少数至多数，稀有1枚，基生胎座或为侧膜胎座，花柱通常较短或不存在。浆果、蒴果、偶有菁葖果。种子含有丰富的肉质胚乳及小而直的胚，有时具有不同形状的假种皮。

本科有17属，约650余种，主要产于北温带、亚热带高山地区和美洲。我国有11属，200余种，全国各地均有分布，以西南地区种类最多。云南有8属，120余种，30多变种。本书记载常见的木本植物2属，41种，4变种，其中部分种未加描述，仅列名称和产地。

分 属 检 索 表

1.单叶；枝条通常具刺 ·· 1.小檗属 Berberis
1.羽状复叶；枝条通常无刺 ·· 2.十大功劳属 Mahonia

1. 小檗属 Berberis L.

落叶或常绿灌木。枝通常具刺，刺单生或三叉状，老枝常呈灰色或灰黑色，幼枝有时为红色，常有散生黑色疣点，内皮层和木质部均为黄色。单叶互生，着生于侧生的短枝上，叶片与叶柄连接处常有关节。花黄色，单生，簇生或为各式花序，花梗基部常具苞片，萼片外有2—4小苞片；萼片（3）6—9，（1）2—3轮排列，花瓣状；花瓣6，内侧近基部具2腺体，雄蕊6，花药瓣状开裂，花粉近球形或长球形，最大轴约为34—60微米，具3沟，有螺旋状萌发孔或不定数目的散沟，外壁层次不清楚，具细网状雕纹，网眼很小；子房具一至多数胚珠，通常具柄，花柱短或缺，柱头头状。浆果红色或蓝黑色；种子一至多数。

本属约有500余种，分布于南美洲、北美洲、亚洲和非洲。我国有200余种，主要产于西部、西南部地区。云南有100余种，20多变种。

本属植物的根、根皮或茎皮中含有多种生物碱，这些生物碱均具有一定的生理活性，例如抗菌、降压、利胆、扩张血管、激活淋巴结等。在民间广泛用以代替黄连或黄檗，是防治常见病和多发病的重要中药。在寻找新药和开展资源的综合利用方面很有前景。

分 种 检 索 表

1.花单生或二至多数簇生。

  2.花单生。

    3.叶倒卵形、长圆形、长椭圆形，下面被白粉。

      4.浆果顶端具明显花柱。

        5.幼枝被白粉。叶近革质，侧脉与网脉两面明显，全缘；花柄通常较短，长5—10毫米。浆果球形或卵圆形，长9—14毫米，直径7—8毫米，顶端花柱长约5毫米 ·· 1.刺红珠 B. dictyophylla

        5.幼枝不被白粉，具棱角和黑色疣点。叶膜质，全缘或具1—4齿，上面近无脉或侧脉与网脉略明显；花柄长10—12毫米。浆果长圆形，长10—12毫米，直径6—7毫米，顶端具极短花柱 ·················· 2.丽江小檗 B.stiebritziana

      4.浆果顶端不具花柱。

        6.浆果较小，圆球形，长8—10毫米，具3粒种子 ·················· 3.白马小檗 B. muliensis var. beimanica

        6.浆果较大，长圆形，长15—18毫米，具5粒种子 ················ 4.大花小檗 B. ludlowii

    3.叶线状披针形，下面无白粉，全缘。浆果红色，具2（3）粒种子；果柄纤细，长5—10毫米 ················ 5.小花小檗 B. minutiflora

  2.花二至多数簇生。

    7.胚珠1（果实含1粒种子）。

      8.叶边缘外卷。

        9.干时，叶下面变棕黄色，侧脉与网脉两面不明显或仅1—2对侧脉明显 ·············· 6.洱源小檗 B. willeana

        9.干时，叶下面不变棕黄色，侧脉多对，两面明显。

          10.刺细弱。叶长2.5—6厘米，宽1—1.5厘米，网脉不明显。萼片2轮排列。果实顶端具明显花柱 ·············· 7.贵州小檗 B. cavaleriei

          10.刺粗壮。叶长3—10厘米，宽2—3.5厘米，网脉两面明显。萼片3轮排列。果实顶端无花柱 ·············· 8.多刺小檗 B. deinacantha

      8.叶边缘平展。

        11.叶披针形，边缘每边具10—35刺齿。浆果红色，不被白粉 ·············· 9.春小檗 B. vernalis

        11.叶倒披针形或长椭圆形，边缘每边具35—60刺齿。浆果黑色，微被白粉 ·············· 10.大叶小檗 B. ferdinandi–coburgii

    7.胚珠2—10（果实含2—10粒种子）。

      12.胚珠通常2（果实含2粒种子）。

        13.无明显花柱。

          14.果实被蓝色霜粉。

15.叶硬革质，倒卵形或椭圆形，下面有白粉，边缘具1—6齿。花10—20朵
簇生 ·· **11.粉叶小檗 B. pruinosa**

15.叶革质，质地较软，窄椭圆形或宽披针形，下面淡绿色，无白粉。花6—
10朵簇生。

16.叶长圆状卵形或长圆状成针形，长2—4厘米，宽1—1.5厘米，边缘每边具6—8齿。
萼片3轮排列 ··· **12.密叶小檗 B.davidii**

16.叶窄长圆形至长披针形，长7—15厘米，宽1—3.5厘米，边缘每边具20—40刺状
齿。萼片2轮排列 ··································· **13.渐尖叶小檗 B.acuminata**

14.果实不被蓝色霜粉。

17.老枝棕黄色，幼枝暗红色。叶纸质，倒卵形或长圆状倒卵形，全缘或每边具2—3
齿。花2—4朵簇生。浆果红色或紫红色；果柄长2.5—4厘米···············
··· **14.滇小檗 B. yunnanensis**

17.老枝灰黄色，幼枝草黄色。叶革质，长圆状倒卵形或长圆状椭圆形，边缘每边具
2—7齿。花3—12朵簇生。浆果黑色，果柄长达2厘米 ·······················
··· **15.凤庆小檗 B. holocraspedon**

13.有明显花柱。

18.花20—30朵簇生；花柄长15—20毫米。叶革质，长圆状卵形或倒披针形，边缘具多
数刺齿。浆果长圆状椭圆形，长约7毫米，外果皮质软···························
··· **16.平滑小檗 B. levis**

18.花3—10朵簇生。

19.叶纸质，披针形或窄长圆形，边缘每边具5—10刺齿。花柄长5—10毫米。浆果卵
形，长约5毫米，外果皮质硬 ····················· **17.黑果小檗 B. atrocarpa**

19.叶薄革质，长圆状卵形至披针形，边原每边具7—15枚刺齿。花柄长1—2厘米。浆
果椭圆形，长约8毫米，顶端具明显花柱，外果皮质软···························
··· **18.假小檗 B. fallax**

12.胚珠通常3—10（果实含3—10粒种子）。

20.胚珠5—10（果实含5—10粒种子）。

21.老枝棕黄色或暗红色，无刺。叶椭圆状披针形，边缘具12—24枚粗刺齿，下面无白
粉。萼片3轮排列。浆果球形，长约4.5毫米，约径5毫米；果柄长10—15毫米 ·······
·································· **19.独龙厚柄小檗 B. incrassata var. bucahwangensis**

21.老枝灰黑色，幼枝紫褐色；刺细弱，三叉状。叶长椭圆形或椭圆形，边缘每边具7—
10刺齿，下面有白粉。萼片2轮排列。浆果长圆形；果柄长1.5—3厘米 ···············
··· **20.叙永小檗 B. hsuyunensis**

20.胚珠3—5（果实含3—5粒种子）。花2—6朵簇生。

22.叶边缘外卷。

23.叶长椭圆形或倒披针形，全缘或仅具1—2齿，上面侧脉不明显，下面微明显，
被白粉 ······································· **21.大理小檗 B. taliensis**

23.叶长圆状卵形或长圆状披针形，边缘每边具5—12齿，侧脉两面不明显 ········

········· 22.显脉小檗 B. phanera

22.叶边缘平展，倒卵形或倒卵状匙形，上面网脉闭锁状。浆果球形，粉红色 ······

········· 23.金花小檗 B. wilsonae

1.花序为总状、假伞形状、圆锥状。

24.胚珠单生（果实含1粒种子）。

25.叶革质，全缘，间有1—3齿，下面有白粉。

26.枝条暗红色，微被白粉。叶长圆状卵形或倒卵形，长1.5—3.5厘米，宽7—10毫米。萼片3轮排列 ········· 24.淡色小檗 B. pallens

26.老枝灰黑色，具散生黑色疣点，幼枝暗红色，不被白粉。叶线状长圆形或长圆状倒卵形，长10—16毫米，宽3—4毫米。萼片2轮排列 ·········

········· 25.美丽小檗 B. amoena

25.叶纸质，边缘具多数刺齿，下面无白粉 ·········

········· 26.湄公小檗 B. mekongensis

24.胚珠2—5（果实含2—5粒种子）。

27.胚珠通常2（果实含2粒种子）。

28.果实顶端无花柱。

29.叶全缘，长圆状倒卵形，长2—3厘米，宽8—12毫米，下面有白粉。萼片3轮排列。浆果长圆形 ········· 27.金江小檗 B. forrestii

29.叶缘具刺齿或细刺齿，下面无白粉，萼片2轮排列。浆果球形或卵圆形。

30.叶纸质，长圆状倒卵形。花序由6—12朵花组成亚伞形花序。浆果卵圆形，外果皮质硬而不透明 ········· 28.华西小檗 B. silva-taroucana

30.叶近革质，椭圆形，花序由20—40朵花组成总状花序。浆果球形，外果皮质软而透明 ········· 29.川滇小檗 B. jamesiana

28.果实顶端有明显花柱。

31.叶下面有白粉。

32.网脉闭锁状，叶倒卵形，边缘每边具3—8齿。浆果球形，外果皮质软；果柄长1—3毫米 ········· 30.锥花小檗 B. aggregata

32.叶侧脉多分枝，网脉不为闭锁状。

33.花瓣长圆形，顶端2裂。雄蕊长3—4毫米。浆果长圆形，长约10毫米，径约5毫米；果柄纤细，长7—12（18）毫米 ········· 31.道孚小檗 B. dawoensis

33.花瓣倒卵形，顶端全缘；雄蕊长2.5毫米。浆果倒卵形，长7—8毫米；径4.5—5毫米；果柄长6—9毫米 ·········

········· 32.阴湿小檗 B. humido-umbrosa

31.叶下面无白粉，窄倒卵形，全缘。浆果长圆形，长7—9毫米，径约4毫米，不被霜粉；果柄长4—10毫米 ········· 33.光叶小檗 B. lecomtei

27.胚珠通常3—5。

34.叶坚纸质，窄长圆状倒卵形，叶脉与锯齿纤细。浆果长圆形，长约10毫米，径约7毫米，顶端无花柱，不被霜粉；果柄长1.5—2厘米·········

1.刺红珠（中国高等植物图鉴）图211

Berberis dictyophylla Franch.（1889）

灌木，高2.5米。幼枝近圆形，暗紫红色，被白粉，老枝黑灰色；刺单生或三叉状，
长1—1.5（2）厘米，与枝同色。叶近革质，窄倒卵形或长圆形，长1.5—2.5厘米，宽6—8
毫米，顶端圆形或钝尖，基部楔形，全缘，上面暗绿色，下面有白粉，侧脉与网脉两面明
显；具短柄。花单生；花柄长6—10毫米；萼片2轮排列，外萼片长约6毫米，宽约2.5毫米，
内萼片长8—9毫米，二者均为条状长圆形；花瓣窄倒卵形，长约8毫米，宽约3—6毫米，顶
端全缘或钝浅裂，基部具爪，爪的上部具2枚腺体；雄蕊长4.5—5毫米，顶端具尖头；子房
有4颗胚珠。浆果球形或卵圆形，长9—14毫米，径7—8毫米，红色，被白粉，顶端具长达5
毫米的花柱。花果期6—9月。

产大理、宾川、漾濞、丽江、香格里拉、鹤庆、德钦，生于海拔2500—3600米的山
坡、山谷灌丛中；四川西南部、贵州、西藏也有分布。模式标本采自宾川大坪子。

种子繁殖，深秋采种，堆放后熟，搓去果皮。随采随播或混沙贮藏至翌年春条播。

根含小檗碱1.04%，可代黄连入药。性寒微苦，无毒，有解热散瘀，消炎止痛之功效，
治赤痢、黄疸、咽痛、目赤、跌打损伤等。

2.丽江小檗 图211

Berberis stiebritziana Schneid.（1916）

灌木，高约1米。幼枝暗红色，老枝棕黑色，具棱角与黑色小疣点；刺三叉状，长约
1.5厘米，棕黄色，腹部具沟。叶纸质，窄倒卵形，长1.5—2.5厘米，宽6—7毫米，顶端圆形
或钝尖，基部楔形，全缘或具1—4刺齿，上面近无脉或微显，下面被灰白粉。花单生；花
柄长12—23毫米；萼片2轮排列，外萼片长约8.5毫米，宽约6.5毫米，内萼片长约9毫米，宽
约7毫米，二者皆为长圆状倒卵形；花瓣长约7毫米，宽约5毫米，顶端急尖，2裂，基部具
爪；雄蕊长约5毫米，顶端截形，胚珠3—4。浆果卵圆形，长10—12毫米，径6—7毫米，红
色，微被白粉，顶端有短花柱。花期5月，果期11月。

产丽江、维西、香格里拉、德钦，生于海拔3100—3700米的山坡灌丛中；四川木里及
西藏也有分布。模式标本采自丽江。

种子繁殖，宜随采随摘，混沙贮藏也可。

果红色，刺三叉状；在公园中丛植，有观赏价值。

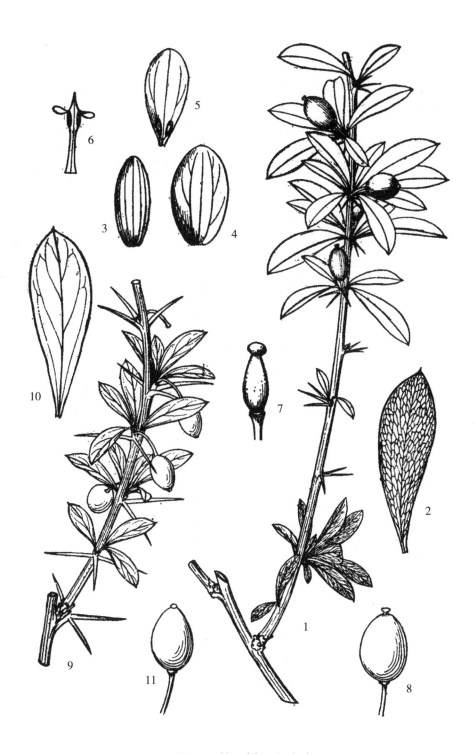

图211 刺红珠与丽江小檗

1—8.刺红珠 *Berberis dictyophylla* Fr：

1.果枝 2.叶（放大示叶脉） 3.外萼片 4.内萼片 5.花瓣 6.雄蕊 7.子房 8.果放大

9—11.丽江小檗 *Berberis stiebritziana* Sclineid：

9.果枝 10.叶（放大） 11.浆果

3.白马小檗

Berberis muliensis Ahrendt var. beimanica Ahrendt（1939）

产德钦，生于海拔4100米的山坡上。模式标本采自德钦白马雪山。

4.大花小檗（植物分类学报）

Berberis ludlowii Ahrendt（1941）

产贡山、香格里拉、德钦，生于海拔3000—4000米的灌丛中；西藏有分布。模式标本采自德钦。

5.小花小檗（云南种子植物名录）图212

Berberis minutiflora Schneid.（1912）

灌木，高约1米。老枝无毛，幼枝初时被毛，后渐变光滑，具稀疏黑色小疣；刺三叉状，细弱，长4—12毫米。叶腺质或近革质，线状披针形，偶有窄倒卵形，长1—2厘米，宽2.5—3.5毫米，顶端急尖，具小尖头，基部楔形，通常全缘，偶有2—5齿，叶脉疏散分枝，两面微明显，网脉不明显，下面具乳突，无白粉；近无柄。花单生，黄色，直径7—8毫米；花柄纤细，长5—10毫米；萼片2轮排列，外萼片长圆状卵形，长约4毫米，宽约2.2毫米，顶端钝尖，内萼片长圆状倒卵形、长约5.5毫米，宽约3毫米；花瓣长约4.5毫米，宽约2.5毫米，顶端2裂，基部无爪，近基部两侧具2枚卵形腺体；雄蕊长约2.2毫米；子房具2（—3）胚珠。浆果红色，卵形或椭圆形，长6—9毫米，直径约5—7毫米，顶端无花柱，不被白粉。花期5—6月，果期9—10月。

产洱源、鹤庆、丽江，生于海拔2500—3600米的山坡灌丛中；四川西南部、西藏东南部也有分布。模式标本采自鹤庆燕子海。

种子繁殖为主。种子随采随播或搓去果肉洗净阴干，混沙贮藏至翌年早春直播。

果红色，耐修剪，可作绿篱植物。

6.洱源小檗（云南种子植物名录）图212

Berberis willeana Schneid.（1918）

灌木，高1—2米。枝具棱角，棕灰色或暗黄色，具有黑色小疣点，刺细弱，三叉状，长1.5—4厘米，腹面具沟。叶厚革质，长椭圆形至披针形，长3—6厘米，宽1—1.5厘米，顶端短渐尖，基部楔形，边缘微外卷，每边具（5）12—20刺齿，干时，上面暗绿色，中脉凹陷，下面棕黄色，主脉突起，侧脉与网脉两面不明显；具柄，长3—8毫米。花5—20朵簇生；花柄细弱，长5—10毫米；萼片2轮排列，外萼片长三角形，长约3毫米，宽1—1.5毫米，顶端渐尖，内萼片倒披针形，长约4毫米，宽1—2毫米；花瓣宽卵形，长约3.5毫米，宽约2.5毫米，顶端具尖头，基部具短爪，在两侧有2枚小腺体；雄蕊长约3毫米，浆果卵形至椭圆形，长6—7毫米，径约3毫米，顶端有明显花柱，被蓝色霜粉；种子通常1。花期7月，果期9—10月。

产大理、宾川、洱源、大姚、剑川、丽江，生于海拔2500—2800米的山坡阴湿处林

图212 小檗（小花、洱源）

1—8.小花小檗 *Berberis minutiflora* Schneid：

1.花枝　　2.叶（放大示叶脉）　　3.外萼片　　4.内萼片　　5.花瓣

6.雄蕊　　7.雌蕊　　8.浆果

9—15.洱源小檗 *Berberis willeana* Schneid：

9.果枝（一部分）　10.外萼片　11.内萼片　12.花瓣　13.雄蕊　14.雌蕊　15.浆果

中。模式标本采自洱源。

种子繁殖，宜随采随播或混于湿沙中贮藏，少量种子可装入瓦盆中，大量种子宜窖藏。

根系发达，可为荒山先锋树种，亦可用作保持水土树种。

7.贵州小檗　图213

Berberis cavaleriei Levl.（1911）

灌木，高约2米。枝棕灰色，幼枝棕黄色，具槽纹，无毛，具散生黑色小疣点；刺三叉状，长1—2.5厘米，细弱，腹部扁平。叶革质，椭圆形、长圆状椭圆形至披针形，长2.5—6厘米，宽约1—1.5厘米，顶端近急尖或钝尖，基部楔形，边缘微外卷，每边具6—15齿，干时，上面暗黄绿色，下面棕黄色，无白粉，侧脉两面明显，网脉不明显。花5—20朵簇生；花柄长8—20毫米；萼片2轮排列，外萼片窄卵形，长约4毫米，宽约1.5毫米，顶端急尖，内萼片窄卵形，长约4毫米，高约2毫米；花瓣倒卵形，长约3毫米，宽约1.5毫米，顶端微凹，基部具爪，在两侧具2枚腺体；雄蕊长2.5—3毫米，顶端钝截形；胚珠单生，近无柄。浆果长圆形，通常无白粉，顶端有极短花柱。花期5月，果期11月。

产禄劝、昭通、永善，生于海拔2100—2800米的灌丛中；贵州的兴义、平坝、安顺、婺川也有分布。

8.多刺小檗（云南种子植物名录）图213

Berberis deinacantha Schneid.（1939）

灌木，高1—2米。老枝棕灰色，无毛，具黑色疣点，幼枝棕黄色，无毛；刺粗壮，三叉状，长2.5—5厘米，腹部扁平。叶革质，长圆状椭圆形或披针形，长3—10厘米，宽2—2.5厘米，顶端钝尖，基部楔形，边缘微外卷，具多数刺齿，干时上面栗色，下面绿黄色，不被白粉，侧脉12—15对，倾斜上升，至边缘网结，网脉两面明显；具柄长2—4毫米。花深黄色，6—15（20）朵簇生；萼片2轮排列，外萼片卵形，长约4毫米，宽3.5毫米，内萼片倒卵形，长5.5毫米，宽约5毫米；花瓣长圆状倒卵形，长约4.5毫米，顶端微凹，基部渐窄，两侧有2枚腺体。浆果椭圆形，紫黑色，长6—7毫米，直径约4毫米，顶端无花柱，通常不被白粉，具1粒种子。花期5月，果期11月。

产昭通、禄劝、剑川、维西，生于海拔2600—3000米的山坡灌丛中。模式标本采自剑川。

可直播造林，宜随采随播。

灌木状，枝叶茂密，耐修剪，可塑性强，宜作绿篱植物。

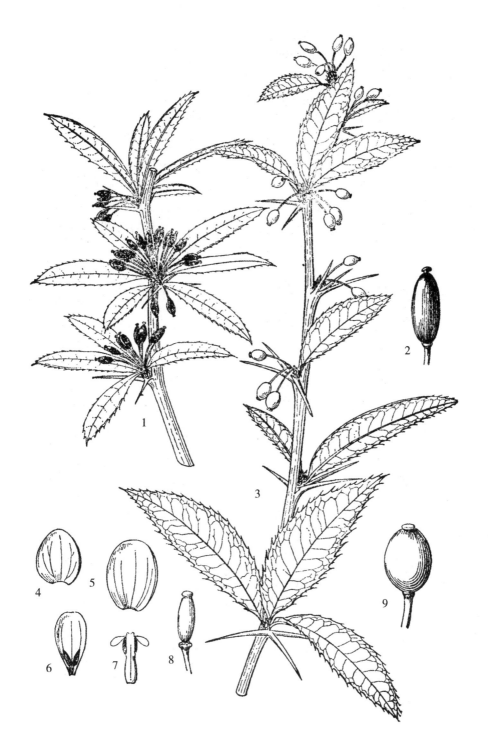

图213 小檗（贵州、多刺）

1—2.贵州小檗 Berberis cavaleriei Levl：　　1.果枝　　2.浆果

3—9.多刺小檗 Berberis deinacantha Schneid：

3.果枝　　4.外萼片　　5.内萼片　　6.花瓣　　7.雄蕊　　8.雌蕊　　9.浆果

9.春小檗　图214

Berberis vernalis（Schneid.）Chamberlain et Hu（1985）

B. ferdinandi-coburgii Schneid. var. *vernalis* Schneid（1939）

灌木，高1—2米。枝棕灰色，幼枝密被黑色小疣点；刺三叉状。叶革质，披针形，长6—10厘米，宽1.2—2厘米，顶端钝，基部楔形，边缘平展，每边具10—35枚刺齿，侧脉与网脉两面明显；具短柄。花6—17朵簇生；花柄长8—12毫米，花较小，黄色，直径4—6毫米；萼片2轮排列，外萼片长三角形，长约2.5毫米，顶端尾尖，内萼片长圆状椭圆形，长4—4.5毫米，宽2—2.5毫米，顶端钝尖；花瓣长椭圆形，长3—3.5毫米，顶端圆形，基部无爪，两侧具2枚卵形腺体；雄蕊长约2.5毫米；胚珠1，具柄。浆果椭圆形，红色，长7—8毫米，径约5毫米，顶端有明显花柱，无白粉，具1粒种子。花期3月，果期8—11月。

产昆明、新平、易门、双柏，生于海拔1600—2300米的山坡灌丛中。

种子繁殖，随采随播或混沙贮藏。

根或根皮可提取小檗碱，供药用。花黄色，果红色，有观赏价值。

10.大叶小檗（云南种子植物名录）　三颗针、鸡脚黄连（植物分类学报）、昆明小檗　图214

Berberis ferdinandi-coburgii Schneid（1913）

灌木、高约2米。枝棕黄色，具散生黑色小疣点3刺细弱，三叉状，长7—15毫米。叶革质，长椭圆形或倒披针形，长4—9厘米，宽1.5—2.5厘米，顶端钝尖，基部楔形，边缘具30—60枚刺齿，干时上面栗色，有光泽，下面棕黄色，无白粉，侧脉与网脉两面明显；具短柄。花黄色，（8）10—18朵簇生；花柄细弱，长1—2厘米，无毛；萼片2轮排列，外萼片卵形或长圆状卵形，长约3毫米，宽约1毫米，顶端急尖，内萼片卵形，长约5毫米，宽约3毫米；花瓣窄倒卵形，长3.5—4.5毫米，宽1.5—2.5毫米，顶端微凹，基部具爪，两侧有2枚腺体；雄蕊长约3毫米；胚珠单生，近无柄。浆果黑色，椭圆形或卵形，长7—8毫米，径5—6毫米，顶端有明显花柱，外果皮质软，微被白粉。花期4—5月，果期10—11月。

产昆明、曲靖、楚雄、文山、砚山、广南、麻栗坡、蒙自、屏山、普洱，生于海拔1200—2700米的山坡、路边灌丛中。模式标本采自蒙自。

以种子繁殖为主，随采随播或混沙贮藏。

根含小檗碱1.72%，用于各种热症及炎症。

11.粉叶小檗（植物分类学报）　刺黄连、黄脚刺、刺黄树、三颗针、大黄连刺、鸡脚黄连　图215

Berberis pruinosa Franch.（1886）

灌木，高1—2米。枝棕灰色或棕黄色，密被黑色小疣点；刺三叉状，粗壮，长2—3.5厘米，腹部具沟。叶硬革质，椭圆形、倒卵形或披针形，长2—6厘米，宽1—2.5厘米，顶端钝尖或短渐尖，基部楔形，边缘微外卷，通常具1—6刺齿，偶有全缘，上面光亮，侧脉微突起，下面有白粉，侧脉不明显；近无柄。花（8）10—20朵簇生；花柄长10—20毫米；

图214 小檗（春、大叶）

1—7.春小檗 *Berberis vernalis*（Schneid）Chamberlain et Hu：

1.花枝　　2.外萼片　　3.内萼片　　4.花瓣　　5.雄蕊　　6.雌蕊　　7.浆果

8—9.大叶小檗 *Berberis ferdinandi-ccburgii* Schneid：

8.果枝　　　　9.浆果

萼片2轮排列，外萼片长椭圆形，长约4毫米，宽约2毫米，内萼片倒卵形，长6.5毫米，宽约5毫米；花瓣倒卵形，长约7毫米，宽约4—5毫米，顶端深锐裂，基部窄，两侧有2枚卵形腺体；雄蕊长6毫米。浆果椭圆形或近球形，长6—7毫米，径4—5毫米，顶端无花柱，被白粉，外果皮质硬，具2粒种子。花期3—4月，果期6—8月。

产昆明、安宁、宜良、洱源、元谋、丽江、香格里拉，生于海拔2500—4000米的河谷石灰岩灌丛中；西藏东南部、广西北部也有分部。

以种子繁殖为主，随采随播或混沙贮藏。

根可提取小檗碱，供药用，具有清热解毒，消炎止痢的作用。

12.密叶小檗（云南种子植物名录）图215

Berberis davidii Ahrendt（1961）

灌木，高约1—2米。老枝棕灰色，具黑色小疣点，幼枝棕黄色，无毛；刺细弱，三叉状，长约2厘米，腹部具沟。叶革质，长圆状卵形或长圆状披针形，长2—4.5厘米，宽1—1.5厘米，顶端钝尖，基部楔形，叶缘每边具6—8刺齿，微外卷，上面黑绿色，晦暗，下面黄绿色，不被白粉，侧脉4—6对，网脉不明显；具短柄，长2—5毫米。花黄色，6—8朵簇生；花柄细弱，长达3厘米，无毛；萼片3轮排列，外萼片近圆形，长、宽约2毫米，中萼片近圆形，长、宽约4毫米，内萼片长椭圆形，长约6毫米，宽约3毫米；花瓣倒卵形，长6—7毫米，宽约4毫米，顶端圆形，基部具爪，两侧有2枚长圆形腺体；雄蕊长约4毫米；胚珠2。浆果椭圆形，长8—9毫米，径约7毫米，顶端无花柱，被蓝色霜粉。花期5—6月，果期10—11月。

产大理、漾濞、剑川、维西、泸水、鹤庆、丽江、贡山，生于海拔2100—3500米的沟边草坡中。模式标本采自大理苍山。

种子繁殖。采种后沙藏至翌年春季直播。

根含小檗碱，供药用。

13.渐尖叶小檗（云南种子植物名录）图216

Berberis acuminata Franch（1886）

灌木，高1—2米。枝灰黄色或棕红色，具有散生黑色疣点；刺细弱，三叉状，长1—1.5厘米，腹部具沟。叶薄革质，窄椭圆形至长披针形，长7—15厘米，宽1—3.5厘米，顶端渐尖，基部楔形，边缘具20—40刺齿，上面黄绿色，光亮，下面稍浅，无霜粉，侧脉6—10对，多分枝，网脉明显；近无柄。花6—10（15）朵簇生；花柄纤细，长1.5—2.5（3）厘米，无毛；花黄色，直径10—12毫米；萼片2轮排列，外萼片卵形，长4—5毫米，内萼片倒卵形，长5—6毫米；花瓣倒卵形，长4—5毫米，顶端凹陷，基部渐窄；有2—3枚胚珠，具短柄。浆果黑色，长约9毫米，径约6毫米，顶端无明显花柱，微被蓝色霜粉。花期5—6月，果期7—9月。

产大关、绥江，生于海拔1500—2500米的山坡灌丛中；四川峨眉山、贵州兴义也有分布。

以种子繁殖为主。大量种子可用窖藏。选排水 良好的地方，挖深1米左右的坑，底部放

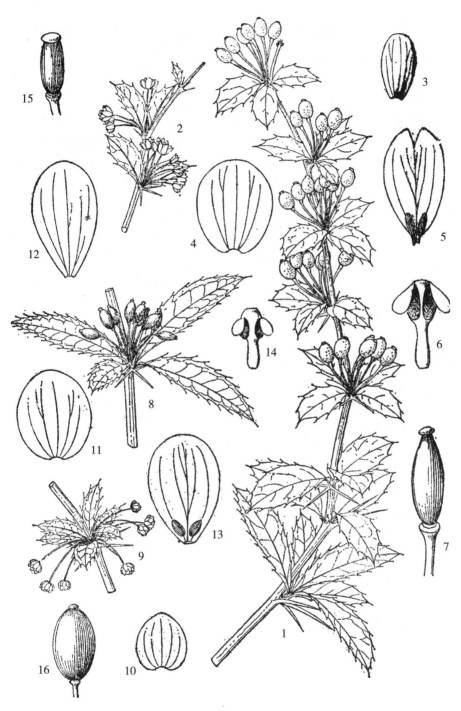

图215　小檗（粉叶、密叶）

1—7.粉叶小檗 *Berberis pruinosa* Fr：

1.果枝　2.花枝　3.外萼片　4.内萼片　5.花瓣　6.雄蕊　7.雌蕊

8—16.密叶小檗 *Berberis davidii* Ahrendt：　8.果枝　9.浆果　10.外萼片

11.中萼片　12.内萼片　13.花瓣　14.雄蕊　15.雌蕊　16.浆果

10厘米厚的沙，然后一层种子一层沙交叠放好。坑中间放一束玉米秆或竹筒，使坑与外界通气。

根系发达，可用作荒山绿化及水土保持植物。

14.滇小檗（云南种子植物名录）图216

Berberis yunnanensis Franch（1886）

灌木，高约1米。幼枝暗红色，老枝棕黄色，有黑色疣点；刺细弱，三叉状，长1—2.5厘米，腹部具沟。叶纸质，倒卵形或长圆状倒卵形，顶端圆形，基部下延至叶柄，全缘，偶有2—3齿，干时，上面暗红色，具2—3对分枝侧脉，下面棕黄色；主脉和侧脉微突起；具柄。花2—4朵簇生；花柄长2.5—4厘米；萼片2轮排列，外萼片长圆状倒卵形，长约5毫米，宽约2.5毫米，内萼片相似于外萼片，长7—8毫米，宽4—5毫米；花瓣倒卵形，长约5毫米，宽约3毫米，顶端圆形，2裂；雄蕊长约4毫米，宽4—5毫米，顶端具尖头；胚珠通常2。浆果紫红色，长圆状卵形，长10—12毫米，宽6—7毫米，顶端无花柱，不被白粉。花期5月，果期8—10月。

产丽江、德钦、贡山，生于海拔3000—3600米的草坡、灌丛林缘。模式标本采自丽江。

用种子繁殖。10月下旬采种，堆放后熟，洗净果肉，阴干贮藏。

灌木状，耐修剪，果红色，为优良的绿篱植物。

15.凤庆小檗 全边小檗（云南种子植物名录）图217

Berberis holocraspedon Ahrendt（1941）

灌木，高1—2米。老枝棕灰色，幼枝草黄色，无毛，具散生黑色疣点；刺细弱，三叉状，长7—10毫米。叶革质，长圆形、长圆状倒扇形或长圆状椭圆形，长4—6厘米，宽1.5—2.5厘米，顶端钝尖，基部楔形，边缘微外卷，每边具2—7齿，间有全缘，干时，上面暗绿色，有光泽，下面被白粉，网脉两面不明显；近无柄。花未见。果3—12个簇生；果柄红色，粗壮，长约2厘米，无毛。浆果黑色，椭圆形，长7—10毫米，径约6毫米，顶端无花柱，不被白粉；种子2粒。果期11月。

产漾濞、凤庆、贡山，生于海拔1700—3100米的干燥山坡上。模式标本采自凤庆。

以种子繁殖为主，宜随采随播。

16.平滑小檗（云南种子植物名录）图217

Berberis levis Franch.（1886）

灌木，高1—2米。枝棕黄色或棕灰色，无毛；刺细弱，三叉状，长约1.5厘米。叶革质，长圆状倒卵形或倒披针形，长3—9厘米，宽1—3厘米，顶端钝尖，基部楔形，边缘具多数刺状齿，上面光亮，下面无白粉，侧脉8—12对，两面明显，网脉不明显；具短柄，长1—4毫米。花黄色，20—30朵簇生；花柄长15—20毫米，无毛；萼片2轮排列，外萼片与内萼片均为倒卵形，近等大，长约5.5毫米，宽约4毫米；花瓣倒卵形，长约6.5毫米，宽约5毫米，顶端微钝，基部具爪，两侧具2枚线状腺体；雄蕊长约5毫米，顶端延伸成短尖头；胚

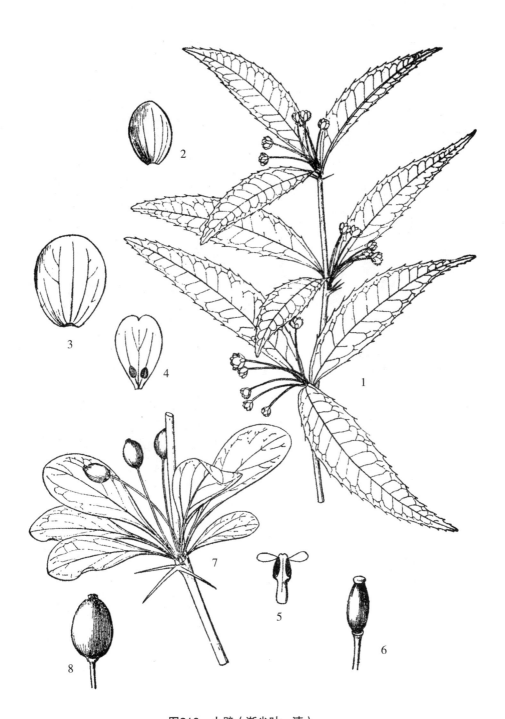

图216 小檗（渐尖叶、滇）

1—6.渐尖叶小檗 *Berberis acuminata* Fr.：

1.花枝　　2.外萼片　　3.内萼片　　4.花瓣　　5.雄蕊　　6.雌蕊

7—8.滇小檗 *Berberis yunnanensis* Fr.：

7.果枝　　8.浆果

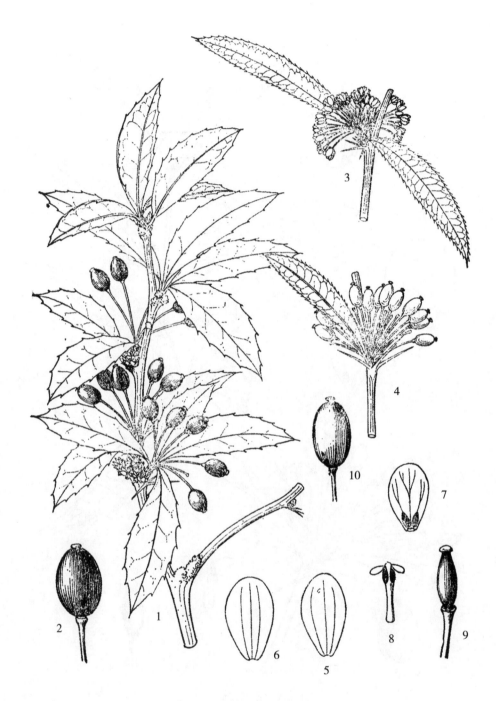

图217 小檗（凤庆、平滑）

1—2.凤庆小檗 *Berberis holocraspedon* Ahrendt：

1.果枝　　2.浆果

3—10.平滑小檗 *Berberis levis* Fr.：

3.花枝　　4.果枝　　5.外萼片　　6.内萼片　　7.花瓣

8.雄蕊　　9.雌蕊　　10.浆果

珠（1）2。浆果长圆状椭圆形，长约7毫米，径约6毫米，顶端有短花柱，外果皮质软，不被白粉。花期3月，果期6月。

产昆明、易门、大理、宾川、龙陵、丽江、香格里拉，生于海拔1800—2600米的山谷、路旁。模式标本采自宾川。

以播种子繁殖，宜随采随播。

根含小檗碱，供药用。

17.黑果小檗（云南种子植物名录）　深黑小檗（经济植物手册）、鸡脚刺、三颗针（贵州）图218

Berberis atrocarpa Schneid.（1917）

灌木，高1—2米。枝棕灰色或棕黑色，具散生黑色疣点；刺细弱，三叉状，长1—4厘米，腹面扁平。叶厚纸质，长披针形或窄长圆形，长3—7厘米，宽7—14毫米，边缘每边具5—10枚刺齿，上面深绿色，下面不被白粉，侧脉8—12对，网脉不明显，具短柄。花3—10朵簇生；花柄长5—10毫米，红色，无毛；萼片2轮排列，外萼片长圆状倒卵形，长约4毫米，宽约2毫米，内萼片倒卵形，长约7毫米，宽约4毫米；花瓣倒卵形，长约6毫米，宽约4.5毫米，顶端圆形，2裂，基部楔形；雄蕊长4毫米；胚珠2。浆果黑色，卵圆形，长约5毫米，径约4毫米，顶端有短花柱，幼果被轻微白粉，成熟后不被白粉。花果期4—8月。

产昭通，生于海拔2300—2400米的山坡灌丛中；四川汉源，贵州普安、大方、毕节皆有分布。

用种子繁殖，8月下旬采种，搓去果肉，混沙贮藏。直播。

根含小檗碱，供药用。

18.假小檗（云南种子植物名录）图218

Berberis fallax Schneid.（1939）

灌木，高1—2米。幼枝棕黄色，老枝棕灰色，无疣点；刺细弱，三叉状，长6—20毫米，腹部具沟。叶薄革质，长圆状卵形至披针形，长4—6厘米，宽10—16毫米，顶端钝尖，基部楔形，边缘每边具7—15枚刺齿，上面光亮，下面无白粉，侧脉7—8对，两面突起，网脉略明显；具柄。花黄色，3—7朵簇生；花柄长1—2厘米，无毛，萼片2轮排列，外萼片卵形，长约4.5毫米，宽约3毫米，顶端近急尖，内萼片椭圆形，长约6毫米，宽约4毫米；花瓣倒卵形，长约4毫米，宽约2.5毫米，顶端凹陷，基部具爪，两侧具2枚圆形腺体；雄蕊长2.5毫米。浆果椭圆形，长约8毫米，径约5毫米，顶端有极短的花柱，外果皮质软，通常无霜粉；种子（1）2颗。花期4月，果期11月。

产漾濞、泸水、丽江、凤庆、鹤庆，生于海拔1800—3200米的山坡杂木林中。模式标本采自泸水。

种子繁殖，随采随播或混沙贮藏；扦插繁殖也可。

含小檗碱，供药用。

19.独龙厚柄小檗（云南种子植物名录）

Berberis incrassata Ahrendt var. bucahwangensis Ahrendt（1941）

产贡山，生于海拔1300米的江边阔叶林中；西藏也有。模式标本采自贡山。

20.叙永小檗（植物分类学报）

Berberis hsuyunensis Hsiao et Sung（1974）

产威信，生于海拔1450米的路边；四川也有。

21.大理小檗（云南种子植物名录）图219

Berberis taliensis Schneid.（1939）

灌木，高40—60厘米。枝棕黄色或棕灰色有散生黑色疣点；刺三叉状，长12—20毫米，腹部具沟。叶革质，长椭圆形或倒披针形，长3—4厘米，宽5—8毫米，顶端急尖，基部楔形，边缘外卷，全缘或仅具1—3对刺齿，干时，上面绿带棕色，光亮，侧脉不明显，下面被白粉，侧脉微明显；无柄。花2—7朵簇生；花柄长7—12毫米；萼片2轮排列，外萼片长圆状椭圆形，长约4.5毫米，宽约3毫米，内萼片长约6毫米，宽约3.5毫米；花瓣倒卵形，长约5.5毫米，宽约4毫米，顶端凹陷，基部楔形；雄蕊长3.5毫米；胚珠4，无柄。浆果长圆形，长10—12毫米，顶端无花柱，被白粉。花果期5—7月。

产大姚、兰坪、大理、剑川，生于海拔3000—3900米的松林下。模式标本采自剑川。

种子或扦插繁殖。果实采集后，堆放后熟，搓去果肉，阴干后混沙贮藏。条播。扦插繁殖注意遮阴及浇水。

根、茎供药用，亦可用做庭园观赏植物。

22.显脉小檗（云南种子植物名录）图219

Berberis phanera Schneid.（1939）

灌木，高1—3米。枝棕灰色或棕黄色，光滑无毛，具散生黑色疣点；刺三叉状，长1—3厘米，腹部具沟。叶革质，长圆状卵形或披针形，长4.5—7厘米，宽1.2—1.8厘米，顶端急尖，基部楔形，边缘微外卷，波状，每边具7—12刺齿，侧脉与网脉稀疏，两面明显；具短柄。花2—6朵簇生；花柄纤细，长2—3（4）厘米，花时绿色，果时红色；萼片3轮排列，外萼片卵形，长约3毫米，宽约1.5毫米，顶端钝，中萼片椭圆形至长圆状卵形，长约5毫米，宽约4毫米，内萼片相似于中萼片，长约7毫米，宽约5.5毫米；花瓣长圆状倒卵形，长约5.5毫米，宽约4.5毫米，顶端近圆形，微缺，基部具爪；雄蕊长3.5毫米。浆果椭圆形，长约1.2厘米，宽约6毫米，果皮质薄，被蓝色霜粉，顶端无花柱；种子3粒。花期6—9月，果期10—12月。

产鹤庆、丽江、香格里拉，生于海拔2800—3200米的云杉林中；四川南部也有分布。

种子繁殖。果实堆放后熟，搓去果肉，阴干洗净沙藏。

植物含小檗碱，供药用。

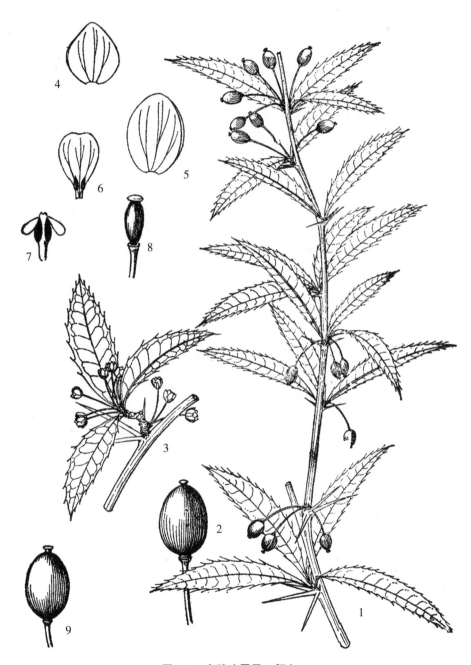

图218 小檗（黑果、假）

1—2.黑果小檗 *Berberis atrocarpa* Schneid：

1.果枝　　2.浆果

3—9.假小檗 *Berberis fallax* Schneid：

3.花枝　　4.外萼片　　5.内萼片　　6.花瓣　　7.雄蕊　　8.雌蕊　　9.浆果

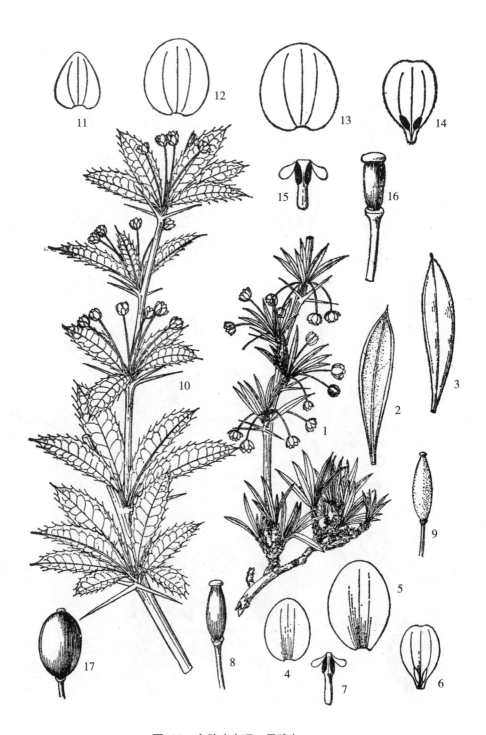

图219 小檗（大理、显脉）

1—9.大理小檗 *Berberis taliensis* Schneid：　1.花枝　　2.叶（背面示反卷）

3.叶（表面示近无脉）　4.外萼片　5.内萼片　6.花瓣　7.雄蕊　8.雌蕊　9.浆果

10—17.显脉小檗 *Berberis phanera* Schneid：　　10.花枝　　11.外萼片

12.中萼片　13.内萼片　14.花瓣　15.雄蕊　16.雌蕊　17.浆果

23.金花小檗（中国高等植物图鉴） 小叶三棵针、刺黄芩、土黄连、老鼠子刺、小黄连刺、三爪黄连、酸味味（四川）图220

Berberis wilsoniae Hemsl.（1906）

半常绿灌木，高达2米。老枝棕灰色，幼枝暗红色，具散生黑色疣点；刺细弱，三叉状，长1—2厘米，腹部具沟。叶革质，倒卵形或倒卵状匙形，长10—15毫米，宽2.5—6毫米，顶端圆形或钝尖，基部楔形，上面暗绿色，下面灰色，被白粉，闭锁网脉两面明显；近无柄。花4—7朵簇生；花柄长4—7毫米，被白粉；萼片2轮排列，外萼片卵形，长3—4毫米，宽2—3毫米，顶端急尖，内萼片倒卵形，长约5.5毫米，宽约3.5毫米；花瓣倒卵形，长约4毫米，宽约2毫米，顶端2裂，裂片近急尖；雄蕊长约3毫米，顶端钝尖；胚珠3—5。浆果粉红色，球形，长约6毫米，顶端具明显花柱，外果皮质软，微被白粉。花期3—6月，果期9—11月。

产昆明、富民、寻甸、禄劝、镇雄、巧家、洱源、维西、丽江、香格里拉、德钦，生于海拔2200—4200米的山坡、路边灌丛中；四川及西藏也有分布。

种子繁殖，条播育苗。采种后注意及时处理种子，播后注意遮阴浇水，也可扦插繁殖。

根可作黄连代用品，有清热解毒，消炎止痢的功效，也治赤眼、红肿、疮痈肿痛、结膜炎、小儿口腔糜烂等。它又是蜜源植物。

24.淡色小檗（云南种子植物名录）图220

Berberis pallens Franch.（1889）

灌木，高1—1.2米。枝暗红色，微被白粉；刺细弱，三叉状，长、1—2厘米。叶近革质，长圆状倒卵形或倒披针形，长1.5—3.5厘米，宽7—10毫米，顶端圆形或钝尖，基部楔形，全缘，上面绿色，下面灰白色，被白粉，网脉突起，两面明显；近无柄。花3—8朵组成伞形状总状花序，长3—5厘米，具总梗。花黄色；花柄长10—15毫米，被白粉；萼片3轮排列，外萼片卵状披针形，长4—4.5毫米，宽约1.5毫米，中萼片与内萼片等长，宽卵形，长6—6.5毫米；花瓣长约5.5毫米，顶端微凹；雄蕊顶端成短尖头；胚珠1（2）。浆果红色，长圆状椭圆形，长约10毫米，径约4毫米，顶端花柱极短，被白粉。花果期6—8月。

产丽江、香格里拉，生于海拔3000—3500米的灌丛林下。模式标本采自丽江。

种子或扦插繁殖。

根部可药用。

25.美丽小檗（植物分类学报）图221

Berberis amoena Dunn（1911）

灌木，高1—1.5米。老枝灰黑色，有散生黑色疣点，幼枝暗红色，扭曲；刺单生或为三叉状，长4—12毫米，腹部具沟。叶革质，线状长圆形或长圆状倒卵形，长10—16毫米，宽3—4毫米，顶端渐尖或圆形，基部楔形，全缘，偶有1—2齿，边缘增厚，上面暗绿色，下面有白粉，侧脉2—3对，两面明显。亚总状花序，长3—5厘米（包括长达2厘米的总梗）。

图220 小檗（金花、淡色）

1—8.金花小檗 *Berberis wilsoniae* Hemsl：　　1.花枝　　2.叶（示表面叶脉）
3.外萼片　　4.内萼片　　5.花瓣　　6.雄蕊　　7.雌蕊　　8.浆果
9—17.淡色小檗 *Berberis pollens* Fr.：　　9.花枝　　10.叶（示叶脉）
11.外萼片　　12.中萼片　　13.内萼片　　14.花瓣　　15.雄蕊　　16.雌蕊　　17.浆果

花小，黄色；花柄长4—7毫米；萼片2轮排列，外萼片倒卵形，长2—2.5毫米，宽1—2毫米，内萼片亦为倒卵形，长4—4.5毫米，宽3—3.5毫米；花瓣长3.5—4毫米，宽约2.5毫米，顶端钝，2裂，裂片圆形，基部楔形；雄蕊长达2.5毫米，顶端尖头状。浆果红色，长约6毫米，径3毫米，顶端有短花柱；种子1。花期11—12月，果期翌年6—8月。

产大理、洱源、丽江、香格里拉、昭通，生于海拔2100—2800米的杂木林下。模式标本采自大理。

种子或扦插繁殖。种子沙藏后条播，经常浇水；扦插用一、二年生枝条，插床应保持湿润、适当遮阴。

根部含小檗碱1.24%，此外还含巴马亭及小檗胺，而药根碱呈痕迹反应。

26.湄公小檗（云南种子植物名录）图221

Berberis mekongensis W. W. Smith（1916）

灌木，高1—2米。枝棕灰色，有散生黑色疣点；刺三叉状，细弱，长9—15毫米。叶纸质，倒卵形或宽倒卵形，长1.5—4厘米，宽1.2—2厘米，顶端圆形，基部宽楔形，边缘具多数刺齿，上面深黄绿色，下面较淡，不被白粉，侧脉3—6对，多分枝，两面明显突起；具短柄。花序由6—12花组成近伞形或假伞形总状花序，长3—5厘米，具总梗。花黄色；花柄细弱，长（4）7—12毫米，疏被小柔毛，萼片3轮排列，外萼片披针形，长约4毫米，宽约1.4毫米，中萼片长圆状椭圆形，长5—5.5毫米，宽2—3毫米，内萼片倒卵形，长约6.5毫米，宽约4毫米；花瓣倒卵形，长4—5毫米，宽2.5—3.5毫米，顶端近急尖，基部渐窄成爪状；雄蕊长3.5毫米，顶端截形。浆果红色，长圆形，长8—10毫米，径4—6毫米，顶端无花柱，不被白粉；种子1。花期6月，果期10月。

产德钦，生于海拔3000—3500米的山坡背阴处。模式标本采自德钦白马雪山。

种子或扦插繁殖。

根部药用。

27.金江小檗（云南种子植物名录）图222

Berberis forrestii Ahrendt（1914）

灌木，高1—2米。幼枝亮红色或棕黄色，最后变黄色；刺细弱，三叉状，长10—20毫米。叶长圆状倒卵形，长2—3厘米，宽8—12毫米，顶端圆形，基部楔形，全缘，上面暗绿色，下面被轻微白粉，叶脉疏散分枝，两面明显；具柄，长3—4毫米。总状亚伞形花序，长6—8厘米（包括总梗）。花黄色，直径8—10毫米；花柄细弱，长7—10毫米；萼片3轮排列，外萼片披针形，长4.5—5毫米，宽约1.5毫米，中萼片与内萼片均为长圆状倒卵形，长5—6毫米，宽3—4毫米，花瓣长圆状椭圆形，长4—5毫米，宽2—3毫米，顶端2裂，裂片急尖，基部楔形，雄蕊长2.5—3毫米顶端成短尖头。浆果亮红色，长圆状卵形，长9—11毫米，宽7—8毫米，顶端无花柱，不被白粉；种子2。花期6月，果期10月。

产丽江、香格里拉，生于海拔2800—3600米的路边灌丛中。模式标本采自香格里拉。

种子除去果肉沙藏。条播，苗期注意遮阴灌溉。

根部药用。

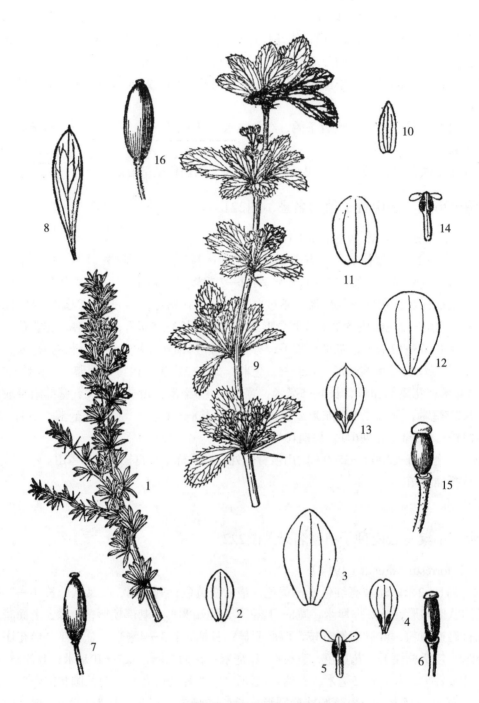

图221 小檗（美丽、湄公）

1—8.美丽小檗 *Berberis amoena* Dunn：

1.花枝　　2.外萼片　　3.内萼片　　4.花瓣　　5.雄蕊　　6.雌蕊　　7.浆果

9—16.湄公小檗 *Berberis mekongensis* W. W. Smith：

9.花枝　　10.外萼片　　11.中萼片　　12.内萼片　　13.花瓣

14.雄蕊　　15.雌蕊　　16.浆果

28.华西小檗（经济植物分册）图222

Berberis silva-taroucana Schncid.（1913）

灌木，高1—2米。枝暗红色，具槽纹，刺单生或三叉状，细弱，长3—7毫米。叶纸质，长圆状倒卵形，长3—6厘米，宽1.5—2.5厘米，顶端圆形，基部楔形，边缘无齿或具3—10对不明显小刺齿，上面深绿色，下面浅绿色，无白粉，侧脉多分枝，网脉两面明显；具柄，长1—2厘米。花序由6—12朵花组成紧密的亚总状花序或亚伞形花序，长3—7厘米，总梗较短；花柄长1—2厘米；萼片2轮排列，外萼片长约4毫米，宽约3毫米，内萼片长约6毫米，宽约4.5毫米，二者均为倒卵形；花瓣倒卵形，长约4.5毫米，宽约3.5毫米，顶端近圆形；雄蕊长3.5毫米，顶端具尖头；胚珠2，无柄。浆果卵圆形，长9—10毫米，径7—9毫米，顶端无花柱。

产贡山，生于海拔3600米的山坡林缘；四川西部也有分布。

种子或扦插繁殖。种子沙藏至翌年初春条播，播后覆草，防止土壤干裂，出苗时揭去，幼苗期适当遮阴。扦插繁殖，注意选一、二年生粗壮枝条。

本种罗马尼亚引种栽培，小檗碱及巴马亭的含量根皮部为3.23%—3.46%，根木质部为1.36%，小檗胺及尖刺碱在根皮部为4.49%—4.65%，茎皮部为0.47%—0.62%。

29.川滇小檗（云南种子植物名录）图223

Berberis jamesiana Forrest et W. W. Smith（1916）

灌木，高1—2米。老枝黑灰色，幼枝暗红色；刺单生或三叉状，粗壮，长1.5—3.5厘米，腹部具沟。叶近革质，椭圆形或长圆状倒卵形，长2.5—6厘米，宽10—20毫米，顶端圆形或微缺，基部渐窄下延至叶柄，边缘通常具细刺齿，间有全缘，上面暗绿色，光亮，下面灰绿色，侧脉与网脉两面明显；具叶柄。花序由20—40朵花组成总状花序，长4—6厘米，具总梗。花黄色；萼片2轮排列，外萼片长圆状倒卵形，长约3毫米，宽约2毫米，内萼片窄倒卵形，长约4.5毫米，宽约2.5毫米；宽约2.5毫米；花瓣窄长圆状椭圆形或倒卵形，长约4.5毫米，宽约2毫米，顶端2裂，裂片急尖，基部具爪；雄蕊长3毫米，顶端尖头状；胚珠2。浆果初时为乳白色，后变为亮红色，球形，长约10毫米，径约7—8毫米，顶端无花柱，外果皮透明，不被霜粉。花期4月，果期9月。

产昆明、嵩明、剑川、维西、丽江、香格里拉、贡山、德钦，生于海拔2500—3400米的山谷疏林边；四川西部、西藏东南部有分布。

种子繁殖，条播育苗。种子需经后熟。

根含小檗碱2.61%，茎皮含5.71%。根部还含巴马亭，而小檗胺呈痕迹反应。

30.锥花小檗（中国高等植物图鉴）

Berberis aggregata Schneid.（1908）

半常绿灌木，高1—3米。幼枝淡褐色，有散生黑色疣点，微被细毛；老枝变光滑；刺细弱，三叉状，长7—12毫米。叶薄革质，倒卵状长圆形至倒卵形，长1—2厘米，宽5—10毫米，顶端圆形，基部楔形，边缘具3—8刺齿，上面暗黄绿色，下面被灰白色霜粉，网脉

图222 小檗（金花、华西）

1—8.金花小檗 *Berberis forrestii* Ahrendt：

1.花枝　　2.外萼片　　3.中萼片　　4.内萼片　　5.花瓣

6.雄蕊　　7.雌蕊　　8.浆果

9—10.华西小檗 *Berberis silva-taroucana* Schneid：

9.幼果枝　　10.幼果

明显。多花组成短圆锥花序。花黄色；花柄长1—3毫米；萼片2轮排列，外萼片椭圆形，长约2.5毫米，宽约1.5毫米，内萼片长约3.5毫米，宽约2.5毫米；花瓣倒卵形，长约3.5毫米，宽约2毫米，顶端微凹，基部具爪；雄蕊长2—2.5毫米，顶端钝尖；胚珠2，近无柄。浆果椭圆形或近球形，红色，长6—7毫米，顶端具短花柱，外果皮质软，被白粉。花期7月，果期9—10月。

云南不产，分布于甘肃、四川西北部，生于海拔1000—2200米的山谷灌丛或山坡路旁。云南有如下1变种。

30a.全缘锥花小檗（变种）图223

var. integrifolia Ahrendt（1961）

叶全缘。花柄在花期被毛，果期无毛。浆果长约7毫米，径约4.5毫米。花期6—8月，果期9—10月。

产昆明、富民、镇雄，生于海拔1800—2200米的山坡路旁、石灰岩干旱山坡上。

种子繁殖，用条播育苗。插条繁殖以春、夏为宜，夏季以半木质化的枝条为好。

根含小檗碱，供药用。有清热解毒、消炎抗菌之功效。用于目赤、赤痢、吐血痨伤、咽喉肿痛、腹泻、齿痛、跌打损伤等。

31.道孚小檗（云南种子植物名录）

Berberis dawoensis K. Meyer（1922）

产丽江、香格里拉、德钦，生于海拔3000—3500米的灌丛中；西藏东南部也有。

32. 阴湿小檗（西栽植物名录）

Berberis humido-umbrosa Ahrendt（1945）

产西藏，云南香格里拉有一变种，木里阴湿小檗 var. *inornata* Ahrendt，生于海拔2800—3100米的山坡开阔地；也分布于四川和西藏。

33.光叶小檗（云南种子植物名录）图224

Berberis lecomtei Schneid.（1913）

灌木，高1—2米。幼枝棕红色，老枝棕黑色，无毛，有散生黑色疣点；刺细弱，单生或三叉状，长10—15毫米。叶纸质，窄倒卵形，长1.5—2.5厘米，宽6—8毫米，顶端圆形或钝尖，基部楔形，全缘，上面暗绿色，下面浅绿色，无白粉，侧脉3—4对，多分枝，两面明显；具短柄。花序由6—12（16）朵花组成总状花序或近伞形花序，长1.5—2.5（3）厘米，具总梗。花黄色；花柄红色，细弱，长4—10毫米；萼片2轮排列，外萼片宽卵形，长2.5—3毫米，宽约2.5毫米，顶端急尖，内萼片椭圆形，长3—4毫米，宽2.5—3.5毫米；花瓣倒卵形，长4—5毫米，宽2—3毫米，顶端2裂，裂片锐尖；雄蕊长2.5毫米，顶端截形或近锥状；胚珠2。浆果深红色，长圆形或长圆状卵形，长7—9毫米，径4.5—5毫米，顶端有短花柱，不被白粉。花期6月，果期10月。

产洱源、丽江、德钦，生于海拔3200—3800米的山坡林下。模式标本采自洱源黑

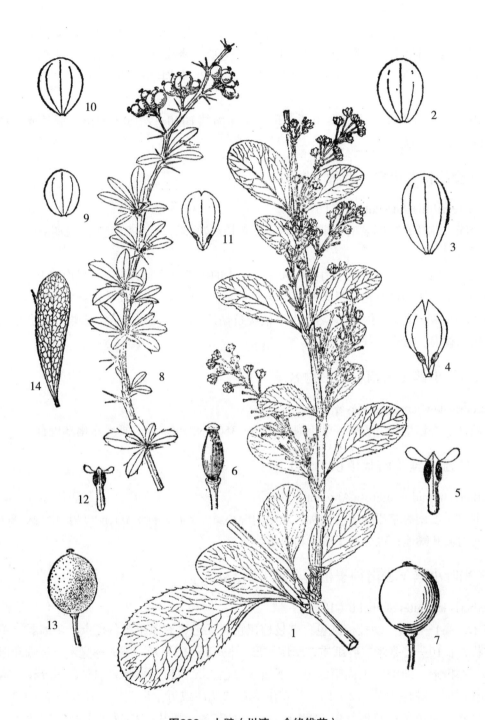

图223 小檗（川滇，全缘锥花）

1—7.川滇小檗 *Berberis jamesiana* Forrest et W. W. Smith：

1.花枝　　2.外萼片　　3.内萼片　　4.花瓣　　5.雄蕊　　6.雌蕊　　7.浆果

8—14.全缘锥花小檗 *Berberis aggregata* var. *integrifolia* Ahrendt：

8.果枝　　9.外萼片　　10.内萼片　　11.花瓣

12.雄蕊　　13.浆果　　14.叶（示叶脉）

山门。

种子繁殖，春季播种育苗，苗期适当遮阴。

根部药用。

34.宽叶小檗（云南种子植物名录）图224

Berberis platyphylla（Ahrendt）Ahrendt（1961）

灌木，高1—1.5米。枝暗红色或棕灰色，具散生黑色疣点；刺三叉状，细弱，棕黄色，腹部具沟。叶坚纸质，宽倒卵形或椭圆形，长2.5—3.5厘米，宽1—2厘米，顶端圆形，基部楔形，全缘，偶具3—4刺齿，上面深绿色，下面微被白粉，侧脉与网脉两面明显；具短柄。花序由3—7朵花组成亚伞形花序，长3—5厘米，具总梗，红色。花黄色，直径1—1.2厘米；花柄细弱，长1.5—2厘米；萼片2轮排列，外萼片卵形，长约6毫米，宽约2毫米，顶端急尖，内萼片长圆状倒卵形，长约7.5毫米，宽约3毫米，顶端凹陷，基部具爪；雄蕊长约5毫米；胚珠3—5。浆果长圆形，长约10毫米，径约7毫米，顶端无花柱，不被白粉。花期6月，果期10月。

产贡山、德钦，生于海拔3600—3900米的针叶林内或杂木林下；四川西南部及西藏东南部也有。模式标本采自德钦。

种子或扦插繁殖。

根皮、茎皮含小檗碱，供药用。

35.锡金小檗（西藏植物名录）

Berberis sikkimensis（Schneid.）Ahrendt var. glabramea Ahrendt（1961）

产凤庆，生于海拔2300米的杂木林中。模式标本采自凤庆。

2. 十大功劳属 Mahonia Nutt.

常绿灌木，稀为小乔木；无刺。顶芽具多数宿存鳞片。叶互生，奇数羽状复叶，近无柄或具短柄，基部具线状托叶；小叶边缘具刺齿或牙齿，齿端具刺尖头，通常无柄。总状花序，数枚簇生；花通常为黄色，具柄，基部具小苞片；萼片9，3轮排列，不等大；花瓣6，2轮排列，顶端通常微凹或2裂，基部具2枚腺点，雄蕊6，花药瓣裂，花粉粒与小檗属近似，其体积较小，外壁颗粒不匀而粗，孔的变异幅度为3—5；子房通常也有少数具柄胚珠，基生。浆果深蓝色。

本属约有100余种，主要分布于亚洲和美洲。我国有50余种，分布于西部和西南部。云南有15种，5变种。

本属植物含有阿朴啡类、原小檗碱类、双苄基异喹啉类。

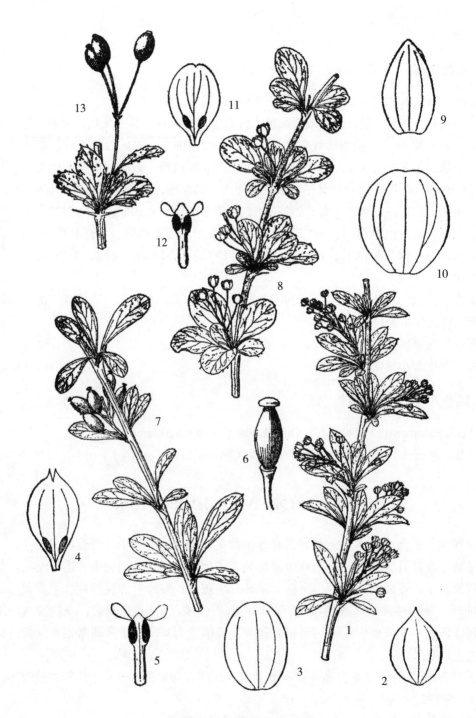

图224 小檗（光叶、宽叶）

1—7.光叶小檗 *Berberis lecomtei* Schneid：

1.花枝　　2.檗萼片　　3.内萼片　　4.花瓣　　5.雄蕊　　6.雌蕊　　7.果枝

8—13.宽叶小檗 *Berberis platyphylla* Ahrendt：

8.花枝　　9.外萼片　　10.内萼片　　11.花瓣　　12.雄蕊　　13.果枝

分 种 检 索 表

1.苞片长于花柄。

  2.花乳白色。小叶顶端尾状渐尖或长渐尖，基部楔形，偏斜不显著，边缘具5—11对刺齿，上面晦暗，羽状脉 ·············· **1.独龙十大功劳** M. taronensis

  2.花黄色。小叶顶端渐尖，基部圆形，显著偏斜，边缘具3—6对刺齿，上面光亮，横皱，基出脉3—5条 ·············· **2.长苞十大功劳** M. longibracteata

1.苞片短于花柄或近等长。

  3.有明显花柱。

    4.复叶具21—41小叶。

      5.小叶为长圆形或卵状长圆形、花柄纤细，长7—10毫米。浆果下垂，顶端花柱长达2毫米 ·············· **3.密叶十大功劳** M. conferta

      5.小叶为长圆状披针形。花柄粗壮，长3—5毫米，浆果直立，顶端花柱较短，长约1毫米 ·············· **4.长小叶十大功劳** M. lomariifolia

    4.复叶具9—17枚小叶。

      6.花序较短，长4—8厘米；苞片与花柄近等长。小叶边缘具12—26对刺齿 ·············· **5.峨眉十大功劳** M. polyodonta

      6.花序较长，长12—22厘米；苞片长仅为花柄长的1/5—3/5。小叶边缘仅有3—9对刺齿。

        7.小叶基部偏斜不显著，边缘波状，内卷。花柄直立，长达15毫米。子房有6—8胚珠 ·············· **6.具苞十大功劳** M. bracteolata

        7.小叶基部偏斜显著，通常边缘平展。花柄较短，长仅4—6毫米。子房有3—5胚珠。

          8.复叶长达60厘米。花序长15—25厘米。苞片宽披针形。内萼片长于花瓣。浆果顶端花柱长1—2毫米 ·············· **7.黄叶十大功劳** M. flavida

          8.复叶较短，长约30厘米。花序长6—15厘米。苞片窄披针形。内萼片短于花瓣或近等长。浆果顶端花柱长2—3毫米 ·············· **8.昆明十大功劳** M. duclouxiana

  3.无明显花柱。

    9.复叶具7枚小叶，厚革质，顶端长渐尖，基部楔形，边缘在中部以上具3—7对刺齿，背面被白粉。花序长15—30厘米，花少而疏散；花柄纤细，长12—20毫米 ·············· **9.细柄十大功劳** M. gracilipes

    9.复叶具15—21枚小叶，纸质，顶端尾状渐尖，基部圆形，边缘具30—50对刺齿。花序长7—8厘米；花多而密集；花柄粗壮，长4—6毫米 ·············· **10.细齿十大功劳** M. leptodonta

1.独龙十大功劳（云南种子植物名录）图225

Mahonia taronensis Hand.-Mazz.（1923）

灌木，高1—1.5米。枝棕黄色。复叶长15—35厘米，具9—13枚小叶，无柄或具短柄。小叶厚革质，椭圆状长圆形、披针形卵状披针形，由下向上渐次增大；基部小叶长3—3.5厘米，宽2—2.5厘米，中部小叶长6—10厘米，宽2.5—3.5厘米，顶端小叶长9—12厘米，宽约3厘米；顶端渐尖或尾状渐尖，基部宽楔形，偏斜不显著，边缘有5—11对粗刺齿，上面暗绿色，下面苍黄色，叶脉羽状。总状花序3—6枚簇生，长5—8厘米。花乳白色；花柄长2—2.5毫米；苞片4—5毫米；萼片3轮排列，外萼片椭圆形，长3—3.5毫米，宽约2毫米，中萼片长圆形，长约7毫米，宽约4毫米，顶端钝尖，内萼片匙形，长约6毫米，宽约3毫米，顶端圆形；花瓣长5.5毫米，宽约2.5毫米，顶端2裂；雄蕊长4毫米，顶端截形。浆果球形，紫黑色，直径约6毫米，顶端无花柱，被蓝色霜粉。花期5月，果期9月。

产贡山，生于海拔1500—3000米的阔叶林边；西藏东南部有分布。模式标本采自贡山独龙江。

种子繁殖。注意及时除去果肉，洗净阴干，沙藏。

茎含小檗碱1.04%，味苦、性寒、无毒。具有清火、解毒之功效。主治热痢、赤眼，外治刀伤、火烫伤。

2.长苞十大功劳（云南种子植物名录）

Mahonia longibracteata Takeda（1917）

产大理、禄劝，生于海拔1900—3300米的山坡林内或河边湿润处。模式标本采自大理。

3.密叶十大功劳（云南种子植物名录）

Mahonia conferta Takeda（1917）

产金平、龙陵、新平、元阳，生于海拔1500—2100米的山坡阴湿处。模式标本采自元阳逢春岭。

4.长小叶十大功劳（云南种子植物名录）图226

Mahonia lomariifolia Takeda（1917）

灌木，高1—3米。枝棕灰色。复叶长30—50厘米，具23—41枚小叶；近无柄。小叶厚革质，从叶轴基部往上渐次增大，上部相互连接或为覆瓦排列，下部疏散，基部小叶卵圆形，长约1厘米，宽约8毫米，中部及上部小叶为长圆状披针形，长4—8厘米，宽1.2—2厘米，顶端渐尖或短渐尖，基部截形或近心形，偏斜，边缘具3—4对刺牙齿，上面暗绿色，光亮，基出脉3—5条，网脉不明显，下面苍绿色，基出脉和侧脉突起，网脉微明显。总状花序多枚簇生，长9—15厘米。花黄色；花柄纤细，长3—5毫米；苞片卵状长圆形，长2—4毫米；外萼片卵形，长3—4毫米，宽1.5—2毫米，中萼片椭圆状倒卵形，长5—6毫米，宽3—3.5毫米，内萼片椭圆形或卵状椭圆形，长7—8毫米，宽约3毫米；花瓣长椭圆形，较内萼片为短，长6—6.5毫米，宽约3毫米，顶端2圆裂，近基部具2枚腺体；雄蕊长3—4毫米，顶端呈尖头状；子房长圆形，有3—5胚珠。浆果球形，长约8毫米，直径约6毫米，顶端有明显花柱，被蓝色霜粉。花、果期5—12月。

产富民、彝良、保山、禄劝、会泽、宾川、剑川、维西、香格里拉、德钦，生于海拔2000—3800米的山坡灌丛中；四川、木里有分布。

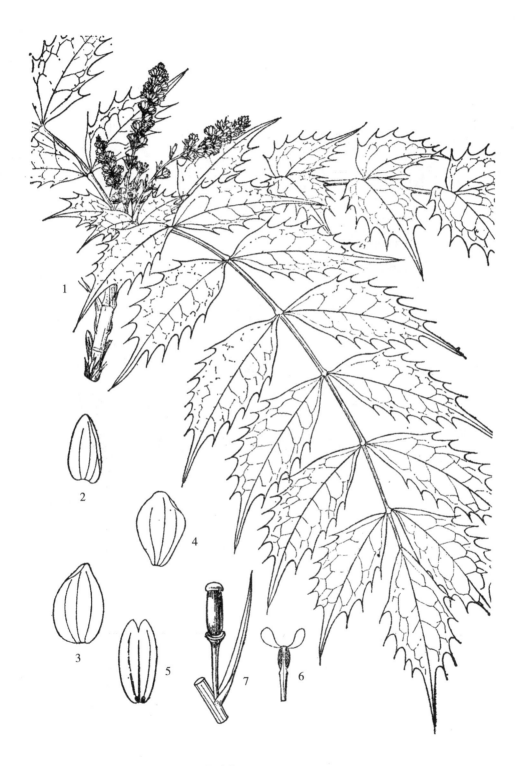

图225 独龙十大功劳 *Mahonia taronensis* Hand.-Mazz.

1.花枝　　2.外萼片　　3.中萼片　　4.内萼片　　5.花瓣　　6.雄蕊　　7.雌蕊花柄及苞片

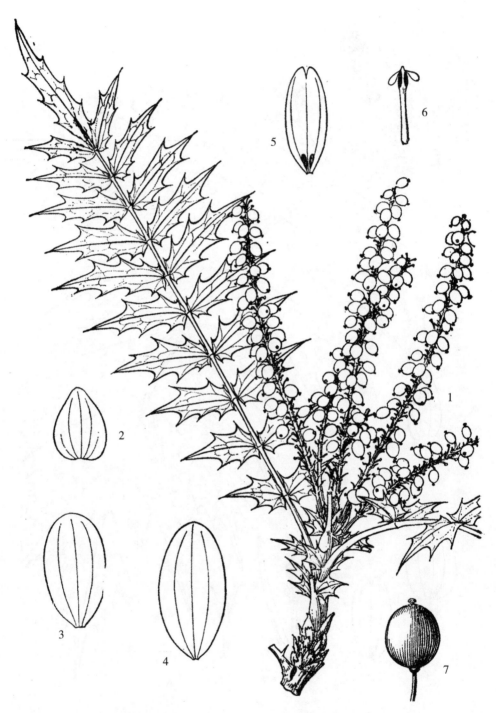

图226 长小叶十大功劳 *Mahonia lomariifolia* Takeda

1.果枝　2.外萼片　3.中萼片　4.内萼片　5.花瓣　6.雄蕊　7.浆果

种子、扦插或分蘖繁殖。

根、茎、叶均可入药。

5.峨眉十大功劳 图227

Mahonia polyodonta Fedde（1901）

灌木，高达2米。枝棕灰色。复叶长15—22厘米，有7—9枚小叶；无柄。小叶薄革质，披针形、长圆状椭圆形或长圆状卵形；基部小叶较小，长2—3.5厘米，宽1.5—2厘米，中部小叶长6—8厘米，宽2.5—3厘米，顶端小叶长7—9厘米，宽2.5—4.5厘米；顶端渐尖，基部圆形，偏斜不显著，边缘具3—11对刺齿，基出脉3—5条，网脉明显。总状花序4—6枚簇生，长6—12厘米。花黄色；花柄长2—3（4）毫米，苞片长6—12毫米；外萼片圆状披针形，长5—6毫米，宽2—2.5毫米，顶端渐尖，中萼片长圆状椭圆形，长约6毫米，宽约2.5毫米，内萼片长圆状卵形，长约7毫米，宽约3毫米；花瓣宽倒披针形，长约6毫米，顶端2圆裂，近基部两侧着生2枚腺体；雄蕊短于花瓣，无齿，顶端截形；胚珠2。浆果球形，紫黑色，直径5—6毫米，微被蓝色霜粉，顶端无花柱。花期5月，果期7月。

产绥江、腾冲、禄劝、泸水，生于海拔1900—3300米的山坡苔藓林内；四川南川金佛山有分布。

种子、扦插或分蘖繁殖均可。

根、茎、叶均可入药。

6.具苞十大功劳（云南种子植物名录）图228

Mahonia bracteolata Takeda（1917）

灌木，高1—2米。枝棕灰色。复叶长达30厘米，具9—13枚小叶。小叶革质，基部小叶较小，椭圆形，长1—2厘米，中部与顶部小叶略等大；长圆形或长圆状披针形，长3—9厘米，宽2—2.5厘米，顶端渐尖，基部截形或心形，偏斜不显著，边缘具5—10对刺齿，基出脉3条，网脉明显。总状花序多枚簇生，长6—18厘米；苞片长三角形，长约1.2厘米。花黄色，小苞片卵状或卵状披针形，长2—4毫米，顶端渐尖；花柄长7—10毫米；外萼片宽卵形，长约2.5毫米，宽约2毫米，中萼片椭圆状卵形，长约4毫米，宽约3毫米，顶端钝，内萼片长圆状卵形，长10—12毫米，宽约4毫米；花瓣长圆状椭圆形，长约12毫米，宽约3毫米，顶端2裂，基部具2枚腺体；雄蕊长8—10毫米，顶端为钝尖；子房有6—8颗胚珠。浆果椭球形，长约8毫米，径约6毫米，顶端有花柱，长1—2毫米，微被白粉；果柄长10—15毫米。花期2—3月，果期9—11月。

产鹤庆、丽江、香格里拉、贡山，生于海拔1900—2000米的山坡灌丛中。模式标本采自鹤庆。

种子或扦插繁殖，扦插繁殖选1—2年生枝条，剪为15厘米长带芽的插穗，入土2/3，遮阴。分蘖繁殖亦可。

植物体含小檗碱，药用。

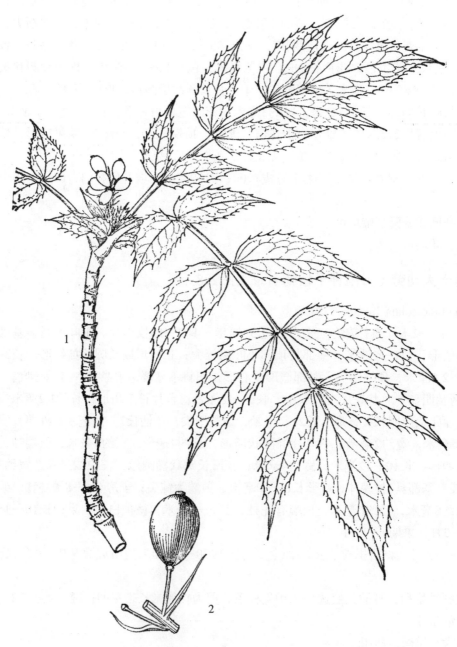

图227 峨眉十大功劳 *Mahonia polyodonta* Fedde
1.果枝　2.浆果及苞片

图228　具苞十大功劳 *Mahonia bracteolata* Takeda

1.果枝　　2.外萼片　　3.中萼片　　4.内萼片　　5.花瓣　　6.雄蕊　　7.浆果

7.黄叶十大功劳　土黄柏（玉溪）、酸腌菜果（易门）、中肋巴刺、鸭脚黄连、刺黄连、大黄连（通海）　图229

Mahonia flavida Schneid.（1913）

灌木，高1—3米。枝棕灰色。复叶长25—60厘米，具13—19枚小叶；具短柄。小叶厚革质；基部小叶卵形或卵状椭圆形，长1.5—3厘米，宽1—2厘米，中部小叶为长圆状披针形，长7—9厘米，宽3—4厘米，顶端小叶为长椭圆形，长10—12厘米，宽3—5厘米，顶端渐尖，基部圆形或近心形，偏斜，边缘具4—9对牙齿，叶两面为黄绿色，上面光亮，基出脉3—5条，网脉扁平，下面突起。总状花序多枚簇生，长15—25厘米。花黄色；花柄纤细，长4—6毫米；苞片长3—6毫米；外萼片卵形，长约3毫米，宽约2毫米，顶端急尖，中萼片长圆状卵形，长3—4毫米，宽2—3毫米，内萼片长圆状倒卵形，长6—8毫米，宽3—4毫米，顶端圆形；花瓣长圆形，长5.5—6.5毫米，宽3—4毫米，顶端2裂；雄蕊长4—5毫米，顶端尖头状；子房有3—5胚珠。浆果球形，径约5毫米，蓝绿色，微被白粉，顶端有花柱，长约2毫米。花期2—4月，果期4—8月。

产昆明、嵩明、玉溪、禄劝、武定、双柏、蒙自、广南、富宁，生于海拔1000—2700米的山谷路旁或杂木林中；贵州亦有分布。模式标本采自昆明。

种子、扦插或分蘖繁殖均可。

根或全株药用。味苦、性寒，具有清热解毒、消炎止痢、退虚热等功能；用于肠炎、痢疾、急性咽喉炎、目赤肿痛、肺痨咳嗽、咯血等。

8.昆明十大功劳（云南种子植物名录）图230

Mahonia duclouxiana Gagnep.（1908）

灌木，高约3米。枝棕灰色。复叶长达40厘米，具5—9枚小叶。小叶厚革质；基部小叶为长卵圆形，长1—2.5厘米，宽8—13毫米，中部小叶长圆状披针形，长7—10厘米，宽2.5—3厘米，顶端小叶宽倒披针形，长10—12厘米，宽约4厘米；顶端渐尖，基部截形，偏斜，边缘具3—7对牙齿，上面黄绿色，有光泽，基出脉3条，网脉明显，下面苍白色，主脉和侧脉突起，网脉不明显。总状花序多枚簇生，长10—18厘米。花序轴粗壮，基部苞片长10—12毫米。花黄色；苞片长圆形或长圆状椭圆形，长2—4毫米，花柄长4—6毫米；外萼片卵形，长1.5—2毫米，中萼片椭圆形，长4—5毫米，内萼片长圆形，长6—8毫米，顶端钝圆；花瓣窄长圆形，长7—8毫米，顶端2裂，基部具2枚腺体；雄蕊长约5毫米，顶端近截形；子房有4—5胚珠。浆果球形，长约6毫米，径3—4毫米，顶端有花柱，长2—3毫米，不被霜粉；果柄纤细，长8—10毫米。花果期1—5月。

产昆明、曲靖、景东、易门、丽江、凤庆，生于海拔1900—2200米的山坡、山谷、河边或杂木林下。模式标本采自昆明附近。

繁殖方法同前。

根部可药用。

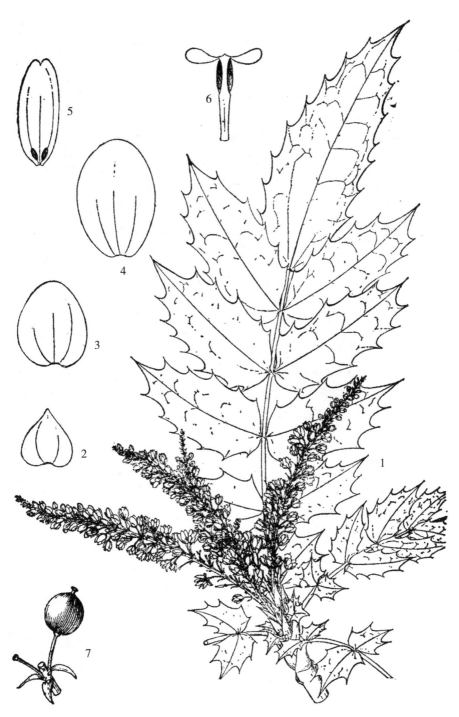

图229 黄叶十大功劳 *Mahonia flavida* Schneid

1.花枝　　2.外萼片　　3.中萼片　　4.内萼片　　5.花瓣　　6.雄蕊　　7.果及苞片

图230　昆明十大功劳 *Mahonia duclouxiana* Gagnep
1.果枝　2.浆果

9.细柄十大功劳（中国高等植物图鉴）

Mahonia gracilipes（Oliver）Fedde（1901）

产大关成凤山，生于海拔1900—2400米的山坡林中；四川峨眉山也有。

10.细齿十大功劳（云南种子植物名录）

Mahonia leptodonta Gagnep.（1938）

产大关、盐津，生于海拔680—920米的山坡林下阴湿处；四川屏山也有。模式标本采自盐津成凤山。

36.白花菜科 CAPPARIDACEAE

草本、灌木或小乔木，常为本质藤本。叶互生，稀对生，单叶或掌状复叶，托叶刺状，细小或不存。花序为总状、伞房状、亚伞形或圆锥花序或（1）2—10朵花排成短纵列，腋上生，稀单花腋生。花两性，稀杂性或单性；苞片早落；萼片4（8），排成2轮或1轮，分离或基部连生，稀连生呈帽状；花瓣4（8），分离，无柄或有爪，稀无花瓣；花托扁平或圆锥形，常延伸为雌雄蕊柄；雄蕊（4）6至多数，花丝分离，着生于花托上或雌雄蕊柄顶端，花药2室，纵裂；子房1室，有二至数个侧膜胎座，稀3—6室，而具中轴胎座，花柱不明显，稀花柱3，柱头头状或不明显，常具子房柄，胚珠常多数，胚弯生。浆果或蒴果，球形或圆柱形，稀近念珠状；种子1至多数，肾形或多角形。

本科45属，约1000种，产热带、亚热带，少数产温带。我国产5属，约42种；云南有5属，约30种。本书记载3属8种。

分 属 检 索 表

1.蒴果，具宿存中轴；灌木，叶对生，掌状复叶具3小叶；花萼膜质，连生呈帽状体，开放时撕裂为2片 ·· 1.节蒴木属 Borthwickia
1.浆果，常不开裂，既无胎座框，又无宿存中轴；叶互生，单叶或为3小叶的掌状复叶。
　2.叶为3小叶的掌状复叶，无毛，无刺，小枝常中空；花瓣具爪 ························
　·· 2.鱼木属 Crateva
　2.叶为单叶，常具刺及有毛，花瓣无爪 ································ 3.山柑属 Capparis

1.节蒴木属 Borthwickia W. W. Smith

灌木或小乔木。叶对生，具3小叶，有长叶柄，无托叶；小叶全缘，具短柄。顶生总状花序，花萼膜质，连生呈帽状体，开放时撕裂为2片，外卷，早落；花瓣5—8，分离，直立，较萼筒短；雄蕊多数，着生于雌雄蕊柄顶端，花丝纤细，花药2室，直裂；子房圆柱形，4—6室，每室有胚珠2列，胚珠弯生；有长子房柄。蒴果长方柱形，成熟后自下向上沿腹缝线开裂，果开裂后具宿存中轴；种子肾形，胚弯曲。

本属为中南半岛特有的单种属，产我国（云南）及缅甸。

节蒴木（云南植物志）图231

Borthwickia trifoliata W. W. Smith（1911）

灌木，高达6米。小枝四棱形，中空。掌状三出复叶，柄长5—13厘米，顶生小叶较大，椭圆状卵形、长圆形或倒卵状披针形，薄纸质，长8—20厘米，宽4—10厘米，顶端渐尖或突渐尖，基部宽楔形，偏斜，侧脉7—9对，网脉在叶下面明显，上面光滑无毛，下面沿脉被极细短柔毛，全缘；小叶柄长3—10毫米。总状花序顶生，单一，长8—20厘米，花

图231 节蒴木及马槟榔

1—3.节蒴木 *Borthwickia trifoliata* W.W.Smith：

1.花枝   2.果   3.子房横断面

4—5.马槟榔 *Camparis masaikai* Levl：

4.叶形   5.果

梗长10—20毫米，花序轴及花梗被极细短柔毛；雌雄蕊柄长约5毫米，粗壮；花萼连生呈帽状，开放时撕裂为2片，花瓣白色或淡黄色，5—8片，长圆形，分离，长约为萼筒的1/2—1/3；雄蕊60—70，花丝纤细，基部微连合，长约2厘米，花药小，球形，子房长圆柱形，顶端尖，长2—4厘米，柱头点状，不明显，子房柄长1—3厘米。蒴果绿色，长方柱状，长6—9厘米，有4—6棱，由种子纵向排列形成4—6条念珠状，顶端有喙，果皮薄；种子多数，半圆形，基部平截，背部弯拱，呈雕刻状细纹，两侧内凹，径2—3毫米。花期4—5月，果期8—9月。

产河口、屏边、金平、勐腊，生于海拔320—1400米的山谷、路边及湿润山坡林下；伴生树种有红椎、印栲、千果榄仁、番龙眼、麻楝、木棉、枫杨、黄杞、余甘子等。缅甸北部也有分布。

种子繁殖。果实成熟时采下蒴果在阳光下摊晒，待果实开裂后取出种子，随采随播或混沙贮藏。条播育苗。幼苗期注意遮阴。

三小叶复叶，花白色或黄色，蒴果长方柱状，种子纵向排列呈念珠状，十分奇特，栽置于庭园中，颇可悦目怡神。

2.鱼木属 Crateva L.

小乔木或灌木；全株常光滑无毛。小枝常中空，有时有皮孔。叶互生，具3小叶，叶柄长；小叶有短柄，基部偏斜，幼时质薄，成长后变坚硬；托叶早落。总状花序或伞房花序着生于小枝顶端，花梗脱落后在序轴上留有明显的疤痕；花大，白色，花梗细长；萼片4，比花瓣短小，花瓣4，有爪；雄蕊12—50，花丝纤细，花药基部着生；子房1室，侧膜胎座2，胚珠多数，柱头明显；子房柄纤细。浆果，球形或椭圆形，果皮革质，坚硬；花梗、花托及子房柄在果时木质化增粗；种子多数。

本属约20种，产热带及亚热带地区；我国2种及2亚种，云南有2种及1亚种。

分 种 检 索 表

1.果球形，表面有圆形小斑点；种子光滑；小叶侧脉5—7对 ……………………………………………………………… 1.树头菜 C. unilocularis

1.果椭圆形，表面平滑；种子背部有不规则的刺状突起；小叶侧脉10—15对 ………………………………………………………… 2.沙梨木 C. nurvala

1.树头菜（植物名实图考）图232

Crateva unilocularis Buch.-Ham.（1827）

小乔木，高15米；各部光滑无毛。小枝有明显灰白色皮孔，幼枝常中空。三出复叶，叶柄长3—6（12）厘米，小叶宽卵形，薄纸质，长7—18厘米，宽3—8厘米，顶端长渐尖或渐尖，基部宽楔形，上面亮绿色，下面淡绿色，侧脉5—10对，网脉在下面明显，全缘，叶基微偏斜；小叶柄长约5毫米；托叶早落。顶生伞房花序，序轴长3—7厘米，有花10朵以上，花梗细长，长3—7厘米；萼片小，披针形，长3—5毫米，花瓣白色或淡黄色，卵形或近圆形，长10—30毫米，顶端钝，爪长5—10毫米，宽5—25毫米；雄蕊15—25（30），花丝细长，淡紫色，长4—5厘米，花药椭圆形，微弯曲；子房柄长3—7厘米，子房卵形，柱头盘状，近无柄。果球形，灰白色或灰褐色，有圆形小斑点，直径2—4厘米，果皮厚约5毫米；种子灰白色。平滑，长圆形，两端尖，卷曲呈圆形。花期3—4月，果期7—8月。

产石屏、建水、宾川（大坪子）、瑞丽、泸水、耿马、景东、蒙自、金平、屏边、西畴、镇康、双江、澜沧、勐海、小勐养、普洱，生于海拔450—1500米地区的山谷林中，或栽培于村边湿润处；分布广东、广西；尼泊尔、印度、缅甸、老挝、越南、柬埔寨也有。

种子繁殖。采集的果实需及时处理，即在箩筐内搓碎果肉，清水漂净，阴干。随采随播或混沙贮藏，沙、种比例为2：1。贮藏于通风干燥的地方，需经常翻动检查并清除霉烂种子，注意保持沙子湿润。条播。

云南很多地区采嫩叶作蔬菜食用，故名"树头菜"。材质轻而略坚，可作细木工用材；果皮可作染料；叶入药，作健胃剂。亦可作园林观赏树种。

2. 沙梨木　图233

Crateva nurvala Buch.-Ham.（1827）

乔木，高达20米；各部光滑无毛。幼枝皮孔不明显，小枝常中空。三出复叶，叶柄长5—12厘米，顶端有数枚腺体，小叶薄革质，椭圆状卵形，长7—18厘米，宽3—8厘米，顶端长渐尖至渐尖，基部阔楔形，常偏斜，上面亮绿色，下面灰绿色，侧脉10—15对，侧脉及细网脉在叶两面均明显，全缘；小叶柄长2—8毫米。顶生伞房状总状花序，花轴长4—12厘米，花脱落后留下明显的疤痕；花柄细长，长3—6厘米，花白色至淡黄色，萼片小，披针形，长约5毫米，花瓣卵形，长10—20毫米，宽8—18毫米，顶端钝或渐尖，基部阔楔形至近圆形，爪长5—10毫米；花丝及子房紫色，雄蕊15—25毫米，花丝细长，长3—5厘米，花药椭圆形；子房椭圆形，柱头盘状，子房柄长3—6厘米。果椭圆形，灰白色或淡黄灰色，长3—5厘米，表面无圆形小斑点，平滑；种子多数，背部有不规则的刺状突起。花期3—5月，果期8—9月。

产河口、勐腊，生于海拔100—1000米的溪边、湖畔、路旁、平地、开旷地带林中。分布广东、广西；印度、印度尼西亚、中南半岛各地也有。

种子繁殖，栽培技术同前。

花丝细长，花黄白色，颇美观，适于热带、亚热带庭园种植。

3. 山柑属　Capparis L.

常绿灌木或小乔木，直立或攀援。小枝常被毛，老时毛脱落或宿存。单叶，互生，具叶柄；托叶刺状，有时无刺。花排成总状，伞房状、亚伞形或圆锥花序，或（1）2—10朵花沿小枝排成纵列，1列或数列，腋上生，稀单花腋生，苞片早落；萼片4，2轮，外轮质地较厚；花瓣4，覆瓦状排列；雄蕊6—200，花丝纤细，花药内向，花丝与子房柄近等长；花梗及子房柄果时常木质化增粗，子房1室，胎座2—6（8），胚珠少数或多数。浆果球形，通常不开裂，种子1至多数，胚弯曲。

本属约250—400种，产热带、亚热带地区，少数种类产温带；我国约产30种，云南有19种。本志记载8种。

分 种 检 索 表

1.花（1）2—10朵排成短纵列，腋上生。
  2.小枝基部无钻形苞片状小鳞片。
    3.萼片长（5）6毫米或更长；雄蕊（18）20或更多。
      4.嫩枝被灰色及极细柔毛，老则脱落；小枝有刺；花（1）2—6（7）朵排成1列 ………………………………………………………… 1.野香橼花 C. bodinieri
      4.嫩枝无毛，小枝无刺；花1—3（4）朵排成一列；叶干后常变为黑色 ……………………………………………………………… 2.黑叶山柑 C. sabiaefolia
    3.萼片长5毫米或更短；雄蕊18（21）或更少；叶宽1—2（3）厘米，顶端尾状长渐尖 ……………………………………………………… 3.小绿刺 C. urophylla
  2.小枝基部有钻形苞片状小鳞片。
    5.花中等大，萼片长5—10毫米；花2—7朵排成1列，腋上生，果大，椭圆形，径3—4厘米 ……………………………………………… 4.小刺山柑 C. micracantha
    5.花小，萼片长3—4毫米；花7—14朵排成多列，着生于顶端有数枚嫩叶的花枝上；果小，球形，径5—10毫米 ……………………………… 5.多花山柑 C. multiflora
1.花排成总状、伞房状、亚伞形或圆锥花序。
  6.小枝与花序基部有钻形苞片状小鳞片；总状花序顶生，细长，长10—25厘米，花多数 ………………………………………………… 6.总序山柑 C. assamica
  6.小枝与花序基部无钻形苞片状小鳞片。
    7.花序无总花梗；3—10花组成顶生伞房花序，萼片卵形，长约15毫米，外面密被深褐色长绒毛 …………………………………………… 7.荚蒾叶山柑 C. viburnifolia
    7.花序有总花梗；顶生圆锥花序，由多枝亚伞形花序组成，萼片卵形，长8—12毫米，外面密被锈色短柔毛 ……………………………………… 8.马槟榔 C. masaikai

1.野香橼花（植物名实图考）图232

Capparis bodinieri Levl.（1911）

灌木或小乔木，高达10米。嫩枝、花梗密被灰色极细柔毛，老则脱落，小枝常具刺，但有时无刺。叶卵形、披针形或卵状披针形，革质，长4—13（18）厘米，宽2—4（6）厘米，顶端渐尖或长渐尖，基部楔形或宽楔形，侧脉5—8（10）对，嫩叶网脉不明显，后明显，全缘；叶柄粗壮，长约5毫米。花1—5朵排成1列，腋上生，花蕾球形，径约5毫米，花梗长5—15毫米；萼片4，卵形，内面密被细绒毛，外面无毛，长约5毫米，花瓣白色长圆形，长约10毫米，被稀疏细绒毛，雄蕊20—37，花丝纤细，长15—20毫米，花药椭圆形；子房卵形，柱头盘状，子房柄纤细，长15—25毫米。果黑色，球形，径7—12毫米，种子1至数枚，果柄及子房柄纤细。花期3—4月，果期8—10月。

产昆明、富民、晋宁、大姚、文山、河口、元江、普洱、勐腊、勐海、临沧、耿马、

图232 树头菜与野香橼花

1—2.树头菜 *Crateua unilocularis* Buch.-Ham.：1.果枝　2.花

3.野香橼花 *Capparis bodinieri* 果枝

泸水、禄劝、通海、大理、邓川等地，生于海拔300—2500米的山坡、路旁灌丛中或林下；分布于四川（会理、会东）、广西、贵州；不丹、印度、缅甸也有。

种子繁殖。及时采集并处理成熟果实，除去果肉后清水洗净阴干。混沙贮藏，经常保持沙子湿润。育苗造林，苗期注意松土、除草及水肥管理，必要时适当遮阴。

全株入药，有止血、消炎、收敛之效；主治痔疮、慢性风湿疼痛、跌打损伤等。

2.黑叶山柑（云南植物志）图233

Capparis sabiaefolia Hook. f. et Thoms.（1872）

灌木或小乔木，高达3米或更高。小枝光滑无毛，无刺。叶长圆状披针形或披针形，薄纸质，干后常变为黑色，长5—11（17）厘米，宽2—4（6）厘米，顶端突渐尖或长渐尖，基部宽楔形至近圆形，侧脉7—8对，在近边缘处互相联结，网脉不明显，网眼稀疏；叶柄纤细，长5—10毫米。花1—3（4）朵排成一列，腋上生，花梗长5—10毫米，无毛；萼片卵形，内凹，内面有稀疏纤毛，花瓣白色长圆形，长约8毫米，内面密被细柔毛，雄蕊18—22，花丝纤细，长约2厘米，花药椭圆形；子房卵形，柱头点状，子房柄纤细，长20—25毫米。果绿色，球形，径7—12毫米，表面粗糙，花梗及子房柄果时不增粗。花期4—5月，果期9—10月。

产金平、屏边，生于海拔320—1400米的山坡或山谷阴湿灌丛中；分布印度、缅甸、泰国、中南半岛。

种子繁殖、育苗造林。

花白色，在庭园中可作乔木下层观赏树种。

3.小绿刺（临沧）图234

Capparis urophylla F. Chun（1948）

灌木或小乔木，高达7米。小枝无毛，纤细，常无刺，如有刺则刺短小，老枝具刺，刺粗壮。叶卵形或椭圆形，薄纸质或纸质，长3—7厘米，宽1—3厘米，顶端尾状长渐尖，尾长15—25毫米，基部楔形或宽楔形，侧脉4—6对，在近边缘处互相联结，网脉两面均不明显，全缘；叶柄纤细，长3—5毫米。花1—3朵排成一列，腋上生；花梗纤细，长5—10毫米；萼片4，卵形，绿色，长约5毫米，两面无毛，仅边缘具纤毛，花瓣4白色，长圆形，密被极细柔毛；雄蕊12—20，花丝纤细，长15—20毫米，花药椭圆形；子房卵形，柱头点状，子房柄纤细，长15—25毫米，无毛。果球形，黑色，径5—10毫米，花梗与子房果时纤细，种子1—2。花期3—6月，果期8—12月。

产镇康、临沧、墨江、普洱、普洱、景洪、勐腊、勐海、金平、富宁，生于海拔350—1850米的路边、溪旁山谷疏林中或石山灌丛中。

分布于广西；老挝也有。

种子繁殖。混沙贮藏种子。条播育苗。造林时穴状整地。

叶先端长尾状，颇为奇特。宜庭园种植。

图233 沙梨木与黑叶山柑

1—2.沙梨木 *Crateva nurvala* Buch.-Ham.： 1.花枝 2.果

3—4.黑叶山柑 *Capparis sabiaefolia* Hook. f. et Thoms：

3.花枝 4.果枝（部分）

4.小刺山柑（云南植物志）图234

Capparis micracantha DC.（1824）

灌木或小乔木，高达6米；各部近光滑无毛。小枝无刺或有小刺。叶椭圆形或长圆状披针形，厚革质，嫩叶纸质，长（10）15—20（30）厘米，宽（4）6—10厘米，顶端钝或近圆形，有时渐尖或急尖，基部钝或近圆形，有时楔形，侧脉7—10对，网脉细密，侧脉及网脉均明显凸起，全缘；叶柄粗壮，长1—2厘米。花2—7朵排成1纵列，腋上生，花梗与叶柄之间有1—4束钻形小刺，花梗长5—20毫米，纤细，花蕾球形，径约5—10毫米；萼片卵形，长5—10毫米，两面近无毛，仅边缘有细纤毛，花瓣白色，长圆形，长10—20毫米，近无毛；雄蕊20—40，花丝纤细，长20—30毫米，花药椭圆形；子房卵形，表明有4条纵纹，胚珠多数，子房柄纤细，长20—35毫米，无毛。果球形或椭圆形，长3—7厘米，径3—4厘米，果柄及子房柄木质化增粗，径4—6毫米；种子长圆形，卷曲呈圆球形，径约5毫米。花期3—5月，果期7—8月。

产蒙自、金平，生于海拔500—1500米的林下或灌丛中；分布于广东、广西；缅甸、泰国、老挝、越南、柬埔寨、马来西亚、印度尼西亚、菲律宾也有。

种子繁殖。注意及时处理种子。

叶大形，常绿，花梗与叶柄间又具钻形小枝，庭园中可作绿篱栽培。

5.多花山柑（云南植物志）图235

Capparis multiflora Hook. f. et Thoms.（1872）

灌木或小乔木，高达7米；各部近光滑无毛，常无刺或有小刺。叶薄纸质，长圆形或宽披针形，长15—25厘米，宽3—6厘米，顶端渐尖或突渐尖，基部楔形或宽楔形，侧脉7—10（12）对，网脉在上面不明显，在下面明显凸起，网眼宽大，全缘；叶柄长5—10毫米。花（4）7—14排成纵列，常数至多列着生于顶端有数枚嫩叶的花枝上，花序基部有1枚老叶，花梗纤细，长5—15毫米，萼片淡绿色，卵形，内凹，长3—4毫米，无毛，花瓣白色，长圆形，长5—8毫米，顶端钝圆，基部渐狭；雄蕊10—12，花丝纤细，白色，长约10毫米，花药椭圆形，灰绿色；与房1室，卵球形，深褐色，子房柄纤细，白色，长5—10毫米，胚珠数枚。果小，球形，径5—10毫米，种子1—2，果柄及子房柄纤细。花期5—6月，果期11—12月。

产蒙自、金平、屏边，生于海拔500—1500米的沟谷中常绿阔叶林下，不丹、印度、缅甸也有。

种子繁殖。随采随播或混沙贮藏。幼苗适当遮阴。

花白色，常数至多列着生于顶端有数枚嫩叶的花枝上；园林孤植、群植均宜。

6.总序山柑（云南植物志）图235

Capparis assamica Hook. f. et Thoms.（1872）.

灌木，高达3米。小枝近光滑无毛，常无刺或有小刺。叶革质，长圆形或长圆状披针形，长10—25厘米，宽3—9厘米，顶端渐尖或突渐尖，基部宽楔形，侧脉10—12对，网脉

图234 小刺山柑与小绿刺

1—2.小刺山柑 *Capparis micracantha* DC.： 1.花枝 2.幼果

3—4.小绿刺 *Caparis urophlla* F. Chun： 3.花枝 4.果

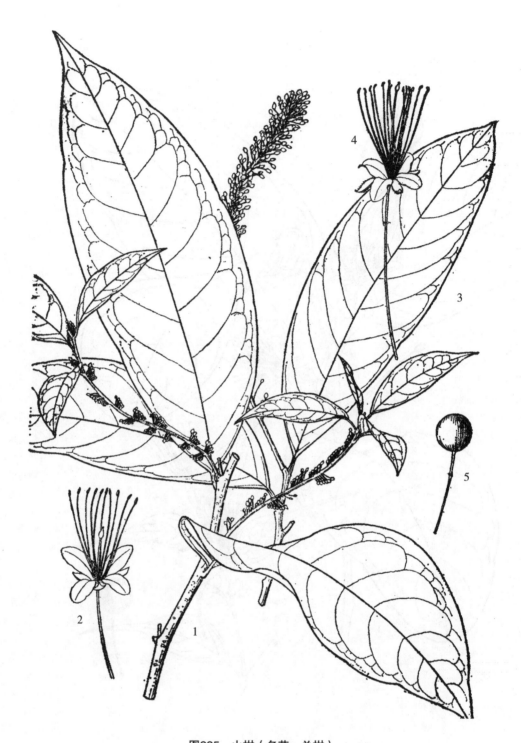

图235 山柑（多花、总柑）

1—2.多花山柑 *Capparis multiflora* Hook. f. et Thoms：

1.花枝　2.花外形（放大）

3—5.总序山柑 *Capparis assamica* Hook. f. et Thoms：

3.花枝　4.花外形（放大）　5.果

两面均明显凸起，网眼细密，全缘；叶柄粗壮，长5—8毫米。花白色，总状花序着生于小枝顶端，稀腋生，序轴纤细，长10—25厘米，花序轴及萼片密被锈色极细短柔毛，小苞片刺状钻形，花梗纤细，长10—25毫米；萼片卵形，长3—4毫米，内凹，花瓣椭圆形至卵形，长5—6毫米；雄蕊12—18，花丝纤细，长8—10毫米，花药椭圆形；子房卵形，1室，胎座2，每胎座有胚珠数枚，柱头点状，子房柄长6—8毫米。果球形，径5—12毫米，种子1—2，果柄及子房柄纤细。花期3—4月，果期8—9月。

产景洪、屏边、金平、河口、西畴，生于海拔100—1000米的沟谷常绿阔叶林下。不丹、印度、缅甸、老挝也产。

种子繁殖，育苗造林。

白花成串，绚丽悦目，适栽于庭园中乔木下层作观赏树种。

7.荚蒾叶山柑（云南植物志）图236

Capparis viburnifolia Gagnep.（1939）

灌木或木质藤本。小枝粗壮，嫩枝、叶下面、花梗、萼片外面均密被深褐色长绒毛；刺粗壮，下弯。叶革质，卵圆形，长5—9厘米，宽2—5厘米，顶端突渐尖或钝，基部钝或近圆形，上面暗绿色，被稀疏短柔毛，下面灰褐色，侧脉5—7对，网脉在上面微下凹，下面不明显，全缘；叶柄粗壮，长5—10毫米。花3—10朵着生于小枝顶端呈伞房花序，花蕾球形，径约1厘米，开放时达3—4厘米，花梗粗壮，长1—3厘米；萼片卵形，长约15毫米，革质，内凹，顶端钝，基部渐狭，内面光滑无毛，花瓣白色，卵圆形，膜质，长约2厘米，顶端钝圆，基部渐狭，内面基部有白色细柔毛；雄蕊50—75，花丝紫红色或白色，纤细，长约3厘米，花药椭圆形，丁字着生；子房卵形，无毛，花柱短，1室，胎座4，胚珠多数，子房柄纤细，长约35毫米。果未见。花期2—3月。

产普洱、勐海，生于海拔1100—1300米的干燥、光照较好的灌丛中。越南也有分布。

种子繁殖。育苗造林。

8.马槟榔（本草纲目、植物名实图考长编） 紫槟榔（群芳谱）、水槟榔、山槟榔（西畴）图231

Capparis masaikai Levl.（1914）

灌木或攀援藤本，长达8米。嫩枝、花序轴、花梗、萼片外面、叶下密被锈色短柔毛，花枝上常无刺，新生枝有刺，刺粗壮，外弯，叶椭圆形，长圆形至椭圆状披针形，厚纸质，长7—20厘米，宽3—9厘米，顶端钝，有时急尖或渐尖，基部宽楔形至近圆形，上面亮绿色，下面红褐色。侧脉6—10对，网脉两面不明显，全缘；叶柄粗壮，长10—20毫米。顶生圆锥花序，由多枝亚伞形花序组成，花序轴长10—20厘米，亚伞形花序有花3—8朵，总花梗长1—5厘米；花梗长10—15毫米，花白色，萼片卵形，长8—12毫米，内凹，外面2片革质，内面2片质薄，内面无毛，花瓣长圆形或倒卵形，长12—15毫米；雄蕊45—50，花丝纤细，白色，长约25毫米，花药椭圆形；子房淡黄绿色，卵形，花柱短，子房柄长2—3厘米，胎座（3）4，每胎座有胚珠7—9。果球形，绿色，干后紫红褐色，长4—6厘米，径4—5厘米，表面有4—8条纵行鸡冠状高3—6毫米的肋棱，果柄及子房柄木质化增粗，果顶端有

图236 荚蒾叶山柑 *Capparis viburnifolia* Gagnep 花枝

长10—15毫米的喙，种子10余枚。花期5—6月，果期11—12月。

产文山、西畴、富宁、屏边，生于海拔1000—1600米的沟谷山坡常绿阔叶密林中；广西（南丹、都安、南宁一线以西地区），贵州南部亦产。

本种与苦子马槟榔（*Capparis yunnanensis* Craib et W. W.Smith）相近，果实大小相似，但苦子马槟榔果实平滑，干后黄褐色，不具助棱，顶端无明显的喙，种子有微毒，不可入药。

种子繁殖。及时清除果肉洗净阴干，混沙贮藏或随采随播。注意水肥管理，必要时适当遮阴。

种子入药，为"上清丸"的主要原料。种仁嚼之先有苦涩味，稍后即有持久性回甜感，为常用中药，主治喉炎，助消化，可醒酒。

42.远志科 POLYGALACEAE

草本或灌木，稀小乔木。单叶互生、对生或轮生（我国不产），通常无托叶，若有，则为棘刺状或鳞片状（我国不产）。花序为顶生或腋生的总状花序、穗状花序或圆锥花序，具苞片或小苞片。花两性，两侧对称；萼片5，分离，稀合生，里面2枚常较大，花瓣状；花瓣5，稀全部发育，常仅3枚发育，基部常合生，正中1枚常内凹，呈龙骨瓣状，通常具鸡冠状附属物；雄蕊4—8，通常仅为8，或7，5，4或3，花丝常常在中部联合成一开放的鞘，并与花瓣贴生；子房上位，5—2室，通常为2室，每室具1倒生下垂的胚珠，稀每室具多数胚珠，花柱单生，弯曲，柱头通常2，稀为单1的头状。果为蒴果、坚果或核果，具1—2粒种子；种子被毛或无，通常具种阜，胚乳有或无。

本科12属，约800种，广布于全世界，尤以热带和亚热带地区为最多。我国有4属，48种，南北均产之，而以西南和华南地区最盛。云南有3属29种，全省各地均有所分布。

分 属 检 索 表

1.攀援灌木；圆锥花序或总状花序顶生或腋生；子房1室，具胚珠1枚；翅果，不开裂 ………………………………………………………………… 1.蝉翼藤属 Securidaca

1.直立灌木或草本；总状花序或穗状花序顶生或腋生，稀为圆锥花序；子房2室，有胚珠2枚；蒴果，开裂 ……………………………………………2.远志属 Polygala

1. 蝉翼藤属 Securidaca L.

攀援灌木。单叶互生，托叶有或无。总状花序或圆锥花序顶生或腋生。花小，具苞片；萼片5，脱落，不等大，外面3枚小，里面2枚大，且呈花瓣状；花瓣3，侧生花瓣与龙骨瓣基部近合生或分离，龙骨瓣盔状，具鸡冠状附属物；雄蕊8，花丝中部以下生成鞘，并与花瓣贴生，花药内向，2室，斜孔开裂；子房1室，具1倒生胚珠，花柱镰刀形，弯曲，柱头短，分裂或否；花盘常肾形。果通常为翅果，具1种子，翅长圆形至菱状长圆形，革质；种子近圆形，外种皮膜质，无胚乳及种阜。

本属约43种，主产热带美洲，少数种分布于热带亚洲和非洲。我国产2种，分布于云南、广东和广西。

分 种 检 索 表

1.花序较小，长5—11厘米，花少；果核较大，径12—16毫米，具短而宽的翅及翅状物；叶柄基部两侧具无柄蕈状腺体 ……………………… 1.瑶山蝉翼藤 S. yaoshanensis

1.花序大，长13—15厘米，花多而密；果核小，径7—15毫米，仅具长翅而无翅状物；叶柄基部两侧无蕈状腺体 ………………………………… 2.蝉翼藤 S. inappendiculata

1.瑶山蝉翼藤　图237

Securidaca yaoshanensis Hao（1936）

攀援灌木，高2—3米。腋芽及小枝被淡黄色极短细伏毛。叶互生，叶厚，纸质或革质，卵状长圆形，长5—10厘米，宽3.5—5厘米，先端渐尖，基部圆形，全缘，微外卷，上面深绿色，光滑无毛；下面淡绿色，无毛或疏被细伏毛，中脉上面具槽，下面隆起，侧脉5—7对，细脉网状；叶柄长4—7毫米，疏被细伏毛，基部两侧具无柄覃状腺体。圆锥花序顶生或腋生；长5—11厘米，被细伏毛，花梗长1—1.4厘米，无毛；具三角状钻形小苞片3；萼片5，具缘毛，外面3枚小，卵形，长3毫米，里面2枚花瓣状，近圆形，宽5毫米；花瓣3，枣红色，中下部合生，龙骨瓣较侧生花瓣长，长6毫米，具鸡冠状附属物；雄蕊8，花丝2/3以下合生，且与花瓣贴生，花药卵形；子房卵状长圆形，长1.5毫米，1室，具1枚胚珠，柱头头状，微裂。翅果，果核近球形，径12—16毫米，果皮坚硬不裂，具网纹，翅革质，长圆形或近菱形，长5—6厘米，宽1.6—2厘米，具多数弧形脉；种子近球形，径8—16毫米。花期6月，果期10月。

产西畴、马关，生于海拔1000—1500米的林中；也分布广西瑶山。

种子繁殖。

花枣红色，熟时似黄蝉，有观赏价值。

2.蝉翼藤　蝉翼木、丢了棒（广西玉林）图237

Securidaca inappendicalata Hassk.（1848）

S. tavoyana Wall.（1831）

攀援灌木，长达6米。小枝被紧贴细伏毛。叶纸质或近革质，椭圆形或倒卵状长圆形，长7—12厘米，宽3—6厘米，先端急尖，基部钝至近圆形，全缘，上面深绿色，无毛或被紧贴短伏毛，下面淡绿色，被紧贴短伏毛，侧脉10—12对，于边缘处网结，第三次脉网状；叶柄被短伏毛，长5—8毫米。圆锥花序顶生或腋生，长13—15厘米，被淡黄褐色短伏毛；苞片微小，早落；花小，萼片5，外面3枚小，长约2毫米，里面2枚花瓣状，长7毫米；花瓣3，淡紫红色，基部合生，侧生花瓣倒三角形，长5毫米，龙骨瓣近圆形，长8毫米，鸡冠状附属物兜状；雄蕊8，花丝2/3以下合生，并与花瓣贴生，花药卵形；子房近圆形，径约1毫米，花柱偏于一侧。果核球形，径7—15毫米，果皮具脉纹，翅革质，近长圆形，长6—8厘米，宽1.5—2厘米，先端钝；种子卵形，径7毫米，淡黄褐色。花期5—8月，果期10—12月。

产景洪、勐海、勐腊，生于海拔500—1100米的密林中；分布于广东、广西；印度、缅甸、越南、印度尼西亚和马来西亚也有。

本种之根皮入药，可治疗风湿性关节炎，疗效甚好；茎皮纤维坚韧，可作麻类代用品和人造棉及造纸原料。

图237 蝉翼藤与瑶山蝉翼藤

1—6.蝉翼藤 *Securidaca inappendiealata* Hassk：

1.花枝　2.叶背一部分（示毛被）　3.花　4.雄蕊　5.雌蕊

7—9.瑶山蝉翼藤 *S. yaoshanensis* Hao：

7.果枝　8.花　9.雌蕊

2. 远志属 Polygala L.

一年生或多年生草本、灌木或小乔木。单叶互生，稀对生或轮生，叶片纸质或革质，全缘。总状花序顶生、腋生或腋外生；花两性，左右对称，具小苞片2；萼片5，不等大，宿存或脱落，2轮，外面3枚小，里面2枚大，呈花瓣状，花瓣3，中下部联合，中间的1枚呈龙骨瓣状，顶端具各式各样的鸡冠状附属物；雄蕊8，花丝通常连合成一侧开放的鞘，并与花瓣中下部贴生，花药基底着生，1或2室，顶孔开裂；花盘环状或无；子房上位，2室，侧扁，每室具1下垂倒生胚珠，花柱直立或弯曲，柱头各式。蒴果，两侧压扁，具翅或无，有种子2；种子卵形、圆形或倒卵状楔形，黑色，被柔毛，具种阜。

本属约500种，广布于全世界，我国有41种，分布于全国各地，而以西南和华南地区最多。

分 种 检 索 表

1.蒴果楔形或倒卵状楔形；种子卵形，无种阜，密被长达5毫米以上的长柔毛；叶常聚生于枝顶；总状花序数个聚生于枝顶端数个叶腋内；龙骨瓣具盾状或兜状附属物。

  2.整个花序集成伞房状或圆锥状花序；花小，长5（—8）毫米鸡冠状附属物盾状；果长8毫米 ································ 1.尾叶远志 P.caudata

  2. 2—5个花序簇生于枝顶数个叶腋内，不为伞房状或圆锥花序状；花大，长12—20毫米，鸡冠状附属物兜状；果大，长10—14毫米 ····························

    ······················· 2.长毛远志 P. wattersii

1.蒴果圆形或肾形；种子圆形，具种阜，无毛或疏被短柔毛；叶均匀地排列于枝上；总状花序腋生或腋外生，稀为圆锥花序；龙骨瓣具条裂的鸡冠状附属物。

  3.攀援状灌木；圆锥花序顶生 ····················· 3.红花远志 P. tricholopha

  3.直立灌木或小乔木；总状花序顶生或腋外生。

    4.蒴果双生；种子往往仅1粒发育，圆形，无毛；叶无毛，披针形至椭圆状披针形 ···

    ···················· 4.少籽远志 P.oligosperma

    4.蒴果单生，种子2粒均发育成熟；叶两面均被短柔毛，或沿脉被短柔毛椭圆形，倒卵形或椭圆状披针形。

      5.小枝被平展的长柔毛；鸡冠状附属物具柄 ············· 5.黄花倒水莲 Polygala fallax

      5.小枝无毛或被短柔毛；鸡冠状附属物无柄。

        6.鸡冠状附属物扇形，浅裂，常呈席卷状小球 ············· 6.球冠远志 P.globulifera

        6.鸡冠状附属物条状，不为席卷状球形。

          7.总状花序顶生，花密；侧生花瓣内侧基部具1束白色柔毛；叶倒卵形，长24—32厘米，宽1—10厘米 ············· 7.髯毛远志 P. barbellata

          7.总状花序与叶对生；侧生花瓣内侧基部无毛；叶椭圆形、长圆状椭圆形，长6.5—14厘米，宽2—2.5厘米 ············· 8.荷包山桂花 P. arillata

1.尾叶远志　图238

Polygala caudata Rehd. et Wils.（1914）

灌木，高1—3米。幼枝被黄色短柔毛，后变无毛。叶密集地排列于枝顶，叶片革质，长圆形至倒披针形，长3—12厘米，宽1—3厘米，先端尾状渐尖，基部渐狭至楔形，全缘，微波状，上面深绿色，下面淡绿色，中脉上面凹陷，下面隆起，侧脉7—12对，于边缘处网结；叶柄长5—10毫米，具槽。总状花序顶生，常数个密集成伞房状或圆锥花序式，长2.5—5（7）厘米，被紧贴短柔毛；花白色，黄色至紫色，长5（8）毫米；具三角状卵形苞片3，早落；萼片5，外面3枚小，里面2枚大，花瓣状，长4.5（—6）毫米；花瓣3，3/4以下合生，龙骨瓣长5毫米，具盾状鸡冠状附属物；雄蕊8，花丝3/4以下合生，花药卵形；子房倒卵形，径约0.8毫米，基部具杯状花盘，花柱弯曲；蒴果长圆状倒卵形，长8毫米，先端微凹，边缘具狭翅；种子广椭圆形，棕黑色，密被红褐色长柔毛，无种阜。花期11月至翌年5月，果期5—11月。

产西畴、马关、麻栗坡、广南、富宁、蒙自、屏边、昭通，生于海拔1000—1800（2100）米的石灰山林下；分布于湖北、四川、贵州、广西和广东。模式标本采自云南蒙自。

种子阴干后混沙贮藏，条播育苗。

含酸性苷—远志皂苷，供药用，对神经衰弱，健忘，失眠、支气管炎等有疗效。叶翠绿，花美丽；可做园林观赏植物。

2.长毛远志（中国高等植物图鉴）　大毛籽黄山桂（云南种子植物名录）、西南远志（广西植物名录）图238

Polygala wattersii Hance（1881）

灌木或小乔木，高1—4米。幼枝被腺毛状短细毛。叶螺旋状密集地排列于枝顶部，叶片革质，椭圆形，椭圆状披针形或倒披针形，长4—10厘米，宽1.5—3厘米，先端渐尖至尾状渐尖，基部渐狭至楔形，全缘，上面绿色，下面淡绿色，中脉上面凹陷，下面隆起，侧脉8—9对，于边缘处网结；叶柄长6毫米，具槽。总状花序2—5个簇生于小枝近顶端的数个叶腋内，长3—7厘米，被白色腺状短细毛；花大，黄色或先端带淡红色，稀白色或紫色；具苞片3，早落；萼片5，早落，外面3枚小，长2—3毫米，内面2枚花瓣状，斜倒卵形，长13毫米；花瓣3，3/4以下合生，侧瓣较龙骨瓣短，长14毫米，龙骨瓣具2兜形鸡冠状附属物；雄蕊8，花丝长15毫米，3/4以下合生，并与花瓣贴生；子房倒卵形，径1.5毫米，基部具一高脚花盘，花柱细长。蒴果倒卵形或楔形，长10—14毫米，径6毫米，先端微凹，具短尖头，具狭翅；种子卵形，棕黑色，长约2毫米，径1.5毫米，被长达7毫米的长柔毛，无种阜。花期4—6月，果期5—7月。

产蒙自、屏边、盐津，生于海拔1000—1500（1700）米的石山阔叶林中或灌丛中；分布于西藏、四川、湖北、湖南、江西和广西等省区。

本种的根、叶入药，活血解毒，主治乳腺炎，跌打损伤。花黄色略带红色，美丽，可作园林观赏树种。

图238　志远（尾叶、长毛）

1—5.尾叶远志 *Polygala caudata* Rehd. et Wils：

1.花枝　2.花　3.花冠及雄蕊展开　4.雌蕊　5.种子

6—10.长毛远志 *P. wattersii* Hance：

6.花枝　7.花　8.花冠及雄蕊展开　9.雌蕊　10.种子

3.红花远志（海南植物志）图239

Polygala tricholopha Chodat（1893）

P . hasskarlii Merr. et Chun（1935）

攀援状灌木，高1.5—6米。叶互生，叶片纸质至近革质，长圆形、卵状或椭圆状长圆形，长6—8厘米，宽2.5—3厘米，先端渐尖，基部近圆形或略狭，全缘，上面亮绿色，下面灰白色，两面无毛，中脉上面凹陷，下面隆起，侧脉9—10对，弧曲，于边缘网结，细脉网状，明显；叶柄长5毫米。圆锥花序顶生，分枝广展或下垂，被短柔毛；花长15毫米；萼片5，具缘毛，花后脱落，外面3枚小，不等大，里面2枚大，花瓣状，紫红色，长15毫米，宽8毫米；花瓣3，黄色，2/3以下合生，侧生花瓣内侧具1簇白色柔毛，龙骨瓣兜状，具1有柄的鸡冠状附属物；雄蕊8，长约10毫米；3/5以下合生，并贴生于花瓣上，花药卵形；子房卵形，径2毫米，具狭翅及缘毛，花柱长8毫米，顶端2裂；花盘环状。蒴果宽椭圆形至肾形，长8毫米，宽14毫米，具宽翅，顶端微缺，具喙状短尖，果爿具半圆形细肋；种子圆形，黑色，具种阜。花期7—8月，果期8—9月。

产瑞丽，生于海拔1300—1700米的丛林中；分布于广东、海南；尼泊尔、印度亦有。

本种是我国产远志属中唯一的攀援状灌木，圆锥花序大而顶生，内萼片紫红色，花瓣黄色，展开似蝴蝶，可供园林栽培树种。

4.少籽远志（云南植物志）图240

Polygala oligosperma C. Y. Wu（1980）

灌木，高4米。小枝圆柱形，无毛。叶互生，叶片纸质，披针形至椭圆状披针形，长16—19厘米，宽4—5厘米，先端渐尖，基部钝至圆形，全缘，中脉上面具槽，下面隆起，侧脉9—12对，上举，于边缘处网结，细脉网状；叶柄具槽，长1厘米，被短柔毛。总状花序顶生或腋外生，无毛，果时长13—14厘米，下垂。蒴果双生，紫红色，肾形，长9毫米，宽11毫米，具宽翅，先端微凹，基部具盘状环，果瓣具绉条纹，仅1枚种子发育成熟；种子圆形，黑色，无毛，具盔状种阜。果期3月。

产勐海，生于海拔1300米的疏林阴湿处，路旁。模式标本采自勐海南糯山。

本种与黄花倒水莲*P. fallax* Hemsl.相似，但叶及花序无毛，蒴果双生，具宽翅，仅1枚种子发育成熟，种子无毛，不同于后者。

果紫红色，着生于下垂果序上，可栽培为园林观果植物。

5.黄花倒水莲

Polygala fallax Hemsl.（1886）

产西双版纳、马关、西畴、富宁；广东、广西、福建、湖南、江西等省区也有。

6.球冠远志

Polygala globulifera Dunn.（1903）

产西双版纳、普洱、景东和镇康等地，生于海拔1000—1500米的山坡疏林中。

7.髯毛远志（云南植物研究）   接骨丹（屏边）图240

Polygala barbellata S. K. Chen（1980）

灌木，高1.5米；小枝密被短绒毛。叶互生，叶片膜质，倒卵形，长24—32厘米，宽8.5—9.8厘米，先端渐尖，基部宽楔形，全缘，上面绿色，下面淡绿色，两面均被短柔毛，沿脉更密，侧脉15—17对，上举，于边缘网结，细脉网状；叶柄密被短柔毛，长15毫米。总状花序顶生，长4.5—6厘米，密被短柔毛，花紧密地螺旋状排列于花序上，呈尖塔形；花黄红色，长14毫米；萼片5，具缘毛，外面3枚小，里面2枚花瓣状，长15毫米，宽7毫米；花瓣3，2/3以下合生，侧瓣长14毫米，里面基部具白毛1簇，龙骨瓣稍长，具条裂的附属物；雄蕊8，长14毫米，花药棒状；子房卵形，径约2.5毫米，具翅及缘毛，花柱顶端二唇形。蒴果宽卵形，径约1厘米，果爿具环状纵棱，具缘毛；种子褐色，圆形，径约4毫米，被短柔毛，具种阜。花期8月，果期11月。

产屏边，生于海拔1100米的疏林湿润处。模式标本采自屏边。

本种与球冠远志 *P. globulifera Dunn* 极近，但小枝、叶、叶柄及花序均密被短柔毛，侧生花瓣内面基部具簇毛，鸡冠状附属物条裂，不为席卷状小球。

种子繁殖为主。本种之根，民间煮水内服，治腰痛。

花黄红色，颇为美观，可作园林观赏植物。

8.荷包山桂花（中国高等植物图鉴补编）   黄花远志（中国高等植物图鉴）、鸡肚子根、小荷包、桂花岩陀、吊吊果、鸡根   图239

Polygala arillata Buch-Ham ex D. Don（1824）

灌木或小乔木，高1—5米。小枝密被短柔毛；芽密被黄褐色毡毛。叶片纸质，椭圆形，长圆状椭圆形或长圆状披针形，长6.5—14厘米，宽2—2.5厘米，先端渐尖，基部楔形或钝圆，全缘，具缘毛，两面幼时有毛，后变无毛，侧脉5—6对，细脉网状；叶柄被短柔毛，长约1厘米。总状花序与叶对生，密被短柔毛，长7—10厘米，果时延长至25（30）厘米；花梗长3毫米：小苞片1，三角状渐尖，萼片5，不等大，外面3枚小，里面2枚花瓣状，红紫色，长15—18毫米；花瓣3，肥厚，黄色，长11—15毫米，2/3以下合生，龙骨瓣具丰富的条裂鸡冠状附属物；雄蕊8，长14毫米；子房圆形，径3毫米，压扁，具狭翅及缘毛，花盘肉质。果实肾形或略心形，浆果状，宽13毫米，长10毫米，成熟时紫色，先端微缺具短尖头，边缘具狭翅及缘毛，果瓣具同心环状棱；种子棕红色，圆形，径4毫米，被极疏短柔毛，种阜跨褶状。花期5—10月，果期6—11月。

产昆明、洱源、大理、丽江等地，生于海拔（700）1000—2800（3000）米的林下和林缘；分布于四川、贵州、广西、陕西、湖北、江西、安徽等省区；尼泊尔、印度、缅甸、越南也有。

本种根皮入药，有清热解毒、祛风除湿，补虚消肿的功效。用于风湿疼痛、跌打损伤、肺痨水肿、小儿惊风、急慢性胃肠炎、肝炎、肺炎、泌尿系统感染、乳腺炎、百日咳、上呼吸道感染、支气管炎等症。花美丽，可作园林观赏植物。

图239 红花远志与荷包山桂花

1—4.红花远志 *Polygala tricholopha* Chodat：

1.花枝　2.花　3.花冠展开　4.雌蕊

5—9.荷包山桂花 *P.arillata* Buch-Ham et D. Don：

5.花枝　6.花　7.花冠及雄蕊展开　8.内萼片　9.雌蕊

图240 远志（少籽、髯毛）

1—3.少籽远志 *Polygala oligosperma* C. Y. Wu：

1.果枝 2.果 3.种子

4—8.髯毛远志 *P. barbellata* S. K. Chen：

4.花枝 5.花 6.上外萼片 7.侧外萼片 8.内萼片

42a.黄叶树科 XANTHOPHYLLACEAE

乔木或灌木。单叶互生，革质，全缘，干时常呈黄绿色；托叶缺。总状花序或圆锥花序顶生或腋生；花两性，具短梗，两侧对称，具小苞片；萼片5，覆瓦状排列，不等大，里面的2枚稍长；花瓣5或4，稍不等大，覆瓦状排列，有时具爪，内面最下的1枚折叠（呈盔状），似龙骨状，但不具鸡冠状；附属体；雄蕊8，花丝分离或2—4枚生于子房之下，其余者贴生于花瓣基部，多少膨大并被短柔毛，花药内向，基部常有毛；花盘环状，肉质，短于子房；子房上位，心皮2枚合生，具柄，1室，无毛或有毛，侧膜胎座，有二至多数倒生胚珠，花柱1，丝状，柱头头状，2浅裂；核果，球形，纤维状肉质或干燥，不裂，有种子1枚；种子具膜质种皮，无胚乳，也无种阜。

本科1属，约60余种，分布于印度、马来西亚、印度尼西亚、澳洲。我国有3种，分布于广东、广西、云南和西藏。云南有3种，分布于西双版纳。

黄叶树属 Xanthophyllum Roxb.

特征同科。

分 种 检 索 表

1.灌木至乔木状；叶片厚纸质，椭圆形，先端具长达3厘米的尾状渐尖 ························
···································· 1.少黄花叶树 X. oliganthum
1.乔木。叶片革质，线状披针形或披针，形至长圆状披针形，先端不具尾状长渐尖。
　2.腋芽2，重叠；叶片线状披针形，长8—15厘米，宽1.8—3.5厘米；总状花序腋生，长2.5—3.4厘米 ····························· 2.云南黄叶树 X. yunnanense
　2.腋芽1；叶片披针形或长圆状披针形，长10—23.5厘米；宽2.5—6.5厘米；总状花序或圆锥花序顶生或腋生，长15厘米，多分枝 ································
···································· 3.泰国黄叶树 X. siamense

1.少花黄叶树（云南植物研究）图241

Xanthophyllum oliganthum C. Y. Wu ex S. K. Chen（1980）

灌木至小乔木，高达4米；小枝细，无毛。叶片厚纸质，椭圆形，长11—14厘米，宽2.5—5厘米，先端具长达3厘米的尾状渐尖，基部楔形，全缘，干时微波状，两面无毛，主脉在两面突起，侧脉6—7对，直伸，于边缘网结，第三次脉平行，细脉网状；叶柄长5毫米，圆柱形。总状花序或圆锥花序顶生或腋生，长4厘米左右，具少数花，总花梗及花梗被白色柔毛；萼片5，外面2枚近圆形，径约5毫米，被柔毛，里面3枚长圆形，长约6毫米，宽5毫米，被柔毛及缘毛；花瓣5，分离，黄白色几等长，长1—1.2厘米，龙骨瓣被白色柔毛；雄蕊8，5枚基部各与1花瓣贴生，余3枚分离，花丝下部膨大，且具柔毛，花药卵状箭头形，基部略叉开；子房卵形，径1.5—2毫米，无毛，具柄，柄长1毫米，花柱长9毫米，密被黄白色柔毛，柱头微裂；花盘盘状。核果球形，径2—3厘米，绿色；种子扁球形，径1.6厘米，深蓝绿色。子叶肥厚，无胚乳。花期4—5月，果期9—10月。

产河口、屏边，生于海拔170—320米的山谷常绿阔叶林中和竹木混交林中。

种子繁殖，育苗造林。随采随播或混沙贮藏。

树姿优美，枝、叶茂密，花黄白色，可作园林观赏植物。

2.云南黄叶树（云南植物研究）图242

Xanthophyllum yunnanense C. Y. Wu ex S. K. Chen（1980）

乔木，高达15米，胸径达38厘米。小枝纤细，暗黄色混有白色，粗糙无毛。腋芽2枚，重叠。叶片革质，线状披针形，长8—15厘米，宽1.8—3.5厘米，先端渐尖，基部楔形，全缘，干时边缘略呈微波状，上面绿色，下向粉绿色，两面无毛，主脉黄色，下面隆起，侧脉7—8对，下面突起，弧曲上升，于边缘处网结，细脉网状；叶柄长6—10毫米，黄褐色，上面具槽。总状花序腋生，密被黄色短柔毛。果序长2.5—3.4厘米，密被淡黄褐色绒毛；果柄短粗，长约5毫米，被淡黄色绒毛；果球形，绿色，直径约2厘米，无毛；种子圆形，黑色，子叶肥厚。果期7—9月。

产景洪、勐海，生于海拔1800—1950米的混交林中。模式标本采自勐海。

木材坚重，结构细，加工性能良好，可作房屋建筑，室内装修等用材。

3.泰国黄叶树　麦瓜都（景洪）、山龙眼（金平）图242

Xanthophyllum siamense Craib（1922）

乔木，高达32米，胸径达35厘米；树皮灰色，木栓层厚。小枝细，具棱，被黄色短绒毛。单叶互生，叶片革质，披针形或长圆状披针形，长10—23.5厘米，宽2.5—6.5厘米，先端渐尖，基部楔形，全缘或呈波状，上面亮绿黄色，下面淡绿色，两面均无毛，主脉下面突起，侧脉6—8对，直伸，于边缘处网结，细脉网状；叶柄具槽，长1厘米，深黄褐色。圆锥花序或总状花序顶生或腋生，前者常多分枝，长15厘米，顶生与侧生分枝常等长，密被黄色短绒毛，总花梗常侧扁，长约9厘米，花梗长6毫米；小苞片1枚，三角状钻形，长约1毫米，密被黄色短绒毛；花常近对生、假轮生；萼片5，外面2枚卵形或椭圆状卵形，长约2.5毫米，宽1.8—2.25毫米，先端渐尖，两面均被短绒毛，里面3枚倒卵状椭圆形或椭圆形，长3.5毫米，宽2.75毫米，外面贴生短绒毛，具缘毛；花瓣5，白色，长6—7毫米，龙骨瓣较短，背面被疏绒毛；雄蕊7，长5—7毫米，花丝基部与花瓣贴生，膨大，且被长柔毛，花药箭头状卵形，长约0.8毫米；子房上位，近球形，径1.5毫米，具柄，柄肥厚，光滑，长1毫米，花柱被长柔毛，长6毫米，柱头微裂；花盘环状，径1.5—2毫米。核果球形，径1.8厘米。花期3—4月，果期5—6月。

产景洪、勐海、河口、屏边，生于海拔500—2000米的潮湿密林中；泰国、老挝、柬埔寨也有。

种子繁殖，育苗造林。

木材硬重，刨面光滑，结构细，纹理直，为室内装修家具等用材。

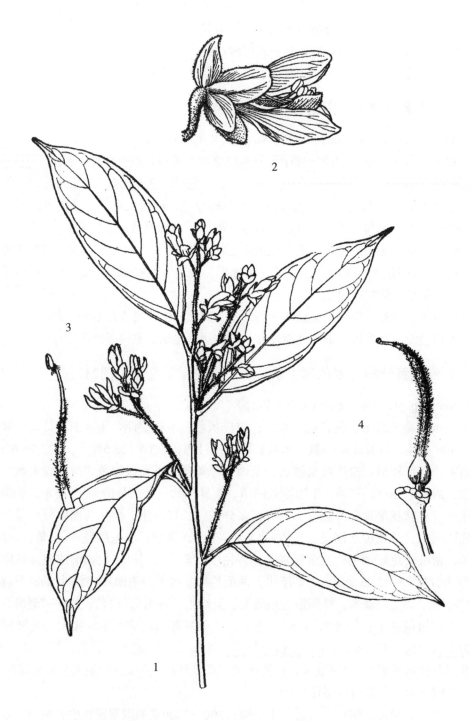

图241 少花黄叶树 *Xanthophyllum oliganthum* C.Y.Wu ex S.K.Chen
1.花枝   2.花   3.离生雄蕊   4.雌蕊

图242 黄叶树（云南、泰国）

1—2.云南黄叶树 *Xanthophyllum yunnanense* C. Y. Wu ex S. K. Chen：

1.叶枝　　2.果

3—4.泰国黄叶树 *Xanthophyllum siamense* Craib：

3.花枝　　4.花

72.千屈菜科 LYTHRACEAE

　　草本，灌木或乔木。枝常具四棱。单叶对生，少互生或轮生，全缘，托叶极小或无。花两性，通常辐射对称，很少左右对称，排成顶生的总状花序，大圆锥花序或腋生的圆锥花序、二歧聚伞花序，花萼下部常连合成管，顶端3—8裂，镊合状排列；花瓣与花萼裂片同数，着生于花萼管之顶端，很少无花瓣；雄蕊通常为花瓣的倍数，花丝长短不等，花药2室，纵裂；子房上位，无柄或具短柄，2—6室，稀1室，每室具2至多数胚珠，着生于中轴胎座，花柱通常细长，单生，柱头头状，稀2浅裂。蒴果各式开裂或不开裂，种子多数，无胚乳。

　　本科约25属550种，广泛分布于热带和亚热带地区，少数分布于温带。我国有9属，约48种，广布于各地，但以南部和西南部为多。云南有6属20种，其中引种栽培1属4种，主产滇南。本书记载1属6种。

紫薇属 Lagerstroemia L.

　　落叶或常绿，灌木或乔木。叶对生、近对生或上部互生，革质，全缘；托叶极小。花两性，辐射对称，常艳丽，组成顶生或腋生的圆锥花序；花梗在小苞片着生处具节；花萼半球形或陀螺形，通常具棱或棱增宽成翅，萼裂片5—8；花瓣与萼裂片同数，具爪，边缘波状或有皱纹；雄蕊6—200，着生于萼管近基部；子房3—6室，每室有胚珠多数，花柱比雄蕊长，柱头头状。蒴果木质，基部为宿存萼筒包围，室背开裂为3—6瓣；种子多数，稀少数，具翅。

　　本属约53种，分布于东南亚及大洋洲北部。我国有12种，主要分布西藏东南部至长江以南各省区及台湾。云南产6种，引种栽培3种，全省均有分布。

分 种 检 索 表

1.叶两面均无毛或仅下面叶脉被微柔毛；嫩枝四棱形。
　　2.叶下面网状脉明显；叶柄长1—1.5厘米 ·····················1.居间紫薇 L. intermedia
　　2.叶下面网状脉不明显，叶柄长不及1厘米。
　　　　3.叶长8—15厘米，宽3.5—6厘米；萼齿间有角耳状附属体····························
　　　　··2.美毛紫薇 L. venusta
　　　　3.叶长2—7厘米，宽1.5—3.5厘米；萼齿无角耳状附属体。
　　　　　　4.叶倒卵形，基部楔形；蒴果6瓣裂 ·····················3.紫薇 L. indica
　　　　　　4.叶卵形，基部圆形；蒴果3—4瓣裂 ·····················4.小花紫薇 L. parviflora
1.叶两面被毛；嫩枝不明显四棱形或圆柱形。
　　5.叶下面密被淡黄色绒毛；蒴果6瓣裂 ·····················5.绒毛紫薇 L. tomentosa
　　5.叶下面被灰白色长柔毛；蒴果3瓣裂 ·····················6.长毛紫薇 L. villosa

1.居间紫薇　图243

Lagerstroemia intermedia Koehne（1903）

乔木；树皮灰褐色，浅纵裂，不规则块状脱落。枝圆柱形，节间较短。叶近对生，上部互生，宽椭圆形或卵状椭圆形，长8—17厘米，宽4.5—7厘米，基部钝尖或狭楔形，两面均无毛，下面淡白色；侧脉5—9对，于下面凸起，网状脉显著；叶柄长1—1.5厘米。圆锥花序顶生，长8—17厘米，花梗被短绒毛，长约1.2厘米；花芽近球形，顶端无细尖头，中部有6枚短圆齿；花紫红色，萼筒长约14毫米，有纵棱12条，密被黄褐色短绒毛，裂片窄三角形，开展，长约为萼筒的1/2，或近相等；花瓣6，近圆形或长圆形，顶端微凹，边缘浅波状，长约2厘米，爪长约5毫米；雄蕊约130枚，着生于萼筒中下部，排成2—3列；子房6室。蒴果椭圆形，长2.5—3.5厘米，径约2厘米，6瓣裂，果瓣厚木质；萼筒木质化增厚，反卷；种子多数，连翅长1—1.5厘米。花期5—6月，果期10—11月。

产澜沧、耿马、沧源、普洱、西双版纳等地，生于海拔600—1500米处；缅甸也有。

阳性树种，在土层深厚的冲积沙壤土上可长成大乔木。次生林中常与绒毛紫薇、白花羊蹄甲、劲直刺桐、羽叶楸、印度栲、截果石栎、缅漆、布渣叶、一担柴、大果山香橼、菲岛桐等混生；林下天然更新较差，但萌发力强，可以分蘖繁殖。种子繁殖，随采随播或翌年3—4月育苗均可；一年生苗可用于造林。

木材略重，心边材明显，心材黄褐色至浅褐色，边材白色，质量中等，木工性能优良，刨削后光滑，易干燥，抗虫、耐腐；可作建筑、室内装修用材。树形美观，可栽培作庭园观赏及行道绿化树。

2.美毛紫薇　图244

Lagerstroemia venusta Wall. ex Roxb.（1832）

落叶乔木，高达20米。嫩枝四棱形，无毛。叶近对生，革质，长椭圆形或卵状披针形，长8—15厘米，宽3.5—6厘米，顶端渐尖，基部近圆形或宽楔形，上面绿色，下面淡绿色，两面均无毛；侧脉8—40对，在边缘不明显网结；叶柄长约0.6—1.0厘米。圆锥花序顶生，稀腋生，长13—20厘米，密被绒毛，花紫红色，花萼密被淡白色绒毛，萼筒有纵棱6条，裂片6，微开展，长约4毫米，为萼筒之半或更长，萼齿间有6枚角耳状附属体，形似萼齿，呈假12裂；果时萼筒显著长于裂片，纵棱不明显；花瓣6，近圆形或长圆形，边缘浅波状，爪长1—2毫米；雄蕊着生于萼管基部；子房无毛。5室。蒴果圆形至长圆形，直径1—1.5厘米，熟时5瓣裂，果瓣硬革质；种子与翅长约1厘米。花期6—8月，果期11—12月。

产景洪、勐腊，生于海拔500—800米的低山次生疏林或密林中。缅甸有分布。

种子繁殖，春季播种。

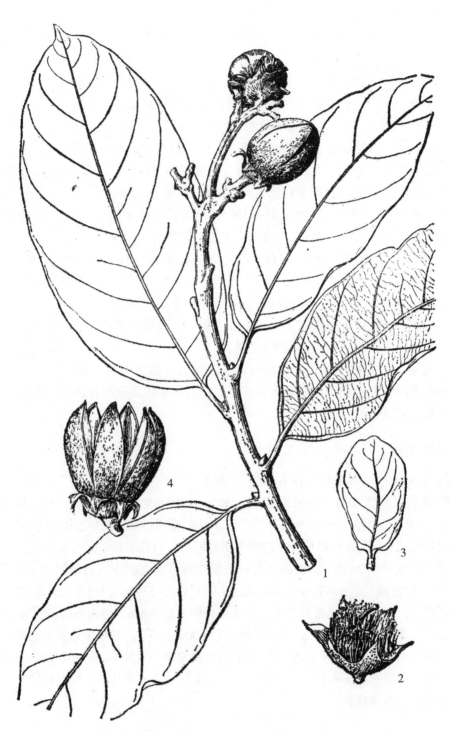

图243 居间紫薇 *Lagerstroemia intermedia* Koehne
1.果枝　　2.花（去瓣）　　3.花瓣　　4.果

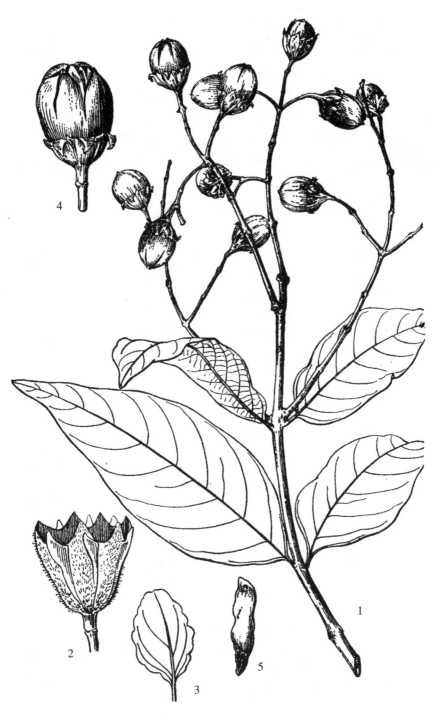

图244　美毛紫薇 *Lagerstroemia venusta* Wall. ex Roxb.
1.果枝　　2.花萼及附属体　　3.花瓣　　4.果　　5.种子

木材细致，刨面光滑，耐腐。可用于建筑、室内装修及制作文具等。花期长，树形优美，可栽培作庭院观赏和行道树。

3.紫薇　抓痒树（云南）图245

Lagerstroemia indica L.（1759）

灌木或小乔木，高达7米；树皮光滑，灰褐色。幼枝四棱形，具四纵翅。叶近革质，倒卵形或倒卵圆形，先端渐尖，圆钝或微凹，基部楔形，长2—6厘米，宽1.5—3厘米，全缘，两面均无毛。或下面灰白色，叶脉上稍被毛或秃净，侧脉5—7对，在两面均凸起，距边缘1—2毫米处网结，网状脉不明显；叶柄极短，长1—2毫米。顶生圆锥花序，花序长7—20厘米；花多种颜色，花萼6裂，裂片三角形，直立，长3—5毫米，为萼管之半；花瓣长12—20毫米，有皱纹，爪长5—7毫米；雄蕊36—42，5—6枚成束着生于萼管上，其中有6（4—7）枚特长；子房卵形，6室。蒴果近球形。6瓣裂，果瓣硬革质；种子和翅长约8毫米。花期6—8月，果期10—11月。

全省各地栽培，天然分布见于维西、剑川、峨山、砚山等地，生于山坡路旁疏林灌丛中；我国华东、华中、华南及西南均有；日本、朝鲜、越南、菲律宾至大洋洲东北部亦有。

阳性树种，喜温、耐旱、抗寒。

萌蘖力强，易于插条繁殖。于早春发叶前或5月份剪取10—12厘米长的健壮枝条扦插。播种繁殖可在春季2—3月间进行，需搭盖荫棚。

材质中等，木工性能良好，刨面光滑，耐腐性强，可作工艺细木工用材。叶、根活血调经，止血消炎，治月经不调、血崩、疥疮、黄疸等，外洗可治湿疹。树形美观，花期长、色彩鲜艳，是著名的庭园观赏树种。

4.小花紫薇　图246

Lagerstroemia parviflora Roxb.（1795）

落叶乔木，高达20米；树皮淡灰色至淡红色，呈窄长片状剥落。幼枝具四棱，后变为圆柱形，无毛或顶端被绒毛，节略膨大，有时小枝在节处成束状簇生；芽长1—1.5毫米。叶革质，对生，卵形或卵状椭圆形，长4—7厘米，宽2.5—3.5厘米，基部圆形，顶端短渐尖，下面苍白，几无毛，网脉不明显；上面深绿色，网脉明显，侧脉6—7对；叶柄长2—4毫米。总状花序腋生或顶生；花梗长3—7毫米；花萼6裂，裂片长约3毫米，为萼筒的1/3，果时萼筒无棱；花瓣白色，方形至圆形，稀宽卵形，长5—6毫米，爪长1—2毫米；雄蕊26—49，3—6枚成束着生于萼筒中；子房3—4室。蒴果黑色，长圆形，长15—20毫米，直径10—14毫米，3—4瓣裂，果瓣硬革质；种子连翅长8—12毫米。花期4—5月，果期9—10月。

产盈江，生于海拔300—500米的混交林中，斯里兰卡、印度、尼泊尔、勐加拉至印度尼西亚也有。

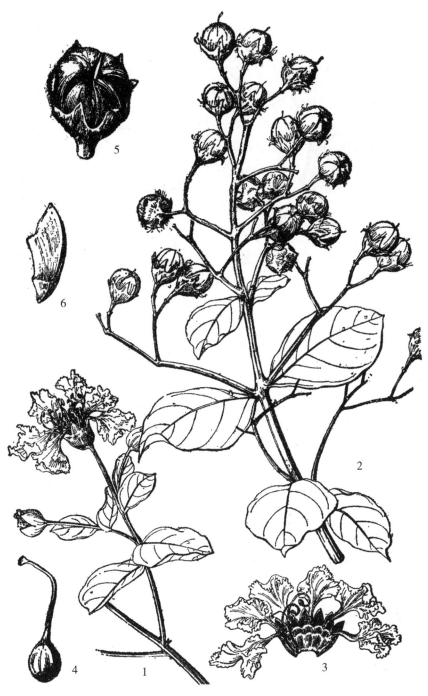

图245 紫薇 *Lager stroemia indiea* Linn
1.花枝　　2.果枝　　3.花一部（展开）　　4.雌蕊　　5.果　　6.种子

图246 小花紫薇 *Lagerstroemia parviflora* Roxb.

1.果枝　2.果的纵剖面　3.种子

喜光耐旱。种子繁殖，随采随播或翌年春播。

材质优良，耐腐性强，刨面光滑，为优良的室内装修、建筑及制作文具用材。

5.绒毛紫薇　图247

Lagerstroemia tomentosa Presl.（1844）

落叶乔木，高达30米。幼枝微四棱形，密被淡黄色绒毛，后渐脱落。叶近革质，椭圆状披针形或卵状披针形，长8—17厘米，宽3.5—6厘米，顶端渐尖，基部钝或近圆形，两面均被淡黄色绒毛，幼叶下面被密毛，老叶较疏中脉上面凹陷，上面凸起，侧脉9—13对，网脉上面不明显，下面极明显；叶柄长5—8毫米。顶生圆锥花序长15—20厘米，密被淡黄色绒毛。萼钟状，有纵棱12条，密被淡黄色绒毛，内面无毛，裂片6，三角状，长约3毫米，为萼筒长的1/2，果时萼筒上有6条纵棱；花瓣6，近圆形，黄白色或粉红色，长约12毫米，爪纤细，长4—6毫米；雄蕊着生于萼筒基部，约25—70枚，5—8枚成束；子房6室，密被黄色绒毛，花柱纤细，长达15毫米。蒴果长圆形或椭圆形，长10—15毫米，成熟时黑色，6瓣裂；果瓣硬革质，无毛或仅顶端有疏黄绒毛；种子连翅长6—9毫米。花期4—5月，果期10—11月。

产普洱及西双版纳，生于海拔400—1000米的石灰岩山地季节雨林中，常与四数木、多花白头树、长叶榆、滇南朴、九层皮、槟榔青、毛麻楝等落叶树种伴生；缅甸、越南、老挝、泰国也有。

种子繁殖。

木材硬度中等，耐腐，可作建筑、室内装饰及其他细木工用材。树皮药用。

6.长毛紫薇　图248

Lagerstroemia villosa S. Kurz（1873）

落叶乔木，高达15米。嫩枝被柔毛，后无毛，圆柱形。叶近对生，长圆形或宽披针形，长2—11厘米，宽3.5—4厘米，基部钝或近圆形，顶端渐尖，革质，叶下面微白色，两面均被较长柔毛，下面较密。圆锥花序紧缩呈头状，顶生或侧生；花序梗长0.5—2厘米；花萼陀螺状，长约5毫米，有纵棱6条，被长柔毛，萼片开展，外弯；花瓣5—6，淡白色、披针形、全缘；雄蕊25—36，4—5枚成束着生于萼筒上，其中有6枚较长；子房3室。蒴果椭圆形，长1—1.8厘米，直径0.6—1厘米，3纵裂。花期6—7月，果期11—12月。

产勐海，生于海拔700—1000米的山地季风常绿阔叶林中，常与栲、木荷、润楠、楠木、石栎、黄杞、漆树等树种伴生；缅甸、泰国也有。

种子繁殖，翌年早春播种。

木材优良，可作工艺细木工用材。树形优美，可栽培作行道树。

图247 绒毛紫薇 *Lagerstroemia tomentosa* Presl.
1.果枝　　2.花（去部分花瓣）　　3.果　　4.种子

图248　长毛紫薇 *Lagerstroemia villosa* S. Kurz
1.果枝　2.叶背一部分　3.花外形　4.花瓣　5.果　6.种子

73.隐翼科 CRYPTERONIACEAE

乔木。叶对生，卵形，椭圆形或披针形，全缘；有柄，无托叶。穗状、总状圆锥花序，具多花；花杂性或雌雄异株，白色或绿色；雌强花，雄蕊隐缩在花萼内；雄强花，雌蕊隐缩在花萼内；苞片线形或披针形；花萼杯状或筒状，4—5浅裂，裂片镊合状排列，宿存，无花瓣；雄蕊4—5，着生于萼筒上，与萼片互生，药隔宽大，将药室分隔于两侧；子房上位，小球形，2室，胚珠多数，花柱长或短，柱头盘状或头状。果为蒴果，2瓣裂，种子有翅或无翅。无胚乳。

本科仅1属，产亚洲热带。

隐翼属 Crypteronia Bl.

形态特征同科。

本属约5种，分布于印度、马来西亚、菲律宾、柬埔寨、老挝、越南。我国有1种，产云南南部。

隐翼木（中国植物志） 隐翼（植物分类学报、中国高等植物图鉴）图249

Crypteronia paniculata Bl.（1826）

小乔木，高达14米，胸径可达50厘米。小枝圆柱形，无毛。叶对生，半革质，椭圆形或卵形，长7—13毫米，宽4—6毫米，先端短尾状渐尖或短渐尖，有时钝，基部楔形或钝，上面亮绿色，无毛或沿脉有疏毛，下面淡绿色无毛，中脉在上面凹下，下面凸起，侧脉约7对，弧形上弯，在边缘内部环结，在上面明显，下面凸起，细脉在下面明显呈网状，全缘；叶柄长4—7毫米，无毛。总状圆锥花序生于2或3年生枝的叶痕腋，长10—25厘米，径约8毫米，具多花，序轴有细柔毛；花杂性，苞片披针形，长约1毫米；花梗长约2毫米，有细毛，花萼杯状，5浅裂，裂片内弯，无花瓣；雄蕊5，与萼片互生，插生于萼筒上，花丝长约2.5毫米，药室侧生；子房上位，2室，球形，有细柔毛。径约2.5毫米，花柱短于子房或与子房近等长，柱头盘状，胚珠多数；蒴果，2瓣裂；种子椭圆形，一侧有翅。花期7—11月，果期8—12月。

产沧源、景洪、金平、屏边，生于海拔650—840米的阔叶林中；老挝、柬埔寨、越南、印度均有分布。

喜高温，多湿，终年无霜冻的气候环境，适生酸性至中性土壤。种子繁殖。属珍稀濒危树种。在研究植物区系方面具有一定价值，已列为国家三级保护植物，应在分布区内人工种植。深秋果熟，采摘后晾干，待蒴果开裂后取出种子，放在瓦盆内，置于通风、干燥处贮藏。早春条播，设凉棚遮阴。翌年春、夏，可出圃造林。

枝叶茂密，树形美观，可为庭园和城市绿化树种。

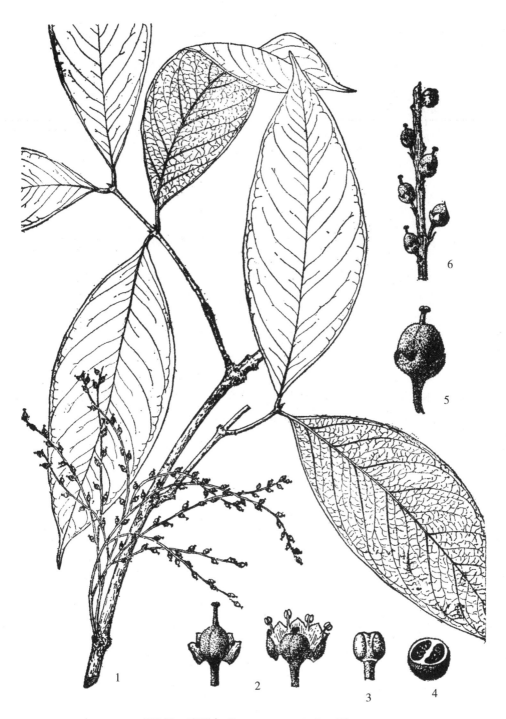

图249 隐翼木 *Crypteronia paniculata* Bl.

1.幼果枝　2.花　3.雄蕊　4.子房横切面　5.幼果　6.果序放大

74.海桑科 SONNERATIACEAE

灌木或乔木。叶对生，全缘，无托叶。花两性，辐射对称，顶生或腋生，单生或多朵排列成聚伞花序或伞房花序；布瓣4—8或缺；花萼4—8裂；雄蕊多数；子房半上位，4—多室；胚珠多数，生于中轴胎座上；花柱1，长而粗，柱头成头状。蒴果或浆果。

本科共2属8种。分布于亚洲和非洲热带，我国有2属4种，云南仅1属1种。

八宝树属 Duabanga Buch. Ham.

大乔木。小枝四棱形，下垂。叶对生，长椭圆形，全缘，基部心形或浑圆；花4—8基数，萼管开阔，与子房基部合生。蒴果球形4—9瓣裂，种子小，两端有尾。

本属共3种，分布于印度至马来西亚。我国云南产1种，海南岛引种1种。

八宝树（云南种子植物名录） 箐椿、毛老鹰树（西双版纳）、嗓管树、蚂蚁子树、暴发树（新平）、大平头树、平头春（临沧）、"埋过冬""埋非"（傣语）图250

Duabanga grandiflora（Roxb. ex DC.）Walp.（1843）

Lagerstroemda grandiflora Roxb. ex DC.（1826）

常绿大乔木，高达40米。枝螺旋状或轮状着生，平展，先端下垂，幼时四棱形，赤红色，皮孔明显。叶排成二列，长圆形或卵状长圆形，长12—25厘米，宽5—7厘米，柄短。圆锥花序，顶生，花5—6基数，直径约10厘米，花瓣白色。蒴果近球形，成熟时5—9瓣裂，萼片宿存。种子细小，数量极多，每果约三万粒。花期3—5月，果期5—7月。

产西双版纳、红河、文山、普洱、临沧等地区，产地海拔最高可达1700米，但以1000米以下较常见；常与团花，攀枝花、四数木、箭毒木、白背桐、川楝、千果榄仁、大叶白颜树等树种伴生；印度、尼泊尔、马来西亚、菲律宾也有。

为云南热带、亚热带的重要速生树种。10年左右，树高可达20米，胸径达30厘米以上，单株材积可达1立方米。萌生力也较强，一年生萌发条可达5米以上，故可采用萌蘖更新。有性繁殖，因种子细小，贮藏期短，宜于8月中旬随采随播；苗床土要细，播后细水浇灌，并适当遮阴。定植以3米×4米的株行距，每公顷1000株左右为宜。

散孔材，木材纹理直，结构轻软，强度低；心、边材差异很大，心材黄褐色至黑褐色，耐腐抗虫、材质优良，边材黄白色，易腐朽，抗虫力也差。10年生的木材，气干容重0.44克/立方厘米，静曲极限强度678千克/平方厘米，干缩及变形均为中等。可作建筑、一般家具、独木舟、渔网浮子、包装箱、火柴杆、胶合板、绝缘材料等用材。

图250 八宝树 *Duabanga grandiflora* (Roxb. ex DC) Walp.
1.幼果枝　　2.花　　3.除去花瓣花的纵切面

75.安石榴科 PUNICACEAE

落叶灌木或小乔木。小枝常为刺状，单叶对生，近对生或簇生，全缘，无托叶。花两性，或有单性雄花，1—5朵集生于枝顶或腋生；萼筒钟状或筒状，裂片5—7，肥厚、革质，镊合状排列，与子房贴生，高于子房；花瓣5—7，覆瓦状排列；雄蕊多数，着生于萼筒喉部周围，子房下位，胚珠多数。浆果球形，外果皮革质，厚，萼片宿存；种子多数，具胚乳。

本科1属2种，原产地中海一带。我国一属一种。云南栽培1种。

安石榴属 Punica L.

形态特征与科同。

石榴（通称）　安石榴（植物名实图考）图251

Punica granatum L.

灌木或小乔木，高达7米；树皮粗糙，黄褐色。小枝四棱形，无毛。叶对生或簇生，长圆形、长圆披外形或倒卵形，长2—8厘米，宽1—2厘米，先端急尖，中脉在下面凸起，全缘，上面有光泽，两面无毛；叶柄长5—7毫米，无托叶。花单生叶腋或生枝顶，具短梗，通常红色多皱；花丝细弱，着生于萼筒内壁上。浆果近球形，直径4—8厘米，果皮厚革质，萼片宿存；种子坚硬，有棱角，胚直立。花期5—6月，果期9—10月。

云南及全国各地均有栽培。原产阿富汗、伊朗、俄罗斯等中亚地区；汉时张骞出使西域，引入我国。

播种或扦插繁殖，压条、嫁接也可。插条苗，第三年开始结果，八至二十五年为盛果期，五十年后衰老。果实色泽艳丽，籽粒晶莹，味甘酸多汁，可食部分约占15%，其中碳水化合物17%，脂肪及蛋白质含量约6%，维生素C含量高于苹果或梨的1—2倍，此外还有磷、钙等成分，营养价值较高，除生食外也可制成果酒、果汁等清凉饮料。皮含单宁10%—32%，可供柔革及作棉、毛、丝、麻的染料用；各部位入药，根皮驱条虫，果皮止痢，花瓣止血，叶治眼病。有许多品种是庭园观赏树种，如植株矮小的月季石榴（p. g. nana），花大而艳丽的重瓣红石榴（p. g. pleniflora），重瓣白石榴（p. g. multiplex），花瓣有红、黄、白色条纹的玛瑙石榴（p. g. legrellei），以及花微白色的白石榴（p. g. albescens），花淡黄色的黄石榴（p. g. flavescens）等。

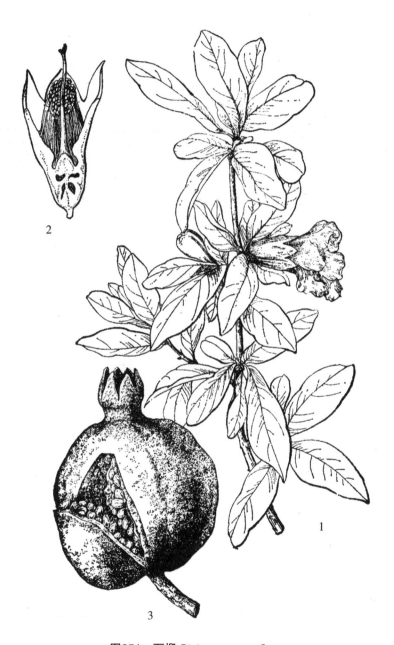

图251　石榴 *Pinica granatum* L.
1.花枝　　2.去花瓣后花的纵切面　　3.果

88.海桐花科 PITTOSPORACEAE

灌木或小乔木。单叶，互生或输生，多集中着生于小枝的顶端；无托叶。花两性，伞房花序或圆锥花序，稀单花；萼片5，分离或基部合生，花瓣5，分离，稀基部合生；雄蕊5，分生，花药2室，内向，直裂；子房上位，2—3室，稀4—5室，侧膜胎座，胚珠2至多数，有时嵌入树脂状分泌物中，花柱单生。蒴果2—3（4—5）裂，果片革质或木质；种子2至多数，具明显的红色假种皮。

本科9属约310余种，产亚洲、大洋洲热带或亚热带地区。我国1属，约44种。云南产27种、2变种。本书记载14种1变种。

海桐花属 Pittosporum Banks

果为室背开裂蒴果。其余特征同科。

分 种 检 索 表

1.蒴果通常3裂，稀4—5裂。
  2.叶顶端尖或渐尖；蒴果长陀螺形或长圆形。
    3.蒴果中部以上最宽，果瓣革质；珠柄细长扁平；种子大，长5—8毫米。
      4.叶长为宽的3倍以下，倒卵形或倒卵状长圆形，革质；子房光滑 ……………………
        …………………………………………………………………1.缝线海桐 P.perryanum
      4.叶长为宽的3倍以上；子房被毛。
        5.叶倒披针形，宽2—4厘米 …………………………………………………………
          …………………………………………………………………2.柄果海桐 P. podocarpum
        5.叶狭披针形，宽1—2厘米 …………………2a.狭叶柄果海桐 P. podocarpum var. angustatum
    3.蒴果中部最宽，果瓣木质；珠柄短而腺点状，通常嵌入树脂状分泌物中；种子小，不等大。
      6.种子6—12个，花瓣较短，基部连合成短管 ………………………………………………
        …………………………………………………………………3.木果海桐 P. xylocarpum
      6.种子39—45个，花瓣较长，长10—15毫米 ………… 4.皱叶海桐 P. crispulum
  2.叶顶端钝或微圆，有时微凹；子房被毛；蒴果卵圆形 ……………………………………
    …………………………………………………………………………5.海桐 P. tobira
1.蒴果2裂。
  7.花序为简单的伞形或伞房状总状花序。
    8.叶倒卵形，椭圆形或椭圆状卵形。

9.种子4枚；伞房状总状花序；叶倒卵状披针形，长5—12厘米 ……………………

…………………………………………………………… 6.四籽海桐 P. tonkinense

9.种子10—15枚；花序多花；叶倒卵状菱形，长3—9厘米，宽1.5—4厘米 …………

…………………………………………………………… 7.崖花树 P. truncatum

8.叶狭披针形，叶形多变，长20—80毫米，宽5—25毫米；子房被毛，胚珠5—8个 ……

…………………………………………………………… 8.异叶海桐 P. heterophyllum

7.花序多分枝，顶生；叶较大，长圆形，倒卵形或倒卵状椭圆形。

10.花序无总梗，由多枝小伞形花序排成复伞形花序。

11.叶倒卵状披针形或长圆形，长8—15厘米，宽2—6厘米，花序长3—4厘米。

12.种子7—10 ……………………………………… 9.短萼海桐 P. brevicalyx

12.种子16粒以上 ……………………………… 10.贡山海桐 P. johnstonianum

11.叶长圆形或椭圆形，长10—20（35）厘米，宽4—8厘米，花序长厘米，种子17—23

…………………………………………………… 11.大叶海桐 P. adaphniphylloides

10.花序有总梗，由多枝小伞房花序排成圆锥花序。

13.种子2—4（5）；胎座位于基底。

14.嫩枝无毛；叶宽3—8厘米；花序长6—10厘米 …………………………………

…………………………………………………………… 12.圆锥海桐 P. paniculiferum

14.嫩枝有毛；叶宽2—4.5厘米；花序长4—6厘米…………………………………

…………………………………………………………… 13.杨翠木 P. kerrii

13.种子5—8；胎座位于中部以下 …………………… 14.尼泊尔海桐 P. napaulense

1.缝线海桐（云南植物志）图252

Pittosporum perryanum Gowda（1951）

灌木，高达3米。叶革质，较大，倒卵圆形或倒卵状长圆形，长8—17厘米，宽4—6厘米，光滑无毛，顶端突短渐尖，基部楔形，侧脉及网脉明显，网眼较宽，干后呈现多数白色方格，全缘；叶柄长5—15毫米。花淡黄色，6—9朵排成顶生伞形花序，光滑无毛；子房无毛，柄长1—3毫米，腹缝线突起成3微棱，胎座3。蒴果绿色，长筒形，长2.5—3厘米或更长，3—4瓣裂，种子12枚以上，长6—7毫米，假种皮红色。花期3—4月，果期6—12月。

产屏边、西畴、砚山、马关、麻栗坡；生于海拔600—1300（—1800）米地区亚热带常绿阔叶林中；贵州（榕江、独山），广西、广东也有分布。

种子繁殖。待果实开裂后取出种子洗净阴干即可贮藏。育苗时用条播法，搭阴棚遮阴。果入药，治黄疸病。

2.柄果海桐（云南植物志）　寡鸡旦树（红河）图252

Pittosporum podocarpum Gagnep.（1939）

灌木，高达3米。叶薄革质，倒卵状披针形或长椭圆形，长6~14厘米，宽2—4厘米，顶端长渐尖或渐尖，基部楔形，侧脉及网脉上下两面均不明显，全缘；叶柄长5—10毫米。顶生伞形花序，无总梗，花梗长10—15（20）毫米，花淡黄色，2至数朵，花瓣倒披针形，长15—17毫米，花丝丝状，长约7毫米，花药黄色，长约2毫米；子房密被淡褐色柔毛，柄长5—8毫米，2—3心皮。蒴果绿黄色，3瓣裂，单生或2—3丛生，长椭圆形，长2—3厘米，径10—15毫米；种子大，红色，圆形，长6—7毫米；宿存花柱长4—5毫米，果柄长8—20毫米。花期4—5月，果期5—12月。

产昆明、嵩明、禄劝、双柏、新平、元江、景东、邱北、临沧、凤庆、宾川、漾濞、永平、鹤庆、龙陵、腾冲、陇川、屏边、蒙自、金平、文山、富宁、沾益、盐津（成凤山）、镇雄，生于海拔800—2700（3000）米的溪边、林下或灌丛中；四川（峨眉、峨边），贵州（毕节、普安）也有分布。

种子繁殖、育苗造林。

果入药，清热收敛，补虚弱，止咳喘，主治口渴，腹泻，病后精神不振，面皮黄瘦，四肢无力，头晕腹痛。

2a.狭叶柄果海桐（变种）图252

Pittosporum podocarpum Gagnep. var. angustatum Gowda（1951）

本变种近似柄果海桐，但叶为狭披针形，长8—16厘米，宽1—2厘米，革质，光滑无毛，子房被毛。

产蒙自、屏边、邱北、文山、广南、嵩明、新平、双柏、富民、元江、临沧、景东，沾益、镇雄、大关、彝良，生于海拔1400—2460米的山谷中、密林或疏林下；四川（峨边、屏山）、贵州（赤水、遵义）、广西、湖北、陕西、甘肃亦产；缅甸、印度也有。

根、皮、叶，果实入药，补虚弱、安神、清热定喘，治口渴，多年哮喘，神经衰弱，腮腺炎。

3.木果海桐（云南植物志） 广枝仁（药材名）图253

Pittosporum xylocarpum Hu et Wang（1943）

灌木或小乔木，高达7米。叶倒卵状披针形或卵状披针形，长10—15厘米，宽3—5厘米，先端突渐尖，基部狭楔形，侧脉11—15（17）对，全缘；叶柄长5—10毫米。伞房花序顶生，多花，花淡黄色，花瓣基部连合成短管；子房被毛，胎座2—3，每胎座有胚珠2—5。蒴果卵圆形，3瓣裂，长15—20毫米，果瓣木质，厚2毫米，种子6—12，长3—4毫米。花期4—5月，果期10—12月。

产镇雄，生于海拔1200米地区。四川（峨眉、屏山）重庆、贵州（毕节、遵义、湄潭）、湖南、安徽亦有分布。

种子繁殖。种子阴干后混沙贮藏。条播育苗。移植时，剪去部分枝叶。

种子入药，清热、生津止渴；根皮含生物碱、皂苷，补肺肾，祛风湿，通经活络。

4.皱叶海桐（云南植物志） 黄木（昭通）图256

Pittosporum crispulum Gagnep，（1908）

灌木或小乔木，高达3米。叶长圆形或长圆状倒披针形，薄革质，长8—18厘米，宽3—5厘米，顶端渐尖，基部楔形，侧脉14—18对，边缘微呈波状；叶柄长10—15毫米。顶生伞

图252 海桐（缝线、柄果、狭叶柄果）

1—3.缝线海桐 *Pittosporum perryanum* Gowda：

1.果枝 　2.开裂的果 　3.种子

4.柄果海桐 *P. podocarpum* Gagnep 果枝

5.狭叶柄果海桐 *P. podocarpum* var. *angustatum* Gowda 叶形

图253 海桐与木果海桐

1—2.木果海桐 *Pittosporum xylocarpum* Hu et Wang：

1.幼果枝　2.果

3.海桐 *P. tobira*（Thumb）Aiton

形花序，2—4束，每束2—5花，花梗长1—2厘米，花较大，长10—15毫米，径3—4毫米，花瓣宽约2毫米；子房被毛，胎座3—5，每胎座有胚珠15—20，2列。蒴果椭圆形或长陀螺形，长2—3厘米，径达2厘米，3—5裂，果瓣木质，达2—3毫米，果柄长15—20毫米；种子39—45枚，排成2列。花期4—6月，果期9—12月。

产昭通、彝良、盐津、镇雄，生于海拔450—1760米石灰岩山坡灌丛中；四川（峨眉、峨边）、贵州（赤水、习水），湖北也有分布。

种子繁殖。条播育苗，注意遮阴。

根入药，消食、止吐、治肾炎。

5.海桐　图253

Pittosporum tobira（Thunb.）Aiton（1811）

Evonymus tobira Thunb（1780）

灌木或小乔木，高达6米。嫩枝、花序、花萼、子房密被细柔毛。叶倒卵状披针形或倒卵状长圆形，长5—10厘米，宽1—4厘米，革质，顶端钝圆，基部狭楔形，全缘，叶缘有时白色，侧脉7—8对，不明显；叶柄长5—15毫米。顶生伞房状伞形花序，花序基部具披针形膜质小苞片；花白色，芳香，花萼杯状，基部连合，5裂，裂片披针形，花瓣倒披针形，长10—13毫米，顶端钝圆；雄蕊长7—9毫米，花药淡黄色，基部着生；子房卵圆形，花柱光滑，柱头头状。蒴果圆球形，具棱，3—4裂，种子多数。花期4—5月。

昆明栽培，江南各省区也都有栽培，多生长于海岸至海拔200米地区；朝鲜、日本也有。

种子繁殖，随采随播或阴干后混沙贮藏。千粒重25克左右，每千克约16000粒。条播，行距20厘米，覆土厚约1厘米，上面盖草。幼苗期搭阴棚遮阴。如培养庭园观赏用的海桐球，自小就应整形。扦插繁殖取一年生粗壮枝条，剪成长20厘米的插穗，在雨季或早春进行直插。

木质坚硬，纹理致密，可作雕刻及小家具等用材；它又是蜜源植物，也常用作观赏植物。根皮、叶，果实入药，根治风湿性关节炎、骨折、骨痛；叶外用治毒蛇咬伤；果治口渴、哮喘、神经衰弱、风湿。

6.四籽海桐（云南植物志）图258

Pittosporum tonkinense Gagnep.（1908）

灌木或小乔木，高达6米。嫩枝、花序、子房被毛。叶狭披针形或倒卵状披针形，长5—12厘米，宽2—5厘米，先端突渐尖，基部楔形，侧脉4—6对，不明显，全缘；叶柄长5—15毫米。顶生伞房状总状花序，长2厘米；花黄色，特芳香，花萼杯状，长1—4毫米，萼片顶端钝，花瓣长6—7毫米；子房胎座基生，胚珠4枚。蒴果小，卵圆形，黄绿色，2瓣裂，径8—10毫米；种子小，暗红色，4枚。花期9—10月，果期11—12月。

产文山、西畴、砚山、麻栗坡、广南、富宁，生于海拔1000—1800米石灰岩山坡灌丛中；分布于贵州（独山）、广西（隆林、龙津）；越南北方也有。

本种近似崖花树（*P. truncatum* Pritz.），但种子仅有4枚，伞房状的总状花序是国产种类中独一无二的。

种子繁殖，育苗造林。幼苗期注意遮阴。

本种花特芳香，可栽培作观赏植物。

7.崖花树（云南植物志）图254

Pittosporum truncatum Pritz.（1900）

灌木或小乔木，高达5米。叶倒卵状菱形，薄革质，长3—9厘米，宽1.5—4厘米，中部以上最宽，先端短急尖，基部狭楔形，侧脉7—9对，全缘；叶柄长5毫米以。顶生伞形花序或复伞形花序，多花，花瓣长约1厘米；子房被毛，胚珠16—18；小花梗长约1厘米。蒴果卵圆形，黄绿色，2瓣裂，径6—10毫米，果柄长1—2厘米；种子暗红色，10—15枚。果期9—10月。

产永善，生于海拔800米山谷林下。分布四川（南川、宝兴、峨边、汶川、广元）、贵州（德江）、广西（南丹）、湖北、陕西、甘肃。

种子繁殖，条播育苗。可作庭园观赏植物。

8.异叶海桐（云南植物志）图255

Pittosporum heterophyllum Franch.（1886）

灌木，高达4米。嫩枝无毛。叶薄革质，叶形多变，狭披针形、卵状披针形、倒卵形，稀倒披针形，长2—8厘米，宽0.5—2.5厘米，顶端突尖、尖、钝或短尖，基部阔楔形，侧脉5—6对，全缘；叶柄长2—5毫米。顶生伞形花序，1—5花，花淡黄色，芳香，花柄长5—10毫米；花萼长1—3毫米，花瓣部分合生，长5—10毫米，子房被毛，花柱短，胚珠5—8，珠柄极短，着生于胎座中部以下。蒴果卵圆形，黄绿色，径6—8毫米，2瓣裂；种子暗红色，5—8枚。花期4—6月，果期7—10月。

产丽江、维西、宁蒗、兰坪、洱源、剑川、贡山、香格里拉、德钦、禄劝，生于海拔1900—3000米山坡灌丛中。分布于四川（木里、乡城）、西藏（波密、扎木、加隆）。

种子繁殖或扦插繁殖。播后苗床覆草，出苗后加盖荫棚。

根、皮入药，治刀伤、烫火伤、风湿、骨折、咳嗽、崩漏带下；也为园林观赏植物。

9.短萼海桐（云南植物志） 山桂花（植物名实图考），万里香、万年青（昆明）、山栀子（禄劝）、鸡骨头（玉溪）、大朵林、小朵林（红河）图256

Pittosporum brevicalyx（Oliv.）Gagnep.（1908）

P. pauciflorum Hook. et Arn. var. *brevicalyx* Oliv（1887）

灌木或小乔木，高达10米。叶革质，披针形、倒披针形或倒卵状披针形，稀倒卵形，长4—12厘米，宽2—5厘米，顶端尖或渐尖，基部狭楔形，侧脉9—11对，全缘；叶柄长10—25毫米。顶生圆锥花序，分枝多，花淡黄色，极芳香；花萼分离，不等大，膜质，长1—3毫米，花瓣分离，长6—8毫米；子房被毛，花柱短无毛。蒴果卵圆形，径8—10毫米，微扁，2瓣裂；种子6—10枚。花期4—5月，果期6—10月。

产云南大部分地区（南部除外），生于海拔（700）2300—2500米的林中。四川（西昌、木里、盐边）、贵州（都匀、八寨）、西藏（察隅）、广东、广西、湖南、湖北，江西也产。种子或扦插繁殖均可。

皮、叶、果入药，可消炎、消肿，能镇咳、祛痰，治慢性气管炎和睾丸炎等。花极芳香，可栽培作观赏植物。

10.贡山海桐　图255

Pittosporum johnstonianum Gowda（1951）

灌木或小乔木，高达10米。叶倒披针形或长圆形，革质，长8—15厘米，宽2—5厘米，顶端长渐尖，基部狭楔形，光滑无毛，侧脉8—9对，全缘；叶柄长5—15毫米。顶生伞房花序，3—5条排成复伞形花序。果序梗长25—30毫米；果柄长5—15毫米。蒴果扁球形，径6—7毫米，2瓣裂；种子15枚以上。果期9—12月。

产贡山、香格里拉，生长于海拔1500—3100米阔叶林下；四川（木里），广西有分布；缅甸北部也有。

育苗造林。注意幼苗遮阴。

树姿优美，四季常绿，可作园林观赏植物。

11.大叶海桐　图257

Pittosporum adaphniphylloides Hu et Wang（1943）

灌木或小乔木，高达8米。叶厚革质，长圆形，长10—19（35）厘米，宽4—8（13）厘米，顶端尖或渐尖，基部宽楔形，光滑无毛，侧脉9—11对，全缘；叶柄粗壮，长2—4厘米。顶生复伞房花序，3—7条组成圆锥状复伞形花序，花序长4—6厘米，密被褐色细柔毛，具50—80朵花；花淡黄色，长6—7毫米，萼片不等大，长1—2毫米，盛花期花药微露出花冠外；子房被毛。蒴果扁卵圆形，径6—9毫米，2瓣裂；珠柄短，着生胎座中部以下，种子红色，17—23粒。

产屏边，生于海拔1500米以下林中。分布于四川（峨眉、峨边、屏山、马边）、贵州（梵净山、惠水）、台湾。

本种为国产种类中叶最巨大而厚的一种。

种子或扦插繁殖。种子不耐久晒，宜阴干贮藏。

大叶海桐也可作园林观赏植物。

12.圆锥海桐（云南植物志）图254

Pittosporum paniculiferum H. T. Chang et Yan（1978）

乔木，高达20米。小枝无毛。叶倒披针形，薄革质，长10—18厘米，宽3—8厘米，顶端短尖或渐尖，基部楔形，侧脉8—10对，全缘；叶柄长1—3.5厘米。顶生圆锥花序，由多条伞形花序组成，长达10厘米，分枝多达12条，总花序梗极短，小花序柄长4—5厘米；花淡黄色，芳香，花萼分离，花瓣分离，长6—7毫米；花梗长4—6毫米；子房密被白色细柔毛。蒴果卵圆形，2瓣裂，径7—9毫米；胎座位于基部，种子4枚。花期4—5月，果期10—12月。

图254 崖花树和圆锥海桐

1.崖花树 *Pittosporum truncaium* Pritz.果枝

2.圆锥海桐 *P. paniculiferum* H. T. chang et Yan 果枝

图255 海桐（异叶、贡山）

1—2.异叶海桐 *Pittosporum heterophllum* Franch： 1.果枝 2.花

3—4.贡山海桐 *P. johnstonianum* Gowda： 3.叶形 4.（部分）果序

图256 海桐（短萼、皱叶）

1—2.短萼海桐 *Pittosporum brevicalyx* Gagnep： 1.果枝 2.花（放大）

3.皱叶海桐 *Pittosporum crispulum* Gagnep 果枝

产临沧、耿马、普文，生于海拔（850）1300—1600米的石灰岩山坡林下。

种子繁殖。技术措施可参阅海桐。

其木材为细木工用材。它又可作园林观赏植物。

13.杨翠木（云南种子植物名录） 羊脆木、羊脆骨、羊耳朵树、白箐檀木（普洱）图258

Pittosporum kerrii Craib（1925）

灌木或小乔木，高达13米。小枝有毛。叶倒披针形，革质，长6—12（15）厘米，宽2—5厘米，顶端短尖或钝，基部狭楔形，侧脉7—10对，全缘；叶柄长1—2厘米。顶生圆锥花序有明显的总花序梗，由多数伞房花序组成，总花序梗长3—4厘米，被毛；花淡黄色，芳香，长6—7毫米；子房被毛或仅基部被毛，胎座2，位于基部，胚珠2—4。蒴果卵圆形，径6—8毫米，2瓣裂；果柄粗短，种子2—4。花期4—6月，果期7—12月。

产峨山、新平、玉溪、石屏、屏边、蒙自、景东、普洱，生于海拔（750）1200—2300米的山坡林下；泰国、缅甸也产。

种子繁殖，宜混沙贮藏。

根皮入药，能清热解毒，祛风解表，主治感冒发热、截疟。

14.尼泊尔海桐 图257

Pittosporum napaulense（DC.）Rehd. et Wils.（1916）

Semacia napaulense DC.（1824）

灌木或小乔木，高达15米。叶大，宽披针形、长圆状椭圆形或长圆状披针形，厚革质，长8—20厘米，宽4—8厘米，顶端短尖或渐尖，基部宽楔形，光滑无毛，全缘；叶柄粗壮，长1—2（3）厘米。顶生伞房花序多枝排成复伞形花序，圆锥状，被褐色柔毛。花淡黄色，有香味；萼片长圆形，顶端钝，密被纤毛；花瓣长5—6毫米；子房被毛。蒴果绿黄色，卵圆形，径约6—7毫米，2瓣裂；种子淡红色，（4）5—8枚。花期6—8月，果期10—12月。

产德宏、耿马、腾冲、泸水，生于海拔400—2000米山坡林中；也分布于西藏；尼泊尔、不丹、印度也有。

本种花及蒴果是国产种类中最小的代表。

种子繁殖或扦插繁殖。

树皮、果实、叶均可入药。花芳香，可作园林观赏植物。

图257 海桐（尼泊尔、大叶）

1.尼泊尔海桐 *Pittosporum napaulense*（DC.）Rehd et Wils 果枝

2—3.大叶海桐 *P. adaphniphylloides* Hu et Wang：

1.叶和部分枝　　3.部分果序

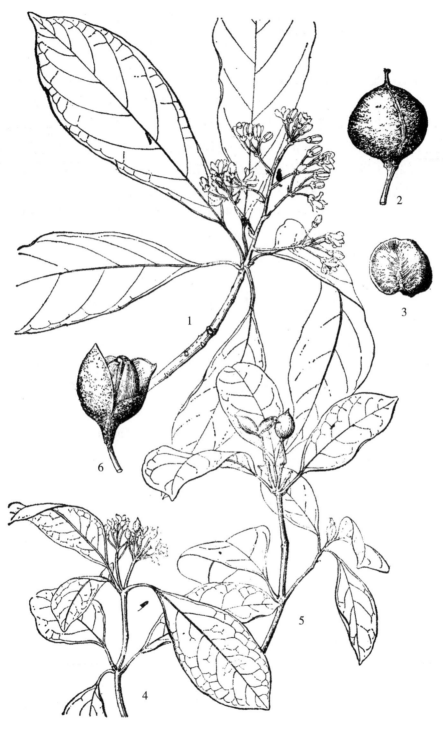

图258 杨翠木和四子海桐

1—3.杨翠木 *Pittosporum kerrii* Craib： 1.花枝 2.果 3.种子

4—6.四子海桐 *P. tonkinense* Gagnep： 4.花枝 5.果枝 6.果

105a.四数木科 TETRAMELACEAE

落叶乔木。通常具板状根；各部被毛或鳞片。单叶，互生，全缘或具锯齿，掌状脉，无托叶。花单性异株。稀杂性；具苞片，早落。穗状花序或圆锥花序；雄花萼片4或6—8（后者我国不产），等大或不等；无花瓣或有时具花瓣，插生于萼片上部；雄蕊4或6—8，与萼片对生；花丝通常长，在蕾中内弯，花药底着，内向或外向，不育子房存在或有时不存；雌花萼片在子房下面部分合生或分离，无花瓣和不育雄蕊，花柱4或6—8，与萼裂片对生，插生于萼管喉部边缘，柱头头状或成偏斜状，子房下位，1室，具4或6—8侧膜胎座，胎座与萼片互生，胚珠多数。蒴果由萼管里面顶部的子房壁开裂，或沿背缝自上而下呈6—8星状开裂，果皮膜质；种子极小，卵形或纺锤形。

本科有2属，约2种，分布于中南半岛、马来半岛至伊里安岛；我国有1属1种，产云南。

四数木属 Tetrameles R. Br.

落叶乔木或大乔木，具板状根。单叶互生，掌状脉。花单性异株，开于叶前，穗状花序（雌花）或圆锥花序（雄花）顶生，成簇，下垂；小花单生或2—4（雌花）、4—5或更多（雄花）簇生，无花瓣；雄花萼管极短，裂片4，有时不等大，雄蕊4，与萼裂片对生，插生于杯状的花托上，花丝较裂片为长，在蕾中内弯，花药内向，开放后外向，不育子房盘状，近十字形，有时不存在；雌花具长而明显的萼管，微四棱形，上部杯状，裂片4，三角形，不具雄蕊，花柱4，与萼裂片对生，子房1室，具4侧膜胎座。蒴果由萼管里面顶部的子房壁开裂；种子多数，卵形。

我国有1种，产云南。

四数木（中国高等植物图鉴）　　"埋泵姆"（西双版纳傣语）图259

Tetrameles nudiflora R. Br.（1838）

落叶大乔木，高25—45米；枝下高20—35米；树干通直，直径60—100厘米；树皮灰色，粗糙。通常具明显的板状根，高1—2米，有时可达6米；分枝少而粗大；着花时的小枝肥壮，叶痕明显突起，椭圆形或倒卵形，先端凹入，直径5—7.5毫米。叶纸质或膜质，心形、心状卵形或近圆形，长10—26厘米，宽9—20厘米，先端锐尖至渐尖，边缘具粗锯齿，在幼叶期兼有显著的2—3角状齿裂，掌状脉5—7，上面近无毛，下面脉上被疏的短柔毛；叶柄圆柱状，长3—7（20）厘米。雄花微香，为长10—20厘米的圆锥花序，总梗被淡黄色短柔毛；苞片匙形，长约1毫米；小花具极短的梗或有时近无梗，梗长约1毫米；花萼长1.5—2毫米，深4裂，基部杯状，裂片矩圆形，先端钝，具3脉，全缘或具1—2齿，花丝长1—3毫米，圆柱状，花药近圆球形，长约0.5毫米。雌花长3.5—5毫米，无梗或有时具极短的梗，梗长不超过1毫米；穗状花序，稀成简单的圆锥花序状，总梗全面被毛，长8—20厘米；花萼微四棱形，被微柔毛，萼管长2.5—3.5毫米，纺锤形，外面密被褐色腺点，中部直

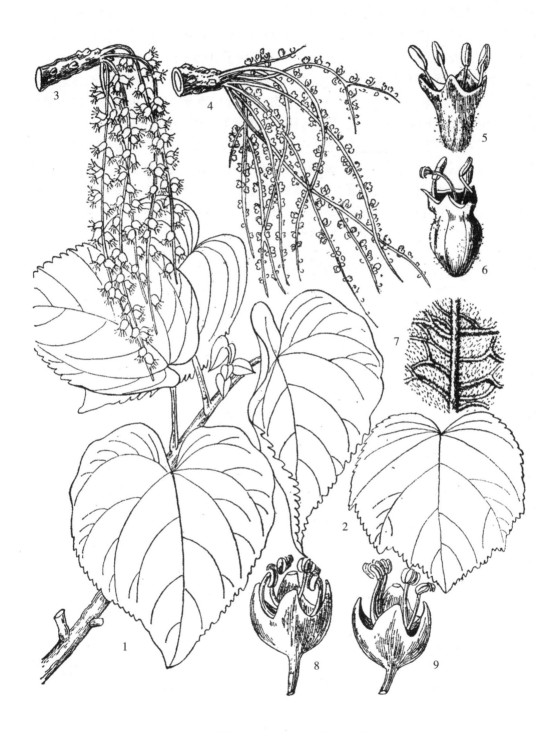

图259　四数木 *Tetrameles nudiflora* R. Br.
1.叶枝　2.幼叶　3.雌花序　4.雄花序　5.雌花　6.果实
7.叶背的一部分放大（示毛被）　8.未开放的雄花　9.开放的雄花

径2.5—3毫米，花萼裂片三角形，先端微尖，具3脉，长0.5—1毫米；花柱4，稀5，长1—2.5毫米，柱头肥厚，倒卵形，在里面中部具一凹槽，直立或外翻。蒴果圆球状坛形，高4—5毫米，成熟时棕黄色，外面具8—10脉，被稀疏的褐色腺点；种子细小，多数，微扁，长在0.5毫米以下。花期3月上旬至4月中旬，果期4月下旬至5月下旬。

产金平、勐腊、景洪等地，多生于海拔500—700米的石灰岩山雨林或沟谷雨林中。分布从印度、斯里兰卡、缅甸、越南、马来半岛、印度尼西亚等地；也分布于澳大利亚昆士兰。为热带东南亚雨林典型的上层落叶树种。在我国为其分布的最北缘。

喜生长在腐殖质碳酸盐土或黑色石灰土，岩石缝中，也有在岩石表面，依靠外露板根的根系，穿插或伸延，紧扣岩石。种子虽多，但发育者少，天然更新能力较差。宜用种子繁殖，5月上旬至中旬果熟期，采集果穗，在通风干燥处铺开，2—3日即开裂，收集种子后即行播种育苗，不宜久藏；自行落地的果穗虽仍有少量种子，但不发育者多，应收集新鲜者为宜。生长极为迅速，是热带速生树种。

木材径级大，是制舢板的理想用材；具有特大和特长的板状根，是热带林的重要景观之一。

126.藤黄科 GUTTIFERAE

乔木或灌木，通常具黄色树脂。单叶，对生，全缘，几无托叶。花两性、杂性或单性、异株或同株，单生或排列成各式的聚伞花序或圆锥花序，顶生或腋生；花瓣和萼片通常同数，覆瓦状排列；雄蕊多数，花丝分离或合生成1—5束，通常围绕着雌蕊或退化雌蕊，与花瓣对生，有时退化雌蕊不存；花药通常纵裂，有时孔裂或周裂；雌花退化，雄蕊8至多数，分离或各种形式地合生；子房上位，（1）2—12室；花柱极短或无，稀细长；柱头通常盾形，全缘或分裂，稀尖裂；胚珠每室1—2或更多。浆果、核果或蒴果状；种子通常具假种皮；胚大，基生或生于子房内角，稀中轴胎座或侧膜胎座，无胚乳；子叶微小或缺。

本科约18属，800余种；主要分布在亚洲热带，其次是大洋洲及非洲南部；我国有5属，约27种，产华中、华南和西南各省区，云南有5属，约18种，多集中在南部和西部。

分 属 检 索 表

1.子房每室具胚珠1，花柱极短或无，柱头盾形，全缘或辐射状分裂；浆果。
  2.花萼裂片4或5 ·· 1.藤黄属 Garcinia
  2.花萼裂片在花蕾时封闭，开放后开裂为2 ············· 2.黄果木属 Ochrocarpus
1.子房每室具胚珠1—2或更多，花柱细长，柱头盾形或4—5尖裂；核果或浆果。
  3.子房1室，胚珠1；核果 ······························· 3.红厚壳属 Calophyllum
  3.子房2—5室，每室胚珠2—14；蒴果或浆果。
    4.花萼裂片4，2大2小；蒴果 ························· 4.铁力木属 Mesua
    4.花萼裂片5，3大2小；浆果 ························· 5.猪油果属 Pentadesma

1.藤黄属 Garcinia L.

乔木或灌木，通常具黄色树脂。叶对生，革质，全缘，通常无毛，侧脉少数，稀多数，疏展或密集；花杂性，稀单性或两性，同株或异株，单生或排列成各式的聚伞花序或圆锥花序，顶生或腋生；萼片和花瓣通常4或5，覆瓦状排列；雄花的雄蕊多数，花丝分离或合生，1—5束，通常围绕着退化雌蕊，有时退化雌蕊不存，花药纵裂，有时孔裂；雌花的退化雄蕊（4）8—多数，分离或各种形式地合生，子房（1）2—12室，花柱极短或无；柱头盾形，全缘或分裂，胚珠每室1。浆果，外果皮革质，光滑或有棱；种子具多汁瓢状的假种皮；子叶微小或缺。

本属约450种，产亚洲热带、非洲南部和波利尼西亚西部；我国有20余种，产台湾南部、福建、广东、广西南部、贵州南部、湖南西南部、云南南部、西南部至西部，以及沿海部分地区。云南产13种，特有6种。

分 种 检 索 表

1.花两性，同株；花萼和花瓣5 ……………………………………1.大叶藤黄 G. xanthochymus
1.花杂性，异株或同株；萼片和花瓣4。
  2.能育雌蕊的柱头或果实宿存的柱头光滑。
    3.花序长，圆锥状聚伞花序。
      4.小花直径0.8—1.0厘米，萼片等大，子房4室 ……………………………
      ………………………………………………………2.云南藤黄 G. yunnanensis
      4.小花直径2—3厘米，萼片2大2小，子房2室 ……………………………
      …………………………………………………………3.多花藤黄 G.multiflora
    3.花序短，聚伞花序或簇生。
      5.能育雄蕊合生成1束，子房1室。
        6.总梗先端具叶状苞片2，柱头不规则浅裂 ……………………………
        …………………………………………………………4.大苞藤黄 G. bracteata
        6.总梗先端无叶状苞片，柱头全缘 …………………5.金丝李 G. paucinervis
      5.能育雄蕊合生成4束，子房1或2室。
        7.柱头4裂，光滑；果直径2.5—3厘米，种子1 …………………………
        ……………………………………………………6.怒江藤黄 G. nujiangensis
        7.柱头4裂，每裂片具瘤突4—5，成熟果直径2—2.5厘米，种子2 …………
        ………………………………………………………7.双籽藤黄 G. tetralata
  2.能育雌蕊的柱头或果实宿存的柱头具乳突或小瘤突。
    8.雄花序顶生或腋生，伞形排列或成簇，雄花无退化雌蕊。
      9.雄花的萼片和花瓣等大。
      10.花萼和花梗淡绿色，小花直径约5毫米 …………8.云树 G. cowa
      10.花萼和花梗紫红色，小花直径约7毫米 ……………………………
      ………………………………………………………9.红萼藤黄 G. rubrisepala
      9.雄花的萼片2大2小，花瓣3大1小 …………10.山木瓜 G. esculenta
    8.雄花序顶生，圆锥状聚伞花序，雄花具退化雌蕊。
      11.萼片等大，花梗长3.5—4厘米，成熟果直径11—12厘米…………………
      …………………………………………………11.具梗藤黄 G. pedunculata
      11.萼片2大2小，花梗长0.8—1.2厘米，成熟果直径4—5厘米 …………
      ………………………………………12.版纳藤黄 G. xipshuanbannaensis

1.大叶藤黄（云南种子植物名录）　"郭满大""郭埋拉"（西双版纳傣语），歪脖子果（耿马）、歪屁股果（河口）、人面果（金平）、藤黄果（景洪）图260

Garcinia xanthochymus Hook. f. ex T. Anders.（1874）
乔木，高8—20米，胸径15—45厘米；树皮灰褐色。分枝细长，多而密集，平展，先端下垂，通常披散重叠，小枝和嫩枝具明显的纵棱。叶两行排列，厚革质，具光泽；椭圆形、长圆形或长方状披针形，长（14）20—34厘米，宽（4）6—12厘米，先端急尖或钝，稀渐尖，基部楔形或宽楔形，中脉粗壮，两面凸起，侧脉密集，多达35—40对，网脉明显；叶柄粗壮，基部马蹄形，微抱茎，枝条顶端的1—2对叶柄通常玫瑰红色，长1.5—2.5厘米，干后有棱和横皱纹。伞房状聚伞花序，有花（2）5—10（14），腋生或落叶腋生，总梗长约6—12毫米；花两性，5数，萼片和花瓣3大2小，具缘毛；雄蕊合生成5束，花丝先端分离，长约3毫米，扁平，每束具花药2—5，基部具方形腺体5，顶端有多数孔穴，长约1毫米，与萼片对生，为雄蕊束所间隔；子房圆球形，通常5室，花柱极短，约1毫米；柱头盾形，中间凹陷，通常5深裂，稀4或3深裂，光滑；花梗长1.8—3厘米；浆果圆球形或卵球形，成熟时黄色，外面光滑，有时具圆形皮孔，顶端突尖，有时偏斜；柱头宿存，基部通常有宿存的萼片和雄蕊束；种子1—4，长圆形或卵球形，种皮光滑，棕褐色。花期3—5月，果期8—11月。

产耿马、景洪、金平、河口等地，生于海拔（100）600—1000（1400）米的沟谷和丘陵地潮湿密林中；广西南部也有；孟加拉国东部经缅甸、泰国至中南半岛及安达曼岛均产。

种子繁殖。清除果肉后用湿沙或草木灰搓净假种皮，洗净阴干混沙贮藏。播后覆草，经常保持土壤湿润；幼苗期适当遮阴。

果成熟后可食，味酸；种子含油量17.72%可作工业用油；黄色树脂供药用。

2.多花藤黄（云南种子植物名录）　　"阿毕旱"（河口侬语）"补朗袜"（麻栗坡崩龙语）图261

Garcinia multiflora Champ. ex Benth.（1851）

乔木，稀灌木，高（3）5—15米，胸径20—40厘米；树皮灰白色，粗糙。小枝绿色，具纵槽纹。叶革质，卵形、长圆状卵形或长圆状倒卵形，长7—16（20）厘米，宽3—6（8）厘米，先端急尖、渐尖或钝，基部楔形或宽楔形，边缘微外卷，干时下面苍绿色或褐色；中脉在上面下陷，下面凸起，侧脉纤细，10—15对，至边缘处网结，不达边缘，网脉在上面不显，叶柄长0.6—1.2厘米。花杂性，同株，聚伞状圆锥花序，长5—7厘米，有时单生，总梗和花梗具关节，小花直径2—3厘米，花梗长0.8—1.5厘米；萼片2大2小，花瓣橙黄色，倒卵形，长为萼片的1.5倍，花丝合生成4束，高过于退化雌蕊，束柄长2—3毫米，每束约有花药50，聚合成头状，有时部分花药成分枝状，2室；退化雌蕊柱状，有明显的盾状柱头，4裂；雌花序有小花1—5，退化雄蕊束短，束柄长约1.5毫米，短于雌蕊，子房长圆形，上部略宽，2室，无花柱，柱头大而厚，盾形。果卵形至倒卵形，长3—5厘米；径2.5—3厘米，成熟时黄色，柱头宿存；种子1—2，椭圆形，长2—2.5厘米。花期6—8月，果期11—12月。

产文山、金平、屏边、河口、勐海、双江，生于海拔400—1200（1900）米的山坡疏林或密林中；台湾、广东、广西、江西、湖南西南部、贵州、福建及沿海部分地区均有分布。向南可分布到越南北部。

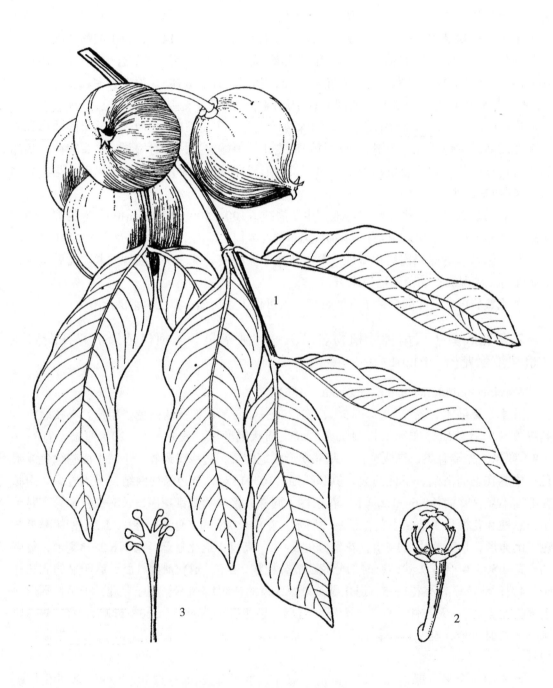

图260　大叶藤黄 *Garcinia xanthochymus* Hook. f.ex T. Anders
1.果枝　　2.花（除去部分花瓣，示两性花）　　3.雄蕊束放大

图261　多花藤黄 *Garcinia multiflora* Champ. ex Benth.
1.果枝　　2.雌花　　3.雄花

种子繁殖。洗净，除去假种皮的种子混沙贮藏。条状点播育苗。造林定植时，适当修剪部分枝叶。

种子含油量达51.22%，种仁含油量55.6%，可作工业用油；树皮供药用；木材暗黄褐色，坚硬，为家具及工艺雕刻用材。

3.云南藤黄（中国植物志）　"吗给安"（沧源佤语）图262

Garcinia yunnanensis Hu（1940）

乔木，高达20米，胸径约30厘米。枝条粗壮，髓心小而中空，具皮孔，节间较短，灰褐色，具不规则的纵条纹。叶纸质，倒披针形、倒卵形或长圆形，长（5）9—16厘米，宽2—5厘米，先端钝渐尖、突尖或浑圆，有时微凹或呈2裂状，基部楔形下延，边缘微外卷，中脉在上面下陷，下面凸起，侧脉和网脉纤细，两面明显，侧脉多而密，30—36对，斜伸，至边缘处联结，叶柄长1—2厘米。花杂性，同珠，雄花为顶生或腋生的圆锥状聚伞花序，长8—10厘米，总梗具明显的关节，基部有时具幼叶2，小花直径0.8—1厘米，花梗粗壮，长3—5毫米，基部具对生钻形苞片2；花瓣黄色，与萼片等长或稍长；雄蕊4束，与花瓣对生，束柄粗壮，微扁，下部较宽，长约3毫米，每束雄蕊有花药60—70，无柄，集生成头状，退化雌蕊半球形，微有棱；雌花序腋生，圆锥状，长约10厘米，退化雄蕊4束，每束仅有花药15—20（有时其中也有少数几枚能育），短于雌蕊，束柄长1.5—2毫米；子房无柄，陀螺形，4室，每室胚珠1，柱头盾形，4裂，高2.5—3毫米。果椭圆形，外面光滑，柱头宿存，成4裂片状。花期4—5月，果期7—8月。

产沧源，生于海拔1300—1600米的丘陵、坡地的杂木林中。

种子繁殖，措施参阅前面二种。

木材淡黄色，结构致密，可作建筑、家具用材。成熟果味酸甜，可食用。

4.大苞藤黄（植物分类学报）图263

Garcinia bracteata C. Y. Wu ex Y. H. Li（1981）

乔木，高约8米。枝条粗壮，淡绿色，具纵条纹。叶革质，卵形、卵状椭圆形或长圆形，长（8）10—14（18）厘米，宽4—8厘米，先端渐尖或短渐尖，稀钝，基部宽楔形或近圆形，背面淡绿色，中脉在上面下陷，下面凸起，侧脉密集，20—30对，网脉少而不明显；叶柄粗壮，长1—1.5厘米。花杂性，异株，2—7伞形排列。通常腋生，雄花序偶有顶生，总梗长（1）2—3厘米，先端具叶状苞片2，革质，卵形，或大或小，花梗长1—1.3厘米，每花梗基部具广卵形或卵形小苞片4，长约1.5毫米，萼片和花瓣开放后逐渐下垂；雄花具退化雌蕊，能育雄蕊约40，花丝联合成杯状，肉质，包围退化雌蕊，药室4；雌花具退化雄蕊，花药约20，花丝联合成碟状，膜质，包围子房基部，雌蕊圆柱状，中部膨大，柱头盾形，光滑，边缘具不规则的浅裂，子房1室。果序通常着果1，卵球形，顶端通常偏斜，成熟时长2.2—2.5厘米，残留的花被宿存，果柄长1—1.2厘米，种子1。花期4—5月，果期11—12月。

产勐腊、景洪、富宁、麻栗坡、西畴、镇康、昌宁、耿马、沧源、芒市等地，生于海拔400—1300（1750）的石灰岩山杂木林中；广西南部地区也有分布。

图262 云南藤黄和云树

1—5.云南藤黄 *Garcinia yunnanensis* Hu：

1.雌花枝　2.除去部分花被的雌花　3.雌花花瓣　4.子房横剖面　5.雄花

6—8.云树 *Garcifiia cowa* Roxb：

6.雌花枝　7.雄花　8.雌花

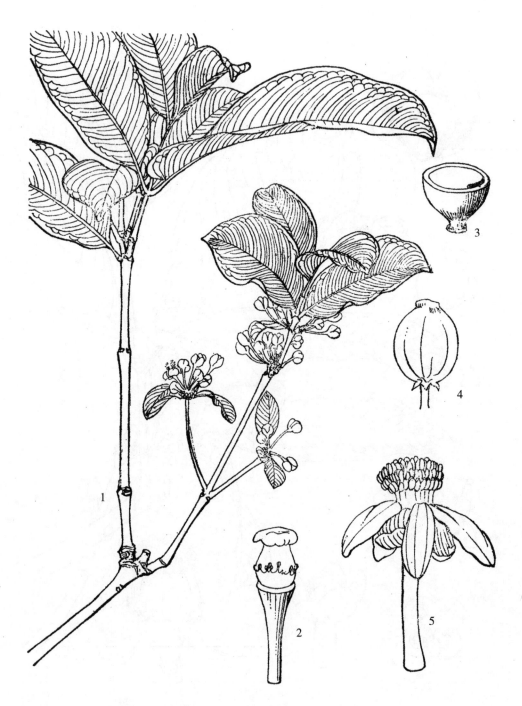

图263 大苞藤黄 *Garcinia bracteata* C. Y. Wu ex Y. H. Li

1.雄花枝　2.除去花被的雌花　3.雄花　4.果实　5.果实横剖面（示子房室）

种子繁殖。种子随采随播或混沙贮藏。选山坡中下部进行造林。

材色微黄，生长轮不明显，散孔材，管孔略小至中，分布欠均匀。木材纹理稍斜，结构细而均匀，材质硬重，干缩及强度中。可作建筑、室内装修、家具等用材。

5.金丝李（植物分类学报）图264

Garcinia paucinervis Chun et How（1956）

乔木，高3—15（25）米；树皮灰黑色，具白斑块。幼枝压扁状四棱形，暗紫色，干时具纵槽纹。嫩叶紫红色，膜质，老叶近革质，椭圆形、椭圆状矩圆形或卵状椭圆形，长8—14厘米，宽2.5—6.5厘米，先端突尖或短渐尖，钝头，基部宽楔形，稀浑圆，干时上面暗绿色，下面浅绿色或苍白，中脉在上面平坦，下面凸起，侧脉5—8对，两面凸起，至边缘处弯拱网结，第3次小脉蜿蜒平行，网状联结，两面稍凸起，叶柄长8—15毫米，幼叶柄基部两侧具托叶各1，长约1毫米。花杂性，同株，雄花的聚伞花序腋生和顶生，小花4—10，总梗极短，花梗粗壮，微四棱形，长3—5毫米，基部具小苞片2；花萼裂片4，几等大，近圆形，长约3毫米，花瓣卵形，长约5毫米，先端钝，边缘膜质，近透明，雄蕊多数，合生成4裂的环，花丝极短，花药长椭圆形，2室，纵裂，退化雄蕊微四棱形，柱头盾状凸起；雌花通常单生叶腋，比雄花稍大，退化雄蕊的花丝合生成4束，束柄扁，片状，短于子房，每束具不育花药6—8，柱头盾形，全缘，中间凸起，光滑；子房圆球形，长约2.5毫米，无棱，基生胚珠1。果成熟时椭圆形或卵状椭圆形，长3.2—3.5厘米，直径2.2—2.5厘米，基部萼片宿存，顶端宿存柱头半球形，果柄长5—8毫米；种子1。花期6—7月，果期11—12月。

产麻栗坡，生于海拔300—800米石灰岩山干燥的疏林或密林中；广西西部和西南部均有分布。

种子繁殖为主，种子处理同大叶藤黄。育苗造林。定植时注意剪去部分枝叶。

本种在产区为季风型热带气候，石灰岩山特有的珍贵用材树种，心边材明显，材质硬而重，结构致密，均匀，适于作水工、建筑和梁、柱等用材。

6.怒江藤黄（植物分类学报）图265

Garcinia nujiangensis C. Y. Wu et Y. H. Li（1981）

乔木，高10—15米，胸径20—30厘米；树皮灰褐色。枝条具纵沟槽，灰褐色或棕褐色，不具皮孔。叶坚纸质，披针形、卵状披针形或长圆状披针形，长10—13（18）厘米，宽3—5厘米，先端渐尖，基部楔形，中脉两面凸起，侧脉弯拱，至边缘处连接，12—15对，下面明显凸起，第三次小脉几平行，不成网状；叶柄长6—12毫米。花杂性，异株；雄花序为极短的聚伞状，长不到1厘米，2—3腋生，总梗长约2毫米，粗壮，每个聚伞花序着花6—8或更多，花梗长1—2毫米；花萼裂片外面2枚较厚，肉质，里面2枚较薄，边缘膜质，近圆形，几乎等大；花瓣淡黄色，倒卵形，几乎等大，但比萼片稍小，能育雄蕊的花丝联合成4束，每束有花药50—60，退化雌蕊倒三角形，柱头盾形，不规则开裂；雌花序2—3歧聚伞状，腋生，总梗极短，长约3—4毫米，基部苞片宿存，花梗长1.5—2厘米，具沟槽，雌蕊长6—8毫米，中部膨大，柱头盾状4裂，光滑；子房1室，胚珠1，退化雄蕊的花丝联合成1轮，包围雌蕊，花药20—25。果成熟时圆球形、椭圆形或卵球形，长2.5—3厘米，

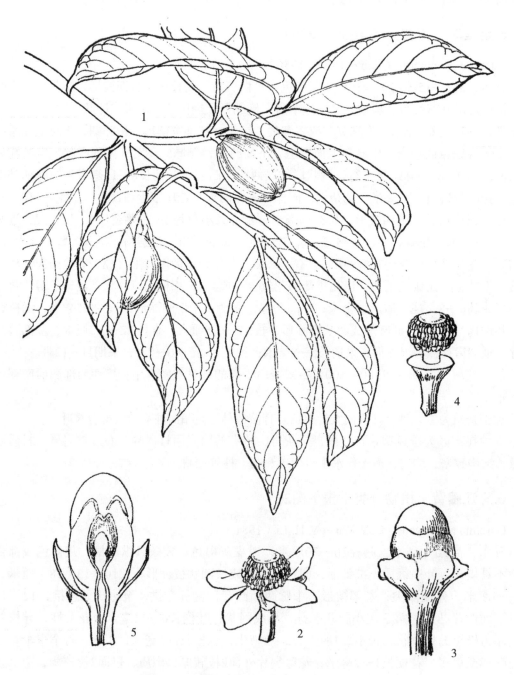

图264 金丝李 *Garcinia paucinervis* Chun et How
1.果枝　2.雄花　3.雌花
4.除去花被后的雄花（示雄蕊束和退化雌蕊）　5.雌花纵剖面

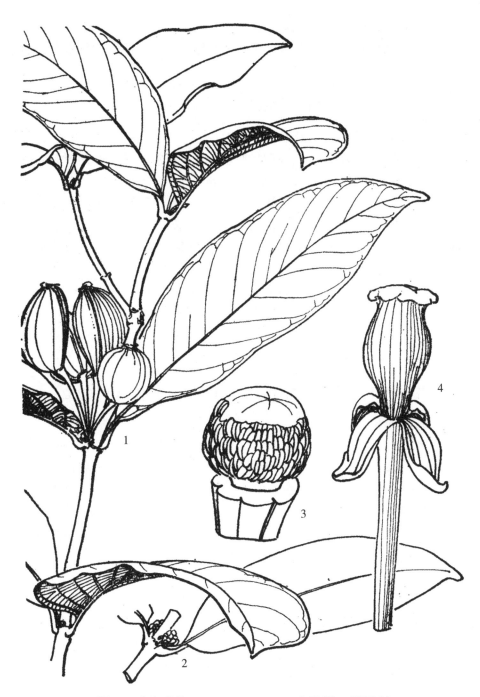

图265　怒江藤黄 *Garcinia nujiangensis* C. Y. Wu et Y. H. Li

1.果枝　　2.雄花枝　　3.除去花被的雄花　　4.除去花瓣的雌花

淡黄色，柱头宿存，有时偏斜；种子1。花期12月至翌年2月，果期8—9月。

产盈江、陇川、贡山，生于海拔1100—1700米的山坡或沟谷杂木林中；西藏东南部（墨脱）也有分布。

种子繁殖。措施可参阅大叶藤黄及多花藤黄。

木材结构略细，材质中等，易加工，为室内装修、家具、胶合板等用材。也可作庭园观赏树种。

7.双籽藤黄（植物分类学报）图266

Garcinia tetralata C. Y. Wu ex Y. H. Li（1981）

乔木，高5—8米，稀达15米，胸径约15厘米。分枝通常下垂，枝条淡绿色，有纵棱。叶坚纸质，椭圆形或狭椭圆形，稀卵状椭圆形，长8—13（15）厘米，宽3—6厘米，先端突尖或短渐尖，基部楔形，微下延，中脉在上面下陷，下面凸起，侧脉13—16对，两面凸起，纤细，斜伸至边缘处网结，第三次小脉网状；叶柄长0.8—1.2厘米。果单生叶腋，圆球形，成熟时直径2—2.5厘米，外面光滑，近无柄，宿存柱头4裂，每裂片具乳头状瘤突4—5；种子2。

产景洪、临沧、沧源、耿马，生于海拔800—1000米的低丘、平坝杂木林中。

种子繁殖。采种后清除果肉搓去假种皮，阴干后混沙贮藏。条播育苗。一年后可出圃造林。

木材为小器具、农具、胶合板等用材。有观赏价值，适于园林栽培。

8.云树（中国树木分类学）"给哈蒿"（西双版纳傣语）图262

Garcinia cowa Roxb.（1814）

乔木，高达12米，胸径达20厘米；树皮暗褐色，树冠圆锥形。分枝多而细长，密集于树干顶端，平伸，先端通常下垂，枝暗褐色，具纵条纹。叶坚纸质，披针形或长圆状披针形，长6—14厘米，宽2—5厘米，先端渐尖或长渐尖，稀突尖或钝，基部楔形，有时微下延，中脉在上面下陷，下面凸起，侧脉12—18对，网脉两面明显，叶柄长0.8—1.5（2）厘米。花单性，异株；雄花顶生或腋生，3—8伞形排列，基部具钻形苞片4，总梗极短，有时近无而成簇生状，花梗纤细，长4—8毫米，花瓣黄色，长为萼片的2倍，雄蕊多数，约40—50，花丝合生成1束，束柄头状，有少量花药具短的花丝，无退化雌蕊；雌花通常单生叶腋，比雄花大，花梗粗壮，长2—3毫米，退化雄蕊下半部合生，包围子房的基部，花丝或长或短，通常短于子房，子房卵球形，4—8室，柱头辐射状分裂，具乳头状瘤突，高6—7毫米，外面具4—8棱。果成熟时卵球形，径约4—5厘米，暗黄褐色，外面具沟槽4—8，果顶端通常突尖，偏斜；成熟种子2—4，狭长，纺锤形，微弯，表面凹凸不平，长约2.5厘米。花期3—5月，果期7—10月。

产景洪、澜沧、沧源、金平、屏边、河口等地，生于沟谷、低丘潮湿密林中，海拔150米（河口），通常为400—800米，有时达1300米（景洪）。分布从印度、孟加拉国东部（吉大港）经中南半岛、马来半岛至安达曼岛。

种子繁殖。处理干净果肉、假种皮的种子阴干后混沙贮藏。播前用温水浸种24小时。

高锰酸钾水消毒后洗净条播。幼苗期适当遮阴。

　　木材为室内装修、家具等用材。果成熟后味酸甜，可食用；种子含油量约9.3%。

9.红萼藤黄（植物分类学报）图266

Garcinia rubrisepala Y.H.Li（1981）

　　乔木，高约4米。枝条暗紫色，髓心中空，外面具细纵条纹，嫩枝纤细，紫红色。叶膜质，椭圆形或部圆状披针形，长4—7（9）厘米，宽2—3.5厘米，先端渐尖或急尖，基部楔形或宽楔形，两面无毛，下面淡灰色，中脉纤细，上面微下陷，下面凸起，侧脉不明显，约5—8对，排列不整齐，网脉少而稀疏，不明显；叶柄长5—8毫米。花单性，异株；雄花2—5成簇，稀单生，通常着生于当年生枝条顶端，稀腋生，花大，直径约1厘米，花萼和花梗呈紫红色，梗长4—6毫米，纤细，萼片椭圆形，几乎等大，花瓣小于萼片，倒卵状椭圆形，几乎等大，雄蕊约40，联合成1束，花丝长约为花药之半，花药4室，纵裂，无退化雌蕊，雌花和果实未见，花期12月至翌年1月。

　　产盈江，生于海拔340米潮湿的沟谷杂木林中。

　　种子繁殖，育苗造林。技术措施同前。

　　嫩枝、花萼和花梗均呈紫红色，色泽绚丽，树姿优美，适于园林观赏。

10.山木瓜（瑞丽）　"埋任"（怒江独龙语）、"网都希曼昔""滴让昔"（德宏景颇语）图267

Garcinia esculenta Y. H. Li（1981）

　　乔木，高达20米，枝条灰褐色，具细纵条纹，稀被皮孔。叶纸质，椭圆形，卵状椭圆形或长圆状椭圆形，长12—18（20）厘米，宽4—7厘米，先端突尖或钝渐尖，基部楔形，微下延，下面淡褐色，中脉两面凸起，侧脉排列整齐，8—10对，网脉较多但不明显，叶柄长1—1.5厘米。花单性，异株；雄花序聚伞状，长约2厘米，1—3着生于嫩枝顶端，总梗粗壮，长不过5毫米，花淡黄色，萼片外面的2枚较短，里面的2枚较长，倒卵形或扁圆形，花瓣3枚等大，里面1枚较小，椭圆形或长圆形，较萼片为长，雄蕊多数，花丝聚合成1束，束柄头状，花药扁形状各式，2室，纵裂，无退化雌蕊；雌花通常单生于嫩枝顶端，比雄花大，径约1厘米，退化雄蕊的花丝联合，包围子房基部，子房圆球形，8—12室，柱头全缘，具多数乳头状瘤突，高1—1.2厘米，外面具6—8棱。果大，成熟时卵球形，稀扁球形，长5—9厘米，橙黄色，外面具沟槽6—8，有时达11，柱头宿存，成熟种子2—4，微纺锤形或斜卵形，外面光滑，长2.5—3厘米。花期8—10月，果期6—8月。

　　产盈江、瑞丽、陇川、贡山，生于海拔（860）1300—1650米的山坡杂木林中。

　　种子繁殖、育苗造林。混沙贮藏的种子需常翻动，并保持湿润。造林时需剪去部分枝叶。

　　木材为建筑、室内装修、木器家具，胶合板等用材。成熟果外形酷似酸木瓜，故得名；可食用，味酸甜。

图266 藤黄（红萼、双籽）

1—2.*Garcinia rubrisepala* Y. H. Li： 1.花枝 2.雄花

3—5.双籽藤黄 *Garcinia tetralata* C. Y. Wu ex Y. H. Li：

3.果枝 4.果实宿存柱头 5.果实横切面

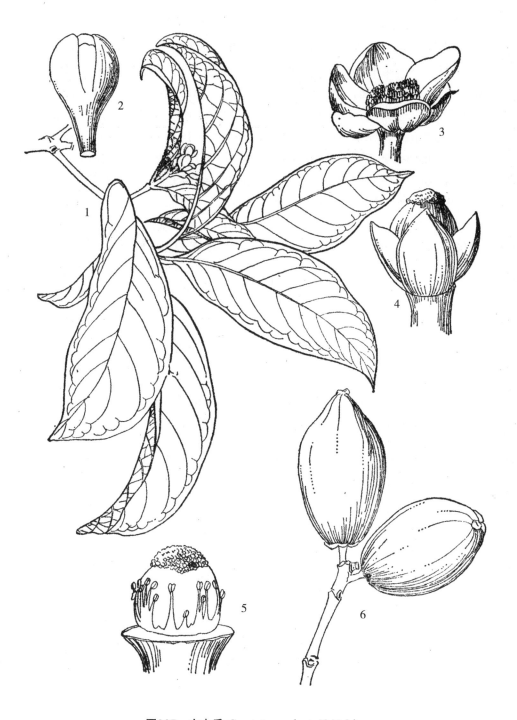

图267　山木瓜 *Garcinia esculenta* Y. H. Li
1.雄花枝　　2.雄花蕾　　3.雄花　　4.雌花
5.除去花被的雌花（示退化雄蕊）　　6.果实

11.具梗藤黄（云南种子植物名录）　"奇尼昔"（瑞丽景颇语）图268

Garcinia pedunculata Roxb.（1814）

乔木，高达20米；树皮厚，栓皮状。叶坚纸质，椭圆形，倒卵形或长椭圆状披针长（12）15—25（28）厘米，宽7—12厘米，先端通常浑圆，稀钝渐尖，基部楔形，中脉粗壮，上面微下陷，下面凸起，侧脉整齐，斜生，9—14对，第三次小脉几平行，互相联结，几不明显；叶柄长2—2.5厘米。花杂性，异株；雄花序顶生，直立，圆锥状聚伞花序，长8—15厘米，克梗长3—6厘米，小花8—12，花梗粗壮，自上至下渐细，长3—7厘米，宽3—7毫米，萼片阔卵形或近圆形，厚肉质，边缘膜质，花瓣黄色，长方状披针形，长7—8毫米，雄蕊合生成1束，其中少数几枚具分离的花丝，束柄头状，长约3毫米，花药多数，退化雌蕊倒圆锥形，微有棱，柱头盾形，具不明显的瘤突；雌花通常单生或成对着生枝条顶端，花梗粗壮，宽5—6毫米，长3.5—4厘米，微四棱形，基部具半圆形苞片2，子房近球形，8—10室，柱头8—10裂，具乳头状瘤突，退化雄蕊的花丝联合成杯状包围子房，几与子房壁合生。果大，成熟时扁球形，两端微凹陷，径11—20厘米，黄色，光滑，柄长5—6厘米，有种子8—10，种子肾形，假种皮多汁。花期8—12月，果期12—翌年1月。

产瑞丽、盈江，生于海拔250—350米的低山坡地，潮湿的密林中；西藏东南部墨脱也有；分布于孟加拉国北部和东部；有时栽培。

种子繁殖。清除果肉及假种皮后洗净阴干混沙贮藏于通风干燥处。条播，播前温水浸种，用福尔马林消毒。造林地宜选在海拔400米以下的低山。

木材为家具，建筑等用材。果实中间部分和多汁的假种皮橙红色，当地群众喜食用，味颇酸；树皮、枝、叶等各部黄色树脂稀少，树姿优美，宜于庭园栽培。

12.版纳藤黄（植物分类学报）图269

Garcinia xipsuahnbannaensis Y. H. Li（1981）

乔木，高达15米。枝条褐色，具纵条纹，髓心中空，嫩枝绿色，光滑。叶坚纸质，椭圆形、椭圆状披针形或卵状披针形，长13—18厘米，宽4—8厘米，先端渐尖或突尖，基部楔形，微下延，上面淡绿色，中脉两面凸起，侧脉8—12对，网脉多，但不明显；叶柄长1.2—2.2厘米。花杂性，同株；疏散的圆锥状聚花伞序，长达8厘米，通常顶生，稀腋生，有时在花序基部着生1个双花的小花序，长约2.5厘米，总梗和花梗具明显的关节；花橙黄色，径约1厘米，萼片外面2枚较短，三角状卵形，里面2枚较长，近圆形，花瓣几等大，肉质，广卵形，较萼片长；雄蕊多数，花丝基部联合成1轮，包围子房，花丝粗壮，与花药等长或更长，花药扁球形，2室，纵裂；能育雌蕊的子房膨大，10—12室，柱头肥厚，上面有不明显的瘤突；退化雌蕊的子房不膨大，柱头扁平，光滑，高2—3毫米，果序长5—7厘米，通常着成熟果1—2，径4—5厘米，圆球形，深黄色，外面光滑，柱头宿存，具多数乳头状瘤突；成熟种子2—4，微卵形，外面光滑，长2—2.5厘米。花期1—2月，果期4—5月。

产勐腊，生于海拔600米的低山沟谷密林中。

种子繁殖，育苗造林。

木材为室内装修、家具、胶合板等用材。

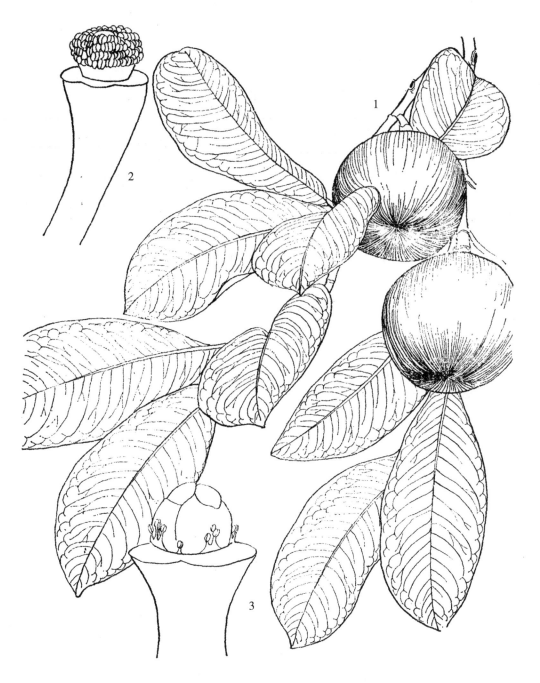

图268 具梗藤黄 *Garcinia pedunculata* Roxb.
1.果枝 2.除去花被的雄花 3.除去花被的雌花

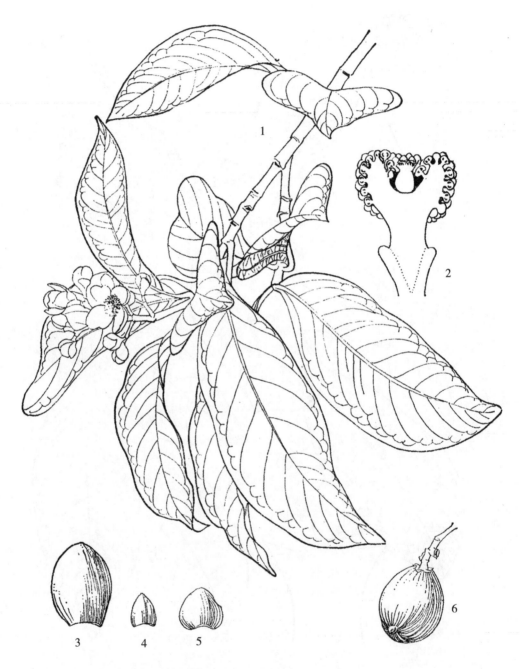

图269 版纳藤黄 *Garcinia xipshuanbaensis* Y. H. Li

1.花枝　　2.除去花被的纵剖面　　3.花瓣　　4—5.萼片　　6.果实

2. 黄果木属 Ochrocarpus Thou.

乔木。叶革质，侧脉近平行，几与中脉垂直，网脉明显，构成均匀的细网孔。花杂性，同株或异株，单生于老枝的节上或叶腋，花萼在花蕾时封闭，开放后2或3裂（萼片），花瓣4—7或更多；雄蕊多数，分离或基部联合成1轮，花丝细长，丝状，花药直立，长圆形或线形，底着，2室，两侧垂直开裂；子房2室，每室有胚珠2，花柱短，柱头盾形，3裂。浆果大，橄榄形；种子1—4，胚轴大而肉质，子叶极小或几不明显。

本属约50种，主要产亚洲热带，其次是非洲热带，大洋洲及南美洲亦产数种。我国有1种，产云南。

云南黄果木（云南植物志）　"梭拉批""聋梭批"（西双版纳傣语）图270

Ochrocarpus yunnanensis H. L. Li（1944）

乔木，高达25米，胸径达80厘米；树皮暗灰褐色，具大小不等的灰白色斑块；树冠成浓密的阔圆锥形。分枝多，老枝灰褐色，具大而明显的叶痕，幼枝黄褐色，具纵棱。叶厚革质，长圆形，长方状披针形或狭椭圆形，长16—20厘米，宽5—9厘米，先端短渐尖，钝头或浑圆，基部通常圆形，中脉粗壮，上面扁平，下面凸起，侧脉多数，不显著，与网脉构成均匀明显的细网孔；叶柄短而粗壮，长8—5毫米。花杂性，通常单生或有时成对着生于无叶的老枝，径约3厘米，花梗长2—3.5厘米，萼片花蕾时封闭，开放后2裂，等大，阔卵形，内凹，长8—10毫米，逐渐下垂，宿存，花瓣6，覆瓦状，白色，等大，长圆形，内凹，长约2厘米；雄蕊多数，花丝长约6毫米，基部联合成1轮，包围子房基部；子房卵球形，外面具2或3凹槽，高约4毫米，通常2室，每室具侧生胚珠2，通常仅1枚发育，花柱粗壮，长2—3毫米，柱头光滑，盾状3裂，边缘下弯。果成熟时深褐色，椭圆形，顶端突尖，基部微下延，长5—6厘米，中部直径3.5—4厘米，柄长2.5—3厘米；种子1，外面具多汁的瓢状假种皮，种皮薄，淡褐色，长2.5—3厘米。花期3—4月，果期9—10月。

产勐腊、景洪、澜沧，生于海拔600—620米的低丘潮湿密林中。

种子繁殖。随采随播或混沙贮藏。育苗时适当遮阴。

花极香，当地喜种植于庭园观赏；成熟果的瓢状假种皮味甜可食。

3. 红厚壳属 Calophyllum L.

乔木或灌木。叶对生，全缘，光滑无毛，有多数平行的侧脉，几与中脉垂直。顶生或腋生的总状花序或圆锥花序；花两性或单性，萼片和花瓣4—12（国产种通常为4），2—3轮，覆瓦状排列；雄蕊多数，花丝线形，通常蜿蜒状，基部分离或合生成数束，花药底着，直立，2室，纵裂；子房1室，具单生直立的胚株1，花柱细长，柱头盾形。核果，球形或卵球形，外果皮薄，种子具假种皮，子叶厚而肉质，富含油脂。

本属约180余种，主要分布于亚洲热带地区，少数种类分布于南美洲和大洋洲。我国有3种，产广东（海南）、广西南部、云南南部、台湾及沿海部分地区；云南产1种，栽培1种。

图270 云南黄果木 *Ochrocarphs yunnanensis* H. L. Li

1.果枝　2.花　3.果实纵剖面　4.叶的一部分（示网状脉）

分 种 检 索 表

1.叶厚革质；花序长10厘米以上，花梗无毛，长1.5—4厘米；果圆球形，无尖头 …………
………………………………………………………………………… 1.红厚壳 C. inophyllum
1.叶革质；花序长5—10厘米，花梗被锈色微柔毛，长4厘米以上；果椭圆形，具尖头 ……
…………………………………………………………………… 2.滇南红厚壳 C. polyanthum

1.红厚壳（海南植物志）图271

Calophyllum inophyllum L.（1753）

乔木，高达12米；树皮厚，灰褐本或暗褐色，具纵裂缝，创伤处渗出透明树脂。幼枝具纵条纹。叶厚革质，宽椭圆形或倒卵状椭圆形，稀长圆形，长8—15厘米，宽4—8厘米，先端浑圆或微缺，基部钝圆或宽楔形，两面有光泽，中脉在上面下陷，背面凸起，侧脉多数，几与中脉垂直，两面凸起；叶柄粗壮，长1—2.5厘米。花序近顶生，7—11小花组成总状花序或圆锥花序；花两性，白色，微香，直径2—2.5厘米，花梗长1.5—4厘米，花萼裂片4，外面2枚较小近圆形，凹陷，长约8毫米，里面2片较大，倒卵形，花瓣状，花瓣4，倒披针形，长约11厘米，顶端近平截或圆形，内弯；雄蕊极多数，花丝基部合生成4束；子房近球形，花柱细长，蜿蜒状，柱头盾形。果球形，径约2.5厘米，成熟时黄色。花期3—6月，果期9—11月。

景洪栽培；产广东（海南），台湾及沿海地区。分布于印度、中南半岛、斯里兰卡、马来西亚、印尼（苏门答腊）、安达曼群岛、菲律宾群岛、波利尼西亚以及马尔加什和澳大利亚等地。喜生于热带高温多湿，面向西南或东南夏风吹拂的海滨地带；我国多生于海拔60—200米的丘陵空旷地和海滨沙荒地上；有时当地也进行栽培。

种子繁殖，播前温水催芽。苗期注意水肥管理及适当遮阴。

种子含油量20%—30%，种仁含油量50%—60%，可作工业用油，加工去毒和精炼后可食用，亦供医药用。木材质地坚实，较重，心、边材不明显，能耐磨损和海水浸泡，不受虫蛀食，适宜于船舶、桥梁、枕木及家具、农具等用材。树皮含单宁15%，可提制栲胶。

2.滇南红厚壳　图271

Calophyllum polyanthum Wall. ex Choisy（1851）

乔木，高达25米。幼枝被灰色微柔毛，微4棱，老枝圆柱形。叶革质或坚纸质，长圆状椭圆形或卵状椭圆形，稀披针形，长5.5—9.5厘米，宽2.5—4.3厘米，先端渐尖，钝头，基部突尖或楔形，下延，叶柄腹面具宽的沟槽，长1—2厘米，叶下面通常苍白色，边缘微外卷，侧脉极多数，整齐；中脉和侧脉两面凸起。圆锥花序或总状花序，顶生，稀腋生，通常短于叶片，总梗短或近无；花白色，梗长4—10毫米，密被锈色微柔毛，花萼裂片4，外面2片不相等。长圆状卵形或宽椭圆形，稀倒卵形，长约2.5毫米，里面2片等大，椭圆状倒卵形，长约4.5毫米，顶端浑圆，边缘具毛，花瓣4，倒卵形，长约5.5毫米，顶端浑圆，边缘具毛；雄蕊多数，花丝线形，长3.5毫米，基部或多或少合生；子房卵球形，无毛，高约1.7毫米，花柱约与子房等长。果序通常着果1—2，果椭圆形，长2—2.5厘米，顶端具尖

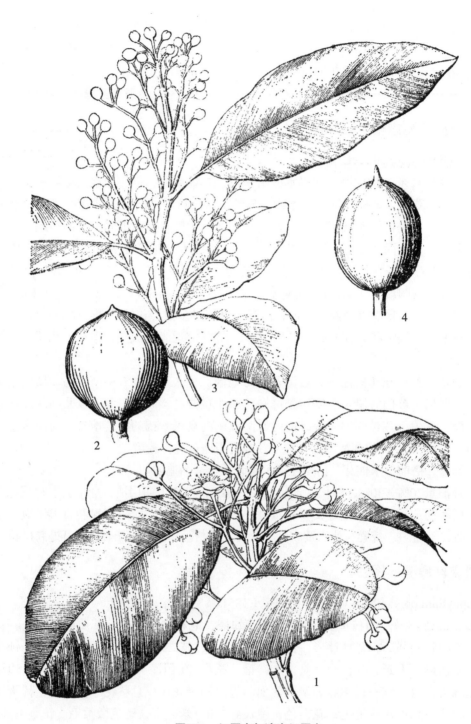

图271 红厚壳与滇南红厚壳

1—2.红厚壳 *Calophyllum inophyllum* L.： 1.花枝 2.果

3—4.滇南红厚壳 *C. polyanthum* Wall ex Choisy： 3.花枝 4.果

头，1室；种子花期4—5月，果期9—10月。

产景洪、澜沧，生于海拔1100—1800米的山坡或沟谷密林中；印度及泰国也有分布。

种子繁殖。采收后立即播种或清除果皮及假种皮阴干混沙贮藏。

木材心边材不明显，材质坚实，耐水；适宜于桥梁、船舶、枕木、家具用材。也可作园林绿化树种。

4. 铁力木属 Mesua L.

乔木。叶硬革质，通常具透明斑点，侧脉极多数，纤细。花两性，稀杂性，通常单生叶腋，有时顶生，萼片和花瓣4，覆瓦状排列，雄蕊多数，花丝长，丝状，分离，花直立，底着，2室，垂直开裂，子房2室，每室有直立胚株2，花柱长，柱头盾状。果实介于木质和骨质之间，中间有裂孔的隔膜，成熟时2—4瓣裂，种子1—4，胚乳肉质，富含油脂。

本属约40余种，分布亚洲热带地区；我国南部有1种，产云南、广西和广东。

铁力木（广西通志） "埋波朗" "喃姆波朗" "莫拉"（西双版纳傣语）、"埋朗姆过"（双江傣语）、"埋甘英喀"（耿马傣语）图272

Mesua ferrea L.（1754）

M. nagassarium（Burm.f.）Kosterm.（1976）

常绿乔木，高达30米（栽培者仅8—16米）；树干端直，树冠圆锥形，具板状根，树皮薄，暗灰褐色，外皮薄片状开裂，内皮淡红色，创伤处渗出带香气的白色树脂。嫩枝鲜红褐色，后变暗绿色。叶幼时黄带红色，老时暗绿色，革质，通常下垂，长（4）6—10（12）厘米，宽1—4厘米，披针形、狭椭圆状披针形或线状披针形，先端渐尖或长渐尖至短尾尖，基部楔形，上面暗绿色，微具光泽，下面通常被白粉，侧脉极多数，纤细而不明显，网脉在放大镜下隐约可见，叶柄长0.5—0.8厘米。花两性，1—2顶生或腋生，直径5—6厘米，梗长3—5毫米，萼2大2小，近圆形，内凹，边缘膜质，有时具睫毛，花瓣等大，白色，楔状倒卵形，长1.5—2厘米；雄蕊多数，分离，花丝丝状，长1.5—2厘米，花药矩圆形，金黄色，长约1.5毫米；子房圆锥形，高约1.5厘米，花柱长1—1.5厘米，柱头盾形。果卵球形或扁球形，成熟时长2.5—3.5厘米，干后栗褐色，有纵皱纹，顶端花柱宿存，通常2瓣裂，基部具增大成木质的萼片和多数残存的花丝，果柄粗壮，长0.8—1.2厘米；种子1—4，背面凸起，腹面平坦或两面平坦，种皮褐色，有光泽，坚而脆。花期3—5月，果期8—10月，有时花果并存。

产西双版纳、孟连、瑞丽、陇川、梁河、耿马、沧源；广东（信宜）、广西（藤县、容县）也有分布。通常零星栽培；我国只有在云南耿马县孟定，海拔540—600米的低丘斜坡上，尚保存有小面积的逸生林。亚洲南部和东南部地区，从印度、斯里兰卡，孟加拉国、泰国经中南半岛至马来半岛均有分布。

种子繁殖。种子千粒重1370克。苗床育苗或营养袋育苗。播后覆土（苗床）或覆沙（营养袋），再覆草搭阴棚。每天浇水一次。1—2年生苗可造林。铁力木可分布到热带北缘，具一定抗寒、抗病虫害能力。造林时宜修去2/3侧枝。幼年需荫蔽环境。

图272 铁力木 *Mesua ferrea* L.

1.花枝　　2.雌蕊（子房纵剖面）　　3.雄蕊　　4.果实

5.木质化轴座　　6.果实纵剖面　　7—8.种子

结实丰富，种子含油量高达78.99%，是很好的工业油料，木材结构致密，纹理稍斜，心材和边材明显，材质极重，坚硬强韧，难于加工，唯耐磨、抗腐性强，抗白蚁及其他虫害，不易变形，可供制机身、车辆、运动器械、舵轴、榨油器具、各种机轴、齿轮、高级乐器及高级建筑的雕刻，镶嵌等，是一种有价值的特种工业用材。树形美观，花有香气，也适宜于庭园绿化观赏。

5. 猪油果属 Pentadesma Sabine

乔木。叶革质。花萼和花瓣10枚，逐渐互相转变，覆瓦状排列，里面花托上具硕大腺体5；雄蕊多数，基部合生成5束，与花瓣对生，花丝丝状，花药基部通常箭形，底着，2室、平行纵向开裂；子房（4）5室，中轴胎座，每室有胚珠12—15。浆果皮厚，卵球形，隔膜膜质，纤维状，内果皮肉质，有种子3—4；种子有棱角，富含油脂。

本属约4种，产非洲热带，我国南部引种栽培1种。

猪油果（热带植物研究）图273

Pentadesma butyracea Sabine（1824）

常绿乔木，高达7米；树冠圆锥形。分枝低，长而平展，小枝深褐色，具纵槽纹。叶革质，披针形或长圆状披针形，两边近平行，长（12）24—28厘米，宽（2）4—6厘米，先端锐尖或短渐尖，基部宽楔形或近圆形，上面暗绿色，具光泽，下面淡绿色，光滑无毛，中脉两面隆起，侧脉多数，密集，近平行，至边缘处联结；叶柄粗壮，长1—1.5厘米。花大型，5基数，5—12朵着生于枝条顶端，直径4—6厘米，萼片3大2小，卵状披针形，长2.5—4厘米，花瓣倒卵形或倒披针形，长4.5—5厘米，淡黄色；花丝基部联合成5束，每束（28）30—34，花药线形，长约8毫米；子房长椭圆形，约与花柱等长，1.5—1.8厘米，柱头5裂，稀4裂，4—5室，每室有胚珠12—14，花梗粗壮，长约2厘米。果成熟时棕褐色，斜卵形，长10—12厘米，径5—6厘米，表面有网纹，果皮渗出的浆汁干后成红褐色颗粒状，顶端具长约2厘米的尖头，基部钝圆，花被和雄蕊宿存，果柄粗壮，长约2厘米，果皮厚3—5毫米，有种子2—4，假种皮淡红色；种子呈不规则的卵形、半圆形或近圆形，种皮薄，外面有撕裂纤维。花期11月至翌年1月，果期4—5月。

原产热带非洲西部塞拉勒窝内的沿海地区，亚洲热带最早（1897年）由斯里兰卡引种成功，我国福建首次引入试种，云南西双版纳1963年由加纳引入，1972年开始开花结实。

种子繁殖，宜随采随播。

种子含食用油脂，可作可可油的代用品；因其树脂可以当奶油吃，原产地称为奶油树，是很好的经济植物，可以推广栽培。

图273 猪油果 *Pentadesma butyracea* Sabine

1.花枝 2.花纵剖面 3.雄蕊束 4.花瓣 5.萼片 6.子房横剖面

152.杜仲科 EUCOMMIACEAE

落叶乔木，各部含丝状胶质。小枝髓心呈片状分隔。单叶互生，羽状脉，边缘有锯齿；有叶柄，托叶无。花单性，雌雄异株，无花被，先于叶开放或与新叶同时从鳞芽长出；雄花簇生，具短柄，有小苞片，雄蕊4—10，线形，花丝极短，花药4室，纵裂；雌花单生于苞腋，雌蕊具2心皮，子房上位，1室，具扁平子房柄，胚珠2枚并列、倒生、下垂，顶端2裂，柱头位于裂口内侧，先端反折。翅果长椭圆形，扁平，果翅位于周围，先端2裂，果度薄革质。种子常1枚，垂生于顶端，有时具2枚种子；胚直立，胚乳丰富，与胚等长，子叶肉质，外种皮膜质。

本科仅1属1种，我国特有，分布于华中、西南及西北各地区；英、美、日等国有引种。

杜仲属 Eucotnmia Oliver

属的特征与科同。

杜仲（本草纲目）　思仲、思仙（神农本草经）木棉（群芳谱）银丝杜仲（曲靖）图274

Eucommia ulmoides Oliver（1890）

落叶乔木，高达20米，胸径可达40厘米。树皮灰褐色，含胶质，折断后可见多数白色细丝；幼枝具黄褐色毛，后无毛，老枝皮孔明显；冬芽卵圆形，外被红褐色鳞片6—8，边缘有微毛。叶椭圆形，卵形或长圆形。薄革质，长6—18厘米，宽3—7.5厘米，先端渐尖，基部圆形或宽楔形，边缘具锯齿，上面暗绿色，初时有柔毛，后变无毛，下面淡绿色，初时具柔毛，后脱落仅沿脉上有毛，侧脉7—9对，在上面凹下，在下面微凸起；叶柄长1—2厘米，具沟槽，被疏毛，花生于当年生枝基部，雄花无花被，梗长约3毫米；苞片倒卵状匙形，长6—8毫米，顶端圆形，边缘有毛，早落；雄蕊长约1厘米，无毛，花丝长约1毫米，药隔突出，花粉囊细长；雌花单生，苞片倒卵形，花梗长8毫米，子房1室，无毛。翅果扁平，长椭圆形，长3—4厘米，宽1—1.5厘米，先端2裂，基部楔形。种子扁平，线形，长1.4—1.5厘米，宽2—3毫米，两端圆形。花期4月，果期10月。

产昭通、曲靖、丽江地区，生于海拔1500—3000米的地带；山东、河南、陕西、甘肃南部、广西、四川、贵州均有分布；北美、英国、法国、日本、俄罗斯引种栽培。

喜光，不耐阴；在微酸性、中性、微碱性的土壤上均能生长。用种子或扦插繁殖，萌芽更新亦可。种子选健壮的15—40年生母树，随采随播为宜。如需贮藏、播前用千分之一的高锰酸钾温水浸种后，湿沙催芽效果亦好。一年生苗即可出圃定植。

木材洁白，有光泽，纹理细致、均匀、柔韧坚实、不翘不裂，不易虫蛀；为制作家具、农具、舟车及建筑的优良用材。树皮入药，称杜仲，为名贵中药材，其性辛温无毒，有强筋骨、补肝肾、益腰膝、除酸疼之效；西药提制的杜仲酊，用以治疗高血压及风湿等

图274 杜仲 *Eucommia ulmoides* Oliver
1.果枝 2.雄花 3.雌花

症。叶、皮及果实内所含丰富的杜仲胶为硬性橡胶，具耐酸、耐碱、绝缘黏着等性能，为制造海底电缆必需的材料，并适用于制作化学容器及电工绝缘器材。

156.杨柳科 SALICACEAE

落叶乔木或灌木；树皮平滑或开裂，通常有苦味。芽为一至数枚鳞片所包被，有顶芽或无顶芽。单叶互生，稀对生，全缘或有齿，有时掌状浅裂；托叶早落或宿存。葇荑花序下垂或直立，先于叶或与叶同时开放，稀叶后开放。花单性，雌雄异株，风媒或虫媒，单生于苞片腋内，具杯状花被或腺体；苞片分裂或不分裂，早落或宿存；雄蕊二至多数，花丝分裂或合生，花药长椭圆形，2室，纵裂；雌蕊由2—4稀5心皮合成，子房1室，有2—4侧膜胎座，胚珠多数，花柱短或长，先端通常2裂，柱头2—4裂，稀不裂。蒴果2—4稀5瓣裂；种子细小，暗褐色，种皮薄，胚直立，无或有少量胚乳，具白色长毛。

本科3属，约620余种，分布于寒温带、温带和亚热带。3属在我国均有，约320余种，各省（区）均有分布。云南有2属，100余种，27变种，5变型，以西北部为主要分布区。

本书未加描述的种，仅列名称和产地。

分 属 检 索 表

1.萌枝髓心五角形，有顶芽，芽为数枚鳞片所包被；雌雄花序下垂，苞片先端分裂，花基部有杯状花被；叶片通常宽，柄长 ·· 1.杨属 Populus
1.萌枝髓心圆形，无顶芽，芽为1枚鳞片所包被；雌花序直立或斜展，苞片先端不裂，花基部有腺体，叶片通常窄，柄短 ·· 2.柳属 Salix

1.杨属 Populus L.

落叶大乔木或灌木状小乔木；树干通常端直，极稀弯曲；树皮常为灰白色，平滑或纵裂。小枝有棱角或圆柱形，萌枝髓心近五角形，有顶芽，芽具数枚覆瓦状排列的鳞片，通常有芽脂（黄褐色黏性分泌物）。叶互生，多为卵形或三角状卵形至宽卵形，有时心形，在不同的枝上常变化很大；叶柄长，侧扁或圆柱形，先端有或无腺点；托叶早落。花为风媒花，具斜杯状花被，通常先叶开放，雄花开放的时间一般先于雌花；苞片先端尖裂或条裂，膜质，早落；花被边缘深裂、波状或全缘；雄蕊4至多数，着生于花被内，花丝分离，花药暗红色；雌蕊单独着生于花被基部，花柱短或无，柱头2—4裂。蒴果2—4，稀5瓣裂。种子多数。子叶椭圆形。

本属约100余种，分布于欧洲、亚洲和北美洲。我国约62种，47变种，20变型；云南有14种，14变种，1变型。

分 组 、 分 种 检 索 表

1.苞片边缘有毛，花被边缘波状，蒴果2瓣裂；叶缘具波状齿，稀为锯齿，叶柄侧扁。
1.白杨组 Sect. *Populus*
　2.芽鳞无毛或有柔毛；叶缘具浅波状齿或圆锯齿。

3.叶近圆形，边缘具浅波状齿，叶柄先端无或有时有不明显的小腺点。

    4.小枝赤褐色，芽鳞无毛，叶基部楔形或圆形，有时具缘毛 ……………………

…………………………………………………………… 1.山杨 P. davidiana

    4.小枝绿褐色，芽鳞有柔毛，叶基部浅心形或圆截形，幼时微红色，有毛 …………

…………………………………… 2.清溪杨 P.rotundifolia var.duclouxiana

3.叶卵形或宽卵形，边缘具内曲圆锯齿，叶柄先端有2个明显的大腺点 …………

…………………………………………………………… 3.响叶杨 P. adenopoda

  2.芽鳞有绒毛；叶缘具深波状齿 ………………………………… 4.毛白杨 P. tomentosa

1.苞片边缘无毛，花被边缘深裂或全缘或浅波状，蒴果2—4（5）瓣裂；叶缘具锯齿。

  5.叶无半透明边缘；叶柄圆柱形。

    6.花被边缘深裂或深波状；叶下面淡绿色或灰绿色，叶柄先端常有腺点（组2.大叶杨组 Sect. *Leucoides*）。

      7.蒴果密被绒毛；叶基部深心形，叶柄通常有毛 …………………………………

…………………………………………………………… 5.大叶杨 P. lasiocarpa

      7.蒴果几无毛或疏被柔毛；叶基部圆截形或微心形，叶柄通常无毛

…………………………………………………………… 6.椅杨 P. wilsonii

    6.花被边缘平截或浅波状；叶下面常为苍白色，稀黄绿色，叶柄先端常无腺点（组3.青杨组 Sect. Tacamahaca）。

      8.叶菱状卵形或菱状椭圆形，基部楔形 ………………… 7.小叶杨 P. simonii

      8.叶卵形，宽卵形或长卵形，基部宽楔形，圆形或心形

        9.小枝、芽鳞、叶柄、果序轴均无毛。

        10.叶无毛，果序长不超过20厘米；蒴果3—4瓣裂。

          11.叶先端短渐尖，基部微心形或圆形，从基部向上第二对侧脉通常在叶片中部以上到达边缘 ………………………………8.川杨 P. szechuanica

          11.叶先端长渐尖，基部圆形或宽楔形，稀微心形，从基部向上第二对侧脉通常在叶片中部以下到达边缘 ………………………9.滇杨 P. yunnanensis

        10.叶下面脉上有毛；果序长达35厘米，蒴果（4）5瓣裂 …………………

…………………………………………………………… 10.五瓣杨 P.yuana

        9.小枝、芽鳞、叶柄均有毛，果序轴有毛，稀无毛。

        12.小枝无棱，叶柄先端无腺点。

          13.叶两面被疏柔毛，无缘毛；果序长18厘米，轴有柔毛；蒴果4或3瓣裂；幼时有毛，近无梗 …………………………11.德钦杨 P.haoana

          13.叶上面无毛，下面脉上有毛，具密缘毛；果序长22厘米，轴有疏毛或无毛，蒴果4瓣裂，幼时无毛，有梗 ………… 12.缘毛杨 P.ciliata

        12.小枝有棱；叶柄先端常有腺点。叶两面沿脉有疏柔毛；果序长22厘米，轴仅基部有毛；蒴果4瓣裂，有短梗 …………13.亚东杨 P.yatungensis

  5.叶有半透明边缘，叶柄侧扁；花被边缘波状或全缘（组4.黑杨组Sect. Aigeiros）

      14.叶棱状卵形或菱状三角形，叶柄先端无腺点 …………………………………

1.山杨（中国树木分类学）图275

Populus davidiana Dode（1905）

P. tremula L. var. *davidiana*（Dode）Schneid.（1916）

灌木或乔木，高3—25米。小枝圆柱形，赤褐色，无毛，萌枝有柔毛；芽卵状圆锥形，鳞片无毛。叶卵状近圆形，长2—4（7）厘米，宽1.5—3.5（6.5）厘米，先端短渐尖或急尖，基部楔形，边缘具波状浅齿，无毛或幼时有缘毛，萌枝叶较大，被柔毛；叶柄长1.5—5.5厘米；托叶披针形，早落。花序轴有柔毛，苞片棕褐色，掌状分裂，裂片长三角状披针形，边缘具长毛，花被有时有柔毛；雄花序长3—9厘米，雄蕊5—12，花药紫红色；雌花序长5—10厘米，果序长达12厘米，子房卵状圆锥形，有短梗，无毛，柱头2，2裂，带红色。蒴果2瓣裂。花期3—4月，果期4—5月。

产禄劝、丽江、大理，生长于海拔2000—3000米的混交林中，常在森林边缘开垦后的荒地上自然形成次生林群落；黑龙江、河北、陕西、甘肃、湖北、四川、西藏等省区均产。朝鲜、俄罗斯东部也有。

阳性树种，耐寒、耐干旱、耐瘠薄，适生于排水良好的微酸性至中性土壤。根部萌蘖力强，可用分根及种子繁殖，插条不易成活。

木材白色，富弹性，轻软，比重0.41；可作火柴杆、造纸和一般建筑等用材；树皮可提取栲胶，萌枝条可以编筐；幼枝叶可作饲料；是绿化荒山，保持水土的重要树种。

2.圆叶杨（中国植物志）

Populus rotundifolia Griff.（1854）

产不丹，我国不产。

2a.清溪杨（中国树木分类学）图276

var. duclouxiana（Dode）Gomb.（1908）

P. duclouxiana Dode（1905）

乔木或小乔木，高可达20米。小枝绿褐色，初有柔毛，后无毛；芽圆锥形，芽鳞幼时有毛。叶卵状圆形或三角状圆形，长5—10厘米，宽4—9厘米，先端渐尖，基部浅心形或圆截形，边缘具波状钝齿，上面绿色，下面灰绿色，幼时两面被毛，后无毛；叶柄长4—9厘米，幼时有疏柔毛，无后毛；萌枝叶较大，连同叶柄密被绒毛；托叶早落。花序轴有毛，苞片掌状条裂，边缘有长毛，花被无毛；雄花序长约4—6厘米，雄蕊5—10；雌花序长约5—8厘米，果序长达11厘米或更长；子房长卵形，无毛，有梗，柱头2，2裂，裂片条形，微鸡冠状。蒴果2瓣裂。花期4—5月，果期5—6月。

产丽江、维西、香格里拉、大理、镇雄，生于海拔1680—3200米的杂木林中和林缘空地及灌木丛次生林中；陕西、四川、贵州、西藏也有。模式标本采自云南。

图275 山杨 *Populus davidiana* Dode
1.雌花序枝　　2.雌蕊　　3.雄花

天然更新力强，截根萌生或播种育苗均可。木材纹理直、结构细，轻软，气干容重0.5，为板料、牙签、造纸、火柴杆等用材，是绿化荒山、保持水土的重要树种之一。

2b. 小白杨（昆明）（变种） 圆叶扬（云南种子植物名录）、滇南山杨（中国植物志）图276

var. bonatii.（Levi.）C. Wang et Tung（1984）

P. bonatii Levi.（1910）

灌木或小乔木，高2—5米；树皮灰白色，有扁圆形黑褐色横斑。小枝细，绿褐色，幼时有缘毛，后无毛；芽卵状圆锥形，芽鳞无毛或略具缘毛。叶卵状圆锥形或卵状三角形，长3—9厘米，宽2.5—8.5厘米，先端短渐尖，基部浅心形或圆形，稀楔形，边缘具波状锯齿，幼时有柔毛，枝条先端的叶带红色，萌枝叶长19厘米，宽16厘米，连同叶柄密被柔毛；叶柄长2—6厘米，略带红褐色，有时有腺点，无毛或幼时有毛；托叶线状披针形，长约1厘米，早落。花开放时间较长，先于叶至后于叶均有，雌株尚有10月份第二次开花结果的现象；雄蕊6—13；柱头2，不规则2或3裂，裂片鸡冠状，淡红色。蒴果2瓣裂。花期3—5月，果期5—6月。

产昆明、大理、宾川，生于海拔2000米左右的杂木疏林下和灌丛中，天然更新力强。模式标本采自宾川。

根际萌蘖力强，能天然更新。种子育苗，植树造林亦可。

木材可作火柴杆，造纸等用材。为水土保持重要树种之一。

3. 响叶杨（中国树木分类学） 腺柄杨（云南种子植物名录）图277

Populus adenopoda Maxim.（1879）

P. tremula L. var. *adenopoda*（Maxim.）Burkill（1899）

乔木，高达30米。小枝圆柱形，被柔毛；芽卵状圆锥形，初有毛，后无毛。叶卵形，长7—15厘米，先端长渐尖，基部楔形或圆形，有时微心形或楔形，边缘具内曲圆锯齿，上面深绿色，下面灰绿色，幼时两面被柔毛，下面较密；叶柄侧扁，初被柔毛或绒毛，后无毛，长3—9厘米，顶端有2显著凸起的大腺点。花序轴有毛，苞片条裂，边缘有长毛，花被无毛，边缘微波状至浅波状。雄花序长6—10厘米；雌花序长4—10厘米，果序长可达25厘米。蒴果无毛，有短梗，2瓣裂。花期3—4月，果期4—5月。

产昆明、昭通、罗平，生于海拔1350—2500米的阳坡灌丛或杂木林中；陕西、江苏、安徽、浙江、福建、河南、湖北、湖南、广西、四川、贵州等省区均产。

喜光，适温凉湿润气候，不耐严寒。在山区常成小片纯林或与桦木、栎类混生。根际萌蘖性强，天然更新良好，用种子繁殖亦可，扦插不易成活。20年生，胸径达25厘米。

木材白色，心材微带红色，干燥后易开裂，为火柴杆、造纸、牙签、器具、建筑等用材；树皮纤维可以造纸；叶可作饲料。是荒山造林，水土保持树种之一。

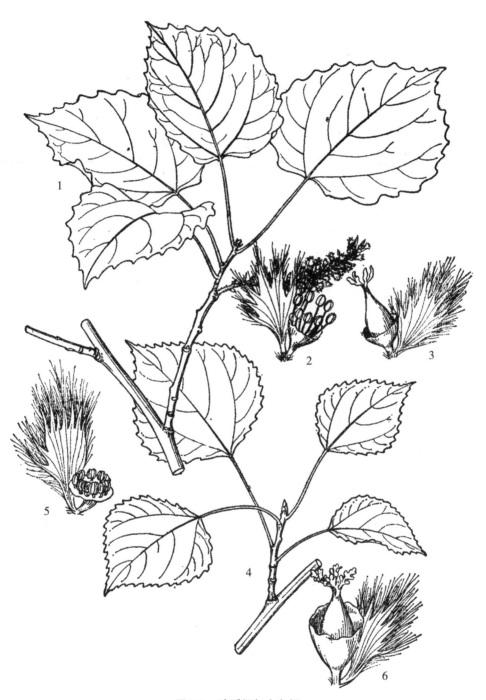

图276 清溪杨与小白杨

1—3.清溪杨 Populus rotundifolia Griff. var. *duclouxiana*（Dode）Gomb：

1.雌花序枝　　2.雄花放大　　3.雌花放大

4—6.小白杨 Populus rotundifolia. var. *bonatii*（LevI）C. Wang et Tung：

4.叶枝　　5.雄花放大　　6.雌花放大

4.毛白杨（中国树木分类学）图277

Populus tomentosa Carr.（1867）

乔木，高可达30米；树皮灰白色，皮孔菱形，散生或2—4连生；树冠卵状圆形或圆锥形。小枝初被毡毛，后无毛；芽卵形，微被毡毛。叶宽卵形或三角状卵形，长7—15厘米，宽6—13厘米，先端短渐尖，基部浅心形或楔形，边缘具深波状齿或缺刻，上面暗绿色，无毛，下面灰绿色，幼时被绒毛，长枝叶毛较密；叶柄侧扁，幼时有绒毛，先端无腺点，长枝叶柄先端常有腺点。雄花序长约10厘米，雄蕊5—11，多为8，花药红色；雌花序长4—11厘米；子房长卵形，近无梗，柱头2，粉红色。蒴果2瓣裂。花期3月，果期5月。

栽培于昆明、呈贡、安宁等地的街道两旁和村镇附近；广布于辽宁南部、河北、山西、陕西、甘肃、山东、江苏、安徽、浙江等省区。

喜温凉湿润气候。深根性，耐旱力较强，黏土、壤土、沙壤土均能生长。在深厚、肥沃湿润壤土或沙壤土上生长快。种子繁殖或扦插繁殖，插穗需经埋藏以及化学药剂、糖液、浸水等法处理，促进生根，提高成活率。也可用埋条或嫁接繁殖，若用加杨作砧木进行芽接或枝接，成活率较高，1年生芽接苗高1.5—3米。

木材白色，纹理直，结构细，纤维含量高，气干容量0.457克/立方厘米，易干燥、加工，油漆及胶粘性能良好；可作建筑、家具、包装箱、火柴杆、造纸等用材；树皮含鞣质5.18%，可提取栲胶；雄花序可药用。又耐烟尘，为城市及工矿区优良绿化树种。

5.大叶杨（中国树木分类学）图278

Populus lasiocarpa Oliv.（1890）

乔木，高5—20米；树冠塔形或圆形。小枝粗壮而稀疏，有棱脊，幼时被疏柔毛或绒毛，后无毛；芽卵状圆锥形，芽鳞有绒毛或柔毛。叶卵形，长10—15（30）厘米，宽6—12（18）厘米；先端渐尖，基部深心形；边缘具腺圆齿，上面深绿色，近基部有柔毛，下面淡绿色，具柔毛；叶柄圆，上面有槽、被毛，长6—12厘米，有时有腺点。雄花序长9—12厘米，轴具柔毛；苞片倒披针形，先端条裂，无毛；雄蕊41—110；果序长10—24厘米，轴具毛。蒴果卵形，长1—1.7厘米，密被绒毛，有梗，梗有毛或无毛，3瓣裂。花期4—5月，果期5—6月。

产德钦、彝良，生于海拔1700—2800米的杂木林中及沟谷和山坡灌丛中；陕西、湖北、四川、贵州也有。

可用播种，插条（需加处理），埋条等繁殖方法，进行育苗造林。

木材纹理直，结构细，均匀，质轻软，干缩中等，气干容重0.486克/立方厘米，可作家具，板料等用材。

5a.长序大叶杨（变种）（植物研究）图278

var. longiamenta Mao et P. X. He（1986）

与大叶杨的区别为果序长40厘米，非24厘米；蒴果较大，长1.6—1.9厘米，非1—1.6厘米，无梗，非有梗或近无梗。果期6月。

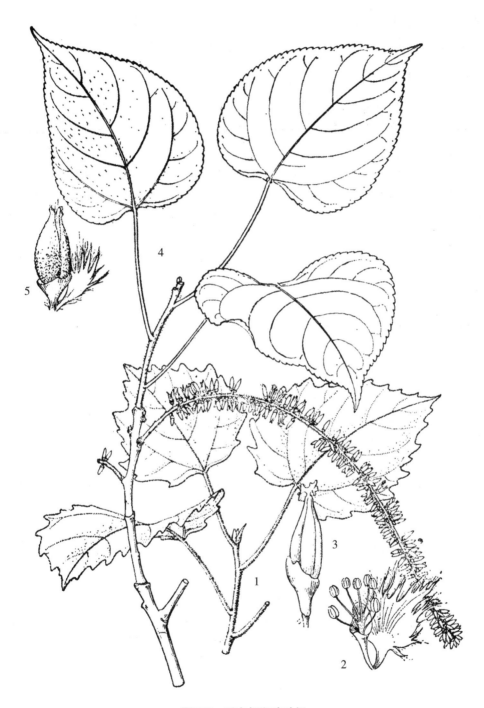

图277　毛白杨和响叶杨

1—3.毛白杨 *Populus tomentosa* Carr.：　　1.叶枝　　2.雄花　　3.雌花

4—5.响叶杨 *Populus adenopoda* Maxim.：　　4.雌序枝　　5.蒴果

产镇雄、彝良，生于海拔1700米的山坡疏林中，在产地一带，栽培于公路旁为行道树，当夏季果实成熟时期，长序下垂，非常美观。模式标本采自镇雄螳螂坝。

种子或插条繁殖。插条须经浸水、化学药剂等处理，方可提高成活率。

木材轻软，为造纸、火柴杆、家具等用材。可作四旁绿化及行道树种。

6.椅杨（中国树木分类学）图278

Populus wilsonii Schncid.（1916）

乔木，高可达25米；树皮灰褐色，呈片状剥裂；树冠塔形。小枝粗壮，圆柱形，无毛或幼时有疏柔毛；芽卵圆形，芽鳞无毛，叶宽卵形，长8—15（20）厘米，先端短渐尖或钝，基部心形或圆截形，边缘具腺圆齿，上面暗蓝绿色，无毛或基部脉上有毛，下面灰绿色，初被绒毛，后渐脱落；叶柄圆，先端微有棱，紫色，长6—14厘米，先端有时具腺点。雌花序长约7厘米，果序长可达15厘米，轴有毛。蒴果卵形，有短梗，具疏柔毛。花期4—5月，果期5—6月。

产丽江、维西、贡山，生于海拔2800—3200米的山坡疏林中及沟谷溪旁；陕西、甘肃、湖北、四川、西藏等省区均有。

可播种或插条繁殖。

木材结构细，均匀，纹理直，质轻软，干缩中等，强度弱。可作家具、火柴杆、板料用材。

7.小叶杨（中国树木分类学）图279

Populus simonii Carr.（1867）

乔木，高达20米；树皮幼时灰绿色，老时暗灰色，沟裂；树冠近圆形。幼树小枝有棱脊，无毛，初时红褐色，后变黄褐色，老树小枝圆；芽无毛。叶菱状卵形，菱状椭圆形或要状倒卵形，长3—12厘米，宽2—8厘米，先端急尖或渐尖，基部楔形，宽楔形或窄圆形，边缘具细锯齿，上面淡绿色，下面微白或灰绿色，两面无毛；叶柄圆柱形，长2—4厘米，黄绿色或带红色，无毛。雄花序长2—7厘米，轴无毛，苞片暗褐色，细条裂，雄蕊8—9（25）；雌花序长2—6厘米，果序长可达15厘米，苞片淡绿色，裂片褐色，柱头2裂。蒴果无毛2（3）瓣裂。花期3—5月，果期5—6月。

产会泽、丽江、维西，生于海拔2300—2500米的山谷杂木林中；广泛分布于东北、华北、西北、华东、华中及西南各省区。

喜光，适应性强，对气候和土壤要求不严，耐寒，耐旱，能忍受40℃高温和-36℃低温，耐瘠薄或弱碱性土壤，在沙壤土、壤土、黄壤土、冲积土、灰钙土上均能生长，但在湿润、肥沃土壤的平原、河岸、山沟生长较好。可用插条、播种繁殖。用插条繁殖，高生长最盛期为5—13年生，胸径生长最盛期为5—19年生；实生苗树高生长最盛期为5—22年生，胸径生长最盛期为5—30年生。播种繁殖，当部分果实裂嘴露出白絮时，应及时抓紧采种。每千克种子110—200万粒，宜随采随播，发芽率达95%以上。

木材结构细，纹理直，轻软，加工性能好，为建筑、家具、火柴杆、造纸等用材；树皮含鞣质5.2%，可提取栲胶；叶作家畜饲料。根系发达，抗风力亦强，是防风固沙，护堤

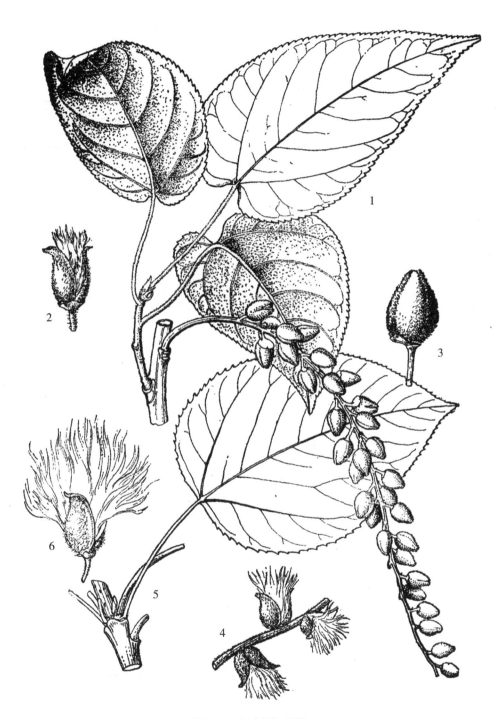

图278 大叶杨与椅杨

1—3.大叶杨 *Populus lasiocarpa* Oliv.:

1.雌序枝　　2.蒴果（示果梗有毛）　　3.幼果（示果梗无毛）

4.长序大叶杨 *P. lasiocarpa* Oliv. var. *longiamenta* Maoet P. X. He 部分果序（示果无梗）

5—6.椅杨 *P. wilsonii* Schneid.:　　5.叶　　6.蒴果

图279 小叶杨 *Populus simonii* Carr.
1.果序枝　　2.蒴果

及荒山造林的优良树种。

8.川杨（中国树木分类学）图280

Populus szechuanica Schneid.（1916）

乔木，高可达40米；树皮灰白色，粗糙，纵裂；树冠圆形。小枝粗壮，有棱，无毛，绿褐色或淡绿色，老枝近无棱，黄褐色或灰色；芽长卵形，先端尖，淡紫色，无毛。叶卵形，宽卵形或长圆形，长8—18（28）厘米，宽5—15厘米，先端短渐尖或急尖，基部浅心形或圆形，边缘具腺锯齿，初有缘毛，后无毛，上面深绿色，无毛或基部脉上有短柔毛，下面淡绿色，无毛或疏被短柔毛，从基部向上第二对侧脉通常在叶片中部以上到达边缘；叶柄圆柱形，长2—9厘米，无毛。果序长10—16（26）厘米，轴无毛。蒴果卵状球形，近无梗，无毛，3—4瓣裂。

产彝良、丽江、福贡、香格里拉，生于海拔1900—3300米杂木林中，昆明零星栽培为行道树；陕西、甘肃、四川均产。

通常扦插繁殖。

木材为建筑、器具、火柴杆、造纸等用材是四旁绿化、护堤、护岸的重要树种之一。

9.滇杨（中国树木分类学）　云南白杨（中国高等植物图鉴）图281

Populus yunnanensis Dode（1905）

乔木，高达20余米；树皮黑褐色，纵裂，树冠宽塔形。小枝有棱脊，无毛，红褐色或绿黄色，老枝棱渐变小，黄绿色；芽椭圆状圆锥形，无毛，有丰富的黄褐色分泌物。叶卵形或椭圆状卵形，长4—16（26）厘米，宽2—12（22）厘米，先端长渐尖或渐尖，基部圆形、宽楔形或楔形，极稀浅心形，边缘具腺锯齿，上面绿色，下面绿白色，中脉带红色或黄绿色，从基部向上第二对侧脉通常在叶片中部以下到达边缘；叶柄半圆柱形，长2—9（12）厘米，红褐色或黄绿色，上面有沟槽；托叶三角状披针形，长约4—9毫米，早落。雄花序长12—20厘米，轴无毛，苞片掌状条裂，裂片细，花被浅杯状，雄蕊20—40；雌花序长10—15厘米。蒴果3—4瓣裂，近无梗，无毛。花期3—4月，果期5月。

产禄劝、丽江、维西、大理，生于海拔2600—3000米的山谷溪旁或山坡杂木林中，在海拔1900米左右的昆明附近，栽培于公路旁做行道树和村旁绿化树，生长良好；四川、贵州也有。模式标本采自云南。

喜温凉气候，较耐水湿。在土层深厚、肥沃，湿润冲积土上生长最好，在红壤和紫色土上生长一般，在干燥瘠薄的山地上生长不良。插条繁殖。生根力强，插干、插枝均易成活；插干苗植株寿命较短，生长较差，采用一年生壮枝扦插育苗造林最好。在良好的立地条件下，20年生胸径可达60厘米。

木材白色，微带褐色，结构粗，干缩性较小，气干容重0.406/立方厘米；为建筑、火柴杆、胶合板、家具、造纸等用材；芽脂可作黄褐色染料。

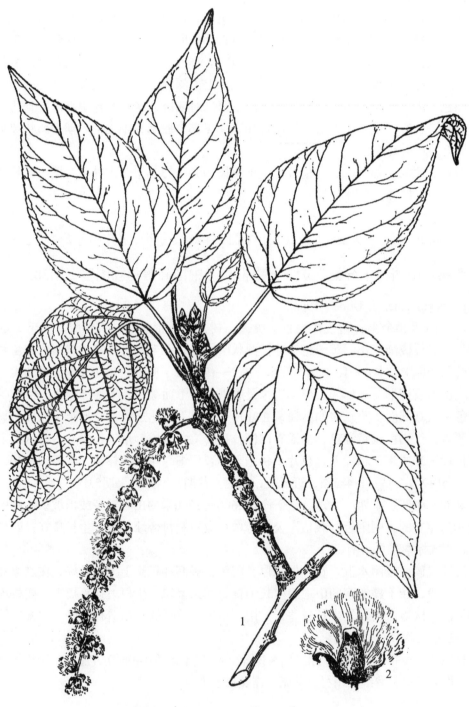

图280 川杨 *Populus szcnchuanica* Schneid.
1.果序枝　　2.蒴果

图281 滇杨 *Populus yunnanensis* Dode
1.果序枝　　2.雄花序　　3.蒴果

10.五瓣杨　图282

Populus yuana C. Wang et Tung（1979）

乔木，高达30米，胸径达2米。小枝粗壮，赤褐色，有棱角，无毛，老枝灰褐色，近无棱；芽无毛。叶卵形或椭圆状卵形，长16—23厘米，宽10—15厘米，先端长渐尖或渐尖，基部微心形，边缘具浅锯齿，齿尖具腺点，上面暗绿色，无毛，下面灰白色，沿脉有短柔毛；叶柄圆柱形，与小枝同色，长5—10厘米，无毛。果序长达35厘米，轴无毛。蒴果小，卵球形，长约5毫米，近无梗，无毛，多5瓣裂，少数4瓣裂。果期5月。

产香格里拉，生于海拔2000米地带的沟谷杂木林中。模式标本采自香格里拉。

11.德钦杨　图283

Populus haoana Cheng et C. Wang（1979）

乔木，高达20米；树皮灰色，平滑。小枝粗壮，暗褐色，有柔毛；芽长卵状圆锥形，被柔毛。叶卵形或卵状长椭圆形，长10—18厘米，宽5—11厘米，先端短渐尖，基部心形，边缘有腺锯齿，上面暗绿色，沿脉具柔毛，下面苍白色，被柔毛，沿脉较密；叶柄圆柱形，长4—7厘米，密被柔毛。果序长10—18厘米，轴被柔毛。果卵圆形，幼时有毛，后无毛，近无梗，成熟后4瓣裂，稀3瓣裂。果期6—7月。

产维西、香格里拉、德钦，生于海拔2200—3600米的杂木林中，常与云杉伴生。模式标本采自德钦。

插条繁殖。插枝用一年生壮枝为宜。

木材可作一般家具、造纸、火柴杆等用材。为高海拔地区荒山造林、水土保持树种之一。

12.缘毛杨（西藏植物志）图284

Populus ciliata Wall ex Royle（1839）

乔木，高达20米；树皮灰色；树冠宽大。小枝圆柱形，褐色，初被柔毛，后渐脱落；芽卵形，通常无毛，有时有疏柔毛。叶卵状心形，长10—15厘米，宽8—12厘米，先端急尖或渐尖，基部圆形或心形，边缘具圆腺齿，有密缘毛，上面暗绿色，无毛，下面灰绿色，有毛或仅沿脉有毛；叶柄圆柱形，长5—12厘米。有柔毛。雄花序长约6厘米，轴无毛；果序长达22厘米，轴无毛或疏被柔毛。蒴果无毛有梗，梗长5—10毫米，4瓣裂。花期5月，果期6月。

产维西、贡山，生于海拔2300—3200米地带的沟边杂木林中；西藏也有。分布于印度、不丹、尼泊尔。

插条或种子繁殖。

木材可作箱板、一般建筑及纤维工业等用材。叶可作羊饲料。为荒山造林、水土保持或四旁绿化的树种之一。

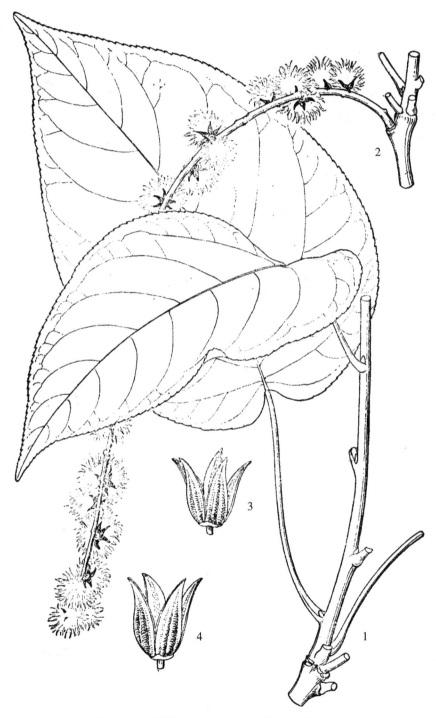

图282 五瓣杨 *Populus yuana* C. Wang et Tung

1.枝叶　　2.果序　　3.蒴果（示五瓣裂）　　4.蒴果（示四瓣裂）

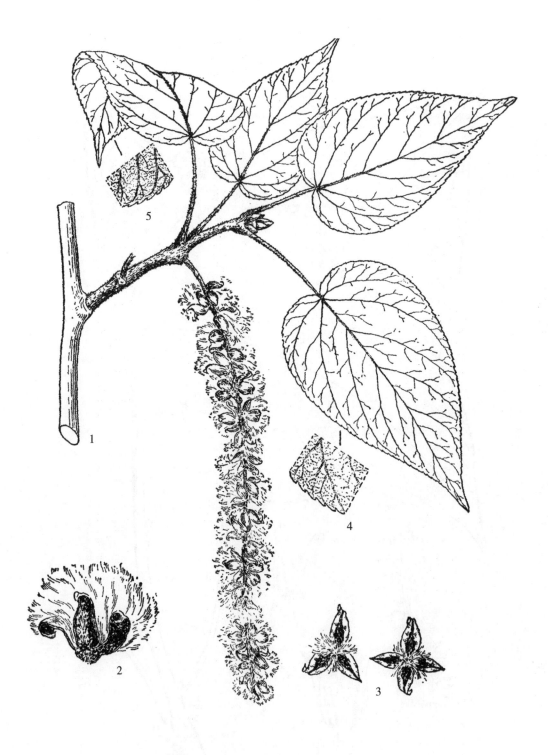

图283 德钦杨 *Populus haoana* Cheng et C. Wang
1.果序枝　2.蒴果　3.蒴果开裂情况
4.叶上面（部分放大）　5.叶下面（部分放大）

12a.维西缘毛杨（变种）图284

var. weixi C. Wang et Tung（1979）

本变种与原变种的主要区别，是果序长达30厘米，轴及幼果均疏被柔毛。叶卵形，先端短渐尖至长渐尖等。

产维西，生于海拔2200—2300米的沟边疏林中。模式标本采自维西。

13.亚东杨（植物分类学报）图285

Populus yatungensis（C. Wang et P. Y. Fu）C. Wang et Tung（1983）

P. yunnanensis Dode var. *yatungensis* C. Wang et P. Y. Fu（1974）

乔木，高10余米，胸径达30厘米；树皮灰绿色至淡灰色，纵裂。小枝有棱脊，初时紫褐色，后变为黄褐色或灰褐色，有柔毛；芽长卵形，紫褐色，具柔毛。叶长卵形或广卵形，长12—16厘米，宽7—10厘米，先端渐尖至长渐尖，基部微心形或心形，边缘具腺锯齿，有毛或无毛，上面绿色，下面灰绿色，两面沿脉疏被柔毛；叶柄圆柱形，长4—9厘米，被柔毛，顶端常有腺点。果序长12—22厘米，轴粗壮，无毛或仅基部有毛。蒴果卵状圆球形，无毛，有短梗，梗长约2毫米，4瓣裂。果期6—7月。

产贡山，生于海拔2100—2600米地带的沟边；分布于西藏。

喜温凉气候。在肥沃、湿润、深厚的土壤上生长良好。

插条繁殖。生根力较强，插干，插枝均易成活，但以一年生壮枝扦插育苗造林为佳。

木材结构略粗，干缩性小，可作造纸、火柴杆、胶合板、一般建筑、普通家具、农具等用材。为荒山造林、四旁绿化树种。

13a.毛轴亚东杨（植物分类学报）（变种）图286

var. trichorachis C. Wang et Tung（1979）

本变种的特征为果序长达33厘米，轴被柔毛，果无梗，幼时被疏毛等与原种不同。

产维西、贡山、德钦，生于海拔2200—2800米的沟谷疏林中；四川、西藏也有。模式标本采自德钦。

繁殖方法、造林、材性及用途同原种。

13b.长果梗亚东杨　长果柄滇杨（植物研究）图286

var. pedicellata（C. Wang et Tung）Mao，comb. nov.

P. yunnencnsis Dode var. *pedicellata* C. Wang et Tung. 植物研究2（2）：115（1982）

乔木，高达30米，胸径达50厘米；树皮灰色。幼枝和芽均被柔毛。叶卵形至长卵形，长12—15厘米，宽7—12厘米，先端渐尖至长渐尖，基部微心形，上面仅基部沿脉有疏柔毛，下面脉上有柔毛；叶柄圆柱形，长6—8厘米，被柔毛，顶端与叶片相连处有时有腺点。果序长20厘米，轴疏被柔毛。果幼时有毛，后渐无毛，有长梗，梗长约3—4毫米，具疏柔毛。

产维西、德钦，生于海拔2900—3700米的沟边杂木林中；四川也有。模式标本采自

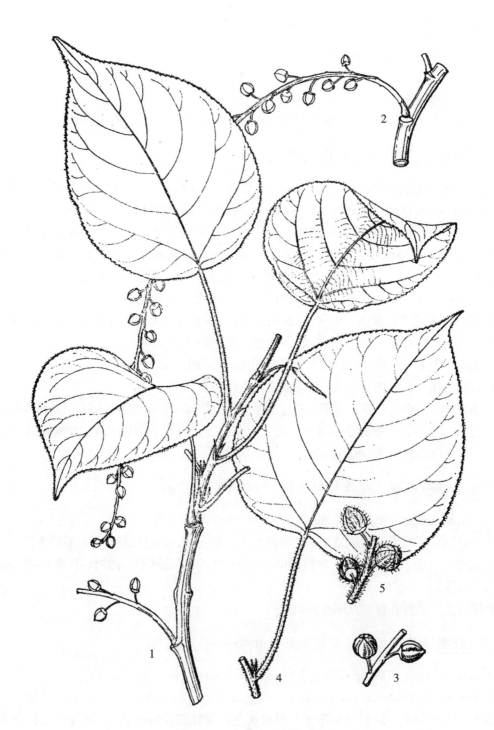

图284　缘毛杨和维西缘毛杨

1—3.缘毛杨 *Populus ciliata* Wall. ex Royle：

1.果序枝　　2.果序　　3.部分果序（示序轴、幼果无毛）

4—5.维西缘毛杨 *P. ciliata* Wall. ex Royle var. *weixi* C.Wang et Tung：

4.叶　　5.部分果序（示序轴、幼果有毛）

图285 亚东杨 *Populus yatungensis*（C. Wang et P. Y. Fu） C. Wang et Tung
1.叶枝　　2.果序　　3.部分果序放大

图286 亚东杨（毛轴、长果梗）

1—3.毛轴亚东杨 *Populus yatungensis*（C. Wang et Fu）C. Wang. et Tung

var. *trichorichis* C. Wang.et Tung.： 　　1.果序枝　　2.蒴果放大　　3.果序

4.长果梗亚东杨 *Populus yatungensis*（C. Wang et Fu）C. Wang et Tung

var. *pedicellata*（C. Wang et Tung）Mao 部分果序

德钦。

繁殖方法、造林、材性及用途同原种。

14.黑杨（东北木本植物图志）

Populus nigra L.（1753）

产新疆；我国北方有少量引种。分布于俄罗斯中南部、西亚一部分、巴尔干、欧洲。云南不产。

14a.箭杆杨（变种）图287

var. thevestina（Dode）Bean（1914）

P. thevestina Dode（1905）

乔木，高达30米；树皮灰白色，雄株的较平滑，雌株的粗糙，纵裂；树冠窄圆柱形。小枝圆柱形，淡绿色或绿褐色，无毛；芽长卵形，先端尖，淡红褐色。叶三角形、菱状三角形或菱状卵形，长4—8厘米，宽3—7厘米，先端长渐尖，基部楔形，宽楔形或近圆形，边缘具半透明窄边和钝圆锯齿，上面绿色，下面淡绿色，两面无毛；叶柄侧扁，长2—5厘米，先端无腺点。雌花序长10—15厘米，轴无毛；苞片淡褐色，先端线状条裂，裂片尖。蒴果2瓣裂。雄株不开花，雌株有时出现两性花。

栽培于海拔1800—1900米的昆明温泉边，雌、雄株均有，未见雄株开花；我国西北、华北广为栽培。欧洲、俄罗斯高加索、小亚细亚、北非、巴尔干半岛等地均有栽培。

喜肥沃湿润土壤，在季节性积水地方，生长不良，不能在长期积水的地方生长。用扦插繁殖1年生壮苗可出圃造林。"四旁绿化"应培育2—3年生的大苗移栽为宜。

木材淡黄白色，结构较细，纹理直，易干燥加工，胶粘及油漆性能亦好，气干容重0.417/立方厘米；可作家具、箱、柜、电杆、建筑、火柴杆、造纸等用材。为水土保持林、农田防护林及四旁绿化的良好树种。

15.加杨　加拿大杨（中国高等植图鉴），加拿大白杨（中国树木分类学）图288

Populus canadensis Moench（1785）

P . euramericana（Dode）Guinier（1957）

乔木，高达30余米；树皮暗灰色，沟裂；树冠卵形。小枝圆柱形，淡绿色，稍有棱角（萌发枝棱角明显），无毛或微被疏柔毛；芽大，先端反曲，初时绿色，后变褐绿色。叶三角形或三角状卵形，长宽近相等，长6—10（20）厘米，先端渐尖，基部截行或宽楔形，边缘具半透明窄边和圆锯齿，有短小缘毛，上面暗绿色，下面淡绿色，两面无毛；叶柄侧扁，长4—10厘米，无毛，顶端常有腺点。雄花序长7—15厘米，轴无毛，苞片淡褐色，先端丝状条裂，不整齐，花被淡黄绿色，雄蕊15—25（40），花丝超出花被；雌花序长6—8厘米，果期长10—20（27）厘米。蒴果2—3瓣裂。花期4月，果期5—6月，栽培于海拔1850米的安宁温泉楸木园；全国各地多有栽培；为美洲、欧洲久经栽培的杂交种。

喜湿润气候，抗寒性强，能耐微酸性和瘠薄土壤。插条繁殖。苗圃应选在有灌溉条

图287 箭杆杨 *Populus nigra* L. var. *thevestina*（Dode）Bean
1.叶枝　　2.果序　　3.幼果

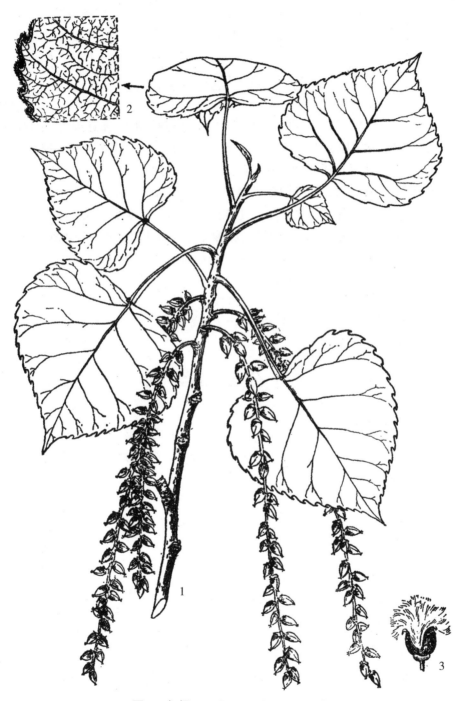

图288 加杨 *Populus canadensis* Moench
1.雌花序枝　　2.部分叶缘放大　　3.蒴果

件、土壤肥沃的地方扦插育苗，成活率可达96.5%。速生，昆明温泉西南林学院七年生的扦插苗，在缺乏管理的情况下，高6—10米，胸径6—10厘米，若加强管理，及时进行抚育，在适宜生长的立地条件下，4年生可高达15米，胸径18厘米。

木材白色带淡黄褐色，纹理较直，气干容重0.5克/立方厘米，容易干燥，加工性能好，可作火柴杆、牙签、包装箱、家具、建筑、造纸及纤维工业等用材。为良好的绿化树种。

2. 柳属 Salix L.

乔木、直立大灌木或匍匐、垫状矮小灌木。小枝圆柱形，稀有棱角，萌枝髓心近圆形；无顶芽，侧芽通常紧贴枝上，芽鳞单1。叶互生，稀对生，多为披针形成长圆形，稀线形，全缘或有齿；叶柄短；托叶早落或宿存。荑黄花序直立或斜展，先于叶或与叶同时开放，稀后叶开放，雌雄异株，极稀同株或同序；花为虫媒花，基部具腺体；苞片不裂，通常宿存；雄蕊二至多数，完全，极稀有退化雄蕊，花丝离生或部分或全部合生，花药通常黄色，腺体1或2（位于序轴与花丝之间者为腹腺，苞片与花丝之间者为背腺）；雌蕊由2心皮合成，子房有梗或无梗，花柱短或长或无，先端通常2裂，柱头2裂或不裂。蒴果2极稀3瓣裂；种子4至多数。

本属约520余种，主产北半球温带，寒带次之，亚热带与南半球极少，大洋洲无野生种。我国约有257种，122变种，33变型，各省（区）均产。云南约有87种，13变种，4变型（其中1种，1变种，1变型为栽培种）。

枝 叶 分 组 检 索 表

1.垫状或匍匐灌木。

  2.植株垫状，高50厘米以下，枝条平卧（如斜上升则叶为线形）……………………………
……………………………… **组8.青藏垫柳组 Sect. Lindleyanae**

  2.植株匍匐，高50厘米以上，枝条斜上升（如平卧则雄花序基部花的苞片边缘全部有腺齿）……………… **组7.青藏矮柳组Sect. Floccosae**

1.直立灌木或乔木。

  3.叶柄上部有腺点（腾冲柳S. tengchongensis 例外）。

    4.托叶半心形 …………………………………… **组3.紫柳组Sect. Wilsonianae**

    4. 托叶卵状长圆形……………………………… **组4.五蕊柳组Sect. Pentandrae**

  3.叶柄上部无腺点（大叶柳组Sect. Magnificae中的宝兴柳S. moupinensis例外）。

    5.乔木（紫枝柳组 Sect. Heterochromae 中的苍山长梗柳 S. longissimipedicellaris 例外），叶先端渐尖或长渐尖。

      6.叶卵状披针形或卵状长圆形。

7.幼叶的毛被金黄色 ················· 组16.川柳组 Sect. Sieboldianae

7.幼叶的毛被灰白色。

  8.枝条绿黄褐色，成年叶下面无毛 ··········· 组1.四子柳组 Sect. Tetraspermae

  8.枝条紫红褐色，成年叶下面有疏毛 ···················

                                    组 12.紫枝柳组 Sect. Heterochromae

6.叶披针形 ····················· 组4.柳组 Sect. Salix

5.灌木、稀小乔木。

9.叶宽为长的1/2以上（长序柳 S. radinostachya 例外） ·················

                ·················· 组5.大叶柳组 Sect. Magnificae

9.叶宽为长的1/2以内。

  10.叶宽为长的1/4—1/7。

    11.叶线形或线状披针形 ············· 组19.乌柳组 Sect. Cheilophilae

    11.叶长圆披针形或斜披针形 ··········· 组18.秋华柳组 Sect. Variegatae

  10.叶宽约为长的1/3—1/2。

    12.幼枝和幼叶通常无毛。

      13.叶中部较宽，边缘有齿 ·········· 组14.粉枝柳组 Sect. Daphnella

      13.叶上部较宽，全缘 ··········· 组17.细柱柳组 Sect. Subviminales

    12.幼枝和幼叶通常有毛。

      14.叶下面通常被密毛。

        15.叶较大，长6厘米以上 ···················

                  ·········· 组10.裸柱头柳组 Sect. Psilostigmae

        15.叶较小，长6厘米以内 ········· 组11.绵毛柳组 Sect. Eriocladae

      14.叶下面通常被疏毛或几无毛。

        16.叶披针形，倒披针形或长圆披针形。

          17.叶全缘，托叶半心形 ········· 组13.黄花柳组 Sect. Vetrix

          17.叶缘有齿，托叶半卵状椭圆形 ···················

                  ·········· 组15.篙柳组 Sect. Vimen

        16.叶多为椭圆形，长圆形，稀倒卵形或披针形。

          18.叶下面通常苍白色，稀淡绿色（花序长圆柱形，子房无毛） ·········

                  ·········· 组6.繁柳组 Sect. Denticulatae

          18.叶下面通常淡绿或黄褐色，稀苍白色（花序椭圆形，子房有毛） ······

                  ·········· 组9.硬叶柳组 Sect. Sclerophllae

雄 株 分 组 检 索 表

（组14.粉枝柳组 Sect. Daphnella 雄株不详）

1.雄蕊4枚以上。

  2.叶柄上部无腺点；雄蕊4—14，多为5—9 ···················

      ··············· 组1.四子柳组 Sect. Tetraspermae

2.叶柄上部有腺点。

　　3.花丝无毛；雄蕊6—12，多为6—8 ··

　　·· 组2.紫柳组 Sect. Wilsonianae

　　3.花丝基部有毛；雄蕊5—12，多为5—6 ···

　　··· 组3.五蕊柳组 Sect. Pentandrae

1.雄蕊2枚。

　4.花丝离生。

　　5.植株匍匐或垫状；花序通常生于当年枝顶。

　　　6.植株匍匐 ······························ 组7.青藏矮柳组 Sect. Floccosae

　　　6.植株垫状 ······························ 组8.青藏垫柳组 Sect. Lindleyanae

　　5.植株直立；花序通常生于去年枝侧。

　　　7.乔木。

　　　　8.腺体2；叶披针形 ······················· 组4.柳组 Sect. Salix

　　　　8.腺体1；叶卵状披针形 ············· 组12.紫枝柳组 Sect. Heterochromae

　　　7.灌木，稀小乔木。

　　　　9.腺体2（繁柳组 Sect. Denticulatae 中的个别种有时1）。

　　　　　10.花序较长，通常长于7厘米。

　　　　　　11.花丝无毛（乌饭叶柳 S.vaccinioides 例外）；幼叶无毛或有疏毛（长序柳 S.
radinostachya 例外） ··

　　　　　　··································· 组5.大叶柳组 Sect. Magnificae

　　　　　　11.花丝有毛；幼叶下面有密毛 ··

　　　　　　··································· 组10.裸柱头柳组 Sect. Psilostigmae

　　　　　10.花序较短，通常短于7厘米。

　　　　　　12.叶下四幼时有密毛（异色柳 S. dibapha 例外）···························

　　　　　　··································· 组11.绵毛柳组 Sect. Eriocladae

　　　　　　12.叶下面幼时有疏毛（个别种例外）

　　　　　　　13.花序圆柱形，长可达7厘米···

　　　　　　　··································· 组6.繁柳组 Sect. Denticulatae

　　　　　　　13.花序椭圆形，最长不超过3厘米···

　　　　　　　··································· 组9.硬叶柳组 Sect. Sclerophyllae

　　　　9.腺体1。

　　　　　14.花药卵形，开裂后内部紫色，花丝有时基部合生 ·····························

　　　　　··································· 组15.蒿柳组 Sect. Vimen

　　　　　14.花药椭圆形，开裂后内部黄色，花丝基部无合生现象 ·····························

　　　　　··································· 组13.黄花柳组Sect. Vetrix

　4.花丝合生。

　　15.腺体先端钩状内弯 ····················· 组8.川柳组 Sect. Sieboldianae

　　15.腺体先端直伸。

16.花药紫红色，苞片黑色 ················· 组17.细柱柳组 Sect. Subviminales
16.花药黄色，苞片褐色或红褐色。
　17.叶长圆状或椭圆状倒披针形；枝条粉紫色 ·····························
　　　　　　　　············· 组18.秋华柳组Sect. Variegatae
　17.叶线形或线状倒披针形；枝条灰黑色或红褐色 ·····················
　　············· 组19.乌柳组 Sect. Cheilophilae

雌 株 分 组 检 索 表

1.子房无毛（少数种例外）。
　2.子房梗长为子房的1/2以上或更长。
　　3.花柱长约与子房相等 ················· 组14.粉枝柳组 Sect. Daphnella
　　3.花柱长为子房的1/5以内或无。
　　　4.叶卵状或椭圆状披针形 ·············· 组1.四子柳组 Sect. Tetraspermae
　　　4.叶宽披针形或披针形 ·············· 组2.紫柳组 Sect. Wilsonianae
　2.子房梗长为子房的1/2以内或无（大叶柳组 Sect. Magnificae 中的景东柳 S. jin- gdongensis 和小光山柳 S. xiaoguaugshanica 例外）。
　　5.叶通常较宽，宽约为长的1/2以上（长序柳 S.radinostachya 例外）。
　　　6.直立灌木或小乔木 ·············· 组5.大叶柳组 Sect. Magnificae
　　　6.垫状灌木 ·············· 组7.青藏垫柳组 Sect. Lindleyanae
　　5.叶通常较窄，宽为长的1/2以内。
　　　7.叶多为椭圆形、长圆形、稀倒卵形或披针形 ······· 组6.繁柳组 Sect. Denticulatas
　　　7.叶披针形或宽披针形。
　　　　8.苞片先端无腺齿 ·············· 组4.柳组 Sect. Salix
　　　　8.苞片先端有腺齿 ·············· 组3.五蕊柳组 Sect. Pentandrae
1.子房有毛（少数种例外）。
　9.匍匐灌木 ·············· 组8.青藏矮柳组 Sect. Floccosae
　9.直立灌木或乔木。
　　10.叶线形 ·············· 组19.乌柳组 Sect. Cheilophile
　　10.叶非线形。
　　　11.苞片黑色 ·············· 组17.细柱柳组 Sect. Subviminales
　　　11.苞片不为黑色。
　　　　12.花柱长为子房的1/2以上 ··········· 组18.裸柱头柳组 Sect. Psilostigmae
　　　　12.花柱长为子房的1/2以内。
　　　　　13.子房有梗。
　　　　　　14.子房狭圆锥形；果开裂后果瓣向外卷曲 ·····························
　　　　　　　············· 组13.黄花柳组 Sect. Vetrix

14.子房不为狭圆锥形；果开裂后果瓣外翻，不卷曲 ………………………………………
…………………………………………………… 组12.紫枝柳组 Sect. Heterochoromae
13. 子房无梗或近无梗。
　　15.腺体先端向内弯曲 …………………………………… 组16.川柳组 Sect. Sieboldianae
　　15.腺体先端直伸。
　　　16.腺体2，腹生和背生（木里柳 *S.muliensis* 和华西柳 *S. occidentali-sinensis* 例外）；
　　　　花序长于3厘米 ………………………………… 组9.硬叶柳组 Sect. Sclerophyllae
　　　16.腺体1，腹生，花序短于3厘米。
　　　　17.花柱明显 ……………………………………… 组11.绵毛柳组 Sect. Eriocladae
　　　　17.花柱不明显或无 ……………………………… 组18.秋华柳组 Sect. Variegatae

分 种 检 索 表

1.雄蕊4枚以上（紫柳组 Sect. *Wilsonianae* 中的腾冲柳 *S. tengchongensis* 不详）；通常为乔
　木，叶卵状、椭圆状披针形，先端渐尖，稀披针形，先端急尖。
　2.子房梗与于房近等长，叶柄上部无腺点（组1.四子柳组Sect. Tetraspermae）…………
　　…………………………………………………………………… 1.四子柳 S. tetrasperma
　2.子房梗短于子房一半或更短；叶柄上部有腺点（腾冲柳 S.tengchongensis 例外）。
　　3.托叶半心形；苞片全缘（组2.紫柳组 Sect. Wilsonianae）。
　　　4.蒴果2瓣裂，苞片卵状三角形，具腹、背腺，腹腺马蹄形 ……………………………
　　　…………………………………………………………………… 2.云南柳 S. cavaleriei
　　　4.蒴果3瓣裂，苞片倒卵形，仅1腹腺，圆柱形 ………………………………………
　　　…………………………………………………… 3.腾冲柳 S. tengchongensis
　　3.托叶卵状长圆形；苞片先端有尖腺齿（组3.五蕊柳组 Sect. Pentandrae）。
　　　5.雌花具腹、背腺，与子房梗等长或稍长，苞片仅外面基部有毛 …………………
　　　…………………………………………………………… 4.五蕊柳 S. pentandra
　　　5.雌花仅1腹腺，短于子房梗1/2，苞片仅外面上部无毛 ………………………………
　　　………………………………………………………………5.康定柳 S. paraplesia
1.雄蕊2枚。
　6.花丝离生，稀部分合生。
　　7.乔木；叶披针形，先端长渐尖或渐尖（组4.柳组 Sect. Salix）。
　　　8.雌花具腹、背腺；苞片卵形。
　　　　9.枝条直伸；子房卵形或长卵形，基部有疏毛 ………………6.维西柳 S .weixiensis
　　　　9.枝条扭曲；子房长椭圆形，无毛 ……………………………………………
　　　　………………………………………… 7.龙爪柳 S. matsudana f. tortuosa
　　　8.雌花仅1腹腺。
　　　　10.子房无毛（垂柳 S.baylonia 有时基部有毛）。
　　　　　11.枝条斜生；雄蕊间有1或4；子房卵形，苞片卵形 …………………………………

···························· **8.异蕊柳** S. heteromera

11.枝条下垂；雄蕊无上述现象；子房椭圆形，稀基部有毛，苞片长卵状三角形 ···
···························· **9.垂柳** S. babylonica

10.子房有毛。

12.子房卵形，有时有背腺；花丝基部有毛 ········· **10.巴郎柳** S. sphaeronymphe

12.子房圆锥形、无背腺、花丝无毛 ········· **11.绢果柳** S. sericocarpa

7.灌木（直立、匍匐或垫状），稀乔木或小乔木，叶多为椭圆形，长圆形，有时卵状或倒卵
状，稀披针形和线形。

13.子房无毛（青藏矮柳组Sect. *Floccosae*和青藏垫柳组Sect. *Lindleyanae*中的部分种例
外）。

14.花丝无毛（乌饭叶柳 *S. vaccinioides* 例外；小叶大叶柳 *S.magnifica* var. *microphylla*，
小光山柳 *S. xiaoguangshanica* 和扭尖柳 *S. contortiapicuiata*. 不详）（组5.大叶柳组
Sect. *Magnificae*）

15.花序轴无毛；当年生枝条无毛。

16.叶缘有齿。

17.子房卵形，无白粉；叶宽椭圆形，侧脉约7对，边缘腺齿有时不明显 ·········
···························· **12.景东柳** S. jingdongensis

17.子房狭卵形，有白粉；叶椭圆形，侧脉约12对，边缘腺齿明显土 ·········
···························· **13.小光山柳** S. xiaoguangshanica

16.叶全缘。

18.叶下面淡绿色；子房无白粉 ·········
···························· **14.小叶大叶柳** S. magnifioa var. microphylla

18.叶下面苍白色；子房有白粉 ········· **15.乌饭叶柳** S. vaccinioides

15.花序轴有毛。

19.当年生枝无毛；叶先端有扭转短尖头；子房无梗 ·········
···························· **16.扭尖柳** S. contortiapiculata

19.当年生枝有毛；叶先端急尖或短渐尖，不扭转；子房有短梗。

20.叶长圆形或椭圆形，有时倒卵状，幼时下面有疏毛；叶柄上部常有腺点 ···
···························· **17.宝兴柳** S. moupiensis

20.叶披针形、长圆披针形，幼时两面密被柔毛或绒毛；叶柄上部无腺点 ······
···························· **18.长穗柳** S. radinostachya

14.花丝有毛（青藏矮柳组 Sect. Floccosae 和青藏垫柳组 Sect. *Lindleyanae* 中的部分种例
外）。

21.植株直立；花序生于去年枝侧（迟花柳 *S.opsimantha* 例外）（组6.繁柳组 Sect.
Denticulatae）。

22.雄花有腹、背腺。

23.子房无梗。

24.苞片无毛；叶全缘。

25.当年生枝无毛；子房有时有背腺 ……………………………… 19.光苞柳 S. tenella
25.当年生枝有毛，子房无背腺。
　26.叶长圆形，花丝中部以下有毛，腹腺有时浅裂 ………… 20.异型柳 S. dissa
　26.叶披针形，花丝仅基部有毛，腹腺不裂 ……………… 21.长花柳 S. longiflora
24.苞片有毛；叶缘有齿。
　27.花序着生于枝条先端各叶腋，后于叶开放 ………………………………
　　……………………………………………………… 22.大关柳 S. daguanensis
　27.花序着生于枝条中下部，先于叶或与叶同时开放。
　　28.小枝分散着生，初有短柔毛；花丝仅基部有毛，腹、背腺常分裂 ………
　　　………………………………………… 23.细序柳 S. guberianthiana
　　28.小枝帚状着生，初有绒毛；花丝下部1/3有毛，腹、背腺不裂 …………
　　　…………………………………………………… 24.草地柳 S. praticola
23.子房有梗。
　29苞片无毛。叶披针形，下面密被绢毛…………… 25.西柳 S. pseudowolohoensis
　29.苞片有疏柔毛。叶椭圆形，下面无毛或有疏毛。
　　30.序梗具正常叶；雌花常有腹，背腺 ……………… 26.迟花柳 S. opsimantha
　　30.序梗具小叶；雌花仅1腹腺（子房基部或仅腹面基部常有毛）…………
　　　…………………………………………………… 27.腹毛柳 S. delavayana
22.雄花仅1腹腺。
　31.序梗具正常叶，叶缘有齿、苞片无毛 ……………… 28.齿叶柳 S. denticulata
　31.序梗具小叶，叶全缘，苞片有毛。
　　32.苞片的缘毛短于苞片；叶下面苍白色 …………… 29.中华柳 S. cathayana
　　32.苞片的缘毛长于苞片；叶下面淡绿色 …………… 30.丝毛柳 S. luctuosa
21.植株匍匐或垫状；花序通常生于当年枝顶
　33.植株匍匐斜生，花序圆柱形（组7.青藏矮柳组 Sect. *Floccosac*）。
　　34.苞片全缘。
　　　35.子房无毛；花丝无毛。
　　　　36.子房无梗；小枝分散着生 ……………… 31.藏截苞矮柳 S. resectoide
　　　　36.子房有梗；小枝帚状着生 ……………… 32.孔目矮柳 S. kungmuensis
　　　35.子房有毛，花丝有毛。
　　　　37.子房毛被至果期常脱落，仅下部有毛；幼叶下面有长柔毛，后无毛 ……
　　　　　………………………………………… 33.迟花矮柳 S. oreinoma
　　　　37.子房毛被至果期不脱落
　　　　　38.花丝仅基部有毛，成叶下面有丛卷毛 ………… 34.丛毛矮柳 S. floccosa
　　　　　38.花丝中部以下有毛；成叶下面无毛，苍白色 ……………………
　　　　　　………………………………………… 35.怒江矮柳 S. coggygria
　　34.苞片边缘（或仅先端）有腺齿。
　　　39.苞片无毛；主干伏地生根，叶宽椭圆形；花丝2/3有毛；子房不详 …………

13.子房有毛（粉枝柳组Sect. Daphnella例外）。
  54.花序长不超过3厘米（组9.硬叶柳组 Sect. Sclerophyllae）。
    55.雌花具腹、背腺。
      56.叶缘有齿；苞片黄褐色。
        57.小枝无毛:叶柄红褐色，无毛 ················· 53.吉拉柳 S. gilashanica
        57.小枝有毛；叶柄黄褐色，有毛 ·······················
            ····················· 54.奇花柳 S. atopantha
      56.叶全缘；苞片紫褐色。
        58.小枝无毛，有白粉；雄花序无梗，腺体通常不裂 ··········
            ···················· 55.硬叶柳 S. sclerophylla
        58.小枝有毛，无白粉；雄花序有短梗，腺体通常分裂 ··········
            ···················· 56.山生柳 S. oritrepha
    55.雌花仅1腹腺。
        59.花序后叶开放；叶下面密被锈色绒毛 ··············
           ··············· 57.华西柳 S. occidentali-sinensis
        59.花序先叶开放；叶下面疏被白色长毛 ·········· 58.木里柳 S. muliensis
  54.花序长超过3厘米（锡金柳 S. sikkimensis 的雄花序略短，但粗达1.6厘米）。
    60.花柱长为子房的1／2以上，2中裂至全裂（怒江柳 S. mujiangensis 例外）（组10.裸柱
      头柳组 Sect. Psilostigmae）。
      61.花丝部分有毛；花柱2中裂至深裂、稀浅裂。
        62.雌花具腹、背腺，序梗具正常叶。
          63.花丝1/3有毛，花柱1/2分裂，叶倒卵长圆形，下面几无毛·········
            ···················· 59.贡山柳 S. fengiana
          63.花丝3/4有毛；花柱2/3分裂；叶椭圆形，下面被白色绒毛·········
            ··················60.银背柳 S. erensti
        62.雌花仅1腹腺。
          64.花序有梗。
            65.序梗具小叶；叶倒卵状披针形，下面被簇生长毛 ··········
            ················· 61.灰叶柳 S. spodiophylla
          65.序梗具正常叶。
            66.花柱2中裂，花丝下部有毛，苞片先端有腺齿；叶卵状或椭圆状披针形，
            下面有白绵毛 ···················· 62.长叶柳 S. phanera
            66.花柱2浅裂，花丝不详，苞片先端常有不规则浅齿；叶倒卵状椭圆形，下
            面仅中脉有毛 ············ 63.怒江柳 S. nujiangensis
        64.花序无梗或近无梗，无叶或有小叶。
          67.叶对生 ·············· 64.对叶柳 S. salwinensis
          67.叶互生。
            68.雄花序长可达4厘米，粗6—10毫米，子房无梗；叶下面粉白色 ···

·· 65.白背柳 S. balfouriana

68.雄花序最长2.5厘米，粗达1.6厘米，子房有短梗，叶下面淡绿色 ··············

··· 66.锡金柳 S. sikkimensis

61.花丝全部有毛；花柱2全裂。

　69.雌花具腹、背腺；序梗具正常叶；叶椭圆形，下面被绒毛 ···················

··· 67.双柱柳 S. bistyla

　69.雌花仅1腹腺；序梗具小叶；叶披针形，下面被绢毛 ···························

··· 68.大理柳 S. daliensis

60.花柱长为子房的1/2以内（粉枝柳组 Sect. Daphnella 例外），2浅裂至中裂。

　70.雄花具腹、背腺（川南柳S. wolqhoensis有时无背腺，林柳S. driophila仅具1腹腺）（组

　　11.绵毛柳组 Sect. Eriocladae）。

　71.叶下面被锈色毛，边缘有明显或不明显的齿。

　　72.叶下面被柔毛；苞片圆形，无毛或外面有疏毛 ············· 69.丑柳 S. inamoena

　　72.叶下面被绒毛；苞片倒卵形，外面及边缘有长柔毛 ·····················

··· 70.川南柳 S. wolohoensis

　71.叶下面被白色毛或无毛，全缘。

　　73.序梗具小叶。

　　　74.叶下面有绢质柔毛；花丝基部有毛；子房有短梗 ········· 71.云贵柳 S. camusii

　　　74.叶下而无毛；花丝中部以下有毛；子房无梗 ··········· 72.异色柳 S. dibapha

　　73.序梗具正常叶。

　　　75.幼枝无毛，苞片先端截形，花丝2/3有毛 ··············· 73.截苞柳 S. resecta

　　　75.幼枝有毛，苞片先端钝圆，花丝基部有毛 ··············· 74.林柳 S. oriophila

70.雄花仅1腹腺（紫枝柳组Sect. Heterochromac 的苍山长梗柳 S. longissimiped- icellaris 和

　　粉枝柳组 Sect. Daphella 的井岗柳 S. leveilleana 不详）。

　76.子房有梗。

　　77.枝紫红色（组12.紫枝柳组Sect. Heterochromae）

　　　78.子房梗短于子房、苞片长圆形 ····················· 75.紫枝柳 S. heterochroma

　　　78.子房梗长于子房，苞片披针形 ·······························

··· 76.苍山长梗柳 S. longissimipedicellaris

　　77.枝绿褐色。

　　　79.子房狭圆锥形，花柱比子房短；叶有毛（组13.黄花柳组Sect. Vetrix）·········

··· 77.皂柳 S. disperma

　　　79.子房卵形（无毛），花柱与子房近等长；叶无毛（组14.粉枝柳组Sect.

　　　　Daphnella）··· 78.井岗柳 S. leveilleana

　76.子房无梗或近无梗（组15.蒿柳组Sect. Vimen）···························

··· 79. 川滇柳 S. rehderiana

6.花丝合生，稀部分离生。

  80.花柱明显。

    81.叶缘有细腺齿，幼时有金色柔毛；苞片黄褐色，腺体先端内弯（组16.川柳组Sect. *Sieboldianae*）……………………………………………… **80.川柳 S. hylonoma**

    81.叶全缘、幼时无毛；苞片黑色，腺体先端不内弯（组17.细柱柳组Sect. *Subvimnalis*）。

      82.花丝部分合生，无毛；花柱长约为子房的1/3 ……………………………… **81.杜鹃叶柳 S. rhododendrifolia**

      82.花丝全部合生，或基部有毛；花柱长约为子房的1/2 ……………………… **82.密穗柳 S. myrti llacsa**

  80.花柱不明显或无。

    83.叶椭圆披针形或长圆倒披针形（组18.秋华柳组Sect. Variegatae）。

      84.花丝有时部分离生，基部或有毛，腺体常分裂 ……………………… **83.贵州柳 S. kouytchensis**

      84.花丝全部合生，无毛，腺体不分裂 ……………… **84.秋华柳 S. variegata**

    83.叶线形或线状披针形（组19.乌柳组 Sect. *Cheilophlao*）……………… **85.乌柳 S. cheilophia**

1.四子柳（图鉴）图289

Salix tetrasperma Roxb.（1795）

Salix araeostachya Schneiu.（1916）

  乔木，高达10米。当年生枝有柔毛但不固定，从稀疏至稠密，老枝暗褐色，无毛；芽圆锥状狭卵形，无毛。叶卵状披针形或倒卵状披针形，长6—16厘米，宽2—4.5厘米，先端长渐尖或短渐尖，基楔形或近圆形，上面绿色，无毛或有疏毛，沿中脉较密，下面淡绿色至苍白色，无毛或有疏柔毛，幼时通常两面密被白柔毛，边缘有锯齿，疏密不一，有时全缘；叶柄长3—15毫米，无毛或有短柔毛；托叶小，有腺齿。花与叶同时或先开放，雄花序长5—14厘米，径约6—8毫米，序梗长5—20毫米，有3—6小叶，序轴密被柔毛，雄蕊数目变化较大，在同一花序上4—14不等，通常5—9，花丝下部有柔毛，苞片卵状椭圆形，两面密被短柔毛，腺体2，常多裂，呈假花盘状；雌序长4—15厘米，序梗长1—4厘米，具2—4叶，上部的常与正常叶相同，序轴密被灰白色短柔毛；子房卵形，无毛，有长梗，梗长与子房几相等，花柱短，3浅裂，柱头微2裂；苞片同雄花，腹腺稍抱梗，无背腺。蒴果卵球形，长7—10毫米，无毛。种子4。花期2—3月和9—11月，每年2次，因地区和环境不同，先后略有差异。

  产昆明、楚雄、丽江、大理、保山、芒市、临沧、普洱、景洪、个旧、文山等地，生于海拔500—2400米的沟谷、河边及林缘，常栽培于村镇、城郊；分布于四川、贵州、西藏、广东广西；印度、尼泊尔、中南半岛各国和印度尼西亚也有。

图289 四子柳 *Salix tetrasperma* Roxb.
1.雄花序枝　2.雄花　3.苞片外面　4.果序枝　5.蒴果

本种在云南南部常见。树型的大小、叶的形状、被毛的疏密、花序的长短、雄蕊的数目、果梗与苞片的比例都有很大的变化，唯每年开花2次，种子4粒，是较为固定的特征。

适应性强，在荫蔽的林下和在开旷的村旁都能生长，一般在溪流水边生长较好。用种子或插条繁殖。种子繁殖时从健壮母树上采集刚吐絮的果穗摊于室内地上，厚度不超过5—6厘米，每日翻动5—6次，待果实全部裂嘴后用枝条抽打，使其与絮毛脱离，然后收集过筛得净种。随采随播或在种子含水率为4%—8%时窖藏，或者用布袋置于水井之中悬挂；如需较长时间贮藏，可密封于容器内。播前浸种催芽，用0.5%硫酸铜液消毒，细致整地，混沙条播。

木材轻软，耐腐力强，为小型建筑、板材、农具、家具等用材；可用为固堤树种。

2.云南柳（中国高等植物图鉴） 滇大叶柳（云南种子植物名录）图290

Salix cavaleriei Lévi.（1909）

乔木，高10—25米，胸径可达50厘米。当年生枝有短柔毛，二年生枝无毛，老枝灰褐色；芽卵形，腹部平，背部隆起。叶宽披针形、椭圆披针形或狭卵状椭圆形，长3—11厘米，宽1.5—4厘米，先端渐尖至长渐尖，基部楔形，稀圆形，幼时中脉两面疏被短柔毛，后无毛，边缘具细腺锯齿；叶柄长5—8毫米，有短柔毛，上部通常有腺点；托叶半心形或斜卵状三角形，有细腺齿，常早落。花序生去年枝侧，与叶同时开放，序梗长1—2厘米，具2—4叶；雄花序长3—6厘米，径约1厘米，序轴被柔毛，雄蕊6—12，花丝无毛，苞片卵状三角形，两面有柔毛，内面较密，腹腺宽，背腺常2—3裂；雌花序长2—4厘米，子房卵形，无毛，有长梗，花柱短或无，柱头2，不裂或微裂，苞片同雄花，腹腺宽，包于子房梗上，背腺常2—3裂，有时与腹腺合生成盘状。蒴果卵形，先端钝，无毛，稍长于果梗。种子12。

产昆明、昭通、楚雄、丽江、大理、凤庆、景东、腾冲、广南，生于海拔1100—2400米的河边、林缘或栽培于路旁及风景区；广西、四川、贵州也有。模式标本采自昆明黑龙潭。

喜光，耐水湿，适应性强。用种子或插条繁殖。种子繁殖部分见四子柳。扦插育苗于春季树液流动前采集一年生的粗壮枝条，剪成长20厘米，具3—5个芽的插穗。插后及时灌水，幼苗生根前浇水1—2次，以后每10—15天浇水一次。6—7月间施追肥2—3次。侧枝萌发较多应及时抹芽修枝。

木材为建筑、器具等用材。可作护堤、行道树，又可为风景区的上层高大树种。

3.腾冲柳 图291

Salix tengchongensis C. F. Fang（1980）

灌木。当年生枝无毛，绿色或稍带红色，二年生枝褐绿色；芽卵状椭圆形，无毛，红褐色。叶披针形或倒披针形，长3.5—6厘米，宽1—1.3厘米，先端急尖，基部狭楔形，上面深绿色，下面淡白色，两面无毛，中脉浅黄色，边缘有疏锯齿；叶柄长5—8（10）毫米，无毛。果序长5—6厘米，径约1.2厘米，序梗长1—2厘米，着生3—5叶，序轴无毛，子房卵形，无毛，有梗，梗长约为子房的1/2，花柱短，柱头2，不裂或微裂，苞片倒卵形，先端圆

图290 云南柳 *Salix cavoleriri* Levl.
1.雄花序枝　2.雄花　3.幼果　4.果序枝　5.苞片外面
6.叶背基部　7.叶面基部

图291　腾冲柳 *Salix tengchongensis* C. F. Fang

1.果序枝　　2.蒴果

截形，无毛，仅1腹腺，圆柱形，长为苞片的1/3—1/2。蒴果3瓣裂，每瓣内壁有3个胎座。果期5月。

产腾冲，生于海拔1680—1750米的河边杂木林缘。模式标本采自腾冲猴桥。

本种蒴果3瓣裂，不同于属内其他已知种。

4.五蕊柳（东北木本植物志）图292

Salix pentandra L.（1753）

灌木或小乔木，高可达5米。当年生枝无毛，褐绿色，有光泽，二年生枝灰绿色；芽披针状长圆形，无毛，有光泽。叶椭圆状披针形，卵状长圆形或宽披针形，长3—8（13）厘米，宽1.2—2.8（4）厘米，先端渐尖，基部楔形或宽楔形，上面深绿色，下面淡绿色，两面无毛，边缘有细腺齿；叶柄长2—14毫米，无毛，上面具不规则排列的腺点；托叶小，钻形，早落。雄花序长2—4（7）厘米，径1—1.2厘米，雄蕊5—6（9）稀12，花丝下部有柔毛，苞片披针形，长圆形或椭圆形，长约2.5毫米，边缘或先端有腺齿，稀全缘，腺体2；雌花序长2—4（6）厘米，序梗长1—2.5厘米，无毛，具2—4叶，序轴疏被柔毛，子房卵状圆锥形，无毛，有短梗，花柱2浅裂，柱头2裂，苞片披针形，长约3毫米，先端有腺齿，常尖裂，基部有毛，腹腺常2裂，背腺不裂或有时2裂。花期6月，果期8月。

产香格里拉市大宝寺，生于海拔3200—3500米的山谷草地和栎树林下；黑龙江、吉林、内蒙古、河北、山西、新疆均有。朝鲜、蒙古、俄罗斯、欧洲等地也有分布。

喜光，耐寒、耐瘠薄。种子或插条繁殖，但种子需冷藏至翌年春季播种，措施同腾冲柳。

树皮可提制树胶，叶作家畜饲料；又为晚期蜜源树种。

5.康定柳（秦岭植物志）

Salix paraplesia Schneid（1916）

产香格里拉碧塔海，生于海拔3400—3500米的高山栎林中；山西、陕西、宁夏、甘肃、青海、四川、西藏均有。

6.维西柳（植物研究）

Salix weixiensis Y. L. Chou（1981）

产维西，生于海拔1950—2600米的山坡灌丛或杂木林中。模式标本采自维西。

7.旱柳（华北）

Salix matsudana Koidz.（1915）

产东北、华北、西北，南至江苏、浙江、为平原地区常见树种。朝鲜、日本、俄罗斯远东地区也有。云南不产。

图292　五蕊柳 *Salix pentandra* L.

1.果枝　　2.蒴果　　3.雌花　　4.苞片

7a.龙爪柳（变型）图293

f. tortuosa（Vilm.）Rehd.（1925）

Salix matsudana Koidz. var. *tortuosa* Vilm.（1924）

乔木，高10余米。枝条弯曲，幼时有疏柔毛，后无毛，浅褐黄色；芽微有短柔毛。叶披针形，长5—10厘米，宽1—1.5厘米，先端长渐尖，基部楔形或窄圆形，上面绿色，无毛，下面淡绿或苍白色，幼时有丝状柔毛，边缘有细腺锯齿；叶柄短，上面有柔毛。花与叶同时开放；雄花序圆柱形，长1.5—2.5（3）厘米，径约6—8毫米，序梗短，具2—3小叶，序轴有柔毛；雄蕊2，花丝离生，基部有长柔毛，苞片卵形，黄绿色，先端钝，基部多少有短柔毛，腺体2；雌花序较雄花序短，基部有3—5小叶，轴有毛，子房长椭圆形，近无梗，无毛，花柱无或短，柱头2，微圆裂，苞片同雄花，腺体2，背腺较小。花期2—3月，果期3—4月。

昆明、安宁等地栽培，为优美的庭园绿化树种；全国各地栽培。日本、欧洲、北美均有引种。

本变型与曲枝垂柳 *S.babylonica* Linn. f. *tortuosa* Y. L. Chou 相似，但苞片卵形，仅外面基部有毛或稍有疏缘毛，非披针形外面或两面全部有毛，雌花具腹、背腺，非仅1腹腺而不同。

喜光，不耐荫，耐水湿。种子或插条繁殖。多用扦插育苗，插穗应有3—5个芽。

木材白色，质轻软，比重0.45，可作器具、造纸、火药等用材。为早春蜜源植物，又是城乡庭园绿化的优良树种。

8.异蕊柳（中国植物志）　滇细叶柳（云南种子植物名录）图294

Salix heteromera Hand.-Mazz.（1929）

Salix heteromera Hand.-Mazz. var. *villosior* Hand .-Mazz.（1929）

乔木，高10余米。枝条较细，斜展，当年生枝有细柔毛，二年生枝无毛，栗褐色；芽卵形，带红色，下部有毛。叶披针形，长5—12厘米，宽1—2厘米，先端渐尖，基部楔形，上面绿色，下面浅绿色，幼时两面有疏毛，后无毛，边缘有腺锯齿；叶柄长4—7毫米。有疏柔毛；托叶半心形，长约5毫米。花序先叶或与叶同时开放；雄花序长2.5—4.5厘米，径7—8毫米，序梗长5—12毫米，有密柔毛，具2—3叶，序轴有密柔毛；雄蕊2—4，稀1或5，花丝基部有疏长毛，苞片卵形，先端钝，外面无毛，内面有毛，具缘毛，腺体2，背腺大于腹腺，有时先端2—3浅裂；雌花序长1—1.5厘米，序梗长2—7毫米，有密柔毛，具2—3小叶，序轴有短柔毛，子房卵形，无毛，有短梗，花柱短，先端2浅裂，柱头2裂，苞片外面基部有毛，内面近无毛，腺体1，腹生，与子房梗近等长。花期3月，果期4月。

产昆明、丽江，大理，生于海拔1800—2600米的河边和栽培于路旁。模式标本采自昆明。

喜光，耐水湿。种子或插条繁殖。

木材可作建筑、器具、农具等用材。为早春蜜源植物，也可做护堤及行道树种。

图293 龙爪柳 *Salix matsudana* Koidz. f. *tortuosa*（Vilm.）Rehd.

1.雄花序枝　　2.雄花　　3.叶的上面　　4.叶的下面

图294 异蕊柳 *Salix heteromera* Hand.-Mazz.

1.雄花序枝　　2.雄花　　3.雄蕊（示基部柔毛）　　4.苞片外面

9.垂柳　水柳（浙江）、垂丝柳（四川）、清明柳（云南）图295

Salix babylonica L.（1753）

乔木，高可达15米。枝无毛，纤细下垂；芽卵形，无毛，先端尖。叶披针形，狭披针形或线状披针形，长4—10（16）厘米，宽7—15（20）毫米，先端渐尖至长渐尖，基部楔形，上面绿色，下面稍淡，两面无毛，或幼时微有毛，边缘具腺锯齿；叶柄长3—8毫米，有短柔毛；托叶线状披针形或卵状披针形，边缘有疏齿，早落。花序先于叶或与叶同时开放；雄花序长1.5—3厘米，序梗长2—5毫米，具2—4小叶，序轴有毛，雄蕊2，花丝离生，基部有毛，苞片披针形，外面基部有柔毛，内面无毛，有时两面全部有毛，腺体2；雌花序长1—2（3—5）厘米，序梗2—7毫米，具2—3小叶，轴有柔毛，子房椭圆形，无毛或下部稍有毛，无梗或近无梗，花柱短，2浅裂，柱头2裂，苞片同雄花，或卵状三角形至长卵形。花期2—3月，果期3—4月。

昆明、丽江、大理、临沧、景洪、文山等地区均有栽培。海拔800—2400米地带的水边或干旱处均生长良好；各省区均有。亚洲、欧洲、美洲也有引种。

喜光，耐水湿，半年内树干淹在水中不受影响，但也耐干旱，在高处仍生长良好。种子或插条繁殖；多用扦插繁殖。春季树液活动前剪1—2年生的粗壮枝条，长20—25厘米，带3—5芽，插入苗床后经常浇水并适当遮阴，第二年春即可出圃造林。

木材红褐色，纹理直，轻软而具韧性；为矿柱、建筑、农具、家具、造纸等用材。枝条可编织，叶为家畜饲料，又可喂蚕。入药，根可治疗白带，胞衣不下，水肿；花可治疗黄疸病，又是树姿优美的绿化观赏树种。

9a.腺毛垂柳　图296

var. glandulipilosa Mao et W. Z. Li（1986）
与原种的区别在于花序叶后开放，无梗，花丝无毛，苞片先端有簇生腺毛。
产丽江，栽培于海拔2400米的水边。模式标本采自丽江黑龙潭。
习性，繁殖方法、经济用途等同垂柳。

10.巴郎柳（西藏植物志）

Salix sphaeronymphe Gorz（1935）
产德钦梅里雪山，生于海拔3300米的山坡灌丛中；四川西部、西藏东部也有。

11.绢果柳（西藏植物志）

Salix sericocarpa Anderss.（1860）
产大理、福贡，生于海拔3300—3600米的山坡灌丛中和水沟边；西藏也有。

图295 垂柳 *Salix babylonica* Linn.
1.雌花序枝　　2.雌花　　3.雄花序枝　　4.雄花
5.雄蕊　　6.苞片内面　　7.苞片外面

图296 腺毛垂柳 *Salix babylonica* L. var. *glandulipilosa* Mao et W. Z. Li
1.雄花序枝　2.雄花　3.雄蕊　4.苞片内面　5.苞片外面

12.景东柳　景东矮柳（东北林学院植物研究室汇刊、中国植物志）图297

Salix jingdongensis C. F. Fang（1980）

灌木，高1.5—6米。当年生枝无毛，二年生枝暗红色；芽卵形，暗红色，无毛。叶宽椭圆形或椭圆形，长2—5厘米，宽1.5—2厘米，先端急尖或小突尖，基部宽楔形，上面绿色，下面有白粉，两面无毛，侧脉约7对，边缘有腺齿，从极不明显至明显，稀全缘；叶柄长5—8毫米。花与叶同时或稍叶后开放；雄花序长圆柱形，长5—8厘米，径6毫米，着生于去年枝侧，序梗长约6毫米，具1—2小叶，序轴无毛或具稀疏柔毛；雄蕊2，花丝离生，无毛或基部有疏毛，苞片卵状长圆形，无毛，腺体2，腹生和背生，有时腹腺4裂，背腺2裂，呈不规则花盘状；雌花序长1.5厘米，径5毫米，序梗长约1厘米，有1—2小叶，轴无毛，子房卵形，长2毫米，无毛，有梗，梗长约1.2毫米，花柱短，柱头2，不裂或微裂，苞片同雄花，腺体1，腹生。花期4—5月。

产景东，生于海拔2480米上下的路边灌木林中。模式标本采自景东无量山（落水洞背娃娃山）。

种子繁殖或插条育苗。

13.小光山柳　图298

Salix xiaoguongshanica Y. L. Chou et N. Chao（1980）

灌木至小乔木，高1米以上。当年生枝绿色，无毛，二年生枝黄绿色；芽半卵形，腹面平。叶椭圆形，长4—8厘米，宽2.5—3.5厘米，先端急尖或钝，基部圆形或宽楔形，上面绿色，下面有白粉，两面无毛，侧脉约12对，边缘有腺锯齿；叶柄紫色，长6—10毫米，无毛。花与叶同时或稍叶后开放；雌花序长约3.5厘米，具2小叶，轴无毛或有疏毛，子房狭卵形、有白粉，无毛，具梗，梗长约1.2毫米，花柱明显，不裂或浅裂，柱头2，不裂，苞片近倒卵形，先端截形或中间微凹，两面无毛，比子房稍长或近等长，有时稍短，腺体1，腹生，短圆柱形，长约为子房梗的1/4。蒴果小，卵形，有白粉，果梗长1.5—2毫米。花期5月，果期6月。

产景东、福贡。生于海拔1920—2600米的山坡灌丛中或路旁。模式标本采自景东无量山（落水洞小光山）。

种子繁殖及插条育苗均可。

14.小叶大叶柳（云南植物研究）

Salix magnifica Hemsl. var. microphylla Mao et W. Z. Li（1987）
产贡山，生于海拔3100米的冷杉林下。模式标本采自贡山县近独龙江处。

15.乌饭叶柳（云南种子植物名录）　乌饭叶矮柳（中国植物志）图299

Salix vaccinioides Hand.-Mazz.（1929）

直立灌木，高可达1米。枝无毛，紫红色，有光泽。叶卵形或阔椭圆形至近圆形，长1—3厘米，宽0.9—2厘米，上面暗绿色，下面苍白色或有白粉，两面无毛，两端钝，全缘，

图297 景东柳 *Salix jingdongensis* C. F. Fang
1.雄花序枝   2.雌花枝   3.雄花   4.雌花

图298 小光山柳 *Salix xiaoguongshanica* Y. L. Chou et N. Chao
1.雌花序枝　2.蒴果

图299　乌饭叶柳 *Salix vaccinioides* Hand.-Mazz.
1.雄花序枝　　2.雄花　　3.雌花序　　4.雌花　　5.苞片外面

常外卷；叶柄长2—6毫米，无毛；托叶偏斜或宽卵形，边缘有疏腺齿。雄花序细圆柱形，长2—3厘米，径约4毫米，基部有2—3叶，轴具疏柔毛，雄蕊2，花丝离生，下部有白色长柔毛，苞片近圆形或倒卵状长圆形，无毛，稀有毛，仅1腹腺；雌花序长约3厘米，径约4毫米，基部有3—5叶，轴有黄褐色柔毛，子房卵形或卵状椭圆形，无毛，有白粉，无梗或近无梗，花柱2中裂至深裂，柱头小，不裂，苞片近圆形，无毛，腹腺黄褐色，扁圆柱形，无背腺。花期6月，果期7月。

产贡山，生于海拔2900—3800米的山坡灌丛或针叶林下；四川、西藏也有。模式标本采自贡山。

适应性强，耐低温。用种子和插条繁殖，以插条繁殖为主；苗床经常保持湿润，适当施以追肥。

16.扭尖柳（云南植物研究）图300

Salix contortiapiculata Mao et W. Z. Li（1987）

灌木，高1.5—4米。小枝无毛，暗紫色；芽宽卵形，钝，无毛，紫色，长约5毫米。叶倒卵长圆形，长5—9厘米，宽2.2—2.4厘米，先端有扭转短尖头，基部近圆形或宽楔形，上面绿色，无毛或中脉下部有锈色卷曲短柔毛，下面苍白色，幼时被长柔毛，后渐变无毛，全缘或有疏齿；叶柄长6—14毫米，上面有锈色卷曲短柔毛。果序长5—7厘米，径约7毫米，序梗长2.5—4厘米，具3—4正常叶，序轴有疏柔毛；子房卵状圆锥形，无毛，无梗或近无梗，花柱长约1毫米，2中裂，柱头2裂，苞片宽长圆形，长不到2.5毫米，外面和边缘有疏柔毛或近无毛，先端钝圆，有波状齿，腺体1，腹生，长约1.5毫米，近似瓶状，长约为苞片的2/3。果期7月。

产贡山县，生于海拔1900—3000米的山坡灌丛中。模式标本采自贡山县高黎贡山西坡近独龙江处。

扦插或种子繁殖，详见云南柳和四子柳。

17.宝兴柳（中国植物志）　穆坪柳（中国树木分类学）图301

Salix moupinensis Franch.（1887）

灌木或小乔木，高1.5—6米。当年生小枝初有丝状毛，后仅基部有毛；芽卵形或椭圆形，无毛。叶长圆形、椭圆形或倒卵状椭圆形，有时卵形，长5—13厘米，宽3—6厘米，先端急尖，短渐尖或钝，基部楔形至圆形，上面绿色，无毛，下面淡绿色，幼时有毛，后仅沿中脉有白毛，边缘有腺锯齿；叶柄长1—2厘米，初有毛，后无毛，上端有时有1至数枚腺点；托叶小。花序长约6厘米，序梗长1—2厘米，具正常叶，轴疏被丝状毛，苞片长椭圆形，有疏毛；雄蕊2，花丝离生，无毛，腹腺有时2裂，背腺较小；子房无毛，有短梗，花柱长约为子房的1/3，2中裂，柱头2裂，仅1腹腺。花期5月，果期6月。

产大关，生于海拔1900米的次生林中；四川也有。

种子繁殖，天然更新。人工栽培以扦插为主。

木材为小器具，农具等用材。

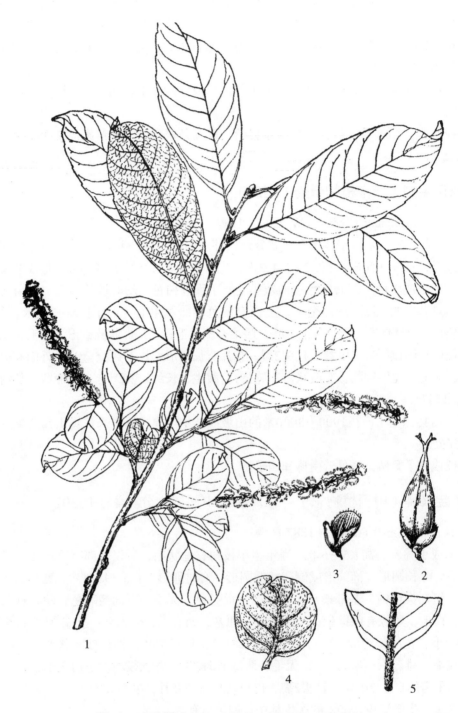

图300 扭尖柳 *Salix contortiapiculata* Mao et W. Z. Li

1.果序枝 2.幼果 3.苞片和腺体 4.花序梗基部叶的下面 5.叶下部的上面

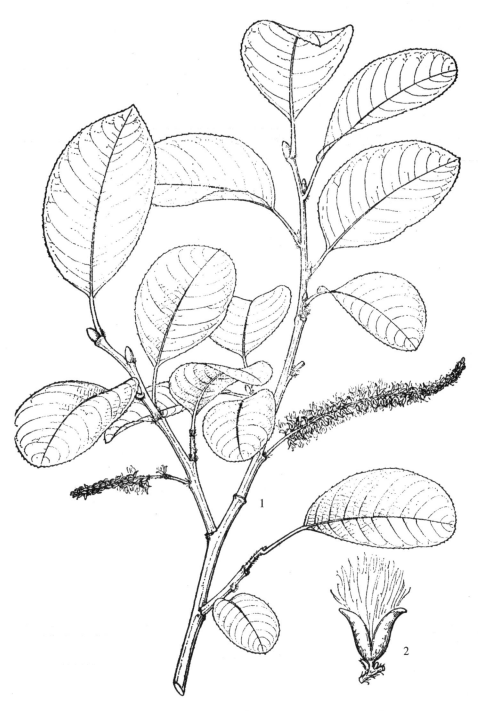

图301 宝兴柳 *Salix moupinensis* Francn

1.果序枝　　2.蒴果

18.长穗柳（西藏植物志） 美脉柳（云南种子植物名录）图302

Salix radinostachya Schneid.（1916）

大灌木至小乔木，高2—10米。当年生枝幼嫩时有疏柔毛，后无毛，紫褐色；芽卵形或卵状长圆形，紫褐色或褐红色，无毛。叶披针形，长圆披针形，有时幼叶倒披针形，长10—20厘米，宽3—4.5厘米，先端短渐尖，稀急尖，基部宽楔形或圆形，幼叶常为楔形，上面绿色，下面淡绿色，有时发白色，两面仅脉上有毛，幼叶上面被柔毛，下面密被长绒毛，边缘有疏腺齿或近全缘；叶柄长1—1.5厘米，上面有柔毛。花与叶同时开放；雄花序长7—12厘米，径约6毫米，序梗长1—4厘米，具2—5叶，雄蕊2，花丝离生，无毛，苞片倒卵状长圆形，先端圆截，外面有疏柔毛，内面无毛，腺体2，腹腺宽，背腺有时生于两个雄蕊之间，成为一行；雌花序长5—10厘米，果期可达20厘米，序梗达5厘米，子房狭卵形，无毛，有短梗，花柱明显，先端分裂，柱头2，不裂或微裂，苞片同雄花，仅1腹腺。蒴果卵形。花期5月，果期6月。

产禄劝、维西、漾濞、巍山，贡山、腾冲、德钦，生于海拔2300—3000米的山谷湿润处杂木林内或针叶林边缘；四川西部、西藏东部亦有。分布于印度。

喜光，耐阴湿，天然更新力强。

其木材为小器具或农具等用材。

19.光苞柳（中国植物志）

Salix tenella Schneid.（1917）

产丽江，生于海拔2600—3800米的灌丛或沟谷中；四川南部也有。

20.异型柳（中国植物志）

Salix dissa Schneid.（1916）

产剑川、丽江、宁蒗、维西、德钦、香格里拉，生于海拔2500—3300米的箐沟边、山坡灌丛或松林下；四川也有。

21.长花柳（西藏植物志）

Salix longiflora Anderss；（1860）

产禄劝、昭通、丽江、维西、大理、彝良、永善、德钦，生于海拔2300—3400米的沟边、山坡灌丛或杂木林下；四川、西藏也有。分布于印度。

22.大关柳（云南植物研究）图303

Salix daguanensis Mao et P. X. He（1987）

灌木，高2米。当年生枝仅先端有淡黄褐色短柔毛；芽大，长椭圆形，短于或长于叶柄的一半，被淡黄褐色短柔毛。叶长圆披针形，长4—8厘米，宽1.2—2.4厘米，上面绿色无毛或中脉下部有短柔毛，下面苍白色，幼时散生绢毛，后仅脉上有长疏毛，中脉和侧脉在上面明显，下面凸起，边缘有不明显的细腺锯齿；叶柄长6—10毫米，有短柔毛。花序后于

图302　长穗柳 *Salix radinostachya* Schneid.
1.果序枝　2.雄花序枝　3.雄花　4.蒴果

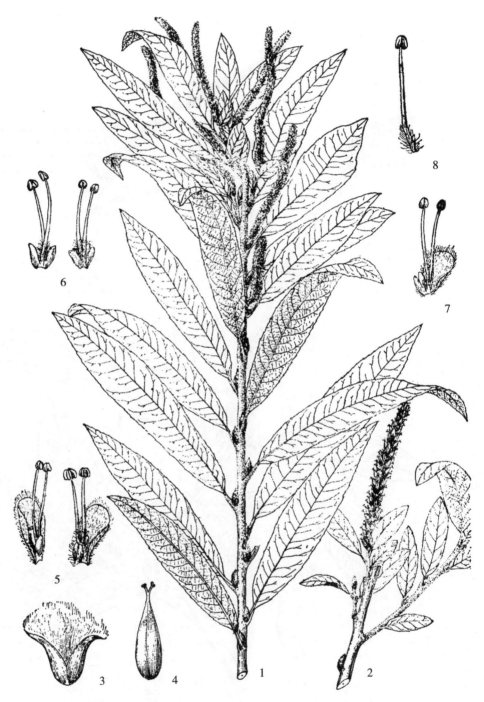

图303 大关柳 *Salix daguanensis* Mao et P. X. He

1.雄花序枝　2.雌花序枝　3.蒴果　4.幼果　5.雄花

6.去掉苞片之雄花（示腹、背腺）　7.无背腺之雄花　8.雄蕊

叶开放，细圆柱形，长3—7厘米，径约4毫米，侧生于枝条先端的叶腋，位于下部的无梗，上部的梗长达1.5厘米，具2—3小叶，序轴有柔毛，苞片长圆形，淡黄褐色，两面有白色长柔毛；雄蕊2，稀3，花丝离生，下部三分之一有白柔毛，长于苞片2倍，腺体2，稀1，均不裂或2裂，有时仅腹腺或背腺2裂；子房卵状圆锥形，无毛，无梗，花柱长约1毫米，先端2裂，柱头2裂，仅1腹腺，无背腺。花期8月，果期10月。

产大关、彝良；生于海拔1750—2000米的地带。模式标本采于大关县麻柳湾。

喜光，耐干旱。种子和插条繁殖。

树皮纤维可造纸；嫩枝叶为优良的绿肥；蜜源植物，又是水土保持树种。

23.细序柳（中国植物志）

Salix guberianthiana Schneid.（1917）
产昆明、嵩明、富民，生于海拔2200米上下的山坡灌丛或疏林中；四川也有。

24.草地柳（中国植物志）

Salix praticola Hand.-Mazz.（1926）
产昆明、嵩明、双柏、禄劝、师宗、广南，生于海拔1500—2600米的山坡路边或林缘及疏林下；湖南、湖北、广西、四川、贵州均有。

25.西柳（中国植物志）图304

Salix pseudowolohoensis Hao（1936）
灌木至小乔木，高可达5米；树皮灰色。当年生枝其细绒毛，二年生枝无毛，暗褐色或褐红色；芽卵形，无毛，红褐色，腹部平，先端略尖。叶披针形或长圆状披针形，长3—7厘米，宽8—20毫米，先端急尖，基部楔形，上面绿色，有毛或无毛，下面灰白色，密被绢质绒毛，边缘有疏腺齿或近全缘；叶柄长3—6毫米，有毛。雄花序细圆柱形，长1—3.5厘米，径约3毫米，序梗长3—8毫米，具3—5小叶，有柔毛，雄蕊2或3，花丝离生，基部有毛，苞片倒卵状长圆形，无毛，腺体2，背腺较腹腺小，稀无；雌花序长1—1.5厘米，果期达6厘米，序梗短，具3—5小叶，轴有白色密毛，子房卵状近球形或卵形，无毛，有短梗，花柱短，柱头2，不裂或微裂，苞片倒卵形，无毛，仅1腹腺。蒴果卵状长圆形，具短梗。花期4月，果期5月。

产丽江，生于海拔2300—2800米的沟谷林缘或林下；四川亦有。

为沟谷水土保持绿化树种。

26.迟花柳（中国植物志）

Salix opsimantha Schneid.（1916）
产丽江、维西、德钦、香格里拉，生于海拔3500—4300米的草地、灌丛及流石滩中和石崖上；四川、西藏也有。

图304 西柳 *Salix pseudowolohoensis* Hao

1.雄花序枝　　2.雄花　　3.蒴果　　4.叶下面（示毛被）

27.腹毛柳（西藏植物志）

Salix delavayana Hand.-Hazz.（1929）

产漾濞、洱源、鹤庆、丽江、维西、德钦、香格里拉，生于海拔2800—3900米的沟谷针叶林缘、混交林空地或山坡灌丛；四川，西藏也有。模式标本采自洱源。

28.齿叶柳（西藏植物志）

Salix denticulata Anderss.（1851）

产永仁，生于海拔2500米的河旁；四川、西藏也有。分布于印度、尼泊尔、巴基斯坦、阿富汗、伊朗。

29.中华柳（中国高等植物图鉴）图305

Salix cathayana Diels（1912）

灌木，高可达5米。当年生枝有短柔毛；二年生枝几无毛，绿棕色，红褐色或灰黑色；芽卵形或长卵形，有毛。叶长椭圆形或椭圆状披针形，长1.5—6厘米，宽1—2厘米，两端急尖或钝，上面深绿色，中脉有毛，下面苍白色，无毛，全缘；叶柄长2—5毫米，有短柔毛。雄花序圆柱形，长2—3.5厘米，径6—8毫米，序梗长5—15毫米，有长柔毛，具2—3小叶，稀更多，雄蕊2或3，花丝离生，有时合生，下部有柔毛，苞片卵形或倒卵形，先端圆形，外面无毛或有毛，具缘毛，腺体1，腹生，有时2，腹生和背生；雌花序细圆柱形，长2—5厘米，序梗长5—20毫米，具2—5叶，子房椭圆形，无毛，花柱短，先端2裂，柱头2裂，苞片卵状长圆形，有缘毛。仅1腹腺。蒴果卵状长圆形或卵状近球形，无毛，无梗或近无梗。花期4—5月，果期6—7月。

产巧家、丽江、维西、大理、泸水、盐津、德钦、香格里拉，生于海拔2600—3800米的路旁水边，山坡灌丛，针阔叶混交次生林中及针叶林下；河北、陕西、河南、湖北、四川、贵州均有。模式标本采自大理。

喜光，适应性强。种子或插条繁殖。

树皮纤维可造纸；蜜源植物，又是防止土壤冲刷的树种。

本种与长花柳 *S.longiflora Anderss.* 的区别在于叶下面多为苍白色，无毛，雄花有时具3雄蕊，腺体常1，无背腺，苞片边缘有短缘毛，不为近无毛。

30.丝毛柳（中国高等植物图鉴）

Salix luctuosa Lévl.（1914）

产巧家、丽江、维西、德钦、香格里拉，生于海拔2800—4000米的高山灌丛或混交林缘；陕西，四川，西藏也有。模式标本采自巧家。

31.藏截苞矮柳（西藏植物志）

Salix resectoides Hand.-Mazz.（1929）

产贡山、泸水，生于海拔3500—4000米的山坡灌丛或针叶林下；西藏东部也有。模式

图305 中华柳 *Salix cathayana* Diels

1.雄花序枝　　2.雌花　　3.雄花序　　4.雄花

标本采自贡山。

32.孔目矮柳（植物研究）

Salix kungmuensis Mao et W. Z. Li（1986）

产贡山、福贡、泸水，生于海拔3500—3800米的山坡灌丛中。模式标本采自贡山县孔目后山。

33.迟花矮柳（中国植物志）

Salix oreinoma Schneid.（1916）

产丽江、香格里拉、德钦，生于海拔3600—4300米的山坡灌丛中；四川西部、西藏东部也有。

34.丛毛矮柳（西藏植物志） 卷毛柳（云南种子植物名录）图306

Salix floccosa Burkill（1899）

灌木，通常矮小，最高可达3米。小枝初有柔毛，后无毛；芽褐红色，无毛。叶倒卵椭圆形或卵形，长2—5厘米，宽1—2厘米，先端急尖或钝，基部渐狭，上面绿色，无毛，下面幼时密被灰白色长柔毛，后变丛卷毛或无毛，边缘具腺齿或全缘；叶柄长5—10毫米，幼时有毛，后无毛。花序与叶同时开放，生于当年枝顶端，被柔毛；雄花序长1—3厘米，径约7毫米，雄蕊2，花丝离生，基部有毛，苞片倒卵形，先端钝圆，有疏柔毛，具腹腺和背腺；雌花序长2—3厘米，径7—10毫米，子房卵形、密被柔毛，无梗，花柱明显，2裂，柱头2裂，苞片同雄花，仅具腹腺。花期6—7月，果期7—8月。

产丽江、维西、德钦，生于海拔3000—3800米的山坡灌丛或河边；西藏东部也有。模式标本采自丽江玉龙山。

种子繁殖。宜随采随播或窖藏，育苗栽培。

可作高山水土保持树种。

35.怒江矮柳（西藏植物志）

Salix coggygria Hand.-Mazz.（1929）

产贡山、德钦，生于海拔3400—4000米的灌丛和岩坡上；西藏东部也有。

36.溪旁矮柳（云南植物研究）

Salix rivulicola Mao et W. Z. Li（1987）

产贡山，生于海拔4000米的小溪边。模式标本采自贡山县独龙江上游。

37.环纹矮柳（西藏植物志）

Salix annulifera Marq. et Airy-Shaw（1929）

产德钦，生于海拔3500米的丛林中；西藏东部也有。

图306 丛毛矮柳 *Salix floccosa* Burkill

1.雌花序枝　　2.雌花　　3.雄花序　　4.雄花　　5.叶下面（示毛被）

38.锯齿叶垫柳（中国植物志）

Salix crenata Hao（1936）

产贡山、丽江、德钦、香格里拉，生于海拔3200—4400米的山坡灌丛中或岩石上。模式标本采自丽江玉龙山。

39.圆齿垫柳（西藏植物志）

Salix anticecrenata Kimura（1975）

产香格里拉，生于海拔3500—3600米的草坡或灌丛中；西藏也有。分布于尼泊尔。

40.尖齿叶垫柳（西藏植物志）

Salix oreophila Hook. f. ex Anderss.（1860）

产德钦，生于海拔3900米的岩坡上；西藏也有。分布于印度。

41.扇枝垫柳 扇叶垫柳（西藏植物志）

Salix flabellaris Anderss.（1860）

产维西、大理、泸水、贡山、德钦、香格里拉，生于海拔3500—4400米的草坡、灌丛或碎石及岩石缝中；四川西部、西藏东部也有。分布于克什米尔地区和不丹。

42.类扇枝垫柳 类扇叶垫柳（东北林学院植物研究室汇刊）

Saiix paraflabellaris S. D. Zhao（1980）

产贡山，生于海拔3000—4000米的灌木丛中或陡壁岩石上。模式标本采自贡山。

43.小垫柳（植物分类学报）

Salix brachista Schneid.（1916）

产丽江、维西、洱源、德钦、香格里拉，生于海拔3000—4500米的灌丛、沟谷或岩石缝中；四川西部、西藏东部也有。

44.毛枝垫柳（中国植物志）

Salix hirticaulis Hand.-Mazz.（1929）

产贡山、德钦，生于海拔3500—4000米的陡壁岩石缝中。模式标本采自贡山。

45.石流垫柳（云南植物研究）

Salix glareorum Mao et W. Z. Li（1987）

产丽江，生于海拔3050米的流石滩上。模式标本采自丽江干河坝。

46.黄花垫柳（西藏植物志）

Salix souliei Seemen（1906）

产贡山、德钦、香格里拉，生于海拔3500—4200米的山坡草地或石岩上；青海东南部、四川西部、西藏东南部也有。

47.卵小叶垫柳（中国植物志）　小卵叶柳（云南种子植物名录）图307

Salix ovatomicrophylla Hao（1936）
S. acuminatomicrophylla Hao（1936）

垫状灌木，主干沿地表横走而生根。幼枝红褐色，无毛或近无毛；芽小，无毛。叶小而密集，覆盖整个枝条，卵形或卵状椭圆形、椭圆形或长圆形，长2—4毫米，宽1—2毫米，先端钝或急尖，基部宽楔形或近圆形，上面绿色，无毛，中脉凹下，下面淡绿色，初有毛，后无毛，中脉隆起，全缘或上部有稀疏腺锯齿；叶柄长1—2毫米。花序与叶同时开放，生当年枝顶端，轴有微毛，花序头状，长约6毫米；雄蕊2，花丝离生，无毛或基部有疏毛，苞片椭圆形，无毛或仅内面基部散生短柔毛；腺体2，圆柱形，腹腺和背腺近等长，长约为苞片的1/3，有时背腺先端分裂；子房长卵形，无毛，有短梗，花柱短，2裂，柱头2浅裂，苞片倒卵形或倒卵长圆形，先端圆或微凹，无毛或疏具缘毛，仅1腹腺，圆柱形，与子房梗近等长。蒴果卵形，无毛。花期6—7月，果期8—9月。

产丽江、香格里拉，生于海拔4300米上下的灌丛中或岩石坡上。模式标本采自丽江玉龙雪山。

喜潮湿的气候环境和排水良好的土壤。用种子和插条繁殖。

为高海拔地区保护土壤不被雨水冲刷的优良树种之一。

48.岩壁垫柳（云南植物研究）

Salix scopulicola Mao et W. Z. Li（1987）
产贡山，生于海拔4000米的陡崖上。模式标本采自贡山县独龙江上游。

49.栅枝垫柳（西藏植物志）

Salix clathrata Hand.-Mazz.（1929）
产贡山、德钦，生于海拔3600—4000米匍匐灌丛或岩石上；四川、西藏也有。

50.青藏垫柳（西藏植物志）　高山小柳（云南种子植物名录）图308

Salix lindleyana Wall. ex Anderss.（1850）

垫状灌木，皮红色，主干匍匐生根。当年生枝红褐色，初有疏柔毛或无毛；芽卵状球形，无毛，黄绿色。叶形多变，倒卵状长圆形或倒卵状披针形，有时长圆形或卵形，长8—16毫米，宽3—6毫米，萌枝叶长可达2.5厘米，宽9毫米，先端尖或稍钝，基部楔形，上面绿色，无毛，中脉凹下，下面苍白色，无毛，中脉凸起，幼叶两面有稀疏短柔毛，全缘，常反卷；叶柄长3—6毫米，幼时有短柔毛，后无毛。花序与叶同时开放，生当年枝的顶端，

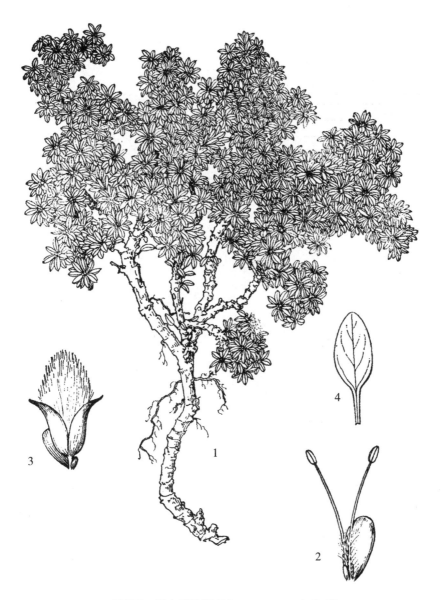

图307　卵小叶垫柳 *Salix ovatomicrophylla* Hao
1.植株　2.雄花　3.蒴果　4.叶

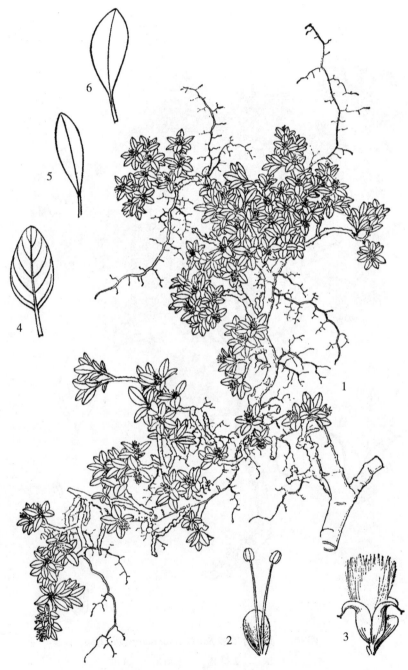

图308 青藏垫柳 *Salix lindleyana* Wall. ex Anderss.

1.植株 2.雄花 3.蒴果 4—6.叶（示各种形状）

轴有疏长柔毛或无毛，苞片广卵形，先端圆，淡紫红色，无毛或有疏缘毛；雄花序长约5毫米，雄蕊2，花丝离生，基部有长柔毛，腺体2，腹、背腺近等长，有时均2浅裂；果序长约1厘米，果卵状圆锥形，无毛，近无梗或有短梗，花柱先端2裂，柱头2裂，仅一腹腺。花期6—7月，果期8—9月。

产维西、德钦、香格里拉，生于海拔3500—3700米的山坡或石缝中；四川、西藏也有。分布于印度、尼泊尔、巴基斯坦等地。

喜阴湿气候环境，耐瘠薄土壤。种子或插条繁殖。种子采收后冷藏至翌年春季播种，出苗率高。

为高海拔（3500—4000米）地带防止土壤被雨水冲刷的良好树种。

51.毛小叶垫柳（植物分类学报）

Salix trichomicrophylla C. Wang et P. Y. Fu（1974）

产贡山，生于海拔3900米的陡崖上；西藏东部也有。

52.毛果垫柳（中国植物志）

Salix piptotricha Hand.-Mazz.（1929）

产维西、德钦、香格里拉，生于海拔3500—4000米的草地或岩石缝中。模式标本采自德钦。

53.吉拉柳（植物分类学报）

Salix gilashanica C. Wang et P. Y. Fu（1974）

产德钦、香格里拉，生于海拔3000—4100米的山坡灌丛或水边；青海东南部、四川西部、西藏东部均有。

54.奇花柳（西藏植物志）图309

Salix atopantha Schneid.（1916）

灌木，高1—2米。当年生枝有柔毛，二年生枝无毛；芽长卵形，初时有疏柔毛，后无毛。叶椭圆形或长椭圆形，长1.5—4厘米，宽5—14毫米，先端急尖或钝，基部楔形或近圆形，上面深绿色，初有柔毛或无毛，下面灰绿色或带白色，无毛或幼时中脉有毛，边缘有明显至不明显的腺锯齿或全缘；叶柄淡绿黄褐色，长2—6毫米，有毛。花与叶同时开放，花序长圆形；雄花序长约1.5厘米，径约8毫米，序梗长约5毫米，具3—5小叶；雄蕊2，花丝离生，下部有毛，花药近球形，黄色或花序上部者红色，苞片倒卵形，先端褐黑色圆截形，有时啮蚀状，有疏柔毛和缘毛，腺2，腹腺有时2裂，背腺小，有时无。花期6月，果期7月。

产德钦、香格里拉，生于海拔3700—4100米的灌木林中或水沟边；四川西北部、西藏东部、青海东南部及甘肃南部也有。

种子繁殖。繁殖方法同云南柳。

为高海拔地区保持水土之优良树种。

图309 奇花柳 *Salix atopantha* Schneid.

1.雌花序枝　　2.蒴果　　3.雄花序　　4.雄花　　5.苞片内面观　　6.苞片外面观

55.硬叶柳（西藏植物志）

Salix sclerophylla Anderss.（1860）

产香格里拉，生于海拔3900米的杜鹃灌丛中；青海、甘肃、四川、西藏均有。印度、尼泊尔、巴基斯坦也产。

56.山生柳（西藏植物志）

Salix oritrepha Schneid.（1916）

产香格里拉，生于海拔4000米的灌丛中；青海、甘肃、四川、西藏均有。

57.华西柳　图310

Salix occidentali-sinensis N. Chao（1980）

直立灌木，高1—3米。当年生枝被灰白色短柔毛，二年生枝无毛；芽尖卵形或椭圆状圆柱形，初时有细柔毛。叶椭圆形、长椭圆形或倒卵状长椭圆形，长1—4.5厘米，宽6—15毫米，先端钝或急尖，基部楔形，边缘外卷有不明显的细腺锯齿或全缘，上面绿褐色，初被白色短毛，后渐无毛，下面黄褐色，密被锈色平伏短毛；叶柄长2—5毫米，具毛。花序稍后于叶开放，着生于二年枝侧，长圆形，长约1厘米，径约6毫米，花序梗短，长约2毫米，具1—2小叶，轴有柔毛，苞片广倒卵形或近圆形，外面及边缘有毛；雄蕊2，花丝离生，下部2/3被曲长柔毛，腺体2，腹腺近披针形，背腺较小；子房卵形，密被白色短毛，无梗，花柱先端分裂，柱头2裂，仅1腹腺。果序长可达3厘米，蒴果狭卵形，长约3毫米，有毛，无梗。花期6月，果期7月。

产香格里拉，生于海拔3400米的山坡灌丛中；四川西南部、西藏东部也有。

种子或扦插繁殖。种子繁殖宜随采随播，如需久藏需密封冷藏于容器内。扦插繁殖需采二年生枝条。

为高海拔地区水土保持树种之一。

58.木里柳（中国植物志）

Salix muliensis Gorz（1932）

产丽江，生于海拔3000米的灌木丛中；四川西部也有。

59.贡山柳

Salix fengiana C. F. Fang et Ch. Y. Yang（1980）

产贡山、德钦，生于海拔2800—3700米的山坡灌丛中。模式标本采自德钦。

60.银背柳（西藏植物志）

Salix ernesti Schneid.（1916）

产香格里拉，生于海拔3800米的冷杉林下和杂木灌丛中；四川西部、西藏东部也有。

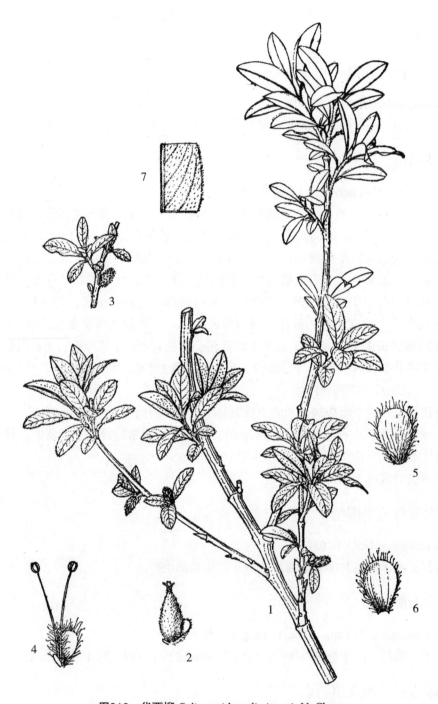

图310　华西柳 *Salix occidentali-sinensis* N. Chao
1.雌花序枝　　2.雌花　　3.雄花序枝　　4.雄花　　5.苞片外面
6.苞片内面　　7.叶下面（部分放大）

61.灰叶柳（中国植物志）

Salix spodiophylla Hand.-Mazz.（1929）

产丽江、维西、宁蒗（模式产地）、德钦、香格里拉，生于海拔3000—4400米的林下或石块地灌丛中；四川西部也有。

62.长叶柳（中国树木分类学）

Salix phanera Schneid.（1916）

产漾濞，生于海拔约2300米的山坡杂木林中；甘肃南部也有。

63.怒江柳

Salix nujiangensis N. Chao（1980）

产贡山，生于海拔2800米处。模式标本采自贡山。

64.对叶柳（中国植物志）　怒江柳（云南种子植物名录）图311

Salix salwinensis Hand.-Mazz. et Exonder（1926）

灌木或小乔木，高可达4米。当年生枝被柔毛，二年生枝无毛；芽狭卵形，有柔毛。叶对生，披针形，长4—12厘米，宽1.5—2.5厘米，先端急尖或渐尖，基部楔形或近圆形，上面绿色，有短毛，下面浅绿色，密被绒毛，全缘；叶柄长3—8毫米，有柔毛，托叶披针形或半心形，常早落。花与叶同时开放；雄花序长2—4.5厘米，径约5毫米，序梗短或近无，具2—4小叶，轴有绢质短柔毛，雄蕊2，花丝离生，下部1/2—3/4有柔毛，苞片倒卵形，先端近截形，外面和边缘有柔毛，内面近无毛，腺体2，腹腺狭长圆形，背腺线状长圆形，稍小于腹腺；雌花序圆柱形，长4—6厘米，径约6毫米，序梗长0.5—1厘米，有时可达3厘米，具2—5小叶，子房卵形，密被柔毛，无梗，花柱2深裂，柱头2裂，苞片同雄花，仅1腹腺。成熟果序长可达15厘米。花期5—6月，果期7—8月。

产丽江、维西、贡山、德钦，生于海拔2500—3700米的山坡灌丛或杂木林缘。模式标本采自维西白汉洛。

喜光，耐低温。用种子或插条繁殖。种子采收后冷藏至翌年春季播种，出苗率较高。为绿化荒山的先锋树种之一。

65.白背柳（中国植物志）　玉龙柳（云南种子植物名录）图312

Salix balfouriana Schneid.（1916）

S. forrestii Hao（1936）

灌木或乔木，高1—5米。当年生枝被灰色绒毛，二年生红黑色或有疏毛；芽黑褐色，有毛。叶椭圆形、椭圆状长圆形或倒卵状长圆形，长6—8（12）厘米，宽2—4厘米，先端钝或急尖，常扭转，基部圆形或宽楔形，上面深绿色，初被柔毛，后无毛或沿脉有短柔毛，下面粉白色，幼时密被绒毛或杂生锈色绢毛，后逐渐脱落，变稀疏或无毛，全缘（萌枝叶长可达18厘米，边缘有腺齿）；叶柄长约5毫米，有毛。花序与叶同时开放，长2—4厘

图311 对叶柳 *Salix salwinensis* Hand. -Mazz. et Exonder
1.雌花序枝　　2.雌花　　3.雄花

图312 白背柳 *Salix balfouriana* Schneid.

1.雌花序枝　　2.雌花　　3.雄花序　　4.雄花

米，径6—10毫米，序梗无或短（长2—5毫米），无叶或有1—2小叶；雄蕊2，花丝离生，下部2/3有柔毛，花药多为黄色，稀红色，苞片倒卵状长圆形，先端圆截形或有缺刻，外面被柔毛，内面无毛或有疏毛，腺体2，有时分裂；子房卵状圆锥形，有时呈紫红色，有密柔毛，无梗，花柱2中裂，柱头2裂，苞片同雄花，仅1腹腺。果序长可达8（11）厘米，序梗长可达1厘米，蒴果长约6毫米，被柔毛。花期4—5月，果期6—7月。

产丽江、维西、宁蒗、贡山、德钦、香格里拉，生于海拔2600—4000米的山坡灌丛或林间空地。模式标本采自丽江。

喜光，耐高湿低温的气候环境。用种子或插条繁殖。

为高山地区的先锋造林树种之一。

66.锡金柳（西藏植物志）

Salix sikkimensis Anderss.（1868）

产香格里拉，生于海拔4000米上下的灌丛中；西藏也有；分布于印度、尼泊尔。

67.双柱柳（西藏植物志）图313

Salix bistyla Hand.-Mazz.（1929）

灌木，高可达3米。当年生枝初被皱曲长柔毛，后渐脱落，二年生枝黑紫褐色，无毛；芽宽卵形，无毛。叶椭圆形或倒卵状狭椭圆形，长4—8厘米，宽1—2.5厘米，先端急尖或钝，基部楔形，上面暗绿色，疏被长毛，下面密被灰白色绒毛，边缘有腺锯齿；叶柄长5—10毫米，有绒毛；托叶肾形或半心形，长于叶柄，边缘有腺齿。花序与叶同时开放，长4—10厘米，径约1—15厘米，生于有正常叶的小枝顶端，轴有绒毛，苞片倒卵状扇形，先端截形，有不明显的腺齿，两面被白色丝状毛；雄蕊2，花丝离生，全部有密柔毛，腺体2，腹腺长椭圆形，背腺近线形；子房狭卵形，有白色绒毛，无梗，花柱稍长于子房，2全裂，下部有绒毛，柱头2裂或不裂，腹腺线形，背腺小或无毛。果序粗壮，长可达16厘米，径2厘米，蒴果卵形，长达9毫米，有绒毛，无梗，宿存花柱长5毫米。花期6—7月，果期8—9月。

产德钦、贡山，生于海拔2600—3500米的林下或灌木丛中；西藏东部也有；分布于尼泊尔。模式标本采自贡山金钟龙巴。

扦插或种子繁殖均可。

早春蜜源植物，水土保持的重要树种之一。

68.大理柳　图314

Salix daliensis C. F. Fang et S. D. Zhao（1980）

灌木，高可达2米（生于杂木林内者常为高达10余米的多枝乔木）。当年生枝密被银白色绒毛，后逐渐脱落，去年生枝具短毛；芽卵形，有毛。叶披针形或长圆披针形至狭椭圆形，长4—10厘米，宽1—2.5厘米，先端急尖，基部宽楔形，上面深绿色，有短绒毛或近无毛，下面密被绢毛，侧脉在成年叶上多而明显，上面凹陷，下面凸起，全缘，稀有不明显的疏腺齿；叶柄短，长3—5毫米，被密毛；托叶半卵状披针形，有毛。花与叶同时开放，花序长1.5—6厘米，径4—6毫米，序梗长5—15毫米，基部着生2—5小叶，苞片倒卵状三角

图313　双柱柳 *Salix bistyla* Hand.-Mazz.
1.雌花序枝　　2.雌花　　3.雄花序　　4.雄花

图314 大理柳 *Salix daliensis* C. F.Fang et S. D. Zhao

1.雌花序枝　　2.雌花　　3.雄花序　　4.雄花

形，先端圆截形，外面密被白柔毛，内面稀疏或近无毛；雄蕊2，花丝离生，全部有毛或先端稀疏，花药长圆形，黄色，腺体2，腹、背腺均长圆状卵形，先端截形，微凹；子房卵形，密被白柔毛，无梗，花柱长为子房的1/3—1/2，2全裂或深裂，柱头2裂，仅1腹腺。蒴果有毛，花期4月，果期5月。

产大理、大姚、漾濞、巍山、凤庆、泸水、腾冲、龙陵、石屏、文山，生于海拔1500—2700米的山坡灌丛或沟谷溪旁，也见于阔叶林中；四川南部及湖北西南部也有。模式标本采自大理苍山。

适应性强，在裸露的干燥山坡、潮湿的溪谷或茂密的阔叶林中，都能生长。用种子和扦插繁殖。

木材为农具、器具用材；枝条可编织，也是荒山造林的先锋树和长期树种之一。

69.丑柳（中国植物志）　西山柳（云南种子植物名录）、白蜡条（曲靖）图315

Salix inamoena Hand.-Mazz（1929）

灌木，高1—2米。当年生枝幼时有白色间淡黄色短柔毛，后渐脱落。二年生枝淡褐色，无毛；芽卵形，初有柔毛。叶椭圆形，长2—4.5厘米，宽1—2.2厘米，先端有小尖，有时扭斜，或急尖，基部宽楔形或近圆形，上面暗绿色，幼时有淡黄色柔毛，后渐脱落，仅脉上有短毛，下面浅绿色或苍白色，有淡黄色或锈色柔毛，边缘有明显或不明显的腺齿；叶柄长2—5毫米，有柔毛。花序与叶同时开放，细圆柱形，长约2—6厘米，径约4毫米，序梗长5—10毫米，具2—4小叶；雄蕊2，花丝离生，2/3有柔毛，花药近球形，苞片近圆形，黄色或稍褐色，无毛或外面基部有毛，腺体2；子房卵形，密被白色柔毛，无梗，花柱明显，先端2裂，柱头浅2裂，苞片近圆形，外面有疏毛，内面无毛，仅1腹腺。花期4月，果期5月。

产昆明、嵩明、会泽、曲靖、宜良、石屏，生于海拔1800—2600米的山坡灌丛中。模式标本采自昆明西山。

喜光，耐干旱。种子和插条繁殖。

皮含纤维；嫩枝叶为农家绿肥；蜜源植物，也是滇中地区荒山绿化的先锋树种。

70.川南柳（中国植物志）

Salix wolohoensis Schneid.（1917）
产大理苍山，生于海拔2500—3000米的水沟边；四川也有。

71.云贵柳（四川植物志）

Salix camusii Lével（1904）
♀ *S. erioclada* Lévl.（1906）
S. etosia Schneid.（1916）
产大姚、丽江、宁蒗、巧家，生于海拔2550—3450米的地带；湖北、湖南、四川、贵州均有。

图315 丑柳 *Salix inamoena* Hand. -Mazz.
1.果序枝 2.蒴果 3.雄花序 4.雄花

72.异色柳（西藏植物志）

Salix dibapha Schneid.（1917）

产宁蒗，生于海拔2000—3350米的山坡及河滩；四川、西藏也有。模式标本采自宁蒗永宁。

73.截苞柳（中国植物志）

Salix resecta Diels（1912）

产丽江、大理，生于海拔2800—3500米的山坡灌丛和杂木林中；四川也有。模式标本采自大理。

74.林柳（西藏植物志）

Salix driophila Schneid.（1916）

产宁蒗、香格里拉，生于海拔2600—3000米的松林下或林间空地；四川西部、西藏东部也有。

75.紫枝柳（中国树木分类学）图316

Salix heterochroma Seemen（1896）

灌木或小乔木，高可达15米。当年生枝初时有毛，后无毛，二年生枝紫红色。叶卵状椭圆形，披针形或卵状披针形，长4.5—10厘米，宽1.5—3厘米，先端长渐尖或急尖，基部楔形或钝，上面绿色，无毛或幼时有毛，下面苍白色，有疏绢毛，全缘或有疏腺齿；叶柄长5—15毫米，幼时有毛。雄花序长3—5.5厘米，径8—11毫米，近无梗，基部具2—3小叶，有绢毛，雄蕊2稀1，花丝离生，稀部分合生，基部具疏柔毛，花药卵状长圆形，苞片长圆形，黄褐色，两面和边缘有毛，腺体1，腹生，倒卵状长圆形，长约为苞片的1/3；雌花序长达6.5厘米，序梗长约1厘米，有1—2小叶，子房卵状长圆形，有毛，有梗，花柱明显，长约为子房的1/3，柱头2裂，苞片椭圆形或披针形，两面有柔毛，仅1腹腺。果序长达13厘米，蒴果卵状长圆形，长约5毫米，有灰色柔毛。花期4—5月，果期5—6月。

产绥江，生于海拔1560米的阔叶林中；山西、陕西、甘肃、湖北、湖南、四川等省均产。

扦插或种子繁殖。

76.苍山长梗柳（植物研究）图317

Salix longissimipedicellaris N. Chao ex Mao（1986）

直立灌木，高1米。当年生枝密被绒毛，二年生枝无毛。叶卵状长圆形，花期长2厘米，宽8毫米，先端短渐尖，基部宽楔形，上面绿色，仅中脉下部有柔毛，下面淡绿白色，有灰白色长柔毛，中脉在上面下凹，下面凸起，侧脉在两面均不明显，全缘；叶柄长约3毫米，有绒毛。花序与叶同时开放，长圆柱形，长5—8毫米，径约6毫米，序梗长5—10毫米，有绒毛，具2—3小叶，轴有长柔毛，子房倒棒状或卵状长圆形，长约2毫米，径约0.8毫

图316　紫枝柳 *Salix heterochroma* Seemen
1.果序枝　　2.蒴果　　3.雄花序　　4.雄花

图317　苍山长梗柳 *Salix longissimipedicellaris* N. Chao ex Mao

1.雌花序枝　　2.雌花　　3.子房及梗　　4.苞片内面　　5.苞片外面

米，被短柔毛，梗长约4毫米，比子房长约2倍，下部有短柔毛，花柱长约0.7毫米，先端2浅裂，柱头不裂或微裂，苞片披针形，长约3毫米，外面有长柔毛，内面几无毛，腹腺扁圆柱形，长约0.7毫米，无背腺。花期3月。

产大理，生于海拔3000米左右的山坡。模式标本采自大理苍山斜阳峰。

喜光，耐温凉及湿度大的气候环境。种子或插条繁殖。

树皮纤维为造纸原料；嫩枝叶为羊饲料。早春蜜源植物，也是水土保持的树种之一。

77.皂柳（中国树木分类学）图318

Salix disperma Ruxb. ex D. Don（1825）

S. wallichiana Anderss.（1851）

灌木或小乔木，高2—13米。当年生枝绿褐色，初时密被灰白色短绒毛，后渐脱落，二年生枝黑褐色或红褐色，无毛；芽卵形，红褐色，幼时有与小枝同样的毛，后渐脱落变无毛。叶椭圆状披针形、披针形或卵状长圆形，长4—12厘米，宽1—4厘米，先端渐尖或急尖，基部楔形或圆形，上面绿色，幼时有疏毛，后仅中脉有短柔毛，下面灰白色，幼时密被绒毛，后渐稀疏为绢质柔毛，全缘或萌枝叶有疏齿；叶柄长5—15毫米，有短柔毛；托叶小，有时无，半心形，两面有毛，具疏腺齿。花序先叶或与叶同时开放，无梗无叶或有短梗具1—3小叶；雄花序长1.5—3厘米，径1—1.5厘米，雄蕊2，花丝离生，无毛或基部有疏柔毛，花药椭圆形，黄色，苞片长圆形或倒卵状长圆形，红褐色或黑褐色，两面有白色长毛，有时外面较稀疏，腺体1，无背腺；雌花序长2.5—5厘米、径1—1.2厘米，子房狭圆锥形，密被短柔毛，有梗，花柱不裂，柱头2—4裂，苞片，腺体同雄花。果序长可达12厘米，蒴果长达6毫米，有毛或近无毛，开裂后果瓣外卷。花期4—5月，果期5—6月。

产禄劝、丽江、维西、鹤庆、泸水、福贡、香格里拉、德钦，生于海拔2200—3400米的山坡灌丛中和阔叶林下；内蒙古、山西、陕西、甘肃、青海、浙江（天目山）、四川、贵州、西藏等省区均有。分布于印度、不丹、尼泊尔。

适应性强。用种子和插条繁殖。

木材可作各种板料、农、器具用材；枝条用于编织；根药用，治疗成湿性关节炎和头风痛；又为蜜源植物，也是防风固沙树种。

78.井岗柳（中国植物志） 荞麦地柳（云南种子植物名录）

Salix levilleana Schneid.（1916）

产巧家，生于海拔3000米的山谷中；江西井冈山也有。模式标本采自巧家荞麦地。

79.川滇柳（中国树木分类学）图319

Salix rehderiana Schneid.（1916）

灌木或小乔木，高4米，有时可达9米。当年生枝初有毛，后无毛，淡棕褐色或灰褐色；芽卵状长圆形，黄绿褐色，有微柔毛。叶披针形或倒披针形，有时椭圆状披针形，长5—11厘米，宽1—2.5厘米，先端钝或急尖，有时短渐尖，基部楔形或钝圆，上面深绿色，幼时有短柔毛，至少沿中脉有毛，下面淡绿色，幼时有白柔毛，后渐脱落，变无毛，边缘

图318 皂柳 *Salix disperema* Ruxb. ex D.Don
1.果序枝　　2.幼果　　3.雄花序　　4.雄花

图319　川滇柳 *Salix rehderiana* Schneid.

1.雌花序枝　　2.雌花　　3.苞片

具不明显的腺圆齿，稀全缘；叶柄长2—10毫米，有柔毛；托叶半卵状椭圆形，先端渐尖，边缘有齿。花序先叶或与叶近同时开放，长2—6厘米，径8—10毫米，无梗或有短梗，具2—3小叶，轴有柔毛，苞片长圆形，两面有白色长柔毛，腺体1，腹生，长约为苞片的1/3；雄蕊2，花丝离生或基部合生，无毛或基部有毛，花药卵形，淡黄色，开裂后，内面呈紫色；子房长卵形，有毛或近无毛，近无梗，花柱长约为子房的1/2，先端2裂，柱头细小，不裂或2裂。蒴果淡褐色，有毛或无毛。花期4—5月，果期5—6月。

产维西、贡山、德钦、香格里拉，生于海拔2900—4100米的针阔叶混交林下或灌丛中；陕西、宁夏、甘肃、青海、四川、西藏等省（区）均有。

种子不耐久藏，宜随采随播。插条繁殖时，选一年生枝条为插穗，并适当遮阴，经常浇水。

80.川柳（秦岭植物志） 林中柳（云南种子植物名录）图320

Salix hylonoma Sehneid.（1916）

灌木或乔木，高可达15米。当年生枝初被疏柔毛，后无毛，二年生枝无毛，红棕色；芽三角状卵形，初有微柔毛，先端稍内弯。叶椭圆形，卵状椭圆形或长圆披针形，长2.5—9厘米，宽1.5—3.5厘米，先端渐尖，基部钝圆或宽楔形，上面深绿色，无毛或幼时中脉有毛，下面淡绿色，幼时有金红色柔毛（幼叶红褐色），边缘有明显或不明显的细腺齿，稀全缘；叶柄长3—6毫米，有疏短毛。花序先叶或与叶同时开放，近无梗或梗长5—13毫米，具1—3小叶，常早落；雄花序长3—6厘米，径约6毫米，雄蕊2，花丝合生或部分合生，稀离生，基部有柔毛，花药紫红色，苞片长圆形或倒卵形，两面有金红色长毛，腺体1，腹生，长圆状近披针形，先端钩形，雌花序长5—7厘米，径约7毫米，子房卵形，有短柔毛，无梗或有短梗，花柱2中裂，柱头2裂，裂片外弯，苞片同雄花，腺体1，腹生，先端内弯。果序长可达12厘米，蒴果有疏柔毛，具短梗。其花期6月，果期7月。

产维西、永善，生于海拔2300—3200米的杂木林中；河北，山西、陕西，甘肃东南部、安徽西北部、四川、贵州均有。

种子或插条繁殖。

木材可作农具、家具用材。水土保持的主要树种之一。

81.杜鹃叶柳（植物分类学报）

Salix rhododendrifolia C. Wang et P. Y. Fu（1974）

产德钦，生于海拔4000米上下的山坡疏林中；四川西部、西藏东部也有。

82.密穗柳（云南种子植物名录） 坡柳（西藏植物志）图321

Salix myrtillacea Anderss.（1860）

灌木，高可达4米。小枝无毛，栗棕色或灰黑色，有光泽；芽长圆状披针形，无毛，棕红色。叶倒卵状长圆形，倒披针形，稀倒卵状椭圆形，长3—6厘米，宽1—2厘米，先端急尖，基部楔形或近圆形，上面绿色，下面浅绿色，两面无毛，全缘；叶柄长2—4毫米，无毛。花序先叶或与叶同时开放，长2—3厘米，径10—13毫米，无梗，无叶；雄蕊2，花丝合

图320 川柳 *Salix hylonoma* Schneid.

1.果序枝　　2.幼果　　3.雄花序　　4.雄花

图321 密穗柳 *Salix myrtillacea* Anderss.
1.果序枝　　2.蒴果　　3.雌花　　4.雄花序　　5.雄花

生，无毛或基部有毛，花药合生为1或分离，紫红色，苞片椭圆形或卵形，黑色或下部褐黄色，两面有长柔毛，先端急尖或短渐尖，腺体1，腹生，短圆柱形；子房卵形或长卵形，有时圆锥状卵形，密被短柔毛，无梗或近无梗，花柱长约2毫米，柱头2—4裂，苞片同雄花，腺体1，腹生，卵形。蒴果长约4毫米，被柔毛。花期4—5月，果期6—7月。

产德钦、香格里拉，生于海拔3700—4200米的针叶林缘或次生林中；甘肃东南部、青海南部、四川西部、西藏东部均有。分布于尼泊尔、印度。

种子或插条繁殖。

为高海拔岩石地区荒山绿化先锋树种之一。

83.贵州柳（中国植物志）

Salix kouytchensis（Lévi）Schneid（1916）

产大理、丽江，生于海拔2300—2950米的灌丛中或林下；四川、贵州也有。

84.秋华柳（中国高等植物图鉴）　变色柳（云南种子植物名录）、雪柳（植物名实图考）图322

Salix variegata Franch.（1887）

S. bockii Seemn（1900）

S. andropogon Lévl（1906）

S. duclouxii Levi.（1909）

灌木，高可达2.5米。当年生枝有绒毛，二年生枝近无毛，粉紫色。叶形多变，通常倒披针形，长圆状披针形，有时卵状长圆形，长1—2厘米，宽3—7厘米，先端急尖或钝，基部钝圆或渐狭，有时楔形，上面绿色，有疏柔毛，下面淡绿色，有绢质长毛，中脉在上面凹下，下面凸起，侧脉在上面不明显，下面微凸起，边缘常外卷，有明显或不明显的腺齿；叶柄长1—2毫米，有绒毛。花序叶后开放，稀同时开放，长1.5—3厘米，径3—6毫米，无梗或有短梗，无叶或有1—2苞片状小型叶，早落；雄蕊2，花丝合生，无毛，苞片椭圆披针形，有长柔毛和缘毛，内面较稀疏，腺体1，腹生，圆柱形；子房卵形至长卵形，密被白至灰白色柔毛，无梗，花柱无或近无，柱头2，各2裂，苞片，腺体同雄花。果序长可达5.5厘米，蒴果长卵形，长约5毫米，粉紫色或绿褐色有灰白色柔毛。花期长，一般6—11月。

产昆明、嵩明、江川、昭通、会泽、宣威、禄劝、丽江、维西、永胜、大理、永平、腾冲、广南，生于海拔1520—2800米的溪流边、山坡灌丛或林缘；陕西南部、甘肃东南部、河南西南部、湖北西部、四川、西藏东部均有分布。

喜光，适应性强。用种子和插条繁殖。

枝条供编织。为晚秋蜜源植物，也是插瓶观赏树种。

85.乌柳（西藏植物志）　筐柳（中国树木分类学、云南种子植物名录）、沙柳（中国高等植物图鉴）图323

Salix cheilophila Schneid.（1916）

灌木或小乔木，高可达6米。当年生枝有柔毛，二年生枝无毛，灰黑色或红褐色；芽

图322 秋华柳 *Salix variegata* Franch.
1.雌花序枝 2.雌花 3.雄花序枝 4.雄花 5.叶形

图323 乌柳 *Salix cheilophila* Schneid
1.雌花序枝　2.雌花　3.雄花序枝　4.雄花　5.叶形

先端尖，有柔毛。叶线状披针形或线状倒披针形，长2—4（5）厘米，宽3—5（7）毫米，先端急尖或短渐尖，有短尖头，基部渐狭或钝，上面绿色，疏被柔毛，中脉平或凸起，侧脉明显或不明显，下面稍淡或苍白色，幼时密被绢质柔毛后变稀疏，中脉显著凸起，侧脉稍凸起，边缘外卷，通常上部有腺锯齿，下部全缘；叶柄长1—3毫米，有柔毛。花序与叶同时开放，近无梗，基部具2—3小叶；雄花序长1.5—2.3厘米，径3—4毫米，雄蕊2，花丝合生，无毛，花药金黄色；苞片红褐色，长圆形或倒卵长圆形，先端钝或微缺，基部有疏毛，腺体1，腹生，狭长圆形；雌花序长1.3—2厘米，径约5毫米，子房卵形或长卵形，密被短柔毛，无梗或近无梗，花柱短，长约0.5毫米，柱头2，各2裂，苞片、腺体同雄花。果序长达3.5厘米，蒴果长约4毫米。花期4—5月，果期5—6月。

产丽江、维西、宁蒗、香格里拉，生于海拔2500—3250米的河谷、林旁；河北、山西、陕西、宁夏、甘肃、青海、河南、四川、贵州、西藏等省区均有。

适应性强，耐湿润也耐干燥，用种子或插条繁殖。

枝条供编织，蜜源植物，又为营造薪柴林树种。

196.橄榄科 BURSERACEAE

乔木或灌木，有分泌树脂或油质的树脂道。叶互生，奇数羽状复叶，稀为单叶；小叶全缘或具齿，托叶有或无。圆锥花序或极稀为总状或穗状花序，腋生或有时顶生；花小，3—5数，辐射对称，单性、两性或杂性，雌雄同株或异株，萼和花冠覆瓦状或镊合状排列，萼片3—6，基部多少合生，花瓣3—6，与萼片互生，常分离；花盘杯状、盘状或坛状，有时与子房合生成"子房盘"；雄蕊在雌花中常退化，1—2轮，与花瓣等数或为其2倍或更多，着生于花盘的基部或边缘，分离或有时基部合生，外轮与花瓣对生，花药2室，纵裂；子房上位，3—5室，稀为1室，在雄花中多少退化或消失，此时花盘往往增大，中央一凹陷的槽，每室胚珠2（1），着生于中轴胎座上，花柱单1，柱头头状，常3—6浅裂。核果，外果皮肉质，不开裂，稀木质化，开裂，内果皮骨质，稀纸质。种子无胚乳，具直立或弯曲的胚；子叶为肉质，稀膜质，旋卷折叠。

本科16属约550种，分布于南、北半球热带地区，是热带森林主要成分。我国有3属13种，产云南、广西、广东、台湾的热带地域。云南有3属13种。

分 属 检 索 表

1.花4—5基数，果具1个以上的核；多为落叶乔木；小叶通常具齿；小枝髓部无维管束。
  2.无托叶及小托叶；花通常单性，花托不成杯状，萼片、花瓣及雄蕊不着生在花托边缘；小叶有柄，柄髓部无维管束 ······················ 1.马蹄果属 Protium
  2.有托叶和小托叶；花通常两性，花托杯状；萼片、花瓣、雄蕊着生在花托边缘；小叶几无柄，柄髓部有维管束 ······················ 2.嘉榄属 Garuga
1.花3基数，单性；雌雄异株；果具1核；常绿乔木，小叶常全缘；小枝髓部有维管束 ······················ 3.橄榄属 Canarium

1.马蹄果属 Protium Burm. f.

乔木或灌木。小枝髓部无维管束。奇数羽状复叶互生；无托叶；小叶具柄，柄髓部无维管束。圆锥花序腋生或假顶生；花小，5—4数，单性，两性或杂性，萼小，4—5浅裂，裂片在芽时覆瓦状排列，果时宿存而不增大，裂片反折，花瓣5，芽时镊合状排列，顶端内卷，花时展开或反折；雄蕊为花瓣的2倍或更多，分离，插生于花盘外围，在雌花中显著退化，但可能能育，花药2室，纵裂；花盘肥厚，无毛，在雄花中扁平，在雌花或两性花中为环状或坛状，具凹槽，花丝与其裂片互生，无毛；子房无毛或被柔毛，在雄花中通常显著退化，具不育胚珠，在雌花中为卵形或近球形，4—5室，每室有胚珠2，花柱短，柱头头状，4—5浅裂。核果，球形、卵形或略呈两侧压扁状，顶端遗有突尖的花柱残余，外果皮肉质，核4—5，薄壁骨质，其中常有1—2枚完全退化。子叶折叠，掌状分裂。

本属约90种，大部分布于热带美洲，部分散布于热带亚洲，我国仅云南有2种。

分 种 检 索 表

1.叶轴、小叶两面沿叶脉及花序密被黄色长柔毛；小叶柄长1—1.3厘米；果较小，直径约1
厘米 ··· 1.马蹄果 P.serratum
1.叶轴、小叶两面沿叶脉及花序疏被短柔毛；小叶柄长0.5—1厘米；果较大，直径1.5—2厘
米 ··· 2.滇马蹄果 P. yunnanensis

1.马蹄果（芒市）图324

Protium serratum（Wall. ex Colebr.）Engl.（1883）

Bursera serrata Wall. ex Colebr.（1827）

　　落叶乔木，各部密被黄色柔毛，老时变灰色。小叶5—9，小叶片纸质至坚纸质，长圆
形或卵状长圆形，长7—10厘米，宽2.5—4.5厘米，两面网脉突起并多少被长柔毛，基部圆
形至宽楔形，顶端急尖至尾状渐尖，边缘常有疏离的浅齿，有时全缘；小叶柄长1—1.3厘
米。圆锥花序腋生，长6—14厘米，密被柔毛。花淡青色，萼片长不及1毫米，花瓣长圆披
针形，长1.5—2毫米，花梗长约2毫米，核果近卵状球形，直径约1厘米，宿存花柱偏生，无
毛，有核2—3。花期4—5月，果期6月。

　　产芒市、龙陵、孟定等地，生长在海拔600—2000米的山坡疏林或密林中。印度、缅
甸、泰国、柬埔寨、老挝及越南南部也有分布。

　　种子繁殖。育苗植树造林或直播均可。

　　木材为家具、建筑、农具等用材。为紫胶寄主树之一。

2.滇马蹄果（云南植物志）图325

Protium yunnanense（Hu）Kalkm.（1954）

Santiria yunnanensis Hu（1940）

　　落叶乔木，高达15米，直径可达60厘米。小枝被疏柔毛，具纵系纹及皮孔。叶长20厘
米，小叶5—9，叶轴和小叶柄有细条纹，被短柔毛或近无毛；小叶片坚纸质，长卵形至长
圆形，长6—13厘米，宽4—5厘米，侧脉9—11对，脉上疏被短柔毛，中脉和侧脉在两面均
隆起，下面更为明显，基部圆形或宽楔形，偏斜，先端急尖而具尾状尖头，边缘中部以上
有较明显的疏齿；小叶柄长0.5—1厘米。果序圆锥状，腋生，长约8厘米，果序轴和果梗均
疏被短柔毛，果梗长约1厘米。核果近圆球形，深紫色，外果皮有浅皱纹，直径1.5—2厘
米。果期11月。

　　产勐腊易武，生长于海拔550米的次生林内。

　　本种为云南热带地区的特有树种之一。自胡先骕1940年发现以来，仅有个别采集记
录，因而应注意发掘，加以保护，并进行引种，以便保存本种的种质资源。

2.嘉榄属 Garuga Roxb.

　　落叶乔木或灌木。小枝髓部无维管束。奇数羽状复叶，大都有托叶，基部正常小叶常

图324 马蹄果 *Protium serratum*（Wall. ex Colebr.）Engl.
1.果枝　　2.花苞　　3.花　　4.雄蕊　　5.果　　6.核　　7.胚

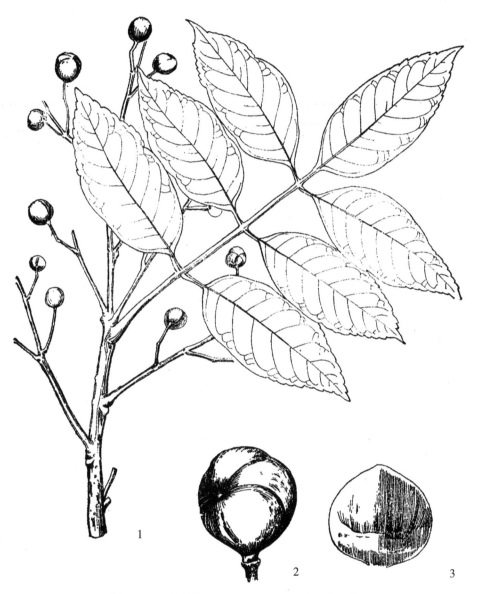

图325 滇马蹄果 *Protium yunnanense*（Hu）Kalkm.
1.果枝 2.果 3.果核

从托叶过渡而来；小叶对生，几无柄，髓部有维管束，具齿；小托叶宿存。复合圆锥花序腋生或侧生，常多数集于枝顶附近，先叶出现。花较大，两性，辐射对称，5数，花托下凹，球状或杯状，萼片几分离，三角形，镊合状排列，内折，花时伸展或反折；花盘与花托合生，球状，有10个凹槽；雄蕊10，分离，着生于凹槽上，花丝钻形，2室，纵裂；子房具短柄或无柄，4—5室，每室有2颗下垂的胚珠，花柱短，柱头头状，4—5浅裂。核果近球形，外果皮肉质，1—5核，核小，骨质，有槽。种子有膜质种皮；子叶复合，卷折。

本属约4—5种。分布于东南亚，马来西亚东部和北部分布较多，直至大洋洲北部及西太平洋群岛。我国有4种，产广西、广东、云南和四川，生长于热带和亚热带的干热河谷地区。云南均产。

分 种 检 索 表

1.花较小，长0.3—0.6厘米；果长0.5—1厘米，直径0.5—1.2厘米。

  2.花序密被直立的柔毛；花白色，长仅3毫米；果序有许多不结实的线形花梗；果卵形，横切面多少为三角形，基部有宿存的花萼 ……………………… 1.白头树 G. forrestii

  2.花序被细柔毛至无毛；花黄色，长4—6毫米；果近球形，基部无宿存的花萼…… ……

    ……………………………… **2.多花白头树 G. floribunda var. gamblei**

1.花较大，长0.6—0.8（1.0）厘米；果长1—2.3厘米，直径（0.9）1.1—1.8厘米。

  3.子房无毛，花长约6毫米；叶轴及小叶片被稀疏的细柔毛 ………………………

    …………………………………… 3.光叶白头树 G. pierrei

  3.子房被疏柔毛，花长8—10毫米；叶轴及小叶片长柔毛，幼时最密 ………………

    ………………………………… 4.羽叶白头树 G. pinnata

1.白头树（禄劝）图326

Garuga forrestii W. W. Smith（1921）

G . yunnanensis Hu（1936）

落叶乔木，高10—15（25）厘米；树冠呈伞形，冠幅4—10米。幼枝密被柔毛，老枝无毛，紫褐色，有纵条纹及明显的叶痕。羽状复叶有小叶11—19，幼时密被柔毛，后渐脱落而无毛；小叶近无柄，披针形至椭圆状长圆形，先端渐尖，基部圆形或宽楔形，具浅齿，有圆形小托叶，最下1对小叶小，长约1厘米，常早落，中间1对长7—12厘米，宽2—4厘米，侧脉10—16对，顶生小叶长5—7厘米，具柄，柄长约1.5厘米。圆锥花序侧生和腋生，常多数聚集于近小枝顶部，长14—25（35）厘米，多次分枝，花轴及分枝纤细，密被直立的柔毛。花白色，长约3毫米，花托杯状，外被绒毛，萼片近钻形，长2毫米，两面被毛，花瓣卵形，长约3毫米，外被绒毛；雄蕊近等长；子房无柄，球形，和花柱被疏柔毛，柱头5浅裂。果序上有许多不育的线形花梗；果近卵形，一侧肿胀，横切面多少呈钝三角形，长7—10毫米，直径6—8毫米，两头尖，先端具喙而偏于一侧，基部有宿存的浅杯状花萼。花期4月，果期5—10月。

产丽江至禄劝之金沙江谷地，以及把边江、红河河谷，生于海拔900—2400米的山坡或山谷，为河谷稀树草坡的上层优势树种。四川会理沿金沙江谷地有分布。

种子繁殖，天然更新良好。可人工直播造林。

木材为家具、建筑等用材。

2.多花白头树　图326

Garuga floribunda Decne. var. gamblei（King ex Smith）Kalkm.（1953）

Garuga gamblei King ex Smith（1911）

乔木，高达26米，小枝除幼嫩部分外无毛，有明显的叶痕。叶有小叶9—19，叶轴及小叶中脉疏被细柔毛，余无毛；最下一对小叶常过渡为托叶，长圆形，长5—8毫米，其他小叶椭圆形至长披针形，膜质至坚纸质，侧脉15—20对，基部圆形，偏斜，边缘具疏锯齿，无小托叶，中间1对长9—11厘米，宽3—5厘米，顶生小叶柄长0.6—2.5厘米。圆锥花序侧生和腋生，长25—35厘米，集于小枝近顶部，被细柔毛至无毛；花黄色，长0.4—0.6厘米，花托杯状，外被柔毛，萼片三角形，外被柔毛，花瓣长圆披针形，长约3毫米，两面被细柔毛；雄蕊基部被柔毛；花盘裂片三角形至四方形；子房球形，具短柄，被绒毛，花柱被毛，柱头5浅裂。果近球形，长5—9毫米，径5—12毫米，基部无宿存的花萼。花期5月，果期8—9月。

产勐腊、景洪、富宁，多生于1000米以下的沟谷密林中。海南岛也有；印度、孟加拉国均产。

要求温热的气候环境，湿润肥沃的土壤条件。

种子繁殖，育苗造林或扦插繁殖。

材质较好，生长轮明晰。管孔中等，心材淡褐色，边材黄白色，纹理直，结构细，为家具、建筑等用材。

3.光叶白头树　图327

Garuga pierrei Guill.（1907）

乔木，高达15米。树皮绿褐色。叶有小叶11—17，叶轴及小叶片被短的细柔毛；最下一对小叶过渡为托叶，长椭圆形，长约3毫米，早落，中间各对小叶卵状椭圆形，长4—10厘米，宽2—4厘米，顶端急尖，基部圆形至宽楔形，边缘具圆齿，侧脉10—15对；小叶柄长0—3毫米，顶生小叶柄长2—25毫米。圆锥花序腋生和侧生，集于小枝顶部，长10—18厘米，被淡黄色细柔毛；花黄白色，长约6毫米，花梗长1—4毫米，萼片三角形，两面被柔毛，花瓣长圆状披针形，长4—5毫米，外被柔毛；雄蕊近等长，花丝基部被长柔毛；花盘裂片三角状梯形；子房球形，无毛，具短柄，花柱多少被疏柔毛，柱头5浅裂。果球形，长1—2.3厘米，直径1.2—1.6厘米。花期4—5月，果期9—10月。

产勐腊、景洪，生长于海拔760—1000米的山谷或路边疏林中；泰国、柬埔寨、越南有分布。

种子繁殖，直播或育苗造林。

木材为建筑、农具、家具等用材。

图326　白头树与多花白头树

1—5.白头树 *Garuga forrestii* W.W. Smith：

1.果枝　　2.果序的一部分　　3.花纵剖　　4.果　　5.果核横切面

6—8.多花白头树 *G. floribunda* Decne. var. *gamblei*（King ex Smith）Kalkm.：

6.小叶　　7.花纵剖　　8.果

4.羽叶白头树（中国高等植物图鉴）　　"外项木"（傣族语）图327

Garuga pinnata Roxb.（1814）

落叶乔木，高达10米；树皮灰褐色，粗糙。小枝除幼嫩部分被柔毛外无毛，有皮孔及明显的叶痕。叶有小叶9—23，叶轴及小叶两面被粗的长柔毛，嫩叶及脉上最密；最下一对小叶向托叶过渡，匙形或线形，长0.5—1厘米，早落，以上各对小叶椭圆形、长圆形至披针形，长5—11厘米，宽2—3厘米，顶端常狭渐尖，基部圆形，有时楔形，偏斜，边缘有疏锯齿，侧脉10—15对；小叶柄长0—4毫米，顶生小叶柄长5—10毫米。圆锥花序腋生和侧生，长7.5—19（22）厘米，幼时密被粗长柔毛；花序柄长2—6厘米，花较大，白色、黄白色或黄绿色，长7—10毫米，花梗长1—3毫米，被长柔毛，萼片三角形，长2.5—3.5（4）毫米，宽1.5—2毫米，两面被长柔毛，花瓣长圆形，长5.5毫米，宽1.5—2毫米，被短而略卷曲的柔毛；雄蕊稍不等长，花丝基部有长毛；花盘裂片梯形至三角形；子房长卵形，具短柄，被疏柔毛；花柱被长毛，柱头5浅裂。果近球形，成熟时黄色，长1.1—1.5（1.8）厘米，直径（9）11—18毫米，有时被柔毛。花期3—4月，果期4—10月。

产勐海、景洪、勐腊、富宁，生长于海拔400—1370米的河谷灌丛中。山坡疏林或杂木林中；四川（雷波）、广西（龙州）有分布；印度、孟加拉国、缅甸、泰国、柬埔寨、老挝、越南均产。

种子繁殖。种子采集后，堆放地上，盖草，待肉质外果皮腐烂后，洗净晾干，沙藏待用。翌年早春播种，插条育苗。

木材可作农具、家具等用材。

3. 橄榄属 *Canarium* Stiskm.

常绿乔木，稀为灌木或藤本（不产我国）；树皮通常光滑，有时粗糙，灰色。小枝圆柱形或稀有棱，髓部具维管束，韧皮部有1个或数个树脂道。叶螺旋状排列，稀为3叶轮生，常集中于枝顶，奇数羽状复叶，极稀为单叶（中国不产）；托叶常存在，着生于近叶柄基部的枝上，或直接生于叶柄上，常早落；叶柄圆柱形、扁平至具沟槽，髓部有维管束；小叶对生或近对生，全缘至具浅齿。花序腋生或腋上生或顶生（中国不产），为聚伞圆锥花序（有时退化为总状或穗状，特别是雌花序），有苞片；花3数，单性，雌雄异株，花托扁平（在一些种的雌花中）下凹，萼杯状，常合生一半以上，裂片三角形，花瓣3，分离，芽时常覆瓦状排列，多为倒卵状长圆形，全缘，先端内曲；雄蕊6，1轮，在雄花中的大部或全部能育，分离或全长合生，雌花中的不育且不甚发育，花丝扁平，稀线形，花药背着，长圆形至披针形；花盘位于雄蕊内侧，6浅裂，在雄花中常有发育，有时完全与雄蕊或假心皮连生，在雌花中常与雄蕊或完全与下凹的花托连生，假心皮在雄花中常退化或不存在，有时与花盘合生而成"子房盘"，子房盘上生1"花柱"，有时雌蕊完全为极发育的花盘所代替；雌花中的雌蕊卵圆形至椭圆形，上部渐狭缩而成花柱，花柱圆柱形，柱头小，头状，微3裂，当花托下凹时，则雌蕊具短柄，此柄为子房的能育部分；子房3室，每室有并生的上转胚珠2颗。核果，外果皮肉质，核骨质，3室，其中1—2室常不育且在不同

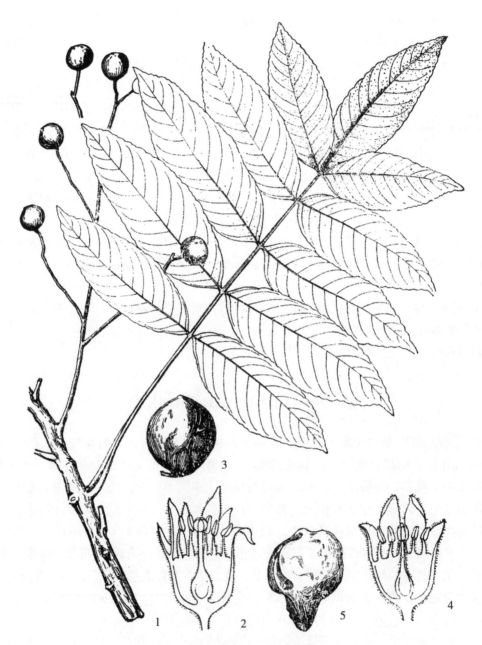

图327 白头树（羽叶、光叶）

1—3.羽叶白头树 *Garuga pinnata* Roxb：

1.果枝 2.花纵剖 3.果

4—5.光叶白头树 *G. pierrei* Guill.：

4.花纵剖 5.果

程度上退化。每室种子1枚，种皮褐色，无胚乳，含油丰富；子叶掌状分裂至具3小叶，卷叠或折叠。

本属约100种，分布于非洲热带、马达加斯加、毛里求斯、斯里兰卡、东南亚至大洋洲东北部美拉尼西亚，向东远至萨摩亚群岛。我国有7种，产广东、广西、台湾及云南。云南都有。

分 种 检 索 表

1.叶无托叶。

　2.小枝髓部中央无维管束；核果横切面呈锐角三角形 ……………… **4.小叶榄** C. parvum

　2.小枝髓部中央有星散维管束；核果横切面非锐三角形。

　　3.小叶全缘；核果横切面近圆形 ………………………………… **2.乌榄** C. pimela

　　3.小叶边缘微波状至具细圆齿；核果横切面近圆形至圆三角形 …… **7.滇榄** C. strictum

1.叶有托叶（常早落，但痕迹可见）。

　4.小叶6—8对；核果横切面锐三角形，顶端有时平截 …………… **6.方榄** C. bengalense

　4.小叶6对以下；核果横切面非锐三角形，果顶端渐尖或钝。

　　5.小叶全缘，下面有细小的疣状突起。

　　　6.小叶大，长13—20厘米，宽6—8厘米；花序腋上生（离叶腋2—3厘米）；果序长30厘米 ……………………………………………………… **3.越榄** C. tonkinense

　　　6.小叶较小，长6—14厘米；花序腋生；果序长1.5—15厘米 ……… **1.橄榄** C. album

　　5.小叶边缘具细圆齿或锯齿，或呈细波状，两面多少被柔毛 ……………………………………………………………………………………… **5.毛叶榄** C. subulatum

1.橄榄　黄榄　图328

Canarium album（Lour.）Rauesch.（1797）

Pimela alba Lour.（1790）

乔木，高25（35）米，胸径可达150厘米。小枝幼时被黄棕色绒毛，很快变无毛，髓部周围有柱状的维管束，稀在中央亦有若干维管束。叶有托叶，生于近叶柄基部的枝干上，早落；小叶7—13，纸质至革质，披针形、椭圆形或卵形，长6—14厘米，宽2—5.5厘米，无毛或下面叶脉上散生少数刚毛，下面有极细小的疣状突起，先端渐尖至骤狭渐尖，尖头长约2厘米，钝，基部楔形至圆形，偏斜，全缘，侧脉12—16对，中脉发达。花序腋生，微被绒毛至无毛；雄花序为聚伞圆锥花序，长15—30厘米，多花；雌花序总状，长3—6厘米，花12朵以下；花疏被绒毛至无毛，雄花长5.5—8毫米，雌花长约7毫米；花萼长2.5—3毫米，雄花中的具3浅齿，雌花中的几平截；雄蕊6，无毛，花丝合生1/2以上或在雌花中几全长合生；花盘在雄花中球形至圆柱形，高1—1.5毫米，微6裂，中央有穴或无，在雌花中环状，略具3波状齿，高1毫米，厚肉质；雌蕊密被短柔毛，在雄花中细小或不存在。果序长1.5—15厘米，具果1—6，果萼扁平、直径5毫米，萼齿外弯。果卵圆形至纺锤形，横切面近圆形，长2.5—3.5厘米，无毛，黄绿色，外果皮厚，干时有皱纹，果核渐尖，横切面圆形至六角形，肋角和核盖之间有浅槽，核盖有稍凸起的中肋，厚1.5—2（3）毫米。种子1—2，

图328 橄榄 *Canarium album*（Lour.）Rauesch.
1.雄花枝　2.雄花序　3.叶芽（示托叶）　4.小枝横切面　5.雄花纵剖
6.雌花纵剖　7.雌花的雄蕊和花盘　8.果　9.果横切面　10.核

不育室稍退化。花期4—5月，果期10—12月。

产景洪、勐腊、金平、河口、西畴、富宁，生长于海拔180—1300米的沟谷、山坡杂木林中；广西、广东、福建（栽培）、台湾也有。分布于越南中部至北部，日本、马来半岛有栽培。我国除野生外，多有栽培。

种子繁殖。种子采回后，堆放地上，用稻草覆盖，待肉质外种皮腐烂，即可洗净晾干，沙藏待用，至翌年春季播种。

木材可作造船、枕木、家具、农具、建筑用材。果可生食或渍制，入药可治喉头炎、咳血、烦渴、肠炎腹泻；有消热解毒，化痰消积之效；根舒筋活络；种子可榨油；树脂用以涂船舶防腐，埋于地层中可形成琥珀；核可供工艺雕刻。为热带地区优良的经济树种。

2.乌榄　木威子　图329

Canarium pimela Leenh.（1977）

乔木，高达20米，胸径达45厘米。小枝干时紫褐色，髓部周围及中央有柱状维管束。无托叶；小叶9—13，纸质至革质。无毛，宽椭圆形、卵形或圆形，稀长圆形，长6—17厘米，宽2—7.5厘米，顶端急渐尖，尖头短而钝，基部圆形或宽楔形，偏斜，全缘，侧脉8—11对，网脉明显。花序腋生，为疏散的圆锥花序（稀近总状），无毛，雄花序具多花，雌花序具少花；雄花长约7毫米，雌花长约6毫米，萼在雄花中明显浅裂，在雌花中浅裂或近截平，花瓣长圆形；雄蕊6，近1/2及以上（雌花中）合生；花盘杯状，高0.5—1毫米，流苏状，边缘及内侧有刚毛，雄花中的肉质，中央有一凹穴；雌花中间薄，边缘有6个波状浅齿；雌蕊无毛，在雄花中不存在。果序长8—35厘米，有果1—4；果梗长约2厘米，果萼近扁平，直径8—10毫米。果紫黑色，狭卵状圆锥形，长3—4厘米，直径1.7—2厘米，横切面圆形至不明显的三角形，外果皮较薄，干时有细皱纹，果核横切面近圆形，核盖厚约3毫米，平滑或在中间有1不明显的肋凸。种子1—2。花期4—5月，果期5—11月。

产勐腊、景洪、金平、富宁，生于海拔1280米以下的杂木林内；广西、广东有分布。越南、老挝、柬埔寨也产。

种子繁殖，直播或育苗移栽。

木材灰黄褐色，材质坚实，木材可作建筑、农具及家具等用材。果可生食，果肉腌制，称"榄角"，作菜；种仁称"榄仁"，为饼食及肴菜的配料佳品；种子油供食用、制皂或作润滑油；核壳可制活性炭；根入药，用于风湿疼痛、手足麻木、胃痛、烫伤、烧伤等。

3.越榄　黄榄果（河口）图330

Canarium tonkinense Engl.（1896）

乔木，高15米，胸径70厘米。小枝干时淡褐色，被细柔毛，有皮孔。叶有托叶；叶轴被疏柔毛，具皮孔，小叶9（稀13—15），坚纸质至革质，卵形或长圆形，长13—20厘米，宽6—8厘米，先端骤狭渐尖，尖头长1.5厘米，基部圆形，不等侧，全缘，上面除中脉疏被短柔毛外无毛，下面有极细小的疣状突起，侧脉（13）15对，下面隆起，和中脉疏被短柔毛。花序腋上生（距叶柄基部2—3厘米），长20—30厘米，被细柔毛；雄花序下部的分枝长5—6厘米，柄长3—4厘米，团伞花序状，小聚伞花序有3—4花；雄花长5—6毫米，萼长

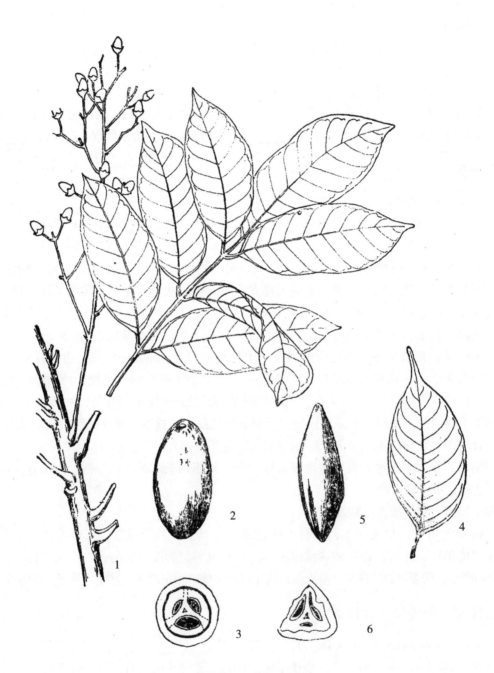

图329 乌榄与小叶榄

1—3..乌榄 *Canarium pimela* Leenh.：

1.幼果枝　　2.果　　3.果横切而

4—6.小叶榄 *C. parvum* Leenh.：

4.小叶　　5.果　　6.果横切面

约2毫米，2—3浅裂，外被疏短柔毛，花瓣长5毫米，背部有极少的细柔毛；雄蕊6，无毛，花丝合生成筒状，花约长1.5毫米；花盘环状，肉质，边缘波状，中央有凹穴，内侧及缘部被疏柔毛，雄花中无雌蕊。果序长30厘米，几无毛；果萼碟状，直径7毫米。果红褐色，椭圆形，两头钝，长3.2厘米，粗约2毫米，外果皮薄；果核横切面圆三角形，核盖具不明显的中肋。种子1（2）。花期4—6月，果期7—8月。

产河口槟榔寨，海拔170—180米，野生和栽培的都有；越南也有分布。

种子繁殖，育苗造林。

材性及用途与乌榄同。

4.小叶榄　图329

Canarium parvum Leenh.（1959）

灌木现小乔木，高达8米，胸径15—30厘米。小枝粗3—5毫米，除顶芽被细绒毛外无毛，髓部周围具维管束，中央无维管束。叶无托叶，有小叶7—9；小叶纸质至坚纸质，卵形、椭圆状卵形至近圆形，长4.5—8.5（10）厘米，宽2—4（5）厘米，先端骤狭渐尖，尖头长0.5—1.5厘米，细狭，基部圆形至楔形，偏斜，全缘，上面中脉基部被柔毛，下面被短柔毛，脉上较密，侧脉10—12对。花序腋上生，被细柔毛或近无毛；雄花序为狭的聚伞圆锥花序，长4.5—9厘米；雌花序总状，长3—7厘米，少花；雄花长7—10毫米，微被柔毛，雌花长5.5毫米，近无毛；花萼在雄花中长1.5—2毫米，在雌花中长3毫米；雄蕊6，无毛，花丝在雄花中合生1/3，在雌花中合生1/2以上；花盘环状，高1毫米，在雄花中肉质，截平，稍6裂，有缘毛，中央有一凹穴，在雌花中内面和边缘被长硬毛；雌蕊密被锈色硬毛，在雄花中不存在。果序长4—11厘米，略被灰色柔毛，具果1—4；果萼径约5毫米，3浅裂，裂片外弯；果黄绿色，纺锤形，横切面三角形，长3—4厘米，直径1—2.5厘米，无毛；果核有3个钝至急尖的纵肋，核盖具不明显的中肋和清晰的边缘，厚1毫米，极硬。种子（1）2，不育室强度退化。花期11—5月，果11月成熟。

产河口，生长于海拔120—700米的湿润山谷杂木林中；越南也有。

5.毛叶榄　图330

Canarium subulatum Guill.（1908）

大乔木，高达35米，胸径达65厘米。小枝粗4—15毫米，幼时被棕色茸毛，后渐无毛，有皮孔，叶痕明显，髓部有周生柱状维管束。叶有托叶，托叶钻形至线形，着生于枝和叶柄的结合处或叶柄之下1厘米处，长0.7—2.5厘米，被茸毛：小叶2—5对，广卵形至披针形，长（6）9—18（20）厘米，宽3.5—11厘米，纸质至革质，先端渐尖，尖头钝或急尖，基部圆形至楔形，有时偏斜，边缘具浅细齿或呈浅波状，上面中脉被疏柔毛，下面被茸毛，稀近无毛，侧脉12—20对，下面脉序凸起。花序腋生，为狭而稀疏的聚伞圆锥花序（雄）或总状花序（雌），被疏柔毛，雄花序长7—25厘米，雌花序长8—10厘米；花长7—11毫米，被细柔毛，纤细，萼长2.5—3.5毫米，稍浅裂；雄蕊6，无毛，在雄花中1/2合生，在雌花中小，至少1/2合生；花盘环状，边缘流苏状，在雄花中厚，中央有凹穴或无，在雌花中稍6裂；雌蕊上部密被柔毛或无毛，在雄花中常退化。果序长2.5—8厘米，果1—4，

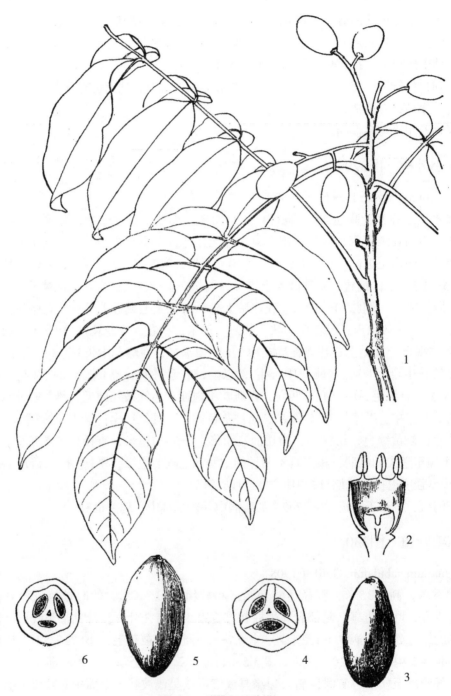

图330 越榄和毛叶榄

1—4.越榄 *Canarrium tonkinense* Engl.：

1.果枝　2.雄花纵切面　3.果　4.果横切面

5—6.毛叶榄 *C. subulatum* Guill.：

5.果　6.果横切面

被绒毛，萼碟形，直径6—15毫米，浅3裂，裂片常反卷；果卵形或椭圆形，长达4.5厘米，被疏柔毛至无毛，横切面圆形；果核横切面三角形，核盖具不甚明显的中肋，盖厚3—4毫米。种子2—3，不育室退化。果期9月。

产勐腊、景洪和双江，生于海拔450—1500米的季雨林或沟谷疏林中；分布于越南、泰国、柬埔寨。

种子繁殖。直播或条播育苗，条距30厘米左右，沟深约5厘米，第二年雨季出圃。

木材为建筑、家具等用材。种子榨油，为制皂及工业机械润滑等用油。

6.方榄　三角榄　图331

Canarium bengalense Roxb.（1814）

乔木，高达25米，胸径可达120厘米。小枝有皮孔，幼时被稀疏的灰色短柔毛，髓部厚，周围具封闭的柱状木质部束；顶芽粗大，被黄色柔毛。叶有托叶，着生在叶柄上近基部，钻形，被柔毛，早落，但托叶痕凸起可见；小叶11—13（21），长圆形至倒卵状长圆形，长10—20厘米，宽4.5—6厘米，坚纸质，上面无毛，下面被柔毛，脉上有平展的硬毛和柔毛，有时几无毛，顶端骤狭渐尖，尖头长1—1.5厘米，基部圆形，偏斜，常一侧下延，边缘波状或全缘，侧脉18—20（25）对，弯拱，在下面凸起。花序腋生；雄花序为狭的聚伞圆锥花序，稀疏地二歧分叉，具花约7朵；花长约7毫米，近无毛，萼长2毫米；雄蕊6，无毛，花丝合生一半以上；花盘在雄花中管状，高1.5—1.8毫米，边缘和外侧密被直立的硬毛，在雌花中环状，3浅裂，流苏状；雌蕊小，密被绒毛。果序腋上生或腋生，总状，长5—8厘米，有果1—3。果萼碟形，3浅裂，直径约8毫米，裂片稍反卷；果绿色，纺锤形具3凸肋，或倒卵形具3—4凸肋，顶端急尖、截平或下凹，有宿存花柱，长4.5—5厘米，粗1.8—2厘米，无毛；果核先端急尖至钝或下凹，横切面锐三角形至圆形，核肋常突出达5毫米，核盖厚1.5—3毫米，有中肋或否。种子1—2。果期7—10月。

产西畴、屏边，生于海拔1300米以下的常绿阔叶林中；广西龙州也有；分布于印度东北部（阿萨姆）、缅甸、泰国及老挝。

种子繁殖。育苗植树造林，亦可随采随播直播造林。

木材为家具，建筑、农具等用材。果可食，种子油可制肥皂和机械润滑用。

7.滇榄　"漾蕊"（布朗族语）、"漾短"（傣族语）图331

Canarium strictum Roxb.（1814）

大乔木，高达50米，胸径达1米；树皮灰白色。小枝幼时密被锈色绵毛，后渐无毛，髓部具周生的柱状维管束，中央有散生的维管束。托叶有或无，有则生叶腋的枝干上，早落。叶有小叶5—6对，被疏柔毛或无毛；小叶卵状披针形至椭圆形，长10—20厘米，宽4—6.5厘米，坚纸质至革质，上面无毛，下面近无毛至密被锈色绒毛，基部宽楔形，偏斜，先端渐尖，边缘具细圆齿或呈微波状，侧脉20—22对。花序腋生，有时集为假顶生，狭聚伞圆锥花序（雄）或总状（雌），密被锈色绵毛至略被黄色绒毛，后渐无毛；雄花序长15—40厘米，雌花序长7—20厘米，少花；花长7毫米（雄花）或9毫米（雌），花萼近无毛或外被锈色绵毛，长4（雄）—5.5（雌）毫米，裂片短钝，花瓣外面近无毛至密被伏柔毛；雄

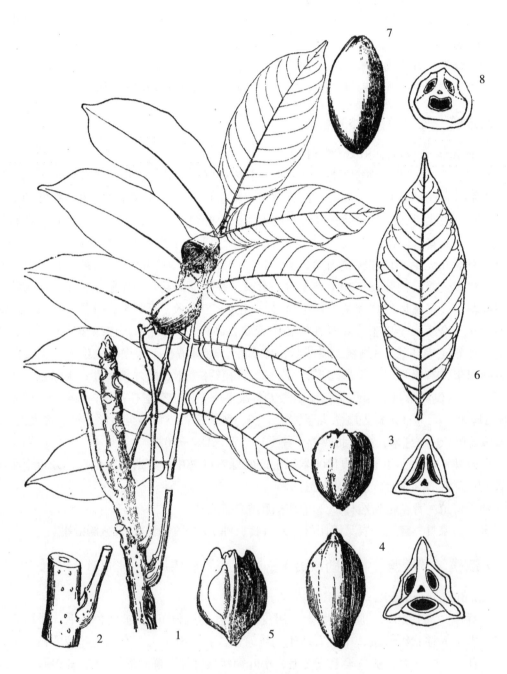

图331 方榄和滇榄

1—5.方榄 *Canarium bengalense* Roxb.：

1.果枝　　2.叶柄基部（示托叶痕）　　3—4.两种外形的果及横切面　　5.果核

6—8.滇榄 *C. strictum* Roxb.：

6.小叶　　7.果　　8.果横切面

蕊6，无毛，花丝合生1/4—3/4；花盘环状，内侧和边缘被长柔毛，高1毫米，在雌花中稍6裂，肉质、高0.5毫米；雌蕊无毛或被疏伏毛，在雄花中不存在。果序总状，长10—20厘米，无毛；果1—3，具柄；果萼盘状，微三裂，或呈三角状，直径1.25厘米。果倒卵圆形或椭圆形，横切面近圆形至圆三角形，两头钝，长3.5—4.5厘米，宽1.7—2.3厘米，果核光滑，肋角钝，核盖具不明显的中肋，盖厚2.5毫米；1（2）室能育，不育室多少退化。果期4—5月。

产勐腊、景洪。分布于印度南部及东北部、印度、缅甸北部。

种子繁殖。宜随采随播或育苗植树造林。

果可生食；种子可榨油；树脂棕褐色，产区用以照明。

197.楝科 MELIACEAE

　　乔木或灌木。小枝常有皮孔。叶互生，通常为1—3次羽状复叶，很少为3小叶或单叶；无托叶；小叶对生或互生，通常全缘，有时具锯齿，基部多少偏斜。圆锥花序，间或总状花序或穗状花序；花小至中等大，稀大而极长，辐射对称，两性或杂性，稀明显地雌雄异株，通常5基数，间为多基数或少基数，萼浅杯状或管状，全缘，4—5齿裂或全缘，花瓣4—5，稀3，有时多达14（中国不产），芽时镊合状、覆瓦状或旋转排列，分离或下部与雄蕊管合生；雄蕊花丝通常合生成不同形状的雄蕊管，稀分离或近分离，花药为花瓣的2倍或与花瓣同数，无柄、直立、内向，着生于雄蕊管的内面裂齿顶端或裂齿之间，2室，具4个花粉囊，内向或侧向纵裂，内藏或突出；花盘生于雄蕊管的内侧或缺，如存在则为环状、浅杯状、短管状、垫状至柄状；子房小，上位（极稀略下陷），分离或与花盘合生，通常4—5室，有时1—3室，稀多达20室（不产我国），每室有胚珠（倒生或半倒生）1—2或更多，花柱长或短，或不存在，柱头盘状（盾状），头状、棒状，有槽或具齿，稀深裂。果为蒴果、浆果或核果，开裂或不开裂，果皮革质、木质或肉质。种子并生或叠生，稀3—8或多数着生于子房室的内角上，有胚乳具阔叶状子叶或无胚乳而具厚肉质有时融合的子叶、胚根，常具假种皮，有时具膜质翅。

　　本科约50属1400种，广布于热带，少数分布于亚热带，极少分布至温带。我国有15属60种。云南有12属42种及10变种。本志收载11属28种。

分 属 检 索 表

1.雄蕊分离；蒴果，5室，每室种子（1）2—12（I.椿亚科 Cerdreloideae）种子上下两端具翅，垫状花盘与子房等长或短于子房 ………………………………………… 1.椿属Toona
1.雄蕊合生成管。
　2.种子具翅，子房3—5室，每室种子多数（Ⅱ.麻楝亚科 Swictenioideae）种子下端具翅；花药着生于雄蕊管的边缘，全部突出 …………………………… 2.麻楝属 Chukrasia
　2.种子不具翅，子房2—20室（稀1室）每室种子2，稀2以上（Ⅲ.楝亚科 Melioideae）
　　3.雄蕊花丝仅基部一小段合生，花药生花丝上部的二尖齿间；果为浆果状，子房5室或1—3室，每室有并生胚珠2；灌木或小乔木 ……………………… 3.浆果楝属 Cipadessa
　　3.雄蕊花丝合生成管状。
　　　4.叶为2—3次羽状复叶，小叶具齿，稀全缘；核果，种子1—多数，有或无胚乳 …
　　　……………………………………………………………………… 4.楝属 Melia
　　　4.叶为一次羽状复叶。
　　　　5.花盘不为管状，通常缺，如存在则为柄状、垫状或浅杯状。
　　　　　6.花药着生于雄蕊管的边缘；花短圆柱状，钟状、球状。
　　　　　　7.花药为花瓣的2倍。
　　　　　　　8.蒴果2瓣裂，1种子；雄蕊管深裂 ………………………… 5.鹧鸪花属 Trichilia

    8.浆果或核果，种子1—4；雄蕊管浅裂·······················6.割舌树属 Walsura

   7.花药与花瓣同数；子房1—2室，稀3室，果不开裂，花极小，球形 ·····················
·····················9.米仔兰属 Aglaia

  6.花药着生于雄蕊管的内面，多少内藏或部分突出。

    9.花短圆柱形或为坛状、球状、钟状。

      10.花瓣3，无花柱；花盘缺或不明显，花钟状或球状。

        11.雄花组成圆锥花序，两性花组成长总状花序或穗状花序；雌花组成单一的总状
或穗状花序 ·······················7.山楝属 Aphanamixis

        11.花组成多花枝的短圆锥花序 ·······················8.崖摩属 Amoora

      10.花瓣4—5，花柱有或无，花盘缺或为环状或柄状；花球状、钟状或短圆柱状。

        12.蒴果，花药6—10，子房3—5室，花柱缺或极短，花盘柄状，稀环状 ·············
·······················8.崖摩属 Amoora

        12.干果或浆果，不开裂，子房1—5室，花柱缺，花药5（6—10），稀仅3，花极
小，球形或钟状，雄蕊管近球形或坛状、钟状、浅杯状 ·····9.米仔兰属 Aglaia

    9.花通常长圆形，子房每室胚珠1枚；花瓣4—6，子房2—5室，花盘多为浅杯状 ·····
·······················10.溪桫属 Chisocheton

 5.花盘管状，浅杯状或坛状；花圆筒形，萼合生，浅杯状、盘状，具宽而短的齿 ·········
·······················11.葱臭木属 Dysoxylum

1. 椿属 Toona（Endl.）Roem.

    乔木，木材美丽坚硬，树皮粗糙纵裂，鳞块状脱落。叶互生，为羽状复叶；小叶全缘，稀具齿，常偏斜，有各式透明的斑点。宽大的圆锥花序顶生，多分枝。花小，两性，芳香，萼短，4—5齿裂或全缘，花瓣4—5，长于花萼，4—5齿裂或全裂，芽时覆瓦状排列，贴生于具龙骨状凸起的花盘柱基部；花盘盘状，垫状或短柱状，具5棱，短于子房或与于房等长；雄蕊4—6，着生于花盘柱顶部，与萼片对生，分离，花丝钻形，花药钝或具小尖头，背面丁字着生，假雄蕊线形，常与雄蕊同数，互生；子房着生于花盘上，有时陷入（此时为半下位），长圆形或卵形，5室，向上渐狭为圆柱形花柱，柱头盘状，每室胚珠8—10，在子房室上部排成2列，下垂。蒴果木质，5室，从顶端开裂为5果瓣，果瓣从五棱形的中轴上脱落；种子多数，下垂，侧向压扁，覆瓦状排列，上下两端或仅上端具狭翅，有少量或厚的胚乳；子叶叶状，胚根短，向上。

    本属约15种，分布于印度至马来西亚，从印度东部至大洋洲东部，温带直至华北。有些种广植于热带和温带。我国有3种，4变种；云南都有。

分 种 检 索 表

1.子房和花盘被毛；雄蕊5，花丝全部具药，无假雄蕊；种子两端有翅；小叶全缘。

  2.蒴果较小，长2—2.5厘米，无皮孔或具不明显的皮孔，果皮薄，革质 ·····················
·······················1.红椿 Toona ciliata

2.蒴果较大，长2.5—3.5厘米，皮孔明显突起，果皮厚，木质 ………………………… ……………………………………………………………………… 2.紫椿 T. microcarpa

1.子房和花盘无毛；雄蕊10，其中5枚不发育或变为假雄蕊；种子一端有翅；小叶多少有齿缺；果常无皮孔，长2.2—3.3厘米 …………………………………………3.香椿 T. sinensis

1.红椿　红楝子　图332

Toona ciliata Roem.（1846）

Cedrela toona Rexb. et Rottl.（1803）

落叶或近常绿乔木，高可达30米；树皮厚，深绿色至黑褐色。小枝幼时被细柔毛，后渐无毛，干时红色，疏具皮孔。偶数或奇数羽状复叶，长39—40厘米，叶柄长6—10厘米；小叶6—12对，长11—12厘米，宽3.5—4厘米，对生或近对生，披针形、卵形或长圆状披针形，急尖，全缘，基部上侧稍长，两边渐狭或上侧圆形，上面无毛，下面仅脉腋具束毛，余无毛，侧脉纤细，约18对，小叶柄长8—12毫米。圆锥花序与叶近等长，具短柄或近无柄，被微柔毛，分枝松散，下部的分枝长达12厘米。花白色，有蜜香，具短梗，梗长约1毫米，被微柔毛，萼片5，卵圆形，长0.8毫米，先端急尖，外面被微柔毛，有缘毛，花瓣5，卵状长圆形或长圆形，长3.5—4.5毫米，宽2—2.5毫米，先端近急尖，基部钝，两面无毛，边缘具缘毛；花丝5，无毛，长1.5毫米，花药长0.75毫米，长圆形，基部心形，无假雄蕊。子房密被粗毛，5室，每室有胚珠8—10，花柱短于子房，有毛，柱头无毛。蒴果椭圆状长圆形，长2—2.5厘米，干时褐色，无皮孔；种子两端具翅，连翅长15毫米。花期4—5月，果期7月。

产德宏、西双版纳和文山地区；生于海拔560—1550米的沟谷林内或河旁村边；广东、广西也有；自喜马拉雅山脉西北坡、印度东部、孟加拉国经缅甸，中南半岛直至伊里安岛及大洋洲东部均有分布。

喜暖热的气候条件及深厚、肥沃、湿润、排水良好的酸性及中性土壤。种子繁殖。随采随播，在西双版纳，新采种子立即播种，4天开始发芽，发芽率达98%。

半环孔材，心材深红褐色，边材色较浅，花纹色泽美观，具香气，防虫蛀，耐腐。材质轻软至中等，干缩中等，干燥快，易加工，油漆及胶粘性能均好，最适宜于用作高档家具、室内装修、胶合板及各种贴面板、模型等，耐水湿，也可用于造船。树皮含鞣质12%—18%，可提取栲胶。

本种在云南尚有下列4变种：

1a.滇红椿

var. yunnanensis（C. DC.）C. Y. Wu（1977）
产临沧、景洪、文山等地，四川、广西、广东有分布。

1b.毛红椿

var. pubescens（Franch.）Hand.-Mazz.（1933）
产禄劝、新平、宾川、凤庆，生于海拔1400—3500米处；四川、广西、贵州、广东、

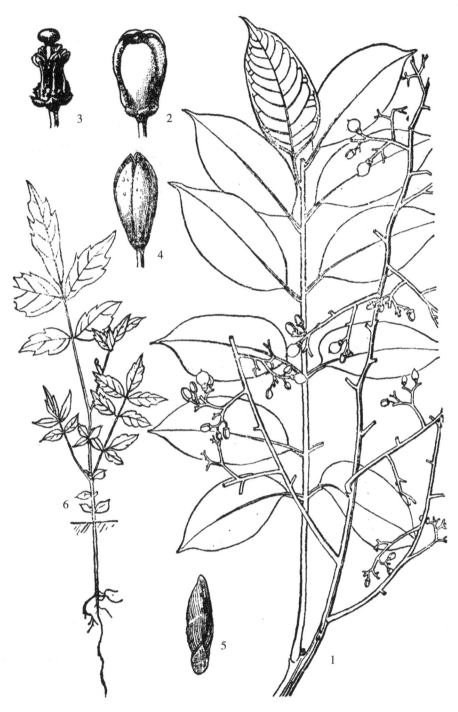

图332 红椿 *Toona ciliata* Roem

1.花枝　　2.花　　3.花去花瓣　　4.果　　5.种子　　6.幼苗

江西、浙江也有。

1c.普洱红椿

var. henryi（C. DC.）C. Y. Wu（1977）
产普洱，生于海拔1500米的山地；模式标本采自普洱。

1d.疏花红椿

var. sublaxiflora（C. DC.）C. Y. Wu（1977）
产蒙自，生于海拔1400米左右地带；贵州兴义也有。模式采自蒙自。

2.紫椿（景东）　红椿树（耿马）图333

Toona microcarpa（C. DC.）Harms（1895）
Cedrela microcarpa C. DC.（1878）

乔木，高达25米；树皮灰黑色或褐色，纵裂。小枝幼时灰色，被微柔毛，后变无毛而呈褐色，具明显隆起的苍白色皮孔。偶数羽状复叶，长70—90厘米，具长柄，总轴和叶柄被微柔毛，具皮孔；小叶9—12对，互生，坚纸质，卵状披针形，长11—19厘米，宽4—7厘米，先端渐尖，基部圆形，全缘，除下面沿中脉有时被极疏的柔毛外，两面无毛，侧脉12—16对；小叶柄长5—8毫米，被小柔毛。圆锥花序长30—40厘米，被微柔毛。花梗长1—3毫米，被微柔毛，萼片卵形，被微柔毛及缘毛，花瓣白色，卵状长圆形，长6毫米，宽3毫米，外面多少被短柔毛，内面被柔毛，边缘具缘毛；雄蕊花丝被柔毛及小硬毛，紫色；花盘与子房同被粗毛；花柱无毛，柱头盘状。蒴果椭圆状，长2.5—3.5厘米，褐色，无毛，有多数长圆形的皮孔隆起，果皮木质；种子两端具翅。花期4—5月，果期9—10月。

产鹤庆、贡山、景东、泸水、耿马、景洪，生于海拔850—2200米的常绿阔叶林下或山坡上；湖南大庸，慈利也有，各地常栽培；分布于印度、孟加拉国、缅甸至中南半岛。

喜暖热气候及深厚、湿润、排水良好的酸性土壤。种子繁殖。宜育苗植树造林。种子发芽率及成苗率较低，不宜直播造林。

环孔材，心边材区别明显、早材管孔略大构成多列的早材带。木射线中至细，径切面上射线斑纹明显。木材纹理斜而交错，结构中而不均匀，材质略比红椿硬重，色彩、花纹、强度均优于红椿。为室内装修、高档家具等用材。

3.香椿　马泡子树（镇雄）、椿（唐本草）图334

Toona sinensis（A. Juss.）Roem.（1846）
Cedrela sinensis A. Juss.（1830）

落叶乔木，高10—15米，稀达30米；木材红色。小枝干时红褐色，无毛，具苍白色皮孔。叶为偶数羽状复叶，长30—50厘米，叶轴被微柔毛或无毛；小叶8—10对，对生或互生，纸质，卵状披针形至卵状长圆形，长9—15厘米，宽2.5—4厘米，上、下两对小得多，先端尾尖，基部一侧浑圆，他侧楔尖，边缘有稀疏的小锯齿，稀全缘，除下面脉腋偶有束毛外，两面无毛，无斑点，下面常粉绿色，侧脉约18对，下面稍凸起；小叶柄长5—

图333 紫椿 *Toona microcarpa*（C. DC.）Harms
1.花枝　2.小叶　3.果　4.种子

图334 香椿 *Toona sinensis* (A. Juss.) Roem.

1.花枝 　2.果序 　3.小叶 　4.花 　5.花去花瓣

6.种子 　7.枝端冬态 　8.幼苗

10毫米。圆锥花序与叶等长或更长，无毛或被小柔毛，多花。花白色，长4—5毫米，萼杯状，具5钝齿或浅波状，被微柔毛及缘毛，花瓣长椭圆形，先端钝，长4—5毫米，宽2.5—3毫米，无毛；除5枚能育雄蕊外，尚有假雄蕊（退化雄蕊）5枚，长约为能育雄蕊之半，花丝均无毛；花盘无毛，近念珠状；子房圆锥形，有细沟纹5条，无毛，每室有胚珠8，花柱长于子房，柱头盘状。蒴果狭椭圆形，深褐色，光亮，基部狭，长2—3.3厘米，径1—1.5厘米，有极少数苍白色皮孔，果瓣薄；种子基部通常钝，上部有长而膜质的翅。花期6—8月，果期10—11月。

除滇南外，全省大部分地区都有，生长于海拔1000—2700米的山谷、溪旁或山坡疏林中；从西南至华北、华东、华中都有分布。朝鲜也有。各地广泛栽培并取其嫩芽、幼叶作蔬食。

喜温暖和喜光树种。生长迅速，平均年生长高1.5—2米，径平均生长量达1.5—20厘米，树龄15—20年时可以采伐利用。播种、埋根、留根育苗均可。也可天然更新。种子育苗宜于10月果实由绿转黄褐色时采集未开裂的蒴果，摊晒数天后种子脱出，干藏。早春用高床条播。播种前先用温水浸种24小时，再用清水浸8小时，取出催芽，待种子裂嘴，即可播下。根部萌蘖性强，起苗后留在圃地的残根可利用培育新苗，也可以从根株周围挖取1—2年生粗壮萌条，连细根切断，栽植育苗。成片造林一定要选择土层深厚、排水良好的地方，每亩栽160—200株。造林后应进行松土除草抚育，以用材为目的者要及时摘除侧芽，促进主干生长；以摘取嫩芽制作食品为目的者，首先应密植，每亩200—3000株，其次在芽萌动时摘除顶芽或在1米左右的高处截干，抑制高生长，促使多发侧芽，提高嫩叶产量。

木材黄褐色而有红色环带，纹理美丽，坚重而有光泽，结构略粗但均匀，容易干燥，少开裂变形、切削方便，抗虫蛀、耐水湿，为上等家具、室内装饰、农具、乐器和造船用材。种子榨油可作肥皂。根皮及果入药；果有收敛止血，去湿止痛之效，用于肠炎、痢疾、胃炎、胃溃疡、便血脱肛、血崩白带、遗精、风湿骨痛，发表透疹；根能开窍，止痢去湿；用于子宫出血、产后出血，肠出血；嫩叶可治痔疮，也供蔬食。根的木屑可提芳香油作赋香剂。

3a.毛椿

var. schensiana C. DC.（1908）
产洱源、丽江、维西，生于海拔2000—2300米的山坡和溪旁；陕西、贵州也有。

2.麻楝属 Chukrasia A. Juss.

大乔木，树干通直，高可达50米；木材坚硬，纹理美丽。落叶或常绿，叶为偶数（有时为奇数，稀二回）羽状复叶，长30—50厘米或更长，小叶互生或对生，具短柄，卵状披针形，长披针形或长圆形，渐尖，偏斜，下侧短于上侧，无毛或有毛，圆锥花序顶生或腋生，短于叶；花两性，4—5数，具梗，稍大，白色或黄色，萼短，杯状，具4—5枚短宽的钝齿，花瓣4—5，远长于萼，分离，长形，钝或浑圆，基部常渐狭，被毛，芽时右旋排列；雄蕊合生成管，宽圆筒状或桶状，较花瓣略短，顶端近全缘或有微圆齿，无毛，花药

8—10，长椭圆形，着生于管口的边缘，凸出；花盘杯状，短宽，被毛；子房甑状，被毛，3—5室，花柱直立粗壮、有时被毛，柱头盘状、头状；每室胚珠多数，2列，叠生，有闭孔器。蒴果木质，多少具疣突，通常3室，有时4—5室，从顶端室间开裂为3—5瓣，长3—4.5厘米，果瓣2层，从具3—5翅的中轴上分离；种子多数，2行覆瓦状排列于中轴上，压扁，下端有长而薄的翅，胚无胚乳。子叶叶状，近圆形，扁，不等侧；胚根向上，圆柱形，突出，依附于子叶边缘。

本属1—2种，广布于亚洲各热带地区。我国1种，1变种，产广东、广西、云南和西藏。云南均产。

麻楝　白椿（西双版纳）图335

Chukrasia tabularis A. Juss.（1830）

乔木，高达30米，胸径60厘米以上；树皮纵裂；枝赤褐色，无毛，有苍白色的皮孔。叶通常为偶数羽状复叶，长30—50厘米，无毛，小叶10—16枚；叶柄圆柱形，长5—11厘米；小叶对生，纸质，卵形至长椭圆状披针形，长7—10厘米，宽3.5—4.5厘米，下对较小，先端渐尖，基部圆形，偏斜，两面无毛，或仅于下面脉腋有淡黄色束毛，侧脉8—10对，小叶柄长2—4毫米。圆锥花序顶生和腋生，长8—30厘米，无毛；苞片线形，长1厘米，早落；花黄色带紫，常芳香，花梗长5—7毫米，有节，疏被短柔毛，萼杯状，高约2毫米，萼齿5（6），短而钝，外被微柔毛，花瓣4—5（6），长椭圆形或匙形，长1.2—1.5厘米，宽4—5毫米，外面中部以上有稀疏的小柔毛；雄蕊管长9—10毫米，径约5毫米，花药10；子房被紧贴疏毛，花柱被毛，柱头头状，约与花药等高。蒴果淡黄色或褐色，近球形或椭圆形，径3.5—4厘米，先端有小凸尖，表面粗糙，有淡褐色的小瘤点；种子扁平，径约5毫米，具膜质的翅，连翅长1.2—2厘米。花期4—5月，果期8—9月。

产西双版纳和金平、绿春，生于海拔500—1030米的疏林中。西藏墨脱、广西、广东也有；印度、斯里兰卡、缅甸、马来半岛、中南半岛及加里曼丹亦产。

种子繁殖。果开裂后，及时采种，阴干，以随采随播为宜，播种前浸种12小时，然后撒播于苗床，上盖一层薄土，再盖一层稻草，发芽后揭去稻草，待苗高5厘米左右，移入苗床或营养袋培育，初期要求适当遮阴。造林季节在云南热带地区以雨季开始阶段为宜。

木材为散孔材，心材和边材界限分明，边材肉红色，心材淡红褐色，结构细致，径面有光泽，花纹明显，具交错纹理，材质较硬，略重，不翘不裂，耐腐抗虫力强，唯加工稍难，可作上等家具、船舶、建筑、胶合板、车船、室内装修、乐器、雕刻的优良用材。

毛麻楝

var. velutina（Wall）King（1895）

产景东，西双版纳和文山州，生于海拔380—1530米的混交林或疏林中；广东、广西、贵州也有。分布于印度和斯里兰卡。

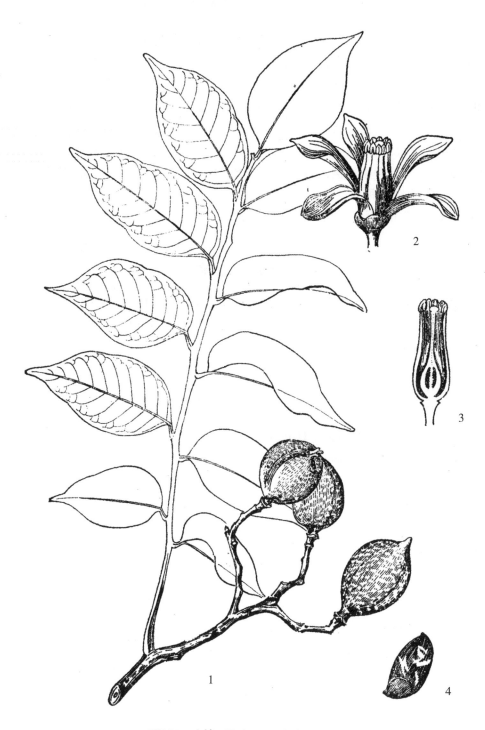

图335 麻棟 *Chukrasia tabularis* A. Juss.
1.果枝   2.花   3.雄蕊管及子房纵剖面   4.种子

3.浆果楝属 Cipadessa Bl.

灌木或小乔木。小枝有皮孔。叶互生或近对生，奇数羽状复叶，小叶3—6对，或为3小叶，全缘。圆锥花序腋生。花小，两性，白色或黄绿色，5基数，萼浅杯状，5齿裂，花瓣5，分离，长椭圆形，展开，芽时镊合状排列；雄蕊10，花丝线形，仅基部或一小段合生为一增厚的杯状体，顶端分裂为2线形尖齿，内面常被毛，花药生于花丝的2尖齿间；子房近球形至半球形，5室或1—3室，每室有并生的胚珠2，花柱短，直立；柱头半球形或头状，顶部具5齿。果浆果状，熟时由暗红转紫黑色，球形，具5棱，外面薄肉质，内含5核，核软骨质，内有种子1—2；种子具棱，微肾形，有肉质胚乳；胚有些弯，带绿色；子叶长圆形或倒卵形，腹平背凸；胚根向上；凸出。

本属4—5种，分布于马达加斯加、科摩罗群岛、印度、中南半岛、马来半岛至帝汶岛及菲律宾。我国西南部有2种。云南产2种。

分 种 检 索 表

1.叶轴、小叶二面和花序均密被柔毛 ┄┄┄┄┄┄┄┄┄┄┄┄ 1.灰毛浆果楝 C.cinerascens
1.叶轴和花序无毛或近无毛，小叶上面无毛，下面沿中脉和侧脉被稀疏、紧贴的长柔毛 ┄
┄┄┄┄┄┄┄┄┄┄┄┄┄┄┄┄┄┄┄┄┄┄ 2.浆果楝 C. baccifera

1.灰毛浆果楝 "亚罗香"（傣族语）、石岩青、老鸦树（红河）、罗汉香（永平）、白酒药、老鸦饭（禄劝）、野白腊（河口）图336

Cipadessa cinerascens（Pellegr.）Hand.-Mazz.（1933）

C. fruticosa Bl. var. *cinerascens* Pellegr.（1911）

常绿灌木或小乔木，高达10米；树皮灰色，粗糙。小枝有棱，被绒毛。叶连柄长20—30厘米，总轴和叶柄密被淡黄色柔毛；小叶4—5对，通常对生，纸质，卵形至卵状长圆形，长（3）5—10厘米，宽（1）3—5厘米，下部的远较顶端的为小，先端急尖或渐尖，基部圆形至楔形、偏斜，两面均被紧贴的灰黄色柔毛，下面尤甚，侧脉8—10对。圆锥花序长5—15厘米，分枝伞房花序式，与总轴均被柔毛；花白色、淡黄至黄色，径3—4毫米，具短柄，萼短，外被柔毛，裂齿宽三角形，花瓣线状长椭圆形，外被紧贴的疏柔毛，长2—3毫米；雄蕊管外面无毛，里面被疏毛，花药卵形，无毛。果深红色至紫黑色，径4—5毫米。花期4—11月。

产永平、禄劝、普洱、红河、河口等地，生于海拔160—2400米的季雨林、常绿阔叶林、河谷稀树草坡、灌丛草地；四川、贵州、广西也有；也分布于越南。

全株或根、叶入药，主治感冒、痢疾、腹泻、腹痛、风湿跌打，疟疾；外洗荨麻疹、脓疮或敷蛇咬伤。种子榨油可制肥皂。

2. 浆果楝 "亚罗椿""埋皮仿""秧勒"(傣族语)图336

Cipadessa baccifera(Roth)Miq.(1863)

Melia baccifera Roth(1821)

灌木或小乔木，高1—10米；树皮淡褐色。小枝幼时被细柔毛，后渐无毛。叶长8—25厘米，叶轴被疏柔毛至无毛；小叶4—6对，对生，膜质，长卵圆形至椭圆形，长1.5—8厘米，宽1—3厘米，先端短渐尖，基部宽楔形，上面无毛或沿中脉有疏柔毛，下面沿中脉和侧脉被稀疏、紧贴的长柔毛，侧脉8—10对，纤弱，具短柄。圆锥花序长8—13厘米，近无毛。花白色或淡黄色，径约3毫米，萼5齿裂，裂齿宽三角形，外面被细柔毛，花瓣膜质，长椭圆形，长约2.5毫米，急尖，近无毛；雄蕊管无毛，仅基部联合，花药10，卵形，生于花丝内面二尖齿间；子房无毛。果扁球形，紫红色，径约4毫米。花期4—6月，果期12—翌年2月。

产泸西、龙陵、耿马、普洱及西双版纳。生长于海拔500—1600米的常绿阔叶林、铁刀木林、疏林、灌丛中。分布于印度、斯里兰卡、泰国、越南至印度尼西亚（爪哇）帝汶岛及菲律宾。

种子繁殖。育苗植树造林。

根或树皮入药，治疟疾、感冒、腹泻、痢疾、皮肤瘙痒等症。

4. 楝属 Melia L.

落叶乔木或灌木。小枝有明显的叶痕和皮孔。叶互生，2—3回羽状复叶；小叶全缘或具锯齿、圆齿或浅裂。圆锥花序腋生，开展，多花，多少被粉末状星毛。花两性，白色或青紫色，萼片5—6，芽时覆瓦状排列，花瓣5—6，分离，远长于萼，芽时覆瓦状排列，倒卵状长圆形、倒披针形至线状匙形；雄蕊管圆筒形，稍短于花瓣，边缘10—12齿裂，裂齿再2—3细裂，管部有线条10—12，花药10—12，着生于雄蕊管内侧上缘的裂齿间，内藏或部分突出；花盘柄状、短、边缘常浅波状；子房近球形，4—8室，每室有叠生胚珠2。核果，黄色、黑色或黑紫色，外果皮肉质，内果皮（核）木质；种子下垂，侧向压扁；胚乳薄而肉质，少量，围绕着胚；子叶叶状，薄，狭长圆形；胚根很短，圆柱形，向上。

本属约20种，分布于东半球的热带和亚热带，仅1种传到美洲。我国有2—3种；云南有2种。

分 种 检 索 表

1. 子房5—6室，果较小，长1—3厘米；小叶具粗钝齿，花序常与叶等长 ·· 1. 楝 Melia azedarach
1. 子房6—8室；果较大，长3厘米；小叶全缘或有时具不明显的钝齿；花序短于叶 ·· 2. 川楝 M. toosendan

图336 灰毛浆果楝及浆果楝

1—4.灰毛浆果楝 Cipadessa cinerascens（Pellegr.）Hand.-Mazz.：

1.果枝　　2.叶背一部分　　3.花　　4.花纵剖

5—9.浆果楝 C. baccifera（Roth.）Miq.：

5.果枝　　6.叶背一部分　　7.花　　8.雄蕊管展开示雌蕊　　9.果

1.楝（本草经） 苦楝（各地）、野苦楝（富宁、河口）图337

Melia azedarach L. （1808）

落叶乔木，高达25米，胸径达50厘米；树皮灰褐色，纵裂，皮孔显著。枝条广展、疏被短柔毛，后渐无毛，叶痕明显。叶长30—40厘米，2—3回羽状复叶，总轴被微柔毛或无毛；小叶多数，对生，膜质至纸质，卵形，椭圆形至披针形，两面无毛，先端渐尖，基部多少偏斜，边缘有锯齿，浅钝齿或具缺刻，稀全缘；侧脉12—16对，广展，向上斜举；侧生小叶长3—4.5（7）厘米，宽0.5—1.5（3）厘米，具0.1—1厘米长的柄；顶生小叶长3.5—6（9）厘米，具长约1厘米的柄。圆锥花序长15—25厘米，常与叶近等长，无毛或略被淡褐色的粉末状星毛。花淡白色带青紫，芳香，萼片卵形，长圆状卵形，被柔毛，花瓣倒卵状匙形，长8—10毫米，外面被微柔毛，内面无毛；雄蕊管紫色，近无毛，长7—8毫米，边缘有锥状齿，花药长椭圆形，稍凸尖；子房近球形，5—6室，无毛，每室胚珠2；核果黄绿色，球形至椭圆形，长1—3厘米，径1.5厘米，核4—5室，每室种子1颗，种子椭圆形。花期4—5（9）月，果期9—11月。

全省均产，生长于海拔1900米以下的林内、林缘、路边、村旁。河北、陕西、甘肃三省的南部及以南各省区都有。印度、缅甸、中南半岛诸国至马来半岛亦有分布。

本种植物适应于湿润的沃土，生长迅速，成林期短，为平地或低坡地的良好造林树种。木材美观，为家具、用器、枪柄、箱板等用材。根、茎皮、果供药用，有杀虫、消炎的功能，用于小儿钩虫、蛔虫、消肿、骨折，花可提取芳香油。种子含油39%，可制肥皂、油漆、润滑油等。

2.川楝 苦楝（文山、大理、峨山、勐腊）、"梅哼"（傣族语），川楝子（果的药名）、金铃子（果）图337

Melia toosendan Sieb. et Zucc. （1846）

落叶乔木，高达25米。小枝幼部被褐色星状鳞片，后无毛，叶痕和皮孔明显。叶具长柄，连柄长常在45厘米以上，被细柔毛；2次羽状复叶，每一羽片常有小叶3—5，小叶对生，膜质，椭圆状披针形，先端长渐尖，基部楔形，常全缘，两面无毛，侧脉12—14对，长4—8厘米，宽2—3.5厘米。圆锥花序聚生于小枝顶部，长约叶长之半，比叶先出，密被淡褐色星状鳞片。花淡紫色或白色，密集，萼片椭圆形至披针形，两面被柔毛，花瓣匙形，长1—1.3厘米，外被疏柔毛，内面无毛，雄蕊管青紫色，花药长椭圆形，长约1.5毫米，略突出于管外；花盘近杯状，子房近球形，无毛，6—8室，花柱无毛，柱头不明显的6齿裂。核果大，成熟时淡黄色；长圆状球形，长2.5—4厘米，径2—3厘米；果皮薄，核6—8。花期3—4（7）月；果期8—11月。

全省都有，生长于海拔2100米以下的杂木林、疏林内，也常栽培于庭园、路旁；分布于四川、贵州、广西、湖南、湖北、河南、甘肃；日本、越南、老挝、泰国也有。

适生于热带、亚热带以及一些干热河谷地区，要求土壤深厚、肥沃、疏松、湿润、排水良好的条件。喜阳。在西双版纳的湿热条件下，一年生树高可达7.8米，胸径达7.7厘米。

育苗造林，10—11月果实成熟时进行采收。果实用水浸泡几天后除去果皮，洗净阴

图337 楝和川楝

1—4.楝 *Melia azedarach* L.：

1.花枝　　2.羽叶片　　3.果　　4.果横切面

5—10.川楝 *M. toosendan* Sieb. et Zucc.：

5.花枝　　6.花　　7.雄蕊管剖开及雌蕊　　8.雄蕊管外面观（部分）　　9.果　　10.果横切面

干，再用沙贮藏。播种前，可用80℃的热水浸种，再拌湿沙催芽，播于平整、向阳、肥沃、疏松、排水良好的苗圃中。用扦插法繁殖苗木亦能取得良好效果。

木材为环孔材。心材、边材界线明显，心材红色至红褐色，边材窄，黄白色；木材具有光泽，花纹美，纹理直，结构细至中，材质软至中等，加工性能良好，易干燥，变形小，比较耐腐，抗虫。用于建筑、家具、造船、胶合板、农具、体育用品、包装箱及美术工艺等用材。

根、茎皮、果食等的药用价值同棟。

5. 鹧鸪花属 Trichilia P. Browne
(*Heynea* Roxb. ox Sims)

乔木，有时为灌木。小枝髓部无木质部导管，叶互生，奇数羽状复叶；小叶5—11枚，对生，卵形、长圆形或披针形，全缘，下面苍白色（表皮具乳突），无小斑点。圆锥花序顶生和腋生，与叶近等长，具长柄，多花，分枝大都为聚伞花序式。花白色，两性，萼短，4—5裂，裂片钝，芽时覆瓦状排列，花瓣4—5枚，近直立，较萼片短，长椭圆形，彼此分离，芽时覆瓦状排列；花丝8—10，基部合生，顶端有2齿，花药8—10，着生于2裂齿间；花盘环状，肉质，围绕子房；子房2—3室，每室有并生的胚珠2颗，花柱与子房等长或略长，柱头具2—3齿，承以粗厚的环状花盘。蒴果卵形至球形，具喙，1室，2（稀3）瓣裂，外果皮常肉质、革质，光滑，内果皮硬壳质。种子1（2），钝圆，被以白色假种皮；种皮橙黄色，后变栗褐色。子叶厚，并生，平卧；胚根向上，藏于子叶间。

本属300余种，从墨西哥、大小安的列斯群岛分布至热带南美洲，经热带非洲马达加斯加、毛里求斯至印度。我国有2种，云南1种，另1种特产广东、海南、广西至越南北部。

老虎棟（西畴） 小黄伞（勐海）、假黄皮（河口）、老母猪树（屏边）、漆赖（云县）、"阿注美勒"（河口傜族语）图338

Trichilia connaroides（W. et A.）Bentvelzen（1962）
Heynea trijuga Roxb.（1814）
乔木、小乔木，分枝少，高达15米；树皮灰褐色或红褐色，纵裂。小枝深褐色至黑褐色，被黄色柔毛，有少数皮孔；顶芽小，具鳞片状器官，被刚毛，髓部均匀，有木质部导管。小叶，树皮和种子有苦味物质。叶长25—36厘米（达50厘米），小叶（1）3—4（5）对，总轴被毛，具棱角；小叶片膜质至坚纸质，卵状长圆形（稀为披针形或椭圆形），长4.5—16（20）厘米，宽（2）2.5—4.5（7）厘米，先端渐尖，基部钝圆至宽楔形，偏斜，上面无毛，下面常苍白色，被糙伏毛和黄色柔毛，脉上尤密，侧脉（5）8—12（16）对，弯拱，网状连接，而不达边缘，下面凸起，脉及细脉具无数小腺体，在下面稀疏扁平，较大；叶柄圆棒形，长5—15厘米；小叶柄顶端具关节，长4—8（20）毫米。花序为平顶状聚伞花序式，疏至密，腋生，具长柄，短于或长于叶，被毛，苞片小，早落，花序柄具棱线，第一节具3—7分枝，排为一轮，向上渐少，最后分枝两歧状；花梗长约1.2—2毫米，在2枚宿存小苞片上具关节，小苞片边缘有具柄腺体。花小，白色至淡黄色，长3—4毫米，萼

图338 老虎楝 *Trichilia connaroides*（W.et A.）Bentvelzen
1.果枝　　2.花去花被　　3.雄蕊管和雌蕊纵剖　　4.开裂的果

4—5裂，裂齿圆形至钝三角形，无毛或略被柔毛，花瓣长圆形，宽0.5—1毫米，锐尖，顶端内折，外无毛或被小柔毛，雄蕊管被微柔毛或无毛，10（14）裂至中部以下，花丝长短交互，长0.5—1.5毫米，内面被刚毛；子房无柄，无毛，埋于肉质环状花盘中，花柱约与雄蕊管平齐。蒴果近球形，有时有尖突，径约0.8—1.5（2.5）厘米，外果皮红色、黄红色，肉质，干时革质，褐色。种子1枚卵球形，为白色（干时变淡褐色）的假种皮所全包，种皮干时发亮，暗褐色，具皱纹。花期4—6月和10—11月。

产云县、屏边、河口、文山等地，生于海拔1350米以下的季雨林、雨林、常绿阔叶林及其次生群落中。分布于缅甸、越南。

种子繁殖。育苗植树造林。

边心材区别明显，边材淡红色微黄，心材黄褐色。散孔材。木薄壁组织明显。木材纹理直，结构细，材质中，心材耐腐。可作一般家具，农具、建筑等用材。

鹧鸪花（广西）

f. glabra Bentvelzen（1962）

除滇西北和滇东北部外，全省大部分地区都产，生于海拔400—2100米处；广西、贵州也有。也分布于尼泊尔、不丹、印度、缅甸、泰国、马来半岛直至菲律宾。

6. 割舌树属 Walsura Roxb.

乔木或灌木。叶互生，奇数羽状复叶；小叶1—11枚，对生，稀互生，下面常绿白色，表皮具乳突，全缘，叶柄基部膨大如节。圆锥花序或假伞房圆锥花序腋生或顶生，多花。花小，两性，白色，带黄色或带红色，萼短，裂片4—5，急尖，钝或圆，狭或宽，蕾时覆瓦状排列，花瓣4—5，远较花萼为长，直立，分离，蕾时镊合状或稍覆瓦状排列，花丝分离，中部以下连成一管或有时仅于基部合生，顶端钝或微内凹或具2尖齿，较花瓣略短，花药8—10，内向，着生于花丝或裂片顶端，或者在其2裂齿间，钝或有尖突，花盘浅杯状或环状，肉质，红色或淡红色，环绕子房；子房扁，2—4室，每室有并生的下垂胚珠2，花柱短，与子房近等长，向上棒状增粗，柱头盘状或短锥状，先端2—3裂。浆果，不开裂，果皮肉质或革质，无毛或被毛，常1（2）室能育；种子1—4枚，无胚乳，包藏于薄肉质假种皮或具浆汁的内果皮（？）内；子叶厚，黏合，胚根向上，凸出。

本属约30—40种，分布于印度、中国、中南半岛至印度尼西亚（巽他群岛）。我国西南和华南有6种。云南有4种，其中2种未定名，本志收入常见的2种。

分 种 检 索 表

1.花丝分离或几分离；叶小，侧生小叶长5—9厘米，宽2—3.5厘米 ……………………………
…………………………………………………………1.割舌树 W. robusta
1.花丝基部合生一半以上，上部分离；叶大，侧生小叶长14—18厘米，宽5—7厘米 ………
……………………………………………… 2.云南割舌树 W. yunnanensis

1.割舌树　图339

Walsura robusta Rbxb.（1814）

乔木，高达6米。小枝褐色，无毛，有苍白色皮孔。叶长15—20厘米，有小叶3—5，无毛；小叶坚纸质，长椭圆形或披针形，侧生小叶长5—9厘米，宽2—3.5厘米，顶生小叶较大，长8—13厘米，宽3—4.5厘米，先端均尾状渐尖，基部楔形，两面无毛，上面光亮，侧脉5—8对，下面凸起；小叶柄长4—6毫米，顶生小叶柄长2—3厘米。圆锥花序长5—15厘米，被粉末状小柔毛至近无毛，分枝呈伞房花序式；花白色，长4—6毫米，具梗，萼短，长约1毫米，外被粉末状小柔毛，裂齿5，卵形，花瓣5，长椭圆形，长3—4毫米，外被粉状小柔毛，芽时镊合状排列；雄蕊10，花丝分离，渐尖，被柔毛，无裂齿，花药卵形，黄色；花盘杯状，外面无毛，内面被毛；子房扁球形，密被黄色茸毛。果球形或卵形，径1—2厘米，密被黄褐色茸毛，内有种子1（2）枚。花期2—3月；果期4—6月。

产勐腊、景洪、富宁；广东、广西也有。分布于印度东北部、安达曼群岛、中南半岛、马来半岛至加里曼丹岛。

2.云南割舌树　图339

Walsura yunnanensis C. Y. Wu（1977）

乔木，高达6米。小枝幼部被短柔毛，后渐无毛，具苍白色皮孔。叶长23—30厘米，总叶柄长4—7（9）厘米，两侧具不明显的狭翅，无毛，小叶5，坚纸质至革质，椭圆形、卵状长圆形，长（10）14—18厘米，宽（3）5—7厘米，顶生小叶较大，先端均渐尖至急尖，基部渐狭为阔楔形，无毛，下面粉绿色，侧脉8—11对；小叶柄长5—10毫米，顶生小叶长2—3厘米。圆锥花序顶生和腋生，常多数，长6—14厘米，短于叶，被黄色短柔毛。花白色，长4—5毫米，花梗长4—5毫米，被短柔毛，萼5裂，裂齿三角形，外被短柔毛，花瓣5，长圆形，长5毫米，急尖，外被粉状柔毛，内面无毛；雄蕊10，花丝基部1/2以上合生，顶端钻形，中部以上两面被长柔毛，花药卵形，无毛；花盘环状，肉质，无毛；子房扁平，密被白色短柔毛，柱头肉质，盘状。花期2—3月。

产勐腊，生于海拔950—1000米的山谷疏林中。

7.山棟属　Aphanamixis Bl.

常绿乔木或灌木。大型奇数羽状复叶聚生于枝顶，小叶3—10对，干后常带黑色，叶轴上面常有小脐状突起；小叶对生，全缘，偏斜。花序腋生或腋上生，杂性异株；雄花组成圆锥花序，雌花或两性花组成单生的或成对的穗状花序或总状花序；花中等大或小（3—5毫米），近球形，无梗或具梗，萼片通常5，近分离或基部合生，通常宽，陀螺形，钝，边缘覆瓦状排列，花瓣3，宽，倒卵形至近圆形，芽时覆瓦状排列；雄蕊管近球形，或上下压扁的扁球形，全缘或具宽圆齿，花药3或6，大，内藏或先端外凸，背着于雄蕊管内面中部或近基部；花盘小或缺；子房小，3室，每室通常有叠生胚珠2，花柱极短或缺，柱头大，通常尖塔状或圆锥状，具3棱及3槽，雄花中有1个三棱形的退化子房。蒴果淡黄色或鲜红

图339 割舌树及云南割舌树

1—5.割舌树 *Walsura robusta* Roxb.： 1.果枝 2.花 3.花去花被 4.雌蕊 5.果

6—9.云南割舌树 *W. yunnanensis* C. Y. Wu： 6.花枝 7.花 8.花去花被 9.雌蕊

色，小至中等大，室背开裂，果皮多少肉质，内面白色，各室或仅1室有种子2，全部或部分地围以橙色或黄色的肉质假种皮，近球形至卵形，种皮革质，褐色或黑色，光亮，种脐白色，线形，腹生。子叶并生，直，多少互相融合，胚根向上，内藏，小。

本属约25种，分布于印度至伊里安岛，我国3种，均见于云南。

分 种 检 索 表

1.小叶基部极偏斜，革质或近革质；蒴果径达2.5厘米以上，基部浑圆。

2.小叶7—10对，大，长（12）17—26厘米，宽（5）7—10厘米 ……………………………………………………………………………… 1.大叶山楝 Aphanamixis grandifolia

2.小叶4—6对，小，长10—20厘米，宽5—6厘米 …………………… 2.山楝 A. polystachya

1.小叶基部略不等长，微偏斜，膜质；蒴果小，径不过2厘米，基部常收狭成一短而粗的柄 ……………………………………………………………………………………3.华山楝 A. sinensis

1.大叶山楝 "叶好娇"（哈尼族语）图340

Aphanamixis grandifolia Bl.（1825）

乔木，高达20米。小枝干后红褐色，密生瘤状皮孔。叶为奇数（稀偶数）羽状复叶，叶柄和总轴长20—90厘米，幼时被短柔毛，后渐无毛，小叶（5）7—10对，革质，干时常呈绿褐色，长椭圆形，长（12）17—26厘米，宽（4.5）5—7厘米，先端渐尖，基部偏斜，无毛或于下面脉上被疏柔毛，侧脉15—20对，广展，近边缘处连接；小叶柄粗厚，长约1厘米。花序常腋上生，雌花或两性花的穗状花序单生，长可达75厘米；雄花圆锥花序式，广展，多少被柔毛；花萼杯状，红色，裂片圆形，长约3毫米，外被短柔毛或无毛，边缘有睫毛；花瓣3，绿白色至白色，圆形，长6—7毫米，无毛；雄蕊管近球形，厚，花药6；花盘缺，子房被柔毛。蒴果黄色，卵球形，顶端喙状，粗2厘米，假种皮橙红色。花期6—7月；果期2—3月。

产普洱、西双版纳和麻栗坡，生于海拔500—1000米的杂木林、疏林或灌丛中；广西、广东也有。分布于马来半岛、中南半岛、爪哇、加里曼丹岛至帝汶岛和伊里安岛。有些地区（夏威夷）栽培。

木材作家具、建筑、桥梁、舟车用材。种子油制肥皂，作润滑油。种仁含油率为54.6%。

2.山楝 小红果、云连树（河口）、红果树、油桐（金平）图340

Aphanamixis polystachya（Wall.）J. N. Parker（1913）

Aglaia polystachya Wall.（1824）

乔木，高达15米；树皮灰黑色。小枝淡褐色，幼时被短柔毛，有小皮孔。奇数羽状复叶，叶柄及总轴长25—35厘米，多少被短柔毛；小叶4—6对，膜质、亚革质或革质，长椭圆形，长10—20厘米，宽5—6厘米，最下面的小，先端急尖或渐尖，基部常偏斜，无毛。雄蕊管无毛，花药6枚；子房被粗毛，柱头近无柄。果红黄色，近卵形，长达3.5厘米，粗达3厘米。种子有完全的红色假种皮。花期8—9月，果期翌年4—5月。

产景洪、金平、屏边、河口，生于海拔100—530米的平坝、村旁或庭园中，多为栽

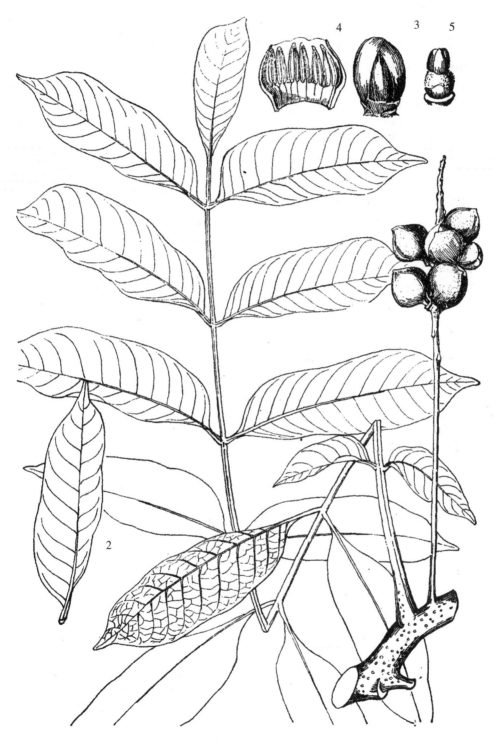

图340 大叶山楝和山楝

1.大叶山楝 *Aphanamixis grandifolia* Bl. 果枝

2—5.山楝 *A. polysiachya*（Wall.）J. N. Parker.：

2.小叶　3.花　4.雄蕊管展开　5.雌蕊

培；广东、广西也有。分布于印度、孟加拉国、斯里兰卡、安达曼群岛、中南半岛、马来半岛、苏门答腊直至帝汶岛和伊里安岛。

木材赤色、坚硬、纹理致密、质匀、适为建筑、茶箱和舟车用材。种子含油量约35.32%—50%，可制肥皂或作润滑油，屏边群众曾用以点灯照明。

3.华山楝　图341

Aphanamixis sinensis How et T. Chen（1955）

灌木或小乔木，高达4米；小枝褐色，有小的疣状皮孔；幼时被紧贴的黄色柔毛。奇数或偶数羽状复叶，叶柄和总轴长25—50厘米，叶柄上面有槽；小叶8—9枚，膜质至坚纸质，长椭圆形，顶生小叶倒卵状长圆形，长9—26厘米，宽3—6厘米，先端尾状渐尖而稍钝，基部稍不等长，阔楔形，两面均无毛，侧脉10—14对；小叶柄短，长约5毫米。花序腋生；雄花序长约10厘米，为疏散的圆锥花序，被短柔毛。雌花萼片被柔毛，子房被淡黄色粗毛。果序长约30厘米。蒴果斜倒卵状或近球形，径约2厘米，3室，心皮间有槽，顶部短斜尖或浑圆，基部收缩成柄状，果皮近木质。种子红褐色。有光泽。花果期1—2月。

产富宁和麻栗坡，生长于海拔500—1200米的地带。我国广东、海南也有。

8.崖摩属　Amoora　Roxb.

常绿乔木。叶通常为奇数羽状复叶，幼时常被鳞片；小叶对生或互生，偏斜。圆锥花序在短枝上顶生或腋生，分枝多。花小，常杂性，萼3—5裂，花瓣3—5，肥厚，芽时覆瓦状或近镊合状排列；雄蕊管球形或钟状，具6—10不明显的圆齿，花药6—10，着生于雄蕊管内侧；花盘缺或呈柄状，稀环状；子房无柄或近无柄，短，3—5室，每室有胚珠1—2，通常叠生，花柱短或不显，柱头圆锥状或钻形，3裂或全缘，稀具3无柄柱头。蒴果革质或木质，室背开裂为3果瓣（稀不裂）。种子部分或全部被假种皮所包，种脐腹生，种皮暗褐色、革质；子叶叠生或垂直位置；胚根常内藏，横生或向上。

本属25—30种，分布于印度、中南半岛、马来半岛至伊里安岛。我国产7—8种，见于西南和华南。云南产7种和1变种。

分 种 检 索 表

1.果开裂，果皮肉质或革质；花柱圆锥状；花药6。
　2.小叶两面无毛。
　　3.两性花序总状，长2—4厘米；萼具3齿，有时截平；花瓣外面密被鳞片 ⋯⋯⋯⋯⋯
　　⋯⋯⋯⋯⋯⋯⋯⋯⋯⋯⋯⋯⋯⋯⋯⋯⋯⋯⋯ 4.石山崖摩 A. calcicola
　　3.两性花序圆锥状。
　　　4.小叶互生，萼齿5；果近球形，径约2.5厘米 ⋯⋯⋯⋯⋯1.云南崖摩 A. yunnanensis
　　　4.小叶对生；果梨形。
　　　　5.萼齿3，花梗弯曲 ⋯⋯⋯⋯⋯⋯ 2.曲梗崖摩 A. stellato-squamosa
　　　　5.萼近全缘；花梗粗短，不弯曲；果近长倒卵形，径3.5—4厘米 ⋯⋯⋯⋯⋯⋯⋯⋯

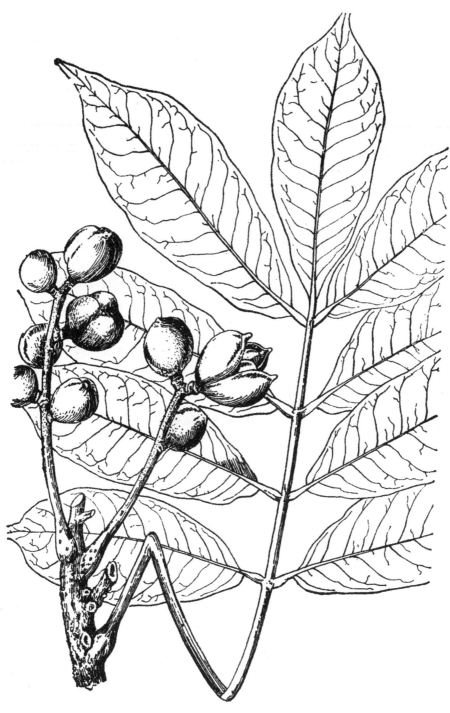

图341　华山楝

Aphanamixis sinensis How et T. Chen 果枝

·· 3.粗枝崖摩 A. dasyclada

2.小叶被盾状或星状鳞片。

6.小叶下面被星状鳞片 ························· 5.星毛崖摩 A. stellata

6.小叶两面多少被盾状鳞片 ····················· 6.四瓣崖摩 A. tetrapetala

1.果不开裂，椭圆形，长约2.5厘米，基部渐狭成短柄，果皮木质··················
·· 7.望谟崖摩 A. ouangliensis

1.云南崖摩　图342

Amoora yunnanensis（H. L. Li）C. Y. Wu（1977）

Aglaia yunnanensis H. L. Li（1944）

乔木，高达13米。小枝幼时有苍黄色鳞片。叶长（25）35—40厘米，叶轴散生鳞片或变光滑；小叶5—9，互生，纸质，椭圆形至椭圆状披针形，长8—17（25）厘米，宽（2）4—6（7.5）厘米，先端渐尖，基部楔形或浑圆，偏斜，两面除中脉上散生鳞片外均无毛，侧脉10—12（16）对；小叶柄长5—15毫米，散布鳞片。圆锥花序腋生，疏散；雄花序长11—15厘米，柔弱、纤细，花梗细长常弯曲；两性花序较短，通常长6—10（14）厘米，粗壮，花梗粗短直伸，均密被褐色鳞片；花白色或黄色，径约3—5毫米，萼浅杯状，外被鳞片，具5个浅钝齿，花瓣3，宽卵形或圆形，长约4毫米，凹陷，无毛；雄蕊管长2—3毫米，花药6；子房密被鳞片，花柱三棱状锥形，具三条凹槽。果黄色或乳白色，倒卵状球形，长1.5—2厘米，顶端下凹，基部常狭缩，宿萼碟状、展开，果皮革质，开裂。种子2—3枚，围以红色的假种皮。花期3—5月和7—9月。

产临沧、勐海、文山，生于海拔500—1500米的常绿阔叶林、热带次生林或灌丛中；广西也有。

2.曲梗崖摩　图342

Amoora stellato-squamosa C. Y. Wu et H. Li（1977）

乔木，高达18米。叶互生，连柄长达35厘米，无毛；小叶11枚，对生，长椭圆形，倒卵状椭圆形，长达23厘米，宽达11厘米，先端渐尖或骤狭，基部截圆形，稍下延而成短翅，边缘反卷，侧脉14—16对，斜伸；小叶柄长1—1.5厘米，被棕色星状鳞片。圆锥花序腋生，被棕色星状鳞片，长20—25厘米，分枝粗，常下弯，最下部分枝长7—10厘米；花梗长2—4毫米，其中多数不育，常弯曲；花苞卵形，长6毫米，萼3裂，裂齿宽三角形，外面被星状鳞片，萼下具节，花瓣3，卵形，长5—6毫米，腹面凹入，无毛，背面密被星状鳞片；雄蕊管坛状，高约3毫米，无毛，具10圆齿，花药10，线状长圆形，内藏；花盘不存在；子房卵形，密被淡黄色短柔毛，3室，花柱三棱状圆锥形，先端3裂，下部具槽。果绿色，倒卵状梨形，被短柔毛及稀疏的星状鳞片，3室，每室种子1枚；果梗增粗，径可达4毫米。花期9—11月，果期10月。

产勐腊、景洪、西畴，生于海拔950—1800米的密林中。

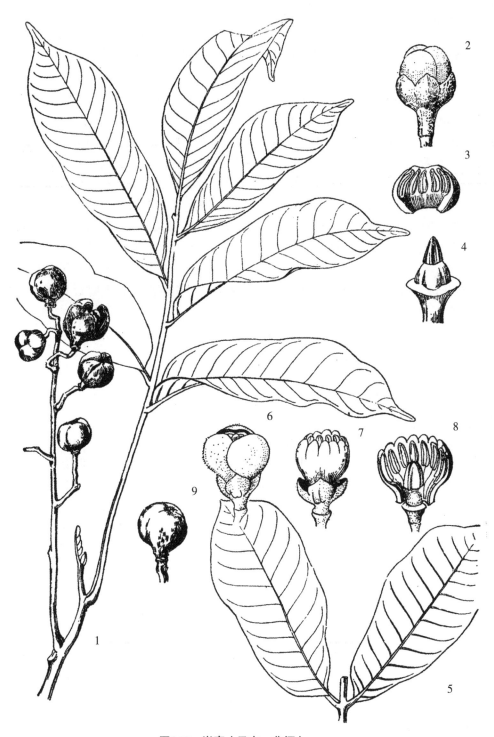

图342 崖摩（云南、曲梗）

1—4.云南崖摩 *Amoora yunnanensis*（H. L. Li）C. Y. Wu：

1.果枝 2.花 3.雄蕊管展开 4.雌蕊

5—8.曲梗崖摩 *A. stellato-squamosa* C. Y. Wu et H. Li：

5.一对小叶 6.花 7.花去花瓣（示花萼和雄蕊管） 8.雄蕊管展开（示雌蕊） 9.未成熟果

3.粗枝崖摩　图343

Amoora dasyclada（How et T. Chen）C. Y. Wu（1977）

Aglaia dasyclada How et T. Chen（1955）

大乔木，高可达30米，胸径达50厘米。小枝粗壮，粗约1厘米，有黄色鳞片。叶连叶柄长25—40厘米，叶柄和总轴，有黄色鳞片，上面平坦，下面浑圆；小叶7—15，对生，纸质，长椭圆形或卵状长椭圆形，长8—17厘米，宽3—7厘米，先端短渐尖，钝，基部浑圆或近截形，无毛，中脉下面有微小的鳞片，侧脉12—14对，上面平坦，下面凸起；小叶柄长约1厘米，有鳞片，后变无毛。圆锥花序腋生，粗壮，短于叶，密被黄色星状鳞片，最下的分枝长4—5厘米，小枝二歧状；花梗粗壮，长1—3毫米，中部以上具关节；花球形，径约3—4毫米，萼杯状，高约1毫米，几全缘，外被鳞片，花瓣3，近圆形，内凹，长3—3.5毫米，外面近基部有极稀疏的鳞片，与雄蕊管分离；雄蕊管近球形，两面无毛，长约2毫米，有微齿，花药7—10，线状长圆形，两端锐尖，内藏，先端极短地突出；子房有黄色鳞片，5室，有胚珠5，柱头圆锥状，有槽纹5条。果未熟时椭圆形，成熟时近梨形，宽3.5—4厘米，开裂。果4—5月成熟。

产景洪，生于沟谷密林中；广东、海南也有。

种子繁殖。育苗植树造林。

木材为建筑、家具、农具等用材。

4.石山崖摩　图344

Amoora calcicola C. Y. Wu et H. Li（1977）

小乔木或灌木，高达10米。小枝幼时被淡褐色鳞片，后渐脱落。叶互生，叶柄和总轴长4.5—11厘米，密被淡褐色鳞片；小叶3—5枚，坚纸质，椭圆形至卵状披针形，长5—20厘米，宽2—6厘米，渐尖，基部楔形，稍不等侧，无毛，叶脉下面疏被褐色鳞片；小叶柄长2—5毫米，稍膨大，密被鳞片。两性花的圆锥花序常成总状，腋生，短，长仅2—4厘米，密被淡褐色鳞片，少花，有时仅含单花；花淡黄色，较大，径约4毫米，萼杯状，具3个浅圆齿，有时近截平，和花瓣外面密被淡褐色鳞片，花瓣3，卵状长圆形，内凹，长5—6厘米；雄蕊管钟状，长5毫米，外面疏被鳞片，花药6，着生于雄蕊管内侧上部，长圆形；花盘缺；子房被褐色星状鳞片，柱头圆锥状，无花柱；花梗长2—10毫米，密被淡褐色鳞片。花期9—10月。

产勐腊县孔明山，生于海拔1200米的密林下石上。

5.星毛崖摩　图344

Amoora stellata C. W. Wu（1977）

小乔木，高达10米，胸径约30厘米；树皮灰绿色。小枝密被黄色长柔毛，后渐脱落。叶柄和总轴长13—20厘米，腹面具槽，背面圆形，密被黄色柔毛和星状鳞片；小叶5—6，纸质，椭圆形，长10—22厘米，宽4—6厘米，先端渐尖而成尾状，基部楔形，稍偏斜，上面疏被星状鳞片或近无毛，下面特别是沿中肋及侧脉较密被星状鳞片；小叶柄长5—7毫

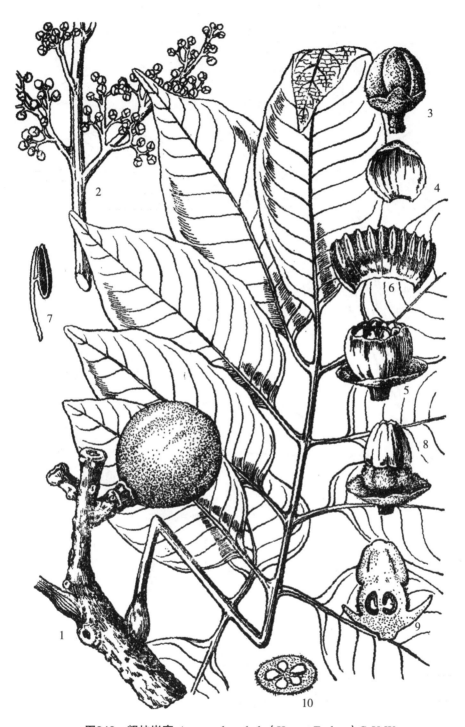

图343　粗枝崖摩 *Amoora dasyclada*（How et T. chen）C. Y. Wu

1.果枝　　2.花序的一部分　　3.花　　4.花瓣内面观　　5.花去花瓣（示花萼与雄蕊管）

6.雄蕊管展开（示雄蕊）　　7.雄蕊管纵切（示雄蕊着生情况）

8.雌蕊和花萼　　9.子房纵切　　10.子房横切

图344 崖摩（石山、星毛）

1—4.石山崖摩 *Amoora calcicola* C. Y. Wu et H. Li：

1.花枝 2.花 3.花纵剖 4.花瓣和子房上的鳞片放大

5—7.星毛崖摩 *A. stellata* C. Y. Wu：

5.果枝 6.叶背星状毛放大 7.种子（已剥去假种皮）

米，被柔毛和星状鳞片。圆锥花序疏花，腋生，长9—15厘米，最下的分枝长约6厘米；花近球形，径约6毫米，萼浅杯状，具5浅齿，裂齿钝三角形，外密被黄色柔毛，花瓣3，圆形或卵形，长5毫米，无毛；雄蕊管无毛；花梗长约1厘米，被黄柔毛，直伸或弯曲。果黄绿色至桃红色，倒卵状球形，顶端下凹，基部承以宿萼；果皮革质，具鳞片，开裂；种子（2）3枚，为红色假种皮所包围，花期4月，果次年成熟。

产金平、河口，生于海拔350—400米的箐沟密林或山麓疏林中。

本种与云南崖摩 *A. yunnanensis* 的区别在于叶被星状鳞片，小枝和叶轴被黄色柔毛。

6.四瓣崖摩　图345

Amoora tetrapetala（pierre）C. Y. Wu（1977）

Aglaia tetrapeiala Pierre（1896）

乔木，高达25米。小枝圆柱状，被鳞片，后渐脱落。叶长25—30厘米，总轴和叶柄被褐色鳞片；小叶4—7，互生，革质，长椭圆形，长8—18厘米，宽3.5—6.5厘米，下部的较短，先端渐尖，有时成尾状，基部近楔形，不等侧，常1侧下延1—2厘米，两面均有盾状鳞片，侧脉8—14对；小叶柄长约5毫米，被鳞片。圆锥花序远短于叶，长8—10厘米，腋生，有鳞片；雄花梗纤细，两性花梗粗壮，长0.5—1厘米，被鳞片；花黄色，萼深杯状，深约4毫米，密被鳞片，有浅齿4—5，钝，花瓣3（4），卵形，长4—5毫米，外被鳞片，内面无毛；雄蕊管球形，长约4毫米，两面无毛，花药6；子房圆锥状，无毛，柱头小，干时黑色。果淡红色，球形，径达2.5厘米，密被鳞片；果皮肉质，顶端迟迟开裂，基部有宿萼；种子2—3枚。花期5—6月和9—10月，果逐渐成熟。

产景东、南部至东南部，生于海拔300—1400米的沟谷、石灰岩山雨林或常绿阔叶林中，也见于坝区疏林、路旁、村边；广西、广东也有；也分布于越南。

木材纹理直，结构细密，质重，为舟船用材。

7.望谟崖摩　图345

Amoora ouangliensis（Lèvl.）C. Y. Wu（1977）

Ficus ouangliensis Lèvl.（1907）；　Amoora wangii H. L. Li.（1944）

小乔木，高达13米。小枝被苍白色鳞片。叶长约50厘米，叶柄和总轴无毛；小叶6—8，互生或近对生，纸质至革质，椭圆形至长椭圆状披针形，长10—18厘米，宽5—7厘米，先端渐尖，基部稍偏斜，一侧楔尖，他侧下延而浑圆，上面仅中脉上有鳞片，下面普遍被鳞片，侧脉12—15对；小叶柄长5—8毫米，被鳞片。果序长6—10厘米，有鳞片；果椭圆形，长约2.5厘米，顶端急尖，基部渐狭成短柄状，被鳞片，多皱纹，宿萼展开，萼齿4，圆形，稍反卷，被鳞片；果皮木质，干时坚硬，不裂，果柄长1.3厘米；1—3室，种子1—3，包以完全而肉质的假种皮。果期5—10月。

产景洪、西畴，生于海拔960—1530米的森林中；广西、贵州也有。

本种枝叶和四瓣崖摩 *A. tetrapetala* 几无区别，果实则明显不同，前者果椭圆状，果皮木质，无开裂迹象，后者的果球形，果皮肉质，开裂。

图345 崖摩（四瓣、望谟）

1—4.四瓣崖摩 *Amoora tetrapetala*（Pierre）C. Y. Wu：

1.果枝　　2.小叶背面　　3.叶背鳞片放大　　4.果

5—6.望谟崖摩 *A. ouangliensis*（Lèvl.）C. Y. Wu：　　5.果枝　　6.果横切

9. 米仔兰属 Aglaia Lour.

乔木或灌木，具乳汁，多分枝，幼部及叶背常被鳞片或星状毛。叶互生，奇数羽状复叶；小叶对生或互生，一至多对，稀为单叶，全缘。圆锥花序腋生，稀为茎生或生老枝上，常二型；两性花或雌花组成少花、分枝少的圆锥花序，雄花或两性花组成多花，多分枝的大圆锥花序。花小，两性或杂性异株，常芳香，黄色，淡褐色或粉红色，萼具4—5齿或为4—5个覆瓦状排列的萼片，花瓣5（稀4），分离，覆瓦状排列或旋转，稀与雄蕊管合生；雄蕊管短，坛状，球形或钟状，边缘浅裂，具齿或全缘，花药5，稀6—10，与花瓣互生，着生于雄蕊管内面的边缘、中部或基部，内藏或部分外露，常内向，下倾，药隔常锐尖；花盘不明显；子房极小，长形或近球形，1—3室，稀5室，每室有胚珠2枚，花柱短或缺，柱头圆锥形、圆柱形或扁球形，常具沟槽或裂片。浆果，外果皮革质、多汁或肉质，不开裂或有时晚期室背开裂，有种子1—3，稀5。种子有时无假种皮，有时有贴生于种皮下、味甜或酸涩可食的完全假种皮，有时为能脱离或不完全的假种皮；合点基生或常为背生。

本属250—300种，分布于亚洲热带、大洋洲至波利尼西亚。我国约7种，产西南部、南部和台湾。云南有4种。

分 种 检 索 表

1.米仔兰　图346

Aglaia odorata Lour.（1790）

灌木或小乔木，高达8米。小枝幼部被锈色星状鳞片，后渐脱落；分枝多。叶长5—12厘米，总轴有极狭的翅；小叶3—5枚，对生，纸质，绿色，倒卵形至长椭圆形，长2—6厘米，宽1.5—2.5厘米，顶生小叶较大，先端急尖或钝，基部狭楔形，无毛，侧脉7—8对，纤弱。圆锥花序腋生，长5—10厘米，稍疏散，无毛，有披针形小苞片；花黄色，极香，径约2毫米，无毛；花梗纤细，长2—2.5毫米；萼5裂，裂片圆形，花瓣5，长圆形或近圆形，长1—1.5毫米；雄蕊管坛状，短于花瓣且与花瓣分离，花药5，卵形；无花盘；子房卵形，密被黄色粗毛，花柱极短，柱头长卵形，无毛，有散生的星状鳞片。花期6—11月。

云南热带或亚热带地域常栽培于室外或室内。原产东南亚，现广东、广西、福建、台湾、四川也有栽培，分布于东南亚。有1变种特产海南岛。

花为熏茶的香料，亦可提取芳香油。木材纹理细致，为雕刻及家具用材。枝、叶入药，治跌打、痈疮。

2.碧绿米仔兰　图346

Aglaia perviridis Hiern（1875）

乔木，高可达15米。小枝暗灰色，有苍黄色小皮孔。叶长约30厘米；小叶9—11（13），互生，绿色，革质，长椭圆形或卵状长椭圆形，长（5）8—18厘米，宽（2）3—4.5厘米，先端渐尖，基部狭楔形至浑圆，稍不等侧，两面均无毛，侧脉10—16对，纤细；小叶柄长约5毫米。圆锥花序腋生，长20—24厘米，有暗灰色鳞片，下部的分枝长8—9厘米；花白色，极小，径约2毫米，无毛，具短梗，萼5深裂，裂片圆形，有微小的缘毛，花瓣5，圆形、卵形，长约1.5毫米；雄蕊管近球形，无毛，花约5，卵形；子房1室，有胚珠2。浆果肾状长圆形，黄褐色，长达3.5厘米，径2厘米，下垂，内有肾形种子1枚，假种皮肉质，污黄色。花期3—5月，果期9—12月。

产临沧、景洪、文山等地，生于海拔500—1600米的沟谷雨林、季雨林及常绿阔叶林中；印度东北部、印度也有。

种子繁殖，育苗造林。

边材红褐色，心材深红褐色，心边材区别明显，有光泽；散孔材；木材纹理略斜，结构细，均匀，重而硬，干缩及强度中，易干燥，不翘裂，花纹美丽；可作上等家具、车辆、胶合板、雕刻等用材。

3.马肾果　马腰子果（麻栗坡）图347

Aglaia testicularis C. Y. Wu（1977）

乔木，高达9米，胸径约30厘米；树皮红褐色。小枝淡棕色，无毛，皮孔不明显。叶长25—30厘米，无毛；小叶3—5，互生至近对生，纸质，卵圆形至椭圆形，长10—22厘米，宽3—11厘米，先端急尖至短渐尖，基部圆形至楔形，叶脉下面有星散的棕色鳞片，侧脉10—12对，斜上举，在下面隆起；小叶柄长0.3—1.1厘米，稍膨大。圆锥花序腋生，长5—15厘米，具棕色鳞片，分枝稀疏，下部的分枝长约3—6厘米。花小，黄色，球形，径约2毫米，近无梗，萼5裂，裂片圆形，被星散棕色鳞片，边缘有小睫毛，花瓣5，宽卵圆形，无毛；雄蕊管球形，与花瓣离生，全缘或浅波状，无毛，花药5，黄色，卵形，着生于雄蕊管内面的近边缘，内藏或稍突出；花柱极短，柱头圆锥状，无毛。果椭圆形，棕色，长5.5厘米，径3—3.5厘米，密被鳞片；果柄长1—1.5厘米，有浅黄色皮孔，宿萼不明显；种子1枚，椭圆状，长4厘米，假种皮红色长达3厘米。花期11—1月；果翌年成熟。

产麻栗坡县黄金印一带，生于海拔1200—1800米的石灰岩山常绿阔叶林内，为重要的下层乔木。

4.缩序米仔兰　图347

Aglaia abbreviata C. Y. Wu（1977）

灌木至小乔木，高达8米；树皮白绿色。小枝幼部密被褐色鳞片，无皮孔。叶长10—20厘米，叶轴和小叶柄疏被褐色鳞片，余无毛和鳞片；小叶（1）3—5（7），对生或近对

图346 米籽兰和碧绿米籽兰

1—3.米籽兰 *Aglaia odorata* Lour.：

1.花枝　2.花　3.雄蕊管

4—8.碧绿米仔兰 *Aglaia perviridis* Hiern：

4.花枝　5.花　6.雄蕊管展开（示雄蕊）　7.果　8.种子

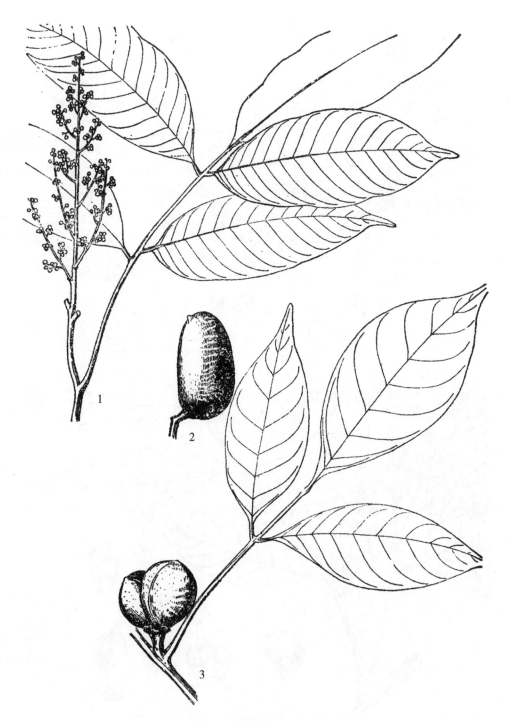

图347 马肾果和缩序米仔兰

1—2.马肾果 *Aglaia testicularis* C. Y. Wu：

1.花枝 2.果

3.缩序米仔兰 *A. abbreviata* C. Y. Wu 果枝

生，绿色，纸质，椭圆形，长（3）6—9（16）厘米，宽3.5—5.5厘米，先端尾状渐尖，基部楔形，稍偏斜，侧脉6—8对，弯拱，纤弱，小叶柄长2—13毫米。果序腋生，极短缩，长1—3厘米，被棕色鳞片，有锥形小苞片，常具1果，有时2—3果；果椭圆形或倒卵形，幼时具3棱，成熟时黄褐色，长4厘米，径3厘米，萼宿存，萼齿5，三角形，被棕色鳞片。种子1，稀2—3。果7—12月成熟。

产勐腊、屏边、西畴、麻栗坡、马关、富宁，生于海拔600—1500米的沟谷雨林或常绿阔叶林下，也见于林缘或次生林中；广西也有。

10. 溪桫属 Chisocheton Bl.

乔木，具乳汁。叶互生，常为大型羽状复叶，叶轴顶端有时具芽；小叶对生或近对生，全缘，常有透明的腺点。圆锥花序腋上生，开展，多分枝或为狭长、下垂的总状花序，有时生于茎上或老枝；雄花序比雌花序或两性花序分枝多，纤细，多花。花白色，淡黄色稀带红色，芳香，中等大或较小，常狭长，萼杯状或短管状，全缘或稍具齿，基部以下有关节，花瓣4—6（稀3，7—9），分离，稀基部与雄蕊管合生，芽时镊合状，线形，倒披针形或狭长圆形，钝或尖；雄蕊管一般短于花瓣，筒状，狭裂或近全缘，花药4—10（稀12—15），着生于雄蕊管内面而与管裂片互生，常为线形，内藏或突出于二裂片之间，常在背面被毛；花盘环状、浅杯状或垫状，或不存在；子房小（在雄花中退化），2—5室，每室有胚珠1枚；花柱线形，柱头头状或棒状，果蒴果状，球形，长倒卵形或纺锤形，基部渐狭成果柄，顶端常具喙，小至拳头大，果皮革质或坚硬，2—5室，室背开裂，不规则开裂或不裂，红色、砖红色、褐色至黄色。种子肥厚，盾状，部分地围以贴生于种皮上的肉质假种皮或否，种胶圆形或椭圆形，背部常有塞孔状开口；子叶厚，直立或歪斜，叠生或并生，胚根内藏。

本属约100种，分布于亚洲热带，从孟加拉国经中国南部、中南半岛、马来半岛至伊里安岛。我国有2—3种；云南产2种。

分 种 检 索 表

1.小叶无毛或在下面沿脉略被柔毛；圆锥花序长约30厘米；萼截平；雄蕊管上部7—8裂，或再裂而为16个线形裂片 ·················· **1.华溪桫 Chisocheton chinensis**
1.小叶上面沿中脉或有时和侧脉被柔毛，下面沿中脉和侧脉密被长柔毛，余被疏柔毛，药序长50—70厘米；萼具4齿；雄蕊管上部6裂 ··················**2.滇南溪桫 C. siamensis**

1.华溪桫 图348

Chisocheton chinensis Merr.（1922）

乔木，高达10米。叶长31—90厘米，叶轴圆柱形，干时黑色，初疏被柔毛和短毛，最后无毛；小叶10—11对，纸质，长圆形至长圆披针形，稍偏斜，干后淡榄绿色，发亮，无毛或在背面沿脉略被柔毛，长（7）12—28厘米，宽（4）7—8厘米，基部不等侧的楔形，侧脉约12对，斜举，明显；小叶柄短，长2—5毫米。圆锥花序长约30厘米，被紧贴的柔毛和短柔毛；苞片短小，鳞片状；分枝展开，下面的长3—4厘米，上部的渐短。花白色，花梗长3—4毫米，在萼下具关节；花蕾长1.5厘米、圆柱形、较纤细，萼无毛或被极疏柔毛、截平、宽杯状，径2.5—3毫米，花瓣4，除先端被柔毛外无毛，宽2—2.5毫米，先端钝圆，基部略狭，下半部与雄蕊管合生；雄蕊管筒状，长12毫米，外面上部被长柔毛，内面被疏长柔毛，先端分裂为7—8长圆形的钝裂片，裂片再半裂或分裂，有时成为16枚线状长圆形的裂片，花药长1.8毫米，药隔疏被长柔毛；花盘截平，无毛，高0.5毫米；子房密被紧贴的长柔毛，花柱长11毫米。果序长22—60厘米；蒴果黄绿色变紫红色，倒卵状球形，径5—7厘米。果期10—4月。

产金平、河口，生于海拔200—800米的密林中；广西东兴市也有；分布于越南北方。

2.滇南溪桫　图348

Chisocheton siamensis Craib.（1926）

乔木，高达15米。小枝粗壮，具槽纹或稍扁，幼时密被伏柔毛，后无毛，褐色。叶长60—80厘米，其中叶柄长8—18厘米，叶柄基部增大，叶轴腹面密被黄柔毛，背面被微柔毛；小叶（9）10—12（13）对，对生，长圆形，先端渐尖，基部不等，一侧浑圆，他侧近楔形，长（8）24厘米，宽5.5—8厘米，纸质，上面沿中脉或有时和侧脉被伏柔毛，下面沿中脉和侧脉密被长伏柔毛，余被疏柔毛，侧脉约15对，至边缘网结；小叶柄长5毫米，密被褐色柔毛。圆锥花序幼时密被伏柔毛，后渐无毛；雄花序长24厘米，下部分枝长6—7厘米；两性花序长50—70厘米，下部的分枝长约20厘米，花梗长约2毫米。花淡黄色，萼具4浅齿，长1.5毫米，花瓣4（6），长14—15毫米，外面先端被微柔毛；雄蕊管长10毫米，外面上部被硬毛，内面中部以下被疏柔毛，先端6裂，裂片顶端全缘或微波状，两面无毛，花药6，背面疏被长柔毛；花盘高0.5毫米，无毛；子房高1毫米，被硬毛，花柱长14—15毫米，被长伏柔毛，柱头头状。果序长达80厘米，果淡黄色或红色，梨状圆形，径5—6厘米。花期8月，果期9—5月。

产西双版纳，生于海拔540—1200米的沟谷或山坡密林中；泰国也有。

种仁含油29.83%。

11. 葱臭木属　Dysoxylum Bl.

乔木或灌木；树皮有时有葱臭味。叶互生，稀对生，奇数或偶数羽状复叶，小叶全缘，稀具齿或缺刻（特别是幼嫩时），常有透明腺点或细小的疣状突起。圆锥花序生于当年生叶腋或前年脱落叶的叶腋，稀生于老枝或茎上，分枝粗壮或仅具短的或极短的侧枝而呈总状或穗状花序式。花小，绿色、白色带黄色或带红色，不少是芳香的，有时具蒜臭味，4—5数；萼杯状或碟状，具齿或深裂，稀全缘，花瓣离生，或基部至基部以上与雄蕊管合生，芽时镊合状或覆瓦状排列；雄蕊管边缘具8—10齿或全缘，花药8—10，着生于雄蕊管内侧，内藏或稍外露；花盘短或较长，杯状、管状或坛状，围绕子房；子房分离，2—5室，每室有叠生稀并生的胚珠2，稀仅1胚珠，花柱长，冠以圆盘状的柱头。蒴果室背开裂为2—5果瓣，每室有种子1—2；种子具假种皮或否。子叶叠生或并生（侧位），有时不等

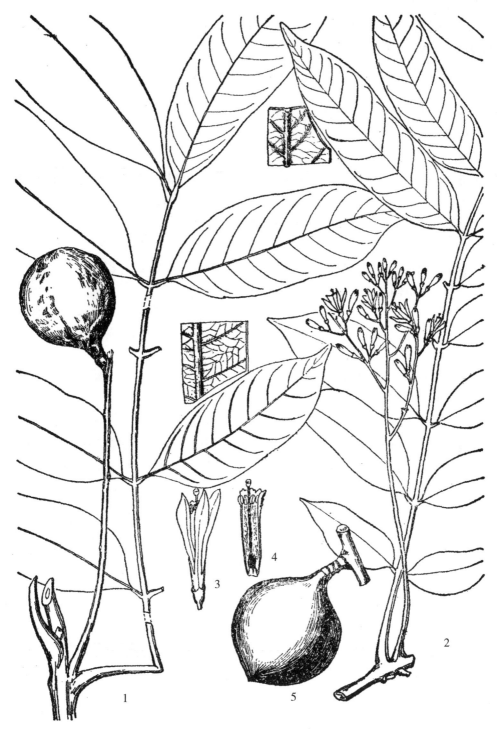

图348　华溪桫和滇南溪桫

1.华溪桫 *Chisocheton chinensis* Merr.果枝

2—5.滇南溪桫 *C. siamensis* Craib：

2.花枝　　3.花　　4.雄蕊管纵剖（示子房和花柱）　　5.果

大，胚根藏于子叶内。

本属约200种，分布于印度、东南亚至波利尼西亚。我国有14种，分布于云南、广西、广东和台湾；云南有10种，产滇南和滇西南。

分 种 检 索 表

1.花序在当年生枝条上腋生或腋上生；枝和叶轴无明显的皮孔；小叶互生，稀近对生。
　2.小叶两面无毛。
　　3.花瓣外面被微柔毛或粉状柔毛。
　　　4.花序具长的分枝，为塔形的圆锥花序，最下部的分枝长5—35厘米，花白色。
　　　　5.花序最下部的分枝长20—35厘米，无毛或疏被柔毛；花4数，长0.6—1.6厘米，花瓣外被微柔毛；小叶大，长（9）25—35厘米 ……………………………………………… 1.葱臭木 Dysoxylum gobara
　　　　5.花序最下端的分枝长5—10厘米，被紧贴的黄褐色柔毛；花5数，长5—6毫米，花瓣外毛被同花序；小叶小，长7—18厘米 …………………………………2.香港葱臭木 D. hongkongense
　　　4.花序分枝短或极短，最下部的分枝长不及2厘米，成总状或穗状花序式；花常为黄色。
　　　　6.花序腋生；萼具4齿或几截平。
　　　　　7.叶大，小叶4—7对；花序具短的分枝。
　　　　　　8.果扁球形，长3.5厘米，宽4厘米；花序总状花序式，下部分枝长1.5—2厘米 ……………………………… 3.总序葱臭木 D. laxiracemosum
　　　　　　8.果长倒卵形，长4.5—5厘米，宽3厘米；狭圆锥花序总状花序式，下部的分枝长不及1厘米 ……………………… 4.红果葱臭木 D. binectariferum
　　　　　7.叶较小，叶柄和总轴长15—30厘米；小叶仅5—6枚；花序总状，不分枝，长1—3厘米 ……………………………………………… 5.少花葱臭木 D. oliganthum
　　　　6.花序腋上生，疏散、少花，下部的分枝长约2厘米；萼杯状，全缘，雄蕊管极短 ……………………………………………… 6.杯萼葱臭木 D.cupuliforme
　　3.花瓣外面无毛；花序腋上生，穗状花序式，长4—11厘米，小叶3—4对 ……………………………………………………… 7.穗序葱臭木 D. spicatum
　2.小叶下面或仅下面脉上被毛。
　　9.小叶9—15，较大，长10—30厘米，下面密被淡黄色长毛，侧脉25—30对 …………………………………………………… 8.多脉葱臭木 D. lukii
　　9.小叶21枚以上，较小，长5—13厘米，下面特别是脉上被黄色疏长毛，侧脉12—15对 …………………………………………… 9.大蒜果树 D. hainanense
1.花序生二年生枝或老枝上，圆锥花序3—5丛生；小叶对生；枝和叶轴明显具皮孔 …………………………………………………… 10.皮孔葱臭木 D. lenticellatum

1.葱臭木　图349

Dysoxylum gobara（Buch.-Ham.）Merr.（1942）

Guarea gobara Buch.-Ham.（1832）

乔木，高达13米。小枝褐色或红褐色，无毛。叶长40—60厘米；小叶3—6对，互生，纸质至薄革质，椭圆形至长椭圆形，长（9）25—35厘米，宽（5）8—15厘米，先端急尖，基部楔形或圆形，无毛，侧脉8—15（20）对；小叶柄长约1厘米，常粗壮。圆锥花序大，约与叶等长，最下部的分枝长20—35厘米，无毛或被疏柔毛。花白色，有时为方筒状，长7—8毫米，具短梗，有锥状小苞片；萼初时4齿裂，后深裂，和花梗被细柔毛，花瓣4，长6—16毫米，宽2—3毫米，外被微柔毛；雄蕊管长9毫米，口部稍增厚，截平，无毛，花药8，长圆形，长1.5毫米；花盘筒状，长约6毫米，外面无毛，内被倒生长粗毛，边缘有圆齿8，具睫毛；子房及花柱下部密被长粗毛，柱头伸出雄蕊管约1.5毫米。蒴果绿色带红，球形至近倒卵形，长3.5厘米，径达4厘米，顶端下凹，4室，室间有凹槽，开裂。种子有假种皮，花期9—11月，果期4—6月。

产景洪、普文、屏边、河口、麻栗坡，生于海拔130—1000米的沟谷雨林或常绿阔叶林中，也生于次生疏林或竹林中；广西也有。分布于印度北部、缅甸、泰国、越南、爪哇岛。

2.香港葱臭木　图349

Dysoxylum hongkongense（Tutch.）Merr.（1934）

Chisocheton hongkongensis Tutch.（1912）

乔木，高达25米。小枝幼时被黄色微柔毛或近无毛。叶长20—30厘米或更长，无毛；小叶5—8对，近革质，近对生或互生，长椭圆形，长7—18厘米，宽3—6.5厘米，先端钝或短渐尖，基部楔形或圆形，偏斜，侧脉8—15对；小叶柄长6—10毫米。圆锥花序在小枝顶部腋生，直立，长12—25厘米，下部的分枝长5—10厘米，被紧贴的黄褐色微柔毛；花白色，具粗壮的短梗，萼浅杯状，5齿裂，外被微柔毛，花瓣5，长5—6毫米，外被紧贴的黄褐色微柔毛；雄蕊管长约4毫米，外面被毛，有微齿，花药8，内藏；花盘管状，有钝齿，顶部有亮黄色睫毛；子房3室，密被黄色丝状毛，花柱长约2毫米，无毛。果黄绿色，倒卵形，径约4厘米。种子长椭圆形，栗褐色，长达2.5厘米，有假种皮。花期4—5月和11—12月。

产西双版纳和金平，生于海拔850—1530米的密林或灌丛中；广东和香港也有。

木材坚硬，可作建筑、农具用材。种子油可用作工业润滑油。

3.总序葱臭木　图350

Dysoxylum laxiracemosum C. Y. Wu et H. Li（1977）

乔木，高10—12米，胸径35厘米。小枝褐色，多皱纹，无毛。叶长17—44厘米，无毛，小叶4—6对，互生，坚纸质，椭圆形或长圆形，长（9）18—22厘米，宽5—8.5厘米，先端渐尖，基部浑圆或宽楔形，侧脉13—14对，斜举，上面平坦，下面隆起；小叶柄长1—1.5厘米。狭圆锥花序总状花序式，腋生，长达30厘米，无毛，分枝稀疏、短、总状，下部的长1.5—2厘米，有花6—7朵，上部的较短、花更少，每花有锥形小苞片1枚；花梗长2—3

图349 葱臭木和香港葱臭木

1—4.葱臭木 *Dysoxylum gobara*（Buch.-Ham.）Merr.：

1.花枝 2.花 3.花剖开 4.雌蕊

5—8.香港葱臭木 *D. hongkongense*（Tutch.）Merr.：

5.果枝 6.花 7.花剖开 8.雌蕊

毫米，粗厚，被短柔毛，具节；萼浅杯状，被毛，裂齿5，宽三角形。花未见。幼果疏被黄色丝状长伏毛。成熟果序长34厘米。果红黄色，扁球形，长3.5厘米，径4厘米，无毛；种子2—4枚，具红色假种皮。果5月成熟。

产景洪、勐腊，生于海拔650—900米左右的沟谷雨林中。

4.红果葱臭木　红罗、山罗（海南）图350

Dysoxylum binectariferum（Roxb.）Hook. f. ex Bedd.（1865）.

Guarea binectariferum Roxb.（1814）

乔木，高15—20米；树皮灰褐色。小枝幼时被微柔毛，后渐无毛。叶长30—40厘米；小叶9—11，互生，坚纸质，有葱臭味，长椭圆形至倒卵状披针形，长8—23（30）厘米，宽4—7（15）厘米，先端骤狭渐尖至急尖，基部楔形，稍偏斜，无毛，侧脉约14对；小叶柄长3—15毫米。狭圆锥花序腋生，常较叶短，穗状花序式，长（4）13—25厘米，宽2—3厘米，下部分枝长不及1厘米，近无毛。花黄色，梗长约2毫米，与萼外面及花瓣两面被粉状微毛，萼杯状，具浅齿4，裂齿短三角形，花瓣4，近肉质，长8—9毫米，宽3毫米；雄蕊管长5毫米，径2毫米，两面被粉状微毛，有8—10小尖齿，花药长卵形，1/3伸出管外；花盘坛状，长2毫米，有8—10小齿，近无毛；子房密被灰白色粉状微毛，有5—6条浅槽，花柱上部无毛。蒴果红色或黄红色，倒卵状梨形或近球形，无毛，长4.5—5（6.5）厘米，径约3厘米，果柄长1.5—2.5厘米，4室，开裂，有种子4颗，无假种皮（？）。花期3—4月及10月—翌年1月，果期5—8月。

产龙陵、景东、普文、景洪、金平，生于海拔550—1700米的沟谷雨林、山坡季雨林或常绿阔叶林中；广东、海南也有；分布于印度、斯里兰卡、安达曼群岛、柬埔寨、越南。

木材赤色，坚硬细密，为制作舟车的好材料。

5.少花葱臭木　黄果树、箐麻木（屏边）图351

Dysoxylum oliganthum C. Y. Wu（1977）

乔木，高7米左右。小枝淡褐色，有纵棱，密被细柔毛。叶互生，叶柄和总轴长15—30厘米，被细柔毛，有棱；小叶5—6枚，互生，膜质，卵圆形或椭圆形，下部的长10—13厘米，宽4—5厘米，上部的较大，先端渐尖，基部圆形至宽楔形，无毛，下面有细小的乳头状突起，侧脉8—12对；小叶柄长2—8毫米，被微柔毛。花序腋生，总状花序式，长1—3厘米，被黄色粉状柔毛，少花；花黄绿色，花梗长2—3毫米，小苞片小，均被粉状柔毛；萼外面，花瓣两面，雄蕊管外面被粉状柔毛，萼杯状，几截平，花瓣4，长5—6毫米；雄蕊管长约4毫米，具8齿，花药8，长圆形，与管齿互生；花盘环状，高约1毫米，无毛；子房和花柱被粗长毛，柱头头状。果常单生，黄绿色，近圆形，具粗壮短柄，基部有宿萼。花期3—7月。

产屏边新麓乡石头寨的草果箐，生于海拔1200—1400米的湿润密林中。

种子繁殖，育苗植树造林。

湿材具浓厚的葱臭味，边、心材区别略明显，边材灰白色微带红色，心材红褐色，有光泽。散孔材。木射线细。木薄壁组织发达。木材纹理直，结构较细，材质中，边材不耐

图350 葱臭木（总序、红果）

1—2.总序葱臭木 *Dysoxylum laxiracemosum* C. Y. Wu et H. Li： 1.果枝 2.果

3—4.红果葱臭木 *D .binectariferum*（Roxb.）Hook. f. ex Bedd： 3.花枝 4.果

腐，易受虫蛀，弯曲性差，干燥时易干裂。可作一般建筑、家具、室内装修等用材。

6.杯萼葱臭木　图351

Dysoxylum cupuliforme H. L. Li（1944）

乔木，高约8米。叶长约35厘米，无毛；小叶约4对，近互生、纸质，长椭圆形或长椭圆状披针形，长10—15厘米，宽4—6厘米，先端短尖，基部圆形而稍偏斜，侧脉9—12对；小叶柄长约5毫米。圆锥花序腋上生，疏散，少花，下部的分枝长约2厘米。花淡黄色，4数，多少聚生于第一次分枝上；花梗长3—5毫米，密被柔毛，后变无毛；萼杯状，厚革质，密被小柔毛，后变无毛，截头状，花瓣4，极厚，长椭圆形，长约8毫米，宽约4毫米，外面密被小柔毛，内面被粉状柔毛；雄蕊管长7毫米，径约2.5毫米，外被粉状小柔毛，内面几无毛，花约8；花盘长约2毫米，具钝齿，无毛；子房和花柱被长柔毛，连花柱长约7毫米，柱头盘状，先端浅4裂，稍有纤毛。花期7月。

产勐海，生于海拔1340米的沟谷雨林中。

7.穗序葱臭木

Dysoxylum spicatum H. L. Li（1944）
产普洱。模式标本由 Henry 于1748年采自普洱南山海拔1500米的林内。

8.多脉葱臭木　图352

Dysoxylum lukii Merr.（1923）

乔木，高8—15米；树皮灰色，被柔毛。顶生小枝密被淡黄色柔毛。叶互生、疏离，长约60厘米，叶柄和总轴密被柔毛；小叶9—15枚，常互生，纸质，长圆形或长圆披针形，长10—13厘米，宽3—10厘米，先端急尖，基部常偏斜，一侧浑圆，另一侧楔形，上面中脉密被柔毛，余近无毛或被疏散柔毛，下面密被淡黄色长毛，侧脉25—30对，广展。圆锥花序腋生，长约20厘米，远短于叶，密被黄色柔毛；花黄色，芳香，具梗，梗长约1毫米，被黄柔毛；萼近盘状，直径约2.5毫米，呈钝五角形，花瓣4，长6—7毫米，宽1—1.5毫米，两面被粉状柔毛；雄蕊管长约5毫米，具尖齿，外面疏被微柔毛，内面无毛，雄蕊8；花盘环状，高约1毫米，无毛；子房密被淡黄色长柔毛，花柱上部无毛，柱头盘状。蒴果橙黄色至橙红色，倒卵状球形，长1.5—3.5厘米；种子倒卵形，红黑色，长1.3—2.5厘米，无假种皮，花期9—11月，果期翌年4月。

产普文、景洪、勐海，生于海拔850—1630米的山坡密林或山谷疏林中；广西、广东也有。木材为家具、门窗、板料用材。种子油作工业用油。

9.大蒜果树　图353

Dysoxylum hainanense Merr.（1828）

乔木，高达25米；树皮黄棕色，鳞状脱落，有浓厚葱臭味。小枝疏被柔毛，叶长30—45厘米，叶柄和总轴被平展长柔毛；小叶21—23枚，互生，纸质，长圆形至长圆状披针形，最下一对小，长5厘米，宽3.5厘米，上部的长9—13厘米，宽4—4.5厘米，均先端骤狭

图351 葱臭木（少花、杯萼）

1—6.少花葱臭木 *Dysoxylum oliganthum* C. Y. Wu:

1.花枝　2.小叶一部分放大（示鳞片）　3.花　4.花剖开　5.雄蕊管纵剖（示花盘和雌蕊）　6.果枝

7—10.杯萼葱臭木 *D. cupuliforme* H. L. Li:

7.花　　8.花剖开　9.雄蕊管纵剖（示花盘和花柱）　　10.雌蕊

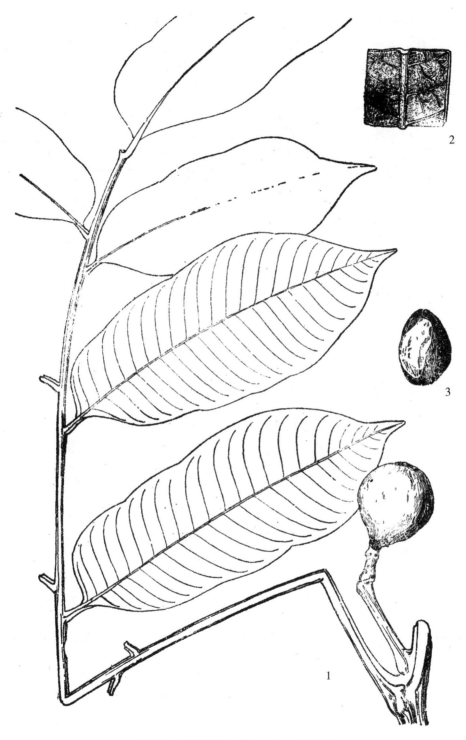

图352　多脉葱臭木 *Dysoxylum lukii* Merr.
1.果枝　　2.小叶背面（示毛被）　　3.种子

渐尖，基部极偏斜，一侧浑圆，另侧短尖，上面中脉及侧脉多少被柔毛，余无毛，下面疏被黄色长毛，中脉和侧脉上尤密，侧脉12—15对；小叶柄长约5毫米，密被淡黄色柔毛。圆锥花序腋生，狭尖塔形、疏散，少花，长18—28厘米，被平展柔毛，分枝疏离，下部的长4—8厘米；花黄色，长约9毫米，4数，于分枝上排成总状花序式；花梗长1—2毫米，被柔毛；萼碟形，宽约2毫米，裂片钝圆，被微柔毛，花瓣线状匙形，钝头，长约8.5毫米，无毛；雄蕊管长7毫米，有钝齿，两面被白色纤毛，花药8枚；花盘筒状，长约3毫米，略有睫毛，有钝齿；子房密被长柔毛，花柱长7—8毫米。果淡黄色，球形，径约2厘米，种子2—3，长1.2厘米，假种皮红色，花期1—2月，果期3—4月。

产西双版纳、金屏，生于海拔1300—1630米的山坡密林或疏林中。广西、广东、海南也有。

9a.光叶大蒜果树

var. glaberrimum How et Chen（1955）

产屏边，生于海拔1000米处；广东、海南也有。

种子繁殖。

木材呈浅黄白微带红色，心边材无区别、散孔材、管孔略少，散生。木材纹理直，结构略粗，材质中等，不耐腐。可作一般家具、室内装修等用材。

10.皮孔葱臭木　图353

Dysoxylum lenticellatum C. Y. Wu（1977）

落叶乔木，高达30米。小枝干时灰褐色，被微柔毛；有小皮孔，叶痕明显。叶互生，长25—30厘米，叶柄和叶轴被微柔毛，有皮孔；小叶9—11枚，对生，膜质至纸质，卵圆形、椭圆形至倒披针形，最下一对小叶最小，长6—7厘米，宽2.8—4.2厘米，向上渐大，长15—20（25）厘米，宽4—7厘米，先端短渐尖，基部圆形至楔形，稍偏斜，无毛；小叶柄长5—8毫米。圆锥花序生于老枝和二年生枝上，3—5束生，稀单生，金字塔形，长5—7厘米，被棕色微柔毛，无柄，下部的分枝长4—5厘米，有锥形小苞片。花白色，径约1厘米，花梗长约5毫米，被灰色微柔毛，萼碟形，径约3毫米，5深裂，外密被细柔毛，花瓣5—6，长6—7毫米，宽1.5—2毫米，外被微柔毛；雄蕊管坛状，深4—5毫米，无毛，边缘波状，花药10或12，卵形，着生于管口内侧，与管齿互生并与之平齐；花盘环状，肉质，短，高约1毫米，大部分与子房合生；子房和花柱被微柔毛，柱头盘状，与雄蕊管平齐，被微柔毛。花期3—4月。

产景东、西双版纳、富宁等地，生于海拔900—1400米的沟谷雨林或石灰岩山溪旁杂木林中。

图353 大蒜果树和皮孔葱臭木

1—3.大蒜果树 *Dysoxylum hainanense* Merr.:

1.果枝　　2.小叶背面示毛被　　3.果

4—7.皮孔葱臭木 *D. lenticellatum* C. Y. Wu:

4.花枝　　5.花　　6.花去花被　　7.雄蕊管剖开（示花盘及雌蕊）

200.槭树科 ACERACEAE

乔木或灌木，落叶，稀常绿。冬芽具鳞片，稀裸露。单叶，稀羽状或掌状复叶，不裂或掌状分裂，对生，具柄，无托叶。花序伞房状，穗状或聚伞状；花两性，杂性或单性，雄花与两性花同株或异株，5—4（6）数，稀无花瓣；花盘肉质或无，环状或分裂；雄蕊4—12，通常8；子房上位，2室，每室有胚珠2，花柱2裂，仅基部联合，柱头常反卷；翅果或翅状小坚果。

本科2属，约200种。主产亚、欧、美三洲的北温带地区，我国两属均产，主产长江流域，全国各地均有分布。

分 属 检 索 表

1.果实的周围具圆形的翅，羽状复叶，有小叶7—15，冬芽裸露 ……………………………
……………………………………………………………………… 1.金钱槭属 Dipteronia
1.果实仅一侧具长翅，单叶，稀复叶，如系复叶仅3—7小叶，冬芽具鳞片 ………………
…………………………………………………………………………………… 2.槭属 Acer

1.金钱槭属 Dipteronia Oliv.

落叶乔木。冬芽小，裸露。奇数羽状复叶，对生，小叶有锯齿。雄花与两性花同株，排成顶生的大圆锥花序；萼片5，长于花瓣，花瓣5，基部很窄，花盘盘状；雄花有雄蕊8和一个退化的子房；两性花有一子房，2室，每室有2胚珠；小坚果全为圆形的翅所围绕，形状很像古代的铜钱。

本属仅有2种，为我国特产。云南产一种。

云南金钱槭（中国树木分类学） 辣子树、飞天子（文山）图354

Dipteronia dyeriana Henry（1903）

乔木，高5—12米。树皮灰色，平滑。小枝圆柱形，灰色或灰绿色。奇数羽状复叶，长30—40厘米；小叶纸质，9—15枚，着生于长10—20厘米的叶轴上，顶生小叶片基部楔形，具长2—3厘米的小叶柄，侧生小叶片基部斜形，近于无小叶柄；小叶片披针形或长圆状披针形，长9—14厘米，宽2—4厘米，先端锐尖或尾状锐尖，边缘具很稀疏的粗锯齿，上面深绿色，下面淡绿色，中脉在两面显著，被短柔毛，侧脉13—14对，在下面显著，被短柔毛。花未详。果序圆锥状，顶生，长约30厘米，密被黄绿色的短柔毛，每果梗上着生两枚扁形的果实，圆形的翅环绕于其周围，径4.5—6厘米，幼时绿色，成熟时黄褐色；果梗长2厘米，密被短柔毛。果期9月。

图354 云南金钱槭 *Dipteronia dyeriana* Henry
1.果枝　　2.叶背部分放大（示毛被）

产蒙自、文山，生于1800—2500米的疏林中。为我国特有的珍稀树种。已列为国家重点保护植物。现野生种源已十分罕见。

种子繁殖。采收的种子晒干去杂，搓去果翅后，贮藏在通风干燥处。常在春季播种育苗，两年生苗可出圃造林。

种子富含脂肪，可榨油供食用及供工业用。

2. 槭属 Acer L.

乔木或灌木，落叶或常绿。冬芽具2或4或多数鳞片。叶对生，单叶或复叶，不裂或分裂。伞房花序、圆锥花序或总状花序，花小，整齐，雄花与两性花同株或异株，稀单性，雌雄异株；萼片与花瓣均5—4（6），稀缺花瓣；花盘环状，稀不发育；雄蕊4—12，通常8；子房2室，花柱2裂稀不裂，柱头通常反卷。果实系2枚相连的小坚果，侧面有长翅，张开成各种大小不同的角度。

本属约200种，分布于亚洲、欧洲和北美洲。我国有160种以上，云南约50余种。

分 种 检 索 表

1.花常5数，稀4数，部分发育良好，有花瓣和花盘，两性或杂性，稀单性，同株或异株，常生于小枝顶端，稀生于小枝旁边，叶为单叶。

　2.花两性或杂性，雄花与两性花同株或异株，生于有叶的小枝顶端。

　　3.冬芽通常无柄，鳞片较多，通常覆瓦状排列，花序伞房状或圆锥状，

　　　4.叶纸质，通常3—5裂，稀7—11裂，冬季脱落。

　　　　5.翅果扁平；叶的裂片全缘或波状。

　　　　　6.叶下面无毛。

　　　　　　7.小枝灰色或灰褐色；叶长6—8厘米，宽9—11厘米，常5裂，基部近心形或截形；小坚果压扁，连翅长2—2.5厘米，张开成锐角或钝角 ……………………………………………………1.色木槭 A. mono

　　　　　　7.小枝紫绿色；叶较大，长14—17厘米，宽15—20厘米，基部心形；翅连同小坚果长4.5—5厘米，张开近水平或钝角 ……………………………………………………2.青皮槭 A. cappadocicum

　　　　　6.叶下面被宿存的毛；叶长7—10厘米，宽5—11厘米；翅连同小坚果长3—3.5厘米，张开近水平 …………………… 3.黄毛槭 A. fulvescens

　　　　5.翅果凸起；叶的裂片边缘锯齿状或细锯齿状。

　　　　　8.叶7—9裂，叶片长6—8厘米，宽7—12厘米，裂片长圆形或近卵形；翅连同小坚果长3.5—4厘米，张开成水平 …………… 4.权叶槭 A. robustum

　　　　　8.叶3—7裂；花序伞房状、圆锥状或总状。

　　　　　　9.翅连同小坚果长4—6厘米；冬芽较大，长8—10毫米，通常有10个以上鳞片 …………………………………………… 5.深灰槭 A. caesium

9.翅连同小坚果长2—2.5厘米；冬芽较小，长2—4毫米，鳞片较少。

　10.花常成总状圆锥花序，翅果较大，翅连同小坚果长2.5—2.8厘米，张开近直立或成锐角，叶近圆形，径8—12厘米，基部心形，常5—7裂，裂片先端尾状 ……………… ……………………………………………………………………………… 6.长尾槭 A. caudatum

　10.花常成圆锥花序或伞房花序，翅果较小，张开近水平或钝角。

　　11.叶通常纸质，常自中段以下3—7裂，裂片卵形至披针形，叶柄较长而纤细。

　　　12.叶5—7裂。

　　　　13.叶常7裂。

　　　　　14.翅张开近水平，小坚果近球形。

　　　　　　15.翅果较大，长2.5—3.5厘米；叶的边缘有锯齿。

　　　　　　　16.圆锥花序较大，径2—3厘米，萼片内侧无毛，小坚果的脉纹不显。

　　　　　　　　17.叶边缘有不整齐的锯齿，下面脉腋有丛毛；子房无毛 ………… ……………………………………………………… 7.扇叶槭 A. flabellatum

　　　　　　　　17.叶边缘具紧贴的钝锯齿，下面具宿存的短柔毛，脉腋有白色丛毛；子房具黄色柔毛 ……………………… 8.七裂槭 A. heptalobum

　　　　　　　16.圆锥花序较小，径1—1.8厘米，花多而紧密，萼片内侧具长柔毛；小坚果脉纹显著；叶有时5裂 ……………………… 9.毛花槭 A. erianthum

　　　　　　15.翅果较小，长2.3—2.8厘米；叶的边缘具细锯齿，下面除脉腋有丛毛外其余部分无毛，萼片内侧无毛 ……………10.盐源槭 A. schneiderianum

　　　　　14.翅张开成钝角，小坚果卵圆形或长卵状圆形；叶较大，宽11—13厘米，长9—11厘米，7（5）裂，翅连同小坚果长2.5—3厘米………………………… ……………………………………………………………… 11.密果槭 A. kuomeii

　　　　13.叶常5裂

　　　　　18.翅张开成锐角或直角；叶基部心形，长10—14厘米，宽12—15厘米，裂片深达叶片长度的1/3—1/2，长圆状卵形或三角状卵形，边缘具锯齿，下面被白粉 ………………………………………………………… 12.中华槭 A. sinense

　　　　　18.翅张开成钝角或近水平。

　　　　　　19.叶革质，长8—12厘米，宽9—13厘米，有时3裂，边缘有紧贴的锯齿 …… ………………………………………………………… 13.多果槭 A. prolificum

　　　　　　19.叶纸质，较小，长4—8厘米，宽5—9厘米，裂片边缘具细锯齿 ………… ………………………………………………………… 14.五裂槭 A. oliverianum

　　　12.叶3裂，薄纸质或膜质，长8—10厘米，宽9—12厘米，全缘或仅近先端具细锯齿，花序圆锥状，翅连同小坚果长2.5—3厘米…………………………………………… ……………………………………………………………… 15.三峡槭 A. wilsonii

　　11.叶近革质，自中段以上3裂。

　　　20.枝、叶柄、小坚果和果梗无毛；叶下面除脉腋有丛毛外，无毛；翅连同小坚果长1.8—22厘米，张开近水平 …………………………………………………………………… ……………………………………………………… 16.枫叶槭 A. liquidambarifolium

20.嫩枝、叶柄，小坚果和果梗具灰黄色绒毛；翅连同小坚果长3.5—3.8厘米，张开成钝角 ·· 17.河口槭 A. fenzelianum

4.叶革质或纸质，多常绿，长圆状披针形或卵形，不裂，或极稀浅3裂。

21.叶常3浅裂，裂片全缘，下面被白粉，幼时沿脉被短柔毛；小坚果凸起，连翅长2.5—3厘米，张开成锐角或近直角 ······················ 18.三角槭 A. buergerianum

21.叶不分裂。

22.叶基出1对侧脉较长于中脉生出的侧脉，常达叶片中部以上，叶片长5—7厘米，宽3—4厘米；翅张开近直角 ·························· 19.飞蛾槭 A. oblongum

22.叶基出1对侧脉和中脉生出的侧脉近于等长，彼此平行而成羽状。

23.叶下面具白粉，常呈灰色。

24.翅无毛；叶厚纸质，长圆形，较大，长8—14厘米，宽3.5—6厘米；翅连同小坚果长2.8—3.2厘米，张开近直角 ············ 20.厚叶槭 A. crassum

24.翅被柔毛。

25.叶纸质，长圆形，较小，长6—8厘米，宽2—4厘米；翅连同小坚果长2.4—3厘米，张开成锐角 ···················· 21.海拉槭 A. hilaense

25.叶厚纸质，长8—15厘米，宽4—6厘米；翅连同小坚果长2—2.3厘米，张开成钝角或锐角 ·························· 22.景东槭 A. jindongense

23.叶背面无白粉，常为淡绿色或绿色。

26.花序圆锥状；叶纸质，长圆形，长7—9厘米，宽2.5—4厘米，侧脉8—12对；翅连同小坚果长2.5—2.8厘米，被短柔毛，张开近水平 ··· 23.独龙江槭 A. kiukiangense

26.花序伞房状。

27.叶柄具长柔毛，叶纸质，长6—9厘米，宽2—2.5厘米，网脉明显；翅连同小坚果长3.2—3.4厘米，张开成钝角 ··· 24.毛柄槭 A. pubipetiolatum

27.叶柄无毛，叶革质。

28.叶柄长1—1.5厘米，翅果较大。

29.叶长7—11厘米，宽2—3厘米，侧脉4—5对，网脉不明显；小坚果近球形，连同翅长3—3.4厘米，张开成钝角 ··· 25.罗浮槭 A. fabri

29.叶长10—15厘米，宽4—5厘米，侧脉7—8对，网脉明显；小坚果椭圆形或长椭圆形，连同翅长3—3.7厘米，张开成钝角至锐角 ·············· 26.光叶槭 A. laevigatum

28.叶柄长3—5厘米；顶端膨大；翅连同小坚果长2—2.5厘米，张开成钝角或直立 ····························· 27.路边槭 A. foveolatum

3.冬芽有柄，鳞片通常2对，镊合状排列，花序总状。

30.叶的长度显著大于宽度，通常长度较宽度大1/3至1倍，常不分裂，或稀3—5浅裂。

31.叶通常不分裂。

32.果梗较长，常1—1.5（2）厘米。

    33.叶较大，长6—14厘米，宽4—9厘米。

        34.叶纸质或近革质，卵形，长10—14厘米，宽6—9厘米，边缘有锐尖的重锯齿，背面脉腋有丛毛，侧脉8—10对（基部的1对由叶基生出）；果序长7—9厘米，翅连同小坚果长2—2.5厘米，张开近水平或钝角 ······················· 28.锐齿槭 A. hookeri

        34.叶纸质，卵形或长圆状卵形，长6—14厘米，宽4—9厘米，边缘具不整齐的细圆齿，下面幼时沿脉有短柔毛，侧脉11—12对；果序长7—12厘米；翅连同小坚果长2.5—2.8厘米，张开成钝角或近水平 ······················· 29.青榨槭 A. davidii

    33.叶较小，长圆状披针形，长5—8厘米，宽2—2.6厘米，背面脉腋有簇毛，网脉明显，翅张开近直立 ······························· 30.美脉槭 A. caloneurum

32.果梗较短，仅长2—3毫米；叶近革质，卵形或长圆状卵形，长9—12厘米，宽5—9厘米，全缘或近先端有紧贴的细锯齿；翅连同小坚果长2.3—2.5厘米，张开成直角或钝角 ·· 31.锡金槭 A. sikkimense

31.叶3—5浅裂，侧裂片较小，锐尖，叶柄长2.5—5厘米，无毛；翅连同小坚果长2.3—2.5厘米，张开成钝角 ····························· 32.丽江槭 A. forrestii

30.叶的长度略大于宽度，通常长度较宽度长1/10至3/10，常显著的3—5裂。

    35.叶较小，近卵形，径7—9厘米，深3裂，裂片长圆状卵形，先端尾状锐尖，叶柄长3—5厘米；翅连同小坚果长2.2—2.5厘米，张开成钝角 ·····················

    ······································· 33.滇藏槭 A. wardii

    35.叶较大，长6—15厘米，宽4—12厘米，3—5裂。

        36.叶柄无毛，叶近圆形，长7—10厘米，宽6—8厘米，3裂（稀基部发育而为5裂），边缘有锐尖的细锯齿，叶柄长6—7厘米；翅连同小坚果长2.2—2.5厘米，张开近水平 ································· 34.篦齿槭 A. pectinatum

        36.叶柄具短柔毛；翅连同小坚果张开成钝角。

            37.叶近圆形或卵状长圆形，长6—15厘米，宽4—9厘米，3—5裂，边缘具细重锯齿，叶柄长2—6厘米，密被红褐色短柔毛；果序长8—10厘米，直立；翅连同小坚果长2.2—2.5厘米 ······················· 35.独龙槭 A. taronense

            37.叶椭圆形或长椭圆形，长8—15厘米，宽4—8厘米，中部以上三裂，边缘具不整齐的细锯齿，叶柄长3—5厘米，具紫褐色短柔毛；果序长8—11厘米，下垂；翅连同小坚果长1.5—1.8厘米 ······················· 36.怒江槭 A. chienii

2.花单性，稀杂性，常生于无叶的小枝旁。

    38.叶常绿而全缘，长圆形或椭圆形；小坚果扁平，张开成锐角。

        39.叶纸质，长圆状椭圆形，长10—14厘米，宽3—6厘米，侧脉10—11对；翅无毛，连同小坚果长2.8—3厘米 ·················· 37.楠叶槭 A. machilifolium

        39.叶革质，侧脉5—6对；翅连同小坚果较大，长6—7.5厘米

            40.叶长圆形或长圆状卵形，长9—12厘米，宽4—6厘米，叶柄长3厘米；翅果具淡黄色短柔毛，长7—7.5厘米 ·················· 38.长翅槭 A. longicarpum

            40.叶卵状椭圆形，长8—15厘米，宽4—7厘米，叶柄长5—7厘米；翅果无毛，长6—7

厘米 ··· **39.十蕊槭 A. decandrum**

38.叶冬季脱落，常分裂，裂片边缘具锯齿；小坚果常凸起，近球形，张开近直立或锐角。

41.花4数，单性，雄花序由无叶的小枝旁生出，雌花序由着叶的小枝顶生出，叶卵形，长9—11厘米，宽4.5—6厘米，常不分裂，叶背具宿存的淡黄色绒毛；翅连同小坚果长3—4.5厘米·················· **40.毛叶槭 A. stachyophyllum**

41.花5数，单性，雄花与雌花均由无叶的小枝旁生出，冬芽较大，鳞片多数，覆瓦状排列

42.翅果较大，长8—8.5厘米，张开近直立，叶革质，长15—18厘米，宽12—15厘米，近圆形，3裂，边缘浅波状 ················· **41.勐海槭 A. huianum**

42.翅果较小，长在7厘米以内。

43.叶常5裂，裂片钝尖；翅连同小坚果长5—6厘米，被长柔毛 ················· ··· **42.苹婆槭 A. sterculiaceum**

43.叶3裂，裂片锐尖，果序长7—9厘米；翅连同小坚果长4—4.5厘米，具淡黄色疏柔毛 ································· **43.贡山槭 A. kungshanense**

1.花4数，单性，雌雄异株，雌花和雄花均成下垂的长穗状花序，由无叶的小枝旁生出，近无花梗，花瓣短小或不发育，花盘微发育；叶为3小叶组成的羽状复叶 ·················· ··· **44.建始槭 A. henryi**

1.色木槭　图355

Acer mono Maxim.（1857）

落叶乔木，高达10米，稀达18米；树皮粗糙，常纵裂，灰色或灰褐色。小枝纤细，无毛，当年生枝绿色或紫绿色，多年生枝灰色或淡灰色，具圆形皮孔。冬芽近球形，鳞片卵形，外侧无毛，边缘具纤毛。叶纸质，基部截形或近心形，叶片近椭圆形，长6—8厘米，宽9—11厘米，常5裂，有时3裂或7裂，裂片卵形，先端钝或尾状锐尖，全缘，裂片间的凹缺常锐尖，深达叶片的中段，上面深绿色，无毛，下面淡绿色，除脉上或脉腋被黄色短柔毛外，其余部分无毛，主脉5条，在上面明显，在下面微凸起，侧脉在两面均不显著；叶柄长4—6厘米，纤细，无毛。花多数组成顶生圆锥状伞房花序，序轴长约4厘米，无毛，花梗纤细，长约1厘米，无毛；花杂性，雄花与两性花同株，萼片5，长圆形，黄绿色，长2—3毫米，先端钝，花瓣5，淡白色，长约3毫米；雄蕊8，比花瓣短，位于花盘内侧的边缘，无毛；子房无毛或近无毛，在雄花中不育，花柱很短，无毛。翅果幼时紫绿色，成熟时淡黄色，小坚果扁平，长1—1.3厘米，宽5—8毫米，翅长圆形，宽5—10毫米，连同小坚果长约2—2.5厘米，张开成锐角或钝角。花期5月，果期9月。

产丽江，生于海拔1000—2000（3000）米的缓坡或沟谷疏林中；东北、华北和长江流域各省均有；俄罗斯西伯利亚东部、蒙古、朝鲜和日本也有分布。

种子繁殖。播前宜用温水泡一天，或用湿沙层积催芽后播下，翌年春移植一次。

木材有光泽，纹理直，结构细，略重，质软，收缩中，强度中，干燥慢，易翘曲和开裂，可作家具、枕木、单板及胶合板、车厢、工具柄、飞机机身、木梭、纱管、砧板、木梳、运动器械、乐器等用材。树皮含纤维，可作人造棉及造纸原料。树皮、叶、果都含鞣质，可提制栲胶。种子可榨油。

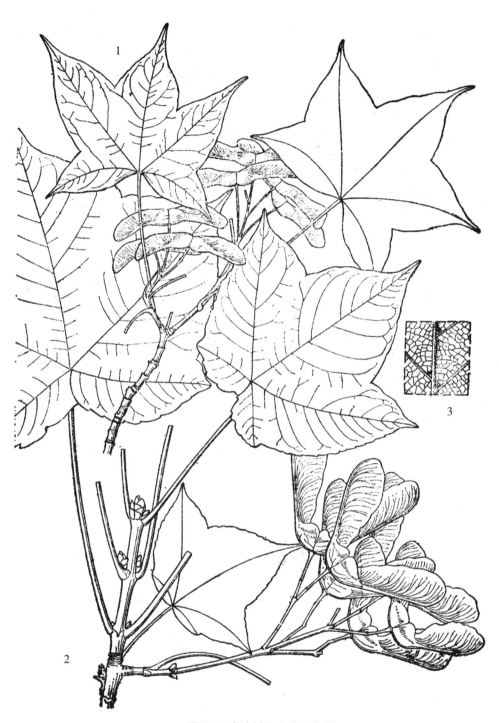

图355 色木槭和太白深灰槭

1.色木槭 *Acer mono* Maxim. 果枝

2—3.太白深灰槭 *Acer caesium* Wall. ex Brandis subsp. *giraldii*（Pax）E.Murr.：

2.果枝　　3.叶背的一部分放大

2.青皮槭（中国树木分类学）

Acer cappadocicum Gled.（1785）

落叶乔木，高达20米，冬芽卵圆形，鳞片覆叠。小枝平滑紫绿色，无毛。叶纸质，宽14—20厘米，长12—18厘米，基部心形，稀近平截，常5—7裂，裂片三角状卵形，先端锐尖或狭长锐尖，全缘，上面深绿色，无毛，背面淡绿色，除脉腋被丛毛外其余部分无毛；主脉5条，在上面显著，在背面凸起，侧脉仅在背面微显著；叶柄长10—20厘米。花序伞房状，无毛。花杂性，雄花与两性花同株。小坚果压扁，翅宽1.5—1.8厘米，连同小坚果长4.5—5厘米，张开近于水平或成锐角，常略反卷。果期8月。

产西藏南部；云南不产。

2a.短翅青皮槭（变种）

var. brevialatum Fang（1979）

产丽江、兰坪，生于海拔2000—2500米的山谷林边。西藏南部亦有。

2b.小叶青皮槭（变种）（中国树木分类学）图356

var. sinicum Rehd.（1911）

本变种与正种不同处：叶较小，长5—8厘米，宽6—10厘米，基部近心形或截形、常5裂，裂片短而宽，先端锐尖至尾状锐尖，叶柄细瘦；翅连同小坚果长2.5—3厘米，稀达3.5厘米，张开成锐角，稀近于钝角。

产德钦、香格里拉、丽江、维西、鹤庆、兰坪、宁蒗、宾川、嵩明、禄劝，生于海拔2000—3000米的沟谷阔叶林中或水沟边；湖北西部、四川、贵州亦有分布。

2c.三尾青皮槭

var. tricaudatum（Rehd. ex Veitch）Rehd.（1914）

产宁蒗、丽江、维西、德钦，生于海拔2200—3300米的疏林中或林缘；陕西、甘肃、湖北西部、四川亦有。

3.黄毛槭

Acer fulvescens Rehd.（1911）

产四川；云南不产。

3a.五裂黄毛槭（亚种）图357

subsp pentalobum（Fang et Soong）Fang et Soong（1979）

落叶乔木，高达20米；树皮灰色，稀黄灰色，皮孔较少。小枝圆柱形，淡紫绿色，多年生枝具很稀少的皮孔；冬芽卵圆形，褐色，鳞片无毛。叶纸质，基部近心形或截形，长7—10厘米，宽5—11厘米，常5裂，裂片三角形，先端长锐尖，上面无毛，绿色，背面淡黄色，密被短柔毛，主脉5条，在上面下凹，在下面显著，侧脉及网脉在下面显著；叶柄长

图356 小叶青皮槭 *Acer cappadocicum* Gled. var. *sinicum* Rehd.

1.花枝   2.果枝   3.叶背放大示毛被   4.花放大

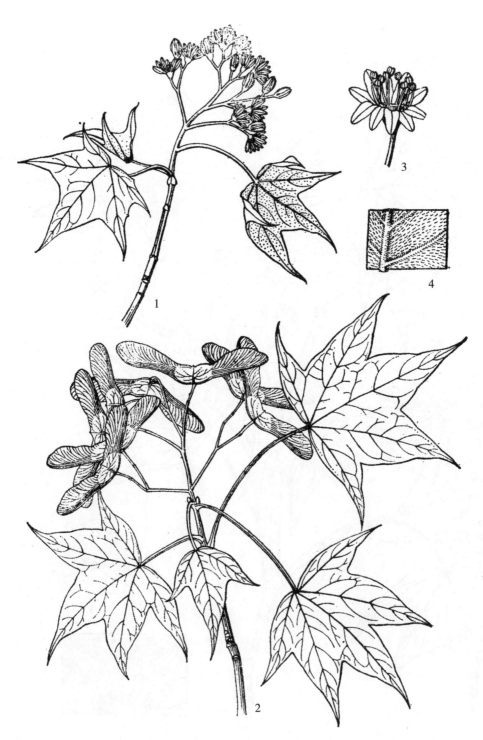

图357 五裂黄毛槭 *Acer fulvescens* Rehd. subsp. *pentalobum*
（Fang et Soong）Fang et Soong
1.花枝　　2.果枝　　3.雄花放大　　4.叶背放大示毛被

3—9厘米。伞房花序，长8—10厘米，无毛；花杂性，雄花与两性花同株，萼片5，绿色，长圆形，长3毫米，花瓣5，倒卵形，长3毫米；雄蕊8，在雄花中的与花瓣等长，生于花盘内侧，生于两性花中的较短；子房紫色，花柱短，上段2裂，柱头反卷。翅果幼时紫色，成熟后变黄色或紫褐色，小坚果压扁，翅宽1.2厘米，连同小坚果长2.5—2.7厘米，张开成钝角或近锐角。花期4月，果期9月。

产丽江，生于海拔（2000）2500—3200米的沟谷疏林中。四川西南部、西藏东南部亦有分布。

种子繁殖。采收的翅果，宜在种子水分含量为8%—11%时贮藏于通风处。春季播种，注意覆盖，翌年雨季出圃造林。

木材纹理直，结构细，强度中，宜作家具、车厢、枕木、飞机机身、乐器、建筑等用材；树皮可提栲胶；种子可以榨油。

4.杈叶槭　图358

Acer robustum Pax（1902）

落叶乔木，高达10米。小枝纤细，无毛，当年生枝紫褐色，多年生枝绿色或绿褐色。叶纸质或膜质，基部平截或近心形，长6—8厘米，宽7—12厘米，常7—9裂，裂片长圆形或近卵形，长4—5厘米，先端尾状渐尖，具不规则的锯齿，裂片间的凹缺锐尖，深达叶片中部；嫩时叶片的两面微被长柔毛，在下面的脉上尤密；叶渐长大后上面无毛，在下面仅脉腋被束毛；叶柄纤细，长4—5厘米，无毛或顶端被长柔毛。花杂性，雄花与两性花同株，4—8朵组成顶生的伞房花序，花序轴长3—4厘米；萼片5，紫色，卵形或长圆形，长4—5毫米，无毛或被疏柔毛，有缘毛；花瓣5，淡绿色，长圆形或长圆状倒卵形，长3.5毫米；雄蕊8，长约4毫米，花丝无毛，在两性花中较短；花盘无毛，位于雄蕊的外侧；子房无毛或被微柔毛，在雄花中不发育，花柱长3毫米；花梗长1—1.5厘米，纤细，无毛。小坚果淡黄绿色，椭圆形，长5—7毫米，连翅长约4厘米，张开几成水平。花期5月，果期9月。

产丽江，生于海拔2000—2800米的沟谷疏林中或林缘；河南、陕西、甘肃、湖北、四川、贵州等省广为分布。

种子繁殖。育苗后，山地造林宜选土层深厚，湿润的沙壤土。云南宜在雨季到来时6月上旬栽植，成活率较高。

材质优良，为家具、室内装修、纺织工业上的纱管，木梭等用材。种子可榨油，油可食用。

5.深灰槭粉白槭（中国树木分类学）

Acer caesium Wall. et Brandis（1874）
产西藏西部；云南不产。

5a.太白深灰槭　图355

subsp. giraldii（Pax）E. Murr.（1969）
落叶乔木，高达20米；树皮灰色。小枝圆柱形，有时被白粉，无毛。冬芽卵圆形，鳞

图358 杈叶槭和毛花槭

1.杈叶槭 *Acer robustum* Pax 果枝

2—4.毛花槭 *Acer erianthum* Schwer.：

2.果枝　　3.雄花　　4.两性花

片被缘毛。叶纸质，基部心形，长12—14厘米，宽15—22厘米，常5裂，裂片三角形，边缘具粗齿，尖头长1—1.5厘米，裂片间的凹缺钝，上面绿色，无毛。伞房花序着生于小枝顶端，长约6厘米；花淡黄色，杂性，雄花与两性花同株，萼片5，长约5毫米，花瓣5，白色，长约5毫米；雄蕊8，长3—5毫米，在两性花中较短；花盘微凹陷，无毛，位于雄蕊外侧；子房被疏柔毛，花柱上段2裂，柱头反卷。翅果成熟时淡黄色，连同小坚果长4—5厘米，张开近垂直，小坚果凸起，深褐色，径约8毫米，幼时外面被疏柔毛。花期5月，果期9月。

产丽江、香格里拉、宁蒗、德钦、贡山、泸水等地，生于海拔2000—3700米的疏林中。陕西南部、甘肃东南部、湖北西部、四川和西藏东南部亦有。

种子繁殖。采收的翅果，晒3—4日，搓翅去杂，风选后贮藏于通风室内备用，也可带翅贮藏。育苗多在春季进行，翌年三月上旬移植一次，两年生苗，可出圃造林。

木材材质坚韧而较重，强度较高，是制作家具，室内装修的优良用材。种子可榨油，油可食用或工业用。

6.长尾槭（中国树木分类学）

Acer caudatum Wall.（1839）

产西藏南部；云南不产。

6a.川滇长尾槭（变种）　康藏长尾槭（中国树木分类学）图359

var. prattii Rehd.（1905）

落叶乔木，高达20米。小枝粗壮，密被短柔毛。叶薄纸质，基部心形，长8—12厘米，宽8—12（15）厘米，常5裂，稀7裂，裂片卵形，先端尾状渐尖，边缘密被锯齿，上面深绿色，除叶脉的基部被毛外，余无毛，下面密被短柔毛，主脉在上面略下陷，在下面凸起，侧脉10—11对，网脉在下面显著；叶柄长5—9厘米，密被短柔毛。花杂性，雄花与两性花同株，组成顶生总状圆锥花序，序长8—10厘米，密被黄色长柔毛；萼片5，长约3毫米，外侧微被短柔毛，花瓣5，淡黄色，线状倒披针形，长约7毫米；雄蕊8，比花瓣略长，着生于花盘内侧；花盘无毛；子房密被黄色绒毛，在雄花中不发育；花梗纤细，长5—8毫米，被短柔毛。翅果淡黄褐色，翅连同小坚果长2.5—2.8厘米，宽7—9毫米，张开成锐角或近直立。花期5月，果期9月。

产丽江、鹤庆、维西、香格里拉、德钦、贡山，生于海拔（1700）3000—4000米的沟谷、路边杂木林中。四川、西藏东南部亦有。分布于缅甸东北部。

种子繁殖。两年生苗出圃造林最宜。注意幼林抚育，加强管理。

材质优良，可作建筑、造船、车辆、家具等用材。茎皮和叶含鞣质；种子油供工业用。

7.扇叶槭　七裂槭（中国树木分类学）

Acer flabellatum Rehd.ex Veitch（1904）

落叶乔木，高约10米；树皮平滑，褐色或深褐色。小枝纤细，无毛，当年生枝绿色或淡绿色，多年生枝绿褐色或红褐色。叶薄纸质或膜质，近圆形，基部心形，径8—12厘米，常7裂，有时基部裂片再分为2，裂片卵状长圆形，稀卵形或三角状卵形，先端锐尖，稀尾

图359　川滇长尾槭和怒江槭

1—2.川滇长尾槭 *Acer caudatum* Wall. var. *pratti*i Rehd.：

1.果枝　　2.叶背部分放大示毛被

3—4.怒江槭 *Acer chienii* Hu et Cheng：

3.果枝　　4.叶背放大示毛被

状，边缘具不整齐的紧贴钝锯齿，裂片间的凹缺成很狭的锐尖，上面深绿色，无毛，下面淡绿色，除脉上有柔毛及脉腋有丛毛外，其余部分无毛或近无毛，主脉及侧脉在两面均凸起；叶柄纤细，长约7厘米，幼时被长柔毛，老时变无毛。花杂性，雄花与两性花同株，常成圆锥花序，长3—5厘米，萼片5，卵状披针形，长约3毫米，花瓣5，倒卵形，与萼片等长；雄蕊8，长约5毫米，无毛；花盘微裂，无毛，着生于雄蕊外侧；子房无毛；花梗长约1厘米，纤细、无毛。翅果淡黄褐色，常组成下垂的圆锥果序；小坚果凸起，近卵圆形，连翅长3—3.5厘米，张开近水平。花期6月，果期10月。

产镇雄、彝良、新平、屏边、文山，生于海拔1500—2300米的疏林中。湖北西部、四川、贵州、广西北部、江西亦有。

7a.云南扇叶槭（变种） 云南槭树（中国树木分类学）图360

var. yunnanense（Rehd.）Fang（1939）

本变种与正种不同之处：叶的裂片卵状长圆形；子房被很稀少的柔毛。花期4—5月，果期9月。

产腾冲、贡山、德钦、蒙自、巧家，生于海拔（1600）2000—3500米的杂木林或湿润的密林中；缅甸东北部亦有分布。模式标本采自蒙自。

种子繁殖。育苗造林。

树姿优美，红叶迎秋，为庭园观赏或城市绿化树种。

8. 七裂槭 图361

Acer heptalobum Diels（1931）

落叶乔木，高达20米。小枝紫绿色，无毛，皮孔淡黄色。叶膜质或纸质，近圆形，长9—14厘米，宽13—17厘米，基部常心形或近心形，7裂，裂片长圆状卵形或宽卵形，先端渐尖，边缘具锯齿，裂片间的凹缺尖，深达叶片长度的1/3，上面深绿色，无毛，下面淡绿色，微被短柔毛，脉腋被白色束毛；叶柄长5—8厘米，纤细，无毛或近顶部微被短柔毛。花杂性，雄花与两性花同株，常组成直立的伞房状圆锥花序，萼片5，裂片卵状披针形，长约3毫米，边缘被缘毛，花瓣5，白色；雄蕊8，在雄花中较花瓣略长，花盘位于雄蕊的外侧；子房被黄色短柔毛，花柱长约2毫米，2裂；花梗纤细，无毛。果序长约7厘米，被淡黄色短柔毛。翅果幼时紫色，成熟时黄褐色，小坚果凸起，近球形，径约5毫米，幼时被淡黄色短柔毛，成熟后无毛；翅镰刀形，中段最宽，连同小坚果长3.2—3.5厘米，张开近水平。花期6月，果期9月。

产维西，生于海拔2500—3200米的针阔叶混交林中；西藏东南部亦有。模式标本采自维西鸡爪山。

种子繁殖。果翅由绿色变为黄褐色，即为成熟标志。采收的翅果，曝晒3—4日，搓翅去杂，风选后贮藏于通风室内备用，亦可带翅贮存。翌年春天播种育苗，两年后出圃造林。

木材坚实，纹理直，结构细，木纹美丽，为乐器、室内装修等用材。又可作园林观赏树种。

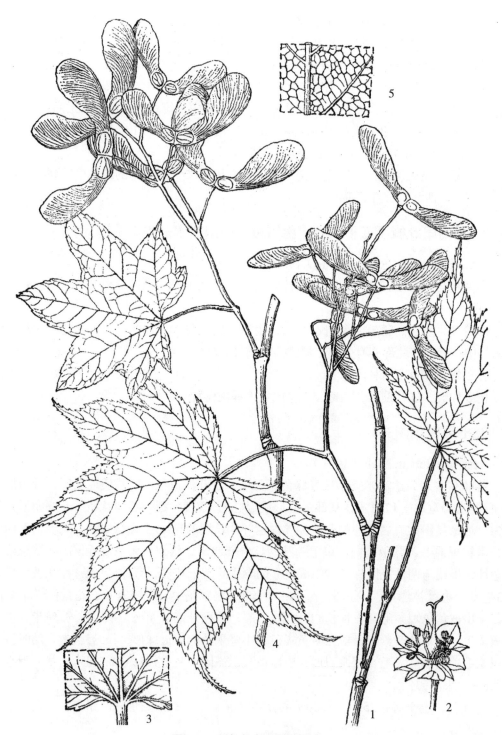

图360 云南扇叶槭和密果槭

1—3.云南扇叶槭 *Acer flabellatum* Rehd. ex Veitch var. *yunnanense*（Rehd.）Fang：

1.果枝　　2.花（放大）　　3.叶背基部（放大）

4—5.密果槭 *Acer kuomeii* Fang et Fang f.：

4.果枝　　5.叶背（放大）

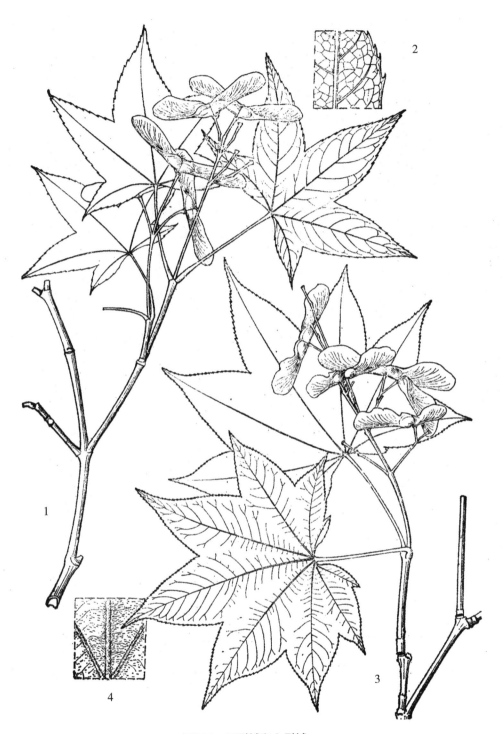

图361 五裂槭和七裂槭

1—2.五裂槭 *Acer oliverianum* Pax： 1.果枝 2.叶背一部分放大示毛被

3—4.七裂槭 *Acer heptalobum* Diels：

3.果枝 4.叶背之一部分示毛被

9.毛花槭　阔翅槭（中国树木分类学）图358

Acer erianthum Schwer.（1901）

落叶乔木，高达15米。树皮淡灰色或灰褐色。小枝纤细，无毛，当年生枝绿色或紫绿色，多年生枝灰色或灰褐色，具皮孔。叶纸质，长9—10厘米，宽8—12厘米，基部截形或钝圆，常5裂，稀7裂，裂片卵形或三角状卵形，先端锐尖，边缘具尖锐而紧贴的锯齿，叶缘下部全缘，裂片间的凹缺钝，上面绿色，无毛，下面亮绿色，幼时被短柔毛，老时除脉腋被束毛外其余部分无毛；叶柄长5—9厘米，无毛。花单性同株，多数组成直立的圆锥花序，序长6—9厘米，被柔毛或无毛；萼片5或4，黄绿色，卵形，长1.5—2毫米，先端钝圆，外面无毛，内面被长柔毛，花瓣5或4，白色微带黄色，倒卵形，比萼片稍短；雄蕊8，在雄花中长3—4毫米，在雌花中较短，花丝无毛；花盘无毛，着生于雄蕊外侧；子房密被淡黄色长柔毛，在雄花中不发育，仅有淡黄色长毛一束，花柱近无毛，长约2毫米；花梗纤细，长3—4毫米。翅果幼时紫绿色，成熟时黄褐色，小坚果特凸起，球形，径约5毫米，脉纹显著，幼时密被长柔毛，连翅长2.5—3厘米，宽约1厘米，张开近水平或微向外反卷。花期5月，果期9月。

产彝良，生于海拔1800—2300米的针阔叶混交林中；陕西南部、湖北西部、四川东部和广西北部亦有。

种子繁殖。翅果采收后，晒3—4天，搓去果翅，风选后贮藏于通风室内。翌年春季育苗播种前浸种催芽，将种子盛入30—35℃的温水中，浸泡一昼夜，捞出种子盖上湿麻袋，放在18—25℃室内进行催芽，待种子裂嘴时取出播种。苗圃地要选在水源方便，有利于排灌的地方。两年后，出圃造林。

木材为家具、体育用具、室内装修、嵌木地板、车辆装修等用材。亦为园林观赏树种。

10.盐源槭　图362

Acer schneiderianum Pax et Hoffm.（1922）

落叶乔木，高4—6（10）米；树皮平滑，灰色或灰褐色。小枝纤细，无毛，当年生嫩枝紫色或紫绿色，多年生老枝黄绿色或褐色。叶纸质，近圆形，径6—7厘米，基部近心形或截形，5—7裂，裂片长圆形或三角状卵形，先端锐尖，边缘具细锯齿；裂片间的凹缺锐尖，深达叶片的中部，上面无毛，下面无毛或在脉腋有短柔毛；叶柄长4—5.5厘米。花杂性，雄花与两性花同株，多数组成无毛的伞房状圆锥花序，长3—4厘米；萼片5，长圆形，边缘具纤毛，花瓣5，卵状长圆形，短于萼片；雄蕊8，无毛；花盘位于雄蕊外侧，疏被白色疏柔毛；子房密被白色长柔毛，花柱无毛。翅果成熟后淡黄色，小坚果特别凸起，近球形，脉纹显著，翅长圆形或长圆状倒卵形，连同小坚果长2.3—2.5厘米，张开近水平。花期5月，果期9月。

产凤庆海拉山，生于海拔2400米的山坡林缘。分布于四川西南部。

10a.柔毛盐源槭（变种）

var. pubescens Fang et Wu（1979）

产丽江，生于海拔3300米的林边。

其特征是叶的背面有很密的淡黄色短柔毛，翅果较小，翅基部狭窄。

种子繁殖。种子采收、晒干后，放在通风的室内贮藏。翌年春季播种育苗，播前把种子浸在0.15%—0.2%的福尔马林溶液中20分钟左右。取出种子要盖严，经过2小时以上才有消毒效果。播前用清水洗去残液。两年生苗可出圃造林。

木材为纺织工业上的纱锭、木梭和室内装修等用材。

11.密果槭　图360

Acer kuomeii Fang et Fang f.（1966）

落叶乔木，高达20米；树皮深褐色或灰褐色。小枝圆柱形，紫褐色，具椭圆形皮孔。叶近革质，圆形，长9—11厘米，宽11—13厘米，基部心形，或平截，7（5）裂，中央裂片与侧裂片圆卵形或卵形，先端突然锐尖，基部的裂片小，三角形，裂片间的凹缺锐尖，边缘被疏圆齿，上面淡紫绿色或绿色，有光泽，下面淡绿色，主脉在上面显著，在下面凸起，侧脉在两面微见；叶柄粗壮，长3—5厘米，基部膨大，上面具沟槽。花未详。圆锥果序长4—6厘米。翅果幼时紫色，成熟时黄褐色；小坚果卵圆形，翅宽约8毫米，连同小坚果长2.5—3厘米，张开成大钝角；果梗长约5毫米。果期9月。

产西畴、麻栗坡、屏边等，生于海拔1200—2100米的潮湿地的密林或疏林中。模式标本采自西畴。

种子繁殖。育苗造林。

木材结构细，纹理直，加工性能好，强度、硬度适中，为建筑、车辆、造船、家具等用材。

12.中华槭　华槭树（经济植物手册）、丫角树（中国树木分类学）、鸭脚树（屏边）图362

Acer sinense Pax（1889）

落叶乔木，高达10米，稀达20米；树皮平滑，淡黄褐色或深黄褐色。小枝细瘦，无毛，当年生枝淡绿色或淡紫绿色，多年生枝绿褐色或深褐色，平滑。冬芽小，鳞片6，边缘有长柔毛。叶近革质，基部心形或近心形，稀截形，长10—14厘米，宽1.2—15厘米，常5裂，裂片长圆状卵形或三角状卵形，先端锐尖，除近基部外其余的边缘有紧贴的圆齿状细锯齿，裂片间的凹缺锐尖，深达叶片长度的1/3，上面绿色，无毛，下面淡绿色，具白粉，除脉腋有黄色丛毛外其余部分无毛，主脉在上面显著，在下面隆起；叶柄粗壮，无毛，长3—5厘米。花杂性，雄花与两性花同株，多花组成下垂的顶生圆锥花序，长5—9厘米；萼片5，长约3毫米，花瓣5，白色；雄蕊5—8，长于萼片，在两性花中很短；花盘肥厚，位于雄蕊外侧，微被长柔毛；子房有白色疏柔毛，在雄花中不发育，花柱无毛；花梗纤细，长约5毫米，无毛。翅果淡黄色，无毛，常生成下垂的圆锥果序；小坚果椭圆球形，特别凸

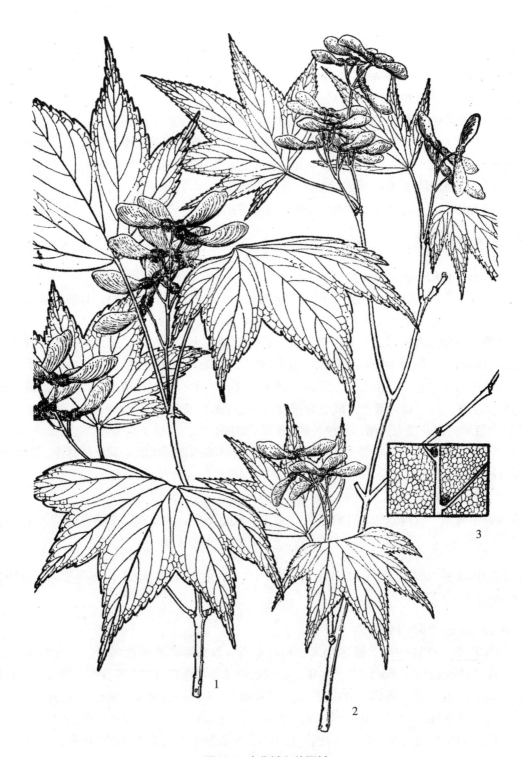

图362 中华槭和盐源槭

1.中华槭 *Acer sinense* Pax 果枝

2—3.盐源槭 *Acer schneiderianum* Pax et Hoffm.:

2.果枝　　3.叶背放大

起，长5—7毫米，宽3—4毫米，翅宽约1厘米，连同小坚果长3—3.5厘米，张开成直角或钝角。花期5月，果期9月。

产广南、文山、金平、屏边，生于海拔1400—2300米的湿地密林中。分布于湖北西部、四川、湖南、贵州、广东、广西。

12a.深裂中华槭（变种）

var. longilobum Fang（1939）

产富宁、麻栗坡，生于海拔1200米的沟边阔叶林中。分布于湖北西部、四川东部及西南部。

12b.波缘中华槭（变种）

var. undulatum Fang et Y. T. Wu（1979）

产勐海，生于海拔1300米的常绿阔叶林中。模式标本采自勐海南糯山。

13.多果槭　图363

Acer prolificum Fang et Fang f.

落叶小乔木，高达8米；树皮平滑，灰色或浅绿色。小枝圆柱形，无毛。冬芽卵圆形，鳞片小，无毛。叶近革质或纸质，近圆形，长8—12厘米，宽9—13厘米，基部近心形、稀截形或圆形，5（3）裂，裂片三角状卵形，先端锐尖，微弯曲，边缘有紧贴的锯齿或近全缘，中央裂片长为叶片长度的1/3—1/2，裂片间的凹缺钝，上面无毛，下面除脉腋被丛毛外，其余无毛，主脉5条，在下面凸起，侧脉13—15对；叶柄长4—5厘米，紫绿色，无毛。果序圆锥状，长约9厘米，总果梗长3—4厘米；翅果幼时淡紫色，成熟后紫色，小坚果幼时被淡黄色疏柔毛，特别凸起，长椭圆形，长8毫米，径3—4毫米，翅镰刀状，近顶部最宽，宽达1.4厘米，基部很狭窄，连同小坚果长3—3.5厘米，张开近水平。果期9月。

产大关木杆林场，生于海拔1780米的沟谷湿地；分布于四川西部、西南部。

种子繁殖。贮藏的种子播前用温水浸泡一天，也可用湿沙层积催芽，可提高种子发芽率。播种后一般经2—3周可发芽出土，经过催芽的种子，可以缩短种子发芽出土的时间。两年生苗可出圃造林。若为四旁植树或园林栽培，苗龄应更大些，并注意树形剪修。

木材坚实，为家具、乐器、细木工等用材。亦可庭园栽培。

14.五裂槭（中国树木分类学）图361

Acer oliverianum Pax（1889）

落叶小乔木，高达6米；树皮淡绿色或灰绿色，平滑、常被蜡粉。小枝纤细，无毛或微被短柔毛，当年生枝紫绿色，多年生枝淡褐绿色。叶纸质，长4—8厘米，宽5—9厘米，基部近心形或略平截，5裂，裂片三角状卵形或长圆状卵形，先端锐尖，边缘具紧密的细锯齿，裂片间的凹缺锐尖，上面绿色或带黄色，无毛，下面淡绿色，除脉腋被束毛外无毛，主脉在上面显著，在下面隆起，侧脉在两面可见；叶柄长2.5—5厘米，纤细，无毛或近顶部有短柔毛。花杂性，雄花与两性花同株，组成伞房花序，序轴无毛；萼片5，紫绿色，长

图363 多果槭和枫叶槭

1—2.多果槭 *Acer prolificum* Fang et Fang f.：

1.果枝　　2.叶背放大

3—4.枫叶槭 *Acer liquidambarifolium* Hu et Cheng：

3.果枝　　4.叶背放大

3—4毫米，花瓣5，淡白色，卵形，长3—4毫米；雄蕊8，生于雄花者较花瓣稍长，花丝无毛，两性花中雄蕊很短；花盘微裂，位于雄蕊外侧；子房微被长柔毛，花柱无毛。翅果常成下垂的伞房果序；小坚果凸起，长6毫米，脉纹显著，翅幼时淡紫色，成熟时黄褐色，镰刀形，连同小坚果长3—3.5厘米，宽约1厘米，张开成近水平。花期5月，果期9月。

产镇雄、彝良和屏边等地，生于海拔（800）2000—3500米的疏林中或林缘；河南南部、陕西南部、甘肃南部、湖北西部、湖南、四川、贵州也有。

种子繁殖。翅果采收后，晒干去杂，揉去果翅，在通风室内贮藏，也可带翅贮藏。条播育苗，翌年植树造林。

木材褐色、纹理直、结构细、较硬、较重、易加工，可作家具、室内装修等用材。秋季叶色变红、美艳可爱，宜作风景树。

15.三峡槭　武陵槭树（中国树木分类学）图364

Acer wilsonii Rehd.（1904）

落叶乔木，高达15米；树皮深褐色，平滑。小枝纤细，无毛，当年生枝绿色或淡紫绿色，多年生枝紫褐色。冬芽小，鳞片6枚。叶倒卵形，薄纸质，基部钝圆稀截形或近心形，长8—10厘米，宽9—10厘米，常3裂，稀5裂，裂片卵状长圆形或三角状卵形，先端锐尖，具长1—1.5厘米的尖尾，除近先端稀具细锯齿外其余部分全缘，上面深绿色，无毛，下面淡绿色；叶柄长3—7厘米，纤细，无毛。花杂性，雄花与两性花同株，常成无毛的圆锥花序，序轴长5—6厘米；萼片5，黄绿色，长1—1.5毫米，无毛，花瓣5，白色，与萼片等长或略长；雄蕊8，长4毫米，花丝无毛；花盘无毛；位于雄蕊外侧；子房具长柔毛，在雄花中不育，花柱近无毛，柱头平展；花梗纤细，长6—10毫米，无毛。翅果黄褐色，常呈下垂的圆锥果序；小坚果卵状长圆形，特别凸起，网脉显著，翅基部狭窄，连同小坚果长2.5—3厘米，张开几成水平。花期4月，果期9月。

产屏边，生于海拔1000—1250米的疏林中；长江中部及广东北部和广西北部也有。

15a.长尾三峡槭（变种）

var. longicaudatum（Fang）Fang（1979）

本变种与正种之区别：叶纸质，3裂，裂片狭披针形，长7—9厘米，边缘具稀疏而紧贴的锯齿，先端长尾状锐尖，小尾长2—3厘米，有时基部还具2枚小的钝尖裂片，致成5裂；翅果长约2.5厘米，张开近水平。

产勐海南糯山，生于海拔800—1300米的疏林中；广东西北部、广西北部也有。

16.枫叶槭　三叉叶（西畴）图363

Acer liquidambarifolium Hu et Cheng（1948）

A. tonkinense H. Lec. subsp. *liquidambarifolium*（Hu et Cheng）Fang（1979）

落叶乔木，高达12米；树皮深褐色。小枝圆柱形，具蜡质白粉，无毛。当年生枝淡紫绿色，多年生枝紫褐色或深褐色。叶近革质，近圆形或阔椭圆形，宽8—14厘米，基部钝圆或近心形，上段浅3裂，裂片三角状卵形或长圆状卵形，先端钝尖或短急锐尖，全缘，裂片

图364 三峡槭和宁波三角槭

1.三峡槭 *Acer wilsonii* Rehd. 果枝

2.宁波三角槭 *Acer buergerianum* Miq. var. *ningpoense*（Hance）Rehd.果枝

间的凹缺钝，上面有光泽，无毛，下面脉上及脉腋有柔毛及丛毛，主脉3条，在上面显著，在下面凸起，侧脉7—10对和网脉在两面显著；叶柄粗壮，长2—3.5厘米。花序圆锥状，长约10厘米，每个小花序有花3—5朵；萼片4，三角形，花瓣4，淡黄色；雄蕊8；子房有很密的短柔毛，花柱短。小坚果近卵圆形，长8毫米，成熟后淡黄色，翅镰刀形，连同小坚果长1.8—2.2厘米，张开近水平。花期4月，果期9月。

产富宁，生于海拔（700）1400—1800米的石山疏林中。模式标本采自富宁。

这是一个好种。将其并入粗柄槭（A. tonkinense H. Lec.）中是欠妥的。

种子繁殖。采收的翅果，经过贮藏，浸种催芽，早春播种，播种前除温汤浸种、消毒外，为防止种子变质，要进行品质鉴定：即测定纯度、千粒重，含水量发芽率等。播种育苗，两年后可出圃造林。

材质优良，木纹美丽，强度较高，是制作家具，室内装修，纺织工业上的纱管，木梭等用材。亦可作园林观赏树种。

17. 河口槭　图365

Acer fenzelianum Hand.-Mazz.（1933）

落叶乔木，高达16米，稀达25米；树皮灰色或深灰色，平滑。小枝纤细，当年生枝淡绿色或淡紫色，密被淡黄色绒毛。叶革质，倒卵形或长圆状倒卵形，长9—13厘米，宽6—10厘米，基部圆形或阔楔形，浅3裂，裂片向前直伸，三角状卵形，先端渐尖，裂片间的凹缺钝尖，上面深绿色，除叶脉的基部微被短柔毛外，无毛；下面淡绿色，网脉显著，除主脉密被绒毛外无毛，主脉3条，直达裂片先端，侧脉在下面显著；叶柄长2—3厘米，粗壮，密被淡黄色绒毛。翅果紫黄色，4—6枚组成圆锥果序；小坚果凸起，脉纹显著，具宿存的长绒毛，连翅长3.5—3.8厘米，张开成钝角；果梗长1—1.5厘米，幼时被短柔毛，老时渐脱落。果期9月。

产河口、屏边、金平，生于海拔1100—1680米的河谷湿润的疏林中；越南北方也有。

种子繁殖。育苗圃地应尽量选在造林地的中心或附近，使培育的苗木适应造林地的环境，从而可提高造林成活率，育苗宜用凉棚遮阴，适时喷灌，加强中耕除草，防止病虫害等。

木材有光泽，结构细，强度、硬度适中；可作舟船，车辆、室内装修，体育、家具用材等。亦可作园林观赏树种。

18. 三角槭（经济植物手册）　三角枫（植物名实图考）

Acer buergerianum Miq.（1865）
产山东、河南、江苏、浙江、湖南、贵州等省区；云南不产。

18a.宁波三角槭（变种）图364

var. ningpoense（Hance）Rehd.（1905）
Acer ningpoense（Hance）Fang（1966）
落叶乔木，高可达20米；树皮褐色或深褐色；小枝纤细，幼枝密被淡黄色或灰色绒

图365　河口槭和贡山槭

1.河口槭 *Acer fenzelianum* Hand.-Mazz.果枝

2.贡山槭 *Acer kungshanense* Fang et C. Y. Cheng 果枝

毛，老枝灰褐色，微被蜡粉；冬芽小，鳞片腹面被长柔毛。叶纸质，椭圆形或倒卵形，长与宽均5—6厘米，基部近圆形或楔形，通常3浅裂，裂片向前延伸，中央裂片三角状卵形，侧裂片短钝尖或甚小，以致不发育，裂片常全缘，稀具少数锯齿，上面深绿色，无毛，下面黄绿色，疏被柔毛，初生脉3（5）条，在下面明显；叶柄纤细，长2.5—5厘米，被白粉。花多数常组成顶生的伞房花序，序轴长1.5—2厘米，被短柔毛；萼片5，卵形，长约1.5毫米，无毛，花瓣5，长约2毫米；雄蕊8，长为花瓣的2倍；花盘无毛，位于雄蕊外侧；子房密被淡黄色长柔毛，花柱短，无毛。翅果黄褐色，小坚果球形，径约6毫米，连翅长2—2.5（3）厘米，翅中部最宽，张开成钝角。花期4月，果期9月。

昆明等地有栽培，生于海拔1500—2300米的疏林中；江苏、浙江、江西、湖南、湖北也有。

本变种与正种不同处：幼枝和花序被柔毛；叶长与宽均5—6厘米，下面有疏柔毛；雄蕊长为花瓣的2倍；翅果张开成钝角。

种子繁殖，育苗造林。

木材为家具、建筑等用材。树姿优美，枝、叶浓密，宜作园林观赏树种。

19.飞蛾槭　飞蛾树（中国树木分类学）图366

Acer oblongum Wall.ex DC.（1824）

常绿乔木，常高10米，稀达20米；树皮灰色或深灰色，粗糙，常成片状脱落。小枝纤细，近圆柱形，幼枝紫色或紫绿色，近于无毛。叶革质，长圆状卵形，长5—7厘米，宽3—4厘米，全缘，基部钝圆或近圆形，先端渐尖，下面被白粉，主脉在上面显著，在下面隆起，侧脉6—7对，基部的一对长达叶片的1/3—1/2；叶柄黄绿色，长2—3厘米，无毛。花杂性，绿色或黄绿色，雄花与两性花同株，组成伞房花序、序轴被短毛；萼片长圆形，5数，长约2毫米，花瓣5，倒卵形，长约3毫米；雄蕊8，无毛，纤细；花盘微裂，位于雄蕊外侧；子房被短柔毛，在雄花中不发育，花柱短，无毛；花梗纤细，长1—2厘米。翅果幼时绿色，成熟时淡黄褐色；小坚果凸起成四棱形，长约7毫米，宽5毫米，连翅长1.8—2.5厘米，张开成近直角或钝角。花期4月，果期9月。

产保山，生于海拔（1000）1300—1800米的阔叶林中；陕西南部、甘肃南部、湖北西部、四川、贵州、西藏南部也有；也分布于尼泊尔、印度。

种子育苗，植树造林。栽植后，加强抚育管理，为苗木生长创造适宜的土壤水分和光照条件，促进幼林早期郁闭。

木材纹理直，结构细，加工性能良好，耐腐，木纹美观，为家具、室内装修、雕刻、细木工等用材。种子可榨油，供工业用。树姿挺秀，果似飞蛾，可作园林观赏树种。

20.厚叶槭　图367

Acer crassum Hu et Cheng（1948）

常绿乔木，高达12米；树皮黑褐色，粗糙。小枝圆柱形，无毛，当年生枝紫绿色，具皮孔。叶厚革质，长圆状椭圆形或椭圆形，长8—14厘米，宽3.5—6厘米，全缘，基部楔形或宽楔形，先端锐尖或钝，具长6—12毫米的尖头，上面深绿色，有光泽，下面灰绿色，微

图366 飞蛾槭 *Acer oblongum* Wall. ex DC.

1.果枝

被白粉；主脉在下面隆起，侧脉8—10对，在下面微可见；叶柄长1—2厘米，无毛。花杂性，雄花与两性花同株，组成伞房花序，序轴长5—6厘米，密被淡黄色长柔毛；萼片5，淡绿色，长3—3.4毫米，外侧被长柔毛，花瓣5，淡黄色，披针形或倒披针形，长3—4毫米，先端微凹陷；雄蕊8，较萼片短；花盘无毛，位于雄蕊外侧；子房紫色，被淡黄色长柔毛，花柱很短；花梗纤细，被淡黄色长柔毛。翅果幼时紫色，成熟后呈黄褐色；小坚果球形，连翅长2.8—3.2厘米，翅直立。花期4月，果期9月。

产富宁、麻栗坡、广南，生于海拔1000—1400米的阔叶林中。模式标本采自富宁龙迈。

种子繁殖。播种前要对种子进行检验、催芽、浸种、消毒、拌种等。

木材纹理直，结构细，材质坚韧，为建筑、家具、车船等用材。种子可榨油，油供工业用。

21.海拉槭　昌宁槭（植物分类学报）图367

Acer hilaense Hu et Cheng（1948）

常绿乔木，高达10米；树皮灰色，粗糙。小枝圆柱形，无毛，当年生枝紫褐色，多年生枝深褐色。叶纸质或近革质，长圆形或长圆状卵形，长6—8厘米，宽2.2—3厘米，全缘，先端渐尖或短急尖，具长1—1.2厘米微弯的尖头，基本钝圆，上面深绿色，无毛，下面灰绿色，被白粉，侧脉8—10对，羽状，在下面明显；叶柄纤细，紫褐色，长2.5—3厘米。翅果紫褐色，多数，组成伞房状果序，果序长3.5—4厘米，被短柔毛；小坚果卵圆形，径约7毫米，幼时被淡黄色或灰色短柔毛，翅狭窄，连同小坚果长2.4—3厘米，宽5—6毫米，张开成锐角。果期9月。

产昌宁，生于海拔2500米的杂木林中。模式标本采自昌宁县海拉山。

种子繁殖，育苗造林。

木材为建筑，家具等用材。种子榨油，油供制皂和油漆等用。树形优美，四季常青，可作园林观赏树种。

22.景东槭　图370

Acer jingdongense T. Z. Hsu（1983）

常绿乔木，高25—30米，胸径达75厘米；树皮黑褐色，粗糙。小枝圆柱形，无毛，黑灰色，疏具长圆形皮孔；冬芽卵球形。叶厚纸质，长椭圆形，长8—15厘米，宽4—6厘米，全缘，先端短急尖，具长1.5—2厘米的尖尾，基部楔形，上面绿色，有光泽，下面被灰白色白粉，主脉在上面明显，在下面凸起，侧脉9—12，连同网脉在两面明显；叶柄粗壮，长2—3.5厘米，无毛，顶端膨大，具关节。果序总状，长7—12厘米，着生于有叶的枝旁，被柔毛；小坚果扁平，长6—8毫米，被白色绒毛，翅镰刀状，红色，宽8—10毫米，连同小坚果长2—2.3厘米，张开成锐角或钝角。果期10月。

产景东无量山，生于海拔2100米的山坡疏林中。模式标本采自景东。

种子繁殖。采收翅果后，晒3—4日，去杂，揉翅风选，贮藏于通风室内备用。翌年早春条播，播前需细致整地，改良土壤理化性质，提高土壤肥力。

材质坚韧，硬度适中，加工性能良好，为室内装修、雕刻、车辆、家具、细木工等

图367 厚叶槭和海拉槭

1.厚叶槭 *Acer crassum* Hu et Cheng 果枝

2.海拉槭 *Acer hilaense* Hu et Cheng 果枝

用材。

23.独龙江槭　图369

Acer kiukiangense Hu et Cheng（1948）

常绿乔木，高达13米；树皮深灰色，平滑。小枝纤细，圆柱形，当年生枝紫绿色或紫色，无毛或近无毛，多年生枝淡黑灰色或淡黑色，微现纵纹。叶纸质，长圆形、长圆状卵形或长圆状椭圆形，长7—9厘米，宽2.5—4厘米，基部钝圆，先端锐尖，具长1—1.5厘米的尾状尖头，全缘，或中段以上有疏锯齿，上面亮绿色，无毛，背面淡绿色，除沿主脉被疏柔毛和脉腋被丛毛外无毛，主脉在上面明显，在下面凸起，侧脉9—12对，在下面明显，网脉在下面明显；叶柄紫绿色，长1—1.8厘米，疏被柔毛。花未详。翅果紫绿色，组成长5—7厘米的圆锥果序；小坚果卵圆形，长约8毫米，疏被短柔毛，翅镰刀状，中段最宽，宽约7毫米，连同小坚果长2.5—2.8厘米，张开近于水平。果期9月。

产怒江，生于海拔1700—2200米的山坡疏林中。模式标本采自怒江上游。

种子繁殖。翅果采收后，晒干去杂，装于麻袋或瓦缸内，放在通风干燥处。经过干藏的种子，浸种催芽，待种子裂嘴时取出播种。条播育苗，两年后出圃造林。

木材材质优良，纹理直，结构细，加工性能良好，为建筑、家具、船舶、车辆、乐器等用材。

24.毛柄槭　图368

Acer pubipetiolatum Hu et Cheng（1948）

落叶乔木，高达10米；树皮灰色或深灰色，平滑。小枝纤细，当年生枝紫绿色，被很稀疏的短柔毛，多年生枝无毛，具椭圆形皮孔。叶纸质，披针形或长圆状披针形，长6—9厘米，宽2—2.5（3）厘米，全缘或先端疏具锯齿，基部圆形或浅心形，先端渐尖，上面深绿色，无毛，下面淡绿色，沿主脉被很稀疏的柔毛和脉腋被丛毛外，其余部分无毛，主脉在上面明显，在下面隆起，侧脉8—10对，在上面可见，在下面明显，网脉在下面明显；叶柄长8—10毫米，密被淡黄色或淡褐色长柔毛。花杂性，雄花与两性花同株，组成顶生的伞房花序，序轴被灰色长柔毛，花梗纤细，无毛；萼片5，绿色，长圆状卵形，长约4毫米，外侧无毛或近先端被疏柔毛，内侧被很稀疏的柔毛，花瓣5，白色，倒卵形；雄蕊8，略短于萼片；花盘无毛，位于雄蕊外侧；子房紫色，被疏柔毛，花柱纤细，长1.5毫米，无毛，柱头反卷。翅果幼时紫色，成熟后黄绿色；小坚果球形，长8—9毫米，宽5—6毫米，脉纹显著；翅镰刀状，中段最宽，连同小坚果长约3.4厘米，张开成大钝角。花期3月下旬，果期8月。

产怒江、澜沧江流域，生于海拔1900—2600米的疏林中。模式标本采自耿马。

育苗造林。若为园林栽培、四旁植树，应育成大苗，带土移栽。山地植树造林用两年生苗即可。

木材纹理直，结构细，强度、硬度适中，材质坚韧而较重；为家具、建筑、室内装修、车辆等用材。亦为园林观赏树种。

24a.屏边毛柄槭（变种）

var. pingpienense Fang et W. K. Hu（1966）
本变种与正种的区别：叶柄较长而无毛，翅果较小，仅长2.8—3厘米。果期9月。
产屏边，生于海拔1300—1500米的石灰质山坡或岩石上。模式标本采自屏边。

25.罗浮槭　红翅槭　图369

Acer fabri Hance（1884）
常绿乔木，高达10米；树皮灰褐色或灰黑色，小枝无毛。叶披针形，长圆状披针形或长圆状倒披针形，长7—11厘米，宽2—3厘米，革质，全缘，基部楔形或钝，先端锐尖或短锐尖，上面深绿色，无毛，下面淡绿色，无毛或脉腋稀被丛毛，侧脉4—5对，在下面显著；叶柄长1—1.5厘米，纤细，无毛。花杂性，雄花和两性花同株，常成无毛或嫩时被绒毛的紫色伞房花序；萼片5，紫色，长3毫米，被短柔毛，花瓣5，白色，略短于萼片；雄蕊8，长5毫米，无毛；子房无毛，花柱短。翅果嫩时紫色，成熟时黄褐色，小坚果球形，连翅长3—3.5厘米，张开成钝角；果梗纤细，长1—1.5厘米，无毛。花期3—4月，果期9月。
产昭通和玉溪地区，生于海拔800—1500米的杂木林中；江西、湖北、湖南、广东、广西、四川亦有。
种子繁殖。经过贮藏的种子，播种前要进行检验：测定纯度，千粒重，发芽率等。
木材为建筑、家具等用材。树形优美，叶常绿而翅果紫色，可作园林观赏树种。

25a.大果罗浮槭（变种）

var. megalocarpum Hu et Cheng（1948）
产富宁。模式标本采自富宁鸡街。

26.光叶槭　长叶槭树（中国树木分类学）图368

Acer laevigatum Wall.（1829）
常绿乔木，高达15米。小枝纤细，无毛，当年生枝绿色或淡绿色，多年生枝深绿色。叶革质，披针形或长圆状披针形，长10—15厘米，宽4—5厘米，全缘或先端部分具稀疏的细锯齿，基部楔形或阔楔形，先端渐尖或短渐尖，上面亮绿色，无毛，下面幼时脉腋被丛毛，老则渐落，主脉在上面明显，在下面微隆起，侧脉7—8对，在下面明显；叶柄长1—1.5厘米，无毛。花杂性，雄花与两性花同株，组成伞房花序，无毛；萼片5，淡紫绿色，长圆状卵形，长约3毫米，花瓣5，白色，倒卵形，比萼片稍长，先端凹缺；雄蕊6—8，长约6毫米，花药长圆形；花盘紫色，无毛，位于雄蕊外侧；子房紫色，微被短柔毛，花柱无毛；花梗纤细，无毛，长6—8厘米。翅果幼时紫色，成熟时淡黄褐色；小坚果特别凸起，连翅长3—3.7厘米，宽约4毫米，直伸或内弯，张开成锐角至钝角。花期4月，果期8—9月。
产大姚、腾冲等地，生于海拔（700）1200—2200米的潮湿的沟边或山谷常绿阔叶林中或密林中。陕西南部、湖北西部、四川和贵州亦有。分布于尼泊尔、缅甸、印度北部。

图368 木柄槭和光叶槭

1—2.毛柄槭 *Acer pubipetiolatum* Hu et Cheng: 　　1.果枝　　2.叶背放大

3—4.光叶槭 *Acer laevigatum* Wall.: 　　3.果枝　　4.两性花放大

图369 罗浮槭和独龙江槭

1.罗浮槭 *Acer fabri* Hance 果枝

2.独龙江槭 *Acer kiukiangense* Hu et Cheng 果枝

26a.怒江光叶槭

var. salweenense（W. W. Smith）J. M. Cowan ex Fang（1966）

产泸水、贡山、腾冲，生于海拔1000—2500米的山谷疏林中；也分布于缅甸东北部。

27.路边槭　图370

Acer foveolatum C. Y. Wu（1983）

乔木，高达8米。小枝褐色，密被皮孔。叶厚纸质，长圆状披针形，长（8）10—14厘米，宽3—4.3厘米，先端渐尖，具短尖尾，基部楔形，全缘，两面同色，无毛，主脉在上面明显，在下面隆起，侧脉6—8对，在上面可见，在下面微隆起，网脉极细窝状，在两面明显；叶柄长（1.5）3—5厘米，褐色，无毛，先端膨大。聚伞果序；小坚果特别凸起，具棱，长6—11毫米，无毛，翅中部最宽，约8毫米，连同小坚果长2—2.5厘米，张开成锐角或直角，果期9—10月。

产麻栗坡，生于海拔1400米的疏林中。

本种近光叶槭（A. laevigatum Wall.），但枝多皮孔，叶长圆状披针形，两面同色，具极细窝状网纹，叶柄长3—5厘米，顶端膨大，翅连同小坚果长2—2.5厘米，故可区别。

种子繁殖。育苗造林。

木材为家具用材。

28.锐齿槭　图371

Acer hookeri Miq.（1852）

落叶乔木，高约达20米。小枝浅褐色；冬芽卵圆形。叶纸质或近革质，卵形，长10—14厘米，宽6—8厘米，基部近心形，先端尾状锐尖，边缘有锐尖的重锯齿，上面无毛，下面脉腋具丛毛，侧脉8—10对，其中下边2对由基部生出，均斜向伸展，在下面明显；叶柄长4—7厘米。花序总状，生于小枝顶端，长5—7厘米，幼时被微柔毛，花梗长4—7毫米；花杂性；萼片5，淡紫绿色，花瓣5，白色，倒卵形，与萼片近等长；雄蕊8，略长于花瓣而稍突出于花外；花盘盘状，生于雄蕊内侧，无毛；子房无毛。翅连同小坚果长2—2.5厘米，张开近于钝角，稀近水平。花期5月，果期9月。

产贡山，生于海拔1900—3200米的水箐密林中；分布于西藏南部；印度、不丹也有。

育苗造林。

木材坚实，材质优良，木纹美丽，强度较高；为家具、室内装修等用材。

29.青榨槭　图371

Acer davidii Franch.（1886）

落叶乔木，高达13米，稀达20米。树皮黑褐色或灰褐色，常纵裂成蛇皮状。小枝纤细，无毛，当年生枝绿褐色，具皮孔。叶纸质，长圆形或长圆状卵形，长5—14厘米，宽4—9厘米，先端渐尖，常成尾状，基部钝圆或浅心形，边缘具不整齐的钝圆齿；上面深绿色，无毛，背面淡绿色，幼时沿脉被紫褐色的短柔毛，渐老则脱落，主脉在上面明显，

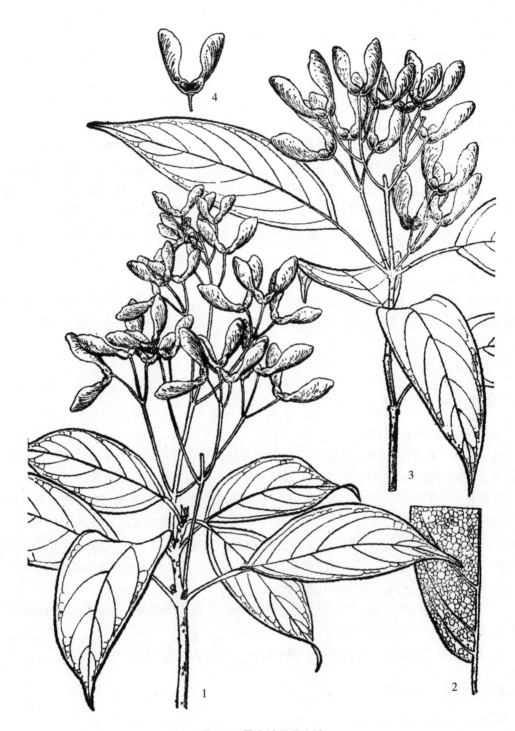

图370 景京槭和路边槭

1—2.景东槭 *Acer jingdongense* T. Z. Hsu；   1.果枝   2.叶背放大

3—4.路边槭 *Acer foveolatum* C. Y. Wu   3.果枝   4.翅果

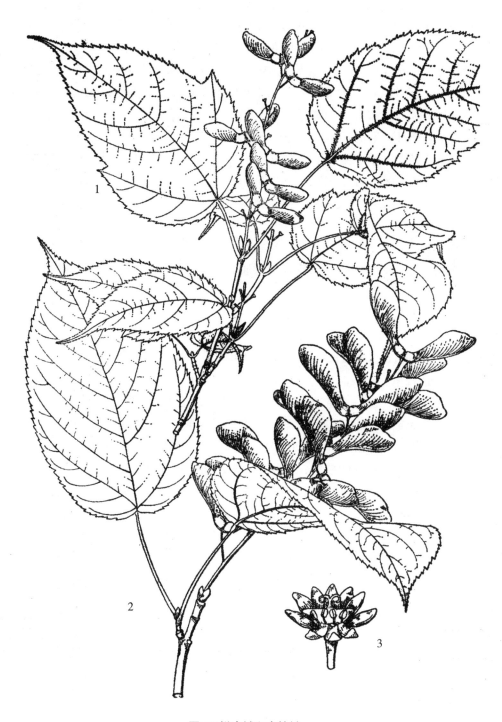

图371锐齿槭和青榨槭

1.锐齿槭 *Acer hookeri* Miq. 果枝

2—3.青榨槭 *Acer davidii* Franch： 2.果枝 3.两性花（放大）

在下面隆起，侧脉11—12对，在下面明显；叶柄纤细，长2—8厘米，幼时被红褐色的短柔毛，渐老时则脱落。花杂性，黄绿色，雄花与两性花同株，组成下垂的总状花序；雄花的花梗长3—5毫米，通常9—12朵组成长4—7厘米的总状花序，两性花的花梗长1—1.5厘米，通常13—28朵组成长7—10厘米的总状花序；萼片5，椭圆形，长约4毫米，花瓣5，倒卵形，与萼片等长；雄蕊8，无毛，在雄花中略长于花瓣，在两性花中不发育；花盘无毛，位于雄蕊内侧；子房被红褐色的短柔毛，在雄花中不发育，花柱纤细，无毛，柱头反卷。翅果幼时淡绿色，成熟后黄褐色，翅宽1—1.5厘米，连同小坚果长2.5—3厘米，张开成钝角或几水平。花期4—5月，果期9月。

产滇西北、滇中和滇东南，生于海拔（500）1500—3200米的沟边杂木林中或疏林中；黄河流域与南各省（区）均有分布。

种子繁殖。宜随采随播或冬藏春播，苗床条播，盖土厚度6—8厘米。加强苗期管理，来年可出圃造林、

木材淡红褐色，质致密，纹理直，结构细，为家具及细木工用材。树皮富含纤维，是人造棉及造纸的优良原料；叶及树皮均含鞣质，可提取栲胶。生长迅速，树冠整齐，也可作园林绿化树种。

30.美脉槭　图373

Acer caloneurum C. Y. Wu et T. Z. Hsu（1983）

乔木，高达12米，树皮黑褐色。小枝圆柱形，灰褐色，无毛；冬芽有柄。叶纸质，长圆状披针形或长圆形，长5—8厘米，宽2—2.6厘米，先端渐尖，常有短尖尾，基部钝圆，全缘，上面绿色，无毛，下面除基部脉腋有簇毛外，无毛，主脉在上面显著，在下面隆起，侧脉7—9对，羽状，连同网脉在两面明显；叶柄长5—10毫米，无毛，顶端膨大。圆锥果序，长4—6厘米，生于有叶的枝旁，果疏生，常2—6枚；坚果小，椭圆形，扁平，径约5毫米，无毛；翅镰形，宽9毫米，连同小坚果长2.6—2.8厘米，张开成钝角或近直立，常1翅不发育。果期4月。

产景东无量山，生于海拔1600米的山坡杂木林中。模式标本采自景东。

种子繁殖。干藏的种子用温水浸种，促进发芽。条播育苗。

木材为家具用材。

31.锡金槭

Acer sikkimense Miq.（1852）
产西藏南部；云南不产。

31a.细齿锡金槭（变种）图372

var. serrulatum Pax（1886）

落叶乔木，高达15米，树皮深灰色。小枝纤细，无毛，当年生枝紫绿色或绿色，多年生枝黄褐色或黄绿色，或稀为深灰色；冬芽椭圆形。叶革质或厚纸质，长圆状卵形，长9—12厘米，宽5—6厘米，基部心形或稀为圆形，先端具尾状尖头，边缘具紧密锐尖的细锯

图372　细齿锡金槭和长翅槭

1.细齿锡金槭 *Acer sikkimense* Miq. var. *serrulatum* Pax 果枝

2.长翅槭 *Acer longicarpum* Hu et Cheng 果枝

齿，上面深绿色，背面淡绿色，无毛，主脉及侧脉在上面微可见，在下面略隆起；叶柄长2—3厘米。花黄色，单性，雌雄异株，约45朵组成长6—8厘米的总状花序，总花梗长1—1.5厘米，生于着叶的枝顶；萼片5，长圆状卵形，先端钝圆，长约3毫米，花瓣5，与萼片等长；雄蕊8，与花瓣等长或略长，在雌花中不育；花盘无毛，位于雄蕊内侧；子房深紫色，无毛，在雄花中不发育，花柱很短；花梗长约2毫米，无毛。翅果黄褐色，小坚果扁圆形，长约7毫米，翅镰刀形，略向外反卷，连同小坚果长2.3—2.5厘米，张开成钝角。花期4月，果期9月。

产屏边、景东、临沧、镇康、福贡、贡山，生于海拔1700—2700米的密林中或疏林边；西藏南部也有；印度和缅甸北部也有分布。

种子繁殖。翅果采收后，晒干，揉翅去杂，风选后贮藏于通风室内备用。也可带翅贮存。

木材坚实、材质优良，可作室内装修、车辆等用材。

32.丽江槭　图373

Acer forrestii Diels（1912）

落叶乔木，高达10米，稀达20米；树皮粗糙。小枝纤细，无毛，当年生枝紫色或红紫色，多年生枝灰褐色或深褐色。叶纸质，长圆状卵形，长7—12厘米，宽5—9厘米，基部心形或浅心形，边缘具重锯齿，3裂；中裂片三角状卵形，先端尾状；侧裂片三角状卵形，锐尖，稀短钝头，上面无毛，下面被白粉，除脉腋疏被髯毛外其余部分无毛；叶柄长2.5—5厘米，纤细，无毛，紫绿色。花黄色，单性，雌雄异株，组成总状花序，序轴无毛，有15—20朵雄花或5—12朵雌花；萼片5，长圆状卵形，长3—4毫米，无毛，花瓣5，倒卵形，长3—4毫米；雄蕊8，无毛，与花瓣等长、在雌花中不发育；花盘无毛，微裂，位于雄蕊内侧；子房无毛，在雄花中不育。翅果幼时紫红色，成熟以后变为黄褐色，小坚果稍扁平，径约7毫米，连翅长约2.4厘米，宽6—8毫米，张开成钝角。花期5月，果期9—10月。

产丽江，生于海拔3000—3800米的阔叶林中；四川西南部也有。模式标本采自丽江。

种子繁殖。秋天采种后，先把种子晾干，放在通风干燥处保存。早春浸种催芽，待种子裂嘴时取出播种。

木材坚实，材质优良，为家具、建筑、车船等用材。

33.滇藏槭　巴拉（贡山）图374

Acer wardii W. W. Smith（1939）

落叶乔木，高达13米；树皮灰色或深灰色，粗糙。小枝纤细，无毛，紫色或深紫绿色。叶纸质，卵圆形，长7—9厘米，宽6—8厘米，基部近心形，边缘具细锯齿，常3裂中央裂片长圆状三角形，先端尾状，尾长2.5—3厘米，侧裂片卵形，裂片间的凹缺锐尖，上面有光泽，深绿色，无毛，下面淡绿色，无毛或仅脉腋有红褐色疏柔毛；叶柄长3—5厘米，纤细，紫色或绿色，无毛。花紫色，单性，雌雄异株，组成长3—5厘米的圆锥状总状花序；萼片5，线状长圆形，长约3毫米，先端钝；花瓣5，与萼片等大；花盘无毛；雄蕊8，长1.5—2毫米，无毛，位于花盘内侧；子房紫色，无毛，在雄花中不育；花梗长1—2厘米，纤细，无毛，具宿存的狭窄苞片。翅果幼时紫色，成熟时紫黄色，小坚果长圆球形，微压

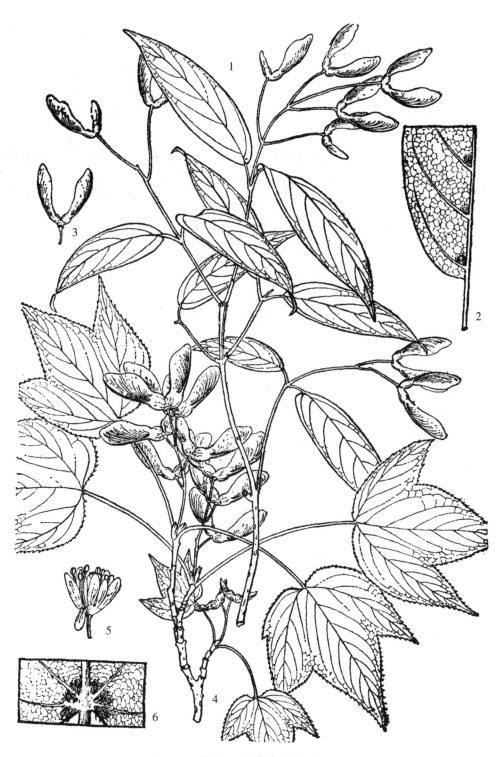

图373 美脉槭和丽江槭

1—3.美脉槭 Acer caloneurum C. Y. Wu et T. Z. Hsu:

1.果枝 　　2.背叶放大 　　3.翅果

4—6.丽江槭 Acer forrestii Diels: 　　4.果枝 　　5.花外形 　　6.背叶放大

图374 滇藏槭和楠叶槭

1.滇藏槭 *Acer wardii* W. W. Smith 果枝

2—3.楠叶槭 *Acer machilifolium* Hu et Chcng: 　2.果枝　3.叶基部放大

扁，连翅长2—2.5厘米，张开成钝角。花期5月，果期9月。

产贡山、维西，生于海拔（2400）2800—3700米的杂木林或竹箐中，西藏东南部亦有。缅甸东北部也产。

种子繁殖。采收的种子，晒干后，风选去杂，装于麻袋或瓦缸内，在通风干燥的地方贮藏。播前浸种催芽。

木材为体育用具、家具等用材。

34.篦齿槭　图375

Acer pectinatum Wall. ex Nichola（1881）

落叶乔木，高达15米；树皮深褐色，平滑。小枝淡紫色或淡紫绿色，无毛；冬芽淡紫色，鳞片交互对生。叶纸质，近圆形，长7—10厘米，宽6—8厘米，基部心形，3裂或基部的裂片发育而成5裂，中间裂片卵形，先端尾状，侧裂片三角形，先端锐尖或尾状，裂片间的凹缺钝形，边缘有锐尖的细锯齿，上面深绿色，无毛，下面淡绿色，幼时沿脉腋被棕色长柔毛，后变无毛，主脉5，在上面可见，在下面显著，侧脉8—9对；叶柄长6—7厘米，淡紫红色，无毛。总状花序，长4厘米，淡紫色，无毛。花单性，异株。雄花：萼片5，淡紫绿色，长约5毫米，花瓣5，宽倒卵形，淡黄绿色，与萼片等长；雄蕊8，花丝无毛；花盘位于雄蕊内侧。小坚果微扁平，长约7毫米，翅镰刀形，宽8毫米，连同小坚果长2.2—2.5厘米，稀更长，张开近水平。花期4月，果期9月。

产丽江、香格里拉、大姚，生于海拔2900—3500米的沟边杂木林中；西藏东南部亦有；也分布于印度。

种子繁殖，育苗造林。播前，经过贮藏的种子用高锰酸钾溶液消毒，条播。出圃造林后，适时进行幼林抚育。保持郁闭度在0.7米左右，必要时进行间伐，直到成林为止。

木材坚实，材质优良，纹理直，结构细，为室内装修、建筑、家具、体育器材、乐器等用材。

35.独龙槭　图375

Acer taronense Hand.-Mazz.（1924）

落叶乔木，高达20米；树皮黑褐色，平滑。小枝纤细，无毛，当年生枝紫红色，多年生枝紫褐色；冬芽有柄，柄长7—30毫米。叶纸质，圆形或卵状长圆形，长6—15厘米，宽4—9厘米，3—5裂，边缘具紧密的重锯齿，基部心形，中裂片三角状卵形，先端渐尖或稀为尾状，侧裂片锐尖，基部的裂片较小，或不发育，裂片间的凹缺钝，上面深绿色，无毛，叶脉微下凹，下面淡绿色，幼时脉上密被很厚的红褐色短柔毛，老则渐少；叶柄长2—6厘米，密被红褐色短柔毛。花黄绿色，单性，雌雄异株，常30—40朵组成长5—8厘米的总状花序；萼片5，长圆形，长约2毫米，无毛，花瓣5，倒卵形，长约3毫米；雄蕊8，长约2毫米，花丝无毛，在雌花中不发育；花盘微裂，无毛；子房紫色，无毛，在雄花中不发育；花梗纤细，微被短柔毛。翅果淡紫色，小坚果球形，径约6毫米，连翅长2.2—2.5厘米，宽7—10毫米，张开成钝角。花期4月，果期9月。

产贡山、维西、腾冲，生于海拔2300—3000米的疏林中；四川西部和西藏东南部也

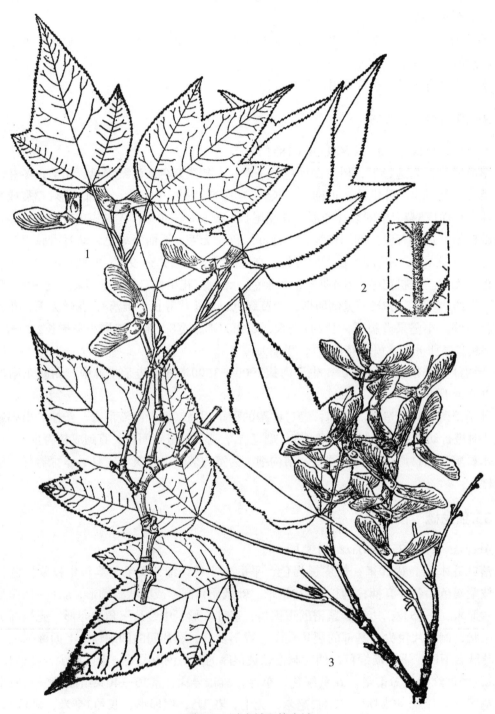

图375 独龙槭和篦齿槭

1—2.独龙槭 *Acer taronense* Hand.-Mazz.： 1.果枝 2.叶背之一部分放大示毛被

3.篦齿槭 *Acer pectinatum* Wall. et Nichola 果枝

有。也分布于缅甸东北部。模式标本采自贡山独龙江。

种子繁殖，播种育苗。山地造林时，要保护好苗根，以提高造林成活率。

木材为室内装修、家具、车船、胶合板等用材。

36.怒江槭　图359

Acer chienii Hu et Cheng（1948）

落叶乔木，高达17米；树皮灰褐色，微纵裂。小枝纤细，无毛，当年生枝深紫色，多年生枝黄褐色。叶纸质，长椭圆形或卵圆形，长8—15厘米，宽4—8厘米，基部近心形，中段以上3裂，中裂片三角状卵形，先端钝，具长1.5—2厘米的尖头，侧裂片较小，边缘具不整齐的细锯齿，上面深绿色，无毛，下面淡绿色，除沿脉被紫褐色短柔毛外其余部分无毛，主脉5—7条，在上面明显，在下面凸起，侧脉12—15对；叶柄长3—5厘米，微被紫褐色短柔毛。翅果黄褐色；小坚果略扁平，径5—6毫米，翅镰刀状，连同小坚果长1.6—1.8厘米，宽6—8毫米，张开成钝角。果期9月。

产贡山、怒江和独龙江上游，生于海拔2500—3000米的疏林中或林缘；四川西部、西藏东南部也有；缅甸北部也有分布。模式标本采自贡山独龙江。

种子繁殖，植苗造林。出圃植苗时，可用浸根、浆根等办法提高成活率。

木材为家具、建筑等用材。

37.楠叶槭　图374

Acer machilifolium Hu et Cheng（1948）

常绿乔木，高达16米；树皮灰褐色或深褐色，粗糙。小枝圆柱形，无毛，当年生枝淡紫色或绿色，多年生枝灰绿色或黄绿色，具皮孔。叶纸质或薄革质，长圆状椭圆形，稀长圆形，长10—14厘米，宽3—6厘米，基部钝圆或楔形，先端具长2—2.4厘米的尾尖；上面深绿色，有光泽，下面灰白色，具白粉，主脉在上面明显，在下面凸起，侧脉10—11对，在上面可见，在下面明显；叶柄紫绿色，长2—3.5厘米，无毛。花杂性，雄花与两性花同株，组成腋生的总状花序，序轴长约1.5厘米，被淡黄色短柔毛；萼片5，黄绿色，线状长圆形，长约2毫米，上部具缘毛，花瓣5，淡黄色，舌状，长约1.8毫米；雄蕊8，花丝无毛；子房被长柔毛，花柱短，2裂，柱头反卷。翅果幼时淡紫绿色，成熟后黄褐色；小坚果扁平，长1—1.2厘米，翅镰刀状，中段最宽，连同小坚果长2.8—3厘米，张开成锐角。花期8—10月，果期翌年1—2月。

产景东、贡山，生于海拔1600—2400米的沟谷疏林中。模式标本采自贡山独龙江流域。

种子繁殖，植苗造林。植苗时可将土面增温剂加水稀释后，喷洒在叶面、茎枝或地面上，形成一层薄膜，抑制地面蒸发和叶的蒸腾。可提高成活率。

木材坚韧，硬度适中，花纹美丽；可作室内装修、家具、细木工等用材。种子可榨油，油供工业用。

38.长翅槭　图372

Acer longicarpum Hu et Cheng（1948）

常绿乔木，高达25米；树皮黑灰色。小枝圆柱形，紫褐色，无毛，具椭圆形皮孔。叶革质，长圆状卵形或卵形，长9—12厘米，宽4—6厘米，全缘，基部圆形，先端锐尖，上面深绿色，无毛；下面被白粉，主脉在上面明显，在下面隆起，侧脉5—6对，在上面明显，在下面微隆起，由基部生出的1对脉较长，直达叶片的中段或中段以上；叶柄淡紫色，长2.5—3厘米，无毛。翅果绿色，干后黄褐色，常组成腋生的总状果序；小坚果扁平，长1.5厘米，宽8—10毫米，被淡黄色短柔毛，翅镰刀形，略向内弯曲，中段最宽，基部狭，连同小坚果长7—7.5厘米，张开成直角。果期9月。

产西畴，生于海拔1300米的疏林中。模式标本采自西畴法斗。

种子繁殖。育苗造林。

木材为建筑、家具等用材。

39.十蕊槭　阔叶槭（中国树木分类学）图376

Acer decandrum Merr.（1932）

落叶乔木，高达12米；树皮灰褐色。小枝粗壮，无毛，当年生枝紫色或紫绿色，多年生枝紫褐色。叶革质或薄革质，卵状椭圆形或长圆状卵形，长8—15厘米，宽4—7厘米，全缘，先端渐尖，基部楔形或宽楔形，主脉和5—6对侧脉在上面明显，在下面隆起，网脉明显；叶柄长5—7厘米，淡紫色，无毛。花淡紫色，单性，雌雄异株，组成长2厘米的总状花序，序轴纤细，无毛；萼片5，卵形，长约2毫米，无毛，花瓣5，比萼片短；雄蕊8—12，无毛；花盘杯状，微被短柔毛；子房无毛，花柱短，在雄花中不发育；花梗纤细，长5—8毫米，无毛。翅果幼时绿色，成熟时棕褐色或淡黄褐色，脉纹明显，小坚果扁平，长约1.5厘米，宽约7毫米、翅镰刀状，连同小坚果长6—7厘米，有时仅一翅发育良好，张开成锐角或直角。花期6月，果期10月。

产西双版纳、红河等地区，生于海拔800—1500米的阔叶林中；广东南部、广西南部也有；越南北方也有分布。

种子繁殖。育苗植树造林。

木材坚硬密致，花纹很美观，多用作室内装修和建筑板材。

40.毛叶槭　图377

Acer stachyophyllum Hiern（1875）

落叶乔木，高达15米；树皮平滑，深灰色或淡褐色。小枝近圆柱形，无毛。叶纸质、卵形，长9—11厘米，宽4.5—6（7）厘米，先端长尾状锐尖，尖尾长2—2.5厘米，基部近圆形，边缘具锐尖的重锯齿，下面被很密的淡黄色绒毛，初生脉3—5条，次生脉8—9对，常达于叶的边缘，在上面下凹，在下面显著；叶柄淡紫色，长6—7厘米，除近顶端微被柔毛外、其余无毛。果序总状，长7—15厘米，无毛，果梗纤细，长2.5—3厘米；小坚果凸起，脊纹显著，翅淡黄色，无毛，镰刀形，宽1厘米，连同小坚果长3—4.5（4.8）厘米，张开近直立或锐角。果期10月。

产贡山、维西、兰坪，生于2500—3600米的杂木林中；也分布于西藏南部和东南部；印度、不丹也有。

种子繁殖。植苗造林宜在雨季前进行。

木材材质优良，为家具、建筑等用材。

41.勐海槭　图376

Acer huianum Fang et Hsieh（1966）

落叶乔木，高达23米；树皮褐色。小枝粗壮，褐色，当年生枝疏被微柔毛，多年生枝无毛。叶革质，近圆形，长15—18厘米，宽12—15厘米，基部心形，3裂，裂片三角状卵形，先端渐尖，中裂片较侧裂片长3倍，侧裂片向侧面斜伸，裂片的边缘浅波状，上面绿色、无毛，下面淡绿色，沿脉疏被短柔毛，其余部分无毛，主脉3条，与侧脉15—17对在背面明显；叶柄长8—11厘米，无毛。总状果序长约16厘米，序轴粗壮，疏被短柔毛，果柄粗壮，长8—15毫米，被灰色短柔毛；小坚果球形，脉纹显著；翅长镰刀形，连同小坚果长8—8.5厘米，张开近直立。果期9月。

产勐海，生于海拔1800米的山坡常绿阔叶林中。模式标本采自勐海。

本种近巨果槭（Acer thomsonii Miq.），但叶边缘浅波状而非钝锯齿，翅张开近直立，故可区别。

种子繁殖、植苗造林。苗圃地应选在造林地附近。使培育的苗木适应造林地的环境。

木材坚实，材质优良。可作室内装修、房屋建筑、家具等用材。

42.苹婆槭　图377

Acer sterculiaceum Wall.（1830）

落叶乔木，高20米；树皮深灰色或灰褐色。小枝近圆柱形，淡紫色，无毛；冬芽卵圆形，鳞片边缘纤毛状。叶近革质，长和宽均约15—20厘米，常5裂，稀7裂，裂片卵形，先端钝尖，边缘具稀疏的粗锯齿，裂片间的凹缺钝，幼时两面被绒毛，后仅下面被稀疏的绒毛及长柔毛，初生脉5条，在下面隆起，侧脉10—11对，连同网脉在下面显著；叶柄长5—7厘米，无毛。总状花序由小枝旁生出，长8厘米，常下垂，被长柔毛。花单性，雌雄同株；萼片5，椭圆形，花瓣5，线状长圆形，与萼片近等长，边缘纤毛状；雄蕊5—8，长于花瓣而伸出。翅果幼时淡紫绿色，后变淡黄色，被长柔毛；小坚果凸起，连同翅长5—6厘米，张开近直立。

产丽江、香格里拉地区，生于海拔2900—3300米的疏林中；西藏南部有分布；尼泊尔、巴基斯坦和印度北部也有。

种子繁殖、植苗造林。

木材坚实，纹理直，结构细；可作家具、建筑、桥梁等用材。

图376　十蕊槭和勐海槭

1.十蕊槭 *Acer decandrum* Merr.果槭

2.勐海槭 *Acer huianum* Fang et Hsieh 果枝

图377 毛叶械和苹婆械

1—2.毛叶械 *Acer stachyophyllum* Hiern：　　1.果枝　　2.叶背放大

3—4.苹婆械 *Acer sterculiaceum* Wall.：　　3.果枝　　4.叶背放大

43.贡山槭　图365

Acer kungshanense Fang et C. Y. Cheng（1966）

落叶乔木，高达20米；树皮灰色，纵裂。小枝圆柱形或略呈棱形，当年生枝紫褐色，有近圆形的皮孔。叶近革质，基部心形，长15—25厘米，3裂，裂片卵形，向侧面伸展，边缘具疏生的圆齿，上面深绿色，疏被短柔毛，在脉上尤密，下面淡绿色，密被淡黄色短柔毛，主脉3条，侧脉21—24，在背面明显；叶柄长9—12厘米，近顶部被短柔毛。圆锥果序，长6—9厘米，被短柔毛；果梗粗壮，长1.5—3厘米，被短柔毛。小坚果近球形，被淡黄色疏柔毛，翅镰刀状，连同小坚果长4—4.5厘米，张开近直立。果期9月。

产贡山、德钦、维西、漾濞，生于海拔2500—3200米的疏林中。模式标本采自贡山。

种子繁殖。育苗造林。

木材坚实、致密，花纹美丽，可作细木工、家具、室内装修、胶合板等用材。

44.建始槭　图378

Acer henryi Pax（1889）

落叶乔木，高达10米；树皮浅褐色。小枝圆柱形，当年生枝紫绿色，有短柔毛，多年生枝无毛；冬芽细小，鳞片2，卵形，镊合状排列。叶纸质，3小叶组成的复叶；小叶椭圆形或长圆状椭圆形，长6—12厘米，宽3—5厘米，先端渐尖，基部楔形、阔楔形或近圆形，全缘或近先端部分有稀疏的3—5钝锯齿，顶生小叶的叶柄长约1厘米，侧生小叶的叶柄长3—5毫米，被短柔毛，上面无毛，下面沿脉被柔毛，老则无毛，主脉和11—13对侧脉均在下面显著；叶柄长4—8厘米，被短柔毛。穗状花序，下垂，长7—9厘米；花淡绿色，单性，雄花与雌花异株；萼片5，卵形，长1.5毫米，花瓣5，短小或不发育；雄花有雄蕊4—6，通常5，长约2毫米；花盘微发育；雌花的子房无毛，花柱短。翅果成熟后黄褐色，小坚果凸起，长圆形，长1厘米，脊纹显著，翅宽5毫米，连同小坚果长2—2.5厘米，张开成锐角或近于直立。花期4月，果期9月。

产广南，生于海拔1550—1880米的岩石山上；分布于山西、河南、陕西、甘肃、浙江、安徽、湖北、湖南、四川、贵州。

种子育苗、植树造林。

木材为家具、建筑、胶合板等用材。树姿美丽，可作园林观赏树种。

图378　建始槭 *Acer henryi* Pax
1.果枝　　2.雄花枝　　3.雄花

中 文 名 索 引

（按笔画顺序排列）

八 画